高等学校自动化类专业系列教材

自动控制原理

第3版

杨智 范正平 曾君◎主编

清华大学出版社
北京

内 容 简 介

本书全面介绍自动控制系统的基本概念、基本理论、分析与设计方法。全书共10章，第1章为绪论，第2章为控制系统的数学模型，第3章为控制系统的时域分析，第4章为根轨迹技术，第5章为控制系统的频域分析，第6章为控制系统的校正设计，第7章为控制系统的状态变量分析与设计，第8章为非线性系统，第9章为数字控制系统，第10章为自动控制系统的设计实例。

本书以培养合格工程师或研究型人才为主线，通过新颖且充满挑战性的问题，让读者在寻求问题解决方法的过程中，充分体会发现的乐趣。每章通过介绍一位相关学科的著名学者，同时介绍各主要相关学科专业的主要内容和职业发展方向，正确引导读者了解相关各学科专业的培养目标及其相互联系。

本书配有习题解答、教学课件，便于读者学习和教师备课教学。本书可作为高等学校自动化类、电子信息与电气工程类各专业的教材，也可作为人工智能类、仪器类、机械类、化工与制药类、交通运输类等相关专业的教材，亦可供相关本硕博一体化学科专业及有关工程技术人员自学时参考。

图书在版编目（CIP）数据

自动控制原理/杨智，范正平，曾君主编. -- 3版. -- 北京：清华大学出版社，2025.6. --（高等学校自动化类专业系列教材）. -- ISBN 978-7-302-69077-1

Ⅰ. TP13

中国国家版本馆CIP数据核字第2025G4R270号

责任编辑：曾 珊
封面设计：李召霞
责任校对：申晓焕
责任印制：刘 菲

出版发行：清华大学出版社
网　　址：https://www.tup.com.cn，https://www.wqxuetang.com
地　　址：北京清华大学学研大厦A座　　**邮　　编**：100084
社 总 机：010-83470000　　**邮　　购**：010-62786544
投稿与读者服务：010-62776969，c-service@tup.tsinghua.edu.cn
质量反馈：010-62772015，zhiliang@tup.tsinghua.edu.cn
课件下载：https://www.tup.com.cn，010-83470236

印 装 者：三河市铭诚印务有限公司
经　　销：全国新华书店
开　　本：185mm×260mm　　**印　　张**：30　　**字　　数**：733千字
版　　次：2010年7月第1版　　2025年7月第3版　　**印　　次**：2025年7月第1次印刷
印　　数：1～1500
定　　价：79.00元

产品编号：109825-01

第3版前言

PREFACE

从本质上说，控制科学与工程是不分具体行业、跨学科、综合性、饶有兴趣、充满新奇且具有挑战性的一门传统工程学科。“自动控制原理”是自动化类专业的核心课程，由于自动控制技术在各个行业的广泛渗透，其控制理论及应用内容已成为高等院校电子信息与电气工程类、人工智能类、仪器类、机械类、化工与制药类、交通运输类等许多学科专业共同的专业基础，且越来越占有主要的位置。国内外已经出版了许多经典的《自动控制原理》或《自动控制系统》教材，尽管如此，学生们仍常常感到学习和应用“自动控制原理”比较困难。为此，我们可以采用不同的途径来学习和掌握自动控制系统原理的基础知识和技能。本书以国际工程教育认证或国家专业标准为准绳，着重以工程实例为背景，以物理模型为主线，借助仿真工具，实现对自动控制系统的分析和对实际控制系统的工程设计。

最重要和最有效的学习方法是对前人已得到的答案和方法重新发现和创新。传统的教学方法不够重视学生创新与实践能力的培养，轻视向学生提问题，只给出问题的研究方法、理论证明和完整的答案，使学生有可能知难而退，感受不到刺激和兴奋，与创新冲动无缘。因此，较好的教学方法是向学生提出一系列问题，并给出一些过去已经得到的答案。向学生提出一些我们将依然面临的、重要而尚无答案的问题，让学生自己去寻求答案。这样他们可以自豪地说，他们所学的知识是自己所发现的。一本好的教科书和一位优秀教师的讲解是学好课程的有利条件，但是，只有学生自己才是学好课程的关键因素，“兴趣是最好的老师”，相信本书的出版能给学生带来更大的学习和研究兴趣。

尽管本书针对不同培养目标定位的高校、不同学科专业的学生，但同样覆盖了以下工程教育认证中对知识、工程能力与背景、科学研究、职业素质与能力要求的毕业条件：

(1) **工程知识**：能够将数学、自然科学、工程基础和专业知识用于解决复杂控制工程问题；

(2) **问题分析能力**：能够应用数学、自然科学和工程科学的基本原理，识别、表达复杂系统工程问题，并能够通过文献研究分析，以获得有效结论；

(3) **设计/开发解决方案**：能够较好地设计针对复杂工程问题的解决方案，设计满足特定需求的系统、单元(部件)或工艺流程，并能够在设计环节中体现创新意识，考虑安全、法律，以及环境等因素；

(4) **研究能力**：能够基于科学原理并采用科学方法对复杂控制工程问题进行研究，包括设计实验、分析与解释数据，并通过信息综合得到合理有效的结论；

(5) **使用现代工具的能力**：能够针对复杂工程问题，开发、选择与使用恰当的仿真技术、现代工程工具，例如包括对复杂工程问题的预测与模拟，并能够理解其仿真工具的局限性；

(6) **工程与社会**：能够基于工程相关背景知识进行合理分析，评价专业工程实践和复杂工程问题解决方案对社会、安全，以及文化的影响，并理解应承担的责任；

(7) **环境和可持续发展**：通过行业实习考察，能够理解和评价针对复杂工程问题的工程实践对环境、社会可持续发展的影响；

(8) **职业规范**：具有人文社会科学素养、社会责任感，能够在工程实践中理解并遵守工程职业道德和规范，履行责任；

(9) **个人和团队**：能够在多学科背景下的团队中承担个体、团队成员，以及负责人的角色；

(10) **沟通**：可以就复杂工程问题与业界同行及社会公众进行较好的沟通和交流，包括撰写报告和设计文稿、陈述发言、清晰表达或回应指令，并具备一定的国际视野，能够在跨文化背景下进行沟通和交流；

(11) **项目管理**：了解项目工程管理原理与经济决策方法，并较好地在多学科环境中应用；

(12) **终身学习**：具有自主学习和终身学习的意识，有不断学习和适应发展的能力。

作者在从事"自动控制原理"课程几十年的教学和控制科学与工程科学研究的经验的基础上完成本书的编写工作。本次修订的主要任务是在保留原著基本内容与风貌的基础上，再次精选了第2版中的主要内容，更加强调控制理论紧密与实际应用结合。

由于各学科各专业人才培养方案中新学科课程的不断调整或增加，各高校该门课学时均有压缩，为此，本书删除第2版中当今自动控制系统理论分析与设计中系统性不强且工程应用性少的部分内容。例如，第2版第5章所述的控制系统的频域分析法中确定闭环频率特性的图解法；第8章数字控制系统设计中数字化直接设计方法。通用学科专业名称描述按照工程教育认证标准进行了统一补充完善，对部分习题作了调整。为便于读者学习，作者补充、完善了习题解答和教学课件。

本书第1～6章及第8章内容可作为自动化类、电子信息与电气工程类、仪器类等各专业的经典自动控制原理的基础核心内容，建议学时在64学时左右；对于少学时(48学时)的非自动化类、机械类等专业，建议第4章(根轨迹技术)和第5章(控制系统的频域分析)可二选一，其他章节中带"*"的内容、第7、9、10章可作为自动化类先进控制技术课程或现代控制理论课程、研究生、工程技术人员依据培养方案及课程大纲的需要分学期自行组合、取舍。

本书由杨智、范正平、曾君主编。全书内容几乎涵盖自动控制系统经典和现代控制理论及应用内容。全书共分10章，第1、8、10章由杨智执笔，第2～5

章由范正平执笔，第6、7、9章由曾君执笔。本书部分内容受国家自然科学基金（编号分别为60704045和60874115）等项目的资助。闵虎副教授等参与了本书大部分MATLAB编程与绘图、习题解答、课件制作工作。在此，谨向本书编写过程中给予过积极支持和大力帮助的人们表示诚挚的感谢！

由于我们的时间和水平有限，书中难免会有疏漏之处，殷切希望广大师生、专家学者、控制工程师提出宝贵意见，以便再版时逐一更正。

作　者

2025年4月于广州

目 录

CONTENTS

第1章

绪　论

电子与电气学科世界著名学者——瓦特

詹姆斯·瓦特(James Watt,1736—1819)

瓦特是英国著名的发明家,工业革命时期的重要人物,英国皇家学会会员和法兰西科学院外籍院士。1760—1800年,瓦特对蒸汽机进行了彻底的改造,终于使其得到广泛的应用。在瓦特的改良工作中,1788年,他给蒸汽机添加了一个"节流"控制器,即节流阀,它由一个离心"调节器"操纵,类似于磨坊机工早已用来控制风力面粉机磨石松紧的装置。"调节器"或"飞球调节器"用于调节蒸汽流,以便确保引擎工作时速度大致均匀,这是当时反馈调节器最成功的应用。后人为了纪念他,将功率的单位称为瓦特,瓦特是国际单位制中功率和辐射通量的计量单位,常用符号"W"表示。

瓦特1736年1月19日生于英国格拉斯哥。童年时代的瓦特曾在文法学校念过书,却没有受过系统教育。瓦特在父亲做工的工厂里学到许多机械制造知识,后来他到伦敦的一家钟表店当学徒。1763年瓦特到格拉斯哥大学工作,修理教学仪器,在大学里他经常和教授讨论理论和技术问题。1781年瓦特制造了从两边推动活塞的双动蒸汽机,1785年,他也因蒸汽机改进的重大贡献,被选为皇家学会会员。1819年8月25日瓦特在靠近伯明翰的希斯菲尔德逝世。

在瓦特的讣告中,对他发明的蒸汽机有这样的赞颂:"它武装了人类,使虚弱无力的双手变得力大无穷,健全了人类的大脑以处理一切难题。它为机械动力在未来创造奇迹打下了坚实的基础,将有助并报偿后代的劳动"。

1.1　引言

时至今日,随着信息技术的飞速发展,自动控制在现代文明和技术的发展与进步中扮演着越来越重要的角色。自动控制技术目前已广泛应用于石油化工、冶金、机械制造、汽车、造纸、航空航天、军事、电力系统、交通、市政(供水调度、污水处理)等领域,它极大地提高了劳动生产率,使人们从繁重的体力劳动和大量重复性的手工操作中解放出来。在今天的社会生活中,自动化技术无处不在。自动控制除在各工程领域广泛应用外,还被用于社会、经济和人文管理系统等各个领域,它为人类文明进步做出了重要贡献。因此,大多数工程技术人员和科学工作者现在都应该具备一定的自动控制知识。

本章主要介绍自动控制的基本概念及发展历史,随后举例讲述自动控制系统的几种典型控制方式及分类,对控制系统设计的基本要求和对自动控制原理课程性质、学习内容等方面进行了说明。最后,对学生在学习自动控制原理课程知识时应注意的问题给予了阐述。

1.2 自动控制的定义和历史回顾

1. 自动控制的定义

所谓的自动控制技术是指在没有人直接参与的情况下,利用外加的设备或装置(称控制器 controller),使机器、设备或生产过程(统称被控对象 plant 或被控过程 process)的某个工作状态或参数(即被控量)自动地按照预定的规律运行。

2. 自动控制的发展历史

(1) 1788 年瓦特(James Watt)的蒸汽机及他的离心式飞锤调速器(fly-ball governor)的发明建立了蒸汽机转速自动控制系统,出现了反馈的概念,“调节器”或“飞球调节器”用于调节蒸汽流,以便确保引擎工作时速度大致均匀,这是当时反馈调节器最成功的应用,它的出现标志着英国工业革命的开始,但也发现了闭环系统可能出现振荡的现象。瓦特是一位实干家,他没有对调节器进行理论分析。

(2) 大约 80 年后即 1868 年,著名物理学家、电磁场理论发明人麦克斯韦(Maxwell J C)建立了蒸汽机飞球控制的微分方程数学模型,从微分方程角度讨论了调节器系统可能产生的不稳定现象,从而开始了对反馈控制动力学问题的理论研究,提出了稳定的概念。他是第一个对反馈控制系统的稳定性进行系统分析并发表“论调节器”论文的人,并将系统在平衡点附近进行线性化处理,指出线性定常系统的稳定性取决于特征方程的根是否具有负的实部,麦克斯韦的工作开创了控制理论研究的先河。

(3) 1876 年英国数学家劳斯(Routh E J)、1895 年德国数学家赫尔维茨(Hurwize A)提出了不解微分方程或无须计算系统特征方程的根,只需考查线性定常系统特征方程的系数,就能确定动态系统的稳定性,得出了相应的稳定性判据。

(4) 1892 年俄国伟大的数学家李雅普诺夫(Liapunov)发表了具有深远历史意义的博士论文“运动稳定性的一般问题”(The general problem of the stability of motion,1892)。用严格的数学分析方法,全面论述了稳定性问题,为控制理论打下坚实的基础,提出了为当今学术界广为应用且影响巨大的李雅普诺夫方法,也即李雅普诺夫第二方法或李雅普诺夫直接方法。这一方法不仅可用于线性系统而且可用于非线性时变系统的分析与设计,已成为当今自动控制理论课程讲授的主要内容之一。

(5) 1913 年,福特(Henry Ford)的机械化装配机器用于汽车生产线,标志着现代工业生产自动化技术的开始。

(6) 20 世纪二三十年代美国贝尔(Bell)实验室为铺设一条长距离电缆线,需配置高质量的高增益放大器，振荡成了一个技术难题，它与蒸汽机飞球控制器不同，不仅高增益时出现振荡，而当增益减少到某一程度后也会出现振荡，用时域法分析很困难。反馈放大器的振荡问题给其实用化带来了难以克服的麻烦。为此奈奎斯特(Harry Nyquist)和其他一些AT&T的通信工程师介入了这一工作。1917年奈奎斯特在耶鲁大学获物理学博士学位，有着极高的理论造诣。1932年奈奎斯特发表了包含著名的奈奎斯特判据(Nyquist criterion)的论文，他在1934年加入了Bell实验室。

(7) 20世纪三四十年代，贝尔实验室的另一位理论专家伯德(Hendrik Bode)也和一些数学家开始对负反馈放大器的设计问题进行研究。伯德是一位应用数学家，1926年在俄亥俄州立大学(Ohio State)获硕士学位；1935年在哥伦比亚大学(Columbia University)获物理学博士学位。1940年，伯德引入了半对数坐标系，使频率特性方法更加适用于工程设计。

(8) 1942年，齐格勒(Ziegler J G)和尼科尔斯(Nichols N B)提出了控制器的优化整定问题，得到了PID调节器参数的两种工程整定方法，从此自动控制技术开始在工业过程中普遍应用。

(9) 1948年，美国电信工程师伊文思(Evans W R)提出了自动控制系统的根轨迹(root locus)方法，以传递函数这种数学模型为工具，在复数域内分析线性定常系统的稳定性和动态特性。在经典控制理论中，根轨迹法占有十分重要的地位。它同时域法、频域法可称是三分天下。伊文思所从事的是飞机导航和控制，其中涉及许多动态系统的稳定问题，因此其又回到许多年前麦克斯韦和劳斯曾做过的特征方程的研究工作。但伊文思用系统参数变化时特征方程的根变化轨迹来研究，开创了新的思维和研究方法。伊文思方法一提出即受到人们的广泛重视，1954年，钱学森在他的名著《工程控制论》中介绍这一方法，并将其称为伊文思方法。

第二次世界大战后，线性系统的稳定性、准确度、动态特性分析与设计就已经定型，频率响应法和根轨迹法成为经典控制理论的核心，从此经典控制理论(classical control)发展基本成熟。尽管经典控制方法设计使得控制系统在工业过程系统中应用还是令人满意的，但经典控制理论只涉及单输入、单输出线性定常系统，控制器的设计需要控制工程师一定的经验或重复多次试凑才能完成，它不是某种意义上的最佳控制系统。

(10) 从20世纪50年代末期开始，由于具有多输入和多输出的现代设备变得愈来愈复杂，所以需要大量方程来描述现代控制系统。经典控制理论对于多输入、多输出系统就无能为力了。大约从1960年开始，数字计算机的出现为复杂的时域分析提供了可能性。因此，基于状态空间表达式的时域分析的现代控制理论应运而生，从而适应了现代设备日益增加的复杂性，同时也满足了军事、空间技术和工业应用领域对精确度、成本性能等方面的严格要求。

(11) 1956年，苏联的庞特利亚金(Pontryagin)提出了极大值原理(max-principle)，为最优控制系统分析设计提供了强有力的方法。

(12) 1957年，美国贝尔曼(Bellman R)提出动态规划法(dynamic programming)，解决了路径优化问题。

(13) 1960年，美国著名学者卡尔曼(Kalman R E)提出能控性和能观测性以及最优滤波理论(controllability，observability，optimal estimation)，使得基于状态空间法的现代控制理论得到的很大发展，它不仅能够研究基于单输入单输出外部描述的系统，也能够用于多输入多输出内部描述的系统。

(14) 20 世纪七八十年代瑞典隆德理工大学 Åström K J 促进了自适应控制(adaptive control)技术的发展。

(15) 20 世纪八九十年代智能控制(模糊控制 fuzzy、神经网络 NN、人工智能 AI)的出现,使得控制理论为复杂系统的研究与应用提供了一条路径。

(16) 20 世纪 80 年代至 2000 年鲁棒控制系统(robust control system) 设计的出现,使控制系统的适应能力大大增强。

(17) 1997 年 7 月 4 日,美国研制的探路者小车胜利完成了火星表面的实地探测,这个由地球上控制的小车仅重 23 磅,使得综合信息自动化技术达到了一个空前的高度。

1.3 自动控制系统举例及术语定义

自动控制在各个工业领域应用相当广泛,这里仅举两例进行说明。

1.3.1 液位控制系统

发电厂、石油化工等生产企业中的锅炉和反应器是常见的生产过程设备,如图 1.1 所示,其中的液位控制是很重要的。

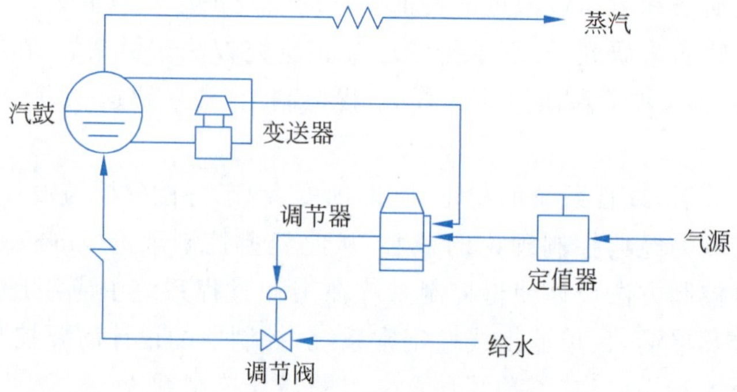

图 1.1 锅炉液位控制系统

为了保证锅炉正常运行,需维持锅炉液位为期望值。当蒸汽的耗汽量与锅炉进水量相等时,液位保持正常设定标准值。当锅炉给水量不变,而蒸汽负荷突增或突减时,液位就会下降或上升;或者,当蒸汽负荷不变,而给水管道水压发生变化时,引起锅炉液位发生变化。不论哪种情况,只要实际液位与设定液位之间有偏差,调节器应立即进行控制,去开大或关小给水阀门,使液位恢复到给定值。锅炉液位反馈控制系统的方框图如图 1.2 所示。

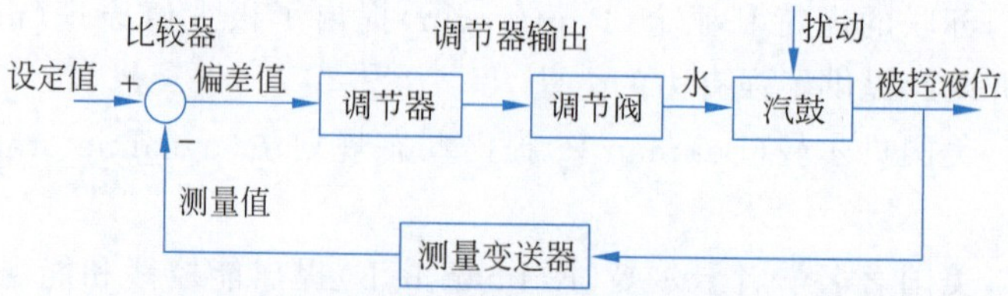

图 1.2 锅炉液位反馈控制系统结构图

图 1.2 中的符号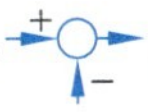代表相加点，负号表示减法运算，正号表示加法运算，箭头表示信号流动方向。符号代表分支点，表示在该点上来自方框的信号将同时流向其他方框或相加点。

1.3.2 温度控制系统

在冶金、电力、石油化工以及生物制药等行业的许多工艺设备中温度控制是相当普遍的，图 1.3 表示电加热炉温度控制系统的原理图，电炉内的温度由温度传感器获得，常用的温度传感器有各种类型的热电偶、铂电阻和半导体温度传感器等，将温度这个模拟量经温度变送器（放大器）再通过带有 A/D 转换器的数据采集接口板变为数字量温度，传送到计算机作为数字信号，与期望的温度值比较，根据误差情况，计算机数字控制器就会通过接口板和继电器（或固态继电器、调节器）等执行元件向加热器发送控制信号，从而使炉温达到期望的温度。

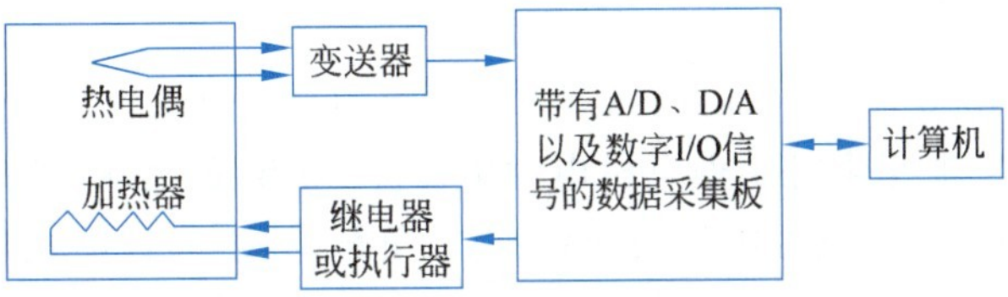

图 1.3 电加热炉温度控制系统

自动控制系统除以上对模拟量信号进行测量与控制外，在各个行业中还有大量的开关量或数字量信号需要进行测量与控制。由于这些开关量信号测量与控制原理简单，为此，我们所讲述的自动控制原理课程主要针对模拟信号的测量与控制原理，本书的数字控制系统也是将模拟信号通过 A/D 和 D/A 变换的数字信号。

1.3.3 自动控制系统术语定义

一个典型自动控制系统结构如图 1.4 所示。其主要术语介绍如下：

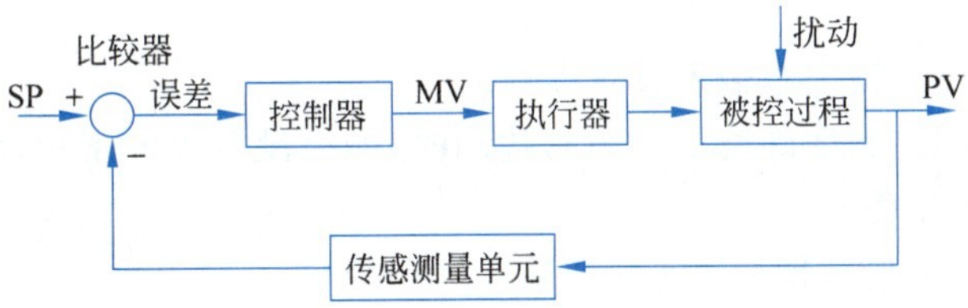

图 1.4 典型自动控制系统结构图

1. 被控过程或设备

指任何一个被控制的设备（如一种机械装置、一个加热炉、一个化学反应器、一架飞机），有时又称为被控对象。

2. 被控变量、设定变量和操纵或控制变量

(1) 被控变量是一种被测量和被控制的量值或状态（工业过程控制中用符号 PV 表示，parameters variable），它也是控制系统的输出量。

(2) 设定变量是指期望的被控变量值（工业过程控制中用符号 SV 或 SP 表示，set variable、set point），它相当于控制系统的参考输入量。

(3) 操纵(控制)变量是由控制器改变的量值或状态(工业过程控制中用符号 MV 表示,manipulated variable),它将影响被控变量的值,相当于控制量。

3. 系统(systems)

系统指一些部件的组合,包含物理学、生物学和经济学等方面的系统。

4. 扰动(disturbance)

扰动是指一种对系统的输出量控制产生不利影响的信号。

5. 反馈控制(feedback control)

存在扰动的情况下,力图减小系统的输出量与某种参考输入量之间的偏差,其工作原理基于这种偏差。

1.4 自动控制系统的基本控制方式

1.4.1 开环控制

开环控制(open-loop control)可用如图 1.5 所示的直流电动机控制系统方块图表示,电机转速给定信号 u_g 发生变化时使得电机电枢电压 u_a 发生变化,电机转速 n 也随之变化。当有外部扰动时(负载变化、电源电压波动),例如,负载增大,导致电机转速 n 减小,操纵人员检测到实际转速并与给定值比较,增大 u_g,使得转速 n 随之增大。

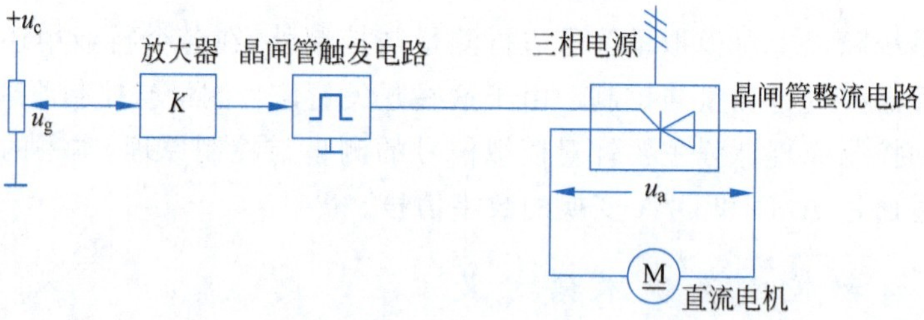

图 1.5 直流电动机开环控制系统结构图

开环控制系统特点:

(1) 输入控制输出,输出对输入没有影响;

(2) 装置简单,但控制准确度低。当有扰动时,如果没有人的干预,输出量将不能按给定量所期望的状态去工作。

开环控制系统的一般结构如图 1.6 所示。

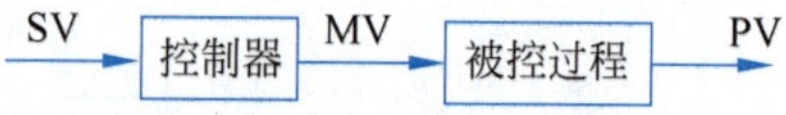

图 1.6 开环控制系统结构

1.4.2 闭环控制

在图 1.5 开环控制的基础上,加入测速发电机等电机转速测量单元构成如图 1.7 所示的闭环负反馈控制系统,简称闭环控制(closed-loop feedback control)。随着负载 M_c 的增大,n 减小,反馈信号 u_f 随着减小,从而误差 Δu 增大,致使晶闸管 SCR 触发装置的移相角前移,u_a 随之增大,n 随之增大,从而减小或消除偏差,相当于偏差控制。

闭环控制系统的特点:

(1) 输入控制输出、输出对输入有影响;

(2) 装置复杂,但控制精度高。

闭环控制系统的结构如图 1.8 所示。

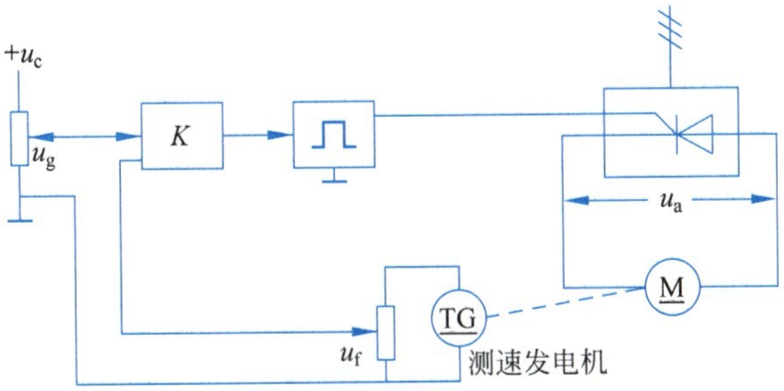

图 1.7　直流电动机闭环控制系统结构图

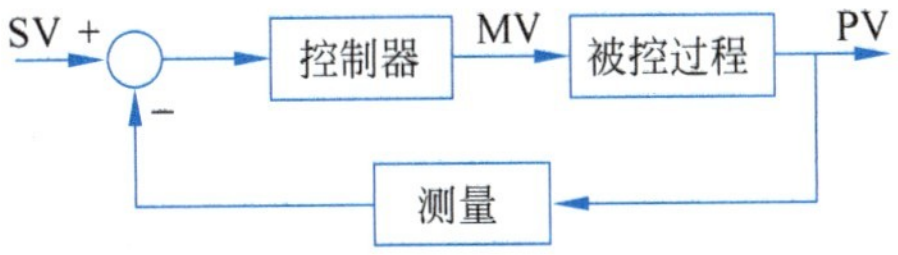

图 1.8　闭环控制系统结构

1.4.3　复合控制

复合控制(forward-feedback control)就是开环的补偿控制和闭环的偏差控制的结合，相当于前馈与反馈控制的结合，以提高控制精度，分为按扰动信号补偿的复合控制和按输入信号补偿的复合控制两种。

(1) 按扰动信号补偿的复合控制，用于定值控制系统，如图 1.9 所示。

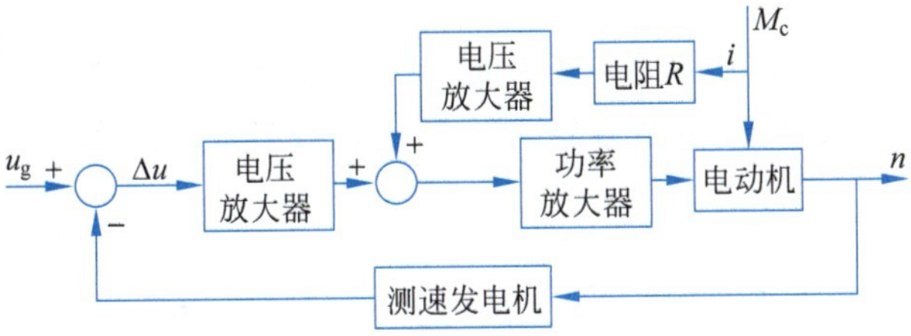

图 1.9　按扰动补偿的复合控制系统结构图

(2) 按输入信号补偿的复合控制，用于随动控制系统。

1.5　自动控制系统分类

自动控制系统由许多分类方法。这里我们按照控制系统的特性方程、参考输入信号的变化规律、控制系统的输入量和输出量类型、数量以及控制原理几种情况进行分类。

1.5.1　按系统特性方程分

1. 线性连续时间系统(linear continuous systems)

连续时间系统的信号是随时间连续变化的量。通常指模拟输入和模拟输出 AI/AO 信号。例如，温度、流量、液位、压力、湿度、成分、电压、电流量以及 4～20mA、1～5V 各类仪表信号。如果某个系统满足叠加性，则称其为线性系统。所谓的叠加性指多个不同的激励信号同时作用于某系统的响应等于各个激励信号单独作用于系统的响应之和。

线性系统包括线性连续时间系统及线性离散时间系统，其中，线性连续系统又分线性定常连续系统和线性时变连续系统。

一个 n 阶线性连续时间系统微分方程的一般形式为

$$
\begin{aligned}
&a_n c^{(n)}(t)+a_{n-1}c^{(n-1)}(t)+\cdots+a_1c'(t)+a_0c(t)\\
&=b_m r^{(m)}(t)+b_{m-1}r^{(m-1)}(t)+\cdots+b_1r'(t)+b_0r(t)
\end{aligned}
\tag{1.1}
$$

其中,$c(t)$为系统的输出量或被控量,$r(t)$为系统的参考输入量或期望的设定值。

当a_i,b_i为常数时,称为线性定常系统。

当$a_i(t)$,$b_i(t)$为时间的函数时,称为线性时变系统。例如,火箭是一个时变对象,在飞行过程中,由于燃料的不断减少,其质量随时间而变化。时变系统的分析比定常系统要困难得多。

2. 非线性系统(nonlinear systems)

非线性系统即不能应用叠加原理的系统,或系统中只有一个元件的输入或输出特性是非线性的系统。例如,如下各式所表示的系统为非线性系统

$$\frac{d^2x}{dt^2}+x^2+x=A\sin\omega t$$

$$\frac{d^2x}{dt^2}+(x^2-1)\frac{dx}{dt}+x=0$$

$$\frac{d^2x}{dt^2}+\frac{dx}{dt}+x+x^3=0$$

严格地说,实际物理系统中都会存在程度不同的非线性元部件特性,如图1.10所示为一些典型非线性特性。非线性控制系统理论远不如线性系统那样完整,描述它的方法也有限。

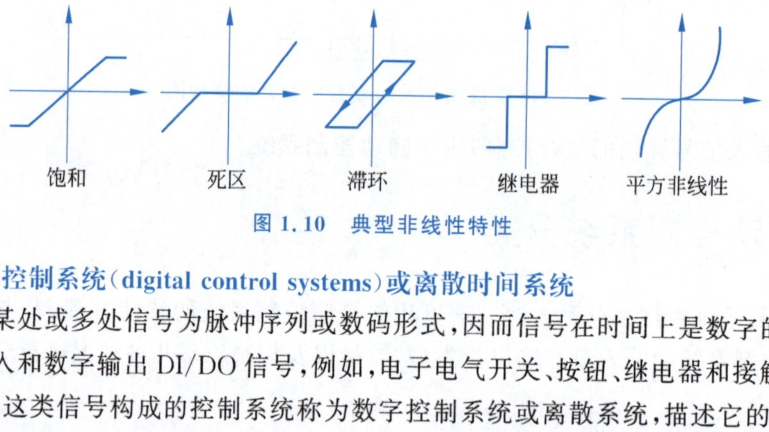

图1.10 典型非线性特性

3. 数字控制系统(digital control systems)或离散时间系统

系统中某处或多处信号为脉冲序列或数码形式,因而信号在时间上是数字的或离散的,简称数字输入和数字输出DI/DO信号,例如,电子电气开关、按钮、继电器和接触器触点、指示灯等信号,这类信号构成的控制系统称为数字控制系统或离散系统,描述它的基础数学模型叫差分方程。

1.5.2 按参考输入信号的变化规律分

1. 恒值控制系统

期望参考输入量为常数,要求被控量亦为一常值,控制器(调节器)研究的重点是各种扰动对被控过程的影响及抗扰措施。例如工业过程控制的温度、流量、压力、液位、比值等参量的控制。

2. 随动控制系统

期望的参考输入量是预先未知的随时间变化的函数,要求被控量以尽可能小的误差快

速跟随参考输入量的变化，这类系统又称为伺服系统。在随动控制系统中，扰动的影响是次要的，研究重点在于快速性和准确性。例如火炮控制系统，如图 1.11 所示，因为敌方飞行器的位置是时刻变化的，又是预先不确定的，因此，要求火炮时刻跟踪该飞行器。

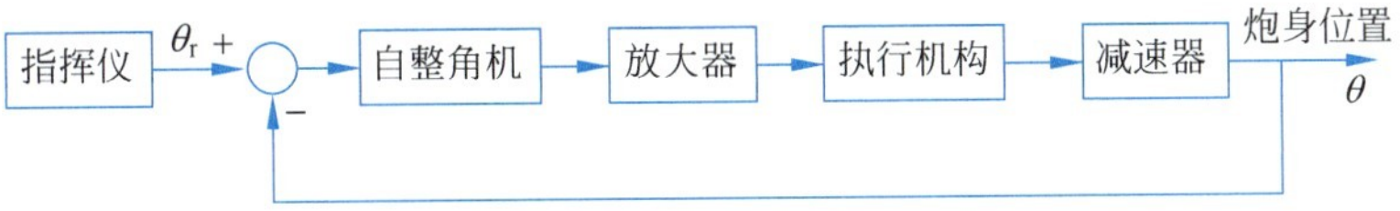

图 1.11 火炮控制系统

3. 程序控制系统

参考输入量是按预定规律随时间变化的函数，要求被控量迅速、准确地加以复现。机械加工中使用的数控机床便是一例。

1.5.3 按控制系统输入量和输出量的数量分

1. 单输入与单输出系统 SISO

单输入与单输出系统指控制系统仅有一个输入量和一个输出量。

2. 多输入与多输出系统 MIMO

多输入与多输出系统指控制系统有多个输入量和多个输出量，如图 1.12 所示。炼油厂的催化裂化、常减压装置，直升机的姿态控制就是多输入和多输出控制系统的例子。

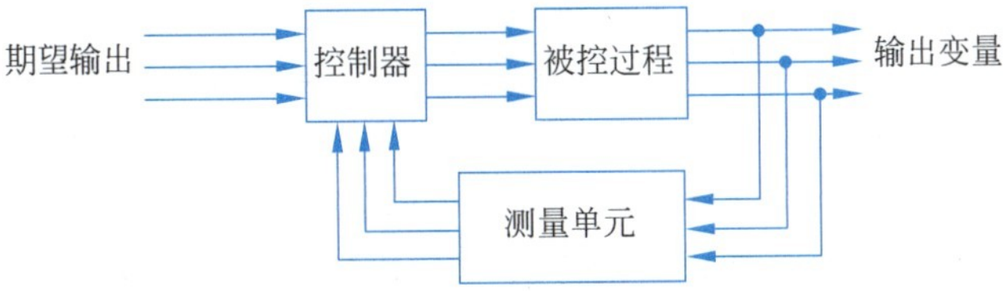

图 1.12 MIMO 控制系统

1.5.4 按控制原理分

1. 经典控制

经典控制主要有比例控制(P)、比例积分控制(PI)、比例微分控制(PD)和比例积分微分控制(PID)等。

2. 现代控制

现代控制主要有最优控制、自适应控制、智能控制、自学习控制、解耦控制、鲁棒控制等。

1.6 自动控制系统的基本要求

1. 稳定性(stability)

稳定性是控制系统工作的先决条件，不稳定的系统是不能工作的。

线性系统的稳定性是由系统结构和参数决定的，与外界因素无关。被控量受扰动而偏离期望值后，经过一段时间如果能恢复到原来的期望值状态，该系统是稳定的。

2. 暂态响应 (transient response)

暂态响应或快速性指要求控制系统尽可能快地完成控制任务，系统受扰动后能快速恢复到期望状态。一般指过渡过程时间等。

3. 稳态响应(steady response)

稳态响应是指过渡过程结束后的响应,可通过其来考查控制系统的准确性。一般用稳态误差 e_{ss}(steady state error)表示被控量达到的稳定值与期望值之间的差值,它是衡量系统控制精度的重要指标之一。

1.7 "自动控制原理"课程的性质、内容和学习要求

1. 课程性质

"自动控制原理"属于自动化大类各专业的技术基础核心课,也是电子信息与电气工程等学科专业的专业课,它与数学一样属方法论,但又属于技术科学,需要学生具有一定的工程背景。国外称该课程为"现代控制系统""现代控制工程""自动控制系统"等,要求学生了解工程背景,强调理论联系实际;学习方法上强调将理论分析、系统仿真与实际控制技术相结合。

2. 主要内容

本课程以线性定常连续系统和离散系统的分析和设计方法的经典控制理论及其应用为主,以非线性系统、线性时变系统、状态变量系统的分析和设计方法的现代控制理论为辅。

3. 学习要求

(1) 具有能够将数学、自然科学、工程基础和专业知识用于自动控制系统的分析和设计,解决复杂控制工程问题的能力。

(2) 掌握"电工电子学""信号与系统""微机原理及应用"课程的基本概念、基础原理和分析设计思路,了解自动控制系统的工程背景和电子电气元器件的特性及应用,深入学习自动控制系统的基本原理、分析与设计方法。

(3) 了解"电力拖动""自动控制系统""电气及可编程控制器(PLC)""现代传感器及检测技术"等专业课程的基本原理、分析设计方法及应用场合。

(4) 精通 VC 语言,掌握 MATLAB 等模拟工具,学习计算机网络通信技术。

1.8 小结

(1) 开环控制系统结构简单、稳定性好,但不能自动补偿扰动对输出量的影响。闭环控制系统依靠反馈环节进行自动调节,以克服扰动对系统的影响,提高了系统的控制精度,但稳定性设计是相当重要的。

(2) 自动控制系统通常由被控过程、测量变送单元、控制器等环节组成,系统的作用量和被作用量有设定量或输入量、操纵变量或控制量、被控量或输出量、扰动输入量以及系统的中间变量。

(3) 对自动控制系统的性能要求主要有:

① 稳定性,这是系统工作的首要条件;

② 快速性,是系统在暂态过程中的响应速度及被控量的阻尼程度的描述;

③ 准确性,是系统控制精度的量度,一般用稳态误差来衡量。

(4) 当今信息技术已是知识爆炸时代，软件与硬件技术更新很快，自动化技术已是三C技术结合的产物(control，communication，and computer)。为此，要求学生具有扎实的信息学科基础知识，宽广的专业知识面；养成良好的团队合作精神及独立从事科学研究的能力；具有对信息系统基础理论的分析推理能力、实验动手和仿真分析能力；学会控制系统分析与设计的基本思路、控制方案的选择、传感器和执行元器件的选择以及简单了解多种工业领域的生产过程自动化工艺流程和电气控制系统(控制柜)的布局与设计等。

关键术语和概念

自动化(automation)：指过程控制采用自动方式而非人工方式来完成。

闭环反馈控制系统(closed-loop feedback control system)：指对被控变量输出进行测量，并将此测量值反馈到输入端(即参考或指令输入)进行比较的系统。

闭环系统(closed-loop system)：将输出的测量值与预期的输出值相比较，产生偏差信号并将偏差信号作用于执行机构的反馈控制系统。

干扰信号(disturbance signal)：指不希望出现的输入信号，它影响系统的输出。

偏差信号(error signal)：预期的输出信号 $r(t)$ 与实际的输出信号 $c(t)$ 之差，即 $e(t)=r(t)-c(t)$。

开环系统(open-loop system)：没有反馈的系统，其输入信号直接产生输出响应。

控制系统(control system)：为了达到预期的目标(响应)而设计出来的系统，它由相互关联的部件组合而成。

反馈信号(feedback signal)：用于反馈控制的、是对系统输出的测量信号。

飞球调节器(flyball governor)：用来控制蒸汽机转速的机械装置。

负反馈(negative feedback)：指从参考输入信号中减去反馈信号，并以其差值作为控制器的输入信号的一种系统结构形式。

开环控制系统(open-loop control system)：在没有反馈的情况下，利用执行机构直接控制受控对象的控制系统。在开环控制系统中，输出对受控对象的输入信号无影响。

正反馈(positive feedback)：指将输出信号反馈回来，叠加在参考输入信号上。

被控过程(process)：指受控的部件、对象或系统。

系统(system)：为实现预期的目标而将有关元部件互连在一起。

拓展您的事业——电子学科

电路分析的一个应用领域是电子学，电子学这个词最早是对微小电流电路而言，但现在不是这样，像功率或电力半导体器件就是在大电流下运行的。今日的电子学被认为是电荷在气体、真空或半导体中运动的科学。现代电子学包含晶体管及晶体管电路。早期的电子电路由分立元件组装而成，但是现在很多电路是在半导体基片或芯片上制成的集成电路。

电子电路在自动化、广播、计算机和仪器等领域有着广泛的应用。用电子电路的设备或装置数不胜数，收音机、电视机、计算机、立体声系统等都是电子电路，但这些也只是电子电路的一部分。

作为一个电子工程师,常常要分析、设计、制作或使用许多由不同电路组成的电子设备和系统,所以懂得使用和学会分析电子装置是电子工程师的基本功,并且需要学习电子电路设计的全过程。电子学是信息学科中的一门基础学科,它总是走在发展的前列,所以需要不断地更新您的知识,要做到这样,一个最好的办法是成为美国电子电气工程师协会(IEEE)中的一员,它是世界上最大的专业技术学会,拥有超过四十万位会员,IEEE 对其会员在信息发布与获取方面有很多帮助,诸如期刊、会报、学报、大型会议和论坛的会议等,您应该考虑成为 IEEE 中的一员。

习题

1.1 试比较开环控制系统和闭环控制系统的优缺点。

1.2 什么叫反馈?为什么闭环系统常采用负反馈,试举例说明。

1.3 试判断下列微分方程所描述的系统属何类型(线性、非线性;定常、时变)。

(1) $2\dfrac{\mathrm{d}^2c(t)}{\mathrm{d}t^2}+3\dfrac{\mathrm{d}c(t)}{\mathrm{d}t}+4c(t)=5\dfrac{\mathrm{d}u(t)}{\mathrm{d}t}+6u(t)$

(2) $c(t)=2+u(t)$

(3) $t\dfrac{\mathrm{d}c(t)}{\mathrm{d}t}+2c(t)=4\dfrac{\mathrm{d}u(t)}{\mathrm{d}t}+u(t)$

(4) $\dfrac{\mathrm{d}c(t)}{\mathrm{d}t}+2c(t)=u(t)\sin\omega t$

(5) $\dfrac{\mathrm{d}^2c(t)}{\mathrm{d}t^2}+c(t)\dfrac{\mathrm{d}c(t)}{\mathrm{d}t}+2c(t)=3u(t)$

(6) $\dfrac{\mathrm{d}c(t)}{\mathrm{d}t}+c^2(t)=2u(t)$

(7) $c(t)=2u(t)+3\dfrac{\mathrm{d}u(t)}{\mathrm{d}t}+5\int u(t)\mathrm{d}t$

1.4 双输入控制系统的一个常见例子是有冷热两个阀门的家用沐浴器,目标是同时控制水温和流量。画出此闭环系统的方块图。你愿意让别人给你开环控制的沐浴器吗?

1.5 考查汽车挡风前玻璃的雨刷,其改进方案是按照雨的密度来调节擦拭周期。请画出雨刷控制系统的方块图。

1.6 自动驾驶器用控制系统将汽车的速度限制在允许范围内。画出方块图说明此反馈系统。

1.7 核电站中反应堆的精确控制是很重要的,设发电功率和生产的中子数成正比,电离室用于测量电功率,电功率和电流 i 成正比,石墨控制棒的位置可以改变功率。画出图 P1.1 所示核控制系统的方框图并说明其控制过程。

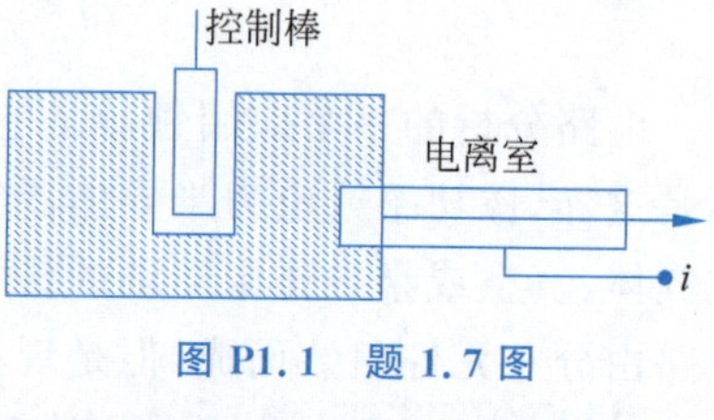

图 P1.1 题 1.7 图

1.8 所有人都体验过伴随疾病的发烧。发烧和人体内温度控制的改变有关,通常你的体温控制在37℃左右,尽管外部温度通常在 −30~40℃之间。对发烧而言,实际的温度高于应处的温度，科学家常常认识到发烧并不意味着身体的温度控制出了什么问题，而是将其保持在一个比通常要求高的水平。草拟温度控制系统的方块图，解释阿司匹林怎样退烧的。

1.9 反馈控制系统实际上并非总是负反馈系统。通货膨胀表明了价格的持续上涨，它是一个正反馈系统。如图 P1.2 的正反馈系统用反馈信号和输入信号之和作为过程的最终输入信号。增加附加的反馈环，诸如立法控制或税率控制，以使系统稳定。假设随着工人工资的增加，一段时间后，导致了价格的上涨。在什么条件下，改变或延迟生活资料的花费能稳定价格？国家的工资和价格指导工资是怎样影响反馈系统的？

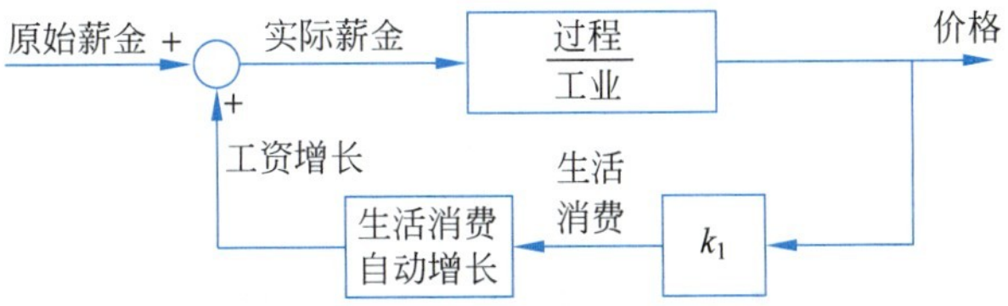

图 P1.2 题 1.9 图

1.10 仓库大门的自动控制系统原理如图 P1.3 所示。

(1) 试分析自动控制大门开关的工作原理；

(2) 指出系统的各组成部分和系统的控制方式；

(3) 画出控制系统方块图。

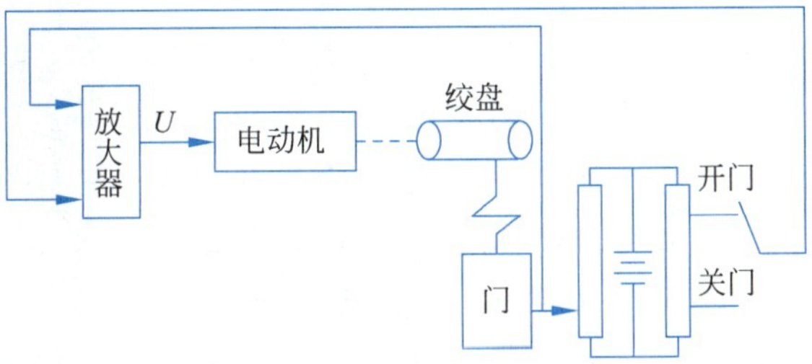

图 P1.3 题 1.10 图

1.11 许多汽车都安装了速度保持控制系统，只要按一下按钮，它就会自动地保持一个设定的速度。由此，司机可以驾车以限定的速度或较为经济的速度行驶，而不需要查看速度表，也不需要长时间控制油门。试用框图形式设计速度保持控制系统的反馈控制。

第 2 章

控制系统的数学模型

电子与电气学科世界著名学者——麦克斯韦

詹姆斯·克拉克·麦克斯韦(James Clerk Maxwell,1831—1879)

麦克斯韦是19世纪伟大的英国物理学家、数学家。

麦克斯韦是第一个对反馈控制系统的稳定性进行系统分析并发表论文的人。在他1868年的论文“论调节器”中,推导出了调节器的微分方程,并在平衡点附近进行线性化处理,指出线性定常系统的稳定性取决于特征方程的根是否均具有负实部,他是第一位利用特征方程的根来判断系统稳定性的人。麦氏在论文中对三阶微分方程描述的Homson's governor,Jenkin's governor以及具有五阶微分方程的Maxwell's governor进行了研究,并给出了系统的稳定性条件。麦克斯韦的工作开创了控制理论研究的先河。

1831年6月13日麦克斯韦生于苏格兰的爱丁堡,自幼聪颖,父亲是个知识渊博的律师,使麦克斯韦从小受到良好的教育。10岁时进入爱丁堡中学学习,14岁就在爱丁堡皇家学会会刊上发表了一篇关于二次曲线作图问题的论文,已显露出出众的才华。1847年进入爱丁堡大学学习数学和物理。1850年转入剑桥大学三一学院数学系学习,1854年以第二名的成绩获史密斯奖学金,毕业留校任职两年。1856年在苏格兰阿伯丁的马里沙耳任自然哲学教授。1860年到伦敦国王学院任自然哲学和天文学教授。1861年被选为伦敦皇家学会会员。1865年春辞去教职回到家乡系统地总结他的关于电磁学的研究成果,完成了电磁场理论的经典巨著《论电和磁》,并于1873年出版,1871年受聘为剑桥大学新设立的卡文迪什实验物理学教授,负责筹建著名的卡文迪什实验室,1874年建成后担任这个实验室的第一任主任,直到1879年11月5日在剑桥逝世。

麦克斯韦主要从事电磁理论、分子物理学、统计物理学、光学、力学、弹性理论方面的研究。尤其是他建立的电磁场理论,将电学、磁学、光学统一起来,是19世纪物理学发展的最光辉的成果，是科学史上最伟大的综合之一。他预言了电磁波的存在，这种理论预见后来得到了充分的实验验证。他为物理学树起了一座丰碑，造福于人类的无线电技术，就是以电磁场理论为基础发展起来的。

2.1 引言

在系统分析和设计过程中，建立系统的数学模型是相当重要的。数学模型就是描述系统动态行为的一个数学表达式，它能够精确地或至少相当好地表示系统的动态特性。建立数学模型的方法一般有两种，一种是解析法，另一种是实验法。解析法是以系统所遵循的物理或化学机理规律列写，而实验法是人为地对被控过程加入测试信号，测量系统的响应，并用适当的数学模型和方法逼近，又称系统辨识法。应当指出，对于给定的系统，数学模型的形式不是唯一的，一个系统可以用不同形式的数学模型表示。系统的时域数学模型有微分方程、差分方程和状态变量方程；利用拉普拉斯变换和傅里叶变换，可以将时域模型转换为频域模型，系统的频域数学模型有传递函数、方框图、频率特性、脉冲传递函数等。本章主要研究用解析法建立一些物理系统的微分方程、状态变量方程、传递函数、方框图和信号流图等数学模型以及各模型之间的相互关系。本章最后，我们介绍利用 MATLAB 工具箱中的控制命令建立一些线性系统的传递函数数学模型的例子。

2.2 控制系统的时域数学模型

2.2.1 微分方程与状态变量数学模型

有许多系统，不管它们是机械的、电气的、热力的还是化学的，其动态特性都可以用微分方程或状态变量模型来描述。现举例说明控制系统中常用的电气电路、机械系统等的微分方程和状态变量数学模型的列写。

例 2.1 如图 2.1 所示的电路系统。由电阻 R、电感 L 和电容 C 组成的无源串联网络，试列写以 $u_i(t)$ 为输入量，$u_o(t)$ 为输出量的电路系统的微分方程数学模型。

解 设回路电流为 i，由电路理论中的基尔霍夫定律得

$$C\frac{\mathrm{d}u_o}{\mathrm{d}t}=i \tag{2.1}$$

$$L\frac{\mathrm{d}i}{\mathrm{d}t}+u_o+Ri=u_i \tag{2.2}$$

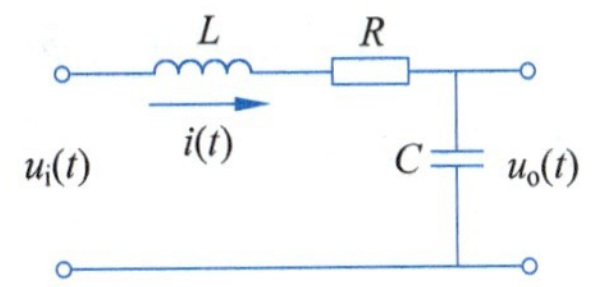

图 2.1 RLC 网络

消去中间变量 i，得到描述该电路系统输入输出关系的二阶线性常微分方程

$$LC\frac{\mathrm{d}^2u_o}{\mathrm{d}t^2}+RC\frac{\mathrm{d}u_o}{\mathrm{d}t}+u_o=u_i \tag{2.3}$$

注意，通常微分方程数学模型都是将激励输入变量写在方程的右边，而将响应输出变量写在方程的左边。由线性定常微分方程的解知道，如果已知初值 $u_o(0)$ 和 $u'_o(0)$ 以及输入激励信号 u_i，则该系统微分方程就有唯一解。

状态向量指的是能够完全描述系统动态行为的一组最小变量，该向量中的每一个元称

为状态变量，状态列向量表示为 $x=[x_1,x_2,\cdots,x_n]^{\mathrm{T}}$，状态向量的维数为 n。所谓的完全描述指只要知道了在 $t=t_0$ 时一组变量的初值 $x(t_0)$ 和 $t\geqslant t_0$ 时的输入量 u，就能够完全确定系统在任何时刻 $t\geqslant t_0$ 时的状态行为 $x(t)$。所谓的最小指线性无关的一组状态变量，即减少其中的一个变量就会破坏它们对系统行为表征的完全性，而增加一个变量将不增加行为表征的信息量。状态变量未必是物理上可测量的或可观测的量。某些不代表物理量的变量，它们既不能测量，也不能观察，但可以被选作状态变量。

对 RLC 二阶动态串联电路，我们知道只要该电路电容的电压和电感的电流能够确定，则该电路其他参数就能唯一确定了。为此，该电路的状态变量可设为 $x_1(t)=u_{\mathrm{o}}(t)$、$x_2(t)=i(t)$，由式(2.1)和式(2.2)得到该电路的状态变量模型为

$$\begin{cases}\begin{bmatrix}\dot{x}_1\\ \dot{x}_2\end{bmatrix}=\begin{bmatrix}0 & \dfrac{1}{C}\\ -\dfrac{1}{L} & -\dfrac{R}{L}\end{bmatrix}\begin{bmatrix}x_1\\ x_2\end{bmatrix}+\begin{bmatrix}0\\ \dfrac{1}{L}\end{bmatrix}u_{\mathrm{i}}\\ y=u_{\mathrm{o}}=\begin{bmatrix}1 & 0\end{bmatrix}\begin{bmatrix}x_1\\ x_2\end{bmatrix}\end{cases}\tag{2.4}$$

或简写为矩阵向量形式

$$\begin{cases}\dot{\boldsymbol{x}}=\boldsymbol{A}\boldsymbol{x}+\boldsymbol{B}u\\ y=\boldsymbol{C}\boldsymbol{x}\end{cases}\tag{2.5}$$

其中，状态向量为 $\boldsymbol{x}=\begin{bmatrix}x_1\\ x_2\end{bmatrix}$，系统矩阵 $\boldsymbol{A}=\begin{bmatrix}0 & \dfrac{1}{C}\\ -\dfrac{1}{L} & -\dfrac{R}{L}\end{bmatrix}$，控制矩阵 $\boldsymbol{B}=\begin{bmatrix}0\\ \dfrac{1}{L}\end{bmatrix}$，输出矩阵 $\boldsymbol{C}=[1\quad 0]$。显然状态方程 $\dot{\boldsymbol{x}}=\boldsymbol{A}\boldsymbol{x}+\boldsymbol{B}u$ 是由一组一阶微分方程组构成，而输出方程 $\boldsymbol{y}=\boldsymbol{C}\boldsymbol{x}$ 为代数方程。对于具有 r 个输入、m 个输出的 n 阶多输入多输出系统，状态向量为 $\boldsymbol{x}=[x_1,x_2,\cdots,x_n]^{\mathrm{T}}$，$\boldsymbol{A}$ 为 $n\times n$ 的系统矩阵，$\boldsymbol{B}$ 为 $n\times r$ 的控制矩阵，$\boldsymbol{C}$ 为 $m\times n$ 的输出矩阵。

该系统如果选电容的电荷量和电感的电流量作为状态变量也能够完全确定系统的动态性能，即可设状态变量为 $\tilde{x}_1(t)=q=\int i\,\mathrm{d}t$，$\tilde{x}_2=i$。则由式(2.1)和式(2.2)得到该电路的状态方程模型为

$$\begin{bmatrix}\dot{\tilde{x}}_1\\ \dot{\tilde{x}}_2\end{bmatrix}=\begin{bmatrix}0 & 1\\ -\dfrac{1}{LC} & -\dfrac{R}{L}\end{bmatrix}\begin{bmatrix}\tilde{x}_1\\ \tilde{x}_2\end{bmatrix}+\begin{bmatrix}0\\ \dfrac{1}{L}\end{bmatrix}u$$

显然，对同一系统，状态变量的选取以及状态变量方程不是唯一的。线性定常系统的两组状态方程之间存在某种坐标的线性变换关系，记作 $\boldsymbol{x}=\boldsymbol{P}\tilde{\boldsymbol{x}}$，$\boldsymbol{P}$ 称为 $n\times n$ 的线性非奇异变换矩阵。对本例，有

$$\boldsymbol{x}=\boldsymbol{P}\tilde{\boldsymbol{x}}=\begin{bmatrix}\dfrac{1}{C} & 0\\ 0 & 1\end{bmatrix}\tilde{\boldsymbol{x}}$$

例 2.2 某一个弹簧阻尼组成的机械系统如图 2.2(a)所示。设 M 为物块质量，f 为阻

尼器的黏性摩擦系数，k 为弹簧弹性系数，外加输入为 F，输出为物块的位移 x，$\frac{dx}{dt}$ 为物块的相对速度。忽略物体质量 M，并假设 k，f 为常数。弹簧阻尼系统在汽车和摩托车的减振机械结构中是必需的。

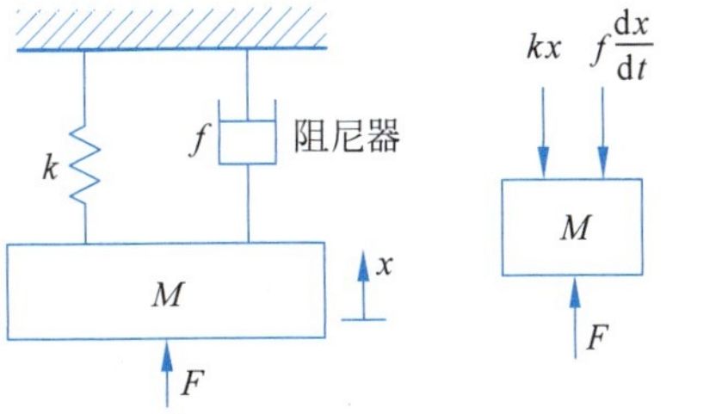

图 2.2　弹簧阻尼系统及受力分析

解　只要两个物体之间存在着物理运动时，就会有摩擦力的存在。黏性摩擦是一种外力和速度呈线性关系的阻力，黏性摩擦一般用阻尼器表示。对物体做受力分析，如图 2.2(b)所示，由牛顿第二定律得

$$F - f\frac{dx}{dt} - kx = M\frac{d^2x}{dt^2}$$

或表示为

$$M\frac{d^2x}{dt^2} + f\frac{dx}{dt} + kx = F \tag{2.6}$$

显然，该系统是线性二阶常微分方程，只要知道外力 F、初态 $x(0)$及 $x'(0)$，则系统的运动规律 x 就能完全确定了。

同样，如果该机械系统物块的位移和速度确定了，则该系统就唯一确定了。为此，可以选两个状态变量 $x_1=x$、$x_2=\dot{x}$，则该系统的状态变量模型为

$$\begin{bmatrix}\dot{x}_1\\ \dot{x}_2\end{bmatrix} = \begin{bmatrix}0 & 1\\ -\frac{k}{M} & -\frac{f}{M}\end{bmatrix}\begin{bmatrix}x_1\\ x_2\end{bmatrix} + \begin{bmatrix}0\\ \frac{1}{M}\end{bmatrix}F \tag{2.7}$$

例 2.3　如图 2.3 所示为电枢控制的直流电动机机电系统。设激磁磁通或激磁电流 i_f 为常值，试以电枢电压为输入量、电机转速为输出量列写该系统的微分方程。

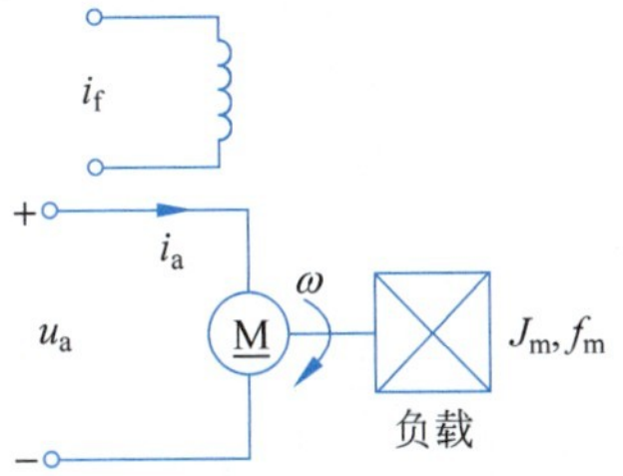

图 2.3　电枢控制的直流电动机

解　直流电动机是将输入电能转换为输出机械能的一种控制执行元件，它的微分方程数学模型分为三部分：

(1) 电枢回路平衡方程

由电路基尔霍夫电压定理，得

$$u_a = L_a\frac{di_a}{dt} + R_a i_a + E_a \tag{2.8}$$

其中，L_a、R_a 为电机电枢电路的等效电感和电阻，E_a 为电枢反电势，它是由电枢旋转时产生的反电势，其大小与激磁磁场及转速成正比，方向与电枢电压 u_a 相反，$E_a=C_e\omega$，C_e 是反电势系数，ω 为电机旋转的角速度。

(2) 电磁转矩方程

由电机特性知道，电机电枢电流 i_a 与电机电磁转矩 M_m 之间的关系为

$$M_m = C_m i_a \tag{2.9}$$

其中，C_m 是电动机的转矩系数，M_m 是电枢电流产生的电磁转矩。

(3) 电机轴转矩平衡方程

由力学牛顿旋转第二定理，得

$$J_m \frac{d\omega}{dt} + f_m \omega = M_m - M_c \tag{2.10}$$

其中，f_m 是电动机和负载折算到电机轴上的黏性摩擦系数；J_m 是电动机和负载折算到电机轴上的转动惯量；M_c 是折算到电机轴上的总负载转矩。由式(2.8)～式(2.10)中消去中间变量 i_a，E_a 及 M_m，得到以电机角速度 ω 为输出量、电枢电压 u_a 为输入量的直流电机微分方程为

$$L_a J_m \frac{d^2\omega}{dt^2} + (L_a f_m + R_a J_m)\frac{d\omega}{dt} + (R_a f_m + C_m C_e)\omega = C_m u_a - L_a \frac{dM_c}{dt} - R_a M_c \tag{2.11}$$

通常 L_a 较小，可忽略不计，因此式(2.11)化简为

$$T_m \frac{d\omega}{dt} + \omega = K_1 u_a - K_2 M_c \tag{2.12}$$

式中，$T_m = R_a J_m/(R_a f_m + C_m C_e)$ 为电机机电时间常数，国际单位为秒(s)。$K_1 = C_m/(R_a f_m + C_m C_e)$，$K_2 = R_a/(R_a f_m + C_m C_e)$ 为电机增益。

如果电枢电阻 R_a 和转动惯量 J_m 都很小，可忽略不计，式(2.12)还可进一步化简为 $C_e\omega = u_a$，这时，电机可作为测速发电机使用。

定义该系统的状态变量为 $x_1 = i_a$、$x_2 = \omega$，通过消去式(2.8)～式(2.10)中的非状态变量，我们得到该系统的状态变量模型

$$\begin{bmatrix} \dot{x}_1 \\ \dot{x}_2 \end{bmatrix} = \begin{bmatrix} -\frac{R_a}{L_a} & -\frac{C_e}{L_a} \\ \frac{C_m}{J_m} & -\frac{f_m}{J_m} \end{bmatrix} \begin{bmatrix} x_1 \\ x_2 \end{bmatrix} + \begin{bmatrix} \frac{1}{L_a} \\ 0 \end{bmatrix} u_a + \begin{bmatrix} 0 \\ -\frac{1}{J_m} \end{bmatrix} M_c \tag{2.13}$$

注意，负载 M_c 被当作状态变量方程的第二个输入。

综上所述，可以总结出建立系统微分方程数学模型的一般规律，在建立数学模型的过程中，首先要在模型的简化性和精确性之间折中，其次处理工程问题时，要注意模型的简化性，便于理论分析和设计，同时处理好线性系统理论局限性与实际系统复杂性之间的矛盾。

例 2.4 列写如图 2.4 所示的直流电机速度反馈控制系统的微分方程。

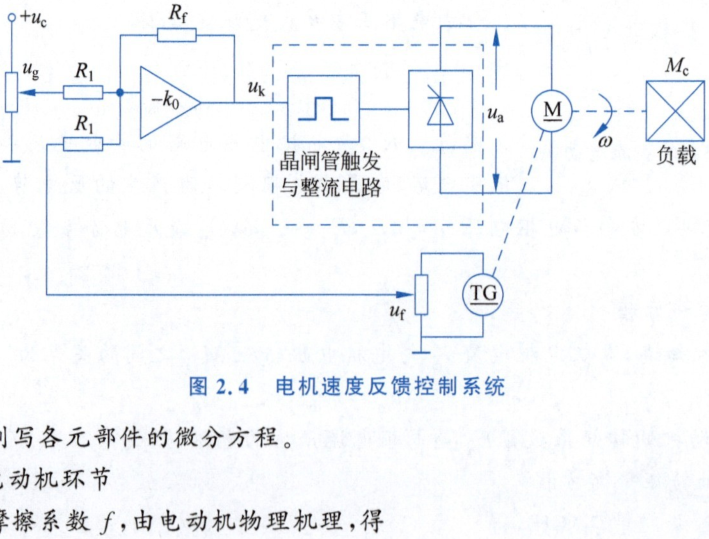

图 2.4 电机速度反馈控制系统

解 分别列写各元部件的微分方程。

(1) 直流电动机环节

忽略黏性摩擦系数 f，由电动机物理机理，得

$$\begin{cases} C_e\omega + i_aR_a + L_a\dfrac{di_a}{dt} = u_a \\ M_m = C_m i_a \\ M_m - M_c = J\dfrac{d\omega}{dt} \end{cases} \tag{2.14}$$

由式(2.14)消去中间变量 i_a 和 M_m，化简得

$$T_aT_m\frac{d^2\omega}{dt^2} + T_m\frac{d\omega}{dt} + \omega = \frac{1}{C_e}u_a - \frac{R_a}{C_eC_m}M_c - \frac{L_a}{C_eC_m}\frac{dM_c}{dt} \tag{2.15}$$

其中，$T_a = L_a/R_a$ 为电机电磁时间常数，$T_m = J\dfrac{R_a}{C_mC_e}$ 为电机机电时间常数，单位为秒(s)。

(2) 比较和放大环节

$$u_k = K_1(u_g - u_f) \tag{2.16}$$

(3) 晶闸管 SCR 环节

由电力电子技术知道，忽略晶闸管 SCR 的时间滞后和非线性因素时，有

$$u_a = K_s u_k \tag{2.17}$$

(4) 测速反馈环节

$$u_f = K_f\omega \tag{2.18}$$

由式(2.14)～式(2.18)消去中间变量，得到直流电机闭环速度控制系统的微分方程为

$$\frac{T_aT_m}{1+K}\frac{d^2\omega}{dt^2} + \frac{T_m}{1+K}\frac{d\omega}{dt} + \omega = \frac{K_yu_g}{C_e(1+K)} - \frac{R_a}{(1+K)C_eC_m}M_c - \frac{L_a}{C_eC_m}\frac{1}{1+K}\frac{dM_c}{dt} \tag{2.19}$$

其中，$K_y = K_1K_s$ 为前向通道电压增益，$K = K_1K_sK_f/C_e$ 为系统开环电压增益。

例 2.5　如图 2.5 所示是一个倒立摆装置的机械系统，它包含一个小车和一个装在小车上的倒立摆杆。由于小车在水平方向可适当移动，因此，控制小车的移动可使摆杆维持直立不倒。这和手持木棒使之直立不倒的现象很相像。研究此系统很有意义，因为在火箭发射时，火箭必须靠开动发动机来维持它沿其推动力方向飞行。显然，若对小车不加控制，摆杆的倒立状态是不稳定的平衡状态，若稍有扰动，摆杆必然倒下，这里暂不讨论如何控制小车才能使摆维持不倒，先建立该倒立摆系统的数学模型。

解　设小车和摆的质量分别为 M 和 m，摆长 $2l$，且摆的重心位于几何中心 l 处，小车距参考坐标位置为 z，摆倾角为 θ，摆杆重心的水平位置为 $z+l\sin\theta$，垂直方向的位置为 $l\cos\theta$。

倒立摆和小车的受力分析如图 2.6 所示。

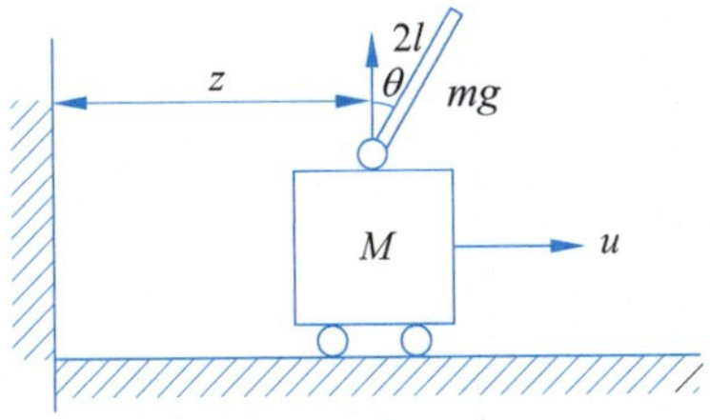

图 2.5　倒立摆系统

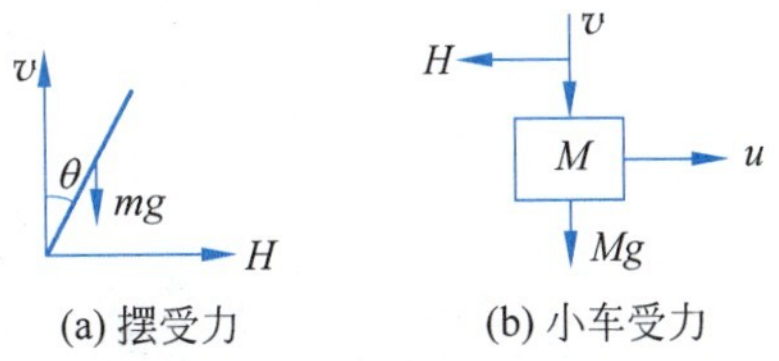

图 2.6　倒立摆系统受力分析

根据物理牛顿定律,有

(1) 在摆的转动方向

考查摆旋转的受力情况,得到

$$J\ddot{\theta}+B_1\dot{\theta}=vl\sin\theta-Hl\cos\theta \tag{2.20}$$

其中,H 和 v 分别是摆杆和小车接合部的水平反作用力和垂直反作用力;B_1 为摆杆和小车的摩擦系数,J 为转动惯量,u 是作用在小车上的力,作为控制输入。

(2) 摆杆的垂直方向

$$m\frac{\mathrm{d}^2}{\mathrm{d}t^2}(l\cos\theta)=v-mg=-ml\cos\theta\cdot\dot{\theta}^2-ml\sin\theta\cdot\ddot{\theta} \tag{2.21}$$

(3) 摆杆的水平方向

$$m\frac{\mathrm{d}^2}{\mathrm{d}t^2}(z+l\sin\theta)=H=m\ddot{z}-ml\sin\theta\cdot\dot{\theta}^2+ml\cos\theta\cdot\ddot{\theta} \tag{2.22}$$

(4) 小车的水平方向

$$M\frac{\mathrm{d}^2z}{\mathrm{d}t^2}+B_2\frac{\mathrm{d}z}{\mathrm{d}t}=u-H \tag{2.23}$$

其中,B_2 为小车的摩擦系数。消去式(2.20)～式(2.23)四个方程中的中间变量 v 和 H,得

$$\begin{cases}(J+ml^2)\ddot{\theta}+ml\cos\theta\ddot{z}=-B_1\dot{\theta}+mlg\sin\theta\\(M+m)\ddot{z}+(ml\cos\theta)\ddot{\theta}=-B_2\dot{z}+ml\sin\theta\cdot\dot{\theta}^2+u\end{cases} \tag{2.24}$$

显然,式(2.24)两个方程均为关于摆角 θ 的非线性微分方程。考查能否线性化,由于控制本系统的目的是保持单摆直立,因此可假设 θ、$\dot{\theta}$ 接近于零,这样保留低阶 θ、$\dot{\theta}$ 项,忽略微不足道的高次项,如 θ^2,$\dot{\theta}^2$ 和 $\dot{\theta}\theta$项。

对三角函数的近似为

$$\begin{aligned}\sin\theta&=\theta-\frac{\theta^3}{3!}+\frac{\theta^5}{5!}-\cdots\approx\theta\\\cos\theta&=1-\frac{\theta^2}{2!}+\frac{\theta^4}{4!}-\cdots\approx1\end{aligned} \tag{2.25}$$

为进一步化简,忽略 J,B_1 及 B_2,得到倒立摆控制系统近似的线性常微分方程

$$\begin{cases}ml\ddot{\theta}+m\ddot{z}=mg\theta\\(M+m)\ddot{z}(t)+ml\ddot{\theta}=u(t)\end{cases}\quad\text{或}\quad\begin{cases}\ddot{\theta}=\dfrac{(M+m)g}{Ml}\theta-\dfrac{1}{Ml}u\\\ddot{z}=-\dfrac{mg}{M}\theta+\dfrac{1}{M}u\end{cases} \tag{2.26}$$

这些方程的准确性当然取决于假设条件 $\theta\approx\dot{\theta}=0$ 的准确性,只要加上保持这个条件的控制力,则数学模型是正确的,否则此模型就不能成立。

本系统的动态特性也可用小车的位移和速度以及单摆的角位移和角速度来完整地描述,这里取一组完全描述系统动态行为的最小的变量组作为状态变量,用向量表示为

$$\boldsymbol{x}=\begin{bmatrix}x_1\\x_2\\x_3\\x_4\end{bmatrix}=\begin{bmatrix}z(t)\\\dot{z}(t)\\\theta(t)\\\dot{\theta}(t)\end{bmatrix}$$

并把 z 或 z、θ 视为系统输出，即 $y=z$ 或 $\boldsymbol{y}=\begin{bmatrix} z \\ \theta \end{bmatrix}$，则由式(2.26)不难得到倒立摆系统的状态变量数学模型为

$$\begin{aligned} \dot{\boldsymbol{x}} &= \boldsymbol{A}\boldsymbol{x}+\boldsymbol{B}u \\ \boldsymbol{y} &= \boldsymbol{C}\boldsymbol{x} \end{aligned} \tag{2.27}$$

式中，系统矩阵为 $\boldsymbol{A}=\begin{bmatrix} 0 & 1 & 0 & 0 \\ 0 & 0 & -\dfrac{mg}{M} & 0 \\ 0 & 0 & 0 & 1 \\ 0 & 0 & \dfrac{(M+m)g}{Ml} & 0 \end{bmatrix}$，控制矩阵为 $\boldsymbol{B}=\begin{bmatrix} 0 \\ \dfrac{1}{M} \\ 0 \\ -\dfrac{1}{Ml} \end{bmatrix}$，输出矩阵为 $\boldsymbol{C}=[1 \quad 0 \quad 0 \quad 0]$，或 $\boldsymbol{C}=\begin{bmatrix} 1 & 0 & 0 & 0 \\ 0 & 0 & 1 & 0 \end{bmatrix}$。

式(2.27)中，$\dot{\boldsymbol{x}}=\boldsymbol{A}\boldsymbol{x}+\boldsymbol{B}u$ 表示系统的状态方程，$\boldsymbol{y}=\boldsymbol{C}\boldsymbol{x}$ 表示系统的输出方程，状态方程由一组一阶微分方程组构成，表示系统外部输入对内部状态的影响，而输出方程仅为代数方程，表示内部状态与系统输出的关系。

若 $M=1\text{kg}$，$m=0.1\text{kg}$，$l=1\text{m}$，$g=9.8\text{m/s}^2$，这里按 10m/s^2 计算，则该倒立摆状态变量模型为

$$\begin{aligned} \dot{\boldsymbol{x}} &= \begin{bmatrix} 0 & 1 & 0 & 0 \\ 0 & 0 & -1 & 0 \\ 0 & 0 & 0 & 1 \\ 0 & 0 & 11 & 0 \end{bmatrix}\boldsymbol{x}+\begin{bmatrix} 0 \\ 1 \\ 0 \\ -1 \end{bmatrix}u \\ \boldsymbol{y} &= [1 \quad 0 \quad 0 \quad 0]\boldsymbol{x} \end{aligned}$$

或

$$\boldsymbol{y}=\begin{bmatrix} z \\ \theta \end{bmatrix}=\begin{bmatrix} 1 & 0 & 0 & 0 \\ 0 & 0 & 1 & 0 \end{bmatrix}\boldsymbol{x}$$

2.2.2 线性定常微分方程的解

建立系统的数学模型是为了更好地分析和设计控制系统，微分方程的解就是考查以数学模型表示的系统在激励信号作用下的响应。

例 2.6 在例 2.1 的 RLC 串联电路中，已知 $L=1\text{H}$，$C=1\text{F}$，$R=1\Omega$，且电容上初始电压 $u_o(0)=0.1\text{V}$，电感的初始电流 $i(0)=0.1\text{A}$，激励电压 $u_i(t)=1\text{V}$，求电路突然接通激励信号时，电容器电压 $u_o(t)$ 的变化规律。

解 在例 2.1 中 RLC 网络的微分方程为

$$LC\frac{\mathrm{d}^2u_o}{\mathrm{d}t^2}+RC\frac{\mathrm{d}u_o}{\mathrm{d}t}+u_o=u_i$$

利用工程数学中的拉普拉斯变换，令 $U_i(s)=\mathcal{L}[u_i]$，$U_o(s)=\mathcal{L}[u_o]$，且

$$\mathcal{L}[u'_o]=sU_o(s)-u_o(0)$$

$$\mathcal{L}[u''_o]=s^2U_o(s)-su_o(0)-u'_o(0)$$

式中，$u_o'|_{t=0}=\frac{\mathrm{d}u_o}{\mathrm{d}t}|_{t=0}=\frac{1}{C}i(t)|_{t=0}=\frac{1}{C}i(0)$，且对 RLC 网络微分方程两边各项取拉普拉斯变换，代入已知数据，化简得

$$U_o(s)=\frac{U_i(s)}{s^2+s+1}+\frac{0.1s+0.2}{s^2+s+1} \tag{2.28}$$

这里，$u_i=1(t)$为单位阶跃激励信号，所以，$U_i(s)=\mathcal{L}[u_i]=1/s$，因此对式(2.28)两边取拉普拉斯反变换，得到该电路的单位阶跃响应为

$$\begin{aligned} u_o(t)&=\mathcal{L}^{-1}[U_o(s)]=\mathcal{L}^{-1}\left[\frac{1}{s(s^2+s+1)}+\frac{0.1s+0.2}{s^2+s+1}\right] \\ &=1+1.15\mathrm{e}^{-0.5t}\sin(0.866t-120°)+0.2\mathrm{e}^{-0.5t}\sin(0.866t+30°) \end{aligned} \tag{2.29}$$

这里，1 为稳态响应值，而 $1.15\mathrm{e}^{-0.5t}\sin(0.866t-120°)$和 $0.2\mathrm{e}^{-0.5t}\sin(0.866t+30°)$为暂态响应值。其输出初值为 $u_o(0)=\lim\limits_{t\to 0}u_o(t)=\lim\limits_{s\to\infty}sU_o(s)=0.1(\mathrm{V})$，终值为 $u_o(\infty)=\lim\limits_{t\to\infty}u_o(t)=\lim\limits_{s\to 0}sU_o(s)=1(\mathrm{V})$，与从微分方程的解中计算的结果一致。

2.2.3 非线性系统的线性化

严格地讲，实际系统或多或少都有非线性特性，当然在一定的条件下，为简化模型，可忽略一些次要因素，将非线性系统简化为线性系统，或将非线性元件分段线性化，或在系统工作在某点附近小范围内，这样可用泰勒级数法将系统在工作点附近线性化。

考查一个 n 阶非线性系统

$$\dot{\boldsymbol{x}}=f(\boldsymbol{x}(t),\boldsymbol{r}(t)) \tag{2.30}$$

其中，$\boldsymbol{x}(t)$为 n 维状态向量，$\boldsymbol{r}(t)$为 p 维输入向量，$\dot{\boldsymbol{x}}=f(\boldsymbol{x}(t),\boldsymbol{r}(t))$代表 n 维函数向量。假设系统工作在 $\boldsymbol{x}_0(t)$和 $\boldsymbol{r}_0(t)$附近小范围内，对式(2.30)的$\dot{\boldsymbol{x}}=f(\boldsymbol{x}(t),\boldsymbol{r}(t))$在 $\boldsymbol{x}(t)=\boldsymbol{x}_0(t)$和 $\boldsymbol{r}(t)=\boldsymbol{r}_0(t)$作泰勒级数展开，忽略高阶无穷小项后得到

$$\dot{x}_i=f_i(x_0(t),r_0(t))+\sum_{j=1}^{n}\left.\frac{\partial f_i(x,r)}{\partial x_j}\right|_{x_0,r_0}(x_j-x_{0j})+\sum_{j=1}^{p}\left.\frac{\partial f_i(x,r)}{\partial r_j}\right|_{x_0,r_0}(r_j-r_{0j}) \tag{2.31}$$

式中，$i=1,2,\cdots,n$。令 $\Delta x_j=x_j-x_{0j}$，$\Delta r_j=r_j-r_{0j}$。由于 $\dot{x}_{0i}=f_i(x_0,r_0)$，所以，式(2.31)可以写为

$$\Delta\dot{x}_i=\sum_{j=1}^{n}\left.\frac{\partial f_i(x,r)}{\partial x_j}\right|_{x_0,r_0}\Delta x_j+\sum_{j=1}^{p}\left.\frac{\partial f_i(x,r)}{\partial r_j}\right|_{x_0,r_0}\Delta r_j$$

也可以写成向量矩阵形式

$$\Delta\dot{\boldsymbol{x}}=\boldsymbol{A}\Delta\boldsymbol{x}+\boldsymbol{B}\Delta\boldsymbol{r} \tag{2.32}$$

其中，$\boldsymbol{A}=\begin{bmatrix}\frac{\partial f_1}{\partial x_1} & \frac{\partial f_1}{\partial x_2} & \cdots & \frac{\partial f_1}{\partial x_n}\\ \frac{\partial f_2}{\partial x_1} & \frac{\partial f_2}{\partial x_2} & \cdots & \frac{\partial f_2}{\partial x_n}\\ \vdots & \vdots & \ddots & \vdots\\ \frac{\partial f_n}{\partial x_1} & \frac{\partial f_n}{\partial x_2} & \cdots & \frac{\partial f_n}{\partial x_n}\end{bmatrix}_{\boldsymbol{x}_0,\boldsymbol{r}_0}$，$\boldsymbol{B}=\begin{bmatrix}\frac{\partial f_1}{\partial r_1} & \frac{\partial f_1}{\partial r_2} & \cdots & \frac{\partial f_1}{\partial r_p}\\ \frac{\partial f_2}{\partial r_1} & \frac{\partial f_2}{\partial r_2} & \cdots & \frac{\partial f_2}{\partial r_p}\\ \vdots & \vdots & \ddots & \vdots\\ \frac{\partial f_n}{\partial r_1} & \frac{\partial f_n}{\partial r_2} & \cdots & \frac{\partial f_n}{\partial r_p}\end{bmatrix}_{\boldsymbol{x}_0,\boldsymbol{r}_0}$

我们用下面这个例子进一步说明上述平衡工作点附近的线性化过程。

例 2.7 设铁芯线圈电路如图 2.7(a)所示，其磁通 Φ 与线圈中电流 i 之间关系如图 2.7(b)所示。试列写以 u_r 为输入量，电流 i 为输出量的电路微分方程。

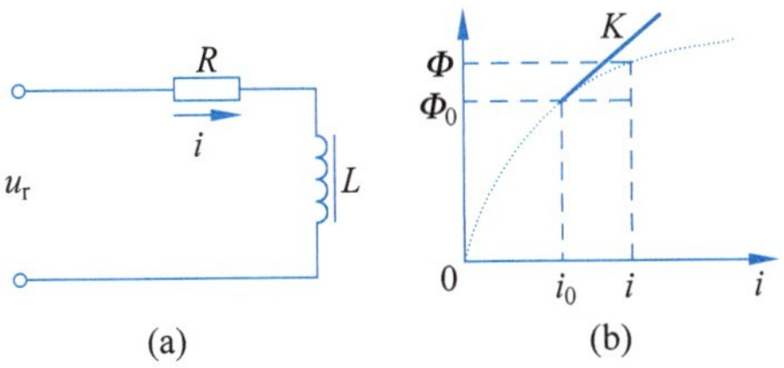

图 2.7 铁芯线圈电路及其特性

解 由楞次定理，得到铁芯线圈磁通变化时产生的感应电势为

$$E = K_1 \frac{\mathrm{d}\Phi}{\mathrm{d}t}$$

由基尔霍夫定律得

$$u_r = K_1 \frac{\mathrm{d}\Phi}{\mathrm{d}t} + Ri = K_1 \cdot \frac{\mathrm{d}\Phi}{\mathrm{d}i} \cdot \frac{\mathrm{d}i}{\mathrm{d}t} + Ri$$

这里，$\frac{\mathrm{d}\Phi}{\mathrm{d}i}$是电流 i 的非线性函数，所以上式为非线性微分方程。工程中，如果电路工作在平衡点(Φ_0, i_0)附近时，u_r 相对于 Φ_0 的增量是 $\Delta\Phi$，i 相对于 i_0 的增量是 Δi，并设 $\Phi(i)$在 i_0 附近的邻域内连续可导，用泰勒级数展开为

$$\Phi(i) = \Phi(i_0) + \left.\frac{\mathrm{d}\Phi(i)}{\mathrm{d}i}\right|_{i_0} \Delta i + \frac{1}{2!} \left.\frac{\mathrm{d}^2\Phi(i)}{\mathrm{d}i^2}\right|_{i_0} (\Delta i)^2 + \cdots \tag{2.33}$$

当 Δi 足够小时，略去高阶导数项，可得

$$\Phi(i) - \Phi(i_0) = \left.\frac{\mathrm{d}\Phi(i)}{\mathrm{d}i}\right|_{i_0} \Delta i = K \Delta i \tag{2.34}$$

式中，$K = \left.\frac{\mathrm{d}\Phi(i)}{\mathrm{d}i}\right|_{i_0}$，令 $\Delta\Phi = \Phi(i) - \Phi(i_0)$，略去增量符号 Δ，可得 Φ 与 i 之间的增量线性化方程

$$\Phi(i) = Ki$$

所以，该非线性系统在平衡点(u_0, i_0)附近的增量化线性微分方程为

$$K_1 K \frac{\mathrm{d}i}{\mathrm{d}t} + Ri = u_r \tag{2.35}$$

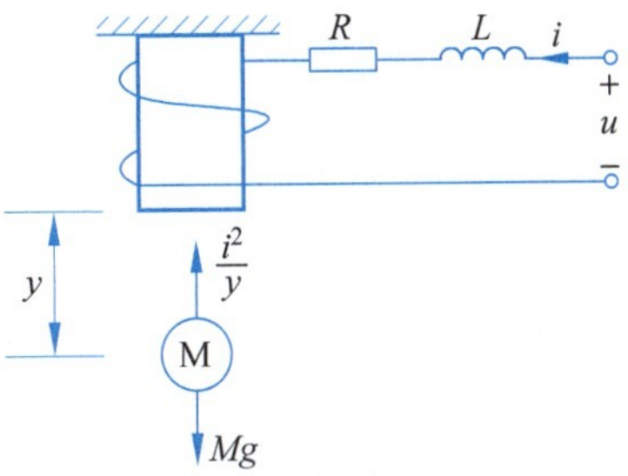

图 2.8 磁球悬浮系统

例 2.8 如图 2.8 所示的一个磁球悬浮系统。系统的控制目标是通过调节输入电压 u 来改变电磁铁中的电流，从而控制系统中钢球的位置。

解 系统可以用下面的非线性微分方程来描述

$$M \frac{\mathrm{d}^2 y}{\mathrm{d}t^2} = Mg - \frac{i^2}{y}$$

$$L \frac{\mathrm{d}i}{\mathrm{d}t} + Ri = u$$

令系统的状态变量为 $x_1 = y$，$x_2 = \frac{\mathrm{d}y}{\mathrm{d}t}$，$x_3 = i$，则状态方程可以写为

$$\dot{x}_1 = x_2$$

$$\dot{x}_2 = g - \frac{1}{M}\frac{x_3^2}{x_1}$$

$$\dot{x}_3 = -\frac{R}{L}x_3 + \frac{1}{L}u$$

将系统在平衡点 $y_0 = x_{10}$ 处进行线性化,这里下标 0 表示变量初值,进一步得到初值 $x_{20} = \left.\frac{\mathrm{d}x_1}{\mathrm{d}t}\right|_{x_{10}} = 0$,以及 $\left.\frac{\mathrm{d}^2 y}{\mathrm{d}t^2}\right|_{y_0} = 0$ 或 $i_0 = x_{30} = \sqrt{Mgx_{10}}$,由式(2.32)得到线性化的定常状态方程为

$$\Delta\dot{\boldsymbol{x}} = \boldsymbol{A}\Delta\boldsymbol{x} + \boldsymbol{B}\Delta u \tag{2.36}$$

其中,$\boldsymbol{A} = \begin{bmatrix} 0 & 1 & 0 \\ \dfrac{x_{30}^2}{Mx_{10}^2} & 0 & \dfrac{-2x_{30}}{Mx_{10}} \\ 0 & 0 & -R/L \end{bmatrix} = \begin{bmatrix} 0 & 1 & 0 \\ \dfrac{g}{x_{10}} & 0 & -2\left(\dfrac{g}{Mx_{10}}\right)^{1/2} \\ 0 & 0 & -R/L \end{bmatrix}$,$\boldsymbol{B} = \begin{bmatrix} 0 \\ 0 \\ 1/L \end{bmatrix}$,$\Delta x = x - x_0$

例 2.9 有时非线性系统经过线性化之后常常会得到线性时变系统。我们考虑下面的非线性系统

$$\dot{x}_1 = -1/x_2^2 \tag{2.37}$$

$$\dot{x}_2 = x_1 u \tag{2.38}$$

在初始条件 $x_1(0) = x_2(0) = 1$,以及 $u_0(t) = 0$ 的条件下,将该系统在标称轨迹 $[x_{10}(t), x_{20}(t)]$ 处进行线性化。

解 根据已知条件和式(2.38),可以得到

$$x_2(t) = x_2(0) = 1$$

则式(2.37)可以写为

$$x_1(t) = -t + 1$$

因此,该系统线性化标称轨迹为

$$x_{10}(t) = -t + 1$$

$$x_{20}(t) = 1$$

所以,线性化增量状态方程中的各项系数分别为

$$\frac{\partial f_1}{\partial x_1} = 0,\quad \frac{\partial f_1}{\partial x_2} = \left.\frac{2}{x_2^3}\right|_{x_{20}=1} = 2,\quad \frac{\partial f_2}{\partial x_1} = u\,|_{u_0=0} = 0,\quad \frac{\partial f_2}{\partial u} = x_1\,|_{x_{10}=1-t} = 1-t$$

于是得到该系统线性化增量状态方程为

$$\begin{bmatrix} \Delta\dot{x}_1 \\ \Delta\dot{x}_2 \end{bmatrix} = \begin{bmatrix} 0 & 2 \\ 0 & 0 \end{bmatrix}\begin{bmatrix} \Delta x_1 \\ \Delta x_2 \end{bmatrix} + \begin{bmatrix} 0 \\ 1-t \end{bmatrix}\Delta u \tag{2.39}$$

这是一组具有时变系数的线性状态方程。

2.2.4 运动的模态

考查线性常微分方程

$$a_n c^{(n)} + a_{n-1}c^{(n-1)} + \cdots + a_1 c' + a_0 c(t) = b_m r^{(m)} + b_{m-1}r^{(m-1)} + \cdots + b_1 r' + b_0 r(t) \tag{2.40}$$

其中，$c(t)$为系统输出量，$r(t)$为系统输入量。

众所周知，线性常微分方程的解由特解和齐次微分方程的通解组成。通解由微分方程的特征根决定，它代表自由运动。如果线性常微分方程有 n 个互异的特征根 $\lambda_1, \cdots, \lambda_n$，则将 $e^{\lambda_1 t}, \cdots, e^{\lambda_n t}$ 称为描述系统运动的模态，齐次微分方程的通解则是它们的线性组合，即

$$c_o(t) = C_1 e^{\lambda_1 t} + \cdots + C_n e^{\lambda_n t} \tag{2.41}$$

其中，$C_1, \cdots, C_n$是由微分方程的初始条件决定的常数。

如果特征根中有重根 λ，则模态形如 $te^{\lambda t}, t^2 e^{\lambda t}, \cdots$的形式。

如果特征根中有共轭复根 $\lambda = \sigma \pm j\omega$，则模态 $e^{\sigma \pm j\omega t}$ 可写为 $e^{\sigma t}\sin\omega t$ 与 $e^{\sigma t}\cos\omega t$ 的形式。

在例 2.6 RLC 串联电路中，微分方程的特征根 $\lambda = -0.5 \pm j0.866$，则共轭模态为 $e^{-0.5t}\sin 0.866t$ 与 $e^{-0.5t}\cos 0.866t$，而齐次微分方程的通解为

$$u_o(t) = C_1 e^{-0.5t}\sin 0.866t + C_2 e^{-0.5t}\cos 0.866t$$

由给定初值 $u_o(0) = 0.1\text{V}$，$i(0) = 0.1\text{A}$，可得积分常数 $C_1 = 0.173$，$C_2 = 0.1$，故得 RLC 网络微分方程的零输入响应

$$u_o(t) = 0.173e^{-0.5t}\sin 0.866t + 0.1e^{-0.5t}\cos 0.866t = 0.2e^{-0.5t}\sin(0.866t + 30^\circ)$$

2.3 控制系统的复数域数学模型

2.3.1 传递函数的定义和性质

1. 传递函数的定义

在零初始条件下，线性定常系统的传递函数定义为系统输出量的拉普拉斯变换与输入量的拉普拉斯变换之比。

设 n 阶线性定常系统的微分方程为

$$a_n c^{(n)} + a_{n-1} c^{(n-1)} + \cdots + a_1 c' + a_0 c = b_m r^{(m)} + b_{m-1} r^{(m-1)} + \cdots + b_1 r' + b_0 r \tag{2.42}$$

式中，c 是系统输出量；r 是系统输入量，a_i、b_i 是与系统结构和参数有关的常系数。设 r 和 c 及各阶导数在 $t=0$ 时值均为 0，即零初值。对上式两边分别求拉普拉斯变换，并令 $C(s) = \mathcal{L}[c(t)]$，$R(s) = \mathcal{L}[r(t)]$，可得系统以 s 为变量的代数方程

$$[a_n s^n + a_{n-1} s^{n-1} + \cdots + a_1 s + a_0]C(s) = [b_m s^m + b_{m-1} s^{m-1} + \cdots + b_1 s + b_0]R(s)$$

因此，传递函数为

$$G(s) = \frac{C(s)}{R(s)} = \frac{b_m s^m + b_{m-1} s^{m-1} + \cdots + b_1 s + b_0}{a_n s^n + a_{n-1} s^{n-1} + \cdots + a_1 s + a_0} = \frac{M(s)}{N(s)} \tag{2.43}$$

式中，分子多项式为 $M(s) = b_m s^m + b_{m-1} s^{m-1} + \cdots + b_1 s + b_0$，分母多项式为 $N(s) = a_n s^n + a_{n-1} s^{n-1} + \cdots + a_1 s + a_0$。闭环传递函数分母多项式等于零的方程称为系统的特征方程，即特征方程为 $a_n s^n + a_{n-1} s^{n-1} + \cdots + a_1 s + a_0 = 0$，特征方程的根称为特征根。

2. 传递函数的性质

传递函数概念的适用范围限于线性常微分方程系统，传递函数仍然是一种数学模型，它表示联系输出变量和输入变量微分方程的一种运算方法。

(1) 传递函数是复变量 s 的有理真分式函数,且 $m \leqslant n$,具有复变函数的所有性质,所有系数均为实数。

(2) 传递函数只取决于系统的结构和参数,与输入量无关,也不反映系统内部的任何信息。可用方框图图 2.9 来表示一个具有信号流方向的传递函数关系。方框图的输入端表示激励信号 $r(t)$ 或 $R(s)$,运算结果以输出量 $c(t)$ 或 $C(s)$ 表示,元件的传递函数通常写进相应的方框中,并以标明信号流向的箭头将其连接起来,信号只能沿箭头方向通过,它们之间的关系可以写成 $C(s)=G(s)\cdot R(s)$,或 $G(s)=\dfrac{C(s)}{R(s)}$。

(3) 传递函数与微分方程有相通性。将微分方程中的算符 $\dfrac{\mathrm{d}}{\mathrm{d}t}$ 用复数 s 置换便可以得传递函数,反之亦然。

(4) 传递函数 $G(s)$ 的拉普拉斯反变换就是单位脉冲响应 $g(t)$,如图 2.10 所示。因为,$R(s)=\mathcal{L}[\delta(t)]=1$,故 $g(t)=\mathcal{L}^{-1}[G(s)\cdot R(s)]=\mathcal{L}^{-1}[G(s)]$。

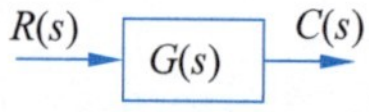

图 2.9 信号流传递函数关系

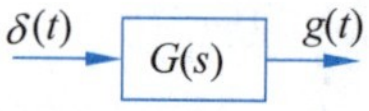

图 2.10 单位脉冲响应与传递函数关系

对任意输入信号的零初始条件响应,由拉普拉斯变换的卷积定理,有

$$c(t)=\mathcal{L}^{-1}[G(s)\cdot R(s)]=\int_0^t r(\tau)g(t-\tau)\mathrm{d}\tau=\int_0^t r(t-\tau)g(\tau)\mathrm{d}\tau \tag{2.44}$$

其中,$g(t)=\mathcal{L}^{-1}[G(s)]$ 是系统的单位脉冲响应。

2.3.2 传递函数的零点和极点

传递函数的分子、分母因式分解后可得

$$G(s)=\frac{b_m(s-z_1)(s-z_2)\cdots(s-z_m)}{a_n(s-p_1)(s-p_2)\cdots(s-p_n)}=K^*\frac{\prod\limits_{j=1}^{m}(s-z_j)}{\prod\limits_{i=1}^{n}(s-p_i)} \tag{2.45}$$

式中,$z_j(j=1,\cdots,m)$ 是分子多项式的根,称传递函数的零点;$p_i(i=1,\cdots,n)$ 是分母多项式的根,称传递函数的极点,z_j 和 p_i 可以是实数或共轭复数,通常以零极点形式表示的传递函数系数 $K^*=b_m/a_n$ 称为系统准增益。在复平面上表示传递函数的零点和极点的图形,称零极点分布图,如图 2.11 所示,用“○”表示零点,“×”表示极点。

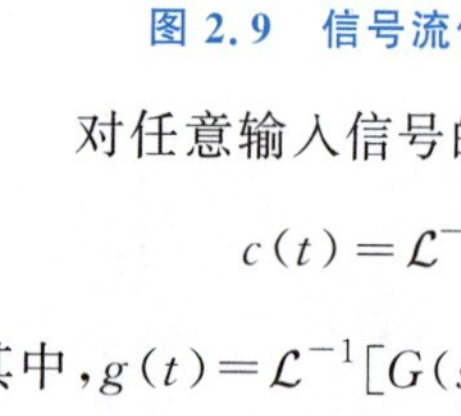

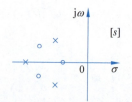

图 2.11 零极点分布图

传递函数也可用因子连乘的时间常数形式给出为

$$G(s)=\frac{b_0(\tau_1 s+1)(\tau_2^2 s^2+2\zeta\tau_2 s+1)\cdots(\tau_j s+1)}{a_0(T_1 s+1)(T_2^2 s^2+2\zeta T_2 s+1)\cdots(T_i s+1)} \tag{2.46}$$

其中,$\tau_j s+1$ 和 $T_i s+1$ 为实零(极)点形式,$\tau_2^2 s^2+2\zeta\tau_2 s+1$ 和 $T_2^2 s^2+2\zeta T_2 s+1$ 为共轭复数零(极)点形式,τ_j 和 T_i 为时间常数,通常以时间常数形式表示的传递函数系数 $K=b_0/a_0$ 称为系统的增益。

2.3.3 传递函数用于分析控制系统性能

由于传递函数的极点就是微分方程的特征根,它们决定了所描述系统自由运动的模态。在强迫运动中也会包含这些自由运动的模态。

设某系统传递函数为

$$G(s)=\frac{C(s)}{R(s)}=\frac{6(s+3)}{(s+1)(s+2)}$$

显然,其极点 $p_1=-1$,$p_2=-2$,零点 $z_1=-3$,自由运动模态为 e^{-t},e^{-2t}。

当 $r(t)=r_1+r_2e^{-5t}$ 时,即 $R(s)=\frac{r_1}{s}+\frac{r_2}{s+5}$,可得系统的零状态响应为

$$\begin{aligned}c(t)&=\mathcal{L}^{-1}[C(s)]=\mathcal{L}^{-1}\left[\frac{6(s+3)}{(s+1)(s+2)}\left(\frac{r_1}{s}+\frac{r_2}{s+5}\right)\right]\\&=9r_1-r_2e^{-5t}+(3r_2-12r_1)e^{-t}+(3r_1-2r_2)e^{-2t}\\&=\mathcal{L}^{-1}\left[\sum_{k=1}^{l}\frac{A_k}{s-p_k}\right]+\mathcal{L}^{-1}\left[\sum_{i=1}^{n}\frac{B_i}{s-p_i}\right]\\&=\sum_{k=1}^{l}A_ke^{p_kt}+\sum_{i=1}^{n}B_ie^{p_it}\end{aligned}$$

这里,$\mathcal{L}^{-1}\left[\sum_{k=1}^{l}\frac{A_k}{s-p_k}\right]$ 为强迫响应,$p_k=0,-5$,$\mathcal{L}^{-1}\left[\sum_{i=1}^{n}\frac{B_i}{s-p_i}\right]$ 为自由响应,$p_i=-1,-2$,自由运动的模态是系统的“固有”成分,但系数却与输入函数有关,是受输入函数激发而形成的,p_i 是 $G(s)$ 的极点,p_k 是 $R(s)$ 的极点,为简便起见,仅考虑单根情况时,$A_k=G(s)R(s)(s-p_k)|_{s=p_k}$,$B_i=G(s)R(s)(s-p_i)|_{s=p_i}$。

1. 稳定性

由上面的讨论可知,系统的零状态响应可表示为

$$c(t)=\sum_{k=1}^{l}A_ke^{p_kt}+\sum_{i=1}^{n}B_ie^{p_it} \tag{2.47}$$

由式(2.47)看出,当系统的特征根 $p_i<0$ 时,$c(t)$ 收敛,系统是稳定的,否则系统是不稳定的。所以线性系统稳定性可以由传递函数的极点决定。

2. 快速性

由式(2.47)看出,当输入 r 一定时,响应 $c(t)$ 由传递函数的零点和极点共同决定瞬态响应,p_i 在左半 s 平面离虚轴越远,系统响应越快,虽然传递函数的零点并不形成运动的模态,但却影响各模态响应中所占的比重,因而也影响暂态响应曲线的形状。

3. 准确性

假设 $r=1(t)$,即有 $R(s)=1/s$,输出稳态值为

$$c(\infty)=\lim_{s\to0}sC(s)=\lim_{s\to0}sG(s)R(s)=G(0)=b_0/a_0$$

所以,传递函数 $G(s)$ 可表征系统的稳态性能。

为此,传递函数也是一种数学模型,可以用于描述线性定常系统的动态行为。

例 2.10 两系统的传递函数分别为

$$G_1(s)=\frac{4s+2}{(s+1)(s+2)},\quad G_2(s)=\frac{1.5s+2}{(s+1)(s+2)}$$

试分析系统的单位阶跃响应。

解 两系统的极点都是 -1 和 -2，$G_1(s)$ 的零点为 $z=-0.5$，$G_2(s)$ 的零点为 $z=-1.33$，它们的单位阶跃响应分别为

$$c_1(t)=\mathcal{L}^{-1}\left[G_1(s)\frac{1}{s}\right]=1+2\mathrm{e}^{-t}-3\mathrm{e}^{-2t}$$

$$c_2(t)=\mathcal{L}^{-1}\left[G_2(s)\frac{1}{s}\right]=1-0.5\mathrm{e}^{-t}-0.5\mathrm{e}^{-2t}$$

用 MATLAB 画出系统单位阶跃响应如图 2.12 所示。MATLAB 程序为

```
num1 = [0 4 2];den1 = [1 3 2];
num2 = [0 1.5 2];den2 = [1 3 2];
step(num1,den1)
hold on
step(num2,den2,'r - .')
grid on
legend('G1(s)', 'G2(s)')
```

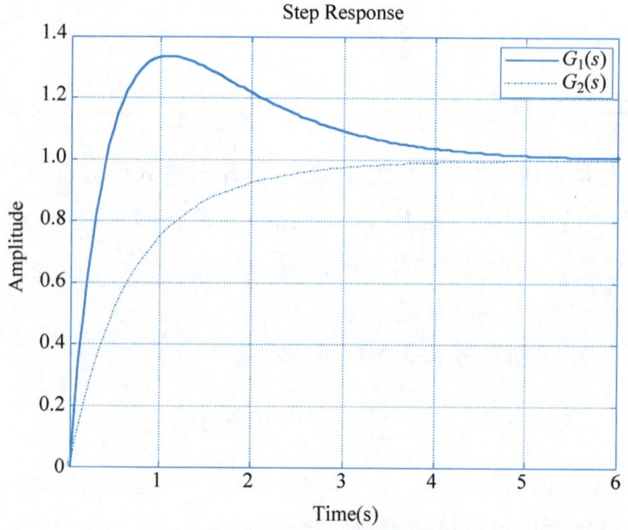

图 2.12 阶跃响应图

2.3.4 传递函数数学模型建立举例

1. 单容水槽系统

生物制药、石油化工等生产过程中，过程液槽是常见的设备，某单容水槽液位控制系统，如图 2.13 所示。

被控量为水位 h，它反映水的流入量与流出量之间的平衡关系，令 Q_i 表示由调节阀开度 u 控制的输入水流量，Q_o 表示输出水流量。ΔQ_i，ΔQ_o 表示各自增量，h_0 表示液位稳态值，初始平衡状态：$Q_o=Q_i$，$h=h_0$。当调节阀开度发生变化 Δu 时，有

$$\Delta Q_i - \Delta Q_o = \frac{dV}{dt} = C\frac{d\Delta h}{dt} \tag{2.48}$$

其中，V 为液槽液体储存量，C 为液槽横截面积，ΔQ_i 由调节阀开度变化 Δu 引起，当阀前后压差不变时，有

$$\Delta Q_i = K_u \Delta u \tag{2.49}$$

其中，K_u 为阀门流量系数，由流体力学知识，得到流出量与液位高度的关系为

$$Q_o = A_o\sqrt{2gh} \tag{2.50}$$

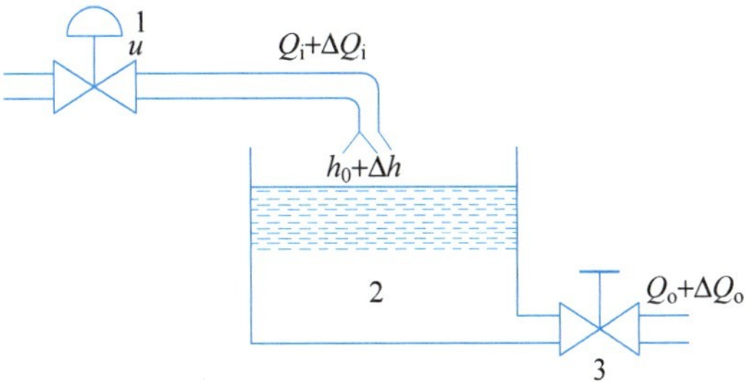

图 2.13 单容水槽

1—控制阀门 2—储水槽 3—负载阀

其中，A_o 为输出管道截面积，此式为一个非线性关系式，在(h_0, Q_o)附近利用泰勒级数法展开，取一次项得

$$\Delta Q_o = \frac{dQ_o}{dh}\bigg|_{h_0}\Delta h = \frac{A_o g}{\sqrt{2gh_0}}\cdot\Delta h = \frac{1}{R}\cdot\Delta h$$

式中，液阻 R（流出负载阀门的阻力）为

$$R = \frac{\Delta h}{\Delta Q_o} \tag{2.51}$$

将式(2.49)、式(2.51)代入式(2.48)，可得

$$T\frac{d\Delta h}{dt} + \Delta h = K\Delta u \tag{2.52}$$

式中，$T = RC$，$K = K_u R$，对式(2.52)两边取拉普拉斯变换，得单容水槽系统的传递函数为

$$G(s) = \frac{\Delta H(s)}{\Delta U(s)} = \frac{K}{Ts+1} \tag{2.53}$$

2. 有时滞(Delay)的单容水槽

若调节阀 1 距储水槽 2 有一段较长的距离，则调节阀开度变化所引起的输入流量变化 ΔQ_i 需经一段传输时间 τ 才能对水槽液位产生影响，这里 τ 称时间时滞。

参照普通单容水槽推导过程，得该过程微分方程应为

$$T\frac{d\Delta h}{dt} + \Delta h = K\Delta u(t-\tau)$$

经过拉普拉斯变换，得该过程的数学模型为

$$G(s) = \frac{\Delta H(s)}{\Delta U(s)} = \frac{K}{Ts+1}e^{-\tau s} \tag{2.54}$$

该数学模型在工业过程中称为一阶时滞系统。

对时滞环节 $e^{-\tau s}$，一般采用 Pade 近似方法表示指数函数，例如一阶 Pade 近似为 $e^{-\tau s} = \dfrac{e^{-\frac{\tau}{2}s}}{e^{\frac{\tau}{2}s}} \approx \dfrac{1-\tau s/2}{1+\tau s/2}$，对于 n 阶 Pade 近似的 MATLAB 命令为 Pade(τ, n)。

3. 电加热炉

电加热炉如图 2.14 所示，设 T_1 为炉内的温度，电热丝质量为 M，比热容为 C，加热炉传热系数为 H，传热面积为 A，加温前炉内的温度为 T_0，单位时间内电热丝产生的热量为 Q_i。

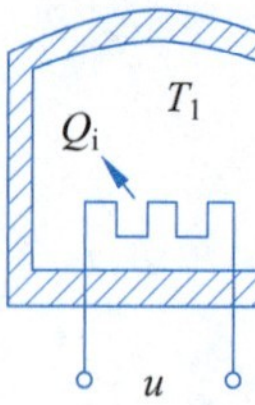

图 2.14 电加热炉

由热力学知识，电热丝和加热炉吸收的热量应等于加热器释放的热量，即

$$MC\frac{\mathrm{d}(T_1-T_0)}{\mathrm{d}t}+HA(T_1-T_0)=Q_i$$

由物理学知识知道，控制输入热量 Q_i 与外加控制电压 u 的平方成比例，故 Q_i 与 u 呈非线性关系，在(Q_{i0}，u_0)附近线性化，得 $K_u=\frac{\Delta Q_i}{\Delta u}$。于是得到电加热炉增量微分方程为

$$T\frac{\mathrm{d}\Delta T}{\mathrm{d}t}+\Delta T=K\Delta u$$

式中，$\Delta T=T_1-T_0$；$T=\frac{MC}{HA}$ 为电加热炉时间常数，$K=\frac{K_u}{HA}$ 为传递系数。对上式取拉普拉斯变换，在零初始条件下，得传递函数为

$$G(s)=\frac{\Delta T(s)}{\Delta U(s)}=\frac{K}{1+Ts} \tag{2.55}$$

一般传热过程是有时滞的，所以加热炉过程的数学模型可写为

$$G(s)=\frac{K}{1+Ts}\mathrm{e}^{-\tau s} \tag{2.56}$$

在后续过程控制课程学习过程中，我们知道工业过程控制中常采用该一阶时滞模型分析和设计控制系统。

2.4 控制系统的方框图与信号流图

控制系统的方框图和信号流图都是描述系统各元件间信号传递关系的数学图形，它们表示了各变量间的因果关系及对各变量所进行的运算，是控制理论中描述复杂系统的一种简便方法，也是一种数学模型。

2.4.1 控制系统的方框图

一个控制系统是由许多元件组成的，为了表明每一个元件在系统中的功能，在控制系统中，我们常常用方框图形式描述系统的内部连接结构及输入输出关系。系统的方框图是系统中每个元件的功能和信号流向的图解表示，表明系统中各种元件之间的相互关系。方框图不同于纯抽象的数学表达式，它的优点是能够更真实地表明实际系统中的信号流动情况，可以表示线性和非线性系统的数学模型。下面举例说明控制系统方框图数学模型的建立。

例 2.11 某位置随动系统，如图 2.15 所示，试绘制控制系统的结构图。

解 该位置随动控制系统用方框图表示，如图 2.16 所示。

(1) 电位器(检测与比较环节)

电位器是一种将机械能转换为电能的装置，该装置的输入是机械(或角)位移，当电位器的固定端施加电压后，我们就可以通过测量输出电压得出与输入位移间的线性关系。市面上的电位器主要有旋转式或线性旋转式两种，电路及输入和输出传递关系如图 2.17 所示。

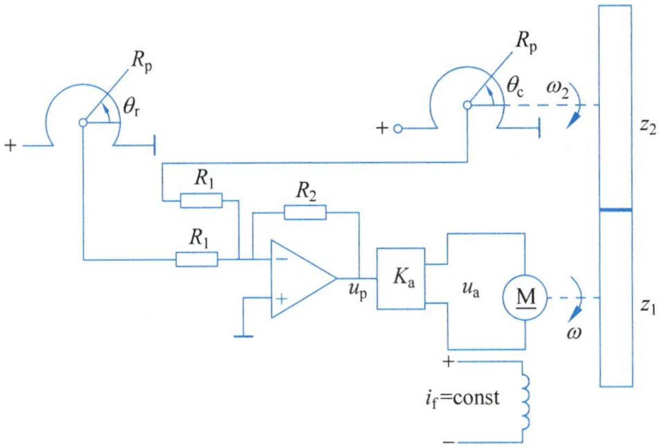

图 2.15　位置随动系统

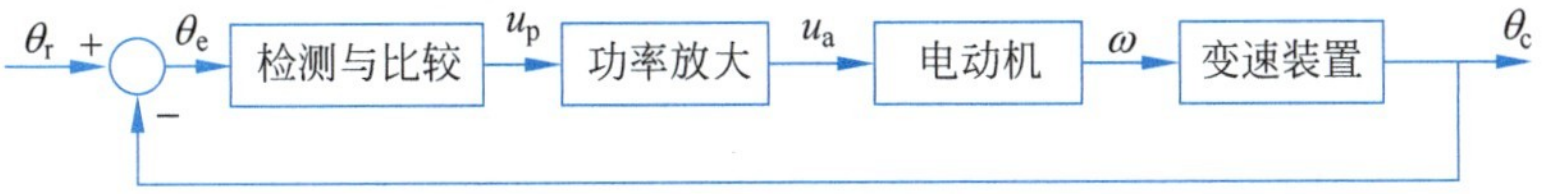

图 2.16　位置随动控制系统

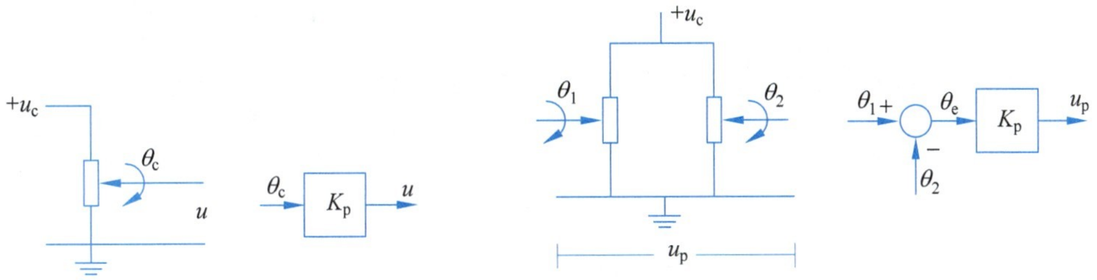

(a) 位置指示的电位器　　(b) 用于测量角位移指示的两个电位器

图 2.17　测量角位移的电位器

对该位置随动系统，有

$$u_p = K_p \theta_e = K_p(\theta_r - \theta_c) \tag{2.57}$$

传递函数为

$$\frac{U_p(s)}{\theta_e(s)} = K_p \tag{2.58}$$

(2) 功率放大器

$$u_a = K_a u_p$$

传递函数为

$$\frac{U_a(s)}{U_p(s)} = K_a \tag{2.59}$$

(3) 伺服电动机

电气部分　$$u_a - E_a = L_a \frac{di_a}{dt} + R_a i_a$$

其中，E_a是电枢反电势，且 $E_a = C_e \omega$，ω 为电机角速度，传递函数为

$$\frac{I_a(s)}{U_a(s) - E_a(s)} = \frac{1}{L_a s + R_a}$$

机械部分

$$M_{m}-M_{c}=J\frac{d\omega}{dt}+f\omega \tag{2.60}$$

其中,f——折合到电机轴上的总黏性摩擦系数,J——电机轴(连同减速器和负载)的总转动惯量,M_m——电磁力矩,$M_m=C_m i_a$,M_c——折算到电机轴的负载力矩。具体折算如图 2.18 所示。

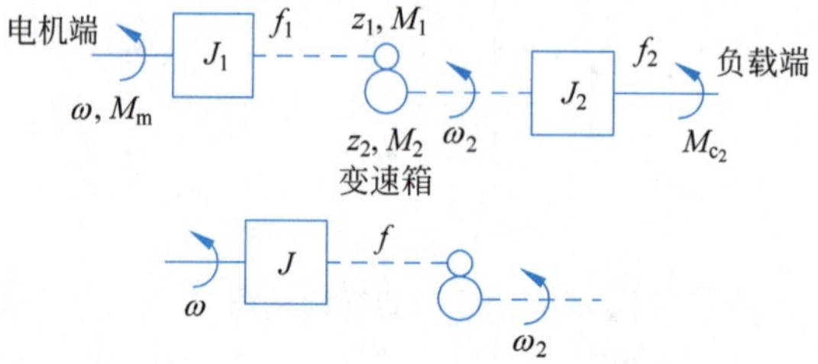

图 2.18 折算图

在齿轮传动过程中,两个啮合齿轮的传递功率相同,线速度亦相同,于是有

$$M_1\omega=M_2\omega_2 \tag{2.61}$$

$$\omega r_1=\omega_2 r_2 \tag{2.62}$$

其中,r_1,r_2 分别为两齿轮的半径,又因齿数与半径成正比,即$\frac{r_1}{r_2}=\frac{z_1}{z_2}$,于是推导得到

$$\begin{cases}\omega_2=\dfrac{z_1}{z_2}\omega\\ M_1=\dfrac{z_1}{z_2}M_2\end{cases}$$

所以,齿轮 1、2 的运动方程为

$$\begin{cases}M_m=J_1\dfrac{d\omega}{dt}+f_1\omega+M_1\\ M_2=J_2\dfrac{d\omega_2}{dt}+f_2\omega_2+M_{c_2}\end{cases}$$

消去中间变量 ω_2,M_1,M_2。即有

$$J\frac{d\omega}{dt}+f\omega+M_c=M_m \tag{2.63}$$

其中,$J=J_1+\left(\frac{z_1}{z_2}\right)^2J_2=J_1+K_t^2J_2$,$f=f_1+\left(\frac{z_1}{z_2}\right)^2f_2=f_1+K_t^2f_2$,$M_c=\left(\frac{z_1}{z_2}\right)^2M_{c_2}=K_t^2M_{c_2}$。这里,传动比为 $K_t=\frac{z_1}{z_2}=\frac{1}{i}$,$i$ 为变速比。传递函数为

$$\frac{\omega(s)}{M_m(s)-M_c(s)}=\frac{1}{f+Js} \tag{2.64}$$

(4) 传动转换装置

因为

$$\left\{\begin{aligned}\omega_2 &= \frac{z_1}{z_2}\omega \\ \omega_2 &= \frac{d\theta_c}{dt}\end{aligned}\right. \Rightarrow \frac{d\theta_c}{dt} = \frac{z_1}{z_2}\omega = K_t\omega$$

故传递函数为

$$\frac{\theta_c(s)}{\omega(s)} = \frac{K_t}{s} \tag{2.65}$$

由以上各环节的传递函数及相互连接关系，可以画出该位置随动控制系统的方框图数学模型如图 2.19 所示。

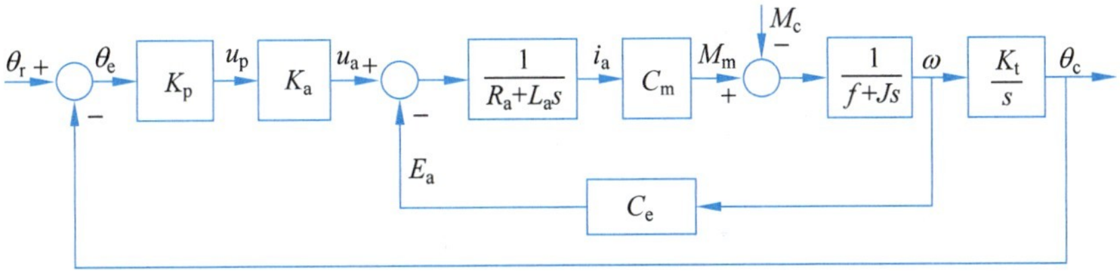

图 2.19 位置随动系统方框图

2.4.2 方框图的等效变换和简化

方框图等效和简化的目的是为方便计算系统的传递函数或输出响应，其变换原则是：

(1) 变换前后前向通路中传递函数乘积应保持不变；

(2) 变换前后回路中传递函数乘积应保持不变。

1. 串联方框的简化

传递函数分别为 $G_1(s)$ 与 $G_2(s)$ 的串联系统，方框图如图 2.20(a)所示，系统的等效方框图如图 2.20(b)所示。

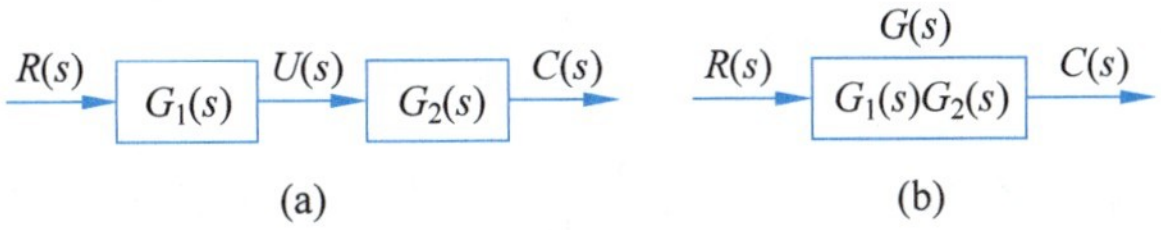

图 2.20 方框串联连接及其化简

由图 2.20(a)有

$$U(s) = G_1(s)R(s)$$

$$C(s) = G_2(s)U(s)$$

消去中间变量 $U(s)$，得到

$$C(s) = G_1(s)G_2(s)R(s) = G(s)R(s) \tag{2.66}$$

于是，$G(s)=G_1(s)G_2(s)$。即，串联环节的总传递函数是各环节传递函数的乘积。

2. 并联方框的简化

传递函数分别为 $G_1(s)$ 与 $G_2(s)$ 的并联结构如图 2.21(a)所示，系统的等效结构如图 2.21(b)所示。

由图 2.21(a)有

$$C_1(s) = G_1(s)R(s)$$

$$C_2(s) = G_2(s)R(s)$$

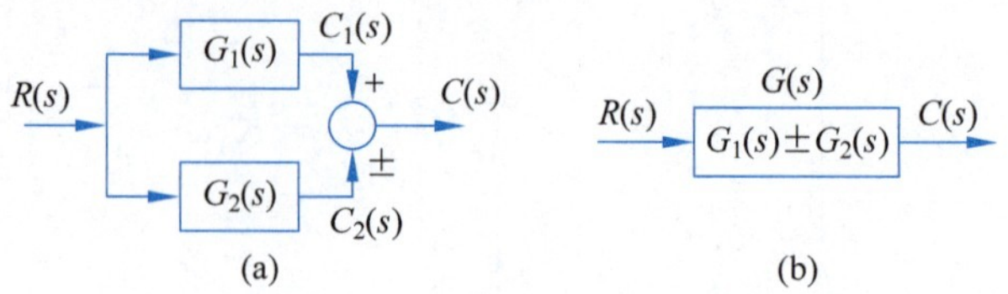

图 2.21　方框并联连接及其化简

则

$$C(s)=C_1(s)\pm C_2(s)=[G_1(s)\pm G_2(s)]R(s)=G(s)R(s) \tag{2.67}$$

即 $G(s)=G_1(s)\pm G_2(s)$。

3. 反馈环节方框的简化

由图 2.22(a)有

$$C(s)=G(s)E(s)$$
$$B(s)=H(s)C(s)$$
$$E(s)=R(s)\pm B(s)$$

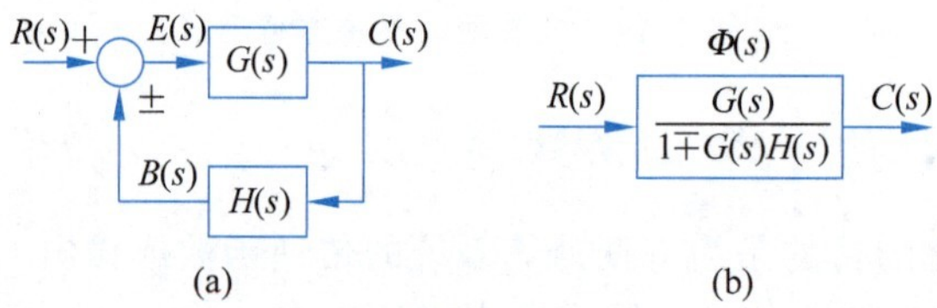

图 2.22　方框的反馈连接及其化简

消去中间变量,得到

$$C(s)=G(s)[R(s)\pm H(s)C(s)]$$

于是有

$$C(s)=\frac{G(s)}{1\mp G(s)H(s)}R(s) \tag{2.68}$$

该闭环系统等效传递函数为 $\Phi(s)=\dfrac{G(s)}{1\mp G(s)H(s)}$,等效框图如图 2.22(b)所示。

例 2.12　以前面例 2.11 的位置随动系统为例,忽略 L_a,并且不考虑负载 M_c 的作用,此时系统方框图如图 2.23(a)所示,试简化之并计算总传递函数。

解　将图 2.23(a)中的内环反馈环节进行化简,得

$$\frac{\omega(s)}{u_a(s)}=\frac{C_m/(R_a f+C_e C_m)}{1+R_a J/(R_a f+C_e C_m)s} \tag{2.69}$$

于是得到如图 2.23(b)所示的系统简化结构图。

对其开环通道进行化简,得

$$\frac{\theta_c(s)}{\theta_e(s)}=\frac{K}{s(1+T_m s)} \tag{2.70}$$

其中,比例增益 $K=K_p K_a K_t C_m/(R_a f+C_e C_m)$,机电时间常数 $T_m=\dfrac{R_a J}{R_a f+C_e C_m}$。可以得到如图 2.23(c)所示的系统等效方框图。

计算出该闭环系统的传递函数为

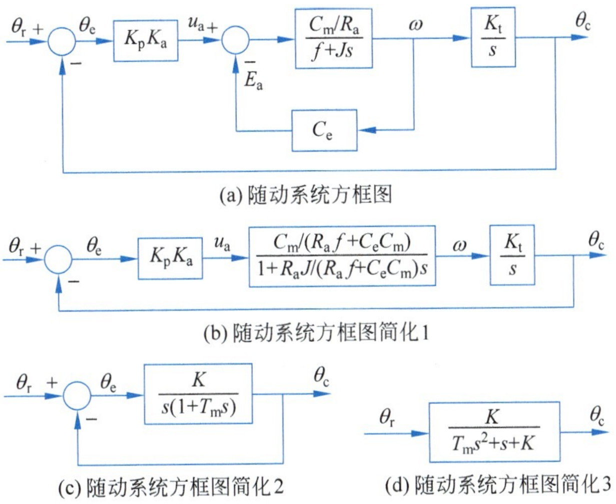

(a) 随动系统方框图

(b) 随动系统方框图简化1

(c) 随动系统方框图简化2

(d) 随动系统方框图简化3

图 2.23　随动系统方框图简化

$$\frac{\theta_c(s)}{\theta_r(s)}=\frac{K}{T_m s^2+s+K} \tag{2.71}$$

可以得到如图 2.23(d)所示的系统结构简化图。

2.4.3　信号流图

方框图是非常有用的，但对复杂系统方框图的简化过程是乏味的，梅逊(Mason S J)在 1956 年提出一基于信号流图(signal flow diagrams)计算传递函数的通用公式，通过信号流图，不用简化系统的框图，可以直接利用公式计算系统的总传递函数，信号流图表示各环节输入输出之间的因果关系。

绘制信号流图的规则为：

(1) 每一个节点"○"代表一个环节框的输出量、输入量和求和单元的输出量；

(2) 每一条画有箭头的线段代表信号的流向和连接关系，线段旁边标出传递函数或增益。

某控制系统如图 2.24(a)所示，其信号流图如图 2.24(b)所示。

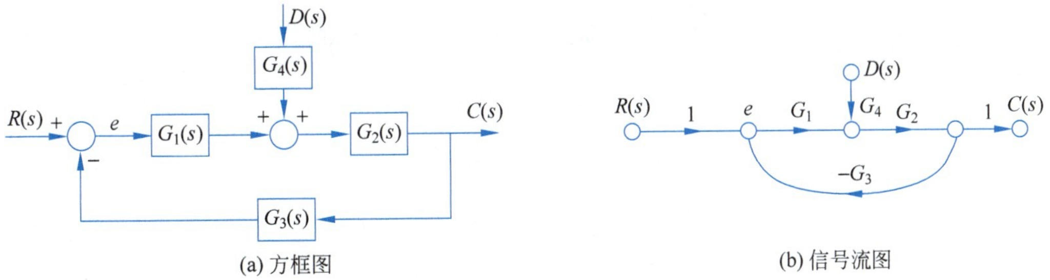

(a) 方框图

(b) 信号流图

图 2.24　控制系统方框图与信号流图

梅逊提出的输入/输出间总传递函数的计算公式为

$$G(s)=\frac{\sum_{k=1}^{n}G_k(s)\Delta_k(s)}{\Delta(s)} \tag{2.72}$$

其中,$G_k(s)$为从输入到输出的第 k 条前向通道传递函数的乘积,$\Delta(s)$为特征式,其值等于1减去所有单个不同回环增益乘积之和再加上所有两个互不接触回环增益乘积之和,再减去所有三个互不接触回环增益乘积之和……用下式表述为

$$\Delta(s)=1-\sum L_1+\sum L_2-\sum L_3+\cdots+(-1)^m\sum L_m \tag{2.73}$$

$\Delta_k(s)$表示与第 k 条前向通道不接触部分的Δ 值,称为第 k 条前向通道的余子式。$\sum L_1$ 表示所有单个不同回环增益乘积之和;$\sum L_2$ 表示所有两个互不接触回环增益乘积之和;$\sum L_3$ 表示所有三个互不接触回环增益乘积之和;……;以此类推。

例 2.13 某Ⅱ型 RC 滤波器,如图 2.25 所示,试绘制系统的信号流图,计算传递函数。

解 由基尔霍夫定律,列写出该网络每一元件的象函数数学模型方程

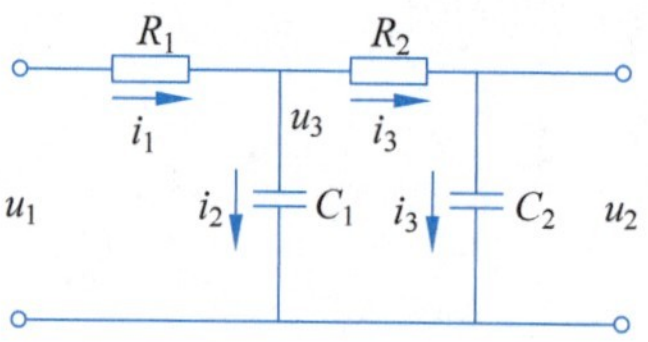

图 2.25 *RC* 无源网络

$$I_1(s)=\frac{1}{R_1}U_1(s)-\frac{1}{R_1}U_3(s)$$

$$I_2(s)=I_1(s)-I_3(s)$$

$$U_3(s)=\frac{1}{C_1s}I_2(s)$$

$$I_3(s)=\frac{1}{R_2}U_3(s)-\frac{1}{R_2}U_2(s)$$

$$U_2(s)=\frac{1}{C_2s}I_3(s)$$

它们之间的相互连接关系用方框图表示如图 2.26 所示。由图 2.26 很容易得到该系统的信号流图如图 2.27 所示。

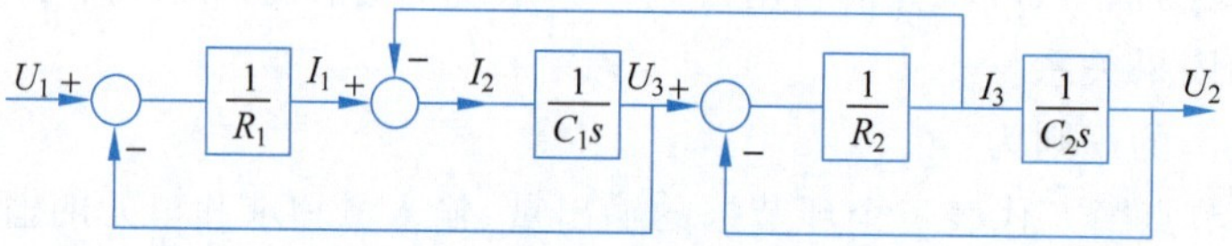

图 2.26 *RC* 滤波器电路方框图

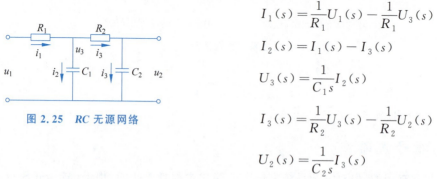

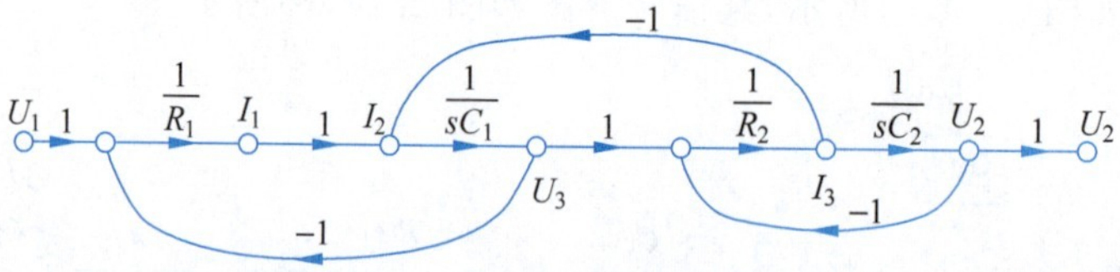

图 2.27 *RC* 滤波器的信号流图

由梅逊公式

$$G(s)=\frac{\sum_{k=1}^{n}G_k(s)\Delta_k(s)}{\Delta(s)}$$

其中,$\Delta(s)=1-\sum L_1+\sum L_2$,$\sum L_1=-\frac{1}{R_1C_1s}-\frac{1}{R_2C_2s}-\frac{1}{R_2C_1s}$,$\sum L_2=\frac{1}{R_1C_1R_2C_2s^2}$,

$\Delta_k(s)=1$,$G_k(s)=\frac{1}{R_1C_1R_2C_2s^2}$。因此,该 RC 滤波器电路的传递函数为

$$G(s)=\frac{U_2(s)}{U_1(s)}=\frac{1}{R_1C_1R_2C_2s^2+R_2C_2s+R_1C_1s+R_1C_2s+1} \tag{2.74}$$

由式(2.74)可以看出，传递函数分母中的 R_1C_2s 项表示两个简单 RC 电路相互影响。因为有负载效应，整个电路的传递函数并不等于 $\frac{1}{1+R_1C_1s}$ 与 $\frac{1}{1+R_2C_2s}$ 的乘积。

如果两个用放大器隔离开的简单 RC 滤波器电路，如图 2.28 所示，因放大器有很高的输入阻抗，所以两电路间的负载效应可忽略不计，后级对前级就没有影响了。

$$\begin{aligned}G(s)&=\frac{1}{1+R_1C_1s}\cdot K\cdot\frac{1}{1+R_2C_2s}\\&=\frac{K}{(1+R_1C_1s)(1+R_2C_2s)}\\&=\frac{1}{R_1C_1R_2C_2s^2+R_2C_2s+R_1C_1s+1}\end{aligned}$$

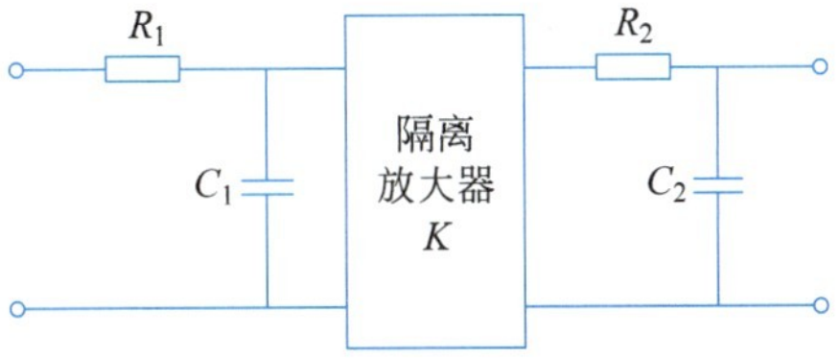

图 2.28 用放大器隔离的 RC 滤波器电路

2.4.4 多输入系统的传递函数

考查某一典型两输入反馈控制系统，如图 2.29 所示。

1. 考查输入 $r(t)$ 作用下的闭环传递函数

应用叠加原理，令 $D(s)=0$，可得

$$\Phi(s)=\frac{C(s)}{R(s)}=\frac{G_1(s)G_2(s)}{1+G_1(s)G_2(s)H(s)}$$

$$C(s)=\Phi(s)R(s)=\frac{G_1(s)G_2(s)}{1+G_1(s)G_2(s)H(s)}R(s)$$

2. 考查扰动 $d(t)$ 作用下的闭环传递函数

令 $R(s)=0$，系统的等效结构框图如图 2.30 所示。

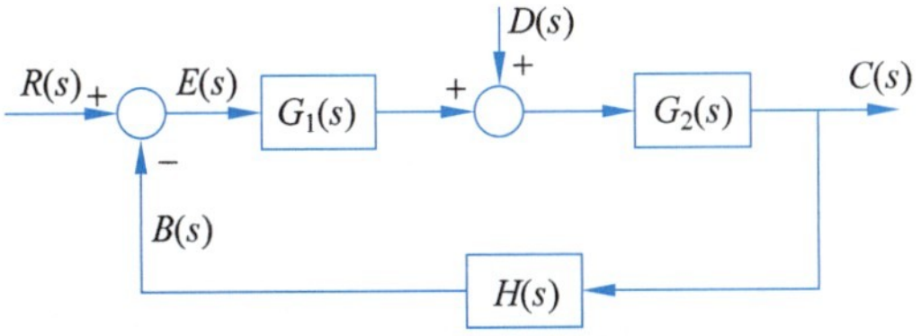

图 2.29 典型反馈系统方框图

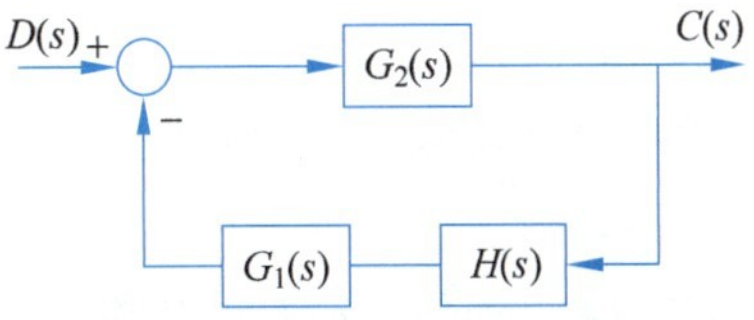

图 2.30 系统的等效结构框图

这时，$\Phi_D(s)=\frac{C(s)}{D(s)}=\frac{G_2(s)}{1+G_1(s)G_2(s)H(s)}$。可以看出，不论哪个输入作用，闭环系统的特征方程 $1+G_1(s)G_2(s)H(s)=0$ 都是相同的，而 $C(s)=\Phi_D(s)\cdot D(s)=\frac{G_2(s)}{1+G_1(s)G_2(s)H(s)}D(s)$。显然，在 $r(t)$ 和 $d(t)$ 同时作用下的系统输出为

$$C(s)=\Phi(s)R(s)+\Phi_D D(s)=\frac{G_1(s)G_2(s)R(s)+G_2(s)D(s)}{1+G_1(s)G_2(s)H(s)} \tag{2.75}$$

显然，如果系统满足 $|G_1(s)G_2(s)H(s)|>>1$ 和 $|G_1(s)H(s)|>>1$，则

$$C(s)\approx\frac{1}{H(s)}R(s) \tag{2.76}$$

式(2.76)表明,如果控制系统的开环增益很大,则系统输出只取决于反馈通路的传递函数 $H(s)$ 及输入信号 $R(s)$,既与前向通路传输函数无关,也不受扰动作用的影响。特别地,当 $H(s)=1$,即单位反馈时,$C(s)\approx R(s)$,此时系统近似地实现了对输入信号的完全复现,又具有较强的抗干扰能力,这就是高增益原则。但我们在第3章学习系统稳定性分析一节时将会知道高增益可能带来控制系统的稳定性变差,两者之间是有矛盾的。

3. 误差传递函数

类似地,以给定 $R(s)$ 和扰动 $D(s)$ 为输入量,分别以此时的误差 $E(s)$ 作为输出量,在 $r(t)$ 和 $d(t)$ 作用下的误差传递函数可以分别得到

$$\Phi_e(s)=\frac{E(s)}{R(s)}=\frac{1}{1+G_1(s)G_2(s)H(s)}$$

$$\Phi_{ed}(s)=\frac{E(s)}{D(s)}=\frac{-G_2(s)H(s)}{1+G_1(s)G_2(s)H(s)}$$

于是有系统误差为

$$E(s)=\Phi_e(s)R(s)+\Phi_{ed}(s)D(s) \tag{2.77}$$

2.5 输入输出模型与状态变量模型之间的关系

2.5.1 由输入输出模型转换为状态变量模型

输入输出模型指 SISO 线性定常系统的传递函数和微分方程模型,由输入输出模型转换为状态变量模型的过程称为“实现”。显然,由于状态选取的多样性,系统的实现也不是唯一的,其中维数最低的实现为系统的最小实现。

考查某一 n 阶 SISO 线性定常输入输出传递函数模型

$$G(s)=\frac{Y(s)}{U(s)}=\frac{s^m+b_{m-1}s^{m-1}+\cdots+b_1s+b_0}{s^n+a_{n-1}s^{n-1}+\cdots+a_1s+a_0} \tag{2.78}$$

其中,$n\geqslant m$。按以下几种情况讨论。

1. 系统输入项不含导数项

此时,式(2.78)中 $b_i=0,i=1,\cdots,m$,而 $b_0\neq 0$。

例 2.14 考查输入输出传递函数模型

$$G(s)=\frac{Y(s)}{U(s)}=\frac{b_0}{s^3+a_2s^2+a_1s+a_0}=\frac{b_0s^{-3}}{1+a_2s^{-1}+a_1s^{-2}+a_0s^{-3}}$$

求系统的一种状态变量模型。

解 由该系统的传递函数得到系统的输入输出微分方程模型为 $\dddot{y}+a_2\ddot{y}+a_1\dot{y}+a_0y=b_0u$。

首先根据微分方程得到状态信号流图,具体步骤如下:

(1) 将微分方程改写为

$$\dddot{y}=-a_2\ddot{y}-a_1\dot{y}-a_0y+b_0u \tag{2.79}$$

(2) 从左到右用符号“○”按照图 2.31(a) 所示排列信号流图的各节点,分别为 $U(s)$, $s^nY(s)$, $s^{n-1}Y(s)$, $\cdots$, $sY(s)$, $Y(s)$。本例系统阶次 $n=3$。

(3) 因为在拉普拉斯变换域中，$s^iY(s)$对应于$\frac{d^iy}{dt^i}$，$i=1,2,\cdots,n$，可以由式(2.79)得到的支路将图2.31(a)中的节点连接起来，由此得到图2.31(b)。

(4) 加入增益为s^{-1}的积分支路，积分器的输出或系统的输出量及各阶导数依次定义为系统的状态变量，即令状态变量为$x_1=y(t)$，$x_2=\dot{y}(t)$，…，$x_n=y^{(n-1)}(t)$，这样选择状态变量是很自然的。该系统完整的状态信号流图或状态图如图2.31(c)所示。

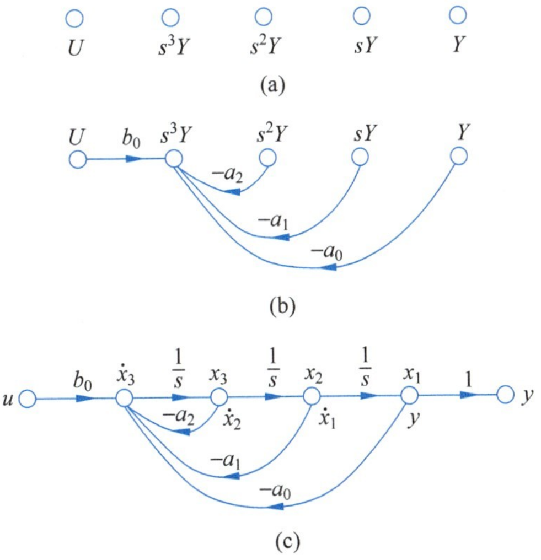

图2.31　例2.14系统的一种信号流图实现

按照图2.31(c)，本例系统的一组状态变量为$x_1=y(t)$，$x_2=\dot{y}(t)$，$x_3=\ddot{y}(t)$，则系统的状态变量模型为

$$\dot{x}_1=x_2$$
$$\dot{x}_2=x_3$$
$$\dot{x}_3=-a_0x_1-a_1x_2-a_2x_3+b_0u$$
$$y=x_1$$

简写为矩阵形式

$$\dot{\boldsymbol{x}}=\boldsymbol{A}\boldsymbol{x}+\boldsymbol{B}u$$
$$\boldsymbol{y}=\boldsymbol{C}\boldsymbol{x}$$

其中，$\boldsymbol{A}=\begin{bmatrix}0 & 1 & 0\\ 0 & 0 & 1\\ -a_0 & -a_1 & -a_2\end{bmatrix}$，$\boldsymbol{B}=\begin{bmatrix}0\\ 0\\ b_0\end{bmatrix}$，$\boldsymbol{C}=[1\quad 0\quad 0]$。

2. 系统为输入项含导数项的严格真有理函数

此时，式(2.78)中$b_i\neq 0$，$m<n$。

例2.15　考查线性定常系统$G(s)=\frac{Y(s)}{U(s)}=\frac{b_2s^2+b_1s+b_0}{s^3+a_2s^2+a_1s+a_0}=\frac{b_2s^{-1}+b_1s^{-2}+b_0s^{-3}}{1+a_2s^{-1}+a_1s^{-2}+a_0s^{-3}}$

求系统的状态变量模型。

解　引入虚拟输出量$\tilde{Y}(s)$，则由系统的传递函数得到

$$\frac{Y(s)}{U(s)}=\frac{\tilde{Y}(s)}{U(s)}\cdot\frac{Y(s)}{\tilde{Y}(s)}=\frac{1}{s^3+a_2s^2+a_1s+a_0}\cdot\frac{b_2s^2+b_1s+b_0}{1}$$

即，$\tilde{Y}(s)=\frac{1}{s^3+a_2s^2+a_1s+a_0}U(s)$；$Y(s)=(b_2s^2+b_1s+b_0)\tilde{Y}(s)$。

于是有

$$\begin{cases}s^3\tilde{Y}(s)+a_2s^2\tilde{Y}(s)+a_1s\tilde{Y}(s)+a_0\tilde{Y}(s)=U(s)\\ Y(s)=b_2s^2\tilde{Y}(s)+b_1s\tilde{Y}(s)+b_0\tilde{Y}(s)\end{cases}$$

对上式取拉普拉斯反变换,得到

$$\begin{cases}\tilde{y}^{(3)}+a_2\tilde{y}^{(2)}+a_1\tilde{y}^{(1)}+a_0\tilde{y}=u\\ y=b_2\tilde{y}^{(2)}+b_1\tilde{y}^{(1)}+b_0\tilde{y}\end{cases}$$

选取系统的状态为 $x_1=\tilde{y}$,$x_2=\tilde{y}^{(1)}$,$x_3=\tilde{y}^{(2)}$,则系统的状态变量模型为

$$\dot{x}_1=x_2$$
$$\dot{x}_2=x_3$$
$$\dot{x}_3=-a_0x_1-a_1x_2-a_2x_3+u$$
$$y=b_0x_1+b_1x_2+b_2x_3$$

写成矩阵形式

$$\dot{\boldsymbol{x}}=\boldsymbol{A}\boldsymbol{x}+\boldsymbol{B}u=\begin{bmatrix}0&1&0\\0&0&1\\-a_0&-a_1&-a_2\end{bmatrix}\boldsymbol{x}+\begin{bmatrix}0\\0\\1\end{bmatrix}u$$

$$y=\boldsymbol{C}\boldsymbol{x}=\begin{bmatrix}b_0&b_1&b_2\end{bmatrix}\boldsymbol{x}$$

由系统的传递函数得到一种该系统的信号流图实现如图 2.32 所示。该系统的信号流图的另一种实现如图 2.33 所示。

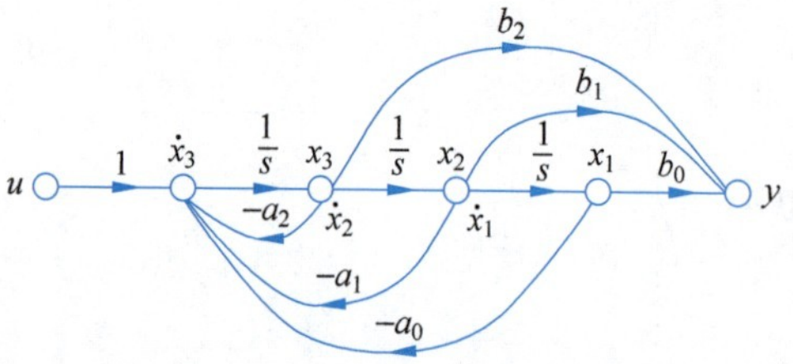

图 2.32 例 2.15 系统的一种信号流图实现

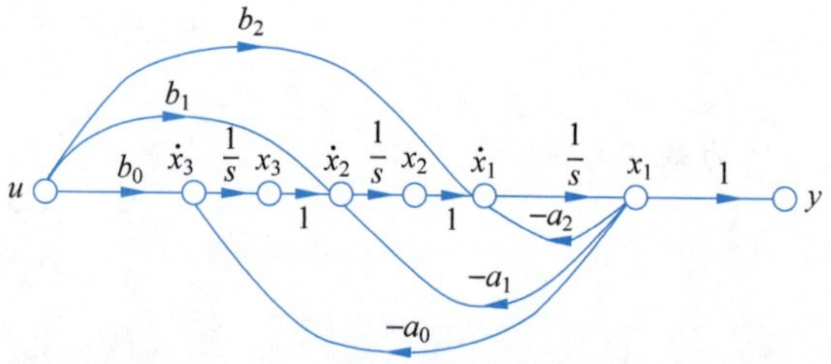

图 2.33 例 2.15 系统的另一种信号流图实现

即选系统的状态变量模型为

$$\dot{x}_1=-a_2x_1+x_2+b_2u$$
$$\dot{x}_2=-a_1x_1+x_3+b_1u$$
$$\dot{x}_3=-a_0x_1+b_0u$$
$$y=x_1$$

简写为矩阵形式

$$\dot{\boldsymbol{x}}=\begin{bmatrix}-a_2&1&0\\-a_1&0&1\\-a_0&0&0\end{bmatrix}\boldsymbol{x}+\begin{bmatrix}b_2\\b_1\\b_0\end{bmatrix}u$$

$$\boldsymbol{y}=\begin{bmatrix}1&0&0\end{bmatrix}\boldsymbol{x}$$

3. 对于非严格真有理函数的传递函数($m=n$)

例 2.16 考查线性定常非严格真有理函数的传递函数 $G(s)=\dfrac{Y(s)}{U(s)}=\dfrac{b_3s^3+b_2s^2+b_1s+b_0}{s^3+a_2s^2+a_1s+a_0}$ 求系统的一种状态变量模型。

解　可以用长除法化该类传递函数为严格真有理函数与常数之和的形式

$$G(s)=\frac{Y(s)}{U(s)}=b_3+\frac{(b_2-a_2b_3)s^2+(b_1-a_1b_3)s+b_0-a_0b_3}{s^3+a_2s^2+a_1s+a_0}$$

参考例2.15的图2.32,容易得到该系统的一种状态变量模型为

$$\dot{x}_1=x_2$$
$$\dot{x}_2=x_3$$
$$\dot{x}_3=-a_0x_1-a_1x_2-a_2x_3+u$$
$$y=(b_0-a_0b_3)x_1+(b_1-a_1b_3)x_2+(b_2-a_2b_3)x_3+b_3u$$

写为矩阵形式

$$\dot{\boldsymbol{x}}=\boldsymbol{A}\boldsymbol{x}+\boldsymbol{B}u=\begin{bmatrix}0&1&0\\0&0&1\\-a_0&-a_1&-a_2\end{bmatrix}\boldsymbol{x}+\begin{bmatrix}0\\0\\1\end{bmatrix}u$$

$$\boldsymbol{y}=\boldsymbol{C}\boldsymbol{x}+\boldsymbol{D}u=\begin{bmatrix}b_0-a_0b_3 & b_1-a_1b_3 & b_2-a_2b_3\end{bmatrix}\boldsymbol{x}+b_3u$$

由此可见,对于非严格真有理函数,其状态变量模型中的输入输出前馈矩阵 $D\neq0$。

4. 部分分式法

将传递函数分解为部分分式形式,这样可将一个高阶系统看成多个低阶系统的并联,便于建立系统的状态变量模型。

例2.17　这里为简便仅考查单极点输入输出传递函数模型

$$G(s)=\frac{Y(s)}{U(s)}=\frac{30(s+1)}{(s+5)(s+2)(s+3)}$$

求系统的一种状态变量模型。

解　将该系统传递函数用部分分式法分解为

$$G(s)=\frac{Y(s)}{U(s)}=\frac{k_1}{s+5}+\frac{k_2}{s+2}+\frac{k_3}{s+3}$$

利用留数计算公式,得到系数 $k_1=-20,k_2=-10,k_3=30$。

令该系统的状态量分别为

$$X_1(s)=\frac{1}{s+5}U(s),\quad X_2(s)=\frac{1}{s+2}U(s),\quad X_3(s)=\frac{1}{s+3}U(s)$$

于是系统的状态变量模型为

$$\dot{x}_1=-5x_1+u$$
$$\dot{x}_2=-2x_2+u$$
$$\dot{x}_3=-3x_3+u$$
$$y=k_1x_1+k_2x_2+k_3x_3$$

所以该系统的信号流图如图2.34所示。于是得到该系统的状态变量矩阵模型为

$$\dot{\boldsymbol{x}}=\boldsymbol{A}\boldsymbol{x}+\boldsymbol{B}u=\begin{bmatrix}-5&0&0\\0&-2&0\\0&0&-3\end{bmatrix}\boldsymbol{x}+\begin{bmatrix}1\\1\\1\end{bmatrix}u$$

$$\boldsymbol{y}=\boldsymbol{C}\boldsymbol{x}=\begin{bmatrix}-20 & -10 & 30\end{bmatrix}$$

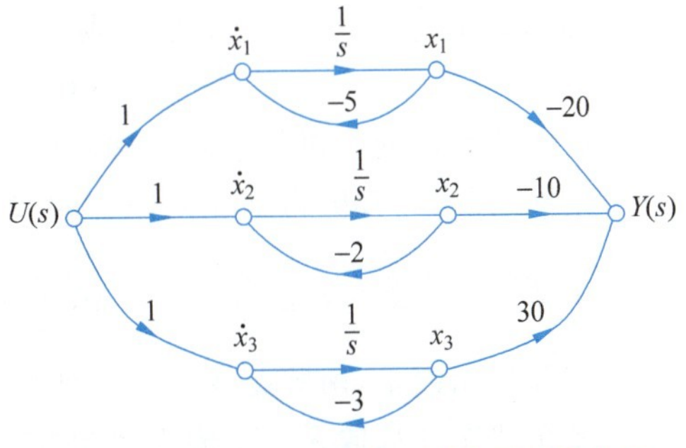

图2.34　例2.17系统的一种信号流图实现

5. 串联分解实现法

如果研究的系统本身就是由一些低阶系统串联构成,或将传递函数分解为因子相乘的形式,可将一个高阶系统看成多个低阶系统的串联,便于建立系统的状态变量模型。

例 2.18 考查如图 2.35 所示的某一控制系统

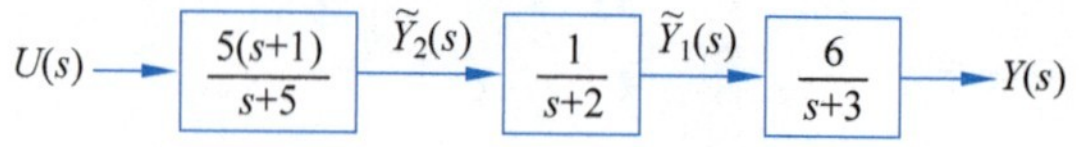

图 2.35 例 2.18 系统结构

求系统的一种串联分解实现。

解 由于系统 $G(s)=\dfrac{Y(s)}{U(s)}=\dfrac{30(s+1)}{(s+5)(s+2)(s+3)}$是由三个一阶环节$\dfrac{5(s+1)}{s+5}=\dfrac{5+5s^{-1}}{1+5s^{-1}}$,$\dfrac{1}{s+2}$,$\dfrac{6}{s+3}$串联构成,参照例 2.15 很容易得到该系统的一种信号流图实现如图 2.36 所示。

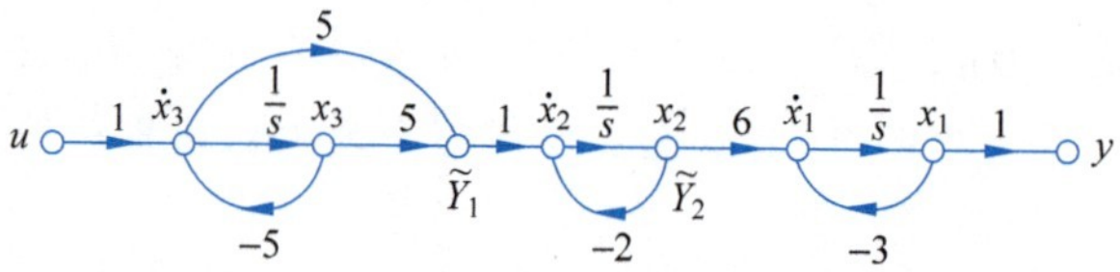

图 2.36 例 2.18 系统的一种信号流图实现

2.5.2 由状态变量模型转换为输入输出模型

设某一 n 阶线性定常系统可以写为如下状态变量模型

$$\begin{aligned}\dot{\boldsymbol{x}}&=\boldsymbol{Ax}+\boldsymbol{Bu}\\ \boldsymbol{y}&=\boldsymbol{Cx}+\boldsymbol{Du}\end{aligned} \tag{2.80}$$

其中,状态向量为 $\boldsymbol{x}:n\times1$,输入向量 $\boldsymbol{u}:r\times1$,输出向量 $\boldsymbol{y}:m\times1$,系统矩阵为 $\boldsymbol{A}:n\times n$,控制输入矩阵为 $\boldsymbol{B}:n\times r$,输出矩阵为 $\boldsymbol{C}:m\times n$,前馈矩阵 $\boldsymbol{D}:m\times r$,并假设初始状态 $\boldsymbol{x}(0)=\boldsymbol{0}$,对式(2.80)两边取拉普拉斯变换可得

$$\begin{aligned}s\boldsymbol{X}(s)&=\boldsymbol{AX}(s)+\boldsymbol{BU}(s)\\ \boldsymbol{Y}(s)&=\boldsymbol{CX}(s)+\boldsymbol{DU}(s)\end{aligned}$$

于是得到系统的 $m\times r$ 维的传递函数矩阵为

$$\boldsymbol{G}(s)=\frac{\boldsymbol{Y}(s)}{\boldsymbol{U}(s)}=\boldsymbol{C}(s\boldsymbol{I}-\boldsymbol{A})^{-1}\boldsymbol{B}+\boldsymbol{D}=\boldsymbol{C}\frac{\mathrm{adj}(s\boldsymbol{I}-\boldsymbol{A})}{|s\boldsymbol{I}-\boldsymbol{A}|}\boldsymbol{B}+\boldsymbol{D} \tag{2.81}$$

令传递函数矩阵 $\boldsymbol{G}(s)$的分母为 0,则得到系统的特征方程为

$$\det(s\boldsymbol{I}-\boldsymbol{A}) \text{ 或 } |s\boldsymbol{I}-\boldsymbol{A}|=0 \tag{2.82}$$

虽然它与前面所讲的系统传递函数的特征方程 $s^n+a_{n-1}s^{n-1}+\cdots+a_1s+a_0=0$ 形式有所不同,但最终都能得到相同内容的多项式形式。

2.5.3 线性定常系统在坐标变换下的特性

需要指出的是,由状态变量模型计算系统的输入输出关系模型是唯一的,对同一个系统它与系统状态的选取无关。假设系统的一个状态变量模型为

$$\dot{\boldsymbol{x}} = \boldsymbol{A}\boldsymbol{x} + \boldsymbol{B}\boldsymbol{u}$$
$$\boldsymbol{y} = \boldsymbol{C}\boldsymbol{x} + \boldsymbol{D}\boldsymbol{u} \tag{2.83}$$

通过 $\boldsymbol{x}=P\tilde{\boldsymbol{x}}$ 的状态线性非奇异相似变换可得到该系统的另一组状态变量模型为

$$\dot{\tilde{\boldsymbol{x}}} = \tilde{\boldsymbol{A}}\tilde{\boldsymbol{x}} + \tilde{\boldsymbol{B}}\boldsymbol{u}$$
$$\boldsymbol{y} = \tilde{\boldsymbol{C}}\tilde{\boldsymbol{x}} + \tilde{\boldsymbol{D}}\boldsymbol{u} \tag{2.84}$$

其中，$\tilde{\boldsymbol{A}}=\boldsymbol{P}^{-1}\boldsymbol{A}\boldsymbol{P}$，$\tilde{\boldsymbol{B}}=\boldsymbol{P}^{-1}\boldsymbol{B}$，$\tilde{\boldsymbol{C}}=\boldsymbol{C}\boldsymbol{P}$，$\tilde{\boldsymbol{D}}=\boldsymbol{D}$，则由式(2.84)可得

$$\begin{aligned}\boldsymbol{G}(s) &= \frac{\boldsymbol{Y}(s)}{\boldsymbol{U}(s)} = \tilde{\boldsymbol{C}}(s\boldsymbol{I}-\tilde{\boldsymbol{A}})^{-1}\tilde{\boldsymbol{B}}+\tilde{\boldsymbol{D}} \\ &= \boldsymbol{C}\boldsymbol{P}(s\boldsymbol{I}-\boldsymbol{P}^{-1}\boldsymbol{A}\boldsymbol{P})^{-1}\boldsymbol{P}^{-1}\boldsymbol{B}+\boldsymbol{D} \\ &= \boldsymbol{C}\boldsymbol{P}\boldsymbol{P}^{-1}(s\boldsymbol{I}-\boldsymbol{A})^{-1}\boldsymbol{P}\boldsymbol{P}^{-1}\boldsymbol{B}+\boldsymbol{D} \\ &= \boldsymbol{C}(s\boldsymbol{I}-\boldsymbol{A})^{-1}\boldsymbol{B}+\boldsymbol{D}\end{aligned}$$

意味着相似变换不改变系统的传递函数，同样也不改变特征方程。

例如式(2.84)的系统特征方程 $|s\boldsymbol{I}-\tilde{\boldsymbol{A}}|=0$ 进一步写成

$$\begin{aligned}|s\boldsymbol{I}-\tilde{\boldsymbol{A}}| &= |s\boldsymbol{I}-\boldsymbol{P}^{-1}\boldsymbol{A}\boldsymbol{P}| = |s\boldsymbol{P}^{-1}\boldsymbol{P}-\boldsymbol{P}^{-1}\boldsymbol{A}\boldsymbol{P}| \\ &= |\boldsymbol{P}^{-1}|\,|s\boldsymbol{I}-\boldsymbol{A}|\,|\boldsymbol{P}| = |s\boldsymbol{I}-\boldsymbol{A}|\end{aligned}$$

因此，经过状态线性非奇异相似变换后系统的特征方程保持不变，特征值和特征向量自然也不变。

例 2.19　前面例 2.1 的 *RLC* 串联电路的一种状态变量模型为

$$\begin{cases}\begin{bmatrix}\dot{x}_1 \\ \dot{x}_2\end{bmatrix} = \begin{bmatrix}0 & \dfrac{1}{C} \\ -\dfrac{1}{L} & -\dfrac{R}{L}\end{bmatrix}\begin{bmatrix}x_1 \\ x_2\end{bmatrix} + \begin{bmatrix}0 \\ \dfrac{1}{L}\end{bmatrix}u_\text{i} \\ y = u_\text{o} = \begin{bmatrix}1 & 0\end{bmatrix}\begin{bmatrix}x_1 \\ x_2\end{bmatrix}\end{cases}$$

求该电路系统的输入输出传递函数模型。

解　因为

$$[s\boldsymbol{I}-\boldsymbol{A}] = \begin{bmatrix}s & -\dfrac{1}{C} \\ \dfrac{1}{L} & s+\dfrac{R}{L}\end{bmatrix}$$

于是有

$$[s\boldsymbol{I}-\boldsymbol{A}]^{-1} = \frac{1}{\Delta(s)}\begin{bmatrix}s+\dfrac{R}{L} & \dfrac{1}{C} \\ -\dfrac{1}{L} & s\end{bmatrix}$$

其中，该系统的特征多项式 $\Delta(s)=|s\boldsymbol{I}-\boldsymbol{A}|=s^2+\dfrac{R}{L}s+\dfrac{1}{LC}$。

因此，该系统的输入输出传递函数模型为

$$G(s)=\boldsymbol{C}(s\boldsymbol{I}-\boldsymbol{A})^{-1}\boldsymbol{B}+\boldsymbol{D}=[1\quad 0]\begin{bmatrix}\dfrac{s+\dfrac{R}{L}}{\Delta(s)} & \dfrac{1}{C\Delta(s)}\\ -\dfrac{1}{L\Delta(s)} & \dfrac{s}{\Delta(s)}\end{bmatrix}\begin{bmatrix}0\\ \dfrac{1}{L}\end{bmatrix}$$

$$=\frac{\dfrac{1}{LC}}{\Delta(s)}=\frac{\dfrac{1}{LC}}{s^2+\dfrac{R}{L}s+\dfrac{1}{LC}}=\frac{1}{LCs^2+RCs+1}$$

于是进一步得到该电路系统的输入输出微分方程模型为

$$LC\frac{\mathrm{d}^2u_\mathrm{o}}{\mathrm{d}t^2}+RC\frac{\mathrm{d}u_\mathrm{o}}{\mathrm{d}t}+u_\mathrm{o}=u_\mathrm{i}$$

显然,结果与例2.1电路系统的输入输出模型完全一致。

线性非奇异相似变换的概念很重要,一个状态变量系统可以在一定条件下通过线性非奇异相似变换将原系统变为某种规范标准型,例如对角线规范性、约当规范性、能控规范性以及能观规范性等。下面仅举一例说明。

例2.20 考查系统的一种对角线规范性变换

$$\dot{\boldsymbol{x}}=\begin{bmatrix}0 & 1 & -1\\ -6 & -11 & 6\\ -6 & -11 & 5\end{bmatrix}\boldsymbol{x}+\begin{bmatrix}0\\0\\1\end{bmatrix}u$$

$$y=[1\quad 0\quad 0]\boldsymbol{x}$$

解 因为系统的特征方程为

$$|s\boldsymbol{I}-\boldsymbol{A}|=\begin{vmatrix}s & -1 & -1\\ 6 & s+11 & -6\\ 6 & 11 & s-5\end{vmatrix}=s^3+6s^2+11s+6=(s+1)(s+2)(s+3)=0$$

计算得到该系统的特征值为互异的单根

$$s_1=-1,\quad s_2=-2,\quad s_3=-3$$

由线性代数知道对每一个互异的单根 s_i,对应的特征向量 $\boldsymbol{P}_i$ 和特征根的关系为

$$\boldsymbol{AP}_i=s_i\boldsymbol{P}_i,\text{或}(\boldsymbol{A}-s_i\boldsymbol{I})\boldsymbol{P}_i=\boldsymbol{0},\quad i=1,2\cdots n$$

对应 $s_1=-1$ 的特征向量 $\boldsymbol{P}_1$ 为

$$\boldsymbol{AP}_1=s_1\boldsymbol{P}_1,\text{或}(\boldsymbol{A}-s_1\boldsymbol{I})\boldsymbol{P}_1=\boldsymbol{0}$$

令 $\boldsymbol{P}_1=[P_{11}\quad P_{21}\quad P_{31}]^\mathrm{T}$,代入上式展开得

$$\begin{cases}P_{11}+P_{21}-P_{31}=0\\ -6P_{11}-10P_{21}-6P_{31}=0\\ -6P_{11}-11P_{21}+6P_{31}=0\end{cases}\Rightarrow P_{11}=P_{31},P_{21}=0。$$

取 $P_{11}=1$,于是 $P_{31}=1$,得到

$$\boldsymbol{P}_1=\begin{bmatrix}P_{11}\\P_{21}\\P_{31}\end{bmatrix}=\begin{bmatrix}1\\0\\1\end{bmatrix}$$

同理可得

$$\boldsymbol{P}_2=\begin{bmatrix}P_{12}\\P_{22}\\P_{32}\end{bmatrix}=\begin{bmatrix}1\\2\\4\end{bmatrix},\quad \boldsymbol{P}_3=\begin{bmatrix}P_{13}\\P_{23}\\P_{33}\end{bmatrix}=\begin{bmatrix}1\\6\\9\end{bmatrix}$$

故该系统的一个线性非奇异变换矩阵为

$$\boldsymbol{P}=[\boldsymbol{P}_1\quad \boldsymbol{P}_2\quad \boldsymbol{P}_3]=\begin{bmatrix}1&1&1\\0&2&6\\1&4&9\end{bmatrix}$$

于是有

$$\boldsymbol{P}^{-1}=\frac{\mathrm{adj}\boldsymbol{P}}{|\boldsymbol{P}|}=\begin{bmatrix}3&\frac{5}{2}&-2\\-3&-4&3\\1&\frac{3}{2}&-1\end{bmatrix}$$

则通过线性非奇异变换 $\boldsymbol{x}=\boldsymbol{P}\,\tilde{\boldsymbol{x}}$，可将原系统变换为

$$\tilde{\boldsymbol{A}}=\boldsymbol{P}^{-1}\boldsymbol{A}\boldsymbol{P}=\begin{bmatrix}-1&0&0\\0&-2&0\\0&0&-3\end{bmatrix},\quad \tilde{\boldsymbol{B}}=\boldsymbol{P}^{-1}\boldsymbol{B}=\begin{bmatrix}-2\\3\\-1\end{bmatrix},\quad \tilde{\boldsymbol{C}}=\boldsymbol{C}\boldsymbol{P}=[1\quad 1\quad 1]$$

或表示为

$$\dot{\tilde{\boldsymbol{x}}}=\begin{bmatrix}-1&0&0\\0&-2&0\\0&0&-3\end{bmatrix}\begin{bmatrix}\tilde{x}_1\\\tilde{x}_2\\\tilde{x}_3\end{bmatrix}+\begin{bmatrix}-2\\3\\-1\end{bmatrix}u$$

$$y=[1\quad 1\quad 1]\boldsymbol{x}$$

由$\tilde{\boldsymbol{A}}$ 看出，经线性非奇异变换后系统矩阵已为对角线规范型，且对角线元素的值为特征值。显然，对角线规范型解除了各状态变量之间的耦合关系，便于控制系统分析与设计。关于约当规范性、能控规范性以及能观规范性等的线性非奇异变换问题请有兴趣的读者参考相关专业文献资料。

*2.6 数学模型的实验测定法

在工程实践中常用实验法测定被控过程的数学模型。该法一般用于建立被控过程的输入、输出模型，它完全从外特性上测试和描述系统的动态性质，可不考虑其内部复杂机理。而被测系统的动态特性，只有当它们处于暂态过程时才会表现出来，在稳态时是无法体现的，因此为了获得系统的数学模型，必须使被考查的过程处于被激励状态。

2.6.1 数学模型实验测定的主要方法

1. 时域测定法

对被测过程在输入端施加阶跃扰动激励信号，测量输出响应；或在输入端施加脉冲扰

动输入信号,测量脉冲响应。该法所用设备简单,测试工作量小,在工业上应用广泛,但测试精度不高。

2. 频域测定法

对被测过程施加不同频率的正弦信号,测量输入信号与输出信号之间的幅值比和相位差,从而得到被测过程的频率特性数学模型。该法原理简单,测试精度比时域法高,由相关实验仪器或虚拟仪器技术可容易获得。

3. 统计相关测定法

对被控过程施加某种随机信号,依被测量参数,采用数学的统计相关法确定系统动态特性。该法可在线辨识,精度高,需要计算机进行数据计算和处理,这部分属于提高部分。

2.6.2 数学模型的工程辨识

在阶跃响应曲线测定后,为分析和设计控制系统,需将曲线转化为传递函数数学模型。转化中首先选定模型的结构,对工业过程而言,典型被控过程的传递函数有以下几种形式

$$G(s)=\frac{K\mathrm{e}^{-\tau s}}{1+Ts},\quad G(s)=\frac{K\mathrm{e}^{-\tau s}}{(1+T_1 s)(1+T_2 s)},\quad G(s)=\frac{K\mathrm{e}^{-\tau s}}{(1+Ts)^n}$$

通常,采用低阶传递函数拟合,数据处理简单,但精度低,而对于采用 PID 控制的闭环系统,一般工业过程并不要求非常精确的数学模型。这里采用一阶时滞过程拟合的近似法。

通常工业过程控制模型大多可以用一阶时滞过程的数学模型表示为

$$G(s)=\frac{K\mathrm{e}^{-\tau s}}{1+Ts}$$

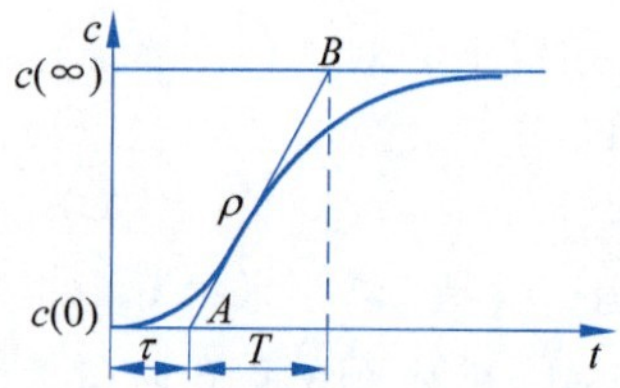

图 2.37 一阶时滞系统近似法

工业过程中一般均用 S 形的飞升曲线(阶跃响应)方法。设阶跃输入幅值为 Δu,则传递函数增益 K 可按下式求取

$$K=\frac{c(\infty)-c(0)}{\Delta u} \tag{2.85}$$

传递函数中的 T,τ 可由作图法确定,如图 2.37 所示,图中直线 AB 为飞升曲线拐点处的切线。此方法简单,拟合精度低,但在工业过程中广泛应用。

2.7 MATLAB 用于控制系统模型建立与仿真

例 2.21 若给定某线性定常系统的传递函数为

$$G(s)=\frac{12s^3+24s^2+12s+20}{2s^4+4s^3+6s^2+2s+2}$$

试用 MATLAB 语言表示该传递函数。

解 输入传递函数的 MATLAB 程序如下

```
num = [12  24  12  30];
den = [2  4  6  2  2];
G = tf(num,den)
```

程序运行结果为

```
Transfer function:
```

```
 12 s^3 + 24 s^2 + 12 s + 30
 ..............................................
 2 s^4 + 4 s^3 + 6 s^2 + 2 s + 2
```

例 2.22　已知某线性定常系统的零极点分布和增益，系统零点为 -2 和 -3，极点为 -3，$-4+j5$ 和 $-4-j5$，增益为 10，用 MATLAB 建立系统的数学模型。

解　用 MATLAB 建立上述系统零极点增益模型的程序如下

```
z = [ - 2   - 3];
p = [ - 3   - 4 + j * 5   - 4 - j * 5];
k = 10;
G = zpk(z,p,k)
```

程序运行结果为

```
  Zero/pole/gain:
  10  (s + 2)  (s + 3)
.........................................
(s + 3)  (s^2 + 8s + 41)
```

例 2.23　已知反馈控制系统传递函数为

$$G(s)=\frac{6s^2+1}{s^3+3s^2+3s+1},\quad H(s)=\frac{(s+1)(s+2)}{(s+j2)(s-j2)(s+3)}$$

试用 MATLAB 求出 $G(s)$ 的零极点，$H(s)$ 的多项式形式以及 $G(s)H(s)$ 的零、极点分布图。

解　MATLAB 程序如下

```
numg = [6   0   1]; deng = [1   3   3   1];
z = roots(numg)
p = roots(deng)
n1 = [1   1];n2 = [1   2]; d1 = [1   2 * i];
d2 = [1   - 2 * i];d3 = [1   3];
numh = conv(n1,n2);                              % 建立 H(s)的分子
denh = conv(d1,conv(d2,d3));                     % 建立 H(s)的分母
printsys(numh,denh);
num = conv(numg,numh);den = conv(deng,denh);     % 建立 G(s)H(s)
printsys(num,den);
pzmap(num,den) ;                                 % 打印零极点分布图
axis([ - 3.5   1   - 2.5   2.5]) ;
title('pole - zero map')
```

程序运行结果如下

```
z =
         0 + 0.4082i
         0 - 0.4082i
p =
      - 1.0000
      - 1.0000 + 0.0000i
      - 1.0000 - 0.0000i
   num/den =

        s^2 + 3 s + 2
   -----------------------
    s^3 + 3 s^2 + 4 s + 12
```

```
num/den =

          6 s^4 + 18 s^3 + 13 s^2 + 3 s + 2
-----------------------------------------------------
  s^6 + 6 s^5 + 16 s^4 + 34 s^3 + 51 s^2 + 40 s + 12
```

系统的零极点分布图如图 2.38 所示。

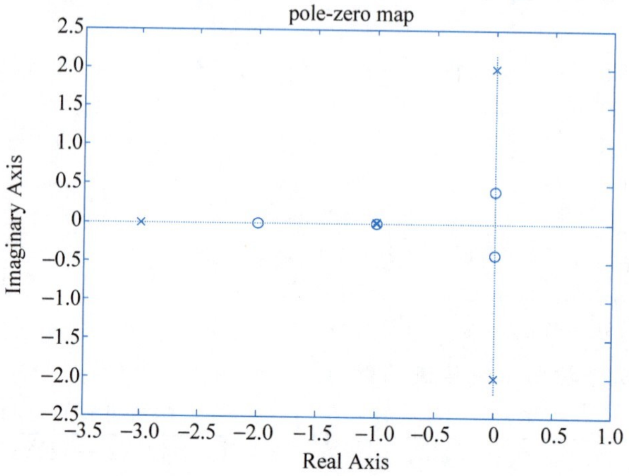

图 2.38 例 2.23 系统的零极点分布图

例 2.24 已知系统的传递函数为 $G_1(s)=\dfrac{2s^2+4s+6}{2s^2+3s+5}$,$G_2(s)=\dfrac{2s^2+2s+5}{3s^2+2s+3}$,其串联方框图如图 2.39 所示,试用 MATLAB 求系统的串联函数实现。

解 用 MATLAB 实现的程序和结果如下

```
num1 = [2  4  6];den1 = [2  3  5];
num2 = [2  2  5];den2 = [3  2  3];
[num den] = series(num1,den1,num2,den2);
printsys(num,den)
y = tf(num,den);
```

程序运行结果为

```
num/den =

      4 s^4 + 12 s^3 + 30 s^2 + 32 s + 30
  ..................................................
      6 s^4 + 13 s^3 + 27 s^2 + 19 s + 15
```

例 2.25 已知系统的传递函数为 $G_1(s)=\dfrac{4s^2+2s+3}{s^2+3s+4}$,$G_2(s)=\dfrac{4s^2+5s+6}{8s^2+3s+2}$,其并联的方框图如图 2.40 所示,试用 MATLAB 求系统的并联函数实现。

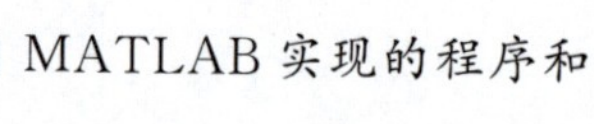

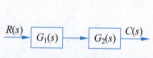

图 2.39 例 2.24 串联方框图

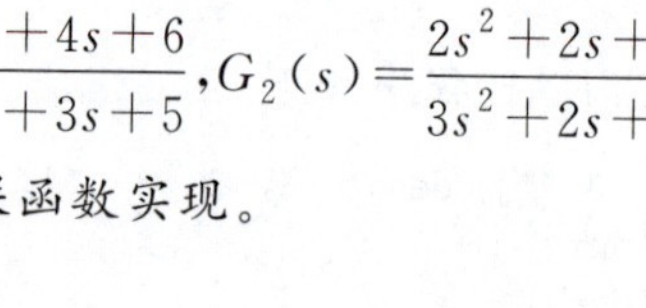

图 2.40 例 2.25 并联方框图

解 用 MATLAB 实现的程序如下

```
num1 = [4  2  3];den1 = [1  3  4];
num2 = [4  5  6];den2 = [8  3  2];
[num den] = parallel(num1,den1,num2,den2);
printsys(num,den)
y = tf(num,den);
```

程序运行结果为

```
num/den =
         36 s^4 + 45 s^3 + 75 s^2 + 51 s + 30
         ....................................................
          8 s^4 + 27 s^3 + 43 s^2 + 18 s + 8
```

例 2.26 已知系统的传递函数为 $G(s)=\frac{1}{s}\cdot\frac{s+1}{s+2}$，$H(s)=\frac{1}{2s+1}$，负反馈连接，其反馈连接的方框图如图 2.41 所示，试用 MATLAB 求系统的反馈函数实现。

解 用 MATLAB 实现的程序如下

```
numg = [1  1];deng = [1  2  0];
numh = [1];denh = [2  1];
[num den] = feedback(numg,deng,numh,denh, - 1);
printsys(num,den)
```

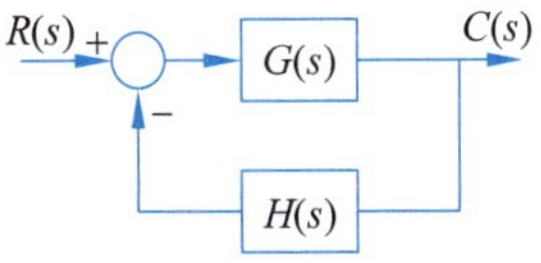

图 2.41 例 2.26 反馈系统方框图

程序运行结果为

```
num/den =
         2 s^2 + 3 s + 1
    ....................................
    2 s^3 + 5 s^2 + 3 s + 1
```

例 2.27 考查下列状态变量表达式，将其变换为传递函数形式。

$$\begin{bmatrix}\dot{x}_1\\ \dot{x}_2\\ \dot{x}_3\end{bmatrix}=\begin{bmatrix}0 & 1 & 0\\ 0 & 0 & 1\\ -6 & -11 & -6\end{bmatrix}\begin{bmatrix}x_1\\ x_2\\ x_3\end{bmatrix}+\begin{bmatrix}0\\ 0\\ 1\end{bmatrix}\boldsymbol{u}$$

$$\boldsymbol{y}=\begin{bmatrix}1 & 2 & 3\end{bmatrix}\begin{bmatrix}x_1\\ x_2\\ x_3\end{bmatrix}$$

解 可以将其用下列 MATLAB 语句表示

```
A = [0  1  0; 0  0  1; - 6  - 11  - 6]; B = [0; 0; 1];
C = [1  2  3]; D = 0;
[num,den] = ss2tf(A,B,C,D);
printsys(num,den);
```

程序运行结果为

```
num/den =
          3 s^2 + 2 s + 1
      ----------------------
        s^3 + 6 s^2 + 11 s + 6
```

例 2.28 将系统的传递函数$G(s)=\frac{3s^2+2s+1}{s^3+6s^2+11s+6}$转换为等效的状态变量形式。

解 可以将其用下列 MATLAB 语句表示

```
num = [3  2  1];den = [1  6  11  6];
[A,B,C,D] = tf2ss(num,den)
```

程序运行结果为

```
A = -6     -11     -6
     1       0      0
     0       1      0
B =  1
     0
     0
C =  3       2      1
D =  0
```

2.8 小结

数学模型是描述系统因果关系的数学表达式,是对复杂系统进行理论分析与设计的重要依据。本章主要介绍了如何利用解析法建立实际系统的数学模型,定义了状态变量模型、传递函数、方框图、信号流图等概念,其中线性系统的传递函数是从数学工具拉普拉斯变换和线性定常系统的微分方程或状态变量方程中演变过来的一种数学模型,方框图是一种通用的描述线性系统和非线性系统的直观的数学表达方法,信号流图则是描述线性系统中各个信号之间相互关系的有力手段,可以利用信号流图及其增益公式方便地得出线性系统输入输出量之间的传递函数。利用微分方程、状态变量方程和传递函数等这些基本的建模工具得到了一些电气和机械等系统的基本数学模型。传递函数仅仅能够描述线性定常系统的输入输出外部特性,而状态变量模型对线性和非线性系统均适用,它不仅能够描述系统的输入输出特性,而且能够描述系统内部状态的变化。对工程师来说,仅仅将动态系统用数学模型准确地描述出来是不够的,还必须对系统做出一些必要和合理的假设和近似,从而将现实中的物理系统用一个线性系统模型来描述,系统模型决定了系统分析、设计和仿真结果的好坏。在现实世界中非线性是不可以忽略的,而本书并不是专门来介绍非线性系统的,本章只是简单介绍了在平衡点附近处对非线性系统进行线性化的方法,要注意在实际系统的复杂性和工程问题分析的简便性之间以及在实际系统模型的精确性和模型的简化性之间的折中。本章主要讲述了用解析法建立动态系统的模型,但这需要工程师和科学研究者对所研究的物理系统和各环节所服从的物理机理有深入的了解。而通过系统在某种信号激励下测量系统的输入和输出数据,利用统计学的方法建立一个结构比较合理的数学模型,这属于进一步提高的系统辨识方法。本章也简单介绍了工业过程数学模型建立的一般实验方法,如飞升曲线法。本章还简单介绍了利用 MATLAB 工具建立系统的传递函数。

关键术语和概念

数学模型(mathematical models):描述系统动态行为的一组数学表达式。

线性系统(linear system):指满足叠加性和齐次性的系统。

线性近似(linear approximation)：指通过建立设备的输入与输出之间的线性关系而获得的近似模型。

折中处理(trade-off)：指在两个所期望的，但又彼此冲突的性能指标和设计准则之间，为达成某种协调而做出的调整。

拉普拉斯变换(Laplace transform)：将时域函数 $f(t)$转换成复频域函数 $F(s)$的一种变换。

传递函数(transfer function)：在零初值条件下，线性定常系统输出变量的拉普拉斯变换与输入变量的拉普拉斯变换之比。

特征方程(characteristic equation)：传递函数的分母多项式为零所得的方程。

直流电机(DC motor)：指用直流电压作为控制变量，向负载提供动力的一种电动执行机构。

执行机构(actuator)：向控制对象提供运动动力，使之产生输出的装置。

方框图(block diagrams)：由单方向功能方框组成的一种结构图，这些方框代表了组成系统元部件(子系统)的传递函数。

信号流图(signal-flow graph)：由节点和连接节点的有向线段所构成的一种信息结构图，是一组线性关系的图解表示。

梅逊公式(Mason rule)：使用户能通过追踪系统中的回路和路径以获得其传递函数的公式。

仿真(simulation)：通过建立系统模型，利用计算机算法和软件实现对系统性能的计算或模拟。

状态变量(state variables)：完全描述系统动态行为的一组最小变量的集合。

状态向量(state vector)：由一组状态变量 $[x_1(t), x_2(t), \cdots, x_n(t)]$ 来表示的向量。

多变量控制系统(multivariable control system)：指有多个输入变量和(或)多个输出变量的系统。

拓展您的事业——电气工程学科

1831 年法拉第发现了交流发电机的基本原理，这是工程领域中一个突破性的进展，它提供了一个方便的方法来产生电能。电能是日常使用的电子、电气系统和机电设备所必需的能源。

电能是由别的能源转换得来的，地层原料(气、油、煤)、核燃料(铀)、水利能源(江河落差)、地热(喷泉、热流)、风能、潮汐起落源以及生物能源(垃圾)等都可以转换为电能。在能源工程领域中要研究如何利用不同的方法和途径来产生电能，这也是电气工程学科中一门不可或缺的分支。电气工程人员必须学会电能的分析、产生、传送分配和成本核算等知识。

电力工业、冶金、机械、石油化工、交通工程、市政工程等各工业企业、服务业等都是电气工程师非常大的雇主。电力工业包括了成千上万个电力供应系统，大到各大区域的电网互联，小到为各个社区和工厂供电的公司。由于电力工业包含内容的繁多，在不同的工业部门需要大量的电气工程人员，例如，发电厂、电力输送、电力分配、维护、科学研究、数据获取和流量控制以及管理等，每个地方都要用电力，电力公司也就各处都有，同时也为人们提供了稳定的就业机会和令人兴奋的生活条件。电气工程学科的基础仍然是电子学和自动化技术等。

习题

2.1　已知一个机械转动系统由惯性负载和黏性摩擦阻尼器组成，其原理图如图 P2.1 所示，试列写以 M 为输入量，ω 为输出量的系统运动方程式。

2.2　已知系统的传递函数为$\dfrac{C(s)}{R(s)}=\dfrac{2}{s^2+3s+2}$，初始条件为 $c(0)=-1, c'(0)=0$，试求系统的单位阶跃响应，并用 MATLAB 重新计算一次。

2.3　求取图 P2.2 所示的有源网络的传递函数 $U_o(s)/U_i(s)$。

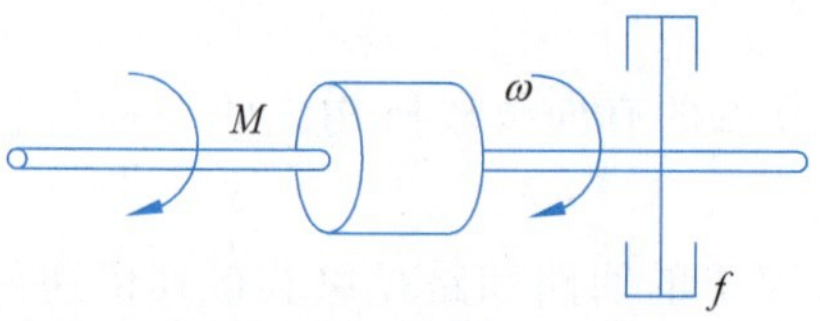

图 P2.1　题 2.1 图

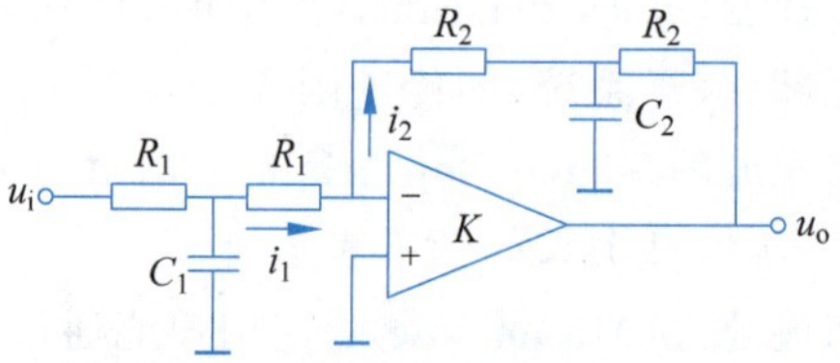

图 P2.2　题 2.3 图

2.4　若某系统在阶跃信号 $r(t)=1(t)$ 时，零初始条件下的输出响应 $c(t)=1-e^{-2t}+e^{-t}$，试求系统的传递函数和单位脉冲响应。

2.5　系统方框图如图 P2.3 所示，利用信号流图求传递函数$\dfrac{C(s)}{R(s)}$。

2.6　求取如图 P2.4 所示的系统传递函数$\dfrac{C(s)}{R(s)}$。

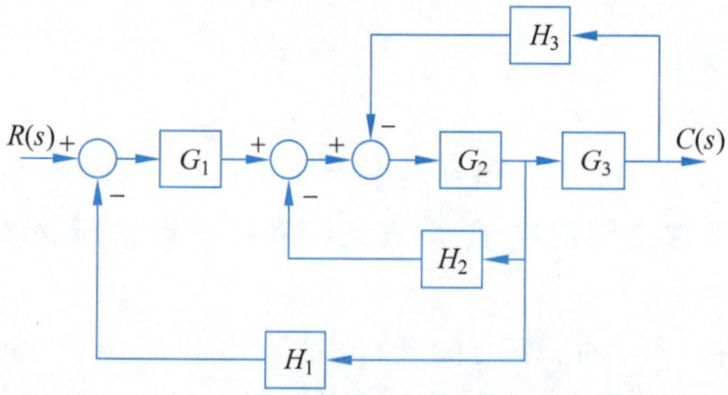

图 P2.3　题 2.5 图

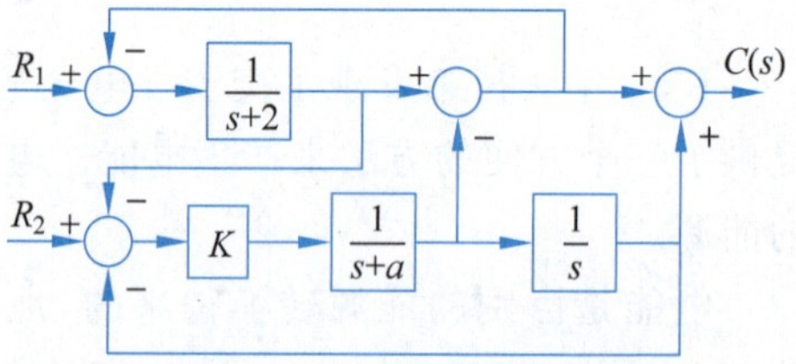

图 P2.4　题 2.6 图

2.7　系统的微分方程如下

$$x_1(t)=r(t)-c(t)-n_1(t)$$

$$x_2(t)=K_1x_1(t)$$

$$x_3(t)=x_2(t)-x_5(t)$$

$$T\frac{dx_4(t)}{dt}=x_3(t)$$

$$x_5(t) = x_4(t) - K_2 n_2(t)$$

$$\frac{d^2 c(t)}{dt^2} + \frac{dc(t)}{dt} = K_0 x_5(t)$$

式中，K_0，K_1，K_2 和 T 均为常数。试建立以 $r(t)$，$n_1(t)$及 $n_2(t)$为输入量，$c(t)$为输出量的系统动态结构图。

2.8　系统信号流图如图 P2.5 所示，试求传递函数$\frac{y_6}{y_1}$，$\frac{y_2}{y_1}$，$\frac{y_5}{y_2}$。

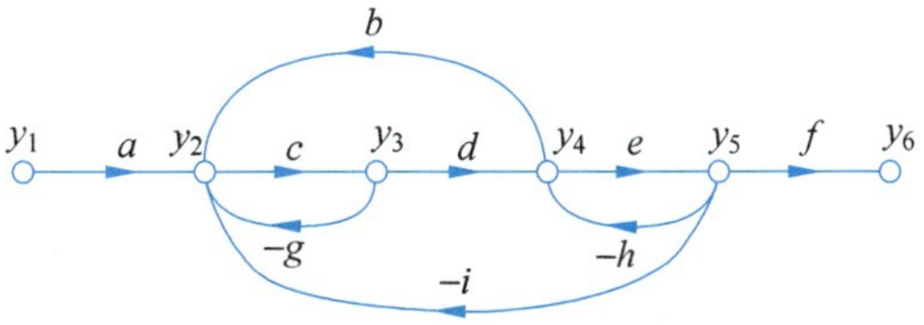

图 P2.5　题 2.8 图

2.9　试证明图 P2.6(a)所示的电网络与图 P2.6(b)所示的机械系统有相同的数学模型。

2.10　如图 P2.7 所示的电路，试以激励 u_s，i_s 为输入，电压 u_o 为输出，并合理选取状态变量，建立系统的状态变量模型。

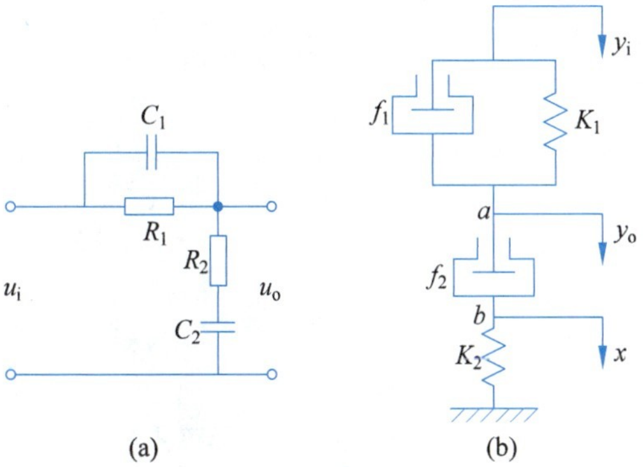

图 P2.6　题 2.9 图

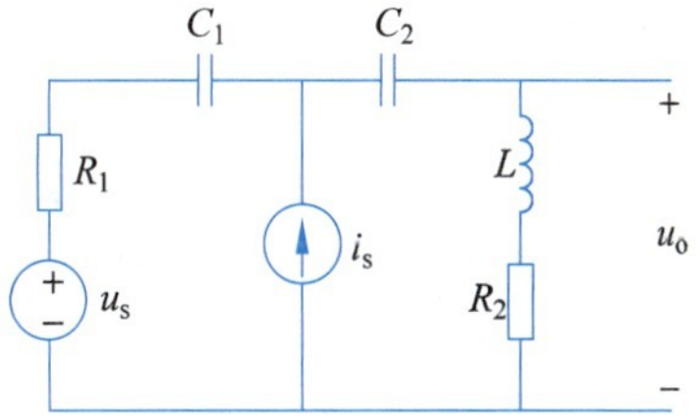

图 P2.7　题 2.10 图

2.11　设有一个系统由下列状态方程描述

$$\begin{cases} \begin{bmatrix} \dot{x}_1 \\ \dot{x}_2 \end{bmatrix} = \begin{bmatrix} -5 & -1 \\ 3 & -1 \end{bmatrix} \begin{bmatrix} x_1 \\ x_2 \end{bmatrix} + \begin{bmatrix} 2 \\ 5 \end{bmatrix} u \\ y = \begin{bmatrix} 1 & 2 \end{bmatrix} \begin{bmatrix} x_1 \\ x_2 \end{bmatrix} \end{cases}$$

试求该系统的传递函数 $G(s)$，并用 MATLAB 验证。

2.12　设系统由下列微分方程描述

$$\dddot{y} + 3\ddot{y} + 2\dot{y} = u$$

试选择一组状态变量，导出该系统的一种状态变量数学模型实现。再用 MATLAB 实现它，如果不同请说明原因。

第3章

控制系统的时域分析

电子与电气学科世界著名学者——维纳

诺伯特·维纳(Norbert Wiener,1894—1964)

维纳是美国数学家,控制论的创始人。1948年维纳发表《控制论》,宣告了这门新兴学科的诞生。这是他长期艰苦努力并与生理学家罗森勃吕特等人多方面合作的伟大科学成果,维纳立即从声誉有限的数学家一跃成为一位国际知名人士。

维纳是一个名副其实的神童,他三岁半开始读书,生物学和天文学的初级科学读物就成了他在科学方面的启蒙书籍。7岁时,开始深入物理学和生物学的领域,甚至超出了他父亲的知识范围。维纳于15岁时获得塔夫茨学院数学系学士学位,并于18岁获哈佛大学哲学博士学位。他先后留学于英国剑桥大学和德国哥丁根大学,在罗素、哈代、希尔伯特等著名数学家指导下研究逻辑和数学。1924年维纳升任助理教授,1929年升为副教授,由于在广义调和分析和关于陶伯定理方面的杰出成就,1932年晋升为正教授。

维纳在其50年的科学生涯中,先后涉足哲学、数学、物理学和工程学,最后转向生物学,在各个领域中都取得了丰硕成果,称得上是恩格斯颂扬过的、20世纪多才多艺和学识渊博的科学巨人。他一生发表论文240多篇,著作14部。主要著作有《控制论》(1948)、《维纳选集》(1964)。维纳还有两本自传《昔日神童》和《我是一个数学家》。他的主要成果有如下八个方面:建立维纳测度;引进巴拿赫—维纳空间;阐述位势理论;发展调和分析;发现维纳—霍普夫方法;提出维纳滤波理论;开创维纳信息论;创立控制论。

1933年,维纳由于有关陶伯定理的工作与莫尔斯分享了美国数学会五年一次的博赫尔奖。同时,他当选为美国科学院院士。1934年,维纳应邀撰写了《复域上的傅里叶变换》。不久，他当选为美国数学会副会长。1959 年，维纳从麻省理工学院退休。1964 年 1 月，他由于“在纯粹数学和应用数学方面并且勇于深入到工程和生物科学中去的多种令人惊异的贡献及在这些领域中具有深远意义的开创性工作”荣获美国总统授予的国家科学勋章。维纳是伽金汉基金会旅欧研究员，富布赖特研究员，英、德、法等国的数学会会员，担任过中国、印度、荷兰等国的访问教授。

3.1 引言

系统的时域分析指对控制系统的稳定性、暂态性能以及稳态性能分析。稳定性是控制系统工作的前提，不稳定的系统没有任何工程价值。对于不同的系统，例如线性的、非线性的、定常的、时变的系统，稳定性的定义也不同，本章仅讨论线性定常单输入单输出系统的稳定性。从控制系统分析和设计的角度来说有绝对稳定性和相对稳定性，绝对稳定指系统是否稳定，一旦系统是稳定的，则人们更关心其稳定的程度，这就是相对稳定性，相对稳定性一般用稳定裕度衡量。当系统受外加作用时引起的输出随时间的变化规律，称其为系统的时域响应，分为暂态响应和稳态响应。暂态响应是指当时间趋于无穷时系统输出量趋于零的那部分时间响应，工程上一般定义暂态响应为从初始状态到达某一规定值(例如偏离终值的误差值在终值的 5%或 2%以内)并且以后不再超过此值的这一部分时间响应过程，它反映控制系统的快速性和阻尼程度，由于系统物体的惯性都是无法避免的，因此人们常常可以观察到暂态现象。稳态响应则是整个响应在暂态响应消失后余下的那部分响应，主要指系统输出量的最终位置，它反映控制系统的准确性或控制精度，控制系统是按照稳态误差和误差系数的计算来表示控制精度的。

本章主要分析一阶和二阶线性定常系统在典型输入信号激励下的时域响应以及对应的时域性能指标，详细介绍单输入单输出线性定常系统的稳定性判断的劳斯稳定判据，也对稳定的控制系统的稳态误差以及误差系数的分析计算做详细的叙述，介绍提高控制系统精度的一般工程方法。对高阶线性系统的分析在一定条件下可以用主导极点的模型降阶方法来近似。本章还介绍如何利用 MATLAB 工具分析线性系统的性能。

3.1.1 典型输入信号

控制系统性能评价分为暂态性能指标和稳态性能指标两大类。对于同一系统，在不同的输入信号作用下会产生不同的输出响应，因此为了求解系统的时间响应，必须了解输入信号的解析表达式。然而，在一般情况下，控制系统的外加输入信号具有随机性而无法预先确定。因此，在分析和设计控制系统时，需要有一个对控制系统的性能进行比较的基准，这个基准就是系统对预先规定的具有典型意义的实验信号激励下的响应。为了评价控制系统的性能，需要选择若干个典型输入信号。另外，一个复杂的信号通常可看作是几个简单典型信号的合成。

所谓典型输入信号，是指控制系统分析与设计中常常遇到的一些输入信号，也是在数学描述上加以理想化的一些基本输入函数。选取典型信号应满足如下条件：首先，输入信号的形式应反映系统的实际输入；其次，输入信号在形式上应尽可能简单，应当是实验室或仿真可以获得以便于对系统响应进行分析的信号；另外，应选取能使系统工作在最不利情况下的激励信号作为典型输入信号。控制系统中常用的典型输入信号有单位阶跃函数、单位斜坡(速度)函数、单位抛物线(加速度)函数、单位脉冲(冲激)函数和正弦函数等,如表3.1所示。

表3.1 常用典型输入函数

名 称	时 域	复 域	信 号 图
单位阶跃(unit step)	$1(t),t\geqslant 0$	$\frac{1}{s}$	
单位斜坡(ramp)	$t,t\geqslant 0$	$\frac{1}{s^2}$	
单位抛物线(parabolic)	$\frac{1}{2}t^2,t\geqslant 0$	$\frac{1}{s^3}$	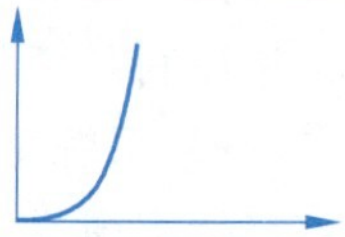
单位脉冲(pulse)	$\delta(t),t=0$	1	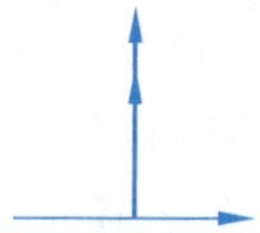
正弦(sinusoidal)	$A\sin\omega t$	$\frac{A\omega}{s^2+\omega^2}$	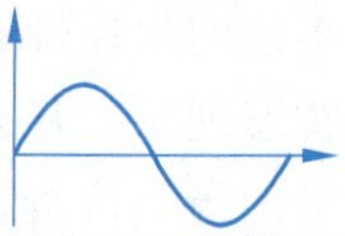

3.1.2 时域性能指标

稳定是系统工作的前提,只有系统是稳定的,分析系统的暂态和稳态性能以及性能指标才有意义。控制系统时域性能指标(time response specifications)分为暂态性能指标与稳态性能指标。

1. 暂态性能指标

一般认为阶跃输入对系统来说是最严峻的工作状态,如果系统在阶跃函数作用下的暂态性能满足要求,那么系统在其他形式函数作用下的暂态性能也是令人满意的。为此,通常在阶跃函数作用下,测定或计算系统的暂态性能。

描述稳定的系统在阶跃函数作用下暂态过程随时间 t 的变化状况的指标,称为暂态性能指标。如图3.1所示为某一控制系统的阶跃响应,其暂态性能指标定义如下:

(1) 调节时间 (settling time)t_s:指阶跃响应到达并保持在终值的±5%(或±2%)的误差带内所需时间。

(2) 峰值时间 (peak time)t_p:响应超过其终值到达第一个峰值所需时间。

(3)上升时间 (rise time)t_r:响应从终值的10%上升到终值的90%所需时间。对振荡系统,工程上上升时间 t_r 定义为输出从零到第一次上升至终值所需时间。

(4) 超调量 (peak overshoot) $\sigma\%$:响应的最大峰值与终值的差与终值比的百分数,即

$$\sigma\% = \frac{c(t_p)-c(\infty)}{c(\infty)}\times 100\% \tag{3.1}$$

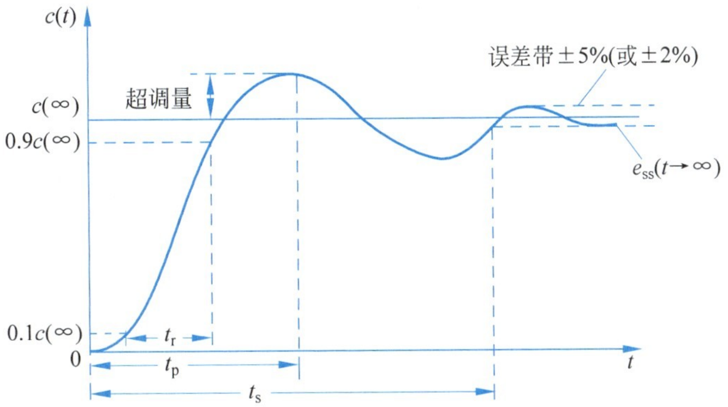

图 3.1 时域性能指标

超调量常常用来衡量控制系统的相对稳定性或阻尼程度，一般不希望控制系统有很大的超调。

在实际应用中，以上四个指标可以用来衡量控制系统的暂态特征，一般通过测量系统的阶跃响应，很容易得到这些指标。通常，用 t_p 或 t_r 评价响应速度；用 $\sigma\%$ 评价系统的相对稳定程度或阻尼程度；用 t_s 同时反映响应速度和阻尼程度的综合性指标。除简单的一阶、二阶系统外，要精确确定这些暂态性能指标的解析表达式是很困难的。

2. 稳态性能指标

稳态误差 e_{ss} 是衡量系统控制精度或抗扰动能力的一种度量。工程上指控制系统进入稳态后 $(t\to\infty)$ 期望的输出与实际输出的差值，e_{ss} 越小，控制精度越高。

3.2 控制系统时域分析

3.2.1 一阶系统的时域分析

可以用一阶微分方程描述的系统，称为一阶系统。一阶系统在控制工程实践中十分常见，有些高阶系统的特性，常可用一阶系统的特性近似表征。

考查如图 3.2 所示的 RC 电路，输出电压 $c(t)$ 是电容器 C 两端的电压。

该电路系统的数学模型为一阶常微分方程

$$T\frac{\mathrm{d}c(t)}{\mathrm{d}t}+c(t)=r(t)$$

其中，$T=RC$ 为时间常数，控制系统方框图如图 3.3 所示。其传递函数为

$$\Phi(s)=\frac{C(s)}{R(s)}=\frac{1}{1+Ts} \tag{3.2}$$

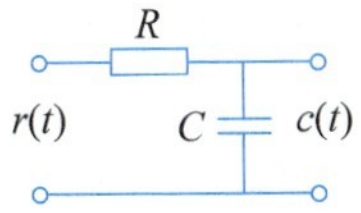

图 3.2 RC 电路

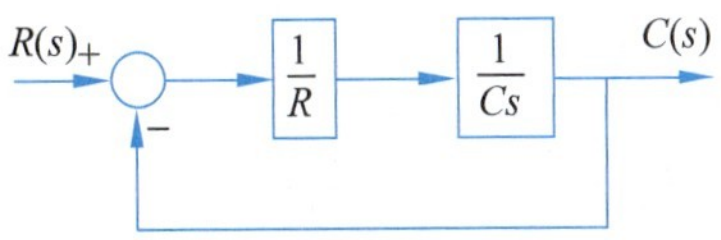

图 3.3 RC 电路方框图

1. 一阶系统的单位阶跃响应

当输入信号为单位阶跃信号 $r(t)=1(t), t\geqslant 0$ 时，系统的响应 $c(t)$ 称为单位阶跃响应。

将单位阶跃输入的象函数 $R(s)=1/s$ 代入式(3.2),并对输出取拉普拉斯反变换得到该一阶系统的单位阶跃响应

$$c(t)=1-e^{\frac{-t}{T}},\quad t\geqslant 0 \tag{3.3}$$

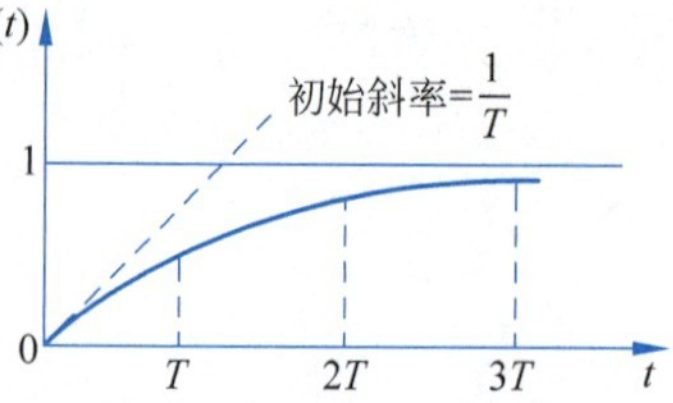

图 3.4 一阶系统单位阶跃响应

由式(3.3)绘出的系统单位阶跃响应为以指数规律上升到终值 1 的曲线,如图 3.4 所示。其中,$c(T)=0.632$;$c(2T)=0.865$;$c(3T)=0.950$;$c(4T)=0.982$。显然按照 5%或 2%的误差带准则有调节时间 $t_s=(3\sim4)T$(5%~2%误差带),而 t_p、$\sigma\%$不存在。

综上所述,时间常数 T 反映系统响应过程的快慢,T 越小,系统响应越快;反之,系统响应越慢。

2. 一阶系统的单位脉冲响应

当输入信号为单位脉冲或单位冲激信号 $r(t)=\delta(t)$时,系统的响应称为单位脉冲响应或单位冲激响应。因为理想单位脉冲函数的拉普拉斯变换为 1,所以单位脉冲响应的拉普拉斯变换与系统的闭环传递函数相同,即

$$C(s)=\Phi(s)R(s)\big|_{r(t)=\delta(t)}=\frac{1}{1+Ts}$$

两边进行拉普拉斯反变换,得

$$c(t)=\frac{1}{T}e^{\frac{-t}{T}} \tag{3.4}$$

由式(3.4)可知,一阶系统的单位脉冲响应是非周期的单调递减函数,当 $t=0$ 时,响应取最大值 $1/T$;当 $t\to\infty$时,响应的幅值衰减为零。根据给出的误差带宽度可以求出调节时间 t_s,通常取 $t_s=(3\sim4)T$。一阶系统单位脉冲响应如图 3.5 所示。

3. 一阶系统的单位斜坡响应

当输入信号为单位斜坡或速度信号 $r(t)=t,t\geqslant0$ 时,系统的响应称作单位斜坡响应。因为单位斜坡输入的拉普拉斯变换象函数为 $R(s)=1/s^2$,所以由拉普拉斯反变换得到该一阶系统的单位斜坡时域响应表达式为

$$c(t)=(t-T)+Te^{\frac{-t}{T}} \tag{3.5}$$

式(3.5)表明,一阶系统的单位斜坡响应可分为暂态分量和稳态分量两个部分,其中 $Te^{\frac{-t}{T}}$ 为暂态分量,随时间的增加而逐渐衰减为零;$(t-T)$为稳态分量。一阶系统的单位斜坡响应如图 3.6 所示。

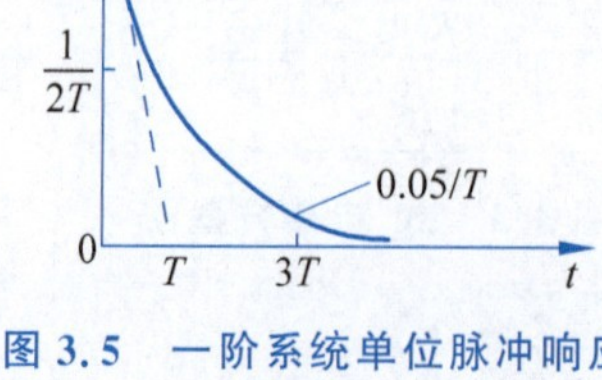

图 3.5 一阶系统单位脉冲响应

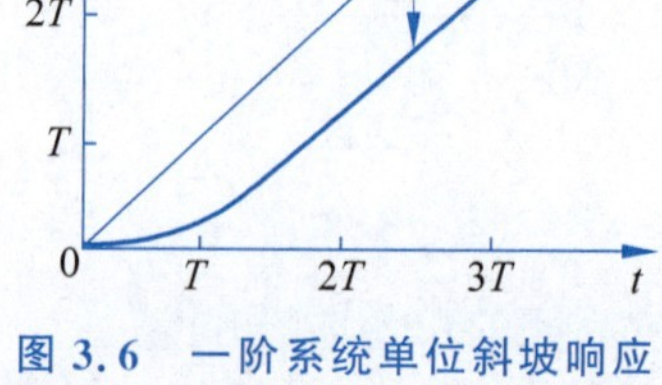

图 3.6 一阶系统单位斜坡响应

一阶系统单位斜坡响应的稳态误差 $e_{ss}=\lim\limits_{t\to\infty}(r(t)-c(t))=T$，$T$ 越小跟踪准确度越高。

4. 一阶系统的单位抛物线响应

当输入信号为单位抛物线或单位加速度信号 $r(t)=t^2/2, t\geqslant 0$ 时，因为单位抛物线输入信号拉普拉斯变换象函数为 $R(s)=1/s^3$，所以由拉普拉斯反变换求得一阶系统的单位抛物线时域响应表达式为

$$c(t)=\frac{1}{2}t^2-Tt+T^2(1-e^{\frac{-t}{T}}) \tag{3.6}$$

系统跟踪误差为

$$e(t)=r(t)-c(t)=Tt-T^2(1-e^{\frac{-t}{T}})$$

因此 $\lim\limits_{t\to\infty}e(t)=\infty$，即跟踪误差随时间增大而增大直至无穷大，故该一阶系统不能实现对加速度输入函数的跟踪。

3.2.2 典型二阶系统的时域分析

如果动态系统的数学模型为二阶微分方程，统称为二阶系统。在控制工程中，二阶系统应用广泛，而且许多高阶系统在一定条件下，可以近似用二阶系统的特性来表征。因此，二阶系统的性能分析，在自动控制理论中有着重要的地位。

从第 2 章例 2.4 分析的位置随动系统，其简化的数学模型为

$$T_m\frac{d^2\theta_c}{dt^2}+\frac{d\theta_c}{dt}+K\theta_c=K\theta_r$$

闭环传递函数为

$$\Phi(s)=\frac{\theta_c(s)}{\theta_r(s)}=\frac{K}{T_m s^2+s+K}$$

将上式化为标准的典型二阶系统形式，即

$$\Phi(s)=\frac{C(s)}{R(s)}=\frac{\omega_n^2}{s^2+2\zeta\omega_n s+\omega_n^2} \tag{3.7}$$

其相应的方框图如图 3.7 所示，其中，无阻尼自然振荡频率(undamped natural frequency) $\omega_n=\sqrt{\frac{K}{T_m}}$，阻尼比(damping factor) $\zeta=\frac{1}{2\sqrt{T_m K}}$。

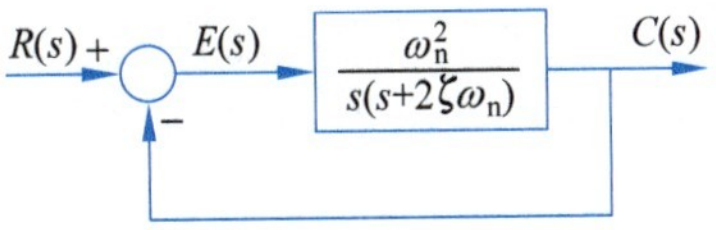

图 3.7 典型二阶系统

典型二阶系统的特征方程为

$$s^2+2\zeta\omega_n s+\omega_n^2=0 \tag{3.8}$$

于是特征根为

$$s_{1,2}=-\zeta\omega_n\pm\omega_n\sqrt{\zeta^2-1}=-\zeta\omega_n\pm j\omega_d=-\sigma\pm j\omega_d \tag{3.9}$$

其中，特征根的实部为 $\sigma=\zeta\omega_n$，阻尼自然振荡频率(damped natural frequency) $\omega_d=\omega_n\sqrt{1-\zeta^2}\,(\zeta<1)$。

1. 典型二阶系统的单位阶跃响应

典型二阶系统特征根的性质主要取决于 ζ 值的大小，ζ 值的大小决定了系统的阻尼程度。ζ 在不同范围取值时，二阶系统的特征根在 s 平面上的位置不同，典型二阶系统的时间响应对应着不同的运动规律。

1) 欠阻尼($0<\zeta<1$)

此时典型二阶系统在左半 s 平面有一对共轭复根，如图 3.8(a)所示。当输入为单位阶跃信号 $R(s)=1/s$ 时，由式(3.7)得到

$$C(s)=\frac{\omega_n^2}{s^2+2\zeta\omega_n s+\omega_n^2}\cdot\frac{1}{s}=\frac{1}{s}-\frac{s+\zeta\omega_n}{(s+\zeta\omega_n)^2+\omega_d^2}-\frac{\zeta\omega_n}{(s+\zeta\omega_n)^2+\omega_d^2}$$

两边分别取拉普拉斯反变换得

$$\begin{aligned} c(t)&=1-e^{-\zeta\omega_n t}\left[\cos\omega_d t+\frac{\zeta}{\sqrt{1-\zeta^2}}\sin\omega_d t\right]\\ &=1-\frac{1}{\sqrt{1-\zeta^2}}e^{-\zeta\omega_n t}\sin(\omega_d t+\beta),t>0 \end{aligned} \tag{3.10}$$

其中，$\beta=\arctan\dfrac{\sqrt{1-\zeta^2}}{\zeta}$ 或 $\beta=\arccos\zeta$。

式(3.10)表明，欠阻尼典型二阶系统的单位阶跃响应由两部分组成：稳态响应分量为1，表明典型二阶系统在单位阶跃函数作用下不存在稳态误差；暂态分量为阻尼正弦振荡项，其振荡频率为 ω_d。暂态分量衰减的快慢程度取决于包络线 $1\pm\dfrac{e^{-\zeta\omega_n t}}{\sqrt{1-\zeta^2}}$ 的收敛速度。式(3.10)所对应的典型二阶系统欠阻尼情况下的单位阶跃响应如图 3.8(b)所示。

2) 无阻尼($\zeta=0$)

此时典型二阶系统在 s 平面上有一对纯虚根，即 $s_{1,2}=\pm j\omega_n$。

由式(3.7)并对输出取拉普拉斯反变换，得到其单位阶跃响应为

$$c(t)=1-\cos\omega_n t,t\geqslant 0 \tag{3.11}$$

无阻尼系统的闭环极点分布和单位阶跃响应如图 3.9 所示，其单位阶跃响应表现为等幅振荡。典型二阶系统的无阻尼响应不存在暂态过程，在阶跃函数作用下，系统立刻进入稳态的等幅振荡过程，振荡频率为系统的自然振荡频率 ω_n。

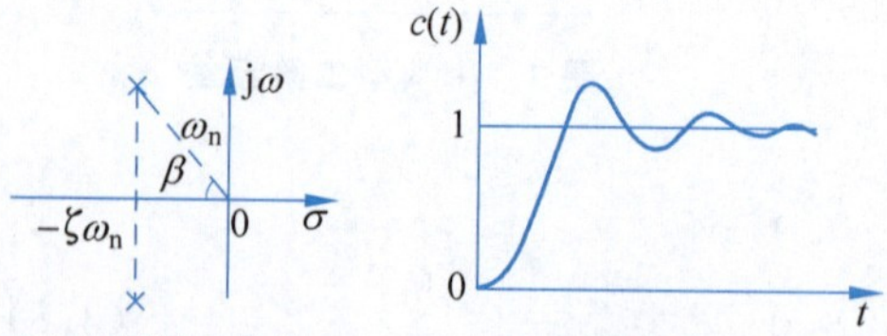

(a) 闭环极点分布 (b) 阶跃响应

图 3.8 欠阻尼系统

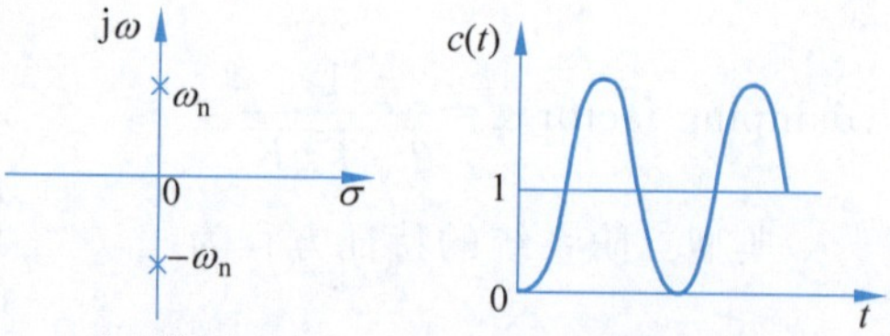

(a) 闭环极点分布 (b) 阶跃响应

图 3.9 无阻尼系统

3) 临界阻尼($\zeta=1$)

此时典型二阶系统在左半 s 平面上有一对相等的负实根：$s_{1,2}=-\omega_n$。于是，用同样的计算方法得到其单位阶跃响应为

$$C(s)=\frac{\omega_n^2}{s(s+\omega_n)^2}=\frac{1}{s}-\frac{\omega_n}{(s+\omega_n)^2}-\frac{1}{s+\omega_n}$$

两边取拉普拉斯反变换得

$$c(t)=1-e^{-\omega_n t}(1+\omega_n t),\quad t\geqslant 0 \tag{3.12}$$

临界阻尼典型二阶系统闭环极点分布和阶跃响应如图 3.10 所示。

典型二阶系统的临界阻尼响应是按指数规律单调增加的，没有超调量。经过调节时间 t_s 的调节，系统进入稳态，其稳态分量等于系统的输入量，稳态误差为零。

4）过阻尼（$\zeta>1$）

此时典型二阶系统在左半 s 平面上有两个不等的负实根

$$s_{1,2}=-\zeta\omega_n\pm\omega_n\sqrt{\zeta^2-1}=-\frac{\zeta}{T}\pm\frac{1}{T}\sqrt{\zeta^2-1}\triangleq-\frac{1}{T_1},\quad -\frac{1}{T_2}$$

此时，系统的单位阶跃响应为

$$C(s)=\frac{\omega_n^2}{s\left(s+\frac{1}{T_1}\right)\left(s+\frac{1}{T_2}\right)}$$

其中，$T=\frac{1}{\omega_n}$，$T_1=\frac{T}{(\zeta-\sqrt{\zeta^2-1})}$，$T_2=\frac{T}{\zeta+\sqrt{\zeta^2-1}}$，$T_1>T_2$

对应的时域响应为

$$c(t)=1+\frac{e^{-t/T_1}}{T_2/T_1-1}+\frac{e^{-t/T_2}}{T_1/T_2-1},\quad t\geqslant 0 \tag{3.13}$$

过阻尼典型二阶系统的闭环极点分布和阶跃响应如图 3.11 所示。

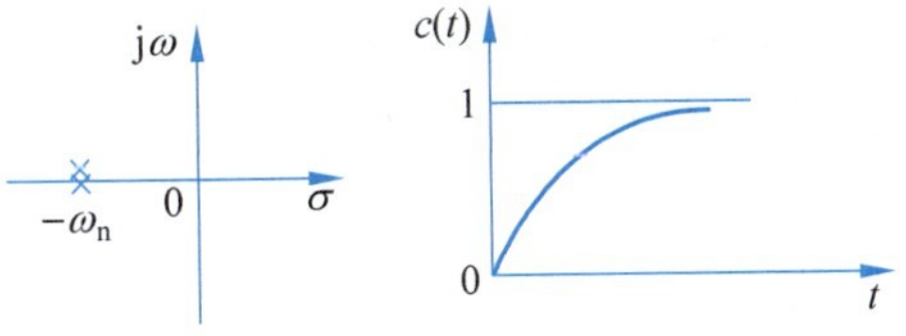

图 3.10 临界阻尼系统

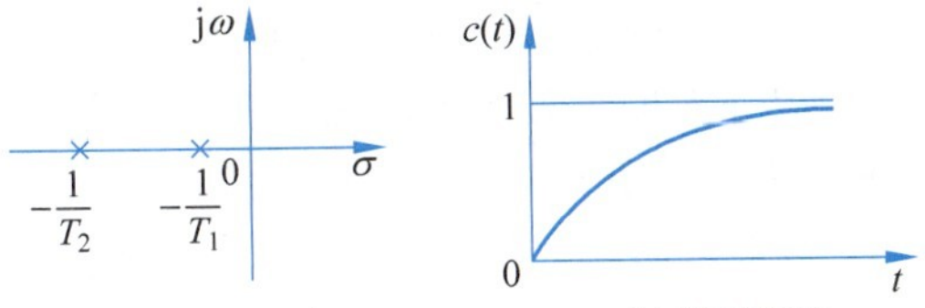

图 3.11 过阻尼系统

由式(3.13)可知，过阻尼情况下，二阶系统可等效为两个惯性环节的串联，时间响应的暂态分量为两个衰减的指数项，响应的稳态分量为 1。响应曲线与临界阻尼一样，也是按指数规律单调增加的，但调节速度更慢。如果两个特征根的绝对值相差很大(3 倍以上)，可以将过阻尼二阶系统简化为一阶系统近似分析。

下面以 $\zeta=0,0.3,1,1.5$ 为例，用 MATLAB 解得典型二阶系统单位阶跃响应，程序为

```
clear
Wn = 1;yy = [ ];t = 0:0.01:12;zet = [0,0.3,1,1.5];
for z = zet
        if z == 0,y = 1 - cos(Wn * t);
        elseif (z > 0&z < 1);
            Wd = Wn * sqrt(1 - z^2);th = atan(sqrt(1 - z^2)/z)
            y = 1 - exp( - z * Wn * t). * sin(Wd * t + th)/sqrt(1 - z^2);
        elseif z == 1,y = 1 - (1 + Wn * t). * exp( - Wn * t);
        elseif z > 1,
```

```
            dd = sqrt(z^2 - 1);lam1 = - z - dd;lam2 = - z + dd;
            y = 1 - 0.5 * Wn * (exp(lam1 * t)/lam1 - exp(lam2 * t)/lam2)/dd;
        end
        yy = [yy;y];
    end
    plot(t,yy) ,grid
```

对应的单位阶跃响应曲线如图 3.12 所示。

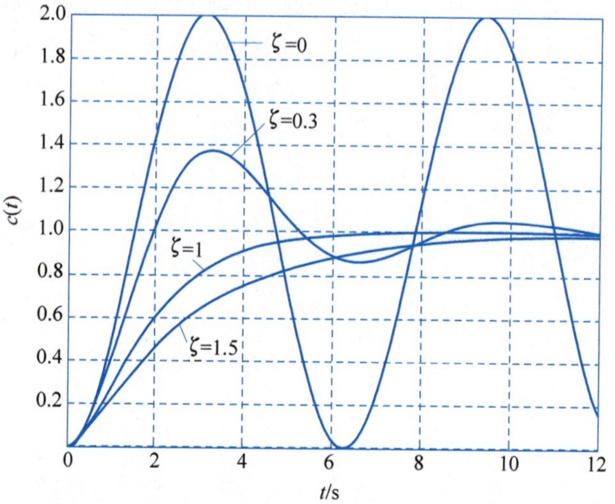

图 3.12 典型二阶系统单位阶跃响应

2. 欠阻尼典型二阶系统的时域性能指标

根据系统时域性能指标的定义和典型二阶系统欠阻尼单位阶跃响应的表达式,可以导出典型二阶线性常微分系统性能指标的计算式,此计算式是通过其特征参数 ζ 和 ω_n 表达的,但要注意的是对高阶系统很难得出精确解析的性能指标计算公式,工程上一般可采用计算机仿真技术获得。

1) 上升时间 t_r

在欠阻尼典型二阶系统的单位阶跃响应式(3.10)中,令 $c(t_r)=1$,解得上升时间为

$$t_r=\frac{\pi-\beta}{\omega_d} \tag{3.14}$$

其中,$\beta=\arccos\zeta$,$\omega_d=\omega_n\sqrt{1-\zeta^2}$。

由式(3.14)可见,当阻尼比 ζ 一定时,阻尼角 β 不变,上升时间 t_r 与自然振荡频率 ω_n 成反比;当自然振荡频率 ω_n 一定时,随着阻尼比 ζ 的减小,上升时间 t_r 减小。

2) 峰值时间 t_p

在欠阻尼典型二阶系统的单位阶跃响应式(3.10)中,令导数 $c'(t)\big|_{t=t_p}=0$,即 $\sin(\omega_d t+\beta)\cos\beta-\cos(\omega_d t+\beta)\sin\beta=0$,整理得

$$\sin\omega_d t=0$$

解得第一个峰值时间为

$$t_p=\frac{\pi}{\omega_d} \tag{3.15}$$

其中,$\omega_d=\omega_n\sqrt{1-\zeta^2}$。

由峰值时间公式可见，当阻尼比 ζ 一定时，峰值时间 t_p 与自然振荡频率 ω_n 成反比，随着 ω_n 的增大，t_p 减小；当自然振荡频率 ω_n 一定时，随着阻尼比 ζ 的增大，t_p 增大。

3）超调量 $\sigma\%$

在欠阻尼典型二阶系统的单位阶跃响应中将峰值时间 $t_p=\dfrac{\pi}{\omega_d}$ 代入式(3.10)中得输出量的最大值

$$c(t_p)=1-\frac{1}{\sqrt{1-\zeta^2}}e^{-\pi\zeta/\sqrt{1-\zeta^2}}\sin(\pi+\beta)$$

又由于 $\sin(\pi+\beta)=-\sqrt{1-\zeta^2}$，代入上式得

$$c(t_p)=1+e^{-\pi\zeta/\sqrt{1-\zeta^2}}$$

所以由超调量定义公式得到欠阻尼典型二阶系统的超调量为

$$\sigma\%=\frac{c(t_p)-1}{1}\times 100\%=e^{-\pi\zeta/\sqrt{1-\zeta^2}}\times 100\% \tag{3.16}$$

由式(3.16)可知，超调量 $\sigma\%$ 仅与阻尼比 ζ 有关，而与自然频率 ω_n 无关。当 ζ 减小，则 $\sigma\%$ 增大，t_r、t_p 减小；特别地，当 $\zeta=0$ 时，$\sigma\%=100\%$，当 $\zeta=1$ 时，$\sigma\%=0$。工程上一般选取 $\zeta=0.4\sim0.8$，$\sigma\%$ 介于 25%～1.5%之间。当 $\zeta=0.707$ 时，$\sigma\%=4.3\%$，此时称为工程最佳。

4）调节时间 t_s

计算在欠阻尼典型二阶系统的单位阶跃响应 $c(t)$ 达到误差为 ±0.05 或 ±0.02 时的时间，可用包络线来计算，如图 3.13 所示。如果令 Δ 代表实际响应与稳态输出之间的误差，则有

$$\Delta=\left|\frac{e^{-\zeta\omega_n t}}{\sqrt{1-\zeta^2}}\sin(\omega_d t+\beta)\right|\leqslant\frac{e^{-\zeta\omega_n t}}{\sqrt{1-\zeta^2}}$$

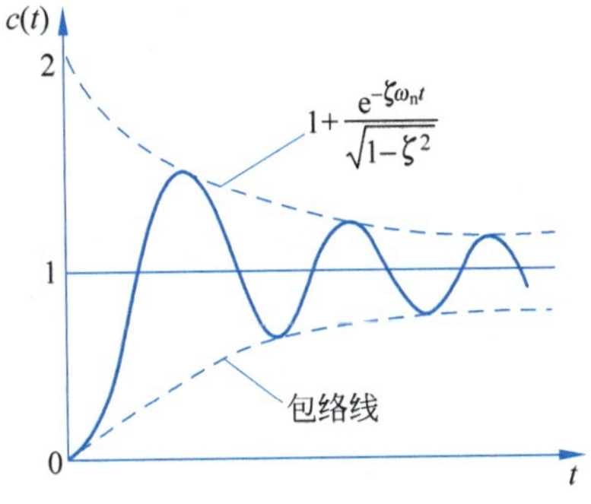

图 3.13　欠阻尼二阶系统的包络线

于是由包络线 $\dfrac{1}{\sqrt{1-\zeta^2}}e^{-\zeta\omega_n t_s}=0.05$（$\pm0.05$ 误差）或 $\dfrac{1}{\sqrt{1-\zeta^2}}e^{-\zeta\omega_n t_s}=0.02$（$\pm0.02$ 误差），解得

$$\begin{cases} t_s=-\dfrac{1}{\zeta\omega_n}\ln(0.05\sqrt{1-\zeta^2}), & (5\%\text{ 误差})\\ t_s=-\dfrac{1}{\zeta\omega_n}\ln(0.02\sqrt{1-\zeta^2}), & (2\%\text{ 误差})\end{cases} \tag{3.17}$$

当 ζ 较小时，$\sqrt{1-\zeta^2}\approx1$，于是式(3.17)近似为

$$t_s\approx\frac{3}{\zeta\omega_n}\quad(5\%\text{ 误差})\quad 或\quad t_s\approx\frac{4}{\zeta\omega_n}\quad(2\%\text{ 误差}) \tag{3.18}$$

由调节时间公式(3.18)看出，调节时间与闭环极点的实部 $\zeta\omega_n$ 数值成反比，意味着极点离虚轴之间的距离越远，系统的调节时间就越短，响应越快；或者说当 ω_n 一定时，随着阻尼比 ζ 增大，调节时间 t_s 减小，这与 t_r、t_p 随着 ζ 的增大而增大刚好相反。

综上所述，快速性与系统的阻尼程度之间的性能指标是有矛盾的，设计控制系统时应折

中考虑。

5) 振荡次数 N

定义振荡次数

$$N=\frac{t_s}{T_d} \tag{3.19}$$

其中,典型二阶系统的阻尼振荡周期时间为 $T_d=\frac{2\pi}{\omega_d}=\frac{2\pi}{\omega_n\sqrt{1-\zeta^2}}$,$t_s\approx\frac{3\sim4}{\zeta\omega_n}$,考虑到 $\sigma\%=e^{-\pi\zeta/\sqrt{1-\zeta^2}}$,代入式(3.19)得到

$$N\approx-\frac{(3\sim4)/2}{\ln\sigma\%}$$

当 $\zeta=0.707=\frac{1}{\sqrt{2}}$时,如果误差带取 2%,则 $N=-\frac{4/2}{\ln\sigma}=2$ 次,或如果误差带取 5%,则 $N=-\frac{3/2}{\ln\sigma}=1.5$ 次。意味着工程控制中如果调整控制系统振荡次数为 1.5~2 次,此时,认为控制系统有比较好的暂态性能和稳态性能。

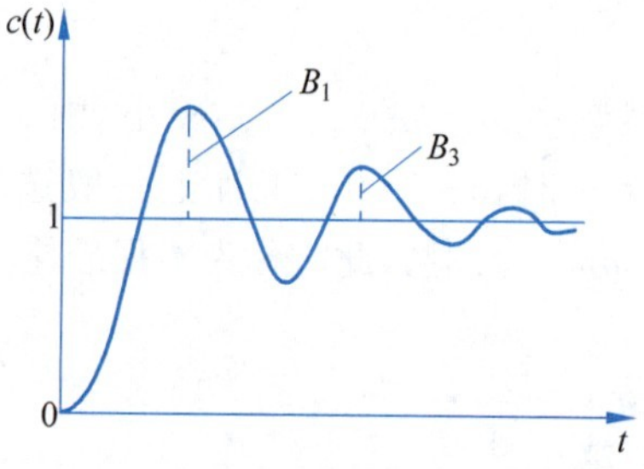

图 3.14 衰减比

工程设计中也常常设计控制系统的衰减比 $n=\frac{B_1}{B_3}=4:1$,或衰减率 $\eta=\frac{B_1-B_3}{B_1}=0.75$,如图 3.14 所示,此时,也认为控制系统有比较好的暂态性能和稳态性能。这一点在后续过程控制课程中会进一步学到。

3. 典型二阶系统系统的单位脉冲响应

1) 单位脉冲响应

典型二阶系统在单位脉冲信号激励下的输出称为单位脉冲响应。

由于 $\delta(t)=\frac{d1(t)}{dt}$,$\mathcal{L}[\delta(t)]=1$,所以典型二阶系统的单位脉冲响应的拉普拉斯变换与其闭环传递传递函数相同,于是有

$$g(t)=\mathcal{L}^{-1}[G(s)]=\mathcal{L}^{-1}\left[s\cdot G(s)\frac{1}{s}\right]=\frac{dh(t)}{dt} \tag{3.20}$$

其中,$g(t)$为单位脉冲响应,$h(t)$为单位阶跃响应。式(3.20)说明线性定常系统的单位脉冲响应必为单位阶跃响应函数对时间的导数。于是得到以下几种情况下的单位脉冲响应:

(1) 当为欠阻尼 $0\leqslant\zeta<1$ 时,典型二阶系统的单位脉冲响应为式(3.10)的导数,即

$$g(t)=\frac{\omega_n}{\sqrt{1-\zeta^2}}e^{-\zeta\omega_n t}\sin\omega_d t \tag{3.21a}$$

其中,$\omega_d=\omega_n\sqrt{1-\zeta^2}$。

(2) 当为临界阻尼 $\zeta=1$ 时,典型二阶系统的单位脉冲响应为式(3.12)的导数,即

$$g(t)=\omega_n^2te^{-\omega_n t} \tag{3.21b}$$

(3) 当为过阻尼 $\zeta>1$ 时,典型二阶系统的单位脉冲响应为式(3.13)的导数,即

$$g(t)=\frac{e^{-t/T_1}}{T_1-T_2}+\frac{e^{-t/T_2}}{T_2-T_1} \tag{3.21c}$$

不同阻尼比情况的单位脉冲响应如图 3.15(a)所示。

2) 性能指标

下面进一步讨论欠阻尼典型二阶系统($0<\zeta<1$)的性能指标：

在欠阻尼 $0\leqslant\zeta<1$ 典型二阶系统的单位脉冲响应公式(3.21a)中，令 $g(t)=0$，得 $\sin\omega_d t=0$，此时对应的第一个过零点时刻为

$$t=\frac{\pi}{\omega_d}=t_p \tag{3.22}$$

即欠阻尼典型二阶系统单位脉冲响应的第一个过零点时间即为欠阻尼典型二阶系统单位阶跃响应的峰值时间 t_p。

欠阻尼典型二阶系统单位脉冲响应的第一个波头面积为欠阻尼典型二阶系统单位阶跃响应的超调量 $\sigma\%$ 加 1，如图 3.15(b)所示，用式(3.23)表示为

$$S=\int_0^{t_p}g(t)\mathrm{d}t=1+e^{-\frac{\pi\zeta}{\sqrt{1-\zeta^2}}}=1+\sigma\% \tag{3.23}$$

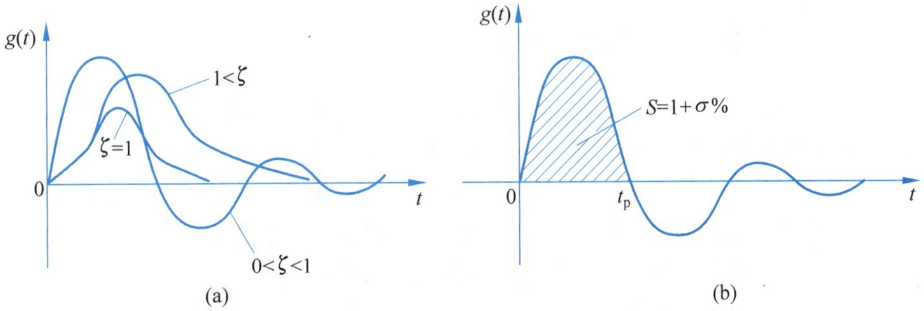

图 3.15 典型二阶欠阻尼系统单位脉冲响应与性能指标

例 3.1 某一闭环控制系统如图 3.16(a)所示，其单位脉冲响应如图 3.16(b)所示。试计算控制器增益 K 和速度微分系数 τ，并计算恒速输入(1.5°/s，即 $\theta_r=1.5t°$)时的 e_{ss}。

本题作为思考题请读者自行完成。

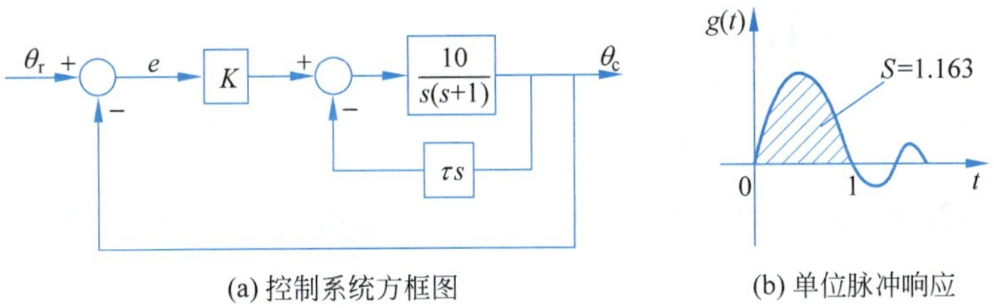

图 3.16 例 3.1 图

例 3.2 已知某系统的单位脉冲响应为 $g(t)$，如图 3.17 所示。

(1) 求该系统的传递函数；

(2) 若输入信号为 $r=\sin 2\pi t$，$(t\geqslant 0)$，求系统的输出响应 $c(t)$。

解 前面已经学习了如果已知系统的阶跃响应 $h(t)$，可得系统的脉冲响应为 $g(t)=\frac{\mathrm{d}h(t)}{\mathrm{d}t}$，如果已知系统的单位脉冲响应 $g(t)$，

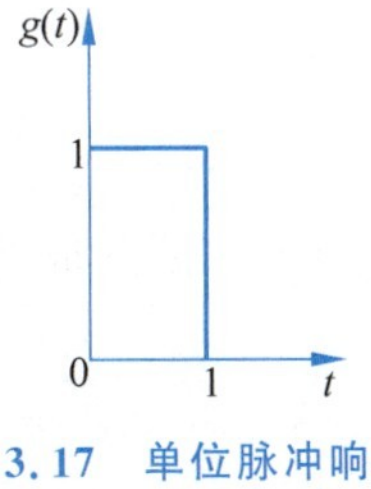

图 3.17 单位脉冲响应

可以由卷积积分公式计算在任意输入激励下的响应,即

$$c(t)=\int_0^t g(t-\tau)r(\tau)\mathrm{d}\tau$$

(1) 计算系统的传递函数 $G(s)=\mathcal{L}[g(t)]=\int_0^\infty g(t)\mathrm{e}^{-st}\mathrm{d}t=\int_0^1 \mathrm{e}^{-st}\mathrm{d}t=\frac{1-\mathrm{e}^{-s}}{s}$

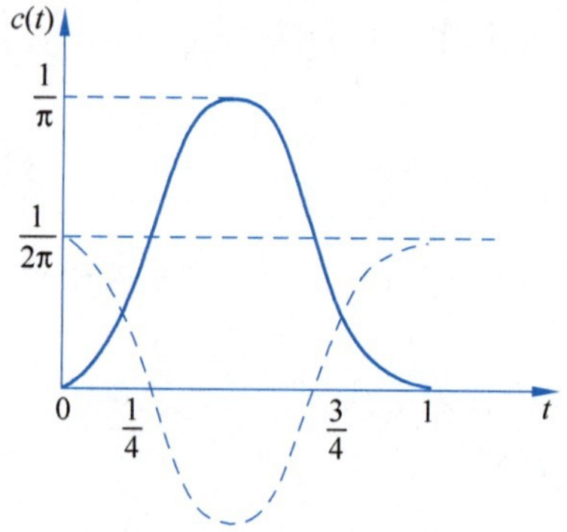

图 3.18 例 3.2 图响应

(2) 利用卷积公式 $c(t)=\int_0^t g(t-\tau)r(\tau)\mathrm{d}\tau$,当 $t\leqslant 1$ 时

$$c(t)=\int_0^t \sin 2\pi(t-\tau)\mathrm{d}\tau=\frac{1}{2\pi}[1-\cos 2\pi t]$$

当 $t>1$ 时

$$c(t)=\int_0^1 \sin 2\pi(t-\tau)\mathrm{d}\tau=0$$

$c(t)$的最大值为$\frac{1}{\pi}$,稳态值为 0。当 $t\geqslant 1$ 时,系统进入稳态,该系统的正弦信号响应如图 3.18 的实线所示。

3.2.3 高阶系统的时域分析

在自动控制理论中,数学模型用三阶或三阶以上微分方程描述的控制系统,称为高阶系统。由于高阶微分方程求解的复杂性,高阶系统精确的时域分析和解析的性能指标计算是比较困难的。在系统时域分析中,主要对高阶系统做定性分析,或者应用所谓闭环主导极点的概念,把一些高阶系统简化为低阶系统,实现对其时间响应性能的近似估计。高阶系统精确的时间响应及其性能指标的计算,可借助 MATLAB 等仿真工具计算和实现。

1. 高阶系统的单位阶跃响应

一个 n 阶线性常微分方程系统的传递函数为

$$G(s)=\frac{C(s)}{R(s)}=\frac{M(s)}{D(s)}=\frac{b_m s^m+b_{m-1}s^{m-1}+\cdots+b_1 s+b_0}{a_n s^n+a_{n-1}s^{n-1}+\cdots+a_1 s+a_0}$$

$$=\frac{K\prod_{j=1}^{m}(s-z_j)}{\prod_{i=1}^{n}(s-s_i)},m\leqslant n \tag{3.24}$$

当输入为单位阶跃 $r(t)=1(t)(t>0)$即 $R(s)=1/s$ 时,由式(3.24)将系统的输出改写为

$$C(s)=\frac{K\prod_{j=1}^{m}(s-z_j)}{s\prod_{j=1}^{q}(s-s_j)\prod_{k=1}^{r}(s^2+2\zeta_k\omega_k s+\omega_k^2)}$$

其中,$q+2r=n$;它有 q 个实极点,r 对共轭复数极点。

将上式展开成部分分式形式,并设 $0<\zeta_k<1$,可得

$$C(s)=\frac{A_0}{s}+\sum_{j=1}^{q}\frac{A_j}{s-s_j}+\sum_{k=1}^{r}\frac{B_k s+C_k}{s^2+2\zeta_k\omega_k s+\omega_k^2}$$

其中，$A_0=\lim\limits_{s\to 0} sC(s)=\dfrac{b_0}{a_0}$；$A_j=\lim\limits_{s\to s_j}(s-s_j)C(s)$；$B_k$ 和 C_k 是与 $C(s)$ 在闭环复数极点 $s_{1,2}=-\zeta_k\omega_k\pm \mathrm{j}\omega_k\sqrt{1-\zeta_k^2}$ 处的留数有关的常系数。

对 $C(s)$ 取拉普拉斯反变换，并设系统初始条件为零，得到高阶线性定常系统的单位阶跃响应的时间表达式为

$$c(t)=\mathcal{L}^{-1}[C(s)]=A_0+\sum_{j=1}^{q}A_j\mathrm{e}^{s_jt}+\sum_{k=1}^{r}B_k\mathrm{e}^{-\zeta_k\omega_kt}\cos(\omega_k\sqrt{1-\zeta_k^2}t)+\sum_{k=1}^{r}\frac{C_k-B_k\zeta_k\omega_k}{\omega_k\sqrt{1-\zeta_k^2}}\mathrm{e}^{-\zeta_k\omega_kt}\sin(\omega_k\sqrt{1-\zeta_k^2}t) \tag{3.25}$$

在 $c(t)$ 的表达式中，第一项是其阶跃响应的稳态分量，对单位反馈控制系统，该分量等于系统阶跃输入信号的幅值。第二项是与系统的实极点对应的 q 个暂态分量之和，各分量均具有与一阶系统类似的时间响应，即按指数规律单调变化的响应。最后两项是与系统的共轭复数极点对应的 r 个暂态分量之和，各分量均具有与二阶系统类似的动态过程，即按指数规律变化的振荡形式。

显然，如果所有闭环极点都位于左半 s 平面，则系统时间响应的各暂态分量都将随时间的增长而趋于零，这时系统是稳定的，其稳态值为 A_0；同时，对于稳定的高阶系统，闭环极点负实部的绝对值越大，其对应的暂态分量衰减得越快，反之，则衰减越慢。

2. 高阶系统二阶近似问题

这是一个主导极点(dominant poles)或模型降阶问题。在稳定的高阶系统中，对于其时间响应起主导作用的闭环极点，称为主导极点；相应地，其他闭环极点称为非主导极点。

设一个 n 阶线性定常系统的闭环传递函数为

$$\Phi(s)=\frac{C(s)}{R(s)}=\frac{b_ms^m+b_{m-1}s^{m-1}+\cdots+b_1s+b_0}{a_ns^n+a_{n-1}s^{n-1}+\cdots+a_1s+a_0}=\frac{K\prod\limits_{j=1}^{m}(s-z_j)}{\prod\limits_{i=1}^{n}(s-p_i)}$$

如果 p_i 是单极点，则单位阶跃响应为

$$c(t)=A_0+\sum_{i=1}^{n}A_i\mathrm{e}^{p_it} \tag{3.26}$$

其中，$A_0=sC(s)|_{s=0}$，$A_i=(s-p_i)C(s)|_{s=p_i}$。

分析：

(1) 如果 $\Phi(s)$ 中某一零点 z_r 与某一极点 p_k 相距很近，即

$$|p_k-z_r|<<|p_i-z_j|$$

其中，$i=1\cdots n$，$j=1\cdots m$，且 $(i,j)\neq(k,r)$，则

$$A_k=(s-p_k)C(s)|_{s=p_k}=\frac{K(p_k-z_1)\cdots(p_k-z_r)\cdots(p_k-z_m)}{(p_k)(p_k-p_1)\cdots(p_k-p_n)}$$

$$A_i=\frac{K(p_i-z_1)\cdots(p_i-z_r)\cdots(p_i-z_m)}{(p_i)(p_i-p_1)\cdots(p_i-p_n)}$$

显然，$|A_k|<<|A_i|$。这表明如果系统传递函数中有一零点离某一极点很近，则该极点对

应的响应成分所占比重很小,好像该极点被离它很近的零点“抵消”。如果 z_r 与 p_k 重合,则 $A_k=0$。

综上所述,如果系统传递函数中某个极点与某个零点相距很近,则在控制系统分析和设计中可以去掉该对零极点,相当于系统阶次降低了,以便简化分析和设计控制系统。

(2) 如果 $\Phi(s)$ 中某一极点 p_k 距离原点很远,即

$$|p_k| >> |p_i|, |p_k| >> |z_j|, \quad i=1\cdots n, j=1\cdots m, i\neq k$$

则有

$$|p_k - p_i| \approx |p_k|, \quad i=1\cdots n, i\neq k$$

$$|p_k - z_j| \approx |p_k|, \quad j=1\cdots m$$

此时

$$A_k=(s-p_k)C(s)|_{s=p_k}=\frac{K(p_k-z_1)\cdots(p_k-z_r)\cdots(p_k-z_m)}{(p_k)(p_k-p_1)\cdots(p_k-p_n)}$$

$$\approx\frac{K(p_k)^m}{(p_k)^n}=K\frac{1}{(p_k)^{n-m}}\rightarrow 0$$

显然 A_k 与 $A_i=\dfrac{K(p_i-z_1)\cdots(p_i-z_r)\cdots(p_i-z_m)}{(p_i)(p_i-p_1)\cdots(p_i-p_n)}$ 相比,当 $n>m$ 时,有 $|A_k|<<|A_i|$。这表明,远离原点的极点所对应的响应影响很小。零极点分布对暂态响应的影响如图 3.19 所示,距虚轴最近且近邻无零点的系统极点,其对应的暂态响应分量衰减最慢,幅值也大,对系统起主导作用,这样的极点称为主导极点。引入主导极点概念后,可将高阶系统近似为低阶(二阶或一阶)系统。模型降阶是一复杂问题,有关一些标准的方法可以参考其他文献资料。

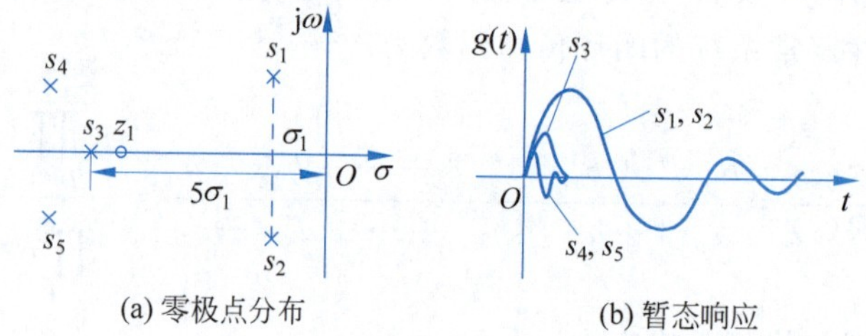

(a) 零极点分布　　(b) 暂态响应

图 3.19　零极点分布对暂态响应的影响

3.2.4　MATLAB 分析控制系统时域响应

例 3.3　飞机滚转控制系统,如图 3.20 所示,试用 MATLAB 的 Simulink 计算其单位阶跃响应。

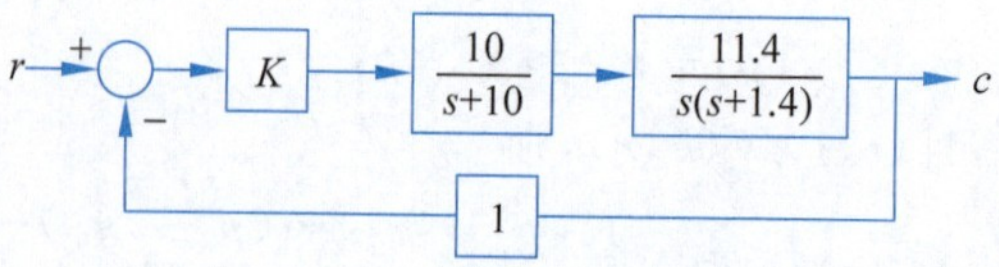

图 3.20　飞机滚转控制系统

解　用 MATLAB-Simulink 编程如图 3.21 所示。如果 $K=0.1$,对应的仿真结果如图 3.22 所示。

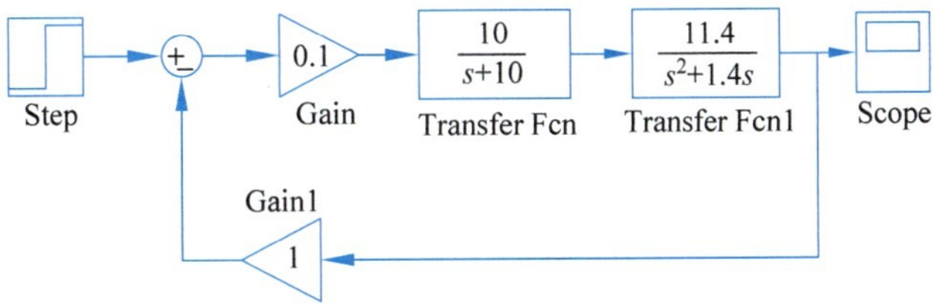

图 3.21　飞机滚转控制系统 Simulink 模型

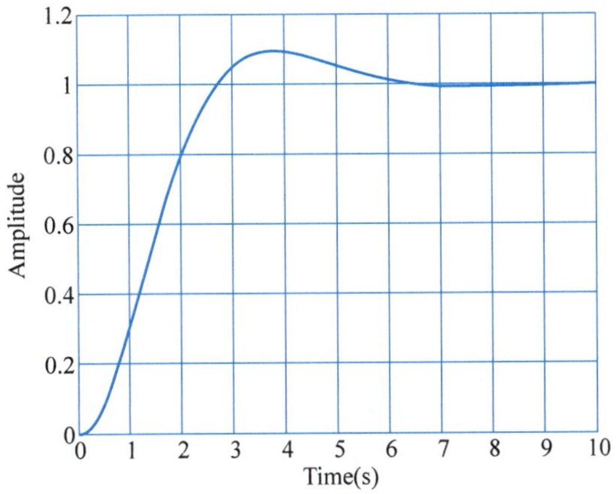

图 3.22　飞机滚转控制系统仿真结果

例 3.4　磁盘驱动读写系统，如图 3.23 所示，试设计放大器增益 K_a，使系统满足如下要求：$\sigma\%<5\%$，$t_s\leqslant 250\text{ms}$，单位阶跃扰动下的响应最大值$\leqslant 5\times 10^{-3}$。

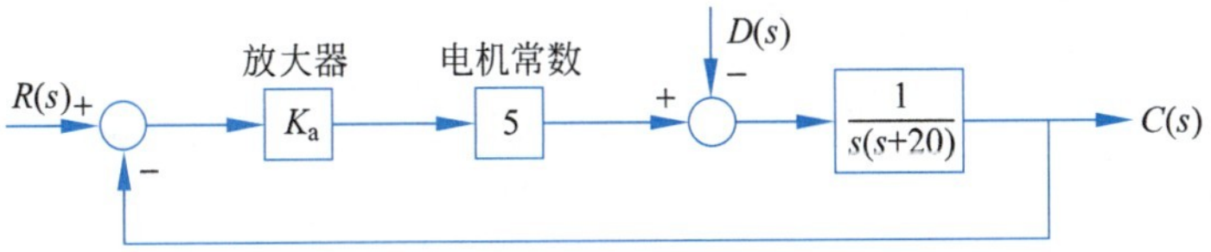

图 3.23　磁盘驱动读写系统

解　当 $K_a=30$ 或 $K_a=60$ 时，系统单位阶跃响应的 MATLAB 程序为

```
clear
Ka = 30;
t = [0:0.01:1];
nc = [Ka * 5];dc = [1];sysc = tf(nc,dc);
ng = [1];dg = [1 20 0];sysg = tf(ng,dg);
sys = series(sysc,sysg);
sys1 = feedback(sys,[1]);
Ka = 60;
nc = [Ka * 5];dc = [1];sysc = tf(nc,dc);
ng = [1];dg = [1 20 0];sysg = tf(ng,dg);
sys = series(sysc,sysg);
sys2 = feedback(sys,[1]);
step(sys1,sys2,'-- ');
legend('Ka = 30','Ka = 60');
grid
```

得到系统在单位阶跃信号作用下的仿真结果如图 3.24 所示。

当 $K_a=30$ 或 $K_a=60$ 时，系统在单位阶跃扰动下的 MATLAB 程序如下：

```
clear
Ka = 30;
t = [0:0.01:1];
nc = [Ka * 5];dc = [1];sysc = tf(nc,dc);
ng = [1];dg = [1 20 0];sysg = tf(ng,dg);
sys1 = feedback(sysg,sysc);
sys1 = - sys1;
Ka = 60;nc = [Ka * 5];dc = [1];sysc = tf(nc,dc);
ng = [1];dg = [1 20 0];sysg = tf(ng,dg);
sys2 = feedback(sysg,sysc);
sys2 = - sys2;
step(sys1,sys2,'--');
legend('Ka = 30','Ka = 60');
grid
```

得到系统在单位阶跃扰动下仿真结果如图 3.25 所示。

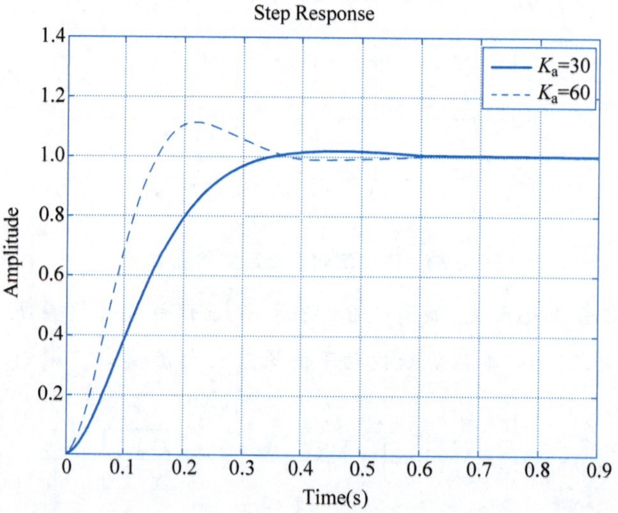

图 3.24 例 3.4 单位阶跃响应

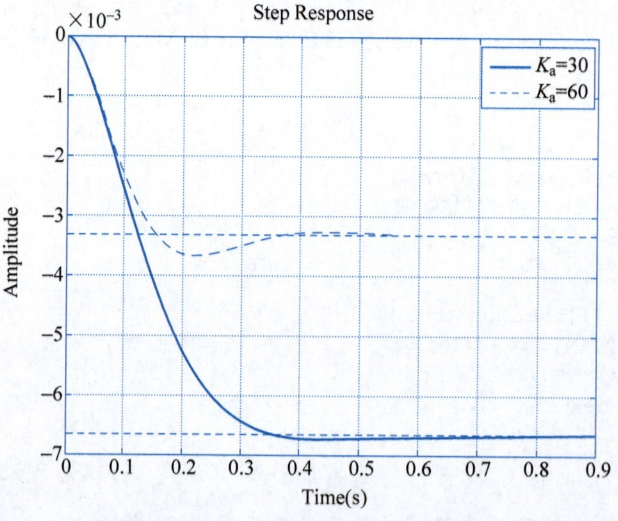

图 3.25 例 3.4 单位阶跃扰动的影响

由仿真结果可得：当 $K_a=30$ 时，系统的超调量 $\sigma\%=1.2\%$，调节时间 $t_s=0.4$，在单位阶跃扰动下的最大输出 $c_d(t)_{max}=-6.6\times10^{-3}$。

当 $K_a=60$ 时，系统的超调量 $\sigma\%=10.8\%$，调节时间 $t_s=0.4$，在单位阶跃扰动下的最大输出 $c_d(t)_{max}=-3.7\times10^{-3}$。

如果不满足性能指标要求，可以再进行微调即可满足设计要求。

例 3.5 对于例 3.4 中的系统，求 $K_a=60$ 时的单位脉冲响应。

解 MATLAB 仿真程序为

```
clear
Ka = 60;
t = [0:0.01:1];
nc = [Ka * 5];dc = [1];sysc = tf(nc,dc);
ng = [1];dg = [1 20 0];sysg = tf(ng,dg);
sys1 = series(sysc,sysg);
sys = feedback(sys1,[1]);
impulse(sys,t) ;
grid
```

系统仿真结果如图 3.26 所示。

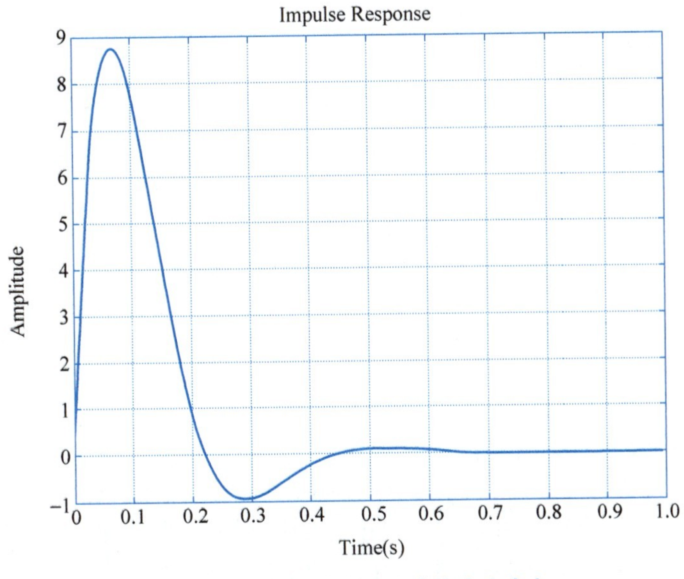

图 3.26 磁盘驱动读写系统的脉冲响应

例 3.6 对于例 3.4 中的系统，求 $K_a=60$ 时，系统在如图 3.27 所示输入函数作用下的响应。

解 由图 3.27 可得输入函数：$u(t)=r(t)-r(t-1)-r(t-2)+r(t-3)$ 系统的 Simulink 仿真程序如图 3.28(a) 所示；仿真结果如图 3.28(b) 所示。

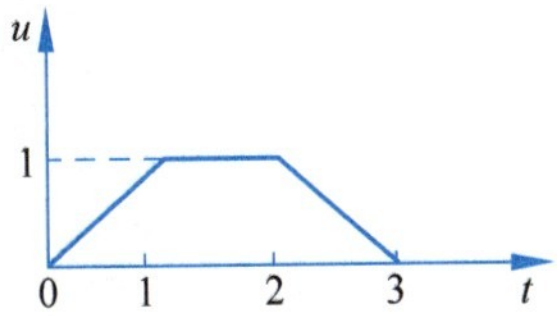

图 3.27 输入函数

例 3.7 用 MATLAB 命令计算任意输入响应。

解 使用 MATLAB“lsim”命令可以计算系统在任意输入激励下的响应。例如考查系统 $G(s)=\dfrac{3}{s+1}$ 在正弦输入信号 $r(t)=2\sin(10t)$ 作用下的响应，MATLAB 程序如下：

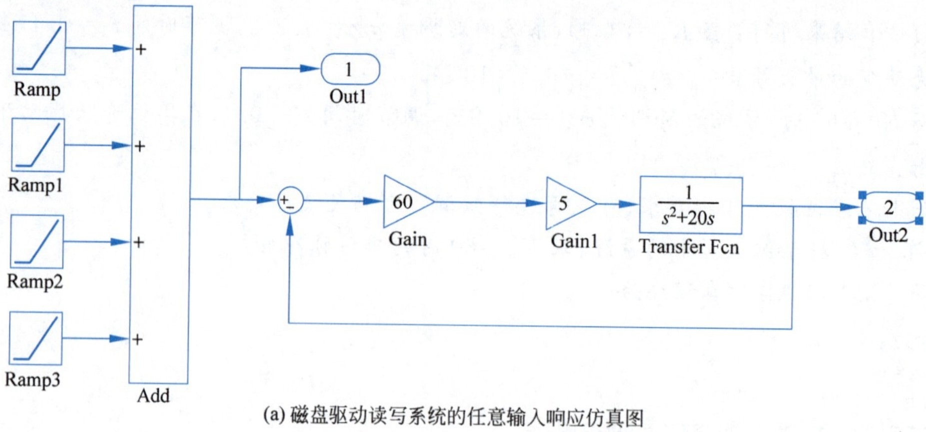

(a) 磁盘驱动读写系统的任意输入响应仿真图

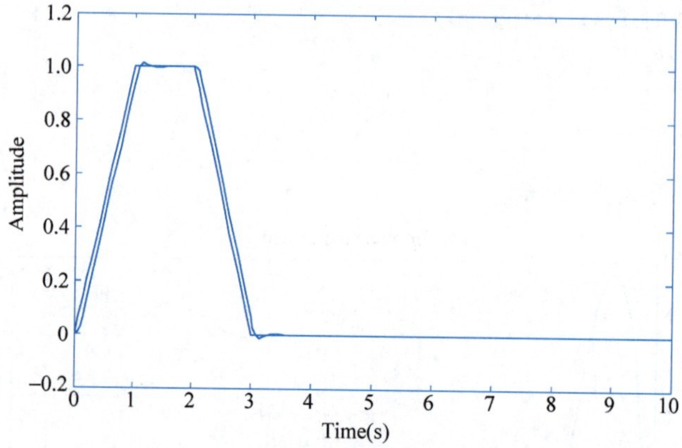

(b) 输入和输出信号

图 3.28 例 3.6 题仿真程序及结果

```
h = tf([3],[1 1]);
t = 0:0.01:5;
r = 2 * sin(10 * t);
lsim(h,r,t)
```

得到系统输出响应为图 3.29。

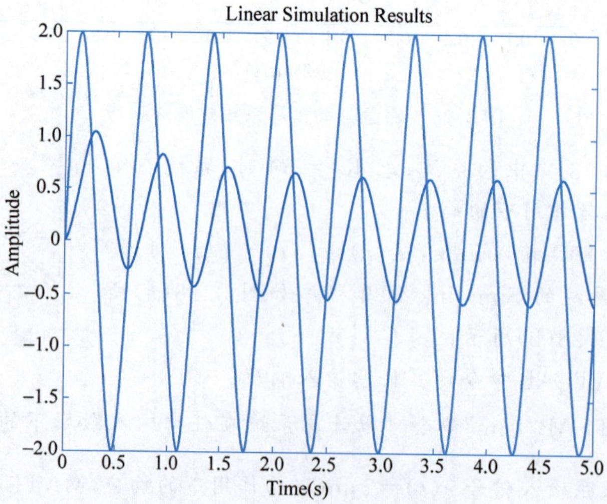

图 3.29 例 3.7 系统的正弦输入响应

3.3 线性定常系统的稳定性分析

3.3.1 稳定性定义及线性定常系统稳定的充分必要条件

控制系统的稳定性是相当重要的，不稳定的系统是没有意义的。但对于不同的系统，如线性的、非线性的、定常的、时变的系统而言，稳定性的定义也是不同的。本节只讨论 SISO 线性连续时间定常系统的稳定性。

1. 有界输入、有界输出(BIBO)稳定性

如果某系统在一个有界输入或扰动作用下其响应也是有界的，称该系统是有界输入有界输出(BIBO)稳定的，简称系统稳定。

假设在零初始条件下，线性定常系统的输入、输出和单位脉冲响应分别为 $r(t)$，$c(t)$，$g(t)$。由卷积公式，得

$$c(t)=\int_0^{\infty} r(t-\tau)g(\tau)\mathrm{d}\tau \tag{3.27}$$

方程两边同取绝对值，即

$$|c(t)|=\left|\int_0^{\infty} r(t-\tau)g(\tau)\mathrm{d}\tau\right|$$

则

$$|c(t)|\leqslant\int_0^{\infty} |r(t-\tau)|\,|g(\tau)|\mathrm{d}\tau$$

当输入 $r(t)$ 有界时，$|r(t)|\leqslant M$，其中，M 是有界的正实数。则

$$|c(t)|\leqslant M\int_0^{\infty} |g(\tau)|\mathrm{d}\tau$$

显然，对于任意正实数 Q，如果有下式成立

$$\int_0^{\infty} |g(\tau)|\mathrm{d}\tau\leqslant Q<\infty \tag{3.28}$$

则 $|c(t)|$ 必为有界，这就意味着单位脉冲响应曲线的绝对值 $|g(\tau)|$ 对时间 τ 的面积必须为有限值，即响应曲线是收敛的，称为系统是 BIBO 稳定的，或稳定的；否则，系统不是 BIBO 稳定的，称为不稳定。

下面进一步考查线性定常系统特征方程的根和稳定性之间的关系。

因为传递函数为

$$G(s)=\mathcal{L}[g(t)]=\int_0^{\infty} g(t)\mathrm{e}^{-st}\mathrm{d}t \tag{3.29}$$

对该方程两边取绝对值，可以得到

$$|G(s)|=\left|\int_0^{\infty} g(t)\mathrm{e}^{-st}\mathrm{d}t\right|\leqslant\int_0^{\infty} |g(t)|\,|\mathrm{e}^{-st}|\mathrm{d}t \tag{3.30}$$

又因为复变量 $s=\sigma\pm\mathrm{j}\omega$，$\sigma$ 为 s 的实部，所以 $|\mathrm{e}^{-st}|=|\mathrm{e}^{-\sigma t}|$。另外，假设 $s=\sigma\pm\mathrm{j}\omega$ 是 $G(s)$ 的极点，根据传递函数的性质知道，则 $G(s)|_{s=\sigma\pm\mathrm{j}\omega}\to\infty$，于是式(3.30)可写成

$$\infty\leqslant\int_0^{\infty} |g(t)|\,|\mathrm{e}^{-\sigma t}|\mathrm{d}t \tag{3.31}$$

如果特征方程至少有一个根在右半 s 复平面，或在虚轴 $\mathrm{j}\omega$ 轴上，则 $\sigma\geqslant 0$，即 $|\mathrm{e}^{-\sigma t}|\leqslant 1=M$，于是式(3.31)可以写成

$$\infty \leqslant \int_0^{\infty} M\,|g(t)|\,\mathrm{d}t = \int_0^{\infty} |g(t)|\,\mathrm{d}t \tag{3.32}$$

显然不满足 BIBO 稳定条件。因此,要满足 BIBO 稳定,则特征方程的根都必须位于左半 s 复平面。

2. 线性定常连续时间系统的零输入和渐近稳定性

对线性定常连续时间系统,完全由初始条件 $c^{(i)}(0)$产生的零输入响应 $c(t)$,若当 t 趋于无穷时 $c(t)$等于 0,则我们称该系统是零输入稳定的,简称稳定,或渐近稳定的;反之,则称系统是不稳定的。

设线性定常系统在给定 $r(t)$、扰动 $f(t)$及初值 $c^{(i)}(0)$作用下的响应为

$$C(s) = \frac{M(s)}{D(s)}R(s) + \frac{M_{\mathrm{f}}(s)}{D(s)}F(s) + \frac{M_0(s)}{D(s)} \tag{3.33}$$

例如对于某线性定常系统 $c''+3c'+2c=5r$,初始条件为 $c(0)=-1, c'(0)=2$,则系统在输入信号 r 和初始条件激励下的输出为

$$C(s) = \frac{M(s)}{D(s)}R(s) + \frac{M_0(s)}{D(s)} = \underbrace{\frac{5}{s^2+3s+2}R(s)}_{\text{强迫响应}} + \underbrace{\frac{-(s+1)}{s^2+3s+2}}_{\text{自由响应}}$$

该系统的特征方程为 $D(s)=0$,本例给定的线性定常系统的特征方程为

$$D(s) = s^2+3s+2 = 0$$

特征方程的特征根为 $p_1=-1, p_2=-2$。如果输入为单位阶跃信号,即 $r(t)=1(t)$,则该系统的单位阶跃响应为

$$c(t) = \frac{5}{2} - 5\mathrm{e}^{-t} + \frac{3}{2}\mathrm{e}^{-2t}, \quad t \geqslant 0$$

所以线性定常系统的稳定性仅取决于系统自身的固有特性,即特征方程的特征根,而与外界输入无关。为此可取 $r(t)=f(t)=0$,考查系统的零输入响应: $C(s)=\dfrac{M_0(s)}{D(s)}$。两边分别取拉氏反变换得

$$c(t) = \sum_{i=1}^{q} C_i \mathrm{e}^{\lambda_i t} + \sum_{i=1}^{n-q} \mathrm{e}^{\sigma_i t}(A_i \cos\omega_i t + B_i \sin\omega_i t) \tag{3.34}$$

其中,λ_i 是系统特征方程的单实根部分,$\sigma_i=\mathrm{Re}(p_i)$是特征方程共轭复根的实部。由式(3.34)可以看出:

(1) 如果线性定常系统 $\mathrm{Re}(p_i)<0(i=1\cdots n)$,即所有特征根均具有负实部或均在左半 s 平面时,则有 $\lim\limits_{t\to\infty}c(t)=0$,称该线性定常系统是零输入稳定的,也简称渐近稳定的或稳定的。

(2) 如果线性定常系统有一个或一个以上特征根具有正实部;或如果有部分特征根在虚轴上,即 $\sigma_i=0$(指重的纯虚根),而其余的特征根即使均在左半 s 平面,也有 $\lim\limits_{t\to\infty}c(t)\to\infty$,则称该系统是不稳定的。例如,某闭环系统的传递函数为 $\Phi(s)=\dfrac{1}{(s^2+2)^2(s+8)}$,则该系统是不稳定的。请读者用 MATLAB 验证。

(3) 如果有部分特征根在虚轴上,即 $\sigma_i=0$(指单的纯虚根,而不是重的纯虚根),而其余的特征根均在左半 s 平面,则系统处于临界状态,此时 $\lim\limits_{t\to\infty}c(t)=C$(常数),系统的稳态响应为

等幅振荡，系统处于临界稳定或临界不稳定状态。例如，某闭环系统的传递函数为 $\Phi(s)=\dfrac{10(s-1)}{(s^2+2)(s+2)}$，则该系统为临界状态，请读者用 MATLAB 验证。

综上所述，线性定常系统稳定的充要条件是其全部特征根应满足 $\mathrm{Re}(p_i)<0,(i=1\cdots n)$ 或全部特征根均在左半 s 平面。对于线性定常系统，BIBO、零输入和渐近稳定性均要求特征方程所有的特征根均位于复平面的左半平面。

线性系统的稳定性仅取决于系统自身的固有性能，而与外界条件无关；而非线性系统的稳定性相当复杂，可能与初值和外加激励有关，也可能出现稳定的自激振荡现象。

例 3.8 考查非线性系统的稳定性

$$\frac{\mathrm{d}c(t)}{\mathrm{d}t}+c(t)(c(t)-1)=0,\quad c(0)=C_0$$

解 当系统初值 $C_0>0$ 时，其解为 $c(t)=\dfrac{1}{1-\left(1-\dfrac{1}{C_0}\right)\mathrm{e}^{-t}}$，系统是稳定的。

当 $C_0<0$ 时，其解为 $c(t)=\dfrac{1-\sqrt{1-4C_0(1-C_0)\mathrm{e}^t}}{2}$，系统是不稳定的。

C_0 取不同值时，$c(t)$ 的解如图 3.30 所示。由图可知，对于不同的初始条件，非线性系统解的形式有很大的差别，即非线性系统的时域响应与初值有关，这一点与线性系统不同。

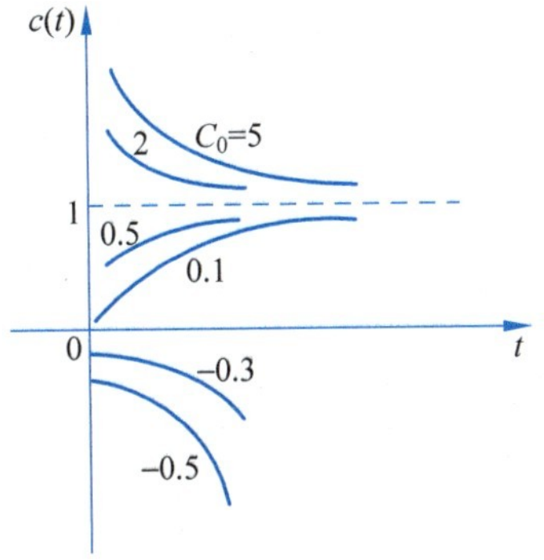

图 3.30 例 3.8 的非线性系统的解

3.3.2 线性定常系统与劳斯稳定判据

从以上分析知道，根据线性定常系统稳定的充要条件判别系统的稳定性，需要计算出系统全部的特征根，对于高阶系统，用手工求解特征根的工作量很大。劳斯和赫尔维茨分别在 1877 年和 1895 年提出了一种无须求解特征根，只需根据系统特征方程的系数，即可判别控制系统稳定性的方法，称为劳斯-赫尔维茨判据，该判据仅对 SISO 线性定常系统适用。

1. 线性定常系统稳定的必要条件

设线性定常系统的特征方程为

$$D(s)=a_ns^n+a_{n-1}s^{n-1}+\cdots+a_1s+a_0=0,\quad (a_n>0) \tag{3.35}$$

为了方便起见，这里只考虑单根的情况，如果系统稳定，则所有 $p_i<0$，特征多项式改为

$$D(s)=a_n(s-p_1)\cdots(s-p_n)$$

所以特征多项式 $D(s)$ 的全部系数为正，因此在判断系统稳定性时，先考查特征方程系数，若特征方程中有负数或零（缺项），则该系统是不稳定的。如果特征方程的系数 $a_i>0$，则还要进一步判别。也就是说线性定常系统稳定，则特征方程的系数一定均为大于零，反之如果线性定常系统特征方程的系数均大于零，则控制系统不一定是稳定的。这就是线性定常系统稳定的必要条件。

2. 劳斯稳定判据

设线性定常系统的特征方程为

$$a_n s^n + a_{n-1} s^{n-1} + \cdots + a_1 s + a_0 = 0$$

根据特征方程建立劳斯表为

$$\begin{array}{llll}
s^n & a_n & a_{n-2} & a_{n-4} \cdots \\
s^{n-1} & a_{n-1} & a_{n-3} & a_{n-5} \cdots \\
s^{n-2} & b_1 & b_2 & b_3 \\
s^{n-3} & c_1 & c_2 & c_3 \\
\vdots & \vdots & \vdots & \\
s^2 & e_1 & e_2 & \\
s^1 & f_1 & & \\
s^0 & g_1 & &
\end{array}$$

其中,第一行和第二行是由特征方程的各项系数构造的表头,以后各行的数值按如下规律逐行计算

$$b_1 = -\frac{1}{a_{n-1}} \begin{vmatrix} a_n & a_{n-2} \\ a_{n-1} & a_{n-3} \end{vmatrix} = \frac{1}{a_{n-1}} (a_{n-1} a_{n-2} - a_n a_{n-3})$$

$$b_2 = -\frac{1}{a_{n-1}} \begin{vmatrix} a_n & a_{n-4} \\ a_{n-1} & a_{n-5} \end{vmatrix} = \frac{1}{a_{n-1}} (a_{n-1} a_{n-4} - a_n a_{n-5})$$

$$\vdots$$

一直计算到某个 b_i 为 0。

$$c_1 = -\frac{1}{b_1} \begin{vmatrix} a_{n-1} & a_{n-3} \\ b_1 & b_2 \end{vmatrix} = \frac{1}{b_1} (b_1 a_{n-3} - a_{n-1} b_2)$$

$$c_2 = -\frac{1}{b_1} \begin{vmatrix} a_{n-1} & a_{n-5} \\ b_1 & b_3 \end{vmatrix} = \frac{1}{b_1} (b_1 a_{n-5} - a_{n-1} b_3)$$

$$\vdots$$

以此类推。

计算时,为简化运算,可用一正数去乘或除某一行各项系数,不改变稳定性结论,若劳斯表第一列各数均为正数,则控制系统是稳定的。若第一列有负数,则控制系统是不稳定的,且符号改变的次数表示系统在右半 s 平面根的个数。

例 3.9 已知某系统的特征方程为 $3s^4 + 10s^3 + 5s^2 + 5s + 2 = 0$,试用劳斯稳定判据判断系统的稳定性。

解 该系统的劳斯表为

$$\begin{array}{llll}
s^4 & 3 & 5 & 2 \\
s^3 & 10 & 5 & \\
s^2 & \dfrac{(50-15)}{10} = 3.5 & \dfrac{(20-0)}{10} = 2 & \\
s^1 & \dfrac{(3.5 \times 5 - 10 \times 2)}{3.5} = -\dfrac{2.5}{3.5} & & \\
s^0 & 2 & &
\end{array}$$

显然，第一列符号改变两次，说明该系统有两个特征根在右半 s 平面，系统不稳定。实际上，可以通过 MATLAB 的 Root 命令求解系统特征方程的根

```
p = [3 10 5 5 2];
roots(p)

ans =
  - 2.93
  0.0222 + 0.7142i
  0.0222 - 0.7142i
  - 0.4453
```

得到系统的特征根为 $-2.93, 0.0222 \pm 0.7142\mathrm{i}, -0.4453$，因为在右半 s 平面有一对共轭复根，所以该系统不稳定，这与用劳斯稳定判据判断的结果一致。

当应用劳斯稳定判据分析线性定常系统的稳定性时，有时会遇到以下两种特殊情况，使得劳斯表中的计算无法进行到底，因此需要进行相应的数学处理，处理的原则是不影响劳斯稳定判据的判别结果。

1）劳斯表某行第一列系数为 0，而该行其余项中某些项不为零情况

此时计算劳斯表的下一行时可用小正数 ε 代替 0 继续进行计算和判断。

例 3.10 已知某系统的特征方程为 $s^4+2s^3+s^2+2s+1=0$，试用劳斯稳定判据判断系统的稳定性。

解 由该系统的特征方程列写系统的劳斯表为

$$
\begin{array}{llll}
s^4 & 1 & 1 & 1 \\
s^3 & 2 & 2 & \\
s^2 & \varepsilon(\doteq 0) & 1 & \\
s^1 & 2-\dfrac{2}{\varepsilon}(\to -\infty) & & \\
s^0 & 1 & &
\end{array}
$$

显然，劳斯表第一列出现了负的数值，并且系数的符号改变了两次，所以该系统有两个特征根在右半 s 平面，系统是不稳定的。用 MATLAB 求解系统的特征根为 $-1.8832, 0.2071 \pm 0.978\mathrm{i}, -0.53$，看出有一对位于右半 s 平面的共轭复根，系统不稳定。这与劳斯稳定判据的结果一致。

2）某行每一项的系数都为 0

这种情况表明特征方程中存在一些绝对值相同但符号相异的特征根。例如，两个大小相等但符号相反的实根和（或）一对共轭纯虚根，或者是对称于原点的两对共轭复根，如 $s=-1\pm\mathrm{j}$ 和 $s=1\pm\mathrm{j}$。

当劳斯表中出现全零行时，可以用全零行上面一行各项系数构造辅助多项式 $A(s)$，求辅助函数 $A(s)$ 关于 s 的一阶导数，用所求得多项式 $\dfrac{\mathrm{d}A(s)}{\mathrm{d}s}$ 的各项系数代替全零行的元，继续进行劳斯表的列写。辅助方程的次数通常为偶数，它表明出现数值相同但符号相异的根数，所有那些数值相同但符号相异的根，均可由辅助方程求得。

例 3.11 已知某系统的特征方程为 $s^6+2s^5+8s^4+12s^3+20s^2+16s+16=0$，试用劳斯稳定判据判定系统的稳定性。

解 由特征方程列写劳斯表为

$$\begin{array}{lllll} s^6 & 1 & 8 & 20 & 16 \\ s^5 & 1 & 6 & 8 & \text{(注:该行已除 2)} \\ s^4 & 1 & 6 & 8 & \\ s^3 & 0 & 0 & & \end{array}$$

由于 s^3 行出现全零行,故用 s^4 行系数构造如下的辅助方程

$$A(s)=s^4+6s^2+8=0$$

求辅助方程对 s 的导数,得导数方程

$$\frac{\mathrm{d}A(s)}{\mathrm{d}s}=4s^3+12s=0$$

把 $\frac{\mathrm{d}A(s)}{\mathrm{d}s}$ 方程的系数代入全零行继续按劳斯表的计算原则进行计算,得

$$\begin{array}{lllll} s^6 & 1 & 8 & 20 & 16 \\ s^5 & 1 & 6 & 8 & \text{(注: 该行已除 2)} \\ s^4 & 1 & 6 & 8 & \\ s^3 & 1 & 3 & \text{(注: } \mathrm{d}A/\mathrm{d}s=0 \text{ 的系数已除 4)} & \\ s^2 & 3 & 8 & & \\ s^1 & \frac{1}{3} & & & \\ s^0 & 8 & & & \end{array}$$

看出劳斯表第一列无符号改变,但由于辅助方程 $s^4+6s^2+8=0$ 的根 $s=\pm \mathrm{j}\sqrt{2}$,$s=\pm \mathrm{j}2$ 在虚轴上,所以系统处于临界状态。

实际上可以解出该系统特征方程的全部特征根为 $\pm 2\mathrm{i}$,$\pm\sqrt{2}\mathrm{i}$,$-1\pm\mathrm{i}$。

3.3.3 劳斯稳定判据的应用

劳斯稳定判据不仅可判断线性定常系统的绝对稳定性,而且还可确定系统的相对稳定或稳定裕度。

例 3.12 已知某控制系统如图 3.31 所示,试用劳斯稳定判据确定使系统稳定的 K 的取值范围;若要求系统的特征根具有 $\mathrm{Re}\{\lambda_i\}<-1$ 的稳定裕度,K 的取值范围又为多少?

解 因为闭环系统的特征方程为

$$s(s+10)(s+4)+40K=s^3+14s^2+40s+40K=0$$

劳斯表为

$$\begin{array}{lll} s^3 & 1 & 40 \\ s^2 & 14 & 40K \\ s^1 & \frac{40}{14}(14-K) & \\ s^0 & 40K & \end{array}$$

显然,要保证劳斯表的第一列全为正数,即控制系统是稳定的,则要求增益 K 的取值范围为

$0<K<14$。

要使该系统具有 $\sigma_1=1$ 的稳定裕度，如图 3.32 所示的阴影部分，利用坐标平移，可令 $s=s_1-1$ 代入原特征方程中化简得

$$s_1^3+11s_1^2+15s_1+(40K-27)=0$$

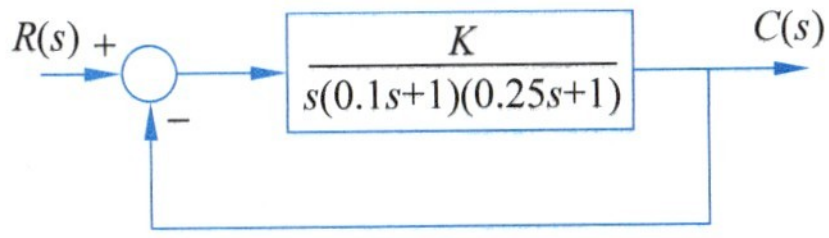

图 3.31　例 3.12 图

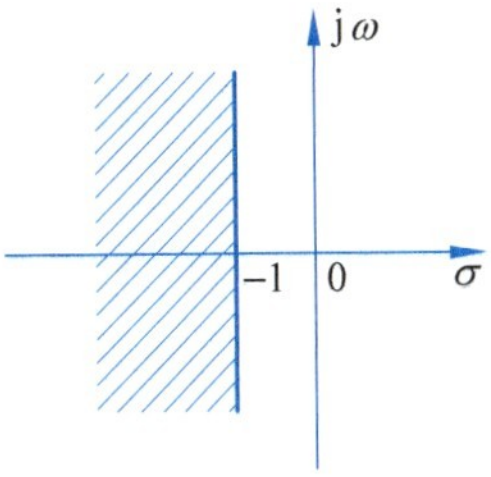

图 3.32　相对稳定区域

这样就可以利用劳斯稳定判据分析 s_1 平面(相当于 $s=-1$ 垂线)右半部根的情况，重新列写劳斯表得

$$\begin{array}{lll} s_1^3 & 1 & 15 \\ s_1^2 & 11 & 40K-27 \\ s_1^1 & \dfrac{192-40K}{11} & \\ s_1^0 & 40K-27 & \end{array}$$

要保证劳斯表的第一列全部大于 0，即 K 的取值范围应为 $0.675<K<4.8$，此时该系统具有 $\sigma_1=1$ 的稳定裕度。

可见，稳定裕度要求越大，所允许的比例增益 K 将越小。由本例也得到一个重要结论，就是通常系统的比例增益 K 越大，则对控制系统稳定性越不利。

3.4　控制系统的稳态误差分析

通常系统的控制目标之一就是要求系统输出的稳态响应要精确跟踪期望的输出信号，系统的稳态误差(steady-state errors) e_{ss} 是控制系统精度(准确度)的一种度量，常称为稳态性能。在控制系统分析与设计中，稳态误差是一项重要的技术指标，要求稳态误差最小化，或保持在某个可以接受的范围内，同时暂态响应也必须满足一套相应的性能指标要求。显然，只有当系统稳定时，研究稳态误差才有意义。本节主要讨论线性控制系统由系统结构、输入作用形式和类型所产生的稳态误差，即原理性稳态误差的计算方法，其中包括系统类型与稳态误差的关系。

3.4.1　误差定义及稳态误差

通常控制系统误差(errors)存在两种定义方法，典型控制系统的结构如图 3.33 所示。

定义 3.1　系统输出量的期望值 $c_{req}(t)$ 与实际输出值 $c(t)$ 之差，用公式表示为

$$e'(t)=c_{req}(t)-c(t)=\frac{r(t)}{f}-c(t) \tag{3.36}$$

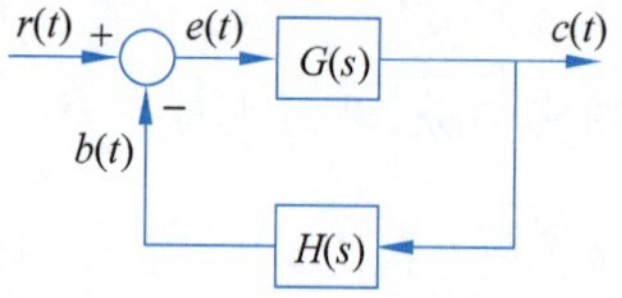

图 3.33 典型控制系统误差定义图

式中,期望的输出或参考信号 $c_{\mathrm{req}}(t)$ 就是 $c(t)$ 所要跟踪的信号,f 相当于反馈通道的传递函数 $H(s)$,这里的 f 看成比例常数。该定义物理意义明确,但这种以输出端定义的误差不便于计算,因为在系统结构图中不便于标出实际误差 $e'(t)$ 信号。

定义 3.2 按照图 3.33 所示的输入端定义为

$$e(t)=r(t)-b(t)=r(t)-f\cdot c(t) \tag{3.37}$$

该定义便于理论分析,但物理意义较模糊。如果为单位反馈控制系统,则输出的期望值就是输入信号,因而此时两种方法误差的定义是一致的。如果为非单位反馈控制系统,则由式(3.36)和式(3.37)知道,从输出端定义的实际误差 $e'(t)$ 等于从输入端定义的理论误差 $e(t)$ 除以反馈增益 f,即 $e'(t)=e(t)/f$。本节的误差定义如未加说明,均按照定义 3.2 计算。

定义 3.3 稳定的系统在输入量或扰动作用下,进入稳态后的误差,称为**稳态误差** e_{ss} (steady-state errors),记为

$$e_{\mathrm{ss}}=\lim_{t\to\infty}e(t) \tag{3.38}$$

对图 3.33 所示的系统,采用 $e(t)$ 作为误差,可求出系统误差传递函数为

$$\frac{E(s)}{R(s)}=\frac{1}{1+G(s)H(s)}=\frac{1}{1+G_0(s)} \tag{3.39}$$

其中,$G_0(s)=G(s)H(s)$ 称为系统的开环传递函数。

由复变函数理论知道,如果 $E(s)$ 除在原点处有唯一的极点外,在右半平面及虚轴上解析,也就是说,如果 $sE(s)$ 没有极点位于虚轴或位于右半 s 平面,则可根据拉普拉斯变换终值定理计算稳态误差 e_{ss},即

$$e_{\mathrm{ss}}=\lim_{s\to 0}sE(s)=\lim_{s\to 0}\frac{sR(s)}{1+G_0(s)} \tag{3.40}$$

显然,e_{ss} 取决于输入信号 $R(s)$ 的类型及开环系统结构 $G_0(s)$。

3.4.2 稳态误差的计算

为便于稳态误差 e_{ss} 的计算,一般可将系统开环传递函数表示为时间常数形式

$$G_0(s)=\frac{K\prod_{j=1}^{m}(T_j s+1)}{s^{\gamma}\prod_{i=1}^{n-\gamma}(T_i s+1)} \tag{3.41}$$

式中,K 为系统的开环增益,T_i、T_j 为时间常数,γ 为开环系统 $G_0(s)$ 在坐标原点处极点的个数(积分环节数),又称系统类型。系统类型的分类方法,是以 γ 的数值多少来划分的:$\gamma=0$,称为 0 型系统;$\gamma=1$,称为 Ⅰ 型系统;$\gamma=2$,称为 Ⅱ 型系统。当 $\gamma>2$ 时,除采用复合控制外,要使控制系统稳定是相当困难的,即控制精度与稳定性有矛盾。所以 Ⅲ 型及以上的系统在实际控制系统中几乎是不使用的。

由式(3.40)和式(3.41),可得系统的稳态误差计算式为

$$e_{ss}=\lim_{s\to 0}sE(s)=\lim_{s\to 0}\frac{sR(s)}{1+G_0(s)}=\frac{\lim\limits_{s\to 0}[s^{\gamma+1}R(s)]}{K+\lim\limits_{s\to 0}s^{\gamma}} \tag{3.42}$$

1. 单位阶跃输入作用

当系统的输入信号为单位阶跃 $r=1(t)$ 即 $R(s)=1/s$ 作用时，由式(3.42)求得系统的稳态误差为

$$e_{ss}=\lim_{s\to 0}\frac{1}{1+G_0(s)}=\frac{1}{1+k_p} \tag{3.43}$$

其中，$k_p=\lim\limits_{s\to 0}G_0(s)=\lim\limits_{s\to 0}\frac{K}{s^{\gamma}}$，称为系统的静态位置误差系数。

当 $\gamma=0$ 时，即开环传递函数中无积分环节，此时 $K=k_p$，所以稳态误差 $e_{ss}=\frac{1}{1+K}=$ 常数，不为 0，如图 3.34(a)所示；当 $\gamma\geqslant 1$，即开环传递函数中有积分环节，则稳态误差 $e_{ss}=0(k_p=\infty)$，如图 3.34(b)所示。

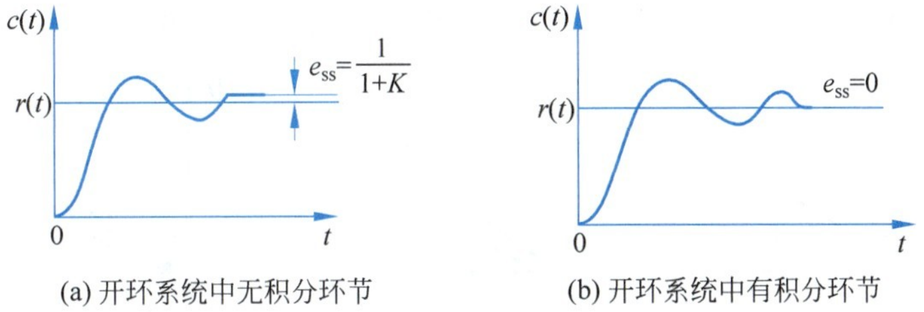

图 3.34　单位阶跃响应的稳态误差

2. 单位斜坡输入作用

当系统的输入信号为单位斜坡(或速度)$r=t$ 即 $R(s)=1/s^2$ 作用时，由式(3.42)得系统的稳态误差为

$$e_{ss}=\lim_{s\to 0}\frac{s\cdot\frac{1}{s^2}}{1+G_0(s)}=\frac{1}{\lim\limits_{s\to 0}sG_0(s)}=\frac{1}{k_v} \tag{3.44}$$

其中，$k_v=\lim\limits_{s\to 0}sG_0(s)=\lim\limits_{s\to 0}\frac{K}{s^{\gamma-1}}$，称为系统静态速度误差系数，单位为$s^{-1}$。由式(3.44)得各型系统在单位斜坡输入作用下的稳态误差和静态速度误差系数为

$$e_{ss}=\begin{cases}\infty, & \gamma=0\\ \dfrac{1}{K}=\dfrac{1}{k_v}, & \gamma=1\\ 0, & \gamma\geqslant 2\end{cases}\quad,\quad k_v=\begin{cases}0, & \gamma=0\\ K, & \gamma=1\\ \infty, & \gamma\geqslant 2\end{cases}$$

各型系统在单位斜坡输入作用下的时间响应如图 3.35 所示。

3. 单位抛物线输入作用

当系统的输入信号为单位抛物线(或加速度)$r=t^2/2$ 即 $R(s)=1/s^3$ 作用时，由式(3.42)得到系统的稳态误差为

$$e_{ss}=\lim_{s\to 0}\frac{1}{s^2G_0(s)}=\frac{1}{k_a} \tag{3.45}$$

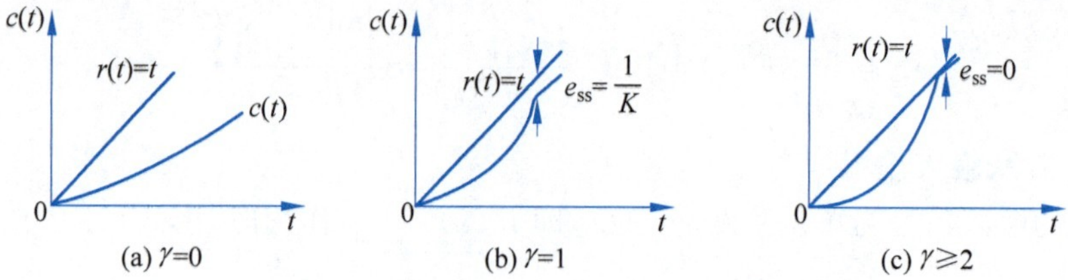

图 3.35　单位斜坡输入作用下的响应及稳态误差

其中，$k_a=\lim\limits_{s\to0}s^2G_0(s)=\lim\limits_{s\to0}\frac{K}{s^{\gamma-2}}$，称为系统的静态加速度误差系数，单位为$s^{-2}$，由式(3.45)得各型系统在单位抛物线(或加速度)输入作用下的稳态误差和静态加速度误差系数分别为

$$e_{ss}=\begin{cases}\infty, & \gamma=0,1\\ \frac{1}{K}, & \gamma=2\\ 0, & \gamma\geqslant 3\end{cases},\quad k_a=\begin{cases}0, & \gamma=0,1\\ K, & \gamma=2\\ \infty, & \gamma\geqslant 3\end{cases}$$

各型系统在单位抛物线(或加速度)输入作用下的时间响应如图 3.36 所示。

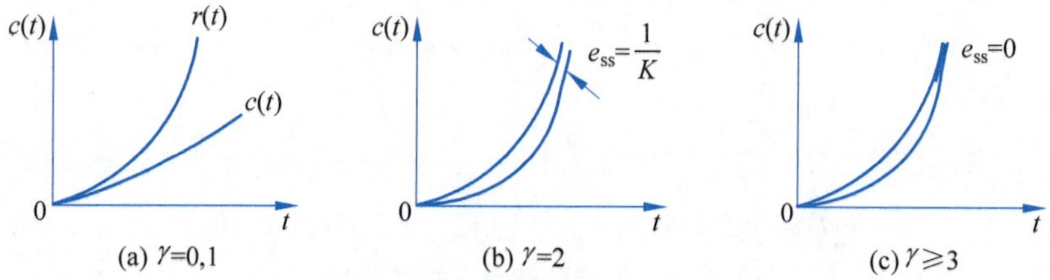

图 3.36　单位抛物线输入作用下的响应及稳态误差

若系统的输入为

$$r(t)=R_0 1(t)+R_1 t+\frac{1}{2}R_2 t^2$$

则不难计算出系统的稳态误差为

$$e_{ss}=\frac{R_0}{1+k_p}+\frac{R_1}{k_v}+\frac{R_2}{k_a}$$

例 3.13　如图 3.37 所示，系统输入 $r(t)=1(t)$，试分别确定当 K_h 为 1 和 0.1 时，系统输出端的稳态误差 e'_{ss}。

解　由系统方框图 3.37 可得系统的开环传递函数为 $G_0(s)=\frac{10K_h}{s+1}$，所以该系统为 0 型系统，系统的静态位置误差系数和稳态误差分别为

$$k_p=K=10K_h,\quad e_{ss}=\frac{1}{1+10K_h}$$

可以将图 3.37 结构等效变换为图 3.38，这样 R' 代表期望的输出量，因而 E' 相当于从系统输出端定义的非单位反馈系统的误差，由图 3.37 和图 3.38 不难证明，从输入端定义的理论误差 E 和从输出端定义的误差 E' 之间存在如下关系：$E'(s)=\frac{E(s)}{H(s)}$，这里 $H(s)=K_h$ 为常数，于是得

$$e'_{ss}=\frac{e_{ss}}{K_h}$$

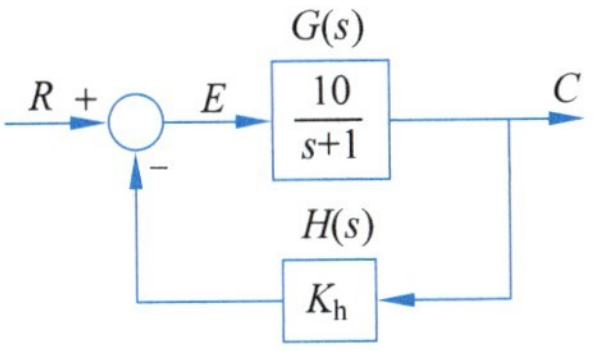

图 3.37　例 3.13 方框图

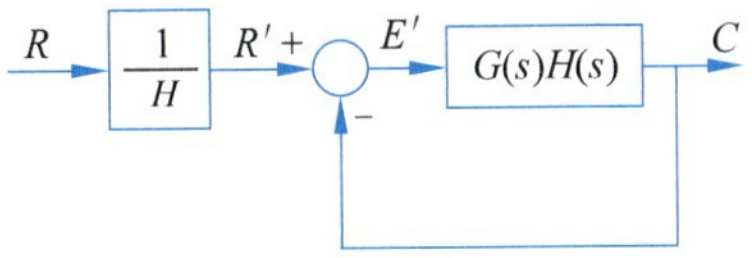

图 3.38　例 3.13 等效单位反馈系统

当 $K_h=1$ 时，单位反馈系统的稳态误差为

$$e'_{ss}=e_{ss}=\frac{1}{1+10K_h}=\frac{1}{11}$$

当 $K_h=0.1$ 时，非单位反馈系统的输出端稳态误差为

$$e'_{ss}=\frac{e_{ss}}{K_h}=\frac{1}{K_h(1+10K_h)}=5$$

此时，系统输出量的期望值为 $r'(t)=\dfrac{r(t)}{K_h}=10$，显然有一个 5 的稳态差值。

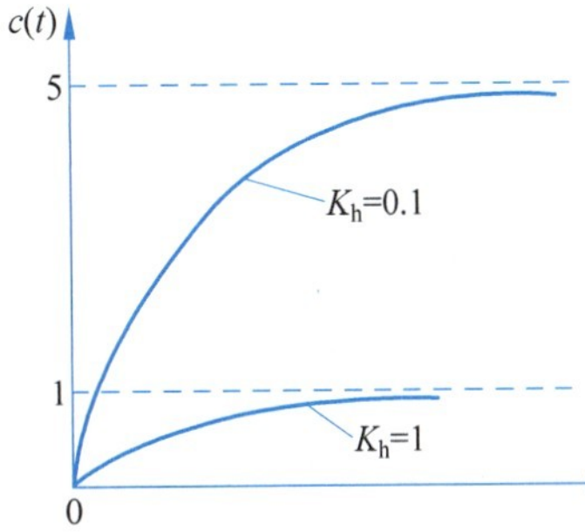

图 3.39　例 3.13 的解

当 K_h 为 1 和 0.1 时，系统的阶跃响应分别如图 3.39 所示。

例 3.14　已知位置随动控制系统如图 3.40 所示，求系统在 θ_r 输入作用下系统的稳态误差，其中负载扰动 $M_c=0$。

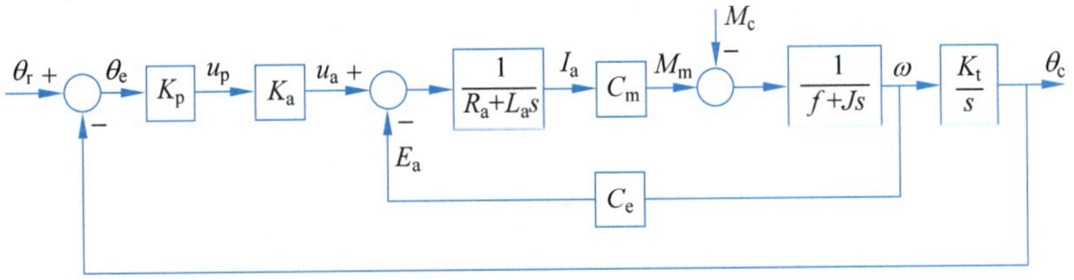

图 3.40　位置随动控制系统

解　忽略电机黏性摩擦系数 f，系统方框图简化为图 3.41。图中，$T_a=L_a/R_a$ 为电磁时间常数，$T_m=\dfrac{JR_a}{C_mC_e}$ 为机电时间常数，$K=\dfrac{K_pK_aK_t}{C_e}$ 为开环放大倍数。

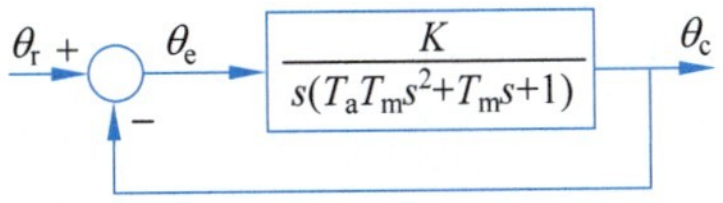

图 3.41　忽略 f 后的随动系统简化图

稳态误差的定性分析：

(1) 假设输入 θ_r 为常数，如果系统稳态时 θ_c 也为常数，则电机转速 $\omega=0$，也就是

$$M_m-M_c=J\frac{d\omega}{dt}=0$$

当 $M_c=0$ 时，电机电磁力矩 $M_m=0$，进一步得到 $I_a=0\rightarrow u_a=0$，于是 $u_p=0,\theta_e=0$，所以 $\theta_c=\theta_r$，系统没有稳态或静态误差，即Ⅰ型系统能完全复现阶跃输入信号。

(2) 假设输入 $\theta_r=vt$ 为匀速运动，如果系统稳态时 θ_c 也匀速转动，则 ω 为常数，由于 $M_c=0$，所以 $M_m(I_a)=0$，进一步可得 u_a 为常数，θ_e 也为常数，所以稳态时存在恒定的稳态

误差 e_{ss}；当比例增益 K 增大时，稳态误差 e_{ss} 减小。即Ⅰ型系统能跟踪阶跃输入信号，但为有差的。

(3) 假定输入 $\theta_r=\frac{a}{2}t^2$ 为加速运动，同样，如果设稳态时 θ_c 以同一加速度旋转，则 $\omega=ct$，电机转速做匀速变化。根据 $M_m-M_c=J\frac{d\omega}{dt}$，又因为 $M_c=0$，所以 M_m 为常数，I_a 也为常数，进一步可得到 $u_a=c't$ 作匀速变化，从而 $\theta_e=\alpha t$ 匀速变化。这就是说角差愈来愈大，即Ⅰ型系统输出不能复现加速度输入信号。

例 3.15 某单位负反馈系统的前向通道传递函数为 $G(s)=\frac{10}{s+1}$，求该系统在单位阶跃信号作用下的稳态误差。

解 MATLAB 程序如下：

```
syms t s GH R E essrp;
GH = 10/(s + 1);
r = sym('1 * 1(t)');
R = laplace(r);
E = R/(1 + GH);                %闭环系统的误差传递函数
essrp = limit(s * E, s, 0)
```

结果为

```
essrp =
1/11
```

例 3.16 某单位负反馈系统的前向通道传递函数为 $G(s)=\frac{10(2s+1)}{s^2+s}$，求该系统在单位速度信号作用下的稳态误差。

解 MATLAB 程序如下：

```
syms t s GH R E essrp;
GH = 10 * (2 * s + 1)/(s^2 + s);
r = sym('t * 1(t)');                % 单位速度信号
R = laplace(r);
E = R/(1 + GH);
essrp = limit(s * E, s, 0)
```

运行结果为

```
essrp =
1/10
```

3.4.3 扰动作用下的稳态误差

系统方框图如图 3.42 所示，设输入 $r(t)=0$，得出在扰动 $d(t)$ 作用下系统的方框图如图 3.43 所示。

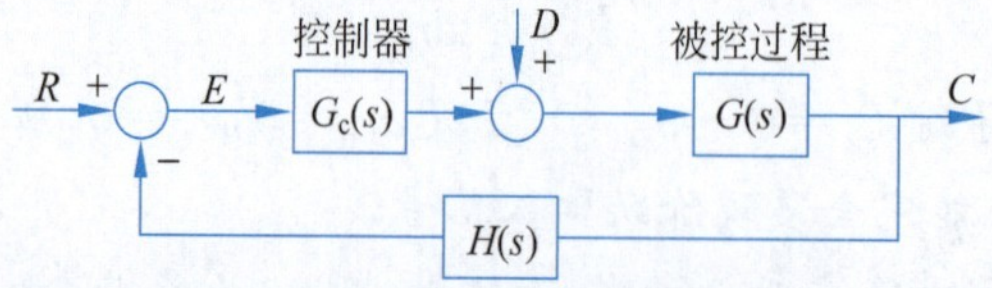

图 3.42 带有扰动的控制系统

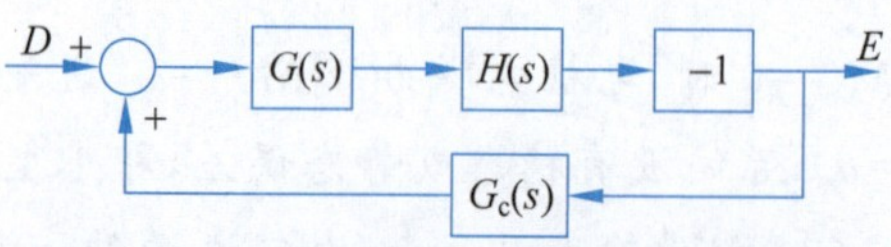

图 3.43 扰动作用下变换后的方框图

由图 3.43 得到

$$E(s)=-\frac{G(s)H(s)}{1+G_c(s)G(s)H(s)}D(s)$$

$$e_{ss}=\lim_{s\to0}sE(s)=-\lim_{s\to0}\frac{sG(s)H(s)}{1+G_c(s)G(s)H(s)}D(s) \tag{3.46}$$

如果

$$G_c(s)=\frac{K_c\prod_{i=1}^{m}(\tau_{1i}s+1)}{s^{\gamma}\prod_{i=1}^{n}(T_{1i}s+1)},\quad G(s)H(s)=\frac{K\prod_{i=1}^{l}(\tau_{2i}s+1)}{s^{\mu}\prod_{i=1}^{q}(T_{2i}s+1)}$$

且扰动 $d(t)=1(t)$，即 $D(s)=1/s$，则

$$e_{ss}=-\lim_{s\to0}\frac{Ks^{\gamma}}{s^{\gamma+\mu}+K_cK} \tag{3.47}$$

(1) 如果控制器无积分环节(相当于扰动点前无积分环节 $\gamma=0$)。则

$$e_{ss}=\begin{cases}-\dfrac{K}{1+K_cK}, & \mu=0\\[2ex] -\dfrac{1}{K_c}, & \mu>0\end{cases}$$

上式表明如扰动前无积分环节，则在阶跃扰动作用下控制系统存在稳态误差 e_{ss}。随着 K_c 增大，稳态误差 e_{ss} 减小，但 $e_{ss}\neq0$，且随着 K_c 增大，系统的稳定性变差。

(2) 如果扰动点前有积分环节或控制器中有积分环节，则在阶跃扰动 $d(t)=1(t)$作用下系统的稳态误差 $e_{ss}=0$。所以说积分控制可以提高系统控制精度。

例 3.17 图 3.44 所示的液位控制系统，其方框图如图 3.45 所示。试分析系统在扰动 $d(t)=D_0\cdot1(t)$作用下的稳态误差 e_{ss}。

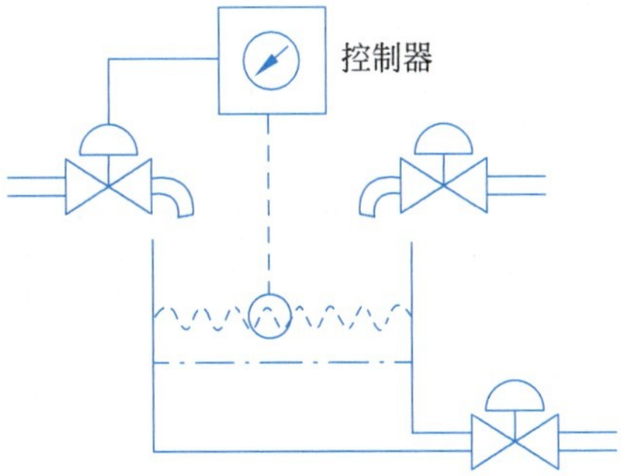

图 3.44 液位控制系统

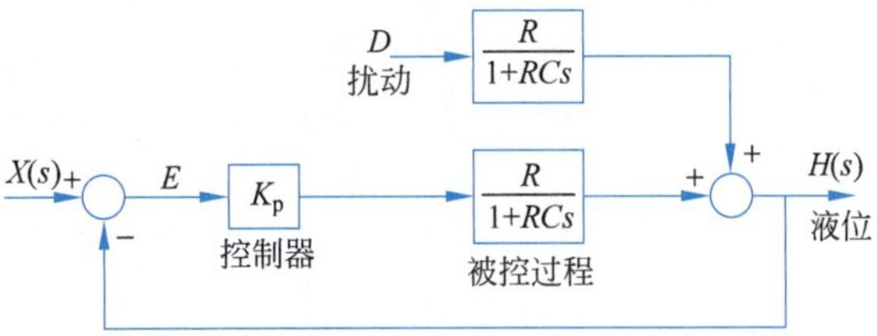

图 3.45 液位控制系统方框图

解 考查扰动对系统的影响，假设输入 $x(t)=0$，由系统方框图 3.45 可得液位为

$$H(s)=\frac{K_pR}{1+RCs}E(s)+\frac{R}{1+RCs}D(s)$$

又因为

$$E(s)=-H(s)=-\frac{K_pR}{1+RCs}E(s)-\frac{R}{1+RCs}D(s)$$

所以

$$E(s)=-\frac{R}{1+K_{\mathrm{p}}R+RCs}D(s)$$

而 $D(s)=D_0/s$,于是通过部分分式展开得

$$E(s)=\frac{RD_0}{1+K_{\mathrm{p}}R}\left(\frac{1}{s+\dfrac{1+K_{\mathrm{p}}R}{RC}}\right)-\frac{RD_0}{1+K_{\mathrm{p}}R}\cdot\frac{1}{s}$$

由拉普拉斯反变换得

$$e(t)=\frac{RD_0}{1+K_{\mathrm{p}}R}\left[\exp\left(-\frac{1+K_{\mathrm{p}}R}{RC}t\right)-1\right]$$

于是

$$e(\infty)=-\frac{RD_0}{1+K_{\mathrm{p}}R}$$

所以增加控制器比例增益 K_{p},可以使得系统的稳态误差 e_{ss} 减小,但 e_{ss} 不会等于0。在实际系统中,K_{p} 增大,系统可能不稳定(因为原系统为高阶系统,该系统数学模型是忽略了小时间常数情况下得到的)。

如果控制器有积分环节,假设 $G_{\mathrm{c}}(s)=K/s$,则

$$E(s)=-\frac{Rs}{RCs^2+s+KR}D(s)$$

当 $D(s)=D_0/s$ 时,有

$$e(\infty)=\lim_{s\to 0}sE(s)=0$$

积分控制器消除了由阶跃扰动造成的稳态误差。

3.4.4 减小或消除稳态误差的措施

为了提高系统控制精度,通常可以采用以下措施:

(1) 增大控制器的开环增益 K_{p},但要注意系统的稳定性。

(2) 控制器要设置积分环节,但积分环节数不能太多,以免对稳定性不利。

(3) 闭环控制系统性能要优于开环控制。

如图 3.46(a)所示的开环系统,设 $r(t)=1(t)$,则

$$E(s)=R(s)-C(s)=[1-G_0(s)]R(s)$$

其中,开环传递函数 $G_0(s)=\dfrac{K_{\mathrm{p}}K}{1+Ts}$,由此系统的稳态误差为

$$e_{\mathrm{ss}}=\lim_{s\to 0}sE(s)=\lim_{s\to 0}[1-G_0(s)]=1-K_{\mathrm{p}}K \tag{3.48}$$

如果 $G_0(0)\neq 1$,则 $e_{\mathrm{ss}}\neq 0$。

将图 3.46(a)的开环系统接成如图 3.46(b)所示的闭环系统,得误差为

$$E(s)=\frac{1}{1+G_0(s)}R(s)$$

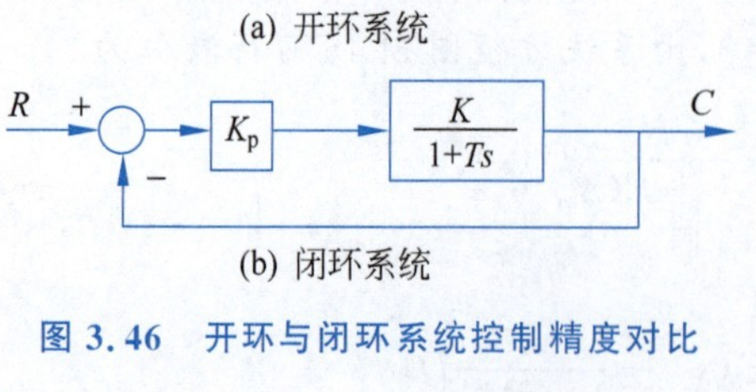

图 3.46 开环与闭环系统控制精度对比

当 $R(s)=1/s$ 时，有

$$e_{ss}=\lim_{s\to 0}sE(s)=\lim_{s\to 0}\frac{1}{1+G_0(s)}=\frac{1}{1+K_pK} \tag{3.49}$$

如果 K_p 增大，则 e_{ss} 减小，但 $e_{ss}\neq 0$。

设 K_p 为常数，如果被控过程参数发生下列变化，即 $\frac{K+\Delta K}{1+Ts}$，例如 $K=10,\Delta K=1$，即 $\frac{\Delta K}{K}=0.1$，相当于比例增益变化了 10%。对开环系统有

$$e_{ss}=1-\frac{1}{K}(K+\Delta K)=1-1.1=-0.1\text{（假设比例控制按照 }K_p=\frac{1}{K}\text{ 来定标）}$$

对闭环系统，设 $K_p=\frac{100}{K}$，则

$$e_{ss}=\lim_{s\to 0}\frac{1}{1+G_0(s)}=\frac{1}{1+\frac{100}{K}(K+\Delta K)}=\frac{1}{1+110}=0.009$$

所以，环境发生变化、元件产生老化均会影响系统的稳态特性，但闭环系统比开环系统有优越的控制精度。

(4) 采用串级控制抑制内回路扰动。

某串级直流电机调速控制系统的方框图如图 3.47 所示，$G_{c1}(s)$ 和 $G_{c2}(s)$ 分别表示主调节器和副调节器。$G_1(s)$ 和 $G_2(s)$ 为直流电机的传递函数数学模型。

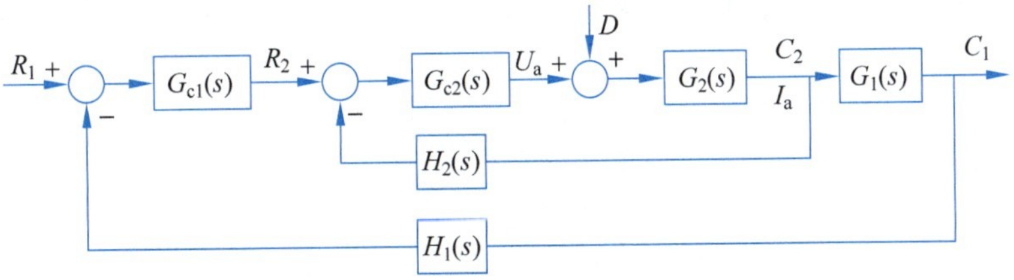

图 3.47 串级直流电机调速控制系统

若将副回路视为一个等效环节 $G_2'(s)$，则有

$$G_2'(s)=\frac{C_2(s)}{R_2(s)}=\frac{G_{c2}(s)G_2(s)}{1+G_{c2}(s)G_2(s)H_2(s)}$$

在副回路中，扰动 $D(s)$ 对 $C_2(s)$ 的闭环传递函数为

$$G_d(s)=\frac{C_2(s)}{D(s)}=\frac{G_2(s)}{1+G_{c2}(s)G_2(s)H_2(s)}$$

比较 $G_2'(s)$ 与 $G_d(s)$ 可见，必有 $G_d(s)=\frac{G_2'(s)}{G_{c2}(s)}$。于是串级控制系统的等效结构图如图 3.48 所示。

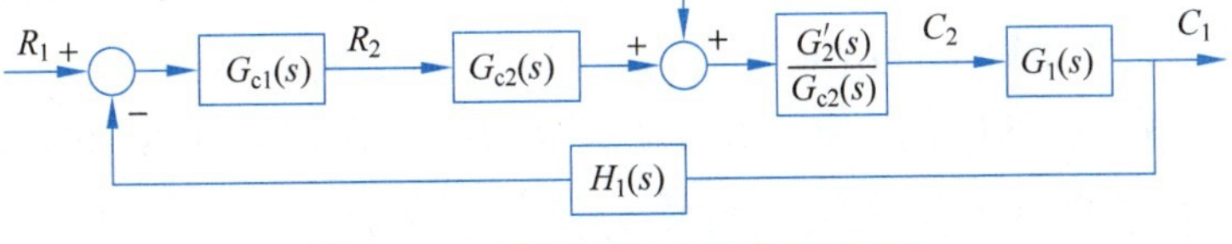

图 3.48 串级控制系统等效结构图

为此,有

$$\frac{C_1(s)}{R_1(s)}=\frac{G_{c1}(s)G'_2(s)G_1(s)}{1+G_{c1}(s)G'_2(s)G_1(s)H_1(s)}$$

$$\frac{C_1(s)}{D(s)}=\frac{(G'_2(s)/G_{c2}(s))G_1(s)}{1+G_{c1}(s)G'_2(s)G_1(s)H_1(s)}$$

对一个理想控制系统,总期望扰动对输出无影响,即$\frac{C_1(s)}{D(s)}\to 0$(反映抗干扰能力),而输出能很好地跟踪参考输入信号,即$\frac{C_1(s)}{R_1(s)}\to 1$(反映系统跟踪输入的能力),为此串级控制抑制扰动 $D(s)$的能力可用下式表示

$$\frac{C_1(s)/R_1(s)}{C_1(s)/D(s)}=G_{c1}(s)\cdot G_{c2}(s) \tag{3.50}$$

若主、副调节器均采用比例调节器,其增益分别为 K_{p1} 和 K_{p2},则式(3.50)写为

$$\frac{C_1(s)/R_1(s)}{C_1(s)/D(s)}=K_{p1}\cdot K_{p2} \tag{3.51}$$

式(3.51)表明,主调节器、副调节器的总增益越大,则串级控制系统抗干扰能力越强。一般 $K_{p2}>1$,即 $K_{p1}\cdot K_{p2}>K_{p1}$,所以串级控制比单回路控制系统抗扰动能力强,这意味着控制精度高。

(5) 采用复合控制。

如图 3.49 所示的按照扰动补偿的复合控制系统,由系统方框图可得扰动作用下的输出为

$$C(s)=\frac{G(s)(1+G_c(s)G_d(s))}{1+G_c(s)G(s)}D(s)$$

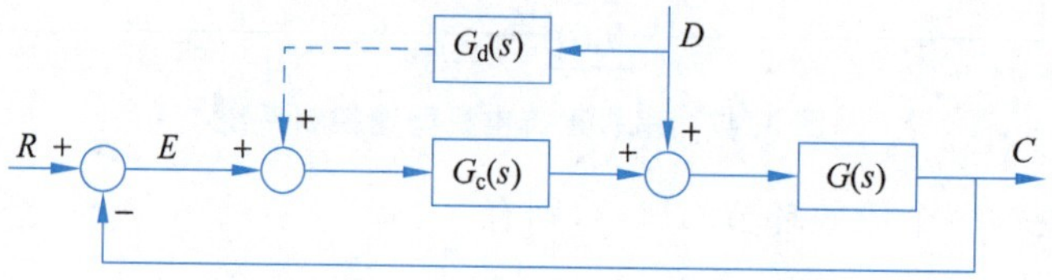

图 3.49 按扰动补偿复合控制系统

在扰动作用下误差为 $E(s)=-C(s)$,显然,如果选 $G_d(s)=-1/G_c(s)$,可使 $C(s)=0$,$E(s)=0$,实现了对扰动误差的全补偿。

3.5 小结

时域分析法是一种直接在时间域上通过对系统在典型和任意输入信号作用下的时域响应来分析系统性能的方法,可以提供系统时间响应的全部信息,具有对系统性能指标分析直观、准确的优点。众所周知,动态系统的时间响应分为暂态响应和稳态响应,本章主要研究线性连续时间控制系统的时域分析,也就是系统的稳定性、暂态响应和稳态响应分析与计算。

暂态响应的性能指标主要有上升时间、峰值时间、调节时间和超调量等，还可以由阻尼比、无阻尼自然振荡频率和时间常数等参数来刻画。当系统的数学模型是一阶和典型二阶线性定常系统时，我们可以得到这些性能指标和系统参数之间的解析表达式。对于非典型二阶系统和更高阶系统，则很难得出系统时域响应的解析解，亦很难得到性能指标和系统参数之间的解析表达式。

控制系统稳定是系统工作的前提，本章定义了连续时间线性定常系统稳定性的概念，指出线性定常控制系统的稳定性和系统特征方程的特征根相关。如果一个连续时间定常系统是稳定的，则它的特征方程的根必须均在 s 复平面的左半部。劳斯稳定判据可以不用计算特征方程的根，只需通过特征方程的系数就可以分析单输入单输出线性定常系统的稳定性。

在控制系统稳定的前提下，稳态误差是衡量时间趋于无穷时系统准确度的指标。反馈系统在阶跃、斜坡、抛物线输入信号下相应的稳态误差分别由静态误差系数 k_p、k_v、k_a 和系统类型来刻画，拉普拉斯变换的终值定理是稳态误差计算的基础。

通常系统的稳态精度与动态性能在对系统的类型和开环增益的要求上是自相矛盾的，要解决这一矛盾，除在系统中设计合适的控制器外，根据性能指标要求还可以采用复合控制和串级控制结构。

MATLAB 为控制系统的时域分析和精确时域性能指标计算带来了极大的便利。

关键术语和概念

暂态响应(transient response)：作为时间函数的系统响应，一般指系统输出量当时间趋于无穷时趋于零的那部分时间响应。

稳态误差(steady-state error)：指系统瞬态响应消失后，偏离预期响应的持续差值。

性能指标(performance index)：系统性能的定量度量。

设计指标(design specifications)：指一组规定的性能指标值。

测试输入信号(test input signal)：足以对系统响应性能进行典型测试的输入信号。

超调量(overshoot)：指系统输出响应超过预期响应的部分。(本书中，超调量百分数有时也简称为超调量，它是实际超调量的 100 倍。读者可根据上下文确定“超调量”的具体含义。)

峰值时间(peak time)：系统对阶跃输入开始响应并上升到峰值所需的时间。

上升时间(rise time)：系统对阶跃输入的响应从某一时刻到输入幅值的一定百分比所需的时间。上升时间 t_r 一般用输出从阶跃输入的 10%上升到 90%所需的时间来度量。在工程上对欠阻尼系统，可用系统响应从开始到输入幅值 100%所需的时间来度量。

调节时间(settling time)：指系统输出达到并维持在输入幅值的某个百分比范围内所需的时间。

阻尼比(damping ratio)：阻尼强度的度量标准，为二阶无量纲参数。

阻尼振荡(damped oscillation)：指幅值随时间而衰减的振荡。

自然振荡频率(natural frequency)：当阻尼系数为零时，由共轭复极点引起的振荡频率。

临界阻尼(critical damping)：指阻尼介于过阻尼和欠阻尼之间的边界情形。

主导极点(dominant poles)：对系统瞬态响应起主导作用的特征根。

稳定性(stability)：一种重要的系统性能。如果其传递函数的所有极点都具有负实部，则系统是稳定的。

稳定系统(stable system)：在有界输入作用下，其输出响应也有界的动态系统。

劳斯稳定判据(Routh criterion)：通过研究闭环系统的特征方程的系数来确定系统稳定性的判据。该判据指出：特征方程的正实部根的个数同劳斯判定表第一列中系数的符号改变的次数相等。

辅助多项式(auxiliary polynomial)：劳斯判定表中零元素行的上面一行的多项式。

相对稳定性(relative stability)：由特征方程的每个或每对根的实部度量的系统稳定特性。

系统型数(type number)：传递函数 $G(s)$在原点的极点个数 N。其中 $G(s)$是前向通路传递函数。

静态速度误差系数 k_v(velocity error constant)：可用 $\lim\limits_{s\to 0}|sG(s)|$来估计的常数。系统对坡度为 A 的斜坡输入的稳态跟踪误差为 A/k_v。

拓展您的事业——自动化学科

自动化学科是电子电气工程师的另一个重要领域。所谓的自动控制指没有人为的干预由机器或控制设备按照各行业生产工艺期望的要求自动地对被控过程进行控制。显然，自动化学科主要服务于电力、交通、石油化工、冶金、机械制造业、市政给排水、通信等行业。自动化在我们的日常生活中起着非常重要的作用，家用电子电气设备(供热系统和空调系统等)、开关控制恒温器、洗衣机和烘干机、机动车的路线控制器、电梯、交通指挥灯等都利用控制系统的功能。在兵器工业、宇航及空间技术领域中，火箭、导弹、宇宙飞船的精确导航、航天飞机的操作模式以及对宇宙空间站的地面遥控等，所有这些都要求有自动控制的知识。在汽车等制造业范围内，批量的生产流水线越来越多地用机器人来完成，机器人则是一个可编程控制系统，可以长期不知疲劳地工作。总之，凡是有机电设备或装置的地方都离不开自动控制系统。

自动化学科汇集了电路基础、电子电气技术、电子仪器仪表、计算机技术、通信系统的知识，它并不是限制在任何一个专门的工程学科内，甚至在经济管理行业也离不开自动调节原理。为此，被称为万金油专业。在自动化学科中对工程师的基本要求是有信息学科扎实的基础理论和专业技能以及对其他各专业学科有全面的了解。

除上述各工业行业外，国外德国西门子(Siemens)、美国通用电气 GE、瑞士 ABB、法国施耐德(Schneider)、罗克韦尔自动化(Rockwell)、欧姆龙自动化(OMRON)、松下电气(Panasonic)、美国国家仪器公司(NI)等跨国公司，国内电信移动、华为、中信、航空服务业等企事业单位每年都需要自动化学科专业毕业生。

习题

3.1 设系统的微分方程式为 $0.04c''(t)+0.24c'(t)+c(t)=r(t)$，试求系统的单位脉冲响应和单位阶跃响应。

3.2　已知系统的脉冲响应 $g(t)=0.1(1-e^{-t/3})$，试求系统的传递函数 $\Phi(s)$。

3.3　设图 P3.1 是简化的飞行控制系统结构图，试选择参数 K_p 和 K_t，使典型二阶系统的 $\omega_n=6$，$\zeta=1$。

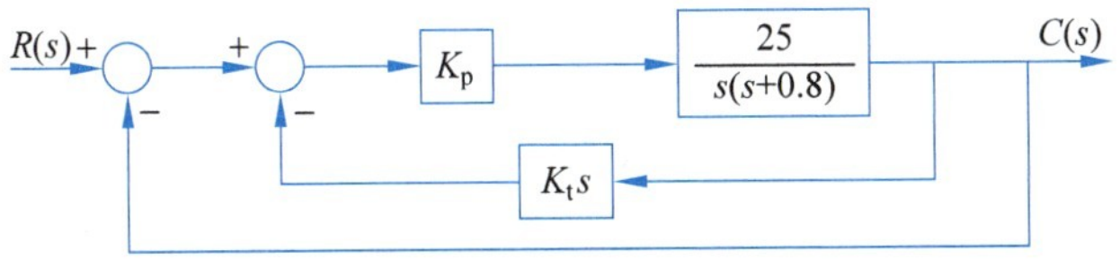

图 P3.1　题 3.3 图

3.4　已知线性控制系统的单位阶跃响应如图 P3.2 所示。求相应的二阶典型系统的传递函数。

3.5　已知图 P3.3 中的控制系统，试求 K_p 和 K_t 的值，使得输出的最大超调大约是 4.3%，上升时间 t_r 大约为 0.2s。要求用式 $\omega_n\sqrt{1-\zeta^2}\,t=n\pi$ 作为上升时间关系式。用 MATLAB 仿真程序对该系统作仿真，检验您所得到的解的准确度。

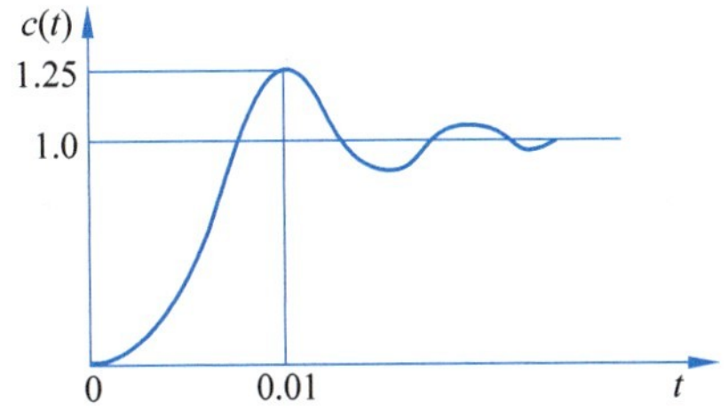

图 P3.2　题 3.4 图

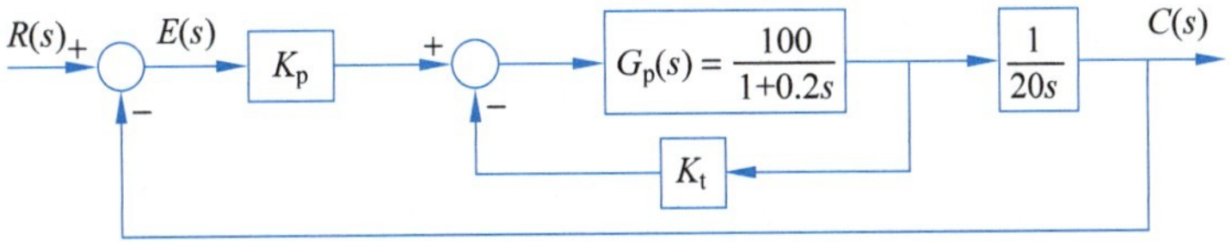

图 P3.3　题 3.5 图

3.6　图 P3.4 所示控制系统有(a)和(b)两种不同的结构方案，其中 $T>0$ 不可变，要求

(1) 在这两种方案中，应如何调整 K_1、K_2 和 K_3，才能使系统获得较好的动态性能？

(2) 比较说明两种结构方案的特点。

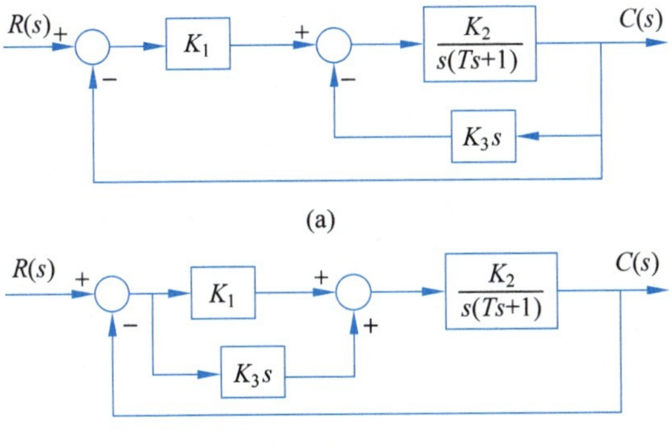

图 P3.4　题 3.6 图

3.7　试用劳斯稳定判据来判定下列具有如下特征方程的闭环系统的稳定性，确定各系统在虚轴上和右半复平面的根的数目。

(1) $s^3+25s^2+250s+10=0$

(2) $s^3+25s^2+10s+50=0$

(3) $3s^4+10s^3+5s^2+s+2=0$

(4) $2s^4+10s^3+5.5s^2+5.5s+10=0$

3.8 已知下列单位反馈控制系统的开环传递函数

(1) $G(s)=\dfrac{K}{s(s+10)(s+20)}$

(2) $G(s)=\dfrac{K(s+10)(s+20)}{s^2(s+2)}$

试用劳斯稳定判据判定以 K 为未知量的闭环系统的稳定性。求使系统等幅振荡的 K 值,并计算振荡频率。

3.9 已知含转速计反馈的电动机控制系统的方框图如图 P3.5 所示,求系统渐近稳定时转速计常数 K_t 的范围。

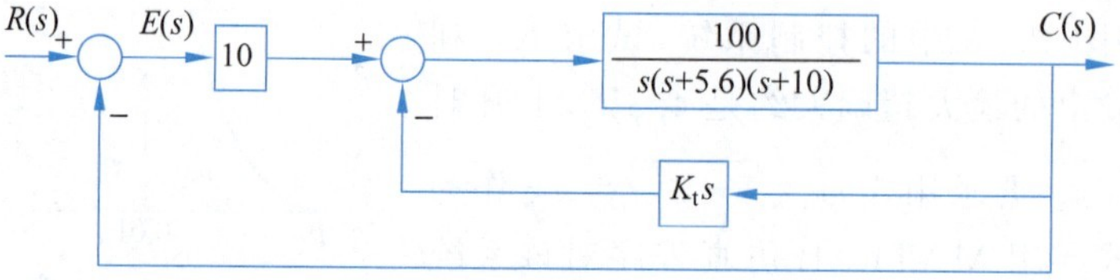

图 P3.5 题 3.9 图

3.10 已知系统的结构图如图 P3.6 所示,试用劳斯稳定判据确定使系统稳定的反馈参数 τ 的取值范围。

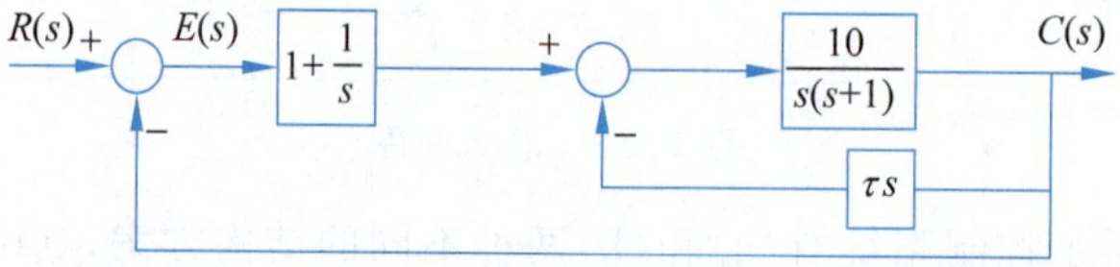

图 P3.6 题 3.10 图

3.11 已知单位反馈系统的开环传递函数为

$$G(s)=\frac{50}{s(0.1s+1)(s+5)}$$

试求输入分别为 $r(t)=2t$ 和 $r(t)=2+2t+t^2$ 时,系统的稳态误差。

3.12 求下列单位反馈系统的阶跃、斜坡和抛物线静态误差系数,已知响应的前向通道传递函数为

(1) $G(s)=\dfrac{1000}{(1+0.1s)(1+10s)}$

(2) $G(s)=\dfrac{100}{s(s^2+10s+100)}$

(3) $G(s)=\dfrac{1000}{s(s+10)(s+100)}$

(4) $G(s)=\dfrac{K(1+2s)(1+4s)}{s^2(s^2+s+1)}$

3.13 已知控制系统的方块图如图 P3.7 所示。试求相应的阶跃、斜坡、抛物线静态误差系数。设误差信号为 $e(t)$,在下列输入信号下求关于 K_p 和 K_t 的稳态误差。假设系统稳定。

(1) $r(t)=1(t)$ (2) $r(t)=t1(t)$ (3) $r(t)=(t^2/2)1(t)$

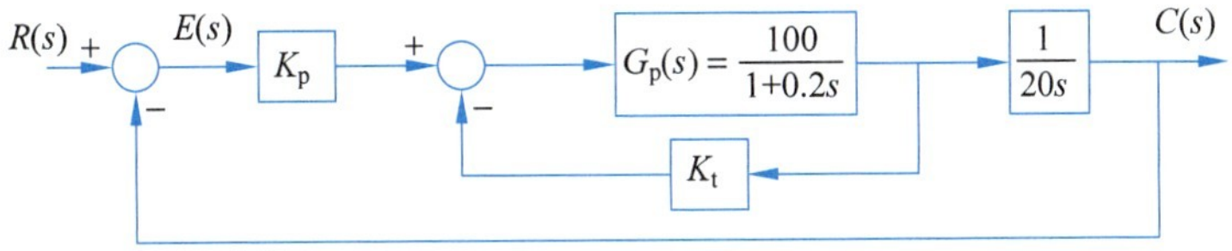

图 P3.7 题 3.13 图

3.14 已知线性控制系统的方块图如图 P3.8 所示，其中 $r(t)$是参考输入信号，$d(t)$是干扰信号。

(1) 当 $d(t)=0$，$r(t)=t1(t)$时，求 $e(t)$的稳态值。α 和 K 应满足什么条件才使得得到的解有意义？

(2) 当 $d(t)=0$，$r(t)=1(t)$时，求 $c(t)$的稳态值。

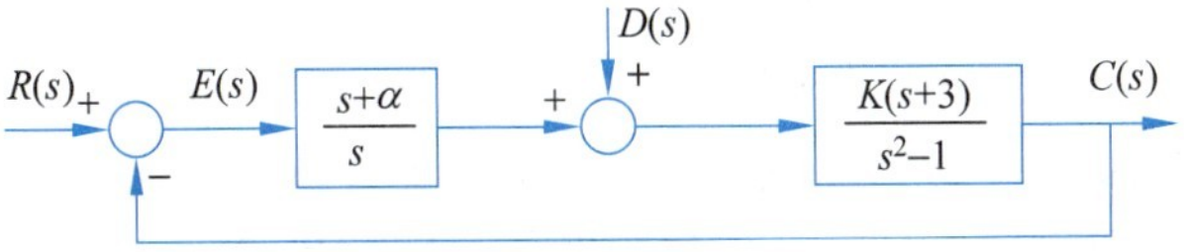

图 P3.8 题 3.14 图

3.15 设控制系统如图 P3.9 所示，其中，

$$G_c(s)=K_p+\frac{K_i}{s},\quad F(s)=\frac{1}{Js}$$

输入 $r(t)$以及扰动 $d_1(t)$和 $d_2(t)$均为单位阶跃函数，试求

(1) 在 $r(t)$作用下系统的稳态误差；

(2) 在 $d_1(t)$作用下系统的稳态误差；

(3) 在 $d_1(t)$和 $d_2(t)$同时作用下系统的稳态误差。

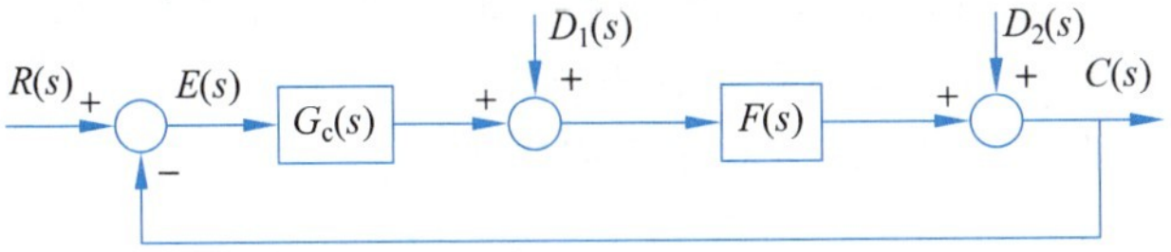

图 P3.9 题 3.15 图

3.16 设随动系统的微分方程为

$$T_1\frac{d^2c(t)}{dt^2}+\frac{dc(t)}{dt}=K_2u(t)$$

$$u(t)=K_1[r(t)-b(t)]$$

$$T_2\frac{db(t)}{dt}+b(t)=c(t)$$

其中，T_1，T_2 和 K_2 为正常数。若要求 $r(t)=1+t$ 时，$c(t)$对 $r(t)$的稳态误差不大于正常数 ε_0，试问 K_1 应满足什么条件？

3.17 已知系统闭环传递函数为 $G(s)=\dfrac{10}{s^2+2s+10}$，用 MATLAB 求其单位阶跃响应、单位脉冲响应。

3.18　单位反馈系统的开环传递函数为

$$G_1(s)=\frac{0.485}{s^2+0.3s+1}$$

$$G_2(s)=\frac{7(s+2)}{s(s^2+2s+12)}$$

(1) 求系统的闭环极点,并且计算系统阻尼比。

(2) 求闭环系统的单位阶跃响应,计算 $\sigma\%$、t_r 与 t_s,并对系统的暂态响应给予评价。

3.19　用计算机程序求解如下连续时间线性系统特征方程的根,并求出各自的稳定条件。

(1) $s^3+3s^2+3s+1=0$

(2) $s^4+5s^3+2s^2+3s+2=0$

(3) $s^4+s^3+2s^2+2s+3=0$

(4) $s^5+125s^4+100s^3+100s^2+20s+10=0$

3.20　闭环控制系统的结构见图 P3.10,分析增益 K 对系统性能的影响($K=20$ 和 100 时,参考输入信号和扰动信号都是单位阶跃信号)。(用 Simulink 解答)

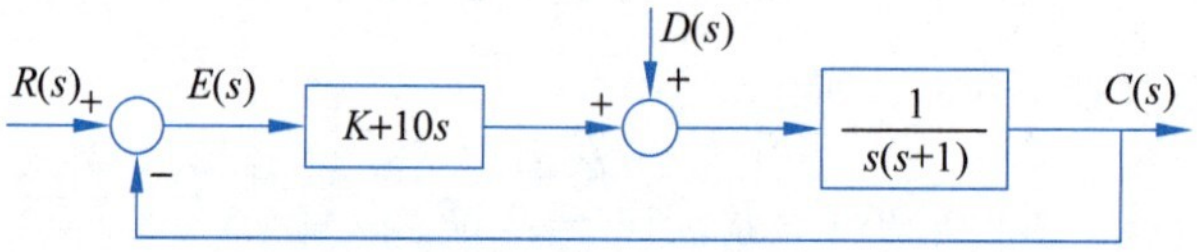

图 P3.10　题 3.20 图

3.21　已知一个单回路反馈控制系统的开环传递函数为

$$G(s)H(s)=\frac{K(s+5)}{s(s+2)(1+Ts)}$$

参数 K 和 T 构成以 K 为横轴 T 为纵轴的参数平面。试求出闭环系统渐近稳定时和不稳定时的 T、K 的参数范围,指出系统临界稳定的边界。

3.22　已知一个被控过程由以下状态方程描述

$$\frac{dx_1(t)}{dt}=x_1(t)-2x_2(t),\quad \frac{dx_2(t)}{dt}=10x_1(t)+u(t)$$

由状态反馈可得控制输入 $u(t)$ 为

$$u(t)=-k_1x_1(t)-k_2x_2(t)$$

其中,k_1,k_2 是实常数。试求出 k_1,k_2 的参数区域,使得闭环系统渐近稳定。

3.23　图 P3.11 是某控制系统的方块图,求使系统渐近稳定的 K-α 平面的参数区域(K 为纵轴,α 为横轴)。

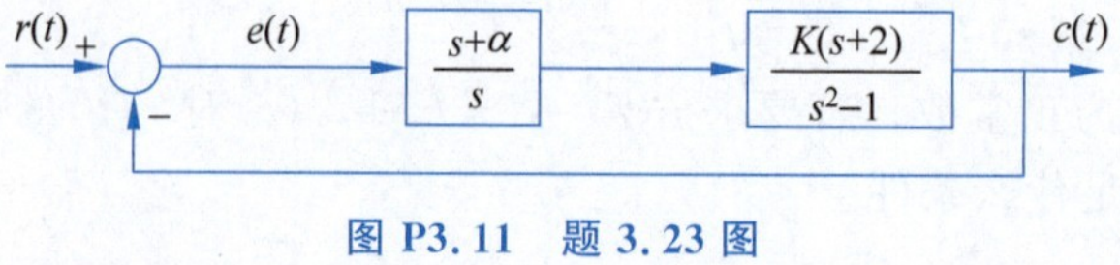

图 P3.11　题 3.23 图

3.24　航天飞机定向控制系统的有效载荷用纯质量 M 来模拟。磁性轴承将载荷悬挂起来使得控制过程中没有摩擦力。y 方向的载荷姿态由基座上的磁性传动器控制。磁传动

器产生的总推力为 $f(t)$。其他角度动作的控制相互间独立，这里不予考虑。因为在载荷上做实验，功率通过电缆送到载荷处。用弹簧弹性系数为 K_s 的线性弹簧来模拟电缆装置。控制 y 轴方向运动的动态系统模型如图 P3.12 所示。已知 y 方向的运动推力方程为

$$f(t)=K_s y(t)+M\frac{d^2y(t)}{dt^2}$$

其中，$K_s=0.5\text{N}\cdot\text{m/m}$，$M=500\text{kg}$。磁性传动器由状态反馈控制，则

$$f(t)=-K_p y(t)-K_d\frac{dy(t)}{dt}$$

(1) 试画出系统的功能方框图。

(2) 写出闭环系统的特征方程。

(3) 求使系统渐近稳定的 K_d-K_p 平面区域。

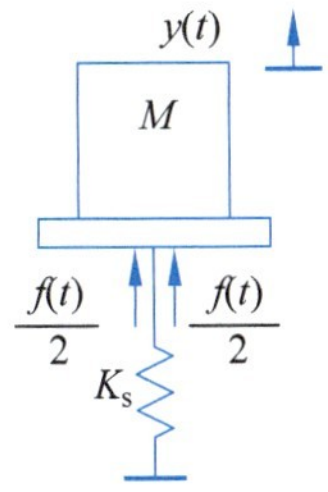

图 P3.12　题 3.24 图

3.25　已知反馈控制系统的方块图如图 P3.13 所示，误差信号为 $e(t)$。

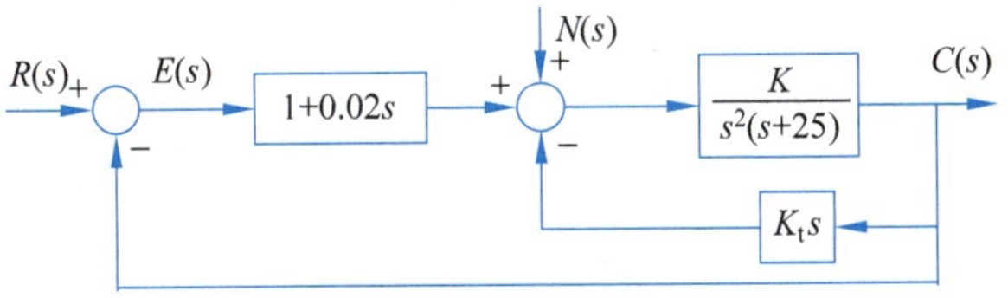

图 P3.13　题 3.25 图

(1) 在单位斜坡输入下求系统关于 K 和 K_t 的稳态误差。要使得到的答案有意义，K 和 K_t 要满足什么约束条件？这里令 $n(t)=0$。

(2) 当 $n(t)$是单位阶跃函数时，试求 $c(t)$的稳态值。令 $r(t)=0$，假设系统稳定。

3.26　已知导弹姿态控制系统的方框图如图 P3.14 所示。令输入为 $r(t)$，$d(t)$是扰动输入。讨论控制器 $G_c(s)$对系统稳态和暂态响应的影响。

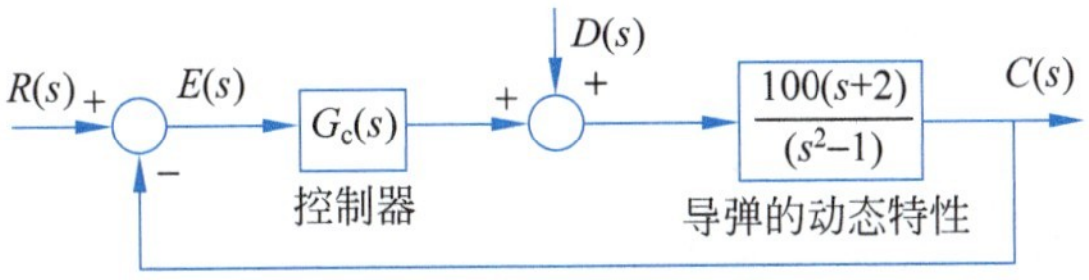

图 P3.14　题 3.26 图

(1) 令 $G_c(s)=1$。当 $r(t)$为单位阶跃输入时求系统的稳态误差，令 $d(t)=0$。

(2) 令 $G_c(s)=(s+\alpha)/s$。求 $r(t)$为单位阶跃输入时的稳态误差。

(3) 求出 $0\leqslant t\leqslant 0.5\text{s}$ 的系统单位阶跃响应。此时，$G_c(s)$同(2)，$\alpha=5,50,500$，假定初始条件为 0，记录不同 α 值时输出 $c(t)$的最大超调。可以使用计算机程序仿真，试解释控制器的 α 值变化对暂态响应的影响。

(4) 令 $r(t)=0$，$G_c(s)=1$。当 $d(t)=1(t)$时求 $c(t)$的稳态值。

(5) 令 $G_c(s)=(s+\alpha)/s$。当 $d(t)=1(t)$时求 $c(t)$的稳态值。

(6) 求出 $0\leqslant t\leqslant 0.5\text{s}$ 的系统单位阶跃响应。此时，$G_c(s)$同(5)，$r(t)=0$，$d(t)=1(t)$，$\alpha=5,50,500$，初始条件为 0。

(7) 说明控制器 α 值的变化对 $c(t)$和 $d(t)$的暂态响应的影响。

3.27 已知单位反馈控制系统的前向通道传递函数为

$$G(s)=\frac{1}{s(s+1)^2(1+T_p s)}$$

当 $T_p=0,0.5,0.707$ 时,计算并画出闭环系统的单位阶跃响应。假设初始条件为 0,可以使用计算机仿真程序,求出闭环系统临界稳定时 T_p 的临界值,说明 $G(s)$ 的极点 $s=-1/T_p$ 的作用。

第4章

根轨迹技术

……界著名学者——伊文思

沃尔……chard Evans，1920—1999）

……和根轨迹法的创

始……

……有十分重要的地位。

它……美国电信工程师沃

尔……天下，他的两篇论文

……n，AIEE Trans。Part

……System Synthesise by

……Part Ⅱ，69（1950）：

……完整理论。伊文思所

……及许多动态系统的稳定

……麦克斯韦和劳斯曾做过

……伊文思使用系统参数变化时特征方程根的变化轨迹来

……的研究方法。伊文思的根轨迹方法一提出即受到人们

……的名著《工程控制论》中专用两节介绍这一方法，并将

……

……加利福尼亚州，1941 年在密苏里州圣路易斯华盛顿大学

……在美国加州大学洛杉矶分校获得电气工程硕士学位。

……司，包括通用电气公司、罗克韦尔国际公司、福特航空公

司……尔教育集团合作出版了《控制系统动力学》一书。

由于他在控制领域的……出贡献，伊文思在 1987 年获得了美国机械工程师学会 Rufus Oldenburger 奖章，1988 年获得了美国控制学会 Richard E Bellman Control Heritage 奖章。

4.1 引言

通过前面章节的学习,我们已经阐述了线性控制系统闭环传递函数的零、极点对于系统动态性能的影响。特征方程的根即闭环传递函数的极点决定了系统的绝对和相对稳定性,而系统的暂态特性也与闭环传递函数的极点和零点有关。在第3章时域分析中已经知道,计算三阶以上的特征方程的根是很麻烦的,它将需要借助于计算机求解或MATLAB等仿真软件。

线性控制系统中常常需要研究当系统某些参数(通常为开环增益)发生变化时闭环系统特征方程的根在 s 复平面上的分布情况,简称根轨迹。利用根轨迹研究线性控制系统的性能称为根轨迹法。当改变增益或增加开环极点和(或)开环零点时,设计者可以利用根轨迹法预测其对闭环极点的影响,它是分析和设计线性定常控制系统的图解方法,使用十分简便,在某些情况下根轨迹技术比时域分析法更为方便,因此在工程实践中获得了广泛应用。

本章主要介绍根轨迹的基本概念,根轨迹与系统性能之间的关系,并从闭环系统与开环系统传递函数之间的关系推导出根轨迹方程,然后将复数形式的根轨迹方程转化为常用的相角条件和幅值条件,并应用这些条件由系统的开环传递函数绘制闭环控制系统的根轨迹,详细讲解了根轨迹绘制的八条法则,学习广义根轨迹、时滞系统等的根轨迹画法,通过举例学习如何利用MATLAB工具绘制系统的根轨迹。

4.1.1 根轨迹的基本概念

自动控制系统的性能主要由闭环特征方程的极点决定,1948年伊文思(Evans W R)首先提出了求解线性定常系统闭环特征方程根的简便图解法,即根轨迹法(root locus method)。借助此法可在已知系统的开环零、极点分布和系统在某项指定参数为参变量的条件下,依靠一些简单的规则用作图的方法求出闭环极点的分布,绘出闭环系统传递函数的极点在 s 平面上的轨迹,避免了复杂的数学计算,可方便地研究系统特征方程的根与系统参数之间的关系,并可全面了解控制系统的性能,这是经典控制理论最基本的方法。

下面举例说明根轨迹的相关概念。

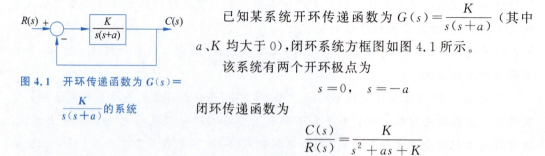

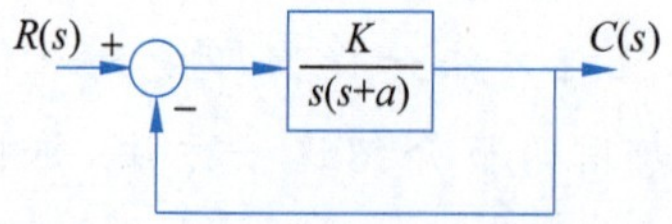

图4.1 开环传递函数为 $G(s)=\dfrac{K}{s(s+a)}$ 的系统

已知某系统开环传递函数为 $G(s)=\dfrac{K}{s(s+a)}$(其中 a、K 均大于0),闭环系统方框图如图4.1所示。

该系统有两个开环极点为

$$s=0,\quad s=-a$$

闭环传递函数为

$$\frac{C(s)}{R(s)}=\frac{K}{s^2+as+K}$$

于是得到系统的特征方程

$$s^2+as+K=0$$

因为 $a>0$ 和 $K>0$,所以二阶系统总是稳定的;但其暂态特性随参数变化,即随参变量 a、K 值的不同而变化。闭环系统特征根为

$$s_{1,2}=-\frac{a}{2}\pm\sqrt{\left(\frac{a}{2}\right)^2-K}$$

当 a、K 变化时，$s_{1,2}$ 也随之变化。这里只讨论 a 不变，K 变化的情况。

(1) 当 $K=0$ 时，闭环极点位于 $s_1=0$，$s_2=-a$ 处与系统开环传递函数的极点重合；

(2) 当 $0\leqslant K<\frac{a^2}{4}$ 时，闭环系统特征方程有两个不等的负实根 s_1、s_2，相当于过阻尼系统；

(3) 当 $K=\frac{a^2}{4}$ 时，闭环系统特征方程有两个相等的负实根 $s_1=s_2=-\frac{a}{2}$，相当于临界阻尼系统；

(4) 当 $\frac{a^2}{4}<K<\infty$ 时，闭环系统有一对左半 s 平面的共轭复根，其实部不变，相当于欠阻尼系统。

由此引出根轨迹的定义：系统的特征根随参数变化($0\leqslant K<\infty$)在 s 平面上移动的轨迹。利用根轨迹可分析控制系统的性能，图 4.2 即为上面所列举系统的根轨迹。

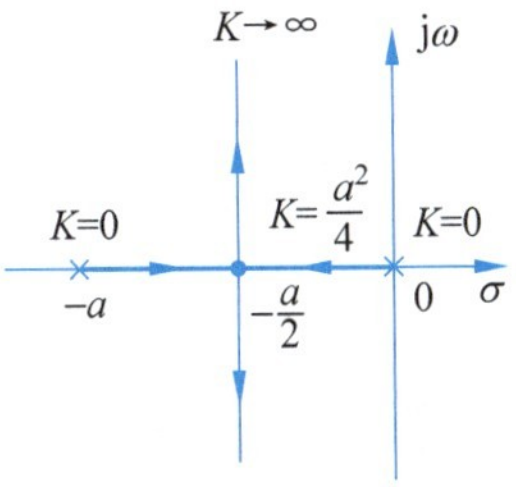

图 4.2 开环传递函数为 $G(s)=\frac{K}{s(s+a)}$ 的系统根轨迹

4.1.2 根轨迹方程

考查一典型负反馈控制系统如图 4.3 所示，其闭环传递函数为

$$\Phi(s)=\frac{G(s)}{1+G(s)H(s)} \tag{4.1}$$

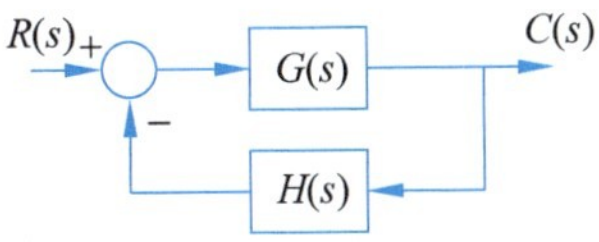

图 4.3 典型负反馈控制系统

将系统的开环传递函数写成零极点的形式为

$$G_0(s)=G(s)H(s)$$

$$=K^*\frac{\prod_{j=1}^{m}(s-z_j)}{\prod_{i=1}^{n}(s-p_i)},\quad n\geqslant m \tag{4.2}$$

其中，K^* 称为系统准增益或根轨迹增益，p_i 称系统开环传递函数的极点，z_j 称系统开环传递函数的零点。根轨迹是系统所有闭环极点的集合，为了用图解法确定所有闭环极点，先考查闭环系统的特征方程，即

$$1+G(s)H(s)=0 \tag{4.3}$$

或写为

$$K^*\frac{\prod_{j=1}^{m}(s-z_j)}{\prod_{i=1}^{n}(s-p_i)}=-1,\quad K^*\text{ 从 }0\to\infty \tag{4.4}$$

这就是根轨迹方程。实际使用时，根轨迹方程可表示为相角条件和幅值条件方程

$$\begin{cases}\angle G(s)H(s)=\pm(2k+1)\pi, & k=0,1,2,\cdots\\ |G(s)H(s)|=1\end{cases} \tag{4.5}$$

或表示为相角条件和幅值条件

$$\begin{cases} \sum_{j=1}^{m} \angle s - z_j - \sum_{i=1}^{n} \angle s - p_i = (2k+1)\pi, \quad k = 0, \pm 1, \pm 2 \cdots \\ K^* = \dfrac{\prod_{i=1}^{n} |s - p_i|}{\prod_{j=1}^{m} |s - z_j|} \end{cases} \tag{4.6}$$

应指出,相角条件是确定 s 平面上根轨迹的充分必要条件,绘制根轨迹时主要使用相角条件;而当需确定根轨迹上某点的增益 K^* 值时,才使用幅值条件。

4.2 根轨迹绘制的基本法则

根轨迹的绘制通常按照如下八条法则进行。

法则 1 根轨迹的起点和终点。

根轨迹起于系统的开环极点(n 条),终于系统的开环零点(m 条),另外 $n-m$ 条根轨迹分支趋于无穷远处的零点。其中,起点指 $K^*=0$ 时的根轨迹点,终点指 $K^* \to \infty$ 时的根轨迹点。

证明 根据闭环系统的特征方程 $1+G(s)H(s)=0$,有

$$\prod_{i=1}^{n}(s-p_i) + K^* \prod_{j=1}^{m}(s-z_j) = 0 \tag{4.7}$$

当 $K^*=0$ 时,由式(4.7)得到 $s=p_i(i=1,\cdots,n)$,即根轨迹始于系统的开环极点。

另外,特征方程可改写为

$$\frac{1}{K^*}\prod_{i=1}^{n}(s-p_i) + \prod_{j=1}^{m}(s-z_j) = 0 \tag{4.8}$$

当 $K^* \to \infty$ 时,得 $s=z_j(j=1,\cdots,m)$,即 m 条根轨迹终止于系统有限的 m 个开环零点。

再由幅值条件

$$\frac{\prod_{j=1}^{m}|s-z_j|}{\prod_{i=1}^{n}|s-p_i|} = \frac{1}{K^*} \tag{4.9}$$

可知,当 $K^* \to \infty$ 时,只有 $s \to \infty e^{j\varphi}$ 才能满足式(4.9)的幅值条件,即剩余的 $n-m$ 条根轨迹趋向无穷远处。 ■

法则 2 根轨迹的分支数、对称性和连续性。

根轨迹的分支数与开环有限极点数 n 相等,它们是连续且对称于实轴的。

证明 由根轨迹的概念知,根轨迹的分支数必与闭环特征方程根的数目一致,即必等于开环极点数 n。

当 K^* 从 $0 \to \infty$ 时,特征方程的某些系数也随之连续变化,因而特征方程根的变化也是连续的。因为特征方程的根或为实数或为共轭复数,所以必对称于实轴,因而作图时只需要

画实轴上半部分，另一半只要关于实轴对称即可画出。 ■

法则3 根轨迹在实轴上的分布。

实轴上的某一区域，若其右边开环零、极点个数之和为奇数，则该区域的实轴必是根轨迹。

证明 设某一系统开环零、极点分布如图4.4所示，s_0 是实轴上的某一测试点，θ_i 是各开环极点到 s_0 点向量的相角，φ_j 是各开环零点到 s_0 点向量的相角。由图可见，s_0 点左边开环实数零、极点到 s_0 点的向量相角为零，而 s_0 右边开环实数零极点到 s_0 点的向量相角均等于 π。于是有

$$\begin{aligned}&\sum_{j=1}^{m}\angle(s_0-z_j)-\sum_{i=1}^{n}\angle(s_0-p_i)\\&=\sum_{j=1}^{2}\angle(s_0-z_j)-\sum_{i=1}^{5}\angle(s_0-p_i)\\&=(\pi+0)-(\pi+\pi+0-\theta_4+\theta_5)\end{aligned}$$

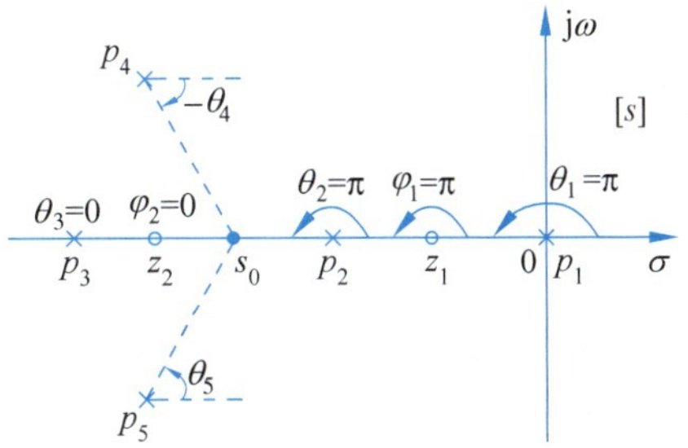

图4.4 实轴上的根轨迹

又因为对共轭复数零极点，有 $\theta_4=\theta_5$，所以，相角条件为

$$\sum_{j=1}^{m}\angle(s_0-z_j)-\sum_{i=1}^{n}\angle(s_0-p_i)=-\pi$$

满足 $(2k+1)\pi$；$k=0,\pm1,\pm2,\cdots$，于是该实轴上的实验点 s_0 在根轨迹上。 ■

对于图4.4的开环零极点分布，依本法则可知：实轴上 z_1 和 p_1 之间，z_2 和 p_2 之间，p_3 和 $-\infty$ 之间均是根轨迹的一部分。

法则4 根轨迹的渐近线。

当开环极点数 n 大于有限零点数 m 时，有 $n-m$ 条根轨迹分支沿着与实轴交角为 φ_a、交点为 σ_a 的一组渐近线趋向无穷远处，且有

$$\begin{cases}\varphi_a=\dfrac{(2k+1)\pi}{n-m}; \quad k=0,1,\cdots,n-m-1\\[2ex]\sigma_a=\dfrac{\sum\limits_{i=1}^{n}p_i-\sum\limits_{j=1}^{m}z_j}{n-m}\end{cases} \tag{4.10}$$

证明 对于位于渐近线上无穷远处的一点，从开环零、极点到这一点的向量的相角近似相等，故相角条件为

$$\sum_{j=1}^{m}\angle(s-z_j)-\sum_{i=1}^{n}\angle(s-p_i)\approx m\varphi_a-n\varphi_a=\pm(2k+1)\pi$$

为此，渐近线的方位角为

$$\varphi_a=\pm\frac{(2k+1)\pi}{n-m} \tag{4.11}$$

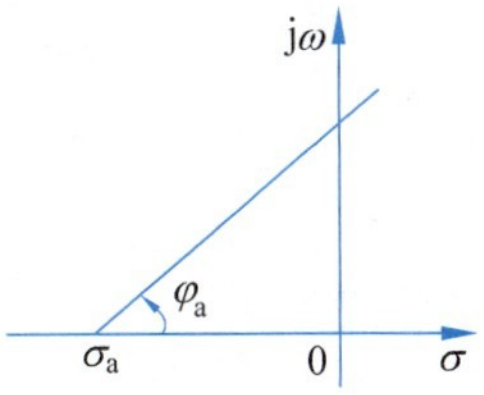

图4.5 根轨迹的渐近线

设无限远处有特征根实验点 s_0，则

$$|s_0-z_j|\approx|s_0-p_i|$$

于是可以认为，对于无限远闭环极点 s_0 而言，所有开环零、极点都汇集在一点，相当于有某条渐近线与实轴交点为 σ_a，图4.5所示即表示根轨迹的渐近线。

由幅值条件,有

$$\left|\frac{\prod_{j=1}^{m}(s-z_j)}{\prod_{i=1}^{n}(s-p_i)}\right|=\left|\frac{s^m+\left(\sum_{j=1}^{m}-z_j\right)s^{m-1}+\cdots+\left(\prod_{j=1}^{m}-z_j\right)}{s^n+\left(\sum_{i=1}^{n}-p_i\right)s^{n-1}+\cdots+\left(\prod_{j=1}^{n}-p_i\right)}\right|=\frac{1}{K^*} \tag{4.12}$$

显然当 $s=s_0\to\infty$ 时,有

$$z_j\approx p_i\approx\sigma_a$$

于是,由式(4.12)得到

$$\left|\frac{1}{(s-\sigma_a)^{n-m}}\right|=\left|\frac{1}{s^{n-m}+\left[\left(\sum_{i=1}^{n}-p_i\right)-\left(\sum_{j=1}^{m}-z_i\right)\right]s^{n-m-1}+\cdots}\right|=\frac{1}{K^*}$$

令上式分母两边 s^{n-m-1} 项的系数相等,即

$$(n-m)\sigma_a=\sum_{i=1}^{n}p_i-\sum_{j=1}^{m}z_j$$

于是有

$$\sigma_a=\frac{\sum_{i=1}^{n}p_i-\sum_{j=1}^{m}z_j}{n-m} \tag{4.13}$$

又因为 p_i,z_j 是实数或共轭复数,所以渐近线方位 σ_a 在实轴上。 ■

法则 5 根轨迹的分离点、会合点及分离角、会合角。

两条或两条以上根轨迹分支在 s 平面上相遇而又立即分开的点称分离点(或会合点)。分离点(或会合点)既可在实轴上,也可以位于复平面上;如果位于复平面上,则是以共轭复数对的形式出现。其中分离点(或会合点)坐标 d 可按下式计算

$$\sum_{j=1}^{m}\frac{1}{d-z_j}=\sum_{i=1}^{n}\frac{1}{d-p_i} \tag{4.14}$$

式中,z_j 为各开环零点的值,p_i 为各开环极点的值。分离角为 $(2k+1)\pi/l$,其中,l 为趋向或离开分离点(或会合点)的根轨迹分支数。如 $l=2$,则分离角(或会合角)为直角。该结论的证明可参阅相关文献资料。

分离点(或会合点)d 的另一种计算方法是在闭环系统的特征方程中令 $\frac{dK^*}{ds}=0$,若对应于某个增益 K,由于分离点(或会合点)是重根的点,为此 $\frac{dK^*}{ds}=0$ 的根也在根轨迹上,则这些根必为分离点(或会合点)d。

证明 因为闭环系统的特征方程可以表示为

$$1+\frac{K^*M(s)}{D(s)}=0$$

其中,$M(s)=\prod_{j=1}^{m}(s-z_j)$,$D(s)=\prod_{i=1}^{n}(s-p_i)$,令闭环系统的特征多项式为

$$f(s)=K^*M(s)+D(s)$$

因为分离点(或会合点)对应特征方程的重根,所以有

$$\begin{cases} f(s)\big|_{s=d}=0 \\ \left.\dfrac{\mathrm{d}f(s)}{\mathrm{d}s}\right|_{s=d}=0 \end{cases} \tag{4.15}$$

由式(4.15)消去 K^*,可得

$$M(s)D'(s)-M'(s)D(s)=0$$

为此,有

$$\frac{\mathrm{d}K^*}{\mathrm{d}s}=-\frac{M(s)D'(s)-M'(s)D(s)}{M^2(s)}=0 \tag{4.16}$$

这就证明了在分离点(或会合点)处 $\dfrac{\mathrm{d}K^*}{\mathrm{d}s}=0$。 ■

例 4.1 求开环传递函数为 $G_0(s)=\dfrac{K}{s(s+1)(s+2)}$ 的单位负反馈系统的根轨迹。

解 由开环传递函数知,系统有 0 个有限开环零点,有 3 个开环极点 $p_1=0, p_2=-1, p_3=-2$。由此,可求出渐近线与实轴的交角 φ_a 和交点 σ_a 分别为

$$\varphi_a=\frac{\pm(2k+1)\pi}{3}=\pm60°, +180°,$$

$$\sigma_a=\frac{(-1)+(-2)}{3}=-1$$

而闭环系统的特征方程为

$$K=-s(s+1)(s+2)$$

令 $\dfrac{\mathrm{d}K}{\mathrm{d}s}=0$,得到 $3s^2+6s+2=0$,此方程的解为 $s_1=-0.423, s_2=-1.577$,通过计算,$K(-0.423)=0.38570>0$。为此,$s_1=-0.423$ 是会合点(或分离点);而 $K(-1.577)<0$,所以 $s_2=-1.577$ 不是会合点(或分离点),应舍去。会合角(或分离角)为 90°(即垂直于实轴),画出根轨迹图如图 4.6 所示。

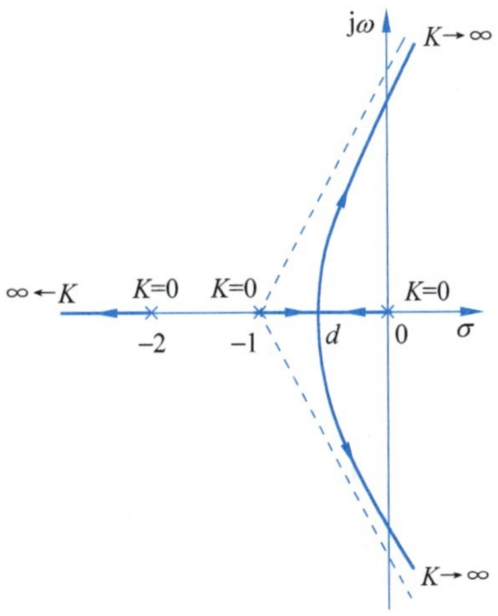

图 4.6 开环传递函数 $G_0(s)=\dfrac{K}{s(s+1)(s+2)}$ 的单位反馈系统的根轨迹

如果本例按 $\sum\dfrac{1}{d-p_i}=\sum\dfrac{1}{d-z_j}$ 计算分离点,有

$$\frac{1}{d}+\frac{1}{d+1}+\frac{1}{d+2}=0$$

法则 6 根轨迹的出射角和入射角。

根轨迹离开开环复数极点处的切线与实轴的夹角称为出射角,以 θ_{p_i} 标志。根轨迹进入开环复数零点处的切线与实轴的夹角称为入射角,以 φ_{z_i} 标志。其中,θ_{p_i}、φ_{z_i} 可按如下相角条件关系求出

$$\theta_{p_i}=(2k+1)\pi+\left(\sum_{j=1}^{m}\varphi_{z_jp_i}-\sum_{\substack{j=1\\(j\neq i)}}^{n}\theta_{p_jp_i}\right),\quad k=0,\pm1,\pm2,\cdots \tag{4.17}$$

$$\varphi_{z_i}=(2k+1)\pi+\left(\sum_{j=1}^{n}\theta_{p_jz_i}-\sum_{\substack{j=1\\(j\neq i)}}^{m}\varphi_{z_jz_i}\right),\quad k=0,\pm1,\pm2,\cdots \tag{4.18}$$

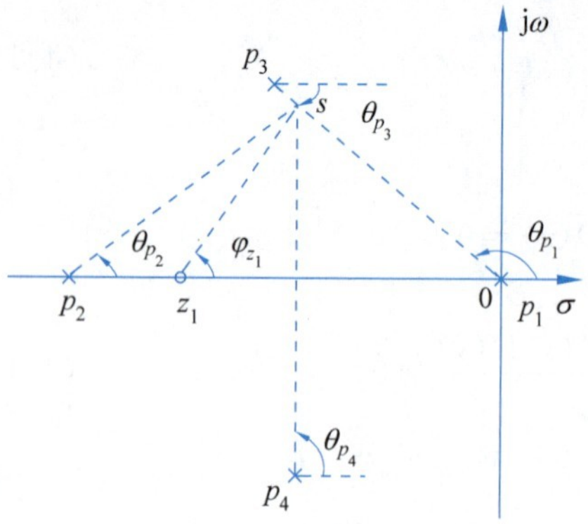

图 4.7 根轨迹的出(入)射角

证明 某一系统开环零极点分布如图 4.7 所示,设根轨迹上一实验点 s_0 距 p_3 很近,可认为 $\angle(s_0-p_3)$ 即为 p_3 处的出射角,所有开环零、极点到 s_0 点的向量相角 $\varphi_{z_j s_0}$、$\theta_{p_j s_0}$ 都可以用它们到 p_3 的向量角 $\varphi_{z_j p_3}$,$\theta_{p_j p_3}$ 来代替。

由于 s_0 在根轨迹上,由相角条件得

$$\varphi_{z_1}-(\theta_{p_1}+\theta_{p_2}+\theta_{p_3}+\theta_{p_4})=(2k+1)\pi,\quad k=0,\pm1,\pm2,\cdots$$

所以

$$\theta_{p_3}=(2k+1)\pi+\varphi_{z_1}-(\theta_{p_1}+\theta_{p_2}+\theta_{p_4}),\quad k=0,\pm1,\pm2,\cdots$$

或根轨迹的出射角写成一般式

$$\theta_{p_i}=(2k+1)\pi+\left(\sum_{j=1}^{m}\varphi_{z_j p_i}-\sum_{\substack{j=1\\ j\neq i}}^{n}\theta_{p_j p_i}\right),\quad k=0,\pm1,\pm2,\cdots$$

同理可得根轨迹的入射角为

$$\varphi_{z_i}=(2k+1)\pi+\left(\sum_{j=1}^{n}\theta_{p_j z_i}-\sum_{\substack{j=1\\ (j\neq i)}}^{m}\varphi_{z_j z_i}\right),\quad k=0,\pm1,\pm2,\cdots$$ ■

法则 7 根轨迹与虚轴的交点。

若根轨迹与虚轴相交,则交点上的 K^* 和对应的 ω 值可用劳斯稳定判据求得,或者令特征方程中 $s=\mathrm{j}\omega$,然后分别使复数方程的实部和虚部为零而求得。

法则 8 根轨迹之和及走向。

系统开环传递函数为

$$G(s)H(s)=\frac{K^*\prod_{j=1}^{m}(s-z_j)}{\prod_{i=1}^{n}(s-p_i)}$$

闭环特征方程为

$$K^*\prod_{j=1}^{m}(s-z_j)+\prod_{i=1}^{n}(s-p_i)=0 \tag{4.19}$$

可将闭环特征多项式表示为

$$\begin{aligned}K^*\prod_{j=1}^{m}(s-z_j)+\prod_{i=1}^{n}(s-p_i)&=s^n+a_{n-1}s^{n-1}+\cdots+a_1s+a_0=\prod_{i=1}^{n}(s-s_i)\\&=s^n+\left(\sum_{i=1}^{n}-s_i\right)s^{n-1}+\cdots+\left(\prod_{i=1}^{n}-s_i\right)\end{aligned} \tag{4.20}$$

其中,s_i 为闭环特征根;$\prod_{i=1}^{n}-s_i$ 为其常数项;如果在 $n-m\geqslant 2$ 条件下,特征方程式(4.20)中的第二项 s^{n-1} 的系数与 K^* 无关,无论 K^* 取何值,总有

$$\sum_{i=1}^{n} -s_i = \sum_{i=1}^{n} -p_i \tag{4.21}$$

而特征方程的常数项为

$$\prod_{i=1}^{n}(-s_i) = \prod_{i=1}^{n}(-p_i) + K^* \prod_{j=1}^{m}(-z_j) \tag{4.22}$$

当开环极点 p_i 确定时，此时 $\sum_{i=1}^{n} -s_i = \sum_{i=1}^{n} -p_i =$常数。这表明，随着 K^* 变化，闭环系统一些特征根增大时，必有一些特征根要减小。这表明在 s 平面上一些根轨迹向右移动时，另一些根轨迹必向左移动。

例 4.2　某系统的特征方程为 $1+\dfrac{K}{s^4+12s^3+64s^2+128s}=0$，画出系统的根轨迹。

解　开环传递函数改写为

$$G_0(s)=\frac{K}{s(s+4)(s+4+\mathrm{j}4)(s+4-\mathrm{j}4)}$$

(1) 渐近线。

由开环传递函数知，系统有四个开环极点，即 0，-4，$-4-\mathrm{j}4$，$-4+\mathrm{j}4$；没有开环零点。所以渐近线与实轴的交角 φ_a 与交点 σ_a 分别为

$$\varphi_a=\frac{(2k+1)\pi}{4},\quad k=0,1,2,3$$

得到四条渐近线方位为 $\varphi_a=+45°,135°,225°,315°$，或写为 $\varphi_a=\pm45°,\pm135°$ 而渐近线与实轴交点的位置为 $\sigma_a=\dfrac{0-4-4-4}{4}=-3$。

(2) 与虚轴交点。

特征方程化简为

$$s^4+12s^3+64s^2+128s+K=0$$

列写劳斯表如表 4.1 所示。

表 4.1　例 4.2 的劳斯表

s^4	1	64	K
s^3	12	128	
s^2	53.33	K	
s^1	$\dfrac{53.33\times128-12K}{53.33}$		
s^0	K		

令劳斯表 4.1 中的 s^1 行系数为 0，得根轨迹与虚轴交点对应的比例增益为

$$K=568.89$$

将 $K=568.89$ 代入 s^2 行，根据 s^2 行的系数，得到如下辅助方程

$$53.33s^2+568.89=53.33(s^2+10.67)=53.33(s+\mathrm{j}3.266)(s-\mathrm{j}3.266)$$

于是根轨迹与虚轴交点位置为

$$s=\pm\mathrm{j}3.266$$

或将 $s=\mathrm{j}\omega$ 代入特征方程得实部和虚部分别为 0 的方程为

$$\begin{cases}\omega^4-64\omega^2+K=0\\12\omega^2-128=0\end{cases}\Rightarrow\begin{cases}K=568.89\\\omega=\pm3.266\end{cases}$$

显然,两种方法的计算结果是相同的。

(3) 分离点。

这里用估计法,因为系统特征方程可写为

$$K=-s(s+4)(s+4+\mathrm{j}4)(s+4-\mathrm{j}4)$$

由实轴上的根轨迹法则,知道分离点在 0～−4 之间,当 K 由 0 逐步增大时,在实轴分离点处 K 应为最大,s 取不同值时,对应的 K 值如表 4.2 所示。由表 4.2 粗略估计出分离点在 $s=-1.5$,$K=85$ 处。

表 4.2 例 4.2 分离点的确定

s	−4	−3	−2.5	−2	−1.5	−1	0
K	0	51	68.5	80	85	75	0

(4) 出射角。

考查复极点 $p_1=-4+\mathrm{j}4$ 点的出射角,由系统开环零极点分布及相角条件得

$$\theta_{p_1}+90°+90°+135°=180°$$

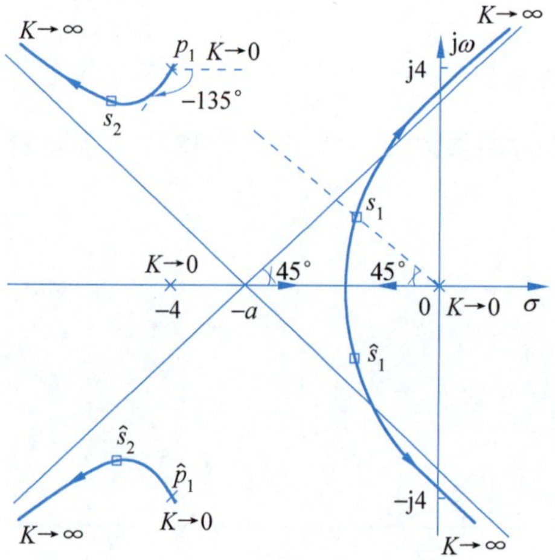

图 4.8 例 4.2 系统的根轨迹图

于是得到极点 $p_1=-4+\mathrm{j}4$ 的出射角为 $\theta_{p_1}=-135°$,或 $=+225°$。

综合根轨迹的作图法则,画出系统根轨迹图如图 4.8 所示。

(5) 确定闭环极点。

在绘制出闭环系统的根轨迹图之后,对于某一增益 K 下的闭环极点可由幅值条件试探确定,即在系统根轨迹图上取一个试探点 s_1 代入已知增益下的幅值方程,如果方程两侧平衡,s_1 即为系统在该增益下的闭环极点。

例如,要确定阻尼比 $\zeta=\cos45°=\sqrt{2}/2=0.707$ 所对应的闭环极点及相应的开环增益,如图 4.8 所示,在 s 平面上作阻尼角为 $\beta=45°$ 的等阻尼线,与根轨迹相交于 s_1 点,容易求得 $s_1=-1.34+\mathrm{j}1.34$,代入幅值方程得

$$K=|s_1||s_1+4||s_1+4+\mathrm{j}4||s_1+4-\mathrm{j}4|\approx1.9\times2.9\times3.8\times6.0=126$$

如果要精确计算,可令 $s_1=-a+\mathrm{j}a=\sqrt{2}a\mathrm{e}^{\mathrm{j}135°}$ 代入特征方程即可计算出一对共轭复根 $s_1=\sigma_1+\mathrm{j}\omega_1$,$\hat{s}_1$ 和对应的开环增益 K。

该系统的另外一对闭环极点 $s_2=\sigma_2+\mathrm{j}\omega_2$,$\hat{s}_2$,可利用长除法或根与系数的关系确定,即

$$\begin{cases}\sum_{i=1}^{n}-s_i=\sum_{i=1}^{n}-p_i \quad \to(s_1+\hat{s}_1+s_2+\hat{s}_2)=-(0+4+4+4)=-12\\\prod_{i=1}^{n}(-s_i)=\prod_{i=1}^{n}(-p_i)+K\prod_{j=1}^{m}(-z_j)=K=126 \quad \to s_1\cdot\hat{s}_1\cdot s_2\cdot\hat{s}_2=K=126\end{cases}$$

这里，$\prod_{i=1}^{n}(-p_i)=0$，$\prod_{j=1}^{m}(-z_j)=1$。

从图 4.8 可以概略看出，因为 s_2、$\hat{s}_2$ 的实部比 s_1、$\hat{s}_1$ 大 5 倍以上，所以 s_1、$\hat{s}_1$ 为主导极点。闭环系统的单位阶跃响应应为

$$c(t)=1+C_1e^{-\sigma_1 t}\sin(\omega_1 t+\theta_1)+C_2e^{-\sigma_2 t}\sin(\omega_2 t+\theta_2)$$
$$\approx 1+C_1e^{-\sigma_1 t}\sin(\omega_1 t+\theta_1)$$

这里，非主导极点部分 $C_2\,e^{-\sigma_2 t}\sin(\omega_2 t+\theta_2)$可忽略不计。

MATLAB 源程序如下：

```
num = 1;
den = [1 12 64 128 0];
rlocus(num,den)
v = [ - 8 2  - 8 8];
axis(v)
v = [0.1, 0.2 ,0.3, 0.4, 0.5 ,0.707, 0.9, 1.0];
w = [1,2,3,4,5,6,7,8];
sgrid(v,w)
title('root locus plot of G(S)')
[k,s] = rlocfind(num,den)

selected_point =
           - 1.3448 + 1.3354i
k =
   126.274
s =
  - 4.6659 + 3.7119i
  - 4.6659 - 3.7119i
  - 1.3341 + 1.3313i
  - 1.3341 - 1.3313i
```

对应的由 MATLAB 绘制的根轨迹及闭环极点如图 4.9 所示。可以用鼠标确定根轨迹上任意一点对应的比例增益和对应的闭环特征值。

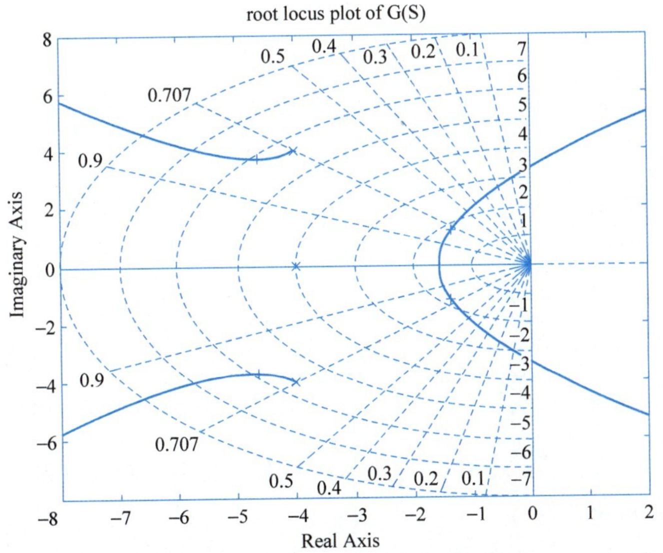

图 4.9　例 4.2 系统的根轨迹图

例 4.3 某单位负反馈系统的开环传递函数为 $G(s)=\dfrac{K(s+2)}{s^2+2s+3}$,系统方框图如图 4.10 所示,试画出系统的根轨迹图。

解 由系统的开环传递函数求得系统的开环极点为

$$p_{1,2}=-1\pm \mathrm{j}\sqrt{2}$$

开环零点为 $z=-2$,闭环系统的特征方程为

$$1+\frac{K(s+2)}{s^2+2s+3}=0$$

或

$$K=-\frac{s^2+2s+3}{s+2}$$

令

$$\frac{\mathrm{d}K}{\mathrm{d}s}=-\frac{(2s+2)(s+2)-(s^2+2s+3)}{(s+2)^2}=0$$

解得分离点

$$s=-3.732(\text{对应 }K=5.46)\quad \text{或}\quad s=-0.268(\text{对应 }K=1.46)$$

由根轨迹在实轴上的分布可判断,分离点必小于-2,所以 $s=-3.732$ 是根轨迹的分离点,$s=-0.268$ 不是分离点,应舍去。

下面求根轨迹的出射角。由相角条件有

$$\varphi_z-(\theta_{p_1}+\theta_{p_2})=\pm(2k+1)\pi$$

得到开环复数极点 $p_1=-1+\mathrm{j}\sqrt{2}$ 的出射角为

$$\theta_{p_1}=180^\circ+\varphi_z-\theta_{p_2}\approx 180^\circ+55^\circ-90^\circ=145^\circ$$

由根轨迹的绘图法则,可画出系统根轨迹如图 4.11 所示。

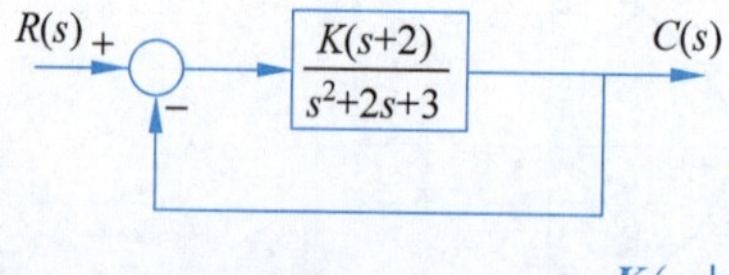

图 4.10 开环传递函数为 $G(s)=\dfrac{K(s+2)}{s^2+2s+3}$ 的单位负反馈系统

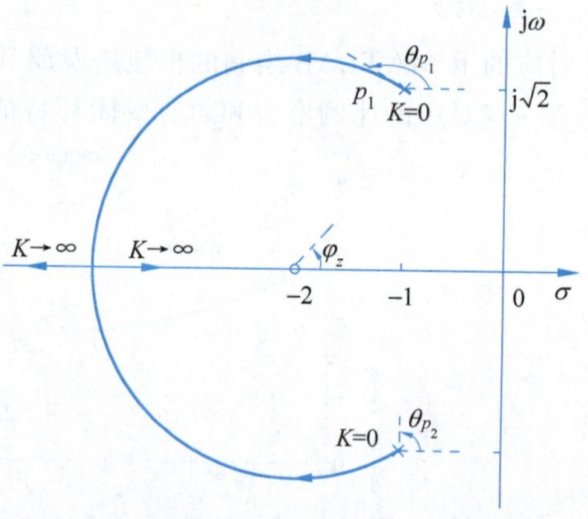

图 4.11 开环传递函数为 $G(s)=\dfrac{K(s+2)}{s^2+2s+3}$ 单位负反馈系统的根轨迹图

实际上,此例中根轨迹在实轴以外复平面上的部分是一个圆的方程,证明如下。

证明 因为相角条件为

$$\angle(s+2)-\angle(s+1-\mathrm{j}\sqrt{2})-\angle(s+1+\mathrm{j}\sqrt{2})=\pm(2k+1)\pi$$

将 $s=\sigma+\mathrm{j}\omega$ 代入得

$$\arctan\left(\frac{\omega}{\sigma+2}\right)-\arctan\left(\frac{\omega-\sqrt{2}}{\sigma+1}\right)-\arctan\left(\frac{\omega+\sqrt{2}}{\sigma+1}\right)=\pm(2k+1)\pi$$

即

$$\arctan\left(\frac{\omega-\sqrt{2}}{\sigma+1}\right)+\arctan\left(\frac{\omega+\sqrt{2}}{\sigma+1}\right)=\arctan\left(\frac{\omega}{\sigma+2}\right)\pm(2k+1)\pi$$

利用三角公式 $\tan(x\pm y)=\dfrac{\tan x\pm\tan y}{1\mp\tan x\cdot\tan y}$，得

$$\tan\left[\arctan\left(\frac{\omega-\sqrt{2}}{\sigma+1}\right)+\arctan\left(\frac{\omega+\sqrt{2}}{\sigma+1}\right)\right]=\tan\left[\arctan\left(\frac{\omega}{\sigma+2}\right)\pm\pi(2k+1)\right]$$

即

$$\frac{\dfrac{\omega-\sqrt{2}}{\sigma+1}+\dfrac{\omega+\sqrt{2}}{\sigma+1}}{1-\left(\dfrac{\omega-\sqrt{2}}{\sigma+1}\right)\left(\dfrac{\omega+\sqrt{2}}{\sigma+1}\right)}=\frac{\dfrac{\omega}{\sigma+2}\pm0}{1\mp\dfrac{\omega}{\sigma+2}\times0}$$

化简得

$$(\sigma+2)^2+\omega^2=(\sqrt{3})^2$$

上式为一圆的方程，圆心在 $\sigma=-2,\omega=0$，即在开环零点处；半径为$\sqrt{3}$，或为$|p_1-z|$。

一般只有这类简单方程才能导出根轨迹的解析解，对复杂系统不应尝试推导解析解，通常精确的根轨迹作图计算可以采用 MATLAB 仿真软件完成。

例 4.4 利用 MATLAB 做出系统的根轨迹图，系统结构如图 4.12 所示。

解 采用计算机仿真技术很容易绘制根轨迹图。

MATLAB 源程序如下

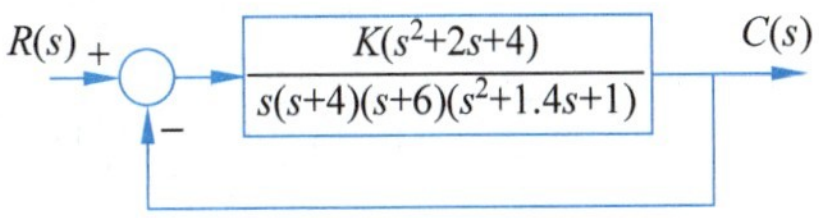

图 4.12 例 4.4 系统方框图

```
% Root - locus plot
num = [1 2 4];                          % 分子
den = [1 11.4 39 43.6 24 0];            % 分母
rlocus(num,den)
v = [ - 10 5  - 10 10];
axis(v)
grid
title('root locus plot of G(s)')
```

运行上述程序后得到系统的根轨迹如图 4.13 所示。

例 4.5 用 MATLAB 画出开环传递函数为 $G(s)=\dfrac{K(s+1)}{s(s-1)(s^2+4s+16)}$ 的单位负反馈系统以方形纵横比表示的根轨迹图。

解 MATLAB 程序如下，根轨迹如图 4.14 所示。

```
num = [0 0 0 1 1];
den = [1 3 12  - 16 0];
rlocus(num,den);
v = [ - 17 4  - 8 8];
axis(v);
v = [0.1,0.2,0.3,0.4,0.5,0.6,0.707,0.8,0.85,0.9,0.94,0.97,0.99,1.0];
w = [1:16];
sgrid(v,w)
```

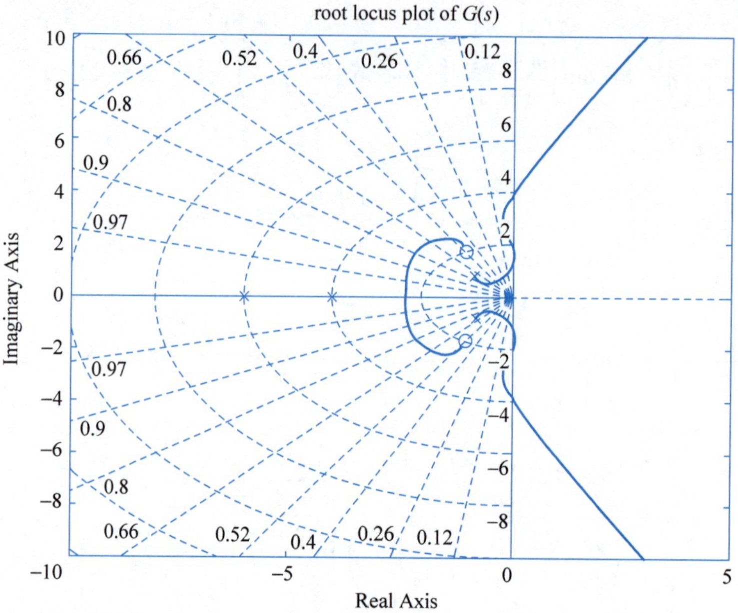

图 4.13 例 4.4 系统根轨迹图

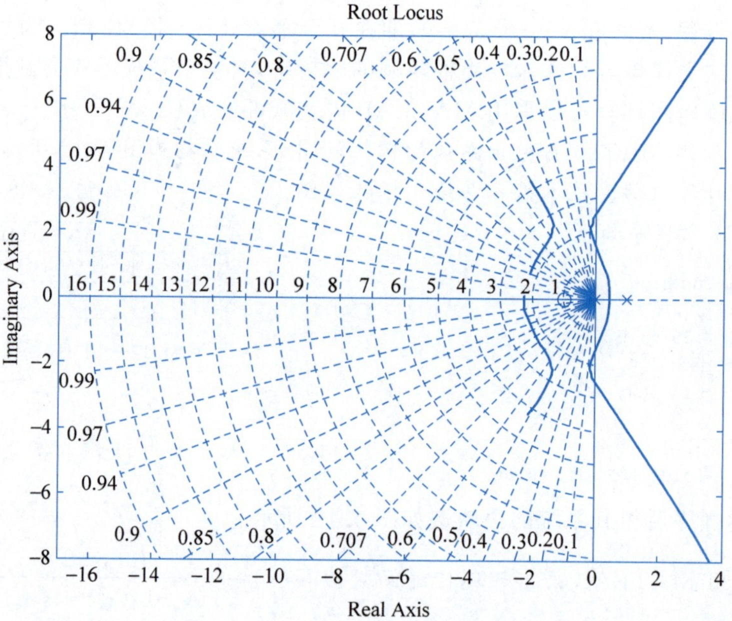

图 4.14 例 4.5 系统根轨迹图

例 4.6 用 MATLAB 画出开环传递函数为 $G(s)=\dfrac{K(s+2)^2}{(s^2+4)(s+5)^2}$ 的单位负反馈系统用符号"o"表示的根轨迹图。

解 MATLAB 程序如下,根轨迹如图 4.15 所示。

```
num = [0 0 1 4 4];
den = [1 10 29 40 100];
```

```
rlocus(num,den,'-o');                          %带"o"的根轨迹图
v=[-8 2 -6 6];
axis(v);
grid
```

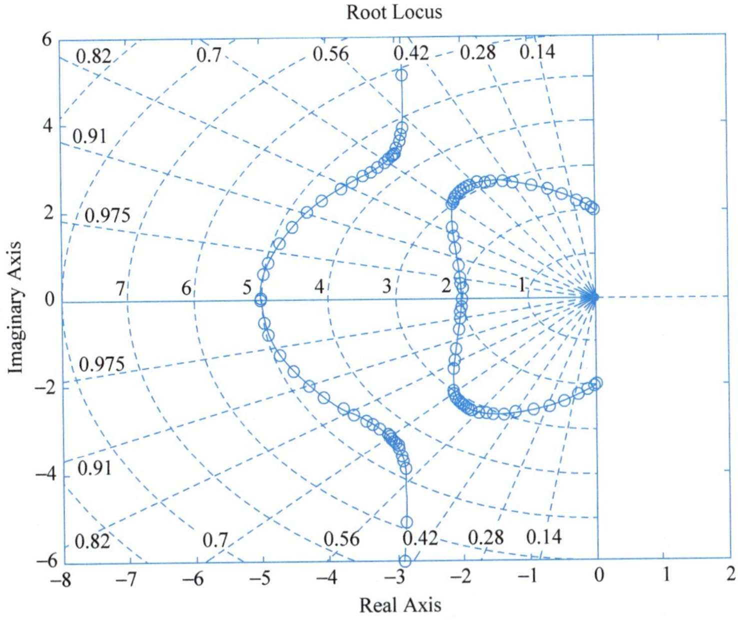

图 4.15　例 4.6 系统根轨迹图

例 4.7　自行定义一外部函数 mult()来一次性地求出若干多项式的连乘积。

解　该函数的 MATLAB 程序如下

```
function a=mult(a1,a2,a3,a4,a5,a6,a7,a8,a9,a10)
a=a1;
for i=2:nargin                              % nargin 函数中实际输入变量个数
eval(['a=conv(a,a' int2str(i) ');']);
end
```

例如,已知传递函数 $G(s)=\dfrac{10(s+1)}{s(3s+1)(6s+1)}$,调用外部函数 mult()的语句如下:

```
num=[10,10]
den=mult([1,0],[3,1],[6,1])
```

运行结果为

```
num=10 10
den=18 9 1 0
```

例 4.8　利用 MATLAB 作出系统的根轨迹图,已知系统开环传递函数为 $G_0(s)=\dfrac{K}{(s+1)(s+5)(s+7)}$。

解　MATLAB 源程序如下:

```
a=1; b=mult([1,1],[1,5],[1,7]);
rlocus(a,b)
r=[0.1,0.2,0.3,0.4,0.5,0.6,0.7,0.8,0.9];     %阻尼比ζ
```

```
w=[1,2,3,4,5,6,7,8,9];                         % 自然振荡频率 ωn
sgrid(r,w)
v=[-8 2 -9 9];
axis(v)
[k,p]=rlocfind(a,b)
    selected_point =
       -0.4289 + 5.9534i
    k =
      171.7297
    p =
      1.7037 + 4.9709i
      1.7037 - 4.9709i
      -5.2146
      -1.1927
```

运行上述程序后得到闭环系统根轨迹如图 4.16 所示。可以用鼠标确定根轨迹上任意一点对应的比例增益和对应的闭环特征值。

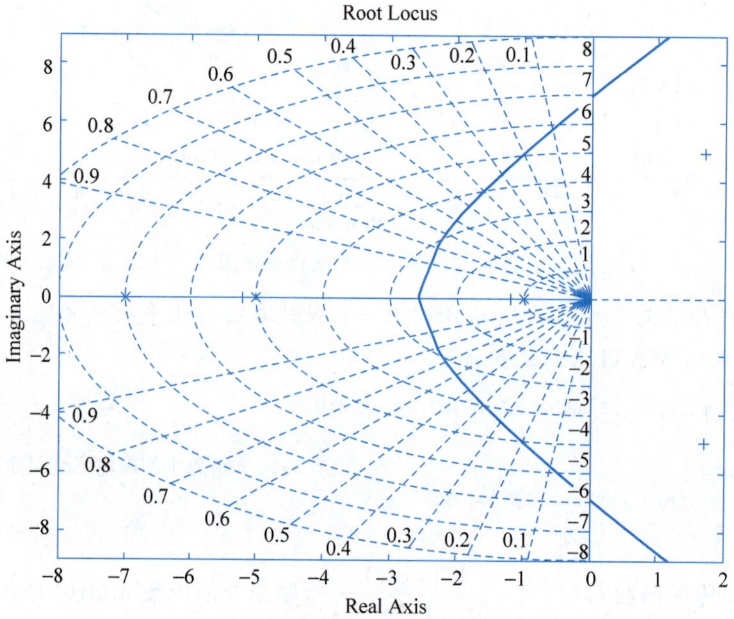

图 4.16 例 4.8 系统根轨迹

4.3 广义根轨迹

在控制系统中,除根轨迹增益 K^* 可作为参数以外,其他非 K^* 参数变化情形下的根轨迹统称为广义根轨迹。如系统的时间常数 T 变化的参数根轨迹。通常,将负反馈系统中 K^* 变化的根轨迹叫作常规根轨迹。

4.3.1 参数根轨迹

以非开环增益为可变参数绘制的根轨迹称为参数根轨迹,以区别于开环增益 K 为可变参数的常规根轨迹。

绘制参数根轨迹的法则与绘制常规根轨迹的法则完全相同，只要在绘制参数根轨迹之前，引入等效单位反馈系统和等效传递函数概念，则常规根轨迹的所有绘制方法均适用于参数根轨迹的绘制。

例 4.9　某一负反馈系统开环传递函数为

$$G_1(s)H_1(s)=\frac{K}{s(s+1)(s+2)}$$

加入一比例微分环节后开环传递函数为

$$G(s)H(s)=\frac{K(1+Ts)}{s(s+1)(s+2)}$$

求微分时间常数 T 变化时系统的根轨迹。

解　系统特征方程为

$$s(s+1)(s+2)+K(1+Ts)=0 \tag{4.23}$$

先令 $T=0$，特征方程变为

$$1+\frac{K}{s(s+1)(s+2)}=0 \tag{4.24}$$

由此可画出常规根轨迹如图 4.17 所示。

当 $T\neq 0$ 时，式(4.23)改写为

$$1+\frac{TKs}{s(s+1)(s+2)+K}=0 \tag{4.25}$$

即

$$1+TG'_0(s)=0 \tag{4.26}$$

其中，等效开环传递函数为

$$G'_0(s)=\frac{Ks}{s(s+1)(s+2)+K} \tag{4.27}$$

易知，等效开环传递函数式(4.27)的极点和式(4.24)的特征根相同，这说明式(4.27)的根轨迹族的起点都在式(4.24)的根轨迹上。

首先求参数根轨迹的渐近线。由等效开环传递函数有

$$\varphi'_{\mathrm{a}}=\frac{\pm(2k+1)\pi}{3-1}=\pm\frac{\pi}{2}$$

$$\sigma'_{\mathrm{a}}=\frac{\sum_{i=1}^{n}p'_i-\sum_{j=1}^{m}z'_j}{3-1}=\frac{-3}{3-1}=-1.5$$

注：这是由于原系统特征方程为 $s^3+3s^2+2s+K=0$，利用根与系数的关系可得，$\sum_{i=1}^{3}p'_i=-3$，$\sum_{j=1}^{0}z'_j=0$，由此得到 $\sigma'_{\mathrm{a}}=-1.5$。

画出该系统的参数根轨迹族如图 4.18 的实线所示。

相对图 4.17 所示的系统而言，图 4.18 所示系统的根轨迹向左移动了，所以控制系统中加入适当的微分环节，可以改善系统相对稳定性及暂态特性。该例子的 MATLAB 程序如下，根轨迹如图 4.19 所示。

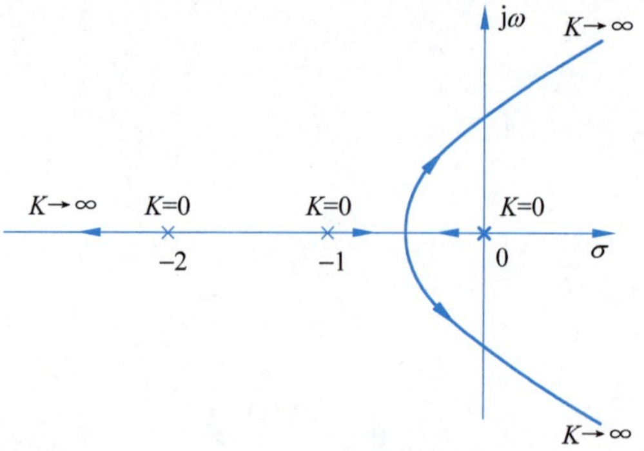

图 4.17　$T=0$ 时开环传递函数为 $G(s)H(s)=\dfrac{K(1+Ts)}{s(s+1)(s+2)}$ 的系统根轨迹

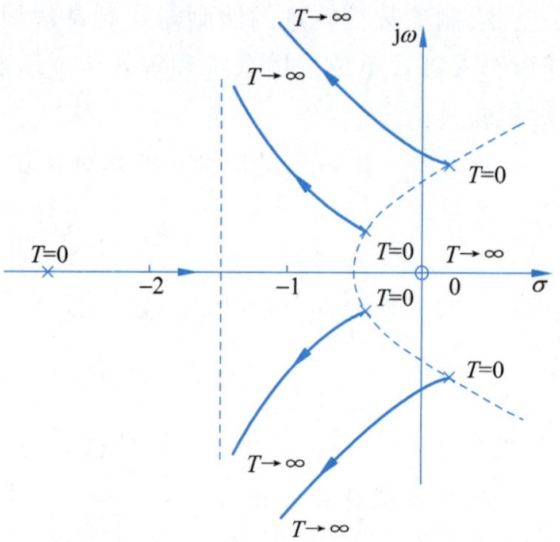

图 4.18　开环传递函数为 $G(s)H(s)=\dfrac{K(1+Ts)}{s(s+1)(s+2)}$ 的系统根轨迹族图

```
num1 = [1]
den1 = [1 3 2 0]
rlocus(num1,den1)
hold on
num2 = [2 0]
den2 = [1 3 2 2]
rlocus(num2,den2)
hold on
num3 = [10 0]
den3 = [1 3 2 10]
rlocus(num3,den3)
hold on
```

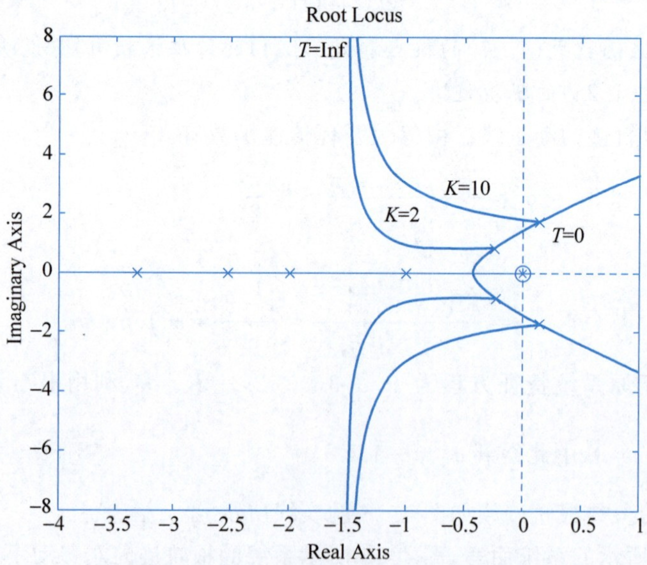

图 4.19　例 4.9 系统 MATLAB 根轨迹族图

例 4.10　多回路反馈系统的方框图如图 4.20 所示，试画出系统的根轨迹图。

解　系统的方框图可等效为图 4.21。显然，系统开环传递函数为

$$G(s)H(s)=\frac{K(1+\alpha s)}{s(s+2)} \tag{4.28}$$

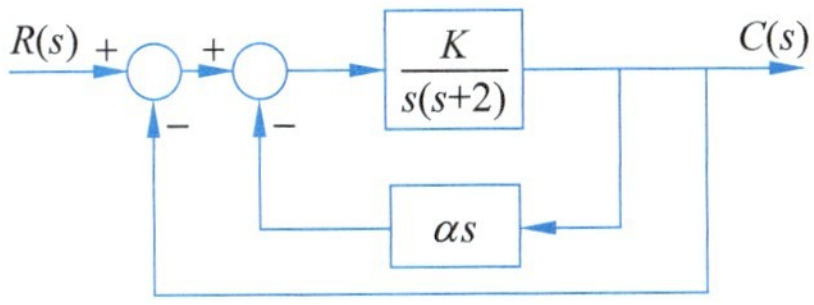

图 4.20　速度反馈控制系统

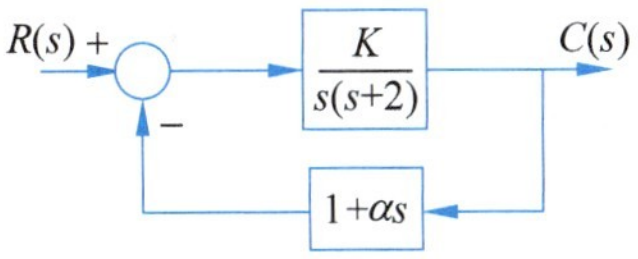

图 4.21　例 4.10 等效系统

先画 $\alpha=0$ 的根轨迹：特征方程为

$$1+\frac{K}{s(s+2)}=0 \tag{4.29}$$

再写出加入速度反馈环节 αs 的特征方程得

$$s(s+2)+\alpha K s+K=0 \tag{4.30}$$

式(4.30)可改写为

$$1+\frac{\alpha K s}{s(s+2)+K}=0 \tag{4.31}$$

等效开环传递函数为

$$G_0'(s)=\frac{\alpha K s}{s(s+2)+K} \tag{4.32}$$

式(4.32)说明，等效开环极点就是原系统特征方程式(4.29)的根。这样 α 变化时根轨迹的起点($\alpha=0$)在原系统的根轨迹上。

求参数根轨迹的会合点。令 $\frac{\mathrm{d}\alpha}{\mathrm{d}s}=0$ 得

$$s=-\sqrt{K},\quad \alpha=\frac{1}{K}(2\sqrt{K}-2)$$

绘出该系统参数根轨迹如图 4.22 实线所示。

讨论：

(1) 微分系数 α 在 $0<\alpha<\frac{1}{K}(2\sqrt{K}-2)$ 范围时，系统可工作在合理的欠阻尼状态。

(2) 加入速度反馈(即加入零点)根轨迹向左弯曲，改善了系统的相对稳定性(在合适 α 下，闭环极点可位于期望的共轭复数极点处)。

(3) 对同一个阻尼比 ζ 来说，$\omega_{\mathrm{n}_\alpha}>\omega_{\mathrm{n}_0}$，又因为 $t_{\mathrm{s}}\approx\frac{3}{\zeta\omega_{\mathrm{n}}}$，所以 $t_{\mathrm{s}_\alpha}<t_{\mathrm{s}_0}$，即有速度反馈系统的响应速度比无速度反馈系统快。而对同一个 $\omega_{\mathrm{n}}(K)$ 来说，$\zeta_\alpha>\zeta_0$，所以 $t_{\mathrm{s}_\alpha}<t_{\mathrm{s}_0}$，表明有速度反馈系统的响应速度比无速度反馈系统快，且当 ζ 增大时，

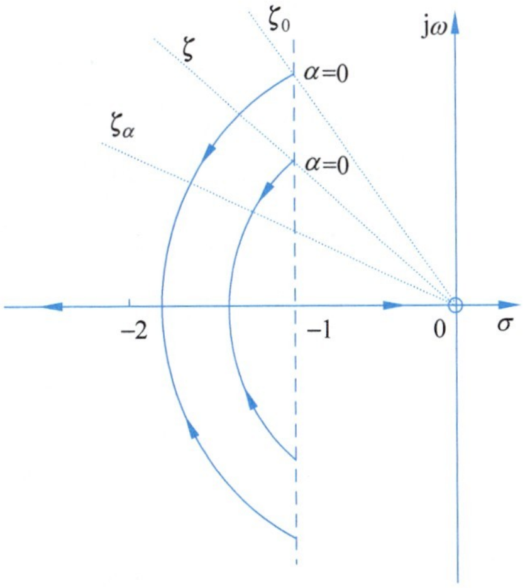

图 4.22　开环传递函数为 $GH(s)=\frac{K(1+\alpha s)}{s(s+2)}$ 的系统根轨迹图

超调量 σ 减小。

4.3.2 正反馈或非最小相位系统的根轨迹

当控制系统所有开环零、极点都位于 s 平面的左半部时称为最小相位系统;反之,如果系统有开环零点(或极点)位于 s 平面的右半部时称非最小相位系统。非最小相位系统可能出现在有局部正反馈或时滞环节存在的情况。

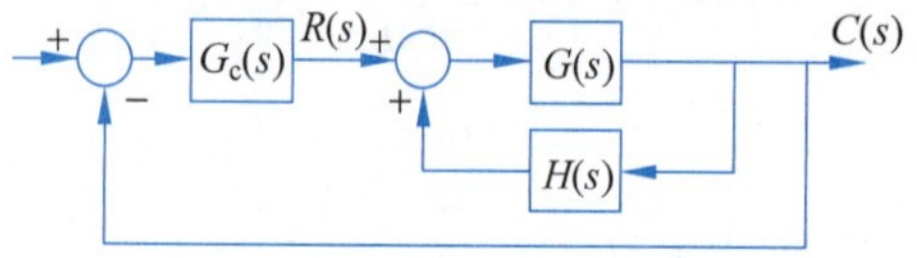

图 4.23 局部正反馈系统

正反馈系统的根轨迹绘制方法与常规负反馈系统根轨迹的绘制方法略有不同。如图 4.23 所示的局部正反馈系统,其中,内回路采用正反馈结构。

在图 4.23 所示系统中,局部正反馈部分的传递函数为

$$\frac{C(s)}{R(s)}=\frac{G(s)}{1-G(s)H(s)} \tag{4.33}$$

其特征方程为

$$G(s)H(s)=1 \tag{4.34}$$

式(4.34)的幅值条件和相角条件可以等价为下面两式

$$|G(s)H(s)|=\frac{K^*\prod_{j=1}^{m}|s-z_j|}{\prod_{i=1}^{n}|s-p_i|}=1 \tag{4.35}$$

$$\angle G(s)H(s)=\sum_{j=1}^{m}\angle(s-z_j)-\sum_{i=1}^{n}\angle(s-p_i)=\pm 2k\pi,\quad k=0,1,2\cdots \tag{4.36}$$

式(4.35)称为正反馈系统的根轨迹的幅值条件,它与常规负反馈系统根轨迹的幅值条件相同;式(4.36)称为正反馈系统根轨迹的相角条件,它与常规负反馈系统根轨迹的相角条件不同。因此,正反馈系统的根轨迹与常规负反馈系统根轨迹相比,幅值条件完全相同,仅相角条件有所改变,所以常规根轨迹的绘制法则,原则上可以应用于正反馈系统或非最小相位系统根轨迹的绘制。但在与相角条件有关的一些法则中,需要作适当调整。

绘制正反馈系统或非最小相位系统的根轨迹时,应调整的法则有如下 3 条:

(1) 根轨迹在实轴上的分布应改为:实轴上的某一区域,若其右方开环零、极点的个数之和为偶数,包括零,则该区域的实轴必是根轨迹。

(2) 渐近线与实轴的交角改为 $\varphi_a=\dfrac{2k\pi}{n-m}$,而 σ_a 不变。

(3) 出射角 θ_{p_i} 和入射角 φ_{z_i} 分别按如下公式计算

$$\theta_{p_i}=2k\pi+\left(\sum_{j=1}^{m}\varphi_{z_jp_i}-\sum_{\substack{j=1\\(j\neq i)}}^{m}\theta_{p_jp_i}\right),\quad k=0,\pm1,\pm2,\cdots \tag{4.37}$$

$$\varphi_{z_i}=2k\pi+\left(\sum_{j=1}^{n}\theta_{p_jz_i}-\sum_{\substack{j=1\\(j\neq i)}}^{m}\varphi_{z_jz_i}\right),\quad k=0,\pm1,\pm2,\cdots \tag{4.38}$$

例 4.11 单位正反馈系统方框图如图 4.24 所示,其特征方程为

$$1-G(s)=1-\frac{K}{s(s+2)}=0$$

画出其系统的根轨迹。

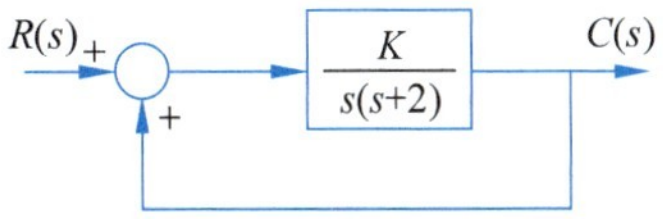

图 4.24 单位正反馈系统方框图

解 按照正反馈系统的根轨迹作图规则画出该系统的根轨迹如图 4.25 所示。由于不论 K 为多少,总有一个特征根在右半复平面,显然该系统是不稳定的。

而若为单位负反馈系统,即特征方程为

$$1+G(s)=1+\frac{K}{s(s+2)}=0$$

画出根轨迹则如图 4.26 所示。

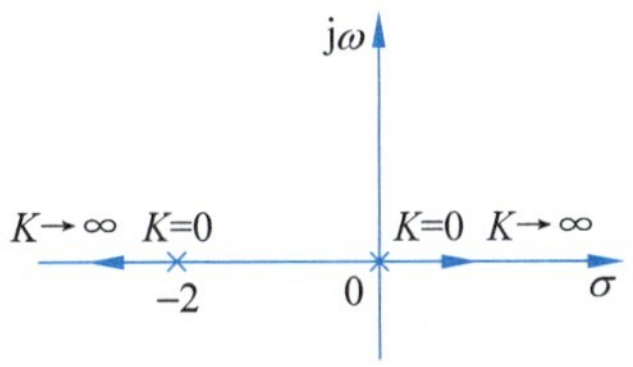

图 4.25 特征方程为 $1-\frac{K}{s(s+2)}=0$ 的单位正反馈系统根轨迹图

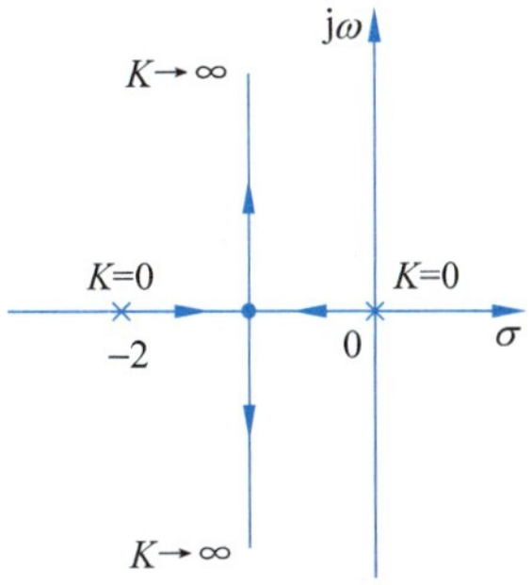

图 4.26 特征方程为 $1+\frac{K}{s(s+2)}=0$ 的单位负反馈系统根轨迹图

对比图 4.25 及图 4.26 可以看到,正反馈系统在 s 右半平面有特征根,系统不稳定;负反馈系统的根全部位于左半 s 平面,系统稳定。通常控制系统可以有局部正反馈环节,但一般不能单独使用正反馈系统。

例 4.12 考查时滞控制系统,其结构如图 4.27 所示,试概略画出系统的根轨迹。

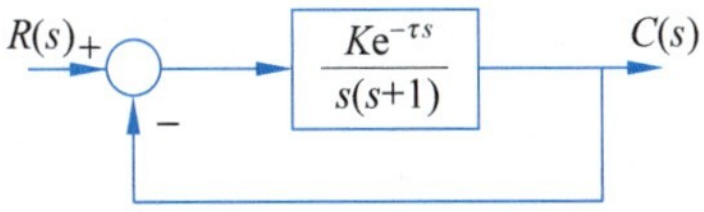

图 4.27 特征方程为 $1+K\frac{e^{-\tau s}}{s(s+1)}=0$ 的单位负反馈系统方框图

解 该时滞系统的特征方程为超越方程

$$1+K\frac{e^{-\tau s}}{s(s+1)}=0$$

假设 $\tau=0.5$ 较小,时滞 $e^{-\tau s}$ 用泰勒级数展开,可近似写为

$$e^{-\tau s}\approx 1-\tau s=1-0.5s$$

因而特征方程改写为

$$1-K^{*}\frac{(s-2)}{s(s+1)}=0$$

按照正反馈根轨迹作图规则画出该时滞系统的概略根轨迹如图 4.28 所示。与无时滞情况的根轨迹比较,可知时滞的存在对系统的稳定性是不利的。

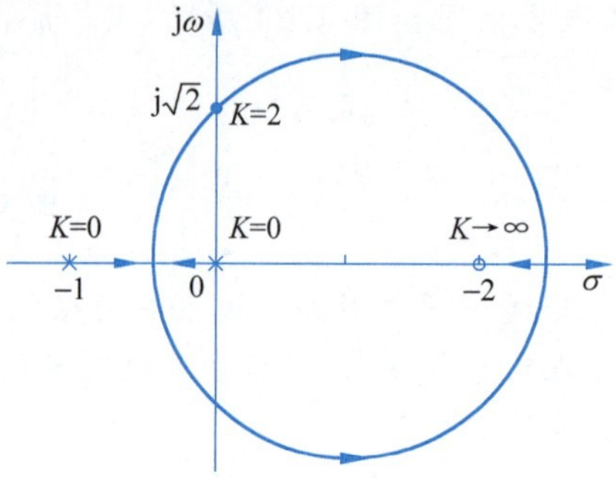

图 4.28 时滞系统近似为特征方程 $1-K^*\dfrac{(s-2)}{s(s+1)}=0$ 的根轨迹

*4.4 时滞系统的根轨迹

例 4.12 中画出了当时滞 τ 较小时，时滞系统的近似根轨迹图。通常时滞控制系统的方框图如图 4.29 所示。特征方程可表示为

$$1+G_0(s)=1+K^*G(s)\mathrm{e}^{-\tau s}=0 \tag{4.39}$$

式(4.39)中系统的开环传递函数表示为

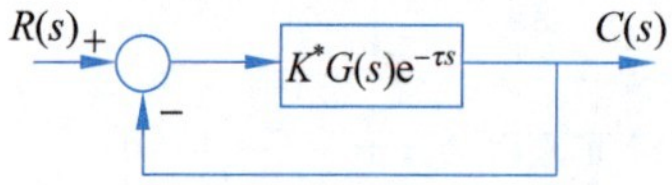

图 4.29 时滞系统

$$G_0(s)=K^*\frac{\prod_{j=1}^{m}(s-z_j)}{\prod_{i=1}^{n}(s-p_i)}\mathrm{e}^{-\tau s} \tag{4.40}$$

因此，闭环系统的特征方程为

$$\prod_{i=1}^{n}(s-p_i)+K^*\prod_{j=1}^{m}(s-z_j)\mathrm{e}^{-\tau s}=0 \tag{4.41}$$

显然，这是一个超越方程，数学上很难求出解析解。再令 $s=\sigma+\mathrm{j}\omega$，则

$$\mathrm{e}^{-\tau s}=\mathrm{e}^{-\sigma\tau}\mathrm{e}^{-\mathrm{j}\omega\tau}=\mathrm{e}^{-\tau\sigma}\angle\varphi_\tau \tag{4.42}$$

其中，

$$\varphi_\tau=-\omega\tau(\mathrm{rad})=-\omega\tau\frac{180^\circ}{\pi}=-57.3\omega\tau^\circ \tag{4.43}$$

所以时滞系统的特征方程的根轨迹的幅值和相角条件为

$$\begin{cases} K^*\dfrac{\prod_{j=1}^{m}|s-z_j|}{\prod_{i=1}^{n}|s-p_i|}\mathrm{e}^{-\tau\sigma}=1 \\ \sum_{j=1}^{m}\angle(s-z_j)-\sum_{i=1}^{n}\angle(s-p_i)=\omega\tau\pm(2k+1)\pi \end{cases} \tag{4.44}$$

由此可看出，当 K^* 取不同值时，可得到无穷多个相角条件，因此时滞系统有无穷多条根轨迹。即特征方程有无穷多个根，渐近线也有无穷多条。

例 4.13　如图 4.30 所示的某一热力系统。由于热空气在系统中的循环作用，炉内温度的任何变化，只有经过 $\tau=\dfrac{L}{V}$ 秒后，才能被温度计感受。这种测量中的时滞，或控制器作用中的时滞，或执行机械运行中的时滞，均称传递延迟或时滞时间。许多过程控制中，都存在这种时滞时间。

对于具有纯时滞的元件或环节，它的输入量 $x(t)$ 和输出量 $y(t)$ 之间存在下列关系

$$y(t)=x(t-\tau)$$

式中，τ 为时滞时间。由拉普拉斯变换可得纯时滞环节的传递函数为

$$G(s)=\frac{Y(s)}{X(s)}=\frac{\mathcal{L}[x(t-\tau)]}{\mathcal{L}[x(t)]}=\frac{e^{-\tau s}X(s)}{X(s)}=e^{-\tau s}$$

解　由第 2 章物理系统数学模型建立中的温度被控过程的例子，知道该热力系统的开环传递函数一般可表示为一阶时滞环节，即

$$G_0(s)=\frac{Ke^{-\tau s}}{s+1}$$

则系统方框图如图 4.31 所示。

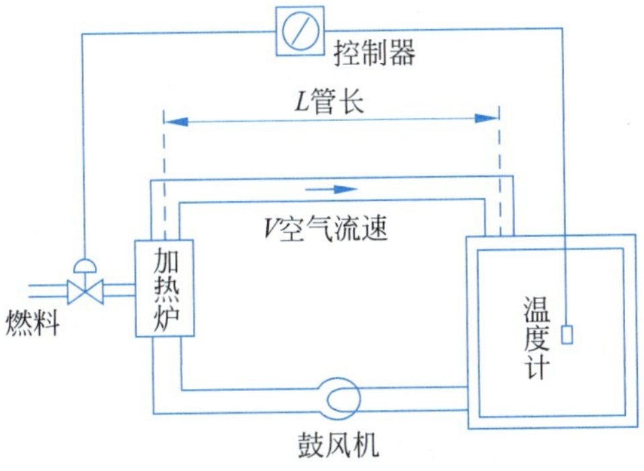

图 4.30　温度时滞控制系统

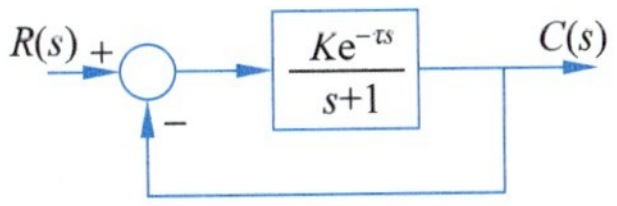

图 4.31　开环传递函数为一阶时滞系统 $G_0(s)=\dfrac{Ke^{-\tau s}}{s+1}$

闭环系统特征方程为

$$\frac{Ke^{-\tau s}}{s+1}=-1 \quad 或 \quad s+1+Ke^{-\tau s}=0$$

该超越方程有无穷多个特征根。

相角条件为

$$-\omega\tau-\angle(s+1)=\pm(2k+1)\pi$$

(1) 实轴上的根轨迹。

因为有限的开环极点为 $p_1=-1$，所以实轴 $(-\infty,-1]$ 为根轨迹的一部分。

(2) 根轨迹的起点。

当 $K=0$，$p_1=-1$，为此系统有一条从有限开环极点 $p_1=-1$ 出发的根轨迹，又因为

$$\lim_{s\to-\infty}\frac{e^{-\tau s}}{s+1}=\left.\frac{\dfrac{d}{ds}e^{-\tau s}}{\dfrac{d}{ds}(s+1)}\right|_{s=-\infty}=-\infty$$

故当 $s\to-\infty$ 时,有

$$\frac{1}{\frac{1}{s+1}\mathrm{e}^{-\tau s}}\to 0$$

当 $K\to 0$,且 $s\to-\infty$ 时,下面闭环特征方程成立

$$K+\frac{1}{\frac{1}{s+1}\mathrm{e}^{-\tau s}}=0$$

故当 $s\to-\infty$ 即 $p\to-\infty$ 也是时滞系统的开环极点(有无穷多个),即为根轨迹的起点。

(3) 根轨迹的终点。

由于当 $s\to+\infty$ 时,$\frac{\mathrm{e}^{-\tau s}}{s+1}\to 0$,且当 $K\to\infty$ 时,特征方程成立,即 $\frac{1}{K}+\frac{\mathrm{e}^{-\tau s}}{s+1}=0$,所以根轨迹终点为 $s\to+\infty$,即 $z\to+\infty$ 的点。

(4) 根轨迹的渐近线。

① 当 $s\to-\infty$($\sigma\to-\infty$,ω 为有限值)时,即根轨迹起点的渐近线为

$$-\arctan\frac{\omega}{\sigma+1}=\omega\tau\pm(2k+1)\pi \tag{4.45}$$

此时,由于

$$\arctan\frac{\omega}{\sigma+1}\to-\pi$$

于是,代入式(4.45),得到

$$\omega=\pm\frac{2k\pi}{\tau}\overset{\tau=1}{=}\pm 2k\pi,\quad \text{本例这里假设 } \tau=1$$

② 当 $s\to+\infty$($\sigma\to+\infty$,ω 为有限值)时,即根轨迹终点的渐近线为

$$-\arctan\frac{\omega}{\sigma+1}=\omega\tau\pm(2k+1)\pi \tag{4.46}$$

此时,由于

$$\arctan\frac{\omega}{\sigma+1}\to 0$$

于是,代入式(4.46)得到

$$\omega=\pm\frac{(2k+1)\pi}{\tau}\overset{\tau=1}{=}\pm(2k+1)\pi$$

(5) 分离点坐标。

在特征方程中令 $\frac{\mathrm{d}K}{\mathrm{d}s}=0$,得分离点

$$s=\frac{-(1+\tau)}{\tau}\overset{\tau=1}{=}-2$$

(6) 根轨迹与虚轴交点计算。

因为特征方程中有时滞项,此时不能够用劳斯稳定判据,只有令 $s=\mathrm{j}\omega$,代入相角条件得

$$-\arctan\omega=\omega\tau-\pi\ (k=0) \tag{4.47}$$

$\tau=1\mathrm{s}$ 时,解出时滞系统临界稳定的条件为

$$\omega=0.645\pi,\quad K_c=|s+1|\Big|^{s=0.645\pi j}\approx 2.26$$

此结果也可以用 MATLAB 分别画出 $y_1=-\arctan\omega$ 和 $y_2=\omega\tau-\pi$ 的曲线的交点即为临界振荡频率 ω。该时滞系统根轨迹图如图 4.32 所示。由图可看出，对时滞系统，当 $K>K_c$ 时，系统不稳定，这在分析和设计系统时应特别注意，时滞的存在对系统稳定性和暂态性能都是不利的，而且无论是数学计算还是稳定性分析都是相当困难的。无时滞的一阶系统无论 K 多大，系统均稳定，但有时滞的一阶系统就不同了，国内外许多研究学者将时滞系统的稳定性和控制策略作为研究方向。

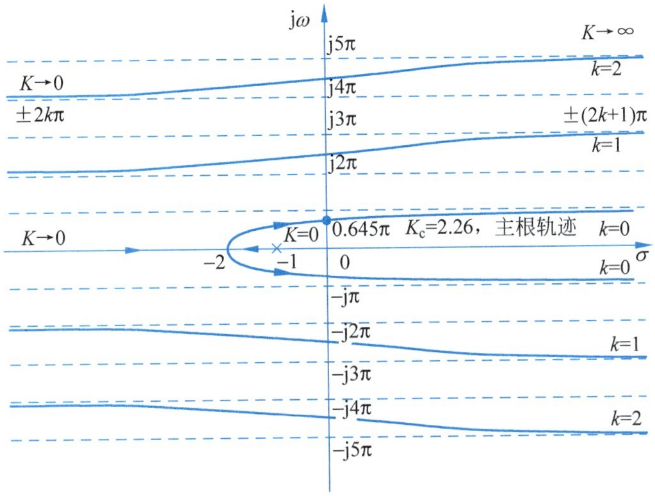

图 4.32 一阶时滞系统 $G_0(s)=\dfrac{Ke^{-\tau s}}{s+1}$ 的根轨迹图

4.5 根轨迹法在控制系统中的应用

下面举例说明根轨迹法在控制系统性能分析与设计中的应用。

例 4.14 已知某比例积分控制系统如图 4.33 所示，利用根轨迹技术分析控制系统性能。

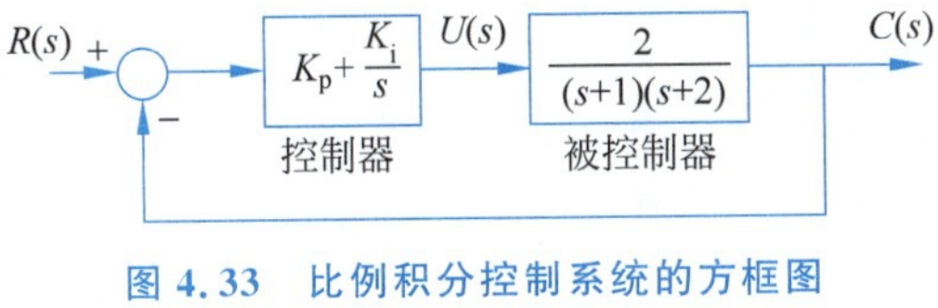

图 4.33 比例积分控制系统的方框图

解 由稳态性能分析一节中我们已经知道，当控制器 $G_c(s)=K_p$ 为比例控制时，该系统的单位阶跃响应存在稳态误差，即稳态误差 $e_{ss}\neq 0$。

而当控制器 $G_c(s)=K_p+\dfrac{K_i}{s}$ 时，相当比例积分调节器，则该系统单位阶跃响应的稳态误差 $e_{ss}=0$。而此时系统的开环传递函数为

$$G_0(s)=G_c(s)G(s)=2K_p\frac{s+z}{s(s+1)(s+2)}$$

其中，$z=\dfrac{K_i}{K_p}$ 是一零点，下面比较零点 z 为 4、0.5、1.2，$\zeta=0.5$ 时的控制系统性能。

当 $\zeta=0.5(\varphi=60°)$ 时，不加比例积分控制器(相当于 $K_p=1, K_i=0$)的原系统根轨迹如图 4.34 所示，加入比例积分控制器相当于开环传递函数加入零点 z 为 4、0.5、1.2 的系统根轨迹分别如图 4.35、图 4.36、图 4.37 所示。

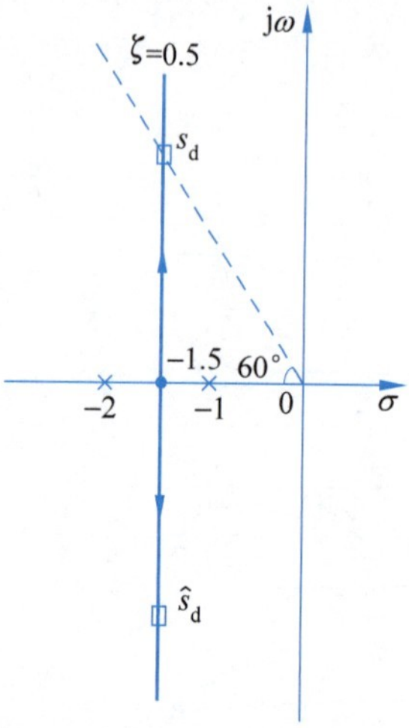

图 4.34 例 4.14 系统不加比例积分控制器时根轨迹

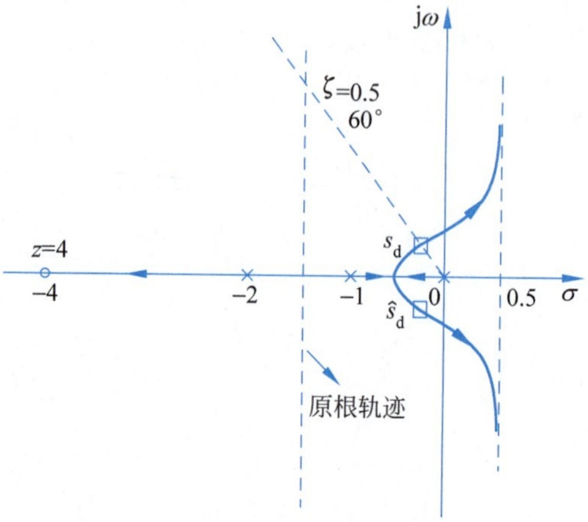

图 4.35 例 4.14 系统加入 $z=4$ 零点的比例积分控制器的根轨迹

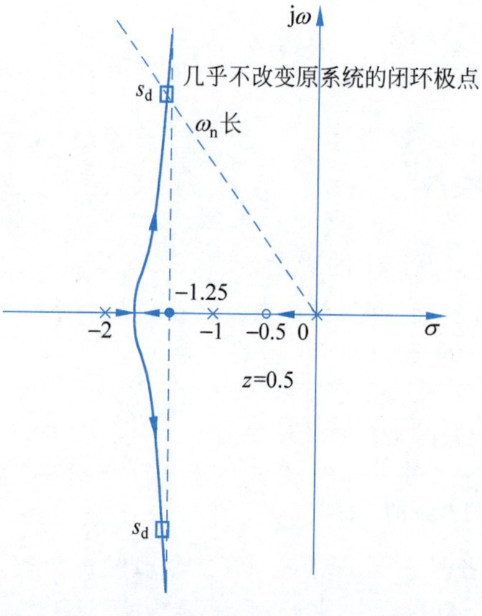

图 4.36 例 4.14 系统加入 $z=0.5$ 零点的比例积分控制器的根轨迹

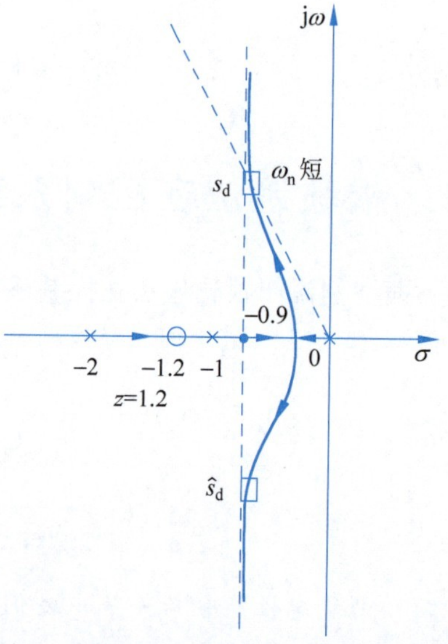

图 4.37 例 4.14 系统加入 $z=1.2$ 零点的比例积分控制器的根轨迹

设等阻尼线 $\zeta=0.5$ 与根轨迹的交点为 s_1，此时，令 $s_1=-a+\sqrt{3}a\mathrm{j}$，则 $s_1^2=-2a^2-2\sqrt{3}a^2\mathrm{j}$，$s_1^3=8a^3$，代入如下的特征方程

$$s^3+3s^2+(2+2K_p)s+2K_i=0$$

令其实部、虚部分别为 0 得到

$$K_p=3a-1,\quad K_i=6a^2-4a^3$$

该系统的另一闭环极点可由根与系数的关系 $\sum_{i=1}^{n}-s_i=\sum_{i=1}^{n}-p_i$ 求得

$$-[s_3+(-a+\sqrt{3}a\mathrm{j})+(-a-\sqrt{3}a\mathrm{j})]=+1+2$$

即 $s_3=-3+2a$。

由 $s^2+2\zeta\omega_n s+\omega_n^2=(s-s_1)(s-s_2)$，$\zeta=0.5$，选定 K_p、K_i 可求出系统的零点 z，由 a 的值可得到 s_3，$s_{1,2}$，进而求得 ω_n，如表 4.3 所示。

表 4.3 例 4.14 的计算数据

z	K_p	K_i	$s_{1,2}$	s_3	ω_n
4	0.17	0.676	−0.39±0.676j	−2.22	0.78
0.5	2.852	1.425	−1.284±2.224j	−0.432	2.568
1.2	1.577	1.892	−0.859±1.488j	−1.282	1.718

讨论：

(1) 当 $z=4$ 时，$K_p=0.17$ 太小，主导极点离虚轴太近，而且 s_3 距离 $z=4$ 较远，无零极点对消现象，此时系统稳定性较差，调节时间 t_s 长。

(2) 当 $z=0.5$ 时，$K_p=2.852$ 较大，$s_3=-0.432$ 与开环零点 $z=-0.5$ 形成偶极子(即离原点很近，且极点比零点更接近原点)而对消，且主导极点 $s_d\approx s_{1,2}$ 离虚轴较远，此时调节时间 t_s 短，性能最佳。

(3) 当 $z=1.2$ 时，$K_p=1.577$，性能介于 $z=4$ 和 $z=0.5$ 之间。因为有极、零点对消($s_3=-1.282$ 与 $z=-1.2$ 近似对消)，系统性能由主导极点 $s_d=s_{1,2}$ 决定。

系统在单位阶跃信号 $r=1(t)$ 作用下的响应为

$$C(s)=\frac{2K_p(s+z)}{s(s-s_3)(s^2+\omega_n s+\omega_n^2)}$$

取拉普拉斯反变换得到

$$c(t)=1+A_1e^{s_3t}+A_2e^{-\sigma t}\cos(\omega_d t+\theta)$$

其中，$\sigma=\mathrm{Re}(s_{1,2})$，$\omega_d=\mathrm{Im}(s_{1,2})$。对应的 z，A_1，A_2，θ 如表 4.4 所示。

表 4.4 例 4.14 的计算数据

z	A_1	A_2	θ
4	−0.072	1.215	−220°
0.5	−0.158	0.989	−212°
1.2	0.084	1.218	−207°

画出该系统阶跃响应的大致曲线如图 4.38 所示。

如用 MATLAB 仿真，程序如下：

```
numo = conv([0.34],[1 4]);
deno = conv([1 1 0],[1 2]);
[num,den] = cloop(numo,deno, - 1);
step (num, den,'b:')
hold on;
```

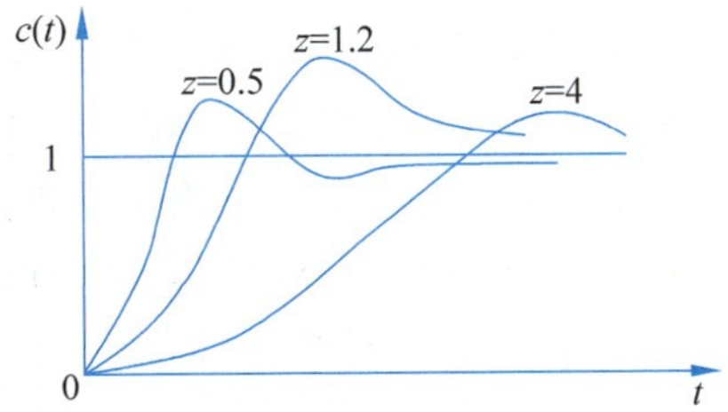

图 4.38 系统加入 PI 控制器的阶跃响应曲线

```
numo = conv([5.6],[1 0.5]);
deno = conv([1 1 0],[1 2]);
[num,den] = cloop(numo,deno, - 1);
step(num,den, 'g - ')
numo = conv([3.15],[1 1.2]);
deno = conv([1 1 0],[1 2]);
[num,den] = cloop(numo,deno, - 1);
step(num,den,'r -- ')
legend('z = 4','z = 0.5','z = 1.2')
```

运行上述程序后得到精确的仿真结果如图 4.39 所示。

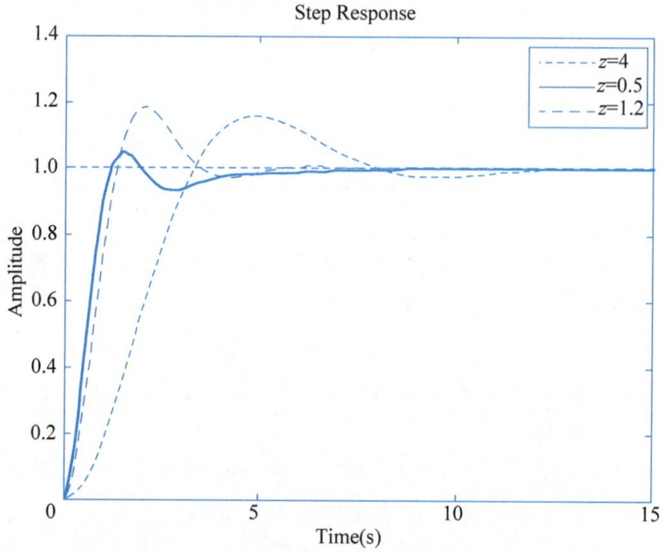

图 4.39　例 4.14 系统单位阶跃响应

如上分析可得：加入合适的比例积分控制器，使系统形成偶极子，能尽量不改变原系统性能，即主导极点 s_d 基本不变，而又能提高系统的控制精度。

4.6　小结

闭环控制系统特征方程的根决定着系统的稳定性及主要动态特性。本章详细介绍了线性定常连续控制系统的根轨迹技术，研究了当线性定常系统中的一个或多个参数发生变化时，闭环系统特征方程的根在复数 s 平面上的轨迹，简称为根轨迹，它是一种工程图解方法，该法根据八条基本绘制法则，利用系统开环零、极点的分布，绘制闭环控制系统极点的运动轨迹，它不需要求解高阶代数方程也能将闭环控制系统的特征方程的根解出，根轨迹图不仅能直观地看到系统参数对控制性能的影响，也能用它求出指定性能或阻尼比 ζ 对应的闭环极点，为控制系统分析与设计提供了一种有效的方法。

MATLAB 为精确画出线性定常控制系统的根轨迹提供了有力工具。时滞系统是普遍存在的一个复杂过程，而对时滞系统的精确根轨迹的作图是相当困难的，时滞系统的稳定性与控制方法一直是控制科学与工程学科研究的热点和难点问题之一。

关键术语和概念

轨迹(locus)：随着参数而变化的路径或轨线。

根轨迹(root locus)：指系统某一参数变化时，闭环系统特征方程的根在 s 平面上的变化轨迹或路径。

根轨迹法(root locus method)：通常指当系统增益 K 从 0 变化到无穷时，确定闭环特征方程 $1+KG_0(s)=0$ 的根在 s 平面上的分布轨迹来研究系统性能的方法。

根轨迹的条数(number of separate loci)：在传递函数的极点数大于或等于传递函数的零点数的条件下，根轨迹的条数等于传递函数的极点数。

实轴上的根轨迹段(root locus segments on the real axis)：对于负反馈系统，实轴上的根轨迹段位于奇数个有限零点和极点的左侧。

渐近线(asymptote)：当参数变得非常大并趋于无穷大时，根轨迹所趋近的直线。渐近线的条数等于开环系统的极点数与零点数之差。

渐近中心(asymptote centroid)：渐近线的中心点，σ_a。

分离点(breakaway point)：根轨迹在 s 平面相遇后又分离的点。

出射角(angle of departure)：根轨迹离开 s 平面上复极点的角度。

参数设计(parameter design)：利用根轨迹法来确定控制系统的一个或两个系统参数的设计方法。

根灵敏度(root sensitivity)：参数从标称值发生变化时，根轨迹的位置对参数变化的灵敏度。根灵敏度就是当参数发生等比例变化时根的增量。

拓展您的事业——计算机学科

近几十年来，电子学经历了飞速的变化。大多数电子工程系成为电子和计算机工程系(ECE)，以适应计算机带来的变化。计算机在现代社会和教育中占有着突出的地位，日益改变着科学研究、产品开发、生产、商业和娱乐界的面貌。科学家、工程师、医生、律师、教师、航空飞行员、生意人等几乎所有人都得益于计算机存储大量信息和在很短时间内处理大量信息的能力。计算机通信网络，尤其是 Internet 已成为商业、教学和图书馆科学中必不可少的工具。计算机的应用正经历着飞跃的发展。

有三个主要学科研究计算机系统：计算机科学、计算机工程和信息管理科学。计算机学科广泛而迅速的发展使其从电子学中分离出来。但是许多电子电气工程学院，计算机工程仍然是电子学中的一个分支学科。

计算机工程教育在软件与硬件设计、基本建模技术等方面提供较为广泛的知识，其课程包括数据结构、数字与逻辑电路、计算机体系结构、微处理器和接口技术、软件工程和操作系统等，有计算机专长的电子电气工程师在计算机工业或许多用计算机的部门都能找到工作。生产软件的公司在数量和规模上发展得很快，并为有编程技能的雇员提供就业岗位。提高或扩展你计算机知识的一个极好的途径是加入 IEEE 的计算机协会，它主办许多期刊、杂志和国际会议。

习题

4.1　对下列方程求出 K 从 0 变化到 $+\infty$ 时根轨迹渐近线与实轴的交角及其交点。

(1) $s^3+5s+(K+1)s+K=0$

(2) $s^2+K(s^3+3s^2+2s+8)=0$

(3) $s^4+4s^3+4s^2+(K+8)s+K=0$

4.2　设单位负反馈控制系统开环传递函数为

$$G(s)=\frac{K(2s+1)}{s(s+1)}$$

试用解析法绘出开环增益 K 从 0 增加到无穷时的闭环系统根轨迹图。

4.3　根据下列控制系统 $G(s)H(s)$ 的零极点来绘制根轨迹图。其特征方程可以通过令 $1+G(s)H(s)$ 的分子为零来得到。

(1) 极点为 0，−5，−6；零点为 −7。

(2) 极点为 0，−4；零点为 −2，−5。

(3) 极点为 0，−4；零点为 −1，−3。

(4) 极点为 0，−2；零点为 −3+j，−3−j。

(5) 极点为 −3+j2，−3−j2，−1。

4.4　设单位负反馈控制系统开环传递函数如下，试概略绘出相应的闭环根轨迹图，要求确定分离点坐标 d，并利用 MATLAB 作根轨迹图来检验结果。

(1) $G(s)=\dfrac{K}{s(s+1)(0.5s+1)}$

(2) $G(s)=\dfrac{K(s+1)}{s(3s+2)}$

(3) $G(s)=\dfrac{K^*(s+6)}{s(s+2)(s+3)}$

4.5　已知单位负反馈控制系统开环传递函数如下，试概略绘出相应的闭环根轨迹图，要求算出起始角 θ_{p_i}。

(1) $G(s)=\dfrac{K^*(s+2)}{(s+1+\mathrm{j}2)(s+1-\mathrm{j}2)}$

(2) $G(s)=\dfrac{K^*(s+6)}{s(s+3+\mathrm{j}3)(s+3-\mathrm{j}3)}$

4.6　已知单位负反馈控制系统的前向通道传递函数如下：

(1) $G(s)=\dfrac{K^*(s+3)}{s(s^2+4s+4)(s+5)(s+6)}$

(2) $G(s)=\dfrac{K^*}{s(s+2)(s+4)(s+10)}$

画出 $K\geqslant 0$ 时的根轨迹。求使闭环系统相对阻尼比(可通过特征方程的主导复根得到)等于 0.707 的 K 值(如果该值存在)。

4.7　已知单位反馈控制系统的前向通道传递函数如下，画出 $K\geqslant 0$ 时的根轨迹，并求出所有分离点对应的 K 值。

(1) $G(s)=\dfrac{K^*}{s(s+10)(s+20)}$

(2) $G(s)=\dfrac{K^*}{s(s+1)(s+3)(s+5)}$

4.8 设单位反馈控制系统的开环传递函数如下，要求：

(1) 确定 $G(s)=\dfrac{K^*}{s(s+1)(s+10)}$ 产生纯虚根的开环增益；

(2) 确定 $G(s)=\dfrac{K^*(s+z)}{s^2(s+5)(s+10)}$ 产生纯虚根为 $\pm \mathrm{j}$ 的 z 值和 K^* 值；

(3) 概略绘出 $G(s)=\dfrac{K^*}{s(s+1)(s+4)(s+3+\mathrm{j}2)(s+3-\mathrm{j}2)}$ 的闭环根轨迹图。要求确定根轨迹的分离点、起始角和与虚轴的交点。

4.9 设单位负反馈系统的开环传递函数为

$$G(s)=\frac{K^*(s+2)}{s(s+1)}$$

试从数学上证明：复数根轨迹部分是以 $(-2,\mathrm{j}0)$ 为圆心，以 $\sqrt{2}$ 为半径的一个圆。

4.10 已知单位负反馈系统的开环传递函数为

$$G(s)=\frac{K^*}{s(s^2+4s+8)(s+6)}$$

试概略绘出闭环系统根轨迹图。

4.11 已知单位负反馈系统的开环传递函数为

$$G(s)=\frac{K^*(s+1)}{(s^2+2s+5)^2}$$

试概略绘出闭环系统根轨迹图。

4.12 已知单位负反馈控制系统的开环传递函数为

$$G(s)=\frac{K}{s(0.02s+1)(0.04s+1)}$$

要求：

(1) 画出系统根轨迹(至少校验三点)；

(2) 确定系统的临界稳定开环增益 K_c；

(3) 确定与系统临界阻尼比相应的开环增益 K。

4.13 已知某个单位反馈控制系统的前向通道传递函数为

$$G(s)=\frac{K^*}{(s+4)^n}$$

画出闭环系统特征方程的根轨迹，其中 n 分别取值为

(1)$n=1$；(2)$n=2$；(3)$n=3$；(4)$n=4$；(5)$n=5$。

4.14 设单位负反馈控制系统的开环传递函数为

$$G(s)=\frac{K^*}{s^2(s+3)(s+7)},\quad H(s)=1$$

试：

(1) 概略绘出闭环系统根轨迹图，并判断闭环系统的稳定性；

(2) 如果改变反馈通道传递函数，使 $H(s)=1+3s$，试判断 $H(s)$ 改变后的系统稳定性，并研究由于 $H(s)$ 改变所产生的效应。

4.15 已知某反馈控制系统的方块图如图 P4.1 所示，当 $K=100$ 时，控制系统特征方程为 $s^3+25s^2+(100K_1+2)s+100=0$，画出 $K_1 \geqslant 0$ 时方程的根轨迹。

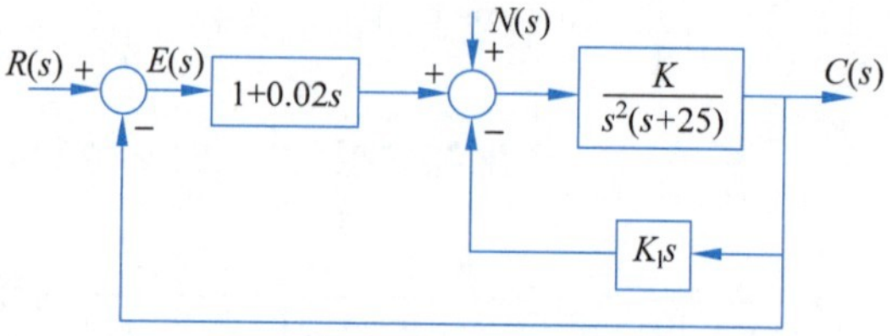

图 P4.1 题 4.15 图

4.16 已知图 P4.2 为一速度反馈控制系统的结构示意图。试：

(1) 当 $K_t=0$ 时，画出特征方程在 $K \geqslant 0$ 时的根轨迹；

(2) 令 $K=10$，画出在 $K_t \geqslant 0$ 时特征方程的根轨迹。

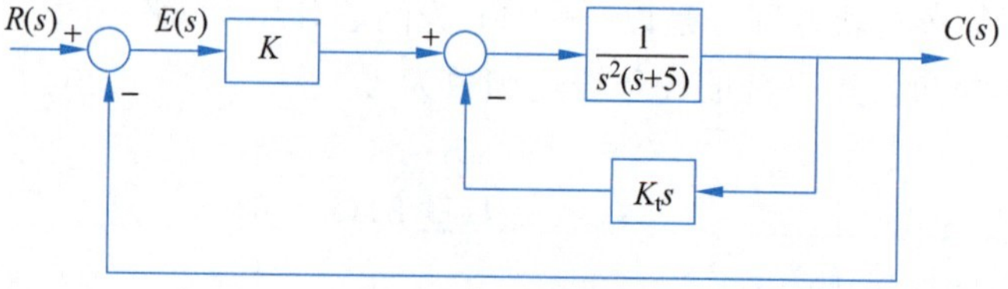

图 P4.2 题 4.16 图

4.17 已知某单位负反馈控制系统的前向通道传递函数为

$$G(s)=\frac{K(s+\alpha)(s+5)}{s(s^2-1)}$$

(1) 画出 $\alpha=3$，$K \geqslant 0$ 时的根轨迹；

(2) 画出 $\alpha \geqslant 0$，$K=10$ 时的根轨迹。

4.18 设控制系统的结构图如图 P4.3 所示，试概略绘出其根轨迹图。

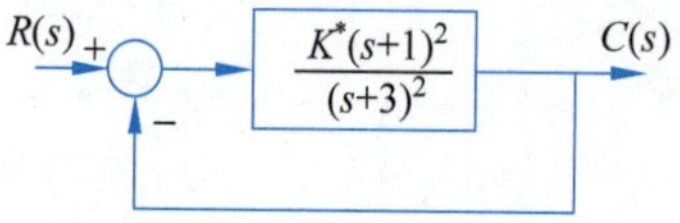

图 P4.3 题 4.18 图

4.19 已知系统方程为

$$s^3+\alpha s^2+Ks+K=0$$

求当 α 变化和 $0<K<+\infty$ 时方程的根轨迹。

(1) 令 $\alpha=12$，画出 $0<K<+\infty$ 时的根轨迹；

(2) 令 $\alpha=4$，重复上述问题；

(3) 当 $0<K<+\infty$ 时，求出 α 为何值，使得整个根轨迹只有一个非零点，并绘出根轨迹。

4.20 设控制系统如图 P4.4 所示，试概略绘出 $K_t=0$，$0<K_t<1$，$K_t>1$ 时的根轨迹和单位阶跃响应曲线，并利用 MATLAB 仿真作图来检验结果。若取 $K_t=0.5$，试求

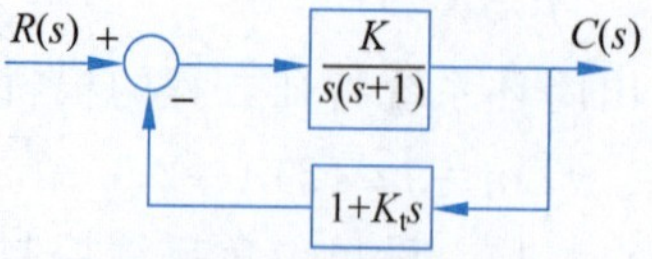

图 P4.4 题 4.20 图

出 $K=10$ 时的闭环零、极点，并估算系统的动态性能。

4.21 设控制系统的开环传递函数为

$$G(s)=\frac{K^*(s+1)}{s^2(s+3)(s+6)}$$

试分别画出正反馈系统和负反馈系统的根轨迹图，并指出它们的稳定情况有何不同。

4.22 已知某负反馈控制系统的传递函数为

$$G(s)=\frac{10}{s^2(s+1)(s+5)},\quad H(s)=1+T_d s$$

当 $T_d \geqslant 0$ 时，画出闭环特征方程的根轨迹。

4.23 设单位负反馈系统的开环传递函数为

$$G(s)=\frac{K^*}{s(s+a)}$$

试绘出 K^* 和 a 从零变化到无穷大时的根轨迹族。当 $K^*=4$ 时，绘出以 a 为参变量的根轨迹。

4.24 已知单位负反馈控制系统的前向通道传递函数为

$$G(s)=\frac{K(s+\alpha)}{s^2(s+2)}$$

当 $0<K<+\infty$ 时，求出 α 为何值时，根轨迹分别有 0 个、1 个和 2 个非零分离点；画出这三种情形下的根轨迹图，并利用 MATLAB 作根轨迹图来检验结果。

4.25 控制系统如图 P4.5 所示，其中 $G_c(s)$ 为改善系统性能而加入的局部反馈校正装置。若 $G_c(s)$ 可以从 $K_t s$，$K_a s^2$ 和 $\frac{K_a s^2}{s+20}$ 三种传递函数中任选一种，你选哪一种，为什么？

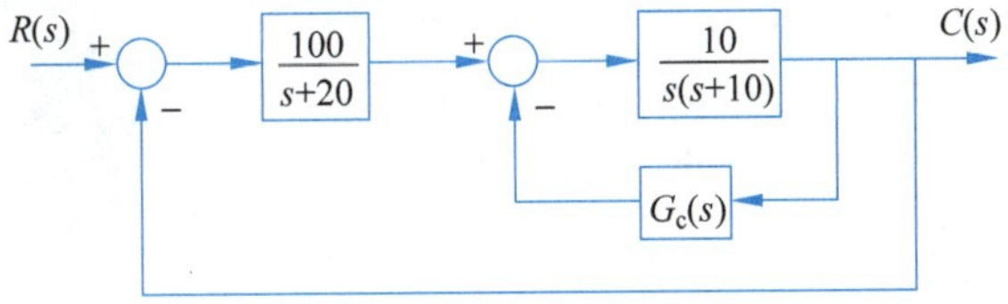

图 P4.5 题 4.25 图

第5章

控制系统的频域分析

电子与电气学科世界著名学者——奈奎斯特

奈奎斯特(Harry Nyquist,1889—1976)

奈奎斯特,美国物理学家。1932年奈奎斯特发表了包含著名的“奈奎斯特判据”(Nyquist criterion)的论文。

奈奎斯特1889年出生在瑞典。1976年在得克萨斯逝世。奈奎斯特对信息论做出了重大的贡献。奈奎斯特1907年移民到美国并于1912年进入北达科他大学学习。1917年在耶鲁大学获得物理学博士学位,有着极高的理论造诣。1917—1934年在AT&T公司工作,后转入贝尔电话实验室工作。作为贝尔电话实验室的工程师,在热噪声(Johnson-Nyquist noise)和反馈放大器稳定性方面做出了很大的贡献,他早期的理论性工作是关于确定传输信息需满足的带宽要求,在《贝尔系统技术杂志》上发表了《影响电报传输速度的因素》文章,为后来香农的信息论奠定了基础。

1927年,奈奎斯特确定了如果对某一带宽的有限时间连续信号(模拟信号)进行抽样,且在抽样率达到一定数值时,根据这些抽样值可以在接收端准确地恢复原信号。为不使原波形产生“半波损失”,采样率至少应为信号最高频率的2倍,这就是著名的奈奎斯特采样定理。奈奎斯特1928年发表了《电报传输理论》。

1954年,他从贝尔实验室退休。

5.1 引言

利用微分方程式求解系统时域响应,可以看到输出量随时间的变化,比较直观,但用微分方程求解系统的时域指标较烦琐,特别是高阶系统的时域特性很难用解析法确定。线性定常系统对正弦输入信号激励下的稳态响应称为频率响应或频率特性,它是在一定范围内改变正弦输入信号的频率考查其产生的响应。

频域法具有以下特点：

(1) 利用信号发生器和(或)MATLAB等仿真软件很容易完成比较精确的频率响应测试实验,这样系统及其元部件的频率特性可以运用解析法和实验近似方法获得,并可以用多种形式的工程曲线表示,因而系统分析和控制器的设计可以应用图解法进行。

(2) 频率响应法还能够设计一种系统,使该系统不希望的噪声滤除,让有用的信号通过。

(3) 频率特性物理意义明确。对于一阶系统和二阶系统,频域性能指标和时域性能指标有确定的对应关系；对于高阶系统,可建立近似的对应关系,从频域响应的研究中,我们能够预测系统的时间性能指标。

(4) 控制系统的频域设计可以兼顾暂态响应和噪声抑制两方面的要求。

(5) 频域分析法不仅适用于线性定常系统,一定条件下还可以推广应用于某些非线性系统。

本章主要详细描述了线性定常控制系统的频域分析方法。在频率域定义了系统的性能指标,解析推导了典型二阶系统的谐振峰值 M_r、谐振频率 ω_r 和带宽 BW 的计算公式。详细介绍了开环系统奈奎斯特曲线和伯德图的手工近似绘制和利用 MATLAB 工具的精确绘制方法,详细叙述了奈奎斯特稳定判据和伯德稳定判据,介绍了频率域下控制系统的相对稳定性性能指标相角裕度 γ 和增益裕度 h 的定义以及闭环系统频率特性基础。

5.1.1　频率特性的基本概念与定义

先以图 5.1 所示的 RC 滤波网络为例,说明频率特性的基本概念。

设 RC 网络的输入信号是幅值为 A 的正弦信号 $u_i = A\sin\omega t$,当输出 u_o 呈稳态时,记录 u_i、u_o 的曲线如图 5.2 所示。由图可见,RC 网络的稳态输出信号仍为正弦信号,频率与输入信号的频率相同,只是幅值有所衰减,相位存在一定延迟。

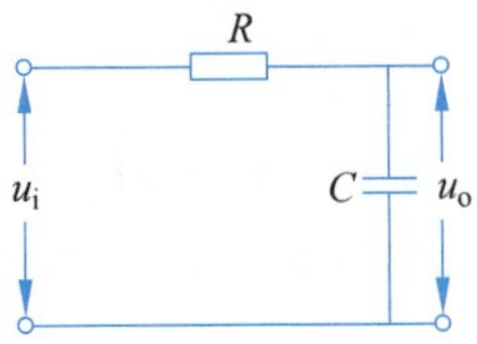

图 5.1　RC 滤波网络

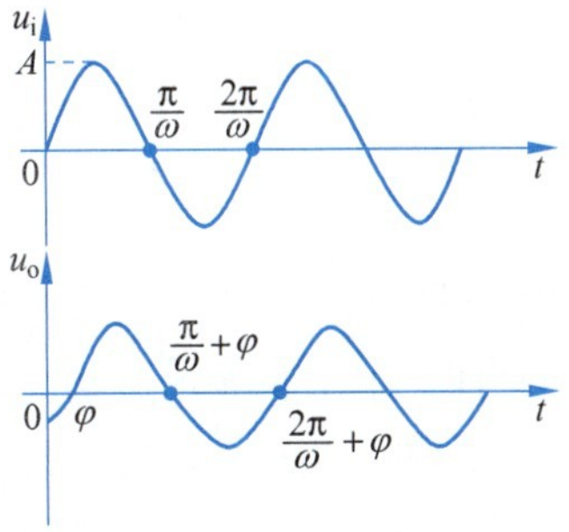

图 5.2　RC 网络的输入和稳态输出信号

RC 网络的微分方程如下

$$T\frac{\mathrm{d}u_o}{\mathrm{d}t} + u_o = u_i \tag{5.1}$$

式中,$T = RC$ 为时间常数。将式(5.1)取拉普拉斯变换,并代入初始条件 $u_o(0) = u_{o0}$,得

$$u_o(s) = \frac{1}{Ts+1}[u_i(s) + Tu_{o0}] = \frac{1}{Ts+1}\left[\frac{A\omega}{s^2+\omega^2} + Tu_{o0}\right] \tag{5.2}$$

再将式(5.2)取拉普拉斯反变换得

$$u_o(t)=\left(u_{o0}+\frac{A\omega T}{1+T^2\omega^2}\right)e^{-\frac{t}{T}}+\frac{A}{\sqrt{1+T^2\omega^2}}\sin(\omega t-\arctan\omega T) \tag{5.3}$$

由式(5.3)可知,当$t\to\infty$时,第一项暂态分量趋于零,而第二项稳态分量为

$$u_{os}(t)=\frac{A}{\sqrt{1+T^2\omega^2}}\sin(\omega t-\arctan\omega T)=M(\omega)\sin(\omega t+\varphi) \tag{5.4}$$

其中,稳态输出信号的幅值$M(\omega)$为$A\cdot\frac{1}{\sqrt{1+T^2\omega^2}}$;输出与输入信号的相位差,即相角为$\varphi(\omega)=-\arctan\omega T$。

再由式(5.1)可得RC网络的传递函数为

$$G(s)=\frac{1}{1+Ts}$$

取$s=j\omega$,则有频率特性

$$G(j\omega)=G(s)\big|_{s=j\omega}=\frac{1}{\sqrt{1+T^2\omega^2}}e^{-j\arctan\omega T}=A(\omega)e^{j\varphi(\omega)}=\left|G(j\omega)\right|e^{j\angle G(j\omega)} \tag{5.5}$$

其中,$A(\omega)=\left|G(j\omega)\right|=\frac{1}{\sqrt{1+T^2\omega^2}}$反映了$RC$网络在正弦信号作用下输出稳态分量的幅值$M(\omega)$与输入信号幅值$A$的比值随频率的变化,称为$RC$网络的幅频特性;而$\varphi(\omega)=\angle G(j\omega)=-\arctan\omega T$反映了稳态分量的输出与输入信号的相位差随频率的变化,称为相频特性。式(5.5)说明了$A(\omega)$和$\varphi(\omega)$与系统数学模型传递函数之间的本质关系,频率特性也是一种数学模型。一般把$A(\omega)=\left|G(j\omega)\right|$称作系统的幅频特性;把$\varphi(\omega)=\angle G(j\omega)$称作系统的相频特性。

由上面对RC线性定常系统的时域与频域分析,再考虑图5.3所示的线性定常系统,定义频率特性。

设系统的输入量$r(t)$为正弦信号,表示为$r(t)=A\sin\omega t$,由上面RC电路分析知道,线性定常系统的稳态输出量$c(t)$可以表示为一般形式

$$c(t)=M(\omega)\sin(\omega t+\varphi(\omega)) \tag{5.6}$$

式中,$M(\omega)=A\left|G(j\omega)\right|$和$\varphi(\omega)=\angle G(j\omega)=\arctan\left[\frac{G(j\omega)\text{的虚部}}{G(j\omega)\text{的实部}}\right]$。

一个稳定的线性定常系统在正弦输入信号作用下时,其输出量在稳态时也是一个与输入同频率的正弦信号,但一般来说,输出信号是其振幅和相位不同于输入信号振幅和相位的频率函数,如图5.4所示。为此,有如下频率特性函数的定义。

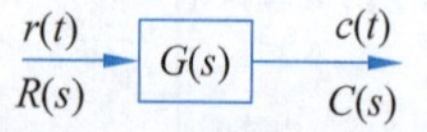

图5.3 线性定常系统

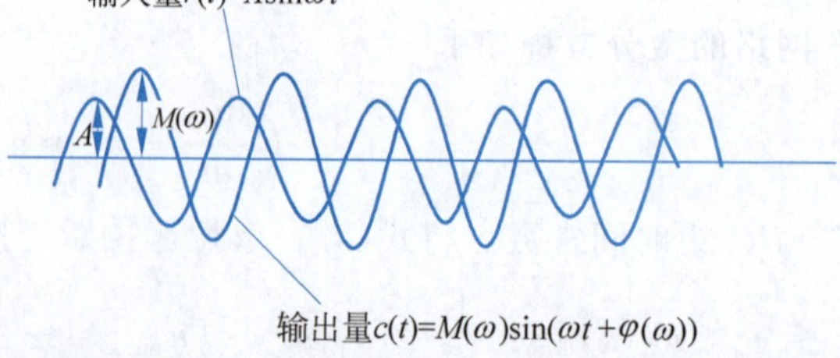

图5.4 线性定常系统稳态时的输入和输出正弦信号

定义 5.1 单输入单输出线性定常系统的频率特性是零初值下该系统对正弦输入信号的稳态输出量的复数向量或傅里叶变换象函数与输入正弦信号的复数向量或傅里叶变换象函数之比，表示为

$$G(j\omega)=\frac{\dot{C}(j\omega)}{\dot{R}(j\omega)} \tag{5.7}$$

频率特性 $G(j\omega)$也是一个复数，也可以以频率 ω 作为参量，表示成幅值和相角的形式，即为幅频特性和相频特性，分别为

$$|G(j\omega)|=\left|\frac{\dot{C}(j\omega)}{\dot{R}(j\omega)}\right|=\text{输出与输入量正弦曲线振幅之比} \tag{5.8}$$

和

$$\angle G(j\omega)=\angle\frac{\dot{C}(j\omega)}{\dot{R}(j\omega)}=\text{输出与输入量正弦曲线的相位差} \tag{5.9}$$

并且任何线性定常系统的频率特性都可以通过用 $j\omega$ 代替系统传递函数中的 s 得到。

5.1.2 频率特性的几何表示法

在工程分析和设计中，通常把线性定常系统的频率特性用曲线表示，再运用图解法进行研究。通常的频率特性曲线有以下 3 种。

1. 幅相频率特性曲线

幅相频率特性曲线又称为极坐标图或奈奎斯特曲线。它以横轴为实轴，纵轴为虚轴，构成复数平面，其特点是把频率看成参变量，当 ω 从 $-\infty\to+\infty$ 变化时，将频率特性的幅频和相频特性同时表示在复数平面上。由于 $G(j\omega)$关于实轴对称，所以一般只画 ω 从 $0\to+\infty$ 的变化。

对于 RC 网络，有

$$G(j\omega)=\frac{1}{1+j\omega T}=\frac{1-j\omega T}{1+(\omega T)^2}$$

于是，进一步得到

$$\left\{\mathrm{Re}[G(j\omega)]-\frac{1}{2}\right\}^2+\mathrm{Im}^2[G(j\omega)]=\left(\frac{1}{2}\right)^2 \tag{5.10}$$

这表明一阶 RC 网络的幅相曲线是以$(1/2,j0)$为圆心，$1/2$ 为半径的圆，如图 5.5 所示。

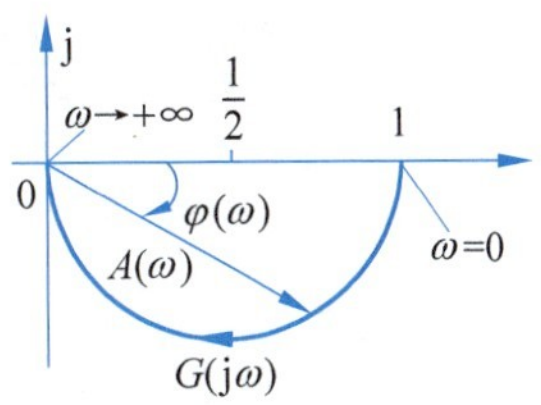

图 5.5 *RC* 网络的幅相曲线

2. 对数频率特性曲线

对数频率特性曲线又称伯德图，由于方便实用，被广泛地应用于控制系统的分析与设计。对数频率特性曲线的横坐标是按对数 $\lg\omega$ 分度，见表 5.1 所示，但横坐标轴上往往仍加注 ω，以方便读取实际角频率值，单位为 rad/s。对数幅频特性曲线的纵坐标按下式表示

$$L(\omega)=20\lg|G(j\omega)|=20\lg A(\omega) \tag{5.11}$$

为线性分度，单位为分贝(dB)。对数相频特性曲线的纵坐标按 $\varphi(\omega)$线性分度，单位为度(°)。由此构成坐标系称半对数坐标系。

对数分度和线性分度如图 5.6 所示，在线性分度中，当变量增大或减小 1 时，坐标间距离变化一个单位长度；而在对数分度中，当变量增大或减小 10 倍时，称十倍频程(dec)，坐标间距离变化一个单位长度。设对数分度中的单位长度为 L，ω 的某个十倍频程的左端点为 ω_0，则坐标点相对于左端点的距离为表 5.1 所示值乘以 L。

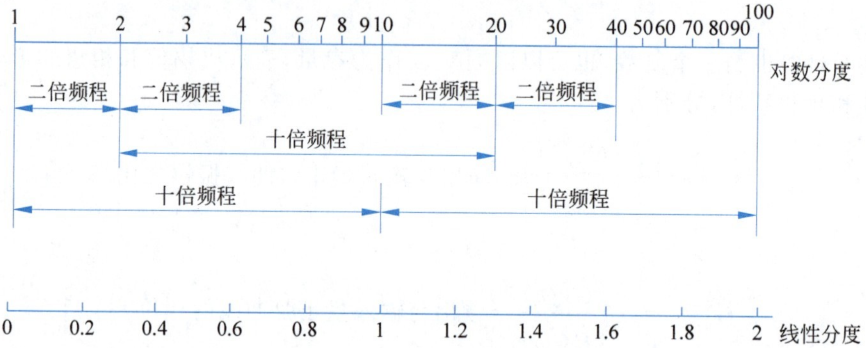

图 5.6 对数分度和线性分度

表 5.1 十倍频程中的对数分度

ω/ω_0	1	2	3	4	5	6	7	8	9	10
$\lg(\omega/\omega_0)$	0	0.301	0.477	0.602	0.699	0.778	0.845	0.903	0.954	1

对数频率特性采用频率 ω 的对数分度实现了横坐标的非线性压缩，便于在较大频率范围反映系统频率特性的变化或线性系统在正弦信号作用下输出信号幅值在某个频率范围内的变化情况。另一方面，对数幅频特性采用对数运算 $20\lg A(\omega)$，将幅值的乘除变为加减运算，可以简化对数频率特性曲线的绘制。这两个优点是幅相特性曲线很难做到的。

RC 网络如取 $T=0.5$，其对数频率特性曲线如图 5.7 所示。

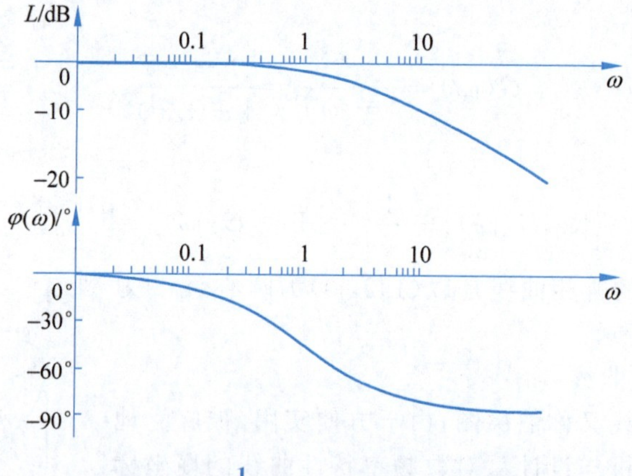

图 5.7 $\frac{1}{1+j0.5\omega}$ 的对数频率特性曲线

3. 对数幅相曲线

对数幅相曲线，又称尼科尔斯图。其特点是纵坐标为幅值 $L(\omega)$，单位为分贝(dB)，横坐标为相角 $\varphi(\omega)$，单位为度(°)，均是线性分度。对数幅相曲线是以频率 ω 为参变量，图 5.8 为 RC 网络 $T=0.5$ 时的尼科尔斯图。后面我们会进一步学习如何利用对数幅相曲线和系统开环和闭环传递函数的关系，绘制关于闭环幅频特性的等 M 图和闭环相频特性的等 α 图。

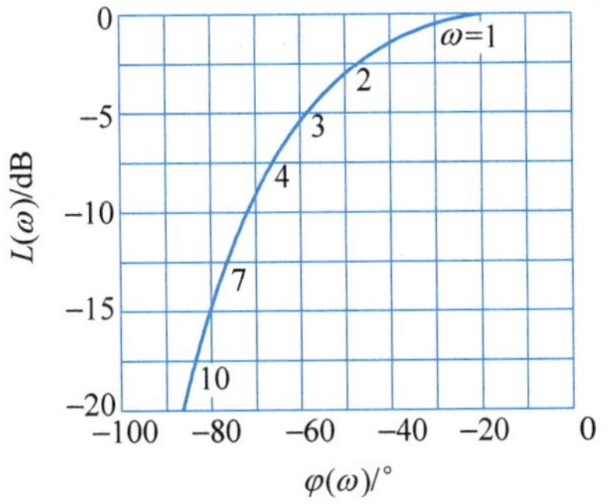

图 5.8 $\frac{1}{1+j0.5\omega}$的对数幅相曲线

5.2 典型环节频率特性曲线的绘制

开环传递函数总可以分解为一些常见的因式的乘积，这些常见的因式称为典型环节。典型环节可以分为两大类，一类为最小相位环节；另一类为非最小相位环节。最小相位环节包括比例环节 K，惯性环节$\frac{1}{1+Ts}$，一阶微分环节 $1+Ts$，二阶振荡环节$\frac{\omega_n^2}{s^2+2\zeta\omega_n s+\omega_n^2}$，积分环节$\frac{1}{s}$，微分环节 s 等。

1. 比例环节

比例环节的传递函数为 $G(s)=K$，频率特性为

$$G(j\omega)=K \tag{5.12}$$

比例环节对应的幅相曲线和伯德图如图 5.9 所示。

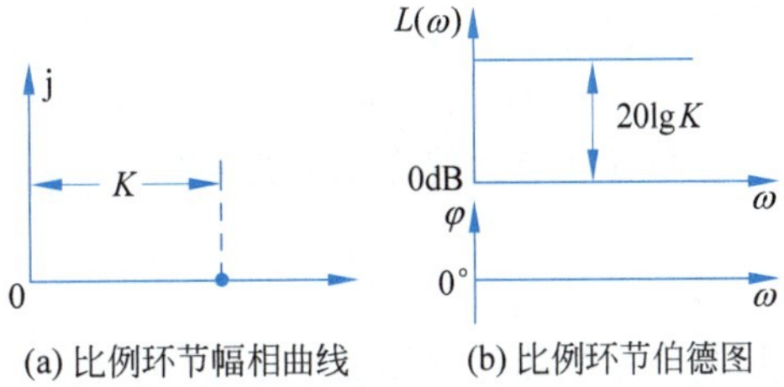

图 5.9 比例环节的频率特性

2. 惯性环节

传递函数为 $G(s)=\frac{K}{1+Ts}$，频率特性为

$$G(j\omega)=\frac{K}{1+j\omega T} \tag{5.13}$$

惯性环节的幅相曲线和伯德图如图 5.10 所示。

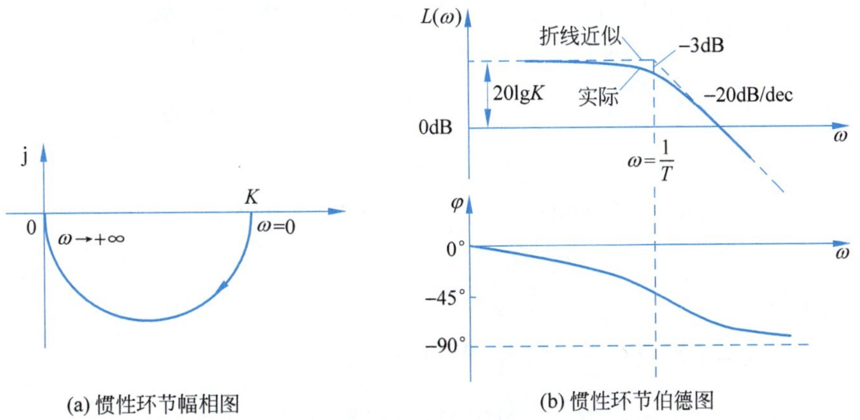

图 5.10 惯性环节的频率特性

工程中常常用折线渐近线的方法作出概略的伯德图。以惯性环节为例,其对数幅频特性表达式为

$$L(\omega)=20\lg\frac{K}{\sqrt{1+T^2\omega^2}}=20\lg K-20\lg\sqrt{1+T^2\omega^2} \tag{5.14}$$

由式(5.14)可得:

(1) 当 $\omega T\ll 1$ 时,$L\approx 20\lg K$,相当于在低频段,$L(\omega)$ 可用 $20\lg K$ 分贝线近似;

(2) 当 $\omega T\gg 1$ 时,$L\approx 20\lg K-20\lg\omega T$,相当于高频段,$L(\omega)$ 可用一条直线近似,直线的斜率是 -20dB/dec,它与 $20\lg K$ 分贝线相交于 $\omega=1/T$。

因此惯性环节的对数幅频特性曲线可用两条直线近似,低频部分为 $20\lg K$ 分贝线,高频部分为斜率为 -20dB/dec 的直线,两条直线相交于 $\omega T=1$ 或 $\omega=1/T$,如图 5.10(b)所示。而且当 $\omega=1/T$ 时,有

$$L(\omega)\Big|_{\omega=\frac{1}{T}}=20\lg K-20\lg\sqrt{2}=20\lg K-3\text{dB} \tag{5.15}$$

所以当 $\omega=1/T$ 时,近似幅频曲线与实际幅频曲线存在 3dB 的最大误差。图 5.10(b)中的实线为精确的对数幅频特性曲线,而图中的虚线为按照渐近线的折线表示的近似对数幅频特性曲线。由式(5.14)还可以知道,ω 增加使得 $L(\omega)$ 下降。说明惯性环节相当于一种低通滤波器。

惯性环节的相频特性为

$$\varphi(\omega)=-\arctan\omega T \tag{5.16}$$

因此,当 $\omega\to 0$ 时,$\varphi(\omega)=0°$;当 $\omega=1/T$ 时,$\varphi(\omega)=-45°$;当 $\omega\to+\infty$ 时,$\varphi(\omega)=-90°$。由图 5.10(b)看出。惯性环节相频曲线的相角为负值,且随频率增大而单调负方向增大,最大滞后角为 $-90°$。

3. 积分环节

积分环节的传递函数为 $G(s)=1/s$,频率特性为

$$G(\mathrm{j}\omega)=\frac{1}{\mathrm{j}\omega}=-\mathrm{j}\,\frac{1}{\omega}=\frac{1}{\omega}\mathrm{e}^{-\mathrm{j}\frac{\pi}{2}} \tag{5.17}$$

其幅相曲线和伯德图如图 5.11 所示。

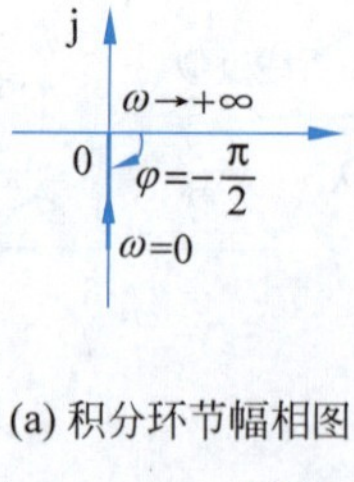

(a) 积分环节幅相图

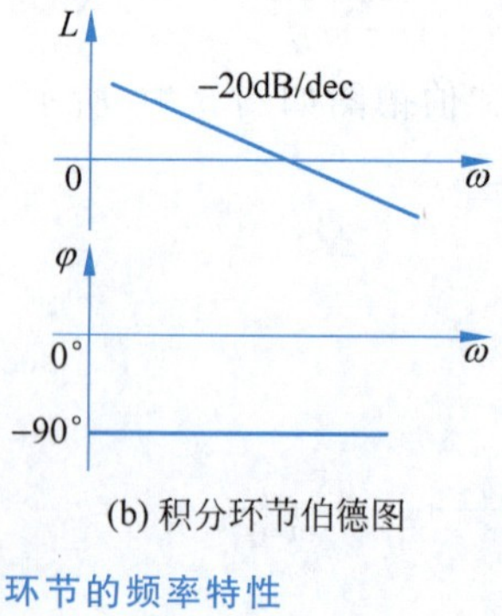

(b) 积分环节伯德图

图 5.11 积分环节的频率特性

4. 微分环节

微分环节的传递函数为 $G(s)=s$,频率特性为

$$G(\mathrm{j}\omega)=\mathrm{j}\omega=\omega\mathrm{e}^{\mathrm{j}\frac{\pi}{2}} \tag{5.18}$$

其幅相曲线和伯德图如图 5.12 所示。

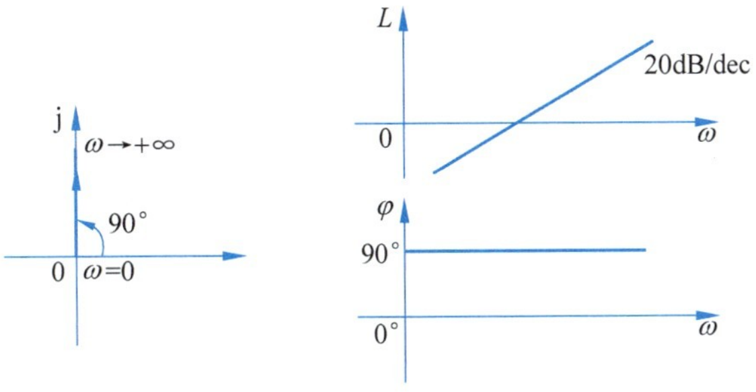

(a) 微分环节幅相图　　(b) 微分环节伯德图

图 5.12　微分环节的频率特性

如果为比例微分环节

$$G(\mathrm{j}\omega)=1+\mathrm{j}\omega T$$

其幅相曲线和折线近似伯德图如图 5.13 所示。

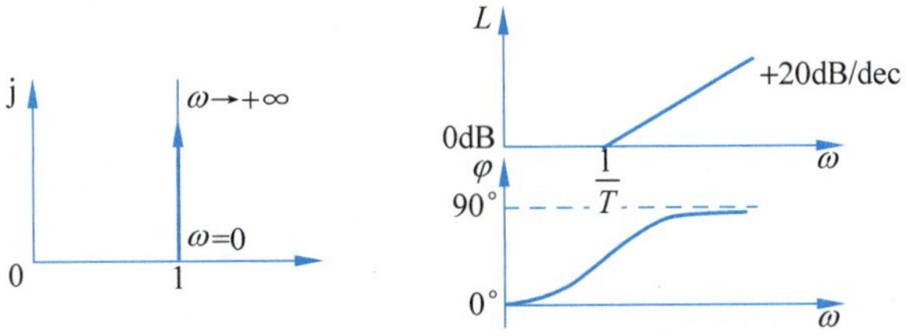

(a) 比例微分环节幅相图　　(b) 比例微分环节伯德图

图 5.13　比例微分环节的频率特性

5. 振荡环节

振荡环节的传递函数为 $G(s)=\dfrac{\omega_n^2}{s^2+2\zeta\omega_n s+\omega_n^2}$，其频率特性为

$$G(\mathrm{j}\omega)=\frac{1}{1-\left(\dfrac{\omega}{\omega_n}\right)^2+2\zeta\dfrac{\omega}{\omega_n}\mathrm{j}} \tag{5.19}$$

由式(5.19)可得频率特性的实部和虚部为

$$\mathrm{Re}\{G(\mathrm{j}\omega)\}=\frac{1-\left(\dfrac{\omega}{\omega_n}\right)^2}{\left(1-\dfrac{\omega^2}{\omega_n^2}\right)^2+\left(2\zeta\dfrac{\omega}{\omega_n}\right)^2} \tag{5.20}$$

$$\mathrm{Im}\{G(\mathrm{j}\omega)\}=\frac{-2\zeta\dfrac{\omega}{\omega_n}}{\left(1-\dfrac{\omega^2}{\omega_n^2}\right)^2+\left(2\zeta\dfrac{\omega}{\omega_n}\right)^2} \tag{5.21}$$

振荡环节的幅频特性为

$$|G(\mathrm{j}\omega)|=A(\omega)=1\Big/\sqrt{\left(1-\dfrac{\omega^2}{\omega_n^2}\right)^2+\left(2\zeta\dfrac{\omega}{\omega_n}\right)^2} \tag{5.22}$$

相频特性为

$$\angle G(\mathrm{j}\omega)=\varphi(\omega)=-\arctan\frac{2\zeta\dfrac{\omega}{\omega_n}}{1-\left(\dfrac{\omega}{\omega_n}\right)^2} \tag{5.23}$$

振荡环节的幅相特性曲线和幅频特性曲线分别为图 5.14 和图 5.15 所示。

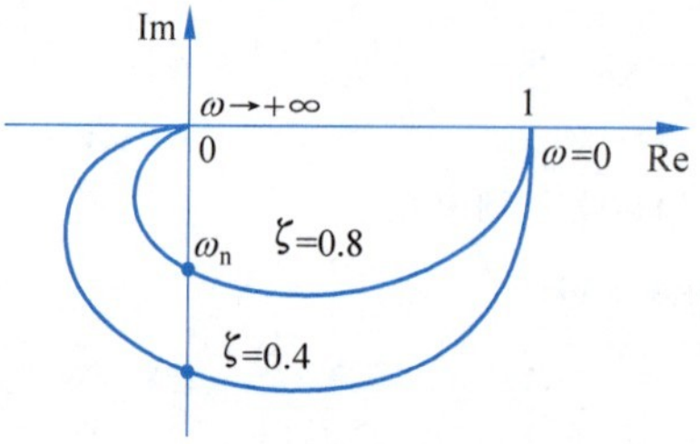

图 5.14 振荡环节的幅相曲线

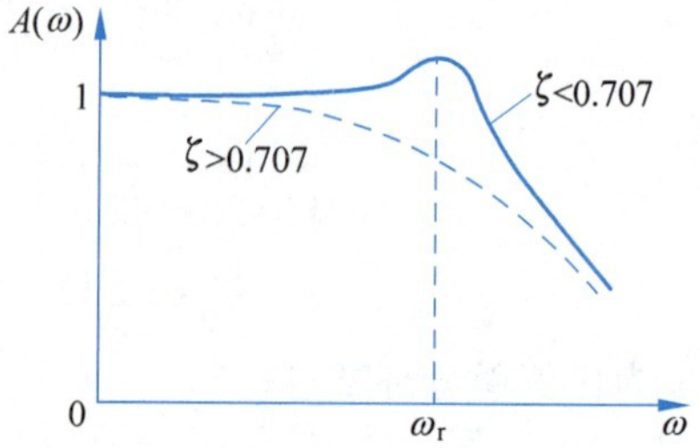

图 5.15 振荡环节的幅频特性

下面进一步作出振荡环节的折线近似伯德图。由式(5.22)易得振荡环节的对数幅频特性为

$$L(\omega)=20\lg\frac{1}{\sqrt{\left(1-\dfrac{\omega^2}{\omega_n^2}\right)^2+\left(2\zeta\dfrac{\omega}{\omega_n}\right)^2}} \tag{5.24}$$

根据式(5.24)可以作出两条渐近线的折线近似：

(1) 当 $\omega<<\omega_n$ 时，即在低频段，有 $L(\omega)\approx 0$，相当于 0 分贝线。

(2) 当 $\omega>>\omega_n$ 时，即在高频段，有 $L(\omega)\approx-40\lg\dfrac{\omega}{\omega_n}$，这是一条斜率为 -40dB/dec 的直线，和 0 分贝线交于 $\omega=\omega_n$ 的地方，故振荡环节的转折频率为 ω_n。可以证明，在频率 $\omega=\omega_n$ 处存在较大误差，大小取决于 ζ 值，ζ 越小，误差越大。振荡环节的对数幅频特性曲线如图 5.16 所示。其中，粗实线为典型二阶系统折线近似的对数幅频特性图，细实线为精确的伯德图。

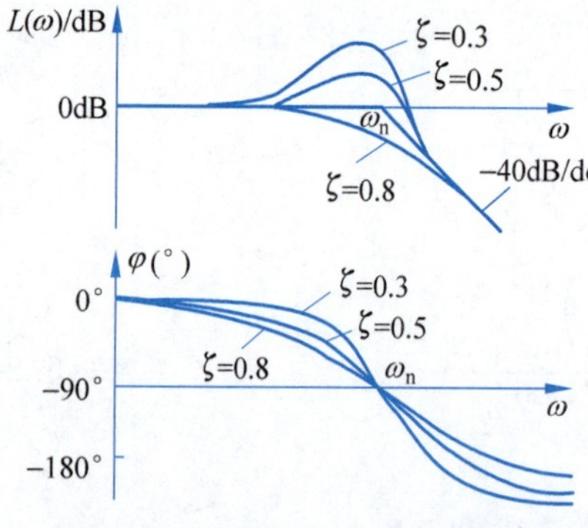

图 5.16 振荡环节的对数频率特性

对数相频特性表达式为

$$\varphi(\omega)=-\arctan\frac{2\zeta\dfrac{\omega}{\omega_n}}{1-\left(\dfrac{\omega}{\omega_n}\right)^2} \tag{5.25}$$

当 $\omega=0$ 时，$\varphi(0)=0°$；当 $\omega=\omega_n$ 时，$\varphi(\omega_n)=-90°$；当 $\omega\to+\infty$ 时，$\varphi(\infty)=-180°$。

由于系统阻尼比取值不同，$\varphi(\omega)$ 在 $\omega=\omega_n$ 邻域的角度变化率也不同，阻尼比越小，变化率越大。

6. 时滞环节

纯时滞环节的传递函数为

$$G(s)=\mathrm{e}^{-\tau s} \tag{5.26}$$

其频率特性为

$$G(\mathrm{j}\omega)=\mathrm{e}^{-\mathrm{j}\omega\tau} \tag{5.27}$$

因此,时滞环节的幅频特性为 $A(\omega)=1$,相频特性为 $\varphi(\omega)=-\omega\tau(\mathrm{rad})=-57.3°\omega\tau$。幅相曲线如图 5.17(a)所示,由于幅值总为 1,相角随频率的增大而向负方向增大,其幅相曲线为一单位圆。伯德图如图 5.17(b)所示,当 $\omega\rightarrow+\infty$ 时,$\varphi(\omega)\rightarrow-\infty$ 呈现很大的相角滞后,使得控制系统的稳定性变差。

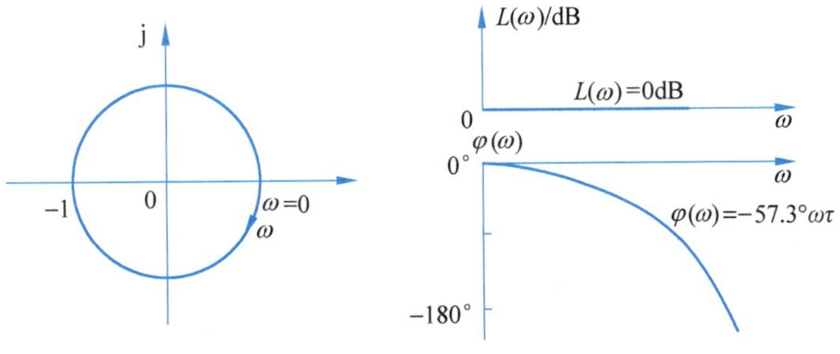

(a) 时滞幅相曲线　　(b) 时滞环节的对数响应曲线

图 5.17　时滞环节的频率特性曲线

7. 非最小相位环节

最小相位系统是指传递函数的零极点都分布在 s 平面的左半部的系统。如果系统传递函数有右半复平面的零点或极点时称为非最小相位系统。对于具有相同幅频特性的系统,最小相位系统的相角变化是最小的。而非最小相位系统的相角范围总大于前者,所以非最小相位系统取名于此。

对于最小相位系统,幅频特性和相频特性间存在着唯一的对应关系,反之亦然,只要知道其对数幅频特性,就可以画出相应的相频特性,也就可以写出系统的传递函数。

但对于非最小相位系统,在幅频和相频特征间不存在这种唯一的对应关系。

例 5.1　已知两环节的频率特性分别为

$$G_1(\mathrm{j}\omega)=\frac{1+\mathrm{j}\omega T_2}{1+\mathrm{j}\omega T_1},\quad G_2(\mathrm{j}\omega)=\frac{1-\mathrm{j}\omega T_2}{1+\mathrm{j}\omega T_1}\quad(0<T_2<T_1)$$

试画出它们的折线近似伯德图。

解　由定义知 $G_1(\mathrm{j}\omega)$对应的系统为最小相位系统,$G_2(\mathrm{j}\omega)$对应的系统为非最小相位系统,对应的对数幅频特性分别为

$$L_1(\omega)=20\lg\sqrt{1+T_2^2\omega^2}-20\lg\sqrt{1+T_1^2\omega^2}$$

$$L_2(\omega)=20\lg\sqrt{1+T_2^2\omega^2}-20\lg\sqrt{1+T_1^2\omega^2}$$

显然,两者幅频特性是相同的。而相频特性分别为

$$\varphi_1(\omega)=\arctan\omega T_2-\arctan\omega T_1$$

$$\varphi_2(\omega)=-\arctan\omega T_2-\arctan\omega T_1$$

显然,两者的相频特性是不同的,且当 ω 从 $0\rightarrow+\infty$ 变化时,$\varphi_1(\omega)$的变化为 $0°\rightarrow0°$,$\varphi_2(\omega)$的变化为 $0°\rightarrow-180°$,$G_1(\mathrm{j}\omega)$比 $G_2(\mathrm{j}\omega)$有更小的相位变化角。两环节的折线近似伯德图如图 5.18 所示。

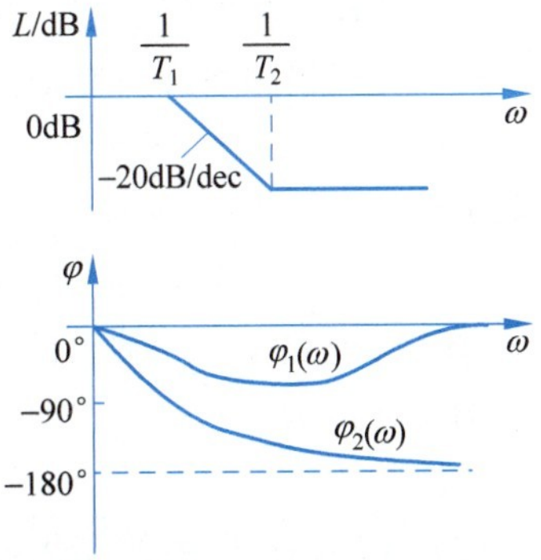

图 5.18　例 5.1 中系统的伯德图

例 5.2 已知两系统的开环传递函数分别为

$$G_1(s)=\frac{K}{1+Ts},\quad G_2(s)=\frac{K\mathrm{e}^{-\tau s}}{1+Ts}$$

试画出两系统的伯德图。

解 两系统的开环频率特性分别为

$$G_1(\mathrm{j}\omega)=\frac{K}{1+\mathrm{j}\omega T}$$

$$G_2(\mathrm{j}\omega)=\frac{K}{1+\mathrm{j}\omega T}\mathrm{e}^{-\mathrm{j}\omega\tau}$$

对数幅频特性分别为

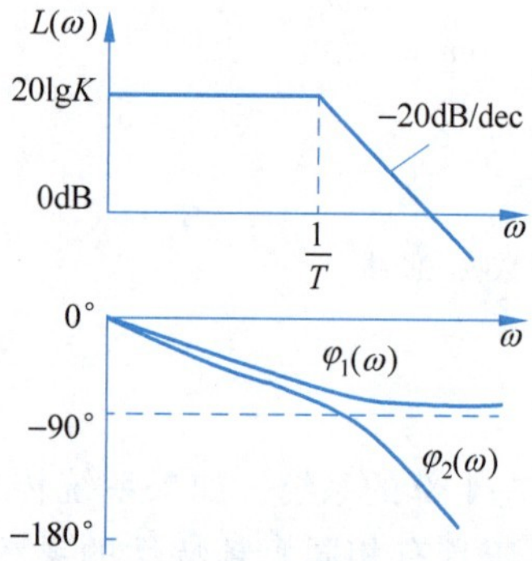

图 5.19 例 5.2 中系统的伯德图

$$L_1(\omega)=20\lg K-20\lg\sqrt{1+T^2\omega^2}$$

$$L_2(\omega)=20\lg K-20\lg\sqrt{1+T^2\omega^2}$$

显然,两者的幅频特性是相同的。而相频特性分别为

$$\varphi_1(\omega)=-\arctan\omega T$$

$$\varphi_2(\omega)=-\arctan\omega T-\omega\tau$$

两者的相频特性是不同的,且当 $\omega\to+\infty$ 时,$\varphi_1(\omega)\to-90^\circ$,$\varphi_2(\omega)\to-\infty$;因此,对于时滞系统,由于相角存在严重滞后,会影响系统的稳定性。

两个系统的折线近似伯德图如图 5.19 所示。

5.3 系统的开环频率特性

一个线性定常控制系统是否稳定,主要取决于其闭环特征方程的根是否均在左半 s 平面,而开环频率特性和闭环频率特性间有联系,所以我们可以利用开环频率特性分析和设计控制系统。

5.3.1 开环幅相频率特性曲线的绘制

根据系统开环频率特性的表达式可以概略绘制开环幅相曲线或奈奎斯特曲线。概略画出开环幅相曲线应反映开环频率特性的三个关键部分。

(1) 开环幅相曲线的起点($\omega\to0^+$)和终点($\omega\to+\infty$)。

(2) 开环幅相曲线与实轴的交点。令开环频率特性 $G_0(\mathrm{j}\omega)=G(\mathrm{j}\omega)H(\mathrm{j}\omega)$ 的虚部为

$$\mathrm{Im}[G_0(\mathrm{j}\omega_g)]=0 \tag{5.28}$$

或相频特性

$$\varphi(\omega_g)=\angle G_0(\mathrm{j}\omega_g)=k\pi,\quad k=0,\pm1,\pm2,\cdots \tag{5.29}$$

由式(5.28)或式(5.29)解出的频率 ω_g 称为相位穿越频率,而对应的开环频率特性与实轴交点的坐标值为

$$\mathrm{Re}[G_0(\mathrm{j}\omega_g)]=G_0(\mathrm{j}\omega_g) \tag{5.30}$$

(3) 开环幅相曲线的变化范围(指象限,单调性)。

例 5.3　已知某 0 型系统的开环传递函数为

$$G_0(s)=\frac{K}{(1+T_1s)(1+T_2s)},\quad K>0,T_1>0,T_2>0$$

试概略绘制系统的开环幅相曲线。

解　系统的开环频率特性为

$$G_0(\mathrm{j}\omega)=\frac{K}{(1+\mathrm{j}\omega T_1)(1+\mathrm{j}\omega T_2)}=\frac{K[1-T_1T_2\omega^2-\mathrm{j}(T_1+T_2)\omega]}{(1+T_1^2\omega^2)(1+T_2^2\omega^2)}$$

相频特性为

$$\varphi(\omega)=\angle G_0(\mathrm{j}\omega)=-\arctan\omega T_1-\arctan\omega T_2$$

开环幅相曲线的起点为：$A(0)=K,\varphi(0)=0°$；终点为：$A(\infty)=0,\varphi(+\infty)=-180°$。

令 $\mathrm{Im}G_0(\mathrm{j}\omega_g)=0$，解得 $\omega_g=0$，即系统的开环幅相曲线除在 $\omega=0$ 外与实轴无交点。

当频率由 $\omega=[0,+\infty)$ 变化时，由系统开环频率特性函数知道，该系统幅相曲线的变化范围在第 4 和第 3 象限。系统概略开环幅相曲线如图 5.20 实线所示。

若取 $K<0$，此时系统的概略开环幅相曲线由 $K>0$ 的曲线绕原点顺时针旋转 180°得到，如图 5.20 中虚线所示。

例 5.4　已知某Ⅰ型系统的开环传递函数为

$$G_0(s)=\frac{K}{s(1+Ts)}$$

试绘制系统的开环幅相曲线。

解　系统的开环频率特性为

$$G_0(\mathrm{j}\omega)=\frac{K}{\mathrm{j}\omega(1+\mathrm{j}\omega T)}=\frac{K(-\omega T-\mathrm{j})}{\omega(1+\omega^2T^2)}$$

相频特性为

$$\varphi(\omega)=\angle G_0(\mathrm{j}\omega)=-\frac{\pi}{2}-\arctan\omega T$$

开环幅相曲线的起点为：$A(0)=\infty,\varphi(0)=-\dfrac{\pi}{2}$；终点为：$A(\infty)=0,\varphi(+\infty)=-\pi$。

当频率由 $\omega=[0^+,+\infty)$ 变化时，由系统开环频率特性函数知道，该系统的幅相曲线在第 3 象限内变化。

由开环频率特性的表达式知，$G_0(\mathrm{j}\omega)$的虚部不为 0，故与实轴无交点。

该系统概略和精确的开环幅相曲线如图 5.21 所示。

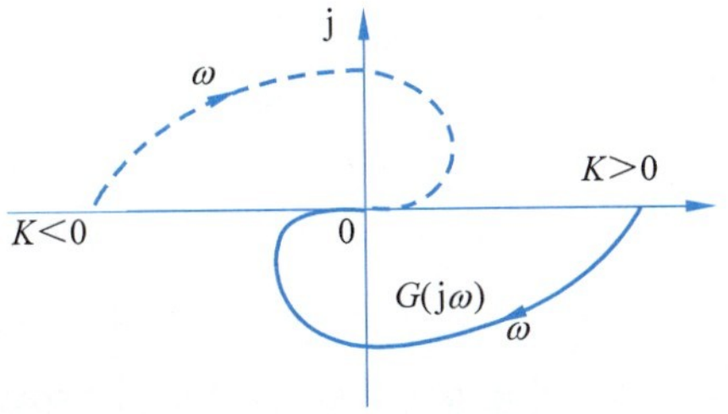

图 5.20　例 5.3 系统概略开环幅相曲线

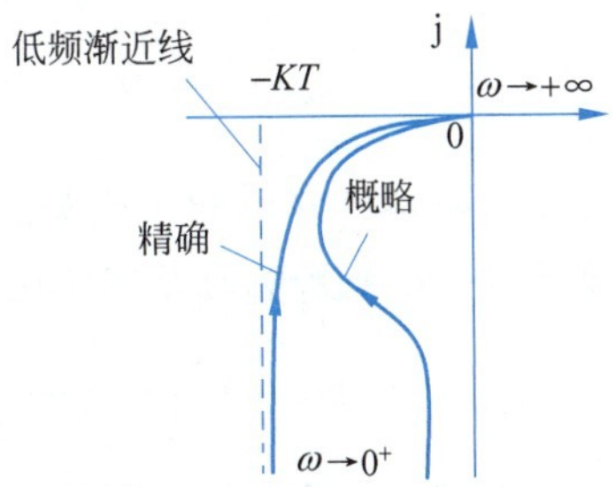

图 5.21　例 5.4 系统的开环幅相曲线

例 5.5 已知某Ⅱ型系统的开环传递函数为

$$G_0(s)=\frac{K}{s^2(1+Ts)}$$

试画出该系统的幅相曲线。

解 系统的开环频率特性为

$$G_0(j\omega)=\frac{K}{-\omega^2(1+\omega^2T^2)}+\frac{jK\omega T}{\omega^2(1+\omega^2T^2)}$$

开环相频特性为

$$\varphi(\omega)=\angle G_0(j\omega)=-\pi-\arctan\omega T$$

开环幅相曲线的起点为 $A(0)=\infty,\varphi(0^+)=-180°$，即低频段渐近线是一条平行于实轴的直线；终点为 $A(\infty)=0,\varphi(+\infty)=-270°$，在高频段的渐近线是一条平行于虚轴的直线。$\omega$ 从 $0^+\to+\infty$ 变化时，$\varphi(\omega)$ 的变化范围是 $-180°\to-270°$，由系统开环频率特性函数知道，该系统幅相曲线的变化范围在第 2 象限。由于频率特性表达式 $G_0(j\omega)$ 的虚部不为 0，故幅相曲线与实轴无交点。

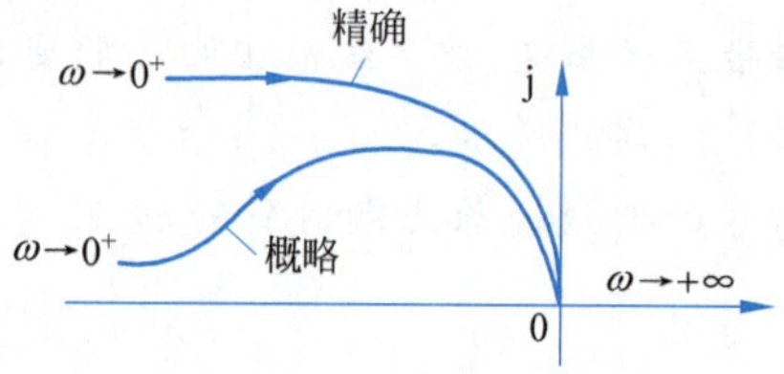

图 5.22 例 5.5 系统的开环幅相曲线

系统的开环幅相曲线如图 5.22 所示。

例 5.6 已知某系统的开环传递函数为

$$G_0(s)=\frac{K(1-T_2s)}{s(1+T_1s)}$$

试画出该系统的开环幅相曲线。

解 该系统的开环频率特性为

$$G_0(j\omega)=\frac{K[-(T_1+T_2)\omega-j(1-T_1T_2\omega^2)]}{\omega(1+T_1^2\omega^2)}$$

相频特性为

$$\varphi(\omega)=-\arctan\omega T_2-\frac{\pi}{2}-\arctan\omega T_1$$

开环幅相曲线的起点为：$A(0)=\infty,\varphi(0^+)=-90°$；终点为：$A(\infty)=0,\varphi(+\infty)=-270°$。当频率由 $\omega=[0^+,+\infty)$ 变化时，由系统开环频率特性函数知道，该系统幅相曲线的变化范围在第 2 和第 3 象限。令 $\mathrm{Im}G_0(j\omega)=0$，得到幅相曲线与实轴的交点为 $\omega_g=\frac{1}{\sqrt{T_1T_2}}$，$G_0(j\omega_g)=-KT_2$。

系统的概略开环幅相曲线如图 5.23 所示。

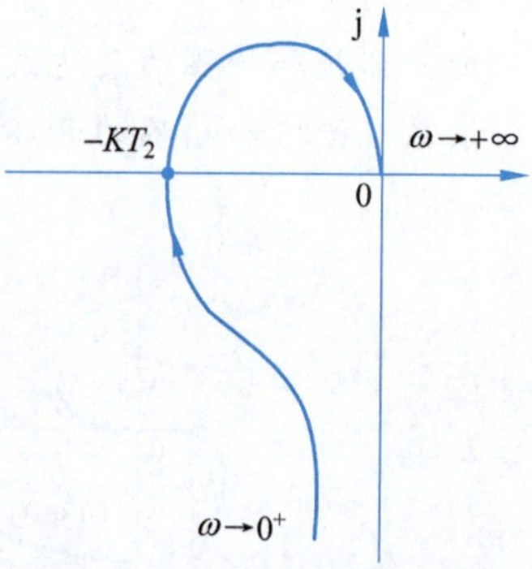

图 5.23 例 5.6 系统的开环幅相曲线

例 5.7 已知系统的开环传递函数为

$$G_0(s)=\frac{1}{s^2+0.8s+1}$$

试用 MATLAB 画出该系统的开环幅相曲线。

解 MATLAB 源程序为

```
num = [0 0 1];
den = [1 0.8 1];
nyquist(num,den)
grid;
title('Nyquist plot')
```

运行上面的程序后,得系统的开环幅相曲线如图 5.24 所示。

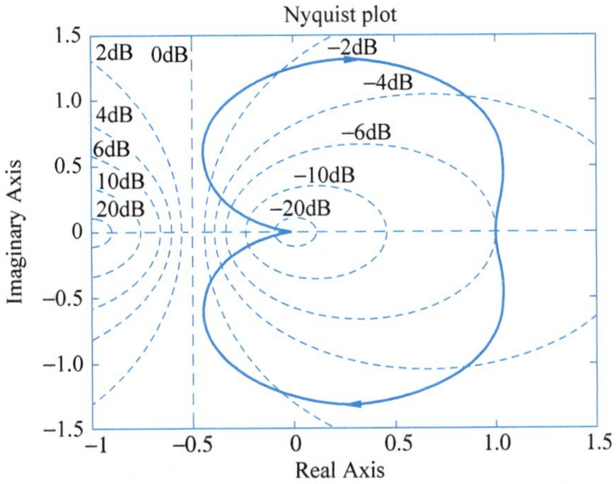

图 5.24 开环系统 $G_0(s)=\dfrac{1}{s^2+0.8s+1}$ 的幅相图

例 5.8 画出开环系统 $G(s)=\dfrac{1}{s(s+1)}$ 的幅相特性曲线。

解 MATLAB 源程序为

```
num = [0 0 1];
den = [1 1 0];
nyquist(num,den)
v = [ - 2 2  - 5 5];
axis(v);
grid
```

运行上面的程序后,得系统的开环幅相曲线如图 5.25 所示。

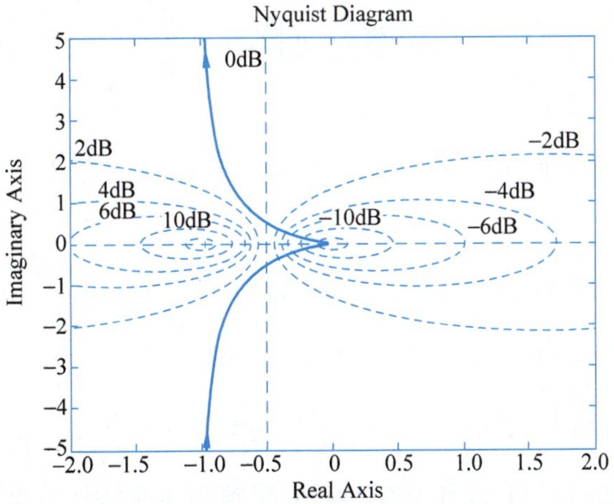

图 5.25 例 5.8 系统的幅相图

例 5.9 已知某时滞系统的方框图如图 5.26 所示,试画出它的开环幅相曲线。

解 由方框图得到系统的开环频率特性为

$$G_0(j\omega)=\frac{K e^{-j\omega\tau}}{1+j\omega T}$$

又根据欧拉公式

$$e^{-j\omega\tau}=\cos\omega\tau-j\sin\omega\tau$$

于是,有

$$G_0(j\omega)=K\,\frac{\cos\omega\tau-\omega T\sin\omega\tau-[\sin\omega\tau+\omega T\cos\omega\tau]j}{1+\omega^2T^2}$$

系统的相频特性为

$$\varphi(\omega)=-\omega\tau-\arctan\omega T$$

当 $\tau=0$ 时,开环系统变成一阶惯性环节,其幅相曲线为以 $(K/2,j0)$ 为圆心,$K/2$ 为半径的半圆,如图 5.27 的虚线所示;当 $\tau\neq0$ 时,带有时滞环节的系统的幅相曲线为螺旋线,如图 5.27 的实线所示。

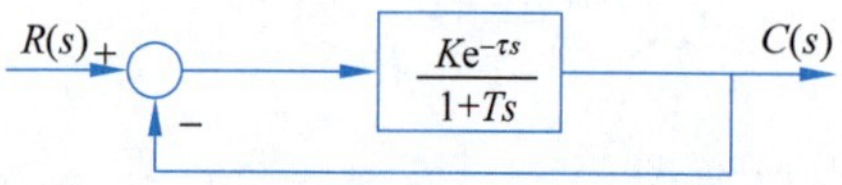

图 5.26 例 5.9 的时滞系统

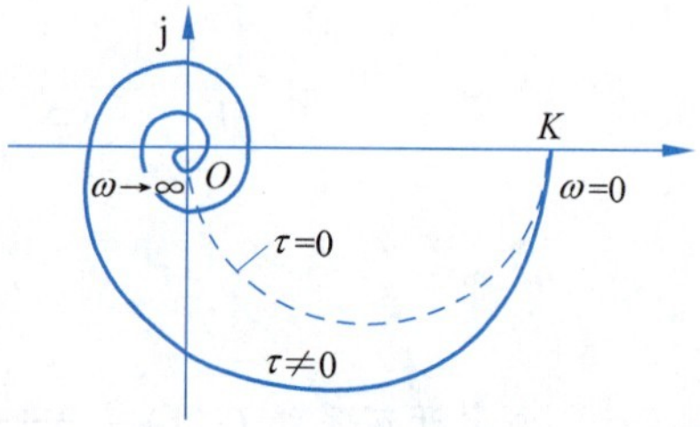

图 5.27 例 5.9 时滞系统的开环幅相曲线

5.3.2 开环对数频率特性曲线

考查一个 n 阶 γ 型单位反馈系统的开环频率特性为

$$G_0(j\omega)=\frac{K(\tau_1 j\omega+1)(\tau_2 j\omega+1)\cdots(\tau_m j\omega+1)}{(j\omega)^\gamma(T_1 j\omega+1)(T_2 j\omega+1)\cdots(T_{n-\gamma} j\omega+1)} \tag{5.31}$$

开环系统可表示为若干典型环节的串联形式,即

$$G_0(s)=\prod_{i=1}^{N}G_i(s) \tag{5.32}$$

其中,$G_i(s)$表示各典型环节。

设典型环节的频率特征方程为 $G_i(j\omega)=A_i(\omega)e^{j\varphi_i(\omega)}$,则开环系统的幅频和相频特性为

$$A(\omega)=\prod_{i=1}^{N}A_i(\omega),\quad \varphi(\omega)=\sum_{i=1}^{N}\varphi_i(\omega) \tag{5.33}$$

对应的开环对数幅频特性为

$$L(\omega)=20\lg A(\omega)=\sum_{i=1}^{N}20\lg A_i(\omega)=\sum_{i=1}^{N}L_i(\omega) \tag{5.34}$$

由式(5.34)和式(5.33)知,开环系统的对数幅频和相频特性分别为各典型环节对数幅频特性和相频特性的代数和。

对于任意开环传递函数，将其分为三部分：

(1) $\frac{K}{s^{\gamma}}$，γ 为积分环节数或系统型数；

(2) 一阶环节，包括惯性环节、一阶微分环节以及对应的非最小相位环节。此时，转折频率为 $1/T$；

(3) 二阶环节，包括振荡环节、二阶微分环节以及对应的非最小相位环节。此时，转折频率为 ω_n。

记 $\omega_{\min}$ 为系统开环传递函数的最小转折频率，称 $\omega<\omega_{\min}$ 的频率范围为低频段。开环折线近似对数幅频特性曲线的绘制按以下几个步骤进行：

(1) 将开环传递函数进行典型环节的分解；

(2) 确定各典型环节的转折频率，并标注在半对数坐标图的 ω 轴上；

(3) 绘制低频渐近线。在 $\omega<\omega_{\min}$ 频段内，开环幅频渐近线的斜率取决于 $\frac{K}{\omega^{\gamma}}$，因而低频段直线斜率为 -20γdB/dec。为获取低频渐近线，还需确定该直线上的一点，通常采用以下三种方法之一：

方法 1：在 $\omega<\omega_{\min}$ 内，任取一点 ω_0，计算 $L(\omega_0)\approx 20\lg K-20\gamma\lg\omega_0$。

方法 2：取特定值 $\omega_0=1$，则 $L(1)=20\lg K$。

方法 3：取 $L(\omega_0)\approx 0$ 点，则有 $\frac{K}{\omega_0^{\gamma}}=1$，$\omega_0=\sqrt[\gamma]{K}$。

过点 $(\omega_0, L(\omega_0))$ 在 $\omega<\omega_{\min}$ 内作一条斜率为 -20γdB/dec 的直线。若当 $\omega_0>\omega_{\min}$ 时，则点 $(\omega_0, L(\omega_0))$ 位于低频渐近线的延长线上。

(4) 作 $\omega\geqslant\omega_{\min}$ 频段渐近线。系统开环对数幅频渐近特征曲线在该区段表现为分段折线，在每个转折频率处，斜率发生变化，变化规律取决于该转折频率对应的典型环节的类型。

另一方面，我们也可以由开环系统的折线近似伯德图的绘制方法中总结出系统控制精度与对数幅频特性曲线之间的关系如下：

(1) 由伯德图频率特性可以确定系统的稳态响应。系统的类型确定了低频段对数幅频特性曲线的斜率。系统的控制精度或稳态误差都可以由观察对数幅频特性曲线的低频区特性予以确定。

(2) 对于 0 型系统，低频渐近线是一条幅值为 $20\log K$ 分贝的水平线，静态位置误差系数 k_p 可由低频段的高度 $20\log k_p$ 计算得出。

(3) 对于Ⅰ型系统，静态速度误差系数 k_v 可由低频区斜率为 -20dB/dec 的起始线段(或其延长线)与 $\omega=1$ 的直线的交点具有的幅值为 $20\log k_v$ 来计算；或由斜率为 -20dB/dec 的起始线段(或其延长线)与 0dB 线交点的频率在数值上等于 k_v 来计算。

(4) 对于Ⅱ型系统，静态加速度误差系数 k_a 可由低频区斜率为 -40dB/dec 的起始线段(或其延长线)与 $\omega=1$ 的直线的交点具有的幅值为 $20\log k_a$ 来计算；或由斜率为 -40dB/dec 的起始线段(或其延长线)与 0dB 线交点的频率在数值上等于 $\sqrt{k_a}$ 来计算。

例 5.10　已知某系统的开环传递函数为

$$G_0(s)=\frac{4\left(1+\frac{1}{2}s\right)}{s(1+2s)\left(1+0.05s+\frac{s^2}{64}\right)}$$

试概略绘制系统开环对数频率特性曲线。

解　该开环系统由比例环节、积分环节、惯性环节、一阶微分环节和振荡环节五个典型环节组成，各环节的转折频率分别为惯性环节 0.5、一阶微分环节 2 和振荡环节 8，则最小转折频率 $\omega_{\min}=0.5$。

过惯性环节的转折频率 $\omega_1=0.5$，幅值减小 -20dB/dec；过一阶微分环节的转折频率 $\omega_2=2$，幅值增加 $+20\text{dB/dec}$；过振荡环节的转折频率 $\omega_3=8$，幅值减小 -40dB/dec。

又因为系统的开环对数幅频特性可以写为

$$L(\omega)=20\lg 4-20\lg\omega-20\lg\sqrt{1+(2\omega)^2}+20\lg\sqrt{1+(0.5\omega)^2}$$
$$-20\lg\sqrt{\left(1-\frac{\omega^2}{64}\right)^2+(0.05\omega)^2}$$

在 $\omega<\omega_{\min}$ 低频段，有

$$L(\omega)=20\lg\left|\lim_{\omega\to 0}G_0(\mathrm{j}\omega)\right|\approx 20\lg K-20\lg|\mathrm{j}\omega|^{\gamma}$$

当 $\omega=1$ 时，$L(1)\approx 20\lg K$，在此例中，$K=4$，$\gamma=1$，因此，低频段斜率为 -20dB/dec，而 $L(1)=20\lg 4=12\text{dB}$。为绘制低频段渐近线，也可令 $L(\omega)\approx 20\lg K-20\lg\omega^{\gamma}=0$，解得 $\omega=\sqrt[\gamma]{K}=K=4$。将 $L(\omega)=0$ 处的频率称为幅值穿越频率 ω_c。系统概略的折线近似伯德图如图 5.28 所示。

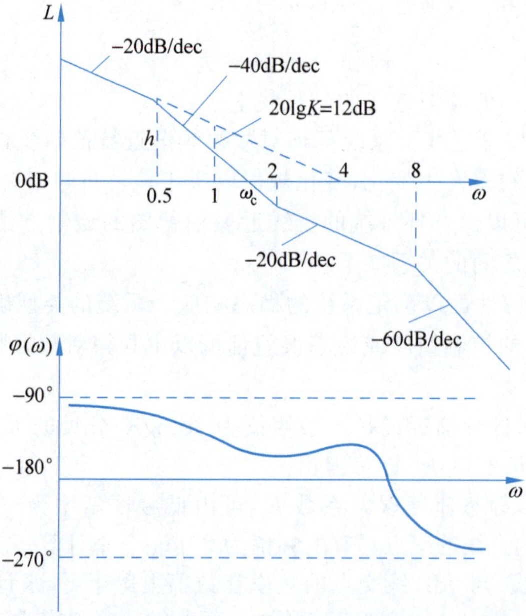

图 5.28　例 5.10 系统的伯德图

几个关键点的计算，设在转折频率 $\omega_1=0.5$ 处，$L(\omega)=h$，用折线近似伯德图中的一段三角形部分表示为如图 5.29 所示，有

$$h-12=20(\lg 1-\lg 0.5)$$

于是，$h=12-20\lg 0.5=18\text{dB}$。

下面计算幅值穿越频率 ω_c，取伯德图中的另一三角形部分如图 5.30 所示，有

$$h = 40(\lg\omega_c - \lg 0.5)$$

由上面计算结果知，$h=18\text{dB}$，代入上式可得：$\omega_c=1.414\text{rad/s}$。

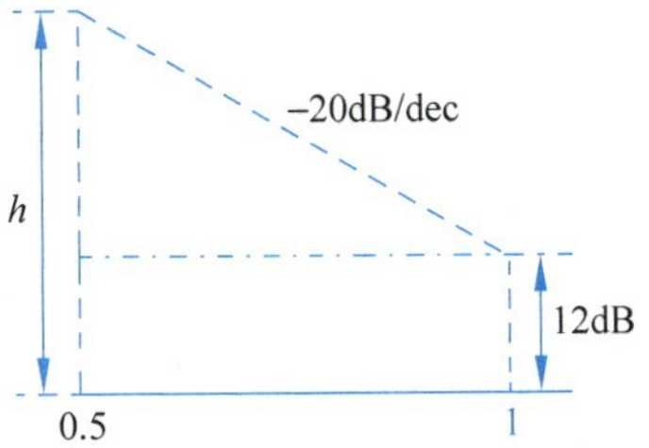

图 5.29 转折频率 $\omega_1=0.5$ 处幅值计算示意图

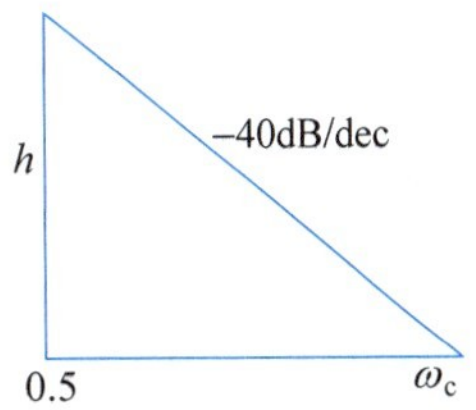

图 5.30 幅值穿越频率计算示意图

通常各转折频率处的幅值以及幅值穿越频率 ω_c 等关键点也可按如下过程计算：

(1) 当 $\omega \leqslant 0.5$ 时，$L(0.5)\approx 20\lg 4-20\lg 0.5=12+6=18\text{dB}$。

(2) 当 $0.5\leqslant\omega\leqslant 2$ 时，$L(2)\approx 20\lg 4-20\lg 2-20\lg 2\times 2=-20\lg 2=-6\text{dB}$；令 $L(\omega_c)\approx 20\lg 4-20\lg\omega_c-20\lg 2\omega_c=0$，得 $\omega_c=\sqrt{2}=1.414\text{rad/s}$。结果同上。

(3) 当 $2\leqslant\omega\leqslant 8$ 时，有 $L(8)\approx 20\lg 4-20\lg 8-20\lg 2\times 8+20\lg 0.5\times 8=-20\lg 8=-18\text{dB}$。

例 5.11 已知某系统的开环传递函数为

$$G_0(s)=\frac{25}{s^2+4s+25}$$

试用 MATLAB 画出其伯德图。

解 MATLAB 源程序如下

```
num = [0 0 25];
den = [1 4 25];
Bode(num,den)
Title('bode Diagram')
```

运行上面程序得系统的伯德图如图 5.31 所示。

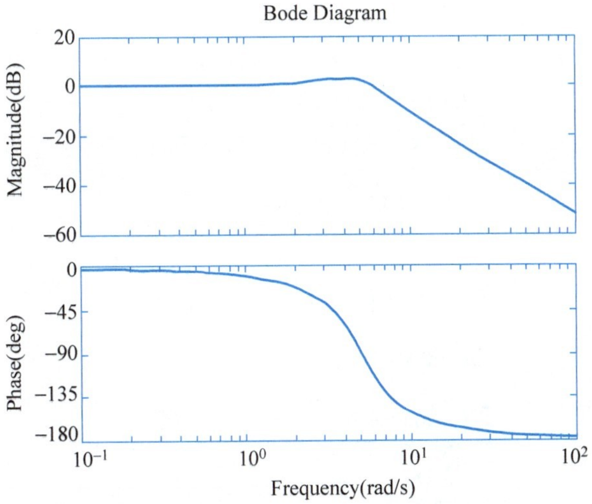

图 5.31 例 5.11 系统的开环伯德图

5.3.3 传递函数的频域实验确定

1. 频率响应实验

线性定常最小相位系统的传递函数数学模型可由频率响应实验得到,频率响应实验原理如图5.32所示。首先选择激励信号源正弦信号的幅值,以使系统处于非饱和状态。在一定频率范围内,改变输入正弦信号的频率,记录各频率点处被测系统稳态输出信号的波形。由稳态时的输出和输入信号的幅值比和相位差绘制对数频率特性曲线。

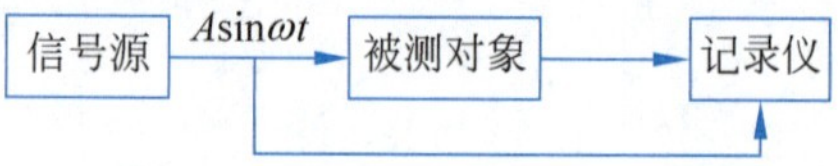

图5.32 频率响应测定实验原理图

2. 确定传递函数

从低频段起,将实验所得的对数幅频曲线用斜率0dB/dec,±20dB/dec,…直线分段近似,获得对数幅频渐近特性曲线。由对数幅频渐近特性曲线可以确定最小相位系统的传递函数。

例5.12 某最小相位系统的对数实测幅频曲线和对数幅频渐近特性曲线如图5.33所示,试确定该系统的传递函数。

解 由图5.33知低频段渐近线斜率为+20dB/dec,所以系统含有一个微分环节。由图还可知,幅频特性曲线存在两个转折频率,分别为ω_1和ω_2,其中,在ω_1处渐近线斜率开始变为0dB/dec,说明对应一个惯性环节;在ω_2处,渐近线斜率改变是−40dB/dec,说明对应一个振荡环节。为此,该系统应具有下述形式的传递函数数学模型

$$G(s)=\frac{Ks}{\left(1+\frac{s}{\omega_1}\right)\left(\frac{s^2}{\omega_2^2}+2\zeta\frac{s}{\omega_2}+1\right)}$$

而在低频段,对数幅频特性为

$$L(\omega)\approx 20\lg\frac{K}{\omega^{\gamma}}=20\lg K-20\gamma\lg\omega$$

在本例中$\gamma=-1$,$(\omega,L(\omega))=(1,0)$,解得$K=1$。

用三角形法计算转折频率ω_1和ω_2的值。如图5.34(a)所示,有

$$\frac{L(1)-L(\omega_1)}{\lg 1-\lg\omega_1}=\frac{-12}{-\lg\omega_1}=20$$

$$\omega_1=10^{\frac{12}{20}}=3.98$$

同理由图5.34(b)可得

$$\omega_2=10^{\left(-\frac{12}{40}+\lg 100\right)}=50.1$$

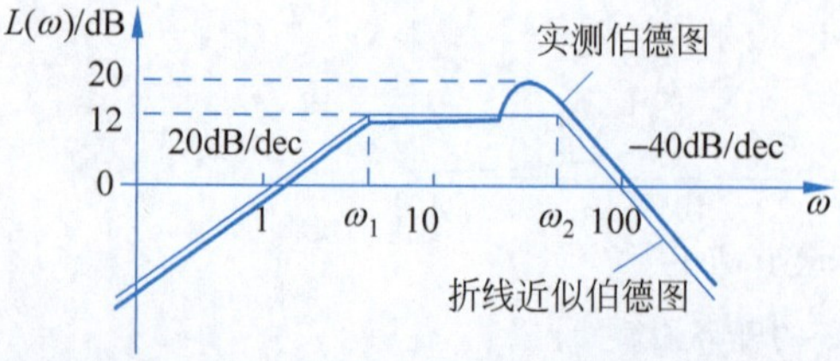

图5.33 例5.12系统对数幅频特性曲线

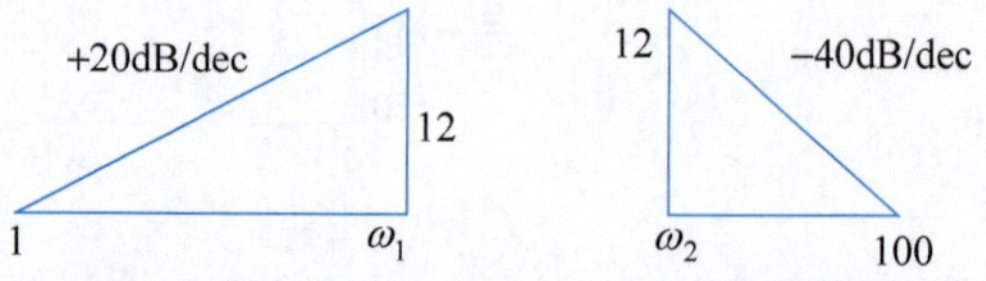

(a) ω_1计算示意图 (b) ω_2计算示意图

图5.34 转折频率处幅值计算示意图

下面计算振荡环节的阻尼比。

由前面的知识我们可以得出典型二阶系统的传递函数为

$$M(s)=\frac{\omega_n^2}{s^2+2\zeta\omega_n s+\omega_n^2}$$

在正弦稳态下，$s=j\omega$，上式变为

$$M(j\omega)=\frac{1}{1-\left(\frac{\omega}{\omega_n}\right)^2+2\zeta\frac{\omega}{\omega_n}j}$$

$M(j\omega)$的幅频特性为

$$|M(j\omega)|=\frac{1}{\left\{\left[1-\left(\frac{\omega}{\omega_n}\right)^2\right]^2+\left(2\zeta\frac{\omega}{\omega_n}\right)^2\right\}^{1/2}}$$

令$\frac{d|M(j\omega)|}{d\omega}=0$，最终可以得到谐振频率$\omega_r$和谐振峰值$M_r$分别为

$$\omega_r=\omega_n\sqrt{1-2\zeta^2} \quad 和 \quad M_r=|M(j\omega)|_{\omega=\omega_r}=\frac{1}{2\zeta\sqrt{1-\zeta^2}}$$

因为频率是实数，所以仅当$\zeta\leqslant 0.707$时，才会有谐振频率ω_r和谐振峰值M_r存在，如果阻尼比$\zeta>0.707$，相当于谐振频率$\omega_r=0$，并且$M_r=1$。

在谐振频率ω_r处，振荡环节的对数谐振峰值为

$$20\lg M_r=20\lg\frac{1}{2\zeta\sqrt{1-\zeta^2}}, \quad \zeta\leqslant 0.707$$

对本例，由频率响应曲线看出$20\lg M_r=20-12=8\text{dB}$，上式化简得到

$$4\zeta^4-4\zeta^2+(10^{-\frac{8}{20}})^2=0$$

解得

$$\zeta_1=0.203, \quad \zeta_2=0.979$$

又因系统出现谐振情况时$0<\zeta<0.707$，所以应选$\zeta_1=0.203$。

于是得到该系统的传递函数数学模型为

$$G(s)=\frac{s}{\left(\frac{s}{3.98}+1\right)\left(\frac{s^2}{50.1^2}+0.406\frac{s}{50.1}+1\right)}$$

5.4 线性定常系统频率域稳定判据

控制系统的稳定性是系统分析和设计所需解决的首要问题，奈奎斯特稳定判据（简称奈氏判据）和对数频率特性稳定判据是线性定常系统常用的两种频域稳定判据。频域稳定判据的特点是根据开环系统的频率特性曲线判定闭环控制系统的稳定性。

5.4.1 奈奎斯特稳定判据的数学基础

复变函数中的辐角原理或映射定理是奈奎斯特稳定判据的数学基础，辐角原理可用于

控制系统的稳定性判断。

设 s 为复数变量，且 $s=\sigma+\mathrm{j}\omega$，引入一单值有理函数 $F(s)$，为复变函数 $F(s)=u+\mathrm{j}v$，且

$$F(s)=\frac{K\prod_{j=1}^{n}(s-Z_j)}{\prod_{i=1}^{n}(s-P_i)} \tag{5.35}$$

其中，Z_j 为 $F(s)$的零点；P_i 为 $F(s)$的极点。对于 s 平面上的任一点 s，通过 $F(s)$的映射关系，在 $F(s)$平面上可以确定关于 s 的像。在 s 平面上任选一条闭合曲线 Γ，且不通过 $F(s)$的任一零点和极点，s 从闭合曲线 Γ 上任一点 A 起顺时针转一周再回到 A 点，则相应地 $F(s)$平面上亦从 $F(A)$点起到 $F(A)$点形成一条闭合曲线 Γ_F，如图 5.35 所示。但我们感兴趣的并不是封闭曲线的形状，而是在 $F(s)$平面上封闭曲线包围坐标原点的次数和方向，因为它们与稳定性有关。

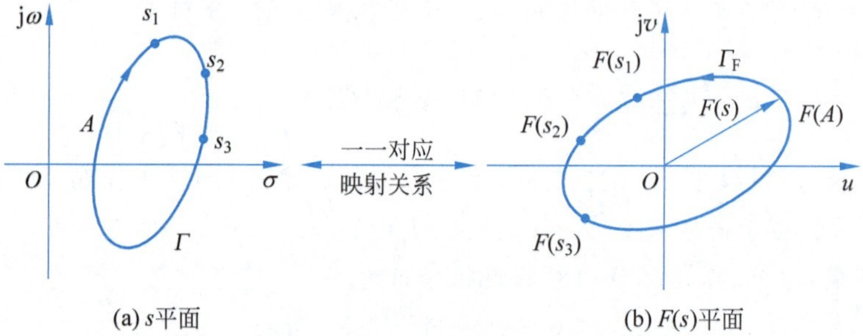

图 5.35 s 和 $F(s)$的映射对应关系

由式(5.35)知，$F(s)$的相角为

$$\angle F(s)=\sum_{j=1}^{n}\angle(s-Z_j)-\sum_{i=1}^{n}\angle(s-P_i) \tag{5.36}$$

假定在 s 平面上封闭曲线 Γ 只包围 $F(s)$的一个零点 Z_1，而 $F(s)$的其他零极点都在这封闭曲线之外，如图 5.36 所示。当 s 绕曲线 Γ 顺时针转一圈时，向量$(s-Z_1)$的相角变化 -2π，而其他各相角的变化为 $0°$，此时，$\angle F(s)=-2\pi$，这意味着在 $F(s)$平面上映射曲线 Γ_F 按顺时针方向围绕原点旋转一圈。

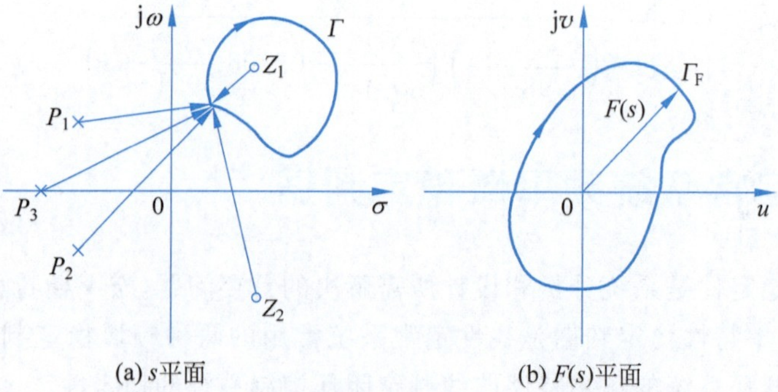

图 5.36 s 平面闭合曲线包含一个极点的情况

同理可得，如果 s 平面的闭环曲线 Γ 包围 $F(s)$一极点 P_1 时，则当 s 绕曲线 Γ 顺时针转一圈时，向量$(s-P_1)$ 的相角$\angle(s-P_1)$变化 -2π，由式(5.36)知$\angle F(s)$角度变化 $+2\pi$。

这说明在 $F(s)$ 平面上，映射曲线按逆时针方向包围坐标原点一周，于是有如下的辐角原理。

辐角原理 假设 s 平面上封闭曲线 Γ 包围 $F(s)$ 的 Z 个零点和 P 个极点，则 s 沿 Γ 顺时针转一周时，在 $F(s)$ 平面上，映射曲线 Γ_F 按逆时针方向包围原点的圈数为

$$N = P - Z \tag{5.37}$$

当 $N<0(P<Z)$ 时，表明曲线 Γ_F 顺时针包围原点 N 次；当 $N>0(P>Z)$ 时，表明曲线 Γ_F 逆时针包围原点 N 次；当 $N=0(P=Z)$ 时，表明曲线 Γ_F 不包围原点或净包围原点的次数为零。

5.4.2 奈奎斯特稳定判据

考查图 5.37 所示的闭环控制系统。设该系统的特征方程为

$$F(s)=1+G(s)H(s)=0 \tag{5.38}$$

其中，开环传递函数为

$$G(s)H(s)=K^*\frac{\prod_{j=1}^{m}(s-z_j)}{\prod_{i=1}^{n}(s-p_i)} \quad (m \leqslant n) \tag{5.39}$$

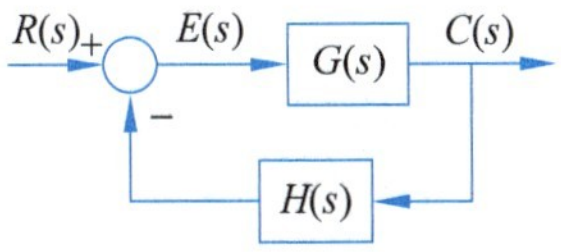

图 5.37 典型反馈控制系统

于是，有

$$F(s)=\frac{\prod_{i=1}^{n}(s-p_i)+K^*\prod_{j=1}^{m}(s-z_j)}{\prod_{i=1}^{n}(s-p_i)} \tag{5.40}$$

由式(5.40)可知，$F(s)$ 的零点 Z_j，即 $\prod_{i=1}^{n}(s-p_i)+K^*\prod_{j=1}^{m}(s-z_j)=0$ 的根为闭环传递函数的极点，而 $F(s)$ 的极点 P_i，即 $\prod_{i=1}^{n}(s-p_i)=0$ 的根为开环传递函数的极点 p_i。要使系统稳定，则 $F(s)$ 的零点(即闭环传递函数的极点或特征根)必须均在左半 s 平面。为检验 $F(s)$ 是否具有右半 s 平面的零点，这里，可选一包围整个右半 s 平面的顺时针闭合曲线 Γ_s，叫奈奎斯特路径。设此路径 Γ_s 包围了 $F(s)$ 在右半 s 平面的所有零极点，如图 5.38(a) 所示。

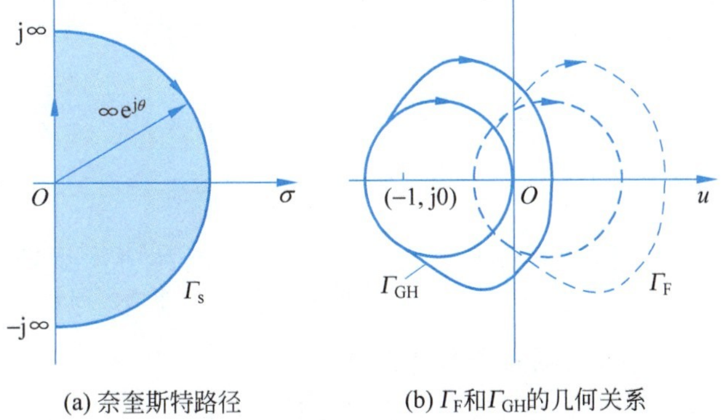

图 5.38 奈奎斯特路径及对应的映射关系

设 $F(s)$ 在右 s 半平面的零极点数分别为 Z 和 P，当 s 沿 Γ_s 顺时针旋转一周时，$F(s)$ 的映射曲线 Γ_F 将逆时针绕其原点 $N=P-Z$ 周，或顺时针绕其原点 $N=Z-P$ 周。系统稳定的充要条件是 $F(s)=1+G(s)H(s)$ 在右半 s 平面无零点，即 $Z=0$。

综上所述，可得：当 s 绕 Γ_s 顺时针旋转一周，$F(s)$ 的映射曲线 Γ_F 如果逆时针绕原点 $N=P$ 周，则闭环系统是稳定的，反之不稳定。

通常当 $P=0$ 时称为开环系统稳定，这时如果 $N=P=0$，即 Γ_F 不包围原点时闭环系统稳定。

由于 $G(s)H(s)=[1+G(s)H(s)]-1=F(s)-1$，所以 $F(s)$ 的映射曲线 Γ_F 包围原点的情况相当于开环传递函数 $G(s)H(s)$ 的映射曲线 Γ_{GH} 包围 $(-1,j0)$ 点的情况。两者的关系如图 5.38(b) 所示，于是我们得到下面由开环频率特性判断闭环系统稳定的奈奎斯特稳定判据。

奈奎斯特稳定判据 若线性定常系统开环稳定，相当于开环传递函数 $G_0(s)$ 在右半 s 平面内无极点，即表示为 $P=0$，则闭环控制系统稳定的充要条件是开环频率特性曲线 $G_0(j\omega)$ 不包围 $(-1,j0)$ 点，即 $N=0$；若开环系统不稳定，即 $P\neq 0$，则闭环控制系统稳定的充要条件是开环频率特性曲线 $G_0(j\omega)$ 应逆时针包围 $(-1,j0)$ 点 P 周。

例 5.13 已知某负反馈系统的开环传递函数为

$$G(s)H(s)=\frac{K}{(1+T_1s)(1+T_2s)}$$

试判断闭环系统的稳定性。

解 画出开环系统的奈奎斯特曲线如图 5.39 所示，由图可知 Γ_{GH} 不包围 $(-1,j0)$，又因为 $P=0$，所以 $Z=P-N=0-0=0$，闭环系统在右半 s 平面无极点，于是，我们知道该闭环控制系统是稳定的。

上面讨论的是开环传递函数在虚轴上没有开环极点的情况，下面讨论开环传递函数在虚轴上有开环极点的情况。这时需要修改 Γ_s 的路径，使 Γ_s 绕开 $F(s)$ 的奇点 P。即，选取一小半圆，使其沿 $\varepsilon\to 0$ 为半径的小半圆绕过虚轴上的开环极点，如图 5.40 所示。

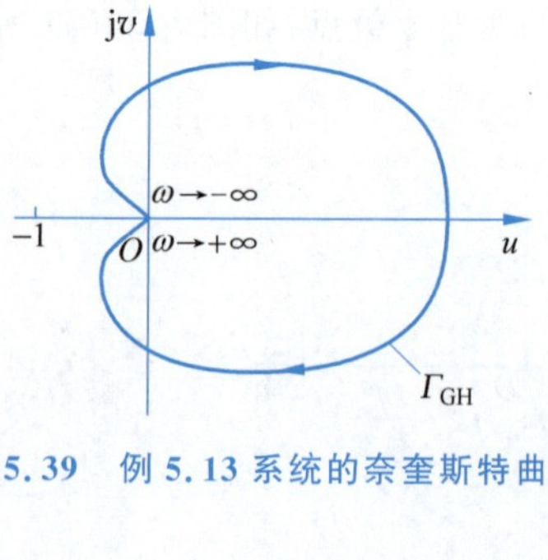

图 5.39 例 5.13 系统的奈奎斯特曲线

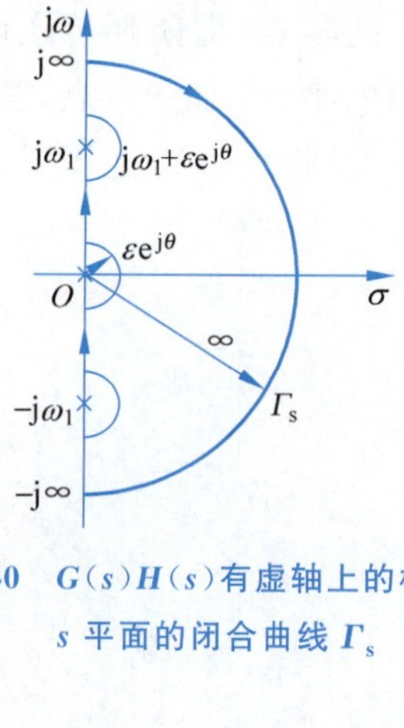

图 5.40 $G(s)H(s)$ 有虚轴上的极点时 s 平面的闭合曲线 Γ_s

例 5.14 已知某负反馈系统的开环传递函数为

$$G(s)H(s)=\frac{K(T_1s+1)}{s^2(T_2s+1)}$$

试用奈奎斯特稳定判据分析闭环系统的稳定性。

解　由开环传递函数知，系统在原点有两个开环重极点。该系统的开环频率特性为

$$G(\mathrm{j}\omega)H(\mathrm{j}\omega)=\frac{K(1+\omega^2T_1T_2)}{-\omega^2(1+\omega^2T_2^2)}-\frac{\mathrm{j}K(T_1-T_2)}{\omega(1+\omega^2T_2^2)}=u+\mathrm{j}v$$

取系统在 s 平面的顺时针闭合曲线 Γ_s 如图 5.41 所示，其中，在 s 平面原点附近的小半圆可用 $s=\lim\limits_{\varepsilon\to 0}\varepsilon\mathrm{e}^{\mathrm{j}\theta}$ 表示。下面分三种情况讨论。

1) $T_2<T_1$

(1) 当频率 ω 从 $0^-\to0^+$ 变化时，θ 将从 $-90°\to0°\to90°$ 变化，此时，开环传递函数在 $G(s)H(s)$ 平面上的映射曲线为

$$\begin{aligned}G(\lim_{\varepsilon\to0}\varepsilon\mathrm{e}^{\mathrm{j}\theta})H(\lim_{\varepsilon\to0}\varepsilon\mathrm{e}^{\mathrm{j}\theta})&=\lim_{\varepsilon\to0}\frac{K(1+T_1\varepsilon\mathrm{e}^{\mathrm{j}\theta})}{\varepsilon^2\mathrm{e}^{\mathrm{j}2\theta}(1+T_2\varepsilon\mathrm{e}^{\mathrm{j}\theta})}\\&=\lim_{\varepsilon\to0}\frac{K}{\varepsilon^2\mathrm{e}^{\mathrm{j}2\theta}}=\infty\mathrm{e}^{-\mathrm{j}2\theta}\\&=\infty(\angle180°\to\angle0°\to\angle-180°)\end{aligned}$$

(2) 当 ω 沿虚轴从 $0^+\to+\infty$ 变化时，由系统的开环频率特性知，$u(\omega)<0,v(\omega)<0$，此时奈奎斯特曲线位于第 3 象限。

(3) 当 ω 沿虚轴从 $-\infty\to0^-$ 变化时，$u(\omega)<0,v(\omega)>0$，此时奈奎斯特曲线位于第 2 象限。

(4) 当 $\omega\to\infty$ 时，$G(\mathrm{j}\omega)H(\mathrm{j}\omega)=0$，在原点。

综上所述，当 $T_2<T_1$ 时，该系统的概略奈奎斯特曲线如图 5.42(a)所示。由图可知，$N=0$，又因为 $P=0$，所以 $Z=P-N=0$，故该闭环控制系统是稳定的。

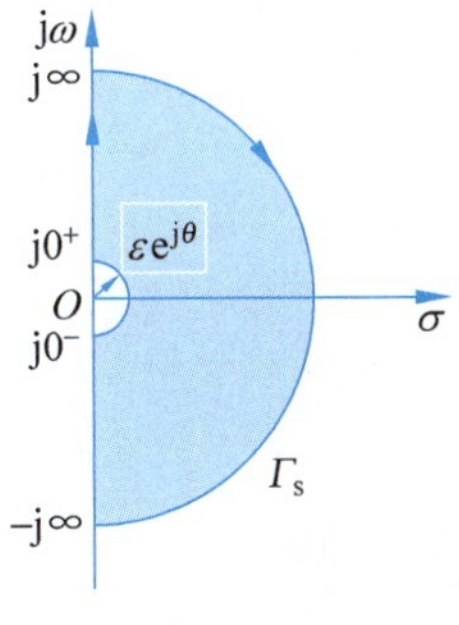

图 5.41　例 5.14 系统在 s 平面的闭合曲线 Γ_s

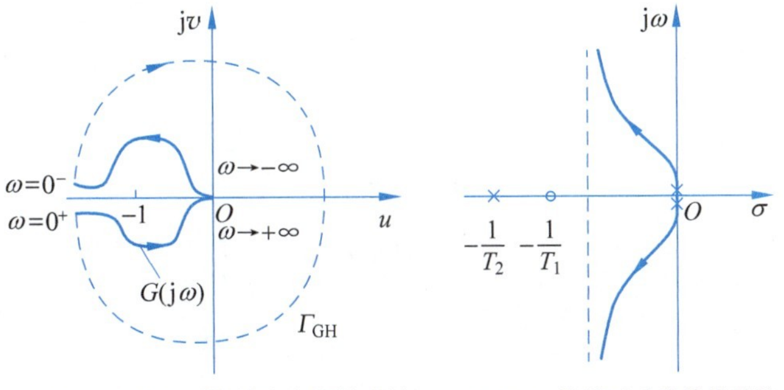

(a) $T_2<T_1$情况下系统的奈奎斯特曲线　(b) $T_2<T_1$情况下系统的根轨迹

图 5.42　例 5.14 奈奎斯特曲线和根轨迹图

当 $T_2<T_1$ 时，系统的根轨迹如图 5.42(b)所示，由系统的根轨迹也可知该闭环控制系统是稳定的。

2) $T_2>T_1$

当 $\omega>0$ 时，由系统的开环频率特性知 $u(\omega)<0,v(\omega)>0$，奈奎斯特曲线位于第 2 象限；当 $\omega<0$ 时，$u(\omega)<0,v(\omega)<0$，奈奎斯特曲线位于第 3 象限；当 ω 从 $0^-\to0^+$ 变化时，θ 将从 $-90°\to0°\to+90°$ 变化，此时，开环传递函数在 $G(s)H(s)$ 平面上的映射曲线为

$$G(\lim_{\varepsilon\to 0}\varepsilon e^{j\theta})H(\lim_{\varepsilon\to 0}\varepsilon e^{j\theta})=\lim_{\varepsilon\to 0}\frac{K(1+T_1\varepsilon e^{j\theta})}{\varepsilon^2 e^{j2\theta}(1+T_2\varepsilon e^{j\theta})}=\lim_{\varepsilon\to 0}\frac{K}{\varepsilon^2 e^{j2\theta}}=\infty e^{-j2\theta}$$

$$=\infty(\angle 180°\to\angle 0°\to\angle -180°)$$

当 $T_2>T_1$ 时，系统的概略奈奎斯特曲线如图 5.43(a)所示。由图可知，$N=-2$，又因为 $P=0$，所以 $Z=P-N=2$，故闭环系统是不稳定的，在右半 s 平面有两个特征根。

当 $T_2>T_1$ 时，系统的根轨迹图如图 5.43(b)所示，由系统的根轨迹也可知该闭环系统是不稳定的。

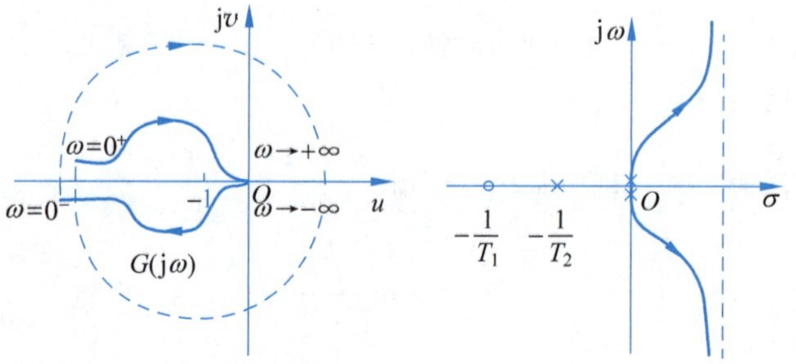

(a) $T_2>T_1$情况下系统的奈奎斯特曲线　(b) $T_2>T_1$情况下系统的根轨迹

图 5.43　例 5.14 奈奎斯特曲线和根轨迹图

3) $T_2=T_1$

当 $T_2=T_1$ 时，$G(j\omega)H(j\omega)=-K\dfrac{1}{\omega^2}$，因此，$u(\omega)<0, v(\omega)=0$，当 ω 从 $0\to\infty$ 变化时，奈奎斯特曲线在负实轴上，经过$(-1,j0)$点，此时闭环系统处于临界稳定状态。

为此，当 $T_2=T_1$ 时，系统的奈奎斯特曲线如图 5.44(a)所示。系统的根轨迹如图 5.44(b)所示，由根轨迹图也可知闭环系统处于临界稳定状态。

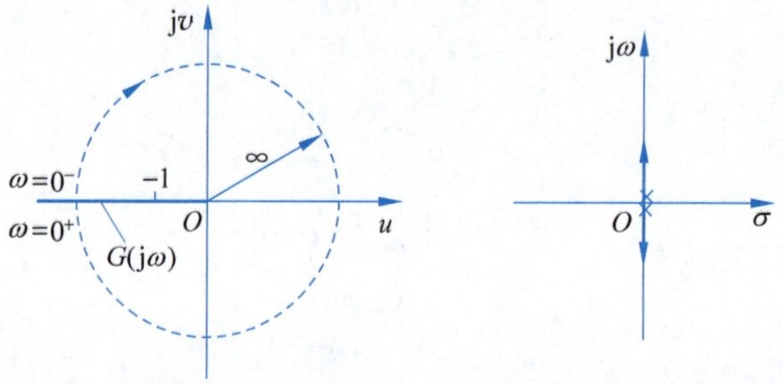

(a) $T_2=T_1$情况下系统的奈奎斯特曲线　(b) $T_2=T_1$情况下系统的根轨迹

图 5.44　例 5.14 奈奎斯特曲线和根轨迹图

例 5.15　已知某负反馈系统的开环传递函数为

$$G(s)H(s)=\frac{1}{(s^2+1)(s+1)}$$

试用奈奎斯特稳定判据判断闭环系统的稳定性。

解　由于开环传递函数在虚轴上有两个极点：$p_{1,2}=\pm j$，为此，按照图 5.45 选择奈奎斯特路径，其中两个小半圆的路径为：$s=\pm j+\varepsilon e^{j\theta}$，则在 s 平面的闭合路径 Γ_s 在 $G(s)H(s)$ 平面上的映射可由下面计算得到。

(1) 当 ω 由 $1^- \to 1^+$ 变化时，θ 由 $-90° \to 0° \to +90°$ 变化，令 $s=\mathrm{j}+\varepsilon \mathrm{e}^{\mathrm{j}\theta}$，则位于 $+\mathrm{j}$ 的小半圆在 $G(s)H(s)$ 平面上的映射曲线为

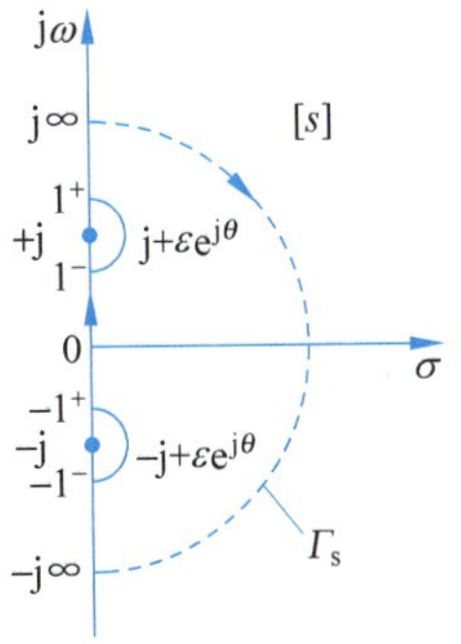

图 5.45 例 5.15 系统在 s 平面的闭合曲线 Γ_s

$$
\begin{aligned}
G(\lim_{\varepsilon\to 0} s)H(\lim_{\varepsilon\to 0} s) &= \lim_{\varepsilon\to 0}\frac{1}{\varepsilon \mathrm{e}^{\mathrm{j}\theta}(2\mathrm{j}+\varepsilon \mathrm{e}^{\mathrm{j}\theta})(\mathrm{j}+\varepsilon \mathrm{e}^{\mathrm{j}\theta}+1)} \\
&\approx \lim_{\varepsilon\to 0}\frac{1}{\varepsilon \mathrm{e}^{\mathrm{j}\theta}\cdot(2\mathrm{e}^{\mathrm{j}\frac{\pi}{2}})\cdot \mathrm{e}^{\mathrm{j}\frac{\pi}{4}}} \\
&= \infty \mathrm{e}^{-\mathrm{j}\left(\theta+\frac{3}{4}\pi\right)} \\
&= \infty(\angle -45° \to \angle -135° \to \angle -225°)
\end{aligned}
$$

(2) 当 ω 由 $-1^- \to -1^+$ 变化时，θ 由 $-90° \to 0° \to +90°$ 变化，令 $s=-\mathrm{j}+\varepsilon \mathrm{e}^{\mathrm{j}\theta}$，则位于 $-\mathrm{j}$ 的小半圆在 $G(s)H(s)$ 平面上的映射曲线为

$$
\begin{aligned}
G(\lim_{\varepsilon\to 0} s)H(\lim_{\varepsilon\to 0} s) &= \lim_{\varepsilon\to 0}\frac{1}{\varepsilon \mathrm{e}^{\mathrm{j}\theta}(-2\mathrm{j}+\varepsilon \mathrm{e}^{\mathrm{j}\theta})(-\mathrm{j}+\varepsilon \mathrm{e}^{\mathrm{j}\theta}+1)} \\
&\approx \lim_{\varepsilon\to 0}\frac{1}{\varepsilon \mathrm{e}^{\mathrm{j}\theta}\cdot(-2\mathrm{j})\cdot(-\mathrm{j}+1)} \\
&= \infty \mathrm{e}^{-\mathrm{j}(\theta-90°-45°)} \\
&= \infty(\angle 225° \to \angle 135° \to \angle 45°)
\end{aligned}
$$

(3) 计算 $\omega \in [0, 1^-), (1^+, +\infty)$ 的映射曲线。

由于系统的开环频率特性为

$$
G(\mathrm{j}\omega)H(\mathrm{j}\omega)=\frac{1-\mathrm{j}\omega}{1-\omega^4}=u(\omega)+\mathrm{j}v(\omega)
$$

当 ω 由 $0\to 1^-$ 变化时，$u(\omega)>0, v(\omega)<0$，此时，奈奎斯特曲线位于第 4 象限，且当 $\omega=0$ 时，$u(\omega)=1, v(\omega)=0$。

当 ω 由 $1^+\to +\infty$ 变化时，$u(\omega)<0, v(\omega)>0$，此时，奈奎斯特曲线位于第 2 象限，且当 $\omega\to\infty$ 时，$u(\omega)=0, v(\omega)=0$。

(4) 计算 $\omega \in (-\infty, -1^-), (-1^+, 0]$ 的映射曲线。

当 ω 由 $-\infty \to -1^-$ 变化时，$u(\omega)<0, v(\omega)<0$，此时，奈奎斯特曲线位于第 3 象限，且当 $\omega \to -\infty$ 时，$u(\omega)=0, v(\omega)=0$。

当 ω 由 $-1^+ \to 0$ 变化时，$u(\omega)>0, v(\omega)>0$，此时，奈奎斯特曲线位于第 1 象限。

综上所述，得该系统的奈奎斯特曲线如图 5.46(a)所示，由图可知，闭合曲线顺时针围绕$(-1, \mathrm{j}0)$点两圈，即 $N=-2$，又因为 $P=0$，所以

$$
Z=P-N=2
$$

即闭环系统在右半 s 平面有两个特征根，故该闭环控制系统是不稳定的。

系统的根轨迹如图 5.46(b)所示，由根轨迹也可知该闭环系统不稳定的。

对应的 MATLAB 程序和奈奎斯特曲线如图 5.47 所示。

```
num = [1]
den = conv([1 0 1],[1 1])
GH = tf(num,den)
nyquist(GH)
axis([ - 5 5  - 5 5])
grid on
```

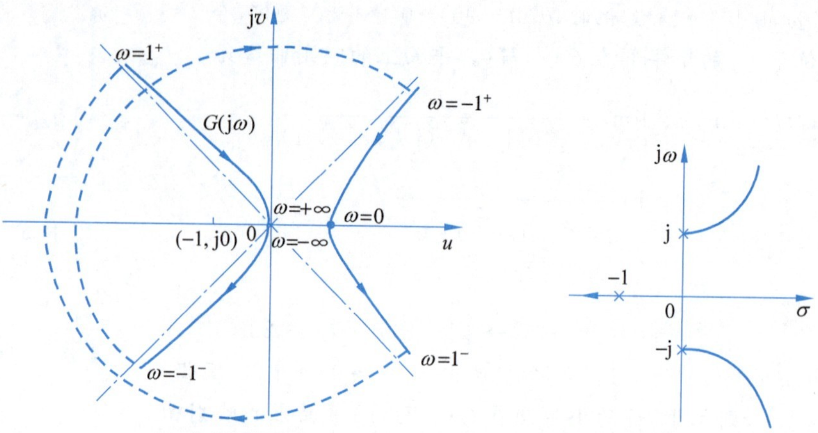

(a) 奈奎斯特曲线　　　　(b) 根轨迹图

图 5.46　例 5.15 系统的奈奎斯特曲线和根轨迹图

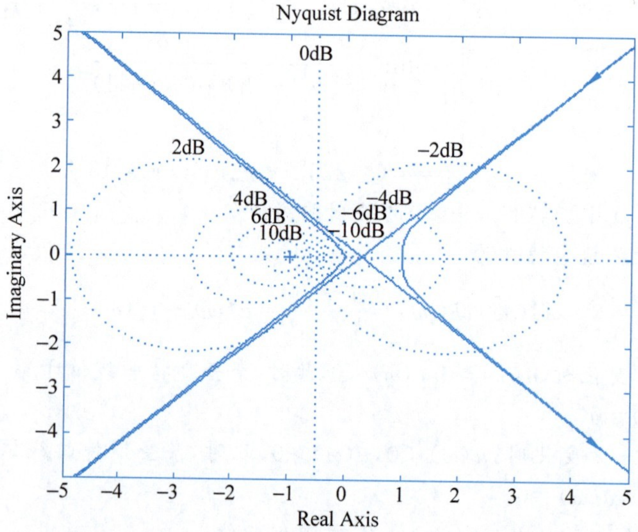

图 5.47　例 5.15 系统 MATLAB 仿真的奈奎斯特曲线

例 5.16　已知某负反馈系统的开环传递函数为

$$G(s)H(s)=\frac{K}{s(Ts-1)}$$

试用奈奎斯特稳定判据判断闭环系统的稳定性。

解　因为该系统开环传递函数在原点和正实轴上各有一个极点，在 s 平面取奈奎斯特路径如图 5.41 所示。其中，小半圆表示为：$s=\varepsilon e^{j\theta}(-90°\leqslant\theta\leqslant 90°)$。

系统的开环频率特性为

$$G(j\omega)H(j\omega)=\frac{-KT}{1+T^2\omega^2}+\frac{jK}{\omega(1+T^2\omega^2)}$$

$$=u(\omega)+jv(\omega)$$

当 ω 在区间 $[0^+,\infty)$ 变化时，$u(\omega)<0$，$\nu(\omega)>0$，其对应的奈奎斯特曲线在第 2 象限；当 ω 在区间 $(0^-,0^+)$ 变化，且 θ 从 $-\frac{\pi}{2}\rightarrow 0\rightarrow +\frac{\pi}{2}$ 变化，则

$$G(\lim_{\varepsilon\to 0}\varepsilon e^{j\theta})H(\lim_{\varepsilon\to 0}\varepsilon e^{j\theta})=\lim_{\varepsilon\to 0}\frac{K}{\varepsilon e^{j\theta}(T\varepsilon e^{j\theta}-1)}=\infty e^{-j(\theta+\pi)}$$

$$=\infty\left(\angle-\frac{\pi}{2}\to\angle-\pi\to\angle-\frac{3\pi}{2}\right)$$

由此得到该系统的开环奈奎斯特曲线如图5.48(a)所示，由图可知，奈奎斯特曲线顺时针包围(−1,j0)点一圈，所以 $N=-1$，又因为开环传递函在右半 s 平面有一个根，即表示为 $P=1$，所以 $Z=P-N=2$，因此，闭环系统在右半 s 平面有两个特征根，故该系统是不稳定的。进一步绘出该系统的根轨迹如图5.48(b)所示，由根轨迹图进一步可知，无论 K 取何值，闭环系统的根均在右半 s 平面，所以闭环系统是不稳定的。

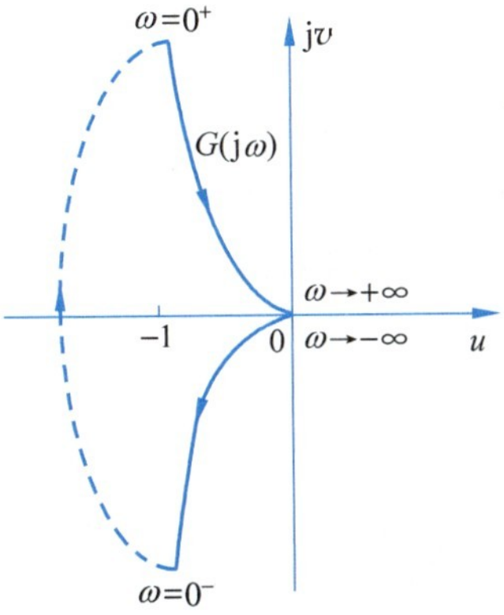

(a) 系统的奈奎斯特曲线

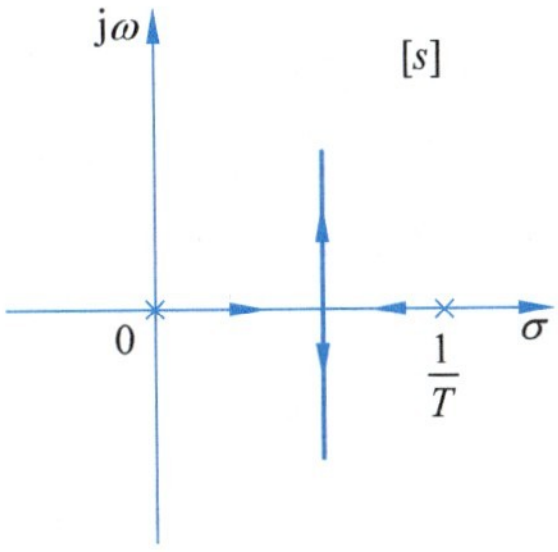

(b) 系统的根轨迹图

图5.48 例5.16系统奈奎斯特曲线和根轨迹图

当取 $K=1,T=1$ 时对开环传递函数 $G(s)H(s)=\dfrac{1}{s(s-1)}$ 编写MATLAB程序，得到系统的奈奎斯特曲线如图5.49所示。

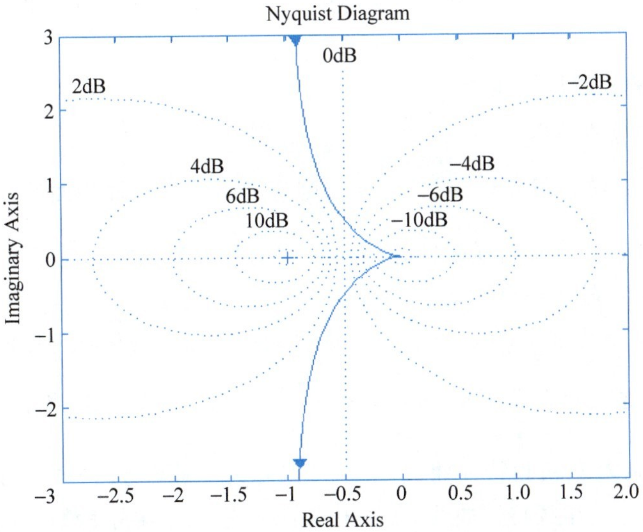

图5.49 例5.16系统MATLAB仿真的奈奎斯特曲线

```
num = [1]
den = [ 1 - 1 0]
GH = tf(num,den)
nyquist(GH)
axis([ - 3 2 - 3 3])
grid on
```

5.4.3 对数频率特性稳定判据

奈奎斯特稳定判据基于复平面的闭合曲线 Γ_{GH} 包围负实轴$(-1,j0)$点的情况判定闭环系统的稳定性，由于半闭合曲线 $\Gamma_{GH}(\omega>0)$可以转换为半对数坐标下的曲线，因此可以推广运用奈奎斯特稳定判据。其关键问题是需要根据半对数坐标下的伯德图或 Γ_{GH} 曲线确定穿越 $-\pi$ 线的次数 N。

复平面 Γ_{GH} 曲线一般由两部分组成：开环幅相曲线以及虚轴上存在极点时所映射的半径为无穷大的虚圆弧。而伯德图相频特性曲线穿越 $-\pi$ 线的次数 N 取决于奈奎斯特曲线 Γ_{GH} 穿越负实轴的次数。因此应建立和明确奈奎斯特和伯德曲线的对应关系。

1. 穿越点的确定

当 $\omega=\omega_c$ 时

$$\begin{cases}|G_0(j\omega_c)|=1\\ L(\omega_c)=20\lg|G_0(j\omega_c)|=0\end{cases} \tag{5.41}$$

称此时的频率 ω_c 为幅值穿越频率。

对于复平面的负实轴，相当于开环对数相频特性的 $-\pi$ 线，当 $\omega=\omega_g$ 时

$$\angle G_0(j\omega_g)=\varphi(\omega_g)=-\pi \tag{5.42}$$

称此时的频率 ω_g 为相位穿越频率。

奈奎斯特稳定判据是考查在$|G_0(j\omega)|>1$ 频段，$G_0(j\omega)$穿越负实轴的次数。而对应的对数稳定判据是考查在 $L(\omega)>0$dB 频段，相位曲线 $\varphi(\omega)$穿越 $-\pi$ 线的次数；两者在本质上是一致的。

2. 确定完整的相频特性曲线

需要分为以下 3 种情况。

(1) 如果开环系统有积分环节$\dfrac{1}{s^\gamma}(\gamma>0)$，则复平面的开环幅相曲线需从 $\omega=0^+$ 的开环幅相曲线的对应点 $G(j0^+)$起，逆时针补作 $\gamma\times90°$而半径为无穷大的虚圆弧。对应地，需从对数相频特性曲线 ω 较小或称为低频段且 $L(\omega)>0$ 的点处向上补作 $\gamma\times90°$的虚直线。这样，由 $\omega>0$ 的相频特性曲线 $\varphi(\omega)$和补作的虚直线构成完整的相频特性曲线。

(2) 如果开环系统存在等幅振荡环节$\dfrac{1}{(s^2+\omega_n^2)^{\gamma_1}}(\gamma_1>0)$时，相当于开环系统在虚轴上有纯虚根，这时需从对数相频特征曲线 $\varphi(\omega_n^-)$点起向下补作 $\gamma_1\times180°$的虚直线至 $\varphi(\omega_n^+)$处，相当于由 $\omega\neq\omega_n$ 的相频特性曲线 $\varphi(\omega)$和补作的虚直线构成完整的相频特性曲线。

(3) 如果开环系统在虚轴上无极点时，$\omega>0$ 的相频特性曲线 $\varphi(\omega)$可以看成是完整的相频特性曲线。

3. 穿越次数的计算

定义 正穿越一次 开环幅相曲线 Γ_{GH} 由上向下穿越$(-1,\mathrm{j}0)$点左侧的负实轴一次，等价于在 $L(\omega)>0$ 时，对数相频特性曲线由下向上穿越$(2k+1)\pi$ 线或负 π 线一次。正穿越伴随着相角的增加。

负穿越一次 开环幅相曲线 Γ_{GH} 由下向上穿越$(-1,\mathrm{j}0)$点左侧的负实轴一次，等价于 $L(\omega)>0$ 时，相频特性曲线由上向下穿越$(2k+1)\pi$ 线或负 π 线一次。负穿越伴随着相角减少。

正穿越半次 开环幅相曲线 Γ_{GH} 由上向下止于或由上向下起于$(-1,\mathrm{j}0)$点左侧的负实轴一次，等价于在 $L(\omega)>0$ 时，对数相频特性曲线由下向上止于或由下向上起于$(2k+1)\pi$ 线一次。

负穿越半次 开环幅相曲线 Γ_{GH} 由下向上止于或由下向上起于$(-1,\mathrm{j}0)$点左侧的负实轴一次，等价于在 $L(\omega)>0$ 时，对数相频特性曲线由上向下止于或由上向下起于$(2k+1)\pi$ 线一次。

需要指出的是补作的虚直线所产生的穿越皆为负穿越。

开环幅相频率特性曲线和对数频率特性曲线及穿越点的对应关系如图 5.50 所示。

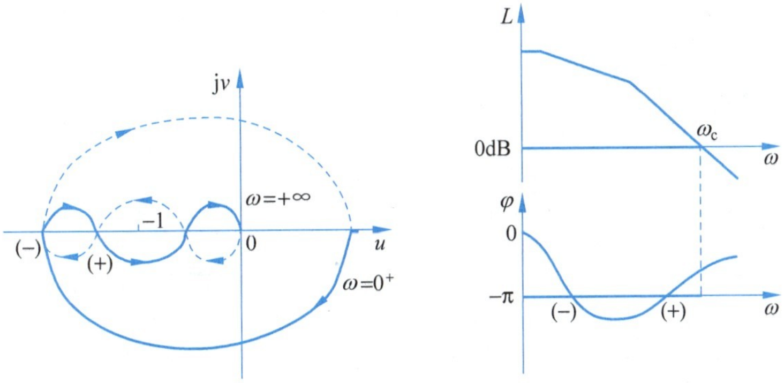

(a) 开环幅相频率特性曲线　　(b) 开环对数频率特性曲线

图 5.50 开环幅相频率特性曲线和对数频率特性曲线的对应关系

对数频率特性稳定判据 考查线性非最小相位系统的稳定性，设 P 为开环系统在右半 s 平面的极点数，闭环系统稳定的充要条件是：在伯德图上 $L(\omega)>0$ 频段，$\varphi(\omega)$穿越$(2k+1)\pi$ 线的次数

$$N_b=N_+-N_-$$

应满足

$$N_b=\frac{P}{2} \quad 或 \quad Z=P-2N_b=0 \tag{5.43}$$

若开环系统稳定，即 $P=0$，则 $N_b=0$ 时，闭环系统是稳定的。

例 5.17 已知某负反馈系统的开环传递函数为

$$G_0(s)=\frac{K}{s^2(1+Ts)}$$

试用对数频率特性稳定判据判断闭环系统的稳定性。

解 由于开环传递函数存在积分环节，即 $\gamma=2$，并且$\angle G_0(\mathrm{j}0^+)=-180°$，因此需在伯

德图相频特性的低频段由$\varphi(\omega)$向上补作$\gamma\times 90°=180°$的虚直线至0°，即

$$\angle G_0(\mathrm{j}0^+)+\gamma\times 90°=\angle G_0(\mathrm{j}0^+)+2\times 90°=0°$$

如图5.51所示为该系统完整的对数频率特性曲线。显然，在$\omega=0^+$处对数频率特性存在一次负穿越，为此，$N_b=N_+-N_-=0-1=-1$，又因为$P=0$，所以，$Z=P-2N_b=2$。为此，由对数频率特性稳定判据知道该闭环系统是不稳定的，并且闭环系统在右半s平面有两个根。

如果用奈奎斯特稳定判据判断闭环系统的稳定性，再取奈奎斯特路径如图5.41所示，其中小半圆的路径表示为$s=\varepsilon e^{j\theta}$，则当$\omega$在$0^-\to 0^+$频段变化时，$\theta$将在$-\frac{\pi}{2}\to 0\to +\frac{\pi}{2}$范围变化，可求得小半圆在$G_0(s)$平面上对应的奈奎斯特曲线为

$$\lim_{\varepsilon\to 0}G_0(\varepsilon e^{j\theta})=\infty e^{-2j\theta}=\infty\angle(\pi\to 0\to -\pi)$$

易求得，当ω在$0^+\to+\infty$频段变化时，该系统对应的奈奎斯特曲线在第2象限；而当ω在$-\infty\to 0^-$频段变化时，对应的奈奎斯特曲线在第3象限。为此，得到系统的开环奈奎斯特曲线如图5.52所示。由图可知，$N=-2$，又因为$P=0$，所以$Z=P-N=2$，即闭环系统在右半s平面有两个根，该闭环控制系统是不稳定的。结论与开环对数频率特性稳定判据得到的结果一致。

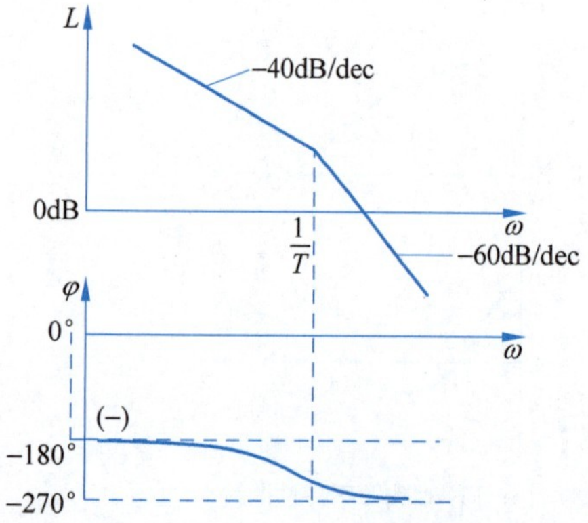

图5.51 例5.17系统的对数频率特性曲线

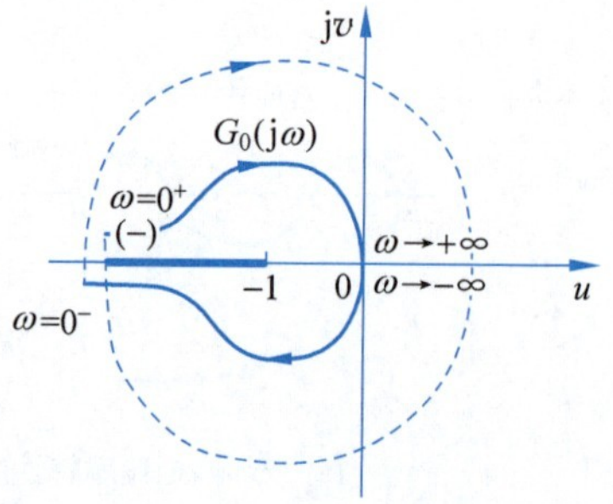

图5.52 例5.17系统的开环奈奎斯特曲线

例5.18 已知某开环系统型次为$\gamma=3$，并且除原点外所有的开环极点均在左半s平面，即$P=0$，开环对数相频特性曲线如图5.53所示，图中$\omega<\omega_c$时，$L(\omega)>L(\omega_c)=0$，试分析该反馈系统的稳定性。

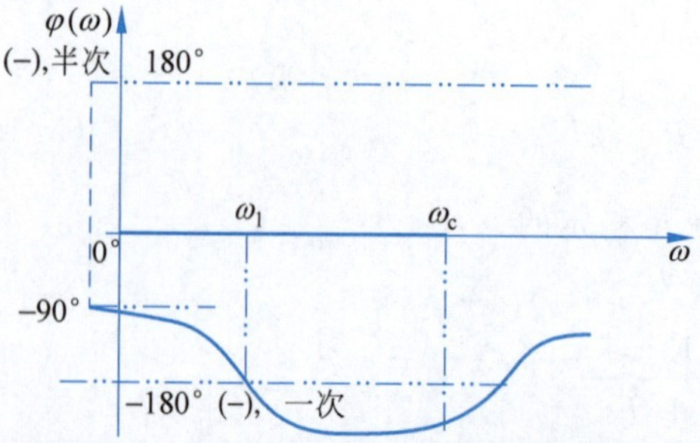

图5.53 例5.18开环系统对数相频曲线

解 因为$\gamma=3$，而$\angle G_0(\mathrm{j}0^+)+\gamma\times 90°=-90°+3\times 90°=180°$，所以，需在低频处由$\varphi(\omega)$向上补作270°的虚线于180°，如图5.53所示，在$\omega<\omega_c$频段，存在两个与$(2k+1)\pi$线的交点，其中在ω_1处为一次负穿越，在$\omega=0^+$处为半次负穿越，所以$N_-=1+0.5=1.5$次，而$N_+=0$，按对数频率特性稳定判据，有

$$Z=P-2N_b=3$$

故该闭环系统在右半s平面有三个极点，是一个不稳定的系统。

5.5 相对稳定性——稳定裕度

根据奈奎斯特稳定判据知开环幅相频率特性曲线 $G(\mathrm{j}\omega)H(\mathrm{j}\omega)$ 愈接近$(-1,\mathrm{j}0)$点，闭环系统的稳定程度愈差，当幅相曲线穿过$(-1,\mathrm{j}0)$点时，闭环系统临界稳定。一般称$(-1,\mathrm{j}0)$点为临界稳定点。

频域中的相对稳定性即稳定裕度常用相角裕度(phase margin)γ 和增益裕度(gain margin)h 这两个频域指标来度量。

1. 相角裕度 γ

令$|G(\mathrm{j}\omega_c)H(\mathrm{j}\omega_c)|=1$，得到的 ω_c 为开环系统的幅值穿越频率。定义系统的相角裕度为

$$\gamma=180^\circ+\angle G_0(\mathrm{j}\omega_c)=180^\circ+\varphi(\omega_c) \tag{5.44}$$

相角裕度 γ 的物理含义是，对于闭环稳定的系统，如果系统开环相频特性再滞后一个 γ 度，则系统将处于临界稳定状态。

2. 增益裕度 h

令 $\varphi(\omega_g)=-\pi$，得到的 ω_g 为开环系统的相位穿越频率。定义增益裕度为

$$h=\frac{1}{|G(\mathrm{j}\omega_g)H(\mathrm{j}\omega_g)|} \tag{5.45}$$

增益裕度 h 的物理含义是，对于闭环稳定的系统，如果系统开环幅频特性的增益再增大 h 倍，则系统将处于临界稳定状态。复平面中 γ 和 h 的表示如图 5.54 所示。

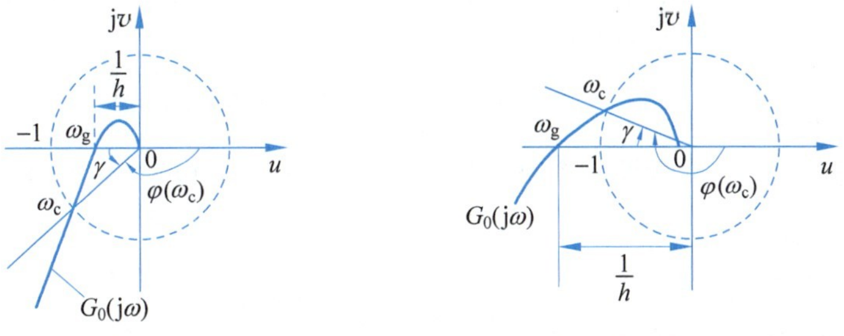

(a) 稳定系统 $\gamma>0, h>1$　　(b) 不稳定系统 $\gamma<0, h<1$

图 5.54 幅相特性的 γ 和 h 表示

在对数坐标下，增益裕度定义为

$$h=-20\lg|G(\mathrm{j}\omega_g)H(\mathrm{j}\omega_g)| \quad (\mathrm{dB}) \tag{5.46}$$

在伯德图中的 γ 和 h 的表示如图 5.55 所示。

工程上，一般取 $20^\circ\leqslant\gamma\leqslant60^\circ$，$h\geqslant6\mathrm{dB}$。

例 5.19 已知某系统的开环传递函数为

$$G(s)H(s)=\frac{K}{(1+Ts)^3}$$

(1) 试求系统处于临界稳定时比例增益 K_c 的值。

(2) 如果其中某一惯性环节的时间常数改为 $aT(a>0)$，即

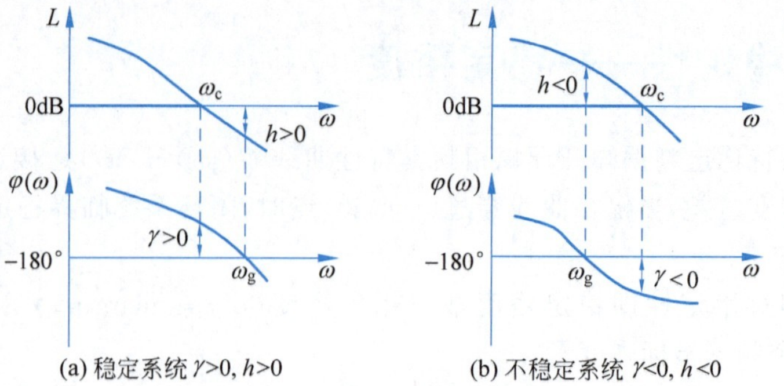

图 5.55 伯德图中 γ 和 h 的表示

$$G(s)H(s)=\frac{K}{(1+Ts)^2(1+aTs)}$$

问 K_c 有何变化。

解 (1) 系统的开环频率特性为

$$G(j\omega)H(j\omega)=\frac{K}{\sqrt{(1+\omega^2T^2)^3}}e^{-j3\arctan\omega T}$$

$$L(\omega)=20\lg K-3(20\lg\sqrt{1+\omega^2T^2})$$

$$\varphi(\omega)=-3\arctan\omega T$$

于是,相角裕度为

$$\gamma=\pi+\varphi(\omega_c)=\pi-3\arctan\omega T$$

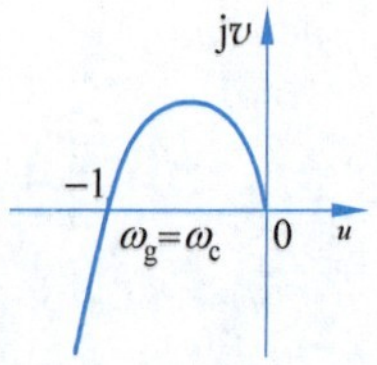

图 5.56 例 5.19 系统的开环幅相图

临界稳定时系统的开环幅相曲线如图 5.56 所示,此时 $\omega_c=\omega_g$,令相角裕度 $\gamma=0$,则

$$\pi-\arctan\omega T=\arctan\omega T+\arctan\omega T$$

利用三角函数公式 $\arctan x+\arctan y=\arctan\frac{x+y}{1-xy}$,得

$$\frac{0-\omega T}{1}=\frac{2\omega T}{1-\omega^2T^2}\rightarrow\omega_c=\frac{\sqrt{3}}{T}$$

再令 $L(\omega_c)=0$,则有

$$20\lg K-20\lg\left(1+T^2\left(\frac{\sqrt{3}}{T}\right)^2\right)^{\frac{3}{2}}=0$$

解得 $K_c=8$,即当 $K=8$ 时,闭环系统处于临界稳定状态。

(2) 如果 $G_0(s)=\frac{K}{(1+Ts)^2(1+aTs)}$,相当于时间常数错开,则

$$\begin{aligned}\varphi(\omega)&=-(\arctan\omega T+\arctan\omega T+\arctan a\omega T)\\&=-\left(\arctan\frac{2\omega T}{1-\omega^2T^2}+\arctan aT\omega\right)\\&=-\arctan\frac{\frac{2\omega T}{1-\omega^2T^2}+aT\omega}{1-\frac{2a\omega^2T^2}{1-\omega^2T^2}}\end{aligned}$$

令相角裕度 $\gamma=\pi+\varphi(\omega_c)=0$，于是有

$$\frac{2T\omega}{1-\omega^2T^2}=-aT\omega \rightarrow \omega_c=\sqrt{\frac{a+2}{aT^2}}$$

再令 $L(\omega_c)=20\lg K-2(20\lg\sqrt{1+\omega^2T^2})-20\lg\sqrt{1+(aT\omega)^2}=0$

解得 $K_c'=2a+4+\frac{2}{a}=8+\frac{2(a-1)^2}{a}$。

可以看出，当 $a>0$ 时，只要 $a\neq1$，就有 $K_c'>K_c=8$。相当于时间常数错开后，控制系统的稳定性范围扩大了，这就是工程中的错开原理。

例 5.20 已知某速度反馈系统如图 5.57 所示，试选择合适的微分系数 τ 值，使得系统的相角裕度为 $\gamma(\omega_c)=45°$。

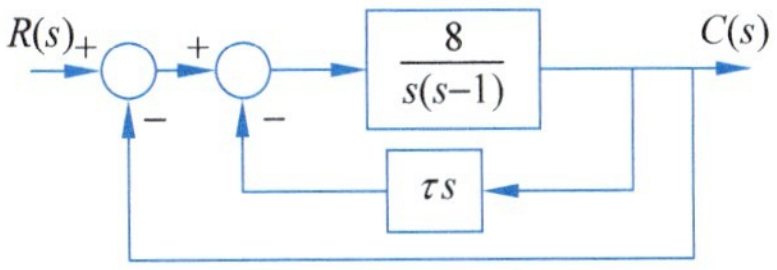

图 5.57 例 5.20 系统的方框图

解 系统的开环传递函数为

$$G(s)H(s)=\frac{8(1+\tau s)}{s(s-1)}$$

开环频率特性为

$$|G_0(j\omega)|=\frac{8\sqrt{1+(\tau\omega)^2}}{\omega\sqrt{\omega^2+1}}$$

$$\varphi(\omega)=-270°+\arctan\omega+\arctan\omega\tau$$

由系统的相角裕度 $\gamma=45°=180°+\varphi(\omega)$，得到

$$\arctan\omega+\arctan\omega\tau=135°$$

因此，有

$$-1=\frac{\omega+\omega\tau}{1-\omega\omega\tau}\rightarrow\tau=\frac{1+\omega}{\omega(\omega-1)}$$

再令 $|G_0(j\omega)|=1$，经计算得到

$$8\sqrt{2}=\omega(\omega-1)\rightarrow\omega_c=3.9\text{rad/s}$$

于是，有

$$\tau=\frac{1+\omega_c}{\omega_c(\omega_c-1)}=0.432$$

下面讨论奈奎斯特稳定判据在多环系统中的应用。

例 5.21 某多环控制系统如图 5.58 所示，试用奈奎斯特稳定判据判断系统的稳定性。

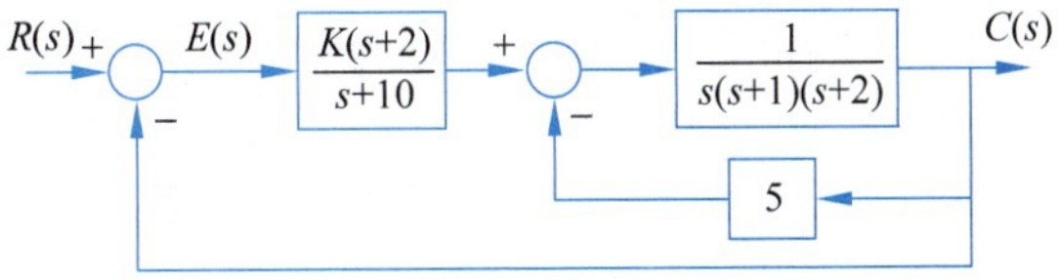

图 5.58 例 5.21 系统的方框图

解 系统的开环传递函数为

$$G_0(s)=\frac{K(s+2)}{(s+10)[s(s+1)(s+2)+5]}$$

(1) 判断内环的稳定性

内环的开环传递函数为

$$G_0'(s)=\frac{5}{s(s+1)(s+2)}$$

易得内环的开环幅相曲线如图 5.59 所示,由图可知,$N'=0$,又因为 $P'=0$,所以 $Z'=0$,于是知道该系统内环不存在右半 s 平面的闭环极点,故内环是稳定的。

(2) 判断整个系统的稳定性

由系统的开环传递函数 $G_0(s)$ 可知,当 $\omega=0$ 时,$G_0(\mathrm{j}\omega)=0.04K\angle 0°$;当 $\omega=\sqrt{6}$ 时,$G_0(\mathrm{j}\omega)=-0.02K\angle -180°$。画出系统的开环幅相曲线如图 5.60 所示,由图可知,当 $0.02K>1$ 时,$N=-2$,又因为 $P=0$,所以 $Z=P-N=2$,故该闭环系统不稳定;当 $0.02K<1$ 时,$N=0$,$Z=P-N=0$,闭环系统稳定。因此,要使闭环系统稳定,K 需满足 $0<K<50$。

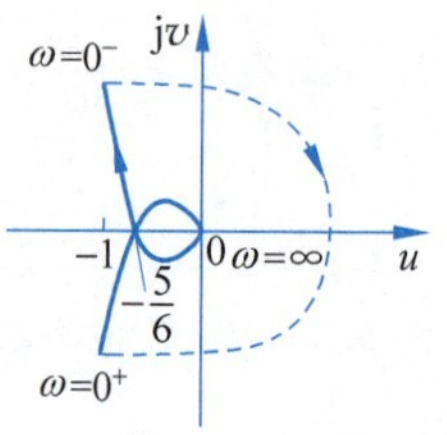

图 5.59 例 5.21 系统的内环幅相曲线

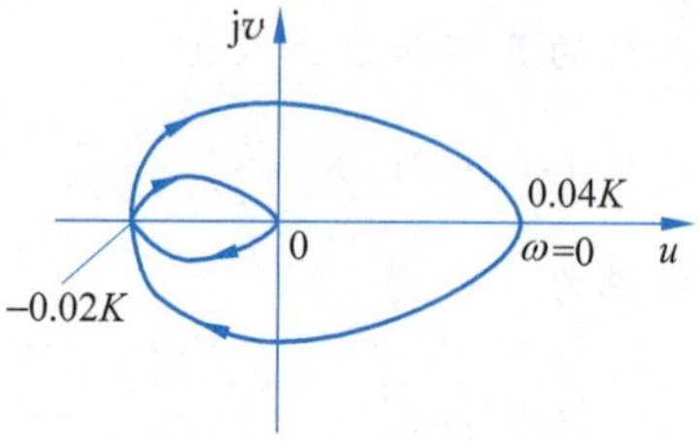

图 5.60 例 5.21 系统的开环幅相曲线

例 5.22 某个负反馈时滞系统的开环传递函数为

$$G_0(s)=\frac{2\mathrm{e}^{-\tau s}}{s+1}$$

试求该闭环系统稳定时,时滞时间 τ 的取值范围。

解 设该系统的相频特性在相频穿越频率处的值为

$$\varphi(\omega_g)=-\omega_g\tau-\arctan\omega_g=-\pi$$

再令

$$|G_0(\mathrm{j}\omega_c)|=\frac{2}{\sqrt{1+\omega_c^2}}=1$$

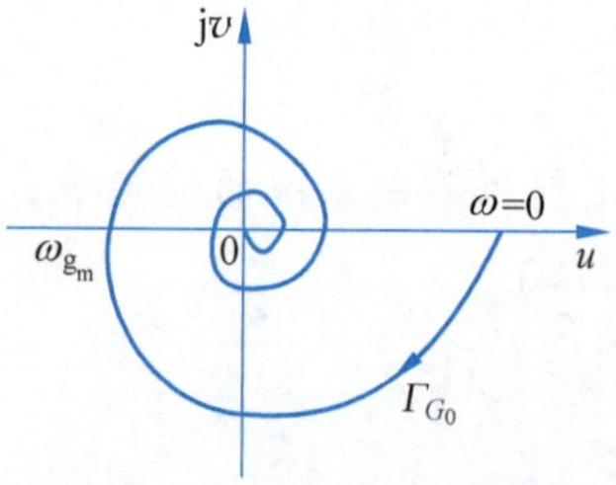

图 5.61 例 5.22 时滞系统的开环幅相曲线

解得,$\omega_c=\sqrt{3}$,时滞系统的开环幅相曲线如图 5.61 所示。因为在临界状态时 $\omega_c=\omega_g$,要使系统稳定,必须使 $|G_0(\mathrm{j}\omega_{g_m})|<1$,其中,$\omega_{g_m}$ 为 $G_0(\mathrm{j}\omega)$ 第一次穿过负实轴时的频率,为此有 $\omega_{g_m}=\sqrt{3}$。

当系统处于临界稳定状态时有 $\omega_c=\omega_{g_m}$,$\tau_c=\dfrac{\pi-\arctan\omega_{g_m}}{\omega_{g_m}}=\dfrac{\pi-\arctan\sqrt{3}}{\sqrt{3}}$。

故只有当时滞时间 τ 满足

$$\tau<\tau_c=\frac{\pi-\arctan\sqrt{3}}{\sqrt{3}}=\frac{2}{3\sqrt{3}}\pi$$

该闭环系统才是稳定的,说明时滞越大对系统稳定性越不利。

例 5.23　如图 5.62 所示为一个宇宙飞船控制系统方框图，为使系统的相角裕度 $\gamma=50°$，试确定 K 及系统的增益裕度 h。

解　该系统的开环频率特性为

$$G_0(j\omega)=\frac{K(j\omega+2)}{(j\omega)^2}$$

相频特性为

$$\varphi(\omega)=-180°+\arctan\frac{\omega}{2}$$

系统的开环对数频率特性如图 5.63 所示。

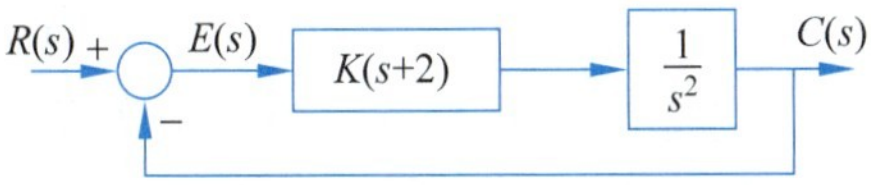

图 5.62　例 5.23 的控制系统

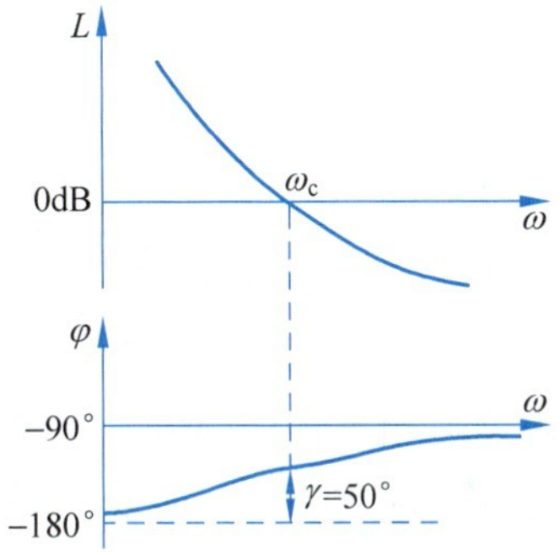

图 5.63　例 5.23 系统的开环频率特性

因为相角裕度 $\gamma=180°+\varphi(\omega_c)=50°$，所以 $\varphi(\omega_c)=-180°+\arctan\dfrac{\omega_c}{2}=-130°$，解得，$\omega_c=2.3835\text{rad/s}$。当 $\omega=2.3835$ 时，有

$$\left|\frac{K(j\omega+2)}{(j\omega)^2}\right|_{\omega=2.3835}=1\Rightarrow K=\frac{2.3835^2}{\sqrt{2^2+2.3835^2}}=1.8259$$

因为 $\varphi(\omega)$ 永远不会与 $-180°$ 线相交，所以增益裕度 $h=+\infty\text{dB}$。

5.6　闭环系统的频域响应

已知某典型负反馈控制系统的闭环传递函数为

$$M(s)=\frac{G(s)}{1+G(s)H(s)} \tag{5.47}$$

取 $s=j\omega$，代入式(5.47)得到闭环系统的频率特性为

$$M(j\omega)=\frac{G(j\omega)}{1+G(j\omega)H(j\omega)}=|M(j\omega)|\angle M(j\omega)$$

其中，幅频特性为 $|M(j\omega)|=\dfrac{|G(j\omega)|}{|1+G(j\omega)H(j\omega)|}$，

相频特性为

$$\angle M(j\omega)=\angle G(j\omega)-\angle[1+G(j\omega)H(j\omega)]$$

闭环频率特性曲线通常如图 5.64 所示，一般呈现的是低通滤波特性。

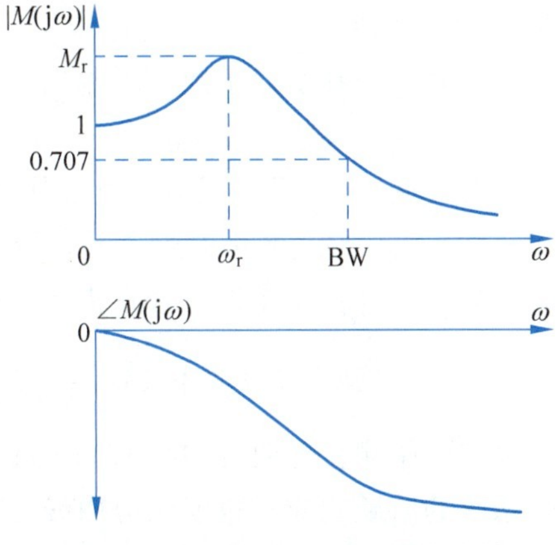

图 5.64　闭环控制系统的频率特性

由于在控制系统中除了有常规的参考输入信号外,常伴随着多种确定性扰动和随机噪声,因而闭环系统的频域性能指标应该要反映控制系统跟踪控制输入信号和抑制干扰信号的能力。

5.6.1 闭环系统的频域性能指标

在用频域法设计线性控制系统时,时域性能指标不便于直接用于频域分析和设计。实践中经常使用下面的频域指标,如图 5.64 所示。

1. 谐振峰值 M_r

谐振峰值 M_r 指幅频特性曲线 $|M(j\omega)|$ 的最大值,它反映闭环系统的相对稳定性,一个大的 M_r 对应系统时域响应的一个大的超调量。一般实际系统的 M_r 设计在 1.1~1.5 之间。

2. 谐振频率 ω_r

谐振频率 ω_r 是出现谐振峰值 M_r 时的频率。

3. 带宽 BW

带宽 BW 是幅频特性 $|M(j\omega)|$ 从零频率处的值下降到它的 70.7%(或 $1/\sqrt{2}$)或对数幅频曲线下降 3dB 时的频率。它反映系统的时域暂态响应特性。大的带宽值对应着更快的上升时间,此时更高频率的信号更容易通过。相反,如果带宽值较小,仅能通过相对低频的信号,系统的时间响应将变得很慢。带宽也表明了系统的噪声过滤特性和鲁棒性,鲁棒性代表着系统对参数变化的敏感程度,一个具有鲁棒性的控制系统对系统参数的变化应不敏感。

设 $M(j\omega)$ 为系统闭环频率特性,定义当闭环幅频特性下降到频率为 0 时的分贝值以下 3dB 时,对应的频率范围称为带宽 BW,或记为带宽频率 ω_b。即,当 $\omega > \omega_b$ 时,有

$$20\lg|M(j\omega)| < 20\lg|M(j0)| - 3\text{dB} \tag{5.48}$$

而频率范围 $(0,\omega_b)$ 段称为系统带宽 BW,对于 $20\lg|M(j0)| = 0\text{dB}$ 的系统,$\omega > \omega_b$ 时,有 $20\lg|M(j\omega)| < -3\text{dB}$。

带宽定义表明,对于高于截止频率的输入信号,系统输出将呈现较大的衰减。

闭环系统滤掉频率高于截止频率的信号分量,但保持频率低于截止频率的信号分量,这称为低通特性。

带宽的选择受以下因素的制约:

(1) 输入信号的再现能力。大的带宽可以提高系统输出信号跟踪输入信号的能力,减小上升时间 t_r,使系统反应速度加快,即带宽与响应速度成正比。

(2) 但从抑制噪声的观点看,系统的带宽不应太大。

故在设计控制系统时带宽需要从快速性和降噪两方面进行折中考虑。

例如,已知系统Ⅰ的传递函数 $\frac{C(s)}{R(s)} = \frac{1}{s+1}$ 和系统Ⅱ的传递函数 $\frac{C(s)}{R(s)} = \frac{1}{3s+1}$,画出两个系统的幅频特性曲线如图 5.65(a)所示,由图可知,系统Ⅰ的带宽比系统Ⅱ的带宽大,两个系统的阶跃响应和速度响应曲线分别如图 5.65(b)和图 5.65(c)所示,由图可知,系统Ⅰ的反应速度比系统Ⅱ快,即带宽越大,反应速度越快,但抑制噪声能力越差。

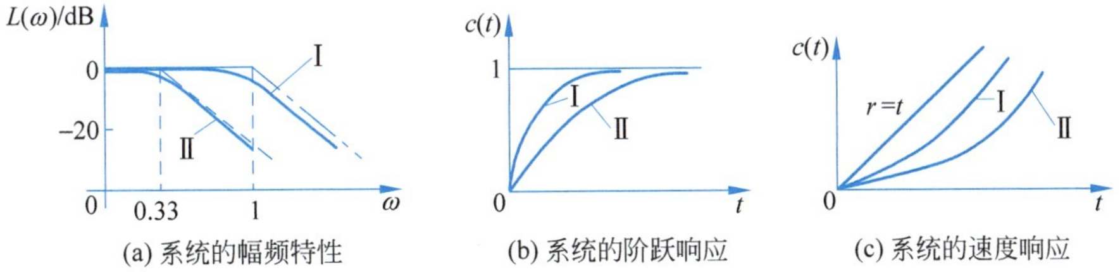

图 5.65 $G_1(s)=\dfrac{1}{s+1}$和 $G_2(s)=\dfrac{1}{3s+1}$环节的幅频特性和时域响应

5.6.2 典型二阶系统的 M_r、ω_r 和带宽 BW

首先考查一阶系统。设一阶系统闭环传递函数为

$$M(s)=\frac{1}{1+Ts}$$

因为 $M(\mathrm{j}0)=1$，按带宽定义有

$$20\lg|M(\mathrm{j}\omega_b)|=20\lg\frac{1}{\sqrt{1+T^2\omega_b^2}}=20\lg\frac{1}{\sqrt{2}}=-3$$

可求得一阶系统的带宽 BW 或带宽频率 ω_b，即

$$\omega_b=1/T \tag{5.49}$$

所以，时间常数 T 越小，则 ω_b 将增大，同时使调节时间 t_s 减小。一阶系统没有 M_r 和 ω_r。

再考查典型二阶系统，设闭环传递函数为

$$M(s)=\frac{\omega_n^2}{s^2+2\zeta\omega_n s+\omega_n^2}$$

系统幅频特性为

$$|M(\mathrm{j}\omega)|=\frac{1}{\sqrt{\left(1-\frac{\omega^2}{\omega_n^2}\right)^2+\left(2\zeta\frac{\omega}{\omega_n}\right)^2}} \tag{5.50}$$

令$\dfrac{\mathrm{d}|M(\mathrm{j}\omega)|}{\mathrm{d}\omega}=0$，于是得到谐振频率为

$$\omega_r=\omega_n\sqrt{1-2\zeta^2},\quad \zeta\leqslant 0.707 \tag{5.51}$$

如果阻尼比 $\zeta>0.707$，则谐振频率 $\omega_r=0$，并且 $M_r=1$。将式(5.51)代入式(5.50)，得到对应的谐振峰值为

$$M_r=\frac{1}{2\zeta\sqrt{1-\zeta^2}},\quad \zeta\leqslant 0.707 \tag{5.52}$$

由式(5.51)和式(5.52)看出，ω_r 正比于 ω_n，而阻尼比 ζ 越大，则 M_r 越小，相当于时域的超调量越小。

又因为，$|M(\mathrm{j}0)|=1$，由带宽定义

$$\sqrt{\left(1-\frac{\omega_b^2}{\omega_n^2}\right)^2+\left(2\zeta\frac{\omega_b}{\omega_n}\right)^2}=\sqrt{2}$$

求得典型二阶系统的带宽频率为

$$\text{BW} \quad 或 \quad \omega_b = \omega_n \sqrt{(1-2\zeta^2) + \sqrt{(1-2\zeta^2)^2 + 1}} \tag{5.53}$$

因而,当阻尼比 ζ 一定时,带宽 BW 或 ω_b 正比于 ω_n,如果 ω_b 上升则 ω_n 也上升,使得调节时间 t_s 下降,所以频域性能指标带宽和时域响应时间成反比,因此,带宽越宽,系统时间响应越快。

综上所述,对一阶和二阶系统频域指标与系统参数有一一对应的解析关系。

5.6.3 频域指标和时域指标的转换

时域性能指标物理意义明确、直观,但不便直接用于频域系统的分析和设计。闭环系统频域指标 ω_b 虽能反映系统的跟踪速度和抗干扰能力,但由于需要通过闭环频率特性加以确定,在校正环节的形式和参数尚需确定时显得较为不便。鉴于系统开环频域指标相角裕度 γ 和幅值穿越频率 ω_c 可以利用已知的开环对数频率特性曲线确定,且由前面分析知,γ 和 ω_c 的大小在很大程度上决定了控制系统的相对稳定性和快速性,因此工程上常用开环系统的 γ 和 ω_c 来估算闭环系统的时域性能指标。

1. 系统闭环和开环频域指标的关系

系统开环频域指标幅值穿越频率 ω_c 与闭环指标带宽频率 ω_b 有密切的关系。ω_c 大的系统,ω_b 也大;ω_c 小的系统,ω_b 也小。因此 ω_c 可用来衡量系统的响应速度。因为闭环谐振峰值 M_r 和开环相角裕度 γ 均能表现稳定程度,故首先建立 M_r 和 γ 的近似关系。

设系统的开环相频特性表示为

$$\varphi(\omega) = -180° + \gamma(\omega) \tag{5.54}$$

因此,开环频率特性可以表示为

$$G_0(j\omega) = A(\omega)e^{-j[180° - \gamma(\omega)]} = A(\omega)[-\cos\gamma(\omega) - j\sin\gamma(\omega)] \tag{5.55}$$

于是有闭环幅频特性为

$$\begin{aligned} M(\omega) &= \left|\frac{G_0(j\omega)}{1+G_0(j\omega)}\right| = \frac{A(\omega)}{[1 + A^2(\omega) - 2A(\omega)\cos\gamma(\omega)]^{\frac{1}{2}}} \\ &= \frac{1}{\sqrt{\left[\dfrac{1}{A(\omega)} - \cos\gamma(\omega)\right]^2 + \sin^2\gamma(\omega)}} \end{aligned} \tag{5.56}$$

一般情况下,在 $M(\omega)$ 的极大值附近 $\gamma(\omega)$ 变化较小,且 $M(\omega)$ 的极值点 ω_r 常位于 ω_c 附近,即有

$$\cos\gamma(\omega_r) \approx \cos\gamma(\omega_c) = \cos\gamma \tag{5.57}$$

由式(5.56)可知,当 $A(\omega) = \dfrac{1}{\cos\gamma(\omega)}$ 时,$M(\omega)$ 为极值,此时谐振峰值为

$$M_r = M(\omega_r) = \frac{1}{|\sin\gamma(\omega_r)|} \approx \frac{1}{|\sin\gamma|} \tag{5.58}$$

由于 $|\cos\gamma(\omega_r)| \leqslant 1$,所以在闭环系统的谐振频率处 $A(\omega_r) \geqslant 1$,而 $A(\omega_c) = 1$,显然 $\omega_r \leqslant \omega_c$。因此随着 γ 的减小,$\omega_c - \omega_r$ 减小,而当 $\gamma = 0$ 时,$\omega_r = \omega_c$。由此可见,γ 较小时,式(5.58)的近似程度较高。

在控制系统设计中,通常先根据闭环频域指标 ω_b 和 M_r 要求由式(5.58)确定开环系统

的相角裕度 γ 和选择合适的幅值穿越频率 ω_c，然后根据 γ 和 ω_c 选择校正网络的结构及对应的参数。

2. 开环频域指标与时域指标的关系

考查典型二阶系统，前面已经建立了系统的时域性能指标超调量 $\sigma\%$ 和调节时间 t_s 与阻尼比 ζ 的关系。而要确定开环系统的相角裕度 γ 和幅值穿越频率 ω_c 与 $\sigma\%$ 和 t_s 的关系，只需确定 $\sigma\%$ 和 t_s 关于 ζ 的计算公式。因为典型二阶系统的开环频率特性可以写为

$$G(j\omega)=\frac{\omega_n^2}{j\omega(j\omega+2\zeta\omega_n)}=\frac{\omega_n^2}{\omega\sqrt{\omega^2+4\zeta^2\omega_n^2}}\angle\left(-90^\circ-\arctan\frac{\omega}{2\zeta\omega_n}\right)$$

令 $|G(j\omega_c)|=1$，得

$$\frac{\omega_c}{\omega_n}=\sqrt{\sqrt{4\zeta^4+1}-2\zeta^2} \tag{5.59}$$

因此

$$\begin{aligned}\gamma&=180^\circ+\angle G(j\omega_c)=180^\circ-90^\circ-\arctan\frac{\omega_c}{2\zeta\omega_n}\\&=\arctan\frac{2\zeta\omega_n}{\omega_c}=\arctan\left[2\zeta\left(\sqrt{4\zeta^4+1}-2\zeta^2\right)^{-\frac{1}{2}}\right]\end{aligned} \tag{5.60}$$

由式(5.60)可知，γ 与 ζ 存在一一对应关系，运行如下 MATLAB 程序，可得到 γ 与 ζ 的关系曲线如图 5.66 所示。工程设计一般取 $30^\circ\leqslant\gamma\leqslant70^\circ$。

```
syms e
r = atan(2 * e * (sqrt(4 * e^4 + 1) - 2 * e^ 2)^( - 1/2)) * 180/pi;
e = 0:0.01:0.9;
plot(subs(r,'e',e),e)
```

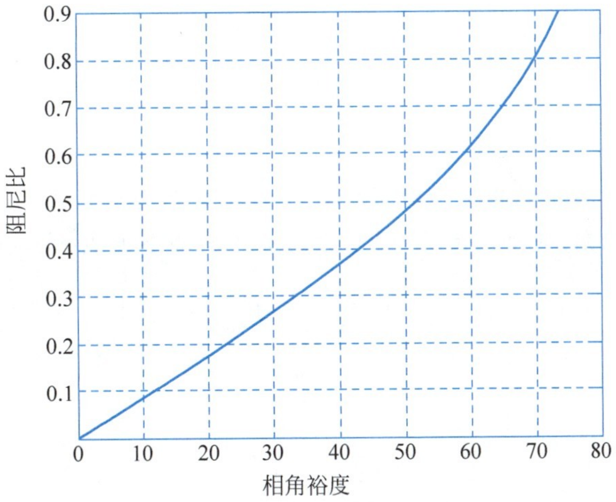

图 5.66 典型二阶系统的 γ-ζ 曲线

当选定 γ 后，可由 γ-ζ 曲线确定 ζ，再由 ζ 确定系统的超调量 $\sigma\%$ 和调节时间 t_s。由 γ-ζ 曲线可知，γ 是 ζ 的增函数，开环系统的相角裕度 γ 愈大，阻尼比 ζ 愈大，则超调量 $\sigma\%$ 愈小。由于 $\sigma\%$ 与 ζ 存在一一对应关系，所以 γ 与 $\sigma\%$ 也存在一一对应关系。又因为 $t_s\approx\frac{3}{\zeta\omega_n}$(5%

误差带准则),由式(5.59)和式(5.60)可得 $t_s\omega_c=\dfrac{6}{\tan\gamma}$,所以开环穿越频率 ω_c 愈大,系统调节时间 t_s 就愈小,系统反应速度愈快。

例 5.24 已知单位反馈系统如图 5.67 所示,试用系统的开环频率特性估计闭环系统的时域指标。

解 系统开环频率特性为

$$G(\mathrm{j}\omega)=\frac{7}{\mathrm{j}\omega(1+0.087\mathrm{j}\omega)}$$

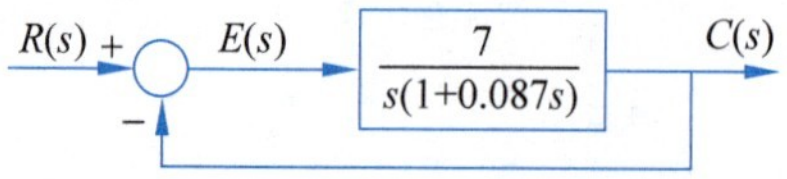

图 5.67 例 5.24 系统方框图

用 MATLAB 中的 Margin 命令计算开环系统的频域特性曲线,从中可得 $h=\infty$dB,$\omega_c=6.618$,$\gamma=61.78°$,由 $\zeta-\gamma$ 的 MATLAB 程序或曲线图 5.66 查得 $\zeta\approx0.63$,于是有

$$\sigma\%=\exp(-\pi\zeta/\sqrt{1-\zeta^2})\times100\%=7.8\%$$

$$t_s=\frac{6}{\omega_c\tan\gamma}=0.49\mathrm{s}$$

若直接按时域计算方法,可得闭环系统的传递函数为

$$\Phi(s)=\frac{7}{0.087s^2+s+7}=\frac{7/0.087}{s^2+\dfrac{1}{0.087}s+\dfrac{7}{0.087}}$$

$$=\frac{\omega_n^2}{s^2+2\zeta\omega_n s+\omega_n^2}=\frac{80.46}{s^2+11.5s+80.46}$$

其中,$\omega_n=\sqrt{80.46}=8.97\mathrm{rad/s}$,$\zeta=0.64$,为此,有

$$\sigma\%=7.3\%$$

$$t_s=\frac{3}{\zeta\omega_n}=0.52\mathrm{s}$$

所得结果与用频域计算结果基本一致。

对于高阶系统,开环频域指标和时域指标不存在精确的解析关系式。前人已通过大量对系统 M_r 和 ω_c 的研究,并借助式(5.58),归纳为下面两个近似估算公式

$$\sigma=0.16+0.4(M_r-1)\quad 或\quad \sigma=0.16+0.4\left(\frac{1}{\sin\gamma}-1\right),\quad 35°\leqslant\gamma\leqslant90° \tag{5.61}$$

$$t_s=\frac{K_0\pi}{\omega_c} \tag{5.62}$$

其中

$$K_0=2+1.5(M_r-1)+2.5(M_r-1)^2$$

或

$$K_0=2+1.5\left(\frac{1}{\sin\gamma}-1\right)+2.5\left(\frac{1}{\sin\gamma}-1\right)^2,\quad 35°\leqslant\gamma\leqslant90°$$

综上所述,一阶和二阶系统的时域性能指标和频域指标有一一对应的解析关系,而高阶系统的时域性能指标和频域指标有近似的解析关系。

5.7 MATLAB 在系统频域分析中的应用

例 5.25 已知系统的开环传递函数为 $G(s)=\dfrac{2s^2+5s+1}{s^2+2s+3}$，试利用 MATLAB 绘制奈奎斯特曲线。

解 MATLAB 源程序如下：

```
num = [2,5,1];                    % 开环传递函数的分子
den = [1,2,3];                    % 开环传递函数的分母
nyquist(num,den)                  % 绘制奈奎斯特曲线
```

运行程序得系统的奈奎斯特曲线如图 5.68 所示。

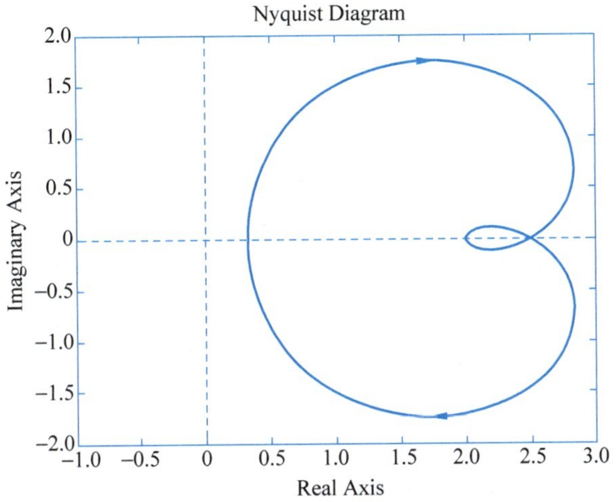

图 5.68 例 5.25 系统的奈奎斯特曲线

例 5.26 已知系统开环传递函数为

$$G(s)=\frac{2500}{s(s+5)(s+50)}$$

利用 MATLAB 的 Margin 命令计算增益裕度(GM)、相角裕度(PM)以及对应的相位穿越频率(ω_g)和幅值穿越频率(ω_c)。

解 MATLAB 源程序如下：

```
Num = [2500];                                % 开环传递函数的分子
Den = conv([1,0],conv([1,5],[1,50]));        % 开环传递函数的分母
Margin(num,den)                              % 画出并计算增益裕度和相角裕度
```

运行 MATLAB 程序得到系统开环伯德图如图 5.69 所示，给出的关键数据为 $h=\mathrm{GM}=14.8\mathrm{dB}$，$\gamma=\mathrm{PM}=31.7°$，$\omega_g=6.22\mathrm{rad/s}$，$\omega_c=15.8\mathrm{rad/s}$。

例 5.27 已知系统的开环传递函数为 $G(s)=\dfrac{2500}{s(s+5)(s+50)}$，试利用 MATLAB 绘制系统的伯德图。

解 MATLAB 源程序如下：

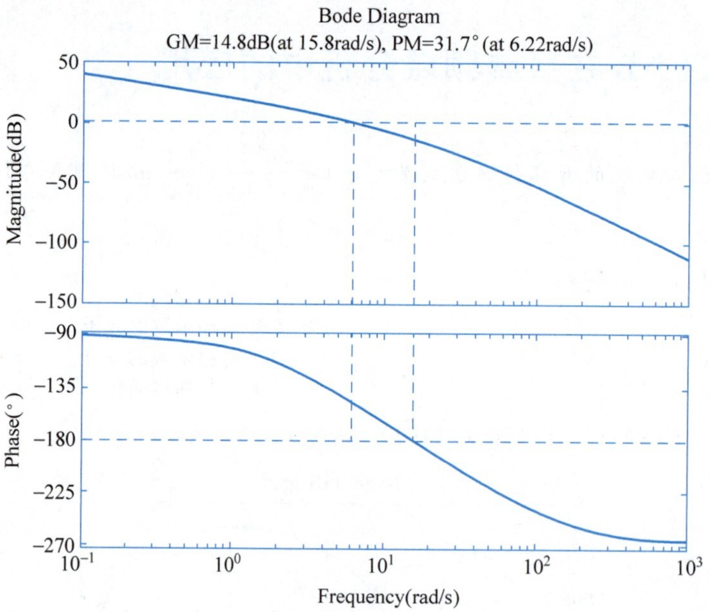

图 5.69 例 5.26 系统伯德图

```
num = [2500];                              % 开环传递函数的分子
den = conv([1,0],conv([1,5],[1,50]));      % 开环传递函数的分母
w = logspace(-1,2,100);                    % 确定频率范围
bode(num,den,w)                            % 绘制对数坐标图
grid                                       % 显示网格
```

运行程序得系统伯德图如图 5.70 所示。

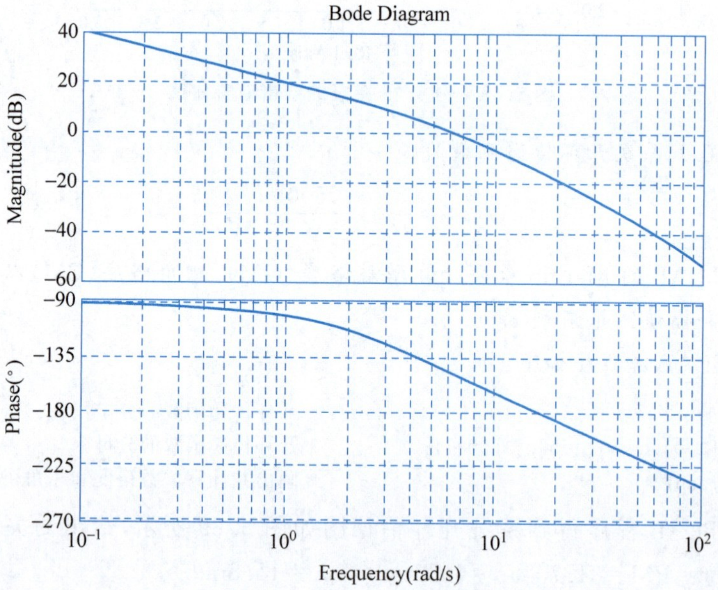

图 5.70 例 5.27 系统伯德图

例 5.28 已知系统开环传递函数为 $G(s)=\dfrac{0.84}{s^2+0.8s+0.84}$，试利用 MATLAB 计算闭环系统的谐振峰值、谐振频率和带宽。

解 MATLAB 源程序如下：

```
num = [0.84];                                         % 开环传递函数的分子
den = [1,0.8,0.84];                                   % 开环传递函数的分母
sysp = tf(num,den)                                    % 开环传递函数
sys = feedback(sysp,1);                               % 闭环传递函数
w = logspace(-1,1);                                   % 显示范围
bode(sys,w)                                           % 绘制伯德图
[mag,phase,w] = bode(sys,w)                           % 计算幅值和相角
[mp,k] = max(mag)                                     % 幅值最大值
resonant_peak = 20 * log10(mp)                        % 谐振峰值
resonant_frequency = w(k)                             % 谐振频率
n = 1;
while ((20 * log10(mag(n)) - 20 * log10(mag(1)))> - 3)
  n = n + 1                                           % 计算带宽
end
bandwidth = w(n)                                      % 带宽
```

运行上面的程序，可得闭环系统的伯德如图 5.71 所示，同时得到：M_r = mp = 0.8511，ω_b = bandwidth = 2.0236(rad/s)，ω_r = resonant_frequency = 1.1514(rad/s)。

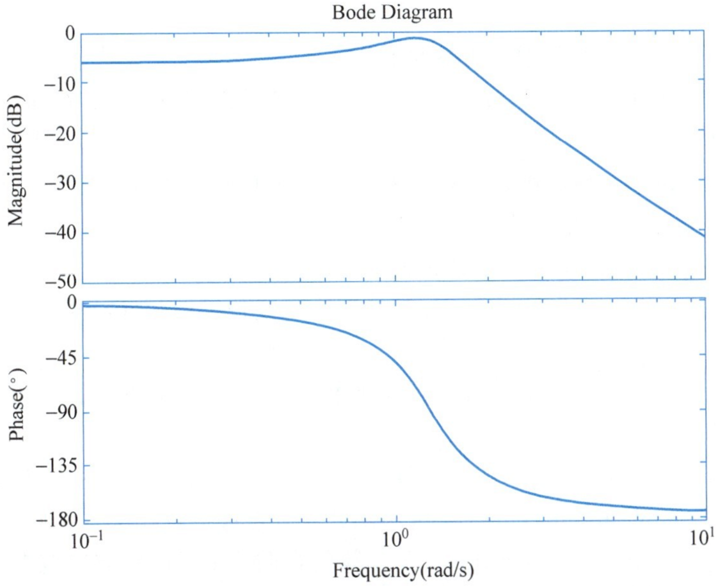

图 5.71 例 5.28 闭环系统伯德图

5.8 小结

线性定常系统对正弦输入信号作用下的稳态响应称为系统的频率响应，频率特性是线性定常系统在正弦输入信号作用下的稳态输出和输入之比，它和微分方程、传递函数一样能反映系统的稳态和动态性能，因此它也是线性系统的又一形式的数学模型，用频率响应实验可以估计线性定常稳定系统的传递函数。应用频率特性研究线性定常系统性能的方法称为频域法。利用计算机和 MATLAB 等仿真工具可以方便精确地绘制奈奎斯特曲线、伯德图等，通过这些图形可以分析控制系统的稳定性、准确性和快速性以及用于控制器的设计。考

虑到控制系统内部参数和外部环境变化对系统稳定性的影响，要求设计的控制系统不仅能稳定地工作，而且还需要有足够的稳定裕度，通常用相角裕度 $\gamma(\omega_c)$ 和增益裕度 h 来表示。最后根据时域和频域之间的关系就能确定系统的时间响应，通过线性系统的频域特性来预测时域特性，频域法不仅可以用于低阶控制系统的分析和设计，也可以用于高阶系统的研究。

关键术语和概念

Fourier 变换(Fourier transform)：从时间函数 $f(t)$ 到频率函数 $f(\omega)$ 的变换。

频率响应(frequency response)：系统对正弦输入信号的稳态响应。

频率特性函数(transfer function in the frequency domain)：当输入为正弦信号时，输出与输入的傅里叶变换之比，常记为 $G(\mathrm{j}\omega)$，简称频率特性或频率响应。该信号也可以为任意的非周期信号。

极坐标图(polar plot)：$G(\mathrm{j}\omega)$ 的实部和虚部的关系图，亦称为幅相特性曲线或奈奎斯特曲线。

分贝(dB)(decibel)：对数增益的量度单位。

对数幅频(logarithmic magnitude)：传递函数幅值的对数，即 $20\lg|G(\mathrm{j}\omega)|$，其中，$G(\mathrm{j}\omega)$ 为频率特性函数。

伯德图(Bode plot)：传递函数的对数幅值和对数频率 ω 之间的关系图以及传递函数的相角与对数频率 ω 之间的关系图。

对数坐标图(logarithmic plot)：即伯德图。

幅值穿越频率(break frequency)：幅频特性为 1 或伯德图幅频特性穿过 0dB 线时所对应的频率。

转折频率(corner frequency)：由于零点或极点的影响，幅频响应渐近线的斜率发生变化时的对应频率。

最小相位(minimum phase)：传递函数的所有极点和零点都在 s 左半平面。

非最小相位(nonminimum phase)：传递函数有零点或极点在 s 右半平面。

辐角原理(principle of the argument)：如果闭合曲线沿顺时针方向包围复变函数 $F(s)$ 的 Z 个零点和 P 个极点，那么对应的 $F(s)$ 平面上的映射曲线将沿顺时针方向包围 $F(s)$ 平面的原点 $N=Z-P$ 次，也称为柯西(Cauchy)定理。

奈奎斯特稳定判据(Nyquist stability criterion)：如果系统的开环传递函数 $G(s)$ 在右半 s 平面的极点数为零，那么闭环控制系统稳定的充要条件为 $G(s)$ 平面上的映射曲线不包围 $(-1,\mathrm{j}0)$。

如果系统的开环传递函数 $G(s)$ 在右半 s 平面有 P 个极点，那么闭环控制系统稳定的充要条件为 $G(s)$ 平面上的映射曲线逆时针方向包围 $(-1,\mathrm{j}0)$ 点 P 次。

相角裕度(phase margin)：$G(s)$ 平面上的奈奎斯特映射曲线绕原点旋转到使它的单位幅值点与 $(-1,\mathrm{j}0)$ 点重合，导致闭环系统变为临界稳定时所需的相角移动量。

增益裕度(gain margin)：使系统达到临界稳定所需的系统增益的放大倍数。此时，相角为 $-180°$，奈奎斯特曲线将穿过 $(-1,\mathrm{j}0)$。

谐振频率(resonant frequency)：由共轭复极点引起的，频率响应取得最大幅值时所对应的频率。

频率响应的最大值(maximum value of the frequency response)：由复极点对引起，出现在谐振频率点上的响应峰值，又称为谐振峰值。

带宽(bandwidth or BW)：从低频开始到频率响应的对数幅值下降 3dB 所对应的频率范围。

对数幅相特性图(Nichols chart)：以相角为横坐标，对数幅值为纵坐标的开环频率特性 $G(\mathrm{j}\omega)$ 和闭环频率特性 $M(\mathrm{j}\omega)$ 曲线。

拓展您的事业——通信系统学科

通信系统的基础主要是电路分析以及信号与系统等，通信系统将信息从源头(发射装置)通过一个渠道(传输介质)传送到终端(接收器)。通信工程人员设计各种信息系统(包括声音、数据资料和影像等)的发送装置和接收装置。

我们生活于信息时代，通过通信系统各种信息很快就能到达我们手边，如新闻、天气、体育、购物、理财、商业投资等。通信系统的一些明显的例子是电话网络、移动电话、无线电设备、收音机、有线电视、卫星电视、电传和雷达等；另外，公安、消防部门、航空、各种商业部门使用的移动无线信号传送系统也是典型的通信系统。

通信是信息学科中发展、增长得最快的领域之一。近年来，通信与计算机技术的结合，已发展到数字通信网的建立，如局域网、城域网和宽带综合服务数字网等。Internet(信息高速公路)导致远程教育的兴起。上班族们可以通过计算机将电子邮件发送到世界各地，进入远程数据库，交换各种文件资料等。Internet 奇迹般地掀起了人们改变生活方式的浪潮，并且将继续下去。

通信系统工程师设计高质量信息服系统。包括生产、发送、接收各种信号的硬件装置。许许多多电信产业和日常使用通信系统的部门都需要通信工程人员。当今，越来越多的政府机构、学术部门和流通领域都需要更快和更准确的信息交流，因而也需要更多的通信工程师。为了适应未来的通信世界的需求，每个电子工程人员都要做好准备。

习题

5.1 单位负反馈系统的开环传递函数为

$$G(s)=\frac{K}{s(s+6.54)}$$

请分别计算：在 $K=5, K=21.39, K=100$ 下，闭环系统的谐振峰值 M_r、谐振频率 ω_r 和带宽 BW 的解析解(使用本章的典型二阶系统的公式)。

5.2 单位负反馈系统的开环传递函数 $G(s)$ 给出如下，画出从 $\omega=0$ 到 $\omega=\infty$ 情况下，$G(\mathrm{j}\omega)$ 的奈奎斯特曲线，并确定闭环系统的稳定性。如果系统是不稳定的，指出闭环传递函数在右半 s 平面的极点个数。解析地解出 $G(\mathrm{j}\omega)$ 与 $G(\mathrm{j}\omega)$ 平面负实轴的交点。可以用任何计算机程序画出 $G(\mathrm{j}\omega)$ 的奈奎斯特曲线。

(1) $G(s)=\frac{20}{s(1+0.1s)(1+0.5s)}$　　(2) $G(s)=\frac{10}{s(1+0.1s)(1+0.5s)}$

(3) $G(s)=\frac{100(1+s)}{s(1+0.1s)(1+0.2s)(1+0.5s)}$　　(4) $G(s)=\frac{10}{s^2(1+0.2s)(1+0.5s)}$

(5) $G(s)=\frac{100}{s^2(s+1)(s^2+2)}$　　(6) $G(s)=\frac{10(s+10)}{s(s+1)(s+100)}$

5.3 单位负反馈控制系统的开环传递函数给出如下,应用奈奎斯特稳定判据确定使系统稳定的 K 值。画出当 $K=1$,从 $\omega=0$ 到 $\omega\to\infty$ 时 $G(\mathrm{j}\omega)$ 的奈奎斯特曲线。可以用计算机程序画出 $G(\mathrm{j}\omega)$ 的奈奎斯特曲线。

(1) $G(s)=\frac{K}{s(s+2)(s+10)}$

(2) $G(s)=\frac{K(s+1)}{s(s+2)(s+5)(s+100)}$

(3) $G(s)=\frac{K}{s^2(s+2)(s+10)}$

5.4 单位负反馈系统的开环传递函数给出如下,画出 $G(\mathrm{j}\omega)/K$ 的伯德图,并且:(1) 求出使系统增益裕度是 20dB 的 K;(2) 求出使系统相角裕度是 45°的 K。

(a) $G(s)=\frac{K}{s(1+0.1s)(1+0.5s)}$

(b) $G(s)=\frac{K(1+s)}{s(1+0.1s)(1+0.2s)(1+0.5s)}$

(c) $G(s)=\frac{K}{(s+3)^3}$

(d) $G(s)=\frac{K}{(s+3)^4}$

5.5 已知最小相位系统的对数幅频渐近性曲线如图 P5.1 所示,试确定系统的开环传递函数。

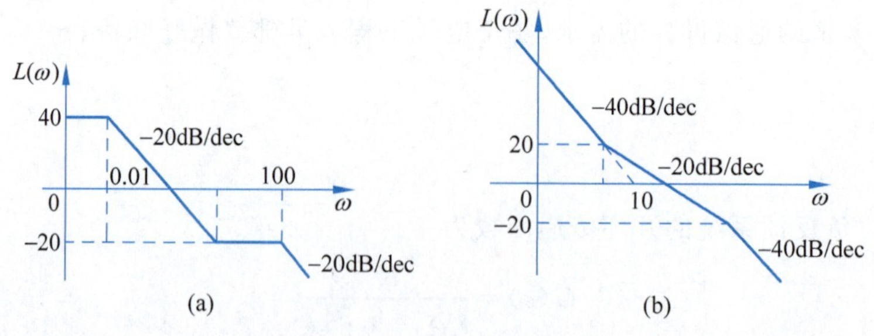

图 P5.1 题 5.5 图

5.6 已知系统开环传递函数

$$G(s)=\frac{K}{s(Ts+1)(s+1)},\quad K,T>0$$

试根据奈奎斯特稳定判据,确定其闭环稳定条件:

(1) $T=2$ 时,K 的取值范围;

(2) $K=10$ 时，T 的取值范围；

(3) K，T 的取值范围。

5.7 已知系统开环传递函数

$$G(s)H(s)=\frac{(s+1)}{s\left(\frac{s}{2}+1\right)\left(\frac{s^2}{9}+\frac{s}{3}+1\right)}$$

要求选择频率点，列表计算 $A(\omega)$，$L(\omega)$ 和 $\varphi(\omega)$，并据此在对数坐标纸上绘制系统开环对数频率特性曲线。

5.8 绘制下列传递函数的对数幅频渐近特性曲线。

(1) $G(s)=\frac{2}{(2s+1)(8s+1)}$

(2) $G(s)=\frac{200}{s^2(s+1)(10s+1)}$

(3) $G(s)=\frac{8\left(\frac{s}{0.1}+1\right)}{s(s^2+s+1)\left(\frac{s}{2}+1\right)}$

5.9 已知系统的开环传递函数为

$$G(s)H(s)=\frac{K}{s(1+s)(1+3s)}$$

试求闭环系统稳定的临界增益 K 值。

5.10 单位反馈系统的开环传递函数为

$$G(s)=\frac{10}{s(0.05s+1)(0.1s+1)}$$

用 MATLAB 绘制系统的伯德图，计算系统的稳定裕度；绘制系统的闭环频率特性，确定谐振峰值 M_r、谐振频率 ω_r 和带宽频率 ω_b。

5.11 某控制系统的特征方程如下：

$$s(s^3+2s^2+s+1)+K(s^2+s+1)=0$$

应用奈奎斯特稳定判据来确定闭环系统稳定的 K 值。用劳斯稳定判据校验结果。

5.12 已知单位反馈系统的开环传递函数为

$$G(s)=\frac{1}{s(1+s)^2}$$

用 MATLAB 绘制系统的伯德图，确定 $L(\omega)=0$ 的频率 ω_c 和对应的相角 $\varphi(\omega_c)$。

5.13 根据下列开环频率特性，用 MATLAB 绘制系统的伯德图，并用奈奎斯特稳定判据判断闭环系统的稳定性。

(1) $G(s)H(s)=\frac{10}{s(0.1s+1)(0.2s+1)}$，　(2) $G(s)H(s)=\frac{2}{s^2(0.1s+1)(0.2s+1)}$

5.14 根据图 P5.2 所示的系统框图绘制系统的伯德图，并求使系统稳定的 K 值。

5.15 设系统结构图如图 P5.3 所示，试确定输入信号 $r(t)=\sin(t+30^\circ)-\cos(t-45^\circ)$ 作用下系统的稳态误差 $e_{ss}(t)$。

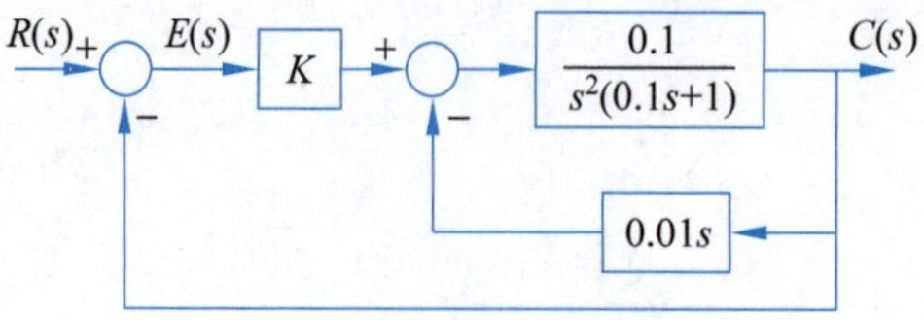

图 P5.2 题 5.14 图

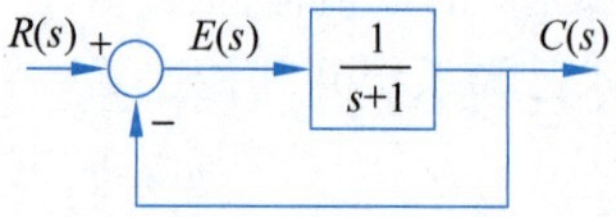

图 P5.3 题 5.15 图

5.16 设单位反馈系统的开环传递函数为

$$G(s)=\frac{K}{s(0.1s+1)(s+1)}$$

(1) 用 MATLAB 求系统相角裕度为 60°时的 K 值。

(2) 求谐振峰值为 1.4 时的 K 值。

第6章

控制系统的校正设计

电子与电气学科世界著名学者——伯德

亨德里克韦德·伯德(Hendrik Bode,1905—1982)

伯德是一位应用数学家。1940年,他引入了半对数坐标系,使频率特性的绘制工作更加适用于工程设计。

伯德,1905年12月24日出生于美国威斯康星州的麦迪逊。分别于1924年、1926年在俄亥俄州立大学(Ohio State)获学士和硕士学位,此后到贝尔电话实验室工作,以研究滤波器和均衡器开始了他的职业生涯。1929年,他来到数学研究中心,他在那里专门研究电气网络理论和应用远距离通信设施。在贝尔实验室工作期间,他进入哥伦比亚大学研究生院学习,并于1935年获得博士学位。1938年,他使用增益及相位频率响应法绘制复杂函数的频率特性,通过研究增益和相角裕度得出了闭环系统稳定性的判断方法。1982年伯德逝世。

伯德在电气滤波器和均衡器方面的工作,使通信传输在更广的领域得到了应用,并于1945年出版了《网络分析和反馈放大器设计》一书,这本书被认为是在此领域的经典之作。他在电气工程和系统设计方面获得25项专利,包括传输网络、变压器系统、电波功放、宽带放大器、炮兵计算等领域。第二次世界大战结束后,他致力于包括导弹武器系统在内的军事领域及现代通信理论方面的研究。为表彰他在这一领域的贡献,1948年美国总统杜鲁门授予他总统奖章。

伯德是很多科学和工程协会的会员或研究员,包括美国电子与电气工程师协会院士、美国物理协会会员、美国数学学会会员、工业与应用数学协会会员、美国科学院和工程院院士。1969年他被授予“IEEE爱迪生奖章”。

6.1 引言

对一个控制工程师,根据被控过程及期望的性能指标要求设计自动控制系统,需要进行大量的分析计算。设计中需要考虑的问题是多方面的,既要保证所设计的系统有良好的性能,满足期望性能指标的要求,又要照顾到便于实现,经济性好,可靠性高。在设计过程中,既要有理论指导,也要重视实践经验,往往还要配合许多局部和整体的实验。

本章主要研究线性控制系统的设计和校正方法。所谓校正,就是在原系统中加入适当的控制器或校正环节,使系统整个特性发生变化,从而满足期望的各项性能指标。本章首先给出了控制系统分析与设计的一些基本知识,回顾了系统的时域和频域性能指标。然后介绍常用的一些校正方式,如串联校正、反馈校正、复合校正等,详细介绍 P、I、PI、PD、PID 及局部速度反馈控制器的控制规律以及常用的校正装置如超前网络(PD)、滞后网络(PI)和滞后超前网络(PID)的频率特性及相关参数,这里介绍无源校正环节的实现问题。详细讲解利用根轨迹法和频域法进行控制系统校正设计的具体过程和步骤,利用根轨迹法和频率特性法可以对控制系统进行串联超前校正、串联滞后校正、串联滞后超前校正及反馈校正。介绍复合控制系统设计方法。对工业过程中常用的 PID 控制规律、PID 控制器结构和工程参数整定问题进行叙述,全面介绍实用的 PID 控制系统结构和特点,介绍鲁棒控制系统设计基础及设计范例。最后介绍利用 MATLAB 工具进行控制系统设计的方法。

6.1.1 控制系统的分析与设计问题

当被控过程确定后,按照被控过程的工作条件,例如信号应具有的最大速度和加速度等,可以初步选定执行元件的型式、特性和参数。然后,根据测量的精度、抗干扰能力、被测信号的物理性质、测量过程中的惯性及非线性度等因素,选择合适的测量变送元件,在此基础上,设计增益可调的前置放大器与功率放大器或数字控制器。设计控制系统的目的,是将构成控制器的各元件及被控过程适当组合起来,使之满足表征控制精度、阻尼程度和响应速度的性能指标要求。如果通过调整放大器增益后仍然不能满足设计要求的性能指标,就需要在系统中增加一些参数及特性可按需要改变的动态校正装置,使系统性能全面满足设计要求。

1. 系统分析

要对一个控制系统有深入的了解,首先要分析系统的激励响应及性能参数。具体做法是对某一控制系统施加一典型的激励信号(如单位阶跃信号、脉冲信号、速度信号、正弦信号等),分析系统的响应以及各项性能指标,如图 6.1 所示。分析方法包括时域法和频域法,时域的性能指标包括超调量 $\sigma\%$、调节时间 t_s、稳态误差 e_{ss} 等;频域性能指标包括相角裕度 γ、增益裕度 h 或 GM、幅值穿越频率 ω_c、谐振峰值 M_r、谐振频率 ω_r、带宽频率 ω_b 等。

$$r(t) \rightarrow \boxed{\text{控制系统(或数学模型)}} \rightarrow c(t) \begin{cases} \sigma\%(\zeta), t_s, e_{ss}(k_p, k_v, k_a) \\ \gamma, \text{GM}(\text{或}h), \omega_c \\ M_r, \omega_r, \omega_b \end{cases}$$

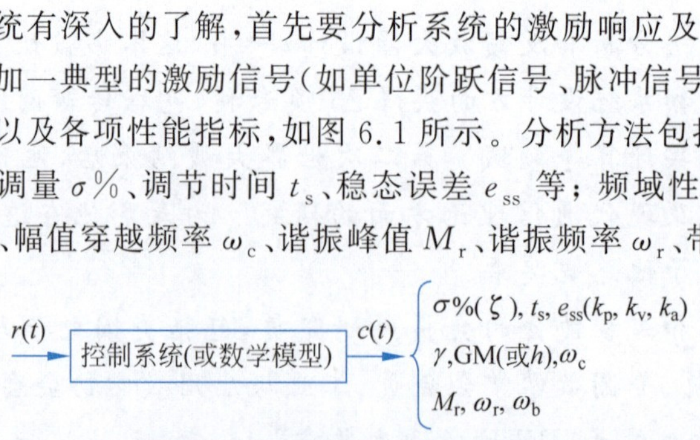

图 6.1 控制系统的分析流程

2. 系统设计

控制系统设计指的是根据生产工艺需要的性能指标及被控过程，确定控制器的结构和参数的过程。当控制系统的性能指标不能满足生产要求或希望在不同的生产过程中各项性能指标能够调整，最直接的方法是调整控制器本身的参数，由于通常仅改变控制器的比例系数 K_p 是不能满足各项性能指标要求的，例如稳定性和准确性之间的矛盾，为此，需要加入动态校正装置来满足各项性能指标。但是即使对于同一被控过程，校正装置也不唯一。确定校正方案时应按技术、经济和可靠性等诸多方面综合考虑。图 6.2 表示一个控制系统的设计流程。

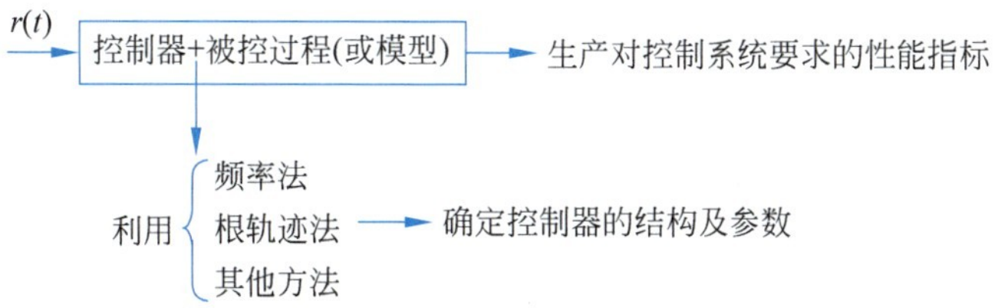

图 6.2 控制系统的设计流程

6.1.2 不同校正方法的性能指标

对一个控制系统设计工程师来说，不仅要充分了解被控过程的结构、特性和参数等，还需要知道所设计的控制系统应满足何种性能指标(performance specification)。性能指标是控制系统的使用单位(用户)或自动化仪器仪表设计制造单位根据被控过程的具体使用情况在控制精度、阻尼程度和响应速度等方面对控制系统提出的一项符合实际的具体要求，提出的性能指标过低，控制系统容易实现，但控制性能较差；而性能指标要求过高，不仅会造成不必要的经济成本，甚至可能现有市场上商品化的自动化仪表都很难胜任。

各种校正方法及其相应的性能指标、控制器类型如表 6.1 所示。

表 6.1 各种校正方法的性能指标、控制器类型

设计方法	性能指标	控制器类型
根轨迹	控制精度 $e_{ss}(k_p, k_v, k_a)$ 动态指标 $\sigma\%, t_s$ 或主导极点	串联超前控制(PD) 串联滞后控制(PI) 串联滞后-超前控制(PID) 复合校正
频率响应 (伯德图)	控制精度 $e_{ss}(k_p, k_v, k_a)$ 开环动态指标 γ, ω_c	串联超前校正(PD) 串联滞后校正(PI) 串联滞后-超前校正(PID) 复合校正
尼科尔斯图	控制精度 $e_{ss}(k_p, k_v, k_a)$ 闭环动态指标 M_r, ω_r, ω_b	串联超前校正(PD) 串联滞后校正(PI) 串联滞后-超前校正(PID) 复合校正
时域法	时域的误差积分型性能指标 ISE、IAE、ITSE、ITAE	最优控制等

6.1.3 基本校正方式

按照校正装置在系统中的连接方式,控制系统校正方式(compensation ways)可分为串联校正、反馈校正、前馈校正、复合校正四种。

(1) 串联校正(cascade(series)compensation):在一个典型反馈系统中,如果串接于系统前向通道中,连接在误差测量点之后和被控过程之前的校正环节(或称为控制器,或调节器)的校正方法,称为串联校正。该校正方式简单实用,其连接方式如图 6.3 所示。

(2) 反馈校正(feedback compensation):在基本串联校正的基础上,由被控量引出的一个局部反馈校正环节,如图 6.4 所示,例如前面介绍的速度反馈控制系统。相对串联校正而言,局部反馈校正控制精度高,超调量小,响应速度快,但是它需要增加测量变送装置,这增加了系统的相对复杂度。

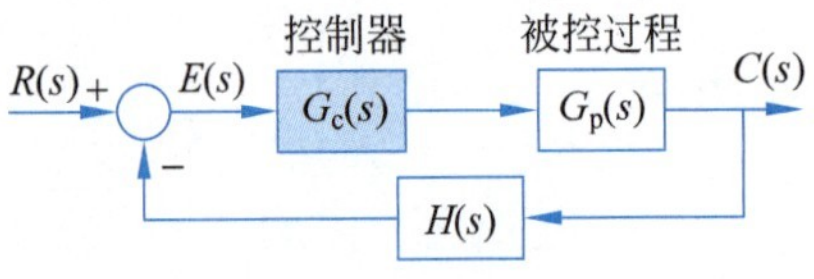

图 6.3 串联校正结构

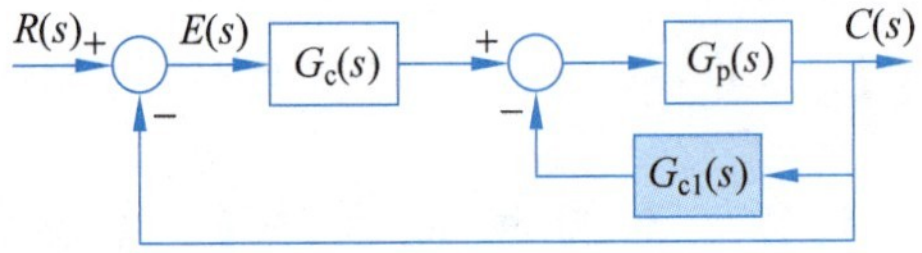

图 6.4 反馈校正结构

(3) 前馈校正又称为顺馈校正(forward compensation):是在控制系统中按照扰动补偿和输入或给定补偿的一种开环控制,一般不单独使用。

(4) 复合校正(feed-forward compensation):通常为了提高控制系统的抗干扰性和(或)跟随性将前馈校正与串联反馈校正结合构成复合校正,如图 6.5 所示。其中,图 6.5(a)为按扰动补偿的复合控制形式,图 6.5(b)为按输入或给定值补偿的复合控制形式。

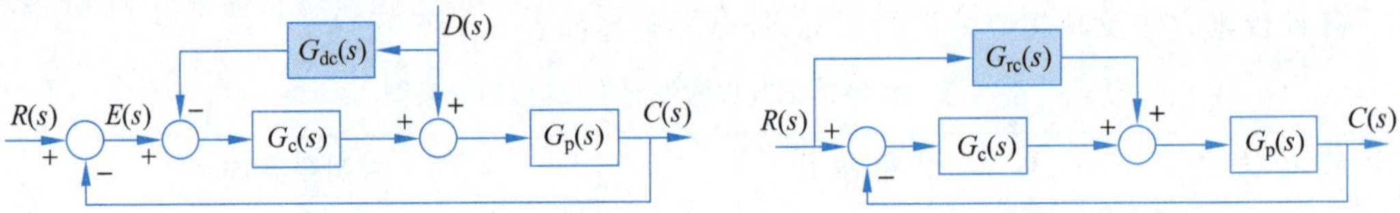

(a) 按扰动补偿　　(b) 按给定值补偿

图 6.5 复合校正结构

复合校正能较好地解决稳定性和准确性之间的矛盾,属于全补偿,控制精度高。但补偿控制器 $G_{dc}(s)$,$G_{rc}(s)$的分子的阶数有可能高于分母,物理实现困难,只能近似补偿,同时必须要求扰动量 $D(s)$及给定量 $R(s)$是可测的。

例如,由图 6.5(b)所示的按照输入补偿的复合控制系统,可得

$$C(s)=\frac{(G_{rc}(s)+G_c(s))G_p(s)}{1+G_c(s)G_p(s)}R(s) \tag{6.1}$$

令 $G_{rc}(s)=1/G_p(s)$,则 $C(s)=R(s)$,即 $c(t)=r(t)$,实现了系统输出完全跟随参考输入的情况,但由于补偿器 $G_{rc}(s)$是被控过程数学模型 $G_p(s)$的倒数,因此 $G_{rc}(s)$的分子的阶数有可能高于分母,物理实现困难。

6.2 控制(校正)器的基本控制规律

6.2.1 比例(P)控制规律

本节以典型二阶或一阶被控过程为例说明比例 P、积分 I、微分 D 以及其组合的控制器或校正器的结构组成和作用。如图 6.6 所示为某个具有比例控制规律的 P 控制器(proportional control)的控制系统,其中 K_p 称为控制器的比例增益。P 控制器实际上是一个增益可调的放大器,所起的作用是改变增益 K_p 使控制系统能快速达到期望的性能指标。

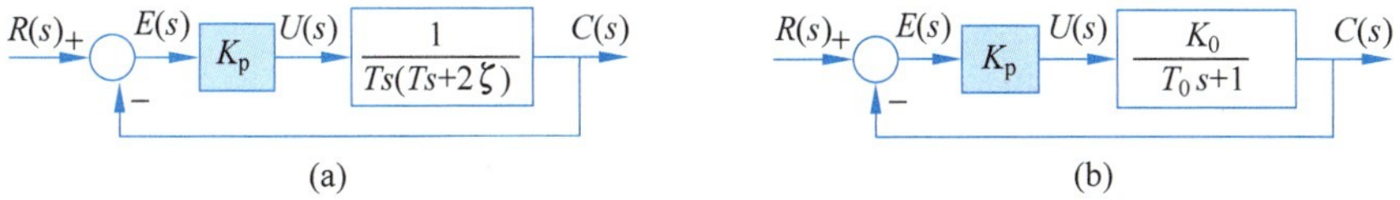

图 6.6　比例控制系统

比例控制器的输出 $u(t)$和作用误差信号 $e(t)$之间的关系为

$$u(t)=K_p e(t) \tag{6.2}$$

传递函数形式为

$$G_c(s)=\frac{U(s)}{E(s)}=K_p$$

首先,考查图 6.6(a)所示的具有比例控制器的二阶系统,其闭环传递函数为

$$\frac{C(s)}{R(s)}=\frac{1}{\dfrac{T^2}{K_p}s^2+\dfrac{2\zeta T}{K_p}s+1}=\frac{1}{T'^2s^2+2\zeta'T's+1}$$

其中,典型二阶系统的等效时间常数为 $T'=T/\sqrt{K_p}$,阻尼比 $\zeta'=\zeta/\sqrt{K_p}$,显然,随着控制器比例增益 K_p 的增大,T'减小,ζ'减小,但在前面的控制系统分析章节中我们已经知道,增大系统增益 K_p 能提高系统的控制精度,降低系统的惰性,加快响应速度,但比例增益 K_p 的增大可能使系统超调量变大,甚至有可能不稳定,因此,仅仅单独使用比例控制,很难满足设计要求的性能指标。

同样进一步考查如图 6.6(b)所示的具有比例控制器的一阶系统,取被控过程为 $G_p(s)=\dfrac{K_0}{T_0s+1}$,则闭环控制系统的传递函数为 $\Phi(s)=\dfrac{K_pK_0/(1+K_pK_0)}{1+T's}$,其中,等效时间常数为 $T'=\dfrac{T_0}{1+K_pK_0}$。显然,随着控制器比例增益 K_p 增大,T'减小,并且小于被控过程的时间常数 T_0,按照 5% 误差带准则,当 K_p 较大时,进一步得到调节时间 $t_s\approx 3T'\approx\dfrac{3T_0}{K_pK_0}<3T_0$ 同样减小。

总之,随着控制器比例增益 K_p 的增大,系统响应加快,稳态误差减小,但有可能使系统的稳定性变差,反之,如果控制器比例增益 K_p 减小,尽管能提高控制系统的稳定性,但控制系统响应变慢,控制精度变差。为此,系统稳定性和控制精度之间是有矛盾的。

6.2.2 积分(I)控制规律

具有积分控制作用的控制器称为I控制器(integral control),这里以一阶被控过程为例进行说明,如图6.7所示。

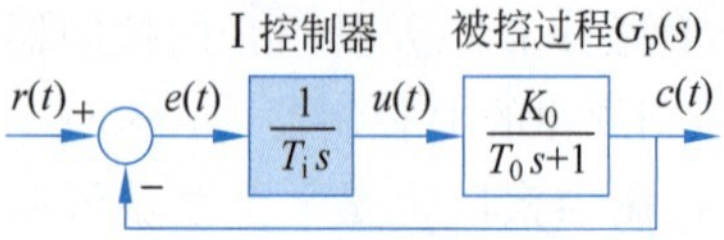

图6.7 积分控制系统

积分I控制器的输出信号与输入信号的积分成正比,即

$$u(t)=\frac{1}{T_i}\int e(t)\mathrm{d}t=K_i\int e(t)\mathrm{d}t \tag{6.3}$$

其中,T_i 或 K_i 为可调的积分时间常数或积分系数,且 $K_i=1/T_i$。

积分控制器的传递函数为

$$G_c(s)=\frac{U(s)}{E(s)}=\frac{1}{T_i s}=\frac{K_i}{s}$$

由式(6.3)积分控制器输入与输出间的微积分关系可知,当 $e(t)=0$ 时,控制量 $u(t)$ 为常数,保持不变。

积分控制的优点是靠积分作用,使系统在静态时参考输入量与被控输出量相等,此时控制量保持不变,稳态误差 $e_{ss}=0$,提高了控制精度。而对P控制来说,如果 $u(t)\neq 0$,进而得到 $e(t)\neq 0$,即对比例P控制器,静态时需要一定的稳态误差才能维持输入与输出之间的比例关系。

积分I控制器的不足之一是纯积分环节可能导致控制系统不稳定。例如被控过程为 $G_p(s)=\frac{K}{s(Ts+1)}$,则加入I控制后,闭环系统的特征方程为 $Ts^3+s^2+\frac{K}{T_i}=0$,造成特征方程缺项,由劳斯稳定判据知道该闭环控制系统是不稳定的。

积分I控制器的不足之二是积分作用会使系统响应迟缓。如图6.8所示,如果不加积分环节,此时相当于控制器为 $G_c(s)=\frac{U(s)}{E(s)}=1$ 的比例控制,则闭环传递函数为

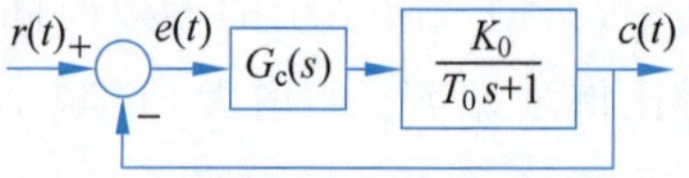

图6.8 积分控制作用分析结构图

$$\Phi(s)=\frac{K_0/(1+K_0)}{\frac{T_0}{1+K_0}s+1}=\frac{K_0/(1+K_0)}{T's+1}$$

当 $K_0\gg 1$ 时,该一阶系统纯比例控制的调节时间为

$$t_s\approx 3T'\approx 3\frac{T_0}{K_0}$$

如果加入纯积分控制器 $G_c(s)=1/T_i s$ 后,则闭环传递函数为

$$\Phi(s)=\frac{K_0/T_i}{T_0 s^2+s+K_0/T_i}=\frac{\omega_n^2}{s^2+2\zeta\omega_n s+\omega_n^2}=\frac{1}{T^2s^2+2\zeta Ts+1}$$

其中,等效参数 $\omega_n=1/T$,时间常数 $T=\sqrt{T_i T_0/K_0}$,阻尼比 $\zeta=\sqrt{T_i/(K_0T_0)}/2$。

假如选择合适积分时间常数 T_i,使典型二阶系统的阻尼比 $\zeta<1$,即系统为欠阻尼衰减振荡,则按5%误差带准则得调节时间为

$$t_s \approx \frac{3}{\zeta\omega_n} = \frac{3T}{\zeta} = 6T_0 > 3\frac{T_0}{K_0} \quad (K_0 \gg 1)$$

如果积分时间常数 T_i 选得比较大，相当于过阻尼($\zeta>1$)情况，若使 $T_i \geqslant 4T_0K_0$，则典型二阶系统的闭环极点有两个不等的负实根

$$s_{1,2} = \frac{1}{2T_0}\left(-1 \pm \sqrt{\frac{T_i - 4T_0K_0}{T_i}}\right) = -\frac{1}{T_1}, -\frac{1}{T_2}$$

其中，$-\frac{1}{T_1} = -\frac{1}{2T_0}\left(1-\sqrt{\frac{T_i-4T_0K_0}{T_i}}\right)$，$-\frac{1}{T_2} = -\frac{1}{2T_0}\left(1+\sqrt{\frac{T_i-4T_0K_0}{T_i}}\right)$，且 $T_1 > T_2$。由主导极点的概念，当 $T_1 > 5T_2$ 时，调节时间 t_s 近似由 T_1 决定，按照 5%误差带准则，此时调节时间为

$$t_s \approx 3T_1 = \frac{3}{2}\sqrt{T_iT_0/K_0}\left(\sqrt{\frac{T_i}{K_0T_0}} + \sqrt{\frac{T_i}{K_0T_0} - 4}\right) \approx 3\frac{T_i}{K_0} \geqslant 12T_0 > 3\frac{T_0}{K_0}$$

由上述分析可知，尽管纯积分控制器能提高系统的控制精度，但不论如何选取积分时间常数 T_i，闭环系统响应都比未加积分 I 校正的闭环系统慢得多，因此，通常控制系统中不单独使用积分 I 控制器。

6.2.3 比例-积分(PI)控制规律

具有比例-积分控制规律的控制器称为 PI 控制器(proportional integral controller)，考查如图 6.9 所示的带有 PI 控制器的系统性能。

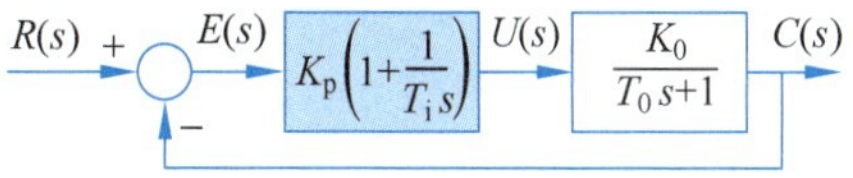

图 6.9 比例-积分控制系统

控制器输出信号同时成比例地反映输入信号及其积分，PI 控制器输入与输出之间的关系为

$$u(t) = K_p\left[e(t) + \frac{1}{T_i}\int e(t)\mathrm{d}t\right] = K_pe(t) + K_i\int e(t)\mathrm{d}t \tag{6.4}$$

其中，K_p 为控制器的比例增益，T_i 为积分时间常数，$K_i = K_p/T_i$ 称为积分系数。K_p、T_i 或 K_i 均可调。

PI 控制器的传递函数为

$$G_c(s) = K_p\left(1 + \frac{1}{T_is}\right) = \frac{K_p(T_is+1)}{T_is} \tag{6.5}$$

由式(6.5)可知，比例-积分控制器相当增加了一个位于原点的开环极点，同时还增加了一个开环零点。由于其相频特性为

$$\varphi_c(\omega) = -90° + \arctan\omega T_i \leqslant 0$$

为此，PI 控制器属于相位滞后校正。该闭环系统的传递函数为

$$\Phi(s) = \frac{T_is+1}{\frac{T_iT_0}{K_pK_0}s^2 + \frac{K_pK_0+1}{K_pK_0}T_is + 1}$$

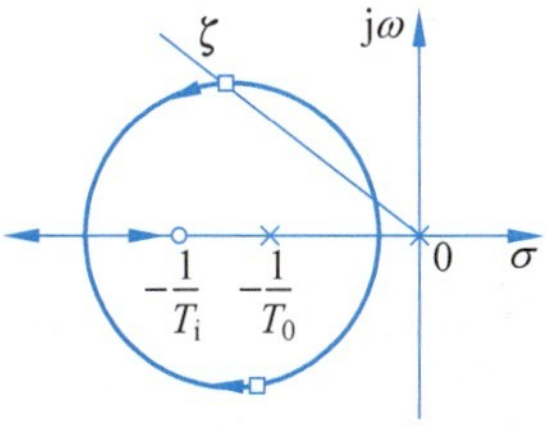

图 6.10 图 6.9 系统的根轨迹

如果 K_p，T_i 选择得合适，如图 6.10 所示系统的根轨迹，使闭环极点位于期望的欠阻尼位置“□”处，就能使系统稳定性提高，这时系统有较小的超调量，并且动态响应快，同时系统控

制精度也更有保证。

特别地，当 $K_p \gg \frac{1}{K_0}$ 时

$$\Phi(s) \approx \frac{T_i s + 1}{\frac{T_i T_0}{K_p K_0} s^2 + T_i s + 1} = \frac{s + \frac{1}{T_i}}{\frac{T_0}{K_p K_0} s^2 + s + \frac{1}{T_i}}$$

进一步，当 T_i 很大时，有

$$\Phi(s) \approx \frac{s}{s\left(\frac{T_0}{K_p K_0} s + 1\right)} = \frac{1}{\frac{T_0}{K_p K_0} s + 1}$$

此时，按照5%误差带准则，调节时间 $t_s \approx 3T' = 3\frac{T_0}{K_p K_0}$，小于仅用比例控制($K_p = 1$)的值 $3\frac{T_0}{K_0}$，更小于纯积分控制时的 $6T_0$(欠阻尼情况)或 $12T_0$(过阻尼情况，且 $K_0 \gg 1$)。

综上所述，如果PI控制器的比例增益 K_p 及积分时间常数 T_i 选得合适，那么控制器既能提高系统控制的精度，同时又能改善系统动态性能。

它的另外一种物理实现的传递函数为

$$G_c(s) = \frac{s + z_c}{s + p_c} = \beta \frac{Ts + 1}{\beta Ts + 1} = \frac{s + \frac{1}{T}}{s + \frac{1}{\beta T}} \tag{6.6}$$

其中，$\beta = \frac{z_c}{p_c} > 1$($z_c$，$p_c$ 都靠近原点，且极点位于零点的右边)，其相频特性为

$$\varphi_c(\omega) = \arctan\omega T - \arctan\beta\omega T < 0$$

由此可知，该校正控制器属于相位滞后校正，作用与PI控制器相同。

6.2.4 比例-微分(PD)控制规律

具有比例-微分控制规律的控制器，称为PD控制器(proportional derivative controller)，考查如图6.11所示的具有PD控制的直流电机位置控制系统。

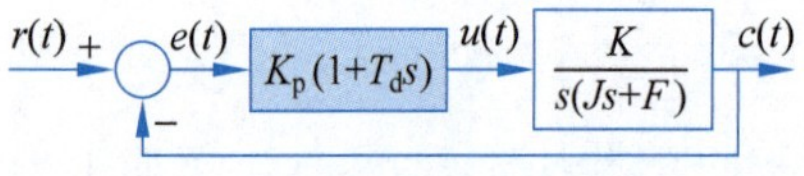

图6.11 比例微分控制系统

PD控制器输出信号同时成比例地反映输入信号及其微分，其输入与输出的关系为

$$u(t) = K_p\left[e(t) + T_d \frac{de(t)}{dt}\right] = K_p e(t) + K_d \frac{de(t)}{dt} \tag{6.7}$$

传递函数形式为

$$G_c(s) = K_p(1 + T_d s) \tag{6.8}$$

其中，K_p 称为比例增益，T_d 为微分时间常数，$K_d = K_p T_d$ 为微分系数。K_p、T_d 或 K_d 均可调。它的相频特性为

$$\varphi_c(\omega) = \arctan\omega T_d \geqslant 0$$

属于相位超前校正。

当 $K_p=1$ 时，该闭环系统的传递函数为

$$\Phi(s)=\frac{K(1+T_d s)}{Js^2+(F+KT_d)s+K}$$

显然，有 PD 控制的系统阻尼比 $\zeta_d=\frac{F+KT_d}{2\sqrt{JK}}>\frac{F}{2\sqrt{JK}}=\zeta_0$，其中，$\zeta_0$ 为无微分作用的阻尼比。为此，PD 控制器能够增大系统的阻尼，从而使系统的超调量变小，调节时间减小，而且由于增加了开环零点，使得根轨迹向左偏，因此，系统的振荡减小，响应速度加快，动态性能得到改善，该 PD 控制器本身并没有改变系统的类型数，故当 $K_p=1, T_d\neq 0$ 时不影响系统的稳态误差，但由于采用了微分控制，可以允许在保证系统有同样动态性能指标的情况下，适当增大比例增益 K_p，从而减小稳态误差。

观察图 6.12 的 PD 控制响应曲线可以看出，由于控制输出 $u(t)$ 在时间上比误差信号 $e(t)$"提前"，为此 PD 控制器输出能够提前或预先反映输入信号 $e(t)$ 的变化趋势，产生有效的早期修正信号。

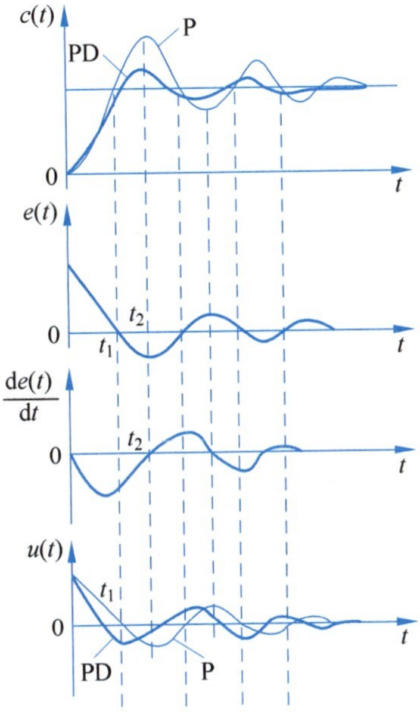

图 6.12　微分预测控制的作用

如果 $T_d=0$，即仅为比例 P 控制，那么只要输出 $c(t)$ 小于设定值，则 $e(t)>0$，进而 $u(t)>0$；如果 $c(t)$ 大于设定值，则 $e(t)<0, u(t)<0$。在 t_1 处 $e(t)$ 开始变负时才加一个反作用的控制量（$u(t)<0$），由于系统有惯性，使得系统的输出 $c(t)$ 继续增大，形成了较大的超调和振荡。

如果 $T_d\neq 0$，即为 PD 控制，在 $t=t_1$ 时，$e(t)=0$，此时 $\frac{\mathrm{d}e(t)}{\mathrm{d}t}<0$，为此，如果适当选取控制器参数，有可能使 $u(t)=K_p e(t)+K_p T_d\frac{\mathrm{d}e(t)}{\mathrm{d}t}<0$，即 $e(t)$ 过零时，控制量 $u(t)$ 已在时间上提前变负，这样相当于提前抑制了输出量 $c(t)$ 的增长，结果使得系统的超调量 $\sigma\%$ 变小，同时调节时间 t_s 也减小。

PD 控制器的一种物理实现为

$$G_c(s)=\frac{s+z_c}{s+p_c}=K\frac{\alpha Ts+1}{Ts+1}\quad(\alpha>1) \tag{6.9}$$

相频特性为

$$\varphi_c(\omega)=\arctan\alpha\omega T-\arctan\omega T>0\quad(\alpha>1)$$

这意味着该校正网络属于相位超前校正，作用与 PD 控制器相同。

尽管微分控制作用具有预测的优点，使得系统的超调量减小，动态响应变快，但由于微分对噪声有放大作用，可能造成控制的执行器饱和及冲击，因此，在噪声严重的场合，不宜使用微分 D 控制器。

6.2.5 比例-积分-微分(PID)控制规律

具有比例-积分-微分控制规律的控制器称为 PID 控制器(proportional integral derivative controller)。从前面的讨论知道,PD 控制器可增加系统的阻尼,改善系统的动态品质,但不改变稳态响应,PI 控制器能同时改变系统的相对稳定性和稳态误差,但增加了响应时间,将它们组合就是利用 PI 和 PD 控制器各自的优点组成 PID 结构,PID 控制系统如图 6.13 所示。

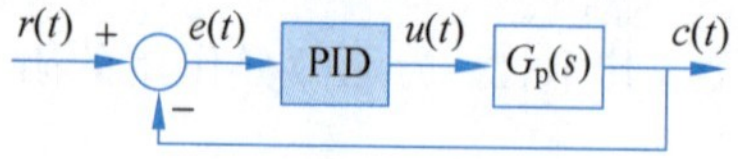

图 6.13 PID 控制系统

PID 控制器输入与输出之间的关系为

$$u(t)=K_{\mathrm{p}}\left[e(t)+\frac{1}{T_{\mathrm{i}}}\int e(t)\mathrm{d}t+T_{\mathrm{d}}\frac{\mathrm{d}e(t)}{\mathrm{d}t}\right]$$
$$=K_{\mathrm{p}}e(t)+K_{\mathrm{i}}\int e(t)\mathrm{d}t+K_{\mathrm{d}}\frac{\mathrm{d}e(t)}{\mathrm{d}t} \tag{6.10}$$

PID 控制器的传递函数为

$$G_{\mathrm{c}}(s)=K_{\mathrm{p}}\left(1+\frac{1}{T_{\mathrm{i}}s}+T_{\mathrm{d}}s\right) \tag{6.11}$$

其中,K_{p}、T_{i}、T_{d} 分别为可调比例增益、积分时间常数和微分时间常数。式(6.11)也可以表示为

$$G_{\mathrm{c}}(s)=K_{\mathrm{p}}+\frac{K_{\mathrm{i}}}{s}+K_{\mathrm{d}}s=\left(K_{\mathrm{p1}}+\frac{K_{\mathrm{i1}}}{s}\right)(1+K_{\mathrm{d2}}s) \tag{6.12}$$

其中,$K_{\mathrm{p}}=K_{\mathrm{p1}}+K_{\mathrm{i1}}K_{\mathrm{d2}}$,$K_{\mathrm{d}}=K_{\mathrm{p1}}K_{\mathrm{d2}}$,$K_{\mathrm{i}}=K_{\mathrm{i1}}$。

PID 控制器设计为滞后超前校正。它既能提高系统的控制精度,又能改善系统的动态特性。通常取 $T_{\mathrm{i}}>T_{\mathrm{d}}$,工程上一般取 $T_{\mathrm{i}}=4T_{\mathrm{d}}$。设计时通常使积分部分 PI 发生在系统频率特性的低频段,以提高系统类型数,改善系统的稳态性能;使微分部分 PD 发生在系统频率特性的中频段,增大幅值穿越频率和相角裕度,改善系统的相对稳定性和动态性能。

6.2.6 局部速度反馈控制规律

在定位控制系统中,速度反馈常常被用来提高闭环系统的相对稳定性或增大系统阻尼以减小系统的超调量,图 6.14 中的电机位置控制系统就是有局部速度反馈系统的实际例子,这里转速计构成了一个局部速度反馈控制校正,旋转编码器测量电机的角位置或速度信号。图 6.15 所示为它的一个控制系统方框图模型,利用对输出量的微分构成的速度反馈系统,可以改善控制系统的动态性能。

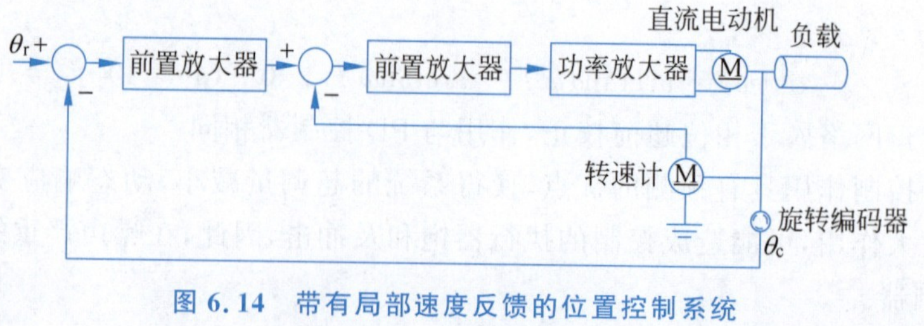

图 6.14 带有局部速度反馈的位置控制系统

该系统的闭环传递函数为

$$\Phi(s)=\frac{\omega_n^2}{s^2+2\left(\zeta+\frac{\alpha}{2}\omega_n\right)\omega_n s+\omega_n^2} \tag{6.13}$$

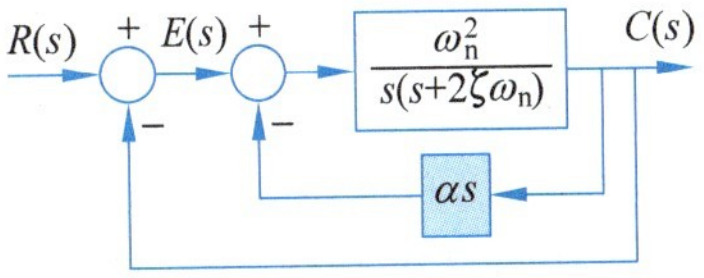

图 6.15　速度反馈控制系统

式中，等效的阻尼比 $\zeta_\alpha=\zeta+\frac{\alpha}{2}\omega_n>\zeta$，与串联 PD 控制比较，局部速度反馈控制不形成闭环零点；而与不加速度反馈的情况相比，加入速度反馈能增大系统的阻尼，减小系统的超调量和调节时间，这一点同串联 PD 控制器一样，速度反馈能改善系统的动态性能。

速度反馈系统的等效开环传递函数为

$$G_0(s)=\frac{\omega_n}{2\zeta+\alpha\omega_n}\frac{1}{s[s/(2\zeta\omega_n+\alpha\omega_n^2)+1]} \tag{6.14}$$

这时，系统的等效开环增益为

$$K_\alpha=\frac{\omega_n}{2\zeta+\alpha\omega_n}=\frac{\omega_n^2}{2\zeta\omega_n+\alpha\omega_n^2}<\frac{\omega_n^2}{2\zeta\omega_n}=\frac{\omega_n}{2\zeta}=K_0$$

其中，K_0 是未加速度反馈时系统的开环增益。由此可知，加入速度反馈后，降低了系统的开环增益，使斜坡输入下的稳态误差增大，这一点可通过再引入串联比例控制器来补偿控制精度的降低。

速度反馈与 PD 控制有许多相似的特点，它们之间的比较如下：

(1) 两者的阻尼比 ζ 均增大，超调量 $\sigma\%$ 及调节时间 t_s 均减小，而固有振荡频率 ω_n 均保持不变。

(2) 由于串联 PD 控制的微分作用对噪声有放大作用，所以在噪声严重的场合，一般不宜选用串联 PD 控制。

(3) 速度反馈降低了静态速度误差系数 k_v，增大了斜坡输入下的稳态误差 e_{ss}，而串联 PD 控制（$K_p=1, T_d\neq 0$ 时）由于开环增益未有改变，因此稳态误差 e_{ss} 保持不变。

(4) 通常系统在串联 PD 控制下，上升时间 t_r 小，系统反应较快，而在相同阻尼比 ζ 的条件下，通常串联 PD 控制的超调量 σ_{PD} 大于速度反馈控制的超调量 σ_v，这一点读者可用仿真技术验证。

6.3　常用校正装置及特性

校正装置可用电子电气、机械、气动、液压装置或数值算法计算机实现，究竟采用何种校正装置和类型，取决于实际系统的结构和特点。例如，工业过程控制系统中有时采用气动式 PID 控制器，由于气动组件维修简便，使用安全可靠，因此在易燃易爆环境中仍使用气动式 PID 控制器。随着电子技术及数字计算机技术的发展，目前，电子式 PID 及微机数字 PID 控制器已逐渐取代了气动式仪表。

有时我们把自动控制系统中的控制器设计看作是滤波器设计问题；从频率特性分析一章中我们不难看出，PD 控制器相当于高通滤波器；PI 控制器相当于低通滤波器；根据参数情况，PID 控制器可以看成带阻滤波器。高通滤波器因为给控制系统引入了正相位，所以称为相位超前校正，反之，低通滤波器为相位滞后校正。通常工业应用的PID控制器设计成带阻滤波器，这种滤波和相位移动的思想在频域设计中是非常有用的。

这里，我们主要介绍由电路元件构成的无源校正，在数字控制系统一章中还要重点介绍基于数值算法的数字PID控制器。

6.3.1 无源校正电路

1. 无源超前网络(PD校正)

利用无源电路元件构成的控制器称为无源校正，图6.16所示是无源超前校正网络的一种电路实现，相当于PD校正。

由图6.16和电路分析方法，可得该电路的传递函数为

$$\frac{U_2(s)}{U_1(s)}=\frac{1+\alpha Ts}{1+Ts}\cdot\frac{1}{\alpha} \tag{6.15}$$

其中，$T=C\dfrac{R_1R_2}{R_1+R_2}$，$\alpha=\dfrac{R_1+R_2}{R_2}>1$。

图6.17所示是超前网络的零极点分布图。

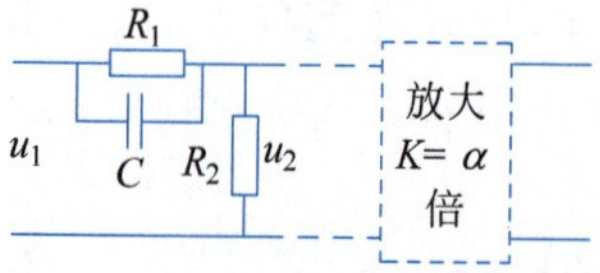

图6.16 无源超前校正网络

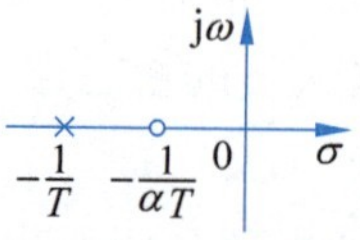

图6.17 超前校正环节零极点分布

为保持原系统开环增益不变，应加一放大器(如图6.16中的K，使$K=\alpha$)，以补偿采用超前无源网络带来的开环增益下降。为此，超前校正网络的传递函数为

$$G_c(s)=\frac{\alpha Ts+1}{Ts+1}\quad(\alpha>1) \tag{6.16}$$

它的相频特性为

$$\varphi(\omega)=\arctan\alpha\omega T-\arctan\omega T>0 \tag{6.17}$$

由式(6.17)看出，该校正网络属于超前校正，相当于PD控制作用。

令$\dfrac{d\varphi(\omega)}{d\omega}=0$，得到$\varphi$取最大值$\varphi_m$时的最大超前角频率$\omega_m=\dfrac{1}{\sqrt{\alpha}T}=\sqrt{\dfrac{1}{T}\cdot\dfrac{1}{\alpha T}}$，是两转折频率的几何中心。将$\omega_m$的值代入式(6.17)中得到$\varphi_m=\arcsin\dfrac{\alpha-1}{\alpha+1}$，容易得到在$\omega_m$处的对数幅频值为

$$L(\omega_m)=20\lg\sqrt{1+\alpha^2T^2\omega^2}-20\lg\sqrt{1+T^2\omega^2}\Big|_{\omega=\omega_m}$$

$$\approx 20\lg\alpha T\omega_m=10\lg\alpha$$

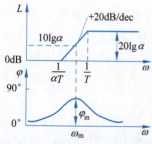

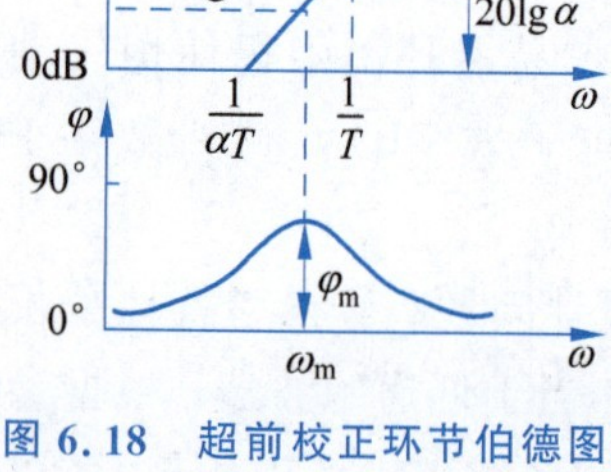

图6.18 超前校正环节伯德图

该超前校正网络的折线近似伯德图如图6.18所示。

超前校正网络能产生相位超前角，补偿系统在中频段附近(幅值穿越频率ω_c处)的相角滞后，提高相角裕度γ，增大幅值穿越频率ω_c，即改善了系统的动态特性。

一级超前校正的相位角$\varphi_m<90°$，实际应用时，通常取

$1<\alpha<20$。当 $\alpha=20$ 时，可算得 $\varphi_m=64.8°$。因此，如果要求 $\varphi_m>60°$时，通常要采用二级超前校正或改用其他校正方式。

2. 无源滞后网络(PI校正)

无源滞后网络的一种电路实现如图 6.19 所示。

由图 6.19 可得该网络的传递函数为

$$G_c(s)=\frac{Ts+1}{\beta Ts+1}=\frac{1}{\beta}\left(\frac{s+\frac{1}{T}}{s+\frac{1}{\beta T}}\right) \tag{6.18}$$

其中，$\beta=\frac{R_1+R_2}{R_2}>1, T=R_2C$。滞后网络的零极点分布如图 6.20 所示。

同样易得到该网络的相位频率特性为

$$\varphi(\omega)=\arctan\omega T-\arctan\beta\omega T<0 \quad (\beta>1) \tag{6.19}$$

显然，属于相位滞后校正，相当于 PI 控制作用。经计算可得到 φ 取最大值 φ_m 时的最大滞后角频率 $\omega_m=\frac{1}{\sqrt{\beta}T}=\sqrt{\frac{1}{T}\cdot\frac{1}{\beta T}}$，同样是两转折频率的几何中心，把 ω_m 的值代入式(6.19)中，计算得到 $\varphi_m=-\arcsin\frac{\beta-1}{\beta+1}<0$。

该滞后校正网络的折线近似伯德图如图 6.21 所示。

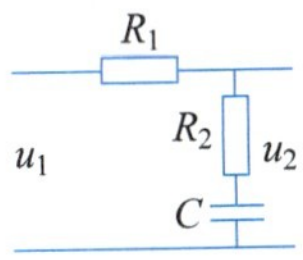

图 6.19 无源滞后网络

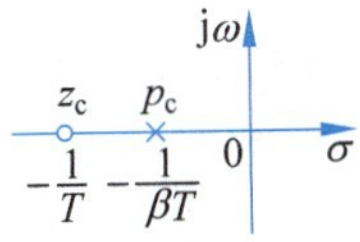

图 6.20 滞后校正环节零极点分布

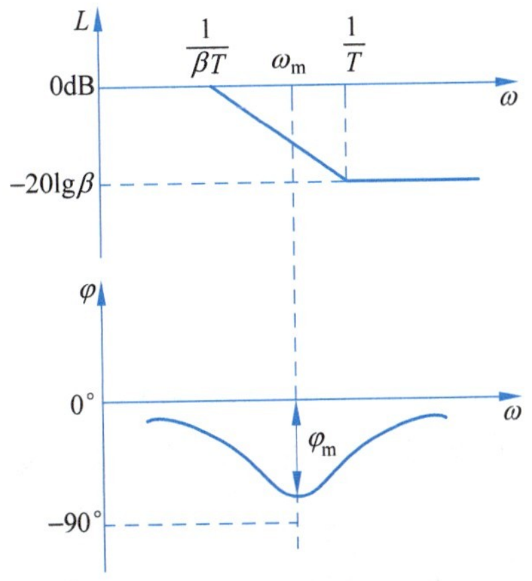

图 6.21 无源滞后校正环节伯德图

采用滞后校正时，主要是利用其高频段的幅值衰减特性来降低幅值穿越频率 ω_c 至 $\omega_c'(\omega_c'<\omega_c)$，从而提高相角裕度 γ。因此，在设计滞后网络时，力求避免 $\varphi_m(\omega_m)$发生在已校正系统中频段的幅值穿越频率 ω_c'附近，否则将会降低系统的相角裕度 γ。通常设计时应使滞后网络的转折频率$\frac{1}{T}\ll\omega_c'$，具体选择分析如下：

(1) 如选$\frac{1}{T}=\frac{1}{10}\omega_c'$，此时滞后网络在 ω_c'处产生的滞后角为

$$\varphi(\omega_c')=\arctan\omega_c'T-\arctan\beta\omega_c'T=\arctan\frac{T\omega_c'(1-\beta)}{1+\beta T^2\omega_c'^2}$$

$$\approx \arctan\frac{0.1(1-\beta)}{\beta} \tag{6.20}$$

当 $\beta=1$ 时,$\varphi(\omega_c')=0$(相当于校正网络的零极点重合);当 $\beta=10$ 时,$\varphi(\omega_c')=-5.1°$;当 $\beta=100$ 时,$\varphi(\omega_c')=-5.65°$;即这样选取滞后网络在校正后的 ω_c' 处造成的相角滞后很小。β 越大,βT 时间常数实现越困难,一般 β 不超过 20。

(2) 如果选 $\frac{1}{T}=\frac{1}{5}\omega_c'$,此时 $\varphi(\omega_c')\approx\arctan\frac{0.2(1-\beta)}{\beta}$,当 $\beta=10$ 时,$\varphi(\omega_c')=-10.2°$;当 $\beta=20$ 时,$\varphi(\omega_c')=-10.7°$,滞后角的影响明显比选 $\frac{1}{T}=\frac{1}{10}\omega_c'$ 时的要大。

3. 无源滞后-超前网络(PID 校正)

无源滞后-超前网络的一种电路实现如图 6.22 所示。易得该网络的传递函数为

$$G_c(s)=\frac{(T_2s+1)}{(\beta T_2s+1)}\cdot\frac{(\alpha T_1s+1)}{(T_1s+1)} \tag{6.21}$$

其中,选参数使得 $\beta\geqslant\alpha>1$,$T_2>\alpha T_1$。

无源滞后-超前网络的折线近似对数幅频特性和相频特性如图 6.23 所示,其低频和高频部分均起于和终于 0dB/dec 线,该校正环节相当于一个带阻滤波器。

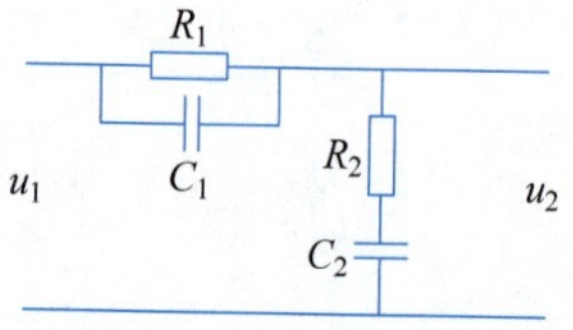

图 6.22 无源滞后-超前网络

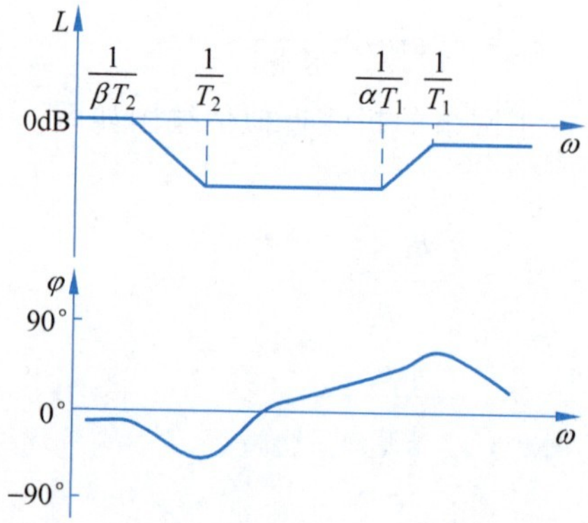

图 6.23 无源滞后-超前网络的幅频和相频特性图

无源滞后-超前网络能较好地改善系统的稳态特性和动态特性,可以看作是 PID 控制器。

6.3.2 自动化仪表中的 PID 控制器

值得注意的是,在当今应用的工业控制器中,90% 以上采用 PID 控制器(或调节器),实践证明它具有良好的适应性,大多数情况下可以提供较满意的控制效果,虽然它在许多情况下还不能提供最优控制。商品化的自动化仪表中带有 PID 控制器的控制系统结构通常如图 6.24 所示。

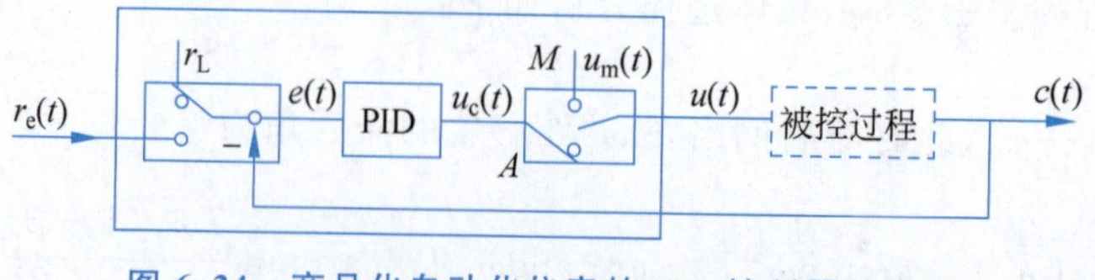

图 6.24 商品化自动化仪表的 PID 控制器结构图

一般可分解为三个部分：

(1) 给定单元，包括就地内部给定 r_L 和远传外部给定 r_e；

(2) PID 单元；

(3) 手动/自动单元。

在“自动 A”位置上，由内部 PID 运算送入控制量，形成闭环自动控制。在“手动 M”位置上，由用户直接在控制器上手动给定控制信号 u_m，可形成开环控制。

自动化仪表中 PID 控制器的传递函数一般表示为

$$G_c(s)=\frac{U_c(s)}{E(s)}=K_p\left(1+\frac{1}{T_i s}\right)(1+T_d s) \tag{6.22}$$

在自动化仪表中，K_p、T_i、T_d 以工程单位标定，这些单位如下：

(1) 比例作用通常用比例度表示，它和控制器的比例增益之间是倒数关系，即 $\mathrm{PB}=\frac{100}{K_p}\%$，例如，50%的比例度 PB，相当于 $K_p=2$。

(2) 积分作用单位以分钟标度，它就是所显示的积分时间常数 T_i 的值；或以重复次数/分为单位来标度，而它所显示的就是积分系数 $K_i=\frac{1}{T_i}$ 的值。

(3) 微分作用常以秒为单位标度，它就是所显示的微分时间常数 T_d 的值。

6.4 根轨迹法在控制系统校正设计中的应用

用根轨迹法对系统进行校正设计，主要的性能指标包括超调量 $\sigma\%$、调节时间 t_s、稳态误差 $e_{ss}(k_p,k_v,k_a)$ 和期望的闭环极点。

这里控制器设计的主要思想是，假定已校正的闭环系统具有一对期望主导共轭极点，系统的动态响应主要由这一对主导极点位置决定，也就是校正后的闭环系统根轨迹应该穿过该主导极点。

6.4.1 串联超前校正

串联超前校正主要用于改善系统的稳定性和动态特性，若原系统的阻尼比 ζ 较小，相角裕度 γ 不够，可用串联超前校正。

如图 6.25 所示为超前校正环节的零极点及主导极点的分布图，由根轨迹的相角条件可以得到超前校正环节产生的超前角为

$$\theta_c(s_d)=-180^\circ-\angle G_0(s_d) \tag{6.23}$$

其中，s_d 是期望的主导极点，$G_0(s)$ 是原系统的开环传递函数，显然对某个确定的 θ_c 角，校正装置不是唯一的$\left(\text{即 } z_c=\frac{1}{\alpha T}, p_c=\frac{1}{T}\text{位置不唯一}\right)$。

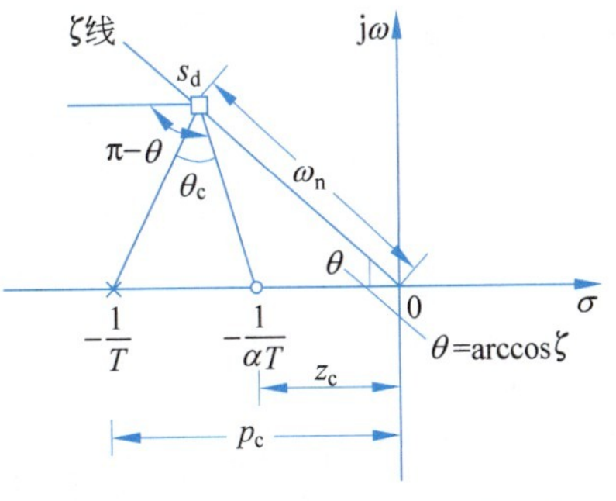

图 6.25 串联超前校正零极点分布

例 6.1 某单位负反馈系统的开环传递函数为 $G_0(s)=\frac{4}{s(s+2)}$，如要求 $\zeta=0.5,\omega_n=4,k_v\geqslant5$，试设计串联超前校正网络，并求出控制器

的传递函数 $G_c(s)$。

解 该系统的开环零极点、等阻尼线和期望的主导极点分布如图 6.26 所示,图中虚线表示校正前系统的根轨迹。

易得原系统的闭环传递函数

$$\Phi(s)=\frac{4}{s^2+2s+4}$$

于是有 $\zeta=0.5$,$\omega_n=2$,显然仅靠比例 P 控制,不能使在 ζ 保持不变的前提下提高自然振荡频率 ω_n 来减小调节时间 t_s。因此,这里只有加入超前校正,使根轨迹向左移才有可能达到期望极点的位置要求。

由期望的性能指标 $\zeta=0.5$,$\omega_n=4$,得到主导极点 $s_d=-2\pm j2\sqrt{3}$,因此,超前网络应产生的超前角为

$$\theta_c=\theta_{cz}-\theta_{cp}=-180°-\angle G_0(s_d)=-180°+210°=30°$$

其中,$\angle G_0(s_d)=-[\angle(-2+j2\sqrt{3})+\angle[-2+j2\sqrt{3}-(-2)]]=-(120°+90°)=-210°$

接下来要确定 z_c 和 p_c,该方法不唯一,这里我们采用角平分线的方法确定,如图 6.27 所示。过极点 s_d 作横坐标的平行线 PA 及 $\angle APO$ 的平分线 PB,并注意到 $\theta_c=30°$,两边各取 15°,可近似得到超前校正器的零点和极点位置为

$$\begin{cases} z_c=3 \\ p_c=5.5 \end{cases}$$

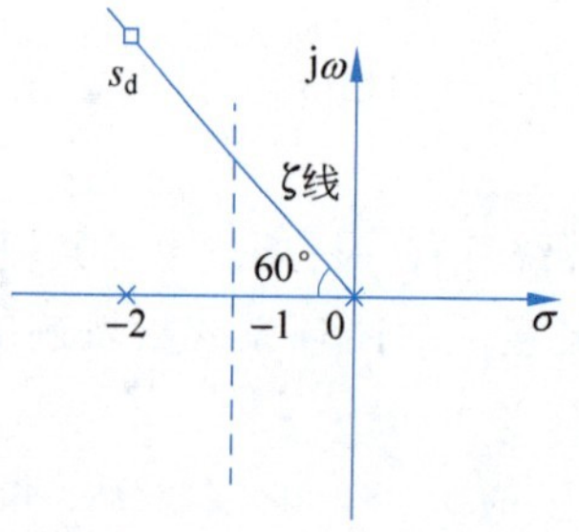

图 6.26 例 6.1 系统零极点分布

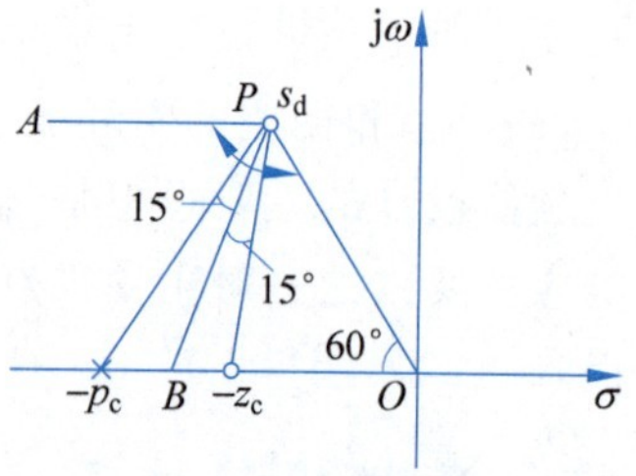

图 6.27 用角平分线法确定 z_c、p_c

也可以用正弦定理计算,由于 $\omega_n=4$,于是 $\frac{4}{\sin75°}=\frac{z_c}{\sin45°}$,得到 $z_c=2.928$。这里,如果取无源超前网络,则

$$G_c(s)=\frac{1}{\alpha}\frac{\alpha Ts+1}{Ts+1}=\frac{s+\frac{1}{\alpha T}}{s+\frac{1}{T}}=\frac{s+z_c}{s+p_c}=\frac{s+3}{s+5.5}$$

其中,$T=0.18$,$\alpha=1.83$。

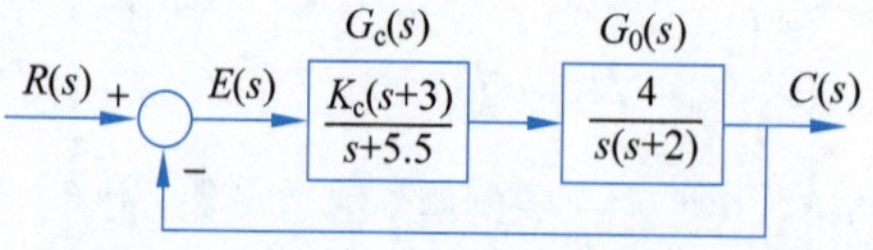

图 6.28 加无源超前校正的控制系统

为克服超前网络带来的增益衰减,需提高增益 K。因此选 $G_c(s)=K_c\frac{s+3}{s+5.5}$,控制系统结构如图 6.28 所示。

校正后开环传递函数为

$$G_c(s)G_0(s)=\frac{4K_c(s+3)}{s(s+2)(s+5.5)}$$

由幅值条件$|G_c(s)G_0(s)|_{s=-2\pm j2\sqrt{3}}=1$，得出应附加的控制增益$K_c\approx4.67$，此时，静态速度误差系数$k_v=\frac{4\times4.67\times3}{2\times5.5}=5.09>5$，满足系统稳态性能指标要求。

另外，由于闭环传递函数的特征方程为

$$s(s+2)(s+5.5)+4K_c(s+3)=0$$

再由根与系数的关系$\sum_{i=1}^{n}s_i=\sum_{i=1}^{n}p_i$，$\prod_{i=1}^{n}(-s_i)=\prod_{i=1}^{n}(-p_i)+K\prod_{j=1}^{m}(-z_j)$，将$s_d$值及开环零极点代入有

$$\begin{cases}-2-2+s_3=0-2-5.5\\(2+j2\sqrt{3})(2-j2\sqrt{3})(-s_3)=4K_c\times3\end{cases}$$

计算得到第三个闭环极点$s_3=-3.5$，以及比例增益$K_c=4.67$，K_c值同上面方法计算的结果相同。此时闭环传递函数为

$$\Phi(s)=\frac{4.67\times4(s+3)}{(s+2-j2\sqrt{3})(s+2+j2\sqrt{3})(s+3.5)}$$

显然，可以看出由于闭环零点-3与闭环极点-3.5距离很近，它们的作用可看成相互抵消。为此，s_d为主导极点，这时系统相当于典型二阶系统，则系统的超调量$\sigma\%=e^{-\zeta\pi/\sqrt{1-\zeta^2}}=16.3\%(\zeta=0.5)$，调节时间$t_s\approx\frac{3}{\zeta\omega_n}=1.5$(5%准则)，MATLAB仿真结果如图6.29所示，由图可以看出，加入该超前校正网络，在系统阻尼比不变情况下，校正前后系统超调量基本不变，而响应速度变快了。

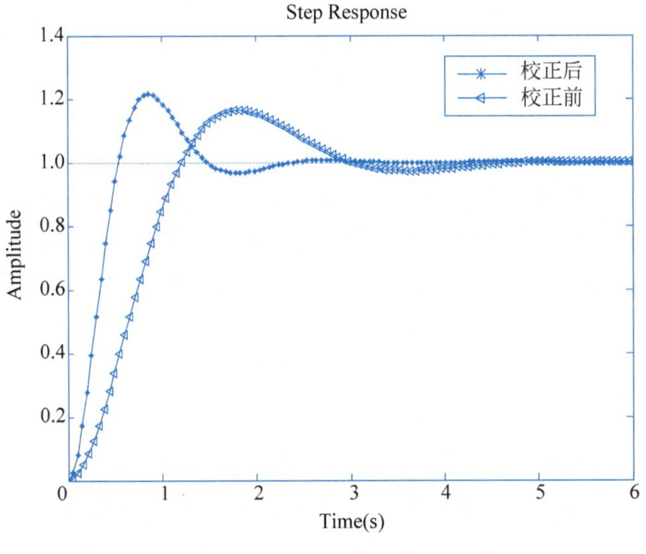

图6.29 MATLAB仿真结果($z_c=3.5$，$p_c=5.5$)

进一步说明校正网络实现的非唯一性：

(1) 考查选$z_c=2$的情况，此时出现零极点相消情况，如图6.30(a)所示，由$\theta_c=30°$，得

到 $p_c=4$,验证是否满足要求,这就是校正网络的不唯一性。这样

$$G_c(s)=K_c\frac{s+2}{s+4}$$

校正后开环传递函数为

$$G_c(s)G_0(s)=\frac{4K_c}{s(s+4)}$$

根据幅值条件,有

$$4K_c=|s||s+4||_{s_d}=16$$

得到,$K_c=4$。这时静态速度误差系数 $k_v=\frac{4\times2\times4}{2\times4}=4<5$,不满足稳态指标要求。此时闭环传递函数为

$$\Phi(s)=\frac{16}{(s+2-j2\sqrt{3})(s+2+j2\sqrt{3})}$$

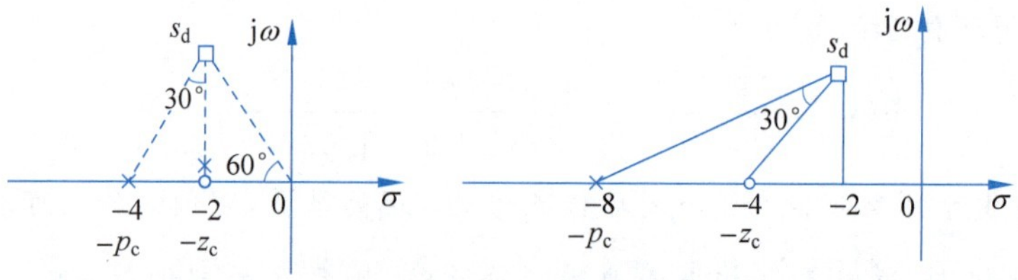

(a) z_c=2时系统零极点选取分布图　　(b) z_c=4时系统零极点选取分布图

图 6.30　例 6.1 校正装置的非唯一性选取图

(2) 如图 6.30(b)所示,如果再选取 $z_c=4$,同理由 $\theta_c=30°$,可得 $p_c=8$。校正后,$\left|\frac{4K_c(s+4)}{s(s+2)(s+8)}\right|_{s_d}=1$,由此得 $K_c=6$。此时,静态速度误差系数 $k_v=\frac{4\times6\times4}{2\times8}=6>5$,同样满足要求,这时另一闭环极点为 $s_3=-6$,则由主导极点的概念,此时闭环传递函数可等价为

$$\Phi(s)=\frac{6\times4(s+4)}{(s+2-j2\sqrt{3})(s+2+j2\sqrt{3})(s+6)}\approx\frac{4(s+4)}{(s+2-j2\sqrt{3})(s+2+j2\sqrt{3})}$$

显然,这里性能指标 t_s、$\sigma\%$不能按典型二阶系统计算,可以用 MATLAB 仿真得到,由于微分作用强,校正后超调量更大,调节时间更长,请读者自行用仿真软件求出阶跃响应及其性能指标。

(3) 可看出 z_c 的值如果再选得更负(更小),可能使 e_{ss} 满足要求,但可使超调量 $\sigma\%$值将更大,调节时间 t_s 也更长。

要改善这种情况,可在原点附加一个开环偶极子(相当于一个滞后校正),使主导极点基本不变且提高 k_v,所谓的偶极子是离原点及彼此相距很近的一对零极点,假设这里要求 k_v 值为 10。例如,在原超前校正 $G_c(s)=K_c\frac{s+3}{s+5.5}$ 的基础上再加一对滞后校正的偶极子 $\frac{s+0.1}{s+0.05}$,可使开环系统的比例增益提高 $\frac{z_c'}{p_c'}=\frac{0.1}{0.05}=2$ 倍,而且几乎不影响主导极点性质。

这时开环传递函数为$\frac{K_c(s+0.1)}{(s+0.05)}\cdot\frac{(s+3)}{(s+5.5)}\cdot\frac{4}{s(s+2)}$。此时，相当于滞后超前校正或PID校正，校正后系统的概略根轨迹如图6.31(a)所示，此时，K_c基本不变，为4.67，而$k_v=\frac{4.67\times 0.1\times 3\times 4}{0.05\times 5.5\times 2}=10.18>10$，稳态指标满足了更高的要求，此时的校正控制器为

$$G_c(s)=K_c\frac{s+0.1}{s+0.05}\cdot\frac{s+3}{s+5.5}$$

MATLAB仿真的精确根轨迹如图6.31(b)所示，实际上K_c应为4.44。三种校正方式情况的单位阶跃响应如图6.32所示。

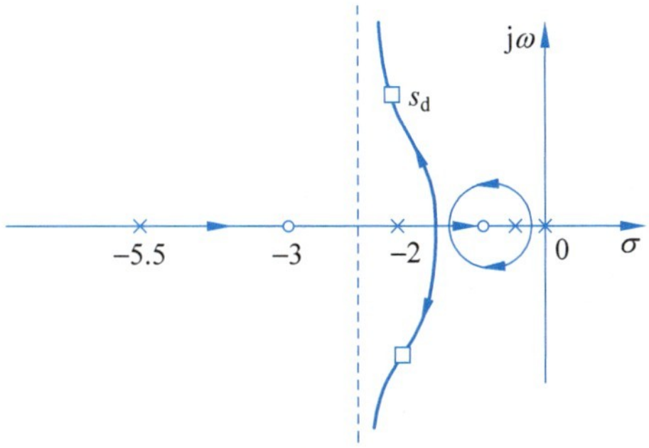

(a) 根轨迹图

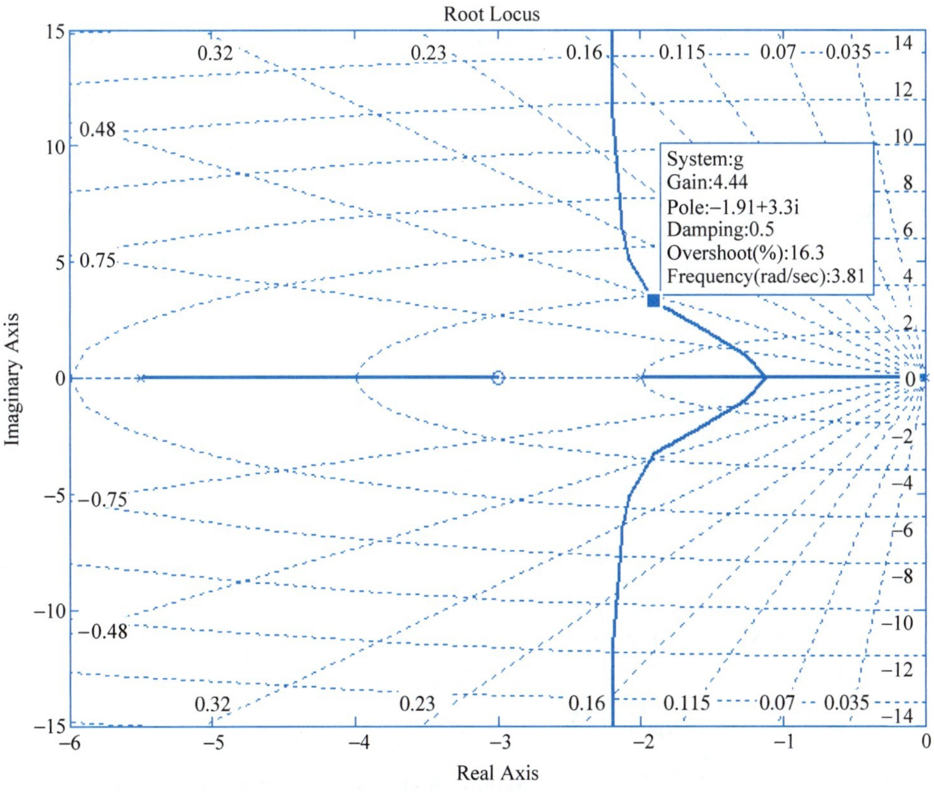

(b) MATLAB根轨迹图

图 6.31 加偶极子后系统根轨迹图

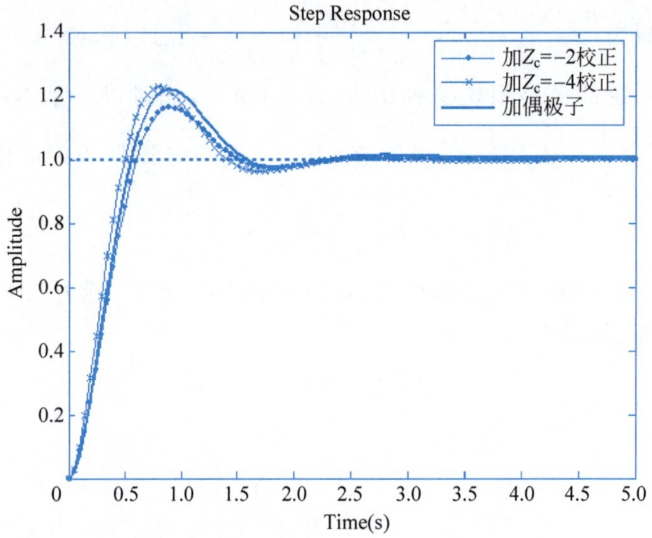

图 6.32　三种校正方式下系统 MATLAB 单位阶跃响应

6.4.2　串联滞后校正

串联滞后校正用于改善系统的稳态性能,同时基本保持系统原有的暂态响应基本不变。

例 6.2　某单位负反馈系统开环传递函数为 $G_0(s)=\dfrac{K'}{s(s+1)(s+5)}$,要求在单位阶跃作用下 $\sigma\%\leqslant20\%$,$t_s\leqslant15\text{s}$,而在单位斜坡函数作用下的 $e_{ss}\leqslant15\%$,设计该校正系统。

解　滞后校正环节的零极点选取分布及主导极点 s_d 的位置通常如图 6.33 所示,由超调量 $\sigma\%\leqslant20\%$,可得到阻尼比 $\zeta\approx0.45$,进一步得到阻尼角 $\theta\approx63°$。期望的主导极点通常按图 6.34 所示的阴影范围选取。

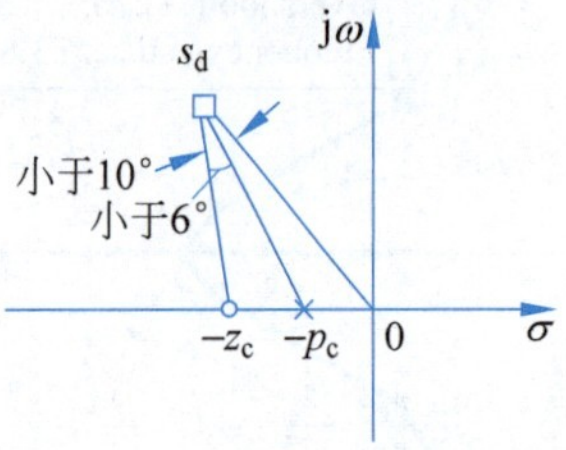

图 6.33　校正环节零极点分布

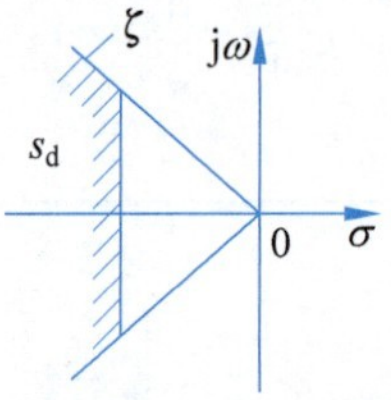

图 6.34　期望主导极点选择范围

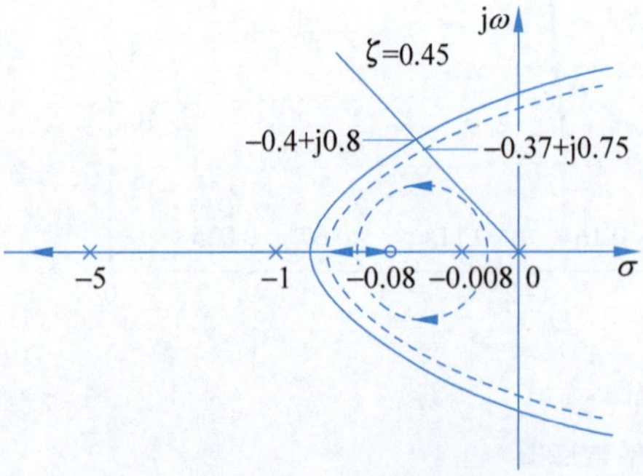

图 6.35　例 6.2 系统根轨迹图

如图 6.35 所示,画出原系统的根轨迹,用实线表示。

作出辅助线后,由 $s_d=\omega_n e^{j(180°-63°)}$,可求出它与根轨迹的交点为

$$s_{1,2}=-0.4\pm j0.8=-\zeta\omega_n\pm j\omega_n\sqrt{1-\zeta^2}$$

由幅值条件得到系统此时的开环增益 $K'=|s_1||s_1+1||s_1+5|=4.2$,从而再由根与系数的关系可求出此时闭环系统的第三个极点 $s_3=-5.2$,显

然原极点 $s_{1,2}$ 有主导性。由此得到 $\zeta=0.45,\omega_n=0.9$。于是进一步得到系统的调节时间 $t_s=\dfrac{4}{\zeta\omega_n}=10\text{s}<15\text{s}$，满足时域指标要求。又因为 $k_v=\lim\limits_{s\to 0}sG_0(s)=\dfrac{K'}{5}=\dfrac{4.2}{5}=0.84$，所以稳态误差 $e_{ss}=\dfrac{1}{k_v}=120\%>15\%$，远不满足稳态要求。

可见，在 $K'=4.2$ 时，原系统满足动态指标，但不满足静态指标，显然，仅靠提高开环增益 K 不能解决稳定性和准确性之间的矛盾。为此，可在原点附近增加一对开环偶极子，相当于滞后校正或 PI 控制器。所谓的偶极子就是相距很近的一对零极点，如图 6.33 所示。通常滞后校正器的零点 z_c 和极点 p_c 与主导极点 s_d 的夹角小于 6°，而且距离原点很近，即通常取角 $\angle z_c s_d o \leqslant 10°$。串联滞后校正控制器为

$$G_c(s)=\frac{K_c(Ts+1)}{\beta Ts+1}=K_c\frac{1}{\beta}\frac{s+\dfrac{1}{T}}{s+\dfrac{1}{\beta T}} \tag{6.24}$$

一般可选 $\beta=10$，并选滞后校正网络的零点到虚轴距离为原闭环系统主导复数极点到虚轴距离的 $\dfrac{1}{5}\sim\dfrac{1}{10}$。本例取 $\dfrac{1}{5}$，即滞后校正的零点为

$$z_c=\frac{1}{T}=\frac{1}{5}\zeta\omega_n=\frac{1}{5}\times 0.4=0.08$$

于是有滞后校正的极点 $p_c=\dfrac{1}{\beta T}=0.008$，这时系统的开环传递函数为

$$G_c(s)G_0(s)=\frac{s+0.08}{s+0.008}\cdot\frac{K''}{s(s+1)(s+5)}$$

其中，$K''=\dfrac{1}{\beta}K_cK'=0.1K_cK'$。校正后的根轨迹（以 K'' 为变量）如图 6.35 中的虚线所示。

由 $\zeta=0.45$ 的等阻尼线，求出校正后闭环传递函数的主导极点为

$$s_d=-0.37+\text{j}0.75$$

显然，主导极点位置几乎没有改变，由幅值条件计算得 $K''\approx 4$。进一步计算得到

$$k_v=\lim_{s\to 0}sG_c(s)G_0(s)=\frac{0.08}{0.008}\cdot\frac{K''}{5}=\frac{40}{5}=8,e_{ss}=\frac{1}{k_v}=12.5\%\leqslant 15\%$$

这时，控制器附加的比例增益 $K_c=\dfrac{10K''}{K'}=\dfrac{40}{4.2}\approx 9.5$，其余两个闭环极点由根与系数的关系得到为 $s_3=-5.18,s_4=-0.088$。校正后的控制系统如图 6.36 所示。

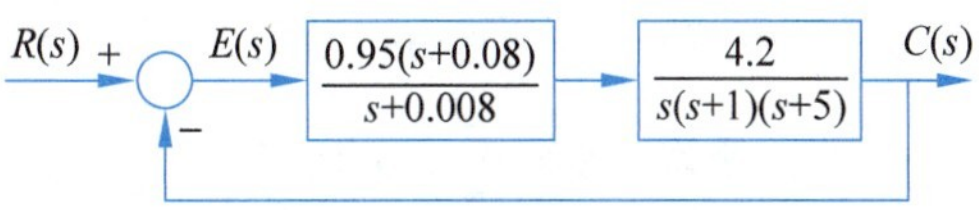

图 6.36 例 6.2 系统加偶极子后的控制系统

故该系统校正后闭环传递函数为

$$\begin{aligned}\Phi(s)&=\frac{0.1\times 9.5\times 4.2(s+0.08)}{(s+0.37-\text{j}0.75)(s+0.37+\text{j}0.75)(s+5.18)(s+0.088)}\\&\approx\frac{0.1\times 9.5\times 4.2\times 0.08}{(s+0.37-\text{j}0.75)(s+0.37+\text{j}0.75)\times 5.18\times 0.088}\end{aligned}$$

显然，动态特性基本由主导极点 $s_d=-0.37\pm j0.75$ 决定，这样有 $\zeta=0.45$，$\omega_n'=0.85$，因此，$\sigma\%=20\%$，$t_s=\dfrac{4}{\zeta\omega_n'}=\dfrac{4}{0.45\times0.85}=10.5s<15s$，$e_{ss}$ 也同样满足性能指标要求。

一般来说，设计校正系统可分三步：①画出原系统的根轨迹；②求出校正控制器的传递函数 $G_c(s)$；③检验控制系统的性能指标。

6.4.3 串联 PID 校正

例 6.3 已知某控制系统的开环传递函数为 $G_0(s)=\dfrac{0.8}{(s+2)(s+4)}$，如图 6.37 所示，要求 $\sigma\%\leqslant5\%$，$t_s<2s$(2%准则)，$e_{ss_p}<10\%$，试设计控制器。

解 (1) 用 P 调节器，令 $G_c(s)=K_p$，则闭环系统的特征方程为

$$(s+2)(s+4)+0.8K_p=s^2+6s+8+0.8K_p=0$$

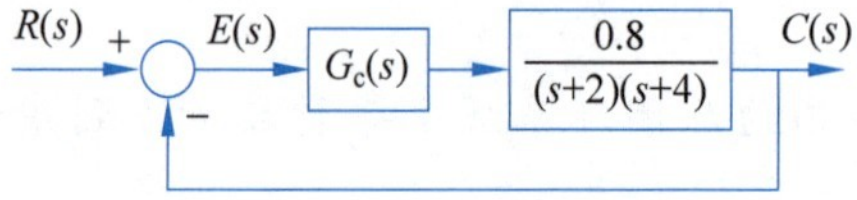

图 6.37 例 6.3 待校正的控制系统

又因为要求 $\sigma\%\leqslant5\%$，所以可令 $\zeta=\dfrac{1}{\sqrt2}=0.707$，这样对典型二阶系统的特征方程有 $2\zeta\omega_n=6$，得到 $\omega_n=3\sqrt2\approx4.23$，则典型二阶系统的超调量 $\sigma\%\approx4.3\%$，调节时间为

$$t_s=\frac{4}{\zeta\omega_n}=\frac{4}{3}=1.33s$$

此时由 $8+0.8K_p=\omega_n^2=(3\sqrt2)^2=18$，可得比例增益 $K_p=12.5$。

位置误差系数 $k_p=\dfrac{K_p\times0.8}{2\times4}=0.1K_p=1.25$，因此，$e_{ss}=\dfrac{1}{1+k_p}=44\%$，不满足稳态误差要求。如果提高控制器比例增益 K_p 来减小 e_{ss}，则同时会使 ω_n 增大，造成阻尼比减小，超调量增大。因此，用 P 调节器不易解决动态特性、静态特性之间的矛盾。

(2) 用 I(积分)调节器，令 $G_c(s)=\dfrac{K_i}{s}$，此时闭环系统的特征方程为

$$s(s+2)(s+4)+0.8K_i=0$$

如取 $K_i=6.5$，解得闭环极点 $s_1=-4.5$，$s_{2,3}=-0.76\pm j0.76$，由对应主导极点可求得 $\zeta=0.707$，$\omega_n=0.76\sqrt2$，此时 $\sigma\%\approx4.3\%$，$t_s=\dfrac{4}{\zeta\omega_n}=\dfrac{4}{0.76}=5.26s$，尽管消除了稳态误差，但不满足快速性要求，系统反应变慢了。

另外，当积分系数 $K_i\geqslant60$ 时，系统不稳定，为此单纯加积分调节，虽然可以减小 e_{ss}，但动态性能恶化，响应迟钝。

(3) 用 PI 调节器，如选 $G_c(s)=K_p\left(\dfrac{5}{8}+\dfrac{1}{s}\right)=K_p\,\dfrac{5}{8}\cdot\dfrac{s+1.6}{s}$，此时闭环系统的特征方程为

$$s(s+2)(s+4)+0.5K_p(s+1.6)=0$$

如取 $K_p=18$，则闭环极点为：$s_1=-1.36$，$s_{2,3}=-2.3\pm j2.3$，由对应 $s_{2,3}$ 的闭环极点，可求得 $\zeta=0.707$，$\omega_n=3.22$，此时，闭环系统的传递函数为

$$\Phi(s)=\frac{0.5\times 18(s+1.6)}{(s+2.3+\mathrm{j}2.3)(s+2.3-\mathrm{j}2.3)(s+1.36)}$$

由于PI控制器中的零点-1.6与闭环极点$s_1=-1.36$相距很近,形成偶极子,作用相互抵消,因此$s_{2,3}$为主导极点。而$\zeta=0.707$,$\sigma\%\approx 4.3\%$保持不变。又因为$\zeta\omega_n=2.3$,所以系统调节时间$t_s=4/\zeta\omega_n=1.74\mathrm{s}$,满足动态性能指标,另外由于有积分作用使得该系统阶跃响应的稳态误差为零,也满足稳态指标要求。

请读者自行设计一种PD或PID控制器,使其满足性能指标要求。通常在工业自动化仪表中均嵌入了PID控制器。

6.4.4 局部反馈校正

例6.4 已知待校正系统如图6.38所示,要求阻尼比$\zeta=0.5$,调节时间$t_s\leqslant 1\mathrm{s}$,$k_v\geqslant 5$,求比例控制增益K_p及速度微分系数α。

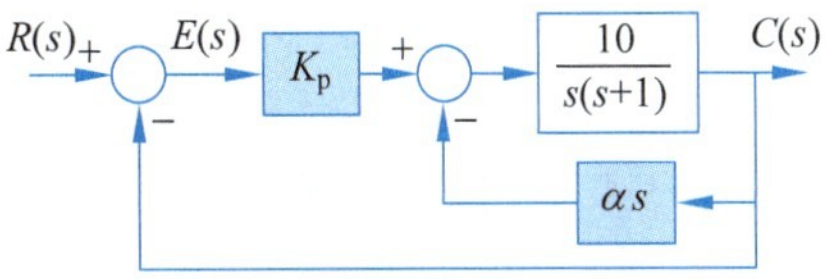

图6.38 例6.4速度反馈校正系统

解 (1) 如不加K_p、α,意味着$K_p=1$,$\alpha=0$,则得校正前系统阻尼比$\zeta_0=0.158$,$\omega_n=3.16$,此时,$\sigma\%=60.4\%$,$t_s=\dfrac{3}{\zeta_0\omega_n}=6\mathrm{s}$,不满足时域暂态性能指标要求,而在斜坡输入作用下$e_{ss}=1/10=0.1$,于是有$k_v=10$,满足稳态指标要求。

(2) 加入α,但不加K_p(或$K_p=1$),则闭环传递函数为

$$\Phi(s)=\frac{10}{s^2+(1+10\alpha)s+10}$$

因为要求$\zeta=0.5$,$\omega_n=3.16$(不变),且$1+10\alpha=2\zeta\omega_n$,可得$\alpha=0.216$。另外,由第3章典型速度反馈系统结构图可得到仅加入速度反馈校正后系统的静态速度误差系数为

$$k_v=\frac{\omega_n}{2\zeta_0+\alpha\omega_n}=\frac{3.16}{2\times 0.158+0.216\times 3.16}=3.16<5$$

又不满足稳态k_v指标要求。而$\sigma\%=16.3\%$,$t_s=\dfrac{3}{\zeta\omega_n}=1.89\mathrm{s}$。显然,除调节时间外,满足其余暂态性能指标要求。

(3) 同时加α及K_p,这时等效开环传递函数为

$$G_0(s)=\frac{K_p\omega_n}{2\zeta_0+\alpha\omega_n}\,\frac{1}{s[s/(2\zeta_0\omega_n+\alpha\omega_n^2)+1]}=\frac{10K_p}{s(s+1+10\alpha)}$$

此时,闭环传递函数为

$$\Phi(s)=\frac{10K_p}{s^2+(1+10\alpha)s+10K_p}$$

首先满足系统的动态特性:如要求$\zeta=0.5$,可得到$\sigma\%=16.3\%$。取$\omega_n=\dfrac{3}{t_s\zeta}=\dfrac{3}{1\times 0.5}=6$,则$K_p=\dfrac{\omega_n^2}{10}=3.6$,而由$1+10\alpha=2\zeta\omega_n=6$,得$\alpha=0.5$,因此,闭环主导极点为

$$s_d=-\zeta\omega_n\pm \mathrm{j}\omega_n\sqrt{1-\zeta^2}=-3\pm \mathrm{j}5.19$$

于是，$k_v=\dfrac{10K_p}{1+10\alpha}=\dfrac{10\times 3.6}{6}=6>5$，此时系统满足暂态和稳态性能指标要求。

如用参数根轨迹法计算，此时由特征方程得到等效开环传递函数为

$$G'(s)=\frac{10\alpha s}{s^2+s+10K_p}$$

特征根 $s_{1,2}=\dfrac{-1\pm\sqrt{1-40K_p}}{2}\Bigg|_{K_p=3.6}=-0.5\pm j6$，相当于等效系统根轨迹的起点。或由 $\zeta=0.5$，$\omega_n=6$ 得到 $s_d=\omega_n e^{j120^\circ}\approx-3\pm j5.19$ 代入特征方程计算出 $\alpha=0.5$，$K_p=3.6$。

由幅值条件

$$10\alpha=\frac{|s_d+0.5+j6||s_d+0.5-j6|}{|s_d|}=\frac{11.5\times 2.63}{6}=5$$

也可得到 $\alpha=0.5$，结果与上面相同，显然计算满足性能指标的 α、K_p 方法不唯一。校正后的根轨迹如图 6.39 所示。

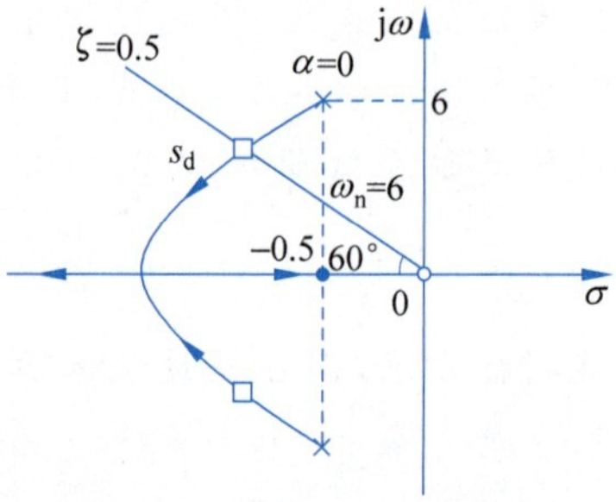

图 6.39 例 6.4 校正后系统的根轨迹图

该系统校正前后单位阶跃响应的 MATLAB 程序如下，仿真结果如图 6.40 所示。

```
num1 = 10;
den1 = [1 1 0];
y1 = tf(num1,den1);
y1 = feedback(y1,1);
step(y1)
hold on
num2 = 36;
den2 = [1 6 0];
y2 = tf(num2,den2);
y2 = feedback(y2,1);
step(y2)
grid on
```

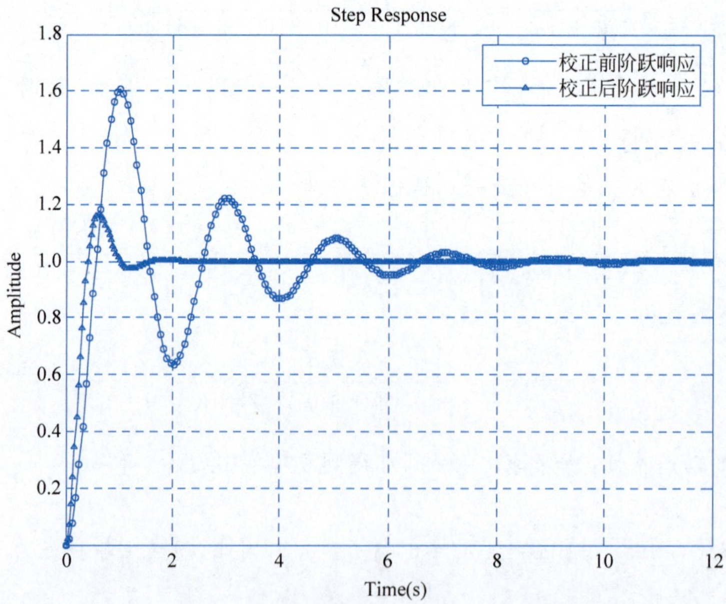

图 6.40 例 6.4 系统校正前后阶跃响应

例 6.5 已知待校正控制系统如图 6.41 所示，试用根轨迹法进行校正设计，使系统满足性能指标 $\sigma=20\%$，$t_s=4s$（2%准则）。

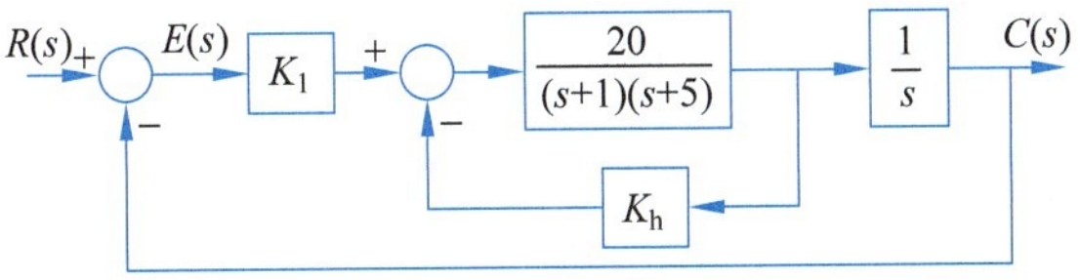

图 6.41 例 6.5 待校正控制系统

解 （1）由给定的性能指标计算可得 $\zeta=0.416$，$\theta=\arccos\zeta=65.4°$。

又因为 $t_s=4/\zeta\omega_n=4$，所以 $\omega_n=2.4\text{rad/s}$，则期望的主导极点为 $s_d=-1\pm j2.18$。

（2）绘内环根轨迹图。

内环开环传递函数为

$$G'(s)H'(s)=\frac{20K_h}{(s+1)(s+5)}=\frac{K_2}{(s+1)(s+5)}$$

其中，$K_2=20K_h$，根轨迹如图 6.42 虚线所示。

给定 K_2 或 K_h 值，则有内环两共轭复数闭极点为 λ_1、λ_2（λ_1、λ_2 在内环根轨迹上，于是有 $\lambda_{1,2}=-3\pm j\omega_1$），则内环闭环传递函数为

$$\Phi_1(s)=\frac{20}{(s-\lambda_1)(s-\lambda_2)}$$

$$=\frac{20}{(s+1)(s+5)+20K_h}$$

为此，整个系统的开环传递函数为

$$G_0(s)=\frac{20K_1}{s(s-\lambda_1)(s-\lambda_2)}$$

为使反馈校正后根轨迹通过 s_d，由上式和相角条件知

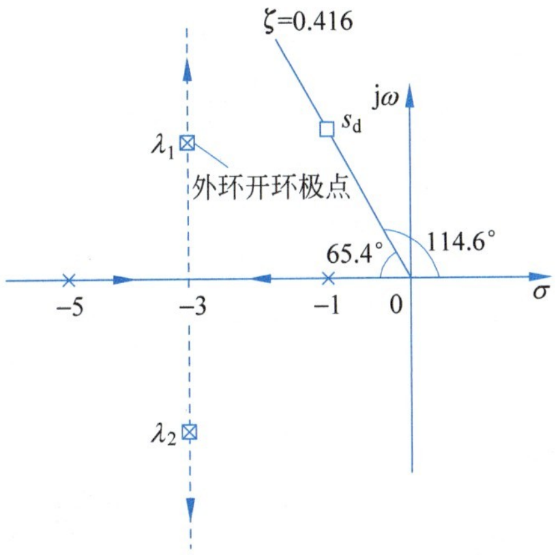

图 6.42 例 6.5 系统内环根轨迹及期望闭环极点分布

$$\angle(s_d-\lambda_1)+\angle(s_d-\lambda_2)=180°-114.6°=65.4°$$

将 $\lambda_{1,2}$ 代入上式，进一步得到

$$\arctan\frac{2.18-\omega_1}{3-1}+\arctan\frac{2.18+\omega_1}{3-1}=65.4°$$

经过试探，可确定 $\omega_1\approx 2.17$，因此有 $\lambda_{1,2}=-3\pm j2.17$。于是，在 λ_1 处内环的增益 K_2 可由幅值条件得到

$$K_2=|\lambda_1+1|\cdot|\lambda_1+5|=|-3+j2.17+1|\cdot|-3+j2.17+5|=8.7$$

于是有 $K_h=\frac{8.7}{20}=0.44$，为此，系统的开环传递函数为

$$G_0(s)=\frac{20K_1}{s(s+3+j2.17)(s+3-j2.17)}$$

（3）绘出外环根轨迹。

由上述开环传递函数可以绘出外环的根轨迹，如图 6.43 所示，可以看出根轨迹主要分

支过 s_d。

(4) 由 s_d 计算 K_1。

由幅值条件

$$20K_1=|-1-j2.18|\cdot|-1-j2.18+3+j2.17|\cdot|-1-j2.18+3-j2.17|=23$$

得到 $K_1=1.15$,于是有静态速度误差系数为

$$k_v=\lim_{s\to 0}s\frac{23}{s(s+3+j2.17)(s+3-j2.17)}=1.68$$

(5) 由根与系数的关系求出第三个极点位于 $s_3=-4$ 处,对系统影响较小,为此 s_d 为主导极点,$\sigma\%=20\%$,$t_s=4s$,满足动态指标要求。

如本例不加入速度反馈,即 $K_h=0$,原系统的根轨迹如图 6.44 所示。由此时的根轨迹不难求出当 $\zeta=0.416$ 时,$s_d=-0.44\pm j$,$t_s=\frac{4}{\zeta\omega_n}=\frac{4}{0.44}=9.1s$,不满足要求。对应于此时主导极点 s_d 及原系统的幅值条件,有

$$K=20K_1=|s|\cdot|s+1|\cdot|s+5||_{s_d=-0.44+j}=5.05$$

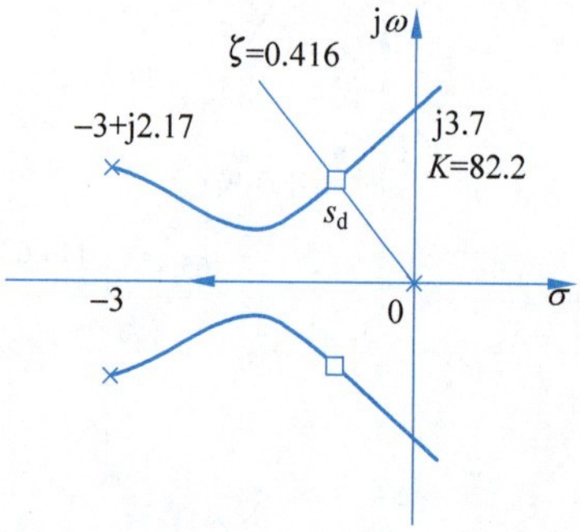

图 6.43 例 6.5 外环系统的根轨迹

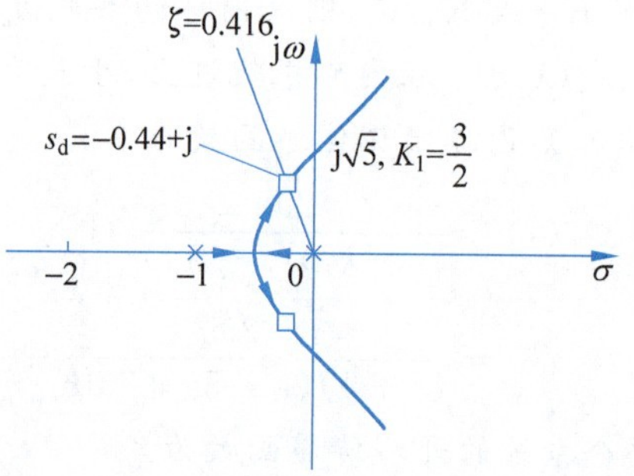

图 6.44 例 6.5 无速度反馈系统的根轨迹图

此时,开环传递函数为

$$G(s)=\frac{5.05}{s(s+1)(s+5)}$$

于是,$k_v=\lim_{s\to 0}sG(s)=1.01$。如认为 e_{ss} 不满足稳态指标要求,也可考虑引入串联滞后校正。

该系统校正后单位阶跃响应的 MATLAB 程序如下,仿真结果如图 6.45 所示。

```
num = 23;
den = [1  6  13.7  23];
y = tf(num,den);
step(y);
grid on
```

例 6.6 已知某控制系统如图 6.46 所示,它的开环传递函数 $G_0(s)=\frac{K_1}{s(s+10)}$,其要求的性能指标为 $\sigma\%\leqslant 10\%$,$t_s\leqslant 4s$,试设计校正装置。

解 如果不加微分 α 校正,系统不稳定。

根据性能指标要求,取 $\sigma\%=10\%$,$t_s=4s$,得到 $\zeta=0.6$,$\omega_n=\frac{4}{\zeta t_s}=1.67$。因此要求主导极点为 $s_d=-1\pm j1.34$。原系统的根轨迹及校正网络零极点分布如图 6.47 所示。

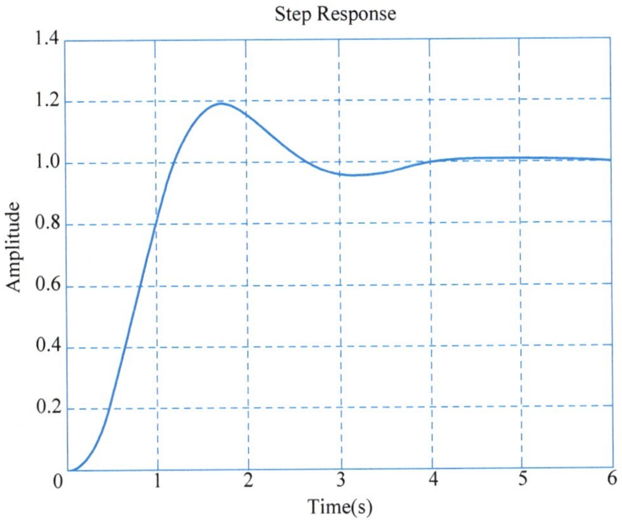

图 6.45 例 6.5 系统校正后阶跃响应

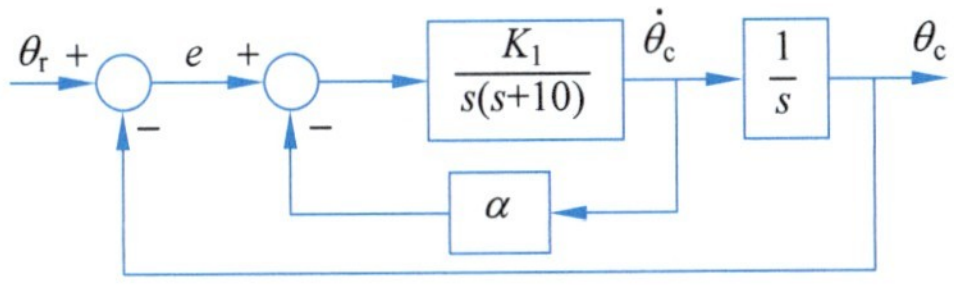

图 6.46 例 6.6 待校正控制系统

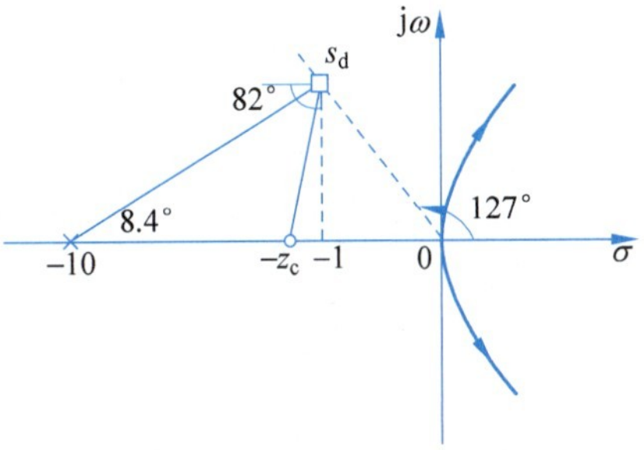

图 6.47 例 6.6 原系统的根轨迹及校正网络零极点分布

加入微分反馈 α 校正后，系统的开环传递函数为

$$G_0(s)=\frac{K_1}{s(s^2+10s+K_1\alpha)}$$

闭环系统特征方程为 $s^3+10s^2+K_1\alpha s+K_1=0$。假定 α 为定值，将特征方程改写为

$$1+\frac{K^*(s+z_c)}{s^2(s+10)}=1+\frac{K_1\alpha\left(s+\frac{1}{\alpha}\right)}{s^2(s+10)}=0$$

显然，速度反馈控制相当于增加一个零点(PD 控制)，即 $-z_c=-1/\alpha$。

由根轨迹的相角条件，有

$$\angle(s_d+z_c)-[2\times\angle s_d+\angle(s_d+10)]=-180°$$

代入已知数值，得到$\angle(s_d+z_c)-(2\times127°+8.4°)=-180°$。于是，有$\angle(s_d+z_c)=82°$，通过作图法获得对应微分反馈校正的零点为 $z_c=1.19$(或计算 $\tan82°=\frac{1.34}{z_c-1}$，得到 $z_c=1.19$)。

即，$\alpha=\frac{1}{z_c}=\frac{1}{1.19}=0.84$。

再由幅值条件 $K_1\alpha=\left|s^2(s+10)/\left(s+\dfrac{1}{\alpha}\right)\right|_{s=s_d}$，得到 $K_1\alpha=18.8$，于是有 $K_1=18.8/\alpha=18.8\times1.19=22.4$。此时，闭环系统的传递函数为

$$\Phi(s)=\frac{22.4}{(s+1-\mathrm{j}1.34)(s+1+\mathrm{j}1.34)(s+8)}$$

可以看出，系统的主导极点为 $s_d=-1\pm\mathrm{j}1.34$。上式中，$s+8$ 因式是由根与系数关系计算得来，于是，$k_v=\lim\limits_{s\to0}sG(s)=\dfrac{K_1}{K_1\alpha}=\dfrac{1}{\alpha}=z_c=1.19$。

该系统校正后单位阶跃响应的 MATLAB 程序如下，仿真结果如图 6.48 所示。

```
num = 22.4;
den = [1 10 18.8 22.4];
y = tf(num,den);
step(y)
grid on
```

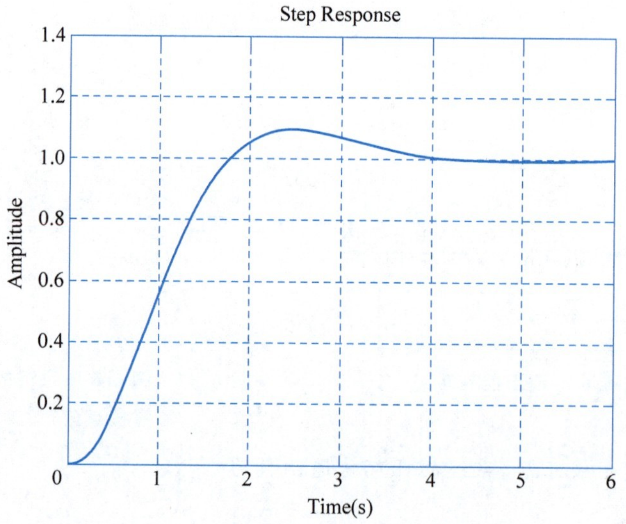

图 6.48 例 6.6 系统校正后阶跃响应

例 6.7 对图 6.49 所示的位置随动系统，要求 $\sigma\%\leqslant10\%$，$t_s\leqslant4\mathrm{s}$(2%准则)，$k_v\geqslant1$，试设计如图 6.50 所示的局部反馈校正控制系统。

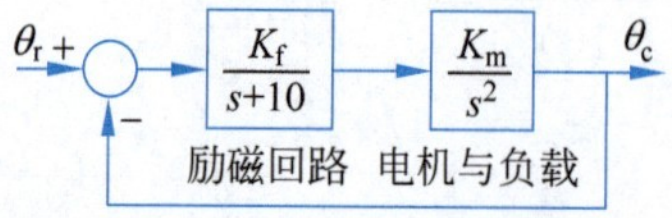

图 6.49 例 6.7 校正前系统

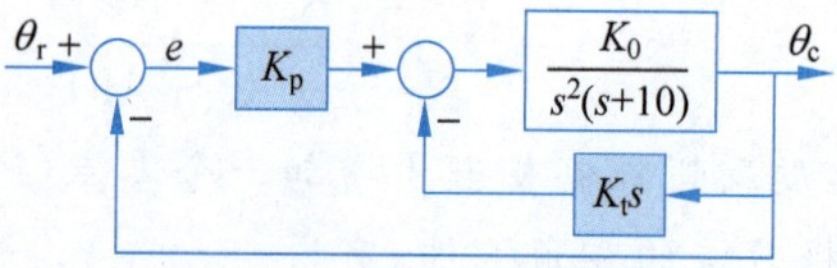

图 6.50 例 6.7 校正后系统

解 (1) 校正前系统开环传递函数为

$$G_0(s)=\frac{K_0}{s^2(s+10)}$$

由图 6.51 所示的原系统根轨迹图可知，该系统不稳定，为此，这里采用速度反馈及串联比例控制校正方式。

(2) 由性能指标确定闭环系统主导极点

取性能指标 $\sigma\%=10\%$，$t_s=4\text{s}$，得到 $\zeta=0.6$ 及 $\omega_n=\dfrac{4}{\zeta t_s}=1.67$，于是，主导极点为 $s_d=-1\pm \text{j}1.34$。

(3) 校正后系统的特征方程为

$$s^3+10s^2+K_0K_ts+K_0K_p=0$$

由此得到一个等效的开环传递函数为

$$G'(s)=\frac{K'(s-z_t)}{s^2(s+10)}=K_tG_0(s)(s-z_t)$$

式中，$K'=K_0K_t$，$z_t=-\dfrac{K_p}{K_t}$为等效开环零点。显然，速度反馈相当于引入 PD 控制。由相角条件可知，零点 z_t 在 s_d 处产生的超前角为

$$\begin{aligned}\varphi_d&=\angle(s_d-z_t)=-180^\circ-\angle G_0(s_d)=-180^\circ+[2\angle s_d+\angle(s_d+10)]\\&=-180^\circ+2\times127^\circ+8.4^\circ\approx82^\circ\end{aligned}$$

系统零极点分布如图 6.52 所示。由作图法得到

$$z_t=-1.19\quad 或\quad \frac{K_p}{K_t}=1.19$$

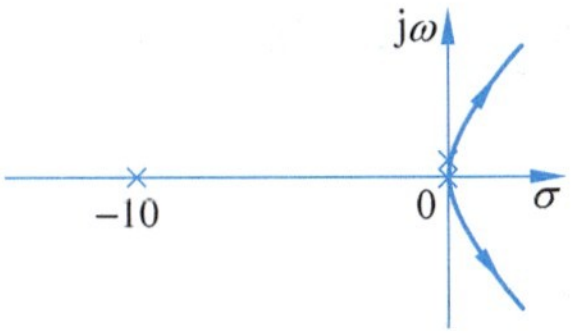

图 6.51　例 6.7 系统校正前根轨迹

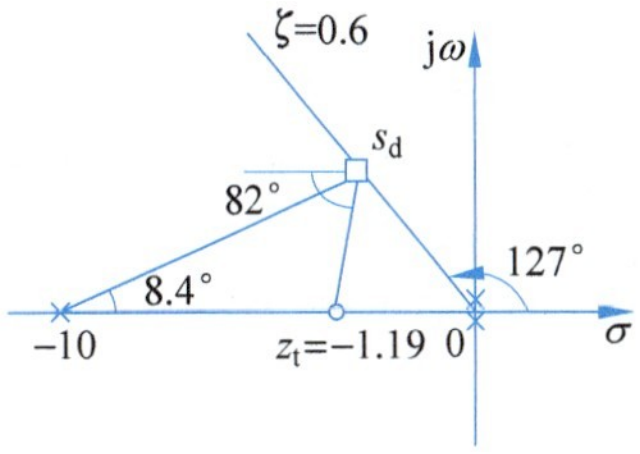

图 6.52　例 6.7 系统零极点分布

再由幅值条件得

$$K'(s_d)=\frac{|s_d|^2\,|s_d+10|}{|s_d+1.19|}=18.8=K_0K_t$$

为此，由已知原系统的开环增益 K_0 可确定校正网络增益为

$$K_t=\frac{18.8}{K_0},\quad K_p=1.19K_t$$

(4) 校验

由特征方程的根与系数的关系，有 $-1-1+s_3=-10$，可求出第三个闭环极点为 $s_3=-8$。显然，s_3 较 s_d 远离虚轴，故 s_d 为主导极点，此时闭环传递函数为

$$\begin{aligned}\Phi(s)&=\frac{18.8\times1.19}{(s+1-\text{j}1.34)(s+1+\text{j}1.34)(s+8)}\\&\approx\frac{18.8\times1.19}{(s+1-\text{j}1.34)(s+1+\text{j}1.34)\times8}\end{aligned}$$

由图 6.50 得到系统的开环传递函数为

$$G(s)=\frac{K_pK_0}{s(s^2+10s+K_0K_t)}$$

于是有，$k_v=\lim\limits_{s\to 0}sG(s)=\dfrac{K_p}{K_t}$。如要求 $k_v=1$，则 $K_p=K_t$。将 $K_p=K_t$ 及 $s=\omega_n e^{j127^\circ}$（$\zeta=0.6$）代入特征方程中得到

$$s^3+10s^2+K_0K_ts+K_0K_t=0$$

并令 $K'=K_0K_t$，则

$$\omega_n^3[\cos(127\times 3^\circ)+j\sin(127\times 3^\circ)]+10\omega_n^2[\cos(127\times 2^\circ)+ j\sin(127\times 2^\circ)]+K'\omega_n(\cos 127^\circ+j\sin 127^\circ)+K'=0$$

化简得到

$$\omega_n^3(0.95+j0.31)+10\omega_n^2(-0.31-j0.95)+K'\omega_n(-0.58+j0.81)+K'=0$$

于是，$K'=-0.38\omega_n^2+11.73\omega_n$，$0.95\omega_n^3-3.1\omega_n^2-0.58K'\omega_n+K'=0$

进一步得到

$$\omega_n^2-8.76\omega_n+10=0$$

于是计算得 $\omega_n=7.44$ 满足指标要求，而 $\omega_n=1.34$ 不满足指标要求，该值舍去。此时，由幅值条件得 $K'=-0.38\omega_n^2+11.73\omega_n\big|_{\omega_n=7.44}=66.24$，于是有

$$K_t=\frac{66.24}{K_0},\quad K_p=K_t$$

验算 $t_s=\dfrac{4}{\zeta\omega_n}=\dfrac{4}{0.6\times 7.44}=0.89\text{s}<4\text{s}$，满足性能指标要求。

该系统校正后单位阶跃响应的 MATLAB 程序如下，仿真结果如图 6.53 所示。

```
num = 22.372;
den = [1 10 18.8 22.372];
y = tf(num,den);
step(y)
grid on
```

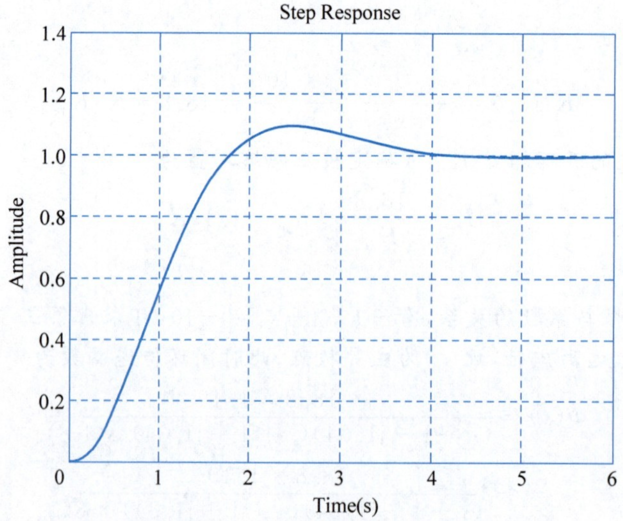

图 6.53　例 6.7 系统校正后阶跃响应

读者可以再考查如果要求稳态指标 $k_v=2$，那么校正控制器参数 K_t、K_p 有何变化？

6.5 伯德图频域法在控制系统校正设计中的应用

用开环频率特性法进行系统校正主要的性能指标包括相角裕度 γ，幅值穿越频率 ω_c（或 GM,h）和稳态误差 $e_{ss}(k_p,k_v,k_a)$。

6.5.1 串联超前校正

串联超前校正的原理是利用超前网络的相角超前特性增大相角裕度 γ 和幅值穿越频率 ω_c，改善动态特性。一般选校正网络最大超前角 φ_m 出现在期望的幅值穿越频率 ω_c' 处，即 $\omega_m=\omega_c'$。

例 6.8 设Ⅰ型系统开环传递函数 $G_0(s)=\dfrac{K}{s(0.5s+1)}$，要求用频域法设计控制系统使得 $k_v=20\text{s}^{-1}$，$\gamma\geqslant 50°$，$h\geqslant 10\text{dB}$（一般增益裕度指标仅作校验用）。

解 (1) 调整 K，以满足 e_{ss} 要求

因为 $k_v=\lim\limits_{s\to 0}sG_0(s)=20$，所以 $K=k_v=20$。画出满足稳态指标校正前开环系统 $G_0(j\omega)=\dfrac{20}{j\omega(j0.5\omega+1)}$ 的折线近似伯德图，如图 6.54 所示。由图（或计算 $20\lg K-20\lg\omega_c-20\lg 0.5\omega_c\approx 0$，或三角形法 $40(\lg\omega_c-\lg 2)=20$）得幅值穿越频率 $\omega_c\approx 6.3$，而相角裕度为

$$\begin{aligned}\gamma&=180°+\varphi(\omega_c)\\&=180°-90°-\arctan(0.5\times 6.3)\\&\approx 20°\end{aligned}$$

不满足性能指标要求。另外，$h=\infty(\text{dB})$。因此，该系统是稳定的，但 γ 较小，所以阻尼比 ζ 较小，因此超调量 $\sigma\%$ 较大。

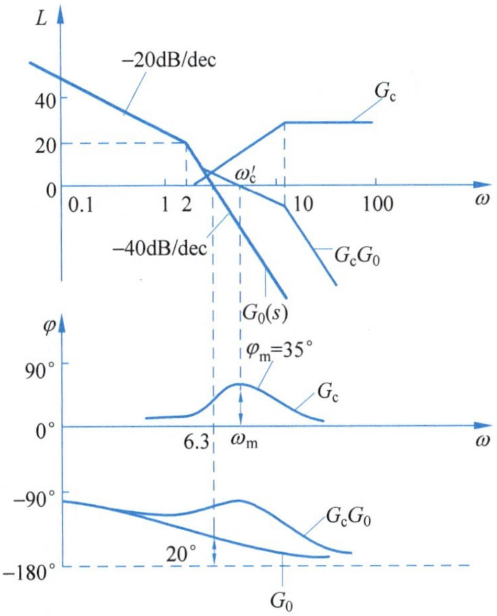

图 6.54 例 6.8 校正前后开环系统伯德图

选用超前校正 $G_c(s)=\dfrac{\alpha Ts+1}{Ts+1}\quad(\alpha>1)$

(2) 选校正网络超前角

为获得 $\gamma\geqslant 50°$，校正装置应提供一个超前角（一级校正一般要求 $\varphi_m<60°$）

$$\varphi_m=\gamma'(\text{期望})-\gamma(\text{原系统})+\varepsilon(\text{裕量})=50°-20°+5°=35°$$

其中，ε 为考虑到校正装置影响 ω_c 的位置（使 ω_c 位置右移，或 ω_c 增大，$\angle G_0(\omega_c)$ 减小）而留的裕量，通常原系统对数幅频特性当 ω_c 频段为 -40dB/dec 时，可取 $\varepsilon=5°$，当 ω_c 频段为 -60dB/dec 时可取 $\varepsilon=15°\sim 20°$。

(3) 计算超前强度

由超前校正网络的最大超前角公式 $\varphi_m=\arcsin\dfrac{\alpha-1}{\alpha+1}$，得到校正网络的超前强度

$$\alpha=\frac{1+\sin\varphi_{\mathrm{m}}}{1-\sin\varphi_{\mathrm{m}}}=3.7$$

(4) 计算 ω_{m} 处校正网络增益为

$$10\lg\alpha=5.7\mathrm{dB}$$

选取未校正系统增益为 $-10\lg\alpha=-5.7\mathrm{dB}$ 处的频率为新的幅值穿越频率 ω_{c}',查得为 8.8(rad)(如用三角形法计算,即 $L'=-40\lg\frac{\omega_{\mathrm{c}}'}{\omega_{\mathrm{c}}}=-5.7\rightarrow\omega_{\mathrm{c}}'=8.8$),即取 $\omega_{\mathrm{c}}'=\omega_{\mathrm{m}}=8.8$ 时,对应于 ω_{m} 处校正装置产生的幅值 5.7dB 正好补偿 ω_{c} 的变化($\omega_{\mathrm{c}}=6.3\rightarrow\omega_{\mathrm{c}}'=8.8$)。

(5) 求超前校正器 $G_{\mathrm{c}}(s)$ 的转折频率

极点位置

$$\frac{1}{T}=\omega_{\mathrm{m}}\sqrt{\alpha}=16.9 \quad 或 \quad T\approx 0.06$$

零点位置

$$\frac{1}{\alpha T}=\frac{1}{3.7}\times 16.9=4.56 \quad 或 \quad \alpha T=0.219\approx 0.22$$

于是,有超前校正器为

$$G_{\mathrm{c}}(s)=\frac{0.22s+1}{0.06s+1}$$

如用无源网络实现时,还应再乘一放大倍数 $\alpha=3.7$ 倍,以抵消超前网络衰减所需的放大倍数,校正前后系统的折线近似伯德图如图 6.54 所示。

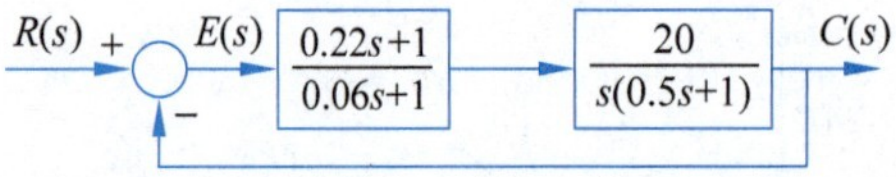

图 6.55 例 6.8 校正后控制系统

(6) 验算

校正后的控制系统结构如图 6.55 所示。

校正后系统的开环传递函数为

$$G(s)=\frac{0.22s+1}{0.06s+1}\cdot\frac{20}{s(0.5s+1)}$$

于是,有相角裕度

$$\begin{aligned}\gamma&=180^\circ+\varphi(\omega_{\mathrm{c}}')\\&=\underbrace{\arctan 0.22\omega_{\mathrm{c}}'-\arctan 0.06\omega_{\mathrm{c}}'}_{\varphi_{\mathrm{m}}}+\underbrace{180^\circ-90^\circ-\arctan 0.5\omega_{\mathrm{c}}'}_{\gamma_0(\omega_{\mathrm{c}}')}\\&=\varphi_{\mathrm{m}}+\gamma_0(\omega_{\mathrm{c}}')\\&=\underbrace{62.68^\circ-27.8^\circ}_{34.88^\circ}+\underbrace{180^\circ-90^\circ-77^\circ}_{13^\circ}\\&=47.88^\circ\approx 48^\circ\end{aligned}$$

由于相角裕度 γ 还是小于期望值 γ',因此补偿裕度 ε 应再选大一些结果有可能使 $\gamma\geqslant 50^\circ$。

(7) 按上述方法重新计算(过程略)

该系统校正前后绘制伯德图的 MATLAB 程序如下,结果如图 6.56 所示。

```
num1 = 20;
den1 = [0.5 1 0];
bode(num1,den1);
hold on
```

```
grid on
num2 = 20 * [0.22 1];
den2 = conv([0.06 1],[0.5 1 0]);
bode(num2,den2)
```

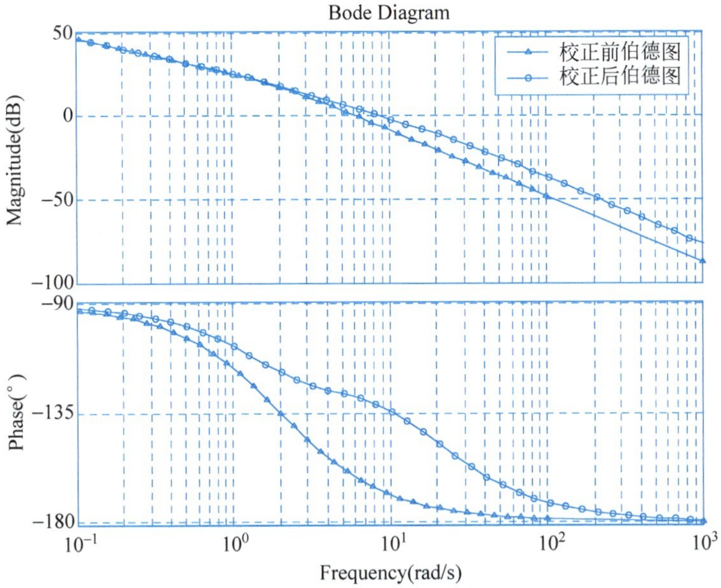

图 6.56 例 6.8 系统校正后伯德图

该系统校正前后单位阶跃响应 MATLAB 程序如下，仿真结果如图 6.57 所示。

```
num1 = 20;
den1 = [0.5 1 0];
y1 = tf(num1,den1);
y1 = feedback(y1,1);
step(y1)
hold on
grid on
num2 = 20 * [0.22 1];
den2 = conv([0.06 1],[0.5 1 0]);
y2 = tf(num2,den2);
y2 = feedback(y2,1);
step(y2)
```

超前校正设计过程小结如下。

1) 超前校正的作用

(1) 减少了幅频穿越频率 ω_c 处的负斜率(本例由 -40dB/dec→-20dB/dec)，提高了系统的相对稳定性，并提高了系统的相角裕度。

(2) 提高了幅值穿越频率 ω_c，使系统响应速度变快。

2) 超前校正的步骤

设计串联超前校正的过程中一般要考虑的性能指标包括稳态误差 $e_{ss}(k_p、k_v、k_a)$、期望的开环幅值穿越频率 ω_c'、相角裕度 γ'、增益裕度 h'(dB)，由这些性能指标确定超前校正参数的步骤主要有以下几步：

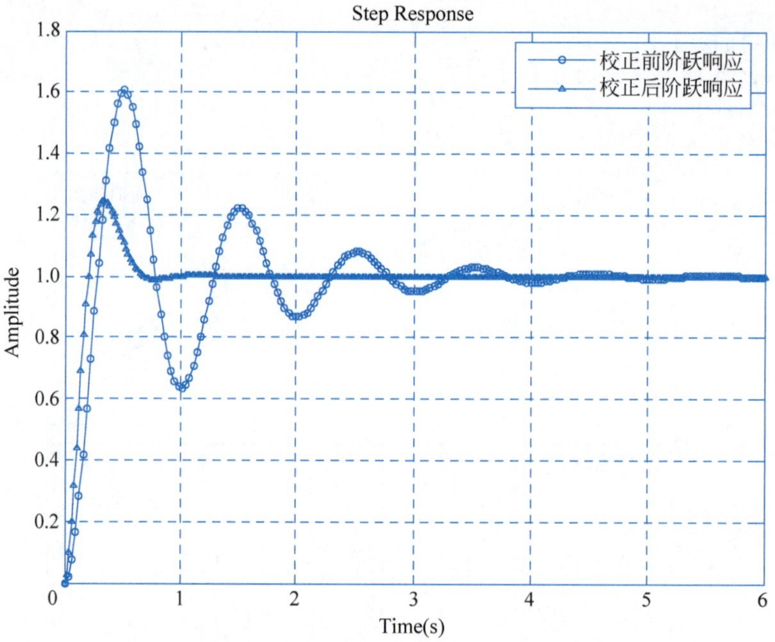

图 6.57 例 6.8 系统校正后阶跃响应

步骤 1 由稳态指标 e_{ss} 确定开环增益 K。

步骤 2 由该增益作出原系统的伯德图,用作图法或计算找出原系统的 ω_c 和 γ。

步骤 3 由要求的 ω_c',计算超前网络参数 α 和 T。选 $\omega_m=\omega_c'$,则由 $-L_0(\omega_c')=L_c(\omega_m)=10\lg\alpha$ 即可求出 α。再由公式 $T=\dfrac{1}{\omega_m\sqrt{\alpha}}$ 计算 T。这样,即可确定超前校正的传递函数。

步骤 4 验证。

(1) 由 $\varphi_m=\arcsin\dfrac{\alpha-1}{\alpha+1}$ 计算最大超前角。

(2) 由下式计算校正后系统的相角裕度

$$r=\varphi_m+\gamma_0(\omega_c') \tag{6.25}$$

其中,$\gamma_0(\omega_c')$为未加校正环节系统在 ω_c'处的相角裕度,把该相角裕度与期望值 γ' 比较,看是否满足要求。如不满足要求,重新选择 ω_m 的值,一般使 $\omega_m=\omega_c'$值增大,重复以上计算步骤。

6.5.2 串联滞后校正

串联滞后校正的主要作用有:

(1) 提高低频段的增益,从而减小稳态误差 e_{ss},同时基本保持暂态性能不变。

(2) 利用滞后网络的低通滤波特性所造成的高频幅值衰减来降低幅值穿越频率 ω_c,从而增大相角裕度 γ,改善系统的稳定性。

例 6.9 设待校正系统的开环传递函数为

$$G_0(s)=\frac{K_1}{s(s+1)(s+4)}=\frac{K_1/4}{s(s+1)(0.25s+1)}$$

要求:$\gamma=41^\circ$,$k_v\geqslant 5s^{-1}$。

解　(1) 由 k_v 计算 K_1。因为，$\frac{K_1}{4}=5$，所以，$K_1=20$。

(2) 画出未校正系统的折线近似伯德图，如图 6.58 所示，由图可见，$\omega_c=2.25\text{rad/s}$，$\gamma=-4°$，系统不稳定。

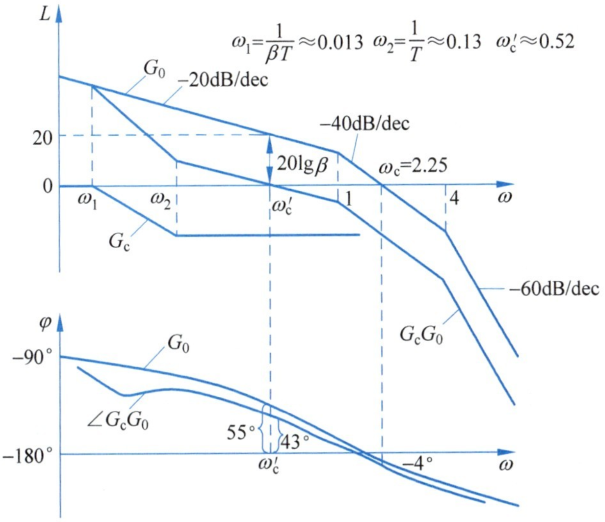

图 6.58　例 6.9 校正前和校正后的频率特性

(3) 因为 γ 太小，在 ω_c 没有要求的前提下(或 ω_c 要求不太高)，这时可选滞后校正以减小 ω_c，从而提高相角裕度 γ。设滞后校正网络的传递函数为

$$G_c(s)=\frac{Ts+1}{\beta Ts+1}\quad(\beta>1)$$

本例也可以用超前校正。

(4) 求出未校正系统相角裕度在 $\gamma_0=\gamma'+\varepsilon$ 处的频率 ω_c'，其中，γ' 为期望的相角裕度，ε 为考虑滞后网络在 ω_c' 处造成的相角滞后所需的补偿裕量，通常取补偿裕量 $\varepsilon=5°\sim15°$。本例取 $\varepsilon=14°$，于是可取 $\gamma_0=\gamma'+\varepsilon=41°+14°=55°$ 点处的频率为新的幅值穿越频率 ω_c'，由图或计算可得 $\omega_c'\approx0.52\text{rad/s}$。这里，$\varepsilon$ 取大值是考虑由于 ω_c 较小，加入滞后校正环节对相角裕度 γ 影响较大的原因。

从图看出，原系统当在频率 $\omega=0.74\text{rad/s}$ 时就能获得 $\gamma=41°$，但如不考虑 ε，则加了滞后校正后，在 $\omega=0.74\text{rad/s}$ 处就有可能使 $\gamma<41°$。

(5) 求滞后校正网络转折频率。

一般取 $\omega_2=\frac{1}{T}=\left(\frac{1}{4}\sim\frac{1}{10}\right)\omega_c'$，本例取 $\omega_2=\frac{1}{4}\omega_c'=0.13\text{rad/s}$。如果 ω_c' 小(例如小于1)，则取 $\frac{1}{4}$；如果 ω_c' 大，则取 $\frac{1}{10}$；一般 ω_c 越小，则 T 越大，很难实现。

从图中查出(或计算出)在 $\omega_c'=0.52\text{rad/s}$ 处未校正系统增益为 20dB，由此可得

$$20\lg\beta=20$$

得 $\beta=10$，$\omega_1=1/\beta T=0.013\text{rad/s}$。于是滞后校正器为

$$G_c(s)=\frac{Ts+1}{\beta Ts+1}=\frac{7.7s+1}{77s+1}$$

校正前后系统的折线近似伯德图如图 6.58 所示。

(6) 校验。

滞后网络在 ω'_c 处的滞后角为

$$\varphi_c(\omega'_c)=\arctan 7.7\omega'_c-\arctan 77\omega'_c=76^\circ-88^\circ=-12^\circ$$

可见取补偿裕量 $\varepsilon=14^\circ$ 是合适的。校正后的开环传递函数为

$$G(s)=G_c(s)G_0(s)=\frac{5(7.7s+1)}{s(77s+1)(s+1)(0.25s+1)}$$

由计算机绘出伯德图看出，实际系统的相角裕度 $\gamma=42^\circ$。

如果用计算法可得

$$\gamma=\underbrace{180^\circ-90^\circ-\arctan\omega'_c-\arctan 0.25\omega'_c}_{\gamma_0(\omega'_c)}+\underbrace{\arctan 7.7\omega'_c-\arctan 77\omega'_c}_{\varphi_c(\omega'_c)}$$

$$=55^\circ-12^\circ=43^\circ>41^\circ$$

可见设计满足要求。

该系统校正前后绘制伯德图的 MATLAB 程序如下，结果如图 6.59 所示。

```
num1 = 20;
den1 = [1 5 4 0];
bode(num1,den1);
hold on
grid on
num2 = 20 * [7.7 1];
den2 = conv([77 1],[1 5 4 0]);
bode(num2,den2)
```

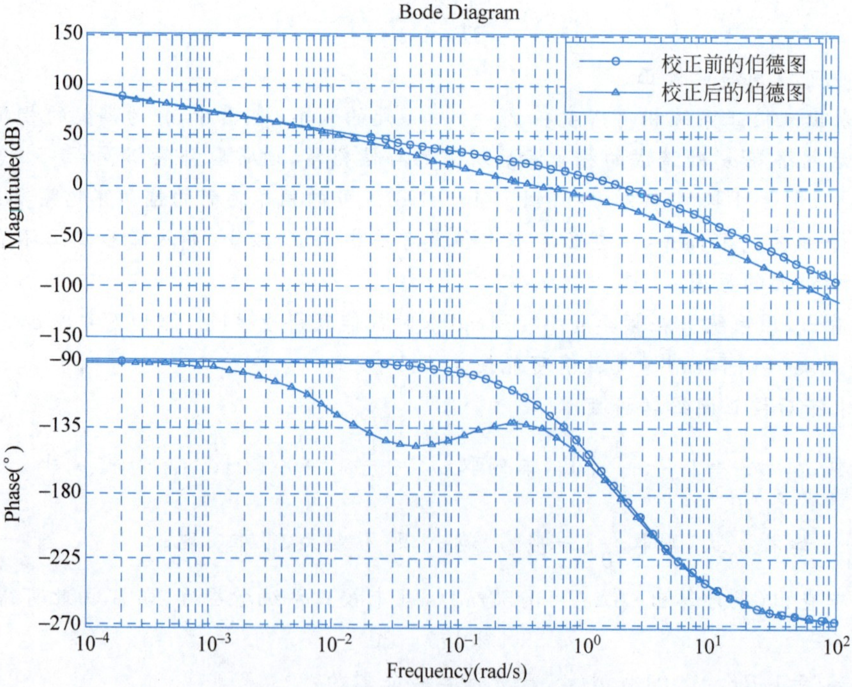

图 6.59 例 6.9 系统校正后伯德图

该系统校正前后单位阶跃响应的MATLAB程序如下，仿真结果如图6.60所示。

```
num1 = 20;
den1 = [1 5 4 0];
y1 = tf(num1,den1);
y1 = feedback(y1,1);
step(y1)
hold on
grid on
num2 = 20 * [7.7 1];
den2 = conv([77 1],[1 5 4 0]);
y2 = tf(num2,den2);
y2 = feedback(y2,1);
step(y2)
```

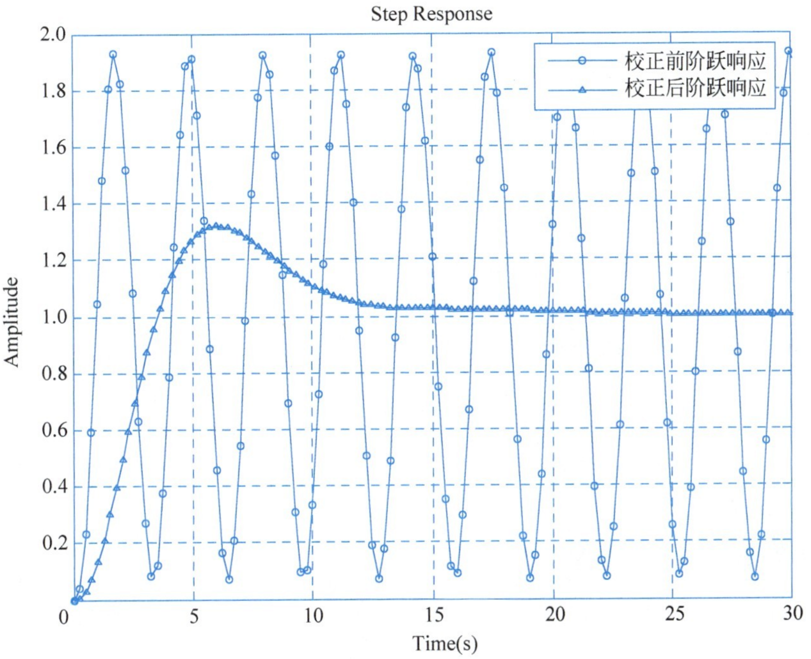

图6.60 例6.9系统校正后阶跃响应

滞后校正设计小结：

(1) 滞后校正的基本思路。

利用滞后网络的高频幅值衰减特性，减小 ω_c，从而提高相角裕度，改善系统的相对稳定性和动态特性。

(2) 计算步骤。

设计串联滞后校正的过程中一般要考虑的性能指标与串联超前校正一致，有稳态误差 $e_{ss}(k_p,k_v,k_a)$，期望的开环幅值穿越频率 ω_c'，相角裕度 γ'，增益裕度 h'(dB)。由这些性能指标确定滞后校正系统参数的步骤主要有以下几步：

步骤1 由稳态指标 e_{ss}(或 k_v)确定开环增益 K。

步骤2 作出该增益时未校正系统的伯德图，确定 ω_c，γ 和 h。

步骤3 选择不同的 ω_c' 值，使其大于期望值，计算或查出不同的 $\gamma_0(\omega_c')$。

步骤4 由期望的 γ'，选择校正系统的 ω_c'，即

$$\gamma' = \gamma_0(\omega_c') + \varphi_c(\omega_c') \tag{6.26}$$

其中，γ'为期望的相角裕度，$\gamma_0(\omega_c')$为未校正系统的相角裕度，$\varphi_c(\omega_c')$为滞后校正器在ω_c'处的滞后角，其取值一般在$-5°\sim-15°$，开始可取$\varphi_c(\omega_c')=-5°$，于是

$$\gamma_0(\omega_c') = \gamma' - \varphi_c(\omega_c') = \gamma' + \varepsilon \tag{6.27}$$

步骤5 由以下两式确定滞后网络参数β和T，即

$$20\lg\beta - L_0(\omega_c') = 0 \tag{6.28}$$

$$\frac{1}{T} = \left(\frac{1}{4} \sim \frac{1}{10}\right)\omega_c' \tag{6.29}$$

其中，$L_0(\omega_c')$为未校正系统在ω_c'处的幅值，由式(6.28)计算出β，则滞后网络的转折频率$\omega_1=\frac{1}{\beta T}$，当$\varphi_c(\omega_c')$取$-5°$时，式(6.29)取$\frac{1}{10}$，即滞后网络的另一个转折频率$\omega_2=\frac{1}{10}\omega_c'$；当$\varphi_c(\omega_c')$取$-15°$时，式(6.29)取$\frac{1}{4}$，即$\omega_2=\frac{1}{4}\omega_c'$。

步骤6 验算γ和h是否满足要求。

6.5.3 滞后-超前校正

有些情况，超前校正、滞后校正和滞后超前校正三种方式均可以，只是性能指标略有不同，举例说明如下。

例6.10 已知某系统的开环传递函数为

$$G_0(s) = \frac{K}{s(s+5)(s+10)} = \frac{K/50}{s(0.2s+1)(0.1s+1)}$$

要求$k_v=10$，$\gamma=45°$，设计校正系统。

解 分三种情况：

(1) 因为，$k_v=10$，所以，$K=500$，此时，$\omega_c=7.07$，$\gamma=1°$很小。

如果选用超前校正网络(PD控制)$G_c(s)=\frac{0.21s+1}{0.016s+1}$，则$\omega_c=8$，这时$\gamma=45°$满足要求(实际上本例$\omega_c$在7~9之间均可用超前校正)。

(2) 如要求ω_c在1~2.5之间，则可用滞后校正，如果选$G_c(s)=\frac{1.84s+1}{8.67s+1}$(PI控制)，这时$\omega_c=2$，对应$\gamma=45°$，满足要求，但用超前校正，$\omega_c$大，响应速度快。

(3) 如果选用滞后超前校正$G_c(s)=\frac{(s+4.47)(s+0.625)}{(s+10.22)(s+0.27)}$(PID控制)，此时$\omega_c=4$，对应$\gamma=45°$。同样满足要求。

三种校正方式下阶跃响应的MATLAB程序如下，仿真结果如图6.61所示。

```
num = 500;
den = [1 15 50 0];
y = tf(num,den);
y = feedback(y,1);
step(y)
grid on
hold on
num = [105 500];
```

```
den = conv([1 15 50 0],[0.016 1]);
y = tf(num,den);
y = feedback(y,1);
step(y)
hold on
num = 500 * [1.84 1];
den = conv([1 15 50 0],[8.67 1]);
y = tf(num,den);
y = feedback(y,1);
step(y)
hold on
num = 500 * conv([1 4.47],[1 0.625]);
den = conv([1 15 50 0],conv([1 10. 22],[1 0.27]));
y = tf(num,den);
y = feedback(y,1);
step(y)
hold on
```

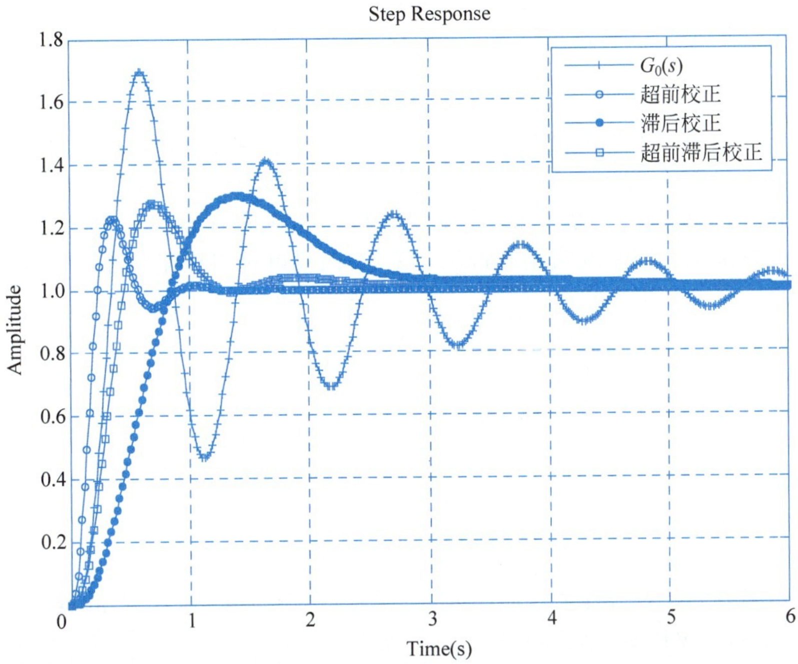

图 6.61　例 6.10 几种不同校正方式的响应曲线

由图 6.61 可以看出，对于本例三种校正方法都得到了满意的结果，都能满足设计要求。但并不是所有情况三种校正方法都适用，假定本系统的开环传递函数相同，但要求 $k_v=100$ 提高 10 倍，$\gamma=45^\circ$。这时 $K=5000$，$\omega_c\approx16$，$\gamma=-40^\circ$，系统极不稳定。

(1) 如选用超前网络，则要求最大超前角为

$$\varphi_m=\gamma'-\gamma+\varepsilon=45^\circ-(-40^\circ)+5^\circ=90^\circ$$

说明该例程如用一级超前校正是不能实现的。

(2) 如选用滞后网络，并要求 $\gamma=45^\circ$，则 ω_c 可能在 $\omega_c=2$ 附近。

滞后网络靠近原点，因原点已有一极点，一方面校正环节的时间常数大物理实现困难，另一方面使动态品质不佳，稳定性变差。

(3) 如用滞后-超前校正，可使 ω_c 的值在 4～10 之间。例如选 $\omega_c=8$，则 $\alpha=13.09$，$\gamma=$

45°,此时校正控制器为 $G_c(s)=\dfrac{(s+3.422)(s+0.7587)}{(s+44.5)(s+0.058)}$,可满足要求。

6.5.4 串联校正的预期开环频率特性设计

所谓预期频率特性 $G(s)$ 是指符合给定性能指标要求并容易实现的一种开环传递函数。其控制器为

$$G_c(s)=G(s)/G_0(s) \tag{6.30}$$

或

$$20\lg|G_c(s)|=20\lg|G(s)|-20\lg|G_0(s)| \tag{6.31}$$

其中,$G(s)$ 为预期开环传递函数,$G_0(s)$ 为原系统的开环传递函数。

一般预期开环传递函数可以写为

$$G(s)=\frac{K\prod_{j=1}^{m}(\tau_j s+1)}{s^{\gamma}\prod_{i=1}^{n}(T_i s+1)}$$

其中,$m<(\gamma+n)$,$\gamma=0,1,2$,而 $\gamma\geqslant 3$ 很少见。

串联校正的预期开环频率特性设计是一个复杂设计问题。如选 $G(s)$ 为二阶模型,性能指标和模型间关系简单,便于计算,但适应性差;如采用高于四阶的模型,适用范围广,价值大,但性能指标与模型间的关系复杂,无法准确计算,往往借助于工程经验公式。

下面以位置随动控制系统为例进行设计说明,假设电机位置控制过程的数学模型为

$$G_p(s)=\frac{K'}{s(Ts+1)}$$

1. 预期典型Ⅰ型系统设计

预期典型Ⅰ型系统的开环传递函数为

$$G(s)=\frac{K}{s(Ts+1)} \tag{6.32}$$

对应开环系统的相角裕度为

$$\gamma(\omega_c)=180°+(-90°-\arctan\omega_c T)=90°-\arctan\omega_c T$$

开环传递函数的幅频特性曲线如图 6.62 所示,由图可知,随着 K 的增大,对数幅频特性曲线平行上移,从而使 ω_c 增大,γ 减小,$\sigma\%$ 变大。

典型Ⅰ型系统,只有取比例增益 $K<\dfrac{1}{T}$,可使幅值穿越频率 ω_c 段的对数幅频特性为 -20dB/dec,这样才能有较好的相对稳定性,可见 K 的增大是有限的,K 决定调节器参数,这里相当于比例 P 调节器。可用图 6.63 所示的控制系统表示,令 $K=K_pK'$。

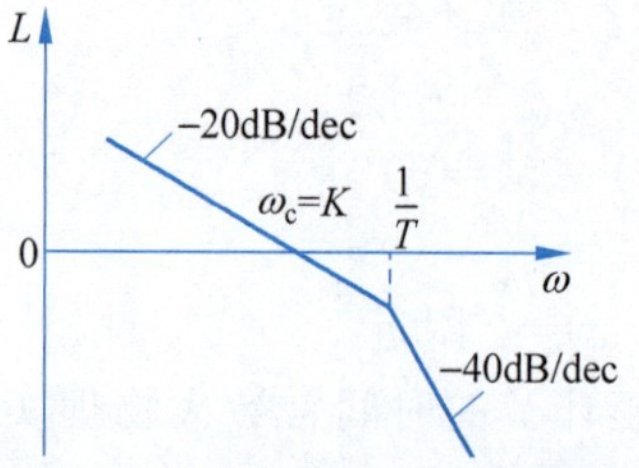

图 6.62 预期Ⅰ型系统幅频特性

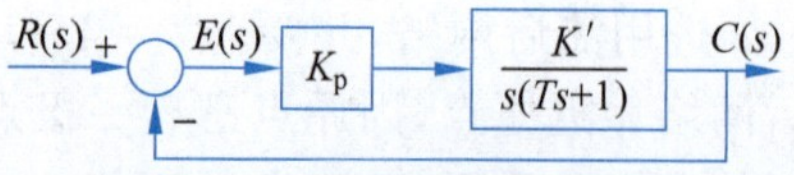

图 6.63 典型Ⅰ型系统方框图

工程上，K 的值一般选$(0.5\sim1)\dfrac{1}{T}$，对照典型二阶系统，对应有 $\zeta=0.707\sim0.5$，$\sigma\%=4.3\%\sim16.3\%$。通常取 $K=0.5\dfrac{1}{T}$，此时称为工程最佳$\left(\zeta=0.707,\omega_n=\dfrac{1}{\sqrt{2}T}\right)$，系统的响应快，调节时间 $t_s=\dfrac{3}{\zeta\omega_n}=6T(\zeta<0.8)$，超调量 σ 小。

2. 预期典型Ⅱ型系统设计

预期典型Ⅱ型系统具有二阶无差度，对数幅频曲线的斜率由-40dB/dec 到-20dB/dec，最后转为-40dB/dec，简称 2-1-2 型，即预期Ⅱ型三阶系统，其开环传递函数为

$$G(s)=\frac{K(T_1s+1)}{s^2(T_2s+1)}=\frac{K\left(\dfrac{a}{\omega_c}s+1\right)}{s^2\left(\dfrac{1}{b\omega_c}s+1\right)} \tag{6.33}$$

将式(6.33)分解为$\dfrac{K_p(1+T_1s)}{s}\cdot\dfrac{K'}{s(T_2s+1)}$，其中，$K=K_pK'$。第一部分相当于 PI 调节器，第二部分相当于电机位置被控过程。该系统抗干扰能力强，但超调量 $\sigma\%$ 较典型Ⅰ型系统大。系统伯德图如图 6.64 所示。

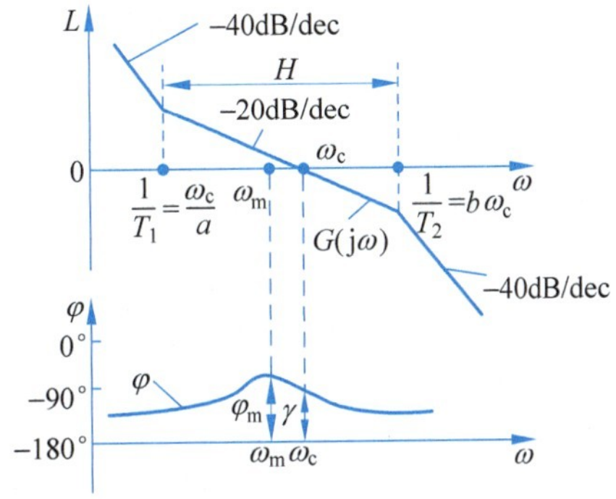

图 6.64 预期Ⅱ型系统频率特性

定义反映系统动态性能和抗干扰能力的中频段宽度 H 为

$$H=\frac{T_1}{T_2}=\frac{a}{\omega_c}\bigg/\frac{1}{b\omega_c}=ab \tag{6.34}$$

相频特性为 $\varphi(\omega)=-180°+\arctan\dfrac{a}{\omega_c}\omega-\arctan\dfrac{\omega}{b\omega_c}$，令$\dfrac{d\varphi(\omega)}{d\omega}=0$，得

$$\omega_m=\sqrt{b\omega_c\cdot\frac{\omega_c}{a}}=\frac{\sqrt{H}}{a}\omega_c=\frac{b}{\sqrt{H}}\omega_c \tag{6.35}$$

为中频段转折频率的几何中心。将式(6.35)代入相频特性公式中，得到对应的最大超前角

$$\varphi_m(\omega_m)=-\pi+\arctan\frac{H-1}{2\sqrt{H}}$$

由第 5 章频率特性的性质知

$$M_r\approx\frac{1}{\sin\gamma} \tag{6.36}$$

调整 K，使闭环谐振峰值 $M_r(\omega_r)$点恰好位于 ω_m 点，即 $\omega_r=\omega_m$，并由第 5 章频率特性曲线知，在 ω_r 和 ω_c 附近，$\varphi(\omega)$基本不变，则

$$\gamma=\pi+\varphi(\omega_c)\approx\pi+\varphi_m(\omega_m)$$

又因为

$$M_r\approx\frac{1}{\sin\gamma}=-\frac{1}{\sin\varphi_m(\omega_m)}$$

代入 φ_m，化简得

$$M_r=\frac{H+1}{H-1}$$

或

$$H=\frac{M_r+1}{M_r-1}=\frac{T_1}{T_2} \tag{6.37}$$

式(6.37)表明，中频区宽度 H 与谐振峰值 M_r 一样，均是描述系统阻尼程度的频域指标，该式作为初选中频段宽的依据。例如要求 $\gamma=45°$，则由式(6.36)和式(6.37)，得 $M_r=\sqrt{2}$，$H\approx 6$。

另外，由等 M 圆知识，设开环 $G(\mathrm{j}\omega)=x+\mathrm{j}y$，则，闭环 $M=\dfrac{|x+\mathrm{j}y|}{|1+x+\mathrm{j}y|}$，于是有

$$\left(x+\frac{M^2}{M^2-1}\right)^2+y^2=\frac{M^2}{(M^2-1)^2} \tag{6.38}$$

表示圆心位于$\left(x=-\dfrac{M^2}{M^2-1},y=0\right)$，半径为$\dfrac{M}{M^2-1}$的一簇圆。

发生谐振时，$M=M_r$，$G(\mathrm{j}\omega)$正好与 M 圆相切于 $M_r(\omega_r)$点。由图 6.65 知

$$|G(\mathrm{j}\omega)|=\overrightarrow{OP}=\frac{M_r}{\sqrt{M_r^2-1}}$$

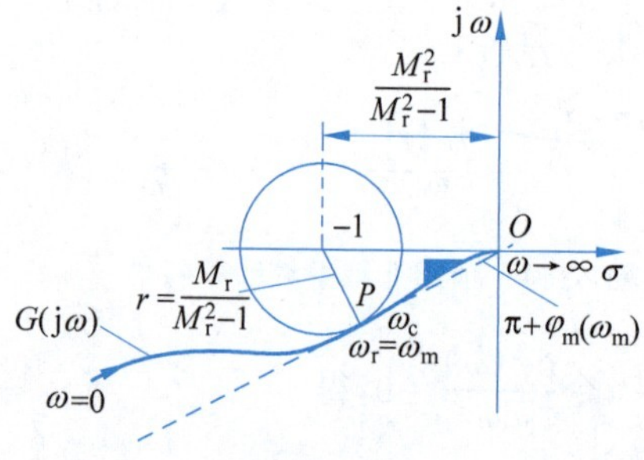

图 6.65 等 M 圆及开环频率曲线

又根据 $G(\mathrm{j}\omega)$的对数幅频特性图 6.64 和图 6.65 中的三角形关系得

$$|G(\mathrm{j}\omega_m)|=\frac{\omega_c}{\omega_m}\xlongequal{\text{令 }\omega_m=\omega_r}|G(\mathrm{j}\omega_r)|=\frac{M_r}{\sqrt{M_r^2-1}}$$

于是有

$$\frac{\omega_c}{\omega_m}=\frac{M_r}{\sqrt{M_r^2-1}} \tag{6.39}$$

由式(6.35)、式(6.37)、式(6.39)得

$$b=\frac{2H}{H+1},\quad a=\frac{H}{b}=\frac{H+1}{2}$$

又因为

$$\frac{1}{T_2}=b\omega_c$$

故

$$\omega_c=\frac{H+1}{2HT_2}=\left(\frac{M_r}{M_r+1}\right)\frac{1}{T_2} \tag{6.40}$$

电机调速设计时，电机参数 T_2 为已知数。于是有

$$T_1=HT_2 \tag{6.41}$$

又利用折线计算法，$20\lg K-40\lg\omega_c+20\lg\omega_c T_1=0$

得到

$$K=\frac{\omega_c}{T_1}=\frac{H+1}{2H^2T_2^2} \tag{6.42}$$

式(6.41)和式(6.42)中的参数 T_1 和 K 与 PI 调节器的积分与比例系数有关。这就是工程 M_r 最小设计方法。

工程上,一般中频段宽度 H 值选在 3 ~10 之间,如果 H 小,则振荡多,超调量 σ 大; H 大,则超调量小,但抗干扰能力差。一般选取 $H=5$,这样,系统的跟随性及抗干扰能力都较好,调节时间 t_s 短。

例 6.11 设某单位反馈待校正系统的开环传递函数为

$$G_0(s)=\frac{40}{s(1+0.003s)}$$

用使 M_r 为最小的工程设计方法设计 PID 调节器。

解 期望的预期频率特性取典型Ⅱ型 2-1-2 系统,即

$$G(s)=G_c(s)\cdot G_0(s)=\frac{K(1+T_1s)}{s^2(1+T_2s)}$$

$$=K_p\left(1+\frac{1}{T_is}\right)\cdot\frac{40}{s(1+0.003s)}=\frac{\frac{40K_p}{T_i}(1+T_is)}{s^2(1+0.003s)}$$

比较式(6.33)得 $K=\frac{40K_p}{T_i}$, $T_i=T_1$, $T_2=0.003$。

按 M_r 最小选 T_1 和 K, $T_1=HT_2$, $K=\frac{H+1}{2H^2T_2^2}$,工程上取 $H=5$,得

$$T_i=T_1=5\times0.003=0.015\text{s}$$

$$K_p=\frac{KT_i}{40}=\frac{T_i}{40}\frac{H+1}{2H^2T_2^2}=\frac{0.015}{40}\frac{5+1}{2\times5^2\times0.003^2}=5$$

因此,PI 调节器为

$$G_c(s)=5\left(1+\frac{1}{0.015s}\right)$$

另外工程上还有一种是三阶工程最佳设计方法,是以相角裕度最大(γ_{max})为原则选取 PID 参数,使系统抗干扰能力及响应速度为最优,表示为

$$H=4,T_1=HT_2,K=\frac{1}{8T_2^2}\text{(证明略,可参阅西门子公司产品说明)}$$

从而得到期望开环传递函数为

$$G(s)=\frac{K(1+T_1s)}{s^2(1+T_2s)}=\frac{1+4T_2s}{8T_2^2s^2(1+T_2s)}$$

如本例按三阶电子工程最佳为原则设计 PI 调节器,则有

$$T_i=T_1=HT_2=4\times0.003=0.012\text{s}$$

$$K_p=\frac{KT_i}{40}=\frac{T_i}{40}\cdot\frac{1}{8T_2^2}=\frac{0.012}{40}\cdot\frac{1}{8\times0.003^2}=4.17$$

因此,PI 调节器为

$$G_c(s)=4.17\left(1+\frac{1}{0.012s}\right)$$

综上所述,典型形式的期望对数幅频特性及控制器 $G_c(s)$设计求解步骤可以描述如下:

步骤1 由稳态指标,画出未校正系统 $G_0(j\omega)$的对数幅频特性 $20\lg|G_0(j\omega)|$。

步骤2 由给定的性能指标确定预期开环频率特性曲线。具体计算过程为:

(1) 通常由第5章频率特性的时域与频域性能指标的关系中高阶系统的经验公式 $\sigma=0.16+0.4(M_r-1)$,$1\leqslant M_r\leqslant 1.8$,根据超调量 $\sigma\%$计算闭环系统的谐振峰值 M_r 或中频段宽度 $H=\dfrac{M_r+1}{M_r-1}$。

(2) 由第5章频率特性的时域与频域性能指标的关系中高阶系统的经验公式

$$t_s=\frac{K_0\pi}{\omega_c} \quad 和 \quad K_0=2+1.5(M_r-1)+2.5(M_r^2-1)^2$$

计算幅值穿越频率 ω_c。

(3) 计算中频段转折点。中频段转折点可由以下公式计算

$$\begin{cases} T_1=\dfrac{1}{\omega_c}\dfrac{M_r}{(M_r-1)} \\ T_2=\dfrac{1}{\omega_c}\dfrac{M_r}{(M_r+1)} \end{cases} \quad 或 \quad \begin{cases} T_2=\dfrac{H+1}{2H\omega_c} \\ T_1=HT_2 \end{cases}$$

(4) 绘制预期开环传递函数 $G(s)$的伯德图,即 $20\lg|G(j\omega)|$。其中:

① 过 ω_c 画 -20dB/dec 的直线,与转折点 $1/T_1$,$1/T_2$ 相接,即为 $G(s)$的中频段。

② 低频段预期对数幅频特性曲线 $20\lg|G(j\omega)|$设计的一个内容是与中频段的衔接问题,如果预期中频段特性不能直接与预期低频区相连接,例如两频段斜率相同但位置不同这种情况下,可从预期中频率段转折点 $1/T_1$ 处用斜率为 -40dB/dec 或 -60dB/dec 的短线与预期低频段相连。

③ 高频区段由小时间常数决定,一般对暂态品质影响不大。为使校正装置简化,应使预期特性的高频区 $G(j\omega)$与校正前系统的高频区 $G_0(j\omega)$段一致。

步骤3 计算校正控制器。由 $20\lg|G_c(j\omega)|=20\lg|G(j\omega)/G_0(j\omega)|=20\lg|G(j\omega)|-20\lg|G_0(j\omega)|$或由 $G_c(j\omega)=G(j\omega)/G_0(j\omega)$ 计算出校正装置。

步骤4 校验性能指标,如不合适再作调整。

总之,设计时要有三频段的概念:

(1) 开环低频段增益要大,即高增益原则,以保证控制系统的精度。

(2) 中频段应以 -20dB/dec 斜率穿过 0dB 线,并具有一定宽度 H 以保证有足够的相角裕度,使系统有良好的稳定性和动态品质,但宽度不能太宽,以提高抗干扰能力。

(3) 高频段增益要尽可能小,使噪声降为最低。

6.6 工业过程控制中 PID 调节器参数的工程整定

一个典型的工业 PID 控制系统如图 6.66 所示。前面讲述的控制器(校正器)设计与计算一般都需要事先确定被控过程的数学模型,然后利用时域法、根轨迹法和频域法来设计 PID 控制器的参数。但实际的工业控制中,其精确的数学模型是很难得到的。这样,PID 调节器参数整定计算的解析方法即根轨迹和频率特性就不容易应用了。这时,必须借助于许

多工程经验设计法。

为了满足给定的性能指标，选择控制器参数的过程通常称为控制器整定。1942年，齐格勒(Ziegler J G)和尼科尔斯(Nichols N B)提出了PID控制器参数(即设置K_p、T_i和T_d的值)整定的法则，简称PID参数的工程整定方法(或Z-N法)，并且在许多行业的控制系统中普遍使用。这些法则是建立在实验阶跃响应的基础上，设计目标是在阶跃响应中，使许多典型工业被控过程的控制系统达到平均25%的超调量$\sigma\%$，如图6.67所示。工业PID控制器参数整定主要有飞升曲线法、临界比例度法以及四分之一比例度法等。

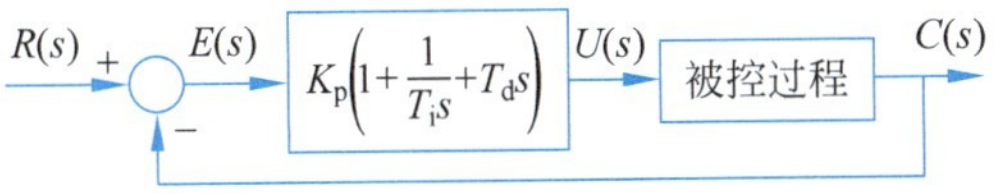

图6.66　PID过程控制系统结构

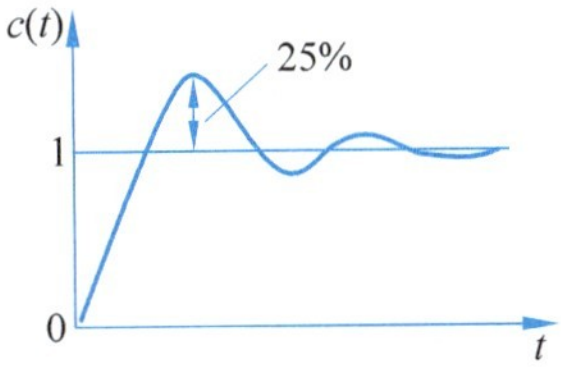

图6.67　阶跃响应曲线

6.6.1　飞升曲线法

飞升曲线法是开环实验整定方法，又称S曲线法。如果被控过程中不包含积分环节，又不包含主导共轭复数极点，则此时的单位阶跃响应曲线看起来像一条S形曲线，如图6.68所示。注意，如果响应曲线不呈现为S形，则不能用此法。该曲线可以由实验或仿真得到。

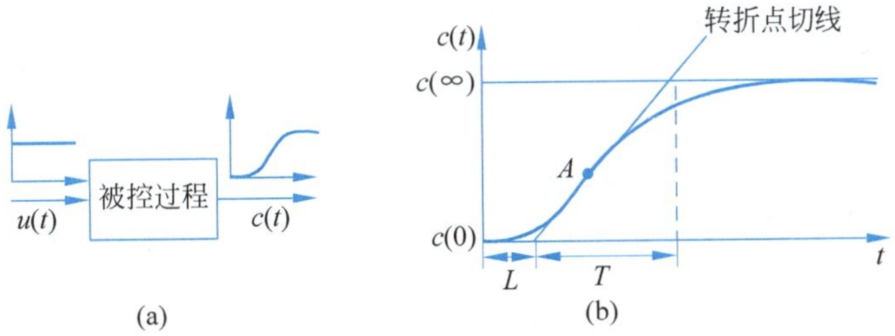

图6.68　飞升曲线试验

这时被控过程的传递函数$C(s)/U(s)$通常可用一阶时滞过程近似表示为

$$\frac{C(s)}{U(s)}=\frac{K\mathrm{e}^{-Ls}}{Ts+1} \tag{6.43}$$

其中，增益$K=\frac{\Delta c}{\Delta u}=\frac{c(\infty)-c(0)}{\Delta u}$，$\Delta u$为加在被控过程的输入量的增量，一般取5%～10%变化幅度，$\Delta c=c(\infty)-c(0)$为阶跃响应的稳态变化增量，工程上用%表示单位，等效时滞时间L和等效时间常数T可由测试S曲线获得，则Z-N的PID参数整定公式如表6.2所示。表中，$N=\frac{\Delta c}{T}$是S曲线拐点A处切线的斜率。此时，PID控制器为

$$G_c(s)=K_p\left(1+\frac{1}{T_i s}+T_d s\right)=1.2\frac{T}{LK}\left(1+\frac{1}{2Ls}+0.5Ls\right)=0.6\frac{T}{K}\frac{\left(s+\frac{1}{L}\right)^2}{s} \tag{6.44}$$

可以看出，相当于一个原点的极点和一对位于$-1/L$的零点。

表 6.2　飞升曲线 PID 参数整定表

控制器类型	K_p	或 $K_p\left(=\frac{100}{PB}\right)$	T_i	T_d
P	$\frac{T}{KL}$	$N=\frac{\Delta c}{T},\frac{\Delta u}{NL}$	∞	0
PI	$0.9\frac{T}{KL}$	$N=\frac{\Delta c}{T},0.9\frac{\Delta u}{NL}$	$\frac{L}{0.3}$	0
PID	$1.2\frac{T}{KL}$	$N=\frac{\Delta c}{T},1.2\frac{\Delta u}{NL}$	$2L$	$0.5L$

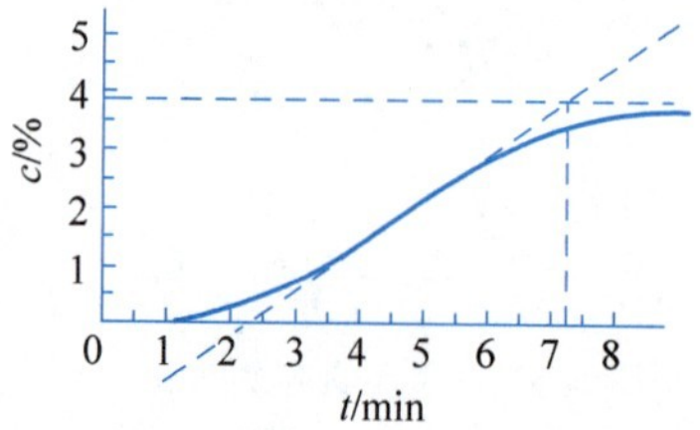

图 6.69　例 6.12 飞升响应测试

例 6.12　某一实际被控过程施加一个 9% 的控制量变化时的阶跃响应曲线如图 6.69 所示，计算 PID 的整定值。

解　作出飞升曲线的拐点切线后，看出 $L=2.4\text{min}$，$T=4.8\text{min}$，而反应曲线的斜率为 $N=\frac{\Delta c}{T}=\frac{3.9\%}{4.8\text{min}}=0.8125(\%/\text{min})$。于是 PID 控制器的参数为

比例增益 $K_p=1.2\frac{\Delta u}{NL}=1.2\frac{9\%}{(0.8125\%/\text{min})\cdot(2.4\text{min})}=5.54$（或用比例度 $PB=\frac{100}{K_p}=\frac{100}{5.54}=18\%$ 表示），$T_i=2L=4.8\text{min}$，$T_d=0.5L=1.2\text{min}$。

6.6.2　临界比例度法

如图 6.70 所示，在闭环控制下，先取 PID 控制器的参数 $T_i=\infty$，实际自动化仪表取仪表最大参数量程，且取 $T_d=0$，即切除积分和微分控制作用，只用 P 控制，使 K_p 从零逐步增加到某个临界值 K_u，这里的 K_u 是使系统输出首次呈现持续振荡的增益值，并测得此时的振荡周期 T_u。

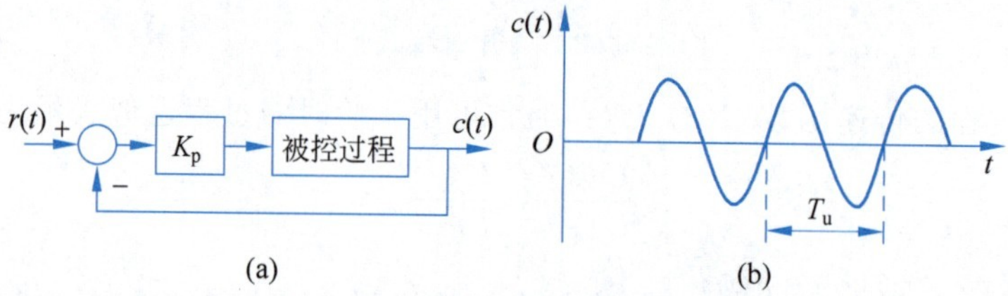

图 6.70　临界比例度法测试曲线

PID 参数整定如表 6.3 所示。需要注意，如果被控过程不允许出现临界振荡情况以及不论如何调整调节器的 K_p，系统的输出都不会出现持续振荡时，则不能应用这种方法。

表 6.3　临界比例度 PID 参数整定表

控制器类型	K_p	T_i	T_d
P	$0.5K_u$	∞	0
PI	$0.45K_u$	$\frac{1}{1.2}T_u$	0
PID	$0.6K_u$	$0.5T_u$	$0.125T_u$

此时,PID 控制器为

$$G_c(s)=K_p\left(1+\frac{1}{T_i s}+T_d s\right)=0.6K_u\left(1+\frac{1}{0.5T_u s}+0.125T_u s\right)$$

$$=0.075K_u T_u\frac{\left(s+\frac{4}{T_u}\right)^2}{s} \tag{6.45}$$

例 6.13 某闭环控制系统,在 30% 的比例度下有一 11.5min 周期的等幅振荡,用临界比例度法确定 PID 控制器的参数。

解 根据实验的已知条件,此时的临界比例增益为

$$K_u=\frac{100}{\mathrm{PB}}=\frac{100}{30}=3.33$$

因此由临界比例度法 PID 参数整定表得到比例增益

$$K_p=0.6K_u=(0.6)(3.33)=2$$

$\left(\text{或用比例度 PB}=\frac{100}{K_p}=\frac{100}{2}=50\%\text{表示}\right)T_i=T_u/2=11.5/2\text{min}=5.75\text{min}, T_d=T_u/8=11.5/8\text{min}=1.44\text{min}$。

思考题 1 某一被控过程为 $G_p(s)=\frac{1}{(1+100s)^3}$,试用 MATLAB 工具和以上两种 PID 整定方法进行控制器参数的整定并求控制系统的阶跃响应,再用劳斯稳定判据验证临界比例度法。

思考题 2 考查被控过程 $G_p(s)=\frac{0.4e^{-2s}}{(2s+1)^2}$,试用 MATLAB 工具及临界比例度法整定该系统 PID 控制器的参数。

关于四分之一衰减比例度法等这里就不一一讲述了。1984 年瑞典国际著名控制专家 Åström K J 提出了一种 PID 继电器自动整定方法,它是建立在非线性系统描述函数和相平面法的基础上,利用临界比例度整定公式得来。这种方法我们将在非线性系统一章中讲述。

6.7 复合校正控制系统设计

串联和局部反馈校正属于闭环反馈控制,它是通过对误差 $e(t)$ 处理或引出系统内信号构成局部反馈,达到改善系统性能的目的。

如果系统中存在较强的扰动,或要求较高的控制精度及响应速度时,需要考虑用复合校正。它属于前馈校正和反馈校正的综合。

6.7.1 按扰动补偿的复合控制

在石油化工生产企业,常常遇见按照扰动补偿的控制系统,如图 6.71 所示为石化行业的某一典型温度控制系统。被控制的液体的温度受到液体输入流量扰动的干扰,而流量的大小取决于水塔中的水位,如果扰动流量是可以测量的,则可以按图 6.71 所示在常规串联反馈控制的基础上,引入按扰动补偿的流量顺馈控制。

按扰动补偿的复合控制系统一般用于恒值控制系统,它的方框图如图 6.72 所示。

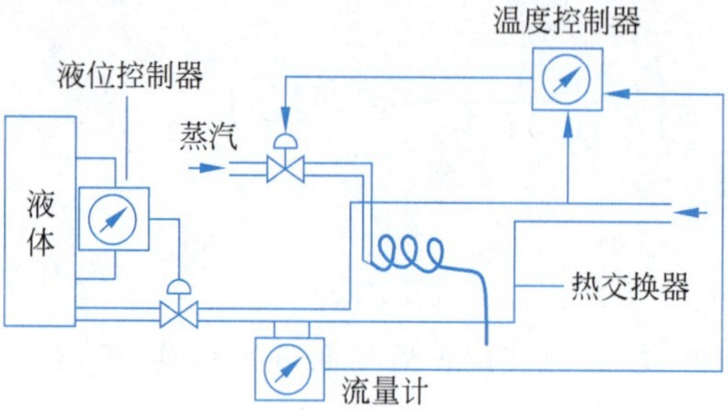

图 6.71 按流量扰动补偿的温度控制系统

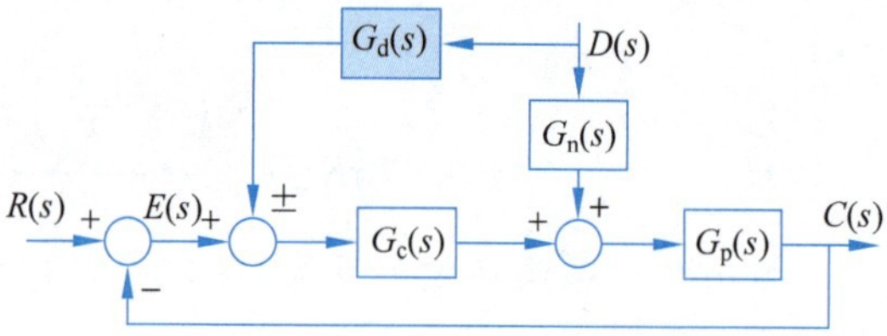

图 6.72 按扰动补偿系统方框图

如果扰动量是可测的，此时扰动作用下的输出传递函数为

$$\frac{C(s)}{D(s)}=\frac{[G_n(s)\pm G_d(s)G_c(s)]G_p(s)}{1+G_c(s)G_p(s)} \tag{6.46}$$

如选扰动量补偿器为

$$G_d(s)=\mp\frac{G_n(s)}{G_c(s)} \tag{6.47}$$

则输出完全不受扰动影响，即全补偿。一般 $G_d(s)$ 分子阶次可能比分母高，以致无法物理实现，这时可采用部分补偿的方法，例如可取

$$G_d(0)=\lim_{s\to 0}G_d(s)=\lim_{s\to 0}\left[\mp\frac{G_n(s)}{G_c(s)}\right] \tag{6.48}$$

代替 $G_d(s)$。对于阶跃干扰，虽不能做到任意时刻系统输出 $c(t)=0$，但可做到稳态即 $\lim_{t\to\infty}c(t)=0$，即静态下输出不受扰动影响，实现静态补偿。

例 6.14 已知某控制系统如图 6.73 所示，试设计按扰动补偿的校正器。

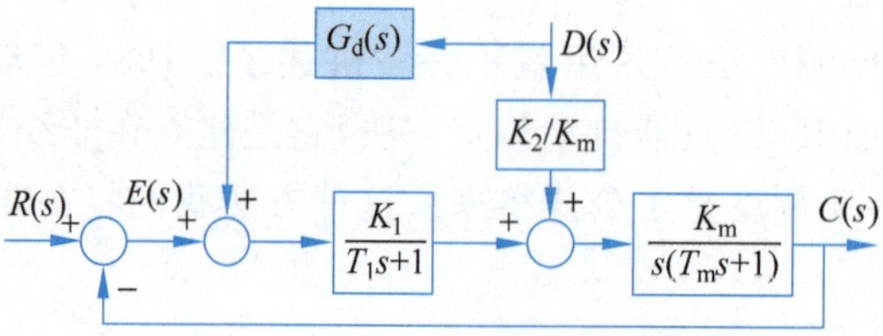

图 6.73 例 6.14 系统方框图

解 由系统方框图得出扰动作用下的输出为

$$C(s)=\frac{K_m}{s(1+T_ms)}\left[\frac{K_2}{K_m}+\frac{K_1}{1+T_1s}G_d(s)\right]D(s)\Big/\left(1+\frac{K_1K_m}{s(1+T_1s)(1+T_ms)}\right)$$

取扰动补偿器 $G_d(s)=-\frac{K_2}{K_1K_m}(1+T_1s)$，相当于 PD 控制器，则此时输出 $C(s)$ 完全不受扰动的影响。但 $G_d(s)$ 分子高于分母次数，不易物理实现。

若取 $G_d(s)=-\frac{K_2}{K_1K_m}\frac{T_1s+1}{T_2s+1}(T_1>T_2$，超前校正)，则 $G_d(s)$ 物理上可实现，达到近似全补偿。

若取 $G_d(s)=G_d(0)=-\frac{K_2}{K_1K_m}$，相当于比例补偿，则可实现静态补偿。

6.7.2 按输入补偿的复合控制

按输入补偿的复合控制主要用于随动系统，如图6.74所示。该系统在给定作用下的输出为

$$C(s)=\frac{[1+G_r(s)]G_p(s)}{1+G_p(s)}R(s) \tag{6.49}$$

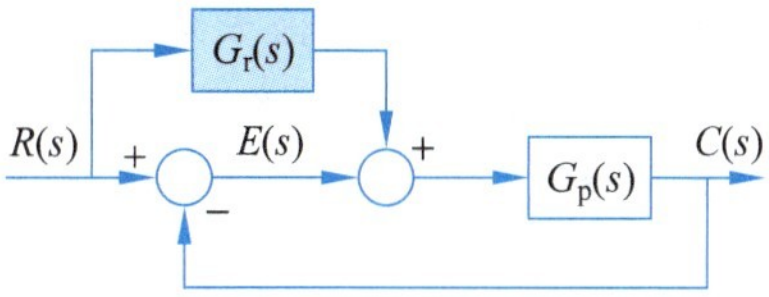

图6.74 按输入补偿的复合控制系统

因此，当选补偿器 $G_r(s)=1/G_p(s)$ 时，式(6.49)为 $C(s)=R(s)$，即输出达到完全跟踪输入的目的，$c(t)=r(t)$，实现了误差全补偿。

这时误差为

$$E(s)=\frac{1-G_r(s)G_p(s)}{1+G_p(s)}R(s)\equiv 0,\quad 即\ e(t)=0$$

但由于误差全补偿条件为 $G_r(s)=1/G_p(s)$，通常被控过程 $G_p(s)$ 分子阶数低于分母阶数，使得补偿器 $G_r(s)$ 分子阶数高于分母阶数，物理上难以实现，工程上采用满足某种跟踪精度要求的部分补偿来设计。

假设 $G_p(s)$ 是一阶无静差系统，即

$$G_p(s)=\frac{b_m s^m+\cdots+b_1 s+b_0}{s(a_n s^{n-1}+\cdots+a_2 s+a_1)}\quad (m<n)$$

将 $1/G_p(s)$ 展成 s 的升幂级数形式，有

$$1/G_p(s)=f_1 s+f_2 s^2+\cdots+f_n s^n \tag{6.50}$$

这里，当且仅当 $b_1=\cdots=b_m=0$，且 $b_0\neq 0$ 时，$1/G_p(s)$ 可展开成 s 的 n 次有限多项式；否则 $1/G_p(s)$ 将展开成无穷级数。显然，从式(6.50)看出，要实现输入补偿器 $G_r(s)$，需要引入输入量许多项高阶微分导数作为顺馈控制信号，这是不可能实现和测量的。

一般可获得参考输入信号 $r(t)$ 的导数 $\frac{\mathrm{d}r(t)}{\mathrm{d}t}$ 速度信号，以及 $\frac{\mathrm{d}^2 r(t)}{\mathrm{d}t^2}$ 近似加速度信号，如果 $r=\theta$ 为电机的角位移，则角速度信号 $\frac{\mathrm{d}r(t)}{\mathrm{d}t}=\frac{\mathrm{d}\theta(t)}{\mathrm{d}t}$ 可由测速机获得，测速机的输出信号再经 RC 微分电路可获得近似二阶导数信号。

例如选输入补偿器 $G_r(s)=f_1 s$，则此时系统的误差传递函数为

$$\begin{aligned}\frac{E(s)}{R(s)}&=\frac{1-G_p(s)G_r(s)}{1+G_p(s)}\\&=\frac{(a_1-b_0 f_1)s+(a_2-b_1 f_1)s^2+\cdots+(a_n-b_{n-1}f_1)s^n}{b_0+(a_1+b_1)s+\cdots+(a_{n-1}+b_{n-1})s^{n-1}+a_n s^n}\end{aligned} \tag{6.51}$$

如选输入补偿器参数 $f_1=\frac{a_1}{b_0}$，则当速度输入信号 $r(t)=\nu t$ 时，将 $R(s)=\frac{\nu}{s^2}$ 代入式(6.51)得误差终值为

$$\lim_{t\to\infty}e(t)=\lim_{s\to 0}sE(s)=0$$

说明当顺馈信号如果采用输入量的一阶导数，并适当选择比例系数 f_1 可做到输出对速度

输入无静态误差,这是常规反馈校正所做不到的,在常规反馈校正控制中,我们知道Ⅰ型系统对速度输入信号跟踪有一恒定的稳态误差。

仿此可证,当选 $G_r(s)=f_1s+f_2s^2$ 并适当选择比例系数 f_1 和 f_2 时,可做到输出对加速度输入无静差,这就极大地提高了系统复现输入的能力和精度,意味着此时敌方飞机或导弹飞行器以加速度信号变化时,火炮控制系统也能成功实现有效拦截。

例 6.15 如图 6.75 所示按照输入补偿的复合控制,设计 $G_r(s)$ 使该系统等效为Ⅱ型或Ⅲ型系统。

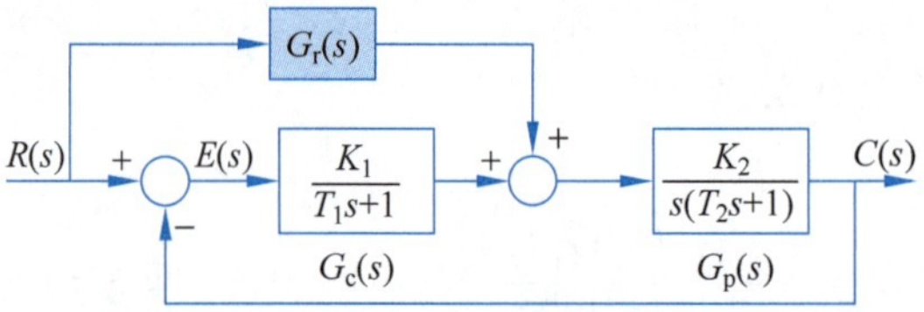

图 6.75 例 6.15 按输入补偿的复合控制系统

解 (1) 该系统开环传递函数为

$$G(s)=G_c(s)G_p(s)=\frac{K_1K_2}{s[T_1T_2s^2+(T_1+T_2)s+1]}$$

未补偿时为Ⅰ型系统。选补偿器 $G_r(s)=f_1s$,于是,误差传递函数为

$$\frac{E(s)}{R(s)}=\frac{T_1T_2s^3+(T_1+T_2-K_2T_1f_1)s^2+(1-K_2f_1)s}{s(T_1s+1)(T_2s+1)+K_1K_2}$$

显然,若选 $f_1=1/K_2$(部分补偿),则复合控制系统提升为Ⅱ型系统,在斜坡或速度信号作用下,$r(t)=vt$,有稳态误差 $e_{ss}=0$。

(2) 再选输入补偿器 $G_r(s)=f_1s+f_2s^2$,则闭环传递函数为

$$\Phi(s)=\frac{K_1K_2+K_2(f_1s+f_2s^2)(T_1s+1)}{s(T_1s+1)(T_2s+1)+K_1K_2}$$

而此时误差传递函数为

$$\frac{E(s)}{R(s)}=\frac{(T_1T_2-K_2T_1f_2)s^3+(T_1+T_2-K_2T_1f_1-K_2f_2)s^2+(1-K_2f_1)s}{s(T_1s+1)(T_2s+1)+K_1K_2}$$

若选补偿器参数 $f_1=\dfrac{1}{K_2}$,$f_2=\dfrac{T_2}{K_2}$,可使 $\dfrac{E(s)}{R(s)}\equiv 0$,满足 $G_r(s)=\dfrac{1}{G_p(s)}$ 全补偿条件。此时,该复合校正对任何输入信号均不产生误差,但是由于此时输入补偿器 $G_r(s)=\dfrac{s(T_2s+1)}{K_2}$,其分子的阶数大于分母的阶数,物理上难以实现,这里可采用 $G_r(s)=\dfrac{f_1s+f_2s^2}{Ts+1}$ 近似实现。

不难证明,当取 $f_1=\dfrac{1}{K_2}$,$f_2=\dfrac{T_1+T_2}{K_2}$ 时,可实现在加速度信号 $r(t)=at^2$ 作用下的稳态误差 $e_{ss}=0$,此时复合控制系统为Ⅲ型系统。因此,最终的输入前馈补偿控制器为

$$G_r(s)=\frac{1}{K_2}\frac{s[(T_1+T_2)s+1]}{Ts+1}=\alpha s\cdot\frac{T's+1}{Ts+1}$$

式中，$\alpha=\frac{1}{K_2}$，$T'=T_1+T_2$，可取 $T=T_1$；式中第一项相当于输入信号的微分，第二项可用无源 RC 超前网络组合成近似输入补偿电路实现。

6.8 实用的 PID 控制器结构与鲁棒控制问题

6.8.1 理想的 PID 控制器

如图 6.76 所示的控制系统中，控制器是一种理想的 PID 结构，图中用虚线框表示。$N(s)$表示传感器噪声。理想的 PID 控制器传递函数为

$$G_c(s)=\frac{U(s)}{E(s)}=K_p\left(1+\frac{1}{T_i s}+T_d s\right) \tag{6.52}$$

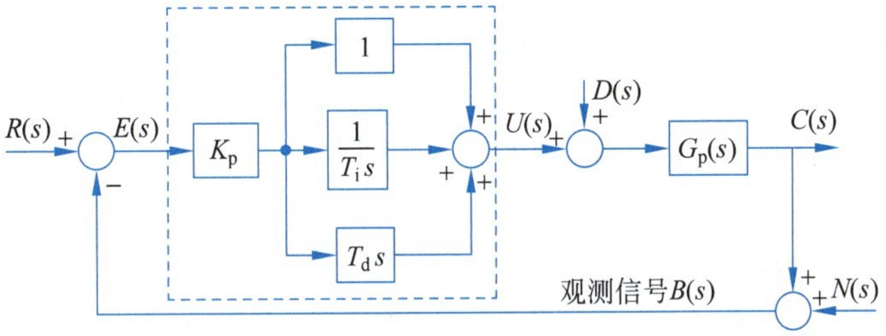

图 6.76 理想的 PID 控制器结构

如果参考输入 $r=A\cdot 1(t)$是阶跃信号，则在控制作用中存在导数项，使得控制信号中 $u(t)$包含有冲激函数 $\delta(t)$，这种控制量的冲激称设定点冲激，对控制性能有较大影响。所以，该理想 PID 控制器在实际控制系统中很少使用。

6.8.2 一类实用的 PID 控制器

为了克服设定点突变造成的控制量脉冲冲激使控制性能下降的情况，在实际使用 PID 控制器时通常有以下三种变形的解决方案。

1. 不完全微分型 PID 控制器

为了克服理想 PID 控制器结构设定点突变造成的微分脉冲冲激，实际 PID 控制器中常用$\frac{T_d s}{1+\eta T_d s}$代替理想 PID 控制器的纯 $T_d s$ 项，商品化的 PID 控制器通常不完全微分系数常取 $\eta=0.1$，此时 u 中不会含有一个尖的脉冲函数。这种 PID 控制器称为不完全微分型 PID 控制器，其传递函数为

$$G_c(s)=K_p\left(1+\frac{1}{T_i s}+\frac{T_d s}{1+\eta T_d s}\right) \tag{6.53}$$

2. PI-D 控制

为避免设定点冲激现象，将导数作用安放在反馈通路中，而不发生在给定信号上，这种方案称 PI-D 控制，其方框图如图 6.77 所示。这样微分仅发生在反馈信号通道上，通常被控对象的被控参数是不会突变的，解决了设定点的微分冲激问题。

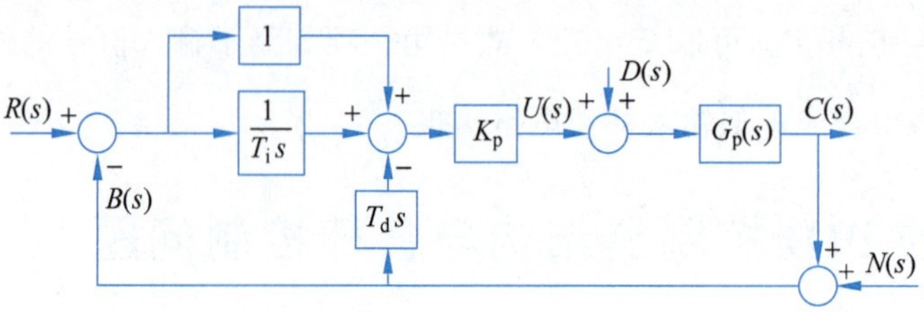

图 6.77　PI-D 控制系统结构

由图 6.77 可以看出,控制信号 $U(s)$ 可以表示为

$$U(s)=K_p\left(1+\frac{1}{T_i s}\right)R(s)-K_p\left(1+\frac{1}{T_i s}+T_d s\right)B(s) \tag{6.54}$$

3. I-PD 控制

再次考虑参考输入为阶跃信号的情况。不论是 PID 控制还是 PI-D 控制,在控制信号中均会有一个阶跃函数,在许多场合可能是人们不希望的。为此将比例及微分作用均移入反馈通路中,这种结构称 I-PD 结构,其方框图如图 6.78 所示。参考输入仅出现在积分控制部分内,彻底克服了设定点带来的冲激问题。

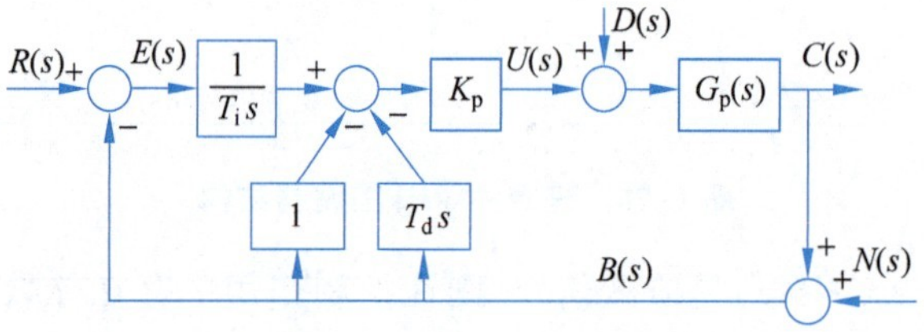

图 6.78　I-PD 控制系统结构

此时,控制信号 $U(s)$ 为

$$U(s)=K_p\frac{1}{T_i s}R(s)-K_p\left(1+\frac{1}{T_i s}+T_d s\right)B(s) \tag{6.55}$$

6.8.3　二自由度 PID 控制问题

前面我们主要介绍了控制系统中只有一个控制器的结构形式,这就是如图 6.79 所表示的单自由度的控制系统结构,被控过程 $G_p(s)$ 为给定,$N(s)$ 为传感器噪声。要求设计控制器 $G_c(s)$(例如,PID 控制)。

对于此系统,可以导出 3 个闭环传递函数,即

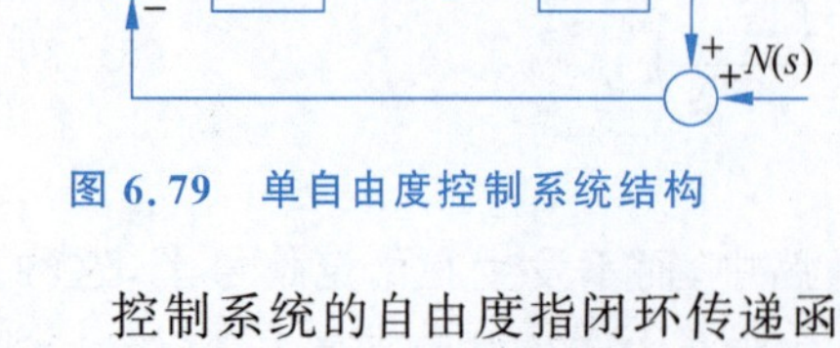

图 6.79　单自由度控制系统结构

$$G_{cr}(s)=\frac{C(s)}{R(s)}=\frac{G_c(s)G_p(s)}{1+G_c(s)G_p(s)} \tag{6.56}$$

$$G_{cd}(s)=\frac{C(s)}{D(s)}=\frac{G_p(s)}{1+G_c(s)G_p(s)} \tag{6.57}$$

$$G_{cn}(s)=\frac{C(s)}{N(s)}=\frac{-G_c(s)G_p(s)}{1+G_c(s)G_p(s)} \tag{6.58}$$

控制系统的自由度指闭环传递函数中有多少个是独立的,例如

$$\begin{cases} G_{cr}(s)=\dfrac{G_p(s)-G_{cd}(s)}{G_p(s)} \\ G_{cn}(s)=\dfrac{G_{cd}(s)-G_p(s)}{G_p(s)} \end{cases} \tag{6.59}$$

由于系统 3 个传递函数中,如给定其中一个,其余两个便被固定,因此称该系统为单自由度控制系统。例如,$G_{cd}(s)$固定,则 $G_{cr}(s)$和 $G_{cn}(s)$也就确定了。

如果控制系统中有两个控制器需要设计,则称为二自由度控制系统,如图 6.80 所示。可以导出 3 个闭环传递函数为

$$\begin{cases} G_{cr}(s)=\dfrac{C(s)}{R(s)}=\dfrac{G_{c1}(s)G_p(s)}{1+[G_{c1}(s)+G_{c2}(s)]G_p(s)} \\ G_{cd}(s)=\dfrac{C(s)}{D(s)}=\dfrac{G_p(s)}{1+[G_{c1}(s)+G_{c2}(s)]G_p(s)} \\ G_{cn}(s)=\dfrac{C(s)}{N(s)}=\dfrac{-[G_{c1}(s)+G_{c2}(s)]G_p(s)}{1+[G_{c1}(s)+G_{c2}(s)]G_p(s)} \end{cases} \tag{6.60}$$

于是有

$$\begin{cases} G_{cr}(s)=G_{c1}(s)G_{cd}(s) \\ G_{cn}(s)=\dfrac{G_{cd}(s)-G_p(s)}{G_p(s)} \end{cases} \tag{6.61}$$

此时,如果 $G_p(s)$给定,并且 $G_{cd}(s)$给定,则 $G_{cn}(s)$是固定的,但 $G_{cr}(s)$不是固定的,因为 $G_{cr}(s)$还与 $G_{c1}(s)$有关。因此,在这三个闭环传递函数中,有两个闭环传递函数是独立的,称图 6.80 的具有两个控制器的结构为二自由度控制系统。为改善系统响应特性,给定作用的闭环特性 $G_{cr}(s)$与噪声特性 $G_{cn}(s)$均可独立地进行调整设计。

由上述讨论可以看出,前面介绍的 PI-D、I-PD 以及可以进一步设想一种 PI-PD、PID-PD 控制方案,在这些控制方案中,有一个控制器位于前向通路,另一个控制器位于反馈通路,均属于二自由度控制系统。

类似地,前面介绍的复合控制也是一种二自由度的控制系统,例如如图 6.81 所示的按照输入补偿的复合控制。

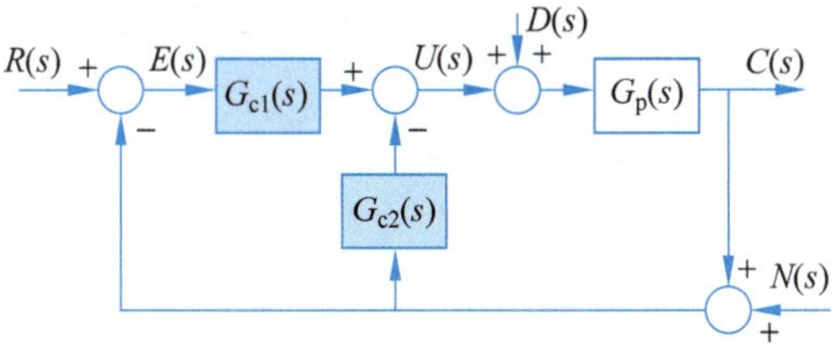

图 6.80　二自由度控制系统

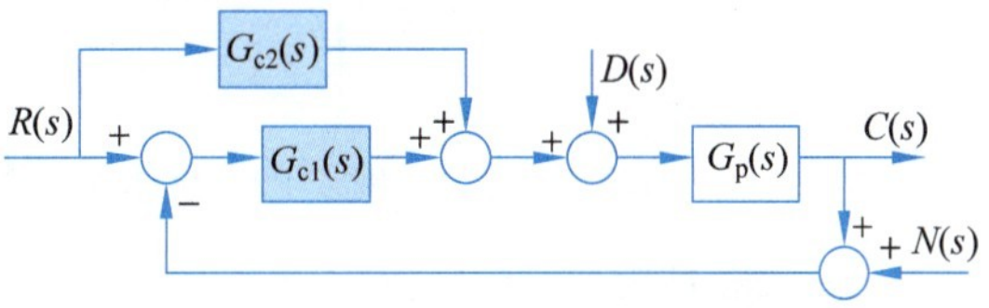

图 6.81　二自由度的复合控制系统

该系统存在下列 3 组闭环传递函数关系式

$$G_{cr}(s)=\frac{C(s)}{R(s)}=\frac{G_{c1}(s)G_p(s)}{1+G_{c1}(s)G_p(s)}+\frac{G_{c2}(s)G_p(s)}{1+G_{c1}(s)G_p(s)} \tag{6.62}$$

$$G_{cd}(s)=\frac{C(s)}{D(s)}=\frac{G_p(s)}{1+G_{c1}(s)G_p(s)} \tag{6.63}$$

$$G_{cn}(s)=\frac{C(s)}{N(s)}=\frac{-G_{c1}(s)G_p(s)}{1+G_{c1}(s)G_p(s)} \tag{6.64}$$

于是有

$$G_{cr}(s)=\frac{G_p(s)-G_{cd}(s)}{G_p(s)}+G_{c2}(s)G_{cd}(s) \tag{6.65}$$

$$G_{cn}(s)=\frac{G_{cd}(s)-G_p(s)}{G_p(s)} \tag{6.66}$$

显然,如果给定 $G_{cd}(s)$,则 $G_{cn}(s)$是固定的,但是 $G_{cr}(s)$不是固定的,因为 $G_{c2}(s)$与 $G_{cd}(s)$无关,或 $G_{cr}(s)$还与 $G_{c2}(s)$有关。

*6.8.4 鲁棒控制系统的设计

1. 灵敏度函数的定义

众所周知,反馈控制可以减小扰动的影响,并且减轻模型误差或参数变化对控制系统性能的影响,但由于存在种种不确定因素,如果要设计高性能控制系统,必须考虑下列问题:

(1) 跟踪性能(e_{ss} 小);

(2) 抗干扰能力(使输出 c 受干扰 d 影响较小);

(3) 对模型误差的灵敏度(使灵敏度小);

(4) 稳定裕量(使稳定性具有鲁棒性);

(5) 对传感器噪声的灵敏度(使灵敏度小)。

鲁棒系统(robust systems)指的是:尽管被控过程存在显著的不确定因素,仍能具备预期性能的控制系统。

这里,以如图 6.82 所示的按给定补偿的随动系统为例详细说明上述五项内容。该系统存在着多种可能的不确定因素,其中包括传感器噪声 $N(s)$、不可预测的干扰输入 $D(s)$以及被控过程 $G_p(s)$的动态特性可能未建模或其他参数可能有变化等。因此,在设计这些含有不确定因素的系统时,我们面临的挑战就是如何保持系统的预期性能。

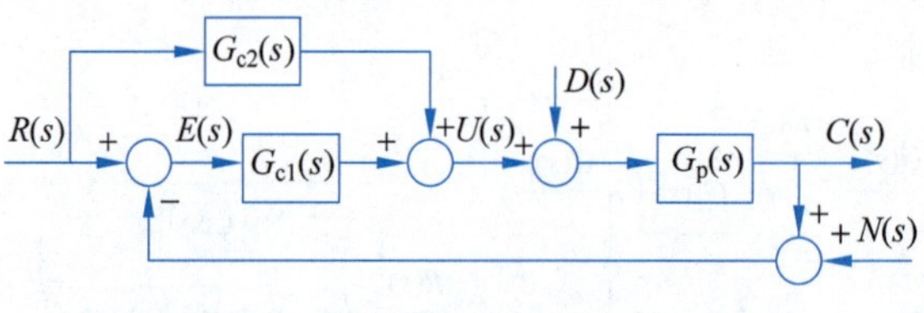

图 6.82 按输入补偿的二自由度控制系统

1) 跟踪性能

该系统的传递函数为

$$G_{cr}(s)=\frac{C(s)}{R(s)}=\frac{G_p(s)[G_{c1}(s)+G_{c2}(s)]}{1+G_{c1}(s)G_p(s)} \tag{6.67}$$

为了获得良好的跟踪性能,$G_{cr}(s)$必须在很宽的频率范围内近似为 1,这可以通过调整 $G_{c1}(s)$和 $G_{c2}(s)$做到。例如,如选 $G_{c2}(s)=1/G_p(s)$,可使 $c(t)=r(t)$获得良好的跟踪性能。

2）抗干扰能力

抗干扰能力可以用 d 和 c 之间的闭环传递函数 $G_{cd}(s)$ 和 d 与 c 之间的前向传递函数 $G_p(s)$ 的比值表示，即 $S_d=\dfrac{G_{cd}(s)}{G_p(s)}=\dfrac{1}{1+G_{c1}(s)G_p(s)}$。

为了改善系统的抗干扰能力，应在很宽的频率范围内使 S_d 很小，一般需要提高环路增益 $G_{c1}(s)G_p(s)$，通常 S_d 值越小，抗干扰能力越强。

3）对模型误差的灵敏度

控制器设计主要依据被控过程的参考模型，但模型与实际被控过程特性间存在差异，即存在模型误差，这种模型误差产生的原因可能为：①忽略了被控过程的非线性特性；②忽略了被制过程的高频特性(或小时间常数)；③参数的精度不理想；④被控过程的特性可能随时间而变化等。

定义实际被控过程为 $\hat{G}_p(s)$，被控过程模型为 $G_p(s)$，则差为

$$\Delta G(s)=\hat{G}_p(s)-G_p(s)$$

因为闭环标称传递函数为

$$G_{cr}(s)=\frac{(G_{c1}(s)+G_{c2}(s))G_p(s)}{1+G_{c1}(s)G_p(s)}$$

所以当被控过程有模型误差 $\Delta G(s)$时，闭环传递函数的变化为

$$\begin{aligned}\Delta G_{cr}(s)&=\frac{[G_{c1}(s)+G_{c2}(s)][G_p(s)+\Delta G(s)]}{1+G_{c1}(s)[G_p(s)+\Delta G(s)]}-\frac{[G_{c1}(s)+G_{c2}(s)]G_p(s)}{1+G_{c1}(s)G_p(s)}\\&=\frac{[G_{c1}(s)+G_{c2}(s)]\Delta G(s)}{\{1+G_{c1}(s)[G_p(s)+\Delta G(s)]\}[1+G_{c1}(s)G_p(s)]}\end{aligned}$$

于是，有

$$\frac{\Delta G_{cr}(s)}{G_{cr}(s)}=\frac{\Delta G(s)}{G_p(s)}\cdot\frac{1}{1+G_{c1}(s)\hat{G}_p(s)}\tag{6.68}$$

上式表明，$G_{cr}(s)$的相对变化等于$\dfrac{1}{1+G_{c1}(s)\hat{G}_p(s)}$乘以被控过程传递函数 $G_p(s)$的相对变化。

一般而言，一个好的控制系统应该对参数变化不敏感，而对输入指令敏感。为此，我们用灵敏度函数表示被控过程参数变化对反馈控制系统参数变化的影响。

定义　灵敏度函数为

$$S=\frac{\Delta G_{cr}/G_{cr}}{\Delta G_p/G_p}=\frac{1}{1+G_{c1}(\mathrm{j}\omega)\hat{G}_p(\mathrm{j}\omega)}\tag{6.69}$$

S 是频率 ω 的函数，从灵敏度的观点看，在所考虑的频率范围内，要提高系统的鲁棒性，$S(\mathrm{j}\omega)$愈小愈好，通常在低频段$|G_{c1}(\mathrm{j}\omega)G_p(\mathrm{j}\omega)|\gg1$，为高增益，这样灵敏度函数 $S(\mathrm{j}\omega)$较小。对于物理可实现的系统而言，环路的开环增益 $G_{c1}(s)G_p(s)$在高频段应为一个小量，也就是说，在高频段，由于幅值$|G_{c1}(\mathrm{j}\omega)G_p(\mathrm{j}\omega)|\ll1$，这样总是近似地有 $S(\mathrm{j}\omega)=1$，有可能抑制任何高频噪声。

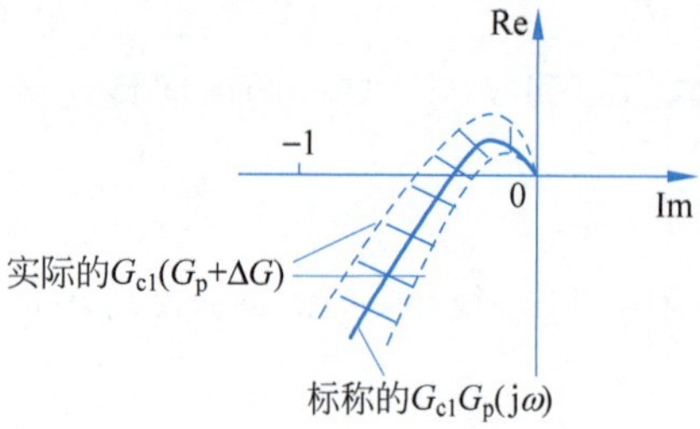

图 6.83 标称模型和实际系统的奈奎斯特曲线

4) 稳定裕度

稳定裕度指模型误差对系统稳定性的影响。由奈奎斯特稳定判据知：当被控过程 $\hat{G}_p(s)$ 由标称模型 $G_p(s)$ 变为 $G_p(s)+\Delta G(s)$ 时，反馈控制系统的稳定性由开环传递函数 $G_{c1}(s)\hat{G}_p(s)=G_{c1}(s)(G_p(s)+\Delta G(s))$ 是否满足奈奎斯特稳定性条件的要求判断，如图 6.83 所示。即对于给定的频率 ω，如果 $|G_{c1}(j\omega)\Delta G(j\omega)|$ 小于 $-1+j0$ 点与 $G_{c1}(j\omega)G_p(j\omega)$ 点间的距离，也就是

$$|G_{c1}(j\omega)\Delta G(j\omega)|<|1+G_{c1}(j\omega)G_p(j\omega)| \tag{6.70}$$

则控制系统是稳定的。

定义 辅助灵敏度函数为

$$T=\frac{G_{c1}(j\omega)G_p(j\omega)}{1+G_{c1}(j\omega)G_p(j\omega)} \tag{6.71}$$

这是指模型误差带来的相对稳定裕度。由辅助灵敏度函数，式(6.70)可以改写为稳定裕量的另外一种不等式形式

$$\left|\frac{\Delta G(j\omega)}{G_p(j\omega)}\right|<\left|\frac{1}{T}\right| \tag{6.72}$$

显然，在给定的频率上，$T(j\omega)$ 值愈小，则稳定裕度愈大。即只要模型误差在所有频率上均保持小于 $1/T$，系统就是稳定的。式(6.72)被称为鲁棒稳定性判据。通常在低频段，标称过程模型较精确，参数摄动较小。在高频段，往往标称模型不够精确，通常 $|G_{c1}(j\omega)G_p(j\omega)|\ll 1$，则 $T(j\omega)$ 趋于 $G_{c1}(j\omega)G_p(j\omega)$，其值较小，可以保证系统在模型误差时有较小的辅助灵敏度，即一定的稳定裕度。

参考 $S(j\omega)$ 和 $T(j\omega)$ 的定义公式有

$$S(j\omega)+T(j\omega)=1 \tag{6.73}$$

可以看出，S 与 T 之和为常数，这就意味着在同一频率上，使 $S(j\omega)$ 和 $T(j\omega)$ 都较小是不可能的，即很难保证设计上，当有误差时(模型误差的灵敏度、抗干扰能力及相对稳定裕度)的性能均全优。

5) 传感器噪声的灵敏度

传感器噪声对系统的影响由传递函数 $G_{cn}(s)$ 确定，对图 6.82 所示的随动系统，由于

$$G_{cn}(s)=\frac{C(s)}{N(s)}=-\frac{G_{c1}(s)G_p(s)}{1+G_{c1}(s)G_p(s)}=-T \tag{6.74}$$

因此，如果使 $T(j\omega)$ 比较小，则传感器噪声对系统性能影响也较小。

2. 鲁棒控制系统设计要求总结

综上所述，要使控制系统有良好的性能，得到以下结论：

(1) 为了改善系统的抗干扰性能，应当使 $S(j\omega)$ 减小；

(2) 为了使对模型误差的灵敏度小，应当使 $S(j\omega)$ 减小；

(3) 为了改善系统的稳定裕度，应当使 $T(j\omega)$ 减小；

(4) 为了使对传感器噪声的灵敏度小，应当使 $T(j\omega)$ 减小。

但要注意 $S(j\omega)+T(j\omega)=1$。

在很多场合，控制系统在时域中的理想设计目标是系统的输出能够精确并及时地重现输入信号，即要求闭环传递函数表示为 $\frac{C(s)}{R(s)}=1$。相应地，系统的伯德图应该非常平整，即有无限带宽的 0dB 增益并且相角始终为零。由于实际系统都包含能够以某种形式储存能量的部件，因此，实际中并不存在这种理想系统，实际系统的带宽总是有限的。一种可行的设计目标是在尽可能宽的频段范围内，保持系统的幅值响应曲线平坦接近于 1。另一个重要的设计目标是，使干扰对系统输出的影响极小化。这就要求在某个频段上，使 $\frac{C(s)}{D(s)}$ 极小化，由抗干扰灵敏度定义知道，要使灵敏度 $S(j\omega)$ 小，这就要求提高环路开环增益 $|G_{c1}(j\omega)G_p(j\omega)|$。但过分提高开环增益又会导致闭环系统失稳或者恶化系统响应性能。另外，通常在高频段时，例如 $\omega\to\infty$，实际系统的开环增益 $|G_{c1}(j\omega)G_p(j\omega)|\to 0$，即很小，因此期望的高增益原则是不现实的。为此在设计鲁棒控制系统时，应当要求：

(1) 具有较宽的带宽，以便系统输出能很好地重现输入；

(2) 低频段增大环路增益，以便使灵敏度最小化，并提高系统的控制精度。

当采用频域性能指标时，可以把满足灵敏度、稳态误差和传感器噪声的鲁棒系统设计要求表示在开环频率特性 $G_{c1}(j\omega)G_p(j\omega)$ 的伯德图上，如图 6.84 所示为一种令人满意的开环传递函数的伯德图。根据低频段内对小 $S(j\omega)$ 的要求确定低频增益的最小边界，而依据对传感器噪声低灵敏度 $T(j\omega)$ 较小的要求确定高频增益的上界。总之，控制系统频域设计要按照以下三频段的设计理念：

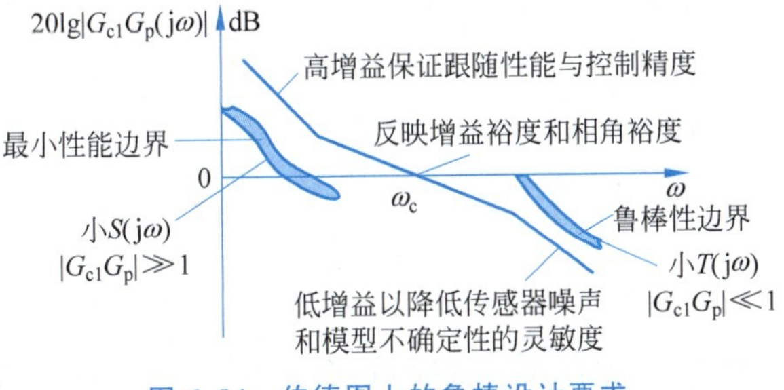

图 6.84　伯德图上的鲁棒设计要求

(1) 低频段，通过提高环路增益来保证稳态精度。

(2) 为了保证系统的相对稳定性，中频段必须有一定的带宽，且对数幅频特性在中频段幅值穿越频率 ω_c 处的斜率必须位于 −20dB/dec，这样系统有较好的稳定性和动态品质。

(3) 在系统中频段带宽 ω_b 之内，$|G_{c1}(j\omega)G_p(j\omega)|$ 不小于规定值，以保证系统的跟随性以及模型误差带来的鲁棒性。

(4) 高频段，在系统带宽 ω_b 之外，应通过提高环路控制器增益 $|G_{c1}(j\omega)|$ 来确保系统的抗干扰能力，但要注意系统的稳定性，实际上高频段时，由于 $|G_{c1}(j\omega)G_p(j\omega)|\ll 1$，当然谈不上高增益原则，而此时辅助灵敏度 $T(j\omega)$ 变小，降低了传感器噪声的灵敏度，这是有利的一面，并且在高频段如果随着频率的升高幅值迅速地减小，这样可以提高系统的抗干扰能力。

3. 鲁棒控制系统设计举例

在许多控制系统的应用中，系统不但必须满足阻尼和准确性要求，而且要求外界的扰动

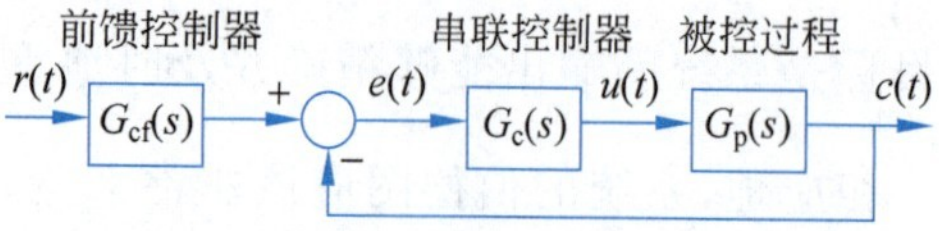

图 6.85 含串联校正的前馈校正控制

和参数变化对它的控制的影响尽可能小。遗憾的是常规反馈控制的鲁棒性只有在较高开环增益时才能实现,而这通常对稳定性是不利的。当需要同时满足多个设计要求时,两自由度校正方案给设计带来了灵活性,例如图 6.85 所示为一种两自由度含串联校正的前馈校正控制系统。该系统的闭环传递函数为

$$\frac{C(s)}{R(s)}=\frac{G_{\mathrm{cf}}(s)G_{\mathrm{c}}(s)G_{\mathrm{p}}(s)}{1+G_{\mathrm{c}}(s)G_{\mathrm{p}}(s)} \tag{6.75}$$

由于串联控制器 $G_{\mathrm{c}}(s)$ 通常可以给系统提供一定的稳定性和动态性能,但是,由于控制器 $G_{\mathrm{c}}(s)$ 的零点也是闭环传递函数的零点,所以除非 $G_{\mathrm{c}}(s)$ 的某些零点被过程传递函数 $G_{\mathrm{p}}(s)$ 的极点对消掉了,否则即使系统的相对阻尼是令人满意的,这些零点也会使系统输出中产生很大的超调。在这种情况下,或由于其他原因,引入前馈控制器 $G_{\mathrm{cf}}(s)$ 可以用来控制或对消闭环传递函数的非期望零点,而闭环特征方程却保持不变。

考查如图 6.86 所示的控制系统,$d(t)$ 为外界扰动信号,假定被控过程中的某个参数增益 K 在运行过程中会发生变化。当 $d(t)=0$ 时,系统的输入输出传递函数为

$$M(s)=\frac{C(s)}{R(s)}=\frac{KG_{\mathrm{cf}}(s)G_{\mathrm{c}}(s)G_{\mathrm{p}}(s)}{1+KG_{\mathrm{c}}(s)G_{\mathrm{p}}(s)} \tag{6.76}$$

当 $r(t)=0$ 时,扰动作用下的输出的传递函数为

$$T(s)=\frac{C(s)}{D(s)}=\frac{1}{1+KG_{\mathrm{c}}(s)G_{\mathrm{p}}(s)} \tag{6.77}$$

通常,设计方案是选择控制器 $G_{\mathrm{c}}(s)$ 使输出 $c(t)$ 在扰动作用下的主导频率范围内对扰动不敏感,同时设计前馈控制器 $G_{\mathrm{cf}}(s)$,从而在输入 $r(t)$ 和输出 $c(t)$ 之间得到期望的传递函数。

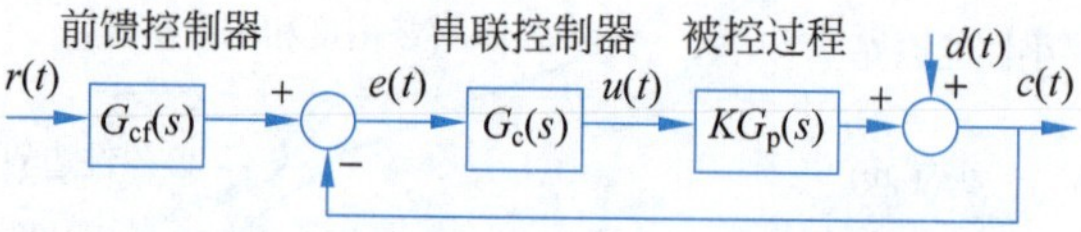

图 6.86 含串联校正的前馈校正控制系统

对图 6.86 所示的系统,定义闭环传递函数 $M(s)$ 相对被控过程参数 K 变化的灵敏度为

$$S_K^M=\frac{\mathrm{d}M(s)/M(s)}{\mathrm{d}K/K}=\frac{1}{1+KG_{\mathrm{c}}(s)G_{\mathrm{p}}(s)} \tag{6.78}$$

比较式(6.77)和式(6.78)可以看出,灵敏度函数和扰动作用下输出的传递函数是同一函数,这意味着扰动抑制设计和关于 K 变化的鲁棒性设计可以使用同一控制方案。

下面通过例子说明图 6.86 中的二自由度控制系统如何得到一个高增益系统,它需满足性能指标、鲁棒性和噪声抑制多方面的要求。

例 6.16 考查一个单位负反馈二阶太阳观测系统,如图 6.87 所示,待校正系统的前向通道传递函数为

$$G_{\mathrm{p}}(s)=\frac{\theta_{\mathrm{o}}(s)}{A(s)}=\frac{2500K}{s(s+25)}$$

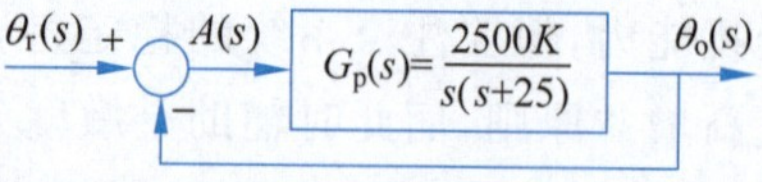

图 6.87 例 6.16 的校正前控制系统

要求控制系统的性能指标为

(1) 由单位斜坡函数输入 $\theta_{\mathrm{r}}(t)$ 产生的稳态误差应该满足 $e_{\mathrm{ss}}\leqslant 1\%$;

(2) 阶跃响应的最大超调量应该满足 $\sigma\%<5\%$；

(3) 上升时间 $t_r \leqslant 0.4\text{s}$；

(4) 调节时间 $t_s \leqslant 0.5\text{s}$；

(5) 由于存在噪声现象，控制系统的带宽必须满足 $\omega_b<50\text{rad/s}$。

解　(1) 校正前原系统，当被控过程参数 $K=1$ 时，待校正系统的阻尼比 $\zeta=0.25$，超调量为 $\sigma\%=44.4\%$，不满足性能指标要求。

(2) 如选用滞后校正控制，例如 $G_c(s)=\dfrac{1+aTs}{1+Ts}$，$a=0.1$，$T=100$。此时，滞后校正系统的前向通道传递函数为

$$G_o(s)=G_c(s)G_p(s)=\frac{2500K(1+10s)}{s(s+25)(1+100s)}$$

利用 MATLAB 画出该系统的根轨迹如图 6.88 所示，并且画出当过程参数分别为 $K=0.5$，$K=1$，$K=2$ 时该闭环控制系统的阶跃响应如图 6.89 所示。由此得到此时系统的性能指标如表 6.4 所示。

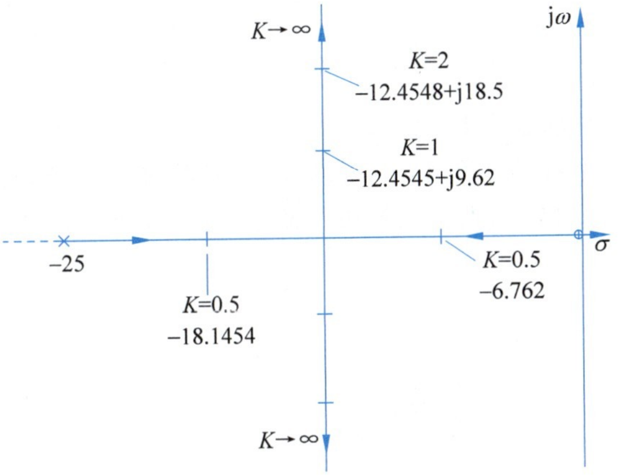

图 6.88　含相位滞后控制器的太阳观测系统的根轨迹

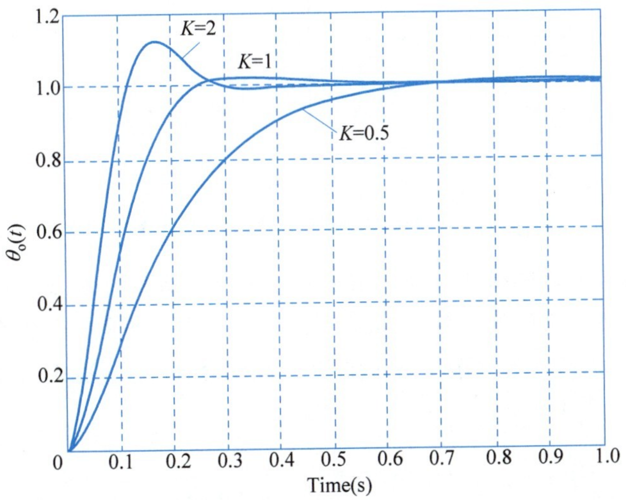

图 6.89　含相位滞后控制器的太阳观测系统的单位阶跃响应

显然，当 $K=1$ 时滞后校正控制的结果比较好地满足了性能指标要求，但当被控过程参数 K 从 0.5 变到 2.0 时，特征方程的根和时域响应变动很大，意味着控制系统的动态性能或灵敏度随过程参数变化很大。需要对控制系统进行鲁棒性设计。

表 6.4　滞后校正控制系统的性能指标参数

K	超调量 σ/%	t_r/s	t_s/s	特征方程根	
2.0	12.6	0.078	0.232	−0.1005	$-12.454\pm j18.51$
1.0	2.6	0.151	0.202	−0.1009	$-12.454\pm j9.624$
0.5	1.5	0.338	0.464	−0.1019	−6.762，−18.145

这里介绍的鲁棒控制器的设计原则是将控制器的两个零点放在距离闭环期望极点较近的地方，由表 6.4 知道，当 $K=1$ 时闭环系统的复数极点在 $-12.454\pm j9.624$ 处。因此，这里取串联控制器为

$$G_c(s)=\frac{(s+13+j10)(s+13-j10)}{269}=\frac{s^2+26s+269}{269}$$

相当于两级 PD 控制器，这时含鲁棒串联控制器前向通道的传递函数为

$$G_o(s)=G_c(s)G_p(s)=\frac{9.293K(s^2+26s+269)}{s(s+25)}$$

图 6.90 所示为含鲁棒串联控制器的系统的根轨迹，当 $K\to\infty$ 时，特征方程的两个根趋于 $-13\pm j10$。显然，通过将 $G_c(s)$ 的两个零点放在理想特征方程根附近的位置，系统的敏感性得到了很大的改善。实际上，在控制器两个复数零点(即根轨迹的终点)附近，根轨迹的敏感性是很弱的。

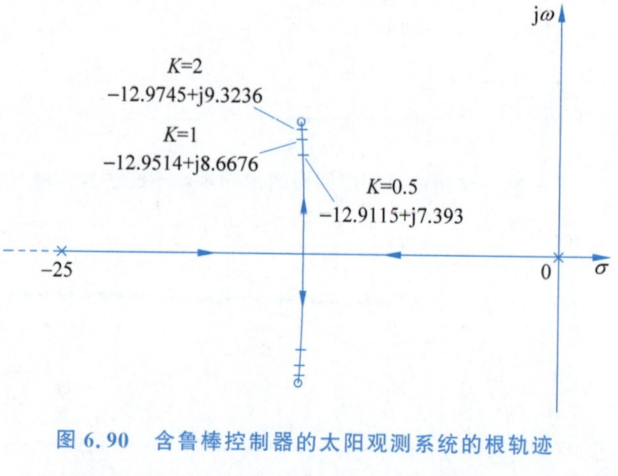

图 6.90　含鲁棒控制器的太阳观测系统的根轨迹

由于此时前向通道传递函数的零点也就是闭环传递函数的零点，相当于闭环传递函数的分子多项式中有两个比例微分环节，该零点如不对消掉，会带来阶跃响应超调量的增大。为此，还需在控制系统的输入端加入一个前馈控制补偿器 $G_{cf}(s)$，因此，前馈控制器的传递函数可取为

$$G_{cf}(s)=\frac{269}{s^2+26s+269}$$

这样取的目的就是利用前馈控制器 $G_{cf}(s)$ 的两个极点去对消闭环传递函数中使超调量增

大的不希望的两个零点。这样整个系统的方框图如图 6.91 所示，当 $K=1$ 时，校正后系统的闭环传递函数为

$$\frac{\theta_o(s)}{\theta_r(s)}=\frac{242.88}{s^2+25.903s+242.88}$$

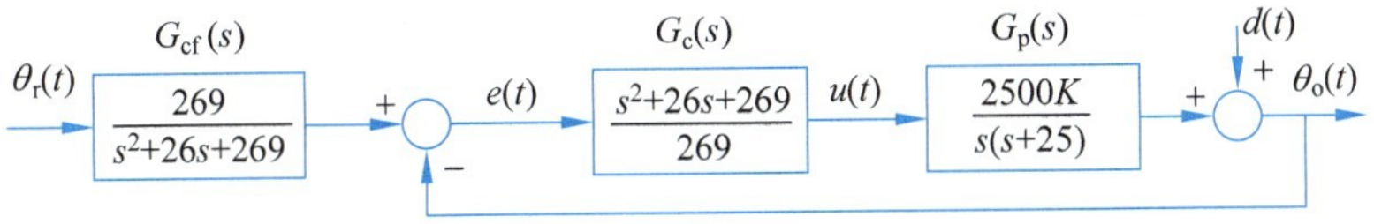

图 6.91 含鲁棒串联校正的前馈校正控制系统

当 $K=0.5$，$K=1$，$K=2$ 时含鲁棒控制器的太阳观测系统的阶跃响应如图 6.92 所示。

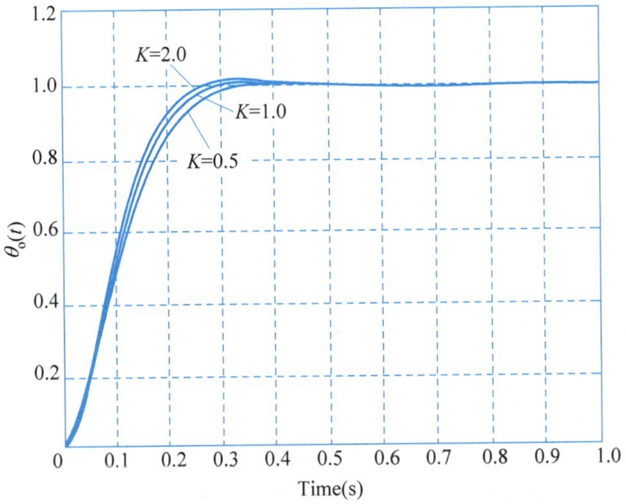

图 6.92 含鲁棒控制器和前馈控制器的太阳观测系统的单位阶跃响应

对应性能参数见表 6.5 所示。可以看出，系统对参数 K 变化已经不敏感，即鲁棒性更好了。

表 6.5 含鲁棒性设计的控制系统的性能指标参数

K	超调量 σ/%	t_r/s	t_s/s	特征方程根
2.0	1.3	0.157	0.212	$-12.974\pm j9.323$
1.0	0.9	0.166	0.222	$-12.951\pm j8.667$
0.5	0.5	0.184	0.252	$-12.911\pm j7.393$

噪声抑制性能的效果应通过频率响应来分析，该系统扰动噪声的传递函数为

$$\frac{\theta_o(s)}{D(s)}=\frac{1}{1+G_c(s)G_p(s)}=\frac{s(s+25)}{10.293s^2+266.636s+2500}$$

图 6.93 给出了噪声传递函数的幅频伯德图，图中同时也给出了未校正系统和滞后校正控制系统的幅频伯德图，显然含鲁棒性设计的控制系统在全频段上噪声输出的频率响应的幅值要比未校正系统和滞后控制系统的频率响应的幅值小得多，说明了含鲁棒性设计的控制系统的噪声抑制能力强。

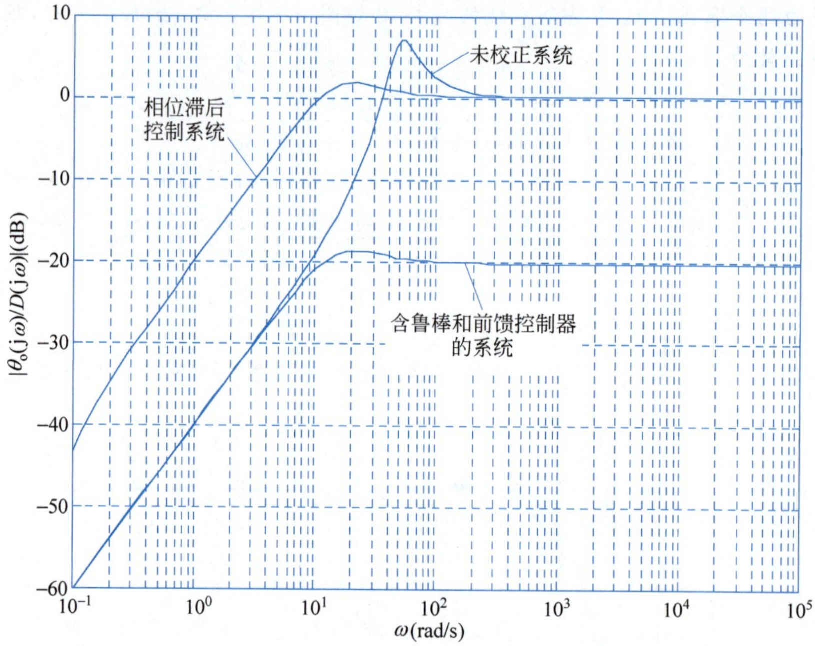

图 6.93 太阳观测系统的噪声响应的幅频图

例 6.17 考查某单位负反馈温度控制系统，其过程模型为 $G_p(s)=\dfrac{1}{(s+1)^2}$，如果控制器 $G_c(s)=1$，则系统对阶跃输入作用下的稳态误差为 50%，调节时间为 $t_s=3.2$s(2%误差带准则)。要求按照 ITAE(误差绝对值与时间积分)性能指标设计 PID 控制器，使得控制系统的超调量小于 5%，调节时间为 $t_s=0.5$s(2%误差带准则)。

解 在控制系统设计中常常采用误差平方积分的性能指标(integral of the square of the error)为最小来设计控制系统，表示为

$$\text{ISE}=\int_0^T e^2(t)\,\mathrm{d}t$$

其中，T 代表系统接近稳态时的时间，一般可取 t_s，理论上可取∞。显然这种性能指标代表了控制系统时域响应的快慢及阻尼的大小。还有一种便于仿真计算的误差绝对值积分性能指标(integral of the absolute of the error)，表示为

$$\text{IAE}=\int_0^T |e(t)|\,\mathrm{d}t$$

进一步考虑响应时间，人们常常还使用误差的绝对值乘以时间的积分性能指标，表示为

$$\text{ITAE}=\int_0^T t\,|e(t)|\,\mathrm{d}t$$

前人已对一个具有 n 个极点、没有零点的广义闭环系统

$$\Phi(s)=\frac{C(s)}{R(s)}=\frac{b_0}{s^n+b_{n-1}s+\cdots+b_1 s+b_0}$$

进行了 ITAE 性能指标最小的阶跃响应测试，最优的期望闭环系统的系数如表 6.6 所示。

表 6.6 基于 ITAE 性能指标和系统 $\Phi(s)$ 的阶跃响应的最优系数

系统阶次 n	最优的闭环系统分母多项式及系数
1	$s+\omega_n$
2	$s^2+1.4\omega_n s+\omega_n^2$
3	$s^3+1.75\omega_n s^2+2.15\omega_n^2 s+\omega_n^3$
4	$s^4+2.1\omega_n s^3+3.4\omega_n^2 s^2+2.7\omega_n^3 s+\omega_n^4$
5	$s^5+2.80\omega_n s^4+5.0\omega_n^2 s^3+5.5\omega_n^3 s^2+3.4\omega_n^4 s+\omega_n^5$
6	$s^6+3.25\omega_n s^5+6.60\omega_n^2 s^4+8.60\omega_n^3 s^3+7.45\omega_n^4 s^2+3.95\omega_n^5 s+\omega_n^6$

基于 ITAE 性能指标最小的对应闭环控制系统的阶跃响应如图 6.94 所示。

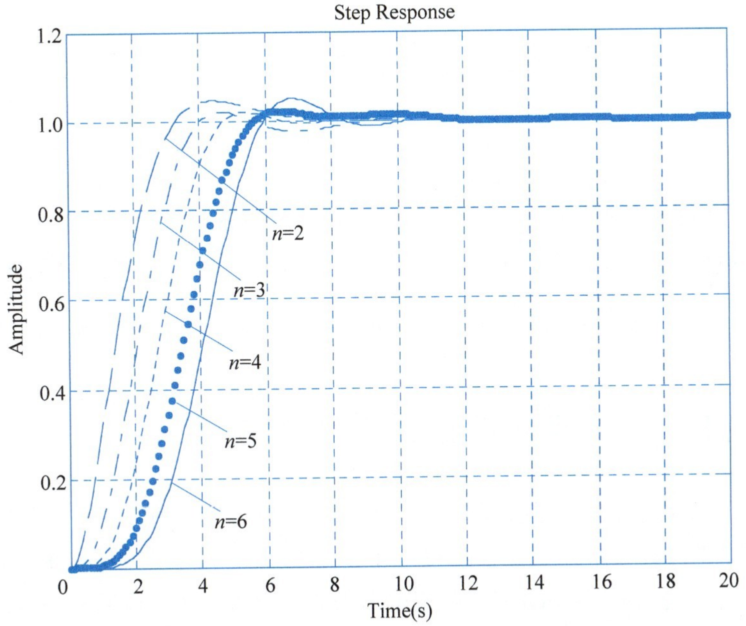

图 6.94 基于 ITAE 性能指标最小的闭环系统的阶跃响应

设 PID 控制器为

$$G_c(s)=K_p+K_i\frac{1}{s}+K_d s=\frac{K_d s^2+K_p s+K_i}{s}$$

因此，当前馈控制器 $G_f(s)=1$ 时的闭环传递函数为

$$\Phi_1(s)=\frac{C(s)}{R(s)}=\frac{G_c(s)G_p(s)}{1+G_c(s)G_p(s)}=\frac{K_d s^2+K_p s+K_i}{s^3+(2+K_d)s^2+(1+K_p)s+K_i}$$

因为 $t_s\approx\frac{4}{\zeta\omega_n}$，取 $\zeta=0.8$，$t_s=0.5$，得到 $\omega_n\approx\frac{4}{\zeta t_s}=10$，并将 $\Phi_1(s)$ 的分母与表 6.6 中的 3 阶系统多项式 $s^3+1.75\omega_n s^2+2.15\omega_n^2 s+\omega_n^3$ 比较，得到 PID 控制器的参数为

$$K_p=214,\quad K_i=1000,\quad K_d=15.5$$

此时，闭环传递函数为

$$\Phi_1(s)=\frac{15.5s^2+214s+1000}{s^3+17.5s^2+215s+1000}=\frac{15.5(s+6.9+j4.1)(s+6.9-j4.1)}{s^3+17.5s^2+215s+1000}$$

该系统阶跃响应的超调量为 31.7%，不满足性能指标要求。

再设计前馈控制器 $G_f(s)$,按照期望的ITAE指标设计闭环系统响应应为

$$\Phi(s)=\frac{G_f(s)G_c(s)G_p(s)}{1+G_c(s)G_p(s)}=\frac{1000}{s^3+17.5s^2+215s+1000}$$

因此,我们从中得到前馈控制器 $G_f(s)$ 为

$$G_f(s)=\frac{64.5}{(s+6.9+j4.1)(s+6.9-j4.1)}=\frac{64.5}{s^2+13.8s+64.5}$$

于是用MATLAB可以得到该系统在单位阶跃输入或扰动输入下系统校正前、无前馈控制器以及考虑鲁棒前馈控制系统的性能参数,如表6.7所示。

表6.7 例6.17系统控制性能对比表

控 制 器	超 调 量	调节时间/s	稳态误差	$\lvert c(t)/d(t)\rvert_{max}$
$G_c(s)=1$	0	3.2	50%	52%
PID和 $G_f(s)=1$	31.7%	0.2	0.0%	0.4%
鲁棒PID和 $G_f(s)$	1.9%	0.45	0.0%	0.4%

显然,只有考虑了鲁棒PID和前馈 $G_f(s)$ 设计的控制系统可以满足性能指标要求。

读者还可以进一步自行用MATLAB考查如果被控过程的数学模型不确定,例如被控过程为 $G_p(s)=\frac{K}{(\tau s+1)^2}$,其中,$0.5\leqslant\tau\leqslant1$,并且 $1\leqslant K\leqslant2$,则鲁棒控制系统的性能如何?

6.9 MATLAB在控制系统设计中的应用

采用MATLAB进行控制系统设计和前述理论设计方法有所不同,往往利用计算机的运算速度和程序设计技巧可以快速而精确地得到最终结果。由于控制系统有时域和频域两种性能指标,所以在用MATLAB对系统进行设计时,也有时域和频域两种方法。

6.9.1 MATLAB与频域法用于控制系统设计

在这里,主要是利用伯德图进行设计,在伯德图上进行校正设计的一般步骤为:

(1) 根据稳态误差要求,确定开环增益 K。

(2) 绘制满足稳态误差要求的原系统伯德图,以Margin函数求取原系统的性能指标 ω_c、ω_g、γ、GM。

(3) 根据所要求的性能指标,分析采用何种校正方式(在这里需要利用前述控制系统设计的一些基本估算公式)。

(4) 大致计算出控制器参数取值范围。

(5) 以运算结果为依据不断进行调整,到满意为止。

例6.18 已知某单位反馈系统的开环传递函数为

$$G(s)=\frac{K}{s(s+2)}$$

试设计超前网络,使系统的稳态速度误差系数 $k_v=20s^{-1}$,相角裕度不小于45°。

解 由题目给出的静态速度误差系数 $k_v=20$,得到 $K=40$,此时,开环传递函数为

$$G(s)=\frac{40}{s(s+2)}$$

用 Margin 函数画出原系统开环增益确定后的伯德图如图 6.95 所示，由图可知，原系统的相角裕度 $\gamma=18^\circ<45^\circ$，不满足要求，可加超前校正提高其相角裕度。

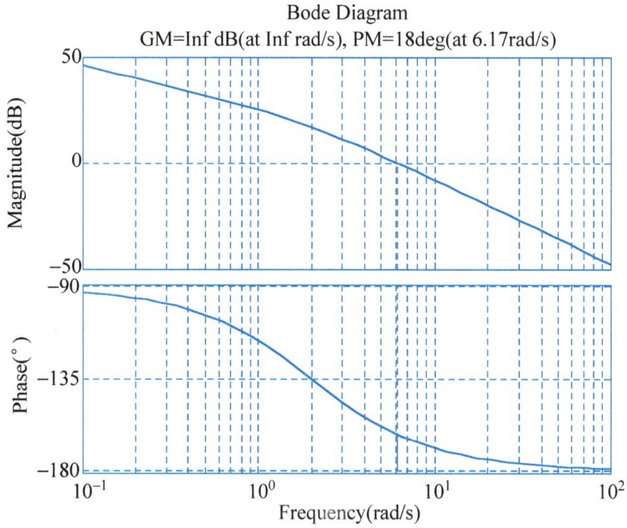

图 6.95　例 6.18 原系统的伯德图

参考 6.5.1 节频率法用于串联超前校正的一般步骤，可得 MATLAB 源程序如下：

（注：num 是原系统传递函数的分子系数，den 是原系统的分母系数，kc 是开环增益，dpm 是要求的相角裕度，exlen 是相角补偿裕量（一般取 5°～10°），num1、den1 分别是校正装置的分子分母系数。）

```
function bodeld(num,den,kc,dpm,exlen)
y = tf(kc * num,den);                 % 原系统的传递函数
[mg,pha,w] = bode(y);
[gm,pm,wcg,wcp] = margin(y);          % 原系统的增益裕度和相角裕度
phim = dpm - pm + exlen;              % 超前网络需产生的超前角
phi = phim * pi/180;
a = (1 + sin(phi))/(1 - sin(phi))
mag =  - 10 * log10(a);
gmb = 20 * log10(mg);
wcgn = spline(gmb,w,mag)              % wcgn 为校正后相位穿越频率
T = 1/wcgn/sqrt(a);
aT = a * T;
num1 = [aT 1]                         % 超前网络传递函数分子系数
den1 = [T 1]                          % 超前网络传递函数分母系数
Gc = tf(num1,den1);                   % 超前网络传递函数
G = y * Gc;                           % 校正后系统的开环传递函数
margin(G);                            % 画出校正后系统的伯德图
grid on
```

在 MATLAB 命令窗口输入命令调用函数 bodeld.m

```
bodeld(1,[1 2 0],40,45,5)
```

可以得到校正后系统的伯德图如图 6.96 所示。由图可知，校正后系统的相角裕度 $\gamma'=45.5^\circ>45^\circ$，满足要求。如果相角裕度不满足要求，这时可以增加相位补偿，直到满足要求为止。

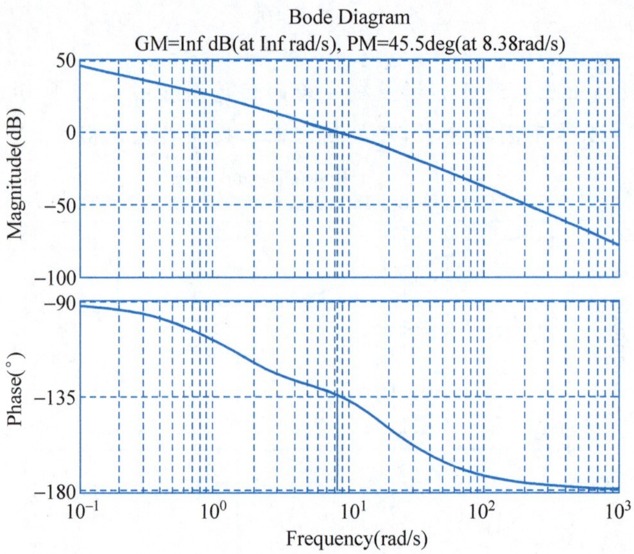

图 6.96 例 6.18 超前校正后系统的伯德图

运行上面的程序后还可以得到程序如下

```
a = 3.2594
wcgn = 8.3811
T = 0.0661
num1 = [0.2154  1]
den1 = [0.0661  1]
```

因此,该系统校正装置的传递函数为

$$G_c(s)=\frac{0.2154s+1}{0.0661s+1}$$

校正后系统的开环传递函数为

$$G(s)=\frac{40(0.2154s+1)}{s(s+2)(0.0661s+1)}$$

6.9.2 MATLAB 与根轨迹法用于控制系统设计

用时域性能指标对控制系统进行设计最常用的方法是根轨迹法,其超前校正的一般设计步骤如下:

(1) 由给定的时域性能指标,确定期望的主导极点 s_d。

(2) 利用根轨迹相角条件(s_d 必须位于根轨迹上;$\angle G_c(s_d)G_o(s_d)=180°$)和角平分线法来确定校正器的极点位置 p_c 和零点的位置 z_c。

(3) 此时 s_d 点的增益值是否能使系统的稳态误差满足要求?如果不能满足要求,则重新修正校正控制器的零极点位置,并重复上面的过程。

(4) 将闭环控制系统进行仿真,考查系统的响应,判别系统是否满足期望的性能指标。

例 6.19 某单位反馈的开环传递函数为 $G_o(s)=\frac{4}{s(s+2)}$,如要求 $\zeta=0.5,\omega_n=4,k_v\geqslant 5$,试设计串联超前校正网络,并求出其传递函数 $G_c(s)$。

解 易得原系统的闭环传递函数 $\Phi(s)=\dfrac{4}{s^2+2s+4}$，于是 $\zeta=0.5, \omega_n=2$。由于要求 $\omega_n=4$，即得期望的主导极点为 $s_d=-2\pm j2\sqrt{3}$。

在 MATLAB 命令行输入以下语句

```
ng = 4;
dg = [1 2 0];
rlocus(ng,dg);
```

可得未校正系统根轨迹如图 6.97 所示，由图可知仅靠比例控制不可能使系统的根轨迹穿过期望的主导极点，这里我们选择超前校正。

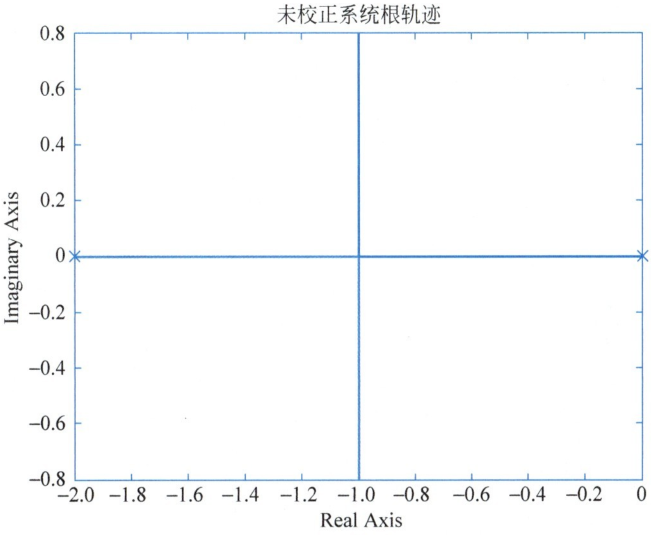

图 6.97 例 6.19 未校正系统根轨迹

参照例 6.1 的解答过程，用 MATLAB 进行编程，可得源程序如下：

```
ng = 4;
dg = [1 2 0];
sd =  - 2 + i * 2 * sqrt(3);
ngv = polyval(ng , sd);
dgv = polyval(dg , sd);
g = ngv/dgv;
theta = angle(g);                               % 待校正系统的相角
if theta > 0
    phi_c = pi - theta                          % phi_c 是超前网络要产生的超前角
end
if theta < 0
    phi_c =  - theta
end;
phi = angle(sd);                                % 主导极点的相角
theta_p = (phi - phi_c)/2;                      % 超前网络极点相角
theta_z = (phi + phi_c)/2;                      % 超前网络零点相角
z_c = real(sd) - imag(sd)/tan(theta_z);         % 寻找校正网络的零点
p_c = real(real(sd) - imag(sd)/tan(theta_p));   % 寻找校正网络的极点
nk = [1 - z_c]
dk = [1 - p_c]
nkv = polyval(nk, sd);
dkv = polyval(dk, sd);
```

```
k = nkv/dkv;                              % 由幅值条件计算在主导极点处的增益
kc = abs(1/(g * k))                       % 校正装置的增益
```

在 MATLAB 中调用上面的程序后，得到 z_c=−2.9282，p_c=−5.4641，kc=4.7321，因此，该控制系统超前校正网络的传递函数为

$$G_c(s)=K_c\frac{s+z_c}{s+p_c}=\frac{4.73(s+2.93)}{s+5.46}$$

校正后系统的开环传递函数为

$$G(s)=\frac{18.92(s+2.93)}{s(s+2)(s+5.46)}$$

此时 $k_v=\frac{18.92\times 2.93}{2\times 5.46}=5.1>5$ 满足控制精度要求。

画出校正后系统的根轨迹如图 6.98 所示，由图可知校正后的根轨迹经过主导极点。

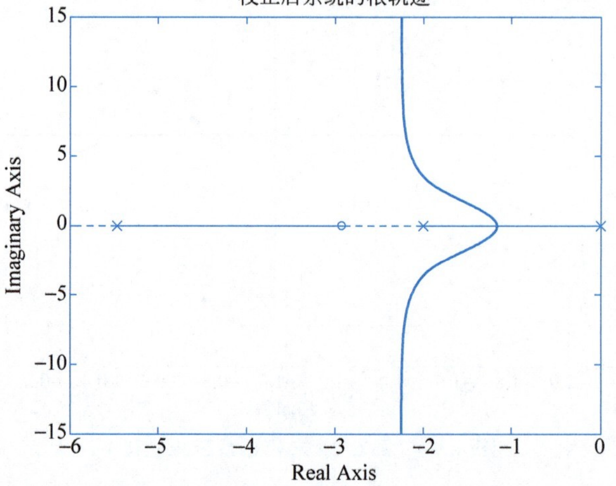

图 6.98　例 6.19 校正后系统的根轨迹

校正前后系统的单位阶跃响应如图 6.99 所示，由图可知，校正后系统的反应加快，但超调量略有增加。

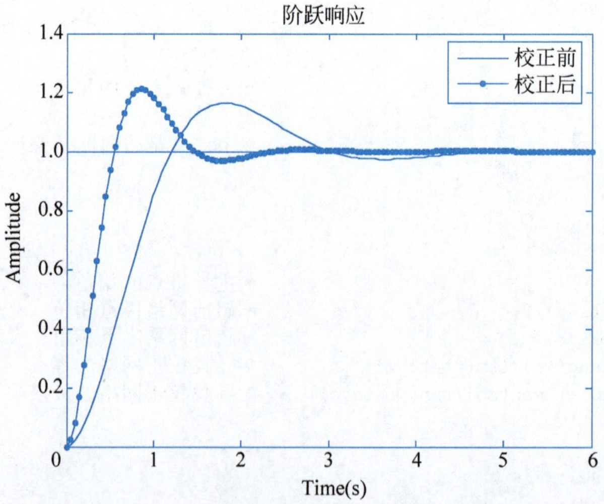

图 6.99　例 6.19 校正前后系统的单位阶跃响应

例 6.20 某飞行器姿态被控过程的传递函数为

$$G_p(s)=\frac{4500K}{s(s+361.2)}$$

试设计一个控制器,使图 6.100 所示的闭环系统满足下面的指标:

(1) 单位斜坡输入的稳态误差 $e_{ss}\leqslant 0.000443$;

(2) 最大超调量 $\sigma\%\leqslant 5\%$;

(3) 上升时间 $t_r\leqslant 0.005\mathrm{s}$;

(4) 调节时间 $t_s\leqslant 0.005\mathrm{s}$。

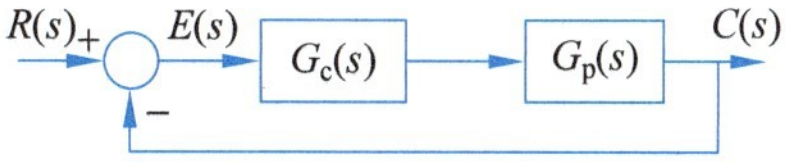

图 6.100 例 6.20 控制系统

解 为了满足斜坡输入时稳态误差的要求,即由

$$k_v=\lim sK\cdot G_p(s)=\frac{4500K}{361.2}=\frac{1}{0.000443}$$

得到满足稳态指标要求所需的比例增益为 $K=181.17$。在 MATLAB 命令窗口输入如下语句

```
num = 4500 * 181.17;
den = [1 361.2 0];
y1 = tf(num,den);
y2 = feedback(y1,1);
step(y2)
```

可得原系统的阶跃响应曲线如图 6.101 所示。由图可知,当 $K=181.17$ 时,系统的阻尼比为 0.2,最大超调量为 52.7%。在系统前向通道中再加入一 PD 控制器,这样在保持单位斜坡输入的稳态误差不变的前提下,使得系统的阻尼和最大超调都有了改善,加入 PD 控制器后系统的开环传递函数为

$$G(s)=G_c(s)G_p(s)=\frac{(K_p+K_d s)\times 181.17\times 4500}{s(s+361.2)}$$

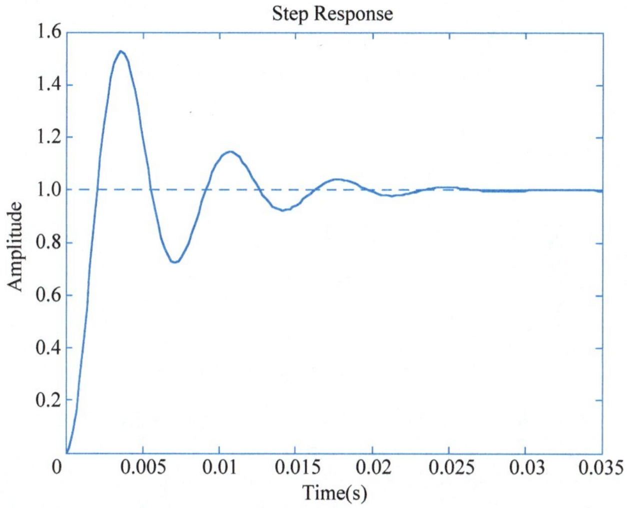

图 6.101 例 6.20 原系统阶跃响应曲线

则闭环传递函数为

$$\frac{C(s)}{R(s)}=\frac{815265(K_p+K_d s)}{s^2+(361.2+815265K_d)s+815265K_p}$$

稳态速度误差系数为

$$k_v = \lim_{s \to 0} s G_c(s) G_p(s) = \frac{815265K_p}{361.2} = 2257.1K_p$$

令 $K_p = 1$(满足系统稳态误差要求)。系统阻尼比为

$$\zeta = \frac{361.2 + 815265K_d}{2\sqrt{815265}} = 0.2 + 451.46K_d$$

很显然,微分系数 K_d 对阻尼起了正作用,如果我们希望有临界阻尼比 $\zeta=1$,可以得到 $K_d=0.001772$。可以看出闭环传递函数在 $s=-K_p/K_d$ 处的零点会影响系统的暂态响应,这说明当 K_d 值增加时,零点会离原点很近,可以有效地抵消被控过程 $G_p(s)$在 $s=0$ 处的极点。

令 $K_p=1$ 保持不变,K_d 分别取 0,0.0005,0.00177,0.0025,调用 MATLAB 程序 PID.m,源程序如下

```
Kd = [0 0.0005 0.00177 0.0025];
for i = 1:4
num = [4500 * 181.17 * Kd(i) 4500 * 181.17];
den = [1 361.2 0];
y1 = tf(num,den);
y2 = feedback(y1,1);
step(y2)
hold on
end
```

可得系统的阶跃响应如图 6.102 所示。

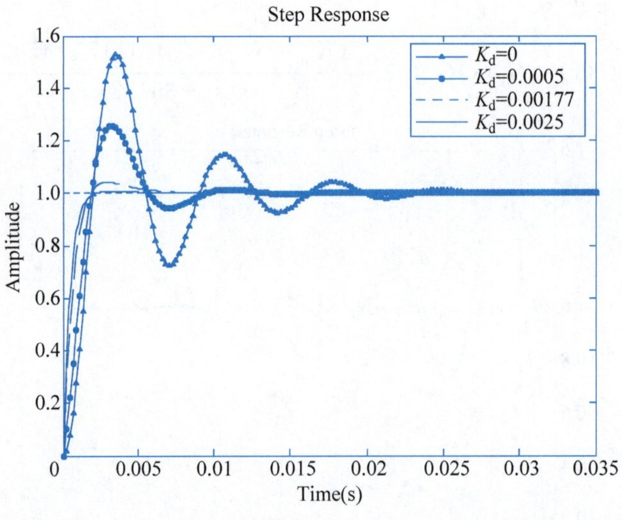

图 6.102 例 6.20 系统 K_d 取不同值时的阶跃响应曲线

由图 6.102 可以得到关于系统上升时间、调节时间、最大超调量百分比如表 6.8 所示,由表可以看出,只有当 $K_d \geqslant 0.00177$ 时才能满足所有性能指标要求,然而大的 K_d 对应于大的带宽 BW,这样就会带来高频噪声抑制难的问题,所以在这里取 $K_d=0.00177$,即校正后,系统的开环传递函数为

$$G(s) = \frac{815265(1+0.00177s)}{s(s+361.2)}$$

表 6.8 例 6.20 具有 PD 控制器的控制系统单位阶跃响应指标

K_d	t_r/s	t_s/s	最大超调量 σ/%
0	0.00125	0.00151	52.2
0.0005	0.0076	0.0076	25.7
0.00177	0.00119	0.0049	4.2
0.0025	0.00103	0.0013	0.7

6.10 小结

本章致力于控制系统设计问题的研究，它是各行业自动化技术中最重要的一个环节，是关系到生产过程能否达到所要求的性能指标的关键。如果系统给出的是期望的超调量 σ%、调节时间 t_s、稳态误差 $e_{ss}(k_p,k_v,k_a)$和期望极点的位置作为性能指标，则一般用时域法或根轨迹法进行控制系统设计；如果系统给出的是期望的相角裕度 γ、幅值穿越频率 ω_c(或 GM,h)、谐振峰值 M_r、谐振频率 ω_r、带宽 BW 和稳态误差 $e_{ss}(k_p,k_v,k_a)$等频域性能指标，则通常用频域法中的伯德图可以方便地进行控制系统设计。

校正方式一般采用串联反馈校正，控制器结构可以根据性能指标要求选用滞后(PI)校正、超前(PD)校正和滞后超前(PID)校正。如果系统在抗干扰和跟随性方面有更高要求，可以采用复合校正方式。控制系统设计的好坏一方面取决于性能指标的要求、被控过程的性质属性以及控制器结构与参数的选择；另一方面还要有必要的理论方法和积累丰富的实践经验。如果被控过程已经建立了数学模型，则控制器参数可以由时域法、根轨迹法和频域法辅助 MATLAB 仿真技术设计整定，如果被控过程很难建立出系统的数学模型，则 PID 控制器参数建议按照工程整定法进行设计。鲁棒控制是需要进一步研究与实践的挑战性课题。

关键术语和概念

系统分析(system analysis)： 在已知控制系统中加入测试输入信号测量系统的输出响应或性能指标的过程。

综合(synthesis)： 构建新的物理系统的过程，把分离的元部件组合成一个有机的整体。

设计(design)： 为达到特定的目的，构思或创建系统的结构、组成和技术细节的过程。

校正(compensation)： 改变或调节控制系统，使之能获得满意的性能。

控制器设计(controller design)： 设计控制系统中控制器的结构和参数的过程。

PID 控制器(PID controller)： 指由比例项、积分项和微分项三项之和组成的控制器，其中每项的增益均可调。相当于滞后-超前校正环节。比例主要是提高系统响应速度和控制精度的作用，但要注意闭环系统的稳定性；积分主要是提高控制精度的作用；微分可以增大系统阻尼，减小系统超调量，改善系统的动态性能。

PID 参数整定(PID parameters tuning)： 指 PID 控制器的比例、积分和微分三个可调参数的选取问题，它的选取是影响控制系统性能的主要因素之一，通常采用工程整定方法。

前置滤波器(prefilter)： 在计算偏差信号之前，对输入信号 $R(s)$进行滤波的传递函数 $G_f(s)$。

鲁棒控制系统(robust control system):在被控过程存在显著不确定的情况下设计的控制系统仍能具备预期性能的系统。

系统灵敏度(system sensitivity):闭环系统传递函数的变化与引起这一变化的被控过程传递函数(或参数)的微小增量之比。

优化(optimization):调整系统参数以获得最满意或最优的设计。

拓展您的事业——电子仪器学科

学习用物理原理设计各类装置和设备而造福人类。但是,没有很好的测量手段就不能很好地掌握和了解客观世界,仪器是度量的工具,运算放大器是现代电子仪器的基本工作模块。因此,掌握运算放大器的基本理论及典型应用案例是相当重要的。

电子仪器被用于科学和工程技术的各个领域中。电子仪器在科学技术的各个领域的迅速增长已达到相当高的程度,不用电子仪器来展示科学和技术方面的内容是不可思议和令人可笑的。物理学家、化学家、生物学家以及工程技术人员都必须学会使用电子电气仪器;特别是作为学习电子电气工程的学生,操作数字和模拟电子仪器的技能是非常关键的,包括安培表、电压表、欧姆计、示波器、频谱分析仪和信号发生器等。

除了不断提高操作仪器的技能之外,电子工程师们还自己设计和制造电子仪器,许多人都有所发明并申请了专利。从事电子仪器领域的专门人才,在医学院、医院研究实验室、航空工业和数以千计的使用电子仪器的各种工业部门中都能找到工作,施展聪明才智。

习题

6.1 考查图 P6.1 所示的飞行器姿态控制系统的二阶模型,被控过程的传递函数为

$$G_p(s)=\frac{4500K}{s(s+361.2)}$$

(1) 设计一个串联 PD 控制器 $G_c(s)=K_p+K_d s$,使其满足下列性能指标:

① 单位斜坡输入的稳态误差 $e_{ss}\leqslant 0.001$;

② 最大超调量 $\sigma\%\leqslant 5\%$;

③ 上升时间 $t_r\leqslant 0.005$s;

④ 调节时间 $t_s\leqslant 0.005$s。

(2) 重复(1)的要求,而且系统的带宽必须小于 850rad/s。

6.2 图 P6.2 是由一个 0 型过程和 PID 控制器组成的控制系统。设计控制器参数,使其满足下列性能指标:稳态速度误差系数 $k_v=100$;上升时间 $t_r<0.01$s;最大超调量 $\sigma\%<2\%$;绘制该系统的单位阶跃响应。

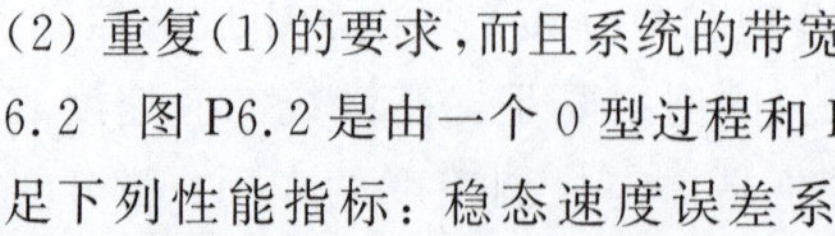

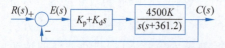

图 P6.1 题 6.1 飞行器姿态控制系统

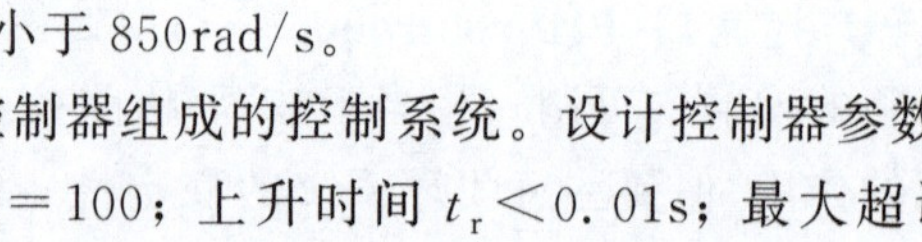

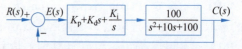

图 P6.2 题 6.2 控制系统

6.3　设单位反馈的火炮指挥仪伺服系统，其开环传递函数为

$$G(s)=\frac{K}{s(0.2s+1)(0.5s+1)}$$

若要求系统最大输出速度为 12°/s，输出位置的容许误差小于 2°，试求：

(1) 确定满足上述指标的最小 K 值，计算该 K 值下系统的相角裕度和增益裕度；

(2) 在前向通路中串接超前校正网络

$$G_c(s)=\frac{0.4s+1}{0.08s+1}$$

计算校正后系统的相角裕度和增益裕度，说明超前校正对系统动态性能的影响。

6.4　设单位反馈系统的开环传递函数为

$$G(s)=\frac{K}{s(s+1)}$$

试设计一串联超前校正装置，使系统满足如下性能指标：

(1) 相角裕度 $\gamma \geqslant 45°$；

(2) 在单位斜坡输入下的稳态误差 $e_{ss}<\frac{1}{15}$；

(3) 幅值穿越频率 $\omega_c \geqslant 7.5\text{rad/s}$。

6.5　一个含串联控制器 $G_c(s)=K_p+K_d s$ 的Ⅱ型控制系统的方框图如图 P6.3 所示。目标是设计 PD 控制器，使其满足下列性能：最大超调 $\sigma\%<10\%$，上升时间 $t_r<0.5\text{s}$。

(1) 求出闭环系统的特征方程，确定系统稳定时的 K_p 和 K_d 范围。在 K_p-K_d 平面上指出稳定区域；

(2) 建立 $K_d=0, 0\leqslant K_p\leqslant\infty$ 的特征方程根轨迹，然后绘制 K_p 为 0.001 和 0.01 之间的定值，$0\leqslant K_d\leqslant\infty$ 对应的根轨迹；

(3) 设计满足指标的 PD 控制器，可以用根轨迹上的信息来帮助设计。绘制输出 $c(t)$ 的单位阶跃响应；

(4) 在频域内检验(3)得到的结果。确定系统的相角裕度、增益裕量、M_r 和 BW。

6.6　设复合校正控制系统如图 P6.4 所示，若要求闭环回路过阻尼，且系统在斜坡信号输入下的稳态误差为零，试确定 K 值及前馈补偿装置 $G_r(s)$。

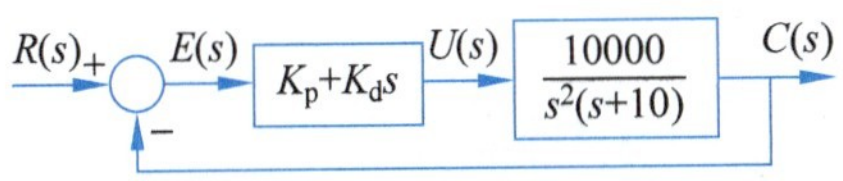

图 P6.3　题 6.5Ⅱ型控制系统

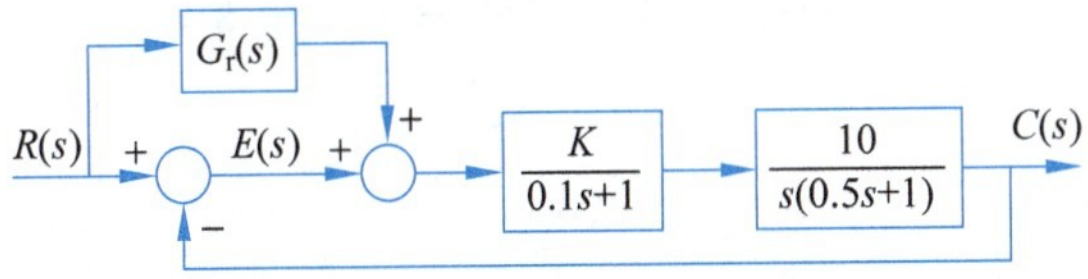

图 P6.4　题 6.6 复合校正控制系统

6.7　设复合校正控制系统如图 P6.5 所示，图中 $G_n(s)$ 为前馈补偿装置的传递函数，$G_c(s)=K_t'$ 为测速发电机及分压电位器的传递函数，$G_1(s)$ 和 $G_2(s)$ 为前向通路环节的传递函数，$D(s)$ 为可测量扰动，如果

$$G_1(s)=K_1,\quad G_2(s)=1/s^2$$

试确定 $G_n(s)$、$G_c(s)$ 和 K_1，使系统输出量完全不受扰动的影响，且单位阶跃响应的超调量 $\sigma\%=25\%$，峰值时间 $t_p=2\text{s}$。

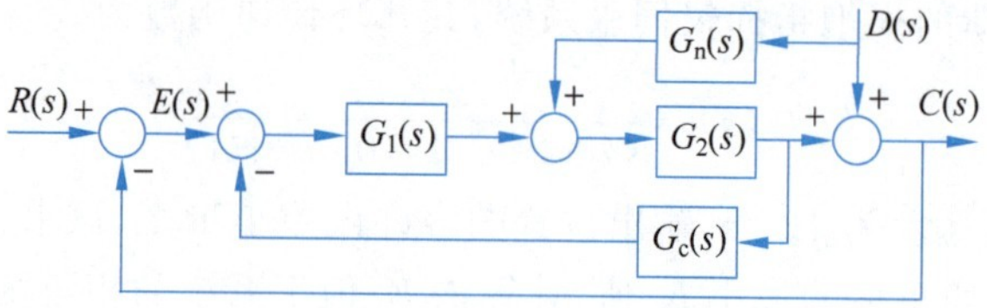

图 P6.5　题 6.7 复合校正控制系统

6.8　设单位反馈系统的开环传递函数为

$$G(s)=\frac{40}{s(0.2s+1)(0.0625s+1)}$$

(1) 若要求校正后系统的相角裕度为 30°,增益裕度为 10～12dB,试设计串联超前校正装置;

(2) 若要求校正后系统的相角裕度为 50°,增益裕度为 30～40dB,试设计串联滞后校正装置。

6.9　设单位反馈控制系统校正前系统的开环传递函数为 K/s^2,试设计相位超前网络,使系统的调整时间小于 4s(对于 2%误差范围),超调量不超过 35%。

6.10　某单位反馈控制系统的开环传递函数为

$$G(s)=\frac{2.5}{s(s+1)(0.25s+1)}$$

为使系统具有 45°的相角裕度,试确定:

(1) 串联相位超前校正装置;

(2) 串联相位滞后校正装置;

(3) 串联相位滞后-超前校正装置。

6.11　传统双翼飞机方向控制系统的方块图如图 P6.6 所示。

(1) 当 $G_c(s)=K$,$D(s)=1/s$ 时,确定最小的增益 K 值,使单位阶跃干扰的稳态影响小于或等于单位阶跃响应的 5%(Δ=5);

(2) 确定当系统采用问题(1)求出的增益时的稳定性;

(3) 设计一个一级相位超前校正网络,使系统的相角裕度为 30°;

(4) 设计一个二级相位超前校正网络,使系统的相角裕度为 55°;

(5) 比较(3)和(4)两种系统的带宽。

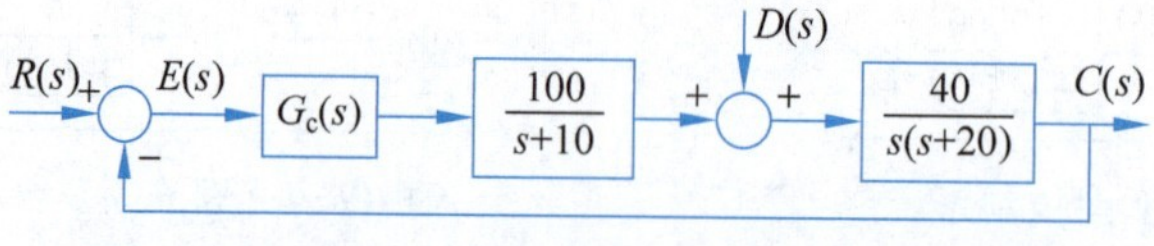

图 P6.6　题 6.11 传统双翼飞机的方向控制系统

6.12　登月舱的姿态控制系统由登月舱校正网络和执行机构组成,如图 P6.7 所示,其中忽略了登月舱自身的阻尼。试选择合适的开环增益,并用根轨迹法设计超前校正网络,使系统的阻尼系数为 $\zeta=0.6$,调整时间 t_s 小于 2.5s(2%误差范围)。

6.13　已知某控制系统的结构如图 P6.8 所示。要通过测速反馈闭环系统满足如下性能指标:

（1）稳态速度误差系数 $k_{\mathrm{v}} \geqslant 5\mathrm{s}^{-1}$；

（2）系统阻尼系数 $\zeta=0.5$；

（3）调整时间 $t_{\mathrm{s}} \leqslant 3\mathrm{s}$。

试确定前置放大增益 K_1 及测速反馈系数 K_2。

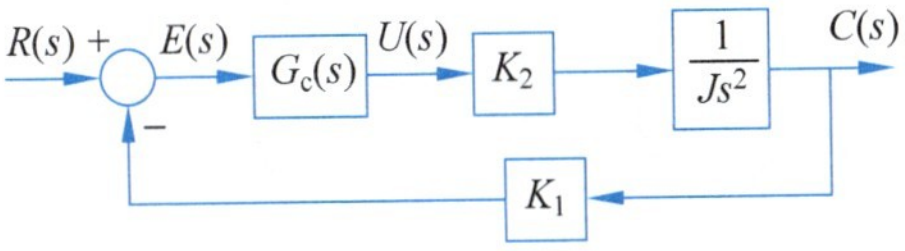

图 P6.7　题 6.12 登月舱姿态控制系统

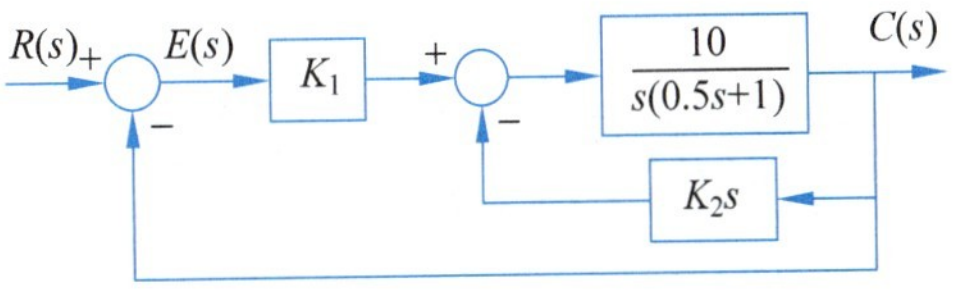

图 P6.8　题 6.13 控制系统结构图

6.14　图 P6.9 所示闭环系统，其开环传递函数为

$$G_{\mathrm{o}}(s)=\frac{4}{s(s+2)}$$

试用 MATLAB 设计一个相位超前补偿器，使系统的稳态速度误差系数 k_{v} 等于 $20\mathrm{s}^{-1}$，且相角裕度不小于 50°。

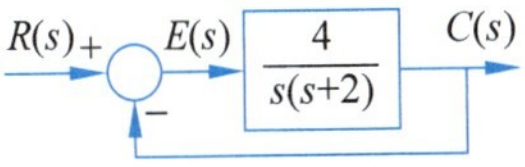

图 P6.9　题 6.14 系统

6.15　考查如图 P6.10 所示的闭环系统，其开环传递函数为

$$C_{\mathrm{o}}(s)=\frac{4}{s(s+1)(0.5s+1)}$$

试用 MATLAB 设计一个相位滞后补偿器，使系统的稳态速度误差系数 k_{v} 等于 $5\mathrm{s}^{-1}$，且相角裕度不小于 40°。

6.16　考查如图 P6.11 所示的闭环系统，其开环传递函数为

$$G_{\mathrm{o}}(s)=\frac{K}{s(s+1)(s+2)}$$

试用 MATLAB 设计一个相位滞后-超前补偿器，使系统的稳态速度误差系数 k_{v} 等于 $10\mathrm{s}^{-1}$，且相角裕度不小于 50°，增益裕度≥10dB。

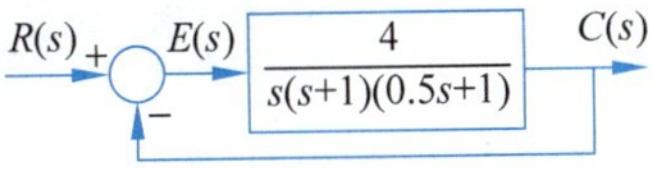

图 P6.10　题 6.15 系统

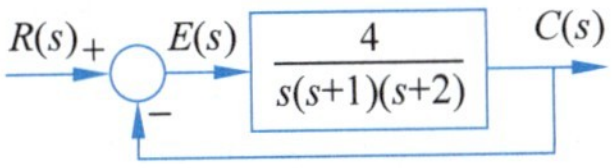

图 P6.11　题 6.16 系统

第7章

控制系统的状态变量分析与设计

电子与电气学科世界著名学者——卡尔曼

鲁道夫·埃米尔·卡尔曼(Rudolf Emil Kalman,1930—　)

卡尔曼,美国数学家和电气工程师。著名的卡尔曼滤波器正是源于他的博士论文和1960年发表的论文 *A New Approach to Linear Filtering and Prediction Problems*(线性滤波与预测问题的新方法)。简单地说,卡尔曼滤波器是一个"Optimal recursive data processing algorithm(最优化自回归数据处理算法)"。对于解决很大部分的问题,它是最优、效率最高甚至是最有用的。它的广泛应用已经有几十年了,包括机器人导航、控制、传感器数据融合甚至在军事方面的雷达系统以及导弹跟踪等。近年来更被应用于计算机图像处理,例如人脸识别、图像分割和图像边缘检测等。

卡尔曼1930年5月生于匈牙利首都布达佩斯。1953年在美国麻省理工学院(MIT)获理学学士学位,1954年获理学硕士学位,1957年在哥伦比亚大学获科学博士学位。1957—1958年在IBM公司研究大系统计算机控制的数学问题。1958—1964年在巴尔的摩高级研究院研究控制和数学问题。1964—1971年到斯坦福大学任教授。1971年任佛罗里达大学数学系统理论研究中心主任,并兼任瑞士苏黎世联邦高等工业学校教授。1960年卡尔曼因提出著名的卡尔曼滤波器而闻名于世。卡尔曼滤波器在随机序列估计、空间技术、工程系统辨识和经济系统建模等方面有许多重要应用。1960年卡尔曼还提出能控性的概念,能控性是控制系统研究和实现的基本概念,在最优控制理论、稳定性理论和网络理论中起着重要作用。卡尔曼还利用对偶原理导出能观测性概念,并在数学上证明了卡尔曼滤波理论与最优控制理论对偶,"卡尔曼滤波理论"已成为信息学科研究生必修的知识。

由于他的杰出贡献,获1974年IEEE荣誉勋章、1984年IEEE百年勋章、1985年日本京都奖、1987年美国数学学会斯蒂尔奖和1997年贝尔曼奖。他是美国国家科学院、美国国家工程学院和美国艺术和科学院院士。他还是许多外国研究机构的院士,其中包括匈牙利、法国和俄罗斯科学院,并且获得了许多名誉博士学位。

7.1 引言

我们在第2章控制系统数学模型中介绍了状态变量模型，并且知道，由于系统状态变量选取的非唯一性，同一系统的各种状态变量描述之间可以通过线性非奇异变换建立联系。状态变量描述的这种不唯一性并没有给控制系统研究带来不便，相反，由于系统的许多特性在线性变换下具有不变性，可以将系统模型转换成某种特定的规范性，以便很好地凸现系统的某些结构特征，方便控制系统的分析与设计。

稳定性问题一直是控制科学与工程中研究的首要问题。本章介绍的李雅普诺夫稳定性的有关概念和定理是第3章中线性定常系统稳定性概念和方法的延伸，既可以用于线性控制系统的稳定性分析与设计，也可以用于复杂非线性系统、时滞系统的稳定性分析与控制器设计。

能控性和能观测性是线性系统的重要特性，能控性反映输入控制信号对系统状态的控制能力，能观测性是指系统的状态信息能否在测量的输出信号中得到反映的性质，它们是状态反馈和观测器设计的基础，最优控制和最佳估计理论也是以它为存在条件。

在第6章中控制系统的校正设计方法属于经典控制设计理论，仅针对线性定常单输入单输出系统，设计过程一般不能一次完成，甚至要求控制工程师有丰富的实践经验。而本章介绍的极点配置和基于线性二次型最优控制器的设计方法可用于多输入多输出系统的设计，且设计可以一次完成，通常这些方法设计的控制器仅为简单的比例控制。

本章主要介绍基于状态变量和状态方程的基本分析和设计方法。首先介绍线性定常状态方程的状态转移矩阵和解析解，状态方程的解是高等数学中的一个基本问题，也是线性常微分方程解的一个延续。随后，对基于状态变量的李雅普诺夫稳定性的有关概念、基本定理以及如何利用李雅普诺夫稳定性理论进行控制系统分析和设计进行了讨论。然后，定义了线性系统的能控性和能观测性等概念，详细讨论了线性定常系统的能控性和能观测性判据以及系统结构分解问题。本章给出了基于极点配置的状态反馈控制基本设计算法以及基于全维状态观测器的控制系统设计方法。最后，给出了最优控制系统的基本概念、性能指标分类，详细讨论了线性二次型最优调节器的设计问题。对大多数问题均配有 MATLAB 仿真技术进行计算机辅助分析与设计。

7.2 线性定常连续系统的时域响应

7.2.1 线性定常系统齐次状态方程的解与状态转移矩阵

我们在第2章数学模型中描述了一个 n 阶系统一般可以写成如下状态变量向量形式

$$\begin{cases}\dot{\boldsymbol{x}}=\boldsymbol{f}(\boldsymbol{x},\boldsymbol{u})\\ \boldsymbol{y}=\boldsymbol{g}(\boldsymbol{x},\boldsymbol{u})\end{cases} \tag{7.1}$$

其中，状态方程 $\boldsymbol{f}$ 为 $n\times 1$ 的函数矩阵，它由一组一阶微分方程组成，输出方程 $\boldsymbol{g}$ 为 $m\times 1$ 的函数矩阵，仅为代数方程。状态向量 $\boldsymbol{x}=\begin{bmatrix}x_1\\x_2\\\vdots\\x_n\end{bmatrix}(n\times 1)$，控制输入向量 $\boldsymbol{u}=\begin{bmatrix}u_1\\u_2\\\vdots\\u_r\end{bmatrix}(r\times 1)$，输出

向量 $\boldsymbol{y}=\begin{bmatrix} y_1 \\ y_2 \\ \vdots \\ y_m \end{bmatrix}(m\times 1)$。

本章主要描述的线性定常系统的状态变量方程可以表示为

$$\begin{cases} \dot{\boldsymbol{x}}=\boldsymbol{A}\boldsymbol{x}+\boldsymbol{B}\boldsymbol{u} \\ \boldsymbol{y}=\boldsymbol{C}\boldsymbol{x}+\boldsymbol{D}\boldsymbol{u} \end{cases} \tag{7.2}$$

其中,系统矩阵 $\boldsymbol{A}=\begin{bmatrix} a_{11} & a_{12} & \cdots & a_{1n} \\ a_{21} & a_{22} & \cdots & a_{2n} \\ \vdots & \vdots & & \vdots \\ a_{n1} & a_{n2} & \cdots & a_{nn} \end{bmatrix}(n\times n)$,控制输入矩阵 $\boldsymbol{B}=\begin{bmatrix} b_{11} & b_{12} & \cdots & b_{1r} \\ b_{21} & b_{22} & \cdots & b_{2r} \\ \vdots & \vdots & & \vdots \\ b_{n1} & b_{n2} & \cdots & b_{nr} \end{bmatrix}(n\times r)$,

输出矩阵 $\boldsymbol{C}=\begin{bmatrix} c_{11} & c_{12} & \cdots & c_{1n} \\ c_{21} & c_{22} & \cdots & c_{2n} \\ \vdots & \vdots & & \vdots \\ c_{m1} & c_{m2} & \cdots & c_{mn} \end{bmatrix}(m\times n)$,前馈矩阵 $\boldsymbol{D}=\begin{bmatrix} d_{11} & d_{12} & \cdots & d_{1r} \\ d_{21} & d_{22} & \cdots & d_{2r} \\ \vdots & \vdots & & \vdots \\ d_{m1} & d_{m2} & \cdots & d_{mr} \end{bmatrix}(m\times r)$。

一旦线性定常系统的状态变量方程写成式(7.2)形式后,下一步往往是计算该方程在给定初始状态向量 $\boldsymbol{x}(t_0)$ 和任意 $t\geqslant t_0$ 时刻的输入向量 $\boldsymbol{u}(t)$ 作用下的解或轨迹。式(7.2)中的状态方程右边第一项是状态方程的齐次部分,而第二项是代表外部强迫 $\boldsymbol{u}(t)$ 的函数。

首先考查线性定常系统的零输入响应,即系统仅在给定初始状态向量 $\boldsymbol{x}(t_0)$ 激励下,方程式(7.2)在 $t\geqslant t_0$ 时刻的解。此时,式(7.2)中的状态方程简化为齐次状态方程,即

$$\dot{\boldsymbol{x}}=\boldsymbol{A}\boldsymbol{x} \tag{7.3}$$

设在 $t=t_0=0$ 的初始状态 $\boldsymbol{x}(0)$ 下,式(7.3)的线性定常齐次状态方程的解可表示为

$$\boldsymbol{x}(t)=\boldsymbol{\Phi}(t)\boldsymbol{x}(0) \tag{7.4}$$

式中,矩阵 $\boldsymbol{\Phi}(t)$ 称为 $n\times n$ 的状态转移矩阵。

为阐明状态转移矩阵的意义,首先模拟标量齐次微分方程 $\dot{x}=ax$ 求解过程对齐次状态方程 $\dot{\boldsymbol{x}}=\boldsymbol{A}\boldsymbol{x}$ 进行求解。

对标量微分方程 $\dot{x}=ax$ 两边取拉普拉斯变换,化简得出其时间变量 $x(t)$ 的象函数为

$$X(s)=(s-a)^{-1}x(0) \tag{7.5}$$

对式(7.5)两边同时进行拉普拉斯反变换,则可得标量齐次微分方程的解为

$$x(t)=\mathcal{L}^{-1}[(s-a)^{-1}]x(0)=\mathrm{e}^{at}x(0) \tag{7.6}$$

由高等数学知识知道,$(x-a)^{-1}=\dfrac{1}{x}+\dfrac{a}{x^2}+\dfrac{a^2}{x^3}+\cdots$,$\mathrm{e}^{at}=1+at+\dfrac{a^2t^2}{2!}+\cdots$。

由于状态方程是由一阶标量微分方程组构成,将上述求解标量微分方程的方法推广到求齐次状态方程,对式(7.3)两边同时作拉普拉斯变换,得

$$s\boldsymbol{X}(s)-\boldsymbol{x}(0)=\boldsymbol{A}\boldsymbol{X}(s) \tag{7.7}$$

由式(7.7)解得 $\boldsymbol{X}(s)$

$$\boldsymbol{X}(s)=(s\boldsymbol{I}-\boldsymbol{A})^{-1}\boldsymbol{x}(0) \tag{7.8}$$

对式(7.8)两边同时进行拉普拉斯反变换，则可得

$$\boldsymbol{x}(t)=\mathcal{L}^{-1}[(s\boldsymbol{I}-\boldsymbol{A})^{-1}]\boldsymbol{x}(0),\quad t\geqslant 0 \tag{7.9}$$

仿标量计算，有$(s\boldsymbol{I}-A)^{-1}=\frac{\boldsymbol{I}}{s}+\frac{\boldsymbol{A}}{s^2}+\frac{\boldsymbol{A}^2}{s^3}+\cdots$。则$(s\boldsymbol{I}-\boldsymbol{A})^{-1}$的拉普拉斯反变换为

$$\mathcal{L}^{-1}[(s\boldsymbol{I}-\boldsymbol{A})^{-1}]=\boldsymbol{I}+\boldsymbol{A}t+\frac{\boldsymbol{A}^2t^2}{2!}+\frac{\boldsymbol{A}^3t^3}{3!}+\cdots=\mathrm{e}^{\boldsymbol{A}t} \tag{7.10}$$

比较式(7.4)和式(7.10)，可知状态转移矩阵为

$$\boldsymbol{\Phi}(t)=\mathcal{L}^{-1}[(s\boldsymbol{I}-\boldsymbol{A})^{-1}]=\mathrm{e}^{\boldsymbol{A}t} \tag{7.11}$$

为此，齐次状态方程的解可写为

$$\boldsymbol{x}(t)=\boldsymbol{\Phi}(t)\boldsymbol{x}(0)=\mathcal{L}^{-1}[(s\boldsymbol{I}-\boldsymbol{A})^{-1}]\boldsymbol{x}(0)\text{ 或 }\boldsymbol{x}(t)=\mathrm{e}^{\boldsymbol{A}t}\boldsymbol{x}(0),\quad t\geqslant 0 \tag{7.12}$$

再根据式(7.3)和式(7.4)得到状态转移矩阵满足下面的微分方程

$$\dot{\boldsymbol{\Phi}}(t)=\boldsymbol{A}\boldsymbol{\Phi}(t),\quad \boldsymbol{\Phi}(0)=\boldsymbol{I} \tag{7.13}$$

由式(7.13)看出，状态转移矩阵满足齐次状态方程，它也是系统的零输入响应。换言之，它反映了仅由初始条件激励的系统响应。从式(7.11)可以看出，状态转移矩阵只依赖系统矩阵$\boldsymbol{A}$，因此我们常称为$\boldsymbol{A}$的状态转移矩阵。所以零输入的解完全由状态转移矩阵唯一确定。

7.2.2　状态转移矩阵的性质和意义

由上节齐次状态方程的解和状态转移矩阵的定义知道，状态转移矩阵$\boldsymbol{\Phi}(t)$完全定义了在外部输入为零时从初始时刻$t=0$到任一时刻t的状态$\boldsymbol{x}(t)$的转移。$\boldsymbol{\Phi}(t)$满足以下性质：

(1) $\boldsymbol{\Phi}(0)=\mathrm{e}^{\boldsymbol{A}0}=\boldsymbol{I}$(单位阵)。

(2) 非奇异性或可逆性 $\boldsymbol{\Phi}^{-1}(t)=\boldsymbol{\Phi}(-t)$。

证明　根据状态转移矩阵的定义公式，有

$$\boldsymbol{\Phi}(t)\boldsymbol{\Phi}(-t)=\mathrm{e}^{\boldsymbol{A}t}\mathrm{e}^{\boldsymbol{A}(-t)}=\boldsymbol{I}$$

上式两边同时左乘$\boldsymbol{\Phi}^{-1}(t)$，得到

$$\boldsymbol{\Phi}^{-1}(t)=\boldsymbol{\Phi}(-t)=\mathrm{e}^{-\boldsymbol{A}t}$$

从$\boldsymbol{\Phi}(t)$的这个性质得到的一个有趣的结论是式(7.12)可以写为

$$\boldsymbol{x}(0)=\boldsymbol{\Phi}(-t)\boldsymbol{x}(t) \tag{7.14}$$

这表明状态转移过程可以看作是双向的，即时间轴上的状态转移可以从前后任一方向进行。

(3) 分解性　$\boldsymbol{\Phi}(t_1+t_2)=\boldsymbol{\Phi}(t_1)\boldsymbol{\Phi}(t_2)$

证法同2。

(4) 传递性　$\boldsymbol{\Phi}(t_2-t_1)\boldsymbol{\Phi}(t_1-t_0)=\boldsymbol{\Phi}(t_2-t_0)$

证明　利用分解性有

$$\begin{aligned}\boldsymbol{\Phi}(t_2-t_1)\boldsymbol{\Phi}(t_1-t_0)&=\boldsymbol{\Phi}(t_2)\boldsymbol{\Phi}(-t_1)\boldsymbol{\Phi}(t_1)\boldsymbol{\Phi}(-t_0)\\&=\boldsymbol{\Phi}(t_2)\boldsymbol{\Phi}(0)\boldsymbol{\Phi}(-t_0)=\boldsymbol{\Phi}(t_2-t_0)\end{aligned}$$

状态转移矩阵的这个性质非常重要，因为它意味着一个状态转移过程可以被划分为许多一连串的转移。图7.1演示了从$t=t_0$到$t=t_2$的转移等同于先从t_0到t_1的转移，再从t_1到t_2的转移。当然，状态转移过程通常可以分为任意多的部分。

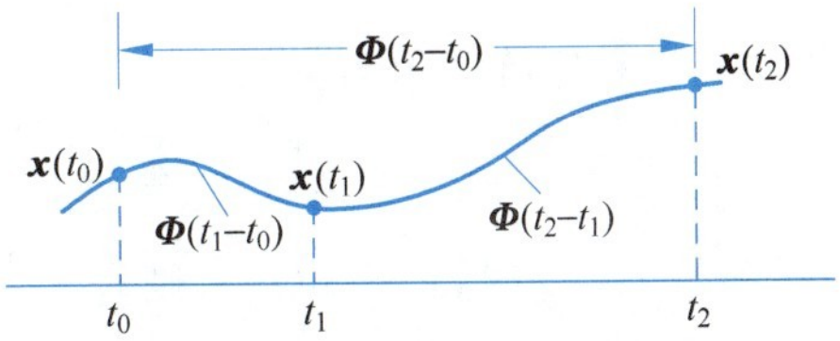

图7.1　状态转移矩阵的性质

7.2.3 线性定常连续系统非齐次状态方程的解

考查一个 n 阶线性定常连续系统

$$\dot{\boldsymbol{x}}=\boldsymbol{A}\boldsymbol{x}+\boldsymbol{B}\boldsymbol{u} \tag{7.15}$$

系统在初始状态 $\boldsymbol{x}(t_0)$ 和输入 $\boldsymbol{u}$ 作用下的响应在数学上称为非齐次状态方程的解。它有两种解法:

1. 直接求解法

将式(7.15)移项得 $\dot{\boldsymbol{x}}-\boldsymbol{A}\boldsymbol{x}=\boldsymbol{B}\boldsymbol{u}$,两边左乘 $\mathrm{e}^{-\boldsymbol{A}t}$ 有

$$\mathrm{e}^{-\boldsymbol{A}t}(\dot{\boldsymbol{x}}-\boldsymbol{A}\boldsymbol{x})=\mathrm{e}^{-\boldsymbol{A}t}\boldsymbol{B}\boldsymbol{u}\rightarrow\frac{\mathrm{d}}{\mathrm{d}t}[\mathrm{e}^{-\boldsymbol{A}t}x]=\mathrm{e}^{-\boldsymbol{A}t}\boldsymbol{B}\boldsymbol{u}$$

两边在时间 $[t_0,t]$ 内积分得

$$\mathrm{e}^{-\boldsymbol{A}t}\boldsymbol{x}(t)=\mathrm{e}^{-\boldsymbol{A}t_0}\boldsymbol{x}(t_0)+\int_{t_0}^{t}\mathrm{e}^{-\boldsymbol{A}\tau}\boldsymbol{B}\boldsymbol{u}(\tau)\mathrm{d}\tau$$

由此得到 n 阶线性定常连续状态变量系统在初始状态 $\boldsymbol{x}(t_0)$ 和控制输入 $\boldsymbol{u}$ 作用下的响应为

$$\boldsymbol{x}(t)=\mathrm{e}^{\boldsymbol{A}(t-t_0)}\boldsymbol{x}(t_0)+\int_{t_0}^{t}\mathrm{e}^{\boldsymbol{A}(t-\tau)}\boldsymbol{B}\boldsymbol{u}(\tau)\mathrm{d}\tau \tag{7.16}$$

可用状态转移矩阵表示为

$$\boldsymbol{x}(t)=\boldsymbol{\Phi}(t-t_0)\boldsymbol{x}(t_0)+\int_{t_0}^{t}\boldsymbol{\Phi}(t-\tau)\boldsymbol{B}\boldsymbol{u}(\tau)\mathrm{d}\tau \tag{7.17}$$

当初始时刻为 $t_0=0$ 时,有

$$\boldsymbol{x}(t)=\boldsymbol{\Phi}(t)\boldsymbol{x}(0)+\int_{0}^{t}\boldsymbol{\Phi}(t-\tau)\boldsymbol{B}\boldsymbol{u}(\tau)\mathrm{d}\tau \tag{7.18}$$

2. 拉普拉斯变换法

如果当 $t_0=0$ 时,初始状态为 $\boldsymbol{x}_0=\boldsymbol{x}(0)$,对状态方程式(7.15)两边取拉普拉斯变换得

$$s\boldsymbol{X}(s)-\boldsymbol{x}_0=\boldsymbol{A}\boldsymbol{X}(s)+\boldsymbol{B}\boldsymbol{U}(s)$$

于是有

$$\boldsymbol{X}(s)=(s\boldsymbol{I}-\boldsymbol{A})^{-1}\boldsymbol{x}_0+(s\boldsymbol{I}-\boldsymbol{A})^{-1}\boldsymbol{B}\boldsymbol{U}(s) \tag{7.19}$$

对式(7.19)取拉普拉斯反变换,并利用工程数学中的卷积定理

$$F_1(s)F_2(s)=\mathcal{L}[f_1(t)*f_2(t)]=\mathcal{L}\left[\int_0^t f_1(t-\tau)f_2(\tau)\mathrm{d}\tau\right] \tag{7.20}$$

由此得到

$$\boldsymbol{x}(t)=\mathcal{L}^{-1}[(s\boldsymbol{I}-\boldsymbol{A})^{-1}]\boldsymbol{x}_0+\mathcal{L}^{-1}[(s\boldsymbol{I}-\boldsymbol{A})^{-1}\boldsymbol{B}\boldsymbol{U}(s)] \tag{7.21}$$

于是有

$$\boldsymbol{x}(t)=\mathrm{e}^{\boldsymbol{A}t}\boldsymbol{x}_0+\int_0^t\mathrm{e}^{\boldsymbol{A}(t-\tau)}\boldsymbol{B}\boldsymbol{u}(\tau)\mathrm{d}\tau$$

或用状态转移矩阵表示为

$$\boldsymbol{x}(t)=\boldsymbol{\Phi}(t)\boldsymbol{x}_0+\int_0^t\boldsymbol{\Phi}(t-\tau)\boldsymbol{B}\boldsymbol{u}(\tau)\mathrm{d}\tau$$

同样,如果 $t=t_0$ 时,$\boldsymbol{x}_0=\boldsymbol{x}(t_0)$,则有

$$\boldsymbol{x}(t)=\boldsymbol{\Phi}(t-t_0)\boldsymbol{x}(t_0)+\int_{t_0}^{t}\boldsymbol{\Phi}(t-\tau)\boldsymbol{B}\boldsymbol{u}(\tau)\mathrm{d}\tau\quad(t\geqslant t_0) \tag{7.22}$$

这就是线性定常连续系统非齐次状态方程的解析解，显然这两种方法得到同样的结果。

在求得状态方程的解后，输出方程因仅为代数方程，此时，输出向量为

$$\boldsymbol{y}(t)=\boldsymbol{C}x+\boldsymbol{D}u=\boldsymbol{C\Phi}(t-t_0)\boldsymbol{x}(t_0)+\int_{t_0}^{t}\boldsymbol{C\Phi}(t-\tau)\boldsymbol{Bu}(\tau)\mathrm{d}\tau+\boldsymbol{Du}(t) \quad (7.23)$$

例 7.1 计算图 7.2 所示的 RL 网络在加入图中的电压后电感电流 $i(t)$ 的表达式。

解 由电路 KVL 定律得到该电路微分方程为

$$\frac{\mathrm{d}i(t)}{\mathrm{d}t}=-\frac{R}{L}i+\frac{1}{L}u$$

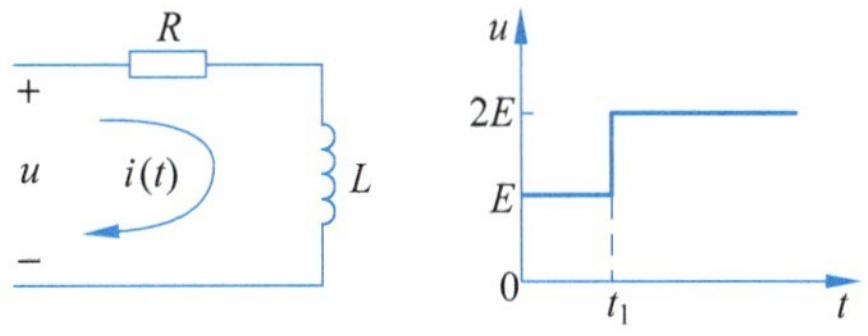

图 7.2 RL 网络与激励信号

令状态变量为 $x=i(t)$，则状态方程为

$$\dot{x}=Ax+Bu$$

其中，$A=-\frac{R}{L}$，$B=\frac{1}{L}$。则状态转移矩阵为

$$\boldsymbol{\Phi}(t)=\mathrm{e}^{\boldsymbol{A}t}=\mathrm{e}^{-\frac{R}{L}t}$$

解法 1 根据输入信号波形，将输入电压写成

$$u(t)=E\cdot 1(t)+E\cdot 1(t-t_1)$$

对上式 $u(t)$ 进行拉普拉斯变换后我们得到

$$U(s)=\frac{E}{s}(1+\mathrm{e}^{-t_1 s})$$

于是

$$(s\boldsymbol{I}-\boldsymbol{A})^{-1}BU(s)=\frac{1}{s+\frac{R}{L}}\cdot\frac{1}{L}\cdot\frac{E}{s}(1+\mathrm{e}^{-t_1 s})=\frac{E}{Ls\left(s+\frac{R}{L}\right)}(1+\mathrm{e}^{-t_1 s})$$

又因为 $X(s)=(s\boldsymbol{I}-\boldsymbol{A})^{-1}x(0)+(s\boldsymbol{I}-\boldsymbol{A})^{-1}BU(s)$，将上式代入并取拉普拉斯反变换，得到

$$i(t)=\mathrm{e}^{-\frac{R}{L}t}i(0)+\frac{E}{R}(1-\mathrm{e}^{-\frac{R}{L}t})1(t)+\frac{E}{R}(1-\mathrm{e}^{-\frac{R}{L}(t-t_1)})1(t-t_1) \quad (t\geqslant 0)$$

解法 2 可由状态转移方法，不妨将整个转移分两个阶段：

(1) 在 $0\leqslant t\leqslant t_1$ 时间段，输入为 $u(t)=E\cdot 1(t)$，则

$$(s\boldsymbol{I}-\boldsymbol{A})^{-1}BU(s)=\frac{E}{Ls\left(s+\frac{R}{L}\right)}$$

因此，在 $0\leqslant t\leqslant t_1$ 时的解为

$$i(t)=\mathrm{e}^{-\frac{R}{L}t}i(0)+\frac{E}{R}(1-\mathrm{e}^{-\frac{R}{L}t})1(t) \quad (7.24)$$

将 $t=t_1$ 代入式(7.24)得到

$$i(t_1)=\mathrm{e}^{-\frac{R}{L}t_1}i(0)+\frac{E}{R}(1-\mathrm{e}^{-\frac{R}{L}t_1})1(t) \quad (7.25)$$

将 $i(t)$ 在 $t=t_1$ 时刻的值作为下一转移期间 $t_1\leqslant t<\infty$ 的初始值。

(2) 在 $t_1\leqslant t<\infty$ 时间段，此时输入电压的幅值为 $2E$，则 $t\geqslant t_1$ 时的状态响应为

$$i(t)=\mathrm{e}^{-\frac{R}{L}(t-t_1)}i(t_1)+\frac{2E}{R}(1-\mathrm{e}^{-\frac{R}{L}(t-t_1)}) \quad (t\geqslant t_1)$$

其中,$i(t_1)$由式(7.25)得到。

这个例子说明了求解状态转移问题的两种方法。在解法1中,转移被看作是一个连续过程。而在解法2中,转移被划分为多个时间间隔便于输入的解析表示。尽管解法1只需要做一次操作,但解法2求解状态方程却可以得到更为简单的结果,并且常常比解法1显示出计算简便的优势。读者需要注意的是,在解法2中$t=t_1$时刻的状态被用作从t_1时刻开始的下一个状态间隔的初始状态。

例7.2 考查如下状态方程

$$\begin{bmatrix}\dot{x}_1\\ \dot{x}_2\end{bmatrix}=\begin{bmatrix}0 & 1\\ -2 & -3\end{bmatrix}\begin{bmatrix}x_1\\ x_2\end{bmatrix}+\begin{bmatrix}0\\ 1\end{bmatrix}u$$

求出系统的状态转移矩阵和在初始状态$\boldsymbol{x}(0)=\begin{bmatrix}1\\ 0\end{bmatrix}$和外部单位阶跃输入$\boldsymbol{u}=1(t)$作用下的状态向量$\boldsymbol{x}(t)$。

解 易知有关系数矩阵为

$$\boldsymbol{A}=\begin{bmatrix}0 & 1\\ -2 & -3\end{bmatrix},\quad \boldsymbol{B}=\begin{bmatrix}0\\ 1\end{bmatrix}$$

计算

$$s\boldsymbol{I}-\boldsymbol{A}=\begin{bmatrix}s & -1\\ 2 & s+3\end{bmatrix},\quad (s\boldsymbol{I}-\boldsymbol{A})^{-1}=\frac{1}{s^2+3s+2}\begin{bmatrix}s+3 & 1\\ -2 & s\end{bmatrix}$$

因此,系统的状态转移矩阵为

$$\boldsymbol{\Phi}(t)=\mathcal{L}^{-1}[(s\boldsymbol{I}-\boldsymbol{A})^{-1}]=\begin{bmatrix}2\mathrm{e}^{-t}-\mathrm{e}^{-2t} & \mathrm{e}^{-t}-\mathrm{e}^{-2t}\\ -2\mathrm{e}^{-t}+2\mathrm{e}^{-2t} & -\mathrm{e}^{-t}+2\mathrm{e}^{-2t}\end{bmatrix}$$

代入式(7.18)中,经计算得到该系统的状态方程为

$$\boldsymbol{x}(t)=\begin{bmatrix}2\mathrm{e}^{-t}-\mathrm{e}^{-2t} & \mathrm{e}^{-t}-\mathrm{e}^{-2t}\\ -2\mathrm{e}^{-t}+2\mathrm{e}^{-2t} & -\mathrm{e}^{-t}+2\mathrm{e}^{-2t}\end{bmatrix}\boldsymbol{x}(0)+\begin{bmatrix}0.5-\mathrm{e}^{-t}+0.5\mathrm{e}^{-2t}\\ \mathrm{e}^{-t}-\mathrm{e}^{-2t}\end{bmatrix}\quad (t\geqslant 0)$$

其中,系统响应的右边第2项也可以通过对$(s\boldsymbol{I}-\boldsymbol{A})^{-1}\boldsymbol{B}\boldsymbol{U}(s)$进行拉普拉斯反变换得到,即

$$\begin{aligned}\mathcal{L}^{-1}[(s\boldsymbol{I}-\boldsymbol{A})^{-1}\boldsymbol{B}\boldsymbol{U}(s)]&=\mathcal{L}^{-1}\left(\frac{1}{s^2+3s+2}\begin{bmatrix}s+3 & 1\\ -2 & s\end{bmatrix}\begin{bmatrix}0\\ 1\end{bmatrix}\frac{1}{s}\right)\\ &=\mathcal{L}^{-1}\begin{pmatrix}\dfrac{1}{s(s^2+3s+2)}\\ \dfrac{1}{s^2+3s+2}\end{pmatrix}\\ &=\begin{bmatrix}0.5-\mathrm{e}^{-t}+0.5\mathrm{e}^{-2t}\\ \mathrm{e}^{-t}-\mathrm{e}^{-2t}\end{bmatrix}\quad (t\geqslant 0)\end{aligned}$$

系统在初始状态$\boldsymbol{x}(0)=\begin{bmatrix}1\\ 0\end{bmatrix}$和外部单位阶跃输入$u(t)=1(t)$作用下的状态向量$\boldsymbol{x}(t)$的响应如图7.3所示,其MATLAB程序如下:

```
syms s t
A1 = [s - 1; 2 s + 3];
```

```
P = ilaplace(inv(A1),s,t)
B = [0;1];
U = sym('1/s');
A2 = inv(A1) * B. * U;
K = ilaplace(A2,s,t)
x0 = [1;0];
xt = P * x0 + K;
t = 0:0.1:10;
plot(t,subs(xt(1,:),'t',t),'r',t,subs(xt(2,:),'t',t),'k')
grid;
xlabel('time (Sec)');
ylabel('x(t)');
```

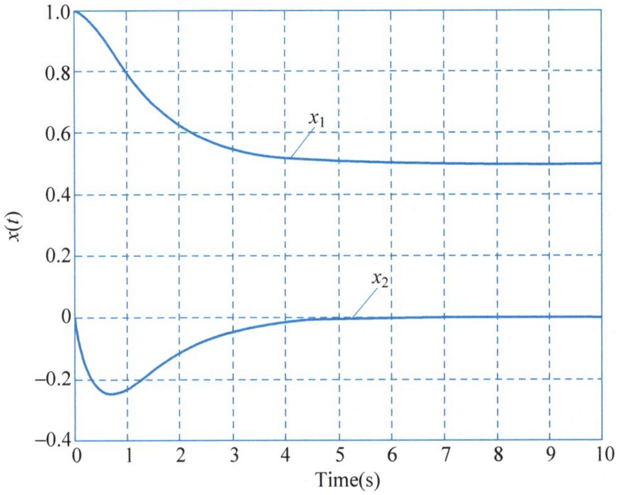

图 7.3　例 7.2 单位阶跃响应

7.3　连续系统的李雅普诺夫稳定性分析

7.3.1　李雅普诺夫稳定性概念

稳定性问题是控制科学与工程研究的一个重要课题。前面我们在第 3 章中已经讲述了线性定常系统基于输入输出描述的外部 BIBO 稳定性定义以及线性定常系统内部稳定的充分必要条件是系统特征方程的根应全部在左半 s 平面或具有负实部。具体的稳定性判断方法有劳斯-赫尔维茨判据以及第 5 章中的奈奎斯特稳定性判据等。但这些方法对复杂非线性系统是无能为力的。

1892 年俄罗斯数学家李雅普诺夫(Lyapunov)对线性定常、线性时变和非线性系统提出了基于状态变量内部描述的著名的李雅普诺夫稳定性定理。随着现代控制理论及计算机技术的发展,该法又重新引起人们的注意。李雅普诺夫稳定性判断的第一法称为间接法,它是通过分析非线性系统在平衡点附近小范围内的线性系统的微分方程或特征根来判断系统的稳定性。李雅普诺夫稳定性判断的第二法又称为直接法,它是一种不必求解系统微分方程就能分析系统稳定性的方法,这种方法对线性定常系统是一种稳定性判断的充要条件,但对时滞系统和非线性系统仅仅是一个充分条件,构造李氏函数需要有相当的技巧与经验,当采用其他方法无效时,这种方法却能分析复杂系统的稳定性问题。

考查一个 n 阶状态变量表示的非线性自治系统

$$\dot{\boldsymbol{x}}=\boldsymbol{f}(\boldsymbol{x},t) \tag{7.26}$$

式中 $\boldsymbol{x}$ 为 n 维状态向量,所谓自治系统指无外输入作用的一类动态系统。假定在给定初始条件 $\boldsymbol{x}_0$ 下,方程式(7.26)有唯一解,用 $\boldsymbol{x}(t;\boldsymbol{x}_0,t_0)$ 表示该方程的解,t 是观测时间。当 $t=t_0$ 时,有初态 $\boldsymbol{x}(t_0;\boldsymbol{x}_0,t_0)=\boldsymbol{x}_0$。

1. 平衡状态

在方程式(7.26)中,必有一些状态 $\boldsymbol{x}_{\mathrm{e}}$,当系统到达这些状态时,系统将能维持在此状态而不再发生变化,即 $\dot{\boldsymbol{x}}\big|_{\boldsymbol{x}_{\mathrm{e}}}=\boldsymbol{0}$,此时式(7.26)可写成 $\boldsymbol{f}(\boldsymbol{x}_{\mathrm{e}},t)=\boldsymbol{0}$,则称 $\boldsymbol{x}_{\mathrm{e}}$ 为系统的平衡状态。

如果系统为线性定常系统,也就是说 $\dot{\boldsymbol{x}}=\boldsymbol{f}(\boldsymbol{x},t)=\boldsymbol{A}\boldsymbol{x}$,那么,当 $\boldsymbol{A}$ 为非奇异矩阵时,状态空间的原点就是平衡状态。当 $\boldsymbol{A}$ 为奇异矩阵时,有多个平衡状态。对于非线性系统可有一个或多个平衡状态,对任一个孤立的平衡点都可通过坐标变换将其移到原点 $\boldsymbol{x}_{\mathrm{e}}=\boldsymbol{0}$,即 $\boldsymbol{f}(\boldsymbol{0},t)=\boldsymbol{0}$,为此本节中,我们主要分析 $\boldsymbol{x}_{\mathrm{e}}=\boldsymbol{0}$ 平衡点附近的稳定性。

2. 李雅普诺夫意义下的稳定性

1) 李雅普诺夫意义下的稳定性定义

设 $\boldsymbol{x}_{\mathrm{e}}$ 代表系统的平衡状态,用下式表示平衡状态 $\boldsymbol{x}_{\mathrm{e}}$ 周围半径为 k 的球域

$$\|\boldsymbol{x}-\boldsymbol{x}_{\mathrm{e}}\|\leqslant k$$

式中,$\|\cdot\|$ 为欧几里得范数,代表向量的长度,它等于

$$\|\boldsymbol{x}-\boldsymbol{x}_{\mathrm{e}}\|=\sqrt{(x_1-x_{1\mathrm{e}})^2+(x_2-x_{2\mathrm{e}})^2+\cdots+(x_n-x_{n\mathrm{e}})^2}$$

设对应于系统的初始条件 $\boldsymbol{x}_0$,可以划出一个球域 $S(\delta)$,它的范数表示为

$$\|\boldsymbol{x}_0-\boldsymbol{x}_{\mathrm{e}}\|\leqslant\delta \tag{7.27}$$

另外,还可以划出一个球域 $S(\varepsilon)$,它能将系统 $\dot{\boldsymbol{x}}=\boldsymbol{f}(\boldsymbol{x},t)$ 的解 $\boldsymbol{x}(t;\boldsymbol{x}_0,t_0)$ 的所有各点都包含在内,即其范数为

$$\|\boldsymbol{x}(t;\boldsymbol{x}_0,t_0)-\boldsymbol{x}_{\mathrm{e}}\|\leqslant\varepsilon\quad(t\geqslant t_0) \tag{7.28}$$

定义 用 ε-δ 语言描述稳定性。方程 $\dot{\boldsymbol{x}}=\boldsymbol{f}(\boldsymbol{x},t)$ 描述的非线性系统对于任意给定的不论多么小的正实数 $\varepsilon>0$,对应存在一个实数 $\delta(\varepsilon,t_0)>0$,使当 $\|\boldsymbol{x}_0-\boldsymbol{x}_{\mathrm{e}}\|\leqslant\delta(\varepsilon,t_0)$ 时,从其内任意初态 $\boldsymbol{x}_0$ 出发的解或轨迹都满足 $\|\boldsymbol{x}(t;\boldsymbol{x}_0,t_0)-\boldsymbol{x}_{\mathrm{e}}\|\leqslant\varepsilon,t_0\leqslant t<\infty$,则称系统的平衡状态 $\boldsymbol{x}_{\mathrm{e}}$ 是在李雅普诺夫意义下稳定的。一般来说实数 δ 与 ε 有关,也与 t_0 有关;如果 δ 与 t_0 无关,则这一平衡状态称为一致稳定的。

李雅普诺夫意义下的稳定性具有直观的几何含义:把不等式(7.28)看成状态空间中以 $\boldsymbol{x}_{\mathrm{e}}$ 为球心和以 ε 为半径的一个超球体。当对任给的正数 ε 为半径的球域 $S(\varepsilon)$,总能找到一个相应的 $\delta>0$ 为半径的另一个球域 $S(\delta)$,当 t 无限增长时,从 $S(\delta)$ 球域内出发的轨线总不会越出 $S(\varepsilon)$ 的球域内,这一平衡状态 $\boldsymbol{x}_{\mathrm{e}}$ 就是李雅普诺夫意义下稳定的,如图 7.4(a)所示。

2) 渐近稳定性

如果平衡状态 $\boldsymbol{x}_{\mathrm{e}}$ 在李雅普诺夫下是稳定的,又从球域 $S(\delta)$ 内出发的任意一个解当 $t\to\infty$ 时,不仅不超出 $S(\varepsilon)$ 之外,而且最后收敛于 $\boldsymbol{x}_{\mathrm{e}}$,即

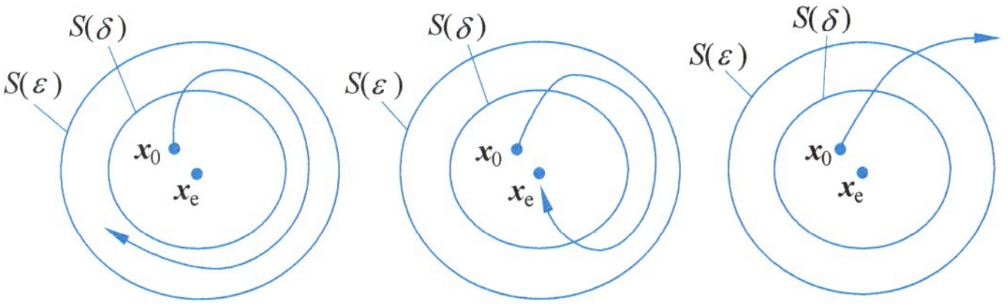

(a) 稳定平衡状态　(b) 渐近稳定平衡状态　(c) 不稳定平衡状态

图 7.4　平衡状态 x_e 稳定性示意图

$$\lim_{t\to\infty}\|\boldsymbol{x}(t)-\boldsymbol{x}_e\|=\boldsymbol{0} \tag{7.29}$$

则称该系统的平衡状态是渐近稳定的，如图 7.4(b)所示。

如果 δ 与 t_0 无关，则该平衡状态是一致渐近稳定的。

3) 大范围内的渐近稳定性

对状态空间中所有各点或状态，如果由这些状态出发的轨迹都保持渐近稳定性，则该平衡状态称为大范围渐近稳定。也就是说，如果方程式(7.26)描述的系统是稳定的，并且它的每一个解在 t 趋于无穷时都收敛于 $\boldsymbol{x}_e$，则系统的平衡状态 $\boldsymbol{x}_e$ 称为大范围渐近稳定的。显然，大范围渐近稳定性的必要条件是在整个状态空间中只有一个平衡状态。

由于线性定常系统有唯一解，如果它是渐近稳定，那么也一定是大范围内渐近稳定。

在工程控制中，总希望系统具有大范围内渐近稳定的特性，因此通常都有一个确定渐近稳定的最大范围，但这通常非常困难。然而，对所有的实际问题，如能确定一个渐近稳定的范围足够大，以致扰动不会超过它也可以。

4) 不稳定性

指平衡点附近(局部)的情况。如果对于某个实数 $\varepsilon>0$ 和任意一个实数 $\delta>0$，不管这两个实数有多小，在 $\boldsymbol{x}_e$ 周围的球域 $S(\delta)$ 内总存在一个初态 $\boldsymbol{x}_0$，使得从这一初始状态出发的轨迹最终会脱离开球域 $S(\varepsilon)$ 范围之外，那么平衡状态 $\boldsymbol{x}_e$ 称为不稳定的，如图 7.4(c)所示。

应指出，对于不稳定平衡状态的轨迹虽然超出了 $S(\varepsilon)$，并不意味着趋近于无穷大。对于线性定常系统，如果系统不稳定，那么轨迹趋近于无穷远处，而对非线性系统，有可能趋于 $S(\varepsilon)$ 以外的某个极限环。在经典控制理论中，只有渐近稳定的系统才称为稳定的系统；那么对线性定常系统在李雅普诺夫意义下是稳定的，但不是渐近稳定的系统则叫做不稳定系统。

稳定性、渐近稳定性和不稳定性的直观图示如图 7.4 所示。

7.3.2　李雅普诺夫稳定性理论

1. 李雅普诺夫第一法(间接法)

分析思路：①先将非线性系统在平衡点附近线性化；②解线性化定常系统的特征值；③判断非线性系统的稳定性。

考查一个 n 阶非线性系统

$$\dot{\boldsymbol{x}}=\boldsymbol{f}(\boldsymbol{x},t) \tag{7.30}$$

假定平衡点为 $\boldsymbol{x}_e=\boldsymbol{0}$，将式(7.30)的 $\boldsymbol{f}(\boldsymbol{x},t)$ 在 $\boldsymbol{x}_e$ 邻域展开成泰勒级数，则得

$$\dot{\boldsymbol{x}}=\left.\frac{\partial \boldsymbol{f}}{\partial \boldsymbol{x}^{\mathrm{T}}}\right|_{\boldsymbol{x}_{\mathrm{e}}}(\boldsymbol{x}-\boldsymbol{x}_{\mathrm{e}})+\boldsymbol{R}(\boldsymbol{x})=\boldsymbol{A}\boldsymbol{x}+\boldsymbol{R}(\boldsymbol{x}) \tag{7.31}$$

其中,$\boldsymbol{A}$ 为 $n\times n$ 的雅可比矩阵,表示为 $\boldsymbol{A}=\left.\frac{\partial \boldsymbol{f}(\boldsymbol{x},t)}{\partial \boldsymbol{x}^{\mathrm{T}}}\right|_{\boldsymbol{x}_{\mathrm{e}}}=\begin{bmatrix}\frac{\partial f_1}{\partial x_1} & \frac{\partial f_1}{\partial x_2} & \cdots & \frac{\partial f_1}{\partial x_n}\\ \frac{\partial f_2}{\partial x_1} & \frac{\partial f_2}{\partial x_2} & \cdots & \frac{\partial f_2}{\partial x_n}\\ \vdots & \vdots & & \vdots\\ \frac{\partial f_n}{\partial x_1} & \frac{\partial f_n}{\partial x_2} & \cdots & \frac{\partial f_n}{\partial x_n}\end{bmatrix}_{\boldsymbol{x}=\boldsymbol{x}_{\mathrm{e}}}$

$\boldsymbol{R}(\boldsymbol{x})$是包含对 $\boldsymbol{x}$ 的二次和二次以上的高阶无穷小项,该非线性系统的一次线性近似式为

$$\dot{\boldsymbol{x}}=\boldsymbol{A}\boldsymbol{x} \tag{7.32}$$

李雅普诺夫第一法稳定性判断表述为:

(1) 如果式(7.32)中 $\boldsymbol{A}$ 的所有特征值都具有负实部,则原非线性系统的平衡状态 $\boldsymbol{x}_{\mathrm{e}}$ 总是渐近稳定的,而且原非线性系统(7.30)的稳定性与高阶导数项 $\boldsymbol{R}(\boldsymbol{x})$无关。

(2) 如果式(7.32)中 $\boldsymbol{A}$ 的特征值中,至少有一个有正实部,则不论 $\boldsymbol{R}(\boldsymbol{x})$如何,非线性系统(7.30)的平衡状态 $\boldsymbol{x}_{\mathrm{e}}$ 总是不稳定的。

(3) 如果式(7.32)中 $\boldsymbol{A}$ 的特征值中至少有一个的实部为零,则 $\boldsymbol{x}_{\mathrm{e}}$ 具有局部稳定特性,此时原系统方程(7.30)不能由它的一次近似式(7.32)来表征,此即为临界情况,这时局部稳定性取决于高阶导数项 $\boldsymbol{R}(\boldsymbol{x})$。

例 7.3 描述电子线路振荡器电压产生的范德波尔(Vanderpol)非线性方程为

$$\ddot{v}+u(v^2-1)\dot{v}+kv=Q$$

式中,系数 $u<0,k>0$,试确定系统渐近稳定的范围。

解 令该系统的状态变量为 $x_1=v,x_2=\dot{v}$,则状态变量方程表示为

$$\begin{cases}\dot{x}_1=x_2=f_1\\ \dot{x}_2=-u(x_1^2-1)x_2-kx_1+Q=f_2\end{cases}$$

显然,平衡状态位于 $\boldsymbol{x}_{\mathrm{e}}=\begin{bmatrix}x_{1\mathrm{e}}\\ x_{2\mathrm{e}}\end{bmatrix}=\begin{bmatrix}\frac{Q}{k}\\ 0\end{bmatrix}=\begin{bmatrix}V\\ 0\end{bmatrix}$,式中,$V=\frac{Q}{k}$。

进一步计算得

$$\frac{\partial f_1}{\partial x_1}=0,\frac{\partial f_1}{\partial x_2}=1,\quad \frac{\partial f_2}{\partial x_1}=-u2x_1x_2-k\Big|_{\boldsymbol{x}_{\mathrm{e}}}=-k,$$

$$\frac{\partial f_2}{\partial x_2}=-u(x_1^2-1)\Big|_{\boldsymbol{x}_{\mathrm{e}}}=-u(V^2-1)$$

因此,$\boldsymbol{A}=\left.\frac{\partial \boldsymbol{f}}{\partial \boldsymbol{x}^{\mathrm{T}}}\right|_{\boldsymbol{x}_{\mathrm{e}}}=\begin{bmatrix}0 & 1\\ -k & -u(V^2-1)\end{bmatrix}$,于是由式(7.31)得到该非线性系统线性化系统的特征方程为

$$\det(s\boldsymbol{I}-\boldsymbol{A})=s^2+u(V^2-1)s+k=0$$

由李雅普诺夫第一法可知，要使原非线性系统在平衡点 $\boldsymbol{x}_{\mathrm{e}}=\begin{bmatrix}V\\0\end{bmatrix}$ 是渐近稳定的，则要求该二阶线性定常系统特征方程系数均为正，即

$$u(V^2-1)>0 \quad 和 \quad k>0$$

由于 $u<0$，则要求 $V<1$，也就是当 $Q<k$ 时，原非线性系统在平衡点附近是渐近稳定的。

2. 李雅普诺夫第二法(直接法)

1) 预备知识(二次型及其定号性)

李雅普诺夫第二法中二次型函数起着很重要的作用，定义二次型标量函数有如下形式

$$V(\boldsymbol{x})=\boldsymbol{x}^{\mathrm{T}}\boldsymbol{P}\boldsymbol{x}=\begin{bmatrix}x_1 & x_2 & \cdots & x_n\end{bmatrix}\begin{bmatrix}p_{11} & \cdots & p_{1n}\\ \vdots & & \vdots\\ p_{n1} & \cdots & p_{nn}\end{bmatrix}\begin{bmatrix}x_1\\x_2\\ \vdots\\ x_n\end{bmatrix} \tag{7.33}$$

其中，$\boldsymbol{x}$ 为系统的状态变量，$\boldsymbol{P}$ 为实对称矩阵 $(p_{ij}=p_{ji})$，$V(\boldsymbol{x})$是与系统状态有关的一个标量函数。

二次型最基本的特性就是它的定号性，也就是 $V(\boldsymbol{x})$在坐标原点附近的特性。则定义：

(1) 正定性。当且仅当 $\boldsymbol{x}=\boldsymbol{0}$ 时，才有 $V(\boldsymbol{x})=0$；对于任意非零 $\boldsymbol{x}$，恒有 $V(\boldsymbol{x})>0$，也称 $\boldsymbol{P}$ 正定，记为 $\boldsymbol{P}>0$。

(2) 负定性。如果$-V(\boldsymbol{x})$是正定的，或仅当 $\boldsymbol{x}=\boldsymbol{0}$ 时，才有 $V(\boldsymbol{x})=0$，对任意非零 $\boldsymbol{x}$，恒有 $V(\boldsymbol{x})<0$，也称 $\boldsymbol{P}$ 负定，记为 $\boldsymbol{P}<0$。

(3) 半正定性(非负定性)。如果对任意 $\boldsymbol{x}\neq\boldsymbol{0}$，恒有 $V(\boldsymbol{x})\geqslant\boldsymbol{0}$，也称 $\boldsymbol{P}$ 非负定，记为 $\boldsymbol{P}\geqslant 0$。

(4) 半负定性(非正定性)。对任意 $\boldsymbol{x}\neq\boldsymbol{0}$，恒有 $V(\boldsymbol{x})\leqslant 0$，也称 $\boldsymbol{P}$ 非正定，记为 $\boldsymbol{P}\leqslant 0$。

(5) 不定性。如果无论取多么小的零点的某个领域，$V(\boldsymbol{x})$可正也可负，则 $V(\boldsymbol{x})$为不定。

2) 塞尔维斯特(Sylvester)准则

二次型函数的正定性可由线性代数中的塞尔维斯特准则判断。该准则指出，二次型 $V(\boldsymbol{x})$为正定的充要条件为实对称矩阵 $\boldsymbol{P}$ 的所有各阶主子行列式均为正值，即

$$\Delta_1=p_{11}>0,\quad \Delta_2=\begin{vmatrix}p_{11} & p_{12}\\ p_{21} & p_{22}\end{vmatrix}>0,\cdots,\quad \Delta_n=|\boldsymbol{P}|>0 \tag{7.34}$$

$V(\boldsymbol{x})$负定的充要条件是 $\boldsymbol{P}$ 的主子行列式满足

$$\Delta_i<0(i\text{ 为奇数})；\quad \Delta_i>0\ (i\text{ 为偶数}),i=1,2,\cdots,n \tag{7.35}$$

如果 $-V(\boldsymbol{x})$是正定的，则 $V(\boldsymbol{x})$是负定的。同样，如果$-V(\boldsymbol{x})$是半正定的，则 $V(\boldsymbol{x})$是半负定的。

如果 $\boldsymbol{P}$ 是奇异矩阵，并且它的所有主子行列式均非负，那么 $V(\boldsymbol{x})$或 $\boldsymbol{P}$ 是非负定的(半正定的)。

3) 李雅普诺夫第二法稳定性主要定理

定理 7.1 考查通常的非线性自治系统 $\dot{\boldsymbol{x}}=\boldsymbol{f}(\boldsymbol{x},t)$，$t\in[t_0,\infty)$，其平衡状态为 $\boldsymbol{f}(\boldsymbol{0},t)=\boldsymbol{0}$，即原点 $\boldsymbol{x}_{\mathrm{e}}=\boldsymbol{0}$。又假设存在一个具有连续一阶偏导数的标量函数 $V(\boldsymbol{x},t)$，$V(\boldsymbol{0},t)=0$。如果 $V(\boldsymbol{x},t)$满足下列条件：

(1) $V(\boldsymbol{x},t)$是正定且有界的,即存在两个连续的非减标量函数$\alpha(\|\boldsymbol{x}\|)$和$\beta(\|\boldsymbol{x}\|)$,并且$\alpha(0)=0$和$\beta(0)=0$。也就是说,对所有$\boldsymbol{x}\neq 0$和所有的$t\in[t_0,\infty)$成立

$$\beta(\|\boldsymbol{x}\|)\geqslant V(\boldsymbol{x},t)\geqslant \alpha(\|\boldsymbol{x}\|)>0$$

(2) 对所有$\boldsymbol{x}\neq\boldsymbol{0}$和所有的$t$,导数$\dot{V}$是负定且有界的,即存在一个连续的非减标量函数$\gamma(\|\boldsymbol{x}\|)$,并且$\gamma(0)=0$,使得对所有$\boldsymbol{x}\neq\boldsymbol{0}$和所有的$t$成立

$$\dot{V}(\boldsymbol{x},t)\leqslant -\gamma(\|\boldsymbol{x}\|)<0$$

(3) 随着$\|\boldsymbol{x}\|$趋于无穷大,有$\alpha(\|\boldsymbol{x}\|)$趋于无穷大,即随着$\|\boldsymbol{x}\|\to\infty$,$V(\|\boldsymbol{x}\|)\to\infty$。则系统原点$\boldsymbol{x}_e=\boldsymbol{0}$是大范围一致渐近稳定的。

这就是李雅普诺夫稳定性主定理,关于该定理的详细证明见附录B。

推论7.1 对非线性系统$\dot{\boldsymbol{x}}=\boldsymbol{f}(\boldsymbol{x},t)$,$\boldsymbol{f}(\boldsymbol{0},t)=\boldsymbol{0}$,即平衡点$\boldsymbol{x}_e=\boldsymbol{0}$。若可构造一个标量函数$V(\boldsymbol{x})$,$V(\boldsymbol{0})=\boldsymbol{0}$,且对于某个非零状态$\boldsymbol{x}$满足如下条件:

(1) $V(\boldsymbol{x})$是正定的;

(2) $\dot{V}(\boldsymbol{x})=\dfrac{\mathrm{d}V(\boldsymbol{x})}{\mathrm{d}t}$为负定的;

(3) 当$\|\boldsymbol{x}\|\to\infty$时,有$V(\boldsymbol{x})\to\infty$。

则系统的原点平衡状态$\boldsymbol{x}_e=\boldsymbol{0}$是大范围一致渐近稳定的。

该定理的物理思路是:在古典力学振动系统中,如果系统的总能量(是一标量,又是系统状态的函数,而且能量总是大于零的,故为一正定函数)连续地减小(即总能量对时间的导数为负值),直到平衡状态时为止,则该振动系统是稳定的。

也就是说,如果系统有一个渐近稳定的平衡状态,那么当它移到平衡状态的邻域内时,系统积蓄的能量随着时间增加而衰减,直到平衡状态达到极小值。

注:由向量$\boldsymbol{x}$构成的标量函数可能有很多,但只要有一个标量函数$V(\boldsymbol{x},t)$满足本定理的条件就行,此函数称为李雅普诺夫函数,简称李氏函数。但如果已构造了许多标量函数,都不满足本定理的条件,这并不意味系统不稳定。目前为止,还没有构成李氏函数的一般方法,主要凭借研究者的经验试取,通常取状态向量$\boldsymbol{x}$的二次型函数,若验证不满足定理条件再试取更为复杂的四次型函数,如此等等。李雅普诺夫稳定性定理对非线性系统仅仅是充分性的稳定判据,而对线性定常系统是一个充分和必要的稳定性判据。

例7.4 考查某二阶非线性系统

$$\begin{cases}\dot{x}_1=x_2-x_1(x_1^2+x_2^2)\\ \dot{x}_2=-x_1-x_2(x_1^2+x_2^2)\end{cases}$$

试确定系统平衡点状态的稳定性。

解 (1) 确定平衡点$\boldsymbol{x}_e$

令$\dot{x}_1=0$;$\dot{x}_2=0$,得到该系统在坐标原点$x_1=0$,$x_2=0$有唯一的平衡状态。

(2) 选取李氏函数

这里选取一个正定的二次型标量函数

$$V(\boldsymbol{x})=x_1^2+x_2^2>0$$

(3) 计算$\dot{V}(\boldsymbol{x})$

沿任意轨迹$V(\boldsymbol{x})$对时间的导数为

$\dot{V}(\boldsymbol{x})=2x_1\dot{x}_1+2x_2\dot{x}_2=-2(x_1^2+x_2^2)^2<0$,显然是负定的。

(4) 判断系统平衡点的稳定性

根据第(2)、(3)步的结果及李雅普诺夫稳定性定理知道,该系统在原点的平衡状态是渐近稳定的。又因当 $\|\boldsymbol{x}\|\to\infty$ 时,有 $V(\boldsymbol{x})\to\infty$,所以在原点的平衡点是大范围渐近稳定的。

我们在以 $\boldsymbol{x}$ 为横轴;$\dot{\boldsymbol{x}}$ 为纵轴的相平面上利用 MATLAB 仿真得到该系统的运动相轨迹及零输入响应如图 7.5 所示。显然,系统运动的相轨迹与系统的零输入响应有一一对应关系,均能反映系统的动态响应。本例为衰减振荡过程,MATLAB 程序如下。

MATLAB 子程序为

```
function f82 = meshy2(t,x)
f82 = [x(2) - x(1) * (x(1)^2 + x(2)^2); - x(1) - x(2) * (x(1)^2 + x(2)^2)];
```

MATLAB 主程序为

```
[t,x] = ode23('meshy2',[0,100],[0.1;0]);
subplot(211);
plot(t,x);                                  % 时域响应
xlabel('time');
ylabel('x values');
axis([0 100 - 0.2 0.2])
[t,x] = ode23('meshy2',[0,100],[ - 2;2]);   % 初值为[ - 2,2]
subplot(212);
plot(x(:,1),x(:,2));                        % 相轨迹
holdon
[t,x] = ode23('meshy2',[0,100],[2;2]);      % 初值为[2,2]
subplot(212);
plot(x(:,1),x(:,2));                        % 第 2 条相轨迹
axis([ - 2 2  - 2 4]);
```

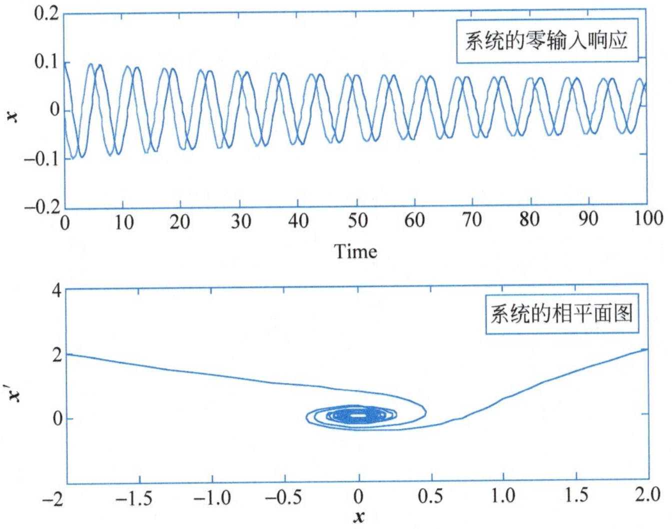

图 7.5 例 7.4 题系统响应和相轨迹

例 7.5 考查一个二阶系统

$$\begin{cases}\dot{x}_1=x_2\\ \dot{x}_2=-x_1-x_2\end{cases}$$

确定平衡状态的稳定性。

解 令 $\dot{x}_1=0,\dot{x}_2=0$,得到原点(0,0)是系统的唯一平衡状态。按以下三种李氏函数的选取分析系统的稳定性。

(1) 选取正定的二次型标量函数 $V(\boldsymbol{x})=x_1^2+x_2^2$,于是有

$$\dot{V}(\boldsymbol{x})=2x_1\dot{x}_1+2x_2\dot{x}_2=-2x_2^2\leqslant 0$$

当 $x_1=0,x_2=0$ 时,$\dot{V}(\boldsymbol{x})=0$,除此之外都有 $\dot{V}(\boldsymbol{x})<0$。

当 $x_1\neq 0,x_2=0$ 时,$\dot{V}(\boldsymbol{x})=0$,除此之外均有 $\dot{V}(\boldsymbol{x})<0$,因此 $\dot{V}$ 是半负定的。为此,需进一步分析 $\dot{V}(\boldsymbol{x})$ 的定号性,即当 $x_1\neq 0,x_2=0$ 时,$\dot{V}(\boldsymbol{x})$ 是否恒等于零。

假设该系统的解为 $\boldsymbol{x}(t;\boldsymbol{x}_0,t_0)=[x_1(t)\quad 0]^{\mathrm{T}}$,则由于 $x_2(t)\equiv 0\rightarrow\dot{x}_2=0$。代入系统状态方程中得到

$$\begin{cases}\dot{x}_1=x_2=0\\ \dot{x}_2=0=-x_1-x_2=-x_1\end{cases}$$

表明除原点 $x_1=0,x_2=0$ 外,均成立 $\dot{V}(\boldsymbol{x})\neq 0$。故由定理 7.1 知道,该系统原点的平衡状态是渐近稳定的。

又当 $\|\boldsymbol{x}\|=\sqrt{x_1^2+x_2^2}\rightarrow\infty$ 时,有 $V(\boldsymbol{x})=\|\boldsymbol{x}\|^2\rightarrow\infty$。因此,该系统原点的平衡状态是大范围渐近稳定的。

几何解释 1 对于二阶系统,很容易给出基本原理的直观解释,在 x_1-x_2 平面上画出一族同心圆 $x_1^2+x_2^2=c_k^2(k=1,2,\cdots)$,其中常数 $c_{k+1}>c_k>0$,如图 7.6(a)所示。$V(\boldsymbol{x})=x_1^2+x_2^2$ 是对应正定矩阵 $\boldsymbol{P}=\boldsymbol{I}$ 的二次型函数,它表示从状态 $\boldsymbol{x}$ 到原点的距离的平方,而条件"$\dot{V}(\boldsymbol{x})<0$ 为负定"说明状态的运动轨迹点与原点间的距离越来越小,或者说状态的运动轨迹总是由外向内穿越同心圆族的各个圆周而趋向原点,从而可知原点的平衡状态是渐近稳定的。本例中,李氏函数 $V(\boldsymbol{x},t)=x_1^2+x_2^2=c_2^2$ 与圆在 A 相切,所以除切点 A 外,均有 $\dot{V}(\boldsymbol{x},t)\neq 0$,因此由于能量不断减小,轨迹并不能在此切点 A 停留而必须继续向原点的平衡点作收敛运动。

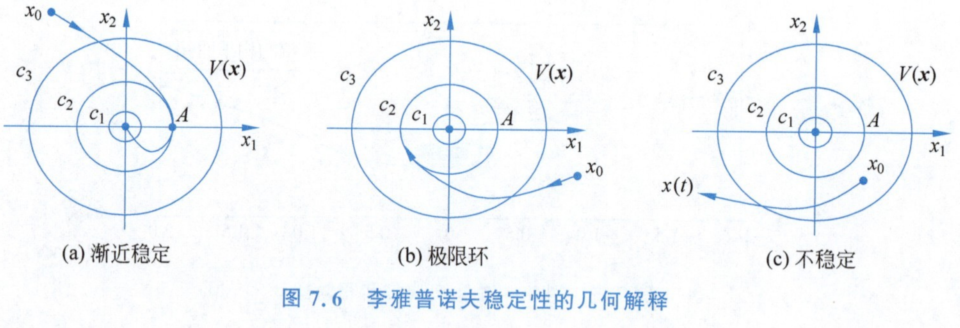

图 7.6 李雅普诺夫稳定性的几何解释

(2) 选取正定标量函数 $V(\boldsymbol{x})=\dfrac{1}{2}[(x_1+x_2)^2+2x_1^2+x_2^2]$。

计算 $\dot{V}(\boldsymbol{x})=-(x_1^2+x_2^2)$,为负定的,并且当 $\|\boldsymbol{x}\|\rightarrow\infty$ 时,$V(\boldsymbol{x})\rightarrow\infty$。为此,该系统

在原点的平衡状态是大范围渐近稳定的。

可以看出，这样选李氏函数，便消除了对 $\dot{V}(\boldsymbol{x})$ 作进一步判别的必要性。

(3) 选取 $V(\boldsymbol{x})=2x_1^2+x_2^2>0$。

但 $\dot{V}(\boldsymbol{x})=2x_1x_2-2x_2^2$ 是不定的，不能判断平衡点 $\boldsymbol{x}_e$ 的稳定性。这正是李氏稳定性判断的充分性，为此进一步有下面的定理。

定理 7.2 考查系统 $\dot{\boldsymbol{x}}=\boldsymbol{f}(\boldsymbol{x},t)$，假定 $\boldsymbol{f}(\boldsymbol{0},t)=\boldsymbol{0}, t\geqslant t_0$。如果存在一个具有连续的一阶偏导数的标量函数 $V(\boldsymbol{x},t)$ 且满足下列条件：

(1) $V(\boldsymbol{x},t)>0, (\boldsymbol{x}\neq 0, t>t_0)$；

(2) $\dot{V}(\boldsymbol{x},t)\leqslant 0, (\boldsymbol{x}\neq 0, t>t_0)$；

(3) 如果 $\dot{V}[\boldsymbol{x}(t;\boldsymbol{x}_0,t_0),t_0]$ 对任意 t_0 和任意非零初态 $\boldsymbol{x}_0\neq\boldsymbol{0}$，在 $t>t_0$ 时不恒为零，那么系统在原点处的平衡状态是渐近稳定的，式中，$\boldsymbol{x}(t;\boldsymbol{x}_0,t_0)$ 表示在 t_0 时刻从 $\boldsymbol{x}_0$ 出发的轨迹或解。

定理 7.3 考查系统 $\dot{\boldsymbol{x}}=\boldsymbol{f}(\boldsymbol{x},t)$，假定 $\boldsymbol{f}(\boldsymbol{0},t)=\boldsymbol{0}, t\geqslant t_0$。如果存在一个具有连续一阶偏导数的标量函数 $V(\boldsymbol{x},t)$，且满足：

(1) $V(\boldsymbol{x},t)>0(\boldsymbol{x}\neq\boldsymbol{0}, t>t_0)$；

(2) $\dot{V}(\boldsymbol{x},t)\leqslant 0(\boldsymbol{x}\neq 0, t>t_0)$，半负定。

但 $\dot{V}(\boldsymbol{x},t)$ 在某一 $\boldsymbol{x}(t)$ 值时恒为 0，则系统在原点处的平衡状态在李雅普诺夫意义下是一致稳定的，但非渐近稳定，这时系统可以保持在一个稳定的等幅振荡状态上。

几何解释 2 根据定理 7.2，由于此时 $\dot{V}\equiv 0$，即 $V=$常数，表明系统运动不收敛于原点，而收敛于某个极限环或等幅振荡，如图 7.6(b)所示。如果当 $\|\boldsymbol{x}\|\to\infty$ 时，有 $V(\boldsymbol{x})\to\infty$，则系统在原点的平衡状态为大范围内一致稳定的。

例 7.6 考查系统在平衡点的稳定性。

$$\begin{cases}\dot{x}_1=kx_2\\ \dot{x}_2=-x_1\end{cases},k\text{ 为非零正常数}$$

解 该系统的原点为平衡状态。取李氏函数 $V(\boldsymbol{x})=x_1^2+kx_2^2>0$，于是有

$$\dot{V}=2x_1\dot{x}_1+2kx_2\dot{x}_2=2kx_1x_2-2kx_1x_2\equiv 0$$

这时，系统在李雅普诺夫意义下是稳定的，但不是渐近稳定的。实际上，该线性定常连续系统的特征方程为

$$s^2+k=0$$

特征值为 $s=\pm\mathrm{j}\sqrt{k}$，相当于线性定常系统的临界稳定即等幅振荡情况。

定理 7.4 考查系统

$$\dot{\boldsymbol{x}}=\boldsymbol{f}(\boldsymbol{x},t),\quad \boldsymbol{f}(\boldsymbol{0},t)=\boldsymbol{0}$$

(1) $V(\boldsymbol{x},t)$ 在原点的某一邻域内是正定的；

(2) $\dot{V}(\boldsymbol{x},t)$ 在同样领域内也是正定的。

则系统在原点的平衡状态是不稳定的。该定理的几何解释如图 7.6(c)所示。

例 7.7 考查系统在平衡点的稳定性。

$$\begin{cases}\dot{x}_1 = x_2 \\ \dot{x}_2 = -x_1 + x_2\end{cases}$$

解 由于该系统 $x_1=0, x_2=0$ 为平衡状态。

构造一李氏函数 $V(\boldsymbol{x})=x_1^2+x_2^2$，则 $\dot{V}(\boldsymbol{x})=2x_1\dot{x}_1+2x_2\dot{x}_2=2x_2^2$ 为半正定的，而 $\dot{V}(\boldsymbol{x})\not\equiv 0$。故系统在原点的平衡状态是不稳定的。

7.3.3 线性定常系统的李雅普诺夫稳定性分析

前面许多方法可以分析系统的稳定性。例如对线性定常系统 $\dot{\boldsymbol{x}}=\boldsymbol{A}\boldsymbol{x}$，系统在原点处渐近稳定的充要条件是系统矩阵 $\boldsymbol{A}$ 的所有特征值均有负实部，或特征多项式

$$|s\boldsymbol{I}-\boldsymbol{A}|=s^n+a_{n-1}s^{n-1}+\cdots+a_1s+a_0 \tag{7.36}$$

为零时的所有特征根均具有负实部。这里我们用李雅普诺夫方法也可以不用直接求解系统特征方程的特征根即可得出线性定常系统的稳定性判据。

线性定常系统的特点为：

(1) 假设系统矩阵 $\boldsymbol{A}$ 为非奇异矩阵，则系统唯一平衡状态在原点 $\boldsymbol{x}_e=\boldsymbol{0}$ 处；

(2) 如果它在状态空间中包括 $\boldsymbol{x}_e=\boldsymbol{0}$ 在内的某域 Ω 上是渐近稳定的，则它一定是大范围渐近稳定的；

(3) 对线性定常系统 $\dot{\boldsymbol{x}}=\boldsymbol{A}\boldsymbol{x}$，其李氏函数一定可以取为二次型的形式。

定理 7.5 对线性定常系统 $\dot{\boldsymbol{x}}=\boldsymbol{A}\boldsymbol{x}$，当且仅当对任意给定的一个正定的哈密特或实对称矩阵 $\boldsymbol{Q}$，都存在一个正定的哈密特或实对称矩阵 $\boldsymbol{P}$，而且它是如下矩阵方程

$$\boldsymbol{A}^{\mathrm{T}}\boldsymbol{P}+\boldsymbol{P}\boldsymbol{A}=-\boldsymbol{Q} \tag{7.37}$$

的解时，则系统的平衡状态 $\boldsymbol{x}_e=\boldsymbol{0}$ 是渐近稳定的，并且标量函数 $V(\boldsymbol{x})=\boldsymbol{x}^{\mathrm{T}}\boldsymbol{P}\boldsymbol{x}$ 就是李氏函数。

证 (1) 充分性，如果满足 $\boldsymbol{A}^{\mathrm{T}}\boldsymbol{P}+\boldsymbol{P}\boldsymbol{A}=-\boldsymbol{Q}$ 的正定解 $\boldsymbol{P}$ 存在，则系统在 $\boldsymbol{x}_e=\boldsymbol{0}$ 是渐近稳定的。

已知 $\boldsymbol{P}$ 存在，且 $\boldsymbol{P}>0$；令 $V(\boldsymbol{x})=\boldsymbol{x}^{\mathrm{T}}\boldsymbol{P}\boldsymbol{x}$，可知 $V(\boldsymbol{x})$ 是正定的，而且

$$\dot{V}=\dot{\boldsymbol{x}}^{\mathrm{T}}\boldsymbol{P}\boldsymbol{x}+\boldsymbol{x}^{\mathrm{T}}\boldsymbol{P}\dot{\boldsymbol{x}}=\boldsymbol{x}^{\mathrm{T}}(\boldsymbol{A}^{\mathrm{T}}\boldsymbol{P}+\boldsymbol{P}\boldsymbol{A})\boldsymbol{x}=\boldsymbol{x}^{\mathrm{T}}(-\boldsymbol{Q})\boldsymbol{x} \tag{7.38}$$

现知 $\boldsymbol{Q}>\boldsymbol{0}$，故 $\dot{V}(\boldsymbol{x})$ 是负定的，由定理 7.1 知系统在原点的平衡点是渐近稳定的。

(2) 必要性，如果系统在原点 $\boldsymbol{x}_e=0$ 的平衡状态是渐近稳定的，则必存在矩阵 $\boldsymbol{P}$ 满足李雅普诺夫方程

$$\boldsymbol{A}^{\mathrm{T}}\boldsymbol{P}+\boldsymbol{P}\boldsymbol{A}=-\boldsymbol{Q}$$

这里用构造性证明：设合适的矩阵 $\boldsymbol{P}$ 具有下面形式

$$\boldsymbol{P}=\int_0^{\infty}\mathrm{e}^{\boldsymbol{A}^{\mathrm{T}}t}\boldsymbol{Q}\mathrm{e}^{\boldsymbol{A}t}\mathrm{d}t=\int_0^{\infty}\boldsymbol{\Phi}^{\mathrm{T}}(t)\boldsymbol{Q}\boldsymbol{\Phi}(t)\mathrm{d}t \tag{7.39}$$

式中，线性定常系统的状态转移矩阵 $\boldsymbol{\Phi}(t)=\mathrm{e}^{At}$，那么式(7.39)中的被积函数一定是具有 $t^k\mathrm{e}^{\lambda t}$ 形式的诸项之和。其中，λ 是矩阵 $\boldsymbol{A}$ 的特征值。因为系统是渐近稳定的，必有 $\mathrm{Re}\lambda(\boldsymbol{A})<0$。因此，积分一定存在(连续、有界时积分存在)，即 $\boldsymbol{P}$ 一定存在，于是有

$$A^{\mathrm T}P+PA=\int_0^{\infty}A^{\mathrm T}\mathrm e^{A^{\mathrm T}t}Q\mathrm e^{At}\,\mathrm dt+\int_0^{\infty}\mathrm e^{A^{\mathrm T}t}Q\mathrm e^{At}A\,\mathrm dt$$

$$=\int_0^{\infty}\frac{\mathrm d}{\mathrm dt}\mathrm e^{A^{\mathrm T}t}Q\mathrm e^{At}\,\mathrm dt=\mathrm e^{A^{\mathrm T}t}Q\mathrm e^{At}\big|_0^{\infty}=-Q$$

推论 7.2　如果线性定常系统在原点 $x_e=0$ 的平衡状态是渐近稳定的(即矩阵 A 为稳定矩阵),那么李雅普诺夫方程对给定的任意一个正定对称阵 Q,有唯一解 P。

注意:(1) 如果 $\dot V(x)=-x^{\mathrm T}Qx$ 沿任意一个轨线不恒等于零,即

$$\dot V=-x^{\mathrm T}Qx\not\equiv 0\rightarrow Q\geqslant 0$$

那么,Q 可取为半正定阵,而且系统在原点渐近稳定的充要条件为:存在正定实对称阵 P,满足 $A^{\mathrm T}P+PA=-Q$。

(2) Q 只要选成正定的,那么最终判定结果将与 Q 的不同选择无关。

(3) 最方便的选取是 $Q=I$,于是矩阵 P 的各元素可按 $A^{\mathrm T}P+PA=-I$ 确定,然后用塞尔维斯特准则来检验 P 的正定性。

例 7.8　考查线性定常系统的稳定性。

$$\dot x=\begin{bmatrix}0&1\\-1&-1\end{bmatrix}x$$

解　因为系统的平衡状态为 $x_e=0$。

设 $V(x)=x^{\mathrm T}Px$,取 $Q=I$,由李雅普诺夫方程

$$A^{\mathrm T}P+PA=-Q=-I$$

得到

$$\begin{bmatrix}0&-1\\1&-1\end{bmatrix}\begin{bmatrix}p_{11}&p_{12}\\p_{21}&p_{22}\end{bmatrix}+\begin{bmatrix}p_{11}&p_{12}\\p_{21}&p_{22}\end{bmatrix}\begin{bmatrix}0&1\\-1&-1\end{bmatrix}=\begin{bmatrix}-1&0\\0&-1\end{bmatrix}$$

对于实对称矩阵 P,有 $p_{12}=p_{21}$。于是上式的解为

$$\begin{bmatrix}p_{11}&p_{12}\\p_{21}&p_{22}\end{bmatrix}=\begin{bmatrix}\frac{3}{2}&\frac{1}{2}\\\frac{1}{2}&1\end{bmatrix}$$

为了检验 P 的正定性,我们来校核各主子行列式

$$p_{11}=\frac{3}{2}>0,\quad |P|=\frac{5}{4}>0$$

因此,由塞尔维斯特准则可知 P 是正定的,所以,原点处的平衡状态为大范围渐近稳定的,而

$$V(x)=x^{\mathrm T}Px=\frac{1}{2}(3x_1^2+2x_1x_2+2x_2^2)$$

是正定的,且 $\dot V(x)=-(x_1^2+x_2^2)$ 为负定。

7.3.4　非线性系统的李雅普诺夫稳定性分析——克拉索夫斯基法

在线性定常系统中,如果平衡状态是局部渐近稳定的,那么一定也是大范围内渐近稳定的,而在非线性系统中,在大范围内不是渐近稳定的平衡状态有可能是局部渐近稳定的。例

如考查非线性系统 $\ddot{x}+0.5\dot{x}+2x+x^2=0$,令该系统的状态变量为 $x_1=x,x_2=\dot{x}$。则系统的状态方程为

$$\dot{\boldsymbol{x}}=\begin{bmatrix}\dot{x}_1\\ \dot{x}_2\end{bmatrix}=\begin{bmatrix}x_2\\ -0.5x_2-2x_1-x_1^2\end{bmatrix}$$

该系统的平衡点有两个:$\boldsymbol{x}_e=\begin{bmatrix}x_{1e}\\ x_{2e}\end{bmatrix}=\begin{bmatrix}0\\ 0\end{bmatrix}$ 和 $\boldsymbol{x}_e=\begin{bmatrix}-2\\ 0\end{bmatrix}$。

在以 x 为横轴;$\dot{x}$ 为纵轴的相平面上画出该系统的运动相轨迹如图 7.7 所示,MATLAB 程序如下

MATLAB 子程序

```
function xdot = mechs(t,x)
xdot = [x(2); - 0.5 * x(2) - 2 * x(1) - x(1)^2];
```

MATLAB 主程序

```
for x1 = - 10:4:6                                  % 初值
    for x2 = - 10:10:20                            % 初值
    [t,x] = ode23('mechs',[0,30],[x1,x2]);
    plot(x(:,1),x(:,2),'k');
    axis([ - 15 10  - 30 25]);
    hold on
    end
end
hold on
[t,x] = ode23('mechs',[0,30],[ - 10,24.19]);    % 初值为[ - 10,24.19]
plot(x(:,1),x(:,2),'g。。');
[t,x] = ode23('mechs',[0,30],[ - 10,23.4]);
plot(x(:,1),x(:,2),'g。。');
[t,x] = ode23('mechs',[0,30],[ - 10,23.5]);
plot(x(:,1),x(:,2),'r');
[t,x] = ode23('mechs',[0,30],[ - 10,24]);
plot(x(:,1),x(:,2),'k');
grid;
```

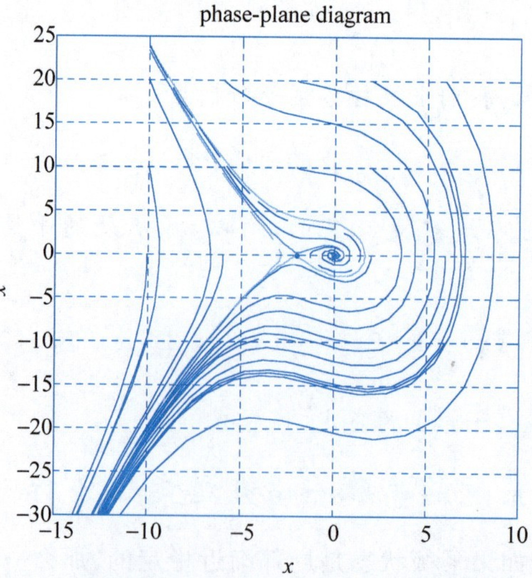

图 7.7 非线性系统 $\ddot{x}+0.5\dot{x}+2x+x^2=0$ 的相轨迹

从该非线性系统的相轨迹看出，在原点附近小范围内出发的相轨迹是收敛于平衡点，原点的平衡点是渐近稳定的，但从阴影域外出发的轨线都趋于无穷远处。显然，非线性系统的渐近稳定性具有局部的性质。

我们理应找出在原点周围最大邻域内满足稳定条件的李氏函数，但对于非线性系统，目前尚无统一的寻找李氏函数的办法；另外，局部不稳定的状态并不能说明系统就是不稳定的。本章，我们仅仅介绍一种非线性系统稳定性判断的克拉索夫斯基(Krasovskii)方法。

定理 7.6(克拉索夫斯基定理) 考查不含显 t 的非线性系统

$$\dot{\boldsymbol{x}}=\boldsymbol{f}(\boldsymbol{x}) \tag{7.40}$$

假设 (1) 系统的平衡点在原点 $\boldsymbol{x}_{\mathrm{e}}=\boldsymbol{0}$；

(2) $\boldsymbol{f}(\boldsymbol{x})$对 x_i，$i=1,2,\cdots,n$ 是可微的；

(3) 该系统的雅可比(Jacobian)矩阵 $\boldsymbol{J}(\boldsymbol{x})$定义为

$$\boldsymbol{J}(\boldsymbol{x})=\frac{\partial \boldsymbol{f}(\boldsymbol{x})}{\partial \boldsymbol{x}^{\mathrm{T}}}=\begin{bmatrix} \dfrac{\partial f_1}{\partial x_1} & \dfrac{\partial f_1}{\partial x_2} & \cdots & \dfrac{\partial f_1}{\partial x_n} \\ \dfrac{\partial f_2}{\partial x_1} & \dfrac{\partial f_2}{\partial x_2} & \cdots & \dfrac{\partial f_2}{\partial x_n} \\ \vdots & \vdots & & \vdots \\ \dfrac{\partial f_n}{\partial x_1} & \dfrac{\partial f_n}{\partial x_2} & \cdots & \dfrac{\partial f_n}{\partial x_n} \end{bmatrix} \tag{7.41}$$

又定义矩阵

$$\boldsymbol{Q}=\boldsymbol{J}^{\mathrm{T}}+\boldsymbol{J} \tag{7.42}$$

式中，$\boldsymbol{J}^{\mathrm{T}}$ 为 $\boldsymbol{J}$ 的转置矩阵。如果 $\boldsymbol{Q}$ 为负定的，则平衡状态 $\boldsymbol{x}_{\mathrm{e}}=\boldsymbol{0}$ 是渐近稳定的。此外，若随着 $\|\boldsymbol{x}\|\to\infty$，有 $\boldsymbol{f}^{\mathrm{T}}(\boldsymbol{x})\boldsymbol{P}\boldsymbol{f}(\boldsymbol{x})\to\infty$，则系统在原点 $\boldsymbol{x}_{\mathrm{e}}=\boldsymbol{0}$ 的平衡状态是大范围渐近稳定的。

证明 为了判别非线性系统式(7.40)在原点处的渐近稳定性，克拉索夫斯基建议不用状态量 $\boldsymbol{x}$，而用其导数 $\dot{\boldsymbol{x}}$ 来构造李氏函数，即令

$$V(\boldsymbol{x})=\dot{\boldsymbol{x}}^{\mathrm{T}}\boldsymbol{P}\dot{\boldsymbol{x}}=\boldsymbol{f}^{\mathrm{T}}(\boldsymbol{x})\boldsymbol{P}\boldsymbol{f}(\boldsymbol{x}) \tag{7.43}$$

其中，$\boldsymbol{P}$ 为对称正定矩阵，又因为

$$\dot{V}=\dot{\boldsymbol{f}}^{\mathrm{T}}(\boldsymbol{x})\boldsymbol{P}\boldsymbol{f}(\boldsymbol{x})+\boldsymbol{f}^{\mathrm{T}}(\boldsymbol{x})\boldsymbol{P}\dot{\boldsymbol{f}}(\boldsymbol{x}) \tag{7.44}$$

并且 $\dot{\boldsymbol{f}}(\boldsymbol{x})=\dfrac{\partial \boldsymbol{f}(\boldsymbol{x})}{\partial \boldsymbol{x}^{\mathrm{T}}}\cdot\dfrac{\partial \boldsymbol{x}}{\partial t}=\boldsymbol{J}(\boldsymbol{x})\boldsymbol{f}(\boldsymbol{x})$，代入式(7.44)得到

$$\dot{V}(\boldsymbol{x})=\boldsymbol{f}^{\mathrm{T}}(\boldsymbol{x})\left[\boldsymbol{J}^{\mathrm{T}}(\boldsymbol{x})\boldsymbol{P}+\boldsymbol{P}\boldsymbol{J}(\boldsymbol{x})\right]\boldsymbol{f}(\boldsymbol{x})=\boldsymbol{f}^{\mathrm{T}}(\boldsymbol{x})\boldsymbol{Q}\boldsymbol{f}(\boldsymbol{x}) \tag{7.45}$$

其中，$\boldsymbol{Q}=\boldsymbol{J}^{\mathrm{T}}\boldsymbol{P}+\boldsymbol{P}\boldsymbol{J}$。

显然，如果实对称矩阵 $\boldsymbol{Q}$ 是负定的，那么原点的平衡状态 $\boldsymbol{x}_{\mathrm{e}}=\boldsymbol{0}$ 是渐近稳定的。

如果 $\|\boldsymbol{x}\|\to\infty$，有 $V(\boldsymbol{x})=\boldsymbol{f}^{\mathrm{T}}(\boldsymbol{x})\boldsymbol{P}\boldsymbol{f}(\boldsymbol{x})\to\infty$。则系统在原点 $\boldsymbol{x}_{\mathrm{e}}=\boldsymbol{0}$ 的平衡状态是大范围渐近稳定的。

实际系统中，为计算方便，常取 $\boldsymbol{P}=\boldsymbol{I}$，于是有

$$V(\boldsymbol{x})=\boldsymbol{f}^{\mathrm{T}}(\boldsymbol{x})\boldsymbol{f}(\boldsymbol{x}) \tag{7.46}$$

$$\dot{V}(\boldsymbol{x})=\boldsymbol{f}^{\mathrm{T}}(\boldsymbol{x})\boldsymbol{Q}\boldsymbol{f}(\boldsymbol{x}) \tag{7.47}$$

其中,$\boldsymbol{Q}=\boldsymbol{J}^{\mathrm{T}}+\boldsymbol{J}$。该定理证明完毕。

例 7.9 考查非线性系统平衡状态的稳定性。

$$\begin{cases}\dot{x}_1=-3x_1+x_2\\ \dot{x}_2=x_1-x_2-x_2^3\end{cases}$$

解 令 $\boldsymbol{f}(\boldsymbol{x}_{\mathrm{e}})=\boldsymbol{0}$,得到该系统的平衡状态为原点 $\boldsymbol{x}_{\mathrm{e}}=\boldsymbol{0}$,而

$$\boldsymbol{f}(\boldsymbol{x})=\begin{bmatrix}-3x_1+x_2\\ x_1-x_2-x_2^3\end{bmatrix}$$

于是,有

$$\boldsymbol{J}(\boldsymbol{x})=\begin{bmatrix}-3 & 1\\ 1 & -1-3x_2^2\end{bmatrix}$$

因此,$\boldsymbol{Q}(\boldsymbol{x})=\boldsymbol{J}(\boldsymbol{x})+\boldsymbol{J}^{\mathrm{T}}(\boldsymbol{x})=\begin{bmatrix}-6 & 2\\ 2 & -2-6x_2^2\end{bmatrix}$。

由塞尔维斯特准则,有各阶主子行列式 $\Delta_1=-6<0$,$\Delta_2=36x_2^2+8>0$。表明,$\boldsymbol{Q}$ 对所有 $\boldsymbol{x}\neq\boldsymbol{0}$ 是负定的。因此,该非线性系统在平衡点 $\boldsymbol{x}_{\mathrm{e}}=\boldsymbol{0}$ 是渐近稳定的,此外,当 $\|\boldsymbol{x}\|\to\infty$ 时,有

$$\boldsymbol{f}^{\mathrm{T}}(\boldsymbol{x})\boldsymbol{f}(\boldsymbol{x})=(-3x_1+x_2)^2+(x_1-x_2-x_2^3)^2\to\infty$$

为此,由克拉索夫斯基定理知,该系统在 $\boldsymbol{x}_{\mathrm{e}}=\boldsymbol{0}$ 处是大范围渐近稳定的。

注:(1) 该定理的条件是充分条件,对于某些线性和非线性系统,$\boldsymbol{Q}$ 不一定是负定的,所以该法有局限性。

(2) 要使 $\boldsymbol{Q}$ 为负定的必要条件是 $\boldsymbol{J}(\boldsymbol{x})$ 的主对角线上的所有元素不恒等于零;因此,如果 $\boldsymbol{f}(\boldsymbol{x})$ 的分导数 $f_i(\boldsymbol{x})$ 中不包含 x_i 时,那么 $\boldsymbol{Q}$ 就不可能是负定的(因为 $\Delta_1=0$,为不定)。

7.3.5 李雅普诺夫第二法的其他应用

前面我们主要介绍了线性和非线性系统的李雅普诺夫方法稳定性分析,下面进一步介绍它在其他方面的应用。

1. 线性定常系统的校正

例 7.10 考查如图 7.8 所示的待校正系统

$$\dot{\boldsymbol{x}}=\begin{bmatrix}0 & 1\\ -1 & 0\end{bmatrix}\boldsymbol{x}+\begin{bmatrix}0\\ 1\end{bmatrix}\boldsymbol{u}$$

该系统为双积分系统,特征根为±j。试用李雅普诺夫方法考虑校正方案使系统渐近稳定。

解 选取一个二次型李氏函数 $V=\boldsymbol{x}^{\mathrm{T}}\boldsymbol{x}=x_1^2+x_2^2$,于是有

$$\dot{V}=2(x_1\dot{x}_1+x_2\dot{x}_2)=2x_2u$$

由于除 $\boldsymbol{x}=\boldsymbol{0}$ 时,有 $\dot{V}(\boldsymbol{x})=0$ 外,其余 $\dot{V}(\boldsymbol{x})\neq0$。

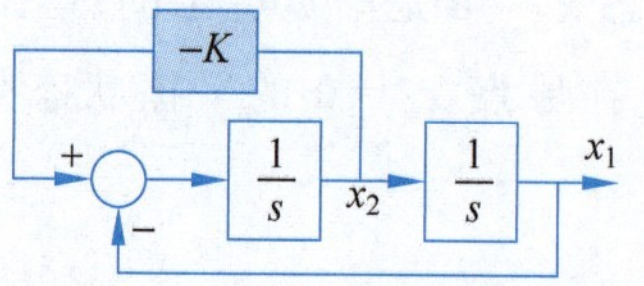

图 7.8 例 7.10 系统的李雅普诺夫方法设计

显然,要使 $V=x_1^2+x_2^2$ 为李氏函数,只需 $\dot{V}$ 为半负定,因此要求控制输入取 $u=-Kx_2$,其中,$K>0$。这就是熟知的速度状态反馈系统,如图 7.8 的阴影部分。如

无速度反馈，原系统特征根为±j，为等幅振荡过程。校正前后系统的响应如图 7.9 所示，由图看出，基于李雅普诺夫稳定性理论设计的速度反馈系统是稳定的。

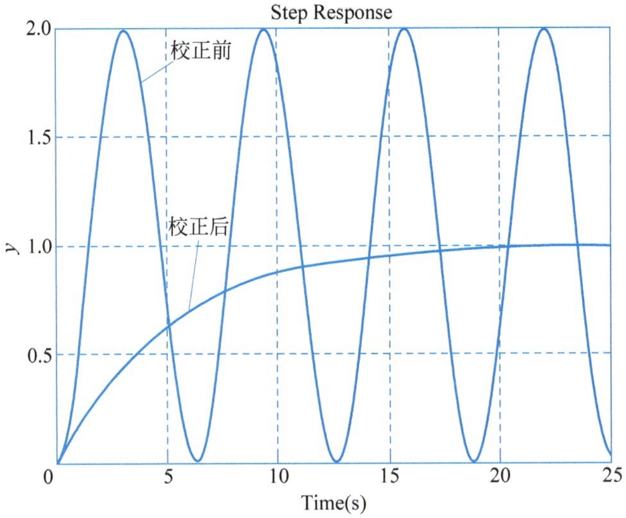

图 7.9　例 7.10 李雅普诺夫校正设计系统响应

2. 求解控制系统参数最优化问题

考查一个稳定的线性定常系统

$$\dot{\boldsymbol{x}} = \boldsymbol{A}(\zeta)\boldsymbol{x}, \quad \boldsymbol{x}(0) = \boldsymbol{x}_0 \tag{7.48}$$

式中，系统矩阵 $\boldsymbol{A}(\zeta)$是一个带有可调参数 ζ 的矩阵，希望确定可调参数 ζ，使得当系统的轨迹从任意初始条件 $\boldsymbol{x}(0)=\boldsymbol{x}_0$ 转移到原点时，其性能指标 $J=\int_0^{\infty}\boldsymbol{x}^{\mathrm{T}}\boldsymbol{Q}\boldsymbol{x}\,\mathrm{d}t$ 达到极小，这就是参数最优问题，性能指标中的 $\boldsymbol{Q}$ 是一个正定或半正定的实对称阵，性能指标中的状态 $\boldsymbol{x}$ 当控制系统的参考输入为定值时可以看作闭环控制系统的误差，这相当于我们在第 6 章控制系统设计中讲述的误差平方积分（ISE）性能指标。在求解该问题时，利用李氏函数方法是很有效的。

如果 $\boldsymbol{A}(\zeta)$是稳定的，依前面线性定常系统的李雅普诺夫第二法定理知存在唯一的正定的实对称矩阵 $\boldsymbol{P}$，使得成立

$$\boldsymbol{A}^{\mathrm{T}}\boldsymbol{P} + \boldsymbol{P}\boldsymbol{A} = -\boldsymbol{Q}' \tag{7.49}$$

其中，$\boldsymbol{Q}'$为任给的正定对称阵。

那么取 $V(\boldsymbol{x})=\boldsymbol{x}^{\mathrm{T}}\boldsymbol{P}\boldsymbol{x}$，且 $\dot{V}(\boldsymbol{x})=-\boldsymbol{x}^{\mathrm{T}}\boldsymbol{Q}'\boldsymbol{x}$。

既然 $\boldsymbol{Q}'$是任意给定的，所以不妨令 $\boldsymbol{Q}'=\boldsymbol{Q}$，则性能指标为

$$\begin{aligned} J &= \int_0^{\infty}\boldsymbol{x}^{\mathrm{T}}\boldsymbol{Q}\boldsymbol{x}\,\mathrm{d}t = \int_0^{\infty}\boldsymbol{x}^{\mathrm{T}}\boldsymbol{Q}'\boldsymbol{x}\,\mathrm{d}t \\ &= \int_0^{\infty} -\dot{V}(\boldsymbol{x})\,\mathrm{d}t = -V[\boldsymbol{x}(\infty)] + V[\boldsymbol{x}(0)] \\ &= -\boldsymbol{x}^{\mathrm{T}}(\infty)\boldsymbol{P}\boldsymbol{x}(\infty) + \boldsymbol{x}^{\mathrm{T}}(0)\boldsymbol{P}\boldsymbol{x}(0) \end{aligned}$$

因为 $\boldsymbol{A}$ 为稳定的矩阵，可得 $\boldsymbol{x}(\infty)\to\boldsymbol{0}$，所以上式为

$$J = V[\boldsymbol{x}(0)] = \boldsymbol{x}^{\mathrm{T}}(0)\boldsymbol{P}\boldsymbol{x}(0) \tag{7.50}$$

为此,系统的性能指标 J 可由初值 $\boldsymbol{x}(0)$ 和矩阵 $\boldsymbol{P}$ 求得,而优化参数 ζ 可由 $J_{\min}$ 求出。

例 7.11 考查如图 7.10 所示的线性系统,确定阻尼比 $\zeta>0$ 的值,使系统在单位阶跃输入 $r(t)=1(t)$ 作用下,性能指标

$$J=\int_0^{\infty}\boldsymbol{x}^{\mathrm{T}}\boldsymbol{Q}\boldsymbol{x}\,\mathrm{d}t$$

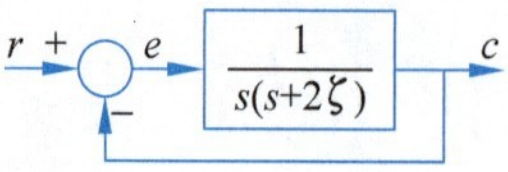

图 7.10 例 7.11 系统方框图

达到极小。其中,$\boldsymbol{x}=\begin{bmatrix}x_1\\x_2\end{bmatrix}=\begin{bmatrix}x\\\dot{x}\end{bmatrix}$,$\boldsymbol{Q}=\begin{bmatrix}1&0\\0&\mu\end{bmatrix}$,$\mu>0$,假设系统开始是静止的。

解 由结构图可得闭环传递函数

$$\frac{C(s)}{R(s)}=\frac{1}{s^2+2\zeta s+1}$$

或微分方程

$$\ddot{c}+2\zeta\dot{c}+c=r$$

又因为误差 $e=r-c$;输入 $r(t)=1(t),t\geqslant 0$。因此,上式为

$$\ddot{e}+2\zeta\dot{e}+e=0,\quad e(0^+)=1,\quad \dot{e}(0^+)=0$$

定义如下状态变量:$x_1=e,x_2=\dot{e}$,则系统的一种状态变量方程实现为

$$\dot{\boldsymbol{x}}=\begin{bmatrix}0&1\\-1&-2\zeta\end{bmatrix}\boldsymbol{x},\quad \begin{bmatrix}x_1(0)\\x_2(0)\end{bmatrix}=\begin{bmatrix}1\\0\end{bmatrix}$$

而系统矩阵为

$$\boldsymbol{A}=\begin{bmatrix}0&1\\-1&-2\zeta\end{bmatrix}$$

由于该二阶线性定常系统特征方程的系数均为正,即系统矩阵 $\boldsymbol{A}$ 是稳定的,为此

$$J=\boldsymbol{x}^{\mathrm{T}}(0)\boldsymbol{P}\boldsymbol{x}(0)$$

由李雅普诺夫方程 $\boldsymbol{A}^{\mathrm{T}}\boldsymbol{P}+\boldsymbol{P}\boldsymbol{A}=-\boldsymbol{Q}$ 解得

$$\begin{cases}-2p_{12}=-1\\p_{11}-2\zeta p_{12}-p_{22}=0\\2p_{12}-4\zeta p_{22}=-\mu\end{cases}$$

于是,实对称矩阵 $\boldsymbol{P}$ 的正定解为

$$\boldsymbol{P}=\begin{bmatrix}\zeta+\dfrac{1+\mu}{4\zeta}&\dfrac{1}{2}\\\dfrac{1}{2}&\dfrac{1+\mu}{4\zeta}\end{bmatrix}$$

进一步得到性能指标为

$$J=\boldsymbol{x}^{\mathrm{T}}(0)\boldsymbol{P}\boldsymbol{x}(0)=\zeta+\frac{1+\mu}{4\zeta}$$

令导数 $\dfrac{\partial J}{\partial\zeta}=1-\dfrac{1+\mu}{4\zeta^2}=0$,得到使 J 为极小值的阻尼比

$$\zeta=\frac{\sqrt{1+\mu}}{2}$$

显然，当 $\mu=0$ 时，$\zeta=0.5$。而当 $\mu=1$ 时，$\zeta=0.707$，此时 $\boldsymbol{Q}=\boldsymbol{I}$，相当于经典控制理论中常选取的二阶系统性能最优参数。性能指标 μ 与系统最优阻尼比 ζ 参数之间的关系如图 7.11 所示，其两种参数下系统的单位阶跃响应如图 7.12 所示。

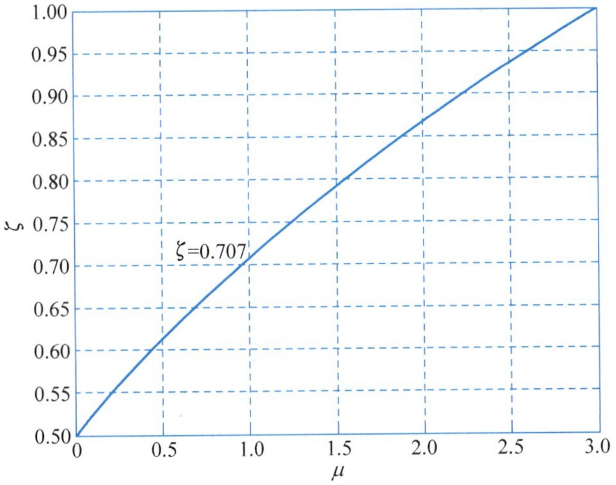

图 7.11 例 7.11 系统性能指标与系统参数的关系

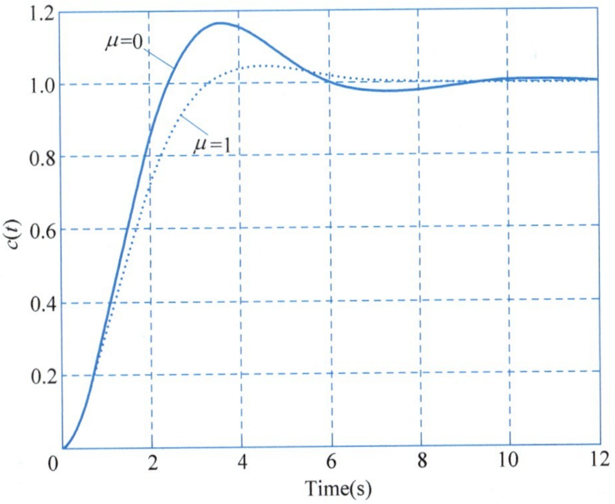

图 7.12 例 7.11 系统参数优化控制结果

7.4 控制系统的能控性和能观测性

能控性(controllability)和能观测性(observability)是现代控制理论中两个很重要的基础性概念，最优控制和最佳估计都是以它们的存在为条件的，是由卡尔曼(Kalman)于 1960 年首先提出的。现代控制理论是建立在状态变量模型描述系统的基础上的，状态变量法中对系统描述是由状态方程和输出方程表示的，这种表示法着眼于系统内部状态的变化，状态方程是描述由输入 $u(t)$ 和初始状态所引起的状态 x 的变化；输出方程则是描述由状态变化而引起的输出 y 的变化。

7.4.1 能控性和能观测性的定义

考虑一个系统，输入和输出构成的是系统的外部变量，而状态属于反映系统内部的变量。从物理上看，能控性和能观测性就是回答“系统的状态是否可由输入影响”和“系统内部的状态能否由输出反映出来”这两个问题。如果系统内部每个状态变量都可由输入完全影响，则称系统的状态为完全能控。如果系统内部每个状态变量都可由输出完全反映，则称系统的状态为完全能观测。

下面，首先举一例，以从概念上增强我们对系统状态的能控性和能观测性的概念的感性认识。

例 7.12 考查如图 7.13 所示的桥式电路的能控性和能观测性。

解 选取 $x_1=i_L$，$x_2=u_c$ 为状态变量，$y=u_c$ 为输出量，则由电路分析方法不难写出该电路的状态变量模型为

$$\dot{\boldsymbol{x}}=\begin{bmatrix}\dfrac{\mathrm{d}i_L}{\mathrm{d}t}\\ \dfrac{\mathrm{d}u_c}{\mathrm{d}t}\end{bmatrix}=\begin{bmatrix}-\dfrac{1}{L}\left(\dfrac{R_1R_2}{R_1+R_2}+\dfrac{R_3R_4}{R_3+R_4}\right) & -\dfrac{1}{L}\left(\dfrac{R_1}{R_1+R_2}-\dfrac{R_3}{R_3+R_4}\right)\\ -\dfrac{1}{C}\left(\dfrac{R_2}{R_1+R_2}-\dfrac{R_4}{R_3+R_4}\right) & -\dfrac{1}{C}\left(\dfrac{1}{R_1+R_2}+\dfrac{1}{R_3+R_4}\right)\end{bmatrix}\boldsymbol{x}+\begin{bmatrix}\dfrac{1}{L}\\ 0\end{bmatrix}\boldsymbol{u}$$

$$y=[0\quad 1]\boldsymbol{x}$$

当由 $R_1\sim R_4$ 组成的电桥平衡时，即

$$\frac{R_1}{R_3}=\frac{R_2}{R_4}\quad 或\quad \frac{R_2}{R_1+R_2}=\frac{R_4}{R_3+R_4}$$

有

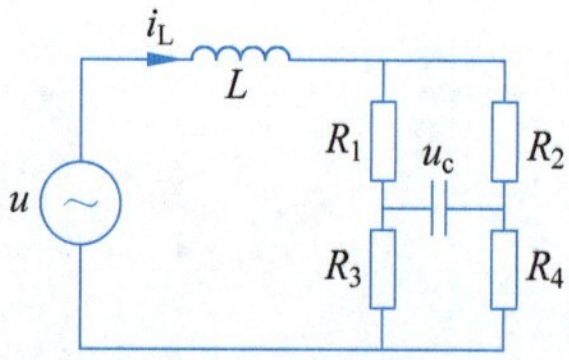

图 7.13 例 7.12 电路图

$$\dot{x}_1=\dot{i}_L=-\frac{1}{L}\left(\frac{R_1R_2}{R_1+R_2}+\frac{R_3R_4}{R_3+R_4}\right)i_L+\frac{1}{L}u$$

$$\dot{x}_2=\dot{u}_c=-\frac{1}{C}\left(\frac{1}{R_1+R_2}+\frac{1}{R_3+R_4}\right)u_c$$

$$y=u_c$$

可以看出，调节控制输入 $u(t)$ 时，对状态 $x_2=u_c(t)$ 没有影响；而通过观测输出 y，也不能确定状态 $x_1=i_L(t)$ 的解或信息。

如果一个被控过程的每一个状态变量都在输入 $u(t)$ 的控制下在有限时间内可以到达任意指定的状态，则我们称该过程是完全能控的。如果通过测量系统的输入输出可以获得系统状态变量的信息，则称该过程是完全能观测的。反之，称系统是非完全能控的和(或)非完全能观测的，简称该系统不能控和(或)不能观测的。下面给出状态能控性和能观测性的定义。

1. 状态能控性的定义

不失一般性，考查一个初始状态为 $\boldsymbol{x}(t_0)=\boldsymbol{x}_0$ 的 n 阶被控线性连续时变系统

$$\begin{aligned}\dot{\boldsymbol{x}}&=\boldsymbol{A}(t)\boldsymbol{x}+\boldsymbol{B}(t)\boldsymbol{u}\\ \boldsymbol{y}&=\boldsymbol{C}(t)\boldsymbol{x}+\boldsymbol{D}(t)\boldsymbol{u}\end{aligned}\tag{7.51}$$

若系统对初始时刻 t_0 存在另一时刻 $t_f(t_f>t_0)$，对 t_0 时刻的初始状态 $\boldsymbol{x}(t_0)$ 可以找到一个控制输入向量 $\boldsymbol{u}$，能在有限时间 (t_f-t_0) 内将系统从某一初态 $\boldsymbol{x}(t_0)$ 转移到任意一个指定的

最终的状态 $\boldsymbol{x}(t_{\mathrm{f}})$(一般指原点),则称此系统的状态是完全能控,或简称系统能控。显然能控性只需考虑系统矩阵 $\boldsymbol{A}(t)$ 和控制矩阵 $\boldsymbol{B}(t)$,即表示为 $\Sigma(\boldsymbol{A}(t),\boldsymbol{B}(t))$ 的情况。

若系统存在某个状态 $\boldsymbol{x}(t_0)$ 不满足上述条件,则此系统是状态不能控的系统,或不完全能控的系统。

2. 状态能观测性定义

考查一个初始状态为 $\boldsymbol{x}(t_0)=\boldsymbol{x}_0$ 的 n 阶被控线性连续时变系统

$$\begin{aligned}\dot{\boldsymbol{x}}&=\boldsymbol{A}(t)\boldsymbol{x}+\boldsymbol{B}(t)\boldsymbol{u}\\ \boldsymbol{y}&=\boldsymbol{C}(t)\boldsymbol{x}+\boldsymbol{D}(t)\boldsymbol{u}\end{aligned} \tag{7.52}$$

如果对任意给定的输入 $\boldsymbol{u}(t)$,存在一有限观测时间 $t_{\mathrm{f}}\geqslant t_0$,使得根据 $[t_0,t_{\mathrm{f}}]$ 期间的输出 $\boldsymbol{y}(t)$ 能唯一地确定系统在初始时刻的状态 $\boldsymbol{x}(t_0)$,则称状态 $\boldsymbol{x}(t_0)$ 是能观测的,若系统的每一个状态都在有限 $[t_0,t_{\mathrm{f}}]$ 内能观测,则我们称系统是状态完全能观测的,或简称系统是能观测的。

能观测性是通过系统输出 $\boldsymbol{y}(t)$ 识别状态 $\boldsymbol{x}(t)$ 的能力,因为 $\boldsymbol{u}(t)$ 是给定的,不妨设 $\boldsymbol{u}=\boldsymbol{0}$,这样状态的能观测性只需考虑系统矩阵 $\boldsymbol{A}(t)$ 和控制矩阵 $\boldsymbol{C}(t)$,即表示为 $\Sigma(\boldsymbol{A}(t),\boldsymbol{C}(t))$。能观测性定义中规定为对初态的确定,一旦 $\boldsymbol{x}(t_0)$ 确定,便可依据给定的控制输入,利用线性时变系统的状态转移方程

$$\boldsymbol{x}(t)=\boldsymbol{\Phi}(t,t_0)\boldsymbol{x}(t_0)+\int_{t_0}^{t}\boldsymbol{\Phi}(t,\tau)\boldsymbol{B}\boldsymbol{u}(\tau)\,\mathrm{d}\tau \tag{7.53}$$

计算出任意时刻 t 的状态 $\boldsymbol{x}(t)$。

7.4.2 线性定常连续系统的能控性判据

本节以线性定常连续系统为研究对象,讨论基于系数矩阵判断能控性的常用准则。

考查一个 n 阶线性定常系统

$$\begin{aligned}\dot{\boldsymbol{x}}&=\boldsymbol{A}\boldsymbol{x}+\boldsymbol{B}\boldsymbol{u}\\ \boldsymbol{x}(0)&=\boldsymbol{x}_0\end{aligned} \tag{7.54}$$

1. 格拉姆(Gram)矩阵判据

定理 7.7 线性定常系统式(7.54)为完全能控的充要条件是存在一有限时刻 $t_{\mathrm{f}}>0$,使如下定义的格拉姆矩阵

$$\boldsymbol{W}_{\mathrm{c}}[0,t_{\mathrm{f}}]=\int_0^{t_{\mathrm{f}}}\mathrm{e}^{-\boldsymbol{A}t}\boldsymbol{B}\boldsymbol{B}^{\mathrm{T}}\mathrm{e}^{-\boldsymbol{A}^{\mathrm{T}}t}\,\mathrm{d}t \tag{7.55}$$

为非奇异。

证 首先证明充分性,用构造性证明法。已知式(7.55)定义的格拉姆矩阵 $\boldsymbol{W}_{\mathrm{c}}[0,t_{\mathrm{f}}]$ 非奇异,故 $\boldsymbol{W}_{\mathrm{c}}^{-1}$ 存在,由此对任一非零初态 $\boldsymbol{x}_0$,可构造控制输入 $\boldsymbol{u}(t)$ 为

$$\boldsymbol{u}(t)=-\boldsymbol{B}^{\mathrm{T}}\mathrm{e}^{-\boldsymbol{A}^{\mathrm{T}}t}\boldsymbol{W}_{\mathrm{c}}^{-1}[0,t_{\mathrm{f}}]\boldsymbol{x}_0,\quad t\in[0,t_{\mathrm{f}}] \tag{7.56}$$

而在 $\boldsymbol{u}(t)$ 作用下系统状态 $\boldsymbol{x}(t)$ 在 t_{f} 的结果为

$$\begin{aligned}\boldsymbol{x}(t_{\mathrm{f}})&=\mathrm{e}^{\boldsymbol{A}t_{\mathrm{f}}}\boldsymbol{x}_0+\int_0^{t_{\mathrm{f}}}\mathrm{e}^{\boldsymbol{A}(t_{\mathrm{f}}-t)}\boldsymbol{B}\boldsymbol{u}(t)\,\mathrm{d}t\\ &=\mathrm{e}^{\boldsymbol{A}t_{\mathrm{f}}}\boldsymbol{x}_0-\mathrm{e}^{\boldsymbol{A}t_{\mathrm{f}}}\int_0^{t_{\mathrm{f}}}\mathrm{e}^{-\boldsymbol{A}t}\boldsymbol{B}\boldsymbol{B}^{\mathrm{T}}\mathrm{e}^{-\boldsymbol{A}^{\mathrm{T}}t}\,\mathrm{d}t\cdot\boldsymbol{W}_{\mathrm{c}}^{-1}[0,t_{\mathrm{f}}]\boldsymbol{x}_0\\ &=\mathrm{e}^{\boldsymbol{A}t_{\mathrm{f}}}\boldsymbol{x}_0-\mathrm{e}^{\boldsymbol{A}t_{\mathrm{f}}}\boldsymbol{W}_{\mathrm{c}}\cdot\boldsymbol{W}_{\mathrm{c}}^{-1}\boldsymbol{x}_0=\boldsymbol{0}\end{aligned}$$

表明,对任意非零初态 $\boldsymbol{x}_0$,存在有限时刻 $t_f>0$ 和控制输入 $\boldsymbol{u}(t)$,使系统状态由 $\boldsymbol{x}_0$ 转移到 t_f 时的状态 $\boldsymbol{x}(t_f)=\boldsymbol{0}$。因此,由能控性定义知系统的状态是完全能控的。

必要性的证明用反证法。反设 $\boldsymbol{W}_c$ 为奇异,也即反设存在某个非零向量 $\bar{\boldsymbol{x}}_0\in R^n$,使得 $\boldsymbol{W}_c[0,t_f]\bar{\boldsymbol{x}}_0=\boldsymbol{0}$,于是 $\bar{\boldsymbol{x}}_0^{\mathrm{T}}\boldsymbol{W}_c[0,t_f]\bar{\boldsymbol{x}}_0=0$ 成立。

注 由线性代数知识知道,对奇异矩阵,如果矩阵的列向量(行)线性相关,则存在非零的值 α,使 $\sum_{i=1}^{n}\alpha_i x_i=0$ 成立。

因此有

$$0=\bar{\boldsymbol{x}}_0^{\mathrm{T}}\boldsymbol{W}_c\bar{\boldsymbol{x}}_0=\int_0^{t_f}\bar{\boldsymbol{x}}_0^{\mathrm{T}}\mathrm{e}^{-\boldsymbol{A}t}\boldsymbol{B}\boldsymbol{B}^{\mathrm{T}}\mathrm{e}^{-\boldsymbol{A}^{\mathrm{T}}t}\bar{\boldsymbol{x}}_0\mathrm{d}t$$
$$=\int_0^{t_f}[\boldsymbol{B}^{\mathrm{T}}\mathrm{e}^{-\boldsymbol{A}^{\mathrm{T}}t}\bar{\boldsymbol{x}}_0]^{\mathrm{T}}[\boldsymbol{B}^{\mathrm{T}}\mathrm{e}^{-\boldsymbol{A}^{\mathrm{T}}t}\bar{\boldsymbol{x}}_0]\mathrm{d}t$$
$$=\int_0^{t_f}\|\boldsymbol{B}^{\mathrm{T}}\mathrm{e}^{-\boldsymbol{A}^{\mathrm{T}}t}\bar{\boldsymbol{x}}_0\|^2\mathrm{d}t$$

其中,‖·‖表示向量的范数,故对非零向量其必为正值,这样要使上式成立,应当有

$$\boldsymbol{B}^{\mathrm{T}}\mathrm{e}^{-\boldsymbol{A}^{\mathrm{T}}t}\bar{\boldsymbol{x}}_0=0,\quad \forall t\in[0,t_f] \tag{7.57}$$

另外,因为系统完全能控,所以对此非零 $\bar{\boldsymbol{x}}_0$ 存在控制输入 $\boldsymbol{u}(t)$,使得

$$\boldsymbol{0}=\boldsymbol{x}(t_f)=\mathrm{e}^{\boldsymbol{A}t_f}\bar{\boldsymbol{x}}_0+\int_0^{t_f}\mathrm{e}^{\boldsymbol{A}t_f}\mathrm{e}^{-\boldsymbol{A}t}\boldsymbol{B}\boldsymbol{u}(t)\mathrm{d}t$$

即

$$\bar{\boldsymbol{x}}_0=-\int_0^{t_f}\mathrm{e}^{-\boldsymbol{A}t}\boldsymbol{B}\boldsymbol{u}(t)\mathrm{d}t$$

于是有

$$\|\bar{\boldsymbol{x}}_0\|^2=\bar{\boldsymbol{x}}_0^{\mathrm{T}}\bar{\boldsymbol{x}}_0=\left[-\int_0^{t_f}\mathrm{e}^{-\boldsymbol{A}t}\boldsymbol{B}\boldsymbol{u}(t)\mathrm{d}t\right]^{\mathrm{T}}\bar{\boldsymbol{x}}_0=-\int_0^{t_f}\boldsymbol{u}^{\mathrm{T}}(t)\boldsymbol{B}^{\mathrm{T}}\mathrm{e}^{-\boldsymbol{A}^{\mathrm{T}}t}\bar{\boldsymbol{x}}_0\mathrm{d}t$$

再利用式(7.57),则上式为 $\|\bar{\boldsymbol{x}}_0\|^2=0$,即 $\bar{\boldsymbol{x}}_0=\boldsymbol{0}$。这表明,$\bar{\boldsymbol{x}}_0\neq\boldsymbol{0}$ 的假设和已知系统完全能控相矛盾。因此,反设不成立,即 $\boldsymbol{W}_c[0,t_f]$为非奇异。于是必要性得证。

不难看出,应用格拉姆矩阵判据,必须先计算状态转移矩阵$\boldsymbol{\Phi}(t)=\mathrm{e}^{\boldsymbol{A}t}$,当系统阶次 n 较大时并非易事。故这一判据主要用于理论分析。下面利用其导出直接由系数矩阵 $\boldsymbol{A}$、$\boldsymbol{B}$ 判断线性定常系统能控性的判据。

2. 秩判据

秩判据是直接基于系统的系数矩阵 $\boldsymbol{A}$ 和 $\boldsymbol{B}$,经简单的矩阵相乘和求秩运算即可获到结果,因而得到广泛应用。

定理 7.8 线性定常系统式(7.54)完全能控的充要条件是

$$\mathrm{rank}\boldsymbol{Q}_c=\mathrm{rank}[\boldsymbol{B}\quad \boldsymbol{AB}\quad \cdots\quad \boldsymbol{A}^{n-1}\boldsymbol{B}]=n \tag{7.58}$$

其中,n 为 $\boldsymbol{A}$ 的维数,定义 $n\times nr$ 的能控性判别阵为

$$\boldsymbol{Q}_c=[\boldsymbol{B}\quad \boldsymbol{AB}\quad \cdots\quad \boldsymbol{A}^{n-1}\boldsymbol{B}] \tag{7.59}$$

证明 先证明充分性。用反证法,设系统不完全能控,则 $\boldsymbol{W}_c$ 为奇异,这意味着存在某个非零 n 维常向量$\boldsymbol{\alpha}$ 满足

$$0=\boldsymbol{\alpha}^{\mathrm{T}}\boldsymbol{W}_{\mathrm{c}}[0,t_{\mathrm{f}}]\boldsymbol{\alpha}=\int_0^{t_{\mathrm{f}}}\boldsymbol{\alpha}^{\mathrm{T}}\mathrm{e}^{-\boldsymbol{A}t}\boldsymbol{B}\boldsymbol{B}^{\mathrm{T}}\mathrm{e}^{-\boldsymbol{A}^{\mathrm{T}}t}\boldsymbol{\alpha}\,\mathrm{d}t=\int_0^{t_{\mathrm{f}}}[\boldsymbol{\alpha}^{\mathrm{T}}\mathrm{e}^{-\boldsymbol{A}t}\boldsymbol{B}][\boldsymbol{\alpha}^{\mathrm{T}}\mathrm{e}^{-\boldsymbol{A}t}\boldsymbol{B}]^{\mathrm{T}}\mathrm{d}t$$

即

$$\boldsymbol{\alpha}^{\mathrm{T}}\mathrm{e}^{-\boldsymbol{A}t}\boldsymbol{B}=0,\quad \forall t\in[0,t_{\mathrm{f}}] \tag{7.60}$$

将式(7.60)求导直至 $n-1$ 次，再在所得结果中令 $t=0$，于是得到

$$\boldsymbol{\alpha}^{\mathrm{T}}\boldsymbol{B}=0,\quad \boldsymbol{\alpha}^{\mathrm{T}}\boldsymbol{A}\boldsymbol{B}=0,\cdots,\boldsymbol{\alpha}^{\mathrm{T}}\boldsymbol{A}^{n-1}\boldsymbol{B}=0 \tag{7.61}$$

进一步有

$$\boldsymbol{\alpha}^{\mathrm{T}}[\boldsymbol{B}\quad \boldsymbol{A}\boldsymbol{B}\quad \boldsymbol{A}^2\boldsymbol{B}\quad \cdots\quad \boldsymbol{A}^{n-1}\boldsymbol{B}]=\boldsymbol{\alpha}^{\mathrm{T}}\boldsymbol{Q}_{\mathrm{c}}=\boldsymbol{0} \tag{7.62}$$

由于 $\boldsymbol{\alpha}\neq\boldsymbol{0}$，因此上式意味着 $\boldsymbol{Q}_{\mathrm{c}}$ 线性相关，即有 $\mathrm{rank}\boldsymbol{Q}_{\mathrm{c}}<n$，但这与已知 $\mathrm{rank}\boldsymbol{Q}_{\mathrm{c}}=n$ 矛盾。为此，充分性得证。

再证必要性。用反证法，反设 $\mathrm{rank}\boldsymbol{Q}_{\mathrm{c}}<n$，这意味着 $\boldsymbol{Q}_{\mathrm{c}}$ 线性相关，必存在一非零 n 维常向量 $\boldsymbol{\alpha}$ 使下式成立

$$\boldsymbol{\alpha}^{\mathrm{T}}\boldsymbol{Q}_{\mathrm{c}}=\boldsymbol{\alpha}^{\mathrm{T}}[\boldsymbol{B}\quad \boldsymbol{A}\boldsymbol{B}\quad \cdots\quad \boldsymbol{A}^{n-1}\boldsymbol{B}]=0 \tag{7.63}$$

于是

$$\boldsymbol{\alpha}^{\mathrm{T}}\boldsymbol{A}^{i}\boldsymbol{B}=0,\quad i=0,1,\cdots,n-1 \tag{7.64}$$

再由线性代数中的凯莱-哈密尔顿(Calay-Hamilton)定理可知，$\boldsymbol{A}^n,\boldsymbol{A}^{n+1},\cdots$ 均可表示为 $\boldsymbol{I}$，$\boldsymbol{A},\cdots,\boldsymbol{A}^{n-1}$ 的线性组合，由此将式(7.64)进一步写为

$$\boldsymbol{\alpha}^{\mathrm{T}}\boldsymbol{A}^{i}\boldsymbol{B}=0,\quad i=0,1,2\cdots \tag{7.65}$$

从而，对任意时刻 $t_{\mathrm{f}}>0$，有

$$\pm\boldsymbol{\alpha}^{\mathrm{T}}\frac{\boldsymbol{A}^{i}t^{i}}{i!}\boldsymbol{B}=0,\quad \forall t\in[0,t_{\mathrm{f}}],\quad i=0,1,\cdots \tag{7.66}$$

或表示为

$$0=\boldsymbol{\alpha}^{\mathrm{T}}\left[\boldsymbol{I}-\boldsymbol{A}t+\frac{1}{2!}\boldsymbol{A}^2t^2-\frac{1}{3!}\boldsymbol{A}^3t^3+\cdots\right]\boldsymbol{B}=\boldsymbol{\alpha}^{\mathrm{T}}\mathrm{e}^{-\boldsymbol{A}t}\boldsymbol{B},\quad \forall t\in[0,t_{\mathrm{f}}] \tag{7.67}$$

利用式(7.67)，即有

$$0=\boldsymbol{\alpha}^{\mathrm{T}}\int_0^{t_{\mathrm{f}}}\mathrm{e}^{-\boldsymbol{A}t}\boldsymbol{B}\boldsymbol{B}^{\mathrm{T}}\mathrm{e}^{-\boldsymbol{A}^{\mathrm{T}}t}\mathrm{d}t\,\boldsymbol{\alpha}=\boldsymbol{\alpha}^{\mathrm{T}}\boldsymbol{W}_{\mathrm{c}}[0,t_{\mathrm{f}}]\boldsymbol{\alpha} \tag{7.68}$$

该式意味着 $\boldsymbol{W}_{\mathrm{c}}$ 奇异，即系统为不完全能控的，这与已知条件矛盾，于是有 $\mathrm{rank}\boldsymbol{Q}_{\mathrm{c}}=n$。

因此必要性得证。

例 7.13 考查某一线性定常系统

$$\dot{\boldsymbol{x}}=\begin{bmatrix}1&1&0\\0&1&0\\0&1&1\end{bmatrix}\boldsymbol{x}+\begin{bmatrix}0&1\\1&0\\0&1\end{bmatrix}\begin{bmatrix}u_1\\u_2\end{bmatrix}$$

判断系统的能控性。

解 首先计算能控性矩阵

$$\boldsymbol{Q}_{\mathrm{c}}=[\boldsymbol{B}\quad \boldsymbol{A}\boldsymbol{B}\quad \boldsymbol{A}^2\boldsymbol{B}]=\begin{bmatrix}0&1&1&1&2&1\\1&0&1&0&1&0\\0&1&1&1&2&1\end{bmatrix}$$

显然第 1 行与第 3 行完全相同，于是 $\mathrm{rank}\boldsymbol{Q}_{\mathrm{c}}=2<n=3$，因此该系统是不完全能控的。

如果系统阶次 n 和输入维数 r 都较大,这样手工计算判断 $\boldsymbol{Q}_c$ 的秩是困难的,考虑到

$$\mathrm{rank}\boldsymbol{Q}_c = \mathrm{rank}\underbrace{\boldsymbol{Q}_c\boldsymbol{Q}_c^{\mathrm{T}}}_{n\times n} \tag{7.69}$$

对该例方阵的计算得到

$$\boldsymbol{Q}_c\boldsymbol{Q}_c^{\mathrm{T}} = \begin{bmatrix} 8 & 3 & 8 \\ 3 & 3 & 3 \\ 8 & 3 & 6 \end{bmatrix}, \quad \mathrm{rank}\boldsymbol{Q}_c\boldsymbol{Q}_c^{\mathrm{T}} = 2 < 3$$

为此,该系统是不能控的。

另一种解法是并非要将 $\boldsymbol{Q}_c$ 算完,而是算到哪一步发现 $\mathrm{rank}[\boldsymbol{B} \quad \boldsymbol{AB}\cdots\boldsymbol{A}^k\boldsymbol{B}]=n$ 满足,就可在哪一步停下来,说明系统是能控的。

例 7.14 判断第 2 章介绍的倒立摆系统的能控性,该系统线性化后的状态变量模型为

$$\dot{\boldsymbol{x}} = \begin{bmatrix} 0 & 1 & 0 & 0 \\ 0 & 0 & -1 & 0 \\ 0 & 0 & 0 & 1 \\ 0 & 0 & 11 & 0 \end{bmatrix}\boldsymbol{x} + \begin{bmatrix} 0 \\ 1 \\ 0 \\ -1 \end{bmatrix}u$$

$$\boldsymbol{y} = [1 \quad 0 \quad 0 \quad 0]\,\boldsymbol{x}$$

解 系统的能控性矩阵为

$$\boldsymbol{Q}_c = [\boldsymbol{B} \quad \boldsymbol{AB} \quad \boldsymbol{A}^2\boldsymbol{B} \quad \boldsymbol{A}^3\boldsymbol{B}] = \begin{bmatrix} 0 & 1 & 0 & 1 \\ 1 & 0 & 1 & 0 \\ 0 & -1 & 0 & -11 \\ -1 & 0 & -11 & 0 \end{bmatrix}$$

经计算该系统的能控性矩阵的行列式为 $|\boldsymbol{Q}_c|=100$,为此秩 $\mathrm{rank}\boldsymbol{Q}_c=4$,满秩,所以该系统的状态完全能控。这就说明尽管被控过程倒立摆是一个不稳定的系统,但由于该系统的状态完全能够控制,如果摆角度 θ 从平衡位置偏离一个小的角度,总会存在一个能将该偏离角 θ 推回到零的控制作用,同样存在一个同时将状态 θ 和 z 以及它们的导数推向零的控制作用。

MATLAB 程序如下

```
A=[0 1 0 0;0 0 -1 0;0 0 0 1;0 0 11 0];
B=[0;1;0;-1];
C=[1 0 0 0];
D=[0];
Uc=ctrb(A,B);rc=rank(Uc);
n=size(A);if rc==n
    disp('System is controlled.')
elseif rc<n
    disp('System is no controlled.')
end
```

该系统的运行结果为

```
System is controlled.
```

3. PBH(Popov-Belevitch-Hautus)秩判据

该判据由波波夫(Popov)和贝尔维奇(Belevitch)提出,并由哈特斯(Hautus)指出其广泛的可应用性而得名。

定理 7.9 线性定常系统式(7.54)完全能控的充要条件是对系统矩阵 $\boldsymbol{A}$ 的所有特征值 $s_i, i=1,2,\cdots,n$ 均满足

$$\operatorname{rank}[s_i\boldsymbol{I}-\boldsymbol{A},\boldsymbol{B}]=n,\quad i=1,2,\cdots,n \tag{7.70}$$

或等价地表示为 $\operatorname{rank}[s\boldsymbol{I}-\boldsymbol{A},\boldsymbol{B}]=n$，$s$ 为复变量。

证 先证必要性，用反证法。反设对某个特征值 s_i，有 $\operatorname{rank}[s_i\boldsymbol{I}-\boldsymbol{A},\boldsymbol{B}]<n$，意味着 $[s_i\boldsymbol{I}-\boldsymbol{A},\boldsymbol{B}]$为线性相关。因此，必存在一非零向量$\boldsymbol{\alpha}$，使成立

$$\boldsymbol{\alpha}^{\mathrm{T}}[s_i\boldsymbol{I}-\boldsymbol{A},\boldsymbol{B}]=0 \tag{7.71}$$

于是

$$\boldsymbol{\alpha}^{\mathrm{T}}A=s_i\boldsymbol{\alpha}^{\mathrm{T}},\quad \boldsymbol{\alpha}^{\mathrm{T}}\boldsymbol{B}=0$$

进而有

$$\boldsymbol{\alpha}^{\mathrm{T}}\boldsymbol{B}=0,\quad \boldsymbol{\alpha}^{\mathrm{T}}\boldsymbol{A}\boldsymbol{B}=s_i\boldsymbol{\alpha}^{\mathrm{T}}\boldsymbol{B}=0,\cdots,\boldsymbol{\alpha}^{\mathrm{T}}\boldsymbol{A}^{n-1}\boldsymbol{B}=0 \tag{7.72}$$

进一步写为

$$\boldsymbol{\alpha}^{\mathrm{T}}[\boldsymbol{B}\quad \boldsymbol{A}\boldsymbol{B}\quad \cdots\quad \boldsymbol{A}^{n-1}\boldsymbol{B}]=\boldsymbol{\alpha}^{\mathrm{T}}\boldsymbol{Q}_{\mathrm{c}}=0 \tag{7.73}$$

但已知$\boldsymbol{\alpha}\neq\boldsymbol{0}$，所以要上式成立必有 $\operatorname{rank}\boldsymbol{Q}_{\mathrm{c}}<n$，即系统不完全能控，与已知条件矛盾，必要性得证。

充分性证明也可采用反证法，这里证略。

例 7.15 考查某线性定常系统

$$\dot{\boldsymbol{x}}=\begin{bmatrix}0&1&0&0\\0&0&-1&0\\0&0&0&1\\0&0&5&0\end{bmatrix}\boldsymbol{x}+\begin{bmatrix}0&1\\1&0\\0&1\\-2&1\end{bmatrix}\boldsymbol{u},\quad n=4$$

用 PBH 秩判据分析系统的能控性。

解 考虑到该系统的特征值为 $s_1=s_2=0, s_3=\sqrt{5}, s_4=-\sqrt{5}$，对 $s=s_1=s_2=0$，有

$$\operatorname{rank}[s_1\boldsymbol{I}-\boldsymbol{A},\boldsymbol{B}]=\operatorname{rank}\begin{bmatrix}0&-1&0&0&0&1\\0&0&1&0&1&0\\0&0&0&-1&0&1\\0&0&-5&0&-2&1\end{bmatrix}=4$$

对 $s_3=\sqrt{5}$，有

$$\operatorname{rank}[s_3\boldsymbol{I}-\boldsymbol{A}\boldsymbol{B},\boldsymbol{B}]=\operatorname{rank}\begin{bmatrix}\sqrt{5}&-1&0&0&0&1\\0&\sqrt{5}&1&0&1&0\\0&0&\sqrt{5}&-1&0&1\\0&0&-5&\sqrt{5}&-2&1\end{bmatrix}=4$$

对 $s_4=-\sqrt{5}$，$\operatorname{rank}[s_4\boldsymbol{I}-\boldsymbol{A},\boldsymbol{B}]=4$。

由 PBH 秩判据，知该系统是完全能控的。

7.4.3 线性定常连续系统的能观测性判据

考查线性定常系统

$$\begin{aligned}\dot{\boldsymbol{x}}&=\boldsymbol{A}\boldsymbol{x}+\boldsymbol{B}\boldsymbol{u},\quad \boldsymbol{x}(0)=\boldsymbol{x}_0\\ \boldsymbol{y}&=\boldsymbol{C}\boldsymbol{x}\end{aligned} \tag{7.74}$$

其中,$\boldsymbol{x}:n\times1$,$\boldsymbol{y}:m\times1$,$\boldsymbol{A}:n\times n$,$\boldsymbol{C}:m\times n$,为讨论能观测性简便,假设控制输入为 $\boldsymbol{u}=\boldsymbol{0}$。

1. 格拉姆矩阵判据

定理 7.10 线性系统式(7.74)为完全能观测的充分必要条件是存在有限时刻 $t_f>0$,使得格拉姆矩阵

$$\boldsymbol{W}_o[0,t_f]\overset{\text{def}}{=}\int_0^{t_f}\mathrm{e}^{\boldsymbol{A}^{\mathrm{T}}t}\boldsymbol{C}^{\mathrm{T}}\boldsymbol{C}\mathrm{e}^{\boldsymbol{A}t}\mathrm{d}t \tag{7.75}$$

为非奇异。

证 先证充分性,用构造性方法。因为 $\boldsymbol{W}_o$ 非奇异→$\boldsymbol{W}_o^{-1}$ 存在,故可对$[0,t_f]$上已知的输出 $\boldsymbol{y}(t)$来构造初态 $\boldsymbol{x}_0$

$$\begin{aligned}\boldsymbol{W}_o^{-1}[0,t_f]\int_0^{t_f}\mathrm{e}^{\boldsymbol{A}^{\mathrm{T}}t}\boldsymbol{C}^{\mathrm{T}}y(t)\mathrm{d}t&=\boldsymbol{W}_o^{-1}[0,t_f]\int_0^{t_f}\mathrm{e}^{\boldsymbol{A}^{\mathrm{T}}t}\boldsymbol{C}^{\mathrm{T}}\boldsymbol{C}\mathrm{e}^{\boldsymbol{A}t}\mathrm{d}t\boldsymbol{x}_0\\&=\boldsymbol{W}_o^{-1}[0,t_f]\boldsymbol{W}_o[0,t_f]\boldsymbol{x}_0=\boldsymbol{x}_0\end{aligned}$$

这表明,在 $\boldsymbol{W}_o$ 非奇异下,总可根据$[0,t_f]$上的 $\boldsymbol{y}(t)$来构造出任意的非零初态 $\boldsymbol{x}_0$,所以系统是完全能观测的。

再证必要性,反证法。反设 $\boldsymbol{W}_o$ 奇异,存在非零 $\bar{\boldsymbol{x}}_0\in\mathbf{R}^n$,使成立

$$\begin{aligned}0=\bar{\boldsymbol{x}}_0^{\mathrm{T}}\boldsymbol{W}_o[\mathbf{0},t_f]\bar{\boldsymbol{x}}_0&=\int_0^{t_f}\bar{\boldsymbol{x}}_0^{\mathrm{T}}\mathrm{e}^{\boldsymbol{A}^{\mathrm{T}}t}\boldsymbol{C}^{\mathrm{T}}\boldsymbol{C}\mathrm{e}^{\boldsymbol{A}t}\bar{\boldsymbol{x}}_0\mathrm{d}t\\&=\int_0^{t_f}\boldsymbol{y}^{\mathrm{T}}(t)\boldsymbol{y}(t)\mathrm{d}t=\int_0^{t_f}\|\boldsymbol{y}(t)\|^2\mathrm{d}t\end{aligned}$$

于是

$$\boldsymbol{y}(t)=\boldsymbol{C}\mathrm{e}^{\boldsymbol{A}t}\bar{\boldsymbol{x}}_0=\mathbf{0},\quad \forall t\in[0,t_f]$$

按定义知,$\bar{\boldsymbol{x}}_0$ 为不能观测的状态,这和已知条件完全能观测矛盾,必要性证毕。

格拉姆判据主要用于理论分析。与能控性判据一样,也有以下两种能观测性判断的秩判据。

2. 秩判据

定理 7.11 线性定常系统式(7.74)为完全能观测的充要条件是

$$\mathrm{rank}\boldsymbol{Q}_o=\mathrm{rank}\begin{bmatrix}\boldsymbol{C}\\\boldsymbol{CA}\\\vdots\\\boldsymbol{CA}^{n-1}\end{bmatrix}=n\quad 或\quad \mathrm{rank}[\boldsymbol{C}^{\mathrm{T}}\quad \boldsymbol{A}^{\mathrm{T}}\boldsymbol{C}^{\mathrm{T}}\cdots(\boldsymbol{A}^{\mathrm{T}})^{n-1}\boldsymbol{C}^{\mathrm{T}}]=n \tag{7.76}$$

其中,能观测判别矩阵为

$$\boldsymbol{Q}_o=\begin{bmatrix}\boldsymbol{C}\\\boldsymbol{CA}\\\vdots\\\boldsymbol{CA}^{n-1}\end{bmatrix} \tag{7.77}$$

可仿照定理 7.8 的证明方法,用格拉姆矩阵判据证明。

3. PBH 秩判据

定理 7.12 线性定常系统式(7.74)完全能观测的充分必要条件是对系统矩阵 $\boldsymbol{A}$ 的所有特征值 s_i,$i=1,2,\cdots,n$ 均满足

$$\text{rank}\begin{bmatrix} \boldsymbol{C} \\ s_i\boldsymbol{I}-\boldsymbol{A} \end{bmatrix}=n,\quad i=1,2,\cdots,n \tag{7.78}$$

该定理的证明方法与定理7.9类似，这里证略。

例7.16　考查线性定常系统的能观测性

$$\boldsymbol{A}=\begin{bmatrix} -4 & 5 \\ 1 & 0 \end{bmatrix},\quad \boldsymbol{C}=\begin{bmatrix} 1 & -1 \end{bmatrix}$$

解　因为 $\boldsymbol{C}=[1\quad -1]$，$\boldsymbol{CA}=[-5\quad 5]$

于是有能观测性矩阵为 $\boldsymbol{Q}_{\mathrm{o}}=\begin{bmatrix} \boldsymbol{C} \\ \boldsymbol{CA} \end{bmatrix}=\begin{bmatrix} 1 & -1 \\ -5 & 5 \end{bmatrix}$，而秩 $\text{rank}\boldsymbol{Q}_{\mathrm{o}}=1<2$，所以该系统的状态是不完全能观测的。

例7.17　判断倒立摆系统的能观测性。

$$\dot{\boldsymbol{x}}=\begin{bmatrix} 0 & 1 & 0 & 0 \\ 0 & 0 & -1 & 0 \\ 0 & 0 & 0 & 1 \\ 0 & 0 & 11 & 0 \end{bmatrix}\boldsymbol{x}+\begin{bmatrix} 0 \\ 1 \\ 0 \\ -1 \end{bmatrix}\boldsymbol{u}$$

$$\mathrm{z}=\boldsymbol{Cx}=\begin{bmatrix} 1 & 0 & 0 & 0 \end{bmatrix}\boldsymbol{x}$$

假定适于量测的输出只有小车位置。

解　系统的能观测性矩阵为

$$\boldsymbol{Q}_{\mathrm{o}}=\begin{bmatrix} \boldsymbol{C} \\ \boldsymbol{CA} \\ \boldsymbol{CA}^2 \\ \boldsymbol{CA}^3 \end{bmatrix}=\begin{bmatrix} 1 & 0 & 0 & 0 \\ 0 & 1 & 0 & 0 \\ 0 & 0 & -1 & 0 \\ 0 & 0 & 0 & -1 \end{bmatrix}$$

于是有 $\text{rank}\boldsymbol{Q}_{\mathrm{o}}=4$。因此，倒立摆系统是完全能观测的。这意味着四个状态 $z,\dot{z},\theta,\dot{\theta}$ 的值均可在任意有限时间内通过测量系统输出 $z(t)$（小车的位置）即可以确定系统的状态信息。

系统状态完全能观测概念为后面状态反馈控制系统的设计打下了实现基础。

MATLAB程序如下

```
A=[0 1 0 0;0 0 -1 0;0 0 0 1;0 0 11 0];
B=[0;1;0;-1];
C=[1 0 0 0];
D=[0];
Vo=obsv(A,C);ro=rank(Vo);
n=size(A);if ro==n
    disp('System is observable.')
elseif ro<n
    disp('System is no observable.')
end
```

该系统的运行结果为：

```
System is observable.
```

7.4.4 线性系统能控性与能观测性的对偶关系

学习了能控性和能观测性判据后,不难发现能控性和能观测性无论在概念上还是在判据的形式上都是对偶的,它是卡尔曼首先提出的,利用对偶关系,可把对系统的能观测性分析转化为其对偶系统的能控性分析。从而也沟通了最优控制问题和最优估计问题之间的内在联系。

考查一个 n 阶 r 维输入,m 维输出的线性定常系统 Σ_{x}

$$\begin{aligned}\dot{\boldsymbol{x}}&=\boldsymbol{A}\boldsymbol{x}+\boldsymbol{B}\boldsymbol{u}\\ \boldsymbol{y}&=\boldsymbol{C}\boldsymbol{x}\end{aligned}\tag{7.79}$$

其 m 维输入,r 维输出的对偶系统为 Σ_{z}

$$\begin{aligned}\dot{\boldsymbol{z}}&=\boldsymbol{A}^{\mathrm{T}}\boldsymbol{z}+\boldsymbol{C}^{\mathrm{T}}\boldsymbol{v}\\ \boldsymbol{w}&=\boldsymbol{B}^{\mathrm{T}}\boldsymbol{z}\end{aligned}\tag{7.80}$$

对 Σ_{x} 系统,其传递函数矩阵为 $m\times r$ 维矩阵为

$$\boldsymbol{G}_{\mathrm{x}}=\boldsymbol{C}(s\boldsymbol{I}-\boldsymbol{A})^{-1}\boldsymbol{B}\tag{7.81}$$

而对 Σ_{z} 系统,其传递函数矩阵为

$$\boldsymbol{G}_{\mathrm{z}}=\boldsymbol{B}^{\mathrm{T}}(s\boldsymbol{I}-\boldsymbol{A}^{\mathrm{T}})^{-1}\boldsymbol{C}^{\mathrm{T}}=\boldsymbol{G}_{\mathrm{x}}^{\mathrm{T}}\tag{7.82}$$

即传递函数矩阵的对偶性,互为转置,特征方程也相同。

同样对状态转移矩阵也有互为转置的对偶关系

$$\Phi_{\mathrm{x}}(t_0,t)=\Phi_{\mathrm{z}}^{\mathrm{T}}(t_0,t)\tag{7.83}$$

对 Σ_{x}

完全能控充要条件为 $\mathrm{rank}\boldsymbol{Q}_{\mathrm{c}}=\mathrm{rank}[\boldsymbol{B}\quad \boldsymbol{AB}\quad \cdots\quad \boldsymbol{A}^{n-1}\boldsymbol{B}]=n$

完全能观测充要条件为 $\mathrm{rank}\boldsymbol{Q}_{\mathrm{o}}=\mathrm{rank}[\boldsymbol{C}^{\mathrm{T}}\quad \boldsymbol{A}^{\mathrm{T}}\boldsymbol{C}^{\mathrm{T}}\quad \cdots\quad (\boldsymbol{A}^{\mathrm{T}})^{n-1}\boldsymbol{C}^{\mathrm{T}}]=n$

对 Σ_{z}

完全能控充要条件为 $\mathrm{rank}\boldsymbol{Q}_{\mathrm{c}}=\mathrm{rank}[\boldsymbol{C}^{\mathrm{T}}\quad \boldsymbol{A}^{\mathrm{T}}\boldsymbol{C}^{\mathrm{T}}\quad \cdots\quad (\boldsymbol{A}^{\mathrm{T}})^{n-1}\boldsymbol{C}^{\mathrm{T}}]=n$

完全能观测充要条件为 $\mathrm{rank}\boldsymbol{Q}_{\mathrm{o}}=\mathrm{rank}[\boldsymbol{B}\quad \boldsymbol{AB}\quad \cdots\quad \boldsymbol{A}^{n-1}\boldsymbol{B}]=n$

结论 Σ_{x} 完全能控等价于对偶系统 Σ_{z} 完全能观测,Σ_{x} 完全能观测等价于对偶系统 Σ_{z} 完全能控,利用这一原理,不仅可作相互校验,而且在线性控制系统设计中也是很有用的,最优控制和最佳估计问题之间也有类似的对应关系。

7.4.5 控制系统的结构分解

利用相似变换,读者也可以证明线性定常系统的能控性和能观测性经线性非奇异变换后也是保持不变的。那么采用什么样的变换矩阵,经线性变换后,可以把系统的不能控、不能观测部分和能控、能观测部分的状态区分开来,这就是系统的结构分解问题。系统结构分解的目的,既在于更为深入地了解系统的结构特征,也在于更为深刻地解释状态变量内部描述和输入输出外部描述间的关系,它对系统的状态反馈、系统镇定设计等问题的解决都有密切的关系。本节限于讨论线性连续定常系统的结构分解问题。

1. 按能控性分解

能控性结构分解归结为将不完全能控的系统显式地分为能控部分和不能控部分。结构

分解的途径是引入线性非奇异变换。

定理 7.13　考查一个 n 阶不完全能控的线性定常系统 $\Sigma(\boldsymbol{A},\boldsymbol{B},\boldsymbol{C})$，其能控性判别矩阵 $\boldsymbol{Q}_c=[\boldsymbol{B}\quad \boldsymbol{AB}\quad \cdots\quad \boldsymbol{A}^{n-1}\boldsymbol{B}]$ 的秩 $\text{rank}\boldsymbol{Q}_c=n_1<n$，则存在一个线性非奇异变换 $\boldsymbol{x}=\boldsymbol{P}\tilde{\boldsymbol{x}}$ 将系统 $\Sigma(\boldsymbol{A},\boldsymbol{B},\boldsymbol{C})$ 按照能控性分解为规范形式

$$\begin{aligned}\dot{\tilde{\boldsymbol{x}}}&=\tilde{\boldsymbol{A}}\tilde{\boldsymbol{x}}+\tilde{\boldsymbol{B}}\boldsymbol{u}\\ \boldsymbol{y}&=\tilde{\boldsymbol{C}}\tilde{\boldsymbol{x}}\end{aligned}\tag{7.84}$$

其中，$\tilde{\boldsymbol{x}}=\begin{bmatrix}\tilde{\boldsymbol{x}}_c\\ \tilde{\boldsymbol{x}}_{\bar{c}}\end{bmatrix}$，$\tilde{\boldsymbol{A}}=\boldsymbol{P}^{-1}\boldsymbol{AP}=\begin{bmatrix}\tilde{\boldsymbol{A}}_c & \tilde{\boldsymbol{A}}_{12}\\ \boldsymbol{0} & \tilde{\boldsymbol{A}}_{\bar{c}}\end{bmatrix}$，$\tilde{\boldsymbol{B}}=\boldsymbol{P}^{-1}\boldsymbol{B}=\begin{bmatrix}\tilde{\boldsymbol{B}}_c\\ \boldsymbol{0}\end{bmatrix}$，$\tilde{\boldsymbol{C}}=\boldsymbol{CP}=[\tilde{\boldsymbol{C}}_1\quad \tilde{\boldsymbol{C}}_2]$，$n_1$ 维状态 $\boldsymbol{x}_c$ 为能控的状态部分，其余 $n-n_1$ 维状态 $\boldsymbol{x}_{\bar{c}}$ 为非能控的状态部分。这样，子系统 $\Sigma(\tilde{\boldsymbol{A}}_c,\tilde{\boldsymbol{B}}_c,\tilde{\boldsymbol{C}}_1)$ 是完全能控的，即 n_1 维子系统 $\dot{\tilde{\boldsymbol{x}}}_c=\tilde{\boldsymbol{A}}_c\tilde{\boldsymbol{x}}_c+\tilde{\boldsymbol{B}}_c\boldsymbol{u}+\tilde{\boldsymbol{A}}_{12}\tilde{\boldsymbol{x}}_{\bar{c}}$ 是能控的。而 $n-n_1$ 维状态 $\dot{\tilde{\boldsymbol{x}}}_{\bar{c}}=\tilde{\boldsymbol{A}}_{\bar{c}}\tilde{\boldsymbol{x}}_{\bar{c}}$ 是不能控的，并且有如下结论：

子系统 $\Sigma(\tilde{\boldsymbol{A}}_c,\tilde{\boldsymbol{B}}_c,\tilde{\boldsymbol{C}}_1)$ 的传递函数等于整个系统的传递函数，即

$$\tilde{\boldsymbol{C}}_1(s\boldsymbol{I}-\tilde{\boldsymbol{A}}_c)^{-1}\tilde{\boldsymbol{B}}_c=\boldsymbol{C}(s\boldsymbol{I}-\boldsymbol{A})^{-1}\boldsymbol{B}\tag{7.85}$$

证明　因为 $\text{rank}\boldsymbol{Q}_c=n_1<n$，所以可以从 $\boldsymbol{Q}_c$ 中取 n_1 个线性无关的列向量 $\boldsymbol{l}_1,\boldsymbol{l}_2,\cdots,\boldsymbol{l}_{n_1}$ 构成线性非奇异变换矩阵 $\boldsymbol{P}$ 的 n_1 个列向量；而 $\boldsymbol{P}$ 的其余 $n-n_1$ 个列向量 $\boldsymbol{l}_{n_1+1},\boldsymbol{l}_{n_2+2},\cdots,\boldsymbol{l}_n$ 是与向量组 $\{\boldsymbol{l}_1,\boldsymbol{l}_2,\cdots,\boldsymbol{l}_{n_1}\}$ 线性无关的列向量，即保证 $\boldsymbol{P}$ 非奇异的条件下任取，这样

$$\boldsymbol{P}=[\boldsymbol{l}_1\quad \boldsymbol{l}_2\quad \cdots\quad \boldsymbol{l}_{n_1}\quad \boldsymbol{l}_{n_1+1}\quad \cdots\quad \boldsymbol{l}_n]\tag{7.86}$$

设 $\boldsymbol{P}$ 的逆矩阵 $\boldsymbol{P}^{-1}$ 表示为

$$\boldsymbol{P}^{-1}=\begin{bmatrix}\boldsymbol{P}'_1\\ \boldsymbol{P}'_2\\ \vdots\\ \boldsymbol{P}'_n\end{bmatrix}\tag{7.87}$$

由于 $\boldsymbol{P}^{-1}\boldsymbol{P}=\boldsymbol{I}$，由式(7.86)可知

$$\boldsymbol{P}'_i\boldsymbol{l}_j=0,\quad i\neq j\tag{7.88}$$

又因为矩阵 $\boldsymbol{B}$ 是矩阵 $\boldsymbol{Q}_c$ 中的一个子块，由线性代数知 $\boldsymbol{B}$ 可以表示成 $\boldsymbol{l}_1,\boldsymbol{l}_2,\cdots,\boldsymbol{l}_{n_1}$ 的线性组合。因此，由式(7.88)可知

$$\boldsymbol{P}'_{n_1+1}\boldsymbol{B}=0,\cdots,\boldsymbol{P}'_n\boldsymbol{B}=0$$

于是

$$\tilde{\boldsymbol{B}}=\boldsymbol{P}^{-1}\boldsymbol{B}=\begin{bmatrix}\boldsymbol{P}'_1\boldsymbol{B}\\ \vdots\\ \boldsymbol{P}'_{n_1}\boldsymbol{B}\\ \vdots\\ \boldsymbol{P}'_{n_1+1}\boldsymbol{B}\\ \vdots\\ \boldsymbol{P}'_n\boldsymbol{B}\end{bmatrix}=\begin{bmatrix}\tilde{\boldsymbol{B}}_c\\ \vdots\\ \boldsymbol{0}\end{bmatrix}\tag{7.89}$$

同样,对于 $j \leqslant n_1$,$\boldsymbol{A}\boldsymbol{l}_j$ 是 $\boldsymbol{l}_1,\boldsymbol{l}_2,\cdots,\boldsymbol{l}_{n_1}$ 的线性组合,因此

$$\boldsymbol{P}'_i\boldsymbol{A}\boldsymbol{l}_j = 0,\quad i = n_1+1,\cdots,n,\quad j = 1,\cdots,n_1$$

于是

$$\widetilde{\boldsymbol{A}} = \boldsymbol{P}^{-1}\boldsymbol{A}\boldsymbol{P} = \begin{bmatrix} \boldsymbol{P}'_1\boldsymbol{A}\boldsymbol{l}_1 & \cdots & \boldsymbol{P}'_1\boldsymbol{A}\boldsymbol{l}_{n_1} & \boldsymbol{P}'_1\boldsymbol{A}\boldsymbol{l}_{n_1+1} & \cdots & \boldsymbol{P}'_1\boldsymbol{A}\boldsymbol{l}_n \\ \vdots & & \vdots & \vdots & & \vdots \\ \boldsymbol{P}'_{n_1}\boldsymbol{A}\boldsymbol{l}_1 & \cdots & \boldsymbol{P}'_{n_1}\boldsymbol{A}\boldsymbol{l}_{n_1} & \boldsymbol{P}'_{n_1}\boldsymbol{A}\boldsymbol{l}_{n_1+1} & \cdots & \boldsymbol{P}'_{n_1}\boldsymbol{A}\boldsymbol{l}_n \\ \boldsymbol{P}'_{n_1+1}\boldsymbol{A}\boldsymbol{l}_1 & \cdots & \boldsymbol{P}'_{n_1+1}\boldsymbol{A}\boldsymbol{l}_{n_1} & \boldsymbol{P}'_{n_1+1}\boldsymbol{A}\boldsymbol{l}_{n_1+1} & \cdots & \boldsymbol{P}'_{n_1+1}\boldsymbol{A}\boldsymbol{l}_n \\ \vdots & & \vdots & \vdots & & \vdots \\ \boldsymbol{P}'_n\boldsymbol{A}\boldsymbol{l}_1 & \cdots & \boldsymbol{P}'_n\boldsymbol{A}\boldsymbol{l}_{n_1} & \boldsymbol{P}'_n\boldsymbol{A}\boldsymbol{l}_{n_1+1} & \cdots & \boldsymbol{P}'_n\boldsymbol{A}\boldsymbol{l}_n \end{bmatrix}$$

$$= \begin{bmatrix} \widetilde{\boldsymbol{A}}_c & \widetilde{\boldsymbol{A}}_{12} \\ \boldsymbol{0} & \widetilde{\boldsymbol{A}}_{\bar{c}} \end{bmatrix} \tag{7.90}$$

下面证明子系统 $\sum(\widetilde{\boldsymbol{A}}_c,\widetilde{\boldsymbol{B}}_c,\widetilde{\boldsymbol{C}}_1)$ 是完全能控的,由于线性非奇异变换也不改变系统的能控性。因此,有

$$n_1 = \mathrm{rank}\boldsymbol{Q}_c = \mathrm{rank}\widetilde{\boldsymbol{Q}}_c = \mathrm{rank}\begin{bmatrix} \widetilde{\boldsymbol{B}} & \widetilde{\boldsymbol{A}}\widetilde{\boldsymbol{B}} & \cdots & \widetilde{\boldsymbol{A}}^{n-1}\widetilde{\boldsymbol{B}} \end{bmatrix}$$

$$= \mathrm{rank}\begin{bmatrix} \widetilde{\boldsymbol{B}}_c & \widetilde{\boldsymbol{A}}_c\widetilde{\boldsymbol{B}}_c & \cdots & \widetilde{\boldsymbol{A}}_c^{n-1}\widetilde{\boldsymbol{B}}_c \\ \boldsymbol{0} & \boldsymbol{0} & \cdots & \boldsymbol{0} \end{bmatrix}$$

$$= \mathrm{rank}\begin{bmatrix} \widetilde{\boldsymbol{B}}_c & \widetilde{\boldsymbol{A}}_c\widetilde{\boldsymbol{B}}_c & \cdots & \widetilde{\boldsymbol{A}}_c^{n-1}\widetilde{\boldsymbol{B}}_c \end{bmatrix}$$

由凯莱-哈密顿定理知,由于 $\widetilde{\boldsymbol{A}}_c$ 是 $n_1 \times n_1$ 矩阵,故 $\widetilde{\boldsymbol{A}}_c^{n_1}\widetilde{\boldsymbol{B}}_c,\cdots,\widetilde{\boldsymbol{A}}_c^{n-1}\widetilde{\boldsymbol{B}}_c$ 均可表示为 $\{\widetilde{\boldsymbol{B}}_c,\widetilde{\boldsymbol{A}}_c\widetilde{\boldsymbol{B}}_c,\cdots,\widetilde{\boldsymbol{A}}_c^{n_1-1}\widetilde{\boldsymbol{B}}_c\}$ 的线性组合。因此,有

$$\mathrm{rank}\begin{bmatrix} \widetilde{\boldsymbol{B}}_c & \widetilde{\boldsymbol{A}}_c\widetilde{\boldsymbol{B}}_c & \cdots & \widetilde{\boldsymbol{A}}_c^{n_1-1}\widetilde{\boldsymbol{B}}_c \end{bmatrix} = n_1 \tag{7.91}$$

这就证明了子系统 $\sum(\widetilde{\boldsymbol{A}}_c,\widetilde{\boldsymbol{B}}_c,\widetilde{\boldsymbol{C}}_1)$ 是完全能控的。

由于线性非奇异状态变换不改变系统的传递函数,为此有

$$C(s\boldsymbol{I}-\boldsymbol{A})^{-1}\boldsymbol{B} = \widetilde{\boldsymbol{C}}(s\boldsymbol{I}-\widetilde{\boldsymbol{A}})^{-1}\widetilde{\boldsymbol{B}} = \begin{bmatrix} \widetilde{\boldsymbol{C}}_1 & \widetilde{\boldsymbol{C}}_2 \end{bmatrix}\begin{bmatrix} s\boldsymbol{I}-\widetilde{\boldsymbol{A}}_c & -\boldsymbol{A}_{12} \\ \boldsymbol{0} & s\boldsymbol{I}-\widetilde{\boldsymbol{A}}_{\bar{c}} \end{bmatrix}\begin{bmatrix} \widetilde{\boldsymbol{B}}_c \\ 0 \end{bmatrix}$$

$$= \widetilde{\boldsymbol{C}}_1(s\boldsymbol{I}-\widetilde{\boldsymbol{A}}_c)^{-1}\widetilde{\boldsymbol{B}}_c$$

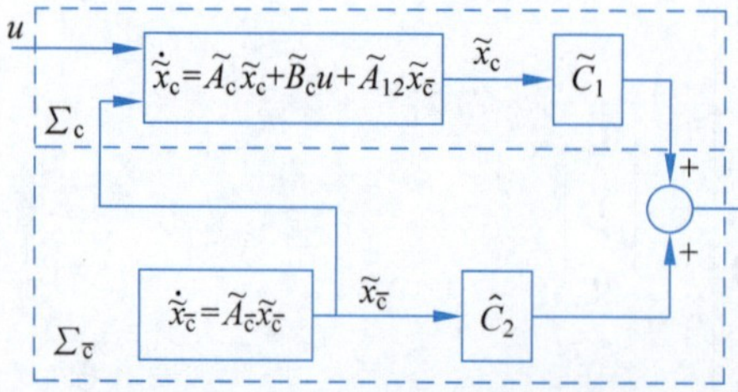

图 7.14 按能控性规范结构分解

定理证毕。需要指出的是,由于基向量 $\boldsymbol{l}_1\ \ \boldsymbol{l}_2\ \ \cdots\ \ \boldsymbol{l}_{n_1}\ \ \boldsymbol{l}_{n_1+1}\ \ \cdots\ \ \boldsymbol{l}_n$ 的选取不唯一,所以变换后得到的系数矩阵 $\widetilde{\boldsymbol{A}}$、$\widetilde{\boldsymbol{B}}$、$\widetilde{\boldsymbol{C}}$ 也不唯一,但它们都具有式(7.84)的形式。

对于这种状态的能控性分解情况如图 7.14 所示。其中,Σ_c 为能控部分;而 $\Sigma_{\bar{c}}$ 为不能控

部分。

例 7.18 考查状态变量系统的能控性结构分解。设系统如下

$$\dot{\boldsymbol{x}}=\begin{bmatrix}0&0&-1\\1&0&-3\\0&1&-3\end{bmatrix}\boldsymbol{x}+\begin{bmatrix}1\\1\\0\end{bmatrix}\boldsymbol{u}$$
$$\boldsymbol{y}=\begin{bmatrix}0&1&-2\end{bmatrix}\boldsymbol{x}$$

解 因为该系统的能控判别矩阵和其秩为

$$\boldsymbol{Q}_{\mathrm{c}}=\begin{bmatrix}\boldsymbol{B}&\boldsymbol{AB}&\boldsymbol{A}^2\boldsymbol{B}\end{bmatrix}=\begin{bmatrix}1&0&-1\\1&1&-3\\0&1&-2\end{bmatrix},\quad \operatorname{rank}\boldsymbol{Q}_{\mathrm{c}}=2<n=3$$

因此,该系统状态不完全能控,能控的状态有两个,即 $n_1=2$,按式(7.86)中构造非奇异变换阵 $\boldsymbol{P}$。取 $\boldsymbol{Q}_{\mathrm{c}}$ 前两列为 $\boldsymbol{P}_1$ 和 $\boldsymbol{P}_2$,有

$$\boldsymbol{P}_1=\boldsymbol{B}=\begin{bmatrix}1\\1\\0\end{bmatrix},\quad \boldsymbol{P}_2=\boldsymbol{AB}=\begin{bmatrix}0\\1\\1\end{bmatrix}$$

而 $\boldsymbol{P}_3$ 在保证 $\boldsymbol{P}$ 为非奇异情况下任取,例如取 $\boldsymbol{P}_3=\begin{bmatrix}0\\0\\1\end{bmatrix}$。于是有 $\boldsymbol{P}=\begin{bmatrix}1&0&0\\1&1&0\\0&1&1\end{bmatrix}$,进一步得 $\boldsymbol{P}^{-1}=\begin{bmatrix}1&0&0\\-1&1&0\\1&-1&1\end{bmatrix}$。因此,该系统的一种能控性结构分解为

$$\dot{\tilde{\boldsymbol{x}}}=\boldsymbol{P}^{-1}\boldsymbol{AP}\tilde{\boldsymbol{x}}+\boldsymbol{P}^{-1}\boldsymbol{B}\boldsymbol{u}=\begin{bmatrix}0&-1&-1\\1&-2&-2\\0&0&-1\end{bmatrix}\tilde{\boldsymbol{x}}+\begin{bmatrix}1\\1\\0\end{bmatrix}\boldsymbol{u}$$
$$\boldsymbol{y}=\boldsymbol{CP}\tilde{\boldsymbol{x}}=\begin{bmatrix}1&-1&-2\end{bmatrix}\tilde{\boldsymbol{x}}$$

2. 按能观测性分解

根据对偶性原理,控制系统能观测性的分解与能控性分解是类似的,其方法由下面定理给出。

定理 7.14 考查状态不完全能观测的线性定常系统 $\Sigma(\boldsymbol{A},\boldsymbol{B},\boldsymbol{C})$,设

$$\operatorname{rank}\boldsymbol{Q}_{\mathrm{o}}=\operatorname{rank}\begin{bmatrix}\boldsymbol{C}\\\boldsymbol{CA}\\\vdots\\\boldsymbol{CA}^{n-1}\end{bmatrix}=n_1<n \tag{7.92}$$

则存在线性非奇异变换 $\boldsymbol{x}=\boldsymbol{P}\tilde{\boldsymbol{x}}$,可将系统 $\Sigma(\boldsymbol{A},\boldsymbol{B},\boldsymbol{C})$ 化为按能观测性分解的规范型 $\tilde{\Sigma}(\tilde{\boldsymbol{A}},\tilde{\boldsymbol{B}},\tilde{\boldsymbol{C}})$

$$\begin{aligned}\dot{\tilde{\boldsymbol{x}}}&=\tilde{\boldsymbol{A}}\tilde{\boldsymbol{x}}+\tilde{\boldsymbol{B}}\boldsymbol{u}\\\boldsymbol{y}&=\tilde{\boldsymbol{C}}\tilde{\boldsymbol{x}}\end{aligned} \tag{7.93}$$

或

$$\begin{bmatrix}\dot{\tilde{x}}_o\\ \dot{\tilde{x}}_{\bar{o}}\end{bmatrix}=\begin{bmatrix}\tilde{A}_o & 0\\ \tilde{A}_{21} & \tilde{A}_{\bar{o}}\end{bmatrix}\begin{bmatrix}\tilde{x}_o\\ \tilde{x}_{\bar{o}}\end{bmatrix}+\begin{bmatrix}\tilde{B}_1\\ \tilde{B}_2\end{bmatrix}u$$

$$y=\begin{bmatrix}\tilde{C}_o & 0\end{bmatrix}\begin{bmatrix}\tilde{x}_o\\ \tilde{x}_{\bar{o}}\end{bmatrix} \tag{7.94}$$

其中，$\tilde{x}=\begin{bmatrix}\tilde{x}_o\\ \tilde{x}_{\bar{o}}\end{bmatrix}$，$\tilde{A}=P^{-1}AP=\begin{bmatrix}\tilde{A}_o & 0\\ \tilde{A}_{21} & \tilde{A}_{\bar{o}}\end{bmatrix}$，$\tilde{B}=P^{-1}B=\begin{bmatrix}\tilde{B}_1\\ \tilde{B}_2\end{bmatrix}$，$\tilde{C}=CP=\begin{bmatrix}\tilde{C}_o & 0\end{bmatrix}$。$n_1$ 维状态 x_o 为能观测部分，其余 $n-n_1$ 维状态 $x_{\bar{o}}$ 为非能观测的状态部分，分解的能观测的 n_1 维子系统为

$$\Sigma(\tilde{A}_o,\tilde{C}_o) \quad 或 \quad \begin{cases}\dot{\tilde{x}}_o=\tilde{A}_o\tilde{x}_o+\tilde{B}_1u\\ y=\tilde{C}_o\tilde{x}_o\end{cases} \tag{7.95}$$

不能观测的 $n-n_1$ 维部分为

$$\dot{\tilde{x}}_{\bar{o}}=\tilde{A}_{21}x_o+\tilde{A}_{\bar{o}}x_{\bar{o}}+\tilde{B}_2u \tag{7.96}$$

并且有如下结论

$$\tilde{C}_o(sI-\tilde{A}_o)^{-1}\tilde{B}_1=C(sI-A)^{-1}B \tag{7.97}$$

按能观测性分解后的系统结构如图 7.15 所示，图中 Σ_o 为能观测部分；而 $\Sigma_{\bar{o}}$ 为不能观测部分。系统输出仅反映能观测子系统的状态信息，而输出信号不能反映不能观测子系统的状态信息。

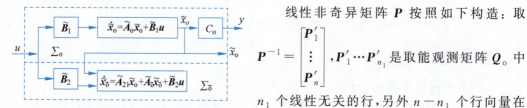

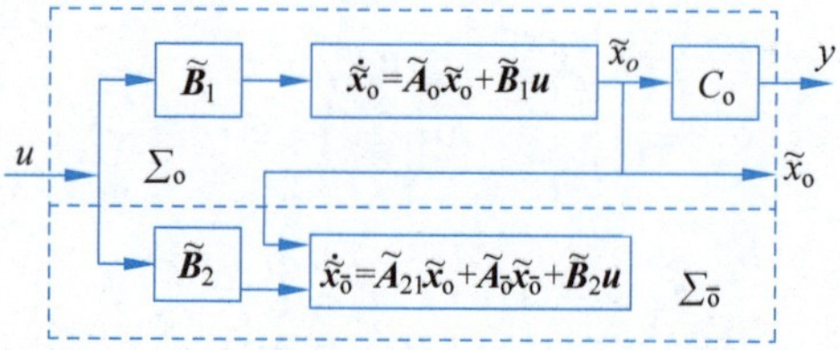

图 7.15 按能观测性规范结构分解

线性非奇异矩阵 P 按照如下构造：取 $P^{-1}=\begin{bmatrix}P_1'\\ \vdots\\ P_n'\end{bmatrix}$，$P_1'\cdots P_{n_1}'$ 是取能观测矩阵 Q_o 中 n_1 个线性无关的行，另外 $n-n_1$ 个行向量在确保 P 非奇异下任取。

例 7.19 同例 7.18 系统，对该系统进行能观测性分解。

解 该系统的能观测矩阵为

$$Q_o=\begin{bmatrix}C\\ CA\\ CA^2\end{bmatrix}=\begin{bmatrix}0 & 1 & -2\\ 1 & -2 & 3\\ -2 & 3 & -4\end{bmatrix},\quad \mathrm{rank}Q_o=2=n_1<n=3$$

取 $P_1'=C=[0\quad 1\quad -2]$，$P_2'=CA=[1\quad -2\quad 3]$，并取 $P_3'=[0\quad 0\quad 1]$。于是得

$$P^{-1}=\begin{bmatrix}0 & 1 & -2\\ 1 & -2 & 3\\ 0 & 0 & 1\end{bmatrix}\to P=\begin{bmatrix}2 & 1 & 1\\ 1 & 0 & 2\\ 0 & 0 & 1\end{bmatrix}$$

$$\dot{\tilde{x}}=\begin{bmatrix}0&1&0\\-1&-2&0\\1&0&-1\end{bmatrix}\tilde{x}+\begin{bmatrix}1\\-1\\0\end{bmatrix}u$$

$$y=CP\tilde{x}=\begin{bmatrix}1&0&0\end{bmatrix}\tilde{x}$$

3. 规范分解定理

系统的结构规范分解是指，对不完全能控和不完全能观测的系统，同时按照能控性和能观测性进行结构分解。规范分解的目的在于将系统结构显式地分解为四个部分，即能控又能观测、能控不能观测、不能控能观测和不能控不能观测。由上面能控性和能观测性规范分解定理可以进一步得到如下规范分解定理。

定理 7.15　对于不完全能控和不完全能观测的 n 阶线性定常系统

$$\begin{aligned}\dot{x}&=Ax+Bu\\y&=Cx\end{aligned}\tag{7.98}$$

设 $\mathrm{rank}\boldsymbol{Q}_c=n_1<n$，$\mathrm{rank}\boldsymbol{Q}_o=n_2<n$，总可以通过一个线性非奇异变换 $x=P\tilde{x}$，实现该系统结构的规范分解，其规范分解的表达式为

$$\begin{bmatrix}\dot{\tilde{x}}_{co}\\\dot{\tilde{x}}_{c\bar{o}}\\\dot{\tilde{x}}_{\bar{c}o}\\\dot{\tilde{x}}_{\bar{c}\bar{o}}\end{bmatrix}=\begin{bmatrix}\tilde{A}_{co}&0&\tilde{A}_{13}&0\\\tilde{A}_{21}&\tilde{A}_{c\bar{o}}&\tilde{A}_{23}&\tilde{A}_{24}\\0&0&\tilde{A}_{\bar{c}o}&0\\0&0&\tilde{A}_{43}&\tilde{A}_{\bar{c}\bar{o}}\end{bmatrix}\begin{bmatrix}\tilde{x}_{co}\\\tilde{x}_{c\bar{o}}\\\tilde{x}_{\bar{c}o}\\\tilde{x}_{\bar{c}\bar{o}}\end{bmatrix}+\begin{bmatrix}\tilde{B}_{co}\\\tilde{B}_{c\bar{o}}\\0\\0\end{bmatrix}u\tag{7.99}$$

$$y=\begin{bmatrix}\tilde{C}_{co}&0&\tilde{C}_{\bar{c}o}&0\end{bmatrix}\begin{bmatrix}\tilde{x}_{co}\\\tilde{x}_{c\bar{o}}\\\tilde{x}_{\bar{c}o}\\\tilde{x}_{\bar{c}\bar{o}}\end{bmatrix}\tag{7.100}$$

其中，$\tilde{x}_{co}$ 代表既能控又能观测的分状态，$\tilde{x}_{c\bar{o}}$ 为能控但不能观测的分状态，$\tilde{x}_{\bar{c}o}$ 为不能控但能观测的分状态，$\tilde{x}_{\bar{c}\bar{o}}$ 为既不能控又不能观测的分状态。如图 7.16 所示用 $\Sigma_{ij}(i=c,\bar{c},j=o,\bar{o})$ 表达的基本反馈单元。则可得系统结构规范分解方块图如图 7.17 所示。图中箭头表示各变量信号所能传递的方向。

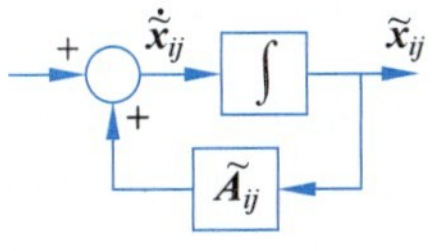

图 7.16　$\Sigma_{ij}(i=c,\bar{c},j=o,\bar{o})$ 结构方框图

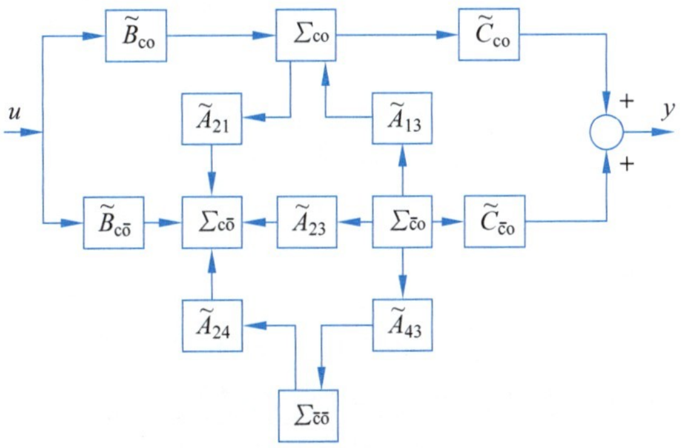

图 7.17　控制系统的规范结构分解

显然,系统的结构分解完全说明了状态变量这种反映系统全状态信息的模型与仅反映外部输入输出信号关系的传递函数模型的关系。只有完全能控且完全能观测的子系统 Σ_{co} 才能够实现信号由输入 u 到输出 y 间的信号传递。进而,有以下推论:

推论 7.3 对于不完全能控和不完全能观测的线性定常系统,其输入-输出描述即传递函数矩阵只能反映系统中既能控且又能观测的那一部分状态信息,即有

$$\boldsymbol{G}(s)=\boldsymbol{C}(s\boldsymbol{I}-\boldsymbol{A})^{-1}\boldsymbol{B}=\widetilde{\boldsymbol{C}}_{co}(s\boldsymbol{I}-\widetilde{\boldsymbol{A}}_{co})^{-1}\widetilde{\boldsymbol{B}}_{co}=\boldsymbol{G}_{co}(s) \tag{7.101}$$

因此,传递函数矩阵(入/出)描述只是对系统结构的一种不完全描述。

推论 7.4 由以上 3 个结构规范分解定理和推论 7.3 知道,对于一个不完全能控和(或)不完全能观测的 n 阶线性定常系统,存在有零极点相消的现象。

例 7.20 判断系统是否有零极相消现象。

$$\dot{\boldsymbol{x}}=\begin{bmatrix}3 & 1\\ 2 & 2\end{bmatrix}\boldsymbol{x}+\begin{bmatrix}1\\ 1\end{bmatrix}u$$

$$\boldsymbol{y}=\begin{bmatrix}1 & 0\end{bmatrix}\boldsymbol{x}$$

解 因为系统的能控性矩阵 $\boldsymbol{Q}_c=[\boldsymbol{B}\quad \boldsymbol{AB}]=\begin{bmatrix}1 & 4\\ 1 & 4\end{bmatrix}$,所以 $\mathrm{rank}\boldsymbol{Q}_c=1$,故该系统状态不完全能控。为此知道该系统的传递函数中必有零、极点相消。而能观测矩阵 $\boldsymbol{Q}_o=\begin{bmatrix}\boldsymbol{C}\\ \boldsymbol{CA}\end{bmatrix}=\begin{bmatrix}1 & 0\\ 3 & 1\end{bmatrix}$,$\mathrm{rank}\boldsymbol{Q}_o=2$,因此,该系统状态完全能观测。

该系统的传递函数为

$$\boldsymbol{G}(s)=\boldsymbol{C}(s\boldsymbol{I}-\boldsymbol{A})^{-1}\boldsymbol{B}=\begin{bmatrix}1 & 0\end{bmatrix}\begin{bmatrix}s-3 & -1\\ -2 & s-2\end{bmatrix}^{-1}\begin{bmatrix}1\\ 1\end{bmatrix}$$

$$=\begin{bmatrix}1 & 0\end{bmatrix}\begin{bmatrix}\dfrac{1}{s-4}\\ \dfrac{1}{s-4}\end{bmatrix}=\frac{1}{s-4}$$

又因为系统矩阵 $\boldsymbol{A}$ 有两个特征值即 $s_1=1, s_2=4$。由上式知,$s_1=1$ 的因子被约去了,如果通过线性非奇异变换方法把 $\boldsymbol{A}$ 化为对角阵,那么 $s_1=1$ 被约去的现象就看得更清楚了。由线性代数中根据矩阵 $\boldsymbol{A}$ 的特征值及特征向量,不难求得将矩阵 $\boldsymbol{A}$ 为化对角线规范型的线性非奇异变换矩阵为

$$\boldsymbol{P}=\begin{bmatrix}1 & 1\\ -2 & 1\end{bmatrix},\quad \text{进一步有 } \boldsymbol{P}^{-1}=\frac{1}{3}\begin{bmatrix}1 & -1\\ 2 & 1\end{bmatrix}$$

于是,得到该系统的对角线规范型状态变量方程为

$$\dot{\widetilde{\boldsymbol{x}}}=\begin{bmatrix}1 & 0\\ 0 & 4\end{bmatrix}\widetilde{\boldsymbol{x}}+\begin{bmatrix}0\\ 1\end{bmatrix}u$$

$$\boldsymbol{y}=\begin{bmatrix}1 & 1\end{bmatrix}\widetilde{\boldsymbol{x}}$$

显然,对应于 $s_1=1$ 的状态变量 $\widetilde{x}_1$ 不受输入 u 控制,自然该状态不能控,为此,传递函数(传递函数矩阵)所表征的只能是既能控又能观测部分的子系统,不能控或不能观测部分的运动无法用传递函数反映出来,若没有反映出来的状态部分有不稳定的运动模态(例如特征根 $s=1$ 在右半 s 平面),要引起系统品质变坏,甚至使系统为不稳定。

7.5　线性定常系统的极点配置设计

现代控制理论中，由于采用了状态变量来描述系统，因此可采用状态变量构成全信息的反馈控制系统，采用状态反馈在一定条件下不但可以实现闭环系统的极点任意配置，而且它也可构成线性最优调节器。可是系统的状态变量在工程中并非都能测取到，因此，提出了根据已知的输出和输入信号来估计系统状态的问题，实现这一任务的系统称为状态观测器或状态估计器。

7.5.1　状态反馈和输出反馈的概念

1. 状态反馈和输出反馈的描述

1）状态反馈控制系统的结构

考查一个多输入多输出 n 阶被控过程 $\Sigma_{\mathrm{P}}(\boldsymbol{A},\boldsymbol{B},\boldsymbol{C})$

$$\begin{cases}\dot{\boldsymbol{x}}=\boldsymbol{A}\boldsymbol{x}+\boldsymbol{B}\boldsymbol{u}\\ \boldsymbol{y}=\boldsymbol{C}\boldsymbol{x}\end{cases}\quad \boldsymbol{u}:r\text{ 维},\boldsymbol{y}:m\text{ 维} \tag{7.102}$$

引入状态反馈 $\boldsymbol{K}\boldsymbol{x}$，即 $\boldsymbol{u}=\boldsymbol{v}-\boldsymbol{K}\boldsymbol{x}$，$\boldsymbol{K}$：$r\times n$ 实矩阵，$\boldsymbol{v}$：r 维输入向量（参考输入），这时系统变为如图 7.18 所示的基于状态反馈的闭环控制系统 Σ_{K}

$$\begin{aligned}\dot{\boldsymbol{x}}&=(\boldsymbol{A}-\boldsymbol{B}\boldsymbol{K})\boldsymbol{x}+\boldsymbol{B}\boldsymbol{v}\\ \boldsymbol{y}&=\boldsymbol{C}\boldsymbol{x}\end{aligned} \tag{7.103}$$

简表为 $\Sigma_{\mathrm{K}}(\boldsymbol{A}-\boldsymbol{B}\boldsymbol{K},\boldsymbol{B},\boldsymbol{C})$，此时闭环控制系统的传递函数矩阵为

$$\boldsymbol{G}_{\mathrm{K}}(s)=\boldsymbol{C}[s\boldsymbol{I}-(\boldsymbol{A}-\boldsymbol{B}\boldsymbol{K})]^{-1}\boldsymbol{B} \tag{7.104}$$

2）采用输出向量的线性反馈构成闭环系统

考查被控系统为 $\Sigma_{\mathrm{P}}(\boldsymbol{A},\boldsymbol{B},\boldsymbol{C})$

$$\begin{aligned}\dot{\boldsymbol{x}}&=\boldsymbol{A}\boldsymbol{x}+\boldsymbol{B}\boldsymbol{u}\\ \boldsymbol{y}&=\boldsymbol{C}\boldsymbol{x}\end{aligned} \tag{7.105}$$

引入输出反馈控制 $\boldsymbol{u}=\boldsymbol{v}-\boldsymbol{H}\boldsymbol{y}=\boldsymbol{v}-\boldsymbol{H}\boldsymbol{C}\boldsymbol{x}$，如图 7.19 所示，其中，$\boldsymbol{H}$ 为 $r\times m$ 的反馈矩阵。此时，基于输出反馈闭环系统为 Σ_{H}

$$\begin{aligned}\dot{\boldsymbol{x}}&=(\boldsymbol{A}-\boldsymbol{B}\boldsymbol{H}\boldsymbol{C})\boldsymbol{x}+\boldsymbol{B}\boldsymbol{v}\\ \boldsymbol{y}&=\boldsymbol{C}\boldsymbol{x}\end{aligned} \tag{7.106}$$

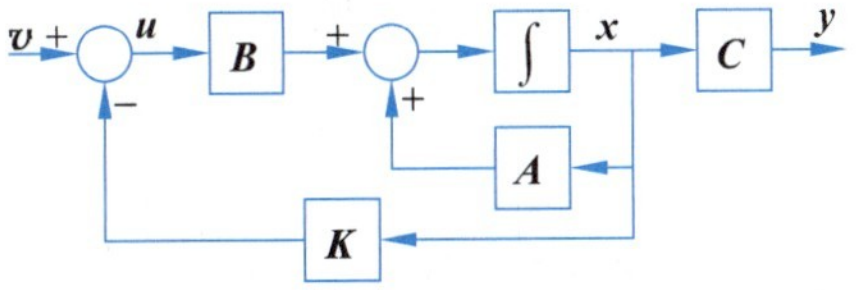

图 7.18　基于状态反馈的控制系统结构

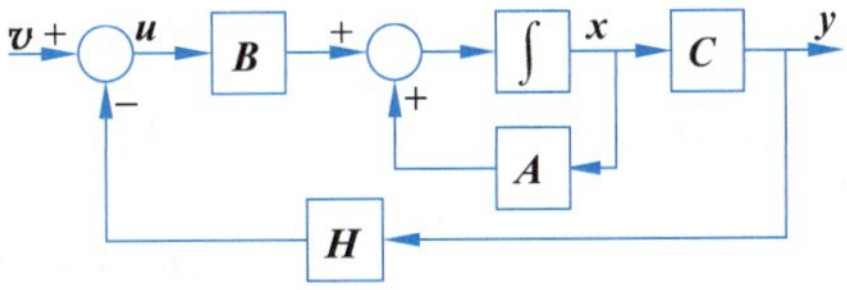

图 7.19　基于输出反馈的控制系统结构

简表为

$$\Sigma_{\mathrm{H}}(\boldsymbol{A}-\boldsymbol{B}\boldsymbol{H}\boldsymbol{C},\boldsymbol{B},\boldsymbol{C}),\boldsymbol{G}_{\mathrm{H}}(s)=\boldsymbol{C}(s\boldsymbol{I}-\boldsymbol{A}+\boldsymbol{B}\boldsymbol{H}\boldsymbol{C})^{-1}\boldsymbol{B}$$

又因为被控过程为 $\boldsymbol{G}_{\mathrm{P}}(s)=\boldsymbol{C}(s\boldsymbol{I}-\boldsymbol{A})^{-1}\boldsymbol{B}$，所以基于输出反馈的闭环系统的传递函数矩阵

为 $\boldsymbol{G}_{\mathrm{H}}(s)=\boldsymbol{G}_{\mathrm{P}}(s)[\boldsymbol{I}+\boldsymbol{H}\boldsymbol{G}_{\mathrm{P}}(s)]^{-1}$。

2. 状态反馈和输出反馈系统的能控性和能观测性

1) 状态反馈系统的能控性和能观测性

定理 7.16 闭环系统 $\Sigma_{\mathrm{K}}\{(\boldsymbol{A}-\boldsymbol{B}\boldsymbol{K})\quad \boldsymbol{B}\quad \boldsymbol{C}\}$ 状态完全能控的充要条件是其被控过程系统 $\Sigma_{\mathrm{P}}(\boldsymbol{A},\boldsymbol{B},\boldsymbol{C})$ 的状态完全能控,即①采用状态反馈前后其能控性保持不变;②但有可能改变系统的能观测性。

证 ①先证状态反馈系统 Σ_{K} 为能控的充要条件是被控过程 Σ_{P} 为能控。由于

$$\boldsymbol{Q}_{\mathrm{cP}}=[\boldsymbol{B}\quad \boldsymbol{A}\boldsymbol{B}\quad \cdots\quad \boldsymbol{A}^{n-1}\boldsymbol{B}] \tag{7.107}$$

和

$$\boldsymbol{Q}_{\mathrm{cK}}=[\boldsymbol{B}\quad (\boldsymbol{A}-\boldsymbol{B}\boldsymbol{K})\boldsymbol{B}\quad \cdots\quad (\boldsymbol{A}-\boldsymbol{B}\boldsymbol{K})^{n-1}\boldsymbol{B}] \tag{7.108}$$

考虑到,$(\boldsymbol{A}-\boldsymbol{B}\boldsymbol{K})\boldsymbol{B}$ 的列可表示为 $[\boldsymbol{B}\quad \boldsymbol{A}\boldsymbol{B}]$ 的列的线性组合,而 $(\boldsymbol{A}-\boldsymbol{B}\boldsymbol{K})^2\boldsymbol{B}$ 可展开为:$\boldsymbol{A}^2\boldsymbol{B}-\boldsymbol{A}\boldsymbol{B}\boldsymbol{K}\boldsymbol{B}-\boldsymbol{B}\boldsymbol{K}\boldsymbol{A}\boldsymbol{B}+\boldsymbol{B}\boldsymbol{K}\boldsymbol{B}\boldsymbol{K}\boldsymbol{B}$,其列可表示为 $[\boldsymbol{B}\quad \boldsymbol{A}\boldsymbol{B}\quad \boldsymbol{A}^2\boldsymbol{B}]$ 的列的线性组合,如此等等。表明 $\boldsymbol{Q}_{\mathrm{cK}}$ 的列均可表示为 $\boldsymbol{Q}_{\mathrm{cP}}$ 的列的线性组合,由此满足

$$\mathrm{rank}\boldsymbol{Q}_{\mathrm{cK}}\leqslant \mathrm{rank}\boldsymbol{Q}_{\mathrm{cP}} \tag{7.109}$$

另一方面,Σ_{P} 又可看成是 Σ_{K} 的一个状态正反馈系统,即

$$\begin{aligned}\dot{\boldsymbol{x}}=\boldsymbol{A}\boldsymbol{x}+\boldsymbol{B}\boldsymbol{u}&=[(\boldsymbol{A}-\boldsymbol{B}\boldsymbol{K})+\boldsymbol{B}\boldsymbol{K}]\boldsymbol{x}+\boldsymbol{B}\boldsymbol{u}\\ \Sigma_{\mathrm{P}}\qquad\qquad &\qquad\ \Sigma_{\mathrm{K}}\qquad +\quad \boldsymbol{B}\boldsymbol{K}\end{aligned} \tag{7.110}$$

同理也有

$$\mathrm{rank}\boldsymbol{Q}_{\mathrm{cP}}\leqslant \mathrm{rank}\boldsymbol{Q}_{\mathrm{cK}} \tag{7.111}$$

由式(7.109)和式(7.111)得

$$\mathrm{rank}\boldsymbol{Q}_{\mathrm{cK}}=\mathrm{rank}\boldsymbol{Q}_{\mathrm{cP}} \tag{7.112}$$

因此,Σ_{K} 能控当且仅当 Σ_{P} 能控。

② 再证状态反馈系统不一定能保持能观测性。举例说明如果被控过程 Σ_{P} 能观测,但基于状态反馈的闭环控制系统 Σ_{K} 不一定为能观测。

例 7.21 考查被控过程 Σ_{P}

$$\dot{\boldsymbol{x}}=\begin{bmatrix}1 & 2\\ 0 & 3\end{bmatrix}\boldsymbol{x}+\begin{bmatrix}0\\ 1\end{bmatrix}u$$

$$\boldsymbol{y}=[1\quad 1]\boldsymbol{x}$$

解 易知被控过程的能观测矩阵及其秩为

$$\boldsymbol{Q}_{\mathrm{o}}=\begin{bmatrix}C\\ CA\end{bmatrix}=\begin{bmatrix}1 & 1\\ 1 & 5\end{bmatrix},\quad \mathrm{rank}\boldsymbol{Q}_{\mathrm{o}}=n=2,\quad \text{故 } \Sigma_{\mathrm{P}} \text{ 为能观测。}$$

现引入状态反馈,取 $\boldsymbol{K}=[0\quad 4]$,则

$$\dot{\boldsymbol{x}}=(\boldsymbol{A}-\boldsymbol{B}\boldsymbol{K})\boldsymbol{x}+\boldsymbol{B}\boldsymbol{v}=\begin{bmatrix}1 & 2\\ 0 & -1\end{bmatrix}\boldsymbol{x}+\begin{bmatrix}0\\ 1\end{bmatrix}\boldsymbol{v}$$

$$\boldsymbol{y}=[1\quad 1]\boldsymbol{x}$$

因为

$$\boldsymbol{Q}_{\mathrm{oK}}=\begin{bmatrix}\boldsymbol{C}\\ \boldsymbol{C}(\boldsymbol{A}-\boldsymbol{B}\boldsymbol{K})\end{bmatrix}=\begin{bmatrix}1 & 1\\ 1 & 1\end{bmatrix}$$

所以，Σ_K 不完全能观测。

若取 $\boldsymbol{K}=[0\quad 5]$ 易得出，Σ_K 为能观测。这就证明了状态反馈系统不一定能保持能观测性。

2）输出反馈系统的能控性和能观测性

定理 7.17　输出反馈 Σ_H 为能控（能观测）的充要条件是被控过程 Σ_P 为能控（能观测），即输出反馈的引入不改变能控性和能观测性。

证法同定理 7.16，这里证略。

3. 状态反馈和输出反馈的比较

（1）状态反馈是一种完全的系统信息反馈，因此为使系统有良好动态性，必须采用状态反馈，且对线性定常系统，其状态反馈控制律非常简单，仅仅相当于比例控制。

（2）输出反馈是系统结构信息的一种不完全反馈，要使输出反馈也有期望的控制性能指标，需单独引入串和（或）并联补偿器，构成动态输出反馈。

（3）就反馈工程构成而言，由于输出变量是可直接测量的量，而状态变量并不一定代表可以直接测量的物理量，这一点输出反馈显然要比状态反馈优越。解决状态反馈工程构成的途径是引入附加的状态观测器，利用原系统的可测变量 y 和 u 作为其输出获得状态 x 的重构变量 $\hat{x}$，并以此实现状态反馈，通常不可能做到 $\hat{x}$ 和 x 为完全相等，但可做到使两者渐近相等，即当 $t\to\infty$ 时 $\hat{x}(t)$ 和 $x(t)$ 相等，这就是观测器的设计思路。

随着观测器和卡尔曼滤波理论的发展，状态反馈的物理实现也已基本解决，因此状态反馈越来越显示出它的优越性。

7.5.2　状态变量闭环控制系统的极点配置设计

众所周知，控制系统的稳定性和各种品质指标，在很大程度中是由该闭环系统的极点位置所决定的。因此，在对控制系统进行综合设计时往往是根据时域性能指标得出一组期望的闭环极点。所谓极点配置（pole assignment）就是通过反馈增益矩阵的设计，使闭环系统的极点恰好处于根平面上所期望的位置上，使控制系统获得希望的动态特性。

1. 状态反馈的极点配置算法

1）极点配置问题

通过前面内容的学习我们知道，线性定常系统的稳定性由系统极点位置决定，系统的动态性能在很大程度上也取决于系统的极点。

考查线性定常被控系统 $\Sigma_P(\boldsymbol{A},\boldsymbol{B},\boldsymbol{C})$

$$\begin{aligned}\dot{\boldsymbol{x}}&=\boldsymbol{A}\boldsymbol{x}+\boldsymbol{B}u\\ \boldsymbol{y}&=\boldsymbol{C}x\end{aligned}\tag{7.113}$$

引入状态反馈 $\boldsymbol{K}\boldsymbol{x}$，即取 $u=v-\boldsymbol{K}\boldsymbol{x}$，$\boldsymbol{K}$：$r\times n$ 实矩阵，v：r 维参考输入，这时基于状态反馈的闭环控制系统 $\Sigma_K\{(\boldsymbol{A}-\boldsymbol{B}\boldsymbol{K}),\boldsymbol{B},\boldsymbol{C}\}$ 为

$$\begin{aligned}\dot{\boldsymbol{x}}&=(\boldsymbol{A}-\boldsymbol{B}\boldsymbol{K})\boldsymbol{x}+\boldsymbol{B}v\\ \boldsymbol{y}&=\boldsymbol{C}x\end{aligned}\tag{7.114}$$

所谓的极点配置，就是要寻找适当的反馈控制增益矩阵 $\boldsymbol{K}$，使闭环系统 $\Sigma_K\{(\boldsymbol{A}-\boldsymbol{B}\boldsymbol{K}),\boldsymbol{B},\boldsymbol{C}\}$ 的特征值（或极点）被安排在指定的位置上，即

$$\det[s\boldsymbol{I}-(\boldsymbol{A}-\boldsymbol{BK})]=(s-\lambda_1^*)\cdots(s-\lambda_n^*)=\alpha^*(s)$$
$$=s^n+\alpha_{n-1}^*s^{n-1}+\cdots+\alpha_1^*s+\alpha_0^* \tag{7.115}$$

其中,$\lambda_1^*,\lambda_2^*,\cdots,\lambda_n^*$ 为闭环控制系统期望的极点,$\alpha^*(s)=s^n+\alpha_{n-1}^*s^{n-1}+\cdots+\alpha_1^*s+\alpha_0^*$ 为对应的期望特征多项式。显然,对低阶系统,可由式(7.115)通过比较方程两边的系数计算出反馈控制增益矩阵 $\boldsymbol{K}$。而对高阶系统,手工的工作量较大。这样,需要寻找适合计算机程序编制的算法。

另外,对于给定的一组期望极点 $\lambda_1^*,\lambda_2^*,\cdots,\lambda_n^*$ 是否一定存在反馈增益 $\boldsymbol{K}$,使闭环系统的极点被安排在指定的位置?以及如果存在这样的反馈增益 $\boldsymbol{K}$,它的解是否唯一?这个问题可由下面的极点配置定理来描述。

2) 极点配置定理

下面的定理直接回答了极点配置问题在状态反馈控制下的可解性问题。

定理 7.18 设被控的线性定常系统的状态变量方程为

$$\begin{aligned}\dot{\boldsymbol{x}}&=\boldsymbol{Ax}+\boldsymbol{B}u\\ y&=\boldsymbol{Cx}\end{aligned} \tag{7.116}$$

通过状态反馈的方法,使闭环系统的极点位于预先指定的位置上,其充要条件是系统式(7.116)完全可控,这也是状态反馈能实现闭环极点任意配置的条件。

证明 充分性。已知被控过程 Σ_{P} 完全能控,证明状态反馈可以任意配置闭环控制系统的极点。为了便于讨论,下面仅考查单输入情况,即 $\boldsymbol{B}:n\times1$,此时状态反馈矩阵为行向量,即 $\boldsymbol{K}:1\times n$。设被控过程式(7.116)的特征多项式为

$$\det(s\boldsymbol{I}-\boldsymbol{A})=s^n+a_{n-1}s^{n-1}+\cdots+a_1s+a_0 \tag{7.117}$$

前面已说明,一个线性系统通过 $\boldsymbol{x}=\boldsymbol{P}\tilde{\boldsymbol{x}}$ 的坐标变换可将系统 Σ_{P} 变成某种规范型 $\tilde{\Sigma}$

$$\begin{aligned}\dot{\tilde{\boldsymbol{x}}}&=\tilde{\boldsymbol{A}}\tilde{\boldsymbol{x}}+\tilde{\boldsymbol{B}}u\\ y&=\tilde{\boldsymbol{C}}\tilde{\boldsymbol{x}}\end{aligned} \tag{7.118}$$

其中,$\tilde{\boldsymbol{A}}=\boldsymbol{P}^{-1}\boldsymbol{AP}$,$\tilde{\boldsymbol{B}}=\boldsymbol{P}^{-1}\boldsymbol{B}$,$\tilde{\boldsymbol{C}}=\boldsymbol{CP}$,由于线性非奇异变换不改变系统的特征方程,意味着系统式(7.116)与相似系统式(7.118)具有相同的特征方程。例如,一个单输入可控系统如果按照式(7.119)选取线性非奇异矩阵 $\boldsymbol{P}$,即

$$\boldsymbol{P}=[\boldsymbol{B}\quad\boldsymbol{AB}\quad\cdots\quad\boldsymbol{A}^{n-1}\boldsymbol{B}]\begin{bmatrix}a_1 & a_2 & \cdots & a_{n-1} & 1\\ a_2 & a_3 & \cdots & 1 & \\ \vdots & & ⋰ & & \\ a_{n-1} & ⋰ & & & \\ 1 & & & & \end{bmatrix} \tag{7.119}$$

由式(7.119)看出,如果原系统可控,则 $\boldsymbol{P}$ 非奇异。通过 $\boldsymbol{x}=\boldsymbol{P}\tilde{\boldsymbol{x}}$ 的坐标变换可将系统 Σ_{P} 化为如下的能控规范型 $\tilde{\Sigma}$

$$\begin{aligned}\dot{\tilde{\boldsymbol{x}}}&=\tilde{\boldsymbol{A}}\tilde{\boldsymbol{x}}+\tilde{\boldsymbol{B}}u=\begin{bmatrix}0 & 1 & & \\ \vdots & & \ddots & \\ 0 & & & 1\\ -a_0 & -a_1 & \cdots & -a_{n-1}\end{bmatrix}\tilde{\boldsymbol{x}}+\begin{bmatrix}0\\ \vdots\\ 0\\ 1\end{bmatrix}u\\ y&=\tilde{\boldsymbol{C}}\tilde{\boldsymbol{x}}=[\beta_0\quad\beta_1\quad\cdots\quad\beta_{n-1}]\tilde{\boldsymbol{x}}\end{aligned} \tag{7.120}$$

其中

$$\widetilde{A}=\boldsymbol{P}^{-1}\boldsymbol{AP}=\begin{bmatrix}0&1&0&\cdots&0\\0&0&1&\cdots&0\\\vdots&\vdots&\vdots&\ddots&\vdots\\0&0&0&\cdots&1\\-a_0&-a_1&-a_2&\cdots&-a_{n-1}\end{bmatrix},$$

$$\widetilde{B}=\boldsymbol{P}^{-1}\boldsymbol{B}=\begin{bmatrix}0\\\vdots\\1\end{bmatrix},\widetilde{\boldsymbol{C}}=\boldsymbol{CP}=[\beta_0\quad\beta_1\quad\cdots\quad\beta_{n-1}]$$

引入状态反馈向量 $\widetilde{\boldsymbol{K}}=[\tilde{k}_1\tilde{k}_2\cdots\tilde{k}_n]=\boldsymbol{KP}$，即将 $u=-\widetilde{\boldsymbol{K}}\tilde{\boldsymbol{x}}$ 代入式(7.120)，得到状态反馈构成的闭环系统 Σ_{K} 的系统矩阵为

$$\widetilde{\boldsymbol{A}}-\widetilde{\boldsymbol{B}}\widetilde{\boldsymbol{K}}=\begin{bmatrix}0&1&&\\\vdots&&\ddots&\\0&&&1\\-a_0-\tilde{k}_1&-a_1-\tilde{k}_2&\cdots&-a_{n-1}-\tilde{k}_n\end{bmatrix}\tag{7.121}$$

容易求出闭环系统 Σ_{K} 的特征方程为

$$\det[sI-(\widetilde{A}-\widetilde{B}\widetilde{K})]=s^n+(a_{n-1}+\tilde{k}_n)s^{n-1}+\cdots+(a_0+\tilde{k}_1)=0\tag{7.122}$$

此时，闭环系统的传递函数为

$$G_{\mathrm{k}}(s)=\frac{\beta_{n-1}s^{n-1}+\beta_{n-2}s^{n-2}+\cdots+\beta_1 s+\beta_0}{s^n+(a_{n-1}+\tilde{k}_n)s^{n-1}+\cdots+(a_1+\tilde{k}_2)s+(a_0+\tilde{k}_1)}\tag{7.123}$$

另一方面，系统式(7.116)在状态反馈 $\boldsymbol{u}=-\boldsymbol{Kx}$ 下的闭环控制系统 Σ_{K} 的特征方程为

$$\begin{aligned}\det[s\boldsymbol{I}-(\boldsymbol{A}-\boldsymbol{BK})]&=\det[\boldsymbol{P}^{-1}(s\boldsymbol{I}-(\boldsymbol{A}-\boldsymbol{BK})\boldsymbol{P}]\\&=\det[s\boldsymbol{I}-(\widetilde{\boldsymbol{A}}-\widetilde{\boldsymbol{B}}\widetilde{\boldsymbol{K}})]\end{aligned}\tag{7.124}$$

也就是说，系统式(7.116)和相似系统式(7.118)的状态反馈系统的闭环极点完全一样。可见，由于 $\tilde{k}_1,\cdots,\tilde{k}_n$ 可任意选择，也就是说($\widetilde{\boldsymbol{A}}-\widetilde{\boldsymbol{B}}\widetilde{\boldsymbol{K}}$)的特征值可以任意配置，即闭环控制系统的极点可以任意配置。假设闭环控制系统期望的极点位于 $\lambda_1^*,\lambda_2^*,\cdots,\lambda_n^*$，则期望的特征多项式为

$$\alpha^*(s)=(s-\lambda_1^*)\cdots(s-\lambda_n^*)=s^n+\alpha_{n-1}^*s^{n-1}+\cdots+\alpha_1^*s+\alpha_0^*\tag{7.125}$$

比较式(7.122)和式(7.125)可得

$$\tilde{k}_1=\alpha_0^*-a_0,\tilde{k}_2=\alpha_1^*-a_1,\cdots,\tilde{k}_n=\alpha_{n-1}^*-a_{n-1}\tag{7.126}$$

故得到矩阵 $\widetilde{\boldsymbol{K}}$，再由 $\boldsymbol{K}=\widetilde{\boldsymbol{K}}\boldsymbol{P}^{-1}$ 可得系统在状态反馈 $u=-\boldsymbol{Kx}$ 下反馈增益阵 $\boldsymbol{K}$，这时闭环极点将被配置在任意指定的位置 $\lambda_1^*,\lambda_2^*,\cdots,\lambda_n^*$。

必要性 反证法。如果 $\Sigma_{\mathrm{P}}(\boldsymbol{A},\boldsymbol{B},\boldsymbol{C})$ 不可控，说明有些状态变量将不受 u 的控制，显然引入状态反馈时，企图通过调节 u 来影响不能控的极点，将是不可能的，即极点不能任意配置，矛盾。

或证 反证法。设 $\{\boldsymbol{A},\boldsymbol{B}\}$ 不完全能控，则由系统的能控性结构规范分解导出

$$\tilde{A}=\boldsymbol{P}^{-1}\boldsymbol{A}\boldsymbol{P}=\begin{bmatrix}\tilde{\boldsymbol{A}}_{c} & \tilde{\boldsymbol{A}}_{12}\\ \boldsymbol{0} & \tilde{\boldsymbol{A}}_{\bar{c}}\end{bmatrix}\quad \tilde{\boldsymbol{B}}=\boldsymbol{P}^{-1}\boldsymbol{B}=\begin{bmatrix}\tilde{\boldsymbol{B}}_{c}\\ \boldsymbol{0}\end{bmatrix}\tag{7.127}$$

并且对任一状态反馈增益矩阵 $\boldsymbol{K}=[\boldsymbol{K}_1,\boldsymbol{K}_2]$,有

$$\begin{aligned}\det(s\boldsymbol{I}-\boldsymbol{A}+\boldsymbol{B}\boldsymbol{K})&=\det(s\boldsymbol{I}-\tilde{\boldsymbol{A}}+\tilde{\boldsymbol{B}}\overbrace{\boldsymbol{K}\boldsymbol{P}}^{\tilde{K}})\\&=\det\begin{bmatrix}s\boldsymbol{I}-\tilde{\boldsymbol{A}}_{c}+\tilde{\boldsymbol{B}}_{c}\tilde{K}_{1} & -\tilde{\boldsymbol{A}}_{12}+\boldsymbol{B}_{c}\tilde{\boldsymbol{K}}_{2}\\ \boldsymbol{0} & s\boldsymbol{I}-\tilde{\boldsymbol{A}}_{\bar{c}}\end{bmatrix}\\&=\det(s\boldsymbol{I}-\tilde{\boldsymbol{A}}_{c}+\boldsymbol{B}_{c}\tilde{\boldsymbol{K}}_{1})\cdot\det(s\boldsymbol{I}-\tilde{\boldsymbol{A}}_{\bar{c}})\end{aligned}\tag{7.128}$$

其中,$\tilde{\boldsymbol{K}}=\boldsymbol{K}\boldsymbol{P}=\begin{bmatrix}\tilde{\boldsymbol{K}}_1 & \tilde{\boldsymbol{K}}_2\end{bmatrix}$,从式(7.128)中的第 2 项 $\det(s\boldsymbol{I}-\tilde{\boldsymbol{A}}_{\bar{c}})$ 看出由于 $\tilde{\boldsymbol{A}}_{\bar{c}}$ 与 $\boldsymbol{K}$ 无关,因此,状态反馈不能改变系统不能控部分的特征值,也即此种情况下不可能任意配置全部极点,故反设不成立,即 $\{\boldsymbol{A},\boldsymbol{B}\}$ 为能控。本定理证毕。

3) 单输入极点配置控制算法

给定单输入线性定常系统的能控矩阵对 $\{\boldsymbol{A},\boldsymbol{B}\}$ 和一组期望的闭环特征值 $\{\lambda_1^*,\lambda_2^*,\cdots,\lambda_n^*\}$,确定闭环控制反馈增益 $\boldsymbol{K}:1\times n$,使

$$\det[s\boldsymbol{I}-(\boldsymbol{A}-\boldsymbol{B}\boldsymbol{K})]=(s-\lambda_1^*)(s-\lambda_2^*)\cdots(s-\lambda_n^*)\tag{7.129}$$

具体按照以下计算步骤进行:

步骤 1 首先计算原被控过程的系统矩阵 $\boldsymbol{A}$ 的特征多项式,即

$$\det(s\boldsymbol{I}-\boldsymbol{A})=s^n+a_{n-1}s^{n-1}+\cdots+a_1s+a_0\tag{7.130}$$

步骤 2 计算由期望特征根 $\{\lambda_1^*,\cdots,\lambda_n^*\}$ 所组成的特征多项式,即

$$\begin{aligned}\alpha^*(s)&=(s-\lambda_1^*)(s-\lambda_2^*)\cdots(s-\lambda_n^*)\\&=s^n+\alpha_{n-1}^*s^{n-1}+\cdots+\alpha_1^*s+\alpha_0^*\end{aligned}\tag{7.131}$$

步骤 3 计算相似变换闭环控制系统的状态反馈增益矩阵

$$\tilde{\boldsymbol{K}}=\begin{bmatrix}\alpha_0^*-a_0 & \alpha_1^*-a_1 & \cdots & \alpha_{n-1}^*-a_{n-1}\end{bmatrix}=\boldsymbol{K}\boldsymbol{P}\tag{7.132}$$

步骤 4 计算线性非奇异变换矩阵

$$\boldsymbol{P}=\begin{bmatrix}\boldsymbol{B} & \boldsymbol{A}\boldsymbol{B} & \cdots & \boldsymbol{A}^{n-1}\boldsymbol{B}\end{bmatrix}\begin{bmatrix}a_1 & a_2 & \cdots & a_{n-1} & 1\\ a_2 & a_3 & \cdots & 1 & \\ \vdots & & \iddots & & \\ a_{n-1} & \iddots & & & \\ 1 & & & & \end{bmatrix}\tag{7.133}$$

步骤 5 计算闭环控制系统的状态反馈增益矩阵

$$\boldsymbol{K}=\tilde{\boldsymbol{K}}\boldsymbol{P}^{-1}\tag{7.134}$$

显然,该算法用计算机编程比较容易,适合高阶系统的极点配置设计计算。说明:

① 对于一个能控的被控过程,通过状态反馈可任意配置闭环控制系统极点。例如,配置闭环系统的极点在左半复平面期望的位置上使控制系统性能得到改善。

② 状态反馈可改变闭环系统极点位置，但不能改变闭环系统的零点（或输出 $\boldsymbol{C}$ 矩阵），这样有可能出现零极相消情况，从而状态反馈系统不一定能保持原系统的能观测性。反之，当闭环传递函数式(7.123)$G_K(s)$中没有零点，即在 $\beta_{n-1}=\cdots=\beta_1=0$ 及 $\beta_0\neq 0$ 时，无论如何配置闭环系统的极点都不可能出现零极对消现象，此时状态反馈可保持能控性和能观测性。

③ 由极点配置定理的证明过程还表明，对 SISO 系统，对于指定的一组期望极点，得出的反馈阵 $\boldsymbol{K}$ 有唯一解。但对 MIMO 系统只要系统能控，状态反馈下的极点配置问题总是有解的，但解不唯一，因为此种情况可导出多种状态能控规范性。

状态反馈极点配置设计还有下面的可用于计算机编程的阿克曼（Ackermann）计算公式。

4）极点配置的阿克曼公式

考查线性定常系统系统

$$\dot{\boldsymbol{x}}=\boldsymbol{A}\boldsymbol{x}+\boldsymbol{B}\boldsymbol{u} \tag{7.135}$$

假设该系统是状态完全可控的，又设所期望的闭环极点为 $s=\lambda_1^*, s=\lambda_2^*, \cdots, s=\lambda_n^*$。

利用状态反馈控制

$$u=-\boldsymbol{K}\boldsymbol{x} \tag{7.136}$$

将系统方程改写为

$$\dot{\boldsymbol{x}}=(\boldsymbol{A}-\boldsymbol{B}\boldsymbol{K})\boldsymbol{x} \tag{7.137}$$

定义

$$\widetilde{\boldsymbol{A}}=\boldsymbol{A}-\boldsymbol{B}\boldsymbol{K} \tag{7.138}$$

则所期望的特征方程为

$$\begin{aligned}|s\boldsymbol{I}-\boldsymbol{A}+\boldsymbol{B}\boldsymbol{K}|=|s\boldsymbol{I}-\widetilde{\boldsymbol{A}}|&=(s-\lambda_1^*)(s-\lambda_2^*)\cdots(s-\lambda_n^*)\\&=s^n+\alpha_{n-1}^*s^{n-1}+\cdots+\alpha_1^*s+\alpha_0^*=0\end{aligned} \tag{7.139}$$

由于凯莱-哈密尔顿定理阐明 $\widetilde{\boldsymbol{A}}$ 应满足其自身的特征方程，因此得

$$\phi(\widetilde{\boldsymbol{A}})=\widetilde{\boldsymbol{A}}^n+\alpha_{n-1}^*\widetilde{\boldsymbol{A}}^{n-1}+\cdots+\alpha_1^*\widetilde{\boldsymbol{A}}+\alpha_0^*\boldsymbol{I}=\boldsymbol{0} \tag{7.140}$$

我们用方程式(7.140)来推导阿克曼公式。为简化推导，考虑 $n=3$ 的情况（对任意正整数 n，下面的推导可方便地得到推广）。

考虑下面的恒等式

$$\begin{aligned}&\boldsymbol{I}=\boldsymbol{I}\\&\widetilde{\boldsymbol{A}}=\boldsymbol{A}-\boldsymbol{B}\boldsymbol{K}\\&\widetilde{\boldsymbol{A}}^2=(\boldsymbol{A}-\boldsymbol{B}\boldsymbol{K})^2=\boldsymbol{A}^2-\boldsymbol{A}\boldsymbol{B}\boldsymbol{K}-\boldsymbol{B}\boldsymbol{K}\widetilde{\boldsymbol{A}}\\&\widetilde{\boldsymbol{A}}^3=(\boldsymbol{A}-\boldsymbol{B}\boldsymbol{K})^3=\boldsymbol{A}^3-\boldsymbol{A}^2\boldsymbol{B}\boldsymbol{K}-\boldsymbol{A}\boldsymbol{B}\boldsymbol{K}\widetilde{\boldsymbol{A}}-\boldsymbol{B}\boldsymbol{K}\widetilde{\boldsymbol{A}}^2\end{aligned}$$

将上述方程分别乘以 $\alpha_0^*, \alpha_1^*, \alpha_2^*, \alpha_3^*$ $(\alpha_3^*=1)$ 并相加，可得

$$\begin{aligned}\alpha_0^*\boldsymbol{I}+\alpha_1^*\widetilde{\boldsymbol{A}}+\alpha_2^*\widetilde{\boldsymbol{A}}^2+\widetilde{\boldsymbol{A}}^3&=\alpha_0^*\boldsymbol{I}+\alpha_1^*(\boldsymbol{A}-\boldsymbol{B}\boldsymbol{K})+\alpha_2^*(\boldsymbol{A}^2-\boldsymbol{A}\boldsymbol{B}\boldsymbol{K}-\boldsymbol{B}\boldsymbol{K}\widetilde{\boldsymbol{A}})+\boldsymbol{A}^3-\\&\quad\boldsymbol{A}^2\boldsymbol{B}\boldsymbol{K}-\boldsymbol{A}\boldsymbol{B}\boldsymbol{K}\widetilde{\boldsymbol{A}}-\boldsymbol{B}\boldsymbol{K}\widetilde{\boldsymbol{A}}^2\\&=\alpha_0^*\boldsymbol{I}+\alpha_1^*\boldsymbol{A}+\alpha_2^*\boldsymbol{A}^2+\boldsymbol{A}^3-\alpha_1^*\boldsymbol{B}\boldsymbol{K}-\alpha_2^*\boldsymbol{A}\boldsymbol{B}\boldsymbol{K}-\\&\quad\alpha_2^*\boldsymbol{B}\boldsymbol{K}\widetilde{\boldsymbol{A}}-\boldsymbol{A}^2\boldsymbol{B}\boldsymbol{K}-\boldsymbol{A}\boldsymbol{B}\boldsymbol{K}\widetilde{\boldsymbol{A}}-\boldsymbol{B}\boldsymbol{K}\widetilde{\boldsymbol{A}}^2\end{aligned} \tag{7.141}$$

参照方程式(7.140)可得

$$\alpha_0^* \boldsymbol{I} + \alpha_1^* \widetilde{\boldsymbol{A}} + \alpha_1^* \widetilde{\boldsymbol{A}}^2 + \widetilde{\boldsymbol{A}}^3 = \phi(\widetilde{\boldsymbol{A}}) = \boldsymbol{0}$$

也可得

$$\alpha_0^* \boldsymbol{I} + \alpha_1^* \boldsymbol{A} + \alpha_2^* \boldsymbol{A}^2 + \boldsymbol{A}^3 = \phi(\boldsymbol{A}) \neq \boldsymbol{0}$$

将上述最后两式代入式(7.141),可得

$$\phi(\widetilde{\boldsymbol{A}}) = \phi(\boldsymbol{A}) - \alpha_1^* \boldsymbol{BK} - \alpha_2^* \boldsymbol{BK}\widetilde{\boldsymbol{A}} - \boldsymbol{BK}\widetilde{\boldsymbol{A}}^2 - \alpha_2^* \boldsymbol{ABK} - \boldsymbol{ABK}\widetilde{\boldsymbol{A}} - \boldsymbol{A}^2\boldsymbol{BK}$$

由于 $\phi(\widetilde{\boldsymbol{A}}) = \boldsymbol{0}$,故

$$\begin{aligned}\phi(\boldsymbol{A}) &= \boldsymbol{B}(\alpha_1^* \boldsymbol{K} + \alpha_2^* \boldsymbol{K}\widetilde{\boldsymbol{A}} + \boldsymbol{K}\widetilde{\boldsymbol{A}}^2) + \boldsymbol{AB}(\alpha_2^* \boldsymbol{K} + \boldsymbol{K}\widetilde{\boldsymbol{A}}) + \boldsymbol{A}^2\boldsymbol{BK} \\ &= [\boldsymbol{B} \quad \boldsymbol{AB} \quad \boldsymbol{A}^2\boldsymbol{B}] \begin{bmatrix} \alpha_1^* \boldsymbol{K} + \alpha_2^* \boldsymbol{K}\widetilde{\boldsymbol{A}} + \boldsymbol{K}\widetilde{\boldsymbol{A}}^2 \\ \alpha_2^* \boldsymbol{K} + \boldsymbol{K}\widetilde{\boldsymbol{A}} \\ \boldsymbol{K} \end{bmatrix}\end{aligned} \tag{7.142}$$

由于系统是状态完全可控的,所以可控性矩阵

$$[\boldsymbol{B} \quad \boldsymbol{AB} \quad \boldsymbol{A}^2\boldsymbol{B}]$$

的逆存在。在方程式(7.142)的两端均左乘可控性矩阵的逆,可得

$$[\boldsymbol{B} \quad \boldsymbol{AB} \quad \boldsymbol{A}^2\boldsymbol{B}]^{-1}\phi(\boldsymbol{A}) = \begin{bmatrix} \alpha_1^* \boldsymbol{K} + \alpha_2^* \boldsymbol{K}\widetilde{\boldsymbol{A}} + \boldsymbol{K}\widetilde{\boldsymbol{A}}^2 \\ \alpha_2^* \boldsymbol{K} + \boldsymbol{K}\widetilde{\boldsymbol{A}} \\ \boldsymbol{K} \end{bmatrix}$$

上式两端左乘 $[0 \quad 0 \quad 1]$,可得

$$[0 \quad 0 \quad 1][\boldsymbol{B} \quad \boldsymbol{AB} \quad \boldsymbol{A}^2\boldsymbol{B}]^{-1}\phi(\boldsymbol{A}) = [0 \quad 0 \quad 1]\begin{bmatrix} \alpha_1^* \boldsymbol{K} + \alpha_2^* \boldsymbol{K}\widetilde{\boldsymbol{A}} + \boldsymbol{K}\widetilde{\boldsymbol{A}}^2 \\ \alpha_2^* \boldsymbol{K} + \boldsymbol{K}\widetilde{\boldsymbol{A}} \\ \boldsymbol{K} \end{bmatrix} = \boldsymbol{K}$$

重写为

$$\boldsymbol{K} = [0 \quad 0 \quad 1][\boldsymbol{B} \quad \boldsymbol{AB} \quad \boldsymbol{A}^2\boldsymbol{B}]^{-1}\phi(\boldsymbol{A})$$

上述方程给出了所需的状态反馈增益矩阵 $\boldsymbol{K}$: $1\times n$。

对任一正整数 n,有

$$\boldsymbol{K} = [0 \quad 0 \quad \cdots \quad 0 \quad 1][\boldsymbol{B} \quad \boldsymbol{AB} \quad \cdots \quad \boldsymbol{A}^{n-1}\boldsymbol{B}]^{-1}\phi(\boldsymbol{A}) \tag{7.143}$$

方程式(7.143)称为用于确定状态反馈增益矩阵 $\boldsymbol{K}$ 的阿克曼方程。显然阿克曼公式更适合高阶系统的计算机编程计算。

2. 闭环系统期望极点的选取

期望极点的选取是一复杂问题,因动态品质不完全取决于极点分布,通常的做法是取主导极点构成的典型二阶系统,其阻尼比 ζ 与无阻尼自然振荡频率 ω_n 和主导极点关系如图 7.20 所示,其中 $\beta=\arccos\zeta$。为此,可利用典型二阶欠阻尼系统的关系式

$$\text{主导极点 } s_{1,2} = -\zeta\omega_n \pm j\omega_n\sqrt{1-\zeta^2}$$

$$\text{特征方程}\ s^2+2\zeta\omega_n s+\omega_n^2=0$$

按照系统动态性能满足如下指标

超调量 $\sigma\%=e^{-\zeta\pi/\sqrt{1-\zeta^2}}\times100\%$；

调节时间 $t_s\approx(3\sim4)/\zeta\omega_n$；

峰值时间 $t_p=\pi/(\omega_n\sqrt{1-\zeta^2})$

选取期望的闭环主导极点。

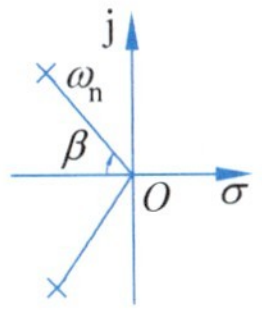

图 7.20 ζ 和 ω_n 和主导极点关系

3. 基于极点配置的状态反馈系统设计举例

例 7.22 考查图 7.21 所示的某一被控过程，设计一线性状态反馈控制系统，使闭环系统满足如下性能指标：

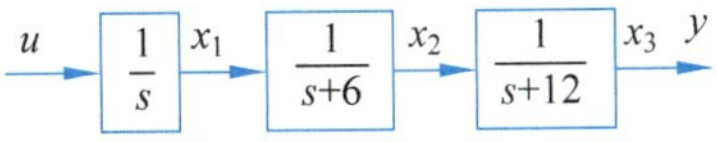

图 7.21 例 7.22 被控过程

(1) 输出超调量 $\sigma\%\leqslant5\%$；

(2) 调节时间 $t_s\leqslant4s$；

(3) 在单位阶跃输入下的稳态误差为零。

解 1) 期望闭环极点的确定

由于被控过程为一个三阶系统，按照前面第 3 章讲述的主导极点的概念，可以选择一对左半复平面的共轭复根作为主导极点，另外一个非主导极点远离该主导极点(一般 5 倍以上)，这样系统的动态性能主要由主导极点决定。设主导极点为

$$s_{1,2}=-\zeta\omega_n\pm j\omega_n\sqrt{1-\zeta^2}$$

由典型二阶欠阻尼系统的动态性能指标

$$\sigma=e^{-\zeta\pi/\sqrt{1-\zeta^2}}$$

$$t_s\approx(3\sim4)/\zeta\omega_n$$

根据控制系统设计要求的性能指标需满足：输出超调量 $\sigma\%\leqslant5\%$，调节时间 $t_s\leqslant4s$。于是可选 $\sigma\%=4.3\%$，$t_s=4s$，得到阻尼比 $\zeta=\frac{\sqrt{2}}{2}=0.707$，无阻尼振荡频率 $\omega_n=\sqrt{2}$，则期望的主导极点为

$$\lambda_1^*=-1+j,\quad \lambda_2^*=-1-j$$

这样第三个非主导极点可取 $\lambda_3^*=-10$。于是得到闭环系统的期望特征多项式为

$$\alpha^*(s)=(s-\lambda_1^*)(s-\lambda_2^*)(s-\lambda_3^*)=s^3+12s^2+22s+20$$

由于原系统的传递函数没有零极点相消情况，系统完全可控。为此，闭环控制系统能够任意配置极点。

2) 求解状态反馈增益

方法 1

按照图 7.21 所示的状态表示进行串联分解，得到系统的一种状态变量实现为

$$\dot{\boldsymbol{x}}=\begin{bmatrix}0&0&0\\1&-6&0\\0&1&-12\end{bmatrix}\boldsymbol{x}+\begin{bmatrix}1\\0\\0\end{bmatrix}u$$

$$y=\begin{bmatrix}0&0&1\end{bmatrix}\boldsymbol{x}$$

易知系统完全能控，满足可配置条件。又因原系统的特征多项式为

$$\det(s\boldsymbol{I}-\boldsymbol{A})=s^3+18s^2+72s$$

而期望的特征多项式为

$$\alpha^*(s)=(s+10)(s+1-\mathrm{j})(s+1+\mathrm{j})=s^3+12s^2+22s+20$$

于是根据能控规范型的状态反馈极点配置算法得

$$\widetilde{\boldsymbol{K}}=[\alpha_0^*-a_0,\alpha_1^*-a_1,\alpha_2^*-a_2]=[20\quad -50\quad -6]$$

而线性非奇异变换矩阵为

$$\boldsymbol{P}=[\boldsymbol{B}\quad \boldsymbol{AB}\quad \boldsymbol{A}^2\boldsymbol{B}]\begin{bmatrix}a_1 & a_2 & 1\\ a_2 & 1 & 0\\ 1 & 0 & 0\end{bmatrix}=\begin{bmatrix}1 & 0 & 0\\ 0 & 1 & -6\\ 0 & 0 & 1\end{bmatrix}\begin{bmatrix}72 & 18 & 1\\ 18 & 1 & 0\\ 1 & 0 & 0\end{bmatrix}=\begin{bmatrix}72 & 18 & 1\\ 12 & 1 & 0\\ 1 & 0 & 0\end{bmatrix}$$

于是有

$$\boldsymbol{P}^{-1}=\begin{bmatrix}0 & 0 & 1\\ 0 & 1 & -12\\ 1 & -18 & 144\end{bmatrix}$$

因此,系统的状态反馈增益为

$$\boldsymbol{K}=\widetilde{\boldsymbol{K}}\boldsymbol{P}^{-1}=[20\quad -50\quad -6]\begin{bmatrix}0 & 0 & 1\\ 0 & 1 & -12\\ 1 & -18 & 144\end{bmatrix}=[-6\quad 58\quad -244]$$

状态反馈控制系统的结构如图 7.22 所示。

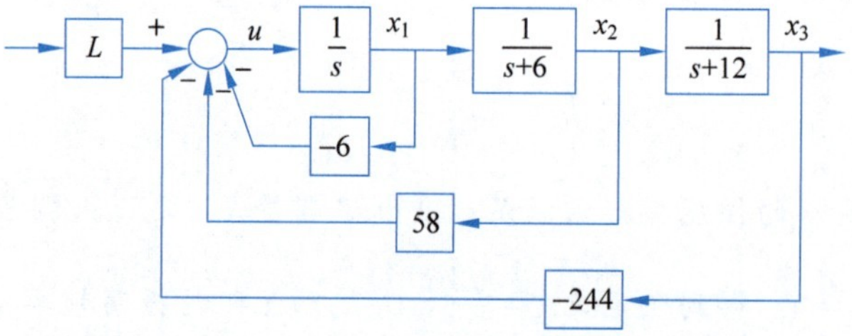

图 7.22　例 7.22 基于状态反馈控制的系统结构

本例期望的闭环传递函数为 $G_B(s)=\dfrac{20}{s^3+12s^2+22s+20}$,若采用经典控制的输出反馈,由于 $G_B(s)=\dfrac{G(s)}{1+G(s)H(s)}$,解得输出反馈控制器为

$$H(s)=\frac{-19s^2-348s-1418s+20}{20}$$

上式表明,要使系统满足同样的性能指标要求,反馈控制律除比例环节外,还需一、二阶微分环节,物理实现困难。

方法 2(直接计算法)

考查该系统的状态变量方程

$$\dot{\boldsymbol{x}}=\begin{bmatrix}0 & 0 & 0\\ 1 & -6 & 0\\ 0 & 1 & -12\end{bmatrix}\boldsymbol{x}+\begin{bmatrix}1\\ 0\\ 0\end{bmatrix}u$$

由于状态变量 x_1, x_2, x_3 是子系统 $\frac{1}{s}, \frac{1}{s+6}, \frac{1}{s+12}$ 的输出，其信息易采集，故直接取 $\boldsymbol{K}=[k_1 \quad k_2 \quad k_3]$，这时，闭环系统的特征多项式为

$$\det[s\boldsymbol{I}-(\boldsymbol{A}-\boldsymbol{BK})]=\det\begin{bmatrix} s+k_1 & k_2 & k_3 \\ -1 & s+6 & 0 \\ 0 & -1 & s+12 \end{bmatrix}$$

$$=s^3+(18+k_1)s^2+(72+18k_1+k_2)s+72k_1+12k_2+k_3$$

而期望的特征多项式为

$$\alpha^*(s)=s^3+12s^2+22s+20$$

比较上两式，得到

$$k_1=-6, \quad k_2=58, \quad k_3=-244$$

显然，与方法1所得的结果相同。

3) 确定满足伺服要求的前馈增益 L

为了满足伺服或稳态误差为零的要求，状态反馈后闭环系统的传递函数应为

$$G_K(s)=\frac{L}{\alpha^*(s)} \tag{7.144}$$

即，$\lim\limits_{s\to 0}\frac{L}{\alpha^*(s)}=1$，于是得到满足伺服要求的前馈增益 $L=20$。

例7.22系统的MATLAB程序及运行结果如下：

```
ts = 4;
sigma = 0.043;
lu = 4/ts;
tp = - log(sigma)/lu;
wd = pi/tp;
s1 = - lu + wd * j
s2 = - lu - wd * j
s3 = floor(10 * real(s1))
A = [0 0 0;1 -6 0;0 1 -12];B = [1;0;0];C = [0 0 1];
p = [s1 s2 s3];
k1 = acker(A,B,p)
step(ac,b,c,d)
```

运行的结果为

```
s1 =
 - 1.0000 + 0.9984i
s2 =
 - 1.0000 - 0.9984i
s3 =
   - 10
k1 =
   - 6.0000   57.9968  - 243.9937
```

即MATLAB程序运算的极点分别为−1.0000 + 0.9984j，−1.0000 −0.9984j，−10；状态反馈增益为−6.0000，57.9968，−243.9937。

状态反馈系统的单位阶跃响应如图7.23所示。

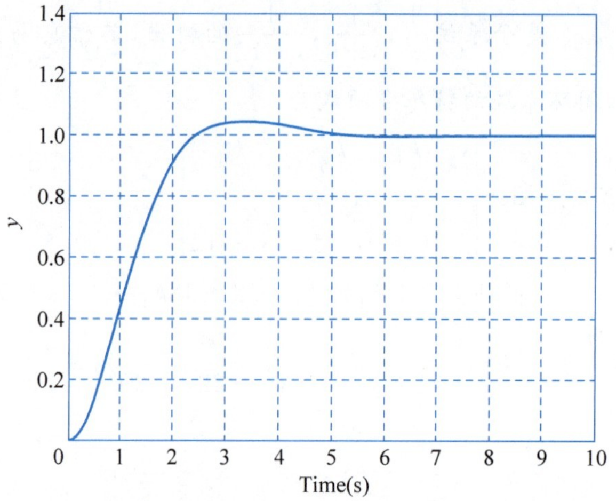

图 7.23 例 7.22 状态反馈系统的单位阶跃响应

例 7.23 设计倒立摆的状态反馈控制系统，如果有伺服控制要求，则此时控制系统设计以及控制系统结构有何变化？试验证。

令 $\boldsymbol{x}^{\mathrm{T}}=\begin{bmatrix} z & \dot{z} & \theta & \dot{\theta} \end{bmatrix}$，对应的系统线性化方程为

$$\dot{\boldsymbol{x}}=\begin{bmatrix} 0 & 1 & 0 & 0 \\ 0 & 0 & -1 & 0 \\ 0 & 0 & 0 & 1 \\ 0 & 0 & 11 & 0 \end{bmatrix}\boldsymbol{x}+\begin{bmatrix} 0 \\ 1 \\ 0 \\ -1 \end{bmatrix}u$$

解 易得原被控过程的特征方程为

$$\det(s\boldsymbol{I}-\boldsymbol{A})=s^4-11s^2=s^2(s-\sqrt{11})(s+\sqrt{11})$$

特征根为

$$\lambda_1=0,\quad \lambda_2=0,\quad \lambda_3=\sqrt{11},\quad \lambda_4=-\sqrt{11}$$

显然，原被控过程是不稳定的，但状态是完全能控的。为此，能够任意配置闭环系统的极点。假设要求设计的状态反馈控制律为

$$u=\boldsymbol{K}\boldsymbol{x}+v=[k_1\cdots k_4]\,\boldsymbol{x}+v \tag{7.145}$$

其中，这里写成正反馈形式，状态反馈矩阵为 $\boldsymbol{K}=[k_1\cdots k_4]$。使闭环系统为稳定的期望极点分布位于

$$\alpha^*(s)=(s+1)(s+2)(s+1+\mathrm{j})(s+1-\mathrm{j})=s^4+5s^3+10s^2+10s+4 \tag{7.146}$$

为此，基于状态反馈闭环系统的状态方程为

$$\dot{\boldsymbol{x}}=(\boldsymbol{A}+\boldsymbol{B}\boldsymbol{K})\boldsymbol{x}+\boldsymbol{B}v=\begin{bmatrix} 0 & 1 & 0 & 0 \\ k_1 & k_2 & k_3-1 & k_4 \\ 0 & 0 & 0 & 1 \\ -k_1 & -k_2 & 11-k_3 & -k_4 \end{bmatrix}\boldsymbol{x}+\begin{bmatrix} 0 \\ 1 \\ 0 \\ -1 \end{bmatrix}v$$

此时，闭环系统的特征方程为

$$\det(s\boldsymbol{I}-(\boldsymbol{A}+\boldsymbol{B}\boldsymbol{K}))=s^4+(k_4-k_2)s^3+(k_3-k_1-11)s^2+10k_2s+10k_1 \tag{7.147}$$

比较式(7.146)和式(7.147)，即得

$$k_1=0.4,\quad k_2=1,\quad k_3=10+11+k_1=21.4,\quad k_4=5+k_2=6$$

由于k_i均为正，也就是均为正反馈，采用此反馈控制律，得到一组稳定的期望闭环极点。所以扰动过后，整个状态向量x渐近衰减到零，这不仅说明摆是平衡的($\theta\to0$)，而且小车将回到它的初始位置($z\to0$)，有意思的是：如果四个状态不能全部用做反馈，则该系统还是不稳定的，请读者自行验证。

例7.23系统的MATLAB程序及运行结果如下：

MATLAB子程序

```
function str = pdcontrol(A,B)
S = ctrb(A,B);
r = rank(S);
l = length(A);
if r == l
     str = '系统的状态完全能控';
else
    str = '系统的状态不完全能控';
end
```

MATLAB主程序

```
a = [0 1 0 0;0 0 -1 0;0 0 0 1;0 0 11 0];b = [0;1;0;-1];
c = [1 0 0 0;0 1 0 0];d = 0;                 % c的选取使输出为小车的位移和摆的角度
str = pdcontrol(a,b)                         % 判断倒立摆系统自身的能控性
p = [-1  -2  -1-j  -1+j];                    % 期望闭环极点位置
k = acker(a,b,p)                             % 状态反馈增益
ac = a - b * k
L = eig(ac)                                  % 状态反馈后的系统特征值
t = 0:0.005:10;
v = 0.2 * ones(size(t));                     % 假设期望的输出值为0.2
[y,x] = lsim(ac,b,c,d,v,t);
plot(t,y(:,1),'r',t,y(:,2),'k')
```

程序运行的结果为

```
str =
```

系统的状态完全能控

```
k =
        -0.4000   -1.0000   -21.4000   -6.0000
ac =
         0      1.0000          0          0
    0.4000      1.0000    20.4000     6.0000
         0           0          0     1.0000
   -0.4000     -1.0000   -10.4000    -6.0000
str =
L =
  -2.0000
  -1.0000 + 1.0000i
  -1.0000 - 1.0000i
  -1.0000
```

状态反馈后全部特征值具有负实部，系统是稳定的。由于校正前系统是完全能控的，所以该系统能任意配置闭环系统的极点。另外该程序是按照负反馈设计编写的，而状态反馈

增益为 $\boldsymbol{K}=[\ -0.4\quad -1\quad -21.4\quad -6]$,相当于正反馈控制,仿真结果如图 7.24 所示。

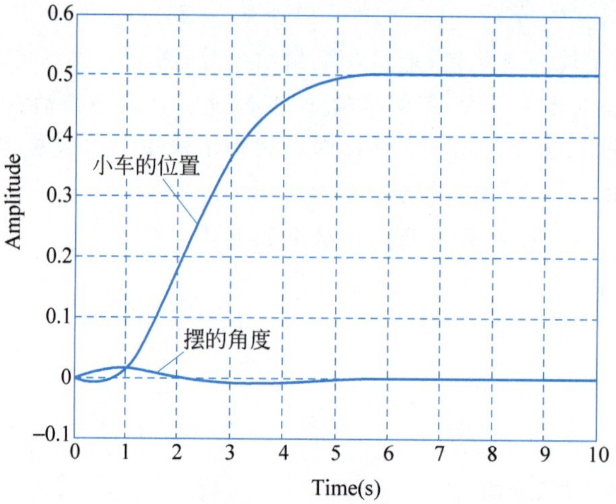

图 7.24 例 7.23 倒立摆状态反馈系统的单位阶跃响应

由于本例程序中期望的输出为 0.2,而实际小车的稳态位置在 0.5,由图 7.24 看出,该系统的阶跃响应有稳态误差,可利用经典控制理论的知识,再加入一串联积分控制器可以提高控制精度,Simulink 程序如图 7.25 所示,仿真结果如图 7.26 所示。

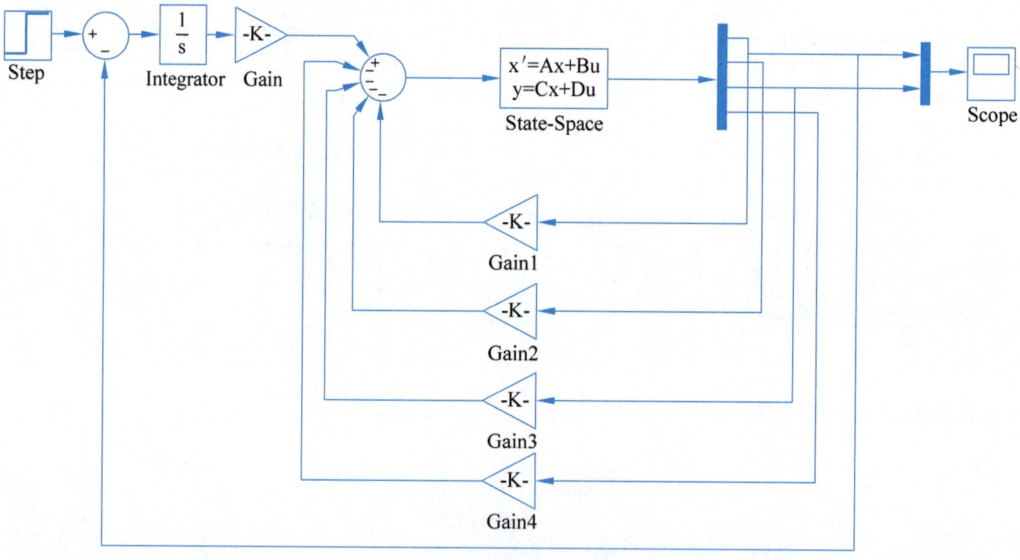

图 7.25 例 7.23 带有积分与状态反馈控制系统 Simulink 程序

例 7.24 考查如图 7.27 所示的被控过程,传递函数为 $G(s)=\dfrac{1}{s(s+6)}$,应用状态反馈构成闭环系统,并计算当系统具有 $\zeta=\dfrac{1}{\sqrt{2}}=0.707$ 及 $\omega_n=35\sqrt{2}$ 时的状态反馈增益 $\boldsymbol{K}$,此时,期望的闭环传递函数 $G_K(s)$ 要求为

$$G_K(s)=\frac{\omega_n^2}{s^2+2\zeta\omega_n s+\omega_n^2}=\frac{2450}{s^2+70s+2450}$$

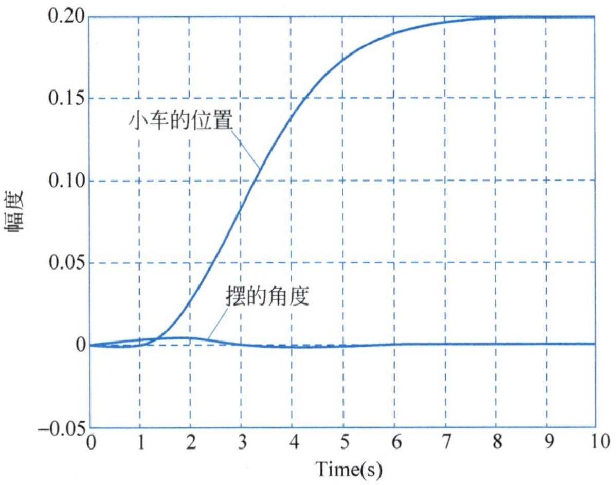

图 7.26 例 7.23 带有积分与状态反馈控制系统的仿真结果

解 由于原系统传递函数没有零极点相消情况，因此该系统能控，可以任意配置闭环系统的极点。按串联分解法得该被控过程的状态变量方程为

$$\dot{\boldsymbol{x}}=\boldsymbol{A}\boldsymbol{x}+\boldsymbol{B}u=\begin{bmatrix}0 & 0\\1 & -6\end{bmatrix}\boldsymbol{x}+\begin{bmatrix}1\\0\end{bmatrix}u$$

$$y=\boldsymbol{C}\boldsymbol{x}=\begin{bmatrix}0 & 1\end{bmatrix}\boldsymbol{x}$$

基于状态反馈闭环系统的特征多项式为

$$\det[s\boldsymbol{I}-(\boldsymbol{A}-\boldsymbol{B}\boldsymbol{K})]=\det\begin{bmatrix}s+k_1 & k_2\\-1 & s+6\end{bmatrix}=s^2+(6+k_1)s+k_2+6k_1$$

而期望的特征多项式为

$$\alpha^*(s)=s^2+70s+2450$$

比较上两式，得到

$$\boldsymbol{K}=\begin{bmatrix}k_1 & k_2\end{bmatrix}=\begin{bmatrix}64 & 2066\end{bmatrix}$$

闭环状态反馈控制系统如图 7.28 所示。图中，$L=2450$ 是为满足伺服系统要求决定的。

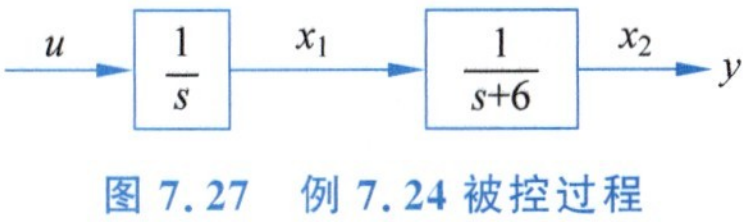

图 7.27 例 7.24 被控过程

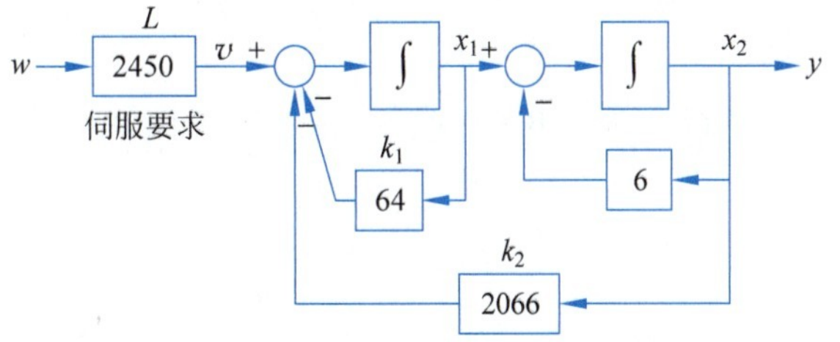

图 7.28 例 7.24 基于状态反馈的控制系统结构

本系统如果只通过单一的输出反馈 $u=-Hy+v$，如图 7.29 所示，则无法全面满足设计要求，此时

$$\dot{\boldsymbol{x}}=(\boldsymbol{A}-\boldsymbol{B}H\boldsymbol{C})\boldsymbol{x}+\boldsymbol{B}v$$

$$y=\boldsymbol{C}\boldsymbol{x}$$

$$\det[s\boldsymbol{I}-(\boldsymbol{A}-\boldsymbol{B}H\boldsymbol{C})]=\det\begin{bmatrix}s & H\\-1 & s+6\end{bmatrix}=s^2+6s+H$$

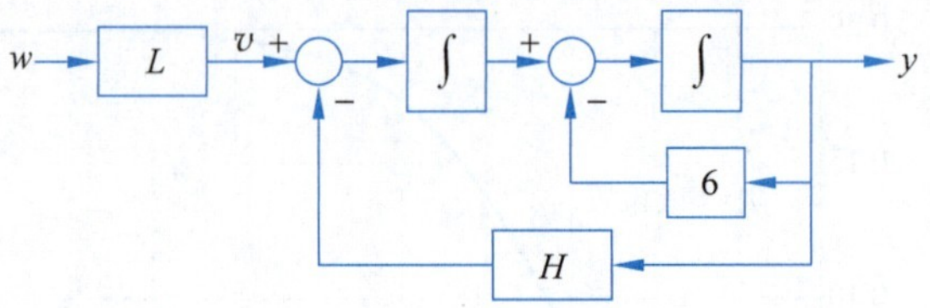

图 7.29 例 7.24 基于输出反馈的控制系统结构

显然,若满足阻尼比指标 $\zeta=1/\sqrt{2}=0.707$,则由 $2\zeta\omega_n=6$ 可知自然振荡频率 ω_n 只能为 $3\sqrt{2}<35\sqrt{2}$,使得系统调节时间 t_s 长,响应慢。

若取 $\omega_n^2=2450$,或 $\omega_n=35\sqrt{2}$,则由 $2\zeta\omega_n=6$,知系统的阻尼指标 ζ 降至 0.06,使得系统的超调量 $\sigma\%$ 大。这就是输出反馈不能任意配置闭环极点的缘故。

例 7.25 考查由

$$\dot{\boldsymbol{x}}=\boldsymbol{A}\boldsymbol{x}+\boldsymbol{B}u$$

定义的系统。式中

$$\boldsymbol{A}=\begin{bmatrix}0 & 1 & 0\\ 0 & 0 & 1\\ -1 & -5 & -6\end{bmatrix},\quad \boldsymbol{B}=\begin{bmatrix}0\\ 0\\ 1\end{bmatrix}$$

利用状态反馈控制 $u=-\boldsymbol{K}\boldsymbol{x}$,希望该系统的闭环极点为 $s=-2\pm \mathrm{j}4$ 和 $s=-10$。确定状态反馈增益矩阵 $\boldsymbol{K}$。

解 首先需检验该系统的可控性矩阵。由于可控性矩阵为

$$\boldsymbol{Q}_c=[\boldsymbol{B}\quad \boldsymbol{A}\boldsymbol{B}\quad \boldsymbol{A}^2\boldsymbol{B}]=\begin{bmatrix}0 & 0 & 1\\ 0 & 1 & -6\\ 1 & -6 & 31\end{bmatrix}$$

由此得出 $|\boldsymbol{Q}_c|=-1$,所以 $\mathrm{rank}\boldsymbol{Q}_c=3$,因而该系统是状态完全可控的,可任意配置极点。

方法 1 直接计算法。利用所定义的期望的状态反馈增益矩阵

$$\boldsymbol{K}=[k_1\quad k_2\quad k_3]$$

可得状态反馈闭环系统的特征多项式为

$$|s\boldsymbol{I}-\boldsymbol{A}+\boldsymbol{B}\boldsymbol{K}|=\left|\begin{bmatrix}s & 0 & 0\\ 0 & s & 0\\ 0 & 0 & s\end{bmatrix}-\begin{bmatrix}0 & 1 & 0\\ 0 & 0 & 1\\ -1 & -5 & -6\end{bmatrix}+\begin{bmatrix}0\\ 0\\ 1\end{bmatrix}[k_1\quad k_2\quad k_3]\right|$$

$$=\begin{vmatrix}s & -1 & 0\\ 0 & s & -1\\ 1+k_1 & 5+k_2 & s+6+k_3\end{vmatrix}$$

$$=s^3+(6+k_3)s^2+(5+k_2)s+1+k_1$$

而期望的特征多项式为

$$\alpha^*(s)=s^3+14s^2+60s+200$$

比较以上两个特征多项式系数,得

$$6+k_3=14,\quad 5+k_2=60,\quad 1+k_1=200$$

从中可以得

$$k_1=199,\quad k_2=55,\quad k_3=8$$

或者状态反馈增益矩阵为

$$\boldsymbol{K}=[199\quad 55\quad 8]$$

方法 2　第二种方法是利用阿克曼公式。参见方程式(7.143),可得

$$\boldsymbol{K}=[0\quad 0\quad 1]\,[\boldsymbol{B}\quad \boldsymbol{AB}\quad \boldsymbol{A}^2\boldsymbol{B}]^{-1}\phi(\boldsymbol{A})$$

由于

$$\begin{aligned}\phi(\boldsymbol{A})&=\boldsymbol{A}^3+14\boldsymbol{A}^2+60\boldsymbol{A}+200\boldsymbol{I}\\&=\begin{bmatrix}0&1&0\\0&0&1\\-1&-5&-6\end{bmatrix}^3+14\begin{bmatrix}0&1&0\\0&0&1\\-1&-5&-6\end{bmatrix}^2+\\&\quad 60\begin{bmatrix}0&1&0\\0&0&1\\-1&-5&-6\end{bmatrix}+200\begin{bmatrix}1&0&0\\0&1&0\\0&0&1\end{bmatrix}\\&=\begin{bmatrix}199&55&8\\-8&159&7\\-7&-43&117\end{bmatrix}\end{aligned}$$

和

$$[\boldsymbol{B}\quad \boldsymbol{AB}\quad \boldsymbol{A}^2\boldsymbol{B}]=\begin{bmatrix}0&0&1\\0&1&-6\\1&-6&31\end{bmatrix}$$

可得

$$\begin{aligned}\boldsymbol{K}&=[0\quad 0\quad 1]\begin{bmatrix}0&0&1\\0&1&-6\\1&-6&31\end{bmatrix}^{-1}\begin{bmatrix}199&55&8\\-8&159&7\\-7&-43&117\end{bmatrix}\\&=[0\quad 0\quad 1]\begin{bmatrix}5&6&1\\6&1&0\\1&0&0\end{bmatrix}\begin{bmatrix}199&55&8\\-8&159&7\\-7&-43&117\end{bmatrix}\\&=[199\quad 55\quad 8]\end{aligned}$$

这两种方法所得到的反馈增益矩阵 $\boldsymbol{K}$ 是相同的。使用状态反馈方法,正如所期望的那样,可将闭环极点配置在 $s=-2\pm \mathrm{j}4$ 和 $s=-10$ 处。

应注意,如果系统的阶次 n 等于或大于 4,推荐方法 2,因为所有的矩阵计算可由计算机实现。如果使用方法 1,由于计算机不能处理含有未知参数 $k_1,k_2,\cdots,k_n$ 的特征方程,所以必须手工计算。

4. 镇定问题

镇定问题属于极点配置的特例。

1) 状态反馈镇定问题

对于被控过程 $\Sigma_{\mathrm{P}}(\boldsymbol{A},\boldsymbol{B})$,如果可以找到状态反馈律 $\boldsymbol{u}=\boldsymbol{v}-\boldsymbol{Kx}$ 使得闭环系统 $\dot{\boldsymbol{x}}=(\boldsymbol{A}-\boldsymbol{BK})\boldsymbol{x}+\boldsymbol{Bv}$ 是渐近稳定的,即其特征值均有负实部,则称系统实现了状态反馈镇定。

2）可镇定条件

由极点配置定理可知，如果$\{\boldsymbol{A},\boldsymbol{B}\}$能控，则必存在状态反馈$\boldsymbol{K}$，使得$(\boldsymbol{A}-\boldsymbol{BK})$全部特征值可以配置到任意指定位置，这当然也包含左半复平面，即

$$\mathrm{Re}\lambda_i(\boldsymbol{A}-\boldsymbol{BK})<0,\quad i=1\cdots n$$

因此，$\{\boldsymbol{A},\boldsymbol{B}\}$能控是状态反馈实现镇定的一个充分条件。

推论 7.5 线性定常系统是由状态反馈可镇定的，当且仅当其不能控部分是渐近稳定的。

证明 因为$\{\boldsymbol{A},\boldsymbol{B}\}$不完全能控，可通过线性非奇异变换$\boldsymbol{x}=\boldsymbol{P}\tilde{\boldsymbol{x}}$将系统进行能控性分解为

$$\tilde{\boldsymbol{A}}=\begin{bmatrix}\tilde{\boldsymbol{A}}_c & \tilde{\boldsymbol{A}}_{12}\\ \boldsymbol{0} & \tilde{\boldsymbol{A}}_{\bar{c}}\end{bmatrix},\quad \tilde{\boldsymbol{B}}=\begin{bmatrix}\tilde{\boldsymbol{B}}_c\\ \boldsymbol{0}\end{bmatrix} \tag{7.148}$$

并且对任意$\boldsymbol{K}=[\boldsymbol{K}_1\quad \boldsymbol{K}_2]$，由于线性非奇异变换不改变系统的特征方程，于是

$$\begin{aligned}\det(s\boldsymbol{I}-\boldsymbol{A}+\boldsymbol{BK})&=\det(s\boldsymbol{I}-\tilde{\boldsymbol{A}}+\tilde{\boldsymbol{B}}\tilde{\boldsymbol{K}})\\&=\det(s\boldsymbol{I}-\tilde{\boldsymbol{A}}_c+\tilde{\boldsymbol{B}}_c\tilde{\boldsymbol{K}}_1)\cdot\det(s\boldsymbol{I}-\tilde{\boldsymbol{A}}_{\bar{c}})\end{aligned} \tag{7.149}$$

但已知$\{\tilde{\boldsymbol{A}}_c,\tilde{\boldsymbol{B}}_c\}$能控，故由极点配置定理知，必存在$\tilde{\boldsymbol{K}}_1$使$(\tilde{\boldsymbol{A}}_c-\tilde{\boldsymbol{B}}_c\tilde{\boldsymbol{K}}_1)$的特征值具有负实部，另外，如果不能控部分的特征根$\mathrm{Re}\lambda_i(s\boldsymbol{I}-\tilde{\boldsymbol{A}}_{\bar{c}})<0$，则整个闭环控制系统就是稳定的。为此，线性定常系统由状态反馈可镇定的充要条件是当且仅当其不能控部分是渐近稳定的。本定理证毕。

7.5.3 基于状态观测器的控制系统设计

1. 状态观测器设计

众所周知，并非所有的状态变量都是能测量到的。因此，为了实现状态反馈控制律，就要设法利用已知信息(y,u)，通过一模型来对系统的状态变量进行估计。

这里讨论的线性定常系统，假定是无噪声的，若存在噪声，则可用最佳估计(Kalman 滤波)理论来估计系统的状态。

考查被控过程$\Sigma_P(\boldsymbol{A},\boldsymbol{B},\boldsymbol{C})$，如果$\Sigma_P$状态完全能量测，无疑可从输出$y=\boldsymbol{Cx}$的测量中确定$\Sigma_P$的状态$\boldsymbol{x}$，若状态$\boldsymbol{x}$无法测量，可人为构造与被估计过程$\Sigma_P(\boldsymbol{A},\boldsymbol{B},\boldsymbol{C})$相当的系统$\hat{\Sigma}$，将$\boldsymbol{x}$值估计出来。

设估计系统$\hat{\Sigma}$为

$$\begin{aligned}\dot{\hat{\boldsymbol{x}}}&=\boldsymbol{A}\hat{\boldsymbol{x}}+\boldsymbol{B}\boldsymbol{u}\\ \hat{\boldsymbol{y}}&=\boldsymbol{C}\hat{\boldsymbol{x}}\end{aligned} \tag{7.150}$$

式中，“^”表示估计值。比较Σ_P和$\hat{\Sigma}$可得

$$\dot{\boldsymbol{x}}-\dot{\hat{\boldsymbol{x}}}=\boldsymbol{A}(\boldsymbol{x}-\hat{\boldsymbol{x}}) \tag{7.151}$$

解得

$$\boldsymbol{x}-\hat{\boldsymbol{x}}=\mathrm{e}^{\boldsymbol{A}t}[\boldsymbol{x}(0)-\hat{\boldsymbol{x}}(0)] \tag{7.152}$$

显然：

(1) 当$\boldsymbol{x}(0)=\hat{\boldsymbol{x}}(0)$时，必有$\hat{\boldsymbol{x}}=\boldsymbol{x}$(估值=真值)。但一般做不到$\hat{\boldsymbol{x}}(0)=\boldsymbol{x}(0)$，从而$\hat{\boldsymbol{x}}$和$\boldsymbol{x}$不完全等价。

(2) 只要原系统稳定，即 $\mathrm{Re}\lambda_i(\lambda\boldsymbol{I}-\boldsymbol{A})<0$，就可做到 $\boldsymbol{x}$ 和 $\hat{\boldsymbol{x}}$ 是稳态等价，即 $\lim\limits_{t\to\infty}(\boldsymbol{x}-\hat{\boldsymbol{x}})=\boldsymbol{0}$。因此，状态观测器又称为渐近估计器，如果能设计出 $\hat{\Sigma}$，对任意初值，满足条件

$$\lim_{t\to\infty}(\boldsymbol{x}-\hat{\boldsymbol{x}})=\boldsymbol{0} \tag{7.153}$$

即经一段时间后，设计的状态估计值可以渐近地逼近被估状态，$\hat{\Sigma}$ 称为状态观测器。

说明　(1)因为系统状态一般不能直接测量，很难判断 $\hat{\boldsymbol{x}}$ 是否逼近 $\boldsymbol{x}$；(2)原系统矩阵 $\boldsymbol{A}$ 的特征值不一定均为负实部。为克服此困难，可用输出量的差值的测量来代替对状态 $\boldsymbol{x}-\hat{\boldsymbol{x}}$ 的测量，即

$$y-\hat{y}=\boldsymbol{C}(\boldsymbol{x}-\hat{\boldsymbol{x}}) \tag{7.154}$$

而且当 $\boldsymbol{x}\to\hat{\boldsymbol{x}}$ 时，有 $y\to\hat{y}$，如果 $\hat{y}$ 和 y 存在差异，则可利用反馈的概念将偏差反馈至观测器的输入端，通过设计矩阵 $\boldsymbol{G}$，即可使状态 $\hat{\boldsymbol{x}}$ 和 $\boldsymbol{x}$ 逐步逼近。此时，全维 n 阶状态观测器方程可以写为

$$\dot{\hat{\boldsymbol{x}}}=\boldsymbol{A}\hat{\boldsymbol{x}}+\boldsymbol{B}u+\boldsymbol{G}(y-\hat{y})=(\boldsymbol{A}-\boldsymbol{G}\boldsymbol{C})\hat{\boldsymbol{x}}+\boldsymbol{B}u+\boldsymbol{G}y \tag{7.155}$$

其中，$\boldsymbol{G}$ 为观测器反馈矩阵($n\times 1$ 维，即这里仅考虑单输出系统)。

状态观测器的一种实现如图 7.30 所示的虚线框部分。

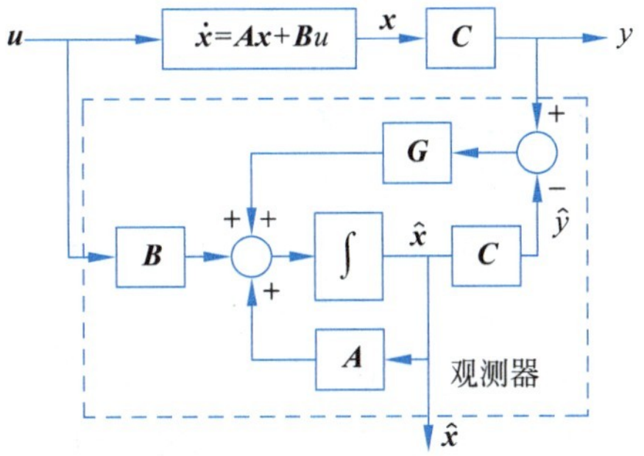

图 7.30　状态观测的实现结构方框图

为了设计观测器反馈矩阵 $\boldsymbol{G}$，令状态误差矢量为

$$\boldsymbol{e}\triangleq\boldsymbol{x}-\hat{\boldsymbol{x}}$$

并由式(7.155)，得

$$\dot{\boldsymbol{e}}=(\boldsymbol{A}-\boldsymbol{G}\boldsymbol{C})\boldsymbol{e} \tag{7.156}$$

其中，$\boldsymbol{A}-\boldsymbol{G}\boldsymbol{C}$ 为观测器的系统矩阵。式(7.156)的解为

$$\boldsymbol{e}=\boldsymbol{x}-\hat{\boldsymbol{x}}=\exp\{(\boldsymbol{A}-\boldsymbol{G}\boldsymbol{C})t\}\,[\boldsymbol{x}_0-\hat{\boldsymbol{x}}_0]$$

显然，只要选 $\mathrm{Re}\lambda_i\,[\lambda\boldsymbol{I}-(\boldsymbol{A}-\boldsymbol{G}\boldsymbol{C})]<0$，则误差 $\boldsymbol{e}$ 就可以逐渐衰减到零，观测器便是稳定的，而这只有在观测器极点可任意配置情况下才能做到。又因为

$$\det[\lambda\boldsymbol{I}-(\boldsymbol{A}-\boldsymbol{G}\boldsymbol{C})]=\det[\lambda\boldsymbol{I}-(\boldsymbol{A}^{\mathrm{T}}-\boldsymbol{C}^{\mathrm{T}}\boldsymbol{G}^{\mathrm{T}})] \tag{7.157}$$

所以，要使观测器极点任意配置，必须要求矩阵对($\boldsymbol{A}^{\mathrm{T}},\boldsymbol{C}^{\mathrm{T}}$)能控，再由对偶原理知，它等价于($\boldsymbol{A},\boldsymbol{C}$)能观测，为此有定理：

定理 7.19　若线性定常系统 $\Sigma_{\mathrm{P}}(\boldsymbol{A},\boldsymbol{B},\boldsymbol{C})$ 是能观测的，则必可采用全维观测器来重构其状态，并且可通过选择 $\boldsymbol{G}$ 而任意配置($\boldsymbol{A}-\boldsymbol{G}\boldsymbol{C}$)的全部特征值。

证　利用对偶原理知，$\{\boldsymbol{A},\boldsymbol{C}\}$ 能观测，意味着 $\{\boldsymbol{A}^{\mathrm{T}},\boldsymbol{C}^{\mathrm{T}}\}$ 能控。再利用极点配置结论知，对任意给定的 n 个特征值 $\{\lambda_1^*\cdots\lambda_n^*\}$，必可找到一个 $\boldsymbol{K}$，使 $\lambda_i\{\boldsymbol{A}^{\mathrm{T}}-\boldsymbol{C}^{\mathrm{T}}\boldsymbol{K}'\}=\lambda_i^*$，($i=1,\cdots,n$)。进而由于 $\boldsymbol{A}^{\mathrm{T}}-\boldsymbol{C}^{\mathrm{T}}\boldsymbol{K}'$ 与其转置阵 $\boldsymbol{A}-\boldsymbol{K}'^{\mathrm{T}}\boldsymbol{C}$ 具有相同特征值，故当取 $\boldsymbol{G}=\boldsymbol{K}'^{\mathrm{T}}$ 时，就有

$$\lambda_i(\boldsymbol{A}-\boldsymbol{G}\boldsymbol{C})=\lambda_i^*$$

即可以任意配置观测器系统矩阵($\boldsymbol{A}-\boldsymbol{G}\boldsymbol{C}$)的全部特征值。本定理证毕。

推论 7.6　对于不完全能观测的线性定常系统 Σ_{P}，能够构造观测器的充要条件是它的不能观测部分是渐近稳定的。

证明 利用结构分解证,这里证略。

关于 $\hat{\boldsymbol{x}}\to\boldsymbol{x}$ 的速度,通常由 $\boldsymbol{G}$ 决定。实际上,如果 $\hat{\boldsymbol{x}}\to\boldsymbol{x}$ 速度太快,从而降低了对高频信号的抗干扰能力,一般设计 $\boldsymbol{G}$ 使观测器比被估系统稍快些就可以了。

例 7.26 设计倒立摆系统的观测器。

$$\dot{\boldsymbol{x}}=\begin{bmatrix}0&1&0&0\\0&0&-1&0\\0&0&0&1\\0&0&11&0\end{bmatrix}\boldsymbol{x}+\begin{bmatrix}0\\1\\0\\-1\end{bmatrix}u,\quad \boldsymbol{x}=\begin{bmatrix}z\\\dot{z}\\\theta\\\dot{\theta}\end{bmatrix}$$

$$y=z=\begin{bmatrix}1&0&0&0\end{bmatrix}\boldsymbol{x}$$

观测器期望的极点为 $\lambda_1^*=-2,\lambda_2^*=-3,\lambda_3^*=-2+\mathrm{j},\lambda_4^*=-2-\mathrm{j}$。

解 由于倒立摆系统的能观测矩阵 Q_o 满秩,因此观测器极点可任意配置。于是观测器方程为

$$\dot{\hat{\boldsymbol{x}}}=(\boldsymbol{A}-\boldsymbol{G}\boldsymbol{C})\hat{\boldsymbol{x}}+\boldsymbol{B}u+\boldsymbol{G}y$$

其中,观测器增益 $\boldsymbol{G}=\begin{bmatrix}g_1 & g_2 & g_3 & g_4\end{bmatrix}^{\mathrm{T}}$,观测器特征多项式为

$$\det[\lambda\boldsymbol{I}-(\boldsymbol{A}-\boldsymbol{G}\boldsymbol{C})]=s^4+g_1s^3+(g_2-11)s^2-(11g_1-g_3)s-(11g_2-g_4)$$

又因为期望观测器的闭环极点满足

$$\alpha^*(s)=(s+2)(s+3)(s+2+\mathrm{j})(s+2-\mathrm{j})=s^4+9s^3+31s^2+49s+30$$

比较以上两式,得到观测器增益为 $g_1=9,g_2=42,g_3=148,g_4=464$。

2. 带有观测器的状态反馈控制系统

在极点配置的设计过程中,假设真实状态 $\boldsymbol{x}(t)$ 可用于反馈。然而实际上,真实状态 $\boldsymbol{x}(t)$ 通常可能无法测量,所以必须设计一个观测器,并且将观测到的状态 $\hat{\boldsymbol{x}}(t)$ 用于反馈,如图 7.31 所示。因此,该设计过程分为两个阶段,第一个阶段是确定反馈增益矩阵 $\boldsymbol{K}$,以产生所期望的特征方程;第二个阶段是确定观测器的增益矩阵 $\boldsymbol{G}$,以产生所期望的观测器特征方程。

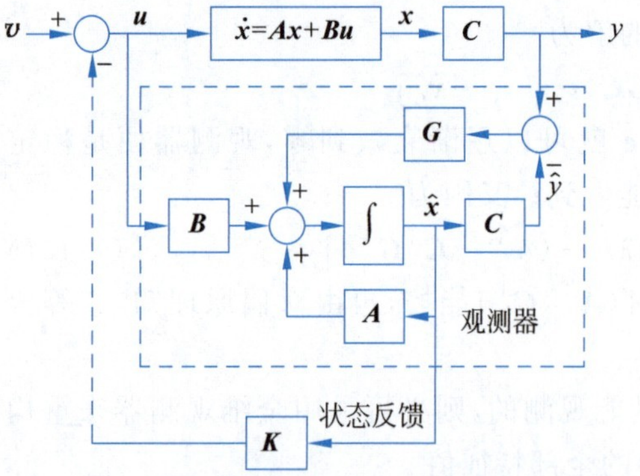

图 7.31 带观测器的状态反馈控制系统结构

现在不采用真实状态 $\boldsymbol{x}(t)$,而采用观测状态 $\hat{\boldsymbol{x}}(t)$ 研究对闭环控制系统特征方程的影响。

考查被控过程

$$\dot{\boldsymbol{x}}=\boldsymbol{A}\boldsymbol{x}+\boldsymbol{B}u \tag{7.158}$$

$$y=\boldsymbol{C}\boldsymbol{x} \tag{7.159}$$

假设定义的状态完全可控和完全可观测,则基于观测状态 $\hat{\boldsymbol{x}}$ 的状态反馈控制为

$$u=-\boldsymbol{K}\hat{\boldsymbol{x}} \tag{7.160}$$

利用该控制,状态方程为

$$\dot{\boldsymbol{x}}=\boldsymbol{A}\boldsymbol{x}-\boldsymbol{B}\boldsymbol{K}\hat{\boldsymbol{x}}=(\boldsymbol{A}-\boldsymbol{B}\boldsymbol{K})\boldsymbol{x}+\boldsymbol{B}\boldsymbol{K}(\boldsymbol{x}-\hat{\boldsymbol{x}})$$

将真实状态 $\boldsymbol{x}(t)$ 和观测状态 $\hat{\boldsymbol{x}}(t)$ 的差定义为误差 $\boldsymbol{e}(t)$

$$\boldsymbol{e}(t)=\boldsymbol{x}(t)-\hat{\boldsymbol{x}}(t)$$

将上式误差向量代入得

$$\dot{\boldsymbol{x}}=(\boldsymbol{A}-\boldsymbol{BK})\boldsymbol{x}+\boldsymbol{BKe} \tag{7.161}$$

注意：观测器的误差方程由式(7.156)给出，重写为

$$\dot{\boldsymbol{e}}=(\boldsymbol{A}-\boldsymbol{GC})\boldsymbol{e} \tag{7.162}$$

将方程式(7.161)和式(7.162)合并，可得

$$\begin{bmatrix}\dot{\boldsymbol{x}}\\ \dot{\boldsymbol{e}}\end{bmatrix}=\begin{bmatrix}\boldsymbol{A}-\boldsymbol{BK} & \boldsymbol{BK}\\ \boldsymbol{0} & \boldsymbol{A}-\boldsymbol{GC}\end{bmatrix}\begin{bmatrix}\boldsymbol{x}\\ \boldsymbol{e}\end{bmatrix} \tag{7.163}$$

方程式(7.163)描述了带观测器状态反馈控制系统的动态特性。该系统的特征方程为

$$\begin{vmatrix}s\boldsymbol{I}-\boldsymbol{A}+\boldsymbol{BK} & -\boldsymbol{BK}\\ \boldsymbol{0} & s\boldsymbol{I}-\boldsymbol{A}+\boldsymbol{GC}\end{vmatrix}=0$$

或者

$$|s\boldsymbol{I}-\boldsymbol{A}+\boldsymbol{BK} \quad s\boldsymbol{I}-\boldsymbol{A}+\boldsymbol{GC}|=0 \tag{7.164}$$

即，包含观测器的状态反馈系统的特征值集合具有分离性，也就是说基于观测器的状态反馈控制系统 Σ 的特征值集合为

$$\{\lambda_i(\boldsymbol{A}-\boldsymbol{BK}),i=1\cdots n;\lambda_j(\boldsymbol{A}-\boldsymbol{GC}),j=1\cdots n\} \quad 或 \quad |\lambda\boldsymbol{I}-\Sigma|=|\lambda\boldsymbol{I}-\Sigma_{\mathrm{K}}|\,|\lambda\boldsymbol{I}-\Sigma_{\mathrm{o}}|$$

其中，Σ_{K} 为状态反馈 $\boldsymbol{A}-\boldsymbol{BK}$ 部分，Σ_{o} 为观测器 $\boldsymbol{A}-\boldsymbol{GC}$ 部分。

推论 7.7 状态反馈控制律的设计和观测器的设计可独立地分开进行，这就是分离性原理。

注意：带观测器的状态反馈控制系统的闭环极点包括由极点配置单独设计产生的极点和由观测器单独设计产生的极点。这意味着，极点配置和观测器设计是相互独立的，它们可分别进行设计，并合并为带观测器的状态反馈控制系统。如果被控过程的阶次为 n，则观测器也是 n 阶的(如果采用全维状态观测器)，并且整个闭环系统的特征方程为 $2n$ 阶的。

由状态反馈(极点配置)选择所产生的期望闭环极点，应使系统能满足性能要求；观测器极点的选取通常使观测器的响应比系统的响应要快得多，一个经验法则是选择观测器的响应至少为系统响应时间的 2～5 倍。观测器的最大响应速度通常只受到控制系统中的噪声和灵敏性的限制。注意，由于在极点配置中，观测器极点位于所期望的闭环极点的左边，所以后者在响应中起主导作用。

例 7.27 考查被控过程 Σ_{P}，其传递函数为 $G(s)=\dfrac{100}{s(s+5)}$，该过程的一种状态变量模型实现为

$$\dot{\boldsymbol{x}}=\begin{bmatrix}0 & 1\\ 0 & -5\end{bmatrix}\boldsymbol{x}+\begin{bmatrix}0\\ 1\end{bmatrix}u$$

$$y=[100 \quad 0]\boldsymbol{x}$$

要求设计状态反馈矩阵，使闭环特征值 $s_{1,2}=-7.07\pm \mathrm{j}7.07$，相应的 $\zeta=0.707$，$\omega_{\mathrm{n}}=10\mathrm{rad/s}$。假设 x_1 和 x_2 都不可测，试设计带观测器的状态反馈控制系统。

解 (1) 因为 $\Sigma_{\mathrm{p}}(\boldsymbol{A},\boldsymbol{B},\boldsymbol{C})$ 是完全能控的，故 $\boldsymbol{A}-\boldsymbol{BK}$ 的特征值可以任意配置，又因为 Σ_{p} 完全能观测(无零极对消)，所以可由输入 u 和输出 y 构造一观测器。

(2) 设计状态反馈 $\boldsymbol{K}=[k_1 \quad k_2]$。根据期望的特征值，得到期望的特征多项式为

$$\alpha^*(s)=(s+7.07-j7.07)(s+7.07+j7.07)=s^2+14.14s+100$$

而闭环特征多项式为

$$\det[s\boldsymbol{I}-(\boldsymbol{A}-\boldsymbol{BK})]=s^2+(5+k_2)s+k_1$$

比较上面两式系数,得到 $\boldsymbol{K}=[k_1\quad k_2]=[100\quad 9.14]$。

(3) 设计观测器。设观测器增益为 $\boldsymbol{G}=[g_1\quad g_2]^{\mathrm{T}}$,并假设观测器期望多项式为

$$\alpha^*(s)=(s+10)^2=s^2+20s+100$$

极点位置"−10"位于"−7.07"的左边,这样该响应比原系统稍快一些。

观测器的特征多项式为

$$\det[s\boldsymbol{I}-(\boldsymbol{A}-\boldsymbol{GC})]=s^2+(5+100g_1)s+(5g_1+g_2)100$$

比较系数,得 $\boldsymbol{G}=[g_1\quad g_2]^{\mathrm{T}}=[0.15\quad 0.25]^{\mathrm{T}}$。故观测器方程为

$$\dot{\hat{\boldsymbol{x}}}=(\boldsymbol{A}-\boldsymbol{GC})\hat{\boldsymbol{x}}+\boldsymbol{B}u+\boldsymbol{G}y=\begin{bmatrix}-15 & 1\\ -25 & -5\end{bmatrix}\hat{\boldsymbol{x}}+\begin{bmatrix}0\\1\end{bmatrix}u+\begin{bmatrix}0.15\\0.25\end{bmatrix}y$$

实际系统设计中,观测器极点选取应由系统仿真完成调试。

带观测器的状态反馈控制系统如图 7.32 所示。

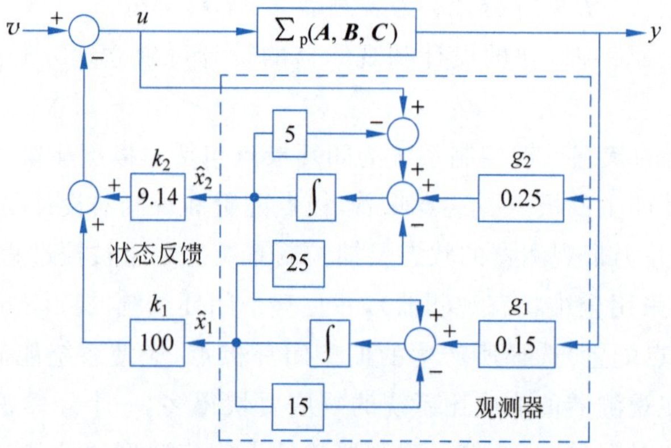

图 7.32　例 7.27 带观测器的状态反馈控制系统

例 7.27 带观测器的状态反馈控制系统的 MATLAB 程序如下:

```
t = 0:0.01:2;
u1 = ones(size(t));
aa = [0 1 0 0; - 100 - 14.14 0 0;15 0 - 15 1;25 0 - 125 - 14.14]
bb = [0;1;0;1];
cc = [1 0 0 0];
dd = 0;
[y,x] = lsim(aa,bb,cc,dd,u1,t,[1;0.5; - 1; - 0.5]);
figure(1)
plot(t,x(:,1),'r',t,x(:,3),'k')
figure(2)
plot(t,x(:,2),'r',t,x(:,4),'k')
```

带观测器状态反馈控制系统的阶跃响应如图 7.33 所示,观测器状态估计情况对比如图 7.34 和图 7.35 所示。仿真结果表明了带观测器状态反馈控制系统设计的正确性。

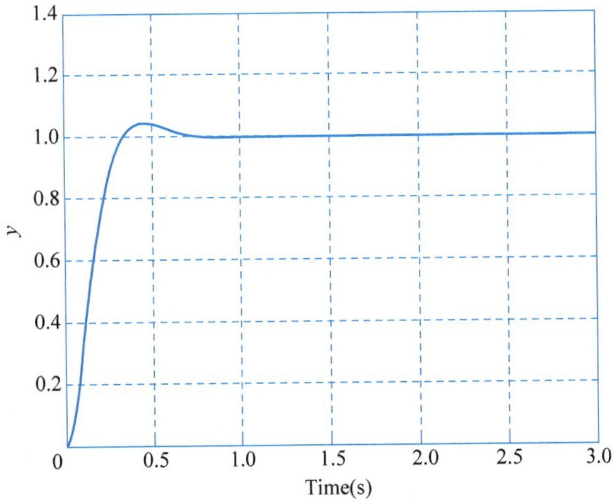

图 7.33　例 7.27 带观测器状态反馈系统的阶跃响应

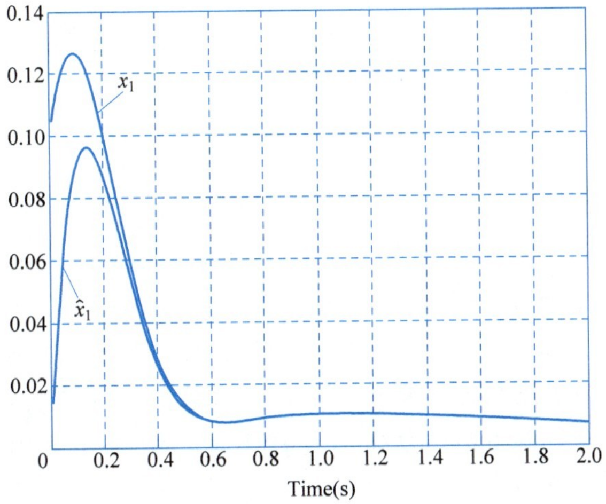

图 7.34　观测器设计结果比较 x_1 和 $\hat{x}_1$，初值分别为 0.1，0

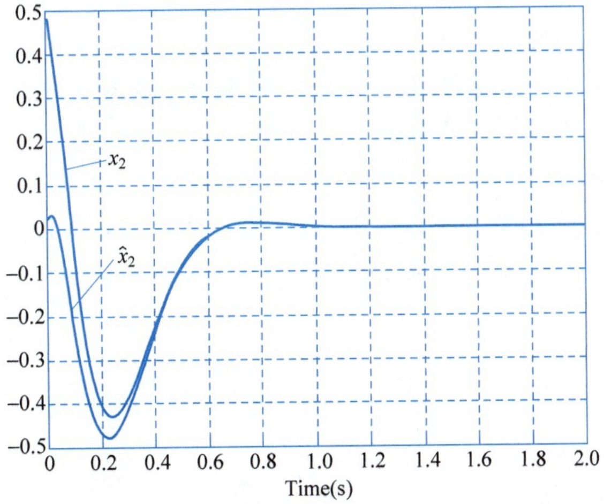

图 7.35　观测器设计结果比较 x_2 和 $\hat{x}_2$，初值分别为 0.5，0

7.6 最优控制系统

7.6.1 最优控制的数学描述与性能指标

1. 最优控制的数学描述

最优控制(optimal control)是从大量实际问题中提炼出的,它尤其与航空航天的制导、导航和控制技术密不可分。下面通过几个例子说明最优控制的数学描述问题。

例 7.28 飞船的月球软着陆问题。

飞船靠其发动机产生与月球重力方向相反的推力 f 赖以控制飞船实现软着陆,所谓的软着陆,指飞船落到月球表面时速度为 0。要求选择最好的发动机推力程序,使燃料消耗最少。

设飞船质量为 m,它的高度和垂直速度分别为 h,v。月球重力加速度可视为常数 g,飞船的自身及所带燃料的质量分别为 M 和 F,自某 $t_0=0$ 时刻飞船开始进入软着陆过程,如图 7.36 所示。易知

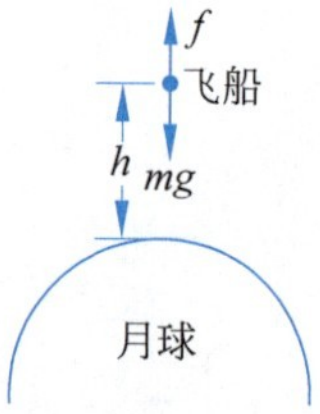

图 7.36 飞船软着陆

$$\begin{cases}\dot{h}=v\\ \dot{v}=\dfrac{f}{m}-g\\ \dot{m}=-kf\end{cases}$$

其中,k 为常数。要求飞船从初态 $h(0)=h_0$,$v(0)=v_0$,$m(0)=M+F$ 出发,于某一时刻 t_f 实现软着陆,即 $h(t_f)=0$,$v(t_f)=0$。

控制过程推力 $f(t)$ 不能超过发动机所能提供的最大推力 f_{max},即,$0\leqslant f(t)\leqslant f_{max}$。满足上述限制,使飞船实现软着陆推力程序 $f(t)$ 不止一种,其中消耗燃料最少者才是最佳推力程序,易见问题可归结为求性能指标

$$J=-m(t_f)$$

为极小值的数学问题。该问题相当于我国神州载人飞船安全着陆地球的控制系统。

例 7.29 防天拦截问题——指发射导弹或火箭拦击对方洲际导弹或其他航天武器。

设 $x(t)$,$v(t)$ 分别表示拦截器 L 与目标 M 的相对位置和相对速度,$\alpha(t)$ 是包括空气动力与地心引力所产生的加速度在内的相对加速度向量,它是 $x(t)$、$v(t)$ 的函数。已知位置和速度向量是由运动微分方程所确定的时间函数,因此,相对加速度也可看成时间的函数。设 $m(t)$ 是拦截器质量,$f(t)$ 是其推力大小,用 u 来表示拦截器推力方向的单位向量。C 是有效喷气速度,可视为常数,于是拦截器与目标的相对运动方程为

$$\begin{cases}\dot{x}=v\\ \dot{v}=\alpha(t)+\dfrac{f(t)}{m(t)}u\\ \dot{m}=-\dfrac{f(t)}{C}\end{cases}$$

初值为 $x(t_0)=x_0$,$v(t_0)=v_0$,$m(t_0)=m_0$。为实现拦截,既要求控制拦截器推力大小,又要改变推力方向。设拦截火箭的最大推力是 f_{max},则瞬时推力 f 应满足 $0\leqslant f(t)\leqslant f_{max}$。

至于单位向量 u，可表示为 $|\boldsymbol{u}|^2=\boldsymbol{u}^{\mathrm{T}}\boldsymbol{u}=1$，其中 $|\boldsymbol{u}|$ 表示向量 $\boldsymbol{u}$ 的长度，即 $\boldsymbol{u}$ 的幅值为 1，其方向不受限制。要求拦截器在某末态 t_f 时刻与目标相遇(拦截)，即 $x(t_f)=0$，且应满足 $m(t_f)\geqslant m_e$，m_e 是燃料耗尽后拦截导弹或火箭的质量。一般达到上述控制目标的推力 $f(t)$，$u(t)$，t_f 并非唯一，为实现快速拦截，并尽可能地节省燃料，可取

$$J=\int_{t_0}^{t_f}[c_1+f(t)]\,\mathrm{d}t$$

为极小值，即时间最短，燃料最省，式中 c_1 为常数。

例 7.30　卫星等飞行器作姿态控制系统中的被控过程是二阶双积分模型，其运动方程为

$$m\ddot{y}=f(t)$$

它相当于物体在无阻力环境下运动，m 表示转动惯量，$y(t)$ 为卫星绕某惯性轴的角位移，$f(t)$ 则表示改变卫星姿态的作用力矩。

设状态变量为 $x_1=y$，$x_2=\dot{y}$，并记 $u(t)=f(t)/m$。则被控过程的状态方程为

$$\begin{cases}\dot{x}_1=x_2\\ \dot{x}_2=u\end{cases}\Rightarrow\dot{\boldsymbol{x}}=\begin{bmatrix}0&1\\0&0\end{bmatrix}\boldsymbol{x}+\begin{bmatrix}0\\1\end{bmatrix}u$$

假定控制作用的幅度受如下限制 $|\boldsymbol{u}(t)|\leqslant 1$，求最优控制 $u^*(t)$，使系统在尽可能短的时间 t_f 内，自任意初态 $\boldsymbol{x}(t_0)=\boldsymbol{x}_0$ 转移到状态空间原点(0,0)，即下式所表示的时间性能指标最小

$$J=\int_{t_0}^{t_f}1\,\mathrm{d}t$$

综上所述，不同的控制作用会使系统沿不同的轨线运行，但究竟哪一条途径为最佳，是由性能指标规定的。显然，实现对一个系统的最优控制时，首先系统本身必须是能控和能观测的，因为不能控的系统人们对它无能为力，而不满足能观测性条件也无法实现状态反馈最优控制，此外，所求的最优控制律必须能稳定运行。

2. 性能指标

考查一 n 阶非线性控制系统

$$\dot{\boldsymbol{x}}=\boldsymbol{f}(\boldsymbol{x},\boldsymbol{u},t) \tag{7.165}$$

式中，状态向量 $\boldsymbol{x}$：n 维向量，控制输入 $\boldsymbol{u}$：r 维向量。

数学上最优控制问题的性能指标有以下分类法：

(1) 拉格朗日(Lagrange)问题。

已知系统 $\dot{\boldsymbol{x}}=\boldsymbol{f}(\boldsymbol{x},\boldsymbol{u},t)$，$\boldsymbol{x}(t_0)=\boldsymbol{x}_0$，要求最优控制 $\boldsymbol{u}^*(t)$ 使下式的性能指标为极小

$$J=\int_{t_0}^{t_f}L[\boldsymbol{x},\boldsymbol{u},t]\,\mathrm{d}t \tag{7.166}$$

(2) 迈耶尔(Mayer)问题。

已知系统 $\dot{\boldsymbol{x}}=\boldsymbol{f}(\boldsymbol{x},\boldsymbol{u},t)$，$\boldsymbol{x}(t_0)=\boldsymbol{x}_0$，而终端状态 $\boldsymbol{x}(t_f)$ 和终端时刻 t_f 未给定，要求最优控制 $\boldsymbol{u}^*(t)$，使下式为极小

$$J=\theta[\boldsymbol{x}(t_f),t_f] \tag{7.167}$$

例如，要求导弹的脱靶量最小以及最小时间控制问题都属此类，因为令 $\theta(\boldsymbol{x},\boldsymbol{u},t)=t$，则 $J=t_f$。$\theta[\boldsymbol{x}(t_f),t_f]$ 被称为终端性能指标，它代表末态控制效果的量度。

(3) 波尔扎(Bolza)问题。

此问题为前两个问题的结合,即给出了状态方程,要求最优控制 $\boldsymbol{u}^*(t)$,使得下式的性能指标为极小

$$J=\theta[\boldsymbol{x}(t_f),t_f]+\int_{t_0}^{t_f}L[\boldsymbol{x},\boldsymbol{u},t]\mathrm{d}t \tag{7.168}$$

说明:

① 最小时间问题就是设计一个快速控制系统,要求系统在最短时间内,使系统的运动轨迹 $\boldsymbol{x}(t)$ 从初态 $\boldsymbol{x}(t_0)$ 转移到终端状态 $\boldsymbol{x}(t_f)$ 时,使下式的性能指标最小

$$J=t_f-t_0=\int_{t_0}^{t_f}\mathrm{d}t \tag{7.169}$$

这时,性能指标中 $\theta[\boldsymbol{x},t]=0$,$L[\boldsymbol{x},\boldsymbol{u},t]=1$,即为导弹拦截控制系统。

② 最小燃料消耗问题。如果宇宙飞船采用喷气发动机推力控制,为了使有效载荷最大,要求飞行器从某一初始状态 $\boldsymbol{x}(t_0)$ 转移到某一终态 $\boldsymbol{x}(t_f)$ 所消耗的燃料为最少,即与燃料消耗成正比。因此,性能指标可取

$$J=\int_{t_0}^{t_f}|\boldsymbol{u}(t)|\mathrm{d}t \tag{7.170}$$

此时,$L[\boldsymbol{x},\boldsymbol{u},t]=|\boldsymbol{u}(t)|$。

③ 最小能量控制问题

$$J=\int_{t_0}^{t_f}\boldsymbol{u}^2(t)\mathrm{d}t \tag{7.171}$$

假设 $\boldsymbol{u}^2$ 与系统消耗的功率成比例。

④ 线性二次型最优调节问题(LQR)。给定一线性系统,其平衡点 $\boldsymbol{x}_e=\boldsymbol{0}$。设计目的是保持系统处于平衡状态,即这个系统应能从任何初态 $\boldsymbol{x}(t_0)$ 返回到平衡状态 $\boldsymbol{x}_e=\boldsymbol{0}$ 时,计算使下式表示的二次型性能指标最小的控制量 $\boldsymbol{u}^*(t)$

$$J=\frac{1}{2}\int_{t_0}^{t_f}[\boldsymbol{x}^{\mathrm{T}}\boldsymbol{Q}\boldsymbol{x}+\boldsymbol{u}^{\mathrm{T}}\boldsymbol{R}\boldsymbol{u}]\mathrm{d}t \tag{7.172}$$

式中,第一项代表对系统误差的要求,可以表示对系统时域响应的时间和阻尼程度的要求;第二项对控制量的约束,表示对控制能量的要求。Q、R 为加权系数矩阵,一般取正定实对称矩阵。这就是线性二次型最优调节问题(linear quadratic regular,LQR)。

⑤ 状态跟踪器问题。若要求状态 $\boldsymbol{x}(t)$ 跟踪或尽可能接近目标轨迹 $\boldsymbol{x}_d(t)$,其性能指标最小

$$J=\int_{t_0}^{t_f}\frac{1}{2}\{\underbrace{(\boldsymbol{x}-\boldsymbol{x}_d)^{\mathrm{T}}}_{e^{\mathrm{T}}}Q\underbrace{(\boldsymbol{x}-\boldsymbol{x}_d)}_{e}+\boldsymbol{u}^{\mathrm{T}}\boldsymbol{R}\boldsymbol{u}\}\,\mathrm{d}t \tag{7.173}$$

如果目标轨迹 $\boldsymbol{x}_d(t)=\boldsymbol{0}$,也就是 LQR 问题。

最优控制是控制科学与工程学科中最重要的一个设计方法。由于篇幅的原因,本章仅向读者介绍广泛使用的 LQR 最优控制问题,至于对其他最优控制理论及设计方法有兴趣的读者,可以参考专门的最优控制文献资料。

7.6.2 基于线性二次型性能指标最优控制设计

线性二次型最优调节控制问题(linear quadratic regular,LQR)属于线性系统设计理论中最具有重要性的问题。L 指被控系统限于线性系统,Q 指性能指标函数为二次型函数的

积分。本节将研究基于二次型性能指标的稳定控制系统的设计。

1. 有限时间下的线性二次型最优控制

首先,讨论有限时间时变 LQ 问题的最优解,考查 n 阶线性时变系统

$$\dot{\boldsymbol{x}}=\boldsymbol{A}(t)\boldsymbol{x}+\boldsymbol{B}(t)\boldsymbol{u} \tag{7.174}$$

其中,$\boldsymbol{x}(t_0)=\boldsymbol{x}_0,t\in[t_0,t_f]$。设计选择控制向量 $\boldsymbol{u}^*(t)$,使对于沿着由初态 $\boldsymbol{x}(t_0)=\boldsymbol{x}_0$ 出发的轨迹 $\boldsymbol{x}(t)$,由下式表示的二次型性能指标取极小值

$$J[\boldsymbol{u}(t)]=\frac{1}{2}\boldsymbol{x}^{\mathrm{T}}(t_f)\boldsymbol{S}\boldsymbol{x}(t_f)+\frac{1}{2}\int_{t_0}^{t_f}[\boldsymbol{x}^{\mathrm{T}}\boldsymbol{Q}(t)\boldsymbol{x}+\boldsymbol{u}^{\mathrm{T}}\boldsymbol{R}(t)\boldsymbol{u}]\,\mathrm{d}t \tag{7.175}$$

或表示为

$$J[\boldsymbol{u}^*(t)]=\min_{\boldsymbol{u}(t)}J[\boldsymbol{u}(t)] \tag{7.176}$$

其中,$\boldsymbol{S}$、$\boldsymbol{Q}(t)$、$\boldsymbol{R}(t)$为加权矩阵,$\boldsymbol{R}$ 为正定的实对称矩阵,$\boldsymbol{S}$、$\boldsymbol{Q}$ 可以为正定或半正定的实对称矩阵。J 中第一项表示对系统最终状态的一个量度(即范数或距离),相当于控制精度;积分中第 1 项是考虑到系统误差的要求,相当于系统的响应时间和阻尼要求;积分中第 2 项是考虑到控制信号的能量损耗而引入的,$\boldsymbol{Q}$、$\boldsymbol{R}$ 确定了系统误差和能量损耗的相对重要性,通常由设计者根据经验选取。LQ 问题对控制量 u 的取值范围未加任何限制。

有限时间时变 LQ 问题的最优解 $\boldsymbol{u}^*(t)$,$\boldsymbol{x}^*(t)$和 $J^*=J[\boldsymbol{u}^*(t)]$由如下定理给出。

定理 7.20 [有限时间时变 LQ 问题最优解] 对有限时间时变 LQ 调节问题式(7.174)和式(7.175),设末时刻 t_f 为固定,组成对应矩阵黎卡提(Riccati)微分方程为

$$\begin{cases}-\dot{\boldsymbol{P}}(t)=\boldsymbol{P}(t)\boldsymbol{A}(t)+\boldsymbol{A}^{\mathrm{T}}(t)\boldsymbol{P}(t)+\boldsymbol{Q}(t)-\boldsymbol{P}(t)\boldsymbol{B}(t)\boldsymbol{R}^{-1}(t)\boldsymbol{B}^{\mathrm{T}}(t)\boldsymbol{P}(t)\\ \boldsymbol{P}(t_f)=\boldsymbol{S},t\in[t_0,t_f]\end{cases} \tag{7.177}$$

解阵 $\boldsymbol{P}(t)$为 $n\times n$ 半正定对称矩阵。则 $\boldsymbol{u}^*(t)$为最优控制的充分必要条件是具有形式

$$\boldsymbol{u}^*(t)=-\boldsymbol{K}^*(t)\boldsymbol{x}^*(t),\quad \boldsymbol{K}^*(t)=\boldsymbol{R}^{-1}(t)\boldsymbol{B}^{\mathrm{T}}(t)\boldsymbol{P}(t) \tag{7.178}$$

最优轨线 $\boldsymbol{x}^*(\cdot)$为下述状态方程的解

$$\dot{\boldsymbol{x}}^*(t)=\boldsymbol{A}(t)\boldsymbol{x}^*(t)+\boldsymbol{B}(t)\boldsymbol{u}^*(t),\quad \boldsymbol{x}^*(t_0)=\boldsymbol{x}_0$$

最优性能指标值 $J^*=J[\boldsymbol{u}^*(t)]$为

$$J^*=\frac{1}{2}\boldsymbol{x}_0^{\mathrm{T}}\boldsymbol{P}(t_0)\boldsymbol{x}_0,\quad \forall\boldsymbol{x}_0\neq\boldsymbol{0}$$

证明 先证必要性。已知 $\boldsymbol{u}^*(t)$为最优控制,要证明 $\boldsymbol{u}^*(t)=-\boldsymbol{R}^{-1}(t)\boldsymbol{B}^{\mathrm{T}}(t)\boldsymbol{P}(t)\boldsymbol{x}^*(t)$即式(7.178)成立。

首先,将条件极值问题式(7.174)和式(7.175)化为无条件极值问题。为此,引入拉格朗日(Lagrange)乘子 $n\times 1$ 向量函数$\boldsymbol{\lambda}(t)$,通过将性能指标泛函式(7.175)表示为

$$J[\boldsymbol{u}(t)]=\frac{1}{2}\boldsymbol{x}^{\mathrm{T}}(t_f)\boldsymbol{S}\boldsymbol{x}(t_f)+\int_{t_0}^{t_f}\left\{\frac{1}{2}[\boldsymbol{x}^{\mathrm{T}}\boldsymbol{Q}(t)\boldsymbol{x}+\boldsymbol{u}^{\mathrm{T}}\boldsymbol{R}(t)\boldsymbol{u}]+\lambda^{\mathrm{T}}[\boldsymbol{A}(t)\boldsymbol{x}+\boldsymbol{B}(t)\boldsymbol{u}-\dot{\boldsymbol{x}}]\right\}\mathrm{d}t \tag{7.179}$$

就得到性能指标泛函相对于 $\boldsymbol{u}(t)$的无条件极值问题。

其次,求解无条件极值问题式(7.179)。为此,通过引入哈密尔顿(Hamilton)函数

$$H(\boldsymbol{x},\boldsymbol{u},\boldsymbol{\lambda},t)=\frac{1}{2}(\boldsymbol{x}^{\mathrm{T}}\boldsymbol{Q}(t)\boldsymbol{x}+\boldsymbol{u}^{\mathrm{T}}\boldsymbol{R}(t)\boldsymbol{u})+\lambda^{\mathrm{T}}(\boldsymbol{A}(t)\boldsymbol{x}+\boldsymbol{B}(t)\boldsymbol{u}) \tag{7.180}$$

将式(7.179)进而表示为

$$J[\boldsymbol{u}(t)]=\frac{1}{2}\boldsymbol{x}^{\mathrm{T}}(t_{\mathrm{f}})\boldsymbol{S}\boldsymbol{x}(t_{\mathrm{f}})+\int_{t_0}^{t_{\mathrm{f}}}[H(\boldsymbol{x},\boldsymbol{u},\boldsymbol{\lambda},t)-\boldsymbol{\lambda}^{\mathrm{T}}\dot{\boldsymbol{x}}]\,\mathrm{d}t$$

$$=\frac{1}{2}\boldsymbol{x}^{\mathrm{T}}(t_{\mathrm{f}})\boldsymbol{S}\boldsymbol{x}(t_{\mathrm{f}})+\int_{t_0}^{t_{\mathrm{f}}}\left[H(\boldsymbol{x},\boldsymbol{u},\boldsymbol{\lambda},t)-\left(\frac{\mathrm{d}}{\mathrm{d}t}\lambda^{\mathrm{T}}\boldsymbol{x}\right)+\dot{\boldsymbol{\lambda}}^{\mathrm{T}}\boldsymbol{x}\right]\mathrm{d}t$$

$$=\frac{1}{2}\boldsymbol{x}^{\mathrm{T}}(t_{\mathrm{f}})\boldsymbol{S}\boldsymbol{x}(t_{\mathrm{f}})-\lambda^{\mathrm{T}}(t_{\mathrm{f}})\boldsymbol{x}(t_{\mathrm{f}})+\dot{\lambda}^{\mathrm{T}}(t_0)\boldsymbol{x}(t_0)+\int_{t_0}^{t_{\mathrm{f}}}[H(\boldsymbol{x},\boldsymbol{u},\boldsymbol{\lambda},t)+\dot{\lambda}^{\mathrm{T}}\boldsymbol{x}]\,\mathrm{d}t$$

为找出使 $J[\boldsymbol{u}(t)]$ 取极小的 $\boldsymbol{u}^*(t)$ 应满足的条件,需要先找出由 $\boldsymbol{u}(t)$ 的变分 $\delta\boldsymbol{u}(t)$ 引起的 $J[\boldsymbol{u}(t)]$ 的变分 $\delta J[\boldsymbol{u}(t)]$。其中,$\delta\boldsymbol{u}(t)$ 为函数 $\boldsymbol{u}(t)$ 的增量函数,$\delta J[\boldsymbol{u}(t)]$ 定义为增量

$$\Delta J[\boldsymbol{u}(t)]=J[\boldsymbol{u}(t)+\delta\boldsymbol{u}(t)]-J[\boldsymbol{u}(t)]$$

的主部。注意到末时刻 t_{f} 为固定,并由状态方程知,$\delta\boldsymbol{u}(t)$ 只连锁引起 $\delta(\boldsymbol{x}(t))$ 和 $\delta(\boldsymbol{x}(t_{\mathrm{f}}))$。由此,为确定 $\delta J[\boldsymbol{u}(t)]$ 应同时考虑 $\delta\boldsymbol{u}(t)$、$\delta\boldsymbol{x}(t)$ 和 $\delta\boldsymbol{x}(t_{\mathrm{f}})$ 的影响。基于此,有

$$\delta J[\boldsymbol{u}(t)]=\left\{\frac{\partial}{\partial\boldsymbol{x}(t_{\mathrm{f}})}\left[\frac{1}{2}\boldsymbol{x}^{\mathrm{T}}(t_{\mathrm{f}})\boldsymbol{S}\boldsymbol{x}(t_{\mathrm{f}})\right]-\frac{\partial}{\partial\boldsymbol{x}(t_{\mathrm{f}})}[\boldsymbol{x}^{\mathrm{T}}(t_{\mathrm{f}})\lambda(t_{\mathrm{f}})]\right\}^{\mathrm{T}}\delta\boldsymbol{x}(t_{\mathrm{f}})+$$

$$\int_{t_0}^{t_{\mathrm{f}}}\left\{\left[\frac{\partial}{\partial\boldsymbol{x}}H(\boldsymbol{x},\boldsymbol{u},\lambda,t)+\frac{\partial}{\partial\boldsymbol{x}}\boldsymbol{x}^{\mathrm{T}}\dot{\lambda}\right]^{\mathrm{T}}\delta\boldsymbol{x}+\left[\frac{\partial}{\partial\boldsymbol{u}}H(\boldsymbol{x},\boldsymbol{u},\lambda,t)\right]^{\mathrm{T}}\delta\boldsymbol{u}\right\}\mathrm{d}t$$

将上式化简,可以导出

$$\delta J[\boldsymbol{u}(t)]=[\boldsymbol{S}\boldsymbol{x}(t_{\mathrm{f}})-\lambda(t_{\mathrm{f}})]^{\mathrm{T}}\delta\boldsymbol{x}(t_{\mathrm{f}})+\int_{t_0}^{t_{\mathrm{f}}}\left\{\left[\frac{\partial H}{\partial\boldsymbol{x}}+\dot{\lambda}\right]^{\mathrm{T}}\delta\boldsymbol{x}+\left[\frac{\partial \mathrm{H}}{\partial\boldsymbol{u}}\right]^{\mathrm{T}}\delta\boldsymbol{u}\right\}\mathrm{d}t \tag{7.181}$$

根据变分法知,$J[\boldsymbol{u}^*(t)]$ 取极小的必要条件为 $\delta J[\boldsymbol{u}^*(t)]=0$。由此,并考虑到 $\delta\boldsymbol{u}(t)$、$\delta\boldsymbol{x}(t)$ 和 $\delta\boldsymbol{x}(t_{\mathrm{f}})$ 的任意性,由式(7.181)可进而导出

$$\dot{\lambda}=-\frac{\partial}{\partial\boldsymbol{x}}H(\boldsymbol{x},\boldsymbol{u}^*,\lambda,t) \tag{7.182}$$

$$\boldsymbol{\lambda}(t_{\mathrm{f}})=\boldsymbol{S}\boldsymbol{x}(t_{\mathrm{f}}) \tag{7.183}$$

$$\frac{\partial}{\partial\boldsymbol{u}}H(\boldsymbol{x},\boldsymbol{u}^*,\boldsymbol{\lambda},t)=\boldsymbol{0} \tag{7.184}$$

再者,推证矩阵黎卡提微分方程。为此,利用式(7.184)和式(7.180),有

$$\boldsymbol{0}=\frac{\partial H}{\partial\boldsymbol{u}}=\frac{\partial}{\partial\boldsymbol{u}}\left[\frac{1}{2}(\boldsymbol{x}^{\mathrm{T}}\boldsymbol{Q}(t)\boldsymbol{x}+\boldsymbol{u}^{*\mathrm{T}}\boldsymbol{R}(t)\boldsymbol{u}^*)+\lambda^{\mathrm{T}}(\boldsymbol{A}(t)\boldsymbol{x}+\boldsymbol{B}(t)\boldsymbol{u}^*)\right]$$

$$=\boldsymbol{R}(t)\boldsymbol{u}^*+\boldsymbol{B}^{\mathrm{T}}(t)\boldsymbol{\lambda}$$

基于此,并考虑到 $\boldsymbol{R}(t)$ 为可逆,得到

$$u^*(t)=-\boldsymbol{R}^{-1}(t)\boldsymbol{B}^{\mathrm{T}}(t)\boldsymbol{\lambda} \tag{7.185}$$

利用式(7.185),并由状态方程式(7.174)和 $\lambda(t)$ 关系式(7.182)与式(7.183),可导出如下两点边值问题

$$\dot{\boldsymbol{x}}^*(t)=\boldsymbol{A}(t)\boldsymbol{x}^*-\boldsymbol{B}(t)\boldsymbol{R}^{-1}(t)\boldsymbol{B}^{\mathrm{T}}(t)\lambda,\quad \dot{\boldsymbol{x}}^*(t_0)=\boldsymbol{x}_0 \tag{7.186}$$

$$\dot{\boldsymbol{\lambda}}=-\boldsymbol{A}^{\mathrm{T}}(t)\boldsymbol{\lambda}-\boldsymbol{Q}(t)\boldsymbol{x}^*(t),\quad \boldsymbol{\lambda}(t_{\mathrm{f}})=\boldsymbol{S}\boldsymbol{x}^*(t_{\mathrm{f}}) \tag{7.187}$$

注意到上述方程和端点条件均为线性,这意味着 $\boldsymbol{\lambda}(t)$ 和 $\boldsymbol{x}(t)$ 为线性关系,可以表示为

$$\boldsymbol{\lambda}(t)=\boldsymbol{P}(t)\boldsymbol{x}^*(t) \tag{7.188}$$

并且，由式(7.188)和式(7.186)，还可得到

$$\begin{aligned}\dot{\boldsymbol{\lambda}} &= \dot{\boldsymbol{P}}(t)\boldsymbol{x}^*(t) + \boldsymbol{P}(t)\dot{\boldsymbol{x}}^*(t) \\ &= \dot{\boldsymbol{P}}(t)\boldsymbol{x}^*(t) + \boldsymbol{P}(t)\boldsymbol{A}(t)\boldsymbol{x}^*(t) - \boldsymbol{P}(t)\boldsymbol{B}(t)\boldsymbol{R}^{-1}(t)\boldsymbol{B}^{\mathrm{T}}(t)\boldsymbol{P}(t)\boldsymbol{x}^*(t)\end{aligned} \tag{7.189}$$

由式(7.187)和式(7.188)，可得到

$$\dot{\boldsymbol{\lambda}} = -\boldsymbol{A}^{\mathrm{T}}(t)\boldsymbol{P}(t)\boldsymbol{x}^*(t) - \boldsymbol{Q}(t)\boldsymbol{x}^*(t) \tag{7.190}$$

于是，利用式(7.189)和式(7.190)相等，并考虑到 $\boldsymbol{x}^*(t)\neq\boldsymbol{0}$，可以导出 $\boldsymbol{P}(t)$ 应满足方程

$$-\dot{\boldsymbol{P}}(t) = \boldsymbol{P}(t)\boldsymbol{A}(t) + \boldsymbol{A}^{\mathrm{T}}(t)\boldsymbol{P}(t) + \boldsymbol{Q}(t) - \boldsymbol{P}(t)\boldsymbol{B}(t)\boldsymbol{R}^{-1}(t)\boldsymbol{B}^{\mathrm{T}}(t)\boldsymbol{P}(t) \tag{7.191}$$

而利用式(7.188)在 $t=t_{\mathrm{f}}$ 的结果和式(7.187)中的端点条件，可以导出 $\boldsymbol{P}(t)$ 应满足的端点条件为

$$\boldsymbol{P}(t_{\mathrm{f}}) = \boldsymbol{S} \tag{7.192}$$

可以看出，式(7.191)和式(7.192) 即为所要推导的矩阵黎卡提微分方程。

最后，证明最优控制 $\boldsymbol{u}^*(t)$ 的关系式(7.178)。为此，将 $\boldsymbol{\lambda}(t)$ 和 $\boldsymbol{x}(t)$ 的线性关系式(7.188)代入式(7.185)，即可证得

$$\boldsymbol{u}^*(t) = -\boldsymbol{R}^{-1}(t)\boldsymbol{B}^{\mathrm{T}}(t)\boldsymbol{P}(t)\boldsymbol{x}^*(t)$$

再证充分性。已知 $\boldsymbol{u}^*(t)=-\boldsymbol{R}^{-1}(t)\boldsymbol{B}^{\mathrm{T}}(t)\boldsymbol{P}(t)\boldsymbol{x}^*(t)$，即式(7.178)成立，要证 $\boldsymbol{u}^*(t)$ 为最优控制。

首先，引入如下恒等式

$$\begin{aligned}&\frac{1}{2}\boldsymbol{x}^{\mathrm{T}}(t_{\mathrm{f}})\boldsymbol{P}(t_{\mathrm{f}})\boldsymbol{x}(t_{\mathrm{f}}) - \frac{1}{2}\boldsymbol{x}^{\mathrm{T}}(t_0)\boldsymbol{P}(t_0)\boldsymbol{x}(t_0) \\ &= \frac{1}{2}\int_{t_0}^{t_{\mathrm{f}}} \frac{\mathrm{d}}{\mathrm{d}t}\left[\boldsymbol{x}^{\mathrm{T}}\boldsymbol{P}(t)\boldsymbol{x}\right]\mathrm{d}t \\ &= \frac{1}{2}\int_{t_0}^{t_{\mathrm{f}}} \left[\dot{\boldsymbol{x}}^{\mathrm{T}}\boldsymbol{P}(t)\boldsymbol{x} + \boldsymbol{x}^{\mathrm{T}}\dot{\boldsymbol{P}}(t)\boldsymbol{x} + \boldsymbol{x}^{\mathrm{T}}\boldsymbol{P}(t)\dot{\boldsymbol{x}}\right]\mathrm{d}t\end{aligned}$$

进而，利用状态方程式(7.174)和矩阵黎卡提微分方程式(7.177)，可以把上式进而改写为

$$\begin{aligned}&\frac{1}{2}\boldsymbol{x}^{\mathrm{T}}(t_{\mathrm{f}})\boldsymbol{P}(t_{\mathrm{f}})\boldsymbol{x}(t_{\mathrm{f}}) - \frac{1}{2}\boldsymbol{x}^{\mathrm{T}}(t_0)\boldsymbol{P}(t_0)\boldsymbol{x}(t_0) \\ &= \frac{1}{2}\int_{t_0}^{t_{\mathrm{f}}} \{\boldsymbol{x}^{\mathrm{T}}[\boldsymbol{A}^{\mathrm{T}}(t)\boldsymbol{P}(t) + \dot{\boldsymbol{P}}(t) + \boldsymbol{P}(t)\boldsymbol{A}(t)]\boldsymbol{x} + \boldsymbol{u}^{\mathrm{T}}\boldsymbol{B}^{\mathrm{T}}(t)\boldsymbol{P}(t)\boldsymbol{x} + \boldsymbol{x}^{\mathrm{T}}\boldsymbol{P}(t)\boldsymbol{B}(t)\boldsymbol{u}\}\mathrm{d}t \\ &= \frac{1}{2}\int_{t_0}^{t_{\mathrm{f}}} \{-\boldsymbol{x}^{\mathrm{T}}\boldsymbol{Q}(t)\boldsymbol{x} + \boldsymbol{x}^{\mathrm{T}}\boldsymbol{P}(t)\boldsymbol{B}(t)\boldsymbol{R}^{-1}(t)\boldsymbol{B}^{\mathrm{T}}(t)\boldsymbol{P}(t)\boldsymbol{x} + \\ &\quad \boldsymbol{u}^{\mathrm{T}}\boldsymbol{B}^{\mathrm{T}}(t)\boldsymbol{P}(t)\boldsymbol{x} + \boldsymbol{x}^{\mathrm{T}}(t)\boldsymbol{P}(t)\boldsymbol{B}(t)\boldsymbol{u}\}\mathrm{d}t\end{aligned} \tag{7.193}$$

再对上式作配平方处理，又可得到

$$\begin{aligned}&\frac{1}{2}\boldsymbol{x}^{\mathrm{T}}(t_{\mathrm{f}})\boldsymbol{P}(t_{\mathrm{f}})\boldsymbol{x}(t_{\mathrm{f}}) - \frac{1}{2}\boldsymbol{x}^{\mathrm{T}}(t_0)\boldsymbol{P}(t_0)\boldsymbol{x}(t_0) \\ &= \frac{1}{2}\int_{t_0}^{t_{\mathrm{f}}} \Big\{-\boldsymbol{x}^{\mathrm{T}}\boldsymbol{Q}(t)\boldsymbol{x} - \boldsymbol{u}^{\mathrm{T}}\boldsymbol{R}(t)\boldsymbol{u} + \\ &\quad [\boldsymbol{u} + \boldsymbol{R}^{-1}(t)\boldsymbol{B}^{\mathrm{T}}(t)\boldsymbol{P}(t)\boldsymbol{x}]^{\mathrm{T}}\boldsymbol{R}(t)[\boldsymbol{u} + \boldsymbol{R}^{-1}(t)\boldsymbol{B}^{\mathrm{T}}(t)\boldsymbol{P}(t)\boldsymbol{x}]\Big\}\mathrm{d}t\end{aligned} \tag{7.194}$$

基于此，并注意到 $\boldsymbol{P}(t_{\mathrm{f}})=\boldsymbol{S}$，可以导出

$$J[\boldsymbol{u}(t)]=\frac{1}{2}\boldsymbol{x}^{\mathrm{T}}(t_{\mathrm{f}})\boldsymbol{S}\boldsymbol{x}(t_{\mathrm{f}})+\frac{1}{2}\int_{t_0}^{t_{\mathrm{f}}}[\boldsymbol{x}^{\mathrm{T}}\boldsymbol{Q}(t)\boldsymbol{x}+\boldsymbol{u}^{\mathrm{T}}\boldsymbol{R}(t)\boldsymbol{u}]\mathrm{d}t$$
$$=\frac{1}{2}\boldsymbol{x}^{\mathrm{T}}(t_0)\boldsymbol{P}(t_0)\boldsymbol{x}(t_0)+\frac{1}{2}\int_{t_0}^{t_{\mathrm{f}}}[\boldsymbol{u}+\boldsymbol{R}^{-1}(t)\boldsymbol{B}^{\mathrm{T}}(t)\boldsymbol{P}(t)\boldsymbol{x}]^{\mathrm{T}}\boldsymbol{R}(t)[\boldsymbol{u}+\boldsymbol{R}^{-1}(t)\boldsymbol{B}^{\mathrm{T}}(t)\boldsymbol{P}(t)\boldsymbol{x}]\mathrm{d}t \tag{7.195}$$

由上式可知,性能指标 $J[\boldsymbol{u}(t)]$当 $\boldsymbol{u}^*(t)=-\boldsymbol{R}^{-1}(t)\boldsymbol{B}^{\mathrm{T}}(t)\boldsymbol{P}(t)\boldsymbol{x}^*(t)$时取为极小,即有

$$J^*=J[\boldsymbol{u}^*(t)]=\frac{1}{2}\boldsymbol{x}^{\mathrm{T}}(t_0)\boldsymbol{P}(t_0)\boldsymbol{x}(t_0)=\frac{1}{2}\boldsymbol{x}_0^{\mathrm{T}}\boldsymbol{P}(t_0)\boldsymbol{x}_0 \tag{7.196}$$

从而,证得 $\boldsymbol{u}^*(t)$为最优控制,充分性得证。本定理证毕。

下面,对有限时间时变 LQ 问题,进一步指出最优控制和最优调节系统的一些基本结论。

(1) 最优控制的唯一性。

给定有限时间时变 LQ 调节问题式(7.174)和式(7.175),最优控制必存在且唯一,即为 $\boldsymbol{u}^*(t)=-\boldsymbol{R}^{-1}(t)\boldsymbol{B}^{\mathrm{T}}(t)\boldsymbol{P}(t)\boldsymbol{x}^*(t)$。

(2) 最优控制的状态反馈属性。

对有限时间时变 LQ 调节问题式(7.174)和式(7.175),最优控制 $\boldsymbol{u}^*(t)$具有状态反馈形式,状态反馈矩阵为

$$\boldsymbol{K}^*(t)=\boldsymbol{R}^{-1}(t)\boldsymbol{B}^{\mathrm{T}}(t)\boldsymbol{P}(t)$$

(3) 最优调节系统的状态变量方程。

对有限时间时变 LQ 调节问题式(7.174)和式(7.175),最优调节系统的状态变量方程为

$$\dot{\boldsymbol{x}}^*=[\boldsymbol{A}(t)-\boldsymbol{B}(t)\boldsymbol{R}^{-1}(t)\boldsymbol{B}^{\mathrm{T}}(t)\boldsymbol{P}(t)]\boldsymbol{x}^*,$$
$$\dot{\boldsymbol{x}}^*(t_0)=\boldsymbol{x}_0,t\in[t_0,t_{\mathrm{f}}]$$

系统的结构框如图 7.37 所示。

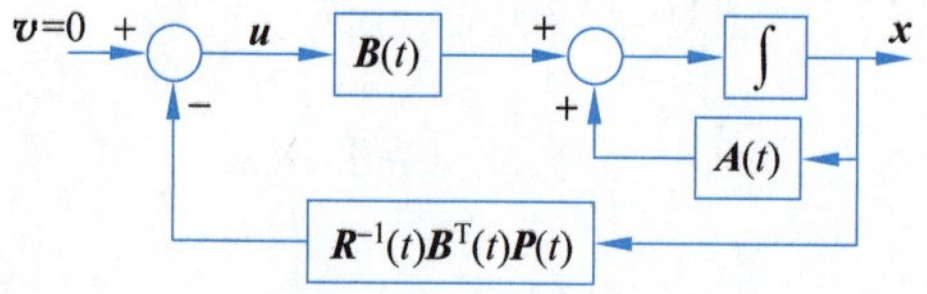

图 7.37　有限时间时变最优调节系统的结构框图

进而,讨论有限时间线性定常系统 LQ 问题的最优解。考虑线性定常系统 LQ 调节问题

$$\dot{\boldsymbol{x}}=\boldsymbol{A}\boldsymbol{x}+\boldsymbol{B}\boldsymbol{u},\quad \boldsymbol{x}(t_0)=\boldsymbol{x}_0,\quad t\in[t_0,t_{\mathrm{f}}] \tag{7.197}$$

$$J(\boldsymbol{u}(t))=\frac{1}{2}\boldsymbol{x}^{\mathrm{T}}(t_{\mathrm{f}})\boldsymbol{S}\boldsymbol{x}(t_{\mathrm{f}})+\frac{1}{2}\int_{t_0}^{t_{\mathrm{f}}}[\boldsymbol{x}^{\mathrm{T}}\boldsymbol{Q}\boldsymbol{x}+\boldsymbol{u}^{\mathrm{T}}\boldsymbol{R}\boldsymbol{u}]\mathrm{d}t \tag{7.198}$$

其中,$\boldsymbol{x}$ 为 n 维状态,$\boldsymbol{u}$ 为 p 维输入,$\boldsymbol{A}$ 和 $\boldsymbol{B}$ 为相应维数系数矩阵,$\boldsymbol{S}=\boldsymbol{S}^{\mathrm{T}}\geqslant 0$,$\boldsymbol{Q}=\boldsymbol{Q}^{\mathrm{T}}\geqslant 0$,$\boldsymbol{R}=\boldsymbol{R}^{\mathrm{T}}>0$。线性定常系统 LQ 问题的特点是,被控过程的系数矩阵和性能指标加权矩阵均为时不变常数阵。

有限时间线性定常系统 LQ 问题的最优解 $\boldsymbol{u}^*(t)$,$\boldsymbol{x}^*(t)$和 $J^*=J(\boldsymbol{u}^*(t))$可由如下结论给出。

结论 7.1　对有限时间线性定常系统 LQ 调节问题式(7.174)和式(7.175),组成对应矩阵黎卡提微分方程

$$-\dot{\boldsymbol{P}}(t)=\boldsymbol{P}(t)\boldsymbol{A}+\boldsymbol{A}^{\mathrm{T}}\boldsymbol{P}(t)+\boldsymbol{Q}-\boldsymbol{P}(t)\boldsymbol{B}\boldsymbol{R}^{-1}\boldsymbol{B}^{\mathrm{T}}\boldsymbol{P}(t)$$
$$\boldsymbol{P}(t_{\mathrm{f}})=\boldsymbol{S},\quad t\in[t_0,t_{\mathrm{f}}] \tag{7.199}$$

解阵 $\boldsymbol{P}(t)$为 $n\times n$ 半正定对称矩阵。则 $\boldsymbol{u}^*(t)$为最优控制的充分必要条件是具有形式

$$\boldsymbol{u}^*(t)=-\boldsymbol{K}^*(t)\boldsymbol{x}^*(t),\quad \boldsymbol{K}^*(t)=\boldsymbol{R}^{-1}\boldsymbol{B}^{\mathrm{T}}\boldsymbol{P}(t) \tag{7.200}$$

最优轨线 $\boldsymbol{x}^*(t)$ 为下述状态方程的解

$$\dot{\boldsymbol{x}}^*(t)=\boldsymbol{A}\boldsymbol{x}^*(t)+\boldsymbol{B}\boldsymbol{u}^*(t),\quad \boldsymbol{x}^*(t_0)=\boldsymbol{x}_0 \tag{7.201}$$

最优性能值 $J^*=J[\boldsymbol{u}^*(t)]$ 为

$$J^*=\frac{1}{2}\boldsymbol{x}_0^{\mathrm{T}}\boldsymbol{P}(t_0)\boldsymbol{x}_0,\quad \forall\boldsymbol{x}_0\neq\boldsymbol{0} \tag{7.202}$$

对于有限时间线性定常系统 LQ 问题，最优控制和最优调节系统具有如下的一些属性。

(1) 最优控制的唯一性。给定有限时间线性定常系统 LQ 调节问题式(7.197)和式(7.198)，最优控制必存在且唯一，即为 $\boldsymbol{u}^*(t)=-\boldsymbol{R}^{-1}\boldsymbol{B}^{\mathrm{T}}\boldsymbol{P}(t)\boldsymbol{x}^*(t)$。

(2) 最优控制的状态反馈属性。对有限时间线性定常系统 LQ 调节问题式(7.197)和式(7.198)，最优控制具有状态反馈形式，状态反馈矩阵为

$$\boldsymbol{K}^*(t)=\boldsymbol{R}^{-1}\boldsymbol{B}^{\mathrm{T}}\boldsymbol{P}(t)$$

(3) 最优调节系统的状态空间描述。对有限时间线性定常系统 LQ 调节问题式(7.197)和式(7.198)，最优调节系统不再保持为时不变，状态变量描述为

$$\dot{\boldsymbol{x}}^*=[\boldsymbol{A}-\boldsymbol{B}\boldsymbol{R}^{-1}\boldsymbol{B}^{\mathrm{T}}\boldsymbol{P}(t)]\boldsymbol{x}^*,\quad \dot{\boldsymbol{x}}^*(t_0)=\boldsymbol{x}_0,\quad t\in[t_0,t_{\mathrm{f}}]$$

例 7.31 已知某线性定常系统和性能指标分别为

$$\dot{x}_1=x_2$$

$$\dot{x}_2=u$$

$$J=\frac{1}{2}[x_1^2(3)+2x_2^2(3)]+\frac{1}{2}\int_0^3[2x_1^2+4x_2^2+2x_1x_2+\frac{1}{2}u^2]\mathrm{d}t$$

求最优控制 $\boldsymbol{u}^*(t)$。

解 由被控过程的状态变量方程和性能指标得到

$$\boldsymbol{A}=\begin{bmatrix}0&1\\0&0\end{bmatrix},\quad \boldsymbol{B}=\begin{bmatrix}0\\1\end{bmatrix},\quad \boldsymbol{S}=\begin{bmatrix}1&0\\0&2\end{bmatrix},\quad \boldsymbol{Q}=\begin{bmatrix}2&1\\1&4\end{bmatrix},\quad R=\frac{1}{2}$$

对于正定的实对称矩阵

$$\boldsymbol{P}=\begin{bmatrix}p_{11}(t)&p_{12}(t)\\p_{21}(t)&p_{22}(t)\end{bmatrix}$$

则最优控制为

$$\boldsymbol{u}^*(t)=-\boldsymbol{R}^{-1}\boldsymbol{B}^{\mathrm{T}}\boldsymbol{P}\boldsymbol{x}=-2[p_{12}x_1+p_{22}x_2]$$

由黎卡提方程解得

$$\begin{cases}\dot{p}_{11}=2p_{12}^2-2\\\dot{p}_{12}=-p_{11}+2p_{12}p_{22}-1\\\dot{p}_{22}=-2p_{12}+2p_{22}^2-4\end{cases}$$

又因为 $\boldsymbol{P}(t_{\mathrm{f}})=\boldsymbol{S}$，即

$$\begin{cases}p_{11}(3)=1\\p_{12}(3)=0\\p_{22}(3)=2\end{cases}$$

解 p_{12}、p_{11}、p_{22}，即可求出最优控制 $\boldsymbol{u}^*(t)$。

一般非线性黎卡提方程无解析解,可用计算机求数值解,本例 MATLAB 程序及仿真结果如下:

MATLAB 子程序:

```
function dp = Riccati(t,p)                  % 建立 Riccati 方程组,p(1) = p11,p(2) = p12,p(3) = p22
dp = [2 * p(2)^2 - 2;  - p(1) + 2 * p(2) * p(3) - 1;  - 2 * p(2) + 2 * p(3)^2 - 4];

function Y = change(X);
Y = [ ];
l = length(X);
for i = 1:1:l;
    Y(i) = X(l - i + 1);
end
```

MATLAB 主程序:

```
T = 3: - 0.01:0;
[t,p] = ode45(@Riccati,T,[1;0;2]);           % 求解 Riccati 非线性微分方程,初值为 P(t_f) = S
plot(t,p(:,1),'k',t,p(:,2),'r',t,p(:,3),'g')      % Riccati 方程的解如图 7.38 所示
grid on;
xlabel('Time (Sec)');
ylabel('P(t)');
temp = change(p(:,2));                       % 调用子程序 change,为 simulink 仿真做准备
p12 = temp';
p12 = p12 * 2;
temp = change(p(:,3));
p22 = temp';
p22 = p22 * 2;
t1 = change(t);
t = t1';
set_param('e8_30','Solver','ode4','FixedStep','0.01');   % 设置 simulink 仿真参数,simulink 必须
保存为文件名"e8_30(可改)",仿真步长为 0.01 必须与前面 ODE45 解 Riccati 方程组步长对应
[t,x,y] = sim('e8_30',[0,3]);                % 运行"e8_30",程序框图如图 7.39 所示
plot(t,y,'k');                               % 单位阶跃响应如图 7.40 所示
grid on;
xlabel('Time (Sec)');
ylabel('y = x_1');
```

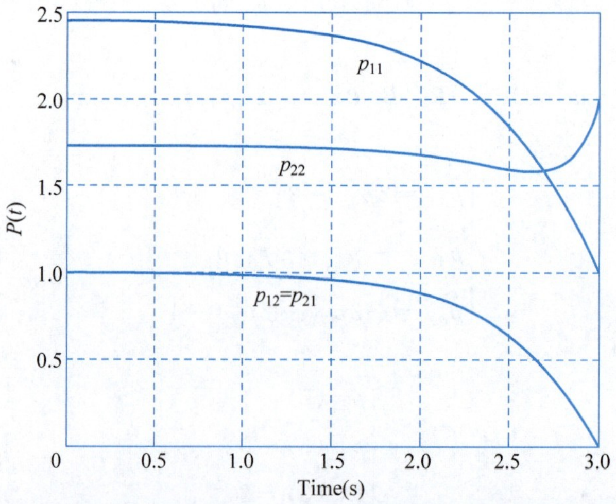

图 7.38　例 7.31 Riccati 非线性微分方程的数值解

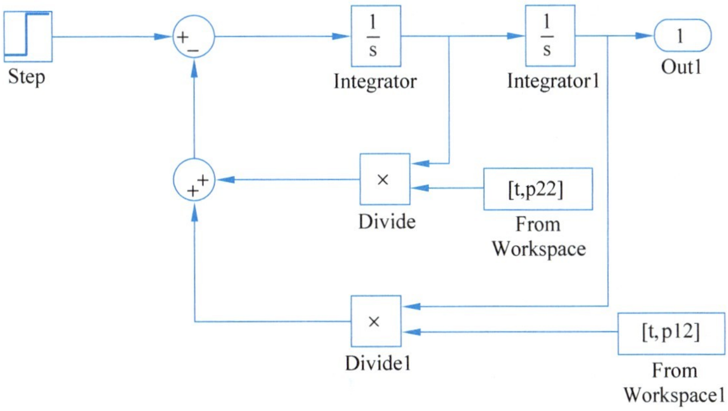

图 7.39　例 7.31 LQR 系统设计 Simulink 仿真程序框图

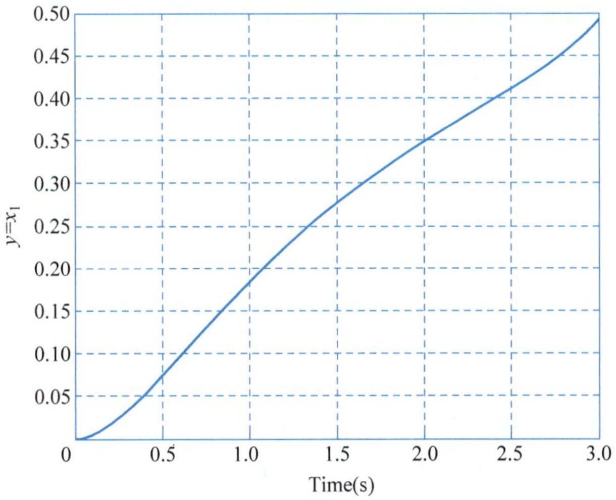

图 7.40　例 7.31 LQR 系统设计仿真结果

2. 无限时间线性二次型最优控制

无限时间 LQ 问题是指末时刻 t_f 为无穷大的一类 LQ 问题。有限时间 LQ 和无限时间 LQ 问题的直观区别在于，前者只是考虑系统在过渡过程中的最优运行，后者还需考虑系统趋于平衡状态时的渐近行为。在控制工程中，无限时间 LQ 问题通常更有意义和更为实用。

基于工程背景和理论研究的实际，对无限时间 LQ 问题需要引入一些附加限定。一是，被控过程限定为线性定常系统。二是，由调节问题平衡状态为 $\boldsymbol{x}_e=\boldsymbol{0}$ 和最优控制系统前提为渐近稳定所决定，性能指标泛函中无须再考虑相对于末状态的二次项。三是，对受控系统结构特性和性能指标加权矩阵需要另加假定。基于此，考虑无限时间线性定常系统的 LQ 问题为

$$\dot{\boldsymbol{x}}=\boldsymbol{A}\boldsymbol{x}+\boldsymbol{B}\boldsymbol{u},\quad \boldsymbol{x}(0)=\boldsymbol{x}_0,\quad t\in[0,\infty) \tag{7.203}$$

$$J[\boldsymbol{u}(t)]=\int_0^{\infty}[\boldsymbol{x}^{\mathrm{T}}\boldsymbol{Q}\boldsymbol{x}+\boldsymbol{u}^{\mathrm{T}}\boldsymbol{R}\boldsymbol{u}]\mathrm{d}t \tag{7.204}$$

其中，$\boldsymbol{x}$ 为 n 维状态，$\boldsymbol{u}$ 为 r 维输入，$\boldsymbol{A}$ 和 $\boldsymbol{B}$ 为相应维数系数矩阵，$\{\boldsymbol{A},\boldsymbol{B}\}$ 为完全能控，对常数的加权矩阵有

$$\boldsymbol{R}=\boldsymbol{R}^{\mathrm{T}}>0,\quad \boldsymbol{Q}=\boldsymbol{Q}^{\mathrm{T}}>0\quad 或\quad \boldsymbol{Q}=\boldsymbol{Q}^{\mathrm{T}}\geqslant 0$$

下面给出无限时间时不变 LQ 问题的最优解及相关结论。

1）矩阵黎卡提方程解阵的特性

对无限时间时不变 LQ 问题式(7.203)和式(7.204)，基于上一节中的分析可知，对应的矩阵黎卡提微分方程具有形式

$$\begin{cases}-\dot{\boldsymbol{P}}(t)=\boldsymbol{P}(t)\boldsymbol{A}+\boldsymbol{A}^{\mathrm{T}}\boldsymbol{P}(t)+\boldsymbol{Q}-\boldsymbol{P}(t)\boldsymbol{B}\boldsymbol{R}^{-1}\boldsymbol{B}^{\mathrm{T}}\boldsymbol{P}(t)\\ \boldsymbol{P}(t_{\mathrm{f}})=\boldsymbol{0},\quad t\in[0,t_{\mathrm{f}}],t_{\mathrm{f}}\rightarrow\infty\end{cases}\tag{7.205}$$

现表 $n\times n$ 解阵为 $\boldsymbol{P}(t)=\boldsymbol{P}(t,\boldsymbol{0},t_{\mathrm{f}})$，以直观反映对末时刻 t_{f} 和端点条件 $\boldsymbol{P}(t_{\mathrm{f}})=0$ 的依赖关系，且显然有 $\boldsymbol{P}(t_{\mathrm{f}},\boldsymbol{0},t_{\mathrm{f}})=\boldsymbol{P}(t_{\mathrm{f}})=\boldsymbol{0}$。对解阵 $\boldsymbol{P}(t)=\boldsymbol{P}(t,\boldsymbol{0},t_{\mathrm{f}})$，下面不加证明地给出它的一些基本属性。

性质 1 解阵 $\boldsymbol{P}(t)=\boldsymbol{P}(t,\boldsymbol{0},t_{\mathrm{f}})$ 在 $t=0$ 时结果 $\boldsymbol{P}(0)=\boldsymbol{P}(0,\boldsymbol{0},t_{\mathrm{f}})$ 对一切 $t_{\mathrm{f}}\geqslant 0$ 有上界。即对任一 $\boldsymbol{x}_0\neq\boldsymbol{0}$，都对应存在不依赖于 t_{f} 的一个正实数 $m(0,\boldsymbol{x}_0)$，使对一切 $t_{\mathrm{f}}\geqslant 0$ 成立

$$\boldsymbol{x}_0^{\mathrm{T}}\boldsymbol{P}(0,\boldsymbol{0},t_{\mathrm{f}})\boldsymbol{x}_0\leqslant m(0,\boldsymbol{x}_0)<\infty\tag{7.206}$$

性质 2 对任意 $t>0$，解阵 $\boldsymbol{P}(t)=\boldsymbol{P}(t,\boldsymbol{0},t_{\mathrm{f}})$ 当末时刻 $t_{\mathrm{f}}\rightarrow\infty$ 时的极限必存在，即

$$\lim_{t_{\mathrm{f}}\rightarrow\infty}\boldsymbol{P}(t,\boldsymbol{0},t_{\mathrm{f}})=\boldsymbol{P}(t,\boldsymbol{0},\infty)\tag{7.207}$$

性质 3 解阵 $\boldsymbol{P}(t)=\boldsymbol{P}(t,\boldsymbol{0},t_{\mathrm{f}})$ 当末时刻 $t_{\mathrm{f}}\rightarrow\infty$ 的极限 $\boldsymbol{P}(t,\boldsymbol{0},\infty)$ 为不依赖于 t 的一个常阵，即

$$\boldsymbol{P}(t,\boldsymbol{0},\infty)=\boldsymbol{P}\tag{7.208}$$

性质 4 常阵 $\boldsymbol{P}(t,\boldsymbol{0},\infty)=\boldsymbol{P}$ 为下列无限时间线性定常系统 LQ 问题的矩阵黎卡提代数方程的解阵

$$\boldsymbol{PA}+\boldsymbol{A}^{\mathrm{T}}\boldsymbol{P}+\boldsymbol{Q}-\boldsymbol{PB}\boldsymbol{R}^{-1}\boldsymbol{B}^{\mathrm{T}}\boldsymbol{P}=\boldsymbol{0}\tag{7.209}$$

性质 5 矩阵黎卡提代数方程式(7.209)，在 $\boldsymbol{R}=\boldsymbol{R}^{\mathrm{T}}>0$，$\boldsymbol{Q}=\boldsymbol{Q}^{\mathrm{T}}>0$ 或 $\boldsymbol{Q}=\boldsymbol{Q}^{\mathrm{T}}\geqslant 0$ 下，必有唯一正定对称解阵 $\boldsymbol{P}$。

2）无限时间线性定常系统 LQ 的最优解

结论 7.2 给定无限时间线性定常系统 LQ 调节问题式(7.203)和式(7.204)，组成对应的矩阵黎卡提代数方程式(7.209)，解阵 $\boldsymbol{P}$ 为 $n\times n$ 正定对称阵。则 $\boldsymbol{u}^*(t)$ 为最优控制的充分必要条件是具有形式

$$\boldsymbol{u}^*(t)=-\boldsymbol{K}^*\boldsymbol{x}^*(t),\quad \boldsymbol{K}^*=\boldsymbol{R}^{-1}\boldsymbol{B}^{\mathrm{T}}\boldsymbol{P}\tag{7.210}$$

最优轨线 $\boldsymbol{x}^*(t)$ 为下述状态方程的解

$$\dot{\boldsymbol{x}}^*(t)=\boldsymbol{A}\boldsymbol{x}^*(t)+\boldsymbol{B}\boldsymbol{u}^*(t),\boldsymbol{x}^*(0)=\boldsymbol{x}_0\tag{7.211}$$

最优性能值 $J^*=J[\boldsymbol{u}^*(t)]$ 为

$$J^*=\boldsymbol{x}_0^{\mathrm{T}}\boldsymbol{P}\boldsymbol{x}_0,\quad \forall\boldsymbol{x}_0\neq\boldsymbol{0}\tag{7.212}$$

3）最优控制的状态反馈属性

结论 7.3 对无限时间线性定常系统 LQ 调节问题式(7.203)和式(7.204)，最优控制具有状态反馈的形式，状态反馈矩阵为

$$\boldsymbol{K}^*=\boldsymbol{R}^{-1}\boldsymbol{B}^{\mathrm{T}}\boldsymbol{P}\tag{7.213}$$

4）最优调节系统的状态空间描述

结论 7.4 对无限时间线性定常系统 LQ 调节问题式(7.203)和式(7.204)，最优调节

系统保持为时不变，状态变量描述为

$$\boldsymbol{x}^{*}=[\boldsymbol{A}-\boldsymbol{B}\boldsymbol{R}^{-1}\boldsymbol{B}^{\mathrm{T}}\boldsymbol{P}]\boldsymbol{x}^{*},\quad \boldsymbol{x}^{*}(0)=\boldsymbol{x}_{0},\quad t\geqslant 0 \tag{7.214}$$

例 7.32　已知一阶线性定常被控过程及二次型性能指标分别为

$$\dot{x}=x+u$$

$$J=\frac{1}{2}\int_{0}^{\infty}(x^{2}+u^{2})\mathrm{d}t$$

求最优控制 $\boldsymbol{u}^{*}(t)$。

解　由系统状态方程和性能指标得到

$$\boldsymbol{A}=1,\quad \boldsymbol{B}=1,\quad \boldsymbol{Q}=1,\quad \boldsymbol{R}=1$$

代入代数黎卡提方程式(7.209)

$$\boldsymbol{PA}+\boldsymbol{A}^{\mathrm{T}}\boldsymbol{P}-\boldsymbol{PBR}^{-1}\boldsymbol{B}^{\mathrm{T}}\boldsymbol{P}+\boldsymbol{Q}=0$$

化简得

$$2\boldsymbol{P}-\boldsymbol{P}^{2}+1=0$$

取非负定解，可得 $\boldsymbol{P}=\sqrt{2}+1$。

于是，有最优控制为

$$u^{*}(t)=-\boldsymbol{R}^{-1}\boldsymbol{B}^{\mathrm{T}}\boldsymbol{P}x(t)=-(\sqrt{2}+1)x$$

例 7.32 系统的 LQR 仿真设计结果如图 7.41 所示，MATLAB 程序如下：

```
a = 1;b = 1;c = 1;d = 0;q = 1;r = 1;
[k,p,e] = lqr(a,b,q,r);
ac = a - b * inv(r) * b.' * p;
sys = ss(ac,b,c,d);
T = 0:0.01:5;
[y,t,x] = step(sys,T);
plot(t,y,'k')
grid on;
xlabel('Time (Sec)');
ylabel('y = x');
```

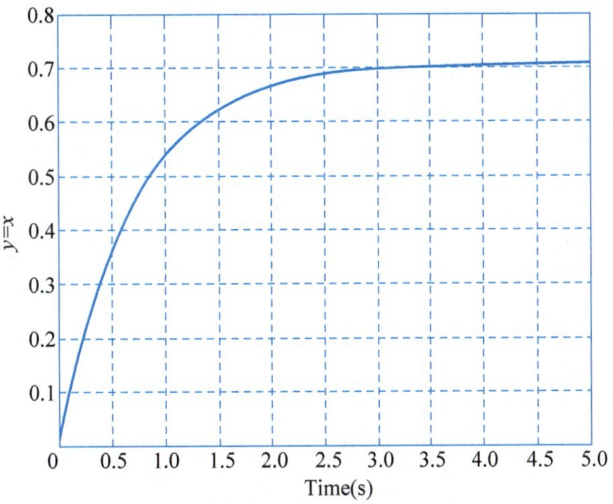

图 7.41　例 7.32 LQR 系统设计仿真结果

例 7.33 考查双积分被控过程

$$\begin{cases}\dot{x}_1 = x_2 \\ \dot{x}_2 = u\end{cases}$$

设计选取一控制量 u^*,使得二次型性能指标 $J=\frac{1}{2}\int_0^\infty [x_1^2+2bx_1x_2+ax_2^2+u^2]\mathrm{d}t$ 最小,假设 $a-b^2>0$。

解 因为该系统的传递函数为$\frac{X_1(s)}{U}=G(s)=\frac{1}{s^2}$,为此称该系统为双积分系统。本例给出 $\boldsymbol{A}=\begin{bmatrix}0 & 1\\ 0 & 0\end{bmatrix}$,$\boldsymbol{B}=\begin{bmatrix}0\\ 1\end{bmatrix}$,$\boldsymbol{Q}=\begin{bmatrix}1 & b\\ b & a\end{bmatrix}$,$R=1$。因为 $a-b^2>0$,所以 $\boldsymbol{Q}$ 正定。又因为 $\mathrm{rank}[\boldsymbol{B}\quad \boldsymbol{AB}]=2$,所以该系统能控,并且属于 $t_f\to\infty$ 的调节器问题。

设 $\boldsymbol{P}=\begin{bmatrix}p_{11} & p_{12}\\ p_{21} & p_{22}\end{bmatrix}$为对称正定矩阵,代入代数黎卡提方程式(7.209)中求解正定解

$$\begin{bmatrix}p_{11} & p_{12}\\ p_{12} & p_{22}\end{bmatrix}\begin{bmatrix}0 & 1\\ 0 & 0\end{bmatrix}-\begin{bmatrix}0 & 0\\ 1 & 0\end{bmatrix}\begin{bmatrix}p_{11} & p_{12}\\ p_{12} & p_{22}\end{bmatrix}+\begin{bmatrix}p_{11} & p_{12}\\ p_{12} & p_{22}\end{bmatrix}\begin{bmatrix}0\\ 1\end{bmatrix}[0\quad 1]\begin{bmatrix}p_{11} & p_{12}\\ p_{12} & p_{22}\end{bmatrix}-\begin{bmatrix}1 & b\\ b & a\end{bmatrix}=\begin{bmatrix}0 & 0\\ 0 & 0\end{bmatrix}$$

解得

$$\begin{cases}p_{12}=\pm 1\\ -p_{11}+p_{12}p_{22}=b\\ -2p_{12}+p_{22}^2=a\end{cases}$$

于是有

$$p_{12}=\pm 1,\quad p_{11}=p_{12}p_{22}-b,\quad p_{22}=\pm\sqrt{2p_{12}+a}$$

取正定解为 $p_{12}=1$,$p_{22}=\sqrt{a+2}$,$p_{11}=\sqrt{a+2}-b$,这样最优控制为

$$u^*(t)=-p_{12}x_1-p_{22}x_2=-x_1-\sqrt{a+2}\cdot x_2$$

显然,此例中的控制量 $u^*(t)$与 b 无关。

闭环最优系统结构如图 7.42 所示。

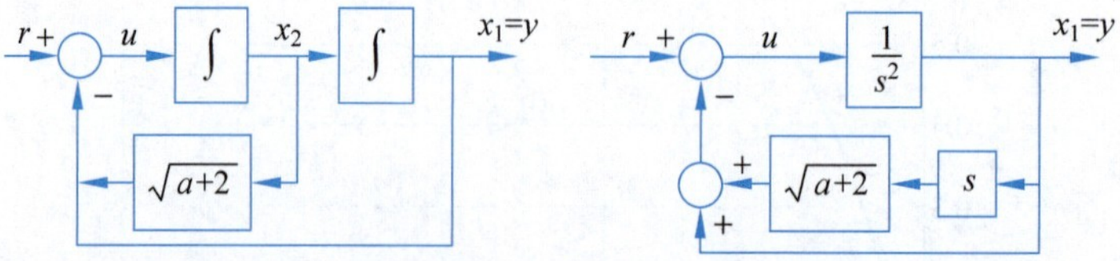

图 7.42 例 7.33 LQR 的闭环最优系统结构

闭环系统的状态变量方程为

$$\dot{\boldsymbol{x}}=\begin{bmatrix}0 & 1\\ -1 & -\sqrt{a+2}\end{bmatrix}\boldsymbol{x}$$

$$\boldsymbol{y}=[1\quad 0]\boldsymbol{x}$$

对应的闭环传递函数为

$$G_B(s)=\frac{Y(s)}{R(s)}=\boldsymbol{C}(s\boldsymbol{I}-\boldsymbol{A})^{-1}\boldsymbol{B}=\frac{1}{s^2+\sqrt{a+2s}+1}$$

此结果也可直接从结构图求得。最优反馈系统闭环极点为

$$s_{1,2}=-\frac{\sqrt{a+2}}{2}\pm j\frac{\sqrt{2-a}}{2},\quad (a<0)$$

画出闭环系统的根轨迹(a:0→∞),如图 7.43 所示。

当 $a=0$ 时,闭环极点位于 $s_{1,2}=-\frac{\sqrt{2}}{2}\pm j\frac{\sqrt{2}}{2}$,相当于典型二阶系统的阻尼比 $\zeta=0.707$ 的情况。

当 a 增大时,闭环极点向实轴接近,振荡减小,响应变慢。而当 $a>2$ 时,两极点在负实轴上,振荡消失。因此,对状态 x_2 的加权越大,系统振荡就越小。

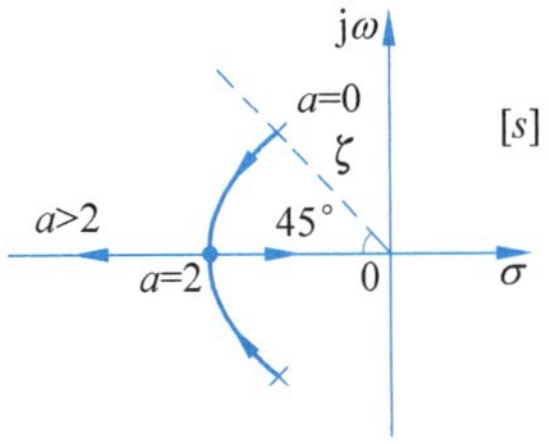

图 7.43　例 7.33 系统闭环的根轨迹

例 7.33 系统的 LQR 控制系统设计仿真结果如图 7.44 所示,MATLAB 程序如下:

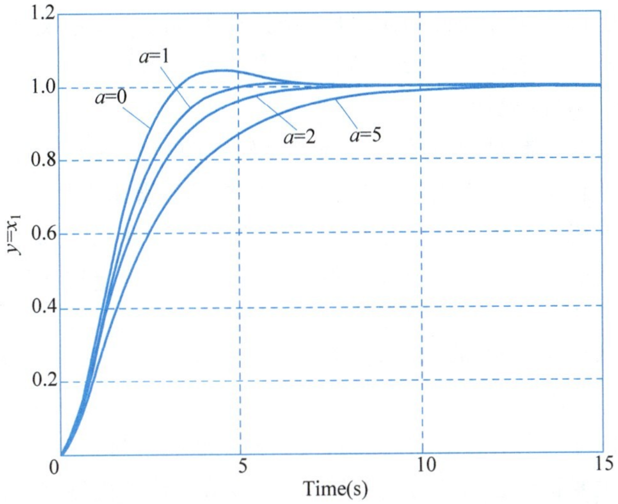

图 7.44　例 7.33 系统 LQR 设计不同性能指标参数的仿真结果

MATLAB 子程序

```
function [t,y] = lqrcontrol(a,b);
A = [0 1;0 0];
B = [0;1];
C = [1 0];
D = 0;
q = [1 b;b a];
r = 1;
[k,p,e] = lqr(A,B,q,r);
AC = A - B * inv(r) * B.' * p;
G = ss(AC,B,C,D);
T = 0:0.1:15;
[y,t,x] = step(G,T);
```

MATLAB 主程序

```
[t,y] = lqrcontrol(0,0);
plot(t,y,'r')
hold on;
[t,y] = lqrcontrol(1,0);
plot(t,y,'k')
[t,y] = lqrcontrol(2,0);
plot(t,y,'g')
[t,y] = lqrcontrol(5,0);
plot(t,y,'b')
grid on;
axis([0 15 0 1.2]);
xlabel('Time (Sec)');
ylabel('y = x_1');
```

7.7 小结

相比于线性控制系统分析和设计的传递函数方法，状态变量法作为最优控制理论的基础而被视为更“现代”的方法。线性和非线性系统、时变和时不变系统、单变量和多变量系统都可以用状态变量法统一表述，而经典控制理论中的传递函数方法仅适用于单输入单输出线性定常系统，且控制器的设计不能一次完成。

稳定性问题一直是控制科学与控制工程学科研究的一个重要课题，这里进一步将第3章中线性定常系统的稳定性分析延续到非线性系统的李雅普诺夫稳定性分析。李雅普诺夫稳定性分析方法目前仍然是解决复杂控制系统，例如线性时变系统、时滞系统和非线性系统稳定性分析和设计的非常有用并且强有力的一种方法，但是确定这些复杂系统的稳定性时，技巧和经验是非常重要的。

能控性和能观测性从控制和观测的角度来表征系统结构的两个基本特性，自卡尔曼在20世纪60年代初引入以来，已经证明它们是状态反馈和观测器设计的基础，对于系统的最优控制和最佳估计问题的研究具有重要的意义。利用状态变量描述分析和设计线性定常多输入多输出系统的主要特点是研究方法的规范性，很适于计算机编程和仿真。

系统设计与系统分析是一对相反的命题。这里基于状态变量的系统分析主要包括对已知的状态变量系统方程和已知的外部输入，确定表征系统的运动行为的解轨迹和结构特性。而这里的控制系统设计归结为对于已知的被控过程方程和期望的性能指标，确定外部控制输入作用，这里主要采用状态反馈的形式，因为它是抑制外部扰动和减少内部参数变化影响的重要措施。

众所周知，并不是所有的状态变量都是可以通过传感器测量的，有些状态变量属于内部中间变量，而观测器解决了通过对输出信号的测量可以知道系统的状态信息问题，从而使状态反馈控制实现成为可能。

最优控制是现代控制理论的基础部分之一，它是研究如何选择控制律使得控制系统的性能和品质在某种意义下为最优。本章主要介绍了线性二次型最优控制问题，也就是求解黎卡提矩阵微分或代数方程问题。对控制算法的要求不拘泥于追求解析形式，获得解析解是十分困难的，甚至是不可能的，这时可以利用 MATLAB 寻求问题的数值解。

关键术语和概念

状态转移矩阵（transition matrix，$\boldsymbol{\Phi}(t)$）：可以完全描述系统零输入响应的矩阵指数函数。

李雅普诺夫稳定性主要定理（Lyapunov stability theorem）：考查非线性自治系统 $\dot{\boldsymbol{x}}=\boldsymbol{f}(\boldsymbol{x},t),t\in[t_0,\infty)$，其平衡在原点 $\boldsymbol{x}_e=\boldsymbol{0}$。又假设存在一个具有连续一阶偏导数的标量函数 $V(\boldsymbol{x},t)$，$V(\boldsymbol{0},t)=0$。如果 $V(\boldsymbol{x},t)$满足下列条件：

(1) $V(\boldsymbol{x},t)$是正定且有界的；

(2) 对所有 $\boldsymbol{x}\neq\boldsymbol{0}$ 和所有的 t，导数 $\dot{V}$ 是负定且有界的；

(3) 随着 $\|\boldsymbol{x}\|\to\infty$，有 $V(\|\boldsymbol{x}\|)\to\infty$。

则系统原点 $\boldsymbol{x}_e=\boldsymbol{0}$ 是大范围一致渐近稳定的。

能控系统（controllable system）：如果存在连续的控制信号 $\boldsymbol{u}(t)$，可以在有限的时间间隔 $t_f-t_0>0$ 内，使系统从任意的初始状态 $\boldsymbol{x}(t_0)$转移到任意的预期状态 $\boldsymbol{x}(t_f)$，则称该系统在区间$[t_0,t_f]$是能控的。

能观测系统（observable system）：如果系统任一初始状态 $x(t_0)$均可通过观测该系统在时间间隔$[t_0,t_f]$上的输出 $y(t)$被唯一地确定，则称系统在区间$[t_0,t_f]$上是能观测的系统。

状态变量反馈（state variable feedback）：被控对象的反馈控制信号 u 是状态变量的直接函数。

输出反馈（output feedback）：仅从输出被控变量引出的反馈控制系统。

观测器（observer）：利用它可以通过测量系统的输出获得系统状态变量的信息。

最优控制系统（optimum control system）：指经过参数调整使性能指标达到极值的控制系统。

线性二次型调节器（linear quadratic regular，LQR）：LQR 属于线性系统设计理论中最具有重要性的问题。L 指被控系统限于线性系统，Q 指性能指标函数为二次型函数的积分。

拓展您的事业——科学研究与工程教育事业

大约有三分之二的信息学科毕业生在工业企业、服务业以及公共事业单位中从事各行业的电设备安全运行与技术维护管理等工作，但还有一些人在学术和教育部门工作，为将来从事信息工程学科的学生打好基础。您正在学习的信息学科各专业就是这种准备过程的一个重要部分。如果您喜爱教学，可以考虑成为一个工程学的教育工作者。

工程学的教授们从事前沿课题研究，为本科生和研究生授课，并且不时地为其所在的专业行业提供服务。他们应该对其专长的领域有突出的贡献，所以必须具备信息学科很宽范围的基础理论并掌握与外界进行学术交流的必备技能。

如果您愿意做科学研究工作，在工程前沿领域工作，或有所贡献有所发明，或从事咨询、教学等工作，那么可以考虑以科学研究与工程教育作为您的事业。最好的开始方式是与教授们多接触、交谈、共同从事科学研究项目，并领略他们的丰富经历。

作为信息学科教授的准备，在本科学习阶段打下坚实的数学和物理基础是非常重要的。如果您在学习课程或做习题的过程中遇到困难，要想办法克服您在数理基础方面的不足。

当今大学均要求信息学科的教授具有博士学位，有些大学还要求教授们具有海外的国际学术教育背景，积极参与科学研究，并在有声誉的本学科学术刊物上发表论文。信息学科的日新月异和各专业学科间的相互交叉，要求您具有尽可能宽的教育基础，才能更好地从事科学研究与工程教育事业。毫无疑问，工程教育是一个非常有价值的事业，看到学生从刚毕业的新人成长为各行各业的骨干和领导者，见证他们对人类所做出的重大贡献中，教授们能深深体会到满足与充实。

习题

7.1　系统的动态结构如图 P7.1 所示，选取图中的 x_1、x_2、x_3 作为状态变量，试写出其状态变量方程。

7.2　求出如图 P7.2 电路系统的两输入 $u_1(t)$，$u_2(t)$和单输出系统状态变量方程。其中，输出为 i_2。

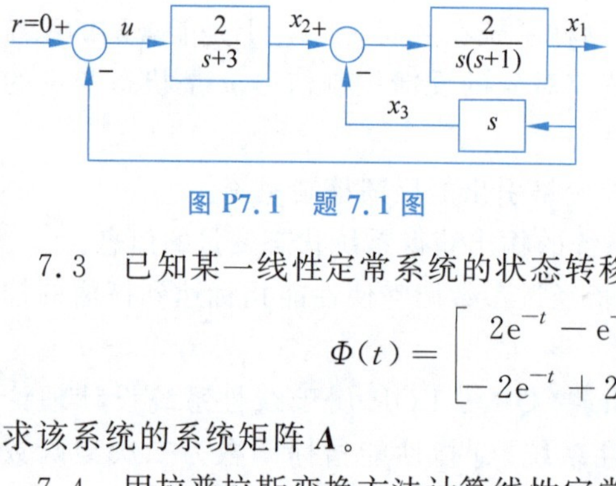

图 P7.1　题 7.1 图

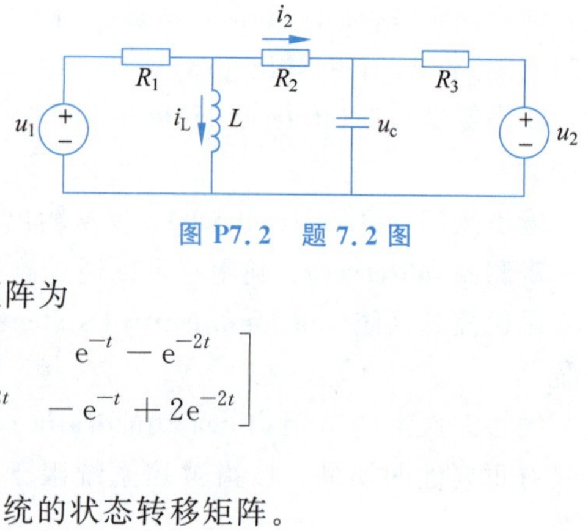

图 P7.2　题 7.2 图

7.3　已知某一线性定常系统的状态转移矩阵为

$$\Phi(t)=\begin{bmatrix}2e^{-t}-e^{-2t} & e^{-t}-e^{-2t}\\ -2e^{-t}+2e^{-2t} & -e^{-t}+2e^{-2t}\end{bmatrix}$$

试求该系统的系统矩阵 $\boldsymbol{A}$。

7.4　用拉普拉斯变换方法计算线性定常系统的状态转移矩阵。

$$\boldsymbol{A}=\begin{bmatrix}\sigma & \omega\\ -\omega & \sigma\end{bmatrix}$$

7.5　考查线性定常系统的状态方程

$$\dot{\boldsymbol{x}}=\begin{bmatrix}-1 & 1 & 0\\ 0 & -1 & 0\\ 0 & 0 & -2\end{bmatrix}\boldsymbol{x}+\begin{bmatrix}0\\ 1\\ 4\end{bmatrix}u$$

用 MATLAB 计算当初态 $\boldsymbol{x}(0)=[1\quad 2\quad 1]^{\mathrm{T}}$ 时，系统的单位阶跃响应。

7.6　试证，对任意可逆矩阵 $\boldsymbol{P}$，恒有

$$\boldsymbol{P}^{-1}e^{\boldsymbol{A}t}\boldsymbol{P}=e^{\boldsymbol{P}^{-1}\boldsymbol{A}\boldsymbol{P}t}$$

7.7　已知线性定常系统的系统矩阵为

$$\boldsymbol{A}=\begin{bmatrix}0 & 1 & 0\\ 0 & 0 & 1\\ 2 & 3 & 1\end{bmatrix}$$

试计算该系统的状态转移矩阵。

7.8 求齐次状态方程的解

$$\dot{\boldsymbol{x}}=\begin{bmatrix}0 & 1\\ -1 & 0\end{bmatrix}\boldsymbol{x},\quad \boldsymbol{x}(0)=\begin{bmatrix}1\\ 1\end{bmatrix}$$

7.9 试求下述系统在单位阶跃输入下的时间响应，并用 MATLAB 验证。

$$\dot{\boldsymbol{x}}=\begin{bmatrix}1 & 0\\ 1 & 1\end{bmatrix}\boldsymbol{x}+\begin{bmatrix}1\\ 1\end{bmatrix}u,\quad \boldsymbol{x}(0)=\begin{bmatrix}1\\ 0\end{bmatrix}$$

7.10 试判断下列二次型函数是否负定。

$$V(\boldsymbol{x})=-x_1^2-3x_2^2-11x_3^2+2x_1x_2-4x_2x_3-2x_1x_3$$

7.11 用李氏函数法判断系统的稳定性。

(1) $\dot{\boldsymbol{x}}=\begin{bmatrix}-1 & 1\\ 2 & -3\end{bmatrix}\boldsymbol{x}$，(2) $\dot{\boldsymbol{x}}=\begin{bmatrix}0 & 1 & 0\\ 0 & -2 & 1\\ -a & 0 & -1\end{bmatrix}\boldsymbol{x}$，$a$ 为参变量

7.12 确定非线性系统在平衡点的稳定性

$$\begin{cases}\dot{x}_1=x_2\\ \dot{x}_2=-x_1^3-x_2\end{cases}$$

提示：选取 $V(\boldsymbol{x})=x_1^4+2x_2^2$ 为李氏函数。

7.13 已知某系统的传递函数为

$$G(s)=\frac{\mathrm{e}^{-t}}{s+1}$$

试判断该系统的 BIBO 稳定性。

7.14 证明线性非奇异变换不改变系统的能控性和能观测性。

7.15 如果有可能，试将系统$\{\boldsymbol{A},\boldsymbol{B},\boldsymbol{C}\}$化为能控规范型系统，并求相应的基底变换矩阵 $\boldsymbol{P}$。已知

(1) $\boldsymbol{A}=\begin{bmatrix}1 & 2 & 0\\ 3 & -1 & 1\\ 0 & 2 & 0\end{bmatrix}$，$\boldsymbol{B}=\begin{bmatrix}2\\ 1\\ 1\end{bmatrix}$，$\boldsymbol{C}=\begin{bmatrix}0 & 0 & 1\end{bmatrix}$

(2) $\boldsymbol{A}=\begin{bmatrix}0 & 0 & -2\\ 1 & 0 & 9\\ 0 & 1 & 0\end{bmatrix}$，$\boldsymbol{B}=\begin{bmatrix}-3\\ 2\\ 1\end{bmatrix}$，$\boldsymbol{C}=\begin{bmatrix}0 & 0 & 1\end{bmatrix}$

并用 MATLAB 验证。

7.16 用 MATLAB 判断系统的能控性和能观测性。

$$\boldsymbol{A}=\begin{bmatrix}1 & 1 & 0\\ 0 & 1 & 0\\ 0 & 1 & 1\end{bmatrix},\quad \boldsymbol{B}=\begin{bmatrix}0\\ 1\\ 0\end{bmatrix},\quad \boldsymbol{C}=\begin{bmatrix}1 & 0 & 0\end{bmatrix}$$

7.17 已知线性定常系统的状态方程为

$$\dot{\boldsymbol{x}}=\begin{bmatrix}1 & 0 & -1\\ 0 & -2 & 0\\ -1 & 0 & 2\end{bmatrix}\boldsymbol{x}+\begin{bmatrix}0\\ 0\\ 1\end{bmatrix}u$$

(1) 判断系统的稳定性、能控性和可镇定性;

(2) 将系统结构按能控性分解;

(3) 若系统可镇定,试求一状态反馈 $\boldsymbol{u}=-\boldsymbol{K}\boldsymbol{x}$,使闭环系统为渐近稳定的。

7.18 用如下方法判断图 P7.3 所示系统的能控性和能观测性。

(1) 矩阵 $\boldsymbol{A}$、$\boldsymbol{B}$、$\boldsymbol{C}$、$\boldsymbol{D}$ 的条件。

(2) 传递函数的零极相消的条件。

7.19 已知如图 P7.4 所示的两级倒立摆由如下线性状态方程近似描述

$$\dot{\boldsymbol{x}}=\boldsymbol{A}\boldsymbol{x}+\boldsymbol{B}u$$

其中

$$\boldsymbol{x}=\begin{bmatrix}\theta_1\\ \dot{\theta}_1\\ \theta_2\\ \dot{\theta}_2\\ x\\ \dot{x}\end{bmatrix},\quad \boldsymbol{A}=\begin{bmatrix}0&1&0&0&0&0\\ 16&0&-8&0&0&0\\ 0&0&0&0&1&0\\ -16&0&16&0&0&0\\ 0&0&0&0&0&1\\ 0&0&0&0&0&0\end{bmatrix},\quad \boldsymbol{B}=\begin{bmatrix}0\\ -1\\ 0\\ 0\\ 0\\ 1\end{bmatrix}$$

试用 MATLAB 检查状态的能控性。

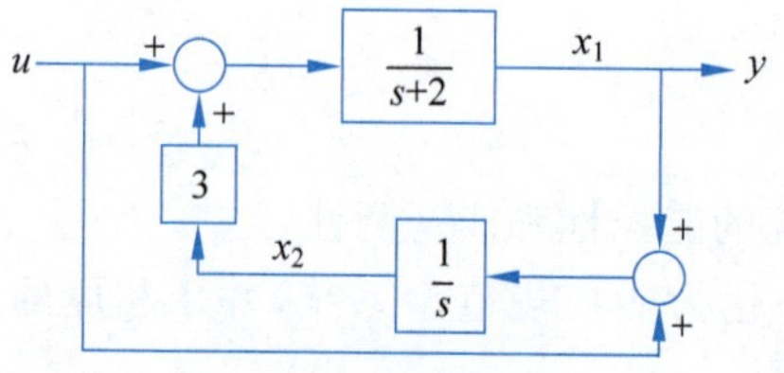

图 P7.3 题 7.18 图

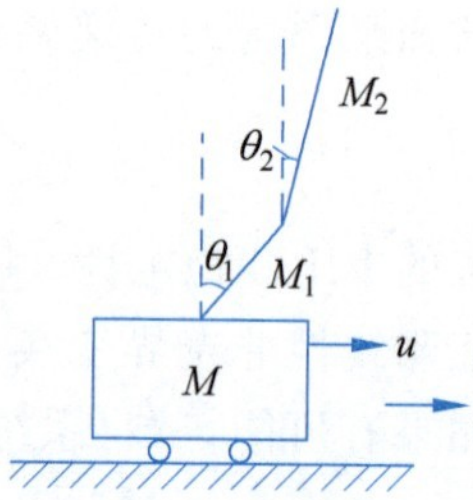

图 P7.4 题 7.19 图

7.20 一火箭动态系统的数学模型为$\dfrac{Y(s)}{U(s)}=G(s)=\dfrac{1}{s^2}$,输入 $U(s)$为控制力矩,输出 $Y(s)$为火箭的姿态。设状态变量 $x_1=y$,$x_2=\dot{y}$,并且选取状态反馈控制律 $u=-x_2-0.5x_1$。计算闭环系统特征方程的根以及在初值 $x_1(0)=0$,$x_2(0)=1$ 系统的响应。

7.21 某一被控过程的传递函数为

$$\frac{Y(s)}{U(s)}=\frac{1}{s(s+10)}$$

设计一状态变量反馈控制,使得闭环系统的调节时间 $t_s\leqslant 1\text{s}$(2%准则)和超调量 $\sigma\%\leqslant 10\%$,画出控制系统的结构图。在输入 $R(s)$和控制变量 $U(s)$之间选择适当增益使得系统在阶跃作用下的稳态误差为零。

7.22 考查系统

$$\dot{\boldsymbol{x}}=\begin{bmatrix}-1&0\\ 1&-2\end{bmatrix}\boldsymbol{x}+\begin{bmatrix}0\\ 1\end{bmatrix}u$$

$$y=[1\quad 0]\boldsymbol{x}$$

试设计一个全阶状态观测器,该观测器矩阵所期望的特征值为 $\lambda_1=-5,\lambda_2=-5$。

7.23　设一阶系统状态方程为

$$\dot{x}=x+u,\quad x(t_0)=x_0$$

性能指标 $J=\int_{t_0}^{t_f}(2x^2+u^2)\mathrm{d}t$,计算最优控制 $u^*(t)$。

7.24　设线性定常系统

$$\dot{\boldsymbol{x}}=\begin{bmatrix}0 & 0\\1 & 0\end{bmatrix}\boldsymbol{x}+\begin{bmatrix}1\\0\end{bmatrix}u,\quad \boldsymbol{x}(0)=\begin{bmatrix}0\\1\end{bmatrix}$$

性能指标 $J=\int_0^{\infty}\left(\boldsymbol{x}^{\mathrm{T}}\begin{bmatrix}0 & 0\\0 & 1\end{bmatrix}\boldsymbol{x}+\frac{1}{4}u^2\right)\mathrm{d}t$,试确定最优控制 $u^*(t)$及最优性能指标 J^*,并用 MATLAB 验证。

7.25　已知一阶系统

$$\dot{x}=u,\quad x(t_0)=x_0$$

性能指标 $J=x^2(t_f)+\int_{t_0}^{t_f}(x^2+u^2)\mathrm{d}t$,试求最优控制 $u^*(t)$和最优性能指标 J^*。

7.26　设系统为

$$\dot{\boldsymbol{x}}=\begin{bmatrix}0 & 1\\0 & -2\end{bmatrix}\boldsymbol{x}+\begin{bmatrix}0\\1\end{bmatrix}u,\quad y=[1\quad 0]\boldsymbol{x}$$

性能指标 $J=\int_0^{\infty}[(y-1)^2+u^2]\mathrm{d}t$,试确定最优跟踪控制 $u^*(t)$。

7.27　研究单级倒立摆系统的 LQR 设计问题。已知系统状态变量方程为

$$\dot{\boldsymbol{x}}=\begin{bmatrix}0 & 1 & 0 & 0\\20.6 & 0 & 0 & 0\\0 & 0 & 0 & 1\\-0.49 & 0 & 0 & 0\end{bmatrix}\boldsymbol{x}+\begin{bmatrix}0\\-1\\0\\0.5\end{bmatrix}\boldsymbol{u},\quad \boldsymbol{x}=\begin{bmatrix}\theta\\\dot{\theta}\\x\\\dot{x}\end{bmatrix}$$

采用状态反馈 $\boldsymbol{u}=-\boldsymbol{Kx}$。试用 MATLAB 确定状态反馈增益矩阵 $\boldsymbol{K}=[k_1,\ k_2,\ k_3,\ k_4]$,使得性能指标

$$J=\int_0^{\infty}(\boldsymbol{x}^{\mathrm{T}}\boldsymbol{Qx}+\boldsymbol{u}^{\mathrm{T}}\boldsymbol{Ru})\mathrm{d}t$$

达到极小。式中

$$\boldsymbol{Q}=\begin{bmatrix}100 & 0 & 0 & 0\\0 & 1 & 0 & 0\\0 & 0 & 1 & 0\\0 & 0 & 0 & 1\end{bmatrix},\quad \boldsymbol{R}=1$$

然后求该系统在下列初态 $\boldsymbol{x}_0$ 下的响应及曲线。

$$\boldsymbol{x}_0=\boldsymbol{x}(0)=\begin{bmatrix}0.1\\0\\0\\0\end{bmatrix}$$

第8章

非线性系统

电子与电气学科世界著名学者——李雅普诺夫

李雅普诺夫(Lyapunov A M,1857—1918)

李雅普诺夫是俄国数学家、物理学家、力学家。

1892年,李雅普诺夫发表了其具有深远历史意义的博士论文"运动稳定性的一般问题"(The General Problem of the Stability of Motion,1892)。该论文中,他提出了为当今学术界广为应用且影响巨大的李雅普诺夫方法。这一方法不仅可用于线性系统而且可用于非线性时变系统的分析与设计。

李雅普诺夫1857年6月6日生于俄国拉夫尔,是切比雪夫创立的彼得堡学派的杰出代表,他的建树涉及多个领域。1876年中学毕业时,因成绩优秀获金质奖章,同年考入圣彼得堡大学学习,当他听了著名数学家的讲座之后即被其渊博的学识深深吸引,从而转到切比雪夫所在的数学系学习,在切比雪夫、佐洛塔廖夫的影响下,他在大学四年级时就写出具有创见的论文,而获得金质奖章。1880年大学毕业后留校工作,1892年获博士学位并成为教授。1901年被选为圣彼得堡科学院院士,并担任应用数学协会主席。曾先后在圣彼得堡大学、哈尔科夫大学和喀山大学执教,并被选为名誉教授。1909年被选为意大利林琴科学院国外院士。1916年被选为巴黎科学院国外院士,1918年11月3日卒于敖德萨。

李雅普诺夫是一位天才的数学家。他是一位天文学家的儿子。曾从师于大数学家切比雪夫(Chebyshev P L)和马尔可夫(Markov A A)是同校同学,他们共同在概率论方面做出过杰出的成绩。在概率论中可以看到关于矩的马尔可夫不等式、切比雪夫不等式和李雅普诺夫不等式。李雅普诺夫还在相当一般的条件下证明了中心极限定理。

以他的姓氏命名的定理和条件有多种:李雅普诺夫第一方法,李雅普诺夫第二方法,李雅普诺夫定理,李氏函数,李雅普诺夫变换,李雅普诺夫曲线,李雅普诺夫曲面,李雅普诺夫球面，李雅普诺夫数，李雅普诺夫随机函数，李雅普诺夫随机算子，李雅普诺夫特征指数，李雅普诺夫维数，李雅普诺夫系统，李雅普诺夫分式，李雅普诺夫稳定性等。

8.1　引言

在前面各章我们已经详细讨论了线性定常系统的分析与设计问题。众所周知，现实系统中各物理量之间的许多因果关系并不完全是线性的。但是为了数学上的简化，我们往往在一定程度上用线性微分方程来逼近非线性系统，所谓的线性系统仅仅是实际系统在忽略了某些非线性因素后的理想模型。例如，前面介绍的非线性系统在小范围内近似线性化问题，但对有些本质非线性，例如继电器、死区、滞环、摩擦等非线性系统，在工作点附近将非线性环节近似为线性系统的方法显然是不适用的。另外非线性对控制系统的影响并不总是负面的，有时为了改善系统的性能或是简化系统的结构，还常常在控制系统中引入非线性部件或是更复杂的非线性控制器。为此，需要研究非线性系统的分析与设计方法。

本章首先介绍非线性系统的特征和典型本质非线性环节的特性，随后详细叙述非线性系统的相平面分析方法和描述函数法，然后研究如何利用描述函数法分析非线性控制系统的稳定性，最后研究利用非线性校正改善控制系统性能的几个案例。此外，还介绍了利用MATLAB和Simulink仿真工具对非线性系统进行分析研究。

8.1.1　非线性系统的特征

考查图8.1所示的液位控制系统，设H为液位高度，Q_i为液体流入量，Q_o为液体流出量，A为储槽的截面积。

根据流体力学原理，有

$$Q_o = K\sqrt{H}$$

其中，比例系数K取决于液体的黏度与阀阻。

液位系统的动态方程为

$$A\frac{\mathrm{d}H}{\mathrm{d}t} = Q_i - Q_o = Q_i - K\sqrt{H}$$

显然，液位H与液体输入量Q_i的数学关系为非线性微分方程。

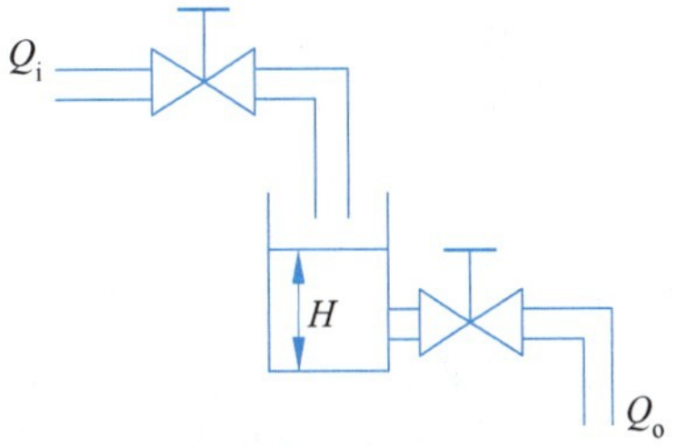

图8.1　液位控制系统

当非线性程度不严重时，例如不灵敏区较小、输入信号幅度较小、传动机械间隙不大时，可忽略非线性特性的影响，从而可将非线性环节视为线性环节；当非线性系统方程解析且工作在某一数值附近的较小范围内时，可运用小偏差方法将非线性模型线性化。但是，对于非线性程度比较严重，且系统工作范围较大时，只能使用非线性系统的分析与设计方法，才能得到较为正确的结果。

值得注意的是，非线性特性千差万别，目前对线性系统的分析与设计方法已经相当成熟，而对非线性系统的分析与设计，还没有统一的且普遍使用的分析与设计方法。

线性系统的重要特征是可以应用叠加原理，而对于非线性系统它的响应形式更复杂，有许多特殊现象,如可能具有多个平衡点、自激振荡、混沌和跳跃谐振等现象,无叠加原理可应用,主要表现在以下几个方面。

1. 稳定性分析复杂

线性系统只有一个平衡状态 $x_e=0$(无外作用且系统状态的各阶导数为零时的状态叫平衡状态),其稳定性即为 x_e 的稳定性,只取决于系统本身结构与参数,与外作用和初始条件无关。分析方法有劳斯稳定判据、奈奎斯特稳定判据等。

而非线性系统,平衡状态可能有多个,且稳定性除与本身结构和参数有关外还与初值与外作用有关。一般只满足李雅普诺夫稳定性判据的充分条件。

考查一个非线性系统

$$\frac{\mathrm{d}x}{\mathrm{d}t}=x^2-x=x(x-1)$$

令 $\frac{\mathrm{d}x}{\mathrm{d}t}=0$,可知系统存在两个平衡状态 $x_{e_1}=0$ 和 $x_{e_2}=1$。将上式非线性系统变为

$$\frac{\mathrm{d}x}{x(x-1)}=\mathrm{d}t$$

两边积分得

$$\left|\frac{x}{x-1}\right|=C\mathrm{e}^{-t}$$

当系统初值 $x(0)=x_{0-}\neq 1$ 时,积分常数为

$$C=\frac{x_0}{1-x_0}$$

于是有

$$x(t)=\frac{x_0\mathrm{e}^{-t}}{1-x_0+x_0\mathrm{e}^{-t}}$$

可以看出,当 $x_0<1$ 时,$\lim\limits_{t\to\infty}x(t)=0$ 因此,$x_{e_1}=0$ 是稳定的平衡点;当 $x_0>1$ 时,其解 $\lim\limits_{t\to\ln\frac{x_0}{x_0-1}}x(t)=\frac{x_0-1}{1-x_0+x_0-1}\to\infty$,因此,$x_{e_2}=1$ 不是稳定的平衡点。

这说明平衡点 x_e 的稳定性不仅与系统结构和参数有关,而且与初始条件有关。

2. 可能存在自激振荡现象

自激振荡指没有外界输入作用时,非线性系统内产生的具有固定振幅和频率的稳定周期运动。

线性系统的临界振荡是不能持续的。实际系统中,有扰动后线性系统或变成稳定或变成不稳定状态,总之,线性系统的临界等幅振荡仅在理论上成立,在实际中是不存在的。

再考查非线性电路中著名的范德波尔方程

$$\frac{\mathrm{d}^2x}{\mathrm{d}t^2}-2\rho(1-x^2)\frac{\mathrm{d}x}{\mathrm{d}t}+x=0,\quad \rho>0$$

当 $x=1$ 时,相当于典型二阶线性系统阻尼比 $\zeta=0$ 的情况,$x(t)$ 呈等幅振荡形式;当扰动使 $x<1$ 时,有 $-\rho(1-x^2)<0$,这相当于线性系统 $\zeta<0$ 情况,$x(t)$ 呈发散形式;当 $x>1$ 时,有 $-\rho(1-x^2)>0$,这相当于线性系统 $\zeta>0$ 情况,$x(t)$ 呈收敛形式。

上述分析表明，该系统能克服扰动对 x 的影响，保持幅值为 1 的等幅振荡，如图 8.2 所示。为此，该非线性系统无外作用时，也可能存在稳定的自激振荡，其响应如图 8.3 所示。

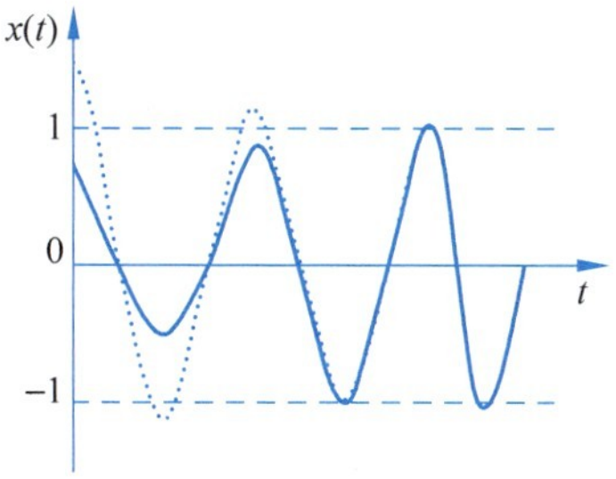

图 8.2 非线性系统的自激振荡

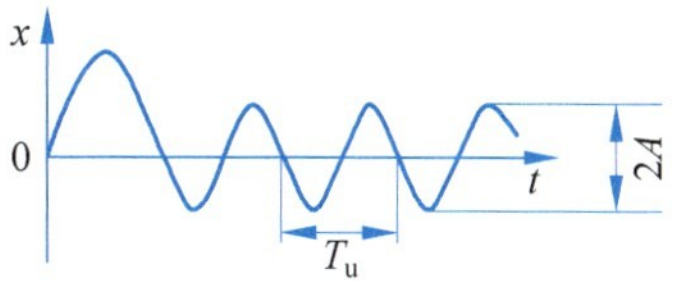

图 8.3 稳定的自激振荡

3. 频率响应发生畸变

稳定的线性系统的频率响应如图 8.4(a)所示，即在正弦信号作用下的稳态输出量是与输入同频率的正弦信号，其幅值 A' 和相位 φ 为输入正弦信号频率 ω 的函数。而非线性系统的频率响应如图 8.4(b)所示，除了含有与输入同频率的正弦信号分量(基频分量)外，还含有关于 ω 的高次谐波分量，使输出波形发生非线性畸变，难以用线性系统的分析与设计方法研究非线性控制系统。

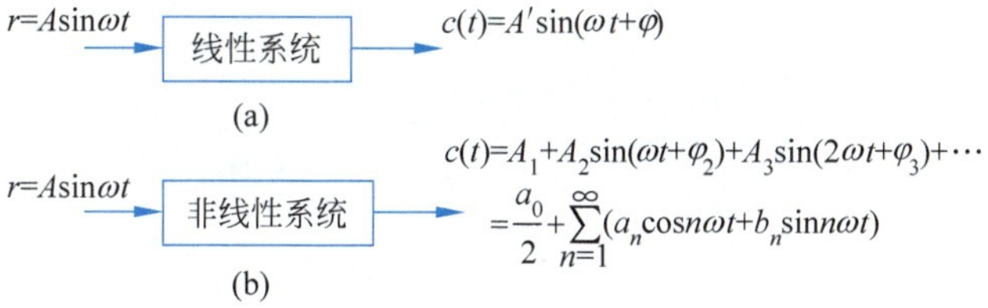

图 8.4 线性与非线性系统的频率响应

4. 混沌现象

在非线性系统中，存在一类非常特殊的系统。即混沌系统。从数学上来讲，对于具有确定初始值的动力系统，人们可以很容易推得该系统的长期行为甚至追溯其过去的性态。但是气象学家洛伦兹(Lorenz)在 20 世纪 60 年代研究大气时却发现，一个由确定性参数描述的三阶常微分方程对初始条件高度敏感，其动态行为非常难以预测，这就是著名的“蝴蝶效应”。通过反复地数值计算和思考，洛伦兹首先在耗散系统中发现了混沌运动，从而为以后的混沌研究开辟了道路。一般而言，混沌系统对于初始条件极端敏感，具有稠密轨道的拓扑特征以及呈现多种“混乱无序却又颇有规则”的图案。与其他的非线性系统相比，混沌系统的动力学行为有着独有的特征，如：

(1) 有界性。混沌是有界的，它的运动轨迹始终位于一个确定的区域，即混沌吸引域。无论混沌系统内部多么不稳定，它的轨线都不会超出此吸引域。

(2) 遍历性。混沌系统在其混沌吸引域内是各态历经的，即在有限时间内混沌轨道可以经过域内的每一个状态点。

(3) 统计特性，如正的李雅普诺夫(Lyapunov)指数等。李雅普诺夫指数是对系统的运动轨线相互间趋近或分离的整体效果进行的定量刻画，当李雅普诺夫指数小于零时，轨线间的距离以指数式衰减，对应于周期运动或者不动点；当李雅普诺夫指数大于零时，则初始状态相邻的轨线将按指数分离,对应于混沌运动。目前的研究表明,尽管不能用李雅普诺夫指数是否大于零来判断系统是否是混沌系统,但对于一个混沌系统,它的李雅普诺夫指数一定大于零。

目前,混沌研究已经涉及众多的领域,包括数学、物理学、化学、生物学及经济学等。例如,在工程学上著名的洛伦兹系统族中的陈(Chen)系统,其数学模型可以描述为

$$\begin{cases}\dot{x}=a(y-x)\\ \dot{y}=(c-a)x-xz+cy\\ \dot{z}=xy-bz\end{cases}$$

其中,参数 $a=35,b=3,c=28$。通过类似于庞加莱(Poincare)截面分析的方法,即从低维投影判定高维动力学行为的方法,可以在系统的截面上区分 Chen 系统的混沌、周期、拟周期等复杂的动力学行为。图 8.5 给出了 Chen 系统的三个状态随时间变化的曲线图,图 8.6 给出了 Chen 系统的混沌吸引子图,图 8.7 给出了 MATLAB 仿真的 Simulink 模块图。

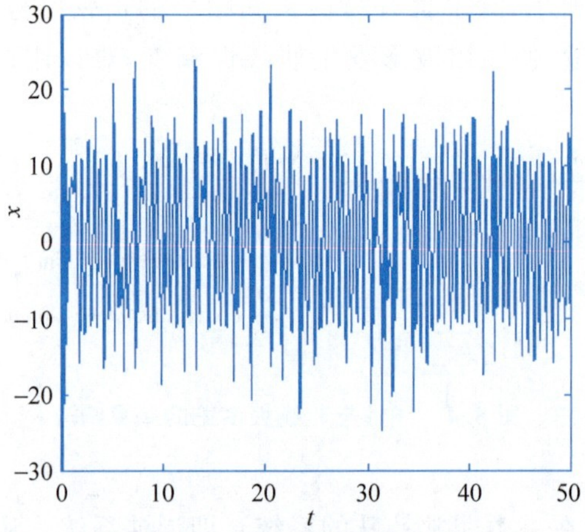

(a) 状态x随时间的变化图

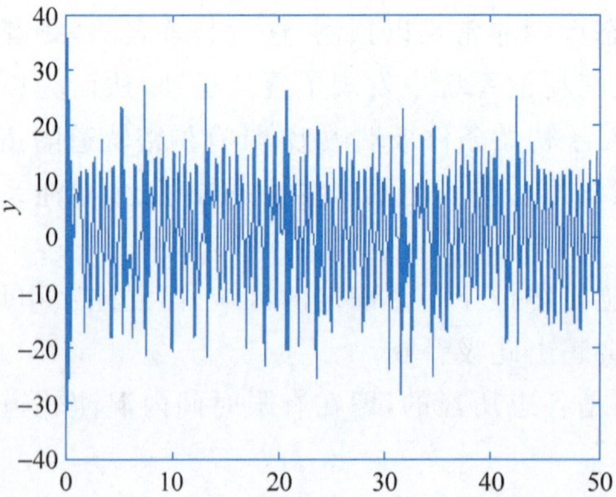

(b) 状态y随时间的变化图

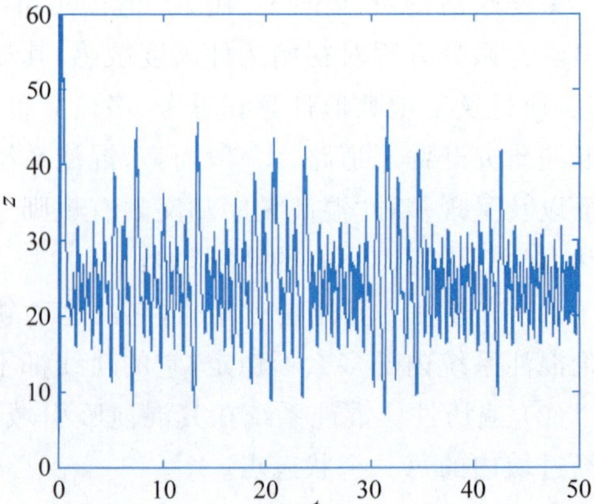

(c) 状态z随时间的变化图

图 8.5 Chen 系统三个状态的解曲线

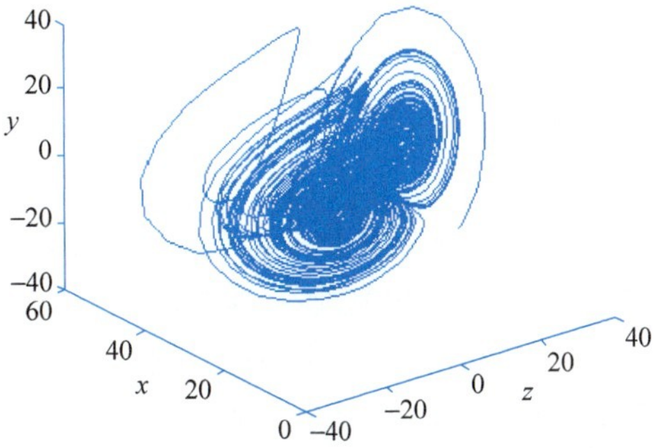

图 8.6 Chen 系统的混沌吸引子图

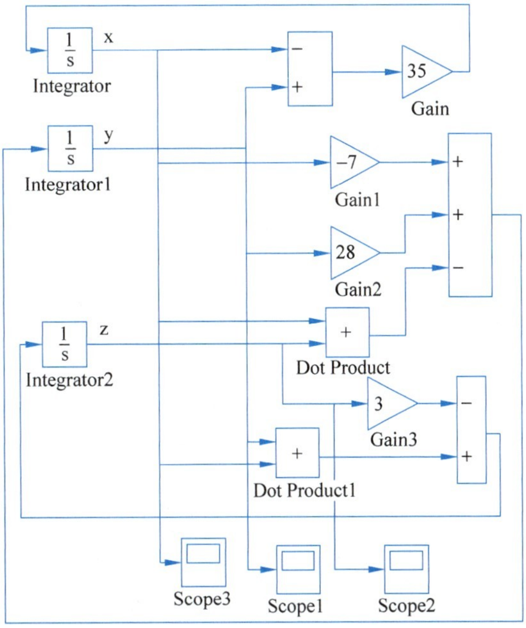

图 8.7 Chen 系统的 MATLAB 仿真模块

8.1.2 非线性系统的研究方法

由于非线性系统形式的多样性，受数学工具限制，通常难以求得非线性微分方程的解析解，工程上一般采用近似方法。常用的非线性系统分析与设计方法有以下几种。

1. 相平面法(phase plane method)

该法是 1885 年由庞加莱(Poincare)提出的基于图解的时域分析法，适用于一阶和二阶线性和非线性系统。它的基本原理是在以系统中某个状态为横坐标、以该状态的变化率为纵坐标的相平面上通过绘制系统的相轨迹，分析系统在各种初始条件下的稳态和暂态性能，该方法的几何物理意义清晰，可以通过以下三种方法获得系统的相轨迹图。

$$\text{时域分析法}\begin{cases}\text{解析法}\\ \text{图解法：等倾线法}\\ \text{计算机数值计算法}\end{cases}$$

2. 描述函数法(describing function)

该方法是 1940 年由达尼尔(Daniel)提出，它是一种“等效”的线性方法，将非线性特性按傅里叶级数展开，忽略高次谐波项(也称为谐波分析法)，近似为线性系统，然后利用线性频域法分析非线性控制系统的性能。它是非线性特性谐波线性化的一种工程实用近似分析图解法，可用于高阶非线性系统。

3. 李雅普诺夫直接法(Liapunov method)

该方法原则上是一种对任何复杂系统均可以进行稳定性分析与控制系统设计的时域方法，但该方法对非线性系统的稳定性分析仅为充分条件，李氏函数的构造是一大难题，对于复杂的非线性和时滞系统这往往是相当困难的，需要高超的技巧。非线性和时滞系统的稳定性分析和设计控制问题一直是国际控制界研究的难点与热点。

4. 波波夫方法(Popov method)

波波夫方法是针对一类非线性系统稳定性的一种频域分析方法，适用于由一个线性环节和一个非线性环节组成的系统，是利用线性系统的频率特性分析非线性系统的稳定性。

5. 计算机仿真技术(simulation using computer)

主要利用数字计算方法以及 MATLAB 和 Simulink 等仿真计算软件对非线性系统进行时域分析，该方法作图精确，物理意义直观。

本书主要讲述非线性系统常用且较为简单的相平面法和描述函数方法，至于非线性系统理论分析和设计更为深入的方法，请有兴趣的读者参阅相关著作和文献资料。

8.2 典型非线性特征及对系统运动的影响

继电特性、死区、饱和、间隙和摩擦非线性是实际系统中常见的典型非线性特性，很多情况下，非线性系统可以表示为在线性系统的某些环节的输入或输出端加入具有非线性特性的环节，因此，非线性因素的影响使线性系统的运动发生变化。以下分析中，采用简单的折线代替实际的非线性曲线，将非线性特性分段线性化，而由此产生的误差一般处于工程所允许的范围之内。

设非线性特性可以表示为

$$y=f(x) \tag{8.1}$$

将非线性特性视为一个环节，环节的输入为 x，输出为 y，按照线性系统中比例增益的描述，定义非线性环节输出 y 和输入 x 的比值为等效增益，即

$$k=\frac{y}{x}=\frac{f(x)}{x} \tag{8.2}$$

非线性环节的等效增益为变增益，因而可将非线性特性视为变增益的比例环节。下面定性分析典型非线性环节、等效增益及对系统运动的影响。

8.2.1 继电特性

继电器、接触器及电力电子等电气元件的特性通常表现为继电特性(relays)，如继电器、接触器其吸合电压和释放电压不同，该类元件在电子电气线路中常用于小信号控制大电流以及保护装置的场合。

继电器的类型主要有双位继电器、三位继电器、具有滞环和具有死区与滞环的继电器等几种类型。

(1) 理想继电器如图 8.8(a)所示，当控制信号为正或得电时，继电器接通；而当控制信号为负或失电时，继电器断开。

(2) 具有死区的继电器如图 8.8(b)所示，输入信号的幅值必须大于死区，继电器才动作。

(3) 具有滞环的继电器如图 8.8(c)所示，由于继电器线圈的磁滞效应，改变输入信号的极性使继电器动作，其反向输入信号的幅值应比前一次动作的正向输入信号的幅值更大。

(4) 具有死区和滞环的继电器如图 8.8(d)所示，这类继电器的特性相当于死区和滞环继电器的结合，比其他三种继电器更为复杂一些，这里不详细说明了。

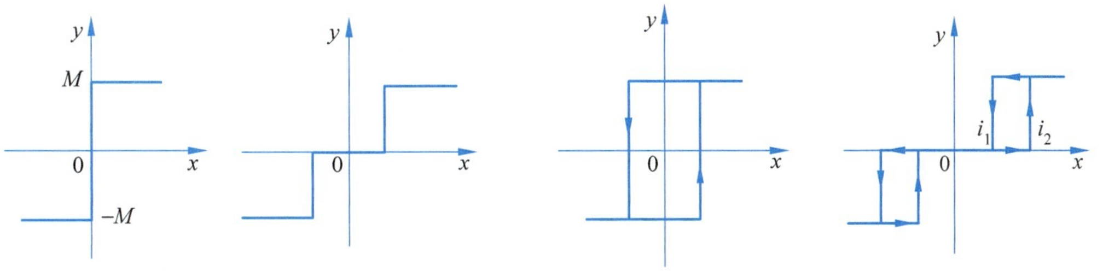

(a) 理想继电器　(b) 具有死区的继电器　(c) 具有滞环的继电器　(d) 具有死区和滞环的继电器

图 8.8　继电器非线性特性

对于实际继电器，可以看成一个变增益的比例放大器，当输入 x 趋于 0 时，等效增益 k 趋于无穷；当 $|x|$ 增大时，k 减小，当 $|x|$ 趋于无穷时，k 趋于 0。即 $0\leqslant k<\infty$，且为 $|x|$ 的减函数，如图 8.9 所示。

下面利用根轨迹法分析非线性继电器对控制系统的影响。

考查如图 8.10 所示的继电器非线性控制系统，实际继电器看作是一变增益的比例放大器，用 $0\to\infty$ 的变增益 k 表示，其中线性被控过程的传递函数为

$$G(s)=\frac{K}{s(s+2)(s+3)}$$

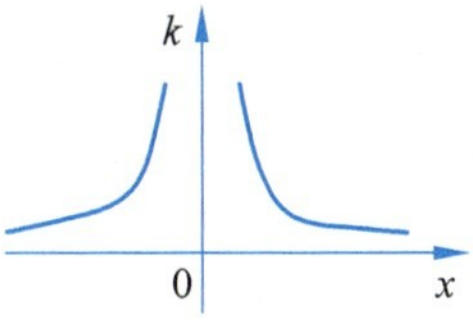

图 8.9　继电器环节增益与输入的关系

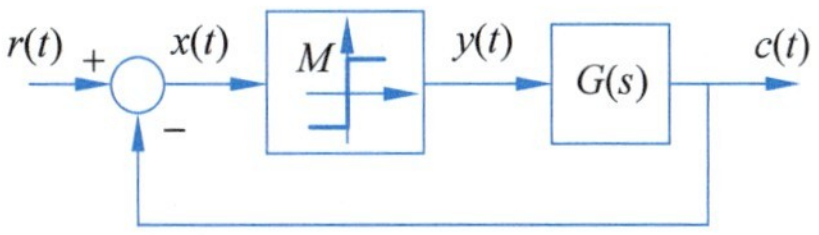

图 8.10　理想继电器控制系统

此时，等效的开环传递函数为

$$G_0(s)=\frac{kK}{s(s+2)(s+3)}=\frac{K^*}{s(s+2)(s+3)}$$

其中，根轨迹增益 $K^*=k\cdot K$，绘制该系统的根轨迹，如图 8.11 所示。当 $K^*:0\to\infty$，相当于继电器输入信号幅值 $|x|:\infty\to0$。

当系统处于临界稳定时，$s=\pm\mathrm{j}\sqrt{6}$，对应的根轨迹增益为 $K^*=k\cdot K=30$，此时，非线性系统的零输入响应为图 8.12 所示的等幅振荡。此时的继电器可以用一个比例增益为 $k_{\mathrm{u}}=\dfrac{30}{K}$ 的线性放大器代替，如图 8.13 所示。

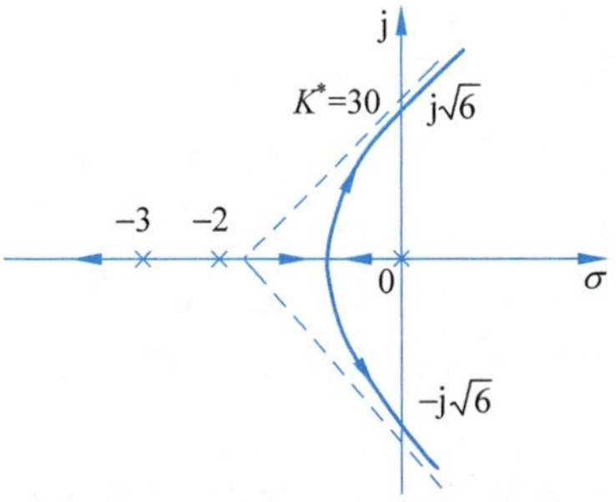

图 8.11　继电器系统的根轨迹

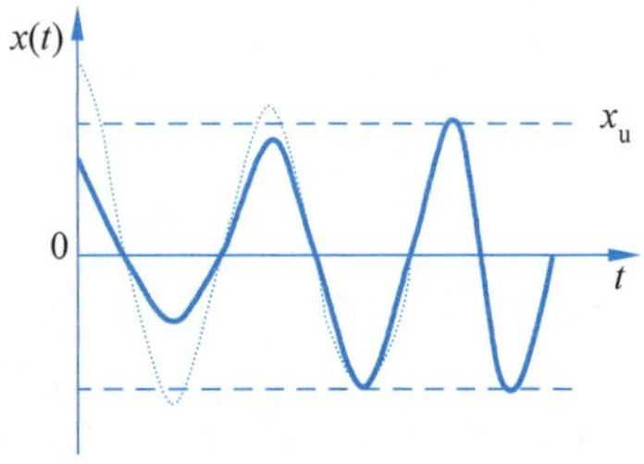

图 8.12　继电器等幅振荡时的响应

当系统处于临界稳定状态时,用示波器观察到的该继电器输入和输出端的波形如图 8.14 所示。

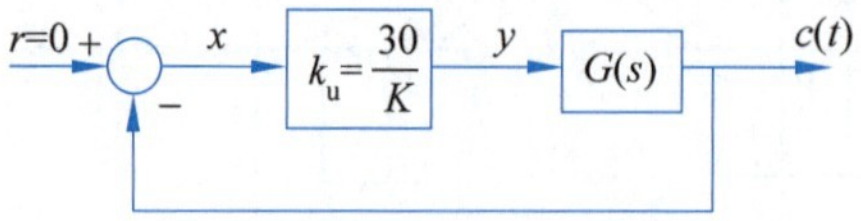

图 8.13 继电器的线性等价控制系统

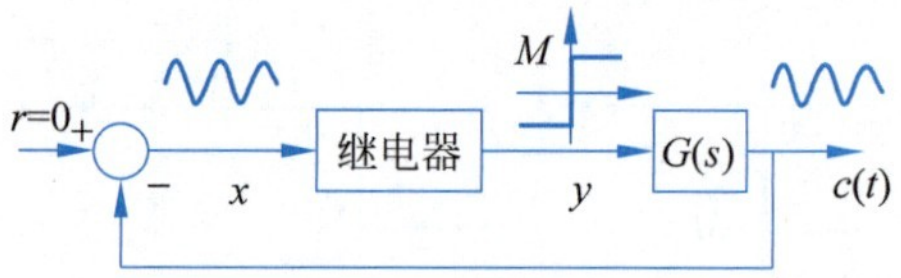

图 8.14 继电器非线性系统振荡时各点波形

由本章后面对非线性环节描述函数的研究可以知道,等幅振荡时理想继电器输入端的振幅 A 和继电器输出幅值 M 的关系为

$$k_u=\frac{30}{K}=\frac{4M}{\pi A}$$

因此,等幅振荡的振幅为

$$x_u=A=\frac{4KM}{30\pi}$$

振荡频率为

$$\omega_u=\sqrt{6}$$

当 $|x(t)|>x_u$ 时,由于 k 与 x 成反比,继电器特性的等效增益 $k<\frac{30}{K}$,由根轨迹知,闭环极点位于左半 s 平面,系统稳定这时 $|x|$ 减小,使得 k 增大,系统将沿根轨迹方向趋于点 $\pm \mathrm{j}\sqrt{6}$。

当 $|x(t)|<x_u$ 时,$k>\frac{30}{K}$,系统不稳定。这时 $|x|$ 增大,使得 k 减小,系统也将沿根轨迹的反方向趋于点 $\pm \mathrm{j}\sqrt{6}$。

故实际继电器的输入 $x(t)$ 最终将保持在稳定的等幅振荡或称自激振荡上,其中振荡频率为 $\omega_u=\sqrt{6}$。

8.2.2 死区特性

死区(dead zone)又称为不灵敏区,如图 8.15 所示。死区特性一般是由测量元件、放大元件以及执行机构的不灵敏区所造成的,例如伺服电机只有在控制输入电压达到一定数值时,电机才会转动。对实际的死区特性,可看成为一变增益的放大器。

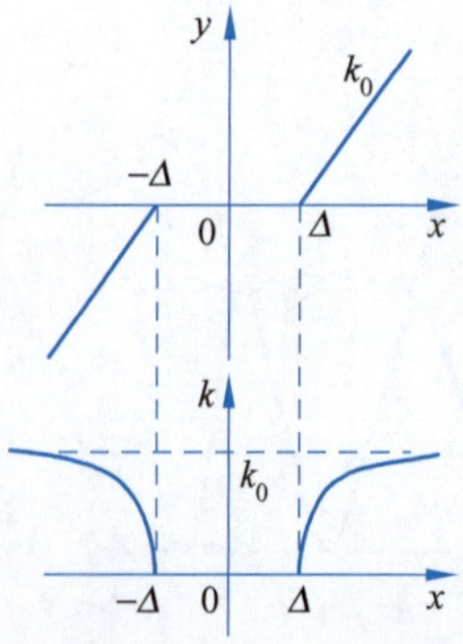

图 8.15 死区特性

当 $|x|<\Delta$ 时,$k=0$;系统处于开环状态,失去调节作用。当 $|x|>\Delta$ 时,k 为 $|x|$ 的增函数,且当 $|x|$ 趋于无穷时,k 趋于 k_0。

死区最直接的影响是使系统增大了稳态误差,降低了控制精度;另一方面,死区的存在使系统振荡性变小,超调量减小。

例 8.1 对如图 8.16 所示的非线性控制系统,考查死区非线性特性对系统的影响。

解 当系统无死区环节时,相当于线性系统,此时系统的根轨迹如图 8.17 所示。假设闭环极点位于根轨迹共轭复数极点 s_1、s_2

处，阻尼比 ζ 较小，而超调量 σ 较大；当系统存在死区非线性环节时，使非线性环节的等效增益 k 在 $0\sim k_0$ 之间变化。当 $|x|$ 较大，即为大偏差 $|e(t)|$ 时，由于根轨迹等效增益 $K^*=kK$，且 k 较大，此时闭环极点为 ζ 较小的共轭复极点，系统响应快。当 $|x|$ 较小，即小偏差 $|e(t)|$ 时，由于 k 小，根轨迹增益 $K^*=kK$ 也较小，相当于闭环极点为具有较大 ζ 的共轭复极点或实极点，系统振荡性减弱，因而可降低系统的超调量，如图 8.18 所示。

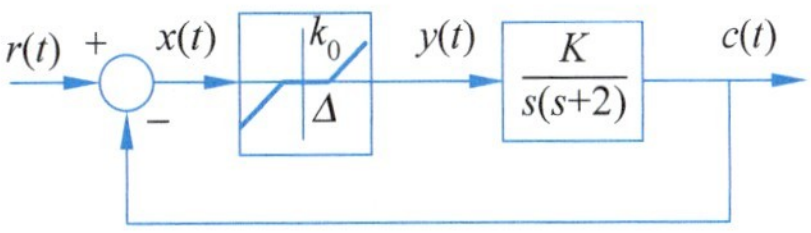

图 8.16 例 8.1 非线性控制系统

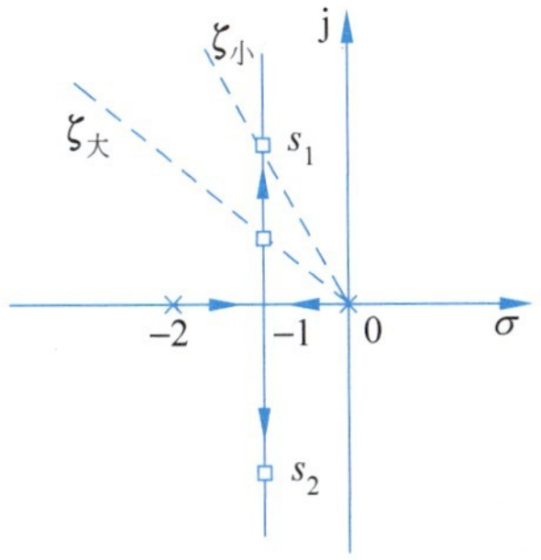

图 8.17 系统 $G(s)=\dfrac{K}{s(s+2)}$ 的根轨迹

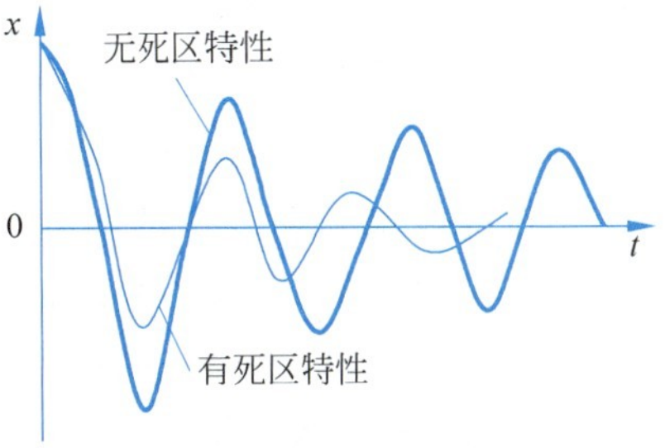

图 8.18 死区非线性系统动态特性比较

8.2.3 饱和特性

放大器及执行机构受电源电压或功率的限制都会导致饱和现象，即饱和特性(saturation)。如图 8.19 所示的饱和非线性特性，当输入 $|x|\leqslant a$ 时，等效增益 $k=k_0$；当输入 $|x|>a$ 时，等效增益 k 逐渐减小到零。

饱和非线性特性使开环增益在饱和区下降，促使系统稳定，但比例增益的减小又使得稳态误差 e_{ss} 变大，控制精度下降。但有时为了保护设备安全，常采用限幅器，相当于饱和环节，一般饱和特性使增益变小，可使系统振荡性减弱。

8.2.4 间隙特性

如图 8.20 所示为齿轮间歇非线性及特性，机械传动设备中常用的齿轮、涡轮轴系或磁滞效应是形成间隙特性的主要原因，例如传动齿轮的主动轮与从动轮之间产生的间隙特性。间隙非线性特性的输出不仅与输入信号的大小有关，还与输入信号变化的方向有关，间隙特性(backlash)有回环，其输入与输出是非单值关系。

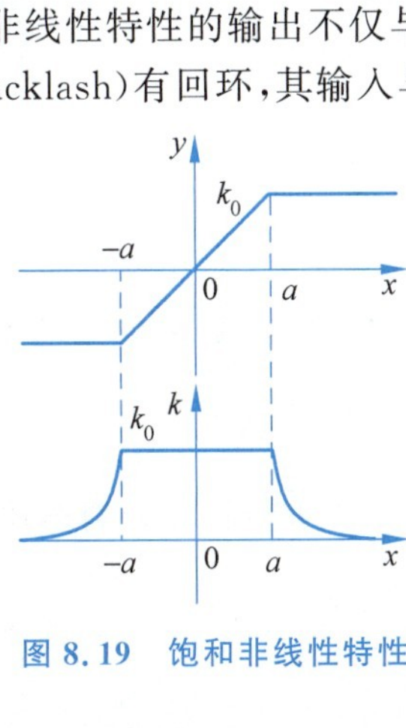

图 8.19 饱和非线性特性

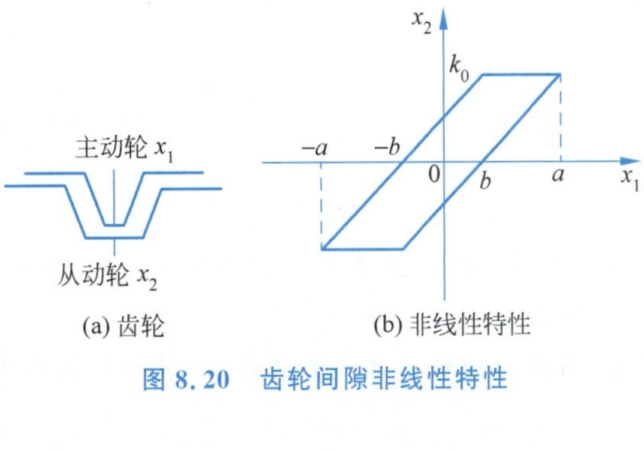

图 8.20 齿轮间隙非线性特性

间隙非线性对系统的影响为：①因为有死区，增大了静态误差，降低了控制精度；②有相位滞后、削顶、波形失真，使得动态特性变差。

8.2.5 摩擦特性

摩擦特性(friction)主要存在于机械运动机构、小功率随动系统等系统中。摩擦力阻挠系统的运动，表现为与物体运动反方向的制动力。如图 8.21 所示，F_1 是物体由静止刚开始运动所需要克服的静摩擦力；F_2 是系统运动时的动摩擦力或库仑摩擦；第三种摩擦力为黏性摩擦，它与物体运动速度成正比，其等效增益为 k_0，当速度 $\dot{x}=v\to\infty$ 时，增益 $k\to k_0$，当速度 $|\dot{x}|=v$ 在零附近作微小变化时，由于静摩擦和动摩擦的突变，k 变化剧烈。摩擦对系统性能的影响主要表现为系统低速运动时的不平滑性，如电动机输出轴时停时转的现象，这就是所谓的低速爬行现象。这时尽管系统输入轴作低速平稳旋转，但输出轴却是跳动地跟着旋转，这对系统是有害的。

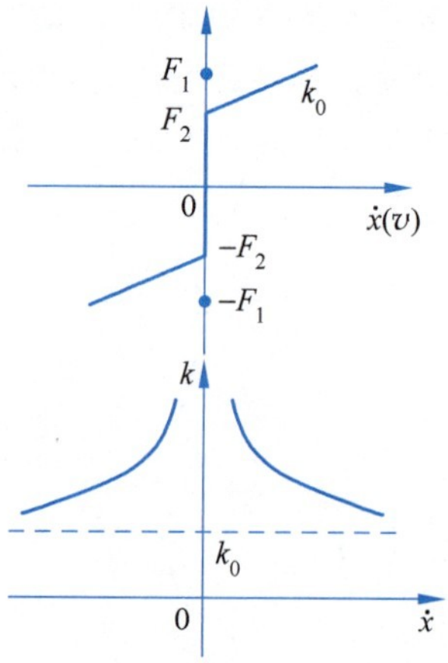

图 8.21 摩擦非线性特性

8.3 相平面法

1885 年，庞加莱(Poincare)提出了用图解法将一阶和二阶系统的运动过程转化为位置和速度平面上的运动轨迹，从而直观准确地反映系统平衡点附近的稳定性、稳态精度、动态特性以及初值和参数对控制系统的影响。

8.3.1 相平面和相轨迹的基本概念

考查二阶非线性自治系统

$$\ddot{x}+f(x,\dot{x})=0 \tag{8.3}$$

令系统的状态变量为 $x_1=x, x_2=\dot{x}_1=\dot{x}$，以状态为横坐标，状态的导数为纵坐标构成的相应二维状态空间称为相平面，对应的状态响应轨迹称为相轨迹。

例 8.2 某二阶系统如图 8.22 所示，试确定系统的相轨迹。

解 由系统各环节输入输出结构关系，得

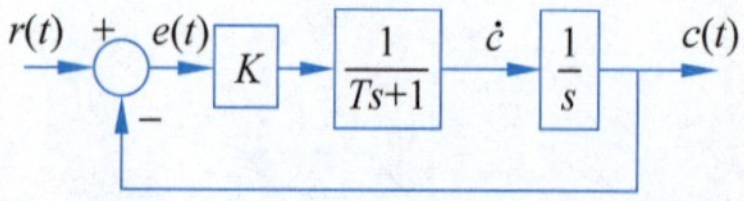

图 8.22 例 8.2 线性二阶系统

$$\begin{cases} T\ddot{c}+\dot{c}=Ke \\ e=r-c \end{cases}$$

假设系统输入 $r(t)$ 为阶跃信号，于是该系统的微分方程为

$$T\ddot{e}+\dot{e}+Ke=0,\quad t>0$$

考查 $\zeta<1$ 的情况，画出系统的阶跃响应，以及对应的误差变量的相轨迹分别如图 8.23 和图 8.24 所示。

显然，系统的响应为衰减振荡过程，最终到达原点的平衡点。

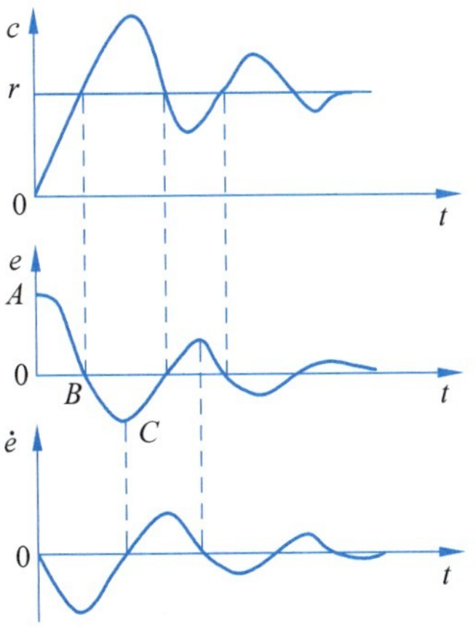

图 8.23　例 8.2 各点 r、e 及 $\dot{e}$ 时间曲线

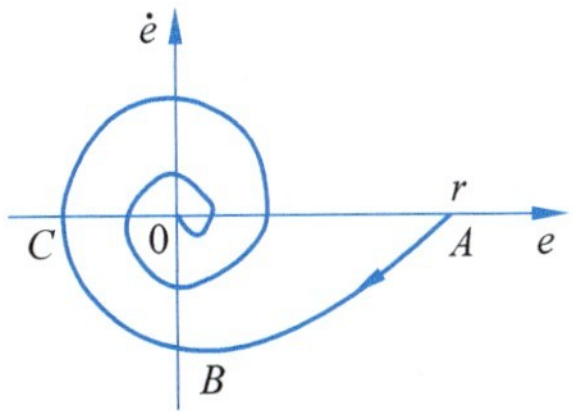

图 8.24　例 8.2 系统的相轨迹

8.3.2　相轨迹的性质

1. 相轨迹的斜率

对二阶非线性系统

$$\ddot{x}+f(x,\dot{x})=0$$

取状态 $x_1=x$，$x_2=\dot{x}$，则上式为

$$\begin{cases}\dot{x}_1=x_2\\ \dot{x}_2=-f(x_1,x_2)\end{cases}$$

可得到

$$\frac{\mathrm{d}x_2}{\mathrm{d}x_1}=\frac{\mathrm{d}\dot{x}}{\mathrm{d}x}=\frac{-f(x,\dot{x})}{x_2}=-\frac{f(x,\dot{x})}{\dot{x}} \tag{8.4}$$

其中，$\frac{\mathrm{d}\dot{x}}{\mathrm{d}x}$为相轨迹的斜率，相轨迹上任一点均满足此方程。

2. 对称条件

如果 $f(x,\dot{x})=f(x,-\dot{x})$，则称相轨迹对称于 x 轴。如果 $f(x,\dot{x})=f(-x,\dot{x})$，则称相轨迹对称于 $\dot{x}$ 轴。如果 $f(-x,\dot{x})=-f(x,-\dot{x})$，则称相轨迹对称于原点。

3. 奇点

由于$\frac{\mathrm{d}\dot{x}}{\mathrm{d}x}=-\frac{f(x,\dot{x})}{\dot{x}}$是相轨迹上每一点切线的斜率，若在某点处 $f(x,\dot{x})$和 $\dot{x}$ 同时为 0，即有$\frac{\mathrm{d}\dot{x}}{\mathrm{d}x}=\frac{0}{0}$的不定形式，则称该点为相平面的奇点(singular points)。

相轨迹在奇点处的切线斜率为不定，说明系统在奇点处可按任意方向趋近或离开该奇点，因此在奇点处，多条相轨迹相交；而在相轨迹的非奇点处，由于不同时满足 $\dot{x}=0$ 和 $f(x,\dot{x})=0$，因此相轨迹的切线斜率是确定的值，故经非奇点处的相轨迹只有一条。由奇点定义知 $\dot{x}=0$，$\ddot{x}=-f(x,\dot{x})=0$，即奇点位于横轴上，又称为平衡点。

4. 奇线

如果相轨迹在一条线上均满足 $\dot{x}=0$ 和 $f(x,\dot{x})=0$，则称该线为奇线。

5. 通过 x 轴相轨迹的斜率

因为 $\dot{x}=0$，所以除去奇点外，均有相轨迹的斜率 $\frac{\mathrm{d}\dot{x}}{\mathrm{d}x}\rightarrow\infty$。这意味着除奇点外，相轨迹曲线与 x 轴垂直相交。

6. 相轨迹的运动方向

在上半平面，此时 $\dot{x}>0$，由于 x 随 t 增大而增大，因此相轨迹走向由左向右；而在下半平面，此时 $\dot{x}<0$，则 x 随 t 增大而减少，所以相轨迹走向由右向左。

8.3.3 相轨迹图解法

1. 相轨迹绘制的解析法

此法一般适用于较简单的系统。

例 8.3 考查弹簧和质量机械系统，如图 8.25 所示，设弹簧弹性系数为 k，外力为 F，只计动摩擦力 F_c，试画出系统的相轨迹。

解 设物块位移为 y，由牛顿第二定律得

$$F-ky-(\pm F_c)=m\ddot{y}$$

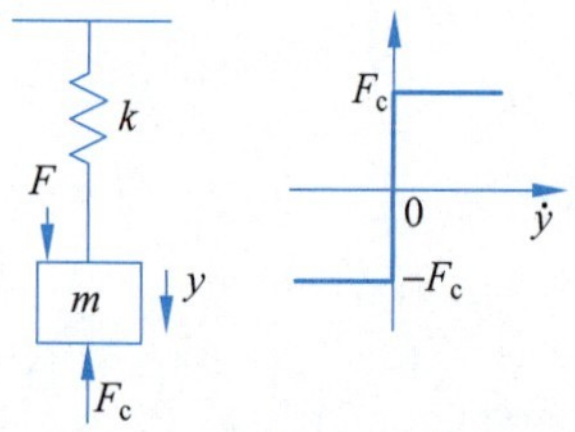

图 8.25 弹簧质量系统及摩擦非线性特性

不计外力 F 作用时，则

$$m\ddot{y}+k\dot{y}\pm F_c=0$$

令 $\frac{k}{m}=\omega_n^2$，$\gamma=\frac{F_c}{m\omega_n^2}$，当 $\gamma=0$ 时，$F_c=0$。于是上式变为

$$\ddot{y}+\omega_n^2(y\pm\gamma)=0$$

令 $x=y\pm\gamma$，得

$$\ddot{x}+\omega_n^2x=0$$

再令系统状态 $x_1=x$，$x_2=\dot{x}$，则系统的状态方程为

$$\begin{cases}\dot{x}_1=x_2\\ \dot{x}_2=-\omega_n^2x_1\end{cases}\Rightarrow\frac{\mathrm{d}x_2}{\mathrm{d}x_1}=-\frac{\omega_n^2x_1}{x_2}$$

于是解得相轨迹方程为

$$x_2^2+\omega_n^2x_1^2=c'$$

或表示为

$$\left(\frac{1}{\omega_n}\dot{y}\right)^2+(y\pm\gamma)^2=c$$

其中，c' 和 c 均为常数，显然该系统的相轨迹是一个圆的方程，如图 8.26 所示。特别地，当摩擦 $F_c=0$ 时，$\gamma=0$，相轨迹在 $\frac{\dot{y}}{\omega_n}\sim y$ 平面上变为以(0,0)为圆心的一簇圆方程，相当于等幅振荡。

可以看出，系统状态进入到 $|y|\leqslant\gamma$ 区后，系统的响应就停止了，尽管系统稳定，但总有稳态误差 e_{ss}。减小摩擦 F_c，意味着 γ 减小，稳态误差 e_{ss} 也变小。

有时通过颤动效应来降低 e_{ss}，提高控制精度，例如反复用手指轻敲指示仪表，可减小稳态误差 e_{ss}，如图 8.27 所示。

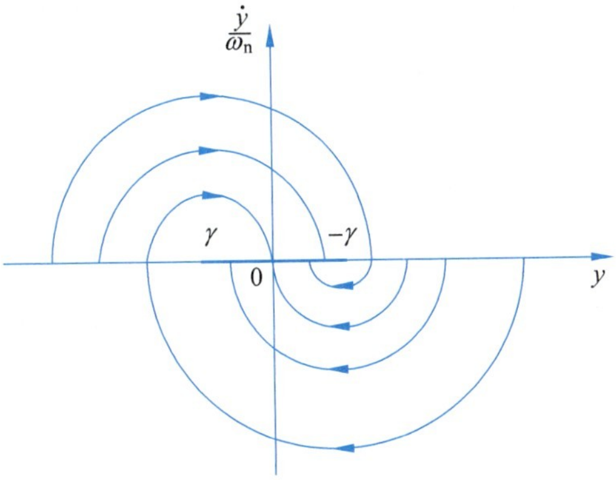

图 8.26 例 8.3 系统的相轨迹

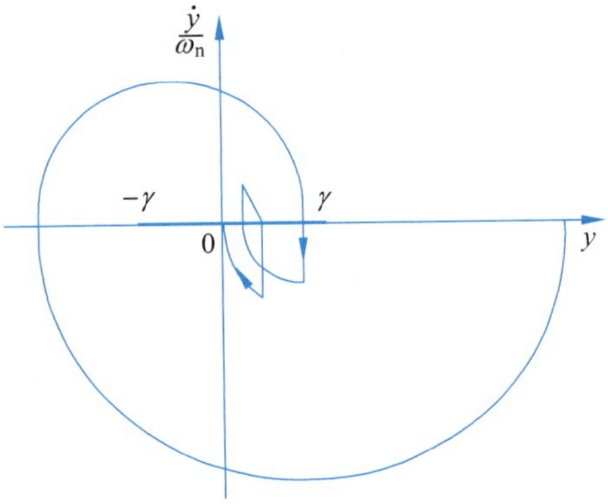

图 8.27 例 8.3 颤动效应下的相轨迹

2. 相轨迹绘制的等倾线法(isocline method)

由于相轨迹斜率为

$$\frac{\mathrm{d}\dot{x}}{\mathrm{d}x}=-\frac{f(x,\dot{x})}{\dot{x}}$$

将满足斜率为常数 α，即

$$\frac{\mathrm{d}\dot{x}}{\mathrm{d}x}=\alpha$$

的诸连线定义为等倾线方程，即

$$\alpha\dot{x}=-f(x,\dot{x}) \tag{8.5}$$

给定一组 α 值，可得到一簇等倾线，在每条等倾线上的各点，画出斜率等于等倾线 α 的短线段，该短线段称相轨迹的切线方向。具体画法是：从初值出发，沿切线方向将短线段用光滑曲线连起来，就得到相轨迹。

例 8.4 某二阶系统的微分方程为

$$\ddot{x}+2\zeta\omega_n\dot{x}+\omega_n^2x=0$$

试用等倾线法画出系统的相轨迹。

解 令相轨迹的斜率为

$$\frac{\mathrm{d}\dot{x}}{\mathrm{d}x}=\frac{-(2\zeta\omega_n\dot{x}+\omega_n^2x)}{\dot{x}}=\alpha$$

于是得到等倾线方程为

$$\dot{x}=\frac{-\omega_n^2}{2\zeta\omega_n+\alpha}x$$

这里相当于直线方程，简单表示为

$$\dot{x}=kx$$

其中，k 为等倾线斜率(注：并不是所有系统的等倾线都为直线)。

本例中取 $\zeta=0.5$，$\omega_n=1$，将等倾线的方向场绘出，从某一初值开始沿等倾线的方向场也就是相轨迹的切线方向用短线段连接即可得到系统的相轨迹，如图 8.28 所示。图中，虚

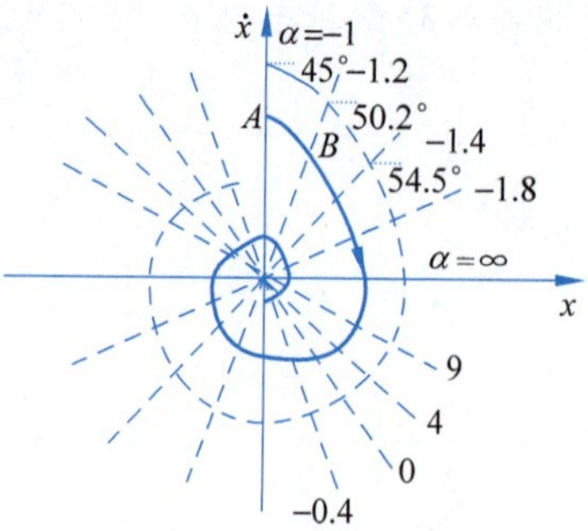

图 8.28 由等倾线法绘制系统的相轨迹

线为相轨迹的等倾线。

当 $\alpha=-1$ 时,等价于相轨迹在该等倾线的切线方向为 $\theta=-45°$;同理,当 $\alpha=-1.2$ 时,有 $\theta=-50.2°$;当 $\alpha=-1.4$ 时,有 $\theta=-54.5°$。

一般等倾线间隔以 5°~10°为宜。

较精确画法是:过 A 作斜率为 $\dfrac{-1+(-1.2)}{2}=-1.1$(即 $-47.6°$)的直线,交点为 B 点,于是画出的线段 AB 为一段近似相轨迹,再从 B 开始用同样的方法继续做出各段近似轨迹,直到得到一条完整的近似相轨迹为止。

8.3.4 线性系统的相轨迹

线性系统是非线性系统的特例,而许多非线性系统可分段线性化来描述,或在平衡点附近线性化来描述,为此有必要描述线性系统的相轨迹。

1. 线性一阶系统的相轨迹

设一阶系统的动态方程为

$$T\dot{x}+x=0$$

得到相轨迹方程为

$$\dot{x}=-\frac{1}{T}x$$

它是过原点,斜率为 $-\dfrac{1}{T}$ 的直线,如图 8.29 所示。从中可以看出,当 $T<0$ 时,相轨迹沿直线发散于无穷远处,当 $T>0$ 时相轨迹收敛于原点。

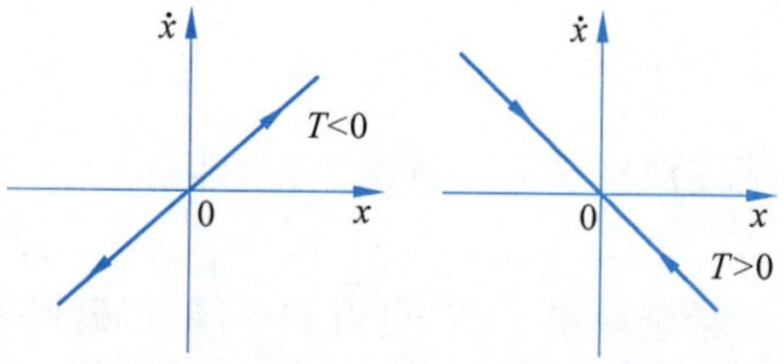

图 8.29 线性一阶系统的相轨迹

2. 线性二阶系统的相轨迹

考查二阶线性定常系统

$$\ddot{x}+2\zeta\omega_n\dot{x}\pm\omega_n^2x=0$$

根据定义,相轨迹微分方程为

$$\frac{d\dot{x}}{dx}=\frac{-(2\zeta\omega_n\dot{x}\pm\omega_n^2x)}{\dot{x}}$$

令

$$\frac{d\dot{x}}{dx}=\frac{-(2\zeta\omega_n\dot{x}\pm\omega_n^2x)}{\dot{x}}=\alpha$$

可得等倾线方程为

$$\dot{x}=-\frac{\pm\omega_n^2}{2\zeta\omega_n+\alpha}x=kx$$

其中,k 为该系统直线等倾线方程的斜率。

考查等倾线与相轨迹重合点,即将 $k=\alpha$ 代入等倾线方程的斜率中

$$k=-\frac{\pm\omega_n^2}{2\zeta\omega_n+\alpha}=\alpha$$

得到一组特殊的等倾线或相轨迹方程为

$$\alpha^2+2\zeta\omega_n\alpha\pm\omega_n^2=0$$

等价于线性二阶系统的特征方程

$$\lambda^2+2\zeta\omega_n\lambda\pm\omega_n^2=0$$

如果方程根的判别式 $\Delta>0$，相当于有两个不等的实根，则可得相轨迹切线斜率为

$$\lambda_{12}=\alpha_{1,2}=\frac{-2\zeta\omega_n\pm\sqrt{\Delta}}{2}=-\zeta\omega_n\pm\omega_n\sqrt{\zeta^2\mp1}$$

此时可得两条特殊的等倾线，其斜率为

$$k_{1,2}=\alpha_{1,2}=\lambda_{1,2}$$

该式表明，特殊的等倾线斜率等于位于该等倾线上相轨迹任一点的切线斜率。即当相轨迹运动至这条特殊的等倾线上时，将沿着该等倾线收敛或发散，而不可能脱离该等倾线。

按方程类别可分为以下三种情况：

情况 1 考查二阶系统 $\ddot{x}+2\zeta\omega_n\dot{x}-\omega_n^2x=0$ 的相轨迹

显然，此时该系统的判别式 $\Delta>0$，特征方程有两个符号相反的互异实根

$$\lambda_1=-\zeta\omega_n+\omega_n\sqrt{\zeta^2+1}>0$$

$$\lambda_2=-\zeta\omega_n-\omega_n\sqrt{\zeta^2+1}<0$$

此时系统相轨迹如图 8.30 所示。图中虚线表示两条特殊的等倾线，也为相轨迹，它也是其他相轨迹的渐近线，可以看出该系统在平衡点是不稳定的，该平衡点或奇点称为鞍点(saddle point)。

情况 2 考查二阶系统 $\ddot{x}+2\zeta\omega_n\dot{x}=0$ 的相轨迹

此时，特征方程有两个实根

$$\lambda_1=0,\quad \lambda_2=-2\zeta\omega_n$$

相轨迹方程为

$$\frac{\mathrm{d}\dot{x}}{\mathrm{d}x}=-2\zeta\omega_n$$

相轨迹如图 8.31 所示。

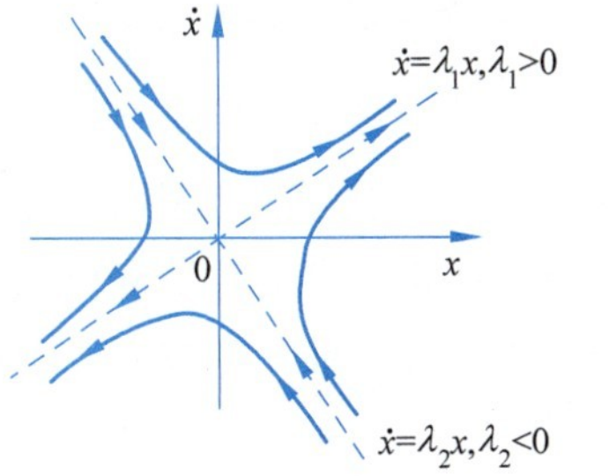

图 8.30 二阶系统 $\ddot{x}+2\zeta\omega_n\dot{x}-\omega_n^2x=0$ 的相轨迹

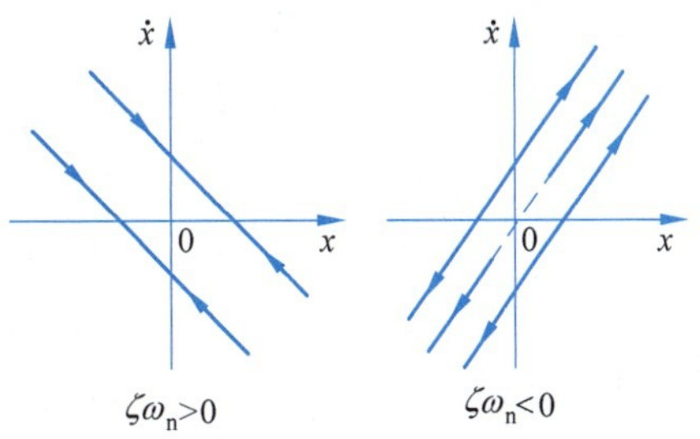

图 8.31 二阶系统 $\ddot{x}+2\zeta\omega_n\dot{x}=0$ 的相轨迹

显然，如果 $\zeta\omega_n>0$，则相轨迹收敛并中止于 x 轴；如果 $\zeta\omega_n<0$，则相轨迹发散。

情况 3 考查二阶系统 $\ddot{x}+2\zeta\omega_n\dot{x}+\omega_n^2x=0$ 的相轨迹

在第 3 章控制系统的时域分析章节中我们已对线性二阶系统做出分析。

(1) 当系统阻尼比 $0<\zeta<1$ 时,相当于欠阻尼情况。

由于此时特征方程的根 $\lambda_{1,2}$ 为一对具有负实部的共轭复根,相当于相轨迹为衰减振荡,最终趋于原点,如图 8.32 所示。我们称该奇点或平衡点为稳定的焦点(focus point)。

(2) 当阻尼比 $\zeta>1$,相当于过阻尼情况。

此时,系统有两互异负实根 $\lambda_{1,2}=-\zeta\omega_n\pm\omega_n\sqrt{\zeta^2-1}$,相轨迹按指数规律衰减到原点,如图 8.33 所示。我们称该平衡点或奇点为稳定的节点(nodal point)。

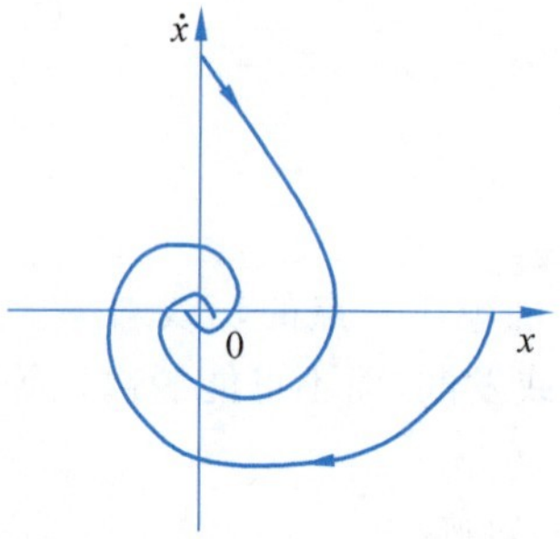

图 8.32　$0<\zeta<1$ 时二阶系统的相轨迹

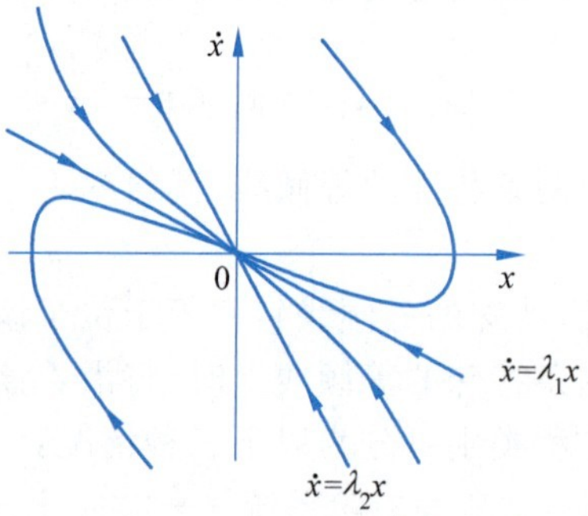

图 8.33　$1<\zeta$ 时二阶系统的相轨迹

(3) 当 $\zeta=1$,相当于临界阻尼情况。

此时,系统有两个相等的负实根 $\lambda_1=\lambda_2=-\zeta\omega_n$,相轨迹最终收敛于原点,如图 8.34 所示,奇点也为稳定的节点。

(4) 当 $\zeta=0$ 时,相当于无阻尼情况。

这时,系统有一对纯虚根 $\lambda_{1,2}=\pm j\omega_n$,相轨迹为等幅振荡,或椭圆方程,如图 8.35 所示。该情况称为中心点(centre point)。

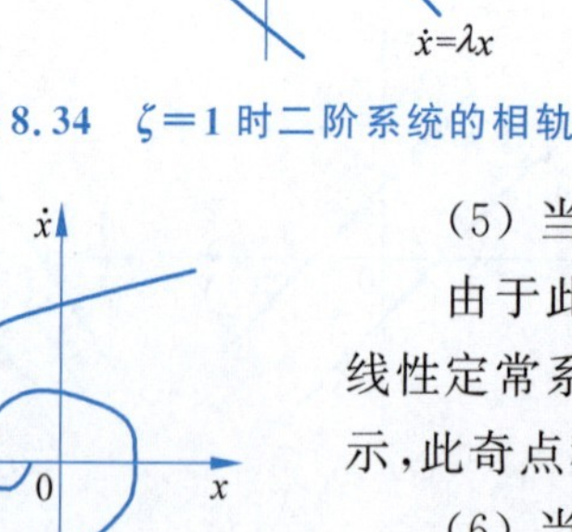

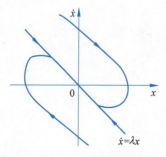

图 8.34　$\zeta=1$ 时二阶系统的相轨迹

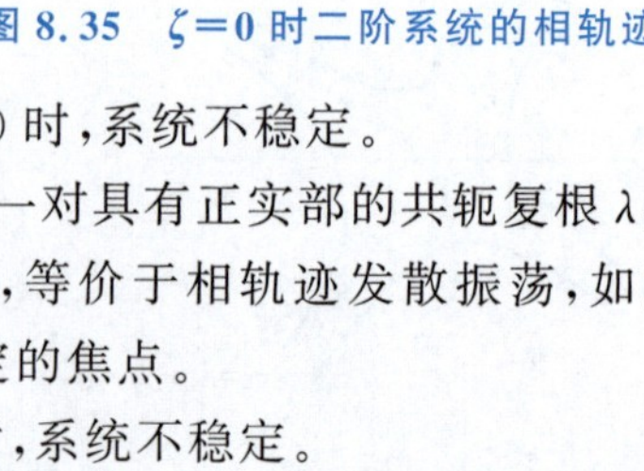

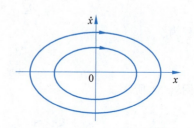

图 8.35　$\zeta=0$ 时二阶系统的相轨迹

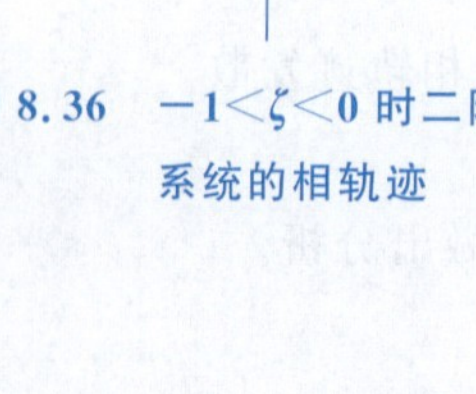

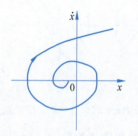

图 8.36　$-1<\zeta<0$ 时二阶系统的相轨迹

(5) 当 $-1<\zeta<0$ 时,系统不稳定。

由于此时系统有一对具有正实部的共轭复根 $\lambda_{1,2}$,为此该线性定常系统不稳定,等价于相轨迹发散振荡,如图 8.36 所示,此奇点称为不稳定的焦点。

(6) 当 $\zeta<-1$ 时,系统不稳定。

此时该系统有两正实根 $\lambda_{1,2}=\omega_n(|\zeta|\pm\sqrt{\zeta^2-1})$,相当于线性定常系统不稳定,相轨迹呈指数发散状态,如图 8.37 所示,此时的奇点称为不稳定的节点。

(7) 当 $\zeta=-1$ 时，系统不稳定。

此时系统有两个相同的正实根 $\lambda_1=\lambda_2=\omega_n$，显然该线性定常系统是不稳定的，相轨迹如图 8.38 所示，该奇点也称为不稳定的节点。

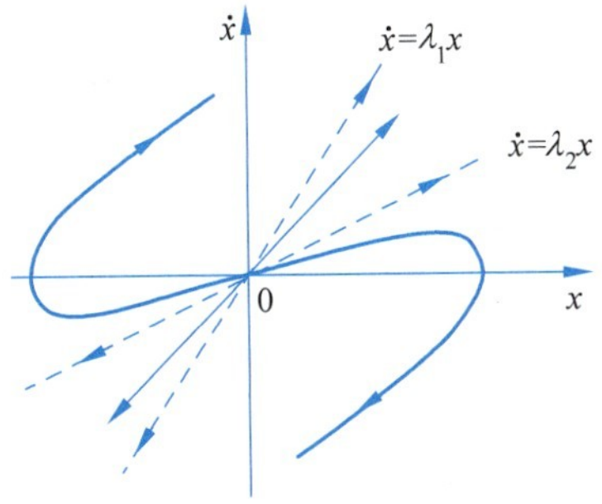

图 8.37 $\zeta<-1$ 时二阶系统的相轨迹

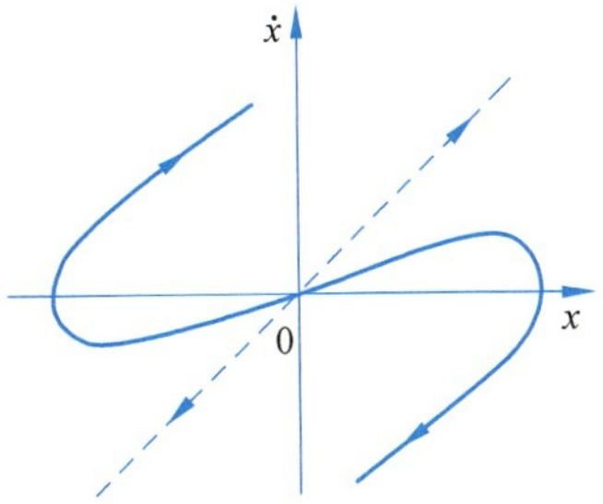

图 8.38 $\zeta=-1$ 时二阶系统的相轨迹

8.3.5 非线性系统的相轨迹

非线性系统的运动可以由奇点的性质决定其周围的相轨迹。

考查二阶非线性系统为

$$\begin{cases}\dot{x}_1=f_1(x_1,x_2)\\ \dot{x}_2=f_2(x_1,x_2)\end{cases}\tag{8.6}$$

设该系统的平衡点或奇点、奇线为

$$\begin{cases}\dot{x}_1=f_1(x_1,x_2)=0\\ \dot{x}_2=f_2(x_1,x_2)=0\end{cases}\Rightarrow(x_{10},x_{20})$$

为简化，假设平衡点或奇点在原点，即

$$x_{10}=x_{20}=0$$

利用泰勒公式，有

$$f_1(x_1,x_2)=f_1(0,0)+\left.\frac{\partial f_1}{\partial x_1}\right|_0 x_1+\left.\frac{\partial f_1}{\partial x_2}\right|_0 x_2+g_1(x_1,x_2)\tag{8.7}$$

$$f_2(x_1,x_2)=f_2(0,0)+\left.\frac{\partial f_2}{\partial x_1}\right|_0 x_1+\left.\frac{\partial f_2}{\partial x_2}\right|_0 x_2+g_2(x_1,x_2)\tag{8.8}$$

其中，$f_1(0,0)=0$，$f_2(0,0)=0$，忽略高阶无穷小项 $g_1(x_1,x_2)$ 和 $g_2(x_1,x_2)$，于是得到该非线性系统在平衡点或奇点附近的线性化方程为

$$\dot{x}_1=ax_1+bx_2$$

$$\dot{x}_2=cx_1+dx_2$$

式中，$a=\left.\frac{\partial f_1}{\partial x_1}\right|_0$，$b=\left.\frac{\partial f_1}{\partial x_2}\right|_0$，$c=\left.\frac{\partial f_2}{\partial x_1}\right|_0$，$d=\left.\frac{\partial f_2}{\partial x_2}\right|_0$。

消去中间变量 x_2，得

$$\ddot{x}_1-(a+d)\dot{x}_1+(ad-bc)x_1=0$$

令状态 $x_1=x$，上式表示为

$$\ddot{x}-(a+d)\dot{x}+(ad-bc)x=0 \tag{8.9}$$

对照二阶线性定常系统的微分方程

$$\ddot{x}+2\zeta\omega_n\dot{x}\pm\omega_n^2x=0 \tag{8.10}$$

根据前面的分析可知,上式的特征根决定了非线性系统在平衡点或奇点附近相轨迹的特征。

例 8.5 已知非线性系统的微分方程

$$\ddot{x}+0.5\dot{x}+2x+x^2=0$$

求平衡点或奇点,并画出相平面图。

解 令该系统的状态变量 $x=x_1$,$\dot{x}=x_2$,代入系统微分方程中得到

$$\dot{x}_1=x_2\triangleq f_1(x_1,x_2)$$

$$\dot{x}_2=-0.5x_2-2x_1-x_1^2\triangleq f_2(x_1,x_2)$$

令 $f_1(x_1,x_2)=0$ 及 $f_2(x_1,x_2)=0$,得到该系统的平衡点或奇点为(0,0),(−2,0)。

(1) 考查奇点(0,0)附近的相轨迹。

根据式(8.7)~式(8.9),得到 $a=0,b=1,c=-2,d=-0.5$。于是该非线性系统的线性化方程为

$$\ddot{x}+0.5\dot{x}+2x=0$$

该方程的特征根为−0.25±j1.39,故该奇点相当于稳定焦点。

(2) 考查奇点(−2,0)附近的相轨迹。

令 $y=x+2$,代入原非线性系统方程中得

$$\ddot{y}+0.5\dot{y}-2y+y^2=0$$

同理,得到该非线性系统的线性化的方程为

$$\ddot{y}+0.5\dot{y}-2y=0$$

该方程的特征根为+1.19和−1.69,故该奇点(−2,0)为鞍点。

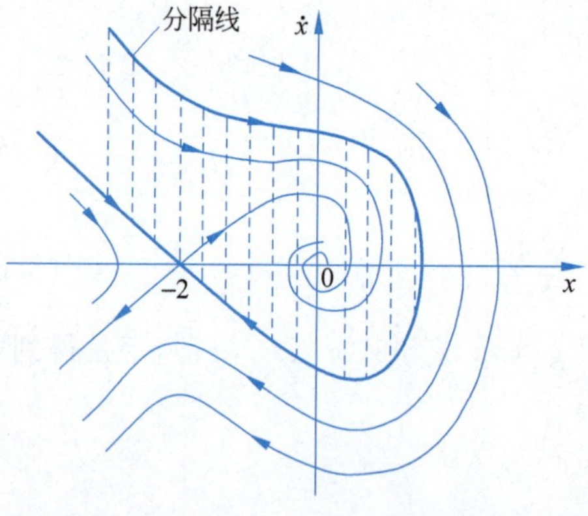

图 8.39 例 8.5 非线性系统的相轨迹

画出如图 8.39 所示的相轨迹,它有一分隔线。由此看出。初值在阴影区内,相轨迹收敛于原点,是稳定的区域;初值在阴影区外时,则相轨迹发散于无穷远处;这意味着该非线性系统是小范围稳定、大范围不稳定。

前面我们对线性定常系统稳定性分析知,奇点形式完全确定了系统的性能(发散或收敛)。而对非线性系统的相轨迹,奇点的形式只能确定其附近系统的性能,意味着非线性系统的稳定性有局部的特征,即小范围稳定,并不意味着非线性系统的大范围稳定,而小范围不稳定并不代表非线性系统在大范围也不稳定,除发散和收敛外,即使无外作用,非线性系统也可能会产生某个具有一定振幅和频率的自激振荡,相平面中的自激振荡又称为极限环(limit cycle)。相当于相平面上一个孤立封闭的相轨迹,所有附近的相轨迹都渐近趋向或离开它。

例 8.6 试通过相轨迹法分析著名的范德波尔(Vander Pol)非线性方程的性能。

$$\ddot{x}-\mu(1-x^2)\dot{x}+x=0,\quad \mu>0$$

解 比较线性微分方程

$$\ddot{x}+2\zeta\dot{x}+x=0$$

该二阶非线性系统的等效阻尼比为

$$\zeta(x)=-\frac{\mu}{2}(1-x^2)$$

列表比较,见表 8.1。

表 8.1 Vander Pol 方程与等价线性系统在平衡点或奇点附近的相轨迹

$\ddot{x}-\mu(1-x^2)\dot{x}+x=0$	$\ddot{x}+2\zeta\dot{x}+x=0$	相　轨　迹
$\lvert x\rvert\leqslant1,\zeta<0$ 发散方向	$\zeta<0$,发散	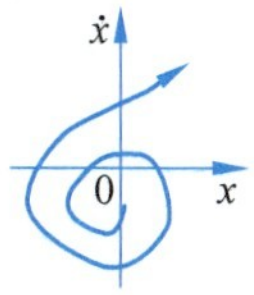
$\lvert x\rvert\geqslant1,\zeta>0$ 收敛方向	$1>\zeta>0$,收敛	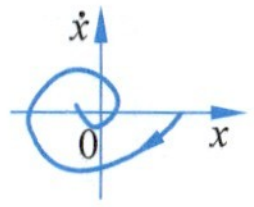
$x=\pm1,\zeta=0$ 极限环	$\zeta=0$ 中心点	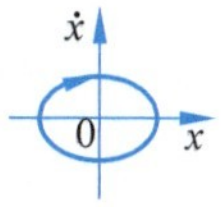

综合表 8.1 得到该非线性系统的相轨迹如图 8.40 所示。可以看出,该系统有一个稳定的极限环,其零输入响应如图 8.41 所示。

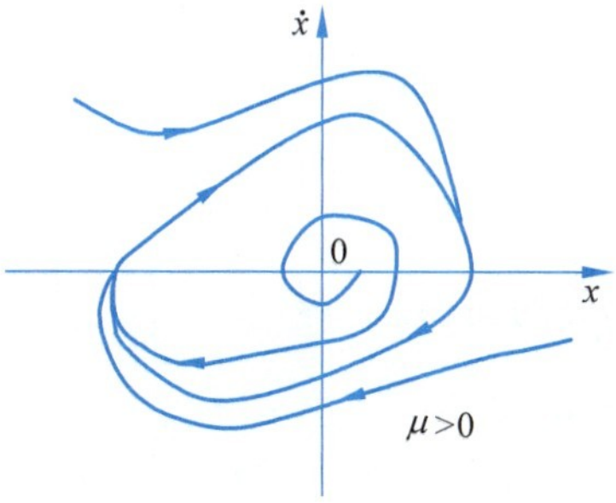

图 8.40 Vander Pol 方程的相轨迹

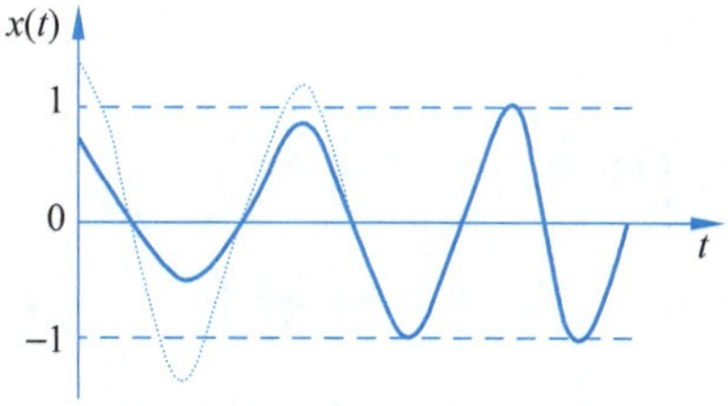

图 8.41 自激振荡

对于稳定的极限环,设计者应尽量减小极限环,增大稳定范围。

如果 $\mu<0$,则此时的相轨迹如图 8.42 所示,相当于有一个不稳定极限环,设计者要尽量增大该极限环。

有些非线性系统可能存在一种半稳定的极限环,如图 8.43 所示。

前面我们已经知道系统的相轨迹可以用于分析系统的奇点或平衡点、极限环、稳定性、超调量、振荡次数等,也可以由相轨迹计算暂态过程的时间间隔,具体有如下两种方法。

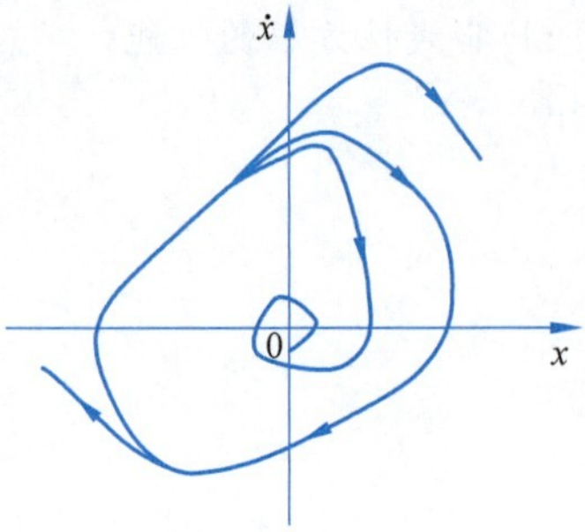

图 8.42　不稳定极限环

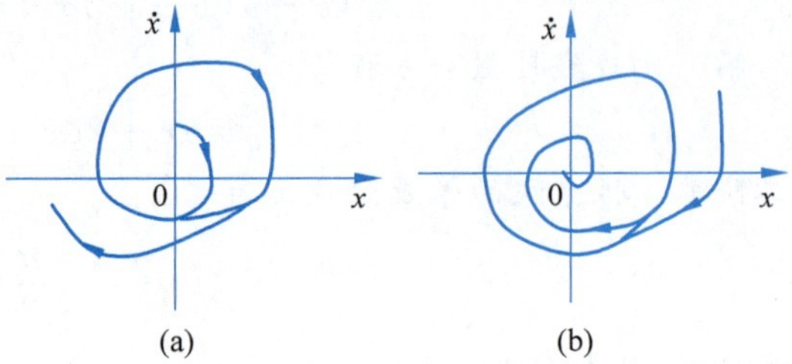

图 8.43　半稳定极限环

1）增量法

考查如图 8.44 所示的某一系统的一段相轨迹。由于 $\Delta t=\dfrac{\Delta x}{\dot{x}}$，因此

$$t_{AC}=\frac{\Delta x_{AB}}{\dot{x}_{AB}}+\frac{\Delta x_{BC}}{\dot{x}_{BC}} \tag{8.11}$$

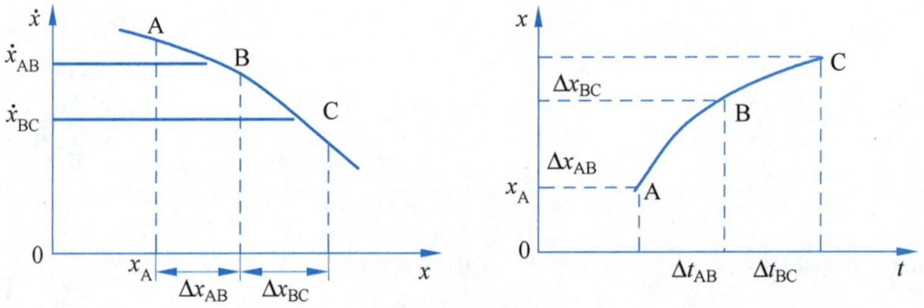

图 8.44　增量法求 Δt

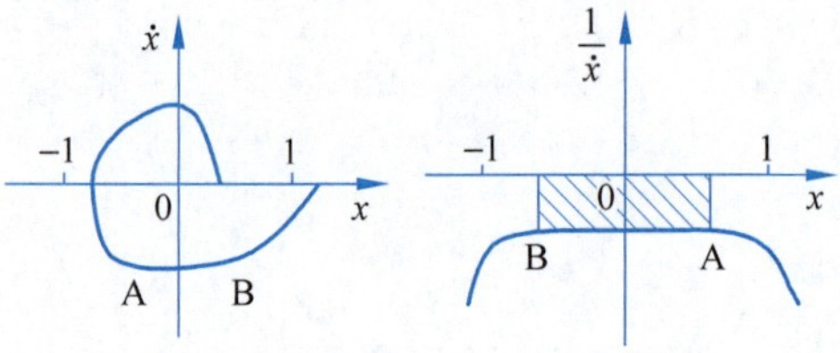

图 8.45　积分法求 Δt

2）积分法

考查如图 8.45 所示某一系统的一段相轨迹。由于 $\mathrm{d}t=\dfrac{1}{\dot{x}}\mathrm{d}x$，因此

$$t_{AB}=\int_{x_A}^{x_B}\frac{1}{\dot{x}}\mathrm{d}x \tag{8.12}$$

为阴影部分的面积。

8.3.6　典型非线性控制系统相平面分析

下面举例分析非线性系统的性能。

例 8.7　考查理想双位继电器二阶非线性系统，如图 8.46 所示。假设系统开始处于静止状态，参考输入为单位阶跃信号 $r(t)=1(t)$，画出系统的相轨迹，并分析系统的稳定性。

解　根据该非线性环节的特征，将相平面分为两个区域。

Ⅰ区：当 $e>0$ 时，$m=M$。较容易得到该系统的误差微分方程为

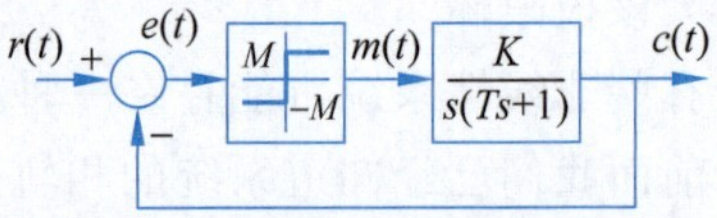

图 8.46　双位继电器二阶非线性系统

$$T\ddot{e}+\dot{e}=-KM$$

令 $\alpha=\dfrac{\mathrm{d}\dot{e}}{\mathrm{d}e}$，得到相轨迹的等倾线方程为

$$\dot{e}=\frac{-KM/T}{\alpha+1/T}$$

它是平行于 e 轴的直线簇。当 $\alpha=0$ 时，$\dot{e}=-KM$，为水平等倾线，在Ⅰ区全部相轨迹趋近于 $\alpha=0$ 的直线。

Ⅱ区：当 $e<0$ 时，$m=-M$。此时得到系统的误差微分方程为

$$T\ddot{e}+\dot{e}=KM$$

或利用原点对称原理画出另一半相轨迹，系统的相轨迹如图 8.47(a)所示。实际上，由于该系统是分段线性方程，其轨迹解为抛物线曲线。可以看出，系统在任意初始点的响应为往复衰减振荡，最终收敛于原点的平衡点或奇点。这时，稳态误差 $e_{ss}=0$。通常实际继电器的切换是有时间延时或为带有滞环的继电器，即输出变化比输入变化慢 τ 时间。此时，非线性系统的相轨迹最终收敛于一个极限环，如图 8.47(b)所示。

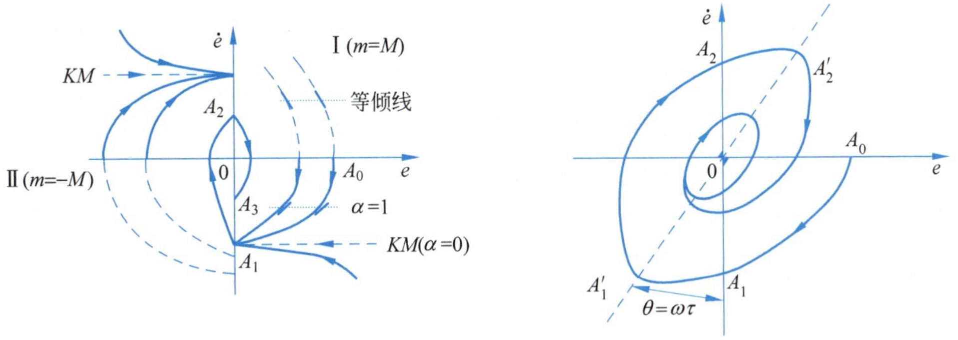

(a) 理想继电器　　(b) 实际继电器

图 8.47　继电器非线性系统的相轨迹

为了验证该结果，本例取 MATLAB 仿真参数 $K=1, T=1$，理想继电器幅值取 $M=0.1$。当输入信号为常量 2 的阶跃信号作用下的系统仿真框图如图 8.48(a)所示，其仿真得到的相轨迹如图 8.48(b)所示。结果证实了实际的继电器非线性控制系统的稳态响应最终收敛到一个稳定的极限环。

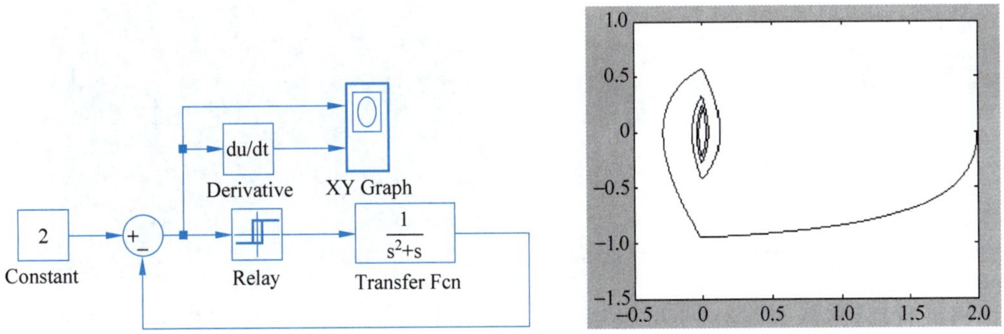

(a) 相轨迹MATLAB程序图　　(b) MATLAB仿真相轨迹

图 8.48　例 8.7 题相轨迹 MATLAB 图

思考题 1　如图 8.49 所示的非线性时滞系统，参考输入为单位阶跃函数 $r(t)=1(t)$，画出该系统的相轨迹及输出波形。

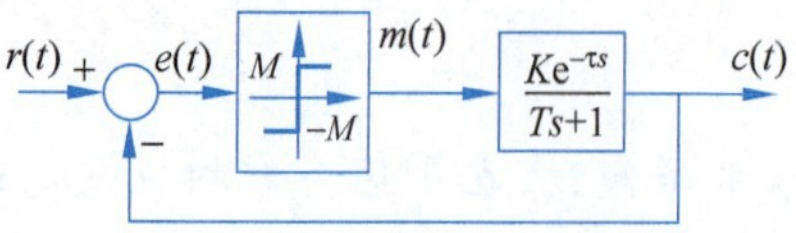

图 8.49 理想继电器时滞非线性系统

这里仅给出系统的响应有一个稳定的极限环的参考结论，相轨迹和响应如图 8.50 和图 8.51 所示，相当于等幅振荡，请读者用 MATLAB 仿真技术自行分析，这个结论很重要，它是本章最后一节自整定 PID 控制器设计的启蒙思想。

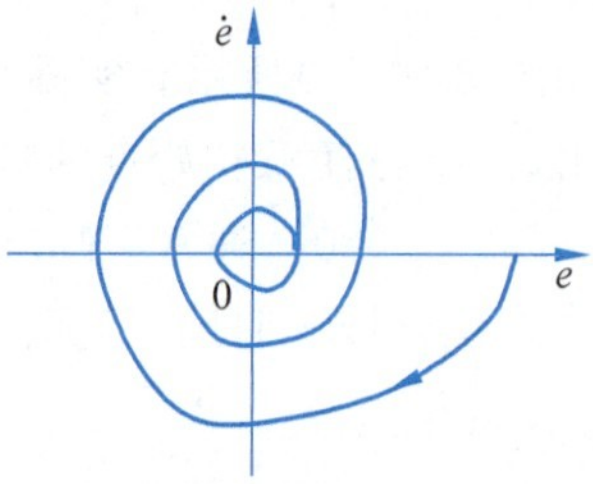

图 8.50 理想继电器时滞非线性系统的相轨迹

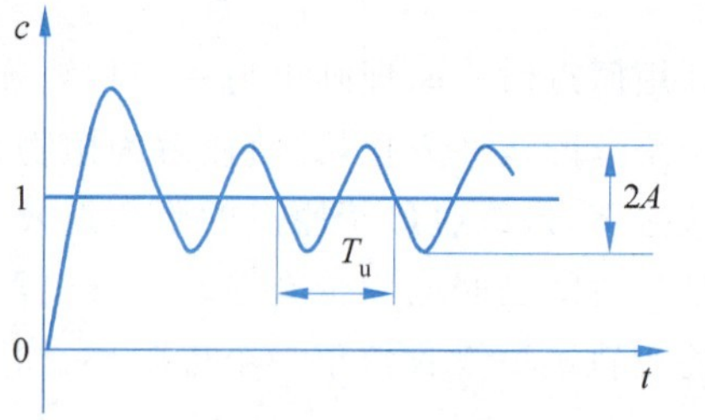

图 8.51 继电器时滞非线性系统的输出响应

思考题 2 请读者自行编写如图 8.52 所示的带有时滞和继电器环节的控制系统仿真框图，理想继电器幅值为 1，时滞时间取为 2s，观察该系统的相轨迹和单位阶跃响应曲线图 8.53 和图 8.54，从仿真曲线图中概略读出该系统的等幅振荡周期及峰峰值，这些参数是 PID 参数自整定的相关参数。

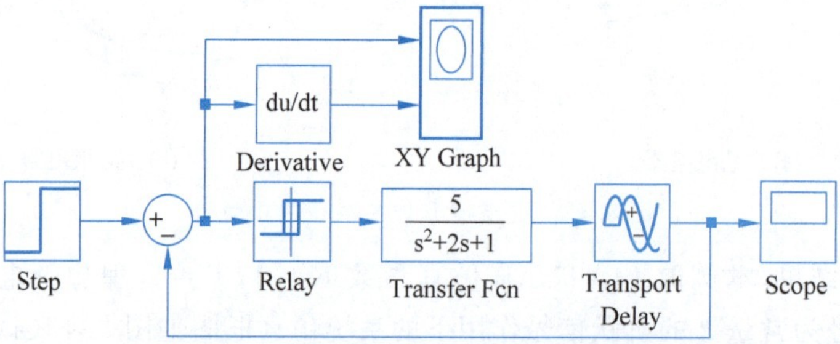

图 8.52 思考题 2 的 MATLAB 仿真程序

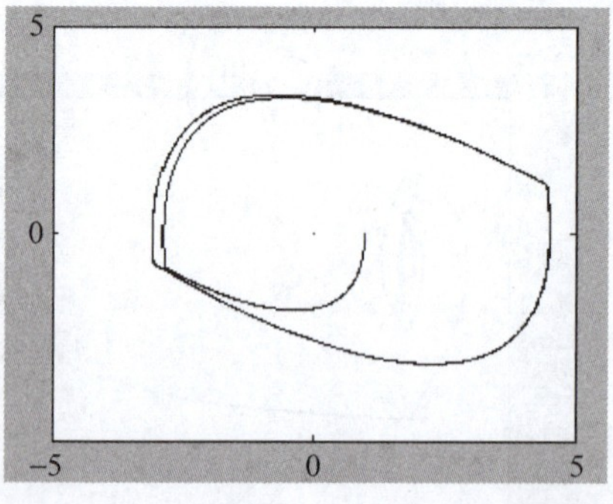

图 8.53 思考题 2 的 MATLAB 相轨迹

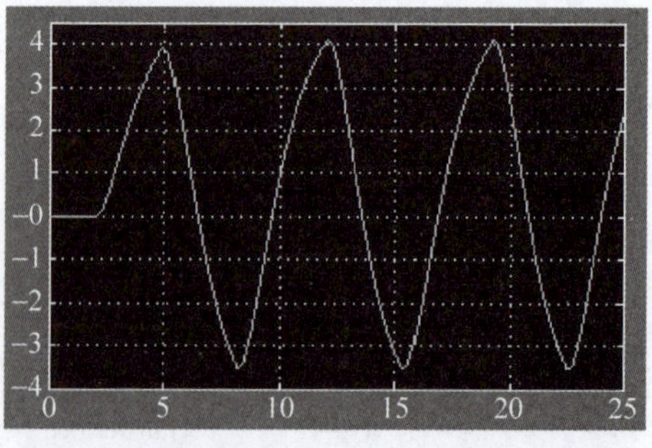

图 8.54 思考题 2 的 MATLAB 单位阶跃响应

例 8.8 具有滞环继电器的二阶非线性系统如图 8.55 所示。假设系统开始处于静止状态，系统的参考输入为单位阶跃函数 $r(t)=1(t)$，画出该系统的相轨迹，其中，继电器参数 $M=0.2,\Delta=0.2$。

解 取状态变量 $e(t)$ 和 $\dot{e}(t)$，根据图 8.55，可列写出该系统的误差微分方程如下

$$\begin{cases}\ddot{e}+\dot{e}-2M=0, & e<\Delta \\ \ddot{e}+\dot{e}+2M=0, & e>\Delta\end{cases} \quad \dot{e}>0$$

$$\begin{cases}\ddot{e}+\dot{e}-2M=0, & e<-\Delta \\ \ddot{e}+\dot{e}+2M=0, & e>-\Delta\end{cases} \quad \dot{e}<0$$

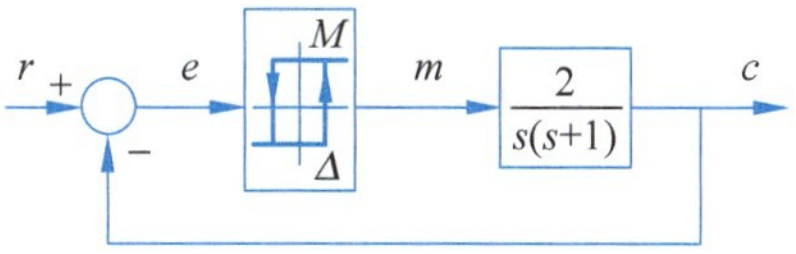

图 8.55　滞环继电器二阶非线性系统

当 $m=M$ 时，得出等倾线方程

$$\frac{\mathrm{d}\dot{e}}{\mathrm{d}e} \triangleq \alpha = -\frac{2M}{\dot{e}} - 1$$

同理，得出当 $m=-M$ 时的等倾线为

$$\alpha = \frac{2M}{\dot{e}} - 1$$

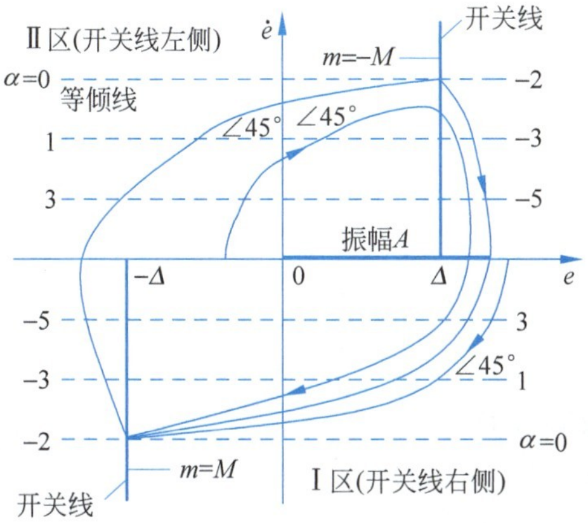

图 8.56　滞环非线性系统的相轨迹

这是一组直线方程，用等倾线法，画出的相轨迹如图 8.56 所示。可以看出，该系统仍然有一个稳定的极限环，显然，降低滞环宽度 Δ，将降低自振荡振幅 A。只有理想继电器即 $\Delta=0$ 时，才无极限环。此时，相当于系统衰减振荡收敛于原点，但振荡频率较高。

本例的 MATLAB 程序仿真框图、相轨迹以及单位阶跃响应如图 8.57 所示。从仿真的结果进一步证实了滞环继电器的非线性系统稳态响应有一个稳定的极限环。

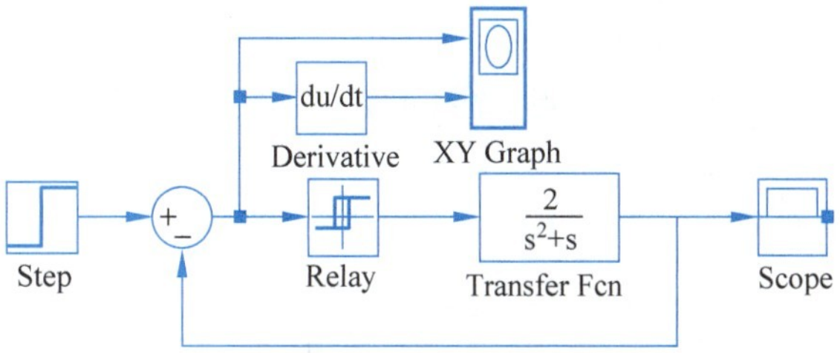

(a) MATLAB仿真程序

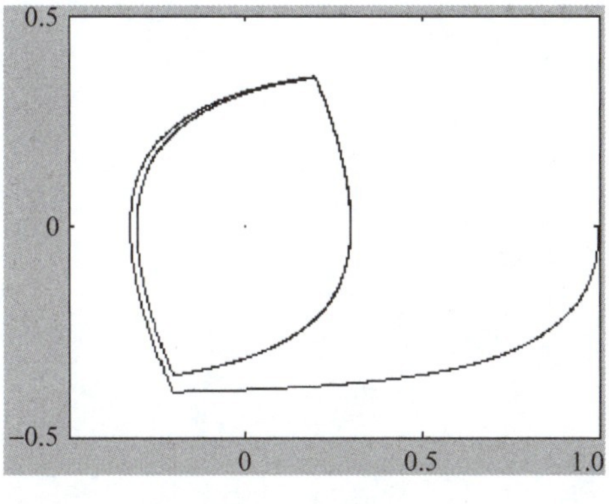

(b) MATLAB相轨迹

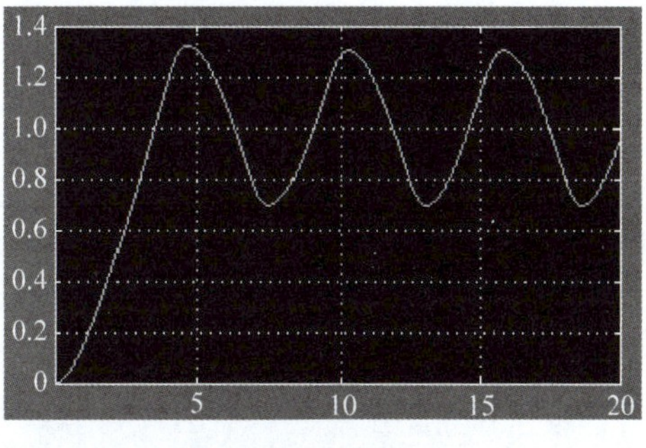

(c) 单位阶跃响应

图 8.57　例 8.8 题非线性系统性能分析图

例 8.9 三位继电器二阶非线性系统如图 8.58 所示。设系统开始处于静止状态，系统的参考输入为阶跃函数 $r(t)=1(t)$，画出系统的相轨迹，分析系统性能。

解 由图得到系统的误差微分方程为

$$m=-\dot{e}-\ddot{e}$$

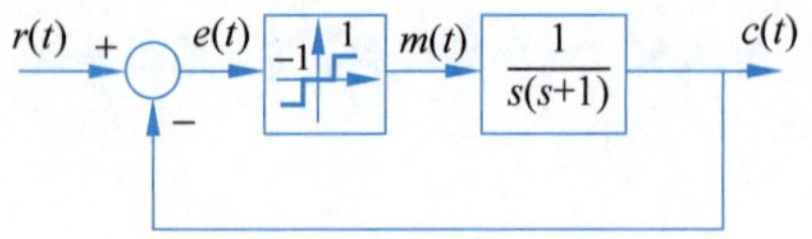

图 8.58 三位继电器二阶非线性系统

由于

$$m=\begin{cases}+1, & e>1\\ 0, & -1<e<1\\ -1, & e<-1\end{cases}$$

可将相平面分为三个区域。

Ⅰ区：当 $e>1, m=1$，此时系统的误差微分方程为

$$\ddot{e}+\dot{e}+1=0$$

于是，等倾线为平行于横轴的直线方程

$$\alpha=-\frac{\dot{e}+1}{\dot{e}}$$

或表示为

$$\dot{e}=\frac{-1}{\alpha+1}$$

Ⅱ区：当 $|e|<1, m=0$。此时，系统的误差微分方程为

$$\ddot{e}+\dot{e}=0$$

这样等倾线方程为

$$\alpha=-1$$

可以看出，相当于$-45°$的相轨迹。

Ⅲ区：当 $e<-1, m=-1$。此时，系统的误差微分方程为

$$\ddot{e}+\dot{e}-1=0$$

于是，等倾线为平行于横轴的直线方程为

$$\dot{e}=\frac{1}{\alpha+1}$$

由此，得到该系统相轨迹如图 8.59 所示。

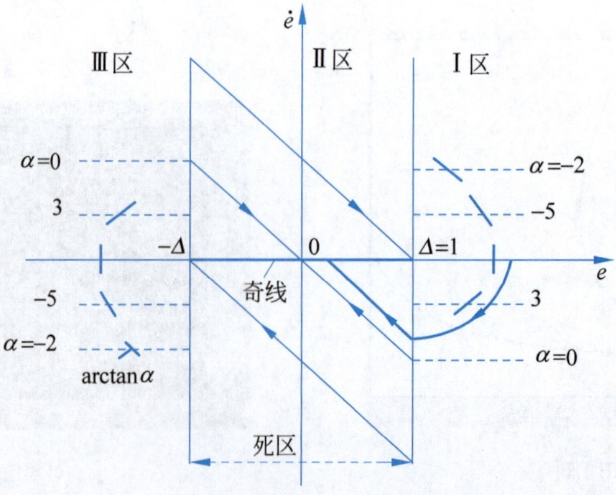

图 8.59 三位继电器二阶非线性系统相轨迹

由图可以看出误差响应 $e(t)$ 是单调衰减的，由于继电器有死区，系统响应一般最终不能回到原点，可能有稳态误差。显然，死区的存在，尽管减小了系统振荡，但仍有静差。如果减小死区宽度 Δ，会使系统的稳态误差 e_{ss} 减小。如无死区，相当于理想的继电器情况。即 $\Delta=0$ 时，$e_{ss}=0$，为衰减振荡过程，但系统调节时间 t_s 长，响应变慢。

例 8.10 考查如图 8.60 所示的继电器非线性速度反馈校正系统，设系统开始处于静止状态，系统的参考输入为阶跃函数 $r(t)=1(t)$，画出系统的相轨迹，分析系统的性能。

解 通过前面的分析，知道实际继电器不可避免地存在延时或滞后，使得系统响应存在极限环，为改进系统性能，可采用速度反馈控制校正。

由于输入为阶跃信号，即 $r=1(t)$，得到误差为 $e=r-c$，且 $\dot{r}=0,(t>0)$。则该系统继电器的输入为

$$e-K_t\dot{c}=e+K_t\dot{e}$$

为此当 $e+K_t\dot{e}>0$ 时，有 $m=M$。而当 $e+K_t\dot{e}<0$ 时，有 $m=-M$。于是开关线为斜率 $-\dfrac{1}{K_t}$ 的直线，即

$$\dot{e}=-e/K_t$$

开关的切换线将相平面划分为两个区域Ⅰ和Ⅱ，于是，描述该非线性系统的微分方程可以被写为

$$T\ddot{e}+\dot{e}=\begin{cases}-KM, & e+K_t\dot{e}\geqslant 0\\ KM, & e+K_t\dot{e}<0\end{cases}$$

由于该系统为分段线性定常系统，其解的相轨迹曲线为分Ⅰ区和Ⅱ区的抛物线方程，于是得到继电器速度反馈非线性控制系统的相轨迹为图 8.61 所示。显然，从Ⅰ区 A 点出发的相轨迹将首先沿着此抛物线运动到 A_1，之后再切换到Ⅱ区的抛物线，并沿此线运动到 A_2，因为在临界切点 B_1B_2 内不存在以此出发的相轨迹，一旦系统运动到开关线临界切点 B_1B_2 内某点，其运动只能沿开关线“滑向”原点的平衡点而停止，所以速度反馈系统的动态性能得到很大改善。

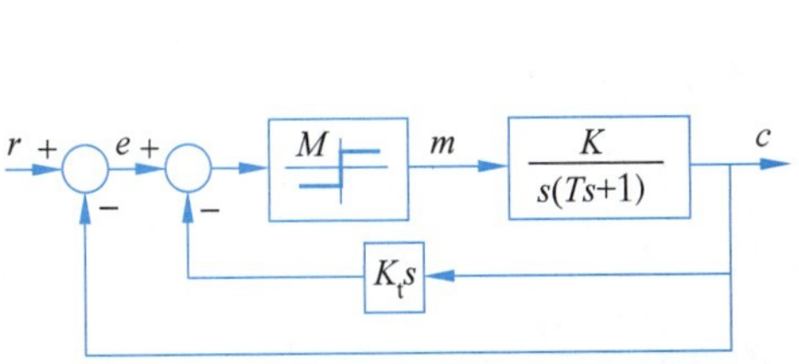

图 8.60 带速度反馈的继电器非线性控制系统

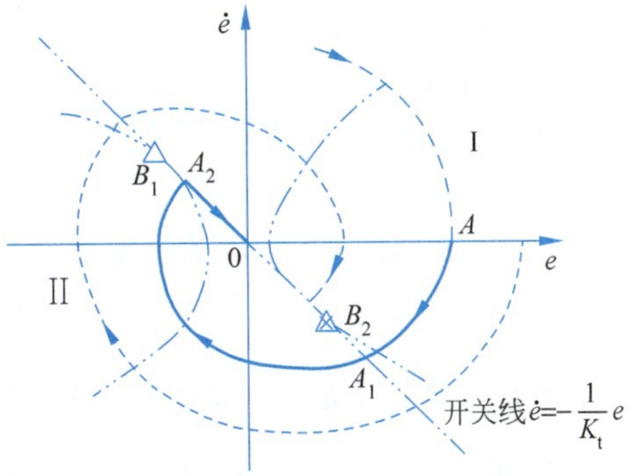

图 8.61 速度反馈对系统性能的影响

不过实际继电器的切换难免有延迟，所以相轨迹不会停留在 A_2 点，而是到达 A_2 点后会稍稍在Ⅰ和Ⅱ区反复运动，相轨迹在切换线两侧以很高的频率和极小的振幅振荡，并逐渐回到原点。如果忽略这些振荡，就可以认为相轨迹沿直线 A_2O 运动到原点。为证实这一

点,考查本例的 MATLAB 仿真程序、相轨迹以及单位阶跃响应如图 8.62 所示,其中,理想继电器幅值取 1。

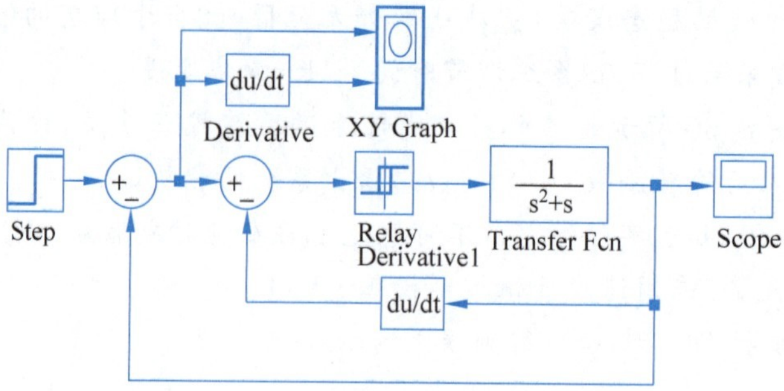

(a) MATLAB仿真程序

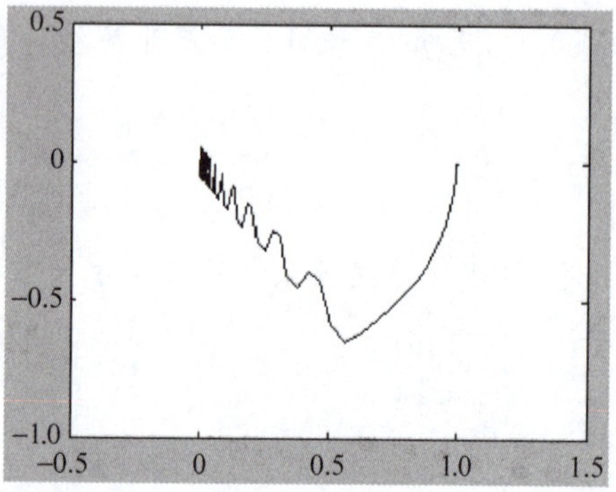

(b) MATLAB相轨迹

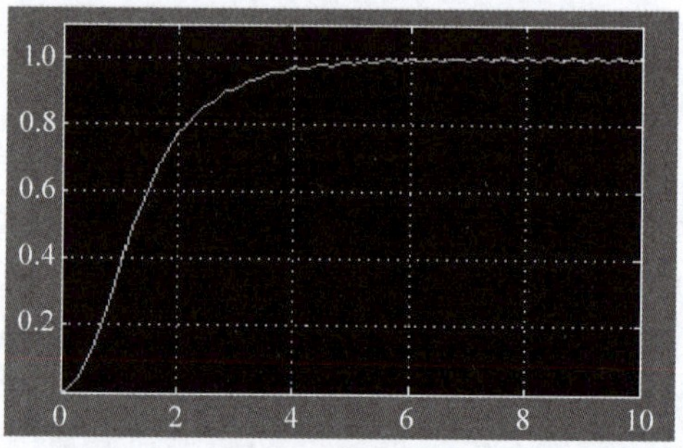

(c) 单位阶跃响应

图 8.62 例 8.10 速度反馈非线性控制系统性能图

例 8.11 非线性变增益控制系统如图 8.63 所示,其中 $r=1(t)$,试画出系统的相轨迹,并分析系统性能。

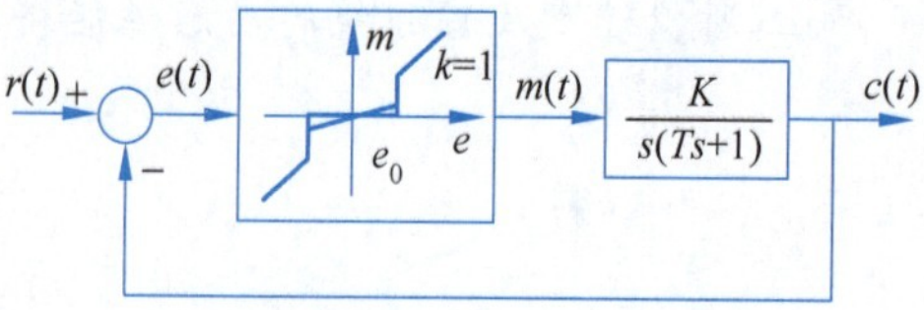

图 8.63 非线性变增益控制系统

解 设计思想:当 $|e|>e_0$ 为大偏差时,非线性环节 G_N 取大增益 $k=1$,以保证系统的快速性。而当 $|e|<e_0$ 小偏差时,即接近平衡点附近,G_N 取小增益 $k<1$,以减小系统的超调量。

分析:

Ⅰ区,当 $|e|<e_0$ 时,得到系统误差的微分方程为

$$T\ddot{e}+\dot{e}+Kke=T\ddot{r}+\dot{r}=0$$

k 较小,可以设计成 $Kk<\dfrac{1}{4T}$,相当于稳定节点的情况。

Ⅱ区,当 $|e|>e_0$ 时,$k=1$ 较大,此时系统误差的微分方程为

$$T\ddot{e}+\dot{e}+Ke=T\ddot{r}+\dot{r}=0$$

由于为大增益,可以设计成 $Kk>\dfrac{1}{4T}$,属于稳定焦点的情况。

系统的相轨迹如图 8.64 所示,该系统的阶跃响应如图 8.65 所示。

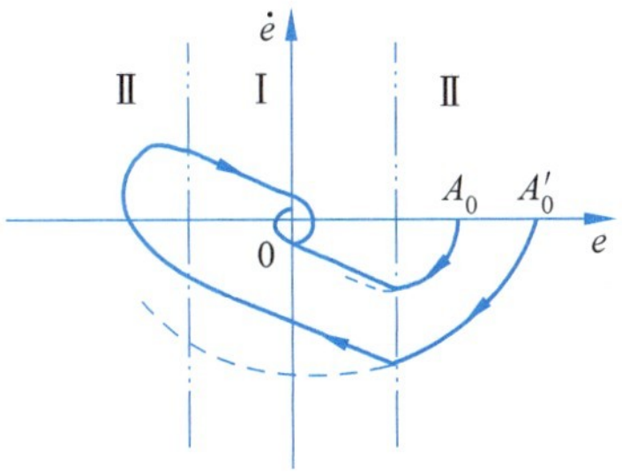

图 8.64 非线性变增益系统相轨迹

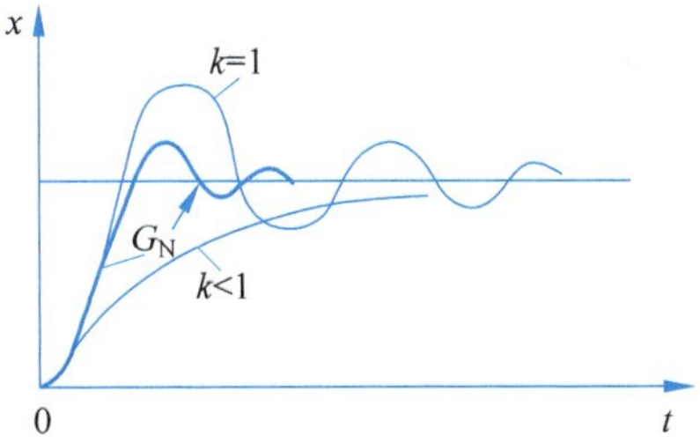

图 8.65 例 8.11 系统输出响应

由相轨迹图看出，系统的超调量 $\sigma\%$ 和振荡次数比固定增益（图 8.64 的虚线）情况小得多。

例 8.12 某随动控制系统如图 8.66 所示，考查摩擦非线性对控制系统的影响。

解 因为机械传动装置总有摩擦，致使系统的稳态误差 e_{ss} 增大，并引起低速跟踪不平稳现象，即当速度信号激励下 $r=vt$，v 较小，可能造成低速运动时电动机时断时续，而不能平稳跟踪输入信号，出现低速爬行现象。

分析： 静摩擦是阻碍静止物体产生运动趋势时的一种阻力，值得一提的是，一旦物体开始运动，静摩擦力就立刻消失，取而代之的是其他类型的摩擦力，如动摩擦或库仑摩擦。电机静止时 $\dot{c}=0$，应有静摩擦力 $f=e=kF_0$ 达到极限值，如图 8.67 所示。其中，$k\geqslant 1$。

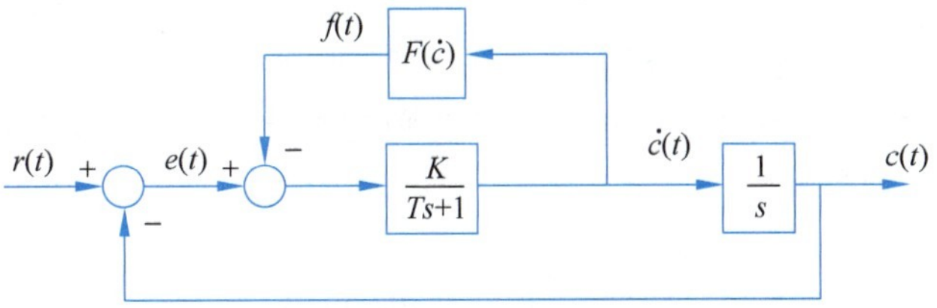

图 8.66 摩擦非线性随动控制系统

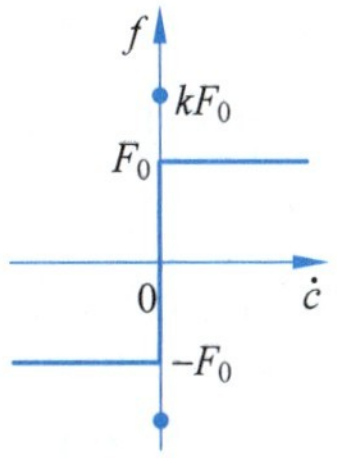

图 8.67 摩擦非线性特性

只有当误差 $|e|>kF_0$ 时，电机才开始运动。库仑摩擦或动摩擦是大小与物体运动速率变化有关的常数，且方向和运动方向相反的摩擦力。即当 $\dot{c}>0$ 时，动摩擦力 $f=F_0$；而当 $\dot{c}<0$ 时，动摩擦力 $f=-F_0$；当 $\dot{c}=0$ 时，并且当 $|e|\leqslant kF_0$ 时，有

$$f=e$$

因为 $r=vt$，所以 $\dot{e}=v-\dot{c}$。开关线 $\dot{c}=0$ 或 $\dot{e}=v$。根据开关线，可将系统的运动分为两个区：

Ⅰ区：由于此时 $\dot{e}<v$，得

$$\dot{c}>0, f=F_0$$

这时，由图 8.66 得到系统的动态方程为

$$T\ddot{c}+\dot{c}=K(e-F_0)$$

又因为，$\dot{r}=v$，$\ddot{r}=0$，所以系统误差的微分方程为

$$T\ddot{e}+\dot{e}+Ke=v+KF_0$$

奇点位于Ⅰ区 $\left(\frac{v}{K}+F_0, 0\right)$ 点处，可将该系统设计成稳定的焦点，显然该奇点是可实现的

焦点。

Ⅱ区：此时由于 $\dot{e}>v$,得

$$\dot{c}<0,\quad f=-F_0$$

这时,系统误差的微分方程化简为

$$T\ddot{e}+\dot{e}+Ke=v-KF_0$$

奇点位于Ⅰ区$\left(\dfrac{v}{K}-F_0,0\right)$点处,由于这里讨论的Ⅱ区情况,因此该奇点是不可实现的虚奇点。

与典型二阶系统对比,有 $\omega_n=\sqrt{K/T}$,$\zeta=\sqrt{\dfrac{1}{KT}}\Big/2$,这里可将该系统设计或欠阻尼情况,即 $\zeta<1$,相当于奇点设计为稳定的焦点。按以下几种情况分析：

(1) 电机低速运动时的相轨迹如图 8.68 所示,开关线上 $\dot{c}=0$,为静摩擦,电机低速有跟踪不平稳现象,即电机时开 $\dot{c}>0$,时关 $\dot{c}=0$,由于电机低速运动时,v 较小,这样电机响应从Ⅰ区运动碰到开关线 $\dot{c}=0$ 后,电机停,再沿开关线克服静摩擦到达 B 点后又回到Ⅰ区,电机又开始转动,于是电机在低速时开时停,我们称此种现象为低速跟踪爬行现象。

(2) 非低速时,电机速度 v 大,电机的运动碰不到开关线,此时相轨迹如图 8.69 所示,此时电机的响应为衰减振荡,达到电机跟踪速度输入信号的作用,不存在低速跟踪爬行现象。

(3) 如果加大阻尼,取 $\zeta>1$,设计成稳定节点,相轨迹如图 8.70 所示；或改善润滑,相当于减小摩擦系数 k,例如,取 $k=1$,并且设计成 $\zeta<1$,即设计为稳定的焦点,如图 8.71 所示。这样就不会产生低速跟踪不平稳现象。

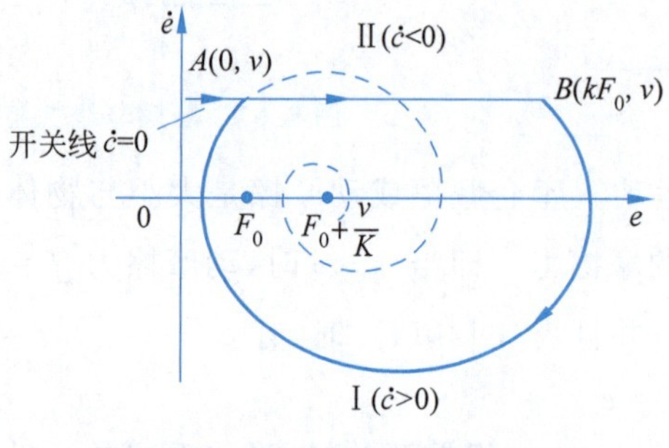

图 8.68 电机低速控制爬行现象

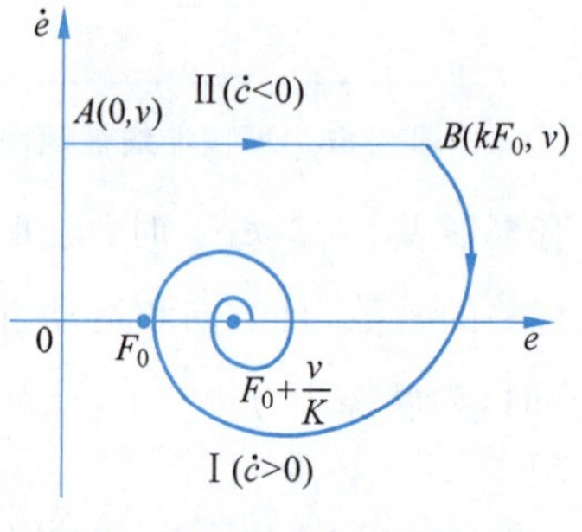

图 8.69 非低速平稳跟踪

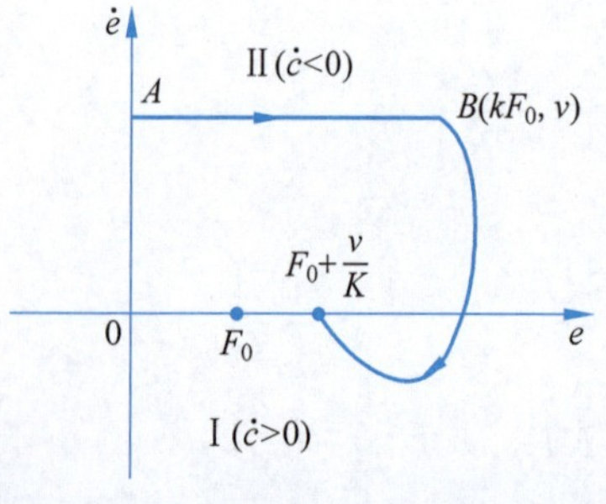

图 8.70 加大阻尼设计成稳定节点

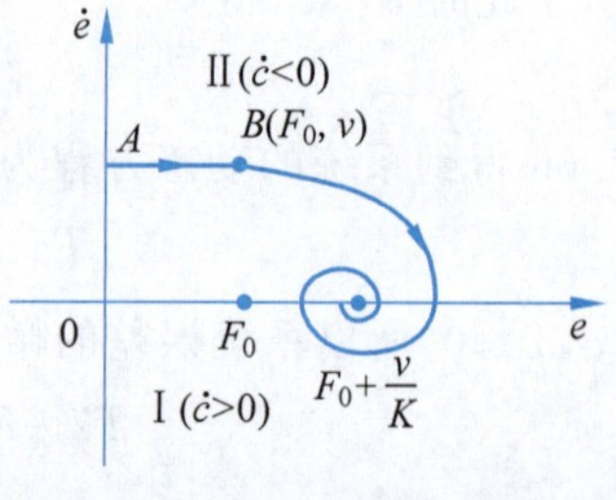

图 8.71 加润滑剂,设计为稳定的焦点

8.4 描述函数法

描述函数法是达尼尔(Daniel P J)于1940年提出的,其基本思想是:当系统满足一定的假设条件时,系统中非线性环节在正弦信号作用下的输出可以用一次谐波分量或基波来近似,由此导出非线性环节的近似等效频率特性,即描述函数。这时非线性系统近似等效为一个线性系统,并可用线性系统理论中的频率法对系统进行频率分析,该法可用于高阶系统分析,主要考查系统在无外作用情况下,非线性系统的稳定性和自振荡问题。

8.4.1 描述函数法的基本概念

1. 描述函数的定义

设非线性环节 $y=f(x)$,如图8.72所示。在输入 $x(t)$ 为正弦信号 $A\sin\omega t$ 作用下,通常非线性环节的输出 y 为非正弦周期信号,因而非线性环节的输出可以展开成傅里叶级数为

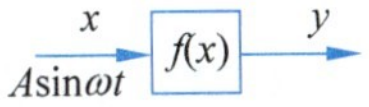

图8.72 非线性环节

$$\begin{aligned} y(t) &= a_0 + \sum_{n=1}^{\infty}(a_n\cos n\omega t + b_n\sin n\omega t) \\ &= a_0 + \sum_{n=1}^{\infty} Y_n\sin(n\omega t + \varphi_n) \end{aligned} \tag{8.13}$$

其中,a_0 为直流分量,$Y_n\sin(n\omega t+\varphi_n)$ 为第 n 次谐波分量,且有

$$Y_n = \sqrt{a_n^2 + b_n^2}, \quad \varphi_n = \arctan\frac{a_n}{b_n}$$

$$a_n = \frac{1}{\pi}\int_0^{2\pi} y(t)\cos n\omega t\,\mathrm{d}\omega t$$

$$b_n = \frac{1}{\pi}\int_0^{2\pi} y(t)\sin n\omega t\,\mathrm{d}\omega t$$

$$a_0 = \frac{1}{2\pi}\int_0^{2\pi} y(t)\,\mathrm{d}\omega t$$

若 $a_0=0$;且当 $n>1$ 时,Y_n 均很小,则可近似认为非线性环节的正弦稳态响应仅有一次谐波(基波)分量,即

$$y(t) \approx a_1\cos\omega t + b_1\sin\omega t = Y_1\sin(\omega t + \varphi_1) \tag{8.14}$$

定义 在正弦输入信号作用下,非线性环节的稳态输出中一次谐波分量和输入信号的复数比为非线性环节的描述函数,用 $N(A)$ 表示为

$$N(A) = \frac{\dot{Y}_1(\mathrm{j}\omega)}{\dot{X}(\mathrm{j}\omega)} = |N(A)|\mathrm{e}^{\mathrm{j}\angle N(A)} = \frac{Y_1}{A}\mathrm{e}^{\mathrm{j}\varphi_1} = \frac{b_1 + \mathrm{j}a_1}{A} \tag{8.15}$$

这样非线性环节可近似认为具有和线性环节相类似的频率响应形式,但非线性系统描述函数 $N(A)$ 与输入信号幅值有关,而线性系统的频率特性 $G(\mathrm{j}\omega)$ 与输入信号幅值无关。

通常描述函数除为输入信号幅值的函数外,还是输入信号频率的函数,即表示为 $N(A,\omega)$。当非线性环节中不包含储能元件时,其输出基波分量的幅值 Y_1 和相位差 φ_1 与 ω 无关,这时描述函数 $N(A,\omega)$ 只与非线性环节输入信号的幅值 A 有关,表示为 $N(A)$,为

非线性环节输入信号幅值的函数。

至于直流分量 a_0，若非线性环节的正弦响应是关于 t 的奇对称函数，即

$$y(t)=f(x)=f(A\sin\omega t)=-y\left(t+\frac{\pi}{\omega}\right)$$

或对非线性环节的 $y=f(x)$，当输入/输出特性为输入 x 的奇函数时，即

$$f(-x)=-f(x)$$

则有直流分量为

$$a_0=0$$

进一步，若非线性环节输出 $y(t)$ 为奇函数时，即

$$y(t)=-y(-t)$$

则有

$$a_1=0$$

此时，$y(t)=b_1\sin\omega t$，描述函数 $N(A)=\dfrac{b_1}{A}$ 为实函数；否则若 $a_1\neq 0$，则描述函数 $N(A)$ 为复数。

例 8.13 考查某非线性元件的特性为

$$y(x)=\frac{1}{2}x+\frac{1}{4}x^3$$

试计算其描述函数。

解 因为输出 $y(x)$ 是输入 x 的奇函数，即 $y(-x)=-y(x)$，故输出信号 $y(t)$ 中直流分量 $a_0=0$。另外，由于当非线性环节的输入为 $x=A\sin\omega t$ 时，其输出为

$$y(t)=\frac{A}{2}\sin\omega t+\frac{A^3}{4}\sin^3\omega t$$

又因为输出 $y(t)=-y(-t)$，且为时间 t 的奇函数，故分量

$$a_1=0$$

于是有

$$\begin{aligned}
b_1&=\frac{2}{\pi}\int_0^{\pi}y(t)\sin\omega t\,\mathrm{d}\omega t\\
&=\frac{4}{\pi}\int_0^{\frac{\pi}{2}}y(t)\sin\omega t\,\mathrm{d}\omega t\\
&=\frac{4}{\pi}\left[\int_0^{\frac{\pi}{2}}\frac{A}{2}\sin^2\omega t\,\mathrm{d}\omega t+\int_0^{\frac{\pi}{2}}\frac{A^3}{4}\sin^4\omega t\,\mathrm{d}\omega t\right]\\
&=\frac{4}{\pi}\left[\frac{A}{2}\cdot\frac{1}{2}\cdot\frac{\pi}{2}+\frac{A^3}{4}\cdot\frac{3\times 1}{4\times 2}\cdot\frac{\pi}{2}\right]=\frac{A}{2}+\frac{3}{16}A^3
\end{aligned}$$

再由描述函数的定义式(8.15)，得该非线性环节的描述函数为

$$N(A)=\frac{1}{2}+\frac{3}{16}A^2$$

2. 非线性系统描述函数法的应用条件

(1) 非线性系统应简化成一个非线性环节和线性环节部分连接的典型结构形式，如图 8.73 和图 8.74 所示，图中 N 表示非线性环节。

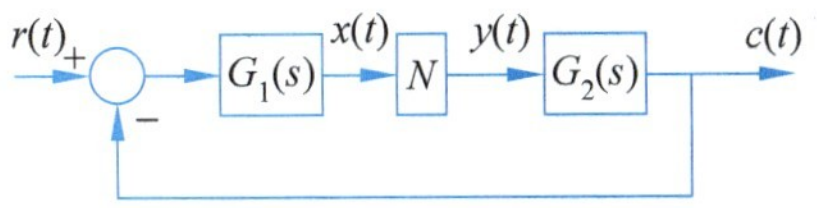

图 8.73　非线性系统典型结构形式 1

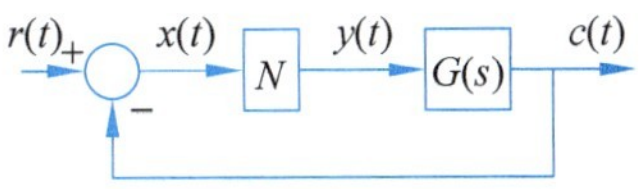

图 8.74　非线性系统典型结构形式 2

(2) 非线性环节特性 $y(x)$应是 x 的奇函数，即 $f(x)=-f(-x)$，这样直流分量 $a_0=0$。

(3) 线性部分应具有较好的低通滤波特性。这样，可以将高次谐波分量大大削弱，使非线性元件输出 y 近似只有基波分量流通，以便我们能用线性频率特性来分析系统性能，通常线性部分传递函数 $G(s)$的阶次越高，低通滤波性能越好。

(4) $N(A)$表现为关于输入正弦信号的幅值 A 的复变增益放大器，而线性频率特性 $G(\mathrm{j}\omega)$是输入正弦信号 ω 的函数，与输入幅值无关。

8.4.2　典型非线性特性的描述函数计算

例 8.14　某死区非线性环节，将非线性环节的正弦输入信号 $x(t)$、非线性环节 $y(x)$和输出信号 $y(t)$表示为图 8.75 所示的方式，根据非线性特性的区间端点$(\Delta, y(\Delta))$和$(\alpha, y(\alpha))$可以确定 $y(t)$关于 ωt 的区间端点，计算死区非线性环节的描述函数。

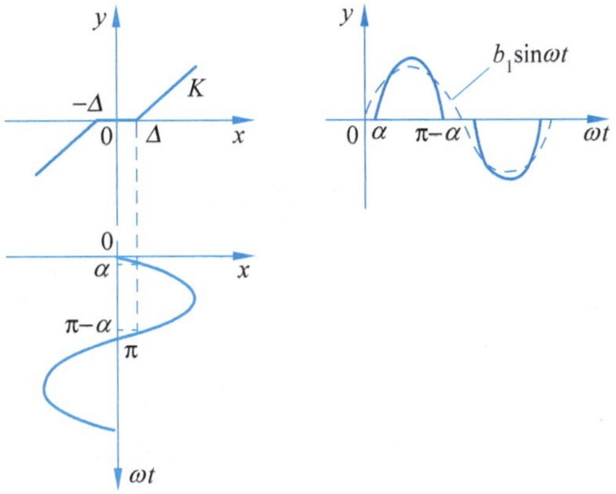

图 8.75　死区特性和正弦响应

解　当输入 $x=A\sin\omega t$ 时，若 $A>\Delta$，考查 1/2 个周期，则该环节的输出为

$$y=\begin{cases}0, & 0\leqslant\omega t\leqslant\alpha\\ K(A\sin\omega t-\Delta), & \alpha<\omega t\leqslant\pi-\alpha\\ 0, & \pi-\alpha<\omega t\leqslant\pi\end{cases}$$

其中，$\alpha=\arcsin\dfrac{\Delta}{A}$。

由于输出 y 是单值奇对称函数，因此有

$$a_1=0,\quad \varphi_1=0$$

故

$$\begin{aligned}Y_1=b_1&=\frac{1}{\pi}\int_0^{2\pi}y\sin\omega t\,\mathrm{d}\omega t\\&=\frac{4}{\pi}\int_\alpha^{\frac{\pi}{2}}K(A\sin\omega t-\Delta)\sin\omega t\,\mathrm{d}\omega t\\&=\frac{4KA}{\pi}\left(\frac{\omega t}{2}-\frac{1}{4}\sin2\omega t\right)\Bigg|_\alpha^{\frac{\pi}{2}}-\frac{4K\Delta}{\pi}(-\cos\omega t)\Bigg|_\alpha^{\frac{\pi}{2}}\\&=\frac{2KA}{\pi}\left[\frac{\pi}{2}-\arcsin\frac{\Delta}{A}-\frac{\Delta}{A}\sqrt{1-\left(\frac{\Delta}{A}\right)^2}\right]\end{aligned}$$

于是得到该死区非线性环节的描述函数为

$$N(A)=\frac{b_1}{A}=\frac{2K}{\pi}\left[\frac{\pi}{2}-\arcsin\frac{\Delta}{A}-\frac{\Delta}{A}\sqrt{1-\left(\frac{\Delta}{A}\right)^2}\right],\quad A\geqslant\Delta \tag{8.16}$$

显然为实数，非线性系统稳定性分析中常用描述函数的负倒数，即 $-1/N(A)$形式表示，绘出该描述函数的负倒数如图 8.76 所示。

例 8.15 某饱和非线性环节,如图 8.77 所示,计算其描述函数。

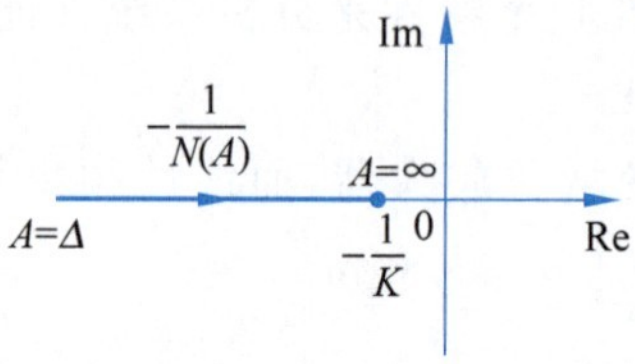

图 8.76 死区特性 $-1/N(A)$ 曲线

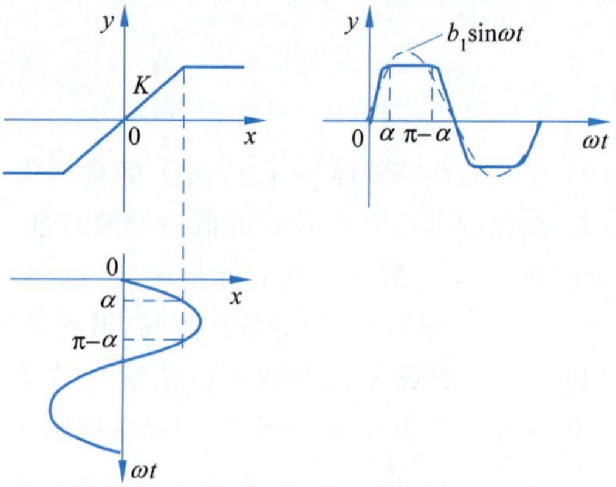

图 8.77 饱和特性及正弦响应

解 当输入 $x=A\sin\omega t$ 时,考查 1/4 个周期,则输出为

$$y=\begin{cases} KA\sin\omega t, & 0\leqslant \omega t\leqslant \alpha \\ Ka, & \alpha<\omega t\leqslant \dfrac{\pi}{2} \end{cases}$$

其中,$\alpha=\arcsin\dfrac{a}{A}$。

因为 y 为奇函数,所以 $a_1=0,\varphi_1=0$,于是有

$$\begin{aligned} b_1&=\frac{1}{\pi}\int_0^{2\pi} y\sin\omega t\,\mathrm{d}\omega t=\frac{4}{\pi}\left[\int_0^{\alpha} KA\sin^2\omega t\,\mathrm{d}\omega t+\int_{\alpha}^{\frac{\pi}{2}} Ka\sin\omega t\,\mathrm{d}\omega t\right] \\ &=\frac{2KA}{\pi}\left[\arcsin\frac{a}{A}+\frac{a}{A}\sqrt{1-\left(\frac{a}{A}\right)^2}\right] \end{aligned}$$

故得到饱和非线性环节的描述函数为

$$N(A)=\frac{2K}{\pi}\left[\arcsin\frac{a}{A}+\frac{a}{A}\sqrt{1-\left(\frac{a}{A}\right)^2}\right],\quad A\geqslant a \tag{8.17}$$

为实数,$-1/N(A)$ 曲线如图 8.78 所示。

例 8.16 某非单值继电器特性如图 8.79 所示,试计算其描述函数。

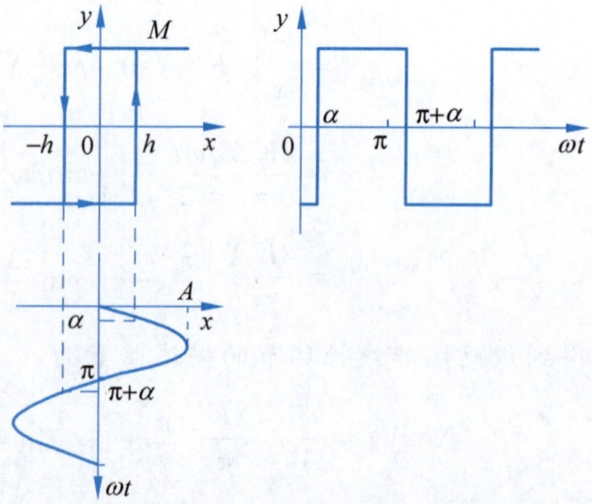

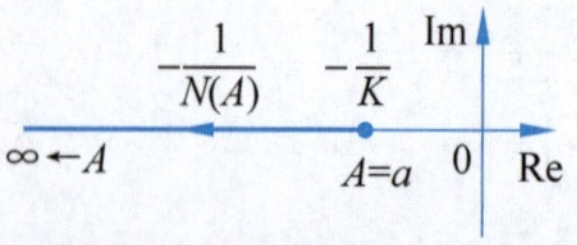

图 8.78 饱和特性 $-1/N(A)$ 曲线

图 8.79 非单值继电器特性及正弦响应

解 当输入 $x=A\sin\omega t,(A\geqslant h),\alpha=\arcsin\frac{h}{A}$，有

$$y=\begin{cases}-M, & 0\leqslant\omega t\leqslant\alpha\\ +M, & \alpha<\omega t\leqslant\pi\end{cases}$$

因为 y 既非奇函数又非偶函数，所以 $a_1\neq0,b_1\neq0$。于是有

$$a_1=\frac{1}{\pi}\int_0^{2\pi}y\cos\omega t\,\mathrm{d}\omega t=\frac{2}{\pi}\left[\int_0^{\alpha}-M\cos\omega t\,\mathrm{d}\omega t+\int_{\alpha}^{\pi}M\cos\omega t\,\mathrm{d}\omega t\right]=-\frac{4M}{\pi}\sin\alpha$$

$$b_1=\frac{2}{\pi}\left[\int_0^{\alpha}-M\sin\omega t\,\mathrm{d}\omega t+\int_{\alpha}^{\pi}M\sin\omega t\,\mathrm{d}\omega t\right]=\frac{4M}{\pi}\cos\alpha$$

于是有

$$Y_1=\sqrt{a_1^2+b_1^2}=\frac{4M}{\pi},\quad \varphi_1=\arctan\frac{a_1}{b_1}=-\alpha$$

该继电器非线性环节的描述函数为

$$N(A)=\frac{4M}{\pi A}\mathrm{e}^{-\mathrm{j}\alpha},\quad (A\geqslant h)\tag{8.18}$$

为复数。此时有

$$-\frac{1}{N(A)}=-\frac{\pi A}{4M}\sqrt{1-\left(\frac{h}{A}\right)^2}-\mathrm{j}\,\frac{\pi h}{4M}$$

$-1/N(A)$ 曲线如图 8.80 所示。

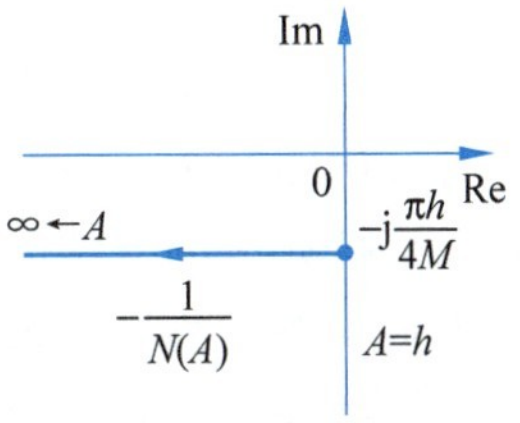

图 8.80 非单值继电器特性 $-1/N(A)$ 曲线

例 8.17 考查如图 8.81 所示理想继电器特性的描述函数。

解 在式(8.18)中，令 $h=0,\alpha=0$，则 $\varphi_1=0$，将已知参数代入得到理想继电器的描述函数为

$$N(A)=\frac{4M}{\pi A}\tag{8.19}$$

为实数，$-1/N(A)$ 曲线如图 8.82 所示。

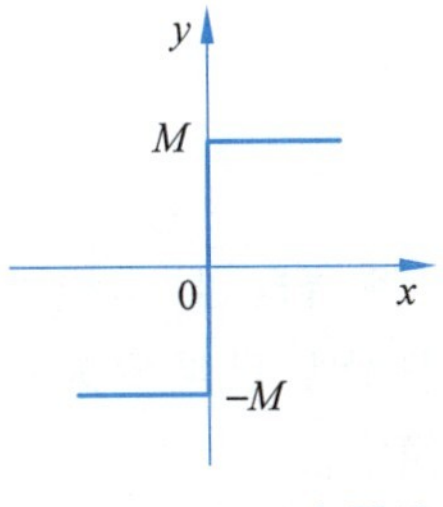

图 8.81 理想继电器特性

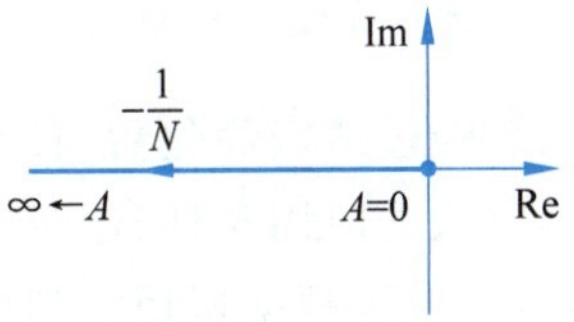

图 8.82 理想继电器 $-1/N(A)$ 曲线

例 8.18 计算如图 8.83 所示带死区继电器特性的描述函数。

解 由前面关于描述函数的计算过程，容易得到

$$\alpha=\arcsin\frac{\Delta}{A}$$

$$a_1=0,\quad \varphi_1=0$$

于是，得到该描述函数为

$$N(A)=\frac{4M}{\pi A}\sqrt{1-\left(\frac{\Delta}{A}\right)^2},\quad A\geqslant\Delta\tag{8.20}$$

为实数，$-1/N(A)$曲线如图 8.84 所示。

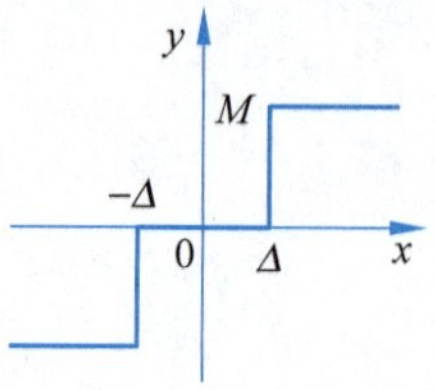

图 8.83 带死区继电器特性

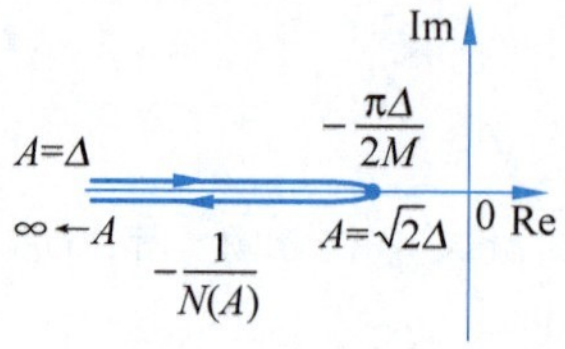

图 8.84 带死区继电器$-1/N(A)$曲线

8.4.3 非线性系统的简化

描述函数分析法是建立在典型系统结构的基础上，对多个非线性环节和多个线性环节组合而成的系统，可以通过等效变换简化为典型结构。原则是先简化非线性元件部分，再简化线性部分。

1. 非线性特性的并联

考查如图 8.85 所示的一个死区非线性环节和一个带死区继电特性的相加，其总的描述函数为每一个环节描述函数的代数和。

$$N(A)=N_1(A)+N_2(A) \tag{8.21}$$

2. 非线性元件的串联

等效特性取决于前后次序，由前向后顺序逐一加以简化，由于较复杂，这里不做详细阐述，而多个非线性环节相乘的描述函数并不一定等于各个描述函数的乘积，即 $N(A)\neq N_1(A)\cdot N_2(A)$。

3. 线性部分的等效变换

按线性系统方框图的等效变换原则进行。

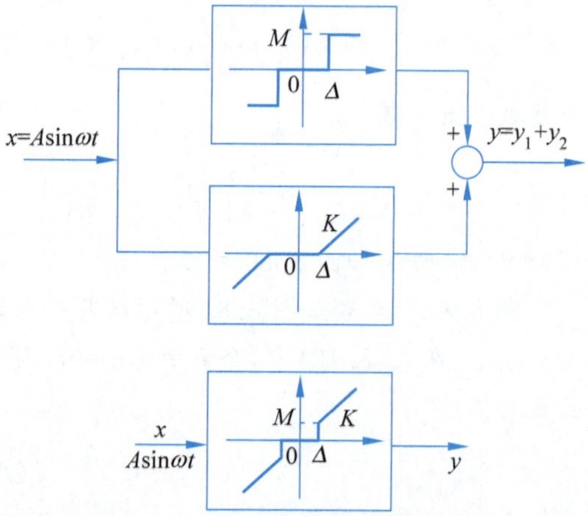

图 8.85 非线性特性并联的等效

8.4.4 利用描述函数分析系统的稳定性

若非线性系统经过适当简化后，具有如图 8.86 所示的典型结构，且非线性环节和线性部分满足描述函数法的应用条件，这时非线性系统经谐波线性化后已经变为一个等效的线性系统，可利用线性系统频率域稳定判据分析非线性系统的稳定性。

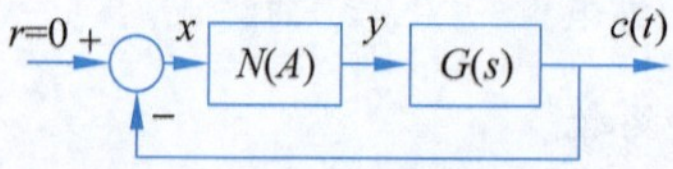

图 8.86 典型非线性系统结构

由图知非线性系统的近似线性闭环频率特性为

$$\frac{C(\mathrm{j}\omega)}{R(\mathrm{j}\omega)}=\frac{N(A)G(\mathrm{j}\omega)}{1+N(A)G(\mathrm{j}\omega)} \tag{8.22}$$

特征方程为

$$1+N(A)G(\mathrm{j}\omega)=0 \tag{8.23}$$

于是得

$$G(\mathrm{j}\omega)=-\frac{1}{N(A)} \tag{8.24}$$

这与线性系统中$G(\mathrm{j}\omega)$穿过稳定临界点$(-1,\mathrm{j}0)$的情况相当，因此应用描述函数判断非线性系统的稳定性，主要根据线性部分的频率特性 $G(j\omega)$ 与非线性环节的描述函数的负倒数 $-1/N(A)$ 曲线的相对位置来判别。相应的奈奎斯特稳定判据描述如下：

假定非线性系统的线性部分 $G(s)$ 的极点均位于左半 s 平面，这与要求 $G(s)$ 具有较好的低通滤波特性一致，若 $G(j\omega)$ 的奈奎斯特曲线 Γ_G 不包围 $-1/N(A)$ 曲线，则非线性系统是稳定的，若 Γ_G 曲线包围 $-1/N(A)$ 曲线，则非线性系统不稳定。

例如考查某个带有饱和非线性环节的反馈系统，其线性部分 $G(j\omega)$ 的奈奎斯特曲线和该描述函数的负倒数 $-1/N(A)$ 如图 8.87 所示，由于该系统 $G(j\omega)$ 的奈奎斯特曲线 Γ_G 不包围 $-1/N(A)$ 的曲线，所以该非线性系统是稳定的，最终使非线性环节的输入幅值 A 逐渐减小到零，或使非线性环节的输入值为某定值。

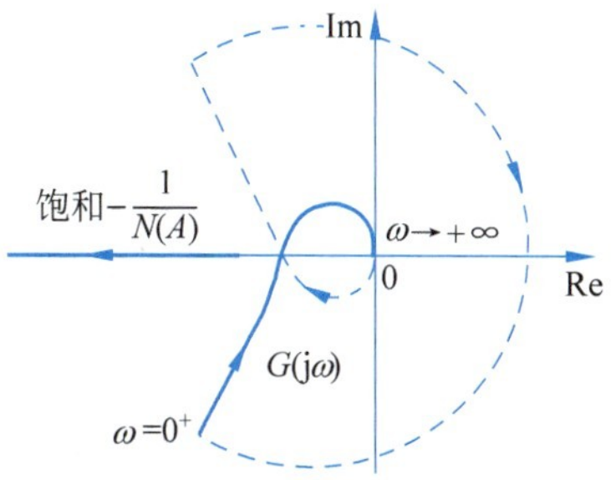

图 8.87　饱和非线性系统的稳定性

例如考查某个带有间隙非线性环节的反馈系统，其线性部分 $G(j\omega)$ 的奈奎斯特曲线和该描述函数的负倒数 $-1/N(A)$ 如图 8.88 所示，由于该系统的 $G(j\omega)$ 的奈奎斯特曲线 Γ_G 包围 $-1/N(A)$ 的曲线，所以该非线性系统是不稳定的，最终使非线性环节的输入幅值 A 增大到极限位置或使系统发生故障。

例如考查某个带有三位继电器非线性环节的反馈系统，其线性部分 $G(j\omega)$ 的奈奎斯特曲线和该描述函数的负倒数 $-1/N(A)$ 如图 8.89 所示，由于该系统的 $G(j\omega)$ 的奈奎斯特曲线 Γ_G 与 $-1/N(A)$ 的曲线相交于 a 点和 b 点，交点的性质进一步判断如下

(1) 考查 a 点，当有扰动时，$\begin{cases}\text{使幅值 } A\uparrow\rightarrow\text{系统稳定}\rightarrow A\downarrow\downarrow \\ \text{使幅值 } A\downarrow\rightarrow\text{系统不稳定}\rightarrow A\uparrow\uparrow\end{cases}$，回到 a 点，故该点为稳定的极限环。

(2) 考查 b 点，当有扰动时，$\begin{cases}\text{使幅值 } A\downarrow\rightarrow\text{系统稳定}\rightarrow A\downarrow\downarrow \\ \text{使幅值 } A\uparrow\rightarrow\text{系统不稳定}\rightarrow A\uparrow\uparrow\end{cases}$，离开 b 点，故该点为不稳定的极限环。

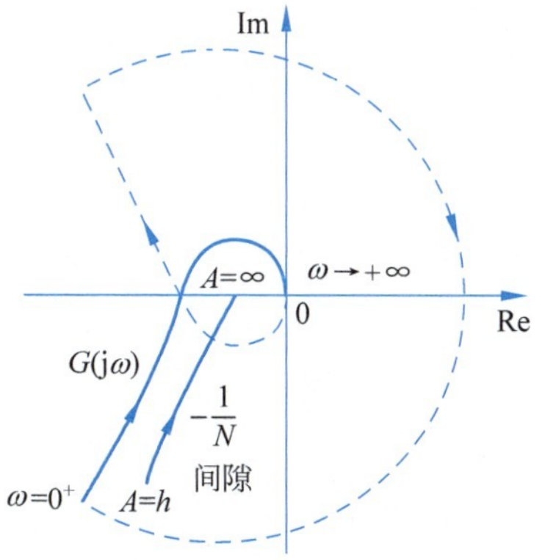

图 8.88　间歇非线性系统的稳定性

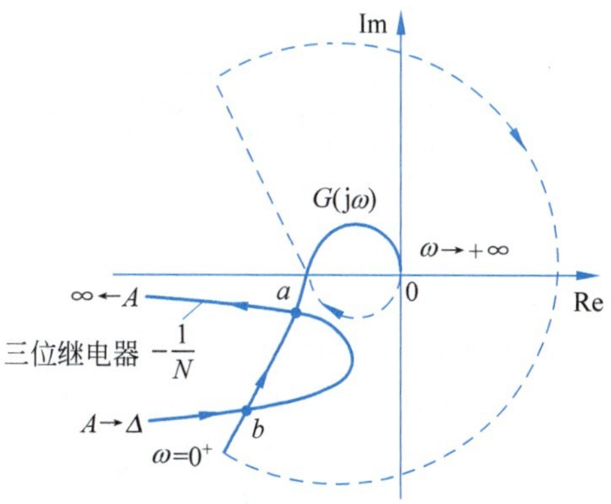

图 8.89　三位继电器系统的极限环

当存在极限环或自激振荡时，在非线性环节输入端的响应波形相当于等幅振荡状态，其振幅和频率由 $G(j\omega)$ 的奈奎斯特曲线与 $-1/N(A)$ 的曲线交点决定。

例 8.19 如图 8.90 所示的非线性系统,非线性环节的输入/输出特性为 $y=x^3$,试分析系统的稳定性。

解 首先计算非线性环节的描述函数,设该环节输入为

$$e=A\sin\omega t$$

因为非线性环节的输入输出关系为

$$y=e^3$$

所以 $y=A^3\sin^3\omega t$。又因 y 为奇函数,于是有

$$a_1=0,\quad \varphi_1=0$$

故

$$b_1=\frac{1}{\pi}\int_0^{2\pi}y\sin\omega t\,\mathrm{d}\omega t=A^3\frac{4}{\pi}\int_0^{\frac{\pi}{2}}\sin^4\omega t\,\mathrm{d}\omega t=A^3\frac{4}{\pi}\cdot\frac{3}{4}\cdot\frac{1}{2}\cdot\frac{\pi}{2}=\frac{3}{4}A^3$$

于是得到该非线性环节的描述函数为

$$N(A)=\frac{3}{4}A^2$$

而线性部分的频率特性为

$$G(\mathrm{j}\omega)=\frac{-3}{\omega^4+5\omega^2+4}-\mathrm{j}\frac{2-\omega^2}{\omega(\omega^4+5\omega^2+4)}$$

由图 8.91 计算自激振荡的振幅 A 和振荡频率 ω:

令 $\mathrm{Im}G(\mathrm{j}\omega)=0$,得到振荡频率 $\omega=\sqrt{2}$,进一步有

$$\mathrm{Re}G(\mathrm{j}\sqrt{2})=-\frac{3}{18}$$

根据 $G(\mathrm{j}\omega)=-\dfrac{1}{N(A)}$,即得 $-\dfrac{4}{3A^2}=-\dfrac{3}{18}$,于是自激振荡的振幅为 $A=2\sqrt{2}$。由奈奎斯特稳定性判据知该交点为不稳定的极限环。

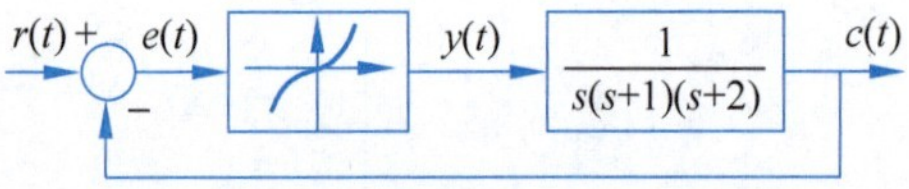

图 8.90 例 8.19 非线性系统

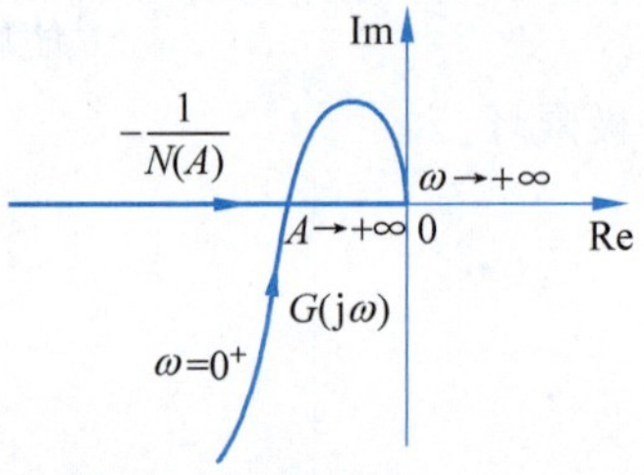

图 8.91 例 8.19 的 $-1/N(A)$ 和 $G(\mathrm{j}\omega)$ 曲线

例 8.20 考查如图 8.92 所示带死区继电器特性的非线性系统,设 $M=3,\Delta=1$。

(1) 分析非线性系统的稳定性;

(2) 如果要使系统不产生自激振荡,如何调整系统参数。

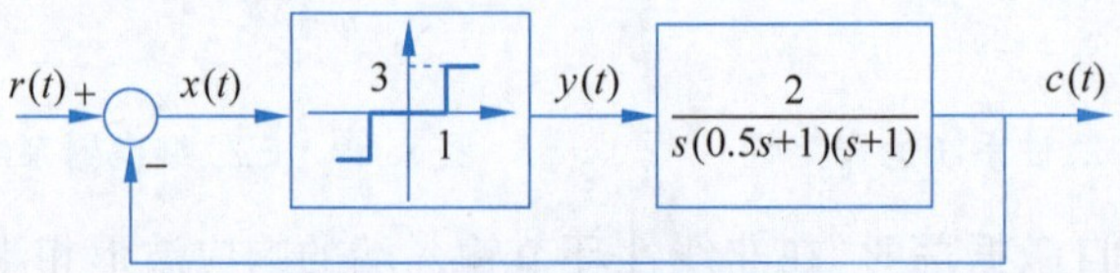

图 8.92 例 8.20 非线性系统

解　(1) 前面我们已计算出带死区继电器特性的描述函数为

$$N(A)=\frac{4M}{\pi A}\sqrt{1-\left(\frac{\Delta}{A}\right)^2}$$

画出该系统非线性环节的$-1/N(A)$曲线和线性部分的$G(j\omega)$曲线，如图8.93所示。

计算曲线$-1/N(A)$的极值点，令

$$\frac{d(-1/N)}{dA}=-\frac{\pi}{12}\frac{A[2(A^2-\Delta^2)-A^2]}{(A^2-\Delta^2)\sqrt{A^2-\Delta^2}}=0$$

得到曲线$-1/N(A)$的极值点$A=\sqrt{2}\Delta\big|_{\Delta=1}=\sqrt{2}$，对应的值$-\dfrac{1}{N(\sqrt{2})}=-\dfrac{\pi}{6}$。

又因线性部分的频率特性为

$$G(j\omega)=\frac{2[-1.5\omega-j(1-0.5\omega^2)]}{\omega(0.25\omega^4+1.25\omega^2+1)}$$

令$\mathrm{Im}G(j\omega)=0$，得到系统的振荡频率$\omega=\sqrt{2}$，进一步，有

$$\mathrm{Re}G(j\sqrt{2})=-0.666$$

根据$-\dfrac{1}{N(A)}=G(j\omega)$，并将$\omega=\sqrt{2}$代入，得

$$\frac{-\pi A}{12\sqrt{1-\dfrac{1}{A^2}}}=-0.666$$

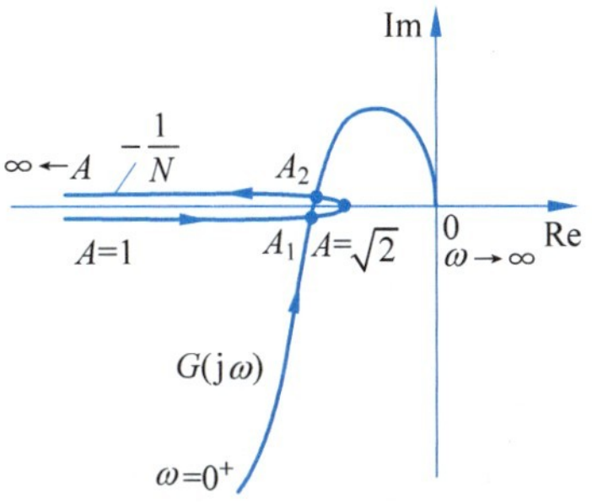

图8.93　例8.20 $-1/N(A)$和$G(j\omega)$的曲线

于是解出交点对应的振幅为$A_1=1.11$和$A_2=2.3$。

根据奈奎斯特稳定性判据知道A_1点为不稳定的交点，而A_2点是稳定的交点。此时控制系统自激振荡为稳定的周期运动，其振幅为2.3，而振荡角频率为$\sqrt{2}$ rad/s。

(2) 为使系统不产生自激振荡，如何调整系统参数。

方法1　减小连续部分传递函数$G(s)$中的比例增益K，使$G(s)$与$-1/N(A)$不相交，此时，根据奈奎斯特稳定性判据知该系统稳定，不产生自激振荡。

方法2　如可能，调整非线性环节继电器参数。根据$-\dfrac{1}{N(A)}=G(j\omega)$，如果极值$-\dfrac{1}{N(\sqrt{2}\Delta)}=-\dfrac{\pi\Delta}{2M}<-0.666$，即，继电器参数满足$\dfrac{M}{\Delta}<2.36$，则系统不产生自激振荡。

例8.21　考查如图8.94所示的非线性系统，用描述函数法分析系统的稳定性。

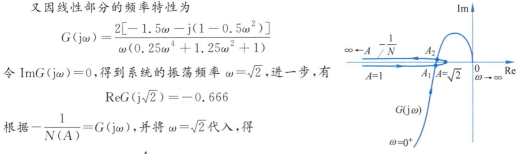

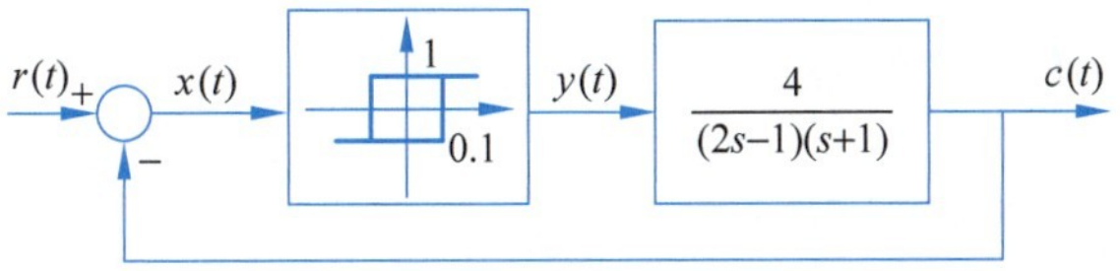

图8.94　例8.21非线性系统

解　前面我们已计算出带有滞环继电器特性非线性环节的描述函数为

$$N(A)=\frac{4M}{\pi A}\sqrt{1-\left(\frac{h}{A}\right)^2}-j\frac{4Mh}{\pi A^2}$$

于是，有

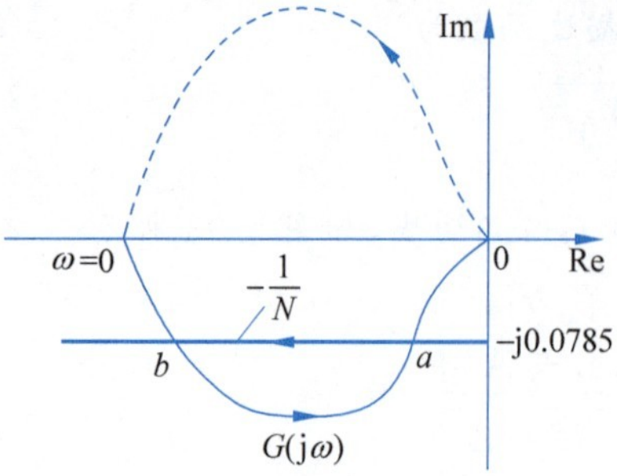

图 8.95 例 8.21 非线性系统稳定性情况

$$-\frac{1}{N(A)}=\frac{-\pi}{4M}\left[A\sqrt{1-\left(\frac{h}{A}\right)^2}+\mathrm{j}h\right]$$

而线性部分的传递函数为 $G(s)=\frac{4}{(2s-1)(s+1)}$，相当于非最小相位系统，在右半 s 平面有一个开环极点，即 $P=1$。画出该系统非线性环节的 $-1/N(A)$ 曲线和线性部分的 $G(\mathrm{j}\omega)$ 曲线，如图 8.95 所示。参考线性定常系统的奈奎斯特稳定判据，考查 a 点：交点 $\omega=2.15\mathrm{rad/s}$，$A_1=0.49$ 为稳定的极限环，其振幅为 0.49，振荡角频率为 2.15rad/s；而 b 点：交点 $\omega=0.02\mathrm{rad/s}$，$A_2=5.09$ 为不稳定的极限环。

8.5 利用非线性特性进行控制系统设计

通常控制系统中有非线性因素可能对系统产生不利影响，但在控制系统中适当加入特定非线性环节，则有时能改善系统性能。

8.5.1 非线性阻尼校正

在如图 8.96 所示的速度反馈控制系统中。加入死区非线性环节，可以成功地解决系统快速性和振荡度之间的矛盾。

由图可知，非线性环节的输出为

$$y=\begin{cases}0, & |c|\leqslant\Delta\\ c-\Delta, & c>\Delta\\ c+\Delta, & c<-\Delta\end{cases}$$

即系统响应 $c(t)$ 较小时，不接入速度反馈；而响应 $c(t)$ 较大时，接入速度反馈。

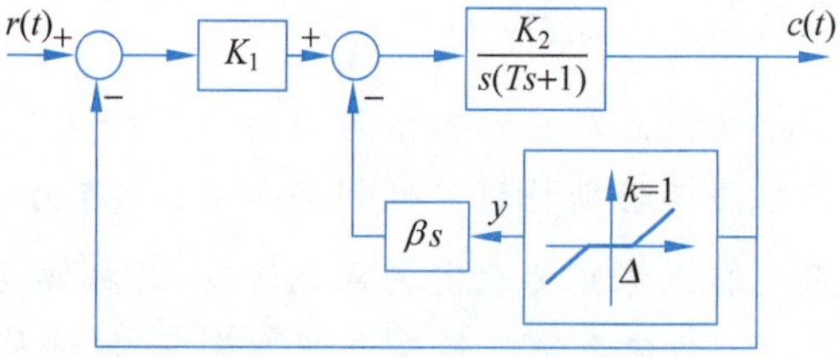

图 8.96 非线性阻尼校正系统

加入速度反馈时，闭环传递函数为

$$\Phi(s)=\frac{K_1K_2}{Ts^2+(1+K_2\beta)s+K_1K_2}$$

对照典型二阶系统，有 $\omega_n=\sqrt{K_1K_2/T}$，$\zeta=(1+K_2\beta)/(2\sqrt{TK_1K_2})$。由于加入速度反馈后使阻尼比 ζ 增大，因此超调量变小，如果阻尼比 $\zeta>1$，则系统响应慢；而当无速度反馈时，相当于 $\beta=0$，使得阻尼比 ζ 小，响应速度快，但振荡度大。为此，加入非线性校正后，控制系统的响应既快，超调量又小，控制性能平稳，如图 8.97 所示。

该非线性环节的一种实现线路如图 8.98 所示。

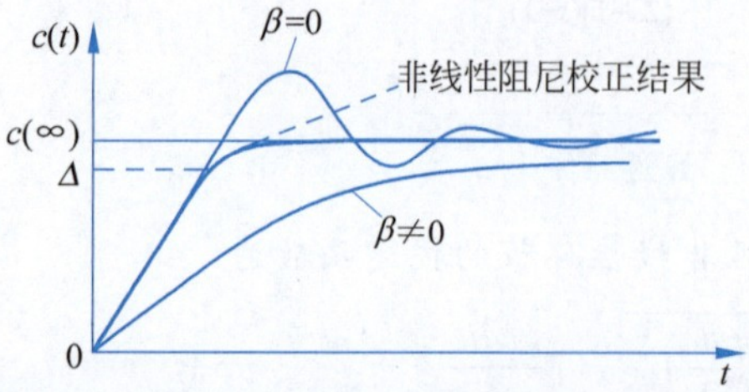

图 8.97 非线性阻尼校正控制系统性能比较

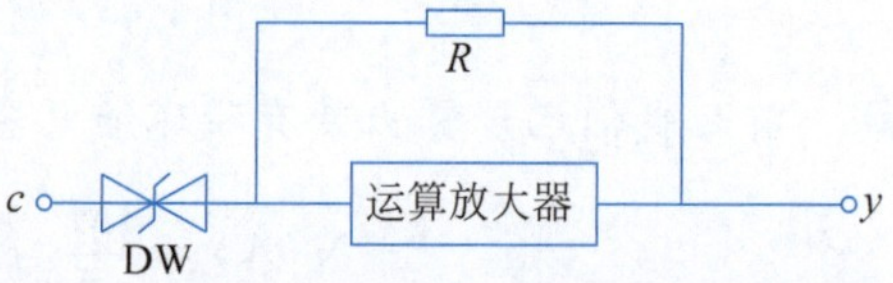

图 8.98 非线性校正环节实现线路

当输出信号 $c(t)$ 较小时，稳压管 DW 呈高阻抗，放大倍数很小，近似为零，相当于在死区内；当输出信号 $c(t)$ 较大时，稳压管 DW 呈低阻抗，使放大倍数增大，近似死区非线性特性。

8.5.2 非线性滞后校正

考查如图 8.99 所示的非线性滞后校正控制系统的性能。

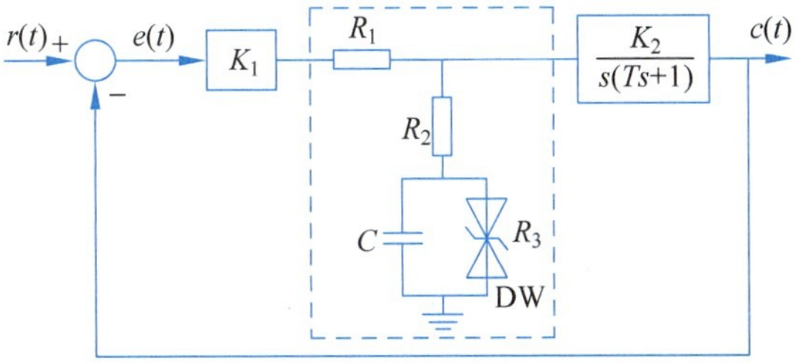

图 8.99 非线性滞后校正控制系统

在第 6 章控制系统校正设计中我们知道，因为 PI(滞后)校正能提高系统控制精度，但因减小了系统的相位裕度 γ，使得系统动态品质变差，需要引入非线性滞后校正。

建立图中虚线框内电路校正器的传递函数为

$$G_{校}(s)=\frac{K_3(\tau_1 s+1)}{T_1+1}$$

其中，$K_3=\dfrac{R_2+R_3}{R_1+R_2+R_3}$，$\tau_1=\dfrac{R_2R_3}{R_2+R_3}C$，$T_1=\dfrac{R_3(R_1+R_2)}{R_1+R_2+R_3}C$。$R_3$ 表示稳压管 DW 的等效电阻。

情况 1 设稳压管 DW 的击穿电压为 E_0，当偏差 $|e|<E_0/K_1$ 较小时，稳压管 DW 呈高阻状态，等效电阻 $R_3\to\infty$。此时，$K_3\approx1$，$\tau_1\approx R_2C$，$T_1\approx(R_1+R_2)C$。相当于 PI(滞后)校正，可以提高系统的控制精度。

情况 2 当误差信号 $|e|>E_0/K_1$ 较大时，稳压管 DW 呈低阻状态，等效电阻 $R_3\approx0$，则 $K_3\approx\dfrac{R_2}{R_1+R_2}$，$\tau_1\approx T_1\approx0$。相当于比例 P 校正，使得系统响应速度快，这样，成功解决了控制系统的静态与动态品质间的矛盾，如图 8.100 所示。

另一种利用饱和非线性的滞后校正控制系统如图 8.101 所示。

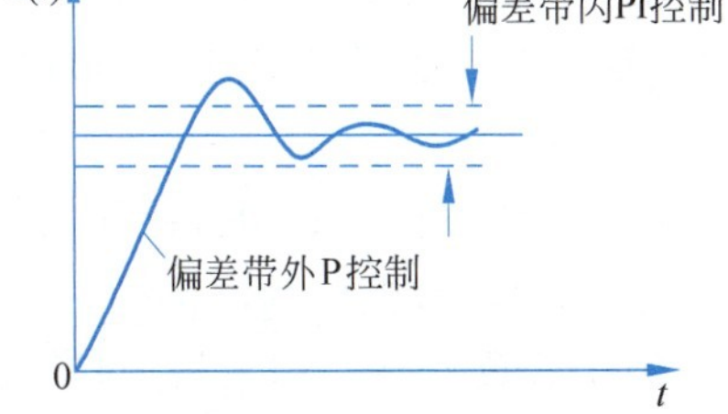

图 8.100 非线性滞后校正系统响应

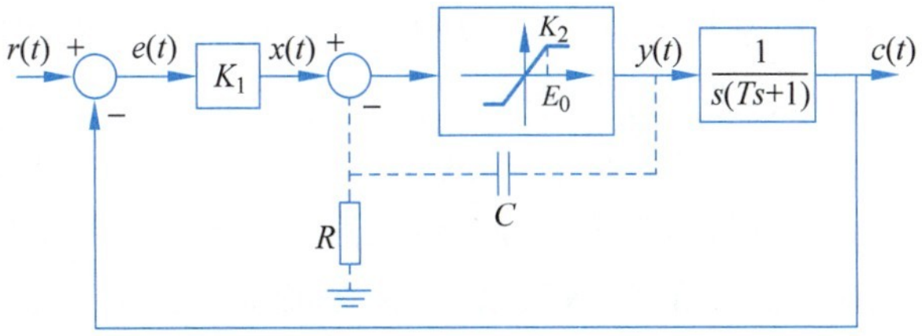

图 8.101 饱和非线性滞后校正控制系统

当控制系统中无 RC 网络时，在误差 $e(t)$ 为大信号情况下，非线性环节处于饱和状态，放大倍数降低，稳态误差 e_{ss} 变大，对稳态特性不利。

情况 1 加入 RC 网络后，当非线性放大器未饱和(小偏差 $e(t)$)时，由 x 到 y 的传递函数为

$$G_{校}(s)=\frac{K_2}{1+K_2\dfrac{\tau_1 s}{\tau_1 s+1}}=\frac{K_2(\tau_1 s+1)}{T_1 s+1}$$

其中，$\tau_1=RC$，$T_1=(1+K_2)\tau_1$，因为 $T_1\geqslant\tau_1$，相当于滞后(PI)校正，可以提高系统的控制精度。

情况 2 当误差信号 $|e(t)|>E_0/K_1$ 较大时，第二级非线性放大器饱和，放大倍数下降，如果放大器深度饱和时，认为 $K_2\ll 1$，则 $T_1\approx\tau_1$，于是有 $G_{校}=K_2$ 为常数，此时相当于比例 P 控制，并且该值较小，这时相位裕度 γ 大，动态响应平稳。显然，二者综合既能提高跟踪速度，又不至于产生太大超调，如图 8.102 所示为该非线性系统的等效频率特性。

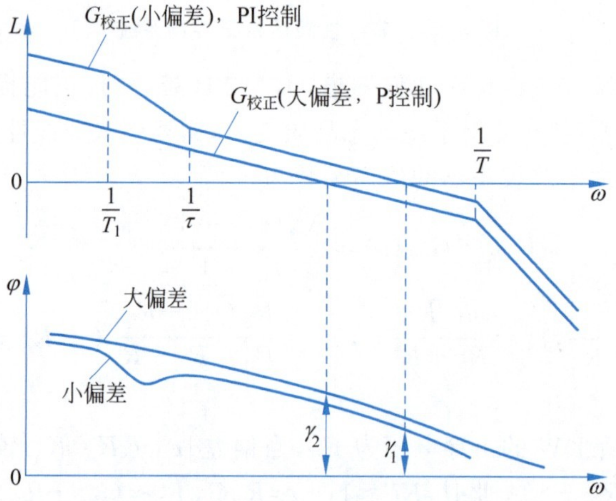

图 8.102 非线性校正系统的频域特性

8.5.3 基于继电器特性的 PID 参数自整定控制系统设计

1. 问题的提出

在线性控制系统设计一章中，我们知道，不论是理论还是在实际中，PID 控制器的参数整定都是相当费时费力的，一般可能需要控制工程师多次重复计算或实验才能完成。人们长期以来一直想能否设计出一个通用的 PID 参数自整定控制器，使得该控制器能自动地识别和计算被控过程的数学模型，然后按照通用的 PID 参数整定 Z-N 表计算出该被控过程的控制参数，再进行自动控制。

1984 年瑞典世界著名控制专家 Åström K J 根据对继电器非线性特性的相轨迹和描述函数的分析，知道了带有非线性滞环继电器或基于理想继电器的时滞被控过程的系统，其稳态响应为稳定的等幅振荡，于是提出了一种基于继电器的 PID 参数自整定调节器，目前已广泛应用到各种商品化的控制器中，如图 8.103(a)所示为一种基于继电器的 PID 参数自整定控制系统结构图。

PID 参数自整定控制算法步骤为：

（1）在自整定（AT）模式下，在一个周期后测量稳定的振荡周期 T_u 和振幅 A 如图 8.103(b)所示；

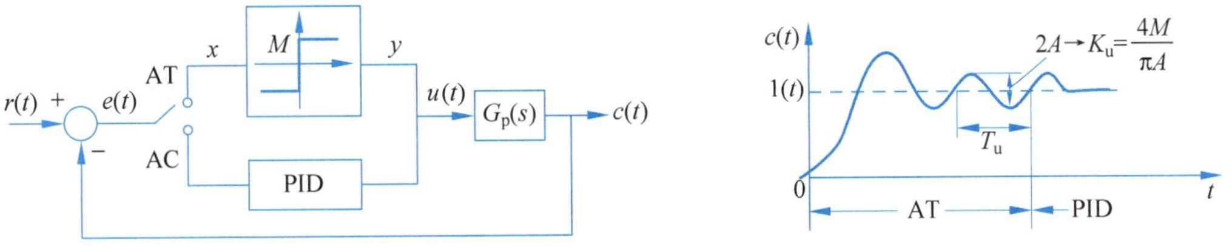

(a) PID自整定控制系统构成　　(b) PID自整定响应曲线

图 8.103　PID 自整定控制系统阶跃响应

（2）由等幅振荡的振幅 A 和继电器描述函数，计算出等价临界振荡时对应的比例控制增益 K_u，例如，对理想继电器特性，其描述函数 $N(A)=\dfrac{4M}{\pi A}$ 应等于等价临界振荡时对应的比例控制增益 K_u；

（3）根据 Z-N 的临界比例度 PID 参数整定表，计算出对应的 PID 参数；

（4）一般在两个周期后自整定结束，切换到自动 PID 控制（AC）模式，进行正常 PID 调节控制，使得控制系统达到较好的性能指标。

2. 非线性继电器控制系统等效参数的测量与计算

由前面的相平面法或描述函数法，我们知道带有理想继电器的时滞控制系统稳态时各点信号波形如图 8.104 所示。

控制系统进入稳定的自激振荡或稳定的极限环后，控制系统的阶跃响应如图 8.105 所示。其中，T_u 为振荡周期，A 为自激振荡的振幅。此时，控制系统等价为一个增益为 K_u 的比例控制器情况。再根据理想继电器的描述函数 $N(A)=\dfrac{4M}{\pi A}$，于是有临界比例增益为

$$K_u=\frac{4M}{\pi A} \tag{8.25}$$

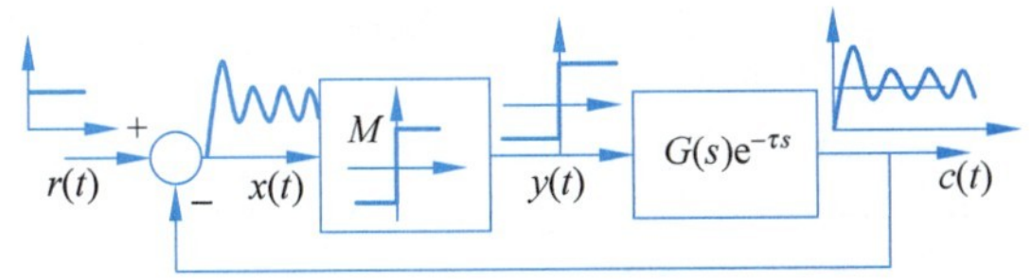

图 8.104　继电器控制系统各点信号波形

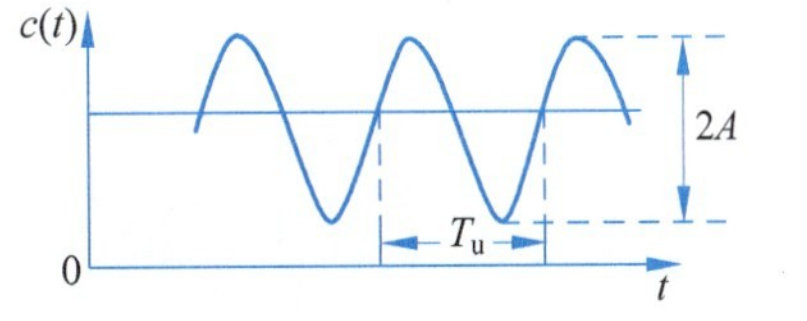

图 8.105　继电器控制系统的稳态响应

注意：测量的等幅振荡的峰峰值除以 2 即为式(8.25)中的振幅 A，响应曲线在一个周期内与设定值的交点时间为振荡周期 T_u。

临界比例增益 K_u 按照下面公式计算：实际使用时因为继电器的控制信号为通断控制，即如果输出信号小于设定的输入信号时，则将控制量取仪表最大控制量程 a 值（例如 20mA），而当输出信号大于设定的输入信号时，则将控制量取仪表最小控制量程 0 值（例如 4mA）。则式(8.25)中继电器的幅值 M 在仿真或实际控制时应该用实际控制量量程 a 值的一半替换（相当于 $2M=a$），即

$$K_u=\frac{2a}{\pi A} \tag{8.26}$$

有了闭环控制系统临界振荡情况下的振荡周期 T_u 和临界比例增益 K_u,再利用前面第6章中临界比例度 PID 参数整定的 Z-N 表计算该 PID 控制器的参数为

$$K_p=0.6K_u,\quad T_i=0.5T_u,\quad T_d=0.125T_u \tag{8.27}$$

8.6 MATLAB 在非线性系统分析中的应用

MATLAB 下提供的 Simulink 环境是解决非线性系统建模、分析与仿真设计的理想工具,本节主要介绍 Simulink 建模与仿真方法以及如何用程序绘制系统的相轨迹。

例 8.22 分析著名的范德波尔(Vanderpol)非线性系统方程

$$\ddot{x}+2(x^2-1)\dot{x}+x=0$$

初始条件,$x(0)=1,\dot{x}(0)=0$,试用 MATLAB 绘制状态变量的零输入响应图以及系统的相轨迹图。

解 取状态变量 $x_2=x,x_1=\dot{x}$,得到该得系统状态方程模型

$$\begin{cases}\dot{x}_2=\dot{x}=x_1\\ \dot{x}_1=2x_1(1-x_2^2)-x_2\end{cases}$$

且初值 $x_2(0)=0,x_1(0)=1$。

(1) 采用仿真框图求解。该方程的仿真框图如图 8.106 所示,这里将状态量输入工作空间,便于绘图。

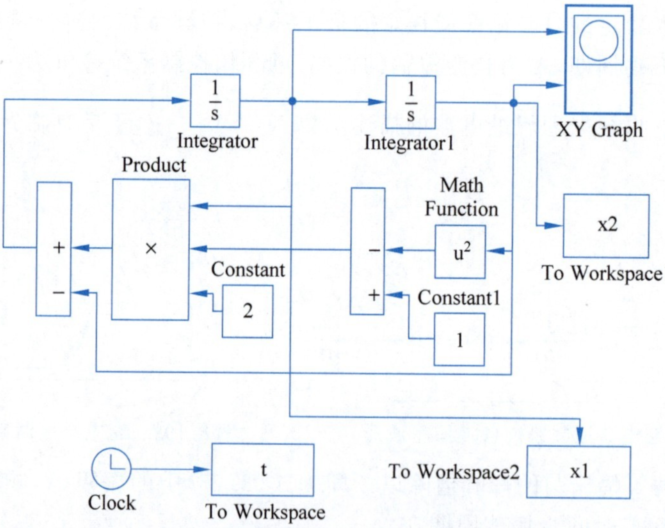

图 8.106 题 8.22 仿真程序

在 integrator 模块参数设置窗口设置 x1 初值为 1,在 integrator1 模块参数设置窗口设置 x2 初值为 0,仿真时间为 30s,仿真步长可变,数值计算方法采用 ode45,在工作区输入绘图命令

```
[t,x1,x2] = sim('vander',30);          % 启动仿真,时间为 30s
plot(t,x1)                             % 绘制状态变量的时间响应图
```

可以得到状态变量的时间响应如图 8.107 所示。系统的相轨迹可以由程序框图中的

XYGraph 得到,如图 8.108 所示。

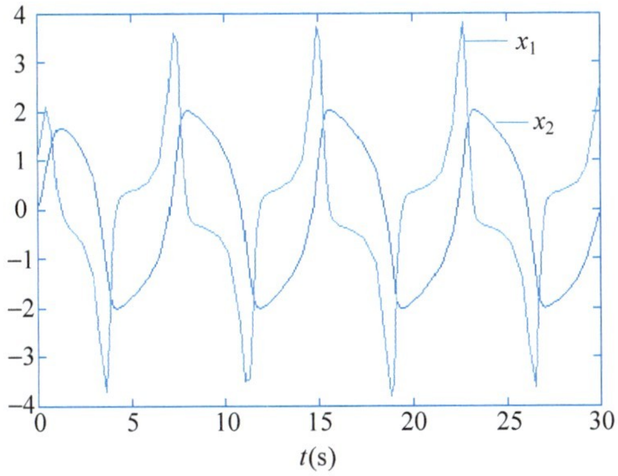

图 8.107 Vanderpol 方程的零输入响应

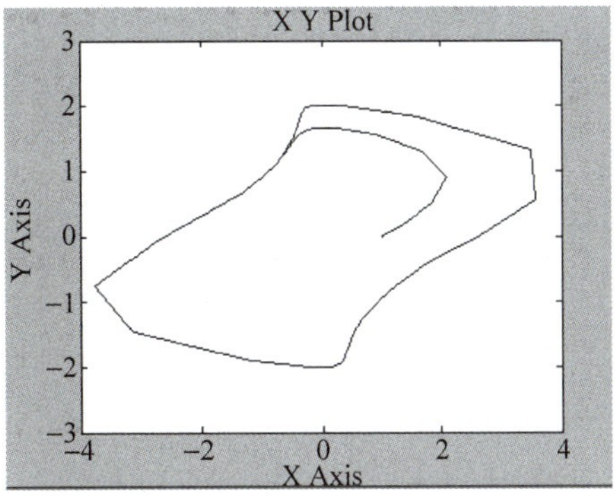

图 8.108 Vanderpol 方程的相轨迹

(2) 利用 MATLAB 函数来求解相轨迹。

MATLAB 主程序代码如下:

```
[t,x] = ode45('vdpol',[0,30],[1,0]);
subplot(3,1,1),plot(t,x(:,1));              %绘制状态变量 x1 图
subplot(3,1,2),plot(t,x(:,2));              %绘制状态变量 x2 图
subplot(3,1,3),plot(x(:,1),x(:,2));         %绘制相轨迹图
axis([ - 4, 4, - 3, 3])
```

MATLAB 子程序代码如下:

```
function xdot = vdpol(t,x)
xdot = [2 * x(1) * (1 - x(2)^2) - x(2);x(1)];
```

运行主程序得到图 8.109 所示的 Vanderpol 方程状态变量的零输入响应及相轨迹图。

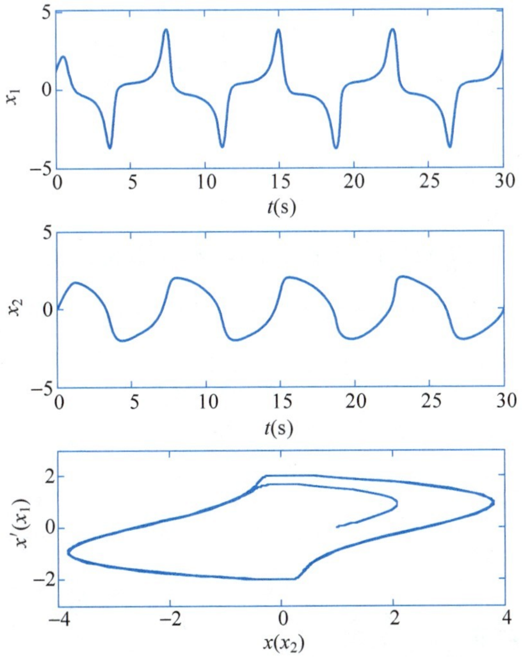

图 8.109 Vanderpol 方程的零输入响应及相轨迹

(3) 求自激振荡的输出信号

编制如下两个 MATLAB 文件:

```
"vanderpol.m"(模型文件)
function[sys,x0] = vanderpol(t,x)
sys = [x(2); - x(1) + 2 * (1 - x(1) * x(1)) * x(2)];

"vanderpolsimu.m"(仿真文件)
[t,x] = ode45('vanderpol',[0,30],[1;0]);        % 初始值(1,0)
plot(t,x(:,1),'k');hold on;grid;
[t,x] = ode45('vanderpol',[0,30],[4;0]);        % 初始值(4,0)
plot(t,x(:,1),'--k');
hold off
```

运行 vanderpolsimu.m 即可以获得图 8.110 所示的状态 $x_1(t)$的零输入响应。该图表示初始条件分别为 $x_1(0)=1$,$x_2(0)=0$(实线)与 $x_1(0)=4$,$x_2(0)=0$(虚线)时的两种运动情况。从该图可以看出,尽管初始条件不同,但是系统稳态时输出总是存在幅值约为 2、周期为 7.6s 的等幅自激振荡。不过,该振荡波形不是正弦波。如果改变初始条件来做更多的仿真还可以发现,当初始条件为零时,振荡器将保持静止,这说明 $x(0)=0$,$\dot{x}(0)=0$ 是系统的平衡状态。只要初始条件不为零,或者说振荡器一旦被激励,一定存在与该图类似的稳态振荡情况。

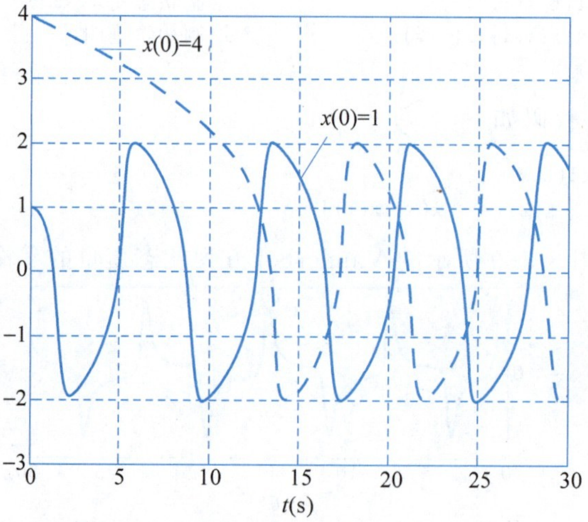

图 8.110 状态 x_1 的自激振荡输出波形

例 8.23 已知某个非线性控制系统如图 8.111 所示,其中线性部分的传递函数为

$$G(s)=\frac{1}{s(4s+1)}$$

系统的初始状态为 0。非线性环节 N 取下列五种情况

(1) 饱和非线性环节;

(2) 继电非线性环节;

(3) 死区非线性环节;

(4) 磁滞回环环节;

(5) 线性比例增益环节。

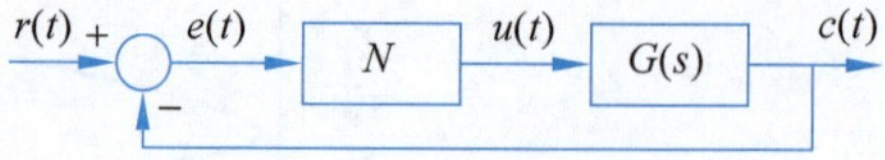

图 8.111 例 8.23 控制非线性系统

试求系统在单位阶跃作用下的系统输出以及相轨迹。

解 取状态变量 $e(t)$ 和 $\dot{e}(t)$，使用 Simulink 建立如图 8.112 所示的仿真框图。

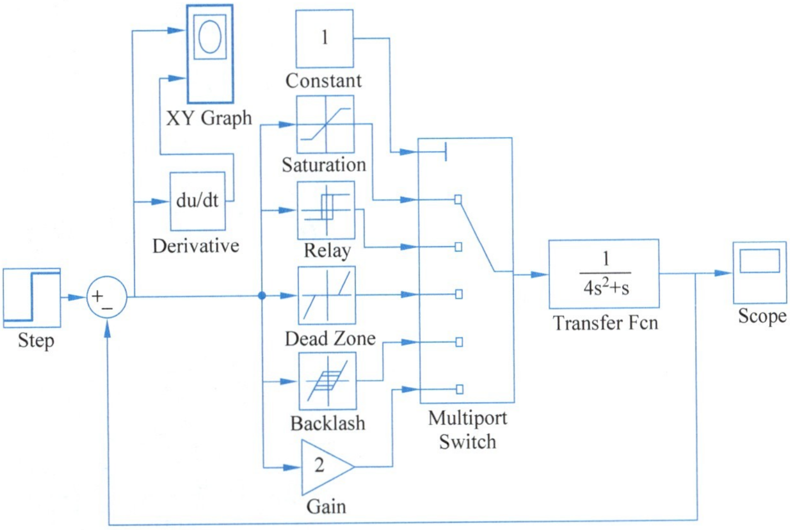

图 8.112 例 8.23 题 Simulink 仿真框图

这里使用 Simulink 中的多路开关(multiport switch)来切换选择非线性环节的五种情况，改变常量(constant)的数值，可以选择相应的输入到输出的端口，如常量值为 2，就可以把从上到下第 2 个输入端口的值送到输出端口。

要在 XY Graph 上绘出相轨迹，关键是得到 $e(t)$ 和 $\dot{e}(t)$ 信号，显然，$e(t)$ 直接取自比较器的输出，$\dot{e}(t)$ 可以在 $e(t)$ 后面加一个微分环节实现，然后把这两个信号接到 XY Graph 便可画出相轨迹。

(1) 选 Constant 值为 1，即为饱和非线性环节，其上限幅值取 0.5，下限为 −0.5，斜率为 1。相轨迹及系统输出如图 8.113 所示。

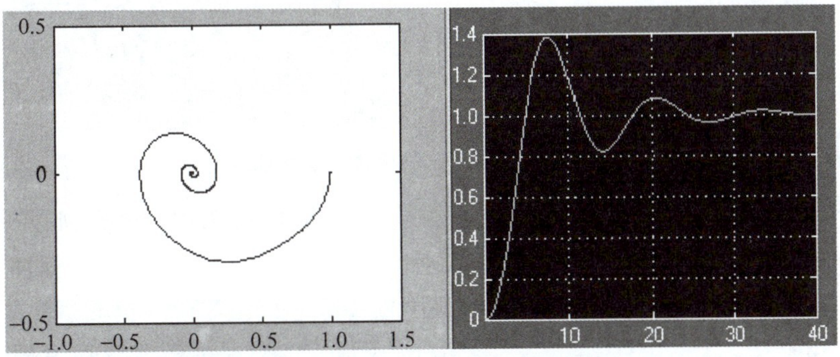

图 8.113 饱和非线性环节的相轨迹及系统输出

(2) 选 Constant 值为 2，即为理想继电器非线性环节，上限为 0.2，下限为 −0.2。相轨迹及系统输出如图 8.114 所示。

(3) 选 Constant 值为 3，相当于死区非线性环节，死区宽度为±0.5，斜率为 1。相轨迹及系统输出如图 8.115 所示。

(4) 选 Constant 值为 4，意味着为滞环非线性环节，取回环宽度为 1，仿真时间选为 60。相轨迹及系统输出如图 8.116 所示，系统存在极限环。

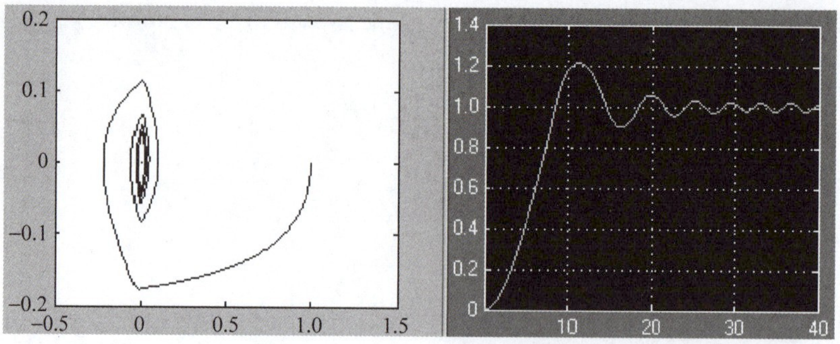

图 8.114　继电非线性环节的相轨迹及系统输出

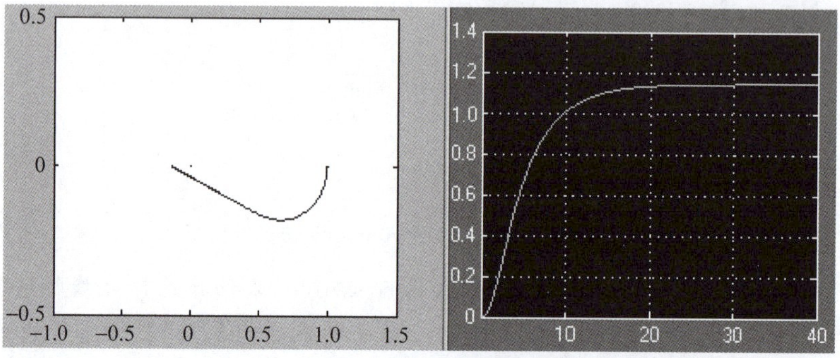

图 8.115　死区非线性环节的相轨迹及系统输出

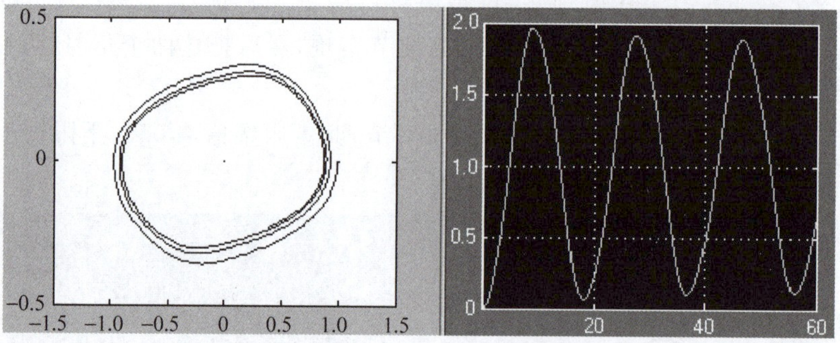

图 8.116　滞环环节的相轨迹及系统输出

(5) 选 Constant 值为 5，相当于线性比例环节，取增益为 2。相轨迹及系统输出如图 8.117 所示。

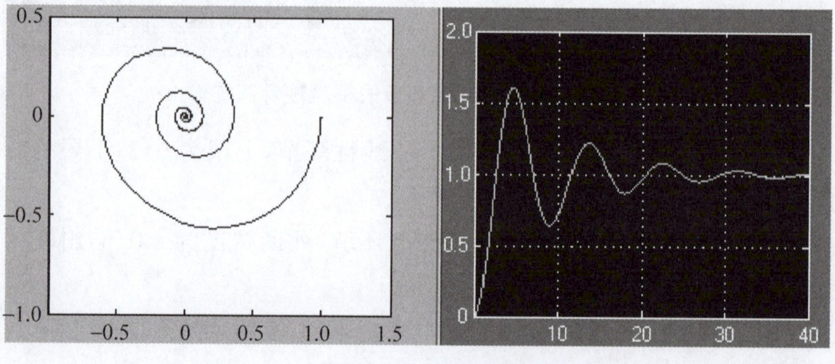

图 8.117　比例环节的相轨迹及系统输出

8.7 小结

实际上，任何一个物理系统都存在不同程度的非线性特征，应属于非线性系统，严格意义的线性系统实际上是不存在的。所谓的线性系统仅仅是实际系统在忽略了某些非线性因素后的理想模型。但对有些本质非线性，例如饱和、继电器、死区、滞环以及摩擦等非线性系统，在工作点附近将非线性环节近似为线性系统的方法显然是不适用的。非线性特性在控制系统中有不利的一面，但适当引入非线性校正，可使系统控制精度提高，动态品质得到改善。众所周知，非线性表示的微分方程系统人们很难得出它的解析解，一般只有数值解，对非线性系统的分析与设计方法目前还没用统一通用的研究方法，也是科学研究者的难点和热点。本章主要讨论了非线性系统的相平面分析与设计方法和描述函数法。

相平面法是一种时域分析方法，比较直观，能够了解控制系统的稳定性、准确性和动态响应，还能清楚地考查非线性系统的自激振荡等情况，但该法只能用于一阶和二阶系统的分析。

描述函数法是用非线性特性的基波传递关系近似替代非线性环节进行控制系统分析，即针对特性对称的非线性环节，当非线性系统的线性部分具有较好的低通滤波特性，系统中非线性环节在正弦信号作用下的输出可以用一次谐波分量(基波)来近似，由此导出非线性环节的近似等效频率特性，即描述函数。这时，非线性系统近似等效为一个线性系统，并可用线性系统理论中的频域法对非线性系统进行分析，主要用来分析在无外作用情况下，非线性系统的稳定性和自振荡问题。MATLAB 和 Simulink 仿真工具对非线性系统的微分方程求解及相平面分析研究带来了极大的便利。利用描述函数和相平面法可以设计出 PID 参数自整定控制系统，它已广泛应用于工业控制中。非线性系统的理论分析和设计方法目前还是十分有限的，需要研究者进一步探索。

关键术语和概念

非线性系统(nonlinear system)：指不能使用叠加原理描述的系统。

相平面(phase plane)：指以系统某个变量为横坐标，以该变量的导数为纵坐标的平面。

相轨迹(phase locus)：指系统的某个变量在相平面上随时间变化的轨迹，它可以反映系统的稳定性、准确性以及暂态响应，主要用于描述一阶系统、二阶系统的性能。

自激振荡(self-excited oscillation)：指系统在未有外加激励作用下，系统输出响应仍然会存在某一固定振幅和频率的振荡过程。

极限环(limiting loop)：在相平面上的一个闭合形状的自激振荡。

谐波线性化(harmonic linearization)：非线性系统在一定条件时以及非线性环节在正弦输入信号作用下，利用傅里叶级数仅考虑非线性环节特性输出中的基波分量，这样可将非线性环节近似等价为在一定条件下的线性系统环节来描述。

描述函数法(describing function)：正弦输入信号作用下，非线性环节的稳态输出中一次谐波分量和输入信号的复数比为非线性环节的描述函数。

PID 参数自整定(PID parameters self-tuning)：指通过该功能，可以自动地识别被控过程的数学模型，然后按照 Z-N 临界比例度法计算 PID 控制器的参数，最后再自动装入该参数进行 PID 自动控制的过程。

拓展您的事业——电磁学科

电磁学是电子电气工程学(或物理学)的一个分支,电磁学研究电磁场的理论和应用。在电磁学中,低频范围内可以用电路的分析方法。

电磁(EM)原理应用于许许多多的相关学科中,如电子机械、机电能量转换、雷达气象、遥感、卫星通信、生物电磁学、电磁干扰与对抗、等离子体以及光纤等。EM 设备包括电动机、发电机、变压器、电磁铁、磁悬浮、天线、雷达、微波炉、微波清洗机、消毒机、超导体和心电记录仪等。这些设备的设计要求对 EM 的原理和定律有一个完整的知识。

EM 被认为是电子电气工程中较为困难的学科,因为电磁现象相当抽象。如果您对数学物理很有兴趣并且能观察到看不见的现象,应该考虑成为一个 EM 的专家。相对来说,较少的电子电气工程师专长于 EM 领域,但是在微波工业、射频/TV 等传媒产业、电磁研究实验室和一些通信工业中都需要有 EM 专长的电子电气工程师。

习题

8.1 设一阶非线性系统的微分方程为

$$\dot{x}=-x+x^3$$

试确定系统的平衡状态,分析系统的稳定性,作出相轨迹。

8.2 求下列方程的奇点并确定奇点类型:

(1) $2\ddot{x}+\dot{x}^2+x=0$

(2) $\ddot{x}-(1-x^2)\dot{x}+x=0$

8.3 若非线性系统的微分方程为

(1) $\ddot{x}+(2\dot{x}-0.5)\dot{x}+x=0$

(2) $\ddot{x}+x\dot{x}+x=0$

(3) $\ddot{x}+\dot{x}^2+x=0$

试求各系统的奇点,并绘制奇点附近的相轨迹。

8.4 给定非线性系统如图 P8.1 所示。假定输入 $r=0$,系统仅受初始条件的作用。试画出该系统在 $K=0$ 和 $K=1$ 时的相轨迹图。

8.5 图 P8.2 是一个具有非线性反馈增益的二阶系统,图中 $K=5, J=1, a=1$。

(1) 设 $r=0$,试画出该系统在不同初始条件下的典型相轨迹;

(2) 在系统处于静止状态时,加入斜坡输入 $r=Vt$,画出系统的相轨迹。

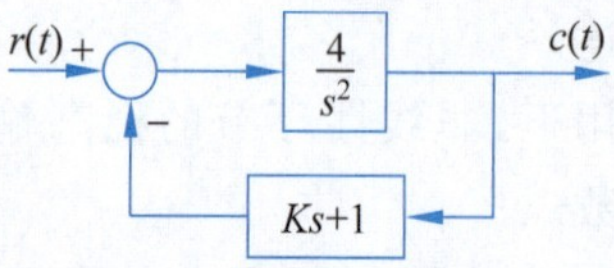

图 P8.1 题 8.4 图

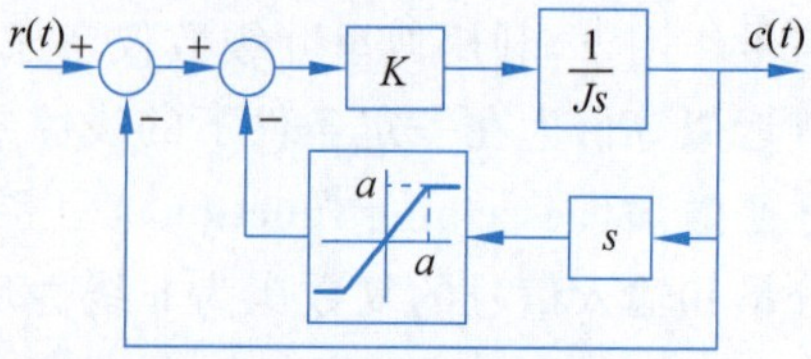

图 P8.2 题 8.5 图

8.6 非线性系统的结构图如图 P8.3 所示，其中 $M=1, T=1$。系统开始是静止的，输入信号 $r(t)=4\cdot 1(t)$，试写出开关线方程，确定奇点的位置和类型，作出系统的相平面图，并分析系统的运动特点。

8.7 设非线性系统如图 P8.4 所示。若输出为零初始条件，$r(t)=1(t)$，要求

(1) 在 $e\sim\dot{e}$ 平面上画出相轨迹；

(2) 判断该系统是否稳定，最大稳态误差是多少；

(3) 绘出 $e(t)$ 及 $c(t)$ 的时间响应大致波形。

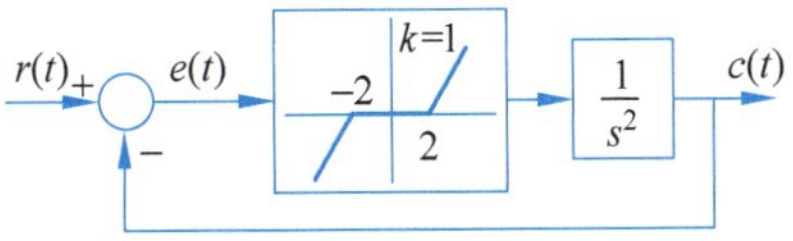

图 P8.3 题 8.6 图

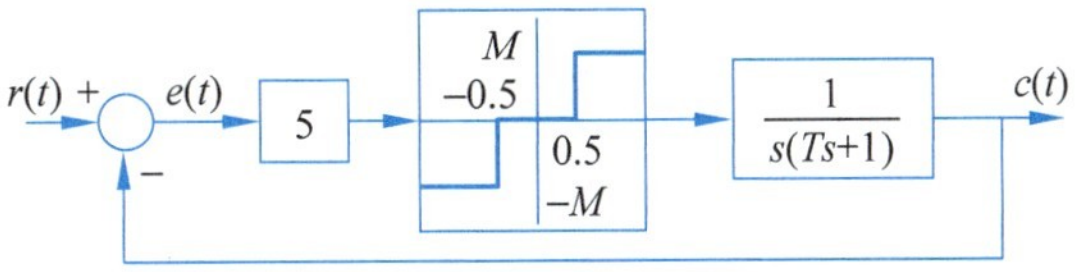

图 P8.4 题 8.7 图

8.8 Volterra-Lotka 捕食者-猎物方程为

$$\begin{cases}\dot{x}_1=-x_1+x_1x_2\\ \dot{x}_2=x_2-x_1x_2\end{cases}$$

其中，x_1 是捕食者数量，x_2 是猎物数量。显然，如果不存在捕食者，猎物数量将无限制地增长。另一方面，如果不存在食物，捕食者的数量将下降为 0。

(1) 试求非线性系统的奇点，并判断奇点的性质；

(2) 根据奇点的性质在 $x_1\sim x_2$ 平面上画出捕食者与猎物数量关系的示意图。

8.9 采用 MATLAB 语言对以无阻尼杜芬方程 $\ddot{x}+ax+x^3=0$ 表示的非线性系统进行仿真，以便验证平衡点数目和性质随参数 a 的变化。

8.10 已知一个二阶非线性系统的微分方程为

$$\ddot{x}+ax=0,\quad a=2, x(t_0)=x_0,\quad \dot{x}(t_0)=\dot{x}_0$$

试用 MATLAB 函数绘制系统的相轨迹图和零输入响应曲线。

8.11 已知一个非线性控制系统如图 P8.5 所示，输入为零初始条件，线性环节为

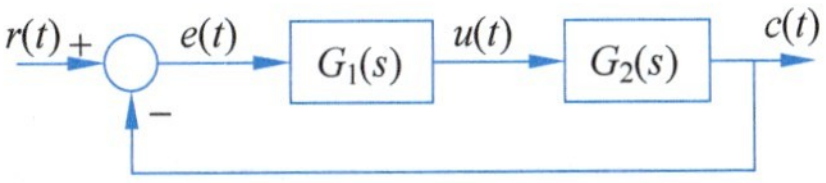

图 P8.5 题 8.11 图

$$G_2(s)=\frac{K}{s(Ts+1)}$$

其中，$T=1, K=4, G_1(s)$ 为理想饱和非线性

$$y=\begin{cases}-0.2, & x<-0.2\\ x, & |x|\leqslant 0.2\\ 0.2, & x>0.2\end{cases}$$

系统的初始状态为 0，试用 MATLAB 求：

(1) 在 $e\sim\dot{e}$ 平面上画出相轨迹；

(2) 绘出 $e(t), c(t)$ 的时间响应波形。

8.12 设三个非线性系统的非线性环节一样，而其线性部分分别为

(1) $G(s)=\dfrac{1}{s(0.1s+1)}$

(2) $G(s)=\dfrac{2}{s(s+1)}$

(3) $G(s)=\dfrac{2(1.5s+1)}{s(s+1)(0.1s+1)}$

用描述函数法分析时,哪个系统分析得比较准确?

8.13 一个非线性部件的输入输出关系可以表示为

$$y=b_1x+b_3x^3+b_5x^5+b_7x^7+\cdots$$

其中,$x=A\sin\omega t$ 是该非线性部件的正弦输入信号,y 是该非线性部件的输出信号。试证明该非线性环节的描述函数为

$$N(A)=b_1+\frac{3}{4}b_3A^2+\frac{5}{8}b_5A^4+\frac{35}{64}b_7A^6+\cdots$$

8.14 给定非线性系统微分方程

$$\ddot{x}+\dot{x}=\begin{cases}1 & (\dot{x}-x>0)\\ -1 & (\dot{x}-x\leqslant 0)\end{cases}$$

试用描述函数法分析系统的稳定性。

8.15 某单位反馈系统,其前向通路中有一描述函数为 $N(A)=\mathrm{e}^{-\mathrm{j}\frac{\pi}{4}}/A$ 的非线性元件,线性部分的传递函数为 $G(s)=15/s(0.5s+1)$,试用描述函数法确定系统是否存在自激振荡?若有,参数是什么?

8.16 试求图 P8.6 所示非线性特性的描述函数 $N(x)$,并画出 $N(x)$与$-1/N(x)$的图像。

8.17 已知非线性系统的框图如图 P8.7 所示,其中 $K>0$。采用描述函数方法解决下列问题

(1) 定性讨论系统在 $K=5$ 时的运动情况;

(2) 分析 $K=5$ 时,输出 $c(t)$的自持振荡频率和振幅。

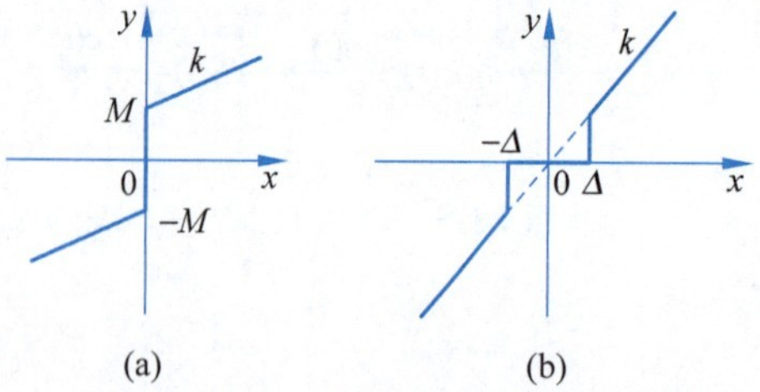

图 P8.6 题 8.16 图

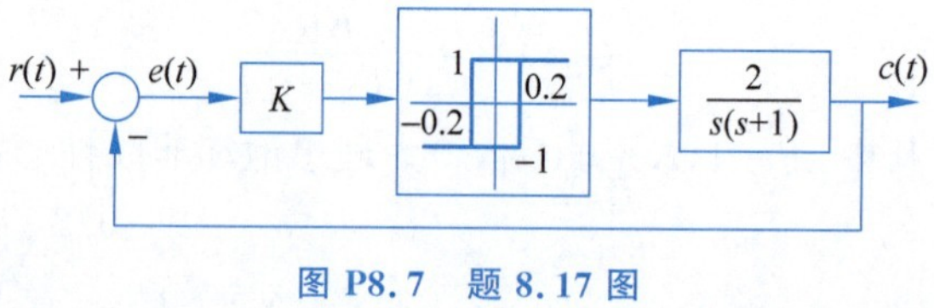

图 P8.7 题 8.17 图

8.18 已知非线性系统的框图如图 P8.8 所示,其中 $K>0$,采用描述函数法解决下列问题:

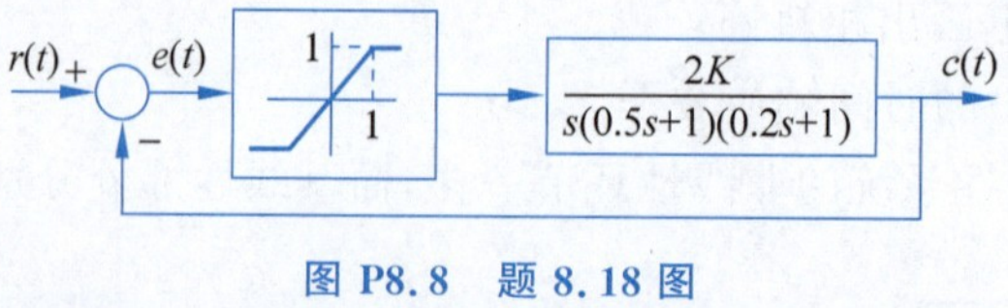

图 P8.8 题 8.18 图

(1) 定性讨论系统在 $K=5$ 时的运动情况；

(2) 分析 $K=5$ 时输出 $c(t)$的自持振荡频率和振幅；

(3) 确定增益 K 的稳定边界。

8.19 采用描述函数方法分析图 P8.9 所示系统的稳定性，图中的非线性为 $m=e^3$。

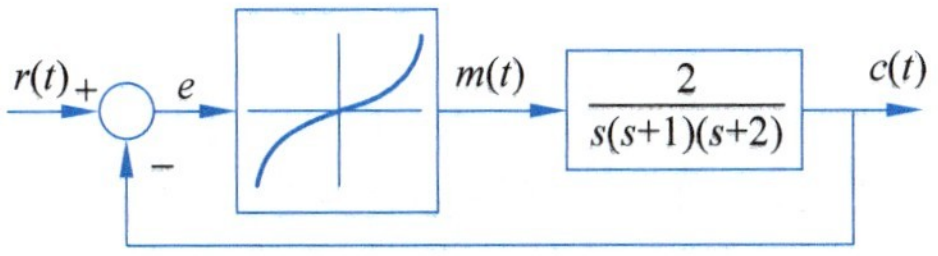

图 P8.9 题 8.19 图

8.20 采用描述函数法分析图 P8.10 所示系统的稳定性。

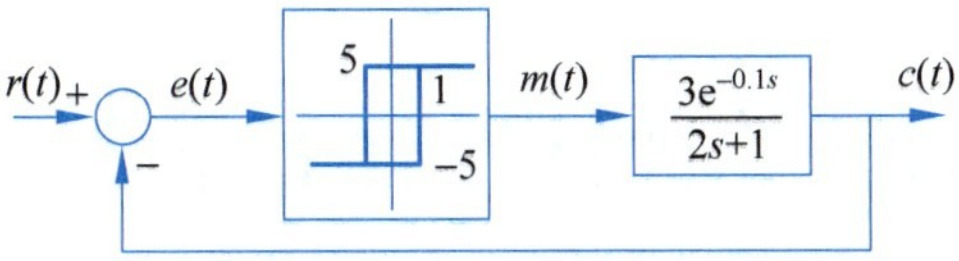

图 P8.10 题 8.20 图

第9章

数字控制系统

电子与电气学科世界著名学者——香农

克劳德·艾尔伍德·香农(Claude Elwood Shannon,1916—2001)

香农被尊称为"信息论之父",人们通常将香农于1948年10月发表于《贝尔系统技术杂志》上的论文《通信的数学原理》作为现代信息论研究的开端。这一文章部分基于哈里·奈奎斯特等人先前的成果。

香农,1916年4月30日出生于美国密歇根州的加洛德,1936年毕业于密歇根大学并获得数学和电子工程学士学位,1940年获得麻省理工学院(MIT)数学博士学位和电子工程硕士学位。1941年他加入贝尔实验室数学部。1956年他成为麻省理工学院(MIT)客座教授,并于1958年成为终身教授,1978年成为名誉教授。香农于2001年2月26日去世,享年84岁。

香农在普林斯顿高级研究所(The Institute for Advanced Study at Princeton)期间,开始思考信息论与有效通信系统的问题。香农经过8年的努力,取得相关成果,并在1948年6月到10月期间,在《贝尔系统技术杂志》(*Bell System Technical Journal*)上连载发表了影响深远的论文《通信的数学原理》。1949年,香农又在该杂志上发表了另一著名学术论文《噪声下的通信》,在这两篇论文中,香农解决了过去许多悬而未决的问题:阐明了通信的基本问题,给出了通信系统的模型,提出了信息量的数学表达式,并解决了信道容量、信源统计特性、信源编码、信道编码等一系列基本技术问题,这两篇论文成为信息论的基础性理论著作。那时,他刚刚30岁出头。

香农的成就轰动了世界,激起了人们对信息论学习的巨大热情,它向各门学科冲击,研究规模像滚雪球一样越来越大,不仅在电子学的其他领域,如计算机、自动控制等方面大显身手,而且遍及物理学、化学、生物学、心理学、医学、经济学、人类学、语音学、统计学、管理学等学科。它已远远地突破了香农本人所研究和意料的范畴,即从香农的所谓“狭义信息论”发展到了“广义信息论”。香农一鸣惊人，成了这门新兴学科的奠基人。

9.1 引言

数字计算机控制系统现已在航空航天、石油化工、电力系统、冶金工业、机械制造、交通工程等领域中普遍应用。

如果系统中所有信号都是时间变量的连续函数，称该系统为连续系统。如果系统中有一处或几处信号是一串脉冲或数码，这样的系统称为离散时间系统或数字系统，如果控制系统中的控制器用微处理器代替，这种系统称数字控制系统或离散控制系统。在离散系统中，数字控制器可以对被控过程施加断续的控制(时而进行闭环控制，时而不施加控制)，有时称采样控制系统，也可以施加阶梯状的(即控制作用在某些时刻跃变，而在这些时刻之间保持常数)控制，例如计算机控制中 D/A 转换输出控制。

本章首先介绍连续时间信号的采样过程和数字信号的复现问题，随后介绍数字系统研究中所需的数学工具 z 变换和相关定理，给出数字离散系统的差分方程和脉冲传递函数数学模型以及相应的解法。然后详细讨论数字控制系统的稳定性、准确性和动态特性的分析与数字控制器的一般设计方法。最后介绍利用 MATLAB 工具进行数字控制系统分析。

9.1.1 采样控制过程

1. 采样控制的基本概念

采样是对来自传感器的连续信息在某些规定的时间瞬时取值。采样控制系统最早出现在炉温控制系统中，它是具有大滞后特性或大惯性的被控过程。

某一连续温度控制系统，如图 9.1 所示，如果控制器比例增益 K 较大，系统就会变得很敏感，炉温稍微偏低，电机就会很快旋转，使得燃料供应阀的阀门迅速开大，但是炉温上升却很慢，等到炉温达到设定值，阀门早已调过了头，结果炉温还在不断上升，又导致电机反向旋转，反向调节阀门，这样往复调节，形成炉温大幅度振荡。如果将增益 K 压得很低，系统又很迟钝，只有当温度足够大才能克服电机的“死区”而使阀门动作，这样调节时间过长。

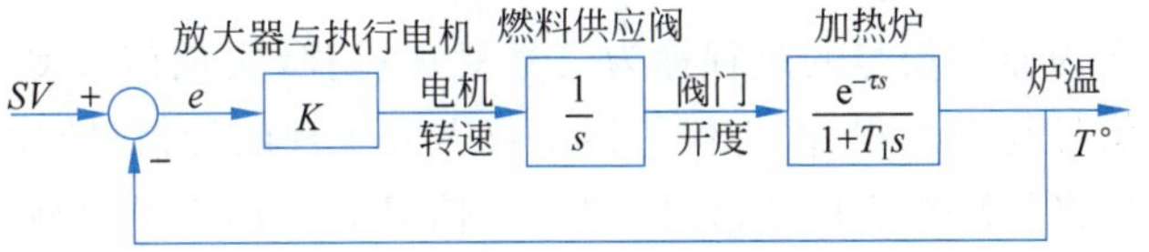

图 9.1 连续温度控制系统

考查如图 9.2 所示的温度采样控制系统。在误差信号与执行电机之间装一开关 S，令其周期性地自动接通和断开，并且每隔较长时间 T(例如 n 秒)才闭合一次，而且每次闭合时间 τ 很短，只有当开关闭合时才有误差信号通过，该信号经放大推动电机调节阀门开度。当开关断开时，尽管误差并未消除，但由于无误差通过，电机停止转动，阀门保持一定开度，等待炉温缓慢变化，直到下一次开关闭合才调节温度，所以电机时转时停，因此调节过程中超调的现象大大减少，甚至在较大开环增益情况下，不但能保证系统稳定，而且能使炉温调节过程无超调。因此，数字控制系统中作用在电机上的信号不是连续信号而是一串脉冲信号。采样控制系统中通常有两个特殊环节：采样器和保持器。

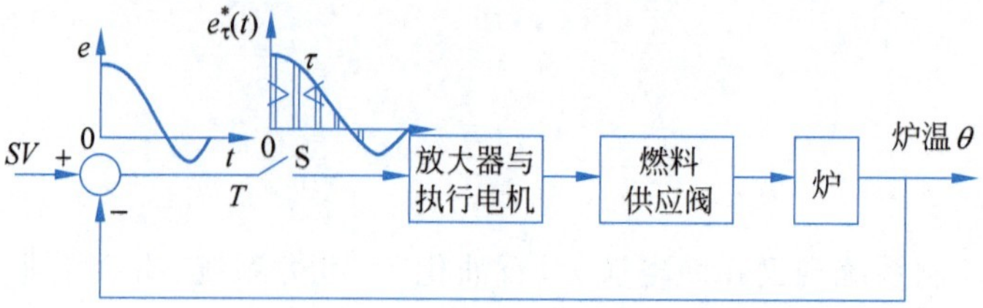

图 9.2 温度采样控制系统

2. 信号采样及复现

把连续信号 $e(t)$转变为脉冲序列 $e^*(t)$的过程称为采样(sampling)。实现采样的装置称为采样器或采样开关(在数字控制系统中采样器一般为 A/D 转换器)，图 9.3 为采样过程示意图，用 T 表示采样周期，$\omega_s=2\pi f_s=\dfrac{2\pi}{T}$表示采样角频率，实际采样开关多为电子开关(例如 A/D 转换器)，闭合时间极短，采样持续时间 τ 远小于采样周期 T，也远小于被控过程连续部分的最小时间常数。

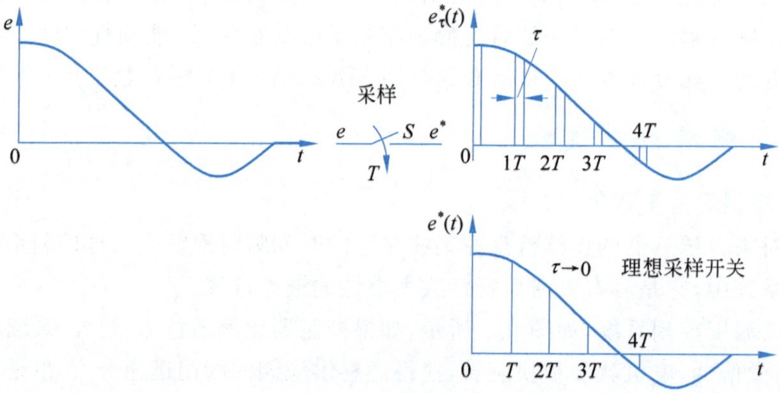

图 9.3 采样过程

为简化分析，可以令采样持续时间 $\tau\to 0$，即把采样器的输出近似看成一串强度等于矩形脉冲面积的理想脉冲 $e^*(t)$。

将脉冲序列转变为连续信号的过程称为信号复现过程，实现信号复现过程的装置称为保持器。图 9.4 为信号复现过程，因为保持器不仅需要实现两种信号间的转换，而且采样信号 $e^*(t)$如不经滤波将其恢复成连续信号，则采样信号 $e^*(t)$中的高频分量相当于给系统中的连续部分加入了噪声，因此需要在采样器后串联一个信号复现滤波器，最简单的复现滤波器由保持器实现(在数字计算机控制系统中保持器相当于 D/A 转换器)，可把 $e^*(t)$复现为阶梯信号 $e_h(t)$，当采样频率 f_s 足够高时，$e_h(t)$接近于连续信号。

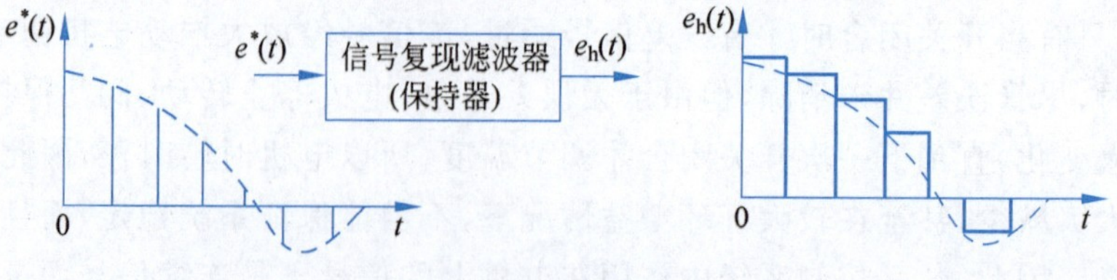

图 9.4 信号复现

3. 采样系统的典型框图

如图 9.5 所示为一典型的采样系统方框图，$G_h(s)$为保持器的传递函数，$G_p(s)$为被控过程，$H(s)$为测量单元，T 为采样周期。

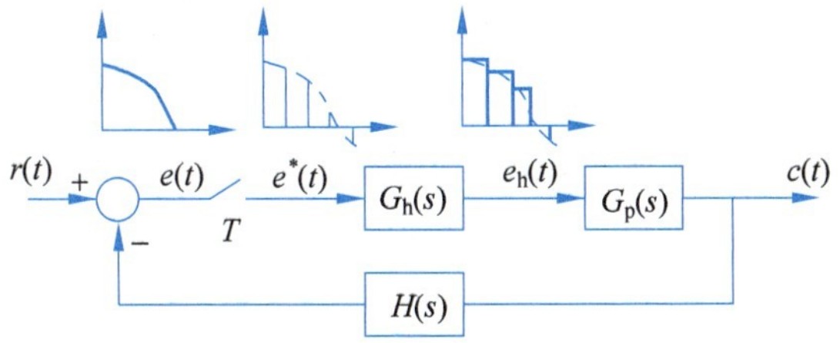

图 9.5　采样系统

9.1.2　数字控制系统组成

数字控制系统(digital control systems)又称为计算机控制系统，是一种以微处理器为控制器对连续被控过程实现数字控制的反馈系统。图 9.6 为数字控制系统的组成框图，目前数字控制系统的使用已经相当普遍。图 9.7 为数字控制系统典型方框图，图中 $G_c(s)$为由计算机和数值方法实现的一个数字控制器，例如 PID 控制器等。

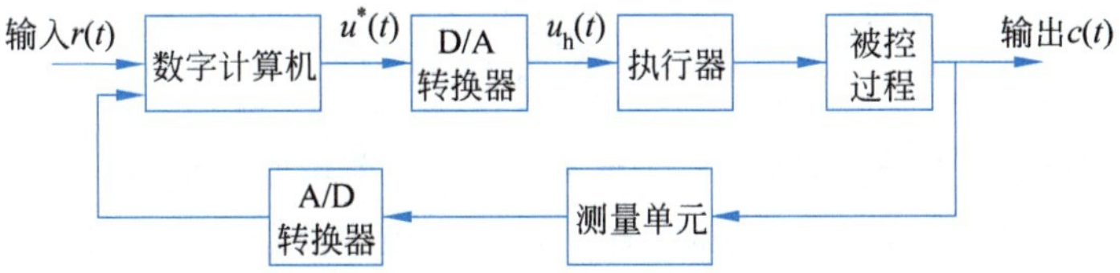

图 9.6　数字控制系统组成

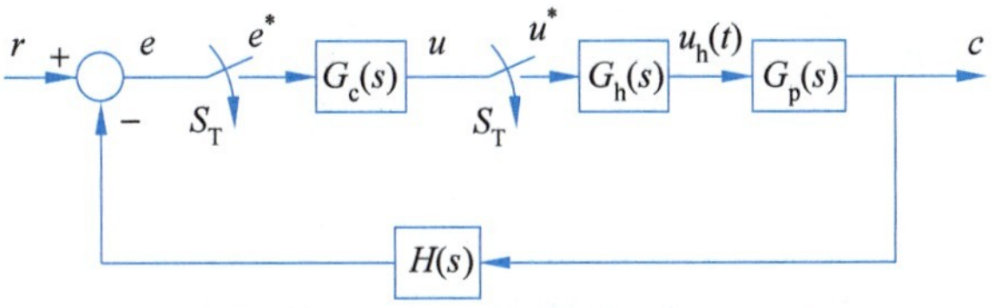

图 9.7　数字控制系统结构图

通常在自动控制理论中的采样控制、离散控制和数字控制同属一个概念，即至少有一处信号是离散的，而且数字控制器也是由计算机实现的控制器。

9.2　信号的采样与保持

9.2.1　采样过程

将连续时间信号 $e(t)$转换为离散(脉冲)信号 $e^*(t)$的过程称为采样(或抽样)。实现采样过程的装置称采样器或采样开关，图 9.8 为一将连续信号离散化的采样过程示意图。

对于具有有限脉宽的采样系统，要进行准确的数学分析是非常复杂的，且无此必要。考虑到数字控制系统闭合时间 τ 非常小，通常为 ms 到 μs 级，一般 $\tau \ll T$。因此，在理论分析时，常认为脉冲持续时间 $\tau \approx 0$，这样采样开关可用一理想采样器来代替。采样过程可看成

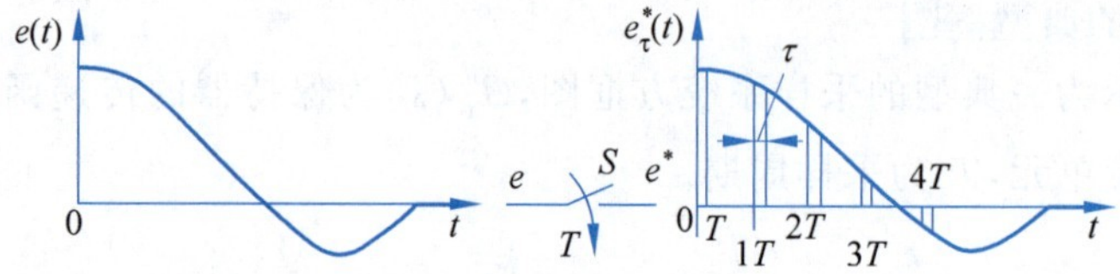

图 9.8 采样过程

是一个幅值调制过程,如图 9.9 所示,理想采样器好像是一个载波为 $\delta_{\mathrm{T}}(t)$的幅值调制器,其中 $\delta_{\mathrm{T}}(t)$为理想单位脉冲序列。

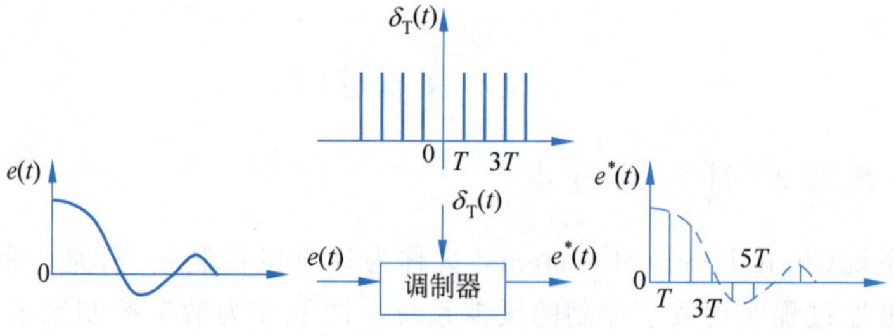

图 9.9 采样调制过程

单位脉冲序列 $\delta_{\mathrm{T}}(t)$数学表达式为

$$\delta_{\mathrm{T}}(t)=\sum_{k=-\infty}^{\infty}\delta(t-kT) \tag{9.1}$$

其中,T 为采样周期;k 为整数,即为采样时刻;$\delta(t)$为单位脉冲信号。

通常在控制系统中,当时间 $t<0$ 时,有 $e(t)=0$,由于在数字系统中 $e(t)$的值仅在采样瞬间才有意义,故

$$\begin{aligned} e^*(t)&=e(t)\delta_{\mathrm{T}}(t)=e(t)\sum_{k=-\infty}^{\infty}\delta(t-kT)\\ &=\sum_{k=0}^{\infty}e(kT)\delta(t-kT) \end{aligned} \tag{9.2}$$

综上所述,采样过程相当于一个脉冲调制过程,其中载波信号 $\delta_{\mathrm{T}}(t)$取决于采样周期,也就是数字信号存在的时刻,而采样信号的幅值则由输入信号此时的值 $e(kT)$决定。

9.2.2 采样过程的数学描述

采样信号的数学描述可分为以下两个方面讨论。

1. 采样信号 $e^*(t)$的拉普拉斯变换

对式(9.2)的采样信号 $e^*(t)$进行拉普拉斯变换,得

$$E^*(s)=\mathcal{L}[e^*(t)]=\mathcal{L}\left[\sum_{k=0}^{\infty}e(kT)\delta(t-kT)\right] \tag{9.3}$$

根据拉普拉斯变换的位移定理,有

$$\mathcal{L}[\delta(t-kT)]=\mathrm{e}^{-kTs}\int_0^{\infty}\delta(t)\mathrm{e}^{-st}\,\mathrm{d}t=\mathrm{e}^{-kTs}$$

为此,式(9.3)表示的采样信号的拉普拉斯变换为

$$E^*(s)=\sum_{k=0}^{\infty}e(kT)\mathrm{e}^{-kTs} \tag{9.4}$$

显然，这将采样信号的拉普拉斯变换或象函数 $E^*(s)$ 与采样的时间信号 $e(kT)$ 联系起来了。由于采样信号 $e^*(t)$ 仅描述连续信号 $e(t)$ 在采样瞬时的值，因此，采样信号的拉普拉斯变换 $E^*(s)$ 不能给出连续函数 $e(t)$ 在采样间隔之间的信息，这是要特别强调的。

2. 采样信号的频谱

由于采样信号的信息并不等于连续信号的全部信息，因此采样信号的频谱与连续信号的频谱相比要发生变化。下面进行频谱分析。

根据傅里叶级数的知识，周期为 T 的单位脉冲序列可以展成如下的级数

$$\delta_{\mathrm{T}}(t)=\sum_{k=-\infty}^{\infty}\delta(t-kT)=\sum_{k=-\infty}^{\infty}c_k\mathrm{e}^{\mathrm{j}k\omega_{\mathrm{s}}t} \tag{9.5}$$

式中，采样角频率 $\omega_{\mathrm{s}}=2\pi/T$，傅里叶系数为

$$c_k=\frac{1}{T}\int_{-\frac{T}{2}}^{\frac{T}{2}}\delta_{\mathrm{T}}(t)\mathrm{e}^{-\mathrm{j}k\omega_{\mathrm{s}}t}\,\mathrm{d}t \tag{9.6}$$

由于在 $-\dfrac{T}{2}$ 到 $+\dfrac{T}{2}$ 之间，单位脉冲序列 $\delta_{\mathrm{T}}(t)$ 仅在 $t=0$ 处值等于 1，而其余值均为零，故式(9.6)为

$$c_k=\frac{1}{T}\int_{0^-}^{0^+}\delta_{\mathrm{T}}(t)\mathrm{d}t=\frac{1}{T}$$

代入式(9.5)，于是得

$$\delta_{\mathrm{T}}(t)=\frac{1}{T}\sum_{k=-\infty}^{\infty}\mathrm{e}^{\mathrm{j}k\omega_{\mathrm{s}}t}$$

故采样信号为

$$e^*(t)=e(t)\delta_{\mathrm{T}}(t)=\frac{1}{T}\sum_{-\infty}^{\infty}e(t)\mathrm{e}^{\mathrm{j}k\omega_{\mathrm{s}}t} \tag{9.7}$$

利用拉普拉斯变换的位移定理公式

$$\mathcal{L}[\mathrm{e}^{\alpha t}f(t)]=F(s-\alpha)$$

对式(9.7)两边取拉普拉斯变换，得到

$$E^*(s)=\frac{1}{T}\sum_{k=-\infty}^{\infty}E(s-\mathrm{j}k\omega_{\mathrm{s}})$$

令 $s=\mathrm{j}\omega$ 代入上式，得到采样信号 $e^*(t)$ 的频谱为

$$E^*(\mathrm{j}\omega)=\frac{1}{T}\sum_{k=-\infty}^{\infty}E[\mathrm{j}(\omega-k\omega_{\mathrm{s}})] \tag{9.8}$$

式(9.8)反映了采样信号 $e^*(t)$ 的频谱与连续信号 $e(t)$ 频谱关系。其中，$E(\mathrm{j}\omega)$ 为连续信号 $e(t)$ 的频谱，$E^*(\mathrm{j}\omega)$ 为采样信号 $e^*(t)$ 的频谱。

通常，连续时间信号 $e(t)$ 为一弧形的频谱，且频谱带宽为有限值，其频谱 $|E(\mathrm{j}\omega)|$ 中的最大角频率 $\omega_{\max}$ 也是频谱最大宽度，连续信号 $e(t)$ 的频谱如图 9.10 所示。

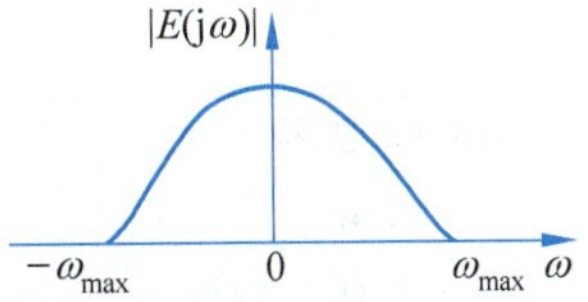

图 9.10 连续信号的频谱

由式(9.8)看出，采样信号 $e^*(t)$ 的频谱具有以采样角频率 ω_{s} 为周期的无穷多个频谱分量，其幅值为连续信号频谱

$|E(j\omega)|$的$\frac{1}{T}$倍。

当 $k=0$ 时,有 $E^*(j\omega)=\frac{1}{T}E(j\omega)$,此式称为采样信号 $E^*(j\omega)$的主分量,其余 $k\neq 0$ 时刻的频谱分量为高频分量。

图 9.11 对应于采样角频率较高,例如当 $\omega_s\geqslant 2\omega_{max}$ 时,此时的频谱曲线不重叠。如果再配以理想的低通滤波器,其频谱图 9.11 中的虚线表示,这样理想低通滤波器可以滤除 $\omega\geqslant\omega_{max}$ 的全部高频分量,保留主频谱,那么连续信号 $E(j\omega)$的原形将被复现,这意味着采样信号 $e^*(t)$经低通滤波器后基本上能够复现原连续信号 $e(t)$,这时采样开关就相当于一个比例环节,其传递增益为 $1/T$。

如果采样角频率较低,例如当 $\omega_s<2\omega_{max}$ 时,这时频谱曲线重叠,如图 9.12 所示,致使采样器输出信号畸变,如图中的粗实线表示,这时即使再使用理想滤波器,也无法很好地恢复原来连续信号的频谱。

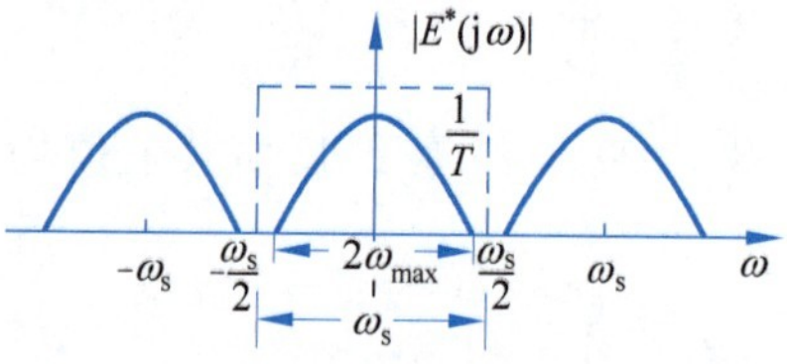

图 9.11 采样信号的频谱($\omega_s\geqslant 2\omega_{max}$)

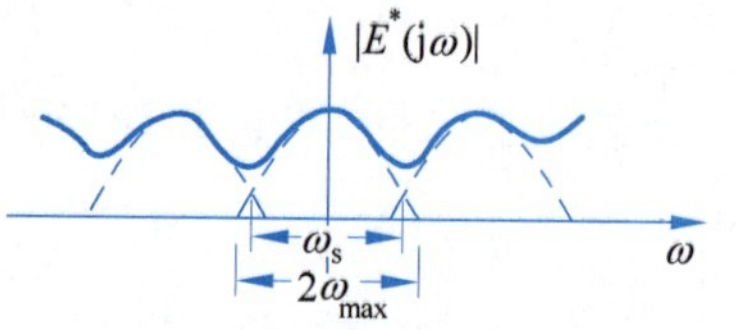

图 9.12 采样信号的频谱($\omega_s<2\omega_{max}$)

9.2.3 香农定理

由 9.2.2 节对采样信号的频谱分析中可知,在设计数字控制系统时,为使连续信号 $e(t)$完整地从采样信号 $e^*(t)$中恢复过来,香农指出,采样信号的角频率或采样周期 T 应满足下面的香农采样定理

$$\omega_s\geqslant 2\omega_{max} \quad \text{或} \quad T\leqslant\frac{2\pi}{2\omega_{max}} \tag{9.9}$$

应指出香农采样定理只给出一个选择采样周期 T 的理论指导原则,在工业计算机过程控制或系统仿真过程中采样周期 T 的选取通常按照一些经验数据选取。

9.2.4 采样周期的选取

从前面的分析我们知道,采样周期 T 选得越小,即采样频率 ω_s 越高,对控制过程的信息获得越多,数字系统复现连续系统的能力越强;但如果采样周期 T 太小或采样频率 ω_s 太高,则会增加计算负担。反之,如果采样周期 T 太大或采样频率 ω_s 太小,则会带来较大的误差,降低动态性能,甚至可能使系统不稳定。通常有以下经验选取规则:

(1) 工业过程控制中,采样周期 T 一般按表 9.1 所示的经验数据选取。

表 9.1 工业过程 T 的选择

控制过程	T/s	控制过程	T/s
流量	1	温度	10~20
压力	5	成分	20
液面	5		

(2) 对随动系统，采样频率应选 $\omega_s=10\omega_c$ 或采样周期为 $T=\frac{2\pi}{\omega_s}=\frac{\pi}{5}\frac{1}{\omega_c}$，其中，$\omega_c$ 为开环系统的幅值穿越频率。

(3) 对给定的时域指标，通常选采样周期 $T=\frac{1}{40}t_s$ 或 $\frac{1}{10}t_r$，其中，t_s 为调节时间，t_r 为上升时间。

(4) 对面向结构图的仿真系统，一般可选采样周期 $T=\frac{1}{10}T_{min}$，其中，T_{min} 指所有环节中最小的时间常数。

9.2.5 信号保持

理想的滤波器实际上是不存在的，只能用特性接近理想滤波器的实际低通滤波器来代替，零阶保持器 ZOH(zero order hold)就是一种常用的实际低通滤波器。从数学上来说，保持器的任务是解决各采样点之间的插值问题。

连续信号经采样变为数字信号后，频谱中除了含有原来连续信号的低频主频谱外，还产生了无限多个高频频谱，它们在系统中起高频干扰的不利影响，为除去高频干扰，复现原有信号，这里使用的零阶保持器(在数字计算机控制系统中相当于 D/A 转换器)就具备这种低通滤波的作用。

零阶保持器是按照常值外推的一种保持器，它将采样时刻 kT 的采样值恒定不变地保持到下一时刻 $(k+1)T$ 到来时，即

$$e(kT+\Delta t)=e(kT),\quad 0\leqslant \Delta t<T \tag{9.10}$$

由此采样信号 $e^*(t)$ 变成等价的阶梯信号 $e_h(t)$，如图 9.13 所示。

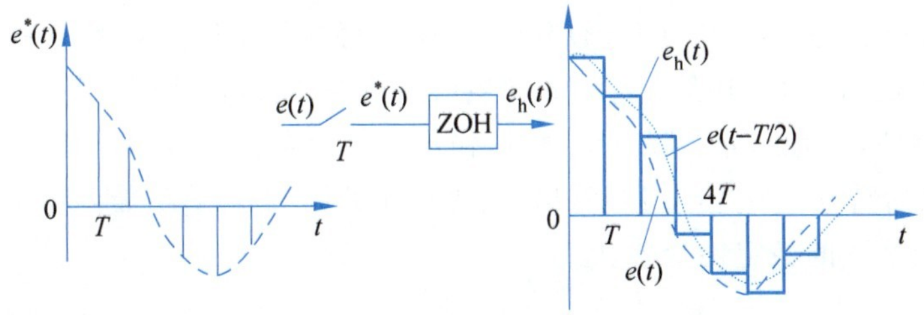

图 9.13 信号保持

式(9.10)表明，零阶保持可以看成是理想脉冲 $e(kT)\delta(t-kT)$ 的作用结果，如果给零阶保持器 ZOH 输入一单位脉冲函数 $\delta(t)$，则其脉冲响应函数 $g_h(t)$ 是幅值为 1 持续时间为 T 的矩形脉冲，如图 9.14 所示，也可分解为两个单位阶跃函数的和，即

$$g_h(t)=1(t)-1(t-T) \tag{9.11}$$

对式(9.11)两边取拉普拉斯变换，得到零阶保持器的传递函数为

$$G_h(s)=\mathcal{L}[g_h(t)]=\frac{1-e^{-Ts}}{s} \tag{9.12}$$

其频率特性为

$$G_h(j\omega)=\frac{1-e^{-j\omega T}}{j\omega}=T\frac{e^{\frac{j\omega T}{2}}-e^{-\frac{j\omega T}{2}}}{2j\cdot\frac{\omega T}{2}}e^{-\frac{j\omega T}{2}}=T\cdot\frac{\sin\frac{\omega T}{2}}{\frac{\omega T}{2}}e^{-\frac{j\omega T}{2}} \tag{9.13}$$

根据式(9.13),可以画出零阶保持器的幅频特性和相频特性,如图9.15所示。由此看出,当 $\omega=k\omega_s=k\frac{2\pi}{T}$ 时

$$\sin\frac{\omega T}{2}=\sin\pi=0$$

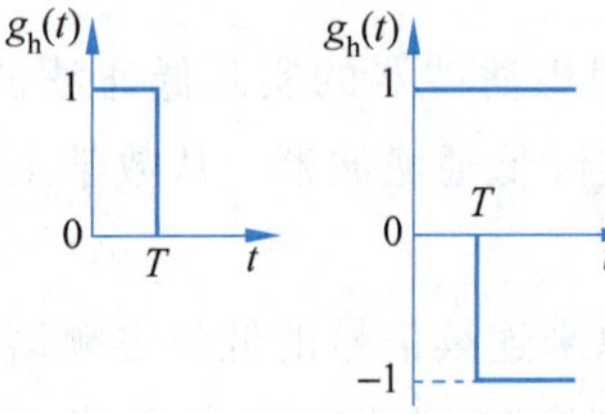

图9.14 零阶保持器的单位脉冲响应

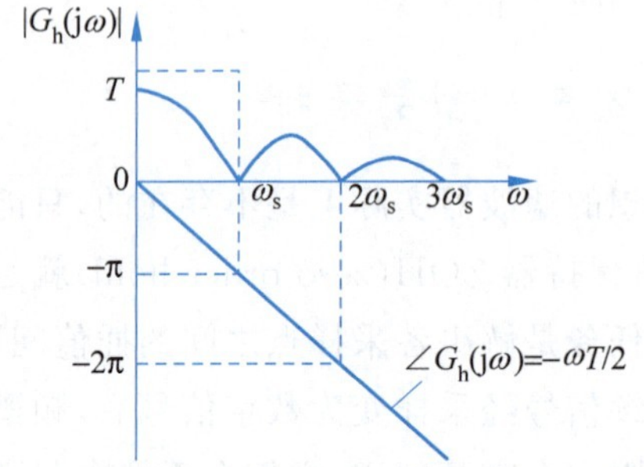

图9.15 零阶保持器的幅频特性与相频特性

即在采样角频率及其整数倍时刻的幅值为零。又因

$$\angle G_h(j\omega_s)=-\frac{\omega_s T}{2}=-\pi$$

所以,在采样角频率及其整数倍时刻的相角为

$$\angle G_h(jk\omega_s)=-k\pi$$

小结零阶保持器特性:

(1) 低通滤波器特性:由式(9.13)看出,零阶保持器的幅值随频率 ω 的增大而衰减,但因零阶保持器不是图9.15中虚线表示的理想低通滤波器,因此实际上零阶保持器除允许低频主频分量通过外,还有部分高频分量通过,输出信号中存在纹波。

(2) 相角滞后特性:由式(9.13)看出,因为相频特性的相角随着频率 ω 的增大而增大,因此会带来控制系统的稳定性变差。

(3) 时间滞后特性:由图9.13看出,零阶保持器输出信号 $e_h(t)$ 的平均响应 $e\left(t-\frac{T}{2}\right)$ 滞后其连续信号 $e(t)$ 的时间为 $T/2$,这种时间滞后对控制系统的稳定性不利。

(4) 零阶保持器这种低通滤波器,可用 RC 阻容电路实现。由于

$$\begin{aligned}G_h(s)&=\frac{1-e^{-Ts}}{s}\\&=\frac{1}{s}\left[1-\left(1-Ts+\frac{1}{2}T^2s^2-\cdots\right)\right]\\&\approx T\left(1-\frac{T}{2}s\right)\approx\frac{T}{\frac{T}{2}s+1}\end{aligned}$$

显然,这个一阶惯性环节可用 RC 阻容电路实现,也可以用计算机控制系统中的D/A转换

器实现。

除了零阶保持器以外，还有一阶或高阶保持器，但由于这些保持器的原理和实现较复杂，尽管复现性好，但会带来更大的相角滞后，因此这类保持器在控制系统中是不常用的。

9.3 z 变换理论

z 变换的思想来源于连续系统，线性连续系统可用微分方程描述，拉普拉斯变换是主要数学工具，数字系统中则用差分方程描述，主要数学工具是 z 变换。

9.3.1 z 变换的定义

为了计算离散信号 $e^*(t)$的象函数需要定义 z 变换：z 变换是拉普拉斯变换的一种变形，因为

$$e^*(t)=\sum_{k=0}^{\infty}e(kT)\delta(t-kT)$$

经过拉普拉斯变换后，得

$$E^*(s)=\mathcal{L}[e^*(t)]=\sum_{k=0}^{\infty}e(kT)\mathrm{e}^{-kTs}$$

显然上式是 s 的超越函数，而不是有理函数，因此引入变量 z，令 $z=\mathrm{e}^{Ts}$，于是有 $s=\frac{1}{T}\ln z$

则离散信号的象函数为

$$E(z)=\sum_{k=0}^{\infty}e(kT)z^{-k} \tag{9.14}$$

式中称 $E(z)$为离散信号 $e^*(t)$的 z 变换，记作 $E(z)=\mathcal{Z}[e^*(t)]$，因为 z 变换只对采样点上信号起作用，所以式(9.14)也可写为

$$E(z)=\mathcal{Z}[e(t)]=\mathcal{Z}[e^*(t)]$$

因而，由式(9.14)得到

$$E(z)=e(0)+e(1)z^{-1}+e(2)z^{-2}+\cdots$$

9.3.2 z 变换方法

离散时间函数的 z 变换主要有以下几种方法。

1. 幂级数法

这里按照 z 变换定义公式(9.14)计算几个典型函数的 z 变换。

1) 单位脉冲函数

设连续信号为单位脉冲函数，即 $e(t)=\delta(t)$。由于 $\delta(t)$只在 $t=0$ 处值为 1，其余各处($t\neq 0$)其值均为零，也就是 $\delta(0)=1$(脉冲幅值为 1)，因此，单位脉冲函数的 z 变换为

$$E(z)=\mathcal{Z}[\delta(t)]=\sum_{k=0}^{\infty}e(kT)z^{-k}=1\cdot z^0=1$$

或由 $E(z)=\sum_{k=0}^{\infty}e(kT)z^{-k}$ 知道$e(k)$表示脉冲序列幅值，而 z^{-k} 则表示相应的幅值延迟了k

个采样周期,或者叫 k 拍,显然 z^{-k} 是单位脉冲 $\delta(t-kT)$ 的 z 变换,即有

$$\mathcal{Z}[\delta(t-kT)]=z^{-k}$$

或者

$$\mathcal{Z}[\delta(t)]=1 \tag{9.15}$$

2) 单位阶跃函数

考查单位阶跃函数 $e(t)=1(t)$ 的 z 变换。由 z 变换的定义得

$$\begin{aligned} E(z) &= \sum_{k=0}^{\infty} 1(kT)z^{-k} = 1+z^{-1}+z^{-2}+z^{-3}+\cdots \\ &= \frac{1}{1-z^{-1}} = \frac{z}{z-1}, \quad |z|>1 \end{aligned} \tag{9.16}$$

3) 单位斜坡函数

考查单位斜坡函数 $e(t)=t$ 的 z 变换,由 z 变换的定义得

$$E(z)=\sum_{k=0}^{\infty} kTz^{-k}$$

又根据单位阶跃函数 $e(t)=1(t)$ 的 z 变换结果 $\sum_{k=0}^{\infty} z^{-k}=\frac{z}{z-1}$, $|z|>1$,两边对 z 求导数,得到

$$\sum_{k=0}^{\infty}(-k)z^{-k-1}=\frac{-1}{(z-1)^2}$$

两边同乘 $-Tz$,得

$$E(z)=\sum_{k=0}^{\infty} kTz^{-k}=\frac{Tz}{(z-1)^2}, \quad |z|>1 \tag{9.17}$$

4) 指数函数

考查指数函数 $e(t)=\mathrm{e}^{-\alpha t}$ 的 z 变换,由 z 变换的定义得

$$\begin{aligned} E(z) &= \sum_{k=0}^{\infty} \mathrm{e}^{-\alpha kT}z^{-k} = 1+\mathrm{e}^{-\alpha T}z^{-1}+\mathrm{e}^{-2\alpha T}z^{-2}+\cdots \\ &= \frac{1}{1-\mathrm{e}^{-\alpha T}z^{-1}} = \frac{z}{z-\mathrm{e}^{-\alpha T}}, \quad |\mathrm{e}^{-\alpha T}z^{-1}|<1 \end{aligned} \tag{9.18}$$

5) 正弦函数

考查正弦函数 $e(t)=\sin\omega t$ 的 z 变换,根据欧拉公式,有

$$\sin\omega t=\frac{1}{\mathrm{j}2}(\mathrm{e}^{\mathrm{j}\omega t}-\mathrm{e}^{-\mathrm{j}\omega t})$$

由 z 变换的定义得到

$$\begin{aligned} E(z) &= \sum_{k=0}^{\infty} \frac{1}{2\mathrm{j}}(\mathrm{e}^{\mathrm{j}\omega kT}-\mathrm{e}^{-\mathrm{j}\omega kT})z^{-k} = \frac{1}{2\mathrm{j}}\left[\frac{z}{z-\mathrm{e}^{\mathrm{j}\omega T}}-\frac{z}{z-\mathrm{e}^{-\mathrm{j}\omega T}}\right] \\ &= \frac{z\sin\omega T}{z^2-2z\cos\omega T+1} \end{aligned} \tag{9.19}$$

2. 部分分式法

利用部分分式法求 z 变换时,先求出已知连续时间函数 $e(t)$ 的拉普拉斯变换 $E(s)$,然

后将有理分式函数 $E(s)$ 展成部分分式之和的形式，使每一部分分式对应一个简单的时间函数，其相应的 z 变换是已知的，于是可方便地求出 $E(s)$ 对应的 z 变换 $E(z)$。

例如设连续时间函数 $e(t)$ 的拉普拉斯变换式为有理函数，可以展开为部分分式的形式

$$E(s)=\sum_{i=1}^{\infty}\frac{A_i}{s-p_i} \tag{9.20}$$

式(9.20)中，p_i 为 $E(s)$ 的极点；A_i 常系数。由拉普拉斯反变换知道，$\frac{A_i}{s-p_i}$ 对应的连续时间函数为 $A_i e^{p_i t}$。由上面指数函数的 z 变换得到

$$A_i\frac{z}{z-e^{p_iT}}$$

由此可得该时间函数 $e(t)$ 的 z 变换为

$$\mathcal{Z}[e(t)]=\mathcal{Z}[e^*(t)]=E(z)=\sum_{i=1}^{\infty}\frac{A_iz}{z-e^{p_iT}} \tag{9.21}$$

例 9.1 设某个时间函数 $e(t)$ 的拉普拉斯变换为

$$E(s)=\frac{a}{s(s+a)}$$

求 $e(t)$ 的 z 变换。

解 首先将 $E(s)$ 按照部分分式分解为

$$E(s)=\frac{a}{s(s+a)}=\frac{1}{s}-\frac{1}{s+a}$$

由于象函数 $\frac{1}{s}$ 对应的时间函数为单位阶跃信号 $e(t)=1(t)$，其 z 变换为 $\frac{1}{1-z^{-1}}$。同样，象函数 $\frac{1}{s+a}$ 对应的时间函数为指数函数 $e(t)=e^{-\alpha t}$，其 z 变换为 $\frac{1}{1-e^{-\alpha T}z^{-1}}$。于是该函数的 z 变换应为

$$E(z)=\frac{1}{1-z^{-1}}-\frac{1}{1-e^{-\alpha T}z^{-1}}=\frac{(1-e^{-\alpha T})z^{-1}}{(1-z^{-1})(1-e^{-\alpha T}z^{-1})}$$

3. 留数计算法

已知连续时间函数 $e(t)$ 的拉普拉斯变换 $E(s)$ 及其对应的全部极点 p_i，可依拉普拉斯变换的卷积定理和复变函数中的柯西(Cauchy)留数定理，知连续时间函数 $e(t)$ 的 z 变换为

$$E(z)=\mathcal{Z}[e^*(t)]=\sum_{i=1}^{\infty}\operatorname{Res}\left[E(p_i)\frac{z}{z-e^{p_iT}}\right]=\sum_{i=1}^{n}R_i \tag{9.22}$$

式中 $R_i=\operatorname{Res}\left[E(p_i)\frac{z}{z-e^{p_iT}}\right]$ 为 $E(s)\frac{z}{z-e^{sT}}$ 在 $s=p_i$ 时处的留数。

当 $E(s)$ 具有一阶极点 $s=p_1$ 时，有

$$R_1=\lim_{s\to p_1}(s-p_1)\left[E(s)\frac{z}{z-e^{sT}}\right] \tag{9.23}$$

若 $E(s)$ 具有 q 阶重极点，则相应的留数为

$$R=\frac{1}{(q-1)!}\lim_{s\to p}\frac{\mathrm{d}^{q-1}}{\mathrm{d}s^{q-1}}\left[(s-p)^q E(s)\frac{z}{z-\mathrm{e}^{sT}}\right] \tag{9.24}$$

例 9.2 求单位斜坡函数 $e(t)=t$ 的 z 变换。

解 由于单位斜坡函数 $e(t)=t$ 的拉普拉斯变换为 $E(s)=1/s^2$，相当于式(9.24)中 $q=2$，则由式(9.24)，计算留数

$$R=\lim_{s\to 0}\frac{\mathrm{d}}{\mathrm{d}s}\left[s^2\cdot\frac{1}{s^2}\cdot\frac{z}{z-\mathrm{e}^{sT}}\right]=\left.\frac{zT\mathrm{e}^{sT}}{(z-\mathrm{e}^{sT})^2}\right|_{s=0}=\frac{Tz}{(z-1)^2}$$

因此，单位斜坡函数 $e(t)=t$ 的 z 变换为

$$E(z)=\mathcal{Z}[t]=\frac{Tz}{(z-1)^2}=\frac{Tz^{-1}}{(1-z^{-1})^2}$$

9.3.3 z 变换的基本定理

z 变换有一些基本定理，可以使 z 变换的应用变得简单和方便，其内容在许多方面与拉普拉斯变换的基本定理有相似之处。

1. 线性定理

若已知时间函数 $e_1(t)$ 和 $e_2(t)$ 的 z 变换分别为 $E_1(z)$ 和 $E_2(z)$，且 α_1 和 α_2 为常数，则有

$$\mathcal{Z}[\alpha_1 e_1(t)\pm\alpha_2 e_2(t)]=\alpha_1 E_1(z)\pm\alpha_2 E_2(z) \tag{9.25}$$

证 由 z 变换定义知

$$\mathcal{Z}[\alpha_1 e_1(t)\pm\alpha_2 e_2(t)]=\sum_{k=0}^{\infty}[\alpha_1 e_1(kT)\pm\alpha_2 e_2(kT)]z^{-k}$$

$$=\alpha_1\sum_{k=0}^{\infty}e_1(kT)z^{-k}\pm\alpha_2\sum_{k=0}^{\infty}e_2(kT)z^{-k}=\alpha_1 E_1(z)\pm\alpha_2 E_2(z)$$

证毕。

2. 实数位移定理

实数位移的含义指整个采样序列在时间轴上左右平移若干个采样周期。

1) 滞后定理

已知时间函数 $e(t)$ 的 z 变换为 $E(z)$，则

$$\mathcal{Z}[e(t-nT)]=z^{-n}E(z) \tag{9.26}$$

式中，z^{-n} 代表时滞环节，它将采样信号滞后 n 个采样周期，如图 9.16 所示。

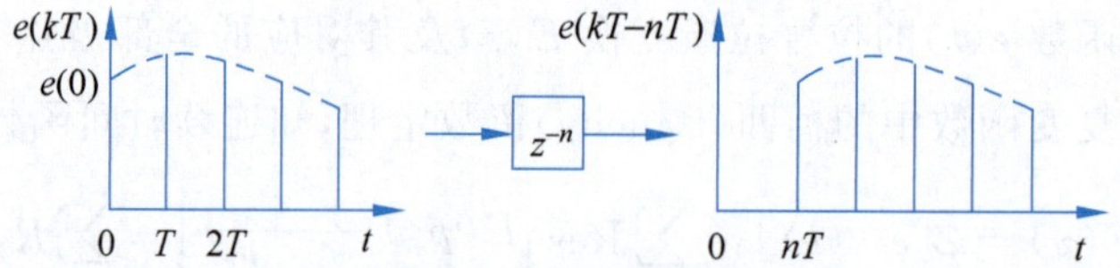

图 9.16 滞后定理

证 因为 $\mathcal{Z}[e(t-nT)]=\sum_{k=0}^{\infty}e[(k-n)T]z^{-k}$

$$=e(-nT)+e[(1-n)T]z^{-1}+\cdots+e(-T)z^{-(n-1)}+$$
$$e(0)z^{-n}+e(T)z^{-(n+1)}+\cdots+e(kT)z^{-(n+k)}+\cdots$$
$$=z^{-n}[e(0)+e(T)z^{-1}+\cdots+e(kT)z^{-k}+\cdots]$$
$$=z^{-n}E(z)$$

式中，根据假设 $e(-nT)$，$e[(1-n)T]$，…，$e(-T)$应均为零。

例 9.3　求单位时滞函数 $e(t)=1(t-T)$的 z 变换。

解　根据滞后定理，有

$$\mathcal{Z}[1(t-T)]=z^{-1}Z[1(t)]=z^{-1}\frac{z}{z-1}=\frac{1}{z-1}$$

2）超前定理

考查如图 9.17 所示的超前信号，有结论

$$\mathcal{Z}[e(t+nT)]=z^{n}\left(E(z)-\sum_{k=0}^{n-1}e(kT)z^{-k}\right) \tag{9.27}$$

证明略。

如果当 $k=0,1,\cdots,n-1$ 时，有 $e(k)=0$，那么式(9.27)为 $\mathcal{Z}[e(t+nT)]=z^{n}E(z)$。超前环节 z^{n} 仅用于理论计算，在实际物理系统中并不存在。

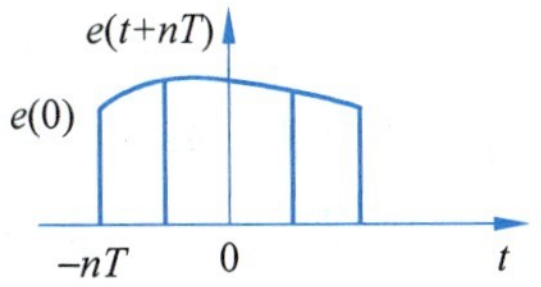

图 9.17　超前定理

3. 复数位移定理

如果$\mathcal{Z}[e(t)]=E(z)$，则有

$$\mathcal{Z}[e(t)\mathrm{e}^{\mp\alpha t}]=E(z\mathrm{e}^{\pm\alpha T}) \tag{9.28}$$

证　因为

$$\mathcal{Z}[e(t)\mathrm{e}^{\mp\alpha t}]=\sum_{k=0}^{\infty}e(kT)\mathrm{e}^{\mp\alpha kT}\cdot z^{-k}$$

令 $z_1=z\mathrm{e}^{\pm\alpha T}$，则有

$$\mathcal{Z}[e(t)\mathrm{e}^{\mp\alpha t}]=\sum_{k=0}^{\infty}e(kT)(z\mathrm{e}^{\pm\alpha T})^{-k}=\sum_{k=0}^{\infty}e(kT)z_1^{-k}=E(z\mathrm{e}^{\pm\alpha T}) \tag{9.29}$$

例 9.4　求时间函数 $e(t)=t\mathrm{e}^{-\alpha t}$ 的 z 变换。

解　由于单位斜坡函数的 z 变换为

$$\mathcal{Z}[t]=\frac{Tz}{(z-1)^2}$$

根据复数位移定理式(9.29)，则有

$$\mathcal{Z}[t\mathrm{e}^{-\alpha t}]=\frac{Tz\mathrm{e}^{\alpha T}}{(z\mathrm{e}^{\alpha T}-1)^2}$$

4. 终值定理

需要说明的是终值定理只有在当 $k\to\infty$，$e(k)$收敛的情况下才能应用，这就要求$(1-z^{-1})E(z)$的极点必须位于 z 平面单位圆内。则有

$$\lim_{k\to\infty}e(kT)=\lim_{z\to1}(1-z^{-1})E(z)=\lim_{z\to1}(z-1)E(z) \tag{9.30}$$

相当于控制系统的稳态值或稳态误差 e_{ss}。

证　因为

$$\mathcal{Z}[e(t)]=E(z)=\sum_{k=0}^{\infty}e(kT)z^{-k}$$

利用超前定理，有

$$\mathcal{Z}[e(t+T)]=zE(z)-ze(0)=\sum_{k=0}^{\infty}e[(k+1)T]z^{-k}$$

将上两式相减得

$$\sum_{k=0}^{\infty}\left\{e[(k+1)T]-e(kT)\right\}z^{-k}+ze(0)=(z-1)E(z)$$

两边取 $z\to1$ 的极限,得时间信号 $e(t)$ 的终值为

$$e(\infty)=\lim_{k\to\infty}e(kT)=\lim_{z\to1}(z-1)E(z)=\lim_{z\to1}(1-z^{-1})E(z)$$

例 9.5 计算某一时间函数 $e(t)$ 的终值,已知该函数的 z 变换为

$$E(z)=\frac{10z^2}{(z-1)(z-2)}$$

解 由于$(1-z^{-1})E(z)$含有在单位圆外的极点,因此,这里不能用终值定理,否则会得到错误结果。如果用终值定理,可得 $e(\infty)=-1$,而实际上,本题的原离散时间函数为 $e(k)=10(2^{k+1}-1)$,显然它的终值是无穷大。

9.3.4 z 反变换

z 反变换指的是:根据离散信号的 z 变换或象函数 $E(z)$,计算出数字系统的时间原函数 $e(kT)$或者 $e^*(t)$的过程,记作 $e(kT)=\mathcal{Z}^{-1}[E(z)]$,而当 $k<0$ 时,$e(kT)=0$。

注意,这里的 $e(kT)$或者 $e^*(t)$并不等于连续时间信号 $e(t)$。下面介绍 3 种 z 反变换方法。

1. 长除法

长除法又称为幂级数法。用象函数 $E(z)$的分子多项式除以分母多项式,可求出按 z^{-k} 降幂次序排列的级数展开式,然后用 z 反变换计算出相应离散函数的脉冲序列。

例 9.6 计算象函数

$$E(z)=\frac{(1-e^{-T})z}{(z-1)(z-e^{-T})}$$

的 z 反变换。

解 利用长除法,有

$$\begin{aligned}E(z)&=\frac{(1-e^{-T})z}{(z-1)(z-e^{-T})}\\&=\frac{(1-e^{-T})z^{-1}}{1-(1+e^{-T})z^{-1}+e^{-T}z^{-2}}\\&=0+(1-e^{-T})z^{-1}+(1-e^{-2T})z^{-2}+(1-e^{-3T})z^{-3}+\cdots\end{aligned}$$

再利用 9.2.1 节中式(9.2),得到该象函数的离散时间函数为

$$\begin{aligned}e^*(t)&=\sum_{k=0}^{\infty}e(kT)\delta(t-kT)\\&=\sum_{k=0}^{\infty}(1-e^{-kT})\delta(t-kT)\\&=(1-e^{-T})\delta(t-T)+(1-e^{-2T})\delta(t-2T)+\cdots\end{aligned}$$

或由 $e(kT)=1-e^{-kT}$，相对地得到 $e(0)=0, e(1)=1-e^{-T}, e(2)=1-e^{-2T}, \cdots$。

2. 部分分式法

部分分式法又称查表法，其基本思想是根据已知的象函数 $E(z)$，通过查 z 变换表，找出相应的离散时间原函数 $e(kT)$ 或者 $e^*(t)$ 的过程。

对例 9.6 计算 $E(z)$ 的反变换，因为象函数 $E(z)$ 可以分解为

$$E(z)=\frac{z}{z-1}-\frac{z}{z-e^{-T}}$$

由附录 C 中的 z 变换表知，其对应连续时间函数为

$$e(t)=1-e^{-t}$$

为此，根据 z 反变换定义，得到离散时间原函数为

$$e^*(t)=\sum_{k=0}^{\infty}(1-e^{-kT})\delta(t-kT)$$

3. 留数法

根据离散时间函数 $e^*(t)$ 的 z 变换公式 $E(z)=\sum_{k=0}^{\infty}e(kT)z^{-k}$，两边同乘 z^{m-1}（m 为正整数），得

$$E(z)z^{m-1}=\sum_{k=0}^{\infty}e(kT)z^{m-k-1}$$

上式两边取沿围线 Γ 的积分，Γ 为包围 $E(z)z^{m-1}$ 所有极点的封闭曲线，于是有

$$\oint_{\Gamma}E(z)z^{m-1}\mathrm{d}z=\oint_{\Gamma}\left[\sum_{k=0}^{\infty}e(kT)z^{m-k-1}\right]\mathrm{d}z$$

互换积分和式次序，上式化简得

$$\oint_{\Gamma}\left[\sum_{k=0}^{\infty}e(kT)z^{m-k-1}\right]\mathrm{d}z=\sum_{k=0}^{\infty}e(kT)\left[\oint_{\Gamma}z^{m-k-1}\mathrm{d}z\right]$$

由复变函数中的柯西定理，知

$$\oint_{\Gamma}z^{n-1}\mathrm{d}z=\begin{cases}2\pi j, & n=0\\ 0, & n\neq 0\end{cases}$$

这样上式右边，只存在 $m=k$ 项，其余项均为 0，于是有

$$\oint_{\Gamma}E(z)z^{k-1}\mathrm{d}z=2\pi j\cdot e(kT)$$

进一步得到

$$e(kT)=\frac{1}{2\pi j}\oint_{\Gamma}E(z)z^{k-1}\mathrm{d}z \tag{9.31}$$

由于 Γ 包围了 $E(z)z^{k-1}$ 的所有极点，因此，可以表示为 Γ 内所含各极点留数之和。

对单极点，留数为

$$R=\lim_{z\to p}(z-p)[E(z)z^{k-1}] \tag{9.32}$$

对 q 重极点，留数为

$$R=\frac{1}{(q-1)!}\lim_{z\to p}\frac{\mathrm{d}^{q-1}}{\mathrm{d}z^{q-1}}[(z-p)^{q}E(z)z^{k-1}] \tag{9.33}$$

例 9.7 求$E(z)=\dfrac{Tz}{(z-1)^2}$的 z 反变换。

解 对照留数计算式(9.33),相当于 $p=1,q=2$ 的二重极点,则留数为

$$R=\lim_{z\to 1}\frac{\mathrm{d}}{\mathrm{d}z}Tz^k=kTz^{k-1}\Big|_{z=1}=kT$$

于是得到该象函数的离散时间原函数为

$$e(kT)=kT$$

或表示为

$$e^*(t)=T\delta(t-T)+2T\delta(t-2T)+\cdots$$

例 9.8 求$E(z)=\dfrac{10z}{(z-1)(z-2)}$的 z 反变换。

解 由于 $E(z)z^{k-1}=\dfrac{10z^k}{(z-1)(z-2)}$,利用留数计算式(9.32),得到该象函数的离散时间原函数为

$$e(kT)=\frac{10z^k}{z-1}\bigg|_{z=2}+\frac{10z^k}{z-2}\bigg|_{z=1}=(-1+2^k)\times 10$$

或写为

$$e^*(t)=10\delta(t-T)+30\delta(t-2T)+70\delta(t-3T)+\cdots$$

9.4 离散系统的数学模型

9.4.1 线性定常离散系统差分方程及其解法

连续系统的基础数学模型为微分方程,而离散系统的基础数学模型为差分方程。对于线性定常离散系统,k 时刻的输出 $c(k)$,不但与 k 时刻的输入 $r(k)$有关,而且与 k 时刻以前的输入信号 $r(k-1),r(k-2),\cdots$有关,同时还与 k 时刻以前的输出信号 $c(k-1),c(k-2),\cdots$有关。这种关系一般可用下列 n 阶后向差分方程来描述

$$\begin{aligned}&c(k)+a_1c(k-1)+\cdots+a_{n-1}c(k-n+1)+a_nc(k-n)\\&=b_0r(k)+b_1r(k-1)+\cdots+b_{m-1}r(k-m+1)+b_mr(k-m)\end{aligned}$$

即

$$c(k)=-\sum_{i=1}^{n}a_ic(k-i)+\sum_{j=0}^{m}b_jr(k-j)\tag{9.34}$$

线性定常离散系统也可用如下 n 阶前向差分方程来描述

$$\begin{aligned}&c(k+n)+a_1c(k+n-1)+\cdots+a_{n-1}c(k+1)+a_nc(k)\\&=b_0r(k+m)+b_1r(k+m-1)+\cdots+b_{m-1}r(k+1)+b_mr(k)\end{aligned}$$

即

$$c(k+n)=-\sum_{i=1}^{n}a_ic(k+n-i)+\sum_{j=0}^{m}b_jr(k+m-j)\tag{9.35}$$

下面介绍两种线性定常离散系统差分方程的求解方法。

1. 迭代法

利用递推关系，在计算机上逐步计算出输出的解序列，举例说明。

例 9.9 已知线性定常离散系统的差分方程为

$$c(k)-5c(k-1)+6c(k-2)=r(k)$$

输入序列 $r(k)=1$，初值 $c(0)=0$，$c(1)=1$，用迭代法计算输出序列 $c(k)$，$k=0,1,2,\cdots$。

解 根据初始条件及递推关系，得系统每一离散时间点的响应

$$c(0)=0$$
$$c(1)=1$$
$$c(2)=5c(1)-6c(0)+r(2)=6$$
$$c(3)=5c(2)-6c(1)+r(3)=25$$
$$c(4)=5c(3)-6c(2)+r(4)=90$$
$$\vdots$$

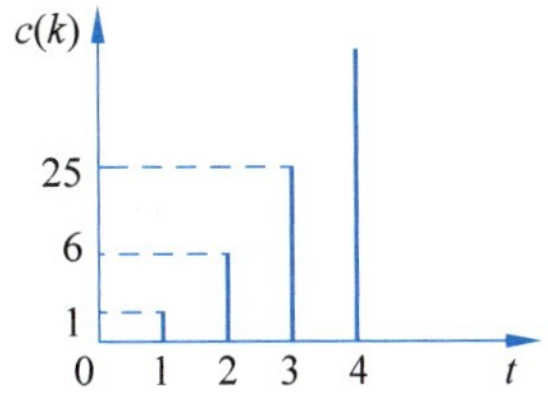

图 9.18 例 9.9 系统的单位阶跃响应

将以上解序列结果用图 9.18 表示。

2. z 变换法

用 z 变换法求解线性定常离散系统差分方程的实质是对方程两端取 z 变换，并利用实数位移定理，得到 z 为变量的代数方程，然后对代数方程的输出解 $C(z)$ 取 z 反变换，求出系统的输出序列 $c(k)$。

例 9.10 试用 z 变换法求解线性定常离散二阶系统的差分方程

$$c^*(t+2T)+3c^*(t+T)+2c^*(t)=0$$

或简写为

$$c(k+2)+3c(k+1)+2c(k)=0$$

设初始条件为 $c(0)=0$，$c(1)=1$。

解 对差分方程的每一项进行 z 变换，根据实数位移定理，得

$$[z^2C(z)-z^2c(0)-c(1)z]+3[zC(z)-zc(0)]+2C(z)=0$$

代入初值，化简得

$$C(z)=\frac{z}{z^2+3z+2}=\frac{z}{z+1}-\frac{z}{z+2}$$

查出 z 反变换表，得离散时间输出为

$$c^*(t)=\sum_{k=0}^{\infty}[(-1)^k-(-2)^k]\delta(t-kT)$$

或写为

$$c(k)=(-1)^k-(-2)^k,\quad k=0,1,2,\cdots$$

9.4.2 脉冲传递函数

线性定常连续系统的数学模型可以用传递函数表示，线性定常离散系统的数学模型则对应用脉冲传递函数表示。设线性定常离散系统如图 9.19 所示，如果系统的初始条件为零，则输出采样信号的 z 变换与输入采样信号的 z 变换之比定义为脉冲传递函数，记作

$$G(z)=\frac{C(z)}{R(z)}=\frac{\text{输出采样信号 } c(k) \text{ 的 } z \text{ 变换}}{\text{输入采样信号 } r(k) \text{ 的 } z \text{ 变换}} \tag{9.36}$$

所谓零初值，指 $t<0$ 时，$r(-T), r(-2T), \cdots, c(-T), c(-2T), \cdots$ 均为 0，这时，离散时间输出为

$$c^*(t)=\mathcal{Z}^{-1}[C(z)]=\mathcal{Z}^{-1}[G(z)R(z)]$$

然而，大多数实际系统输出 $c(t)$ 往往是连续信号，而不是采样信号 $c^*(t)$，如图 9.20 所示。此时，可在输出端虚拟假设一个理想采样开关(图中用虚线表示)，它与输入采样开关同步工作，$c^*(t)$ 只在采样时刻与连续时间输出信号 $c(t)$ 是一样的。

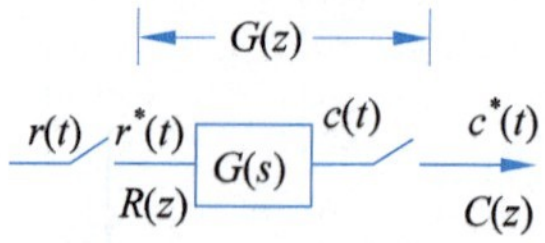

图 9.19 离散系统

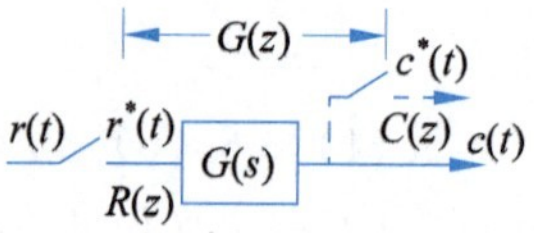

图 9.20 实际离散系统

考查后向差分方程

$$c(kT)=-\sum_{i=1}^{n}a_i c[(k-i)T]+\sum_{j=0}^{m}b_j r[(k-j)T]$$

在零初值条件下，对上式进行 z 变换，并应用 z 变换的实数位移定理，得

$$C(z)=-\sum_{i=1}^{n}a_i C(z)z^{-i}+\sum_{j=0}^{m}b_j R(z)z^{-j}$$

因此，脉冲传递函数可表示为

$$G(z)=\frac{C(z)}{R(z)}=\frac{\sum_{j=0}^{m}b_j z^{-j}}{1+\sum_{i=1}^{n}a_i z^{-i}} \tag{9.37}$$

这就沟通了脉冲传递函数与差分方程的关系。

例 9.11 设某环节的差分方程为

$$c(kT)=r[(k-d)T]$$

求其脉冲传递函数 $G(z)$。

解 对原方程两边取 z 变换，有

$$C(z)=z^{-d}R(z)$$

于是，得到该环节的脉冲传递函数为

$$G(z)=\frac{C(z)}{R(z)}=z^{-d}$$

显然是时滞环节，相当于输出信号 $c(k)$ 滞后输入信号 $r(k)$ 的拍数为 d 个采样周期。

例 9.12 考查如图 9.21 所示的线性定常系统，计算脉冲传递函数 $G(z)$。

解 将连续环节部分分解为

$$G(s)=\frac{a}{s(s+a)}=\frac{1}{s}-\frac{1}{s+a}$$

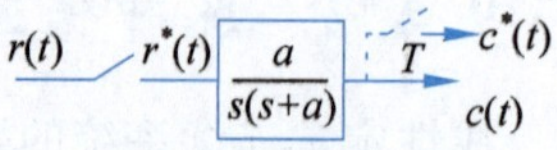

图 9.21 例 9.12 题图

查 z 变换表，得该环节的脉冲传递函数为

$$G(z)=\frac{z}{z-1}-\frac{z}{z-\mathrm{e}^{-aT}}=\frac{z(1-\mathrm{e}^{-aT})}{(z-1)(z-\mathrm{e}^{-aT})} \tag{9.38}$$

9.4.3 开环系统脉冲传递函数

当开环系统由多个环节串联构成时，计算脉冲传递函数要分为以下两种情况。

1. 如果串联环节间有采样开关

如图 9.22(a)所示，根据脉冲函数的定义不难得到此时的等价脉冲传递函数为

$$G(z)=\frac{C(z)}{R(z)}=G_1(z)G_2(z) \tag{9.39}$$

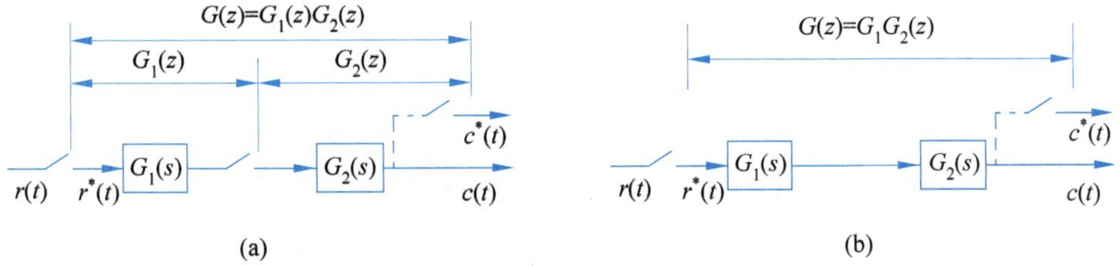

图 9.22 环节串联时的脉冲传递函数

2. 如果串联环节间无采样开关隔开

如图 9.22(b)所示，则对输出 $C(s)=G_1(s)G_2(s)R^*(s)$两边取 z 变换，得到

$$G(z)=\frac{C(z)}{R(z)}=G_1G_2(z) \tag{9.40}$$

式中，$G_1G_2(z)$表示为 $G_1(s)$和 $G_2(s)$乘积的 z 变换。值得注意的是

$$G_1(z)G_2(z)\neq G_1G_2(z)$$

这意味着，z 变换无串联性，下面举例说明。

例 9.13 考查离散系统如图 9.22 所示，其中 $G_1(s)=\frac{1}{s+1}$，$G_2(s)=\frac{1}{s+2}$，试求脉冲传递函数 $G(z)$。

解 首先考查两串联环节间无采样开关的情况，此时

$$G(s)=G_1(s)G_2(s)=\frac{1}{(s+1)(s+2)}$$

因此，其单位脉冲响应为

$$g(t)=\mathcal{L}^{-1}[G(s)]=\mathcal{L}^{-1}\left[\frac{1}{s+1}-\frac{1}{s+2}\right]=\mathrm{e}^{-t}-\mathrm{e}^{-2t}$$

于是有

$$\begin{aligned}G(z)=G_1G_2(z)&=\mathcal{Z}[\mathrm{e}^{-t}]-\mathcal{Z}[\mathrm{e}^{-2t}]=\frac{z}{z-\mathrm{e}^{-T}}-\frac{z}{z-\mathrm{e}^{-2T}}\\&=\frac{z(\mathrm{e}^{-T}-\mathrm{e}^{-2T})}{(z-\mathrm{e}^{-T})(z-\mathrm{e}^{-2T})}\end{aligned} \tag{9.41}$$

再考查如果连续环节 $G_1(s)$和 $G_2(s)$间有采样器。此时

$$G_1(z)=\mathcal{Z}[\mathrm{e}^{-t}]=\frac{z}{z-\mathrm{e}^{-T}}$$

$$G_2(z)=\mathcal{Z}[\mathrm{e}^{-2t}]=\frac{z}{z-\mathrm{e}^{-2T}}$$

因此,系统的脉冲传递函数为

$$G(z)=G_1(z)G_2(z)=\frac{z^2}{(z-e^{-T})(z-e^{-2T})} \tag{9.42}$$

比较式(9.41)和式(9.42),可以知道 $G_1(z)G_2(z)\neq G_1G_2(z)$。

3. 有零阶保持器的脉冲传递函数

数字控制系统中的被控过程前通常应有零阶保持器,此时脉冲传递函数的计算过程举例如下。

例 9.14 考查如图 9.23 所示的带有零阶保持器的离散系统,其中连续部分的传递函数 $G_p(s)=\dfrac{a}{s(s+a)}$,求其脉冲传递函数 $G(z)$。

解 由于输出的象函数为 $C(s)=\dfrac{1-e^{-Ts}}{s}G_p(s)R^*(s)=\left[\dfrac{G_p(s)}{s}-e^{-sT}\dfrac{G_p(s)}{s}\right]R^*(s)$

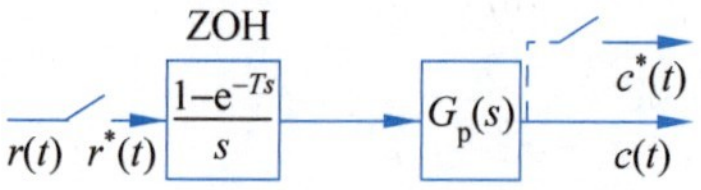

图 9.23 带有零阶保持器的系统

对上式两边进行 z 变换,并根据实数位移定理,于是有

$$C(z)=\mathcal{Z}\left[\frac{G_p(s)}{s}\right]R(z)-z^{-1}\,\mathcal{Z}\left[\frac{G_p(s)}{s}\right]R(z)$$

因此,该系统的脉冲传递函数为

$$G(z)=\frac{C(z)}{R(z)}=(1-z^{-1})\,\mathcal{Z}\left[\frac{G_p(s)}{s}\right]$$

对本例由于连续部分的传递函数为 $G_p(s)=\dfrac{a}{s(s+a)}$,于是有

$$\frac{G_p(s)}{s}=\frac{a}{s^2(s+a)}=\frac{1}{s^2}-\frac{1}{a}\left(\frac{1}{s}-\frac{1}{s+a}\right)$$

查 z 变换表,得到

$$\mathcal{Z}\left[\frac{G_p(s)}{s}\right]=\frac{Tz}{(z-1)^2}-\frac{1}{a}\left(\frac{z}{z-1}-\frac{z}{z-e^{-aT}}\right)$$

故带有零阶保持器的离散系统的脉冲传递函数为

$$G(z)=\frac{\frac{1}{a}[(e^{-aT}+aT-1)z+(1-aTe^{-aT}-e^{-aT})]}{(z-1)(z-e^{-aT})} \tag{9.43}$$

与无零阶保持器的脉冲传递函数 $G(z)$ 式(9.38)比较可以看出,两者极点完全相同,仅零点不同。所以说,零阶保持器不影响离散脉冲传递函数 $G(z)$ 的极点。

9.4.4 闭环系统脉冲传递函数

由于采样器的位置在闭环系统中可以有多种配置的可能性,因此闭环离散系统没有唯一的结构图形式。图 9.24 是一种比较常见的误差信号采样闭环离散系统结构图。

由图可见,连续输出信号和误差信号的拉普拉斯变换为

$$C(s)=G(s)E^*(s)$$
$$E(s)=R(s)-H(s)C(s)$$

因此有

$$E(s)=R(s)-H(s)G(s)E^*(s)$$

进一步得到

$$\begin{cases}C(z)=G(z)E(z)\\E(z)=R(z)-HG(z)E(z)\end{cases}$$

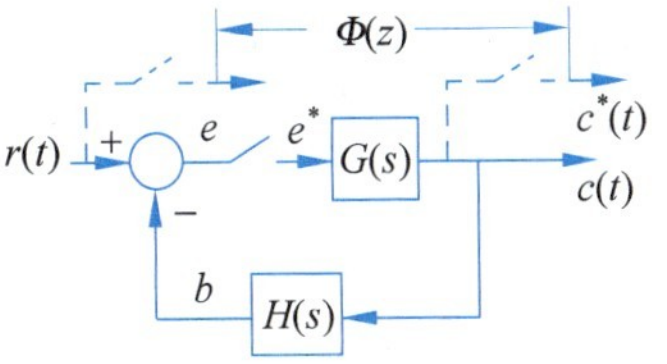

图 9.24　闭环离散系统

于是有该闭环离散系统的脉冲传递函数为

$$\Phi(z)=\frac{C(z)}{R(z)}=\frac{G(z)}{1+HG(z)} \tag{9.44}$$

特征方程为

$$D(z)=1+GH(z)=0 \tag{9.45}$$

例 9.15　计算如图 9.25 所示的离散系统的单位阶跃响应。

解　因为系统的开环传递函数为 $G(s)=\dfrac{1-e^{-Ts}}{s^2(s+1)}$，且已知采样周期为 $T=1s$，则开环系统的脉冲传递函数为

$$G(z)=\mathcal{Z}\left[\frac{1-e^{-Ts}}{s}G(s)\right]=\frac{0.368z+0.264}{(z-1)(z-0.368)}$$

所以，该闭环系统的脉冲传递函数为

$$\frac{C(z)}{R(z)}=\frac{G(z)}{1+G(z)}=\frac{0.368z+0.264}{z^2-z+0.632} \tag{9.46}$$

又因输入信号 $r(t)$ 为单位阶跃信号，则其 z 变换为 $R(z)=\dfrac{z}{z-1}$。于是，由式(9.46)得到系统的输出为

$$\begin{aligned}C(z)=&0.368z^{-1}+z^{-2}+1.4z^{-3}+1.4z^{-4}+1.147z^{-5}+0.894z^{-6}\\&+\cdots+1.075z^{-10}+1.079z^{-11}+1.031z^{-12}+\cdots\end{aligned}$$

该系统的单位阶跃响应如图 9.26 所示，从中可以看出，上升时间 $t_r=2s$，峰值时间 $t_p\approx 4s$，调节时间 $t_s=12s$，超调量 $\sigma\%=40\%$。

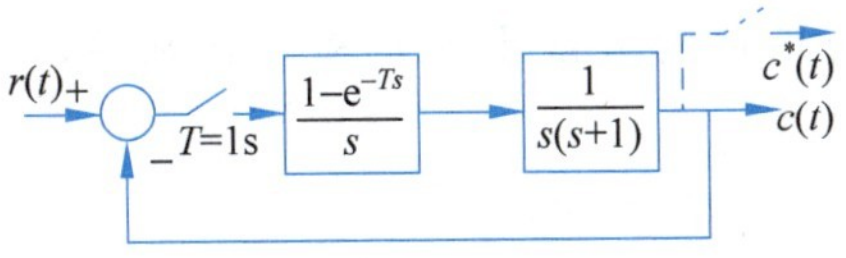

图 9.25　例 9.15 题图

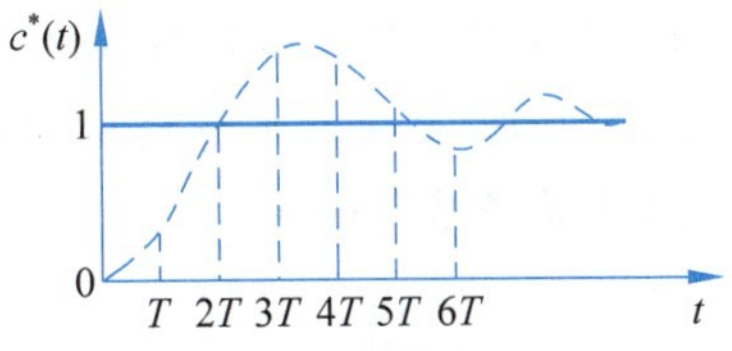

图 9.26　例 9.15 离散系统的单位阶跃响应

利用终值定理计算闭环系统的稳态误差得到

$$e_{ss}=\lim_{z\to 1}(z-1)E(z) \tag{9.47}$$

其中，误差 $E(z)=R(z)-C(z)$，于是由式(9.47)得到该系统的稳态误差 $e_{ss}=0$。

注意： 用 z 变换得到的 $c^*(t)$ 与实际连续输出 $c(t)$ 是有很大差别的。

例 9.16　考查某离散系统如图 9.27 所示，其连续部分的传递函数为 $G(s)=\dfrac{1}{s+1}$，采样周期 $T=1s$，求系统采样时间输出 $c^*(t)$ 与连续时间输出 $c(t)$。

解　由于连续部分的传递函数为 $G(s)=\dfrac{1}{s+1}$，求其 z 变换得到

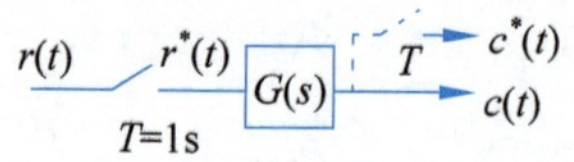

图 9.27 例 9.16 题图

$$G(z)=\frac{z}{z-e^{-T}}=\frac{z}{z-0.368}$$

而输入 $r(t)=1(t)$ 的 z 变换为 $R(z)=\frac{z}{z-1}$。为此，有离散时间输出 z 变换为

$$C(z)=G(z)R(z)=\frac{z^2}{(z-1)(z-0.368)}$$

$$=1+1.368z^{-1}+1.5z^{-2}+1.55z^{-3}+1.56z^{-4}+\cdots$$

对上式取 z 反变换，得到采样点时刻的输出为

$$c^*(t)=\delta(t)+1.368\delta(t-1)+1.5\delta(t-2)+1.55\delta(t-3)+\cdots \tag{9.48}$$

再由于线性定常连续系统的单位脉冲 $\delta(t)$ 响应为

$$g(t)=\mathcal{L}^{-1}[G(s)]$$

则由卷积公式知道在任意输入信号 $r(t)$ 作用下的输出为

$$c(t)=\int_0^t r(\tau)g(t-\tau)\mathrm{d}\tau=\sum_{k=0}^{\infty}r(kT)g(t-kT) \tag{9.49}$$

例如在 $2T\leqslant t<3T$ 间内的时间输出可以计算为

$$c(t)=r(0)g(t)+r(T)g(t-T)+r(2T)g(t-2T) \tag{9.50}$$

例如本例，求 $t=2.5T$ 的输出 $c(t)$ 和 $c^*(t)$。因为连续系统 $G(s)=\frac{1}{s+1}$ 的单位脉冲响应为

$$g(t)=\mathcal{L}^{-1}[G(s)]=e^{-t}$$

所以，当 $t=2.5T$，且采样周期 $T=1\text{s}$ 时，由式(9.50)得到该系统在单位阶跃信号作用下该时刻连续时间输出为

$$c(2.5)=c(t)\big|_{t=2.5}=(1\cdot e^{-t}+1\cdot e^{-(t-1)}+1\cdot e^{-(t-2)})\big|_{t=2.5}$$

$$=e^{-2.5}+e^{-1.5}+e^{-0.5}=0.9117$$

而在非采样点处，该时刻离散时间输出值 $c^*(t)|_{t=2.5}=0$，但在采样时刻点的输出 $c(2)=c^*(2)=1.5$。因此，要注意采样输出信号 $c^*(t)$ 与连续输出信号 $c(t)$ 是有区别的，这种差别在图 9.28 中是很清楚的。

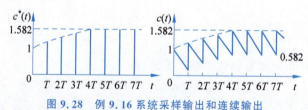

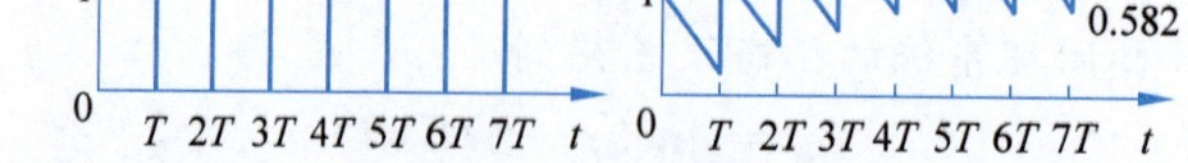

图 9.28 例 9.16 系统采样输出和连续输出

9.5 线性定常离散控制系统的稳定性

9.5.1 线性定常离散控制系统稳定的充要条件

线性定常连续系统稳定的充要条件是其特征方程的所有根都位于 s 平面的左半部，即

均具有负实部。

对线性定常离散系统,要用 z 变换分析系统稳定性。

考查 s 平面和 z 平面的映射关系,由于

$$z=\mathrm{e}^{Ts} \tag{9.51}$$

其中,拉普拉斯算子 $s=\sigma+\mathrm{j}\omega$,$T$ 为采样周期。因此,有

$$z=\mathrm{e}^{T\sigma}\mathrm{e}^{\mathrm{j}\omega T}$$

于是有,z 的幅值 $|z|=\mathrm{e}^{T\sigma}$,z 的相角 $\angle z=\omega T$。也就是 s 的实部只影响 z 的模,s 的虚部只影响 z 的角。

对应于左半 s 平面,即 s 的实部 $\sigma<0$,有 $|z|<1$,也就是说,连续系统的左半 s 平面映射到离散系统 z 平面的单位圆内部。

对应于 s 平面的虚轴,即 s 的实部 $\sigma=0$,有 $|z|=1$,即连续系统 s 平面虚轴映射到离散系统 z 平面的单位圆上。

对应于右半 s 平面,即 s 的实部 $\sigma>0$,有 $|z|>1$,即连续系统右半 s 平面映射到离散系统 z 平面单位圆外部。

当角频率 ω 在 $-\frac{\omega_s}{2}=-\frac{\pi}{T}\rightarrow+\frac{\omega_s}{2}=+\frac{\pi}{T}$ 变化时,$z=\mathrm{e}^{\mathrm{j}\omega T}$ 的相角由 $-\pi\rightarrow+\pi$ 变化,在 z 平面上画出一个以原点为圆心的单位圆。

当角频率 ω 从 $+\frac{\omega_s}{2}=\frac{\pi}{T}\rightarrow\frac{3\omega_s}{2}=\frac{3\pi}{T}$ 变化时,z 的角度从 π 逆时针再旋转一周,如此重复。因此,当 ω 从 $-\infty\rightarrow+\infty$ 时,z 的角度将逆时针变化无数周,故将左半 s 平面上 $-\frac{\pi}{T}\leqslant\omega\leqslant\frac{\pi}{T}$ 带状区称为主频区。意味着在分析和设计系统时只需考虑主频区,其相互转换关系如图 9.29 所示。

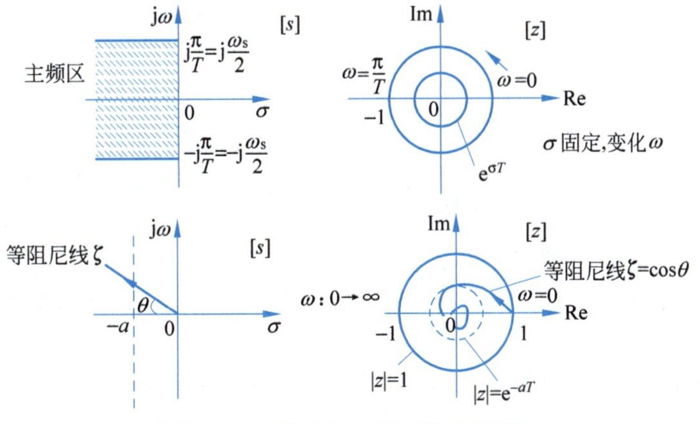

图 9.29 s 平面和 z 平面的对应关系

对图 9.30 所示的闭环系统,脉冲传递函数为

$$\Phi(z)=\frac{C(z)}{R(z)}=\frac{G(z)}{1+GH(z)}$$

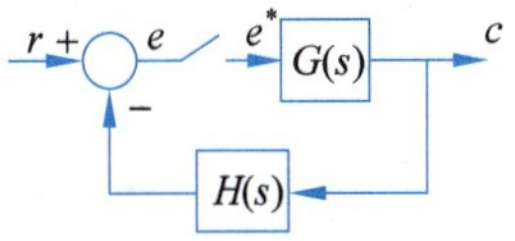

图 9.30 离散反馈系统

特征方程为

$$1+GH(z)=0 \tag{9.52}$$

综上所述,线性定常离散系统稳定的充要条件是系统特征方程全部根的模均小于1,即$|z_i|<1(i=1,\cdots,n)$或全部特征根都位于z平面以原点为圆心的单位圆内。

例 9.17 分析如图9.31所示采样系统的稳定性。

解 由前面z变换方法求得该系统的开环脉冲传递函数为

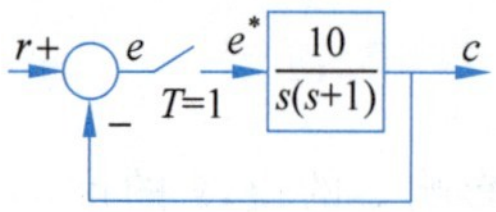

图 9.31 例 9.17 题

$$G(z)=\frac{10(1-e^{-1})z}{(z-1)(z-e^{-1})}$$

于是,闭环特征方程为

$$z^2+4.952z+0.368=0$$

解得特征根为$z_1=-0.076, z_2=-4.876$。显然,模$|z_2|>1$。因此,该离散系统是不稳定的。

可以看出,如果无采样器,则该二阶连续时间系统总是稳定的,而引入采样器后,控制系统有可能变得不稳定,说明基于计算机控制的离散系统一般会降低系统的稳定性。

9.5.2 线性定常离散系统的稳定判据

对于线性定常离散系统,不能直接应用劳斯稳定判据判断系统的稳定性,因为劳斯稳定判据只能判断系统特征方程的根是否在s平面的左半部,所以必须用一种变换,使得z平面上的单位圆映射为新坐标系的虚轴。这种新的坐标变换称为双线性变换,又称w变换。

定义w变换

$$w=\frac{z+1}{z-1} \quad 或 \quad z=\frac{w+1}{w-1} \tag{9.53}$$

令$z=x+jy, w=u+jv$代入上式,得

$$w=u+jv=\frac{x^2+y^2-1}{(x-1)^2+y^2}-j\frac{2y}{(x-1)^2+y^2}$$

对于w平面上的虚轴,即令实部$u=0$,于是,对应到z平面有

$$x^2+y^2-1=0 \tag{9.54}$$

而对z平面的单位圆内$x^2+y^2<1$,则对应于w平面的左半部,如图9.32所示。

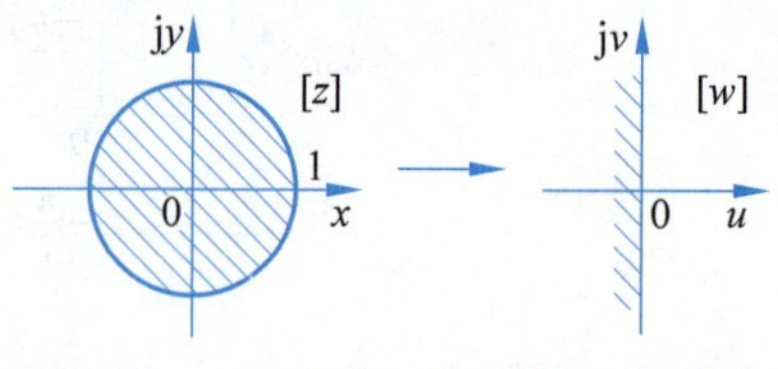

图 9.32 z平面与w平面的映射关系

综上所述,令$z=\frac{w+1}{w-1}$,代入闭环离散系统的特征方程,然后再用劳斯稳定判据分析系统的稳定性。

例 9.18 考查如图9.33所示带有零阶保持器的离散系统,求系统稳定时增益K的范围。

解 不难计算,当采样周期$T=1$s时,系统的开环脉冲传递函数为

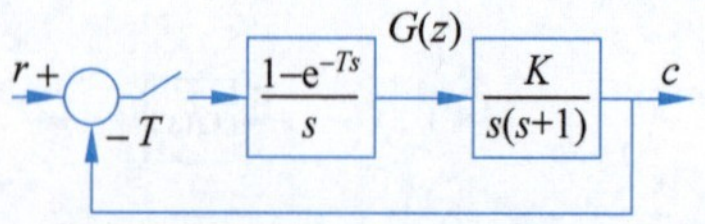

图 9.33 例 9.18 题图

$$\begin{aligned}G(z)&=(1-z^{-1})\cdot\mathcal{Z}\left[\frac{K}{s^2(s+1)}\right]\\&=K\frac{(e^{-T}+T-1)z+(1-e^{-T}-Te^{-T})}{(z-1)(z-e^{-T})}\\&=\frac{K(0.368z+0.264)}{(z-1)(z-0.368)}\end{aligned}$$

而闭环特征方程为

$$1+G(z)=0$$

代入已知参数，得到特征方程为

$$z^2+(0.368K-1.368)z+0.368+0.264K=0$$

令 $z=\dfrac{w+1}{w-1}$代入，于是有

$$0.632Kw^2+(1.264-0.528K)w+2.736-0.104K=0$$

使用劳斯稳定判据知，若要使系统稳定，则上式的二阶系统特征方程各系数全为正，解得

$$0<K<2.4$$

显然，增大比例增益对控制系统的稳定性不利。

当采样周期 $T=2\text{s}$ 时，双线性变换后的特征方程为

$$1.73Kw^2+(1.73-1.19K)w+(2.27-0.54K)=0$$

稳定范围为 $0<K<1.45$。

同理，得出当采样周期 $T=0.5\text{s}$ 时，该系统稳定范围为 $0<K<4.36$。

显然，增大采样周期 T 对稳定性不利。当采样周期 $T\to 0$ 时，离散系统就变成连续系统，而该二阶连续系统对任何增益 $K>0$ 均稳定。为此，设计数字控制系统时要合理地选择采样周期 T 的大小。

9.6 离散系统的稳态误差

考查如图 9.34 所示的离散系统，试分析系统的稳态误差。

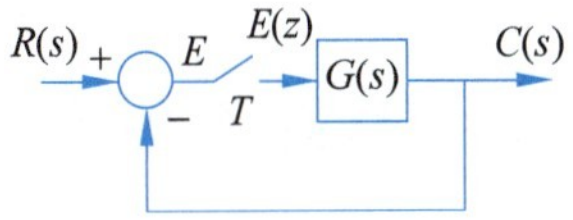

图 9.34 稳态误差的计算

由于该系统的误差为 $E(z)=\dfrac{R(z)}{1+G(z)}$，由终值定理得

$$e(\infty)=\lim_{z\to 1}(z-1)E(z)=\lim_{z\to 1}\frac{z-1}{1+G(z)}R(z) \tag{9.55}$$

(1) 当输入为单位阶跃信号 $r(t)=1(t)$时，知其象函数为 $R(z)=\dfrac{z}{z-1}$，于是由式(9.55)得到

$$e(\infty)=\lim_{z\to 1}(z-1)\frac{1}{1+G(z)}\frac{z}{z-1}=\lim_{z\to 1}\frac{1}{1+G(z)}=\frac{1}{1+k_{\text{p}}} \tag{9.56}$$

其中，$k_{\text{p}}=\lim\limits_{z\to 1}G(z)$为静态位置误差系数。

当开环系统 $G(z)$中有一个及一个以上 $z=1$ 的极点时(即Ⅰ型及以上系统，或至少一个积分环节)，则有 $k_{\text{p}}\to\infty$，即 $e(\infty)=\dfrac{1}{1+k_{\text{p}}}=0$。

为此，单位反馈系统在阶跃信号作用下无稳态误差的条件是开环脉冲传递函数 $G(z)$中至少要有一个 $z=1$ 的极点或一个积分环节。

(2) 当输入为单位斜坡信号 $r(t)=t$ 时，知其象函数为 $R(z)=\dfrac{Tz}{(z-1)^2}$，于是由

式(9.55)得到

$$e(\infty)=\lim_{z\to 1}\frac{T}{(z-1)G(z)} \tag{9.57}$$

定义静态速度误差系数为

$$k_v=\lim_{z\to 1}(z-1)G(z)$$

则此时的稳态误差 $e(\infty)=T/k_v$ 与采样周期有关。

当开环系统 $G(z)$ 中有两个及两个以上 $z=1$ 的极点时(即Ⅱ型及以上系统),有 $k_v\to\infty$,则此时的稳态误差为 $e(\infty)=T/k_v=0$。为此,单位反馈系统在斜坡信号作用下无稳态误差的条件是开环脉冲传递函数 $G(z)$ 中至少要有两个 $z=1$ 的极点或两个积分环节。

(3) 当输入为单位抛物线信号 $r=t^2/2$ 时,其象函数为 $R(z)=\frac{T^2z(z+1)}{2(z-1)^3}$。于是有

$$e(\infty)=\lim_{z\to 1}\frac{T^2}{(z-1)^2G(z)} \tag{9.58}$$

定义静态加速度误差系数

$$k_a=\lim_{z\to 1}(z-1)^2G(z)$$

则式(9.58)为

$$e(\infty)=T^2/k_a$$

当开环系统 $G(z)$ 中有3个及3个以上 $z=1$ 的极点时(Ⅲ型及以上系统),有

$$k_a\to\infty,\quad e(\infty)=T^2/k_a=0$$

为此,单位反馈系统在抛物线信号作用下无稳态误差的条件是开环脉冲传递函数 $G(z)$ 中至少要有3个 $z=1$ 的极点或3个积分环节。

9.7 离散系统的动态性能分析

本节介绍在时域中离散系统的时间响应问题。设闭环系统的脉冲传递函数为

$$\Phi(z)=\frac{C(z)}{R(z)}=\frac{b_mz^m+b_{m-1}z^{m-1}+\cdots+b_1z+b_0}{a_nz^n+a_{n-1}z^{n-1}+\cdots+a_1z+a_0}=\frac{b_m}{a_n}\frac{(z-z_1)\cdots(z-z_m)}{(z-p_1)\cdots(z-p_n)}=\frac{M(z)}{D(z)} \tag{9.59}$$

当输入为单位脉冲信号 $r(t)=\delta(t)$ 作用时,由于 $\mathcal{Z}[\delta(t)]=1$,那么对应的脉冲响应为

$$C(z)=\Phi(z)=\frac{M(z)}{D(z)}$$

其中,分母 $D(z)=(z-p_1)\cdots(z-p_n)$。

利用留数定理,得到离散时间系统的单位脉冲响应为

$$\begin{aligned}c(kT)&=\sum\mathrm{Res}[C(z)z^{k-1}]=\sum\frac{M(z)}{D(z)}z^{k-1}(z-p_i)\Big|_{z=p_i},\quad i=1,2,\cdots,n\\&=\sum\frac{M(p_i)}{D'(p_i)}p_i^{k-1}=\sum_{i=1}^{n}c_ip_i^{k-1}\end{aligned} \tag{9.60}$$

式(9.60)推导过程如下,令

$$D(z)=(z-p_i)D^{\Delta}(z),\quad \Delta=n-1$$

上式两边求导，得到

$$D'(z)=D^{\Delta}(z)+(z-p_i)[D^{\Delta}(z)]'$$

将 $z=p_i$ 代入上式，得

$$D'(p_i)=D^{\Delta}(p_i)$$

于是有

$$\frac{(z-p_i)}{D(z)}\Big|_{z=p_i}=\frac{1}{D^{\Delta}(p_i)}=\frac{1}{D'(p_i)} \tag{9.61}$$

讨论：

(1) 考查实轴上单实极点所对应的脉冲响应。

根据离散系统单极点的解公式(9.60)，得出某个单极点 p_i 对应的单位脉冲响应为

$$c(t)=c_i p_i^{k-1}$$

显然，有如下结果：

① 若 $p_i<-1$，由于采样拍 $k=1,2,\cdots$，因此其单位脉冲响应为交替变号的发散脉冲序列；

② 若 $p_i=-1$，响应为交替变号的等幅脉冲序列；

③ 若 $-1<p_i<0$，响应为交替变号的指数衰减脉冲序列；

④ 若 $0<p_i<1$，响应为按指数规律衰减的脉冲序列；

⑤ 若 $p_i=1$，响应为等幅脉冲序列；

⑥ 若 $p_i>1$，响应为按指数规律发散的脉冲序列。

单实极点的分布以及对应的单位脉冲响应曲线如图 9.35 所示。

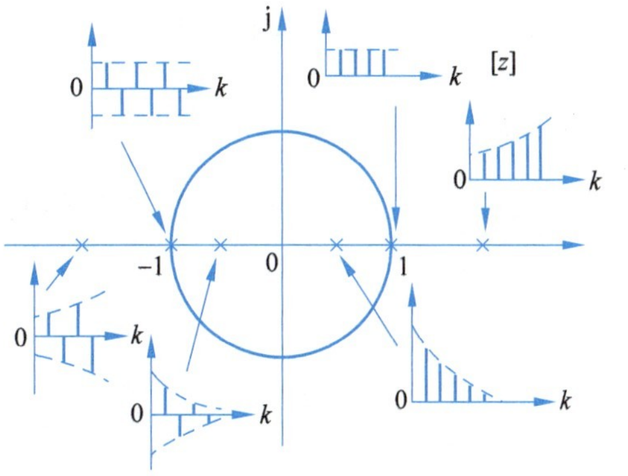

图 9.35 闭环单实极点分布与相应的脉冲响应

(2) 考查一对共轭复数极点对应的单位脉冲响应。

假设有一对共轭复数极点 $p_{1,2}=|p_i|\mathrm{e}^{\pm \mathrm{j}\theta_i}$，其对应的瞬态分量为

$$c(k)=\mathcal{Z}^{-1}\left[\frac{c_i z}{z-p_i}+\frac{c_{i+1}z}{z-p_{i+1}}\right]=\mathcal{Z}^{-1}\left[\frac{c_1 z}{z-p_1}+\frac{c_2 z}{z-p_2}\right] \tag{9.62}$$

由于闭环脉冲传递函数 $\Phi(z)$ 的系数均为实数，所以由复变函数理论知道，常数 $c_i, c_{i+1}=c_1, c_2$ 也必为共轭复数，表示为 $c_{1,2}=|c_i|\mathrm{e}^{\pm \mathrm{j}\phi_i}$。利用留数方法，式(9.62)的解为

$$\begin{aligned}c(k)&=c_i p_i^k+c_{i+1}p_{i+1}^k=c_1 p_1^k+c_2 p_2^k\\&=|c_i|\mathrm{e}^{\mathrm{j}\phi_i}|p_i|^k\mathrm{e}^{\mathrm{j}k\theta_i}+|c_i|\mathrm{e}^{-\mathrm{j}\phi_i}|p_i|^k\mathrm{e}^{-\mathrm{j}k\theta_i}\\&=|c_i||p_i|^k[\mathrm{e}^{\mathrm{j}(k\theta_i+\phi_i)}+\mathrm{e}^{-\mathrm{j}(k\theta_i+\phi_i)}]\\&=2|c_i||p_i|^k\cos(k\theta_i+\phi_i)\end{aligned} \tag{9.63}$$

显然，式(9.63)表示此时所对应的单位脉冲响应是符合余弦或正弦规律的振荡过程，当某对共轭复数极点的模 $|p_i|>1$ 时，相当于发散振荡，而当模 $|p_i|<1$ 时，为衰减振荡。并且极

点越靠近原点,衰减越快。

当$|p_i|<1$时,衰减振荡速度取决于模$|p_i|$的大小,$|p_i|$越小,衰减越快。振荡频率与极点角方向θ_i有关,θ_i越大,振荡频率越高,它们之间的关系为

$$\omega=\theta_i/T \tag{9.64}$$

证 由于$z=|p_i|e^{j\theta}=e^{Ts}=e^{-T\sigma}e^{j\omega T}$,$s=-\sigma+j\omega$,因此$\theta=\omega T$,即$\omega=\theta/T$。具体细分为以下几种情况进行说明:

① 考查单位圆内某个45°角的一对共轭复数极点p_i,即当$\theta_i=\dfrac{\pi}{4}=45°$时,图9.36表示此时共轭复数极点的位置以及对应的单位脉冲响应。根据式(9.64),得到振荡频率与采样频率之间的关系为$\omega_u=\dfrac{1}{4}\dfrac{\pi}{T}=\dfrac{1}{8}\omega_s$,这意味着振荡周期$T_u=8T$(即为采样周期的8倍),此时振荡频率低,因此该过程的响应较慢。

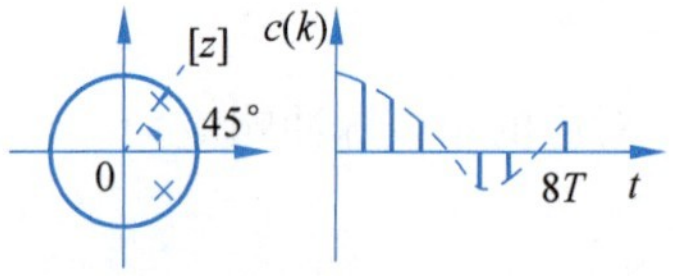

图9.36 $\theta_i=45°$的情况

② 当$\theta_i=\dfrac{\pi}{2}=90°$时,如图9.37所示。振荡频率为$\omega_u=\dfrac{1}{2}\dfrac{\pi}{T}=\dfrac{1}{4}\omega_s$,即振荡周期$T_u=4T$,相当于采样周期的4倍长,系统响应较快。

③ 当$\theta_i=\dfrac{3\pi}{4}=135°$时,如图9.38所示。振荡频率为$\omega_u=\dfrac{3}{4}\dfrac{\pi}{T}=\dfrac{3}{8}\omega_s$,即振荡周期$T_u=\dfrac{8}{3}T=2.6T$,振荡频率较高,系统的响应速度快。

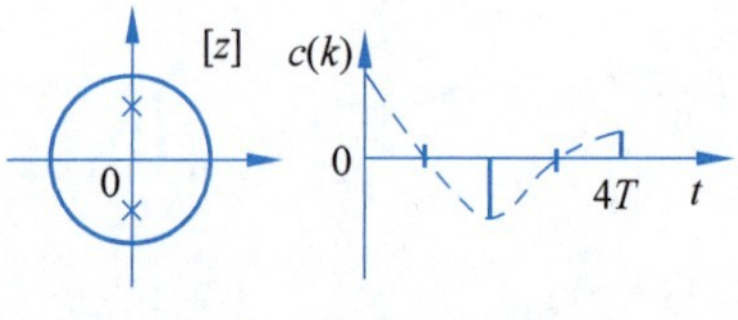

图9.37 $\theta_i=90°$的情况

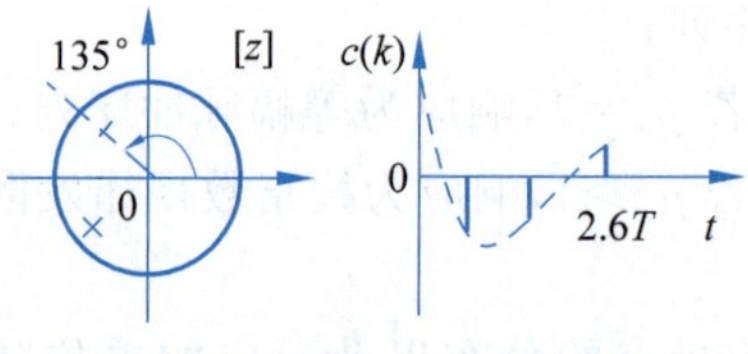

图9.38 $\theta_i=135°$的情况

④ 当$\theta_i=\pi=180°$时,如图9.39所示。振荡频率为$\omega_u=\dfrac{\pi}{T}=\dfrac{1}{2}\omega_s$,即振荡周期$T_u=2T$,为采样周期的2倍长。此时,振荡频率很高,响应速度更快。

⑤ 当$\theta_i=0$时,如图9.40所示。由式(9.64)知,振荡频率为$\omega_u=0$。此时,相当于指数衰减的过程。

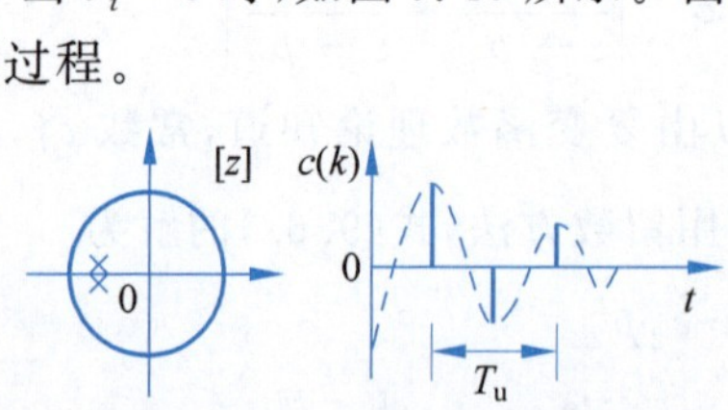

图9.39 $\theta_i=180°$的情况

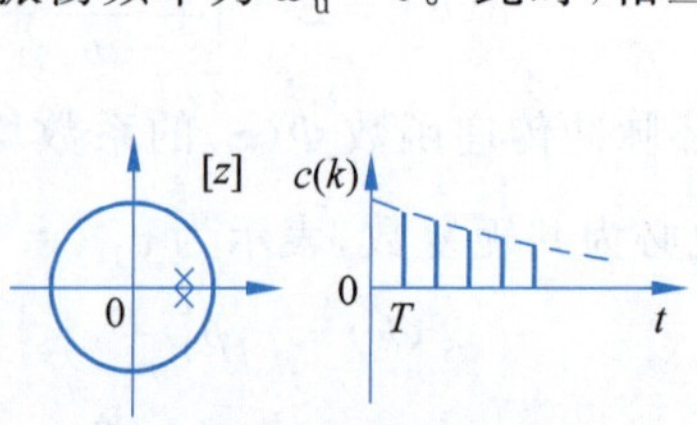

图9.40 $\theta_i=0$的情况

综上所述,在数字控制系统设计中,为了获得较好的动态和稳态性能,希望将控制系统的主导极点设计在z平面单位圆内的右半部,且离原点不要太远,与实轴正方向夹角要适中,这样才能使系统的响应既快又平稳。

9.8 常用数字控制器的实现

由于目前工业生产过程中90%的控制器使用的还是PID控制器，因此，在计算机系统控制中，人们常常是通过将模拟PID控制器离散化的方法来实现的。下面考查3种PID控制器的数字实现问题。

由于常规模拟PID控制规律为

$$u(t)=K_p\left[e(t)+\frac{1}{T_i}\int_0^t e(t)\mathrm{d}t+T_d\frac{\mathrm{d}e(t)}{\mathrm{d}t}\right] \tag{9.65}$$

其传递函数为

$$G_c(s)=\frac{U(s)}{E(s)}=K_p\left(1+\frac{1}{T_i s}+T_d s\right) \tag{9.66}$$

将其中的微分项和积分项进行离散化处理，就可以确定PID控制器的数字实现。

对于微分环节，由于$\dfrac{U_d(s)}{E(s)}=K_pT_ds$，应用后向差分法则得到微分环节输出为

$$u_d(kT)=K_pT_d\left.\frac{\mathrm{d}e}{\mathrm{d}t}\right|_{t=kT}=\frac{K_pT_d}{T}\{e(kT)-e[(k-1)T]\} \tag{9.67}$$

同样，对积分环节，由于$\dfrac{U_i(s)}{E(s)}=\dfrac{K_p}{T_is}$，应用后向差分法则得到积分环节输出为

$$u_i(kT)=u_i[(k-1)T]+\frac{K_pT}{T_i}e(kT) \tag{9.68}$$

这里简记$u(kT)=u(k)$，$e(KT)=e(k)$，$u_i(kT)=u_i(k)$，$u_d(kT)=u_d(k)$。因此，将上述3部分相加，就得到常规PID控制器的差分方程为

$$u(k)=K_pe(k)+u_i(k)+u_d(k) \tag{9.69}$$

式中，微分环节输出$u_d(k)$为式(9.67)，积分环节输出$u_i(k)$为式(9.68)。据此，就可以用数字计算机或微处理器来实现PID控制器。

PID控制算法还可以表示为一种增量型的形式

$$u(k)=u(k-1)+K_p[e(k)-e(k-1)]+K_p\frac{T}{T_i}e(k)+$$
$$K_p\frac{T_d}{T}[e(k)-2e(k-1)+e(k-2)]$$

实际计算机控制系统中，常常采用实用的不完全型PID形式，即

$$G_c(s)=K_p\left(1+\frac{1}{T_is}+\frac{T_ds}{1+\eta T_ds}\right) \tag{9.70}$$

式中，不完全微分系数在自动化仪表中通常取$\eta=0.1$。同理，可以得到该实用的不完全微分型PID控制器的一种离散化算法，可用式(9.69)计算，其中积分环节输出$u_i(k)$仍然为式(9.68)，但微分环节输出$u_d(k)$为

$$u_d(k)=\frac{\eta T_d}{T+\eta T_d}u_d(k-1)+\frac{K_pT_d}{T+\eta T_d}[e(k)-e(k-1)] \tag{9.71}$$

关于增量型PID和不完全微分型PID控制器的概念及数值方法请读者参考相关文献。

9.9 MATLAB 在数字控制系统中的应用

9.9.1 z 变换和 z 反变换的 MATLAB 实现

MATLAB 提供了符号运算工具箱(symbolic math toolbox),可方便地进行 z 变换和 z 反变换,进行 z 变换的函数是 ztrans,进行 z 反变换的函数是 iztrans。

1. ztans

函数调用格式描述如下:

F=ztrans(f):函数返回独立变量 n 关于符号向量 f 的 z 变换函数:ztrans(f)⇔F(z)=Symsum(f(n)/z^n,n,0,inf),这是默认的调用格式。

F=ztrans(f,w):函数返回独立变量 n 关于符号向量 f 的 z 变换函数,只是用 w 代替了默认的 z:ztrans(f,w)⇔F(w)=Symsum(f(n)/w^n,n,0,inf)。

F=ztrans(f,w):函数返回独立变量 n 关于符号向量 k 的 z 变换函数:ztrans(f,k,w)⇔F(w)=Symsum(f(k)/w^k,k,0,inf)。

2. iztrans

函数调用格式描述如下:

F=iztrans(F):函数返回独立变量 z 关于符号向量 F 的 z 反变换函数,这是默认的调用格式。

f=iztrans(F,k):函数返回独立变量 k 关于符号向量 F 的 z 反变换函数,这里只是用 k 代替了默认的 z。

f=iztrans(F,w,k):函数返回独立变量 w 关于符号向量 F 的 z 反变换函数。

例 9.19 试求下列函数的 z 变换。

(1) $f_1(t)=t$;

(2) $f_2(t)=t\mathrm{e}^{-at}$;

(3) $f_3(t)=\sin\omega t$;

(4) $f_4(t)=\cos\omega t$;

(5) $f=f(n+2)$。

解 对上述函数表达式进行 z 变换,程序代码如下:

```
syms n a w k z T
F1 = ztrans(n * T);
F2 = ztrans(n * exp( - a * n));
F3 = ztrans(sin(w * n),k);
F4 = ztrans(cos(w * n),w,z);
F = ztrans(sym('f(n + 2)'));
```

程序运行结果为:

```
F1 =
    T * z/(z - 1)^2
F2 =
    z * exp( - a)/(z - exp( - a))^2
F3 =
    k * sin(w)/(k^2 - 2 * k * cos(w) + 1)
```

```
F4 =
     ( - z + cos(n)) * z/( - z^2 + 2 * z * cos(n) - 1)
F =
     z^2 * ztrans(f(n),n,z) - f(0) * z^2 - f(1) * z
```

可见,z 变换结果分别为

$$F_1(z)=\frac{Tz^{-1}}{(1-z^{-1})^2},\quad F_2(z)=\frac{z\mathrm{e}^{-a}}{(z-\mathrm{e}^{-a})^2}$$

$$F_3(z)=\frac{k\sin\omega}{k^2-2k\cos\omega+1},\quad F_4(z)=\frac{(-z+\cos n)z}{-z^2+2z\cos n-1}$$

$$F(z)=z^2\ \mathcal{Z}[f(n)]-z^2 f(0)-zf(1)$$

例 9.20 试求下列函数的 z 变换。

(1) $F_1(s)=\dfrac{1}{s(s+a)}$;

(2) $F_2(s)=\dfrac{s}{s^2+a^2}$;

(3) $F_3(s)=\dfrac{a-b}{(s+a)(s+b)}$。

解 这里使用 MATLAB 提供的符号工具箱函数进行计算,由于只有时域的 z 变换,因此对于频域首先需要进行拉普拉斯反变换,程序代码如下:

```
syms s n t1 t2 t3 a b k z T
f1 = ilaplace(1/s/(s + 1),t1);
f1 = simplify(f1)
f2 = ilaplace(s/(s^2 + a^2),t2);
f2 = simplify(f2)
f3 = ilaplace ((a - b)/(s + a)/(s + b),t3);
f3 = simplify(f3)
```

程序运行结果如下:

```
f1 =
     1 - exp( - t1)
f2 =
     cos(csgn(a) * a * t2)
f3 =
     - exp( - a * t3) + exp( - b * t3)
```

对拉普拉斯反变换的结果进行 z 变换,注意把时间参数 t1、t2、t3 都替换成 n * T,在命令窗口中运行,过程如下:

```
F1 = ztrans(1 - exp( - n * T));
F1 = simplify(F1)
  F1 =
     z * ( - 1 + exp(T))/(z - 1)/(z * exp(T) - 1)
F2 = ztrans(cos((a^2)^(1/2) * n * T));
  F2 = simplify(F2)
    F2 =
       (z.cos(signum(a) * a * T)) * z/(z^2 - 2 * z * cos(signum(a) * a * T) + 1)
F3 = ztrans( - exp( - a * n * T) + exp( - b * n * T));
F3 = simplify(F3)
```

```
F3 =
    - z * (exp(a * T) - exp(b * T))/(z * exp(a * T) - 1)/(z * exp(b * T) - 1)
```

z 变换的结果分别为

$$F_1(z)=\frac{z}{z-1}-\frac{z}{z-\mathrm{e}^{-T}}=\frac{z(1-\mathrm{e}^{-T})}{(z-1)(z-\mathrm{e}^{-T})}$$

$$F_2(z)=\frac{1-\cos(aT)z^{-1}}{1-2\cos(aT)z^{-1}+z^{-2}}$$

$$F_3(z)=\frac{(\mathrm{e}^{-bT}-\mathrm{e}^{-aT})z^{-1}}{(1-\mathrm{e}^{-aT}z^{-1})(1-\mathrm{e}^{-bT}z^{-1})}$$

例 9.21 试求下列函数的 z 反变换。

(1) $F(z)=\mathrm{e}^{\frac{a}{z}}$;

(2) $F(z)=\dfrac{10z}{(z+1)(z+2)}$;

(3) $F(z)=\dfrac{z}{(z-a)(z-3)^2}$。

解 对上述函数表达式进行 z 反变换,程序代码及运行结果如下:

```
syms z a k
f1 = iztrans(exp(a/z),z,k)
    f1 =
    a^k/k!
f2 = iztrans(10 * z/(z + 1)/(z + 2));
f2 = simplify(f2)
    f2 =
    10 * ( - 1)^n + 10 * ( - 1)^(1 + n) * 2^n
f3 = iztrans(z/(z - a)/(z - 3)^2);
f3 = simplify(f3)
    f3 =
    - 1/3 * (3^n * n * a + 3^(1 + n)  - 3 * a^n.3^(1 + n) * n)/(9  - 6 * a + a^2)
```

9.9.2 连续系统模型与离散系统模型的转换

MATLAB 提供了连续系统与离散系统相互转换的函数,c2d 函数就是把连续系统转换成离散系统的函数,调用格式为

```
Sysd = c2d(sysc,Ts,'method')
```

其中,c 表示连续系统(continuous);d 表示离散系统(discret);2 表示 to(转换成的含义);Ts 表示采样周期,单位为 s。method 表示离散化转换选用的变换方法,其基本含义如表 9.2 所示,其中默认的是 zoh。关于各种离散化方法的原理、使用场合等方面的内容,有兴趣的读者可以参考其他相关文献。

表 9.2 选项 method 功能说明

选　项	功 能 说 明
zoh	对输入信号加零阶保持器
foh	对输入信号加一阶保持器

续表

选 项	功能说明
imp	脉冲不变变换法
tusin	双线性变换法
prewarp	预先转折变换法,即改进的双线性变换法
matched	零极点匹配转换法

例 9.22 已知某系统的传递函数为

$$G(s)=\frac{10(s+1)}{s(s^2+10)}$$

试用零阶、一阶保持器法和双线性变换法、零极点匹配法将此连续系统离散化。

解 MATLAB 程序代码如下：

```
num = 10 * [1 1];
den = conv([1 0],[1 0 10]);
G = tf(num,den);
Gd1 = c2d(G,0.5,'zoh')                        % 零阶保持器法
  Transfer function:
     1.194 z^2 + 0.6428 z - 0.8266
    ..............................................
    z^3 - 0.9793 z^2 + 0.9793 z - 1
    Sampling time: 0.5
Gd2 = c2d(G,0.5,'foh')                        % 一阶保持器法
  Transfer function:
    0.4155 z^3 + 1.375 z^2 - 0.4607 z - 0.3196
    ......................................................................
         z^3 - 0.9793 z^2 + 0.9793 z - 1
  Sampling time: 0.5
Gd3 = c2d(G,0.5,'tustin')                     % 双线性变换法
Transfer function:
    0.4808 z^3 + 0.6731 z^2 - 0.09615 z - 0.2885
    ................................................................
          z^3 - 1.462 z^2 + 1.462 z - 1
    Sampling time: 0.5
Gd4 = c2d(G,0.5,'matched')                    % 零极点匹配法
  Transfer function:
      1.344 z^2 + 0.5287 z - 0.815
    ...............................................
    z^3 - 0.9793 z^2 + 0.9793 z - 1
      Sampling time: 0.5
```

9.9.3 线性定常数字控制系统的 MATLAB 稳定性分析

例 9.23 考查如图 9.41 所示的数字控制系统：

(1) 当系统的被控过程传递函数为 $G_p(s)=\frac{2}{s(s+1)(0.5s+1)}$，采样周期 $T=1$s。判断闭环系统的稳定性。

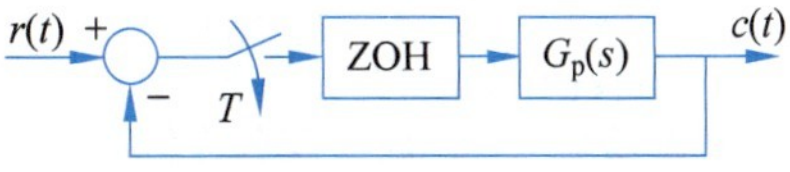

图 9.41 例 9.23 采样控制系统

(2) 当系统的被控过程传递函数为 $G_p(s)=\frac{K}{s(s+1)}$，试求当采样周期分别为 $T=2$s，

1s,0.5s 时,使闭环系统稳定的 K 的取值范围。

解 (1) 用根轨迹法分析系统的稳定性,程序代码如下:

```
%连续系统的开环传递函数
num0 = 2;
den0 = conv([1, 0],conv([1, 1],[0.5, 1]))
G0 = tf(num0,den0)
%连续系统转化成离散系统
DG0 = c2d(G0,1,'zoh')                      %ZOH 的离散化方法,采样周期 T = 1s
figure(1)
rlocus(DG0)
axis([ - 5.5, 2.5, - 3, 3])
```

程序运行结果如下:

```
Transfer function:
                2
  ----------------------------
      0.5 s^3 + 1.5 s^2 + s
Transfer function:
      0.3362 z^2 + 0.6815 z + 0.07547
  -------------------------------------------
      z^3 - 1.503 z^2 + 0.553 z - 0.04979
    Sampling time: 1
```

如图 9.42 为该离散系统的根轨迹图,由图可知,此闭环系统的临界根轨迹增益为 $K_u^*=0.661$,而将本题已知的系统写成零极点形式的根轨迹增益为 $K^*=2/0.5=4$,故该数字闭环控制系统是不稳定的。

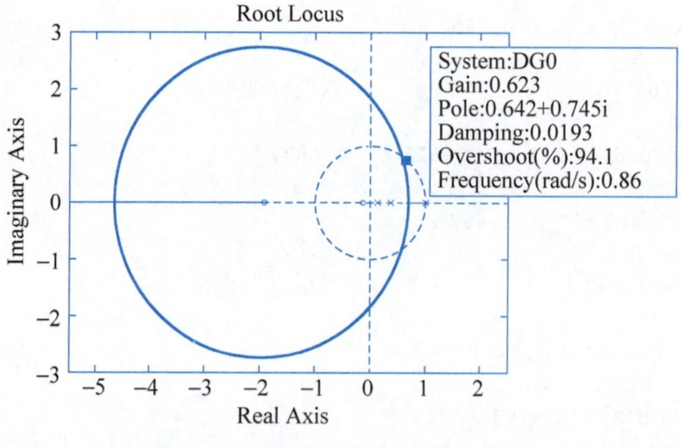

图 9.42 例 9.23 系统 1 的根轨迹

(2) 同样使用根轨迹法,程序代码如下:

```
%连续系统的开环传递函数
num = 1;
den = conv([1, 0], [1, 1])
G = tf(num,den)
%连续系统转化成离散系统(ZOH)
ts = [2, 1, 0.5];                          %采样周期
figure(2)
DG1 = c2d(G, 2, 'zoh')
rlocus(DG1)
hold on
```

```
DG2 = c2d(G, 1, 'zoh')
rlocus(DG2)
hold on
DG3 = c2d(G, 0.5, 'zoh')
rlocus(DG3)
hold on
axis([ - 2.5, 1.5, - 1.5, 1.5])
```

程序运行后，求得连续和离散系统开环传递函数分别为：

```
Transfer function:
     1
----------
   s^2 + s
Transfer function:
       1.135 z + 0.594
----------------------------
    z^2 - 1.135 z + 0.1353
  Sampling time: 2
Transfer function:
  0.3679 z + 0.2642
----------------------------
z^2 - 1.368 z + 0.3679
  Sampling time: 1
Transfer function:
      0.1065 z + 0.0902
----------------------------
    z^2 - 1.607 z + 0.6065
  Sampling time: 0.5
```

由图 9.43 中的数据显示可知，当采样周期 $T=2$s 时，闭环系统稳定的范围为 $0<K<1.46$；当采样周期 $T=1$s 时，闭环系统稳定的范围为 $0<K<2.39$；当采样周期 $T=0.5$s 时，闭环系统稳定的范围为 $0<K<4.36$。此结果与前面例题 9.18 理论分析的结果一致。

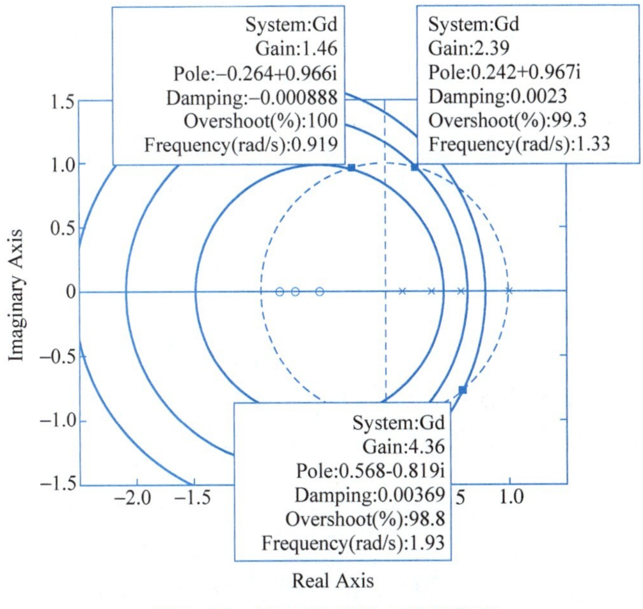

图 9.43 例 9.23 系统 2 的根轨迹

9.9.4 数字控制系统的MATLAB时域分析

例 9.24 考查某数字控制系统的脉冲传递函数为

$$G(z)=\frac{1}{(z+a)(z+b)}$$

画出当(1)$a=b=\pm0.5$；(2)$a=b=\pm2$；(3)$a=0.5+\mathrm{j}0.5$ 且 $b=0.5-\mathrm{j}0.5$；(4)$a=-0.5+\mathrm{j}0.5$ 且 $b=-0.5-\mathrm{j}0.5$ 时的单位脉冲响应。

解 (1) 当 $a=b=\pm0.5$ 绘制其脉冲响应,程序代码如下:

```
z = [];
p = [0.5 0.5];                          % 零极点形式
k = 1;
Gz = zpk(z,p,k,1);
G = tf(Gz);
subplot(2,1,1)                          % MATLAB 子图
dimpulse(G.num,G.den,12);               % 离散系统的脉冲响应
grid on
z = [];
p = [ - 0.5  - 0.5];
k = 1;
Gz = zpk(z,p,k,1);
G = tf(Gz);
subplot(2,1,2)
dimpulse(G.num,G.den,12);
grid on
```

运行后得到如图 9.44 所示 $a=b=\pm0.5$ 时的脉冲输入响应图。

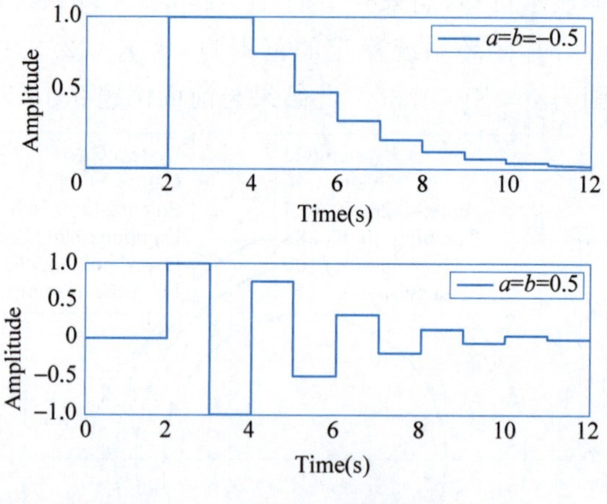

图 9.44 $a=b=\pm0.5$ 时的脉冲输入响应

(2) 当 $a=b=\pm2$ 绘制其脉冲响应,程序代码如下:

```
z = [];
p = [2 2];
k = 1;
Gz = zpk(z,p,k,1);
G = tf(Gz);
subplot(2,1,1)
dimpulse(G.num,G.den,8);
```

```
grid on
z = [];
p = [ - 2  - 2];
k = 1;
Gz = zpk(z,p,k,1);
G = tf(Gz);
subplot(2,1,2)
dimpulse(G.num,G.den,8);
grid on
```

运行后得到如图 9.45 所示 $a=b=\pm 2$ 时的脉冲输入响应图。

(3) 绘制 $a=0.5+\mathrm{j}0.5$ 且 $b=0.5-\mathrm{j}0.5$ 以及 $a=-0.5+\mathrm{j}0.5$ 且 $b=-0.5-\mathrm{j}0.5$ 的脉冲响应,程序代码如下:

```
z = [];
p = [0.5 + j * 0.5   0.5 - j * 0.5];
k = 1;
Gz = zpk(z,p,k,1);
G = tf(Gz);
subplot(2,1,1)
dimpulse(G.num,G.den,10);
grid on
z = [];
p = [ - 0.5 + j * 0.5   - 0.5 - j * 0.5];
k = 1;
Gz = zpk(z,p,k,1);
G = tf(Gz);
subplot(2,1,2)
dimpulse(G.num,G.den,10);
grid on
```

运行后得到如图 9.46 所示 $a=0.5+\mathrm{j}0.5$ 且 $b=0.5-\mathrm{j}0.5$,$a=-0.5+\mathrm{j}0.5$ 且 $b=-0.5-\mathrm{j}0.5$ 时的脉冲输入响应图。

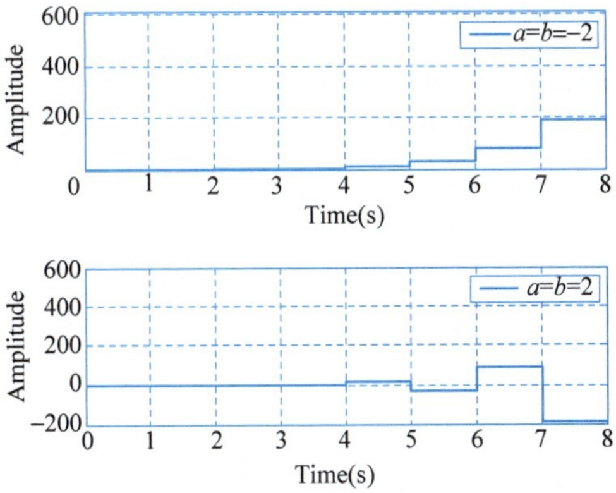

图 9.45 $a=b=\pm 2$ 时的脉冲输入响应

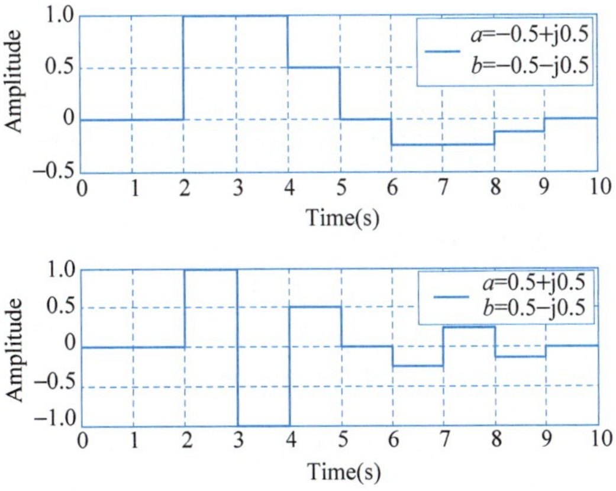

图 9.46 脉冲输入响应

例 9.25 某一数字 PID 控制系统如图 9.47 所示,采样周期 $T=1\mathrm{s}$。试用 3 种 PID 离散化方法编写 MATLAB 程序仿真,画出该系统在单位阶跃信号作用下的输出响应,并用仿真技术确定使系统超调量小于 10%的一组 PID 参数值。比较 3 种 PID 算法的性能。

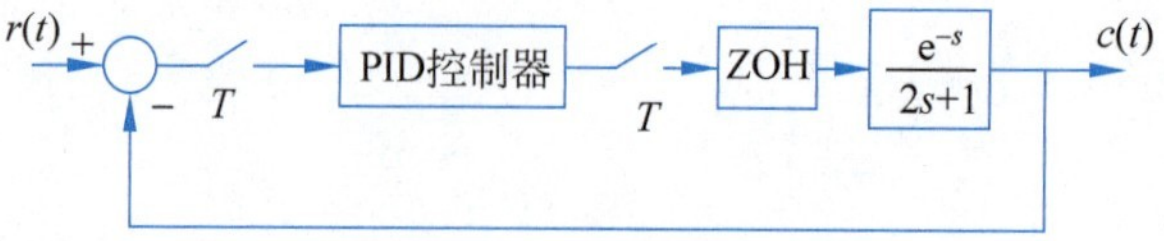

图 9.47 例 9.25 题图

解 利用本章 3 种离散化 PID 算法进行系统仿真。MATLAB 程序代码：

```
clc;clear;close all
ctf = tf([1],[2,1],'inputdelay',1)          % 建立被控过程传递函数
ts = 1                                      % 采样时间
tf = 50;                                    % 仿真时间
dtf = c2d(ctf,ts,'zoh')                     % 被控过程离散化
[num,den] = tfdata(dtf,'v')
kp = 0.1;kd = 0.9;ki = 0.2;                 % PID 参数
ti = kp/ki; td = kd/kp;                     % Ki = Kp/Ti,Kd = Kp × Td

% 常规的 PID 控制算法
u1 = 0;u2 = 0;c1 = 0;e1 = 0;                % 仿真初始化
for k = 1:1:tf
    time(k) = ts * k;
    r(k) = 1;
    c(k) = (-1) * den(2) * c1 + num(2) * u2;
    e(k) = r(k) - c(k);
    u(k) = kp * e(k) + (u1 + ki * ts * e(k)) + ((kd/ts) * (e(k) - e1));
    u2 = u1;u1 = u(k);c1 = c(k);e1 = e(k);
end
plot(time,c,'b.')
axis([0,tf,0,1.5])
hold on

% 实用的 PID 控制算法
u1 = 0;u2 = 0;c1 = 0;e1 = 0;ud1 = 0;        % 仿真初始化
for k = 1:1:tf
    time(k) = ts * k;
    r(k) = 1;
    c(k) = (-1) * den(2) * c1 + num(2) * u2;
    e(k) = r(k) - c(k);
    ud(k) = ((0.1 * td)/(ts + 0.1 * td)) * ud1 + (kd/(ts + 0.1 * td)) * (e(k) - e1);
    u(k) = kp * e(k) + (u1 + ki * ts * e(k)) + ud(k);
    u2 = u1;u1 = u(k);c1 = c(k);e1 = e(k);ud0 = ud(k);
end
plot(time,c,'r+')
hold on

% PID 增量型算法
u1 = 0;u2 = 0;c1 = 0;e1 = 0;e2 = 0;         % 仿真初始化
for k = 1:1:tf
    time(k) = ts * k;
    r(k) = 1;
    c(k) = (-1) * den(2) * c1 + num(2) * u2;
    e(k) = r(k) - c(k);
    u(k) = u1 + (kp + kd/ts + ki * ts) * e(k) - (kp + 2 * kd/ts) * e1 + (kd/ts) * e2;
    u2 = u1;u1 = u(k);c1 = c(k);e2 = e1;e1 = e(k);
end
plot(time,c,'c')
```

程序运行仿真结果如图 9.48 所示。

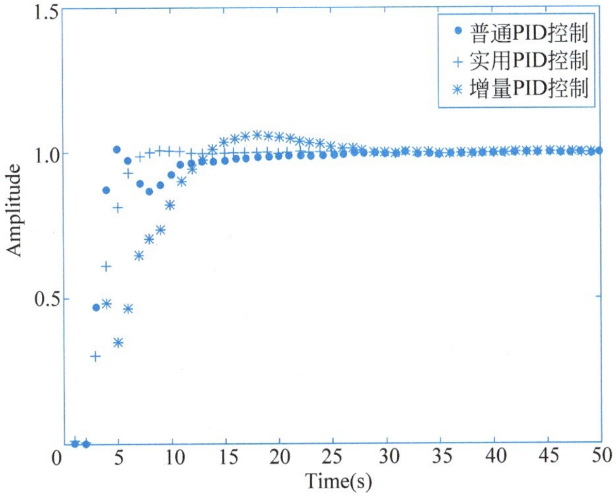

图 9.48 例 9.25 题三种 PID 算法仿真比较

可以看到结果中实用 PID 的形式控制性能最好。

例 9.26 某一数字 PID 控制系统如图 9.49 所示，采样周期 $T=0.5$s。试用增量型 PID 离散化方法编写基于继电器 PID 参数自整定控制算法的 MATLAB 程序，并仿真，画出该系统在单位阶跃信号作用下的输出响应。

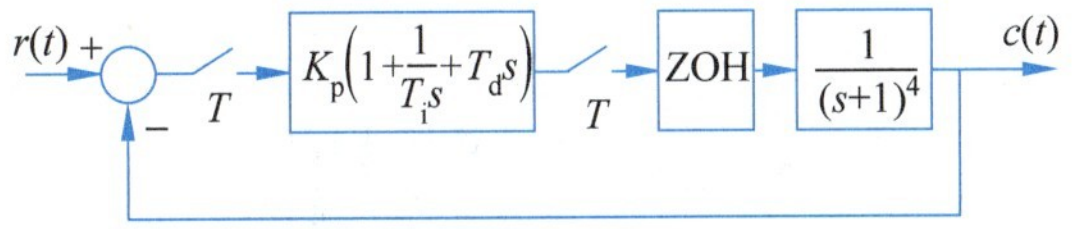

图 9.49 例 9.26 题图

解 这里的 PID 参数自整定算法可以参考第 8 章非线性系统的有关内容。MATLAB 程序代码为：

```
clc; clear; close all;
%初始化
Ts = 0.5; t = 60; d1 = 5; d2 = 0;          %Ts 为采样时间,t 为仿真时间,d1、d2 为继电器通断输出幅度
Y = []; m = []; n = 1; flag = 0; N = t/Ts;
y1 = 0; y2 = 0; y3 = 0; y4 = 0; y = 0; u1 = 0; u2 = 0; u3 = 0; u4 = 0; u = 0; e1 = 0; e2 = 0;

%被控过程离散化
ctf = tf([1],[1 4 6 4 1]);                 %建立被控过程模型,为 4 阶模型 1/(s + 1)^4
dtf = c2d(ctf,Ts,'zoh');                   %零阶保持器离散化
[num,den] = tfdata(dtf,'v');

%自整定过程
while flag < 4
    %采集被控过程输出
    y = - den(2) * y1 - den(3) * y2 - den(4) * y3 - den(5) * y4 + num(2) * u1 + num(3) * u2 + num(4)
* u3 + num(5) * u4;

    e = 1 - y;                             %计算误差 e,输入为单位阶跃响应
    if e > 0                               %继电器环节
        u = d1;
```

```
    elseif e<0
        u=d2;
    else
        u=0;
    end

    if (y>=1)&(y1<1)                        % 输出上升过程的过设定点标志
        flag=flag+1;

    elseif (y<=1)&(y1>1)                    % 输出下降过程的过设定点标志
        flag=flag+1;
        m(flag/2)=n;                        % 过设定点时刻记录
    end
        Y(n)=y; y4=y3; y3=y2; y2=y1; y1=y; e2=e1; e1=e; u4=u3; u3=u2; u2=u1; u1=u;
                                            % 为下一拍计算做准备
    n=n+1;
end

% 参数计算
min=Y(m(1)); max=Y(m(1));                   % 寻找自整定过程输出响应的最大值最小值
for i=m(1)+1:1:m(2)
    if Y(i)<min
        min=Y(i);
    elseif Y(i)>max
        max=Y(i);
    end
end

A=(max-min)/2;                              % 计算振荡幅值
  d=d1-d2;                                  % 计算继电器幅值
  Ku=2*d/A/pi;                              % 计算等价的临界振荡时的比例增益
  Tu=(m(2)-m(1))*Ts;                        % 计算在振荡周期
  Kp=0.6*Ku;                                % 计算 PID 参数
  Ti=0.5*Tu;
  Td=0.125*Tu;

% 切换到 PID 自动控制过程
while n<N
    y=-den(2)*y1-den(3)*y2-den(4)*y3-den(5)*y4+num(2)*u1+num(3)*u2+num(4)
*u3+num(5)*u4;
    % 被控过程
    e=1-y;
    u=u1+Kp*(e-e1)+Kp/Ti*Ts*e+Kp*Td/Ts*(e-2*e1+e2);          % 增量型 PID 控制器
    Y(n)=y; y4=y3; y3=y2; y2=y1; y1=y; e2=e1; e1=e; u4=u3; u3=u2; u2=u1; u1=u;
    n=n+1;
end

i=1:1:n-1;
plot(i*Ts,Y(i),'k')
grid on
axis([0 t 0 3]);
xlabel('Time (sec)');
ylabel('Amplitude');
```

程序运行仿真结果如图 9.50 所示，由此看出，PID 参数自整定在自动化仪表中是有实际意义的。

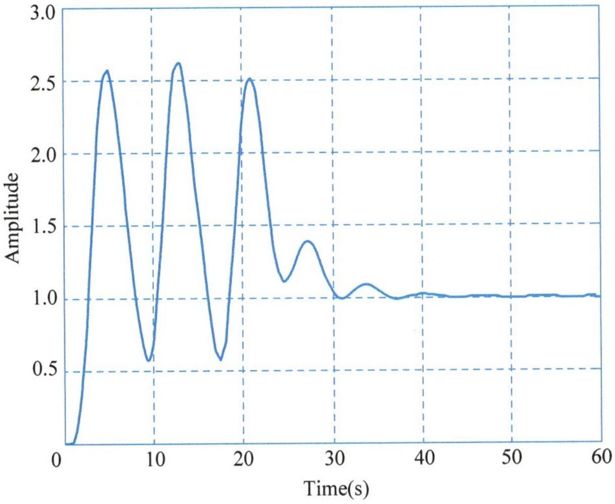

图 9.50 例 9.26 题自整定 PID 仿真过程

9.10 小结

数字计算机控制系统目前已经广泛应用于各个工业领域中，学习数字控制系统的基本概念、分析与设计方法是相当重要的。

(1) 通常被控变量是连续信号，在数字控制系统中必须将连续信号通过“采样”变为离散或数字信号，A/D 转换器可以担当此任。为了不失真地复现连续信号，采样频率必须满足香农定理，理想低通滤波器能将离散信号无失真地复现成连续信号，但实际中常用零阶“保持器”来近似实现信号的复现，D/A 转换器等可以担当此任。

(2) 研究过连续时间线性定常系统的分析和设计方法，则对数字控制系统分析与设计方法的研究就简单多了，一般可以有对应的分析与设计方法，如根轨迹和频域法等。离散或数字控制系统的数学工具为 z 变换及 z 反变换，其数学模型为差分方程和脉冲传递函数。但由于数字控制系统中采样器和保持器的存在，所以采用的数学工具、描述系统的方式、实用的计算方法以及获得的控制系统性能的结论都与连续时间系统有很大区别。

(3) 采样周期的选取仅有香农采样定理还是不够的，在工业过程控制和系统仿真中有一些经验数据可供选择。此外，还要注意连续时间控制系统是稳定的，并不意味着采用了数字控制系统后还能保持稳定性，也就是说采样周期的大小影响控制系统的稳定性，通常采样周期越大，则对稳定性越不利。

(4) 值得注意的是数字控制器目前普遍应用的结构还是 PID 控制规律，一般采用模拟 PID 调节器的离散化的数字算法软件实现。还有一种按照直接数字控制器设计的方法尽管可实现对某种典型输入作用下的最少拍响应，但其适应性差，且在非采样时刻点存在波纹现象，使得该法在实际的数字控制系统设计和应用中很少使用。有兴趣的读者可参考其他读物。

关键术语和概念

数字计算机校正网络(digital computer compensator)：将数字计算机当作校正元件使用的系统。

数字控制系统(digital control system)：采用数字信号和数字计算机来调节被控过程的控制系统。

采样过程(sampled process)：通过采样开关将连续信号变为离散信号的过程。

采样周期(sampling period)：计算机总是在相同、固定的周期接收和(或)输出数据，这个周期称为采样周期。所有的采样变量在采样周期内保持不变。

采样数据(sampled data)：仅在离散时间点上获得的系统变量的数据，通常每个采样周期获得一个数据。

z 平面(z-plane)：其水平轴为 z 的实部，垂直轴为 z 的虚部的复平面。

z 变换(z-transform)：由关系式 $z=e^{sT}$ 定义的从 s 平面到 z 平面的保角映射。它是从 s 域到 z 域的变换。

采样系统的稳定性(stability of a sampled-data system)：当线性定常离散系统的闭环脉冲传递函数 $G(z)$ 的所有极点都处于 z 平面的单位圆内时，采样系统就是稳定的。

差分方程(difference equations)：描述离散时间系统的一种数学模型，类似于连续时间系统的微分方程数学模型。

拓展您的事业——软件工程学科

软件工程是这样的一个工程领域：它处理和研究计算机科学中的程序及其相关文件等实际应用问题，包括计算机程序的设计、构架等，也包括开发、运行和维护程序的文本。

软件工程是信息学科的一个分支，随着越来越多的学科对软件包的需求和日常工作量的增长，可编程微电子系统用得越来越多，软件工程显得越来越重要了。

软件工程师的作用不能与计算机科学工作者的作用相混淆。软件工程师是实践工作者，而不是理论家。软件工程师必须有丰富的计算机编程技能并熟悉编程语言，特别是用得相当广泛的C++和Java。又因为软件是与硬件密切相关的，所以，软件工程师必须具备硬件设计的整体知识，最重要的是软件工程师要对他所开发的软件的具体应用领域有一些专业的知识。目前，我国为了大力发展软件工程学科，各研究性大学中均设有与计算机学科专业培养性质不同的软件学院。

总之，软件工程领域为乐于从事编程和开发软件包的人们提供了大量的发展机遇，许多有趣的和具有挑战性的机遇都属于受过研究生教育的人们，准备得越充分，回报自然也越高。

习题

9.1 试求下列函数的 z 变换：

(1) $e(t)=t^4$　　(2) $e(t)=t^2e^{-3t}$

(3) $e(t)=4^n$

(4) $E(s)=\dfrac{a}{s^2(s+1)}$

(5) $E(s)=\dfrac{1}{(s+a)(s+b)(s+c)}$

9.2　求下列函数的 z 反变换：

(1) $E(z)=\dfrac{z-0.5}{(z-1)(z-1.5)}$

(2) $E(z)=\dfrac{z(z-0.5)}{(z-1)^2(z-1.5)}$

(3) $E(z)=\dfrac{12z}{(z-1)(z-3)}$

(4) $E(z)=\dfrac{-4+z^{-1}}{1-2z^{-1}+z^{-2}}$

9.3　试求下列函数的脉冲序列：

(1) $E(z)=\dfrac{z}{(z+1)(z^2+1)}$

(2) $E(z)=\dfrac{3z}{(z+1)(z+2)^2}$

9.4　利用 z 变换求解下列差分方程：

(1) $c(k+2)+3c(k+1)+2c(k)=0, c(0)=0, c(1)=1$；

(2) $c(k+2)-3c(k+1)+2c(k)=u(k), k\leqslant 0$ 时，$c(0)=0$；

(3) $c(k+2)+5c(k+1)+6c(k)=\cos k\dfrac{\pi}{2}, c(0)=c(1)=0$；

(4) $c^*(t+2T)-6c^*(t+T)+8c^*(t)=r^*(t), r(t)=1(t), c^*(t)=0, t\leqslant 0$。

9.5　试确定下列函数的终值：

(1) $\dfrac{z^2+1}{\left(z-\frac{1}{2}\right)\left(z+\frac{1}{3}\right)}$

(2) $\dfrac{z^2+z+1}{\left(z-1)(z+\frac{1}{2}\right)}$

9.6　计算如下二阶系统的单位冲激响应的前五项系数：

$$G(z)=\frac{z^2+az}{z^2+2az+b}$$

9.7　已知某系统的差分方程为

$$c(k)-3c(k+1)+c(k+2)=0$$

初始条件：$c(0)=0, c(1)=1$。试用迭代法求输出时间序列 $c(k)$。

9.8　已知某系统的传递函数为

$$G(s)=\frac{K}{s(s+a)}$$

求脉冲传递函数 $G(z)$。

9.9　已知某系统的传递函数为

$$G(s)=\frac{\omega_0}{s^2+\omega_0^2}$$

求脉冲传递函数。

9.10　已知某采样控制系统如图 P9.1 所示，试求闭环系统的脉冲传递函数 $\Phi(z)$ 或输出 z 变换 $C(z)$。

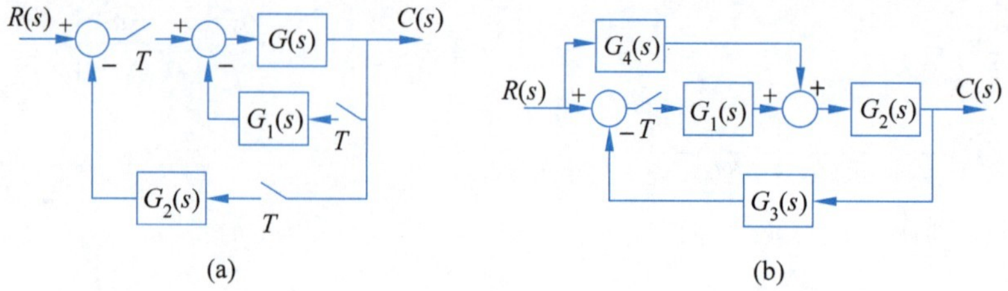

图 P9.1　题 9.10 图

9.11　已知某系统的脉冲传递函数为

$$G(z)=\frac{0.5+0.1z^{-1}}{1-0.4z^{-1}}$$

其中,输入为 $R(z)=\dfrac{z}{(z-1)}$,试求 $c(kT)$。

9.12　已知某单位负反馈系统的连续被控过程的传递函数为

$$G_p(s)=\frac{K}{s(s+1)^2},\quad K>0$$

在误差信号检测点后加采样器,采样周期分别为 0.2s 和 0.8s。试分析采样后的数字控制闭环系统的稳定性。

9.13　设系统的结构图如图 P9.2 所示,采样周期 $T=1$s。设传递增益 $K=5$,试分析系统的稳定性,并求系统的临界比例增益。

9.14　已知某系统的结构图如图 P9.3 所示,其中时间常数 $\tau=0.5$s:

(1) 当采样周期 $T=0.4$s 和 $T=3$s 时,求分别使系统稳定的 K 值范围;

(2) 去掉系统的零阶保持器后,再分别求出系统稳定的 K 值范围。

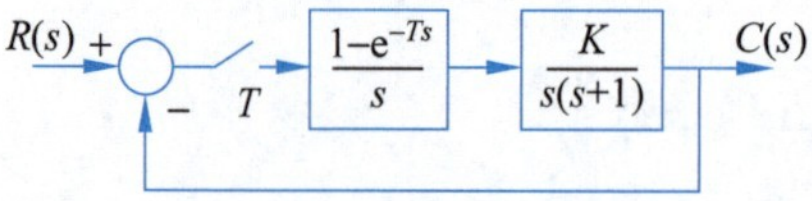

图 P9.2　题 9.13 图

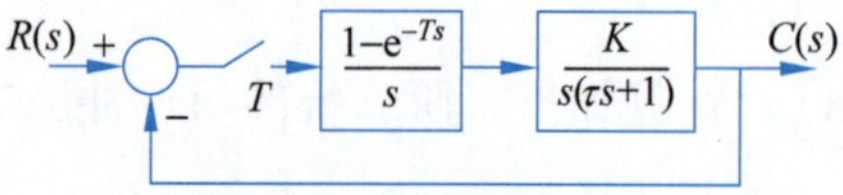

图 P9.3　题 9.14 图

9.15　已知某采样系统闭环特征方程为

$$D(z)=z^4-1.386z^3+0.4z^2+0.08z+0.002$$

试判断其稳定性。

9.16　设某数字控制系统如图 P9.4 所示,其中采样周期 $T=1$s,试求当输入为单位阶跃信号时系统的数字不完全微分型 PID 控制器 $D(z)$、差分方程,以及计算输出响应的递推算法。

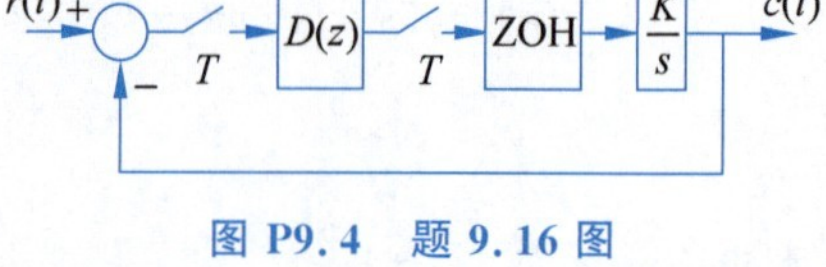

图 P9.4　题 9.16 图

9.17　已知某系统的传递函数为

$$G(s)=\frac{5(s+3)}{(s+1)(s+2)(s+5)}$$

试用 MATLAB 的零阶保持器、一阶保持器和双线性变换法将此系统离散化。

9.18　某数字控制系统的开环脉冲传递函数为

$$G(s)=\frac{KT^2(z+1)}{2(z-1)^2}$$

试用根轨迹方法说明，对于任意 K 和 $T=1\text{s}$，闭环系统都不稳定。

9.19　某数字控制系统的闭环脉冲传递函数为

$$\Phi(z)=\frac{1}{(z-p_1)(z-p_2)}$$

其中，p_1 和 p_2 为一对共轭极点。考查当 $p_{1,2}=-0.3\pm \text{j}0.866$，$p_{1,2}=\pm \text{j}$ 和 $p_{1,2}=0.8\pm \text{j}0.6$ 时系统的脉冲响应。

9.20　某一数字 PID 控制系统如图 P9.5 所示，采样周期 $T=1\text{s}$。试用离散化方法写出该系统在单位阶跃信号作用下的输出响应计算步骤，并编写 MATLAB 程序仿真，并用仿真技术确定使系统超调量小于 10％的一组 PID 参数值。

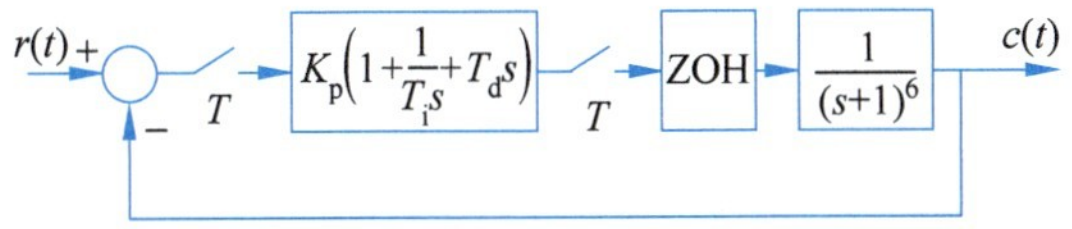

图 P9.5　题 9.20 图

第10章

自动控制系统的设计实例

信息技术创新创业先驱——乔布斯

史蒂夫·乔布斯(Steven Jobs,1955—2011)

美国商业巨子及发明家,苹果公司的创始人之一,曾任董事长及首席执行官职位。有“苹果之神”“现代爱迪生”之称。

1955年2月24日,史蒂夫·乔布斯出生在美国旧金山,生活在后来著名的“硅谷”附近,邻居都是“硅谷”元老——惠普公司的职员。在这些人的影响下,乔布斯从小就很迷恋电子学。

1976年4月1日,乔布斯和朋友斯蒂夫·沃兹尼亚克和韦恩成立苹果公司,他陪伴了苹果公司数十年的起落与复兴,先后领导和推出了麦金塔计算机、iMac、iPod、iPhone等风靡全球亿万人的电子产品,深刻地改变了现代通信、娱乐乃至生活的方式。

从2003年起,乔布斯与胰腺神经内分泌细胞瘤战斗了8年,2011年8月辞任首席执行官一职,在他第三次病假期间,乔布斯当选为苹果公司的董事长。2011年10月5日乔布斯因病逝世,享年56岁。

作为创造力与想象力的终极偶像,乔布斯独树一帜。他明白,在21世纪创造价值的最佳方式就是将创造力与技术相结合,因此,他成立了苹果公司,融会了源源不断的想象力与非凡的技术。

乔布斯是改变世界的天才,他凭敏锐的触觉和过人的智慧,勇于变革,不断创新,引领全球资讯科技和电子产品的潮流,把计算机和电子产品变得简约化、平民化,让曾经是昂贵稀罕的电子产品变为现代人生活的一部分。

10.1　引言

通过前面章节的学习，我们已经了解并掌握了自动控制系统的基本概念、基本原理、分析与设计的基本方法，在此基础上，本章主要通过两个自动控制系统的设计案例，即温度控制器和倒立摆控制系统的设计，更好地学习自动控制原理在实践中的应用，激发学生的实践创新与创造精神，达到理论与实践的完美结合。

10.2　温度控制器的设计与实现

在工业生产过程及日常生活中，温度是一种常用且需要控制的参数，在冶金、化工等诸多领域中，人们均需要对各类加热炉、反应炉和锅炉中的温度进行检测和控制。此外，在日常生活中，温度的检测和控制也扮演着非常重要的角色，例如各类家用电器，包括空调、热水器、烤箱等。可以说，任何物理变化和化学变化的过程都与温度密切相关，温度的检测和控制广泛应用于社会生活的各个方面，也是实现生产过程自动化的重要任务之一。

电阻炉是一种常见的电加热设备，由于其具有非线性、时变性、大惯性和大滞后性和模型结构不确定等特点，因此电阻炉温度控制已成为科学实验和工业生产中最为普遍和最具有典型意义的研究案例。随着控制技术日新月异的发展，对电阻炉温度控制的要求也越来越高，各种新型控制算法不断出现，需要测试各种算法的可行性，因此，设计电阻炉温度控制系统具有十分重要的意义。

本设计选用当前工业控制领域中常用的热电阻(Pt100)、热电偶和数字式半导体温度传感器(DS18B20)作为温度感知元件，并分别设计温度测量和信号调理电路，选用市场上常见的开水煲制成的简易微型电阻炉作为被控过程，完成多种控制算法(包括常规 PID 控制、增量式 PID 控制、不完全微分型 PID 控制以及继电自整定 PID 控制)的仿真研究及实际的水温控制系统实现。此外，在实现基本控制目标的前提下，本设计还自定义了无线通信协议，编写了友好人机交互界面，借助无线通信模块实现控制器参数实时改变，控制过程实时监控的功能等，发展成为可用于自动控制原理课程教学实践的典型实验平台。

10.2.1　温度控制系统分析

在实际应用中，通常电阻炉是一种能自衡的被控过程，将电阻炉炉内的温度作为唯一变量，当电阻炉内的温度稳定时，则某一时刻加热元件发出的热量 Q_t 应该等于该时刻炉内积累的热量 Q_1 与散失的热量 Q_2 之和，即

$$Q_t = Q_1 + Q_2 \tag{10.1}$$

其中，Q_1 和 Q_2 可分别表示为

$$Q_1 = C\frac{\mathrm{d}T_F}{\mathrm{d}t} \tag{10.2}$$

$$Q_2 = \frac{T_F - T_0}{R} \tag{10.3}$$

其中，T_F 为炉内温度，t 为烧结时间，C 电阻炉的热容量，R 为电阻炉的热阻，T_0 为外界环

境温度。一般情况下,工业电阻炉内的温度远远超过外界环境的温度,因此外界环境温度 T_0 可忽略不计,则此时有

$$Q_t = C\frac{dT_F}{dt} + \frac{T_F}{R} \tag{10.4}$$

式(10.4)两边同时进行拉普拉斯变换,可得

$$\frac{T_F(s)}{Q_t(s)} = \frac{1}{Cs + \frac{1}{R}} \tag{10.5}$$

此外,由于测量元件的滞后性以及电阻炉本身具有的热惯性,使得控制信号和温度测量值之间存在一个时滞时间 τ。设电阻炉的控制输入为 u,则有

$$u(s)e^{-\tau s} = kQ_t(s) \tag{10.6}$$

根据式(10.5)和式(10.6)可得加热炉数学模型为

$$\frac{T_F(s)}{u(s)} = \frac{K}{Ts+1}e^{-\tau s} \tag{10.7}$$

其中,$K=R/k$ 为系统增益系数,$T=RC$ 为系统的时间常数。显然,电阻炉被控过程通常是一个典型的一阶滞后系统,其中系统各参数也可根据需求进行辨识。

典型的电阻炉温度控制系统结构如图 10.1 所示。

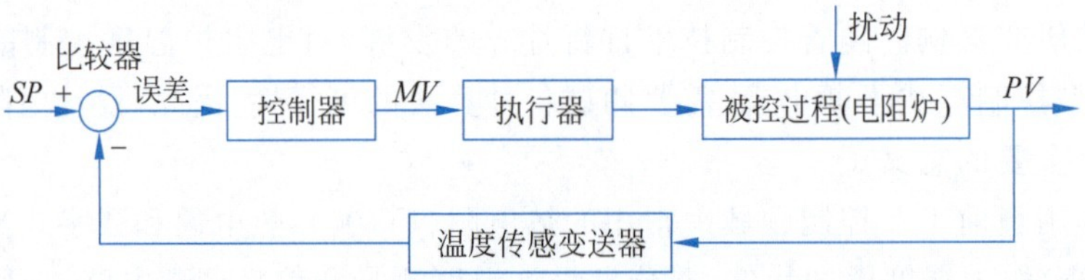

图 10.1 典型温度控制系统结构图

在数字控制系统一章中我们知道常规的模拟 PID 控制规律为

$$u(t) = K_p\left[e(t) + \frac{1}{T_i}\int e(t)\,dt + T_d\frac{de(t)}{dt}\right] \tag{10.8}$$

对应的频域表达式即传递函数为

$$G(s) = K_p\left(1 + \frac{1}{T_i s} + T_d s\right) \tag{10.9}$$

由于商品化的温度控制器均是基于计算机的数字控制器设计完成的,因此需要将模拟的 PID 器离散化后才能使用。参看数字控制器章节的内容及相关参数含义,有离散化的 PID 为

$$u(k) = K_p e(k) + \frac{K_p}{T_i}T\sum_{j=0}^{k}e(j) + \frac{K_p T_d}{T}[e(k) - e(k-1)] \tag{10.10}$$

其中,积分项包括误差的累加值,与过去的整个状态均有关,比较适合执行机构不带积分部件的对象,例如电液伺服阀等。工程实践中,常规的离散 PID 控制规律存在部分缺陷如存在误差累积、意外故障时对被控对象影响较大等。因此现实中出现了许多改进型的 PID 算法,包括增量式 PID、积分分离 PID、不完全微分型 PID、微分先行 PID 等。本设计仅对增量式 PID 和不完全微分型 PID 做进一步说明。

式(10.10)第 $k-1$ 时刻的值为

$$u(k-1)=K_{p}e(k-1)+\frac{K_{p}}{T_{i}}T\sum_{j=0}^{k-1}e(j)+\frac{K_{p}T_{d}}{T}[e(k-1)-e(k-2)] \tag{10.11}$$

式(10.10)和式(10.11)相减后可得

$$u(k)=u(k-1)+K_{p}[e(k)-e(k-1)]+\frac{K_{p}}{T_{i}}Te(k)+\frac{K_{p}T_{d}}{T}[e(k)-2e(k-1)+e(k-2)] \tag{10.12}$$

式(10.12)即为增量式PID公式，可以发现增量式PID的输出本质是控制量的增量，具有更好的连续性，此外控制结果仅与前两个时刻的误差有关，误差累积较小，比较适用于执行机构带积分部件的对象。该算法下手动-自动控制模式切换时或者控制器意外故障时，对系统的影响相对较小。

某些控制场合，当输入信号突变时，PID控制的微分输出项的结果可能比较大，尤其是阶跃信号时，微分项急剧增加，易引起调节过程的振荡，导致系统的动态品质下降，这时常采用不完全微分型PID算法，即采用一个带惯性的微分环节来代替原微分环节来克服这一缺点，其对应频域表达式为

$$G(s)=K_{p}\left(1+\frac{1}{T_{i}s}+\frac{T_{d}s}{1+\alpha T_{d}s}\right) \tag{10.13}$$

其中，不完全微分系数 α 常取0.1，其对应的离散算法为

$$u(k)=K_{p}e(k)+\left[u(k-1)+\frac{K_{p}}{T_{i}}Te(k)\right]+u_{d}(k) \tag{10.14}$$

其中，$u_{d}(k)=\frac{\alpha T_{d}}{T+\alpha T_{d}}u_{d}(k-1)+\frac{K_{p}T_{d}}{T+\alpha T_{d}}[e(k)-e(k-1)]$

如何快速整定优化控制参数成为工程技术人员首要解决的问题，传统的PID控制参数整定和优化过程是离线的，只有在工程技术人员获得整定优化的控制参数后，系统才能启动控制过程。由于实际工业生过程中，许多被控对象的物理特性是未知的，这就导致每次被控过程物理特性改变后，工程技术人员都需要重新整定和优化控制参数。这种离线参数整定的方式耗费工程人员大量的时间和精力，十分烦琐和复杂，因此如何实现控制参数在线整定就十分重要。自整定控制器是在传统控制器的基础上发展而来的，它能够根据系统特性自动整定控制参数，适应新的工况。当前有关自整定算法的研究也已较多，包括继电器PID自整定、基于模糊算法的PID自整定、基于神经网络的PID自整定、基于目标函数寻优的自整定算法等，本设计主要采用非线性控制系统章节中介绍的经典继电自整定PID算法。

对于某个控制过程，如果可以辨识其模型及参数，那么针对该系统的控制器设计会非常简单易行。但许多系统的辨识往往需要设计复杂的实验过程，需要某些专业的测量仪器和复杂的计算过程，并且对于模型类型等具有较强的限制性，不易实现。因此，可以通过某些方法抛弃辨识过程中的大量冗余信息，仅仅提取其主要的特征值进行参数整定，例如基于被控过程输出响应特征值的参数整定过程，比较著名的闭环Z-N法(临界比例度法)即是如此。该方法是由齐格勒(Ziegler)和尼科尔斯(Nichlos)在1942年提出的，主要是将被控过程与一纯比例控制器接成闭环系统，将比例作用由小到大变化，直至系统出现不衰减的等幅振荡，此时记录临界振荡周期 T_{u} 和增益 K_{u}，则PID控制器参数可通过查Z-N表确定。由

于某些工业控制过程中较难获得等幅振荡并保持一段时间，为了避免系统出现增幅振荡的现象而损坏系统，Åström 等人在 1984 年提出了继电器整定法。该方法使用继电器的非线性环节代替 Z-N 法中的比例控制器，使闭环系统自动地稳定在等幅振荡的状态，其中振荡的幅值也可以通过继电器特性的特征值控制，最后可以利用临界比例度法获取控制参数。本设计所介绍的继电器 PID 自整定算法即是基于第 8 章非线性系统中的该原理，只是等幅振荡时的临界振荡周期 T_u 和增益 K_u 由控制器自行判别和读取。

Åström 通过对继电器非线性特性的相轨迹和描述函数的分析得到结论：带有非线性滞环继电器或基于理想继电器的时滞被控过程的系统稳态响应为稳定的等幅振荡。1940 年，达尼尔(Daniel P J)提出了描述函数的思想：当系统满足一定条件时，系统中非线性环节在正弦信号输入下的稳态输出可用一次谐波分量或基波近似，由此导出非线性环节的近似等效频率特性即描述函数。对于理想继电器来说，其特性描述函数为 $N(A)=4M/\pi A$，其中 M 为继电器幅值，A 为稳态输出时等幅振荡的幅值。

在非线性系统理论一章中我们已归纳出基于继电自整定 PID 参数算法的主要步骤：

(1) 自整定模式下，为获取稳定等幅振荡时的参数，需在第一个振荡周期过后测量，其中测量值包括稳定的振荡周期 T_u 和振幅 A。

(2) 由等幅振荡的振幅 A 和继电器描述函数，计算出等价临界振荡时对应的比例控制增益 K_u。理想继电器特性下，其描述函数 $N(A)=4M/\pi A$ 应等于等价临界振荡时对应的比例控制增益 K_u。

(3) 根据 Z-N 临界比例度 PID 参数整定表，如表 10.1 所示，计算对应的 PID 控制参数。

表 10.1 临界比例度 PID 参数整定表

控制器类型	K_p	T_i	T_d
P	$0.5K_u$	∞	0
PI	$0.45K_u$	$1/1.2T_u$	0
PID	$0.6K_u$	$0.5T_u$	$0.125T_u$

(4) 一般在两个周期后即可获得整定的控制参数，此时即可切换到自动控制模式进行正常的调节控制。

这里选取一组一阶时滞系统模型作为电阻炉被控过程的仿真参数，如表 10.2 所示。其继电自整定 PID 算法的仿真过程结果如图 10.2 所示。

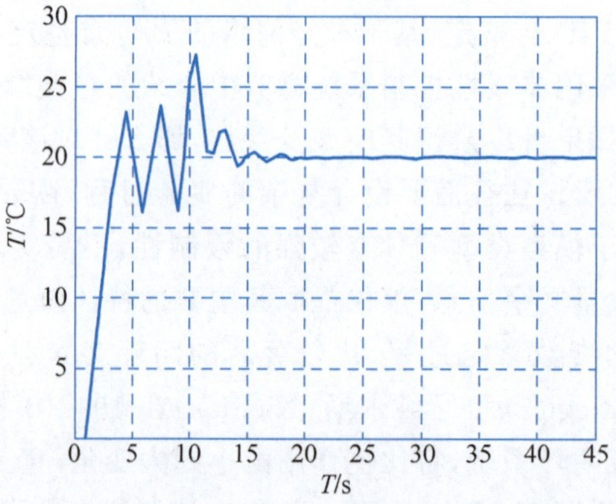

图 10.2 继电自整定 PID 控制仿真曲线图

表 10.2　电阻炉系统仿真参数

增益系数 K	时间常数 T	纯滞后时间 τ
1	4s	2s

10.2.2　温度控制系统硬件设计

1. 电阻炉的选择和设计

电阻炉是利用电流使炉内电热元件或加热介质发热，从而对工件或者物料加热的被控过程。本设计主要是以实现电阻炉的水温控制设计及实现，所用电阻炉是市场上购买的热水煲，经过简单改造后制成，实物如图 10.3 所示，相关参数如表 10.3 所示。

表 10.3　开水煲被控过程相关参数

名称	型号	容量	额定功率	额定电压
九阳开水煲	JYK-17C09	1.7L	1800W	220V～/50Hz

2. 控制器的选择及电路设计

目前工业生产过程中的控制器多采用计算机控制技术，所用数字计算机也多为可编程控制器(PLC)等控制器。本设计主要是针对实验室的小型简易电阻炉水温控制系统，因此控制器选择了常用的嵌入式单片机。目前常用的嵌入式单片机有多种，性能也各不相同，本设计选用的控制器为电子设计爱好者常用的飞思卡尔公司生产的 16 位控制器 MC9S12XS128，该控制器具有 16 位高速单片机，总线频率可以达到 80MHz 以上，内部集成了多种功能模块包括 PWM 模块、ADC 模块、PIT 模块、TIM 模块等。

图 10.3　改造后的简易水温控制电阻炉实物图

3. 温度传感器的选择及电路设计

温度传感器是将温度物理信号转换成电信号输出，常用的温度传感器分为多种，按照接触方式的不同可以分为接触式和非接触式温度传感器；按照传感材料的不同可以分为热电阻、热电偶、半导体及 IC 温度传感器(包括模拟输出和数字输出)。本设计则分别选用了热电阻、热电偶和半导体 IC 传感器，并分别设计对应的温度测量和信号调理电路。

1) Pt100 热电阻测温电路

热电阻测温是基于金属导体的电阻值随温度的增加而增加这一特性实现温度测量的。它的主要特点是测量精度高，性能稳定，其中铂热电阻的测量精度最高，不仅用于工业测温中，而且还常作为温度测量的基准仪。除了铂电阻外，常用的热电阻还有铜、镍、铁等。本设计采用的是 Pt100 铂热电阻，相关参数如表 10.4 所示。

表 10.4　热电阻 Pt100 相关参数

型号	类型	长度/cm	直径/mm	测温范围/℃	热响应时间/s
E52-P15A	导线直出型	15	3.2	－200～＋450	1

Pt100 铂热电阻根据线制不同分为二线制、三线制和四线制,其中二线制主要用于测量回路距离传感器较近的系统,如电路板上;三线制和四线制主要用于测量回路距离传感器较远的系统,可以避免因测量导线的电阻受温度变化而引起的测量误差。本设计选用的是三线制的 Pt100 热电阻。

Pt100 铂热电阻的阻值在 0℃时为 100Ω,随着温度上升其阻值的变化曲线为

$$-200℃ < t < 0℃,\quad R_t = R_0[1 + At + Bt^2 + C(t-100)t^3]$$

$$0℃ < t < +850℃,\quad R_t = R_0[1 + At + Bt^2] \tag{10.15}$$

其中,A、B、C 为实验室测定参数,标准的 DIN IEC751 系数为

$$A = 3.9083\text{E}-3,\quad B = -5.775\text{E}-7,\quad C = -4.183\text{E}-12$$

在系统测量精度确定的前提下,可以将该阻值曲线近似线性化为

$$R = R_0(1 + \alpha T) \tag{10.16}$$

其中,拟合系数 α 近似为 0.00392。借助该线性近似曲线,可以设计相应的温度测量电路。

常用的铂热电阻温度测量电路分为两种:桥式测温电路和恒流源式测温电路,如图 10.4 所示。其中桥式电路的原理主要是铂热电阻 R_t 与参考电阻 R_{ref} 不等时,电桥会产生一个微弱压差,将该压差放大即可用于铂热电阻周围温度的测量;恒流源式电路主要是借助恒流源电流 I 经铂热电阻 R_t 产生的压降,将该压降信号放大并测量即可间接测量温度。本设计采用的是桥式电路,电桥输出压差为

$$U_o = E\left(\frac{R_t}{R + R_t} - \frac{R_{ref}}{R + R_{ref}}\right) \tag{10.17}$$

这里为了消除引线产生的误差,将三线制的铂热电阻的第三根导线间接接地。

由于电桥输出的压差较小,常为毫伏级的微弱信号,因此需要后端的放大器进行信号放大。该放大器直接影响到测量结果,因此选择合适的放大器十分重要。仪表放大器源于运算放大器,但更优于运算放大器。其独特的结构使得它具有高共模抑制比、高输入阻抗、低噪声、低线性误差等优点。仪表放大器的基本原理如图 10.5 所示,它主要由两级差分放大器组成,其中 A_1、A_2 为同相差分输入,可以大幅度提高电路的输入阻抗,减小对微弱输入信号的衰减;A_3 为差分放大器,可将差分信号进行放大同时抑制共模信号。在 $R_1 = R_2$,$R_3 = R_4$,$R_f = R_5$ 的条件下,电路的增益为

$$G = \left(1 + 2\frac{R_1}{R_g}\right)\left(\frac{R_f}{R_3}\right) \tag{10.18}$$

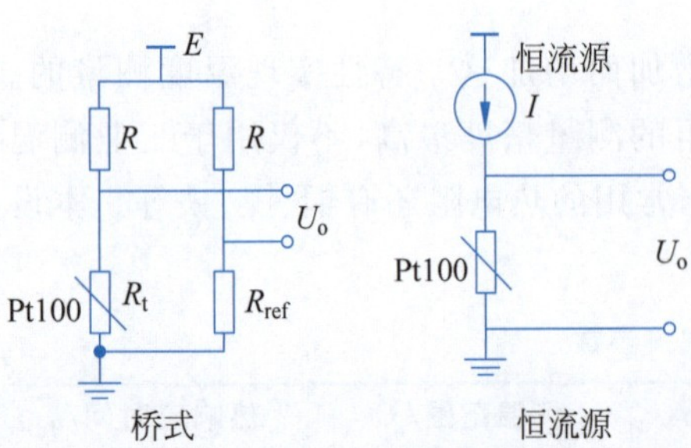

图 10.4　铂热电阻测温原理图

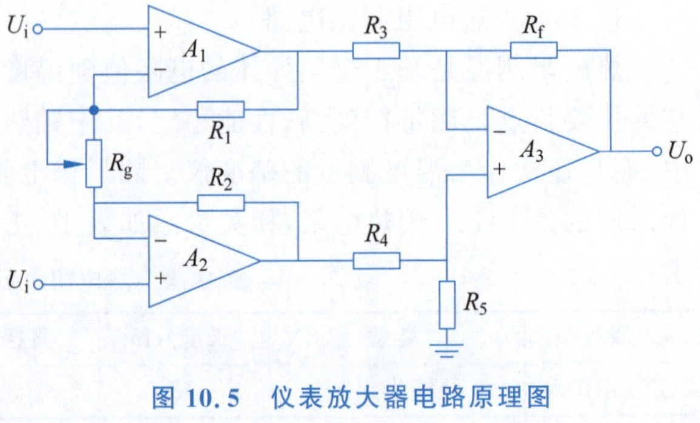

图 10.5　仪表放大器电路原理图

2）K 型热电偶测温电路

热电偶是测温原理不同于热电阻的另一种测温元件，它的实现主要依靠“赛贝克效应”。所谓“赛贝克效应”即两种不同成分的材料组成闭合回路时，当两端存在温度梯度时，回路中就会有电流通过，此两端间就会产生电动势即热电势。其中温度较低的一端为自由端，将其处于某种恒定的温度下，温度较高的一端为工作端，可用作温度测量。依据热电动势与温度的函数关系，制成热电偶分度表，即可准确测量外界温度值。相比于其他温度传感器，热电偶具有测量精度高，测量范围广（可达到－200～＋1300℃），热响应时间快，机械强度高，耐压性好，装配简单等优点。其使用缺陷在于热电偶分度表是以自由端为 0℃时测量为标准，因此实际用于温度测量时需要做冷端补偿。常用热电偶依据所用的热电极材料的不同分为 S、R、B、K、T 等多种类型，本设计所选用的为 K 型热电偶。根据热电偶的特性，其温度测量值表示为

$$E_{AB}(t,0℃)=E_{AB}(t,t_0)+E_{AB}(t_0,0℃) \tag{10.19}$$

其中，$E_{AB}(t,t_0)$为测量值，$E_{AB}(t,0℃)$为真实值，t_0 为冷端所处环境温度值。由该式可知，真实温度值是冷端在 t_0 时的测量值 $E_{AB}(t,t_0)$再加上从该热电偶分度表中查出的温度补偿值 $E_{AB}(t_0,0℃)$。常用的冷端补偿方法有电桥补偿、集成芯片补偿、软件补偿等。电桥补偿借助包含热电阻的电桥补偿冷端温度偏差，但是需要比较精密的电阻匹配；集成芯片补偿使用现有的专用芯片如 AD594/595、MAX6675、AC1226 等；软件补偿借助算法补偿冷端。本设计选用的集成芯片冷端补偿，所用芯片为 AD595，其内自带冰点补偿、激光校准和内部增益调整等性能，具体参数如表 10.5 所示。

表 10.5 集成芯片 AD595 相关性能参数

工作电压/V	功率/mW	额定环境温度/℃	输出精度/(mV/℃)
＋5～＋15	1	0～＋50	10

3）DS18B20 测温电路

DS18B20 是一种数字式温度传感器，其内部集成有温度传感器即高/低温度系数晶振、温度传感存储器、配置寄存器及光刻 ROM 等。其中高/低温度系数晶振可感应周围温度并产生不同振荡频率的脉冲信号，利用加减法的原理将其存储在温度传感存储器中，使用时可以依据通信设置直接读取存储器中的数字量。DS18B20 的相关性能参数和温度测量如表 10.6 和图 10.6 所示。

表 10.6 DS18B20 相关性能参数

工作电压/V	测温范围/℃	测温精度/℃	可选分辨率/b	最大转换时间/ms
＋3.0～＋5.5	－55～＋125	±0.5	9～12	750

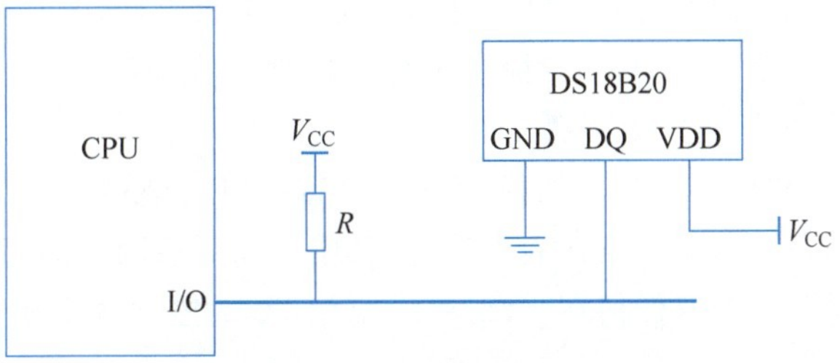

图 10.6 DS18B20 经典测温电路

4）固态继电器的选择

本温度控制系统采用PWM控制技术，根据控制器输出占空比控制电阻炉的工作电流，是一种典型的弱电控制强电的系统，因此本设计选择继电器作为控制执行机构，利用控制通过电阻炉的工频波的个数来控制工作电流，如图 10.7 所示。

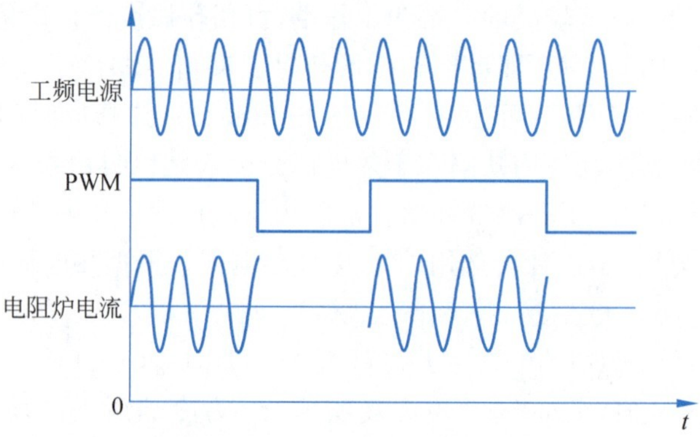

图 10.7 PWM 交流电控制示意图

传统的继电器主要是机械式电磁继电器，即利用输入线圈电路的电流产生电磁吸引力，从而使得衔铁与铁芯接触导通电路。由于传统电磁继电器在工作频率、使用寿命等性能上受限，因此本设计选择了固态继电器。固态继电器是由电子电路、分立电子器件、电力电子功率器件组成的无触点开关，使用隔离器实现控制端与负载端的隔离。本设计依据系统的需要，选择市场常用的 FOTEK(阳明)固态继电器，其具体性能参数如表 10.7 所示。

表 10.7 固态继电器 SSR-25DA 相关性能参数

型号	电压 IN/VDC	电流 IN/(mA/12V)	电压 OUT/VAC	电流 OUT/A	ON/OFF 电压/V	反应时间/ms
SSR-25DA	3～32	7.5	24～380	25	ON＞2.4，OFF＜1.0	ON/OFF＜10

本章设计的温度控制器原理布线和实物如图 10.8 和图 10.9 所示。

10.2.3 温度控制系统性能测试

为了验证各算法的控制效果，设计了恒定目标温度值的控制实验和目标温度值矩形变化控制实验。

1. 常规 PID 控制算法实现

该算法下人工整定控制参数为 $K_p=2$，$K_i=0.01$，$K_d=60$，目标温度按照矩形波变化控制，即目标温度在＋75℃和＋60℃之间切换，如图 10.10 所示，该温度曲线实验时间从右到左，每小格代表 1 分钟，控制效果较好地达到了预期性能指标，其中＋75℃控制下的稳态值保持在＋74.9℃～＋75.6℃，＋60℃控制下稳态值保持在＋59.9℃～＋60.2℃。

2. 继电自整定 PID 控制算法实现

目标温度在＋75℃和＋60℃之间切换，在＋75℃做 PID 自整定测试，如图 10.11 所示，该温度曲线实验时间从右到左，每小格代表 1 分钟，其中＋75℃控制下的稳态值保持在＋74.9～＋76.1℃，＋60℃控制下稳态值保持在＋59.9～＋60.6℃。控制效果较好地达到了预期性能指标。

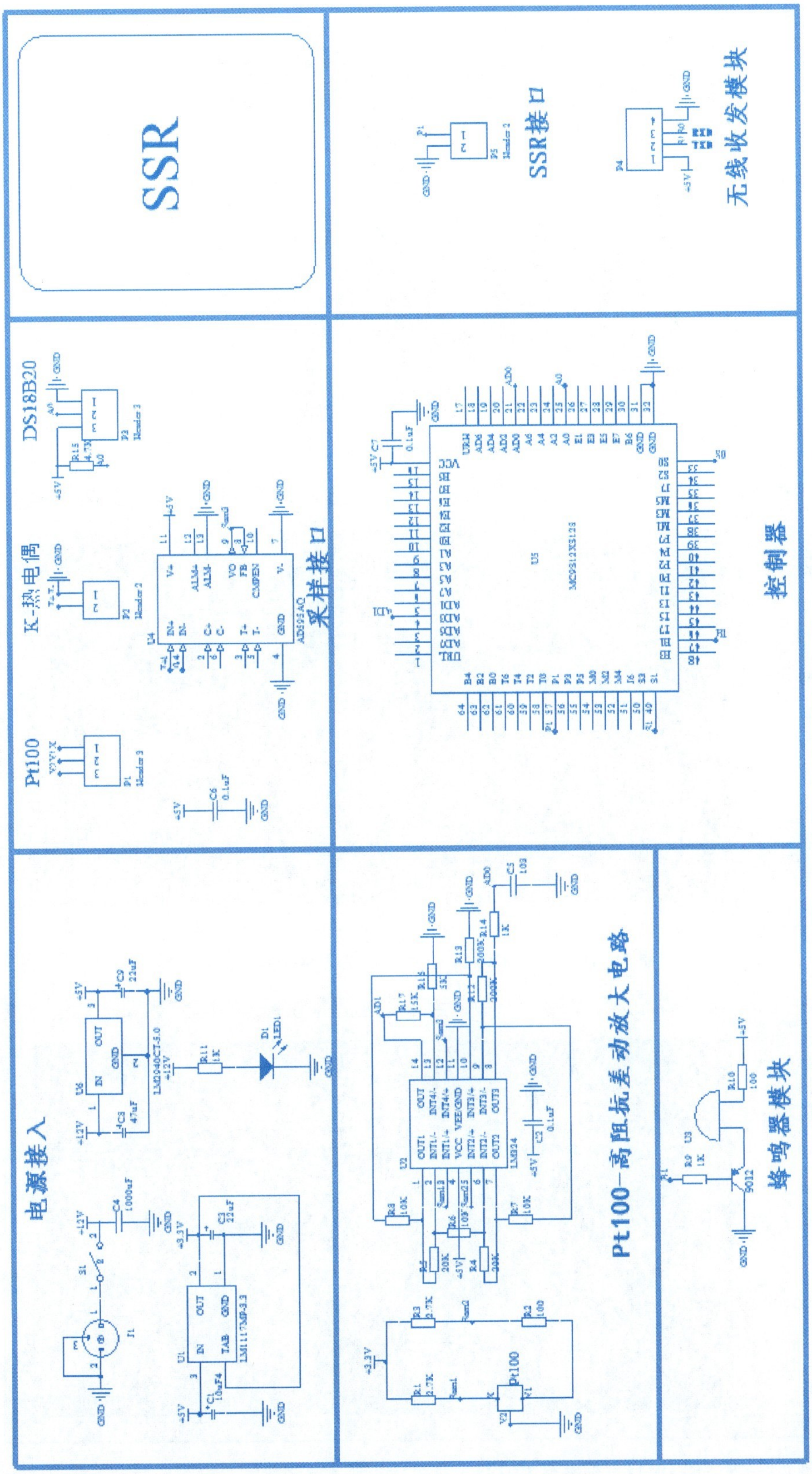

图 10.8　温度控制器布线图

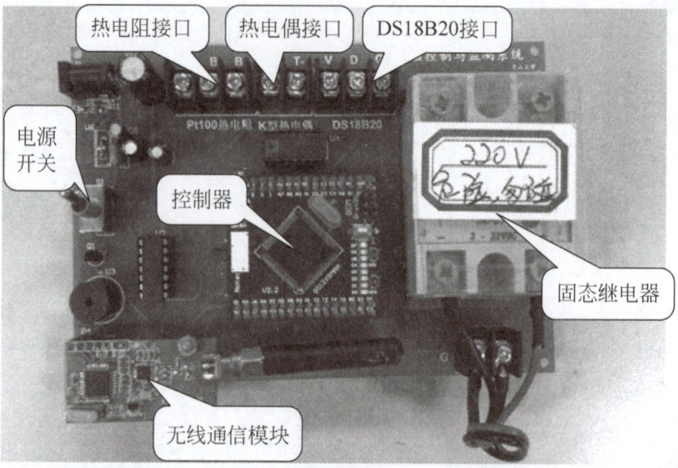

图 10.9 温度控制器实物图

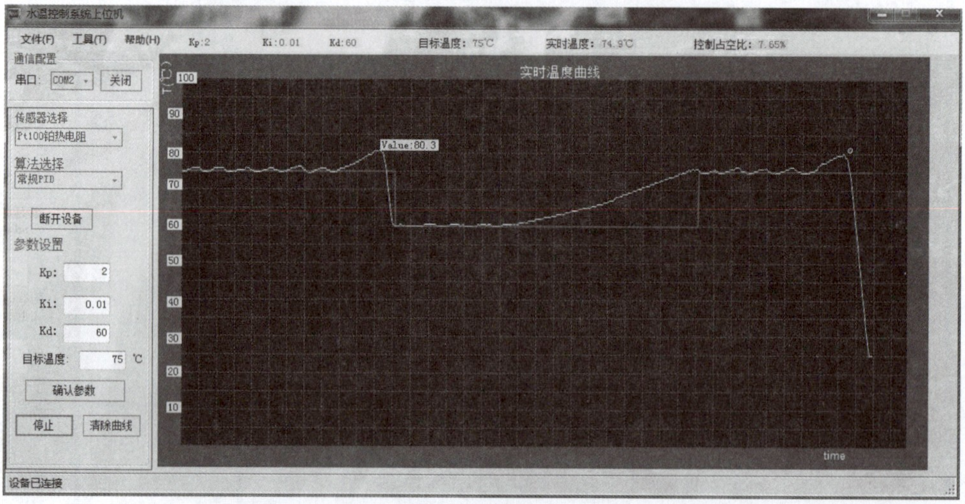

图 10.10 常规 PID 算法矩形波变化控制曲线图

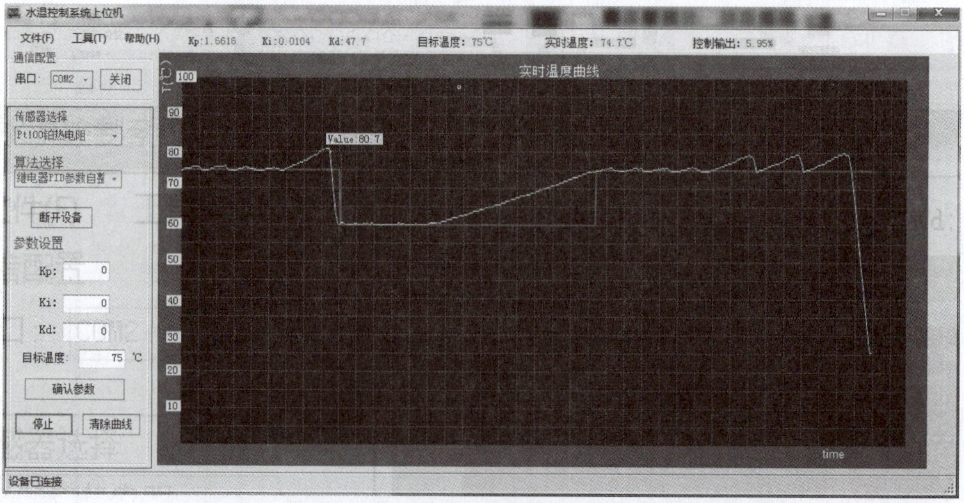

图 10.11 继电器 PID 自整定算法矩形波变化控制曲线图

该电阻炉由开水煲改造而成，较为简易和粗糙，其系统特性（包括惯性、滞后性等）并不是固定不变的。这主要体现在两方面：一是该电阻炉内所盛液体的多少会直接影响系统的特性，为了更好地检验和对比各控制算法的特性，本设计所有控制过程的水量均取 1L；二是在电阻炉非封闭的情况下，当温度较低时（约为 70℃以下），系统散热保持平稳，系统特性近似不变；当温度较高时，液体会挥发大量的蒸汽，大大加快了散热进程，此时系统的惯性和滞后性均有改变。观察以上某些算法的控制曲线可以发现，相同的控制参数下，＋75℃的控制效果相对＋60℃的控制效果差一些，这一方面跟高温下系统特性改变有关，另一方面也是对控制算法适应性的检验。

本设计的温度控制系统，测量精度为±0.1℃，误差带为±1%，超调量不超过 15%，完全达到了预期的控制目标。此外，本设计还设计了无线通信协议和人机交互界面，实现由计算机实时传输控制参数和实时监测系统状态的功能，简洁方便，完善后的系统可用作简易的自动控制理论实验平台，用于自动控制原理课程的研究与实践教学。

10.3　倒立摆控制系统设计与实现

倒立摆是多变量、不稳定、复杂的非线性系统，是进行控制理论研究的典型实验平台。许多抽象的控制理论概念如系统的稳定性、可控性、抗干扰能力等，均可以通过倒立摆系统表现出来，因此实际中经常采用倒立摆系统来考查复杂系统的性能。此外，倒立摆控制系统与火箭飞行器控制、机器人行走控制等系统有很大的相似之处，其对应的控制理论和控制方法在军工、航天、机器人领域等都有着非常广泛的用途。

倒立摆系统按照摆杆的数量不同，可分为一级倒立摆、二级倒立摆、三级倒立摆等，各摆杆之间为自由连接即无电机或其他驱动部件。无论一级还是多级的倒立摆，其基本的控制问题就是使摆杆在竖直方向上尽快达到平衡位置，并使之没有较大的振荡。当摆杆达到期望的平衡位置后，系统能够承受一定程度的随机扰动并实时保持在稳定的平衡位置。

长期以来，有关倒立摆系统的研究大多集中于理论分析和计算机仿真方面，可用的倒立摆控制系统的实验平台较少。目前市场上也存在着少部分供理论教学和研究使用的倒立摆控制系统实验装置，但这类实验装置价格昂贵、体积大而笨重，并且需要配套的专用软硬件设备。如世界著名学者 Åström K J 在北美的 Quanser 公司生产的倒立摆装置需要配套价格昂贵 NI 的 LabVIEW 虚拟仪器设备，深圳固高科技公司生产的倒立摆装置需要配套专用计算机和交流伺服电机控制箱等，因此它们的使用并不广泛。许多控制学者都希望可以设计出简洁方便的倒立摆装置，既可以利用倒立摆控制装置实现复杂控制理论算法的详细研究，又可以方便地验证理论模型与实际倒立摆实验平台的吻合情况。

本设计研究和实现的是一级倒立摆系统，主要工作流程如下：①建立倒立摆系统的数学模型。当前建模过程中使用最多的是普通的牛顿-欧拉法，该方法主要是依据系统中刚体质点的动力学方程获得各状态量的关系，然后化简获得系统的模型，过程相对复杂烦琐，此外还可以使用基于能量的拉格朗日（Lagrange）法，该方法以广义坐标表达系统的运动，建模过程相对简捷。②搭建倒立摆硬件系统。根据需要选择合适器部件，其中主要硬件结构包括车体、控制电机、摆杆、角度和位移测量编码器、控制器模块、无线通信模块等。③对倒立摆控制的相关理论和方法做计算机仿真对比和分析。针对倒立摆控制系统，常用的控制方法有经典PID控制、状态反馈的极点配置法、LQR最优控制理论、滑模控制、模糊神经网络自适应控制、鲁棒控制等，本设计主要对经典PID控制、状态反馈的极点配置法、LQR最优控制3种控制理论进行计算机仿真分析。④依据理论研究成果实现倒立摆控制。本设计主要采用状态反馈的极点配置法和LQR最优控制实现车载式倒立摆的稳定控制，此外还设计实现系统电量自检测功能、自动起摆控制功能、控制多模式设置功能、计算机控制参数无线传送功能和状态实时监测的功能等。最终实现的车载式倒立摆控制系统具有较好的稳定性和较强的抗干扰能力，系统简洁、成本较低，具有较好的应用前景。

10.3.1 倒立摆数学模型的建立

在忽略了空气阻力、各种摩擦之后，将倒立摆控制系统抽象成匀质摆杆、连杆和质量块组成的刚体系统如图10.12所示，相关系统物理变量说明见表10.8。

表10.8 倒立摆系统模型

小车质量	小车位移	控制输入	摆杆质量	摆杆长度	摆杆竖直方向角度
M	z	u	m	$L_0=2l$	θ

1. Newton-Euler方法建模过程

(1) 对摆杆运动过程建模。

如图10.13所示，设F为小车对摆杆的作用力，H、V分别为力F沿水平和竖直方向的分力。由摆杆的转动方向应用牛顿定理可得

$$Vl\sin\theta - Hl\cos\theta = J\ddot{\theta} \tag{10.20}$$

其中，J为摆杆转动惯量。

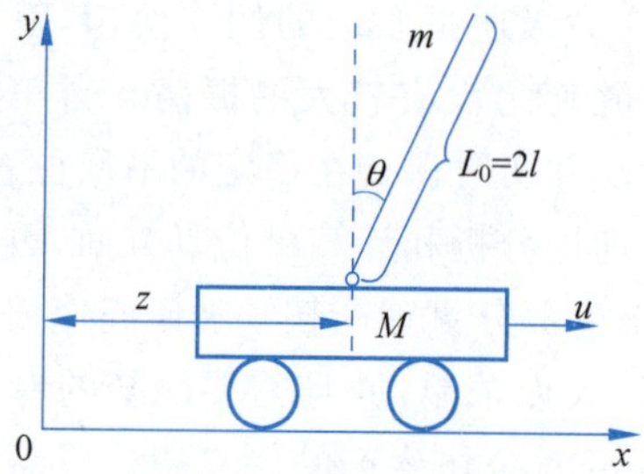

图10.12 车载式倒立摆系统简化图

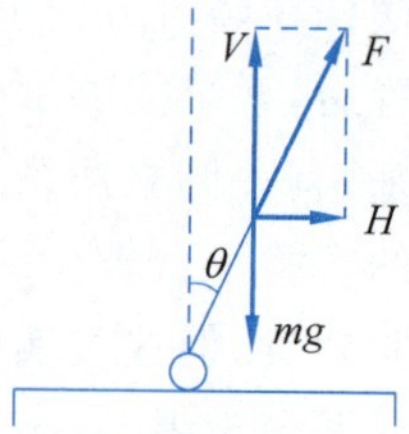

图10.13 摆杆受力分析图

由摆杆的竖直方向运动可得

$$V - mg = m\frac{\mathrm{d}^2(l\cos\theta)}{\mathrm{d}t^2} = ml(-\cos\theta\dot{\theta}^2 - \sin\theta\ddot{\theta}) \tag{10.21}$$

由摆杆的水平方向运动可得

$$H = m\frac{\mathrm{d}^2(z + l\sin\theta)}{\mathrm{d}t^2} = m\ddot{z} - ml\sin\theta\dot{\theta}^2 + ml\cos\theta\ddot{\theta} \tag{10.22}$$

(2) 对小车的运动过程建模。

如图10.14所示，F'为摆杆对小车的反作用力，与F大小相等方向相反；H'、V'分别为力F'沿水平方向和竖直方向的分力。因仅考虑小车的水平运动，故省略了小车所受重力mg和支持力N。

由小车的水平运动可得

$$u - H' - b\dot{z} = M\ddot{z} \tag{10.23}$$

其中，b 为小车与地面的摩擦系数，z 为小车的位移。力 H 与 H'、V 与 V' 互为作用力与反作用力，可将其看作系统内力，根据式(10.20)～式(10.23)可得

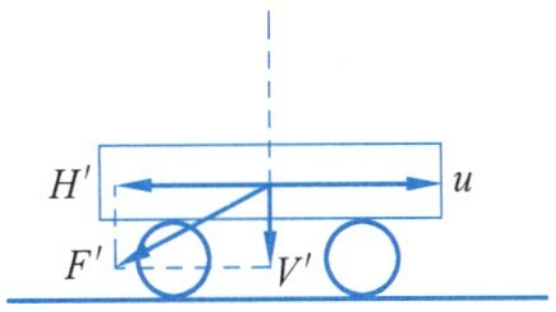

图 10.14　小车受力分析图

$$(J + ml^2)\ddot{\theta} + ml\cos\theta\ddot{z} = mgl\sin\theta \tag{10.24}$$

$$(M + m)\ddot{z} + ml\cos\theta\ddot{\theta} = -b\dot{z} + ml\sin\theta\dot{\theta}^2 + u \tag{10.25}$$

观察该方程组可知，该系统的描述方程中含有 $\sin\theta$、$\cos\theta$ 等项，故知该系统是非线性的。由于倒立摆系统在稳定状态时摆杆与竖直方向夹角 θ 趋近于零，根据泰勒级数展开式

$$\sin\theta = \theta - \frac{\theta^3}{3!} + \frac{\theta^5}{5!} - \cdots, \quad -\infty < \theta < \infty$$

$$\cos\theta = 1 - \frac{\theta^2}{2!} + \frac{\theta^4}{4!} + \cdots, \quad -\infty < \theta < \infty$$

可近似取 $\sin\theta \approx \theta$，$\cos\theta \approx 1$，忽略 θ 与 $\dot{\theta}$ 的二次项可得该非线性系统近似线性化模型

$$(J + ml^2)\ddot{\theta} + ml\ddot{z} = mgl\theta \tag{10.26}$$

$$(M + m)\ddot{z} + ml\ddot{\theta} = -b\dot{z} + u \tag{10.27}$$

取状态向量 $x = [z \quad \dot{z} \quad \theta \quad \dot{\theta}]^{\mathrm{T}}$，可得该倒立摆系统状态空间变量模型的一种实现形式

$$\dot{x} = \begin{bmatrix} \dot{z} \\ \ddot{z} \\ \dot{\theta} \\ \ddot{\theta} \end{bmatrix} = \begin{bmatrix} 0 & 1 & 0 & 0 \\ 0 & -\dfrac{(J + ml^2)b}{J(M+m) + Mml^2} & -\dfrac{m^2gl^2}{J(M+m) + Mml^2} & 0 \\ 0 & 0 & 0 & 1 \\ 0 & -\dfrac{mlb}{J(M+m) + Mml^2} & \dfrac{mgl(M+m)}{J(M+m) + Mml^2} & 0 \end{bmatrix} x + \begin{bmatrix} 0 \\ \dfrac{J + ml^2}{J(M+m) + Mml^2} \\ 0 \\ -\dfrac{ml}{J(M+m) + Mml^2} \end{bmatrix} u \tag{10.28}$$

$$y = \begin{bmatrix} z \\ \theta \end{bmatrix} = \begin{bmatrix} 1 & 0 & 0 & 0 \\ 0 & 0 & 1 & 0 \end{bmatrix} x \tag{10.29}$$

2. Lagrange 方法建模过程

根据力学广义坐标和理想约束等概念，结合达朗伯原理、虚位移原理等可有如下拉格朗日方程

$$L(\boldsymbol{q}, \dot{\boldsymbol{q}}) = T(\boldsymbol{q}, \dot{\boldsymbol{q}}) - V(\boldsymbol{q}, \dot{\boldsymbol{q}}) \tag{10.30}$$

其中，L 为拉格朗日算子，$\boldsymbol{q}$ 为系统的广义坐标向量，T 为系统的动能，V 为系统的势能。由

广义坐标向量 $\boldsymbol{q}$ 中的第 i 个广义坐标 $\boldsymbol{q}_i$ 和拉格朗日算子 L 表示的拉格朗日方程为

$$\frac{\mathrm{d}}{\mathrm{d}t}\left(\frac{\partial L}{\partial \dot{q}_i}\right)-\frac{\partial L}{\partial q_i}=f_i \tag{10.31}$$

其中,$i=1,2,\cdots,n$,f_i 为系统沿该广义坐标 q_i 方向上的外力。

该倒立摆系统可看作含两个质点(即小车质心和摆杆质心)的理想约束质点系,具有两个自由度,其对应的两个广义坐标分别为小车位移 z 和摆杆与竖直方向夹角 θ。这里假设 θ 的正负定义如图 10.12 所示,摆杆摆向车前方为正,具体推导步骤如下。

(1) 系统的总动能 T。

小车动能

$$T_{\mathrm{M}}=\frac{1}{2}M\dot{z}^2 \tag{10.32}$$

摆杆动能

$$T_{\mathrm{m}}=\frac{1}{2}m\left[\frac{\mathrm{d}}{\mathrm{d}t}(l\cos\theta)\right]^2+\frac{1}{2}m\left[\frac{\mathrm{d}}{\mathrm{d}t}(z+l\sin\theta)\right]^2+\frac{1}{2}J\dot{\theta}^2 \tag{10.33}$$

其中,转动惯量 $J=\frac{1}{3}ml^2$,则系统的总动能为

$$T=T_{\mathrm{M}}+T_{\mathrm{m}}=\frac{1}{2}M\dot{z}^2+\frac{1}{2}m\dot{z}^2+m\dot{z}l\cos\theta\dot{\theta}+\frac{2}{3}ml^2\dot{\theta}^2 \tag{10.34}$$

(2) 系统的总势能 V。

$$V=mgl\cos\theta \tag{10.35}$$

这里假设小车车体的上平面为系统的零势能面。

(3) 拉格朗日算子 L。

$$L=T-V=\frac{1}{2}M\dot{z}^2+\frac{1}{2}m\dot{z}+m\dot{z}l\cos\theta\dot{\theta}+\frac{2}{3}ml^2\dot{\theta}^2-mgl\cos\theta \tag{10.36}$$

由于广义坐标 θ 方向上无外力作用,即 $f_i=0$,则拉格朗日方程式(10.31)变为

$$\frac{\mathrm{d}}{\mathrm{d}t}\left(\frac{\partial L}{\partial \dot{q}_i}\right)-\frac{\partial L}{\partial q_i}=0 \tag{10.37}$$

将式(10.36)代入式(10.37),可得一级倒立摆系统的数学模型为

$$\ddot{z}\cos\theta+\frac{4}{3}l\ddot{\theta}-g\sin\theta=0 \tag{10.38}$$

显然,式(10.38)表达的倒立摆系统是非线性的。由于倒立摆系统在稳定控制状态时,摆杆与竖直方向的夹角 θ 趋近于零,依据泰勒展开式可近似取 $\sin\theta\approx\theta$,$\cos\theta\approx 1$,则可将该非线性系统线性化,这里取控制量为系统小车加速度,记为 $u=\ddot{z}$,此时可得线性化模型为

$$\ddot{z}=u \tag{10.39}$$

$$\ddot{\theta}=\frac{3g\theta}{4l}-\frac{3\ddot{z}}{4l} \tag{10.40}$$

取状态向量 $\boldsymbol{x}=[z\quad \dot{z}\quad \theta\quad \dot{\theta}]^{\mathrm{T}}$,则可得倒立摆系统状态空间变量模型的另外一种实现形式为

$$\dot{\boldsymbol{x}}=\begin{bmatrix}\dot{z}\\ \ddot{z}\\ \dot{\theta}\\ \ddot{\theta}\end{bmatrix}=\begin{bmatrix}0&1&0&0\\0&0&0&0\\0&0&0&1\\0&0&\dfrac{3g}{4l}&0\end{bmatrix}\boldsymbol{x}+\begin{bmatrix}0\\1\\0\\-\dfrac{3}{4l}\end{bmatrix}u \tag{10.41}$$

$$\boldsymbol{y}=\begin{bmatrix}z\\ \theta\end{bmatrix}=\begin{bmatrix}1&0&0&0\\0&0&1&0\end{bmatrix}\boldsymbol{x} \tag{10.42}$$

该系统的特征根为

$$\begin{bmatrix}0 & 0 & +\left(\dfrac{3g}{4l}\right)^{\frac{1}{2}} & -\left(\dfrac{3g}{4l}\right)^{\frac{1}{2}}\end{bmatrix}$$

其中，g、l 均为正值，则特征根中存在负值，即该倒立摆为不稳定系统。

经对比发现，Lagrange 方法下的倒立摆建模过程简单，形式简洁，具有较好的实用性。

10.3.2 倒立摆控制系统硬件设计

目前市场上存在多种专业车模，其中绝大多数为竞速车模，使用微小型直流电机，输出力矩较小，同时价格昂贵，不适宜作为倒立摆控制的车体平台。本设计采用自行设计和搭建的移动小车作为实现倒立摆控制的平台，其中所用器部件的选择遵循简单化、普遍化的原则。此外本设计自行设计和制作控制系统电路板，整个系统的实际效果完全达到预期的目标和要求。

1. 车体控制平台搭建

1）电机选择

常用小型电机包括步进电机、伺服电机、直流电机、直流减速电机等。步进电机是一种将电脉冲信号转换成角位移的机电执行元件，每发一个控制脉冲，电机转动一个角度，因此步进电机主要用于精确的步进运动，但其输出转矩和转速均受限。此外当控制信号变化过快时，步进电机会跟不上电信号的变化，继而产生堵转和失步现象。伺服电机是一种能根据周期性正向脉冲宽度输出一定转角的电机，通常用于角度经常变化而且可以保持角度的控制系统，但其旋转角度受限不满足小车行走的要求。普通直流电机输出转速较大，但是输出力矩较小，额定电流较大且受转速影响剧烈等。直流减速电机是在普通电机的基础上加上减速齿轮，输出力矩较大，工作电流较小，但是转速相对较慢。本设计所用为市场常见的直径 37mm 直流减速电机，其相关参数如表 10.9 所示。

表 10.9 直流减速电机的相关参数

额定电压/V	直径/mm	空载转速/(r/min)	额定转速/(r/min)	额定扭矩/(kg · cm)	额定电流/A
12	37	250	220	3.0	0.6

2）编码器选择

该系统中需要测量的状态量包括小车位移 z 和速度 v、摆杆的转动角度 θ 和角速度 ω，数字控制系统中速度 v 和角速度 ω 可由采样的位移 z 和角度 θ 近似计算获得。本设计选用光电增量式编码器测量位移量和角度量，进而近似计算获得速度量和角速度量，根据系统测量范围和测量精度的需求，选择不同的编码器如表 10.10 所示。

表 10.10　编码器性能参数表

型　　号	类型	工作电压/V	工作电流/mA	精度/(p/r)
欧姆龙 E6B2-CWZ6C	旋转型增量式	5～24	≤70	1000(三相)
欧姆龙 E6A2-CW3C	旋转型增量式	5～12	≤80	360(两相)

增量式编码器利用光电转换原理输出 A、B 两相方波,对输出的方波脉冲进行计数即可获得旋转角度;由于 A、B 两组脉冲相位差 90°,使用鉴相电路即可较方便地判断出旋转方向,如图 10.15 所示。

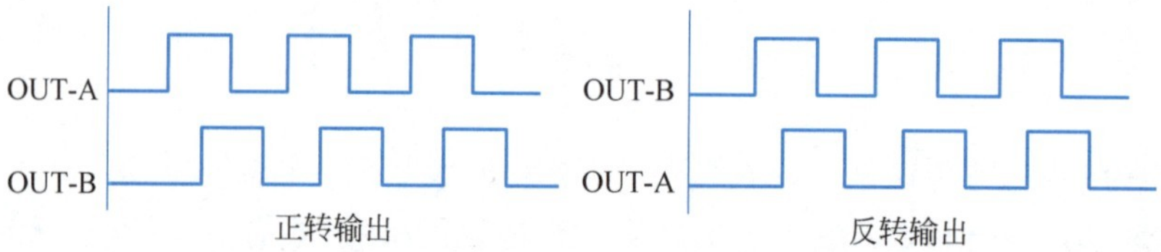

图 10.15　增量式编码器正、反转时 A、B 相波形图

3) 控制器选择

考虑到实际离散系统的控制周期较小,这就要求主控芯片具有一定的运算处理速度。飞思卡尔 MC9S12XS128 系列单片机为 16 位高速单片机,总线频率最高可达 80MHz 以上,内部集成多种功能模块如 TIM、ADC、PWM、PIT、SCI 等,完全满足系统在计算、测量和通信等方面的需求。

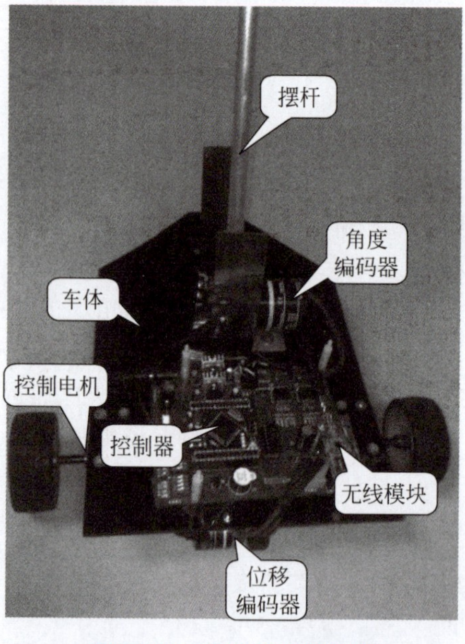

图 10.16　实物搭建效果图

4) 电池

控制系统中不同器部件的工作电压和工作电流各不同,例如电机的额定工作电压为 12V,工作电流为 0.6A;编码器的工作电压为 5～24V;控制器工作电压为 5V,工作电流为 300mA 等。综合考虑,本设计选用额定输出电压 12V,输出电流 3500mA 的锂电池作为系统工作电源。

5) 摆杆与弹片

摆杆选用比较常见的轻质空心铝杆,质量约为 0.1kg,长度约为 50cm;在摆杆两侧安装弹片,巧妙地借助弹片弹力实现自动零点捕捉和上摆。

其他的器部件如车体平台选用 5mm 厚有机玻璃板加工制作,电机和编码器的固定选择常用的五金角码和固件等。整个系统搭建后的实物图如图 10.16 所示。该倒立摆系统的相关物理参数实际测量值如表 10.11 所示。

表 10.11　车载式倒立摆系统相关参数值

物　理　量	测　量　值	物　理　量	测　量　值
小车质量 M/kg	1.53	摆杆长度 $L_0=2l$/m	0.50
摆杆质量 m/kg	0.10	重力加速度 g/(m/s^2)	9.80

2. 控制系统电路设计

倒立摆控制系统电路依据功能需求分别设计，主要包括电源模块、控制器模块、电机驱动模块、无线通信模块等。

1）电源模块

系统电路电源主要有+5V和+12V两种，其中+12V电源可由电池直接获得，+5V电源可由相关电源芯片获得。考虑到电源设计成本和质量要求，本设计选用线性稳压芯片LM2940获得+5V电源供给控制器、编码器及无线通信等模块。由于所用为线性稳压电源芯片，考虑稳压压差和工作电流带来的芯片发热影响，需要添加散热措施。此外，为了避免不同模块相互间的电源干扰，需要做好相关电源的分配隔离。LM2940性能参数如表10.12所示。

表10.12　LM2940性能参数表

型　号	输入电压/V	输出电压/V	输出电流	工作温度/℃
LM2940-CT5.0	6.25～26	4.85～5.15	5mA～1A	0～125

* 注：芯片内含静态电流降低电路、电流限制、过热保护、电池反接和反插入保护电路等。

2）编码器鉴相模块

由于电机、摆杆的转动都是双向的，因此需要对编码器的输出信号进行方向判断。其原理是将相位相差90°的脉冲输出端A、B分别接至D触发器的时钟端和触发端，利用相位相差的原理鉴别编码器的正转和反转。图10.17所示为D触发器的鉴相电路原理图，如果A通道输出波形超前B通道90°，D触发器输出端Q为高电平W_1，$\overline{Q}$端为低电平W_2；同理，当A通道输出波形滞后B通道90°时，Q端为低电平，$\overline{Q}$为高电平。

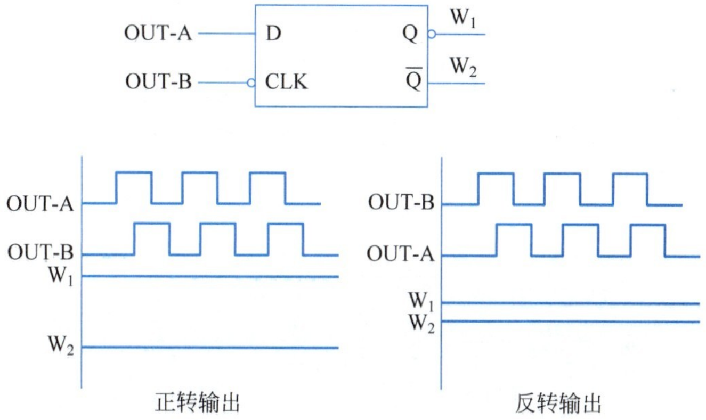

图10.17　D触发器编码器鉴相原理

3）计数器模块

由于控制内部只有一个累加计数器，而系统中需分别计数两个编码器的脉冲数，因此还需外加计数器芯片CD4520。其中CD4520为二进制加法计数器，由两个相同的内同步4位计数器组成，可将其级联成8位使用。

4）控制器模块

系统采用飞思卡尔公司生产的MC9S12XS128系列的16位高速单片机，为了保证稳定性和可靠性，可直接选用市场上大量销售的最小控制器核心板，省去自己搭建外围电路的时间和精力。

5）电机驱动模块选择

当前常用的电机驱动多由大功率开关管搭建桥式电路而成，具体可以使用 MOS 管等自设计搭建桥式电路也可以借助集成的全桥或半桥芯片。其中使用 MOS 管等自搭建的桥式驱动电路的功率相对更大，散热性较好，但需要做好外围电路的设计包括各桥臂开启和关闭时序，电路续流等方面；集成的全桥或半桥芯片内部已经做相关设计，工作性能相对更加稳定，但散热效果相对差些。根据系统选用直流电机的特性，本设计选用英飞凌公司的 BTS7970 芯片设计驱动电路，其相关性能参数如表 10.13 所示，电路如图 10.18 所示。

表 10.13　BTS7970 性能参数表

型号	类型	最大工作电压/V	最大控制电压/V	最大输出电流/A	通态阻抗/mΩ
BTS7970	Half Bridge	45	5.3	68	16

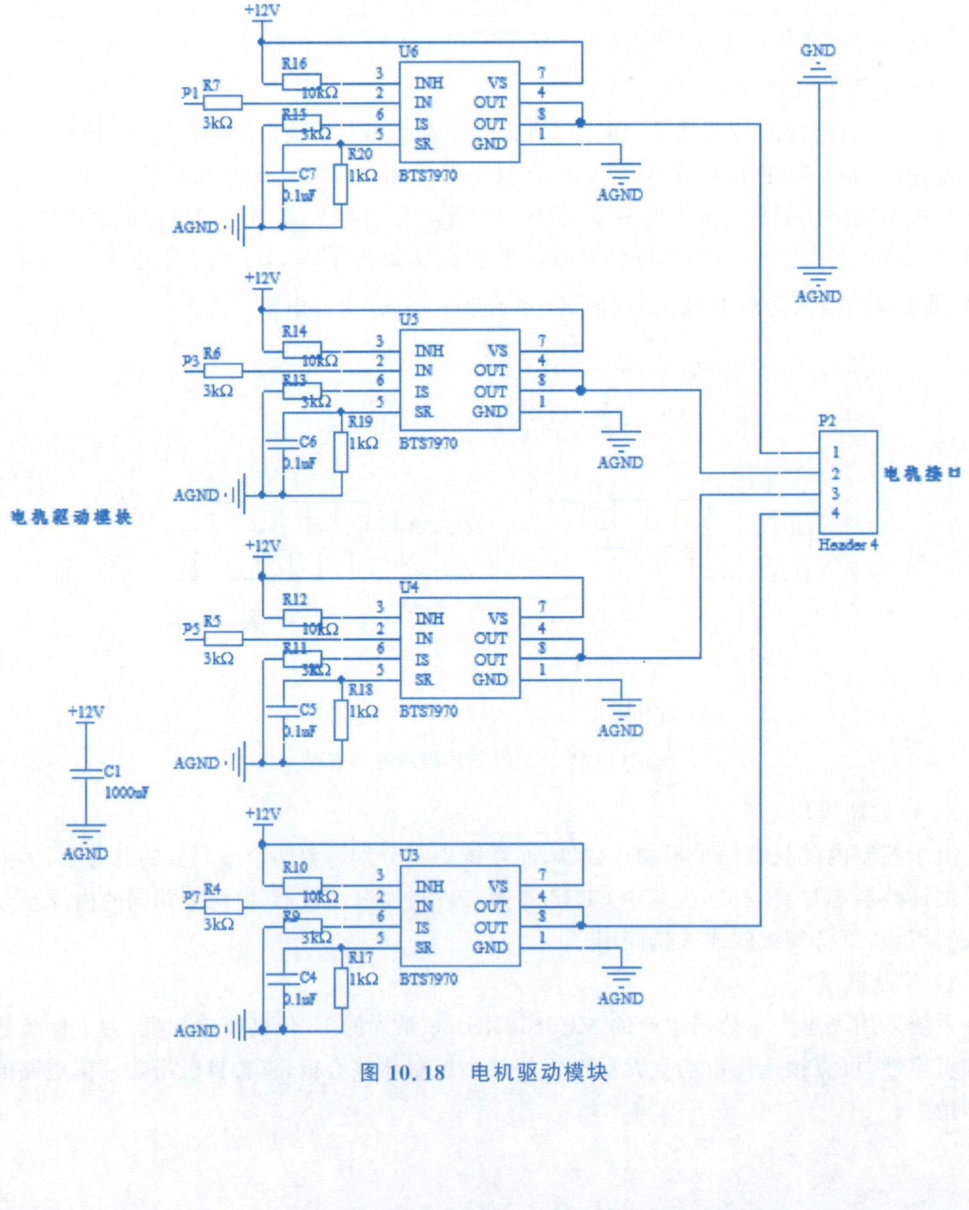

图 10.18　电机驱动模块

6）无线通信模块

为使系统更具实用性和便捷性，本设计设计了无线通信功能，可通过计算机无线传输控制参数和实时监控系统状态。

此外，本设计还设计了包括系统开启电量自检测，拨码选择离线和在线模式，界面选择手动和自动上摆模式，多 ID 号可选，控制效果自检测和自保护等功能。自行设计倒立摆控制系统电路实物如图 10.19 所示。

图 10.19　倒立摆控制系统电路实物图

10.3.3　倒立摆控制系统算法仿真

有关倒立摆控制系统算法的研究已经比较成熟，所用算法类型也是多种多样。本设计主要测试的算法包括经典控制理论的 PID 控制以及现代控制理论的状态反馈和 LQR 最优控制。此外针对控制理论在数字控制器中的实现过程中遇到的问题，本设计着重仿真研究了状态反馈控制和 LQR 最优控制中有关能控能观测性、离散化过程、控制参数的选择规律等实践运用环节。

1. 倒立摆系统常规控制算法仿真

PID 控制理论的使用对象仅限于单输入单输出的线性定常系统，因此需要首先获得倒立摆系统线性近似后的单输入单输出模型。由式(10.39)和式(10.40)可获得倒立摆系统的单输入单输出模型，其中控制输入为 u，输出为 θ

$$4l\ddot{\theta}-3g\theta=-3u \tag{10.43}$$

将表 10.11 中倒立摆系统相关物理量的实测值代入后可得

$$\ddot{\theta}-29.4\theta=-3u \tag{10.44}$$

其对应的开环传递函数为

$$G_o(s)=\frac{\theta(s)}{u(s)}=\frac{-3}{s^2-29.4} \tag{10.45}$$

显然，倒立摆被控过程本身是不稳定的。

1）比例控制 P

考查比例控制系统的性能，如图 10.20 所示。对应的闭环传递函数为

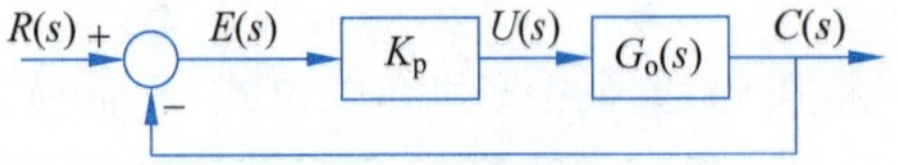

图 10.20 倒立摆比例控制

$$G(s)=\frac{-3K_{p}}{s^{2}-29.4-3K_{p}} \tag{10.46}$$

观察闭环传递函数的特征方程可以发现，无论比例系数 K_p 取何值，倒立摆控制系统是始终无法收敛到稳定状态的。当 $K_p<-9.8$ 时，系统呈现无阻尼振荡，其他情况下系统是发散的。图 10.21 为 K_p 取 −20 时比例控制系统的阶跃响应曲线。

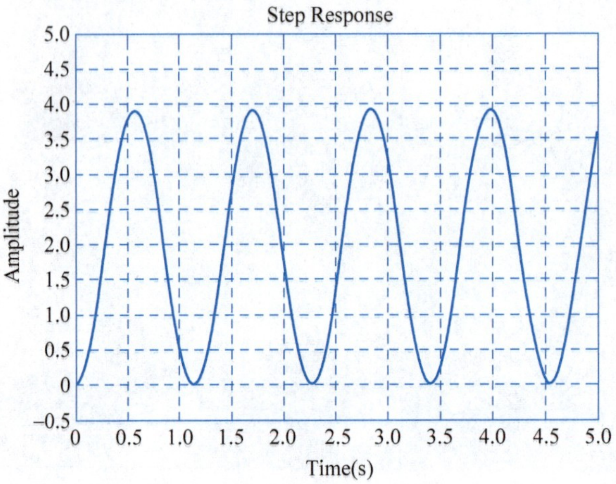

图 10.21 $K_p=-20$ 时比例控制阶跃响应曲线

2）比例微分控制 PD

从比例控制系统分析可知，单独的比例控制无法使系统收敛于稳定状态，再考虑使用比例微分控制。添加比例微分控制器的闭环系统如图 10.22 所示。

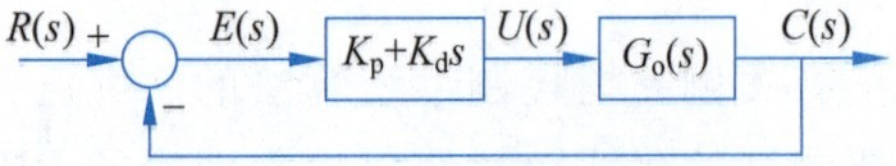

图 10.22 倒立摆比例微分控制系统

初步选择控制性能指标为超调量 $\sigma\%\leqslant 5\%$，调节时间 $t_s\leqslant 1\mathrm{s}$。根据欠阻尼典型二阶系统的特性可知

$$\sigma\%=\left(\mathrm{e}^{\frac{-\pi\zeta}{\sqrt{1-\zeta^{2}}}}\right)\times 100\%,\quad t_{s}\approx\frac{3\sim 4}{\zeta\omega_{n}}$$

取超调量 $\sigma\%=4.3\%$，调节时间 $t_s=1\mathrm{s}$，得自然振荡频率和阻尼系数分别为 $\omega_n=5.66$，$\zeta=0.707$，进而获得系统的期望极点为

$$s_{1,2}=-\zeta\omega_{n}+\omega_{n}\sqrt{\zeta^{2}-1}=-4.00\pm \mathrm{j}4.00$$

比例微分控制作用下，系统闭环传递函数的特征方程为

$$s^{2}-3K_{d}s-3K_{p}-29.4=0$$

根据一元二次方程根与系数的关系可分别求得

$$K_{p}=-20.47,\quad K_{d}=-2.67$$

此时比例微分控制作用下的倒立摆系统闭环传递函数为

$$G(s)=\frac{8s+61.41}{s^2+8s+32}$$

系统的稳态输出为 $G(0)=1.92$，因此还需添加比例系数 0.52，此时的闭环传递函数为

$$G(s)=\frac{4.16s+31.93}{s^2+8s+32}$$

此时系统的阶跃响应曲线如图 10.23 所示，图中调节时间和超调量均满足预期的目标要求。

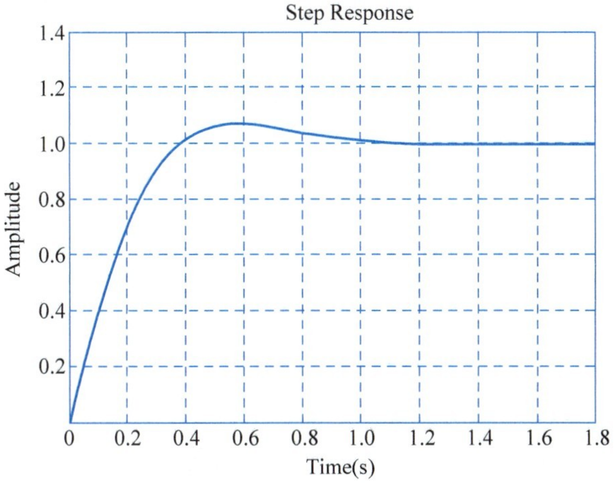

图 10.23 倒立摆比例微分控制阶跃响应曲线

由于倒立摆系统的特殊性，经典控制理论相对较难整定 PID 参数和实现稳定控制，以上过程仅是针对倒立摆系统连续时域下经典控制理论可行性的分析探讨，不具备实践意义。本设计实现的倒立摆控制也未使用该算法，因此不再做离散控制系统及相关规律的研究。

2. 倒立摆系统状态反馈极点配置设计仿真

对于控制系统来说，其最基本的形式是由被控过程和反馈控制规律所构成的反馈系统。在经典控制理论中，习惯于采用输出反馈；在现代控制理论中，通常采用状态反馈。图 10.24 所示为状态反馈方框图，其中受控系统为 $\Sigma_o(\boldsymbol{A},\boldsymbol{B},\boldsymbol{C})$，闭环反馈环节为状态向量的线性值 K。其中被控过程为

$$\dot{\boldsymbol{x}}=\boldsymbol{A}\boldsymbol{x}+\boldsymbol{B}\boldsymbol{u}$$
$$y=\boldsymbol{C}\dot{\boldsymbol{x}} \tag{10.47}$$

这里线性反馈控制律为

$$u=r-\boldsymbol{K}\boldsymbol{x} \tag{10.48}$$

因此通过状态反馈构成的闭环系统的状态方程和输出方程为

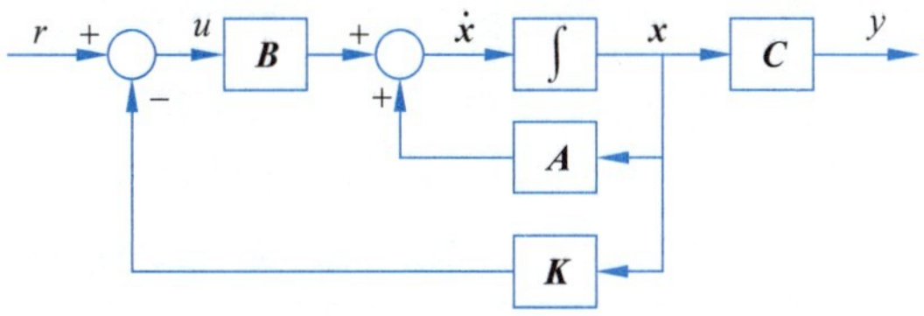

图 10.24 状态反馈方框图

$$\dot{\boldsymbol{x}}=(\boldsymbol{A}-\boldsymbol{B}\boldsymbol{K})\boldsymbol{x}+\boldsymbol{B}r$$
$$y=\boldsymbol{C}\boldsymbol{x} \tag{10.49}$$

可表示为 $\Sigma_k(\boldsymbol{A}-\boldsymbol{B}\boldsymbol{K},\boldsymbol{B},\boldsymbol{C})$，其传递函数矩阵为

$$\boldsymbol{W}_k(s)=\boldsymbol{C}(s\boldsymbol{I}-\boldsymbol{A}+\boldsymbol{B}\boldsymbol{K})^{-1}\boldsymbol{B} \tag{10.50}$$

通过经典控制理论的学习，我们知道闭环控制系统传递函数特征方程的根即极点能够

反映控制性能的优劣。因此在某些变量未确定的情况下,根据期望极点来反推获得未确定变量值的过程即是控制系统设计的过程。在经典控制理论中采用的根轨迹法和频率法都是如此。在现代控制理论中,此法称为极点配置法,即通过状态反馈矩阵 $\boldsymbol{K}$ 的选择,使闭环系统($\boldsymbol{A}-\boldsymbol{BK},\boldsymbol{B},\boldsymbol{C}$)的极点处于期望的位置。倒立摆系统状态反馈控制的极点配置,核心在于研究期望极点的位置是如何影响控制系统的品质,进而如何选择期望的极点。此外由于设计实现的倒立摆控制系统为数字控制系统,实现控制的前提是将连续的系统离散化,因此如何选择采样周期也是非常重要的。以下内容主要是针对连续系统离散化和极点配置两个核心内容展开的。

由式(10.41)和式(10.42)以及表 10.11 可得倒立摆连续系统的状态空间描述为

$$\dot{\boldsymbol{x}}=\begin{bmatrix}\dot{z}\\ \ddot{z}\\ \dot{\theta}\\ \ddot{\theta}\end{bmatrix}=\begin{bmatrix}0&1&0&0\\0&0&0&0\\0&0&0&1\\0&0&29.4&0\end{bmatrix}\boldsymbol{x}+\begin{bmatrix}0\\1\\0\\-3\end{bmatrix}u \tag{10.51}$$

$$\boldsymbol{y}=\begin{bmatrix}z\\ \theta\end{bmatrix}=\begin{bmatrix}1&0&0&0\\0&0&1&0\end{bmatrix}\boldsymbol{x} \tag{10.52}$$

对应系统的特征方程为 $|s\boldsymbol{I}-\boldsymbol{A}|=0$,计算可得特征根为

$$\mathrm{eig}(\boldsymbol{A})=[5.42\quad -5.42\quad 0\quad 0]^{\mathrm{T}}$$

显然该倒立摆被控过程本身是不稳定的。

根据能控性和能观测性的定义,可分别求连续系统下的能控性矩阵 $\boldsymbol{Q}_{\mathrm{c}}$ 和能观测性矩阵 $\boldsymbol{Q}_{\mathrm{o}}$。

$$\boldsymbol{Q}_{\mathrm{c}}=[\boldsymbol{B}\quad \boldsymbol{AB}\quad \boldsymbol{A}^2\boldsymbol{B}\quad \boldsymbol{A}^3\boldsymbol{B}],\quad \boldsymbol{Q}_{\mathrm{o}}=[\boldsymbol{C}^{\mathrm{T}}\quad \boldsymbol{A}^{\mathrm{T}}\boldsymbol{C}^{\mathrm{T}}\quad (\boldsymbol{A}^{\mathrm{T}})^2\boldsymbol{C}^{\mathrm{T}}\quad (\boldsymbol{A}^{\mathrm{T}})^3\boldsymbol{C}^{\mathrm{T}}] \tag{10.53}$$

其秩分别为 $\mathrm{rank}(\boldsymbol{Q}_{\mathrm{c}})=4$,$\mathrm{rank}(\boldsymbol{Q}_{\mathrm{o}})=4$,两矩阵均满秩。说明该系统是完全能控和完全能观测的。

由于所设计和实现的倒立摆控制系统是基于数字控制完成的,因此需要将倒立摆的连续系统离散化。其中采样周期的选取至关重要,一方面考虑到硬件系统的实现成本和某些传感器的测量精度,采样周期不可能取到接近无限小;另一方面采样周期选取过大时,可能会改变系统原有的某些特性,如完全能控性和完全能观测性。表 10.14 为分别选取采样周期为 100ms、500ms、2s、4s 情况下的能控性矩阵和能观性测矩阵的秩。

表 10.14 不同采样周期下的能控性和能观测性对比

采样周期	100ms	500ms	2s	4s
$\mathrm{rank}(\boldsymbol{Q}_{\mathrm{c}})$	4	4	1	1
$\mathrm{rank}(\boldsymbol{Q}_{\mathrm{o}})$	4	4	4	1

采样周期的选取除了会影响系统的能控性和能观测性,对控制系统的稳定性、可靠性等也有较大的影响。为了研究采样周期对于倒立摆控制品质的影响,在极点等效的前提下,这里分别以连续系统、20ms 离散系统、100ms 离散系统和 300ms 离散系统为例进行研究。

连续系统极点选取的意义与经典控制理论类似，一般选择在距离实轴不远的左半平面内，如

$$pole=[-5.8243-\mathrm{j}0.4890\quad -5.8243+\mathrm{j}0.4890\quad -3.8474-\mathrm{j}2.2504\quad -3.8474+\mathrm{j}2.2504]^{\mathrm{T}}$$

由于连续系统的极点选取是在 s 平面内，而离散系统的极点选取是在 z 平面内，根据 s 平面与 z 平面的映射关系 $z=\mathrm{e}^{Ts}$（T 为采样周期），可获得不同采样周期下的等效极点如下：

$T=20\mathrm{ms}$ 时，对应 z 平面内的等效极点为

$$pole=[0.8900+\mathrm{j}0.0087\quad 0.8900-\mathrm{j}0.0087\quad 0.9250+\mathrm{j}0.0417\quad 0.9250-\mathrm{j}0.0417]^{\mathrm{T}}$$

$T=100\mathrm{ms}$ 时，对应 z 平面内的等效极点为

$$pole=[0.5579+\mathrm{j}0.0273\quad 0.5579-\mathrm{j}0.0273\quad 0.6635+\mathrm{j}0.1519\quad 0.6635-\mathrm{j}0.1519]^{\mathrm{T}}$$

$T=300\mathrm{ms}$ 时，对应 z 平面内的等效极点为

$$pole=[0.1724+\mathrm{j}0.0255\quad 0.1724-\mathrm{j}0.0255\quad 0.2461+\mathrm{j}0.1971\quad 0.2461-\mathrm{j}0.1971]^{\mathrm{T}}$$

前文所述，状态反馈即取状态向量的线性值 $u=r-\boldsymbol{Kx}$ 构成闭环系统，为了仿真简单起见，这里参考输入 r 取为零，则反馈向量为 $-\boldsymbol{Kx}$，通过以上各选定的极点即可确定线性反馈矩阵 $\boldsymbol{K}$。在选取等效极点的前提下，本设计借助 MATLAB 中的 place 指令计算获得各采样周期下的反馈矩阵 $\boldsymbol{K}$，如表 10.15 所示。假设系统初始为非平衡状态，取 $x_0=[0.5\quad 0\quad 0.5\quad 0]^{\mathrm{T}}$，则图 10.25～图 10.28 为对应控制系统各状态量的响应曲线。

表 10.15　等效极点不同采样周期的反馈矩阵

	反馈矩阵 $\boldsymbol{K}$
连续系统	$[-23.08\quad -16.81\quad -65.38\quad -12.05]$
$T=20\mathrm{ms}$ 离散系统	$[-19.04\quad -14.07\quad -57.09\quad -10.52]$
$T=100\mathrm{ms}$ 离散系统	$[-8.88\quad -7.05\quad -35.51\quad -6.54]$
$T=300\mathrm{ms}$ 离散系统	$[-1.41\quad -1.44\quad -16.64\quad -3.0694]$

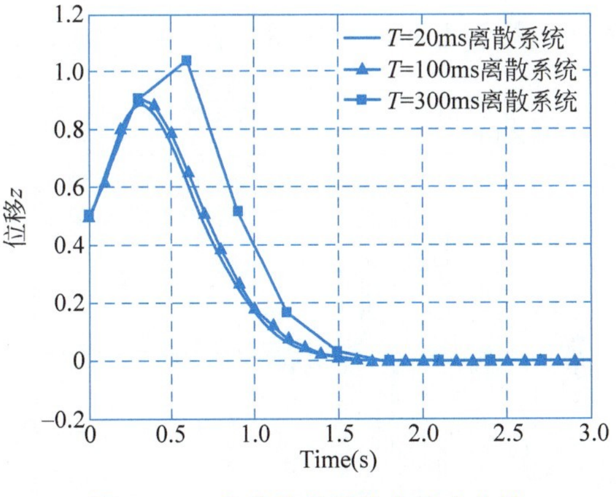

图 10.25　小车位移量状态响应曲线

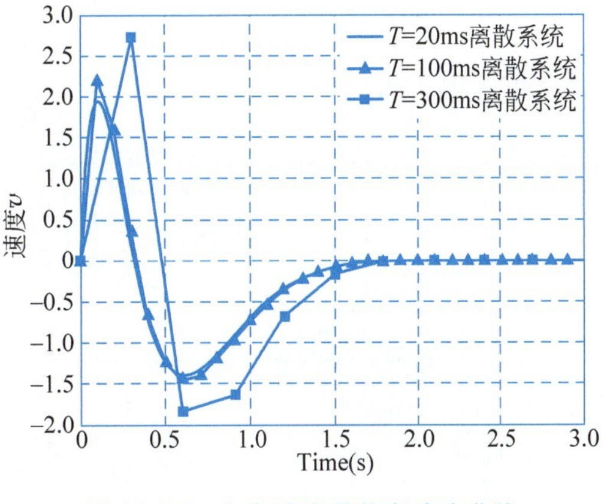

图 10.26　小车速度量状态响应曲线

由表 10.15 及图 10.25～图 10.28 可以发现，取等效极点配置，在保证系统能控性和能观测性不变的前提下，采样周期取值越大，反馈矩阵 $\boldsymbol{K}$ 中各值越小，倒立摆系统的各状态量超调越大。在传感器、执行器件响应速度一定的条件下，较大的超调量会严重影响系统的稳

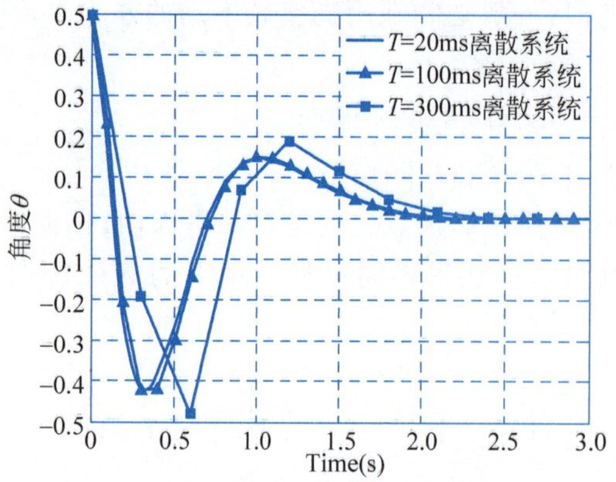

图 10.27 摆角位移量状态响应曲线

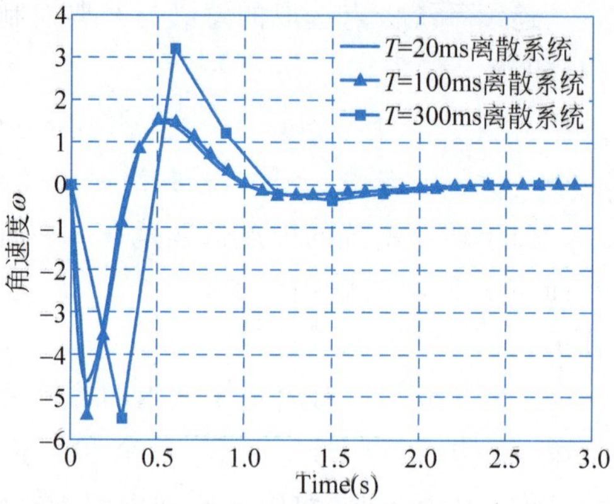

图 10.28 摆角速度量状态响应曲线

定性。综上各点可知,在选取采样周期和控制周期时,首先需要确保采样周期不会改变系统的能观测性和能控性,即不可取值过大;其次考虑到控制器的运算速度,传感器的响应时间和测量精度以及执行器件的响应速度等,采样周期不可取值过小;最后在合适的范围内,考虑到系统的控制品质需求和硬件成本条件下,选取尽量小的采样周期。考虑传感器、控制器以及无线通信等模块的时间需求,本设计选择 20ms 的采样周期实现倒立摆控制。

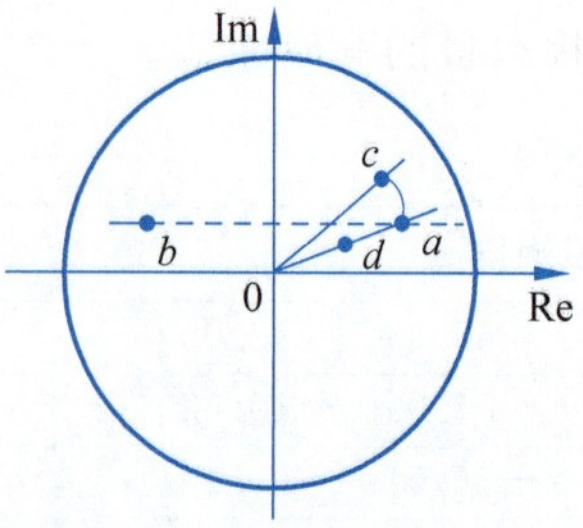

图 10.29 z 平面单位圆内极点位置

上文中等效极点的确定是将 s 平面内的极点映射到 z 平面内,由于倒立摆控制实现使用数字控制系统,因此真正使用的极点配置是 z 平面内的。由于 z 平面与 s 平面有本质的区别,因此 s 平面内极点选取的规则和特性将不再适用于此。首先只有闭环传递函数的极点位于 z 平面的单位圆内部时,系统才是稳定的,图 10.29 为单位圆内的 4 组期望极点位置图(由于极点一般以共轭复数形式出现,因此仅标示实轴上半圆部分),图 10.30～图 10.35 为取不同位置的极点下的角度输出量 θ 和状态输入量 u 的动态曲线对比图。表 10.16 为 z 平面单位圆内各极点值。

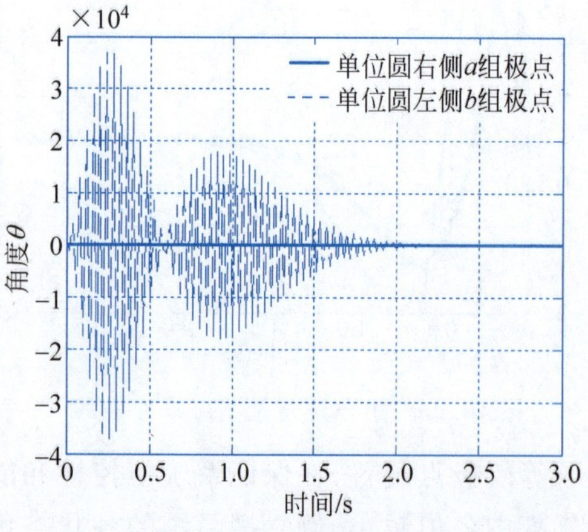

图 10.30 a、b 组极点角度输出 θ 曲线

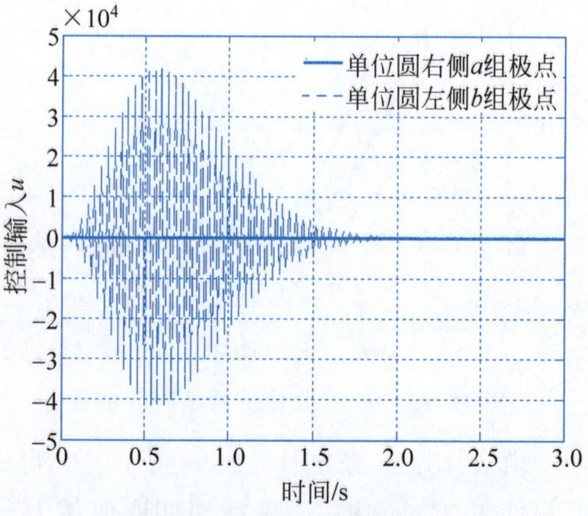

图 10.31 a、b 组极点控制输入 u 曲线

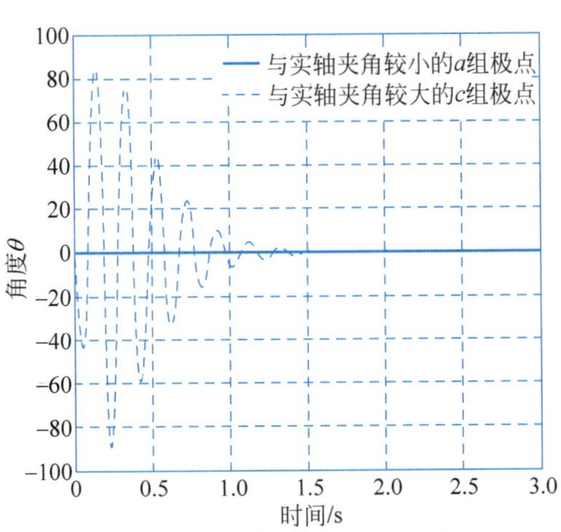

图 10.32 a、c 组极点角度输出 θ 曲线

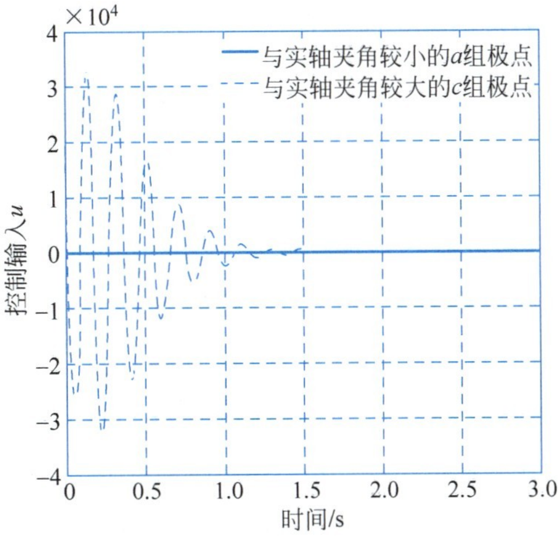

图 10.33 a、c 组极点控制输入 u 曲线

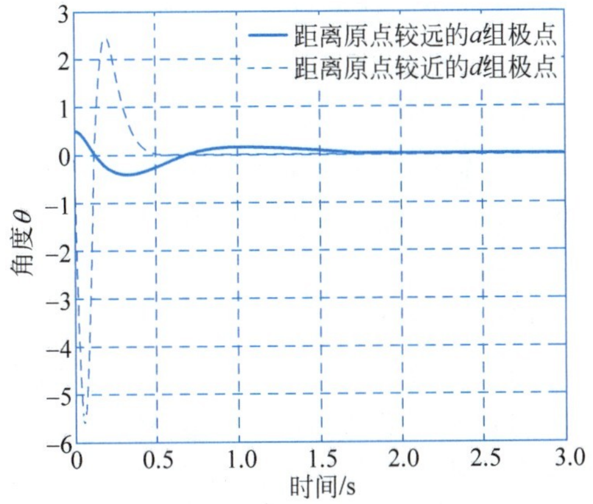

图 10.34 a、d 组极点角度输出 θ 曲线

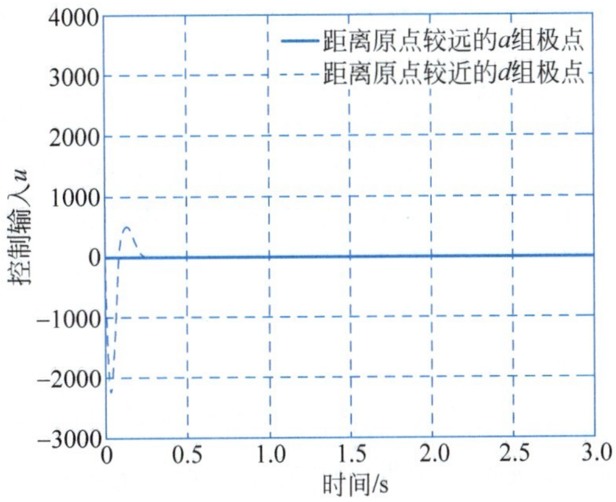

图 10.35 a、d 组极点控制输入 u 曲线

表 10.16 z 平面单位圆内各极点值

a	$[0.8900+j0.0087 \quad 0.8900-j0.0087 \quad 0.9250+j0.0417 \quad 0.9250-j0.0417]^T$
b	$[-0.8900+j0.0087 \quad -0.8900-j0.0087 \quad -0.9250+j0.0417 \quad -0.9250-j0.0417]^T$
c	$[0.6900+j0.5622 \quad 0.6900-j0.5622 \quad 0.7537+j0.5379 \quad 0.7537-j0.5379]^T$
d	$\frac{2}{3}[0.8900+j0.0087 \quad 0.8900-j0.0087 \quad 0.9250+j0.0417 \quad 0.9250-j0.0417]^T$

(1) 极点 a、b 关于竖轴对称，其对应的角度输出量和控制输入量的曲线如图 10.30 和图 10.31 所示。

(2) 极点 a、c 与横轴夹角不同，c 极点与横轴夹角较大，其对应的角度输出量和控制输入量的曲线如图 10.32 和图 10.33 所示。

(3) 极点 a、d 与原点距离不同，a 极点距原点更远些，其对应的角度输出量和控制输入量的曲线如图 10.34 和图 10.35 所示。

从仿真过程可以发现：当所选极点在单位圆内左半部分时，系统将产生高频大幅值的振荡过程；当所选极点在单位圆内右半部分且与实轴夹角过大时，系统也易产生振荡过程；当所选极点在单位圆内右半部分且距离原点较远时，系统的响应速度相对较慢但超调量较小。综上各分析可知,极点选取应尽量遵循以下原则:应兼顾控制指标要求和硬件设备性能,所选极点在单位圆内右半部分,与实轴夹角适中,过大易引起振荡,过小响应较慢;与原点距离适中,过大系统响应较慢,过小系统超调量较大。

3. 倒立摆系统 LQR 最优控制研究

LQR 最优控制是一种基于参数优化的控制,从运筹学的角度在满足一定约束的前提下,使得某个目标函数达到最优化。LQR 最优控制本质上也是一种状态反馈控制,只是反馈矩阵 $\boldsymbol{K}$ 的确定与极点配置方法不同。

实际控制过程中,不仅需要考虑到系统过渡过程的最优化问题,还需要考虑到系统趋于稳定状态时的渐近行为,因此选择时间无限的线性二次型最优调节器性能指标函数为

$$J=\frac{1}{2}\int_{t_0}^{\infty}[\boldsymbol{x}^{\mathrm{T}}(t)\boldsymbol{Q}\boldsymbol{x}(t)+\boldsymbol{u}^{\mathrm{T}}(t)\boldsymbol{R}\boldsymbol{u}(t)]\,\mathrm{d}t \tag{10.54}$$

其中积分的第一项反映系统的误差要求,相当于系统的响应时间和阻尼要求,积分值越小则系统的相关控制性能越好;第二项反映系统的能量损耗引入问题,如果过于强调控制性能指标,会导致系统的能量损耗过大,实际的硬件系统无法实现。所谓最优控制即根据系统的误差要求和能量损耗寻找合适的系数权矩阵 $\boldsymbol{Q}$、$\boldsymbol{R}$ 使得目标调节函数 J 的值最小,其中 $\boldsymbol{R}$ 一般取正定是对称矩阵,$\boldsymbol{Q}$ 为正定或半正定实对称矩阵。

如何求解反馈系数矩阵 $\boldsymbol{K}$ 是实现最优控制的核心,本设计不做详细介绍,可查阅状态变量系统章节内容。添加闭环作用的最优控制其控制输入为

$$u^*(t)=-\boldsymbol{K}^*(t)\boldsymbol{x}^*(t) \tag{10.55}$$

其中,$\boldsymbol{K}^*(t)=\boldsymbol{R}^{-1}(t)\boldsymbol{B}^{\mathrm{T}}(t)\boldsymbol{P}(t)$,$\boldsymbol{P}(t)$为 Riccati 微分方程的解。

由于前文已经对连续系统离散化的过程做了详细的探讨,因此以下主要针对 LQR 最优控制下的加权系数矩阵 $\boldsymbol{Q}$、$\boldsymbol{R}$ 的选取作研究。为了对比研究不同加权矩阵 $\boldsymbol{Q}$、$\boldsymbol{R}$ 对控制品质的影响以及选取的规律,本设计特意选取设置四组参数并通过 MATLAB 中的 dlqr 指令进行仿真(采样周期为 20ms),如表 10.17 所示。

表 10.17 加权矩阵 $\boldsymbol{Q}$、$\boldsymbol{R}$ 对比

组别	Ⅰ	Ⅱ	Ⅲ	Ⅳ
$\boldsymbol{Q}$	$\begin{bmatrix}100&0&0&0\\0&0&0&0\\0&0&0&0\\0&0&0&0\end{bmatrix}$	$\begin{bmatrix}100&0&0&0\\0&0&0&0\\0&0&100&0\\0&0&0&0\end{bmatrix}$	$\begin{bmatrix}100&0&0&0\\0&0&0&0\\0&0&100&0\\0&0&0&0\end{bmatrix}$	$\begin{bmatrix}500&0&0&0\\0&0&0&0\\0&0&500&0\\0&0&0&0\end{bmatrix}$
$\boldsymbol{R}$	1	1	5	1
$\boldsymbol{K}$	[−8.58 −7.09 −38.49 −7.10]	[−8.54 −7.33 −40.61 −7.33]	[−3.89 −4.13 −31.30 −5.73]	[−18.50 −13.61 −58.82 −10.30]

观察图 10.36～图 10.40 不同加权矩阵下的系统状态量和输入变化曲线图,可以发现加权矩阵 $\boldsymbol{Q}$、$\boldsymbol{R}$ 有如下特性:矩阵 $\boldsymbol{R}$ 保持不变同时线性增大矩阵 $\boldsymbol{Q}$,则获得的反馈增益 $\boldsymbol{K}$ 增大,此时系统的响应速度明显加快,各状态量的调节时间和超调量均较小,但是控制输入 u 的超调量会增大,对硬件执行部件的要求较高;保持矩阵 $\boldsymbol{Q}$ 不变同时线性增大矩阵 $\boldsymbol{R}$,则获得的系统反馈增益 $\boldsymbol{K}$ 减小,系统的调节时间变长,各状态量调整过程的超调量变大,但控制输入 u 的超调量会减小。经过以上对比可以发现:加权矩阵 $\boldsymbol{Q}$ 的选取决定了整个系统的

控制性能的好坏，加权矩阵 $\boldsymbol{R}$ 的选取决定了系统的能耗引入即系统的执行部件性能，这与最优控制性能指标函数的定义是一致的。因此，在选择加权矩阵 $\boldsymbol{Q}$、$\boldsymbol{R}$ 时，需要同时考虑到控制性能指标和系统硬件的承受能力。此外，也可以单独改变加权矩阵 $\boldsymbol{Q}$ 中的某个元素的值，这样可能会对某些状态量的性能指标有显著的效果。实际系统控制实现时，需要借助以上的规则结合实际的控制效果来不断地调整加权矩阵 $\boldsymbol{Q}$、$\boldsymbol{R}$，直至获得较好的控制效果。

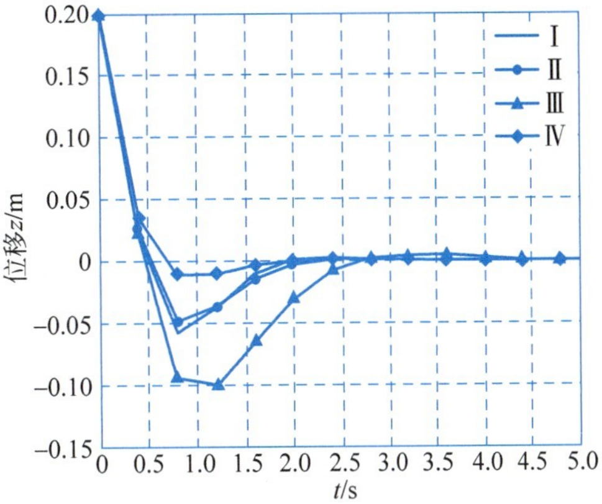

图 10.36　小车位移 z 响应曲线

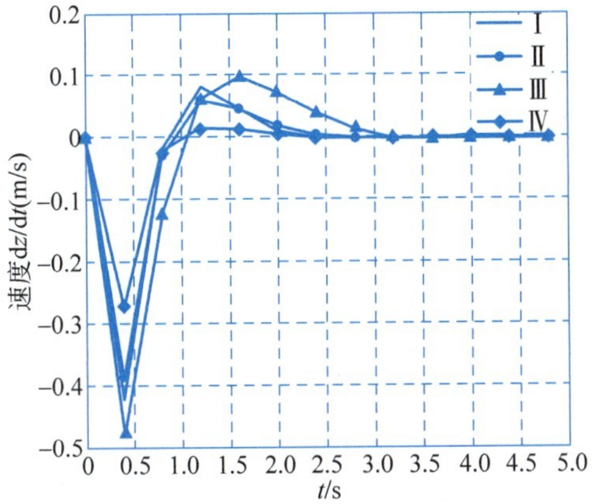

图 10.37　小车速度 $\dot{z}$ 响应曲线

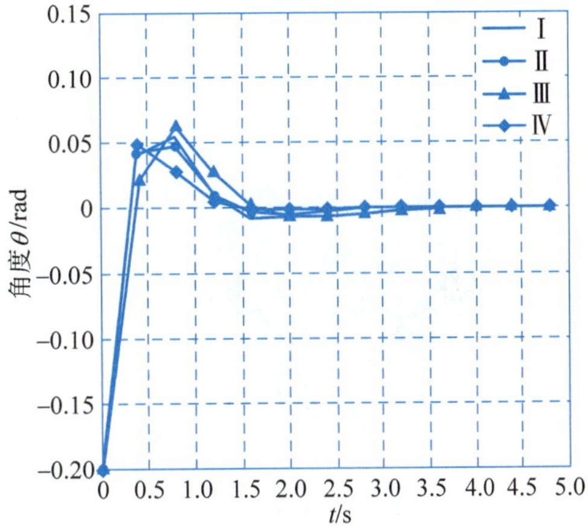

图 10.38　角度 θ 响应曲线

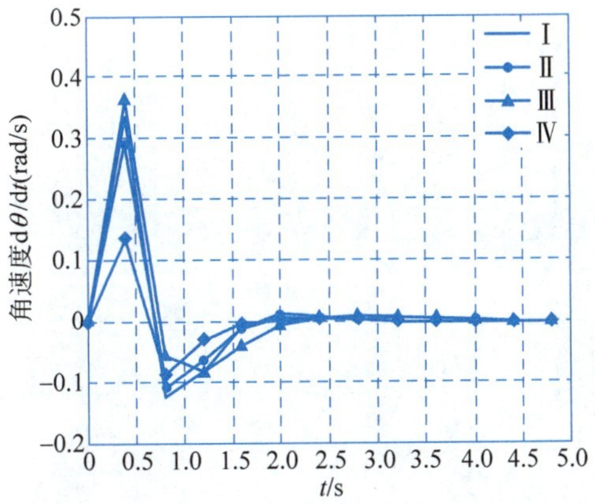

图 10.39　角速度 $\dot{\theta}$ 响应曲线

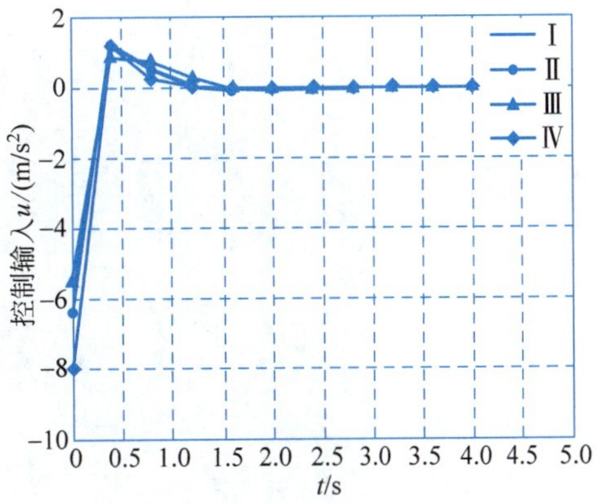

图 10.40　控制输入量 u 变化曲线

10.3.4　倒立摆控制系统实现

根据以上理论研究的成果，本设计成功实现了车载式倒立摆的稳定控制。其中选用的采样周期为 20ms，实现的算法包括状态反馈的极点配置法、LQR 最优控制。

在极点配置法下所选极点 $\boldsymbol{P}$ 和计算所得反馈系数 $\boldsymbol{K}$ 分别为

$$\boldsymbol{P}=[0.8900+\mathrm{j}0.0087\quad 0.8900-\mathrm{j}0.0087\quad 0.9250+\mathrm{j}0.0417\quad 0.9250-\mathrm{j}0.0417]^{\mathrm{T}}$$

$$\boldsymbol{K}=[-19.04\quad -14.07\quad -57.09\quad -10.52]$$

在 LQR 最优控制算法下所选加权矩阵 $\boldsymbol{Q}$、$\boldsymbol{R}$ 和计算所得反馈系数 $\boldsymbol{K}$ 分别为

$$\boldsymbol{Q}=\begin{bmatrix}200 & 0 & 0 & 0\\ 0 & 0 & 0 & 0\\ 0 & 0 & 1000 & 0\\ 0 & 0 & 0 & 0\end{bmatrix}$$

$$\boldsymbol{R}=1$$

$$\boldsymbol{K}=[-11.68\quad -10.61\quad -56.97\quad -9.34]$$

图 10.41 车载式倒立摆控制实物图

以上两组参数均可基本实现倒立摆的控制,但是稳定性、适应性等较差,这是模型求解与实际系统间存在的误差,是无法避免的,但是在实际系统中可以根据控制效果对其进行微调,使系统达到最好的控制效果。此外,以上所用的各参数包括采样周期、配置极点和加权矩阵 $\boldsymbol{Q}$、$\boldsymbol{R}$ 等均为实验所得,并不一定是最优的,还有进一步优化的空间。本设计除成功实现车载式倒立摆的稳定控制外,还设计实现了包括自动起摆控制功能、系统电量自检测功能、控制多模式设置功能、计算机控制参数无线传送功能和状态实时监测等功能。实现的车载式倒立摆控制系统实物图及控制结果如图 10.41 和图 10.42 所示。

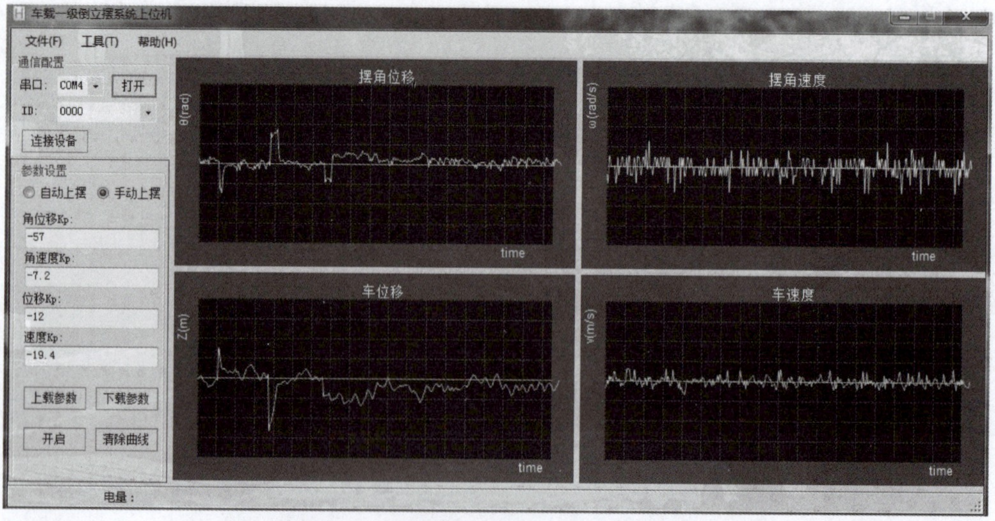

图 10.42 车载式倒立摆实时监测控制结果

本章设计的车载式倒立摆具有较好的稳定性和适应性,能够承受一定程度的干扰,如轻触摆杆或摆杆顶端加适量重物等,完全达到了预期的设计要求和性能。该装置成本较低、简单实用,对于控制理论的实践学习有非常好的促进作用。

倒立摆控制系统的实现需要学生极为熟练地掌握电子元件、传感器及微处理器技术。对软硬件知识和能力不足的读者，建议从市场上购买商品化的平衡车，仅进行控制理论算法及编程的学习也是可行的。

10.4　小结

本章主要结合对自动控制原理的学习，以温度控制和倒立摆控制作为两种典型控制系统设计，进一步验证了 PID 和 LQR 控制算法在实际控制系统中的应用，对温度控制可通过人工设定或自整定 PID 控制器的参数对系统进行控制，该方法适用性强。

对多变量、不稳定、复杂的非线性倒立摆系统，可结合经典 PD 控制或利用现代控制理论实现其稳定性控制。本章对倒立摆控制系统的设计实现算法采用状态反馈的极点配置法和 LQR 最优控制方法进行。为了便于读者自行设计系统，这里的两种典型控制系统案例均采用相同的控制芯片，并创新性地加入无线通信协议和人机交互界面，实现由计算机实时传输控制参数和实时监测系统状态的功能。此外倒立摆系统还创新性地设计实现了电量自检测功能、自动起摆控制功能、控制多模式设置功能、计算机控制参数无线传送功能和状态实时监测功能等。

关键术语和概念

电阻炉(resistance furnace)：利用电流使炉内电热元件或加热介质发热，从而对工件或物料加热的工业炉，具有非线性、时变性、大惯性、大滞后性和模型结构不确定等特点。

PID 参数自整定(PID parameters self-tuning)：指通过该功能，可以自动识别和计算被控过程的数学模型，再按照 Z-N 临界比例度法计算出被控过程的 PID 控制参数，实现自动控制。

温度控制器(temperature controller)：使温度在规定的范围内变化的器件。当控制温度升高时将热媒关小以降低输出温度；当控制温度降低时将热媒开大以提高输出温度，从而使被控制的温度达到和保持在所设定的温度范围内。

温度传感器(temperature transducer)：将温度物理量转化为可用输出电信号的电子元件。常见的有热电阻、热电偶和半导体 IC 传感器。

倒立摆(inverted pendulum)：通过改变电机轴旋转的位移使摆杆能克服随机扰动而保持稳定到直立向上的平衡位置，是一个复杂的、不稳定的、非线性的系统。

编码器(encoder)：把角位移或直线位移转换成电信号，将信号或数据进行编制、转换为可用于通信、传输和存储的信号形式的设备。

状态反馈(state feedback)：系统的所有状态变量通过比例环节传送到输入端的反馈方式，达到较好的控制性能。

线性二次型最优控制(linear quadratic regular，LQR)：针对线性系统，设计出使二次型目标函数 J 取极小值的状态反馈控制。

极点配置(pole assignment)：通过引入适当的状态反馈控制增益矩阵 $\boldsymbol{K}$，把控制系统设计在期望的主导极点处的一种设计方法。

拓展您的事业——人工智能学科

1956年夏,在美国汉诺斯小镇的达特茅斯学院,人工智能之父约翰·麦卡锡(John McCarthy)、人工智能奠基者马文·闵斯基(Marvin Minsky)、信息论创始人克劳德·香农(Claude Shannon)、计算机科学家艾伦·纽厄尔(Allen Newell)、诺贝尔经济学奖得主赫伯特·西蒙(Herbert Alexander Simon)等科学家聚到了一起,讨论如何用机器来模仿人类的智能,首次提出了"人工智能"(Artificial Intelligence,AI)这一概念,这标志着人工智能学科的诞生。自1956年诞生以来,人工智能学科获得了极大发展,1959年亚瑟·塞缪尔(Arthur Samuel)创造了"机器学习"这个术语,并且给出了定义。1966年和1972年分别诞生了第一代聊天机器人和智能机器人,1986年,杰弗里·欣顿(Geoffrey Hinton)提出通过反向传播来训练深度网络理论,为近年来人工智能的蓬勃发展奠定了坚实基础。目前,人工智能学科已经发展成为一门综合性的前沿学科和高度交叉的复合型学科,其发展与计算机科学、数学、认知科学、神经科学和社会科学等学科深度融合,其研究目的是促使机器会听(如语音识别、机器翻译等)、会看(如图像识别、文字识别等)、会说(如语音合成、人机对话等)、会思考(如人机对弈、定理证明等)、会学习(如机器学习、知识表示等)、会行动(如无人机、机器人、自动驾驶汽车等)。作为新一轮科技革命和产业变革的核心力量,人工智能正在推动传统产业升级换代,驱动"无人经济""低空经济"快速发展,在智能交通、智能家居、智能医疗等民生领域产生积极而深远的影响。同时,依赖于生物学、脑科学、生命科学和心理学等学科的新理论、新技术、新发明的提出,人工智能也有力促进了脑科学、认知科学、生命科学等其他学科的发展。人工智能学科的核心课程主要包括模式识别与机器学习、深度学习、数据结构与算法、算法分析与设计、图像处理与机器视觉、嵌入式人工智能、自动控制原理、机器人技术、集群控制等。本学科学生毕业后的发展口径宽广,不仅可从事人工智能领域相关工作,包括机器学习、深度推理、计算机视觉、大语言模型开发、应用及管理、机器人控制、无人机集群控制等方面的工作,还可根据"人工智能+X"的复合专业培养模式,从事智能制造、智能教育、智慧城市、量化金融、智能司法等领域的工作。

附录

本附录包括 3 部分内容：

◆ 拉普拉斯变换；

◆ 李雅普诺夫主稳定性定理的证明；

◆ 常用 z 变换表。

请扫描下方二维码获取详情。

附录

参 考 文 献

[1] K. Ogata. Modern Control Engineering. 卢伯英，于海勋，译. 4 版. 北京：电子工业出版社，2000.
[2] 胡寿松. 自动控制原理. 7 版. 北京：科学出版社，2019.
[3] 郑大钟. 线性系统理论. 2 版. 北京：清华大学出版社，2002.
[4] 田玉平. 自动控制原理. 2 版. 北京：科学出版社，2002.
[5] Richard C. Dorf，Robert H. Bishop. Modern Control Systems. 谢红卫，等译. 8 版. 北京：高等教育出版社，2004.
[6] Benjamin C. Kuo，Farid Golnaraghi. Automatic Control Systems. 汪小帆，李翔，译. 8 版. 北京：高等教育出版社，2004.
[7] 薛定宇. 控制系统仿真与计算机辅助设计. 北京：机械工业出版社，2005.
[8] 魏克新，王云亮，陈志敏. MATLAB 语言与自动控制系统设计. 2 版. 北京：机械工业出版社，2002.
[9] 吴麒，王诗宓. 自动控制原理. 2 版. 北京：清华大学出版社，2006.
[10] 徐薇莉. 自动控制理论与设计. 上海：上海交通大学出版社，2001.
[11] 王建辉，顾树生. 自动控制原理. 2 版. 北京：清华大学出版社，2014.
[12] 薛定宇. 控制系统计算机辅助设计. 2 版. 北京：清华大学出版社，2006.
[13] 王正林，王胜开，陈国顺. MATLAB/Simulink 与控制系统仿真. 北京：电子工业出版社，2006.
[14] 黄家英. 自动控制原理. 南京：东南大学出版社，1991.
[15] C K Alexander，M N O Sadiku. Fundamentals of Electric Circuits，3rd edition. New York：McGraw-Hill，2007.
[16] K J Åström，Franklin. Control Systems Engineering Education. Automatica，32(2)，1996：147-166.
[17] 张睿，杨晓玲，张金密，等. 基于热电偶放大芯片 AD595 的小型测温系统[J]. 现代电子技术. 2006，1：84-85.
[18] K J Åström，T Hagglund. Automatic Tuning of Simple Regulator with Specification on Phase and Amplitude Margins [J]. Automatica，1984，20(5)：645-651.
[19] 杨世勇，谭畺，刘殿通. 倒立摆系统的设计与研究[J]. 电气传动自动化. 2011，33(2)：34-37.
[20] 王仲民，孙建军，岳宏. 基于 LQR 的倒立摆最优控制系统研究[J]. 工业仪表与自动化装置. 2005，5(3)：6-8.
[21] 肖力龙，彭辉. 基于拉格朗日建模的单级倒立摆起摆与稳定控制[J]. 控制理论与应用. 2007，26(4)：4-7.
[22] Muskinja N，Tovornik B. Swinging up and stabilization of a real inverted pendulum[C]. IEEE Transactions on Industrial Electronics，2006，53(2)：631-639.
[23] Matsuda N，Ishikawa J，Furuta K，et al. Swinging-up and stabilization control based on natural frequency for pendulum systems[C]//Proceedings of American Control Conference，St Louis，USA，2009，5：10-12.
[24] 李劲松，颜国正，冯剑舟，等. 基于线性二次型最优控制策略的倒立摆系统搭建[J]. 实验室研究与探索. 2010，29(3)：38-40.